時間序列分析

·余桂霖 著·

五南圖書出版公司 印行

序

分析時間取向資料與預測一個時間序列的未來值是分析家面對許多研究領域，從財政與經濟的範圍，到管理產品生產運作（managing production operations），到政治與社會政策研討會（sessions）的分析，到調查研究他們對環境政策決定對人類的影響之中最重要的問題。其結果，在財政、經濟、科學、工程、統計學，與公共政策各個研究領域中有一群很大組織的學術研究團體成員他們需要去理解某些時間序列分析與預測的基本概念。很可惜地，大部分的基本統計學與經營管理的書籍給予這方面的關切是很少的，而且也很少地給予預測的問題作指引。有某些非常高程度水準時間序列的書籍，這些書籍大部分是由技術的專業者所撰寫，他們給予取得博士程度水準的課程或執行於這方面的研究。他們傾向於真正的理論上與時常集中焦點於很少特殊的主題或技術上。吾人已完成撰寫的這本書是在於彌補這兩個極端之間的間隙。

本書是有意提供學習者（practitioners）他們能夠進行真實世界問題的預測。我們的研究焦點於短期到中期的預測其中統計的方法是有效的。因為許多組織可以改進它們的效益（effectiveness）與許多企業可以對短期到中期預期的預測做較佳的結果，本書對提供各行各業專家應該是有用的。

當然，當前在我們目前教學的環境中所接觸到時間序列的書籍，也有許多時間序列的專業技術書籍，這些書是在於提供給專業矩陣代數的研究者進行研究。例如，Brockwell 與 Davis 的著作（1991），Bowerman 與 OConnell 的著作（1993），等等。另外也有一些書，使用 Excell 的軟體再加上各著作者所使用的專業 QM 的程式進行分析。因而使許多讀者望而卻步，導致目前國內對時間序列的分析方法無法普遍流行的原因。

個人在一九八〇年代，接觸到 Ostrom 的著作（1978）與 McDowall，McCleary，Meidinger，與 Hay，Jr 的著作（1980）就有興趣於時間序列的技術研究。因為當時計算軟體的不普遍，與個人學識的限制，無法進一步著手研究。直到 SPSS（12 版本）的使用，個人才開始重拾時間序列的技術研究，最近 SPSS（18 版本）的使用，使個人更沉醉於時間序列預測技術方法的研究。希望能夠完成一套有系統的時間序列預測方法，有助於國內時間序列預測技術方法的提升。

從個人學習與研究時間序列分析技術的漫長過程中，深深體驗到時間序列分析技術是多重技術交叉，結合，與關聯的組合。它基本上有三種技術成分：（一）時間序列分析的基本技術，主要有：移動平均、指數平滑、趨勢投射與分解（decomposition）等預測的模型或技術方法。（二）迴歸的分析技術，迴歸分析可以被使用於趨勢投射與分解模型的類型之一。它所要強調的是時間序列的預測，時間序列分析不僅允許我們可以獲得一個迴歸方程式，而且亦可以從過去的資料中進行未來的預測。如果是隨意地決定我們的資料，我們可以假設未來會來自過去之前。從本書的研究探究中證明迴歸技術如何可以被使用於時間序列分析的假設檢定考驗與預測。（三）自我迴歸統合移動平均的 ARIMA 模型。當然，其中還有其他的預測方法，因個人學識背景與能力的限制，所以在本書中是以前述的三個主題為本書分析的架構與探究的焦點。如果我們嘗試精研時間序列的技術方法，必須從精研熟練迴歸的技術與 ARIMA 的分析技術開始，然後再精研熟練基本的時間分析技術，諸如移動平均（moving average）、指數平滑（exponential smoothing）、趨勢投射（trend projections）。

有了以上的認知之後，對社會科學的研究者或讀者而言，要使自己的專業領域的研究邁向科學化的研究途徑中，若有興趣與有意使用時間序列預測模型作為自己研究論文的方法時，究竟應該如何著手？依個人多年以來從事政治哲學與政治學方法論教學經驗，以及個人在政治哲學研究著作已出版的《當代正義理論》與《當代西方政治的思想家，倫理與政治理論的興起與形成》兩本著作；方法論有《多元迴歸和它相關的單變項與多變項技術分析》與《因素分析：從探索性到驗證性因素分析》，《結構方程式模型分析》，《政治學研究方法與統計》，與《結構方程式模型：專題分析》多本著作完成出版後，為提升本校研究所碩士班與博士班研究生在社會及行為科學領域的教學，撰寫量化論文使用時間序列分析模型預測分析技術或方法提供研究生多種研究方法的參考選擇，特別以一套有系統的時間序列預測方法撰寫的《時間序列分析》一書。本校研究所近年來自從筆者個人在「國家發展研究組」「政治作戰研究組」，與「國際問題研究組」教「社會科學研究方法」，與「政治學研究方法與統計」課程之後，已有很多研究生以量化方法撰寫有關國軍部隊研究的論文。去年開始亦在博士班教「政治學研究方法與統計」之後，已有博士班研究生撰寫量化的博士論文。著作者個人堅信只要研究生不懼怕數字，接近數字，然後善用數字與方法，即會邁向量化研究或科學化研究的途徑。

依據個人前述出版的著作中均會以其書名呈現出其每一種技術方法的完整論

述，每一本著作均富有其完整的一套技術方法。所以，只要讀者能夠研習它，就可以其完整有系統的方法進行其相關問題的研究與分析。

本書是依據前述基本上有三種技術成分去進行探究與分析，需要透過 SPSS 軟體的程式，與電腦的操作執行才能夠達成。在本書的編輯中考量到研究者的數學背景，將從最簡易的 SPSS 軟體程式的應用與操作，從時間序列分析的基本技術開始，循序漸進加入迴歸分析技術，建立時間序列分析的迴歸預測模型，其中殘差的自我相關問題的出現，學習殘差自我相關的檢測，自我迴歸，加入自變項的計算方法，差分程序方法的使用等方法的探討，均有深入的解析與說明。接著，指導進入自我迴歸統合移動平均的 ARIMA 模型（亦被稱為 Box-Jenkins models）。建立 ARIMA 模型在統計上有足夠的適當與簡約的條件，然後依據辨識（Identification），估計（Estimation），診斷（Diagnosis）的過程，去完成模型的建立策略。然後去建立一個干擾的分析模型。進一步按照時間序列分析著作先驅者的論述方法，以範例配合指數平滑模型，自我迴歸，ARIMA，季節的分解，與光譜的曲線圖等專題進行探討與說明。只要讀者按本書的內容與附錄的案例語法指令進行研習，或參考以各案例檔案為範例所製作檔案光碟提供讀者研習，使用 SPSS，與 MATLAB，軟體程式去處理與執行分析。

本書是適用提供於研究所碩士班與博士班研究生在社會及行為科學領域的教學，撰寫量化論文使用時間序列預測模型分析技術或方法的參考。由於著作者個人所學有限，拙作歷經多年的琢磨與教學的驗證，著作雖歷經不斷的修正，其中仍然會有謬誤與疏漏之處，尚祈各方先進，學者，與專家不吝指正。

余桂霖　謹誌於國防大學

北投復興崗

民國 102 年 8 月

Contents

Chapter 02 時間序列分析與預測的基本技術　27

Contents

Contents

Chapter 04 在時間序列資料中的自我相關與自我迴歸 299

Contents

Chapter 05 時間序列分析：ARIMA模型代數與技術分析 375

Chapter 06 時間序列的資料分析與SPSS（18版）的操作過程 523

Contents

Contents

Contents

Chapter

01

時間序列分析：導論

預測是一個重要的問題與分析問題的技術方法，它的重要性與需求性跨越許多研究領域包括商業、工業、政府學（government）、經濟學、環境科學、醫學、社會科學、政治學與財政學等等。在以上的學科研究領域均需要很好的預測方法。本書是以時間序列分析為名，提出有關分析當代產業生產製造，決策與評估的，量化的，統計的／經濟計量的預測方法。

第一節　時間序列與預測

大體上而言，由經濟或物理現象在連續的「均等時間」（uniform time length）內所產生的一連串觀察值，習慣上，我們即稱為現象的「時間序列」（time series）。如果我們對組成某一現象時間序列的成分（component）加上分解（decompose），分析各成分的變化情況，往往會發現它們過去係呈現出某種形態的變化，而未來該成分亦將順同一形態或呈現另一形態而變化。就經濟現象的時間序列而言，它提供了某一經濟現象在時間過程的變動輪廓，並指出其變動方向及一些規律性的波動形態，此一變動方向及波動形態之成分，通常是由長期趨勢（secular trend）、季節變動（seasonal variation）、循環變動（cyclical movement）及不規則的變動（irregular fluctuation）所組成，如果我們分析各成分過去的變化形態及其時間序列之影響，則即可藉時間序列本身過去變化形態的觀察及研究去建立適當的計量模型，再據以預測該序列未來之變化，此一分析過程即稱為時間序列，而其所據以研究之模型即稱為時間序列模型。

在概念上，時間序列模型與迴歸模型有相當程度的差別，基本上，迴歸模型係建立在因果關係（causal relationship）的架構上，把一個或多個變數（因變數，依變項）和其他變數（變項）（自變項）關聯起來，以預測該因變數或依變項可能的變動。而時間序列模型則不然，它只是根據某一變項（即吾人所欲預測的變項）過去的變動來預測它將來可能產生的變動，而並未用其他變項來對它的行為做結構上之解釋，故就某種意義來說，時間序列模型只是藉一種較複雜的外插方法（extrapolation）來複製（duplicating）某些變項過去的行為，以幫助吾人預測它們將來之行為之體系。此外，就估計對象的範圍來說，時間序列模型與大部分迴歸模型一樣，它包括了一套我們要估計的參數，但是大部分時間序列模型的參數是非線性的估計方法。

時間序列分析方法一般可分為「時間範疇的分析途徑」（time domain

approach）與「頻率範疇的分析途徑」（frequency domain approach）二大領域，前者是根據變項在不同時間點所呈現出時差關係以線型或非線型關係形式之理論所推導而出，後者主要是將時間序列之機率過程（stochastic process）的調和分解（harmonic decomposition），並假設這些時間序列波動現象是由某些不同頻率與振幅（amplitude）及互相獨立的頻率波所組成，並利用「譜系分析」（spectrum analysis）方法來檢定時間序列的隨機性。就預測應用目的而言，時間範疇分析途徑主要是在估計變項本身的預測值及其預測信賴區間，而頻率範疇分析途徑主要是在預測序列變項本身波動的週期性，如景氣循環變動的高峰（trogh）和谷底（peak）。

預測是對時間序列的未來值，所做的一種投射或預測。一個時間序列是一個數目字資料的組合，它是在跨越過去的時間以有規律的或正常的循環期間所獲得的資料。

例如，在紐約股票交易市場上一個特別股票每日的收盤價格（the daily closing price）可以建構一個時間序列。其他經濟的與商業的時間序列範例是每月公布的消費價格指數（the Consumer Price Index），國內總生產（gross domestic product，GDP）的每季報告書，與一個個別的公司紀錄它每年的整體銷售盈利（total sales revenues）。

因為經濟與企業的經營會隨時間的變動而變動，所以企業的領導者必須尋求發現這些的改變能夠與效益並駕齊驅的方法而將發生作用於他們經營運作的管理上。企業的領導者可以使用作為未來經營運作需求規劃中的一種技術是預測（forecasting）。雖然有很多的預測方法被推薦，它們所有的共同目標是在於對未來的事件作預測，如此這些計畫（these projections）就可以被併入決策的過程中。

對預估的需求瀰漫遍及於現代的社會。例如，政府的官員必須能夠從私人與公司所得稅收中去預測諸如失業、通貨膨脹、工業生產，與預期的歲入稅收總額的問題以便能夠去規劃政策。一間大的零售公司的市場行銷執行長（marketing executives）必須有能力去預測產品的需求、銷售的盈利（sales revenues）、消費者的傾向（consumer preferences）、存貨總值（inventory），等等，以便對當前的與未來的營運方向作適時的決策，並參與公司策略規劃的行動。為了維持航空公司團隊的持續經營，可選擇放棄與可替代部分公司的設施與人員，以維持一個航空公司的團隊到達可經營的水準，所以一間航空公司的經營者必須是有能力基於航空公司現行所擁有的飛機數量、受雇者的人數的可使用性，與乘客人數的需求去作預測。大學或學院的行政者必須基於全國人口的規劃去進行學生入學的事宜與基於科技發展的課程發展趨勢去進行預測以便去計畫宿舍與其他學術設備的建設，計畫學生與教師的甄選，與進行其他種種需求的評估。

由以上分析可知，預測是一個重要的問題與分析技術方法，它的重要性跨越許多研究領域包括商業與工業、政府學（government）、經濟學、環境科學、醫學、社會科學、政治學與財政學。預測問題時常被分類為短期、中期與長期的。短期的預測問題包括預測事件（predicting events）僅對短期期間（日、星期、月）的未來事件。中期的預測從一年擴展到二年的未來。而長期的預測問題可以擴展到超越許多年。短期的與中期的預測被要求其預測範圍從經營管理（operations management）到預算與精選新研究與發展設計的行動。長期的預測影響到諸如策略規劃的問題。短期的與中期的預測在典型上是基於辨識、建構模型與基於歷史資料中去發現其模式以進行推測。因為這些歷史資料通常會展現其慣性（inertia）與不會急遽地快速地改變。所以統計方法對短期的與中期的預測是非常有用的。本書即是探討有關這些統計方法的使用方法。

第二節　時間序列分析技術的主要組成成分

在個人從學習與研究時間序列分析技術的漫長過程中，深深體驗到時間序列分析技術是多重技術交叉、結合與關聯的組合。它基本上有三種技術成分：（一）時間序列分析的基本技術，（二）迴歸的分析技術，（三）自我迴歸統合移動平均的ARIMA 模型。當然，其中還有其他的預測方法，因個人學識背景與能力的限制，所以在本書中是以前述的三個主題為本書分析的架構與探究的焦點。

一、時間序列分析的基本技術

時間序列分析方法是一種量化的預測方法，是在於製作歷史資料的使用。其目標是在於研究在跨越過去的時間已發生了甚麼樣的事以便能夠更加理解資料的基本結構與由此可以給予預測未來事件的出現提供必要的工具或方法。

量化的預測方法可以被區分成二種類型：時間序列與因果（causal）。時間序列的預測方法包括一個變項的各個未來值基於完整過去與現在其變項的觀察值之上所產生的一種投射方法（the projection）。一個時間序列是一個數目字資料的組合，它是在跨越過去的時間以有規律的或正常的循環期間所獲得的資料。

時間序列模型嘗試使用歷史資料去建立時間序列的預測模型以便獲得未來的預

測值。這些預測方法所獲得的預測值可以製作假設未來所發生的是在過去已發生的一個函數（a function）。質言之，時間序列模型是使用跨越一個時期已發生的與使用過去時間的一個序列去進行所製作的一個預測。

在本組成成分中我們所要探討的時間序列模型是移動平均、指數平滑、趨勢投射與分解（decomposition）等預測的模型或技術方法。然後探討迴歸分析中所使用的趨勢投射與分解模型，進行時間序列的預測。

一般而言，時間序列的組成成分，可分為趨勢、循環、季節及不規則等四個成分，而由它們構成了時間序列上的特定值。無論如何，其中趨勢的成分，不僅是影響個別資料或影響其他每年時間序列的成分因素。其他二個其他因素，如循環的成分（the cyclical component）與不規則的成分（the irregular component），亦被提出於資料的研究中。循環的成分在於透過各序列描述向上或向下搖擺或移動。循環的移動是依期間的長度（length），通常從 2 年持續到 10 年；依密集度或振幅度（intensity or amplitude）的不同發生變化；它們時常是和一個企業的循環有關。在某些年中其各值將會比由一個簡單趨勢線所預測的各值還要高（即是，它們處於或接近一個循環的高峰），而在另其他年中其各值將會比由一個趨勢線所預測的各值還要低（即是，它們處於或接近一個循環的底部或谷底）。沒有遵循趨勢的曲線是被修正資料中可以被觀察的資料，它是不規則或隨機成分（the irregular or random component）的指示。當資料是每季地，或每月地被紀錄時，一個被稱為季節因素的可增加性成分（an additional component）被考量是依據趨勢的，循環的，與不規則的成分而呈現。

二、時間序列分析的迴歸技術

社會科學家逐漸關切變動（change）的分析。諸如一種強調是基於時間序列分析的焦點之上，它可以基於變動研究的迴歸分析的基礎上進行檢測的技術（Herbert B. Asher, 976）。有許多的技術被使用於變動的分析，然而迴歸分析是最普遍被使用的方法。

使用統計方法進行研究總是至少有兩種資料組合基本類型之一：(1) 橫斷面的資料（cross-sectional），其中研究者有一個變項組合的觀察值在一個假定的點在時間上交叉許多國家，州，城市，或其他的分析單位；或 (2) 時間系列資料，其中吾人有某些變項的一個觀察值的組合給予相同的分析單位（諸如一個民族，國家，等等）透過在一系列時間點上（天，月，年等等）。對兩者資料之一而言，吾人可以使用基於迴歸分析的技術。那麼，一個特殊的研究報告為什麼使用時間序列分析的原因是甚麼？

該答案係基於時間序列資料的本質基礎之上。迴歸模型是基於一個特殊假設的組合基礎之上，在本質上相對較少然而卻非常重要，如果不犯來自一個資料組合所產生的錯誤推論的話。當吾人談到有關時間變動的名詞時，我們會想到「時間如箭矢」（time arrow）的類推，即是，在時間中發生的事件向一個方向向前 — 移動。社會科學的資料亦向一個方向移動，當許多案例在跨越時間中被進行檢測時。世界的母群體在跨越時間中已持續地增加；如政府各單位有公共的支出。當一個變項的值在跨越時間中有其一般增加的模式，無論如何，某些問題會以迴歸估計出現。尤其是，對持續觀察值獨立誤差項的假設會被違反是可能的。這是在橫斷面的資料分析中相當不可能發生的，其中各觀察值被使用去獲得迴歸估計值的順序（或階序）（the order）很少是一個關切的問題。如此，橫斷面分析與時間序列分析之間的一個主要差異是，對後者而言，被涉及時期時間的秩序（或階序）被進行的資料是主要的。對每年的資料而言。我們按時期時間的秩序（或階序）加入 1952， 1953，1954，1955，1956 等等，而不是 1955，1952，1954，1956，等等。我們進行的方法有兩個理由是重要的：(1) 迴歸估計式的統計屬性（properties），尤其是如果有許多變項前後不矛盾跨越時間的增加（或「軌跡」就像一枚飛彈，總是向上的方向）（see, Wonnacott and Wonnacott, 1970）；與 (2) 如 Charles W. Ostrom，Jr.（1978, p.8）提到，時間序列分析允許我們不僅可以獲得一個迴歸方程式，而且亦可以從過去的資料中做未來的預測。如果是隨意地決定我們的資料，我們可以假設未來會來自過去之前。

Charles W. Ostrom，Jr. 證明迴歸技術如何可以被使用於時間序列分析的假設檢定考驗與預測。他的主要範例是在於關切美國與蘇聯的國防預算。這是引發政治，經濟，與甚至於整體二十世紀應用數學研究者所關切的問題，由應用數學家 Lewis Richardson 所發展最初人為設計的統計模型（see, Richardson, 1960b）。無論如何，時間序列分析的主題對所有的社會科學家是重要的。

政治科學家，除了可以研究有關軍備與國內社會福利方案支出變動模式之外，亦可以關切在總統與國會選舉中政黨力量的變動模式。

歷史學家已研究跨越時間的選舉結果，與檢測在許多社會中移動與社會地位流動的變動模式，包括美國在內。這些研究時常會產生有關社會結構的發現，這些社會結構以對抗其他學者他們絕對的相信前世紀觀察者的著作之傳統智慧而不相信檢測有關社會結構的可資利用的資料。在歷史中量化方法的成長，與一種變動的社會意識結合在一起，已導致許多歷史學者去尋找過去被認為不可信的（nuavailable）資料來源，包括國家與大都市化（states and municipalities）的普查記錄（census records）有關在十九世紀的美國其奴隸與非奴隸（free slaves）的人數與工作狀況（Fogel and Engerman, 1974）。

經濟學家在發展時間序列分析之中的先驅者（一般被認為是「經濟計量學」的一支，由經濟學家所發展的統計學方法論）。他們已發展了美國大規模的經濟模型，與許多其他國家，特別強調在跨越時間上的變動與未來趨勢的預測。

社會學家已關切來自許多如歷史學家所進行戶區（census tracts）的相同人口統計分析。他們亦使用時間序列分析去檢測跨越世代其生活方式的變化，包括有組織的宗教，性別，種族特性不同角色的問題，與行為類型的價值（諸如家庭關係與個人投票的選擇）（see Glenn, 1977）。

心理學家與教育者已檢測學生成就水準（程度 level）的變化。這樣的變化是否與學生的年齡有關，種族與／或性別角色的變動有關，課程的變動或社會較大環境的變動有關（諸如花多少時間看電視）？

時間序列分析的範圍多大？有任何的變動！顯然地，該答案應該受到任何變動的影響。時間序列分析在社會科學的研究中所陳述的問題中是基本的。畢竟，歷史是變動的研究；其他的社會科學只是檢測所謂的「當代的歷史」。如 Ostrom 所提示的，在此所討論的技術可以提供時間序列分析的一種介紹。縱然在迴歸架構之內，有許多對學生有趣的附加主題應該進行檢測。Ostrom 提供在統計理論其他這些技術的簡明描述是不斷的出現。如此，方法論就像分析的主題，本身總是會變動的。

三、自我迴歸統合移動平均的ARIMA模型

ARIMA 時間序列模型其中有很大的一部分是由 Box 與 Jenkins（1976）所著作的結果。ARIMA 模型與方法的個別成分或元素必須回溯到大約在 Box 與 Jenkins 撰寫 ARIMA 模型的時代背景，在那一段期間，Box 與 Jenkins（1976）必須草擬其成分或元素結合成為一個能夠廣泛被理解的模型進行研究以獲得信賴。所以，ARIMA 模型能夠提供使用分析時間序列準實驗是由於 Box 與 Tiao（1965， 1976）所著作的結果。無論如何，社會科學家會更熟悉 Glass et al., 的著作（1975），他首先引進這些方法到社會科學。由此，Glass et al., 亦發展與提出一種電腦程式提供時間序列準實驗的分析（Bower et al., 1974）。雖然在本書中所使用建構模型的程序是

不同於 Glass et al., 的著作，不過就時間序列準實驗分析方法的發展而言，他們是這方面研究發展的先驅者。

間斷的時間序列技術，有時候被稱為準實驗（quasi-experimental）時間序列分析，要求模型的發展形成過程基於一個資料的時間序列。在本書研究的第五章所編撰的，其所描述的可以提供讀者從事於建構一個資料單一時間序列的模型使用 ARIMA 模型的一般種類（the general class of ARIMA）。ARIMA 模型的元素（成分，elements）是以一種直進的方法（a straightforward manner）被介紹，如此讀者可以很容易理解其算法（the arithmetic）與 ARIMA 模型的組成成分（components）。然後，著作者傾向去討論可以被發展形成的 ARIMA 模型的各類型與描述這些模型如何可以被使用於去消除在時間序列系統組成成分的誤差，對模型差異與辨識的技術以易懂詳細的報告提出。一旦模型的辨識被完成之際，隨後所探討的，移向在 ARIMA 模型的估計與診斷問題上進行探討。其內容介紹給讀者的是非線性的估計技術與殘差分析如何被使用於去評估統計模型的精確度。它們以一種很清晰的方式呈現出模型建構的策略。它們從 Chicago，s Hyde Park neighborhood on purse snatchings 中使用資料的一個時間序列以一個步驟，一個步驟的方式說明其種種的技術。然後使用相同的資料去顯示季節的模型，使 ARIMA 技術如何可以被辨識，被估計，與被診斷。在讀者完成本書研究探討的這第一部分之際，讀者應該會很清晰的理解到如何利用 ARIMA 技術去建構資料不同的單一時間序列模型。

本書第五章研究的第二部分集中焦點於已估計的 ARIMA 模型如何能夠被使用去評估外在干預在資料時間序列上的影響或衝擊。著作者把一個干預的成分引進到他們時間序列的模型與顯示有關各種干預類型的假設如何被進行檢定考驗。使用範例顯示證明如何去界定干預成效（effect）的形式與如何去進行檢定考驗它們的統計顯著性。突然的，持久的（permanent）與突然的，暫時的干預和逐漸的，持久的（permanent）的干預進行比較。特殊的技術被提出去建構模型與評估這些干預方式。對於這些干預方式的對立假設提出一個綱要的策略。然後提出 SPSS 軟體程式可以被有效使用於間斷的時間序列技術分析。

由本書所提出的間斷的時間序列技術分析可以適當地被使用於很多社會科學的學科。尤其是，政治科學家可以發現它們是適合於評估在管制個人行為法則或法律（laws）變遷（changes）的影響或衝突。

經濟學家可以使用它們作為決定信用管制的變遷或改變（changes）是否會產生企業與消費者借貸行為的改變。

社會學家可以發現這些技術對評估收入維持（所得維繫）的實驗如何影響到個人參與福利計畫方案的行為是有效的。

歷史學家可以使用它們去評估重要的歷史事件是否對人民歷經這些事件行為會有所影響。

心理學家與教育者可以希望去使用這些技術去檢定與測量在準實驗背景（settings）執行處理的影響在其執行處理實驗背景很多傳統實驗技術是不適合的。

當然有其他的學科（other disciplines）與其他問題的組合它們可以利用在本書所提出有關間斷的時間序列分析技術要點。受到本書所提出研究所鼓舞的許多讀者可以去思考引進這些技術在他們個別學科方面新的應用。期望本書的研究提供與傑出的引進有關間斷的時間序列分析技術，與提供讀者可以真正的使用這種穩固的理論根據作為使用這些技術的基礎。

在許多社會科學量化方法系列的著作中，有許多集中焦點於時間序列量化方法的著作，其中比較有系統的，完整的時間系列著作論文有：Ostrom 的著作，時間序列分析：迴歸技術（Ostrom, 1978）；McDowall，McCleary，Meidinger，and Hay 的著作，間斷的時間序列分析（McDowall, McCleary, Meidinger, and Hay, 1980）；Bowerman and O'Connell 的著作，預測與時間序列（Bowerman and O'Connell, 1993）；Montgomey，Jennings，and Kulahci 的著作，時間序列與預測的初步入門，（Montgomey, Jennings, and Kulahci, 2008），等等。從他們的著作中，我們可以發現時間序列的分析技術是以迴歸的技術與 ARIMA 的分析技術為基礎。由此可知，如果我們嘗試精研時間序列的技術方法，必須從精研熟練迴歸的技術與 ARIMA 的分析技術開始，然後再精研熟練基本的時間分析技術，諸如移動平均（moving average），指數平滑（exponential smoothing），趨勢投射（trend projections）。

第三節　時間序列的基本概念分析

「自我相關」或「序列相關」，可定義為「在時間數列或橫剖面資料中，序列觀察值之間的關聯關係」。計量經濟學通常會將「自我相關」（autocorrelation）與「序列相關」（serial correlation）二名詞互用，但某些學者對它卻有較嚴格劃分。例如，Tintner 定義「自我相關」為：「任一時間序列之下，相鄰兩期之間變數的相關關係」，而將「序列相關」定義為：「不同的兩時間序列之下，甲序列與乙序列間，其相鄰兩期不同變數之相關關係」（1952）。有些著作仍採取互相為用之說法。

關鍵詞的理解是非常重要的，如果我們在建構時間序列分析模型的基本架構之前已理解，或熟識其關鍵詞的概念意義，我們就會利用它們去進行時間序列分析與建構其分析模型。關於分析時間序列模型的關鍵詞是以粗體字（in boldface）的方式來呈現。

時間序列——一群用以測度連續時間點上或整個連續時期上的觀察值。

預測——對時間序列的未來值，所做的一種投射或預測。

相乘時間序列模式——即是假設個別的趨勢、循環、季節及不規則等的效果能夠加以相乘，實際的時間序列值 $Yt = Tt\ X\ Ct\ X\ St\ X\ It$ 的模式。

趨勢——即在時間序列的過去幾期資料中，呈現的一種可遵循的長期變動或移動。

循環成分——即為時間序列模式的一種成分，它表示著時間序列向上趨勢及向下趨勢的那種週而復始的現象，其時間通常超過一年。

不規則成分——為時間序列模式的一種成分，它反映出時間序列實際值的隨機變異，此種變異不適用趨勢、循環、季節等成分所能解釋。

移動平均——是一種將一組連續的資料值加以平均，以預測或平滑時間序列的方法。

加權移動平均——是一種將過去資料值予以加權平均計算，以預測或平滑時間序列的方法，它的權數總和必須等於 1。

指數平滑——是一種將過去時間序列值予以加權平均計算，以求得平滑的時間序列預測值的預測技術。

平滑常數——是指數平滑模式中的參數，即是在求得預測值的運算中，附於最近時間序列值的權數。

均方差（MSE）——一種測量預測模式精確度的方法，其預測度的值為預測值與實際的時間序列值兩者差異之平方和的平均值。

平均絕對值（MAD）——一種預測精確度的測量，MAD 為預測誤差的絕對值總和的平均值。

消除季節性時間序列——即指季節效果（或影響）已經由原始時間序列的觀察值除以相對的季節因子後而被消除的時間序列。

因素預測方法——指一種將時間序列與其他能解釋或造成此序列的變數相結合的預測方法。

自我迴歸模型——為一種時間序列的模型，它是以過去的時間序列為基礎，用以預測時間序列未來值的迴歸關係模型。

德爾菲方法——它是透過群體意見來獲得預測值的質化預測方法。

情節撰寫——是一種質化預測方法，其程序是基於完備的假設定義之下，發展一種有關未來情節的概念。

以上這些關鍵詞或概念，在研習與探討時間序列資料分析中，將會經常出現的，理解這些關鍵詞或概念的意義將會有助於本書內容的分析。

第四節　預測的性質與使用

預測是一個重要的問題它跨越許多研究領域包括商業與工業，政府學（government），經濟學，環境科學，醫學，社會科學，政治學，與財政學。預測問題時常被分類為短期，中期，與長期的。短期的預測問題包括預測事件（predicting events）僅對很短期期間（日，星期，月）的未來事件。中期的預測從一年擴展到二年的未來。而長期的預測問題可以擴展到超越許多年。短期的與中期的預測被要求範圍從經營管理（operations management）到預算與精選新研究與發展設計的行動。長期的預測影響到諸如策略規劃的問題。短期的與中期的預測在典型上是基於辨識，建構模型，與基於歷史資料中去發現其模式以進行推測。因為這些歷史資料通常會展現其慣性（inertia）與不會急遽地很快速地改變。所以統計方法對短期的與中期的預測是非常有用的。本書即是探討有關這些統計方法的使用方法。

大部分的預測問題包括時間序列資料的使用。一個時間序列是一個時間取向或一個關切變項其觀察值的時代序列關聯（chronological sequence）。例如，圖 1-1 顯示有一間公司從 2001 年七月到 2006 年六月其每小時薪資過去六年不斷的成長，（constant maturity）這種圖形（graph）被稱為一個時間序列圖（a time series plot）（本資料儲存在 CH1-1 檔案中）。這種比率變項是以同等的間隔時間期間方式被蒐集，是在典型上以大部分時間序列與預測應用。許多商業預測的應用利用每日，每星期，每月，每季，或每年為資料，而且可以以任何報導區間（any reporting interval）被使用。除此之外，其資料可能是瞬間即逝的（instantaneous），諸如一種化學產品在時間的一個點上的黏著度（viscosity）在那一點時間其黏著度的被測量；它可以是一個統計量即是以某種方式反映在時間期間變項的行動（the activity），諸如在紐約股票交易所 2004 年一種股票每日開盤與收盤的價格（本資料儲存在 CH1-2 檔案中）。

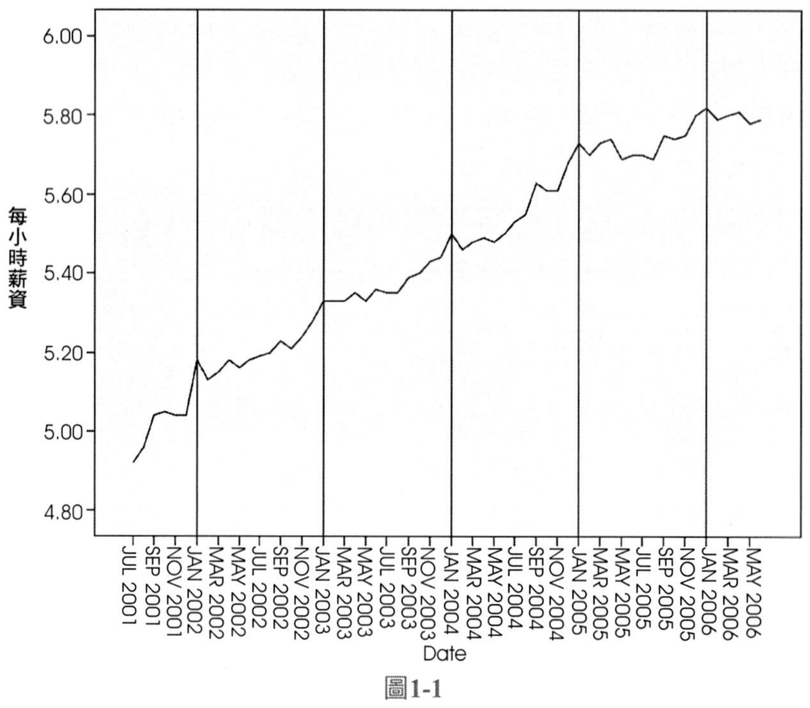
6.00
5.80
5.60
5.40
5.20
5.00
4.80
每小時薪資
JUL 2001
SEP 2001
NOV 2001
JAN 2002
MAR 2002
MAY 2002
JUL 2002
SEP 2002
NOV 2002
JAN 2003
MAR 2003
MAY 2003
JUL 2003
SEP 2003
NOV 2003
JAN 2004
MAR 2004
MAY 2004
JUL 2004
SEP 2004
NOV 2004
JAN 2005
MAR 2005
MAY 2005
JUL 2005
SEP 2005
NOV 2005
JAN 2006
MAR 2006
MAY 2006
Date

圖1-1

2,200
2,100
2,000
1,900
1,800
1,700
Open
Close
31-DEC-2004
16-DEC-2004
02-DEC-2004
17-NOV-2004
03-NOV-2004
20-OCT-2004
06-OCT-2004
22-SEP-2004
08-SEP-2004
24-AUG-2004
10-AUG-2004
27-JUL-2004
13-JUL-2004
28-JUN-2004
14-JUN-2004
27-MAY-2004
13-MAY-2004
29-APR-2004
15-APR-2004
31-MAR-2004
17-MAR-2004
03-MAR-2004
18-FEB-2004
03-FEB-2004
20-JAN-2004
05-JAN-2004
Date

圖1-2

預測是如此重要的理由或原因是未來事件的預測是許多決策過程中規劃與決定的一個關鍵輸入類型，有下列領域的應用。

一、經營管理

企業的組織依慣例會使用產品銷售量的預測值或為提供需求的服務以便可以去安排產品生產的行程，管控產品的儲備量，管理供應鏈，決定幹部的需求條件，與規劃能力。預測值亦可以被使用於去決定可以提供產品生產與服務的配套與分配甚麼樣的產品可以在甚麼地方生產。

二、市場

預測值在許多市場的決策中是重要的。反應於廣告支出所產生銷售量的預測值，新的促銷，或價格的變動能夠使企業去評估它們的有效性，決定是否可以符合其目標，與做調整。

三、財政與危機管理

財政資產的投資人是有興趣於從他們投資報酬的預測。這些資產投資不僅僅限制於股票，債券，與商品；其他的投資決策的制定均和利率，債權（options），與通貨的匯率的預測有關。財政風險的管理需要要求資產報酬率易變性（the volatility）的預測。如此投資有價證券財產目錄與風險關聯可以被評估與被保險，與如此財政的引出（financial derivatives）可以適當地被估價。

四、經濟

政府，財政機構，政策組織機構要求進行重要經濟變項的預測，諸如國民總生產（gross domestic product）、人口成長率、失業率、利率、通貨膨脹、就業率、生產，與消費。這些預測值是指引由政府隱藏在金融與財政政策與預算規劃之後所制定的。它們亦是由企業組織與財政機構所制定的策略規劃方案的工具。

五、工業過程的管控

一個產品生產主要品質管控未來值的預測可以有助於決定當在重要的可管控變項於其過程中應該被改變，或如果其過程應該暫時休業與應該徹底檢查。反饋 與定期反饋（feedfoward）控制方案是廣泛地被使用於工業過程的監督與調整，與過程結果的預測是這些方案的一個構成整體所必需的部分。

六、人口統計

由縣治與地區所依慣例所做的人口預測，通常依諸如性別、年齡、與種族變項所形成層面的。人口統計者亦可以預測出生、死亡率、與人口移動地模式。政府可以使用這些預測提供人口規劃的政策與社會服務的行動，諸如健康照顧的支出，退休計畫，與反貧窮的計畫。許多企業依據年齡群使用人力的預測去制定發展新的生產線或服務類型的策略方案。

這些只有許多不同情境應用的差異而已，在各種不同情境中各有其預測的被要求以便能夠做好決策的選擇。儘管被要求的預測有其被使用問題情境的廣泛範圍，然而卻只有二種預測技術的類型——質化方法與量化方法。

有關質化方法與量化方法的使用問題，我們將在第二章中會有詳細的探討。

第五節　預測進行的過程與資料的來源

在建立一個時間序列預測模型與要完成預測結果的過程之中，我們需要種種作為或行動，這些作為或行動就是：一、進行預測的過程；二、資料的來源。

一、進行預測的過程

連結把一個或更多輸入資料轉換成一個或更多輸出結果的一個序列作為或行動是一個過程。在預測進行過程的所有作為或行動包括：

（一）問題界定

問題界定包括依據研究機構、公司、與企業組合等（預測的使用者），它們要求預測的預期（expectations）。在這段期間必須被解決說明的問題包括所想要的預測形式（the form）（例如，是要求每月的預測值），預測的限制範圍或要求提出預測產品設計與實際生產間隔之時間，需要的預測值時常如何被修正（預測區間 the forecast interval），要求到甚麼樣的預測精確程度才可以去提供做好最佳的企業決策。這是去介紹提供決策者去使用預測區間作為衡量預測所結合著風險測量的一個機會，如果決策者是不熟悉這樣的研究途徑。時常去更深入許多企業制度系統的面向或角度是必要的，這會使其預測適當的去界定整體問題的預測組成成分。例如，去設計一個提供存貨總值控管的一個預測系統，其資訊可以被要求基於諸如產品儲存期限或其他年限的考量等問題之上，被要求生產製造的時間或在其他情況之下達成產品生產（產品設計與實際生產間隔之時間），可以達成產品生產最適量的經濟結果是有效的可以符合顧客的需求。當多元的產品生產被包括時，預測值集合的程度水準（例如，我們可能預測個別的產品或若干相同產品組成的族群）可以成為一個重要的考慮。預測模型在符合顧客預期的最後關鍵性的成就很多是被決定於問題界定的階段期間。

（二）資料蒐集

獲得提供和歷史有關可以被進行預測的變項所組成的資料，包括有關潛在預測變項（predictor variables）其歷史的資訊。在此其關鍵是「相關的」，時常其資訊的蒐集與儲藏的方法與跨越過去時間的制度系統的變動與不是所有歷史有關的資料對當前研究的問題是有用的。時常去處理某些變項的遺漏值，潛在的界外值（outliers），或其他在過去已發生或出現和問題有關的資料是必要的。在這個時段期間去開始規劃如何進行資料蒐集亦是有用的與未來儲藏問題將如何被掌控，如此資料的信度與完整將可以被保存。

（三）資料分析

資料分析是邁向預測模型的選擇可以被使用的一個重要的基本步驟。時間序列資料的圖形應該被建構與在視覺上可以提供認知的模式可以被檢核，諸如趨勢與季節性的或其他循環組成成分。一個趨勢是演化的或進化的動作，是向上的或是向下的，依據其變項值而變動。所以，趨勢會是長期的或更多動力的趨勢，或相當短的持續時間。季節性是時期序列的成分其作為可以基於一種規則重複進行，諸如依據每年的季節性重複進行。有時候我們將平滑資料去更明顯的進行模式的辨識（資料的平滑方法我們將會在第二章進行探討）。資料的數據摘要，諸如樣本平均數，標準差，百分比，與自我相關，亦應該被計算與被評估，在第二章與第三章將進行探討是必要的。如果潛在預測變項是可資利用的，那變項的每一個配對的散布圖形應該被檢測。一般而言，其資料或潛在的界外值應該被辨識。換言之，這種基本資料分析的目的是在於給予這些資料獲得某種「感覺」，諸如趨勢與季節性的基本模式是如何強烈的一種感覺或意識。這樣的資訊通常會指出量化預測方法的最初類型與甚麼樣的模型要去探究的問題。

（四）模型的選擇與適配

一個或更多預測模型的選擇與其模型是否適配於資料。依據適配於資料的方法，我們意指要去進行估計未知模型參數，在迴歸的分析中通常採用最小平方估計方法。在後面的各章中，我們提出時間序列模型的若干類型與討論模型適配於資料的種種程序。我們亦將探究評估模型適配度的方法，與決定任何基本的假設是否違反的問題。在辨識不同候選模型之間的區別是有效的。

（五）模型效度的檢驗

預測模型的評估是在於決定要去執行意圖應用於實際的預測它是如何可能。這必須超越我們前述「適配」模型的評估方法與歷史資料，而必須檢證預測誤差多大將被驗證於當模型被使用於去預測「新鮮的」或新資料。適配誤差將總是會比預測誤差小，而且這是一個重要概念，這樣的概念我們將在這本書中強調。一個廣泛被使用檢測一個預測模型效度的方法，是把資料分成二個部分，一個適配部分與一個預測部分。模型是僅適配於適配資料的部分，而從模型獲得的預測值被模擬提供預測部分的觀察值。這對於提供預測模型將如何執行預測的指引是有用的。

（六）預測模型的發展

要保證顧客理解如何使用模型與適時地從模型中產生預測值變成儘可能依慣例是重要的。模型的維持，包括確認資料來源與其他被要求的資訊將持續對顧客是可資利用的，亦是一個重要的問題，這樣的問題會影響到預測值的時效性與最終的使用性。

（七）預測模型成效的檢驗

預測模型成效的檢驗應該是一個持續的行動作為於該模型已被形成發展之後，去確認它仍然是可以獲得令人滿意的執行其預測。在跨越時間中條件狀況的改變，與在過去跨越時間中被執行很好的模型在執行預測成效方面會退化，是預測的本質或屬性。通常預測成效的退化將會產生較大的或更多系統的預測誤差。由此可知，預測模型誤差的檢驗是良好預測系統設計所必要的一個作為。

二、資料的來源

有很好多樣性的資料來源可以有助於技術的專業化，它們包括正在發展形成的預測模型與準備成為預測值。有三種專業的期刊雜誌（professional journals）有助於去進行預測：

（一）預測期刊雜誌（Journal of Forecasting）

（二）預測的國際期刊雜誌（International Journal of Forecasting）

（三）商業預測方法與系統的期刊雜誌（Journal of Business Forecasting Methods and Systems）

這些期刊雜誌會發表一種新方法論的混合，有貢獻於提供預測方法的評估研究，及案例研究與應用。除了這些專業化預測期刊雜誌之外，還有若干其他主流的統計學與企業經營研究／管理科學期刊雜誌，這些期刊雜誌會發表有關預測的研究報告，包括：

（一）商業與經濟統計期刊雜誌（Journal of Business and Economic Statistics）

（二）管理科學（Management Science）

（三）海事研究物流的管理（Naval Research Logistics）

（四）公司經營研究（Operations Research）

（五）生產研究國際期刊雜誌（International Journal of Production Research）

（六）應用統計期刊雜誌（Journal of Applied Statistics）

以上所列出的資料來源只是就目前在進行時間序列資料分析時，比較被普遍使用的資料來源。總而言之，很多有關進行預測的研究傾向於可以參考在各種多樣研究領域所發表的研究報告，或各種專業領域所提出的預測研究。

有許多有助於進行這方面預測研究的著作。除了在前述資料的來源所提出的著作之外，在此我們可以推薦幾本值得參考研讀的著作，諸如：Box, Jenkins，and Reinsel（1994）；Chatfield（1996）；Fuller（1995）；Abraham and Ledolter（1983）；Montgomery，Johnson，and Gardiner（1990）；Wei（2006）；and Brockwell and Davis（1991，2002）。

有許多統計軟體程式適合於進行預測模型的分析，諸如：Minitab，JMP 與 SAS 等統計套裝軟體可以進行預測模型的分析。在本書中，我們使用 SPSS（13 版）、SPSS（18 版）與 Matlab 統計套裝軟體進行預測模型的分析，因為它們不僅是具有優異能力去解答預測的問題，而且它們在國內目前是比較普遍被使用的軟體。

第六節　本書分析架構的說明

本書分成八章，在本章的導論中，主要的目標是在於使本書的讀者能夠認知甚麼是時間序列分析的預測模型，其基本概念的認識，和其組成的三個成分，與簡介預測的性質與使用。在研讀本章的導論之後。你就可以概略地認知時間序列的分析與預測模型，它的基本概念或關鍵詞，預測的性質等。

在第二章時間序列分析與預測的基本技術中，我們的主要分析目標與內容是能夠儘可能地把時間序列分析與預測的基本技術及使用方法呈現出來，時間序列分析與預測的基本技術可以依據時間序列的成分：趨勢成分、循環成分、季節成分、與不規則成分，從各成分中去理解使用平滑法預測技術中那一種方法，諸如：移動平均，加權移動平均，與指數平滑最適用於進行那一種成分的分析。並理解移動平均，加權移動平均，與指數平滑的基本概念，使用時機，與計算方法，與其移動平均，加權移動平均，與指數平滑方法如何結合使用的問題。在進行探討平滑法預測方法之前，當然要理解預測誤差的測量的重要性，因為預測技術通常會被引進不同的預測方法。一個決策者要認知那一種預測技術在預測未來是最佳執行的工具？是以進行比較那一種預測技術方法在獲得真正預測值的過程中所產生誤差最少的方法為其選擇之一。其預測品質的焦點是在於整體預測品質管控中其預測所扮演的角色。有若干預測技術已被提出它們可以被使用去測量整體誤差。一個個體誤差的檢測會給予某些預測的精確度提供某種洞察力。所以，任何可以被使用於去計算預測誤差的方法，其選擇端視預測者的目標需求而定，預測者需要熟悉預測技術，與使用電腦預測軟體進行誤差測量的方法。有若干可以被使用於去測量整體誤差的技術方法已被提出，這些方法包括平均誤差（mean error, ME ）、平均絕對離差（Mean Absolute Deviation, MAD）、均方差（Mean Square Error, MSE）、平均百分比誤差（Mean Percentage Error, MPE）、平均絕對百分比誤差（Mean Absolute Percentage Error, MAPE）。

在移動平均，加權移動平均，與指數平滑的探究中，我們使用方程式配合 SPSS 軟體中視窗介面上 Transform 中的 Compute Variable... 與 Create Time Series... 計算操作項，進行問題的計算。這兩個計算操作項的計算與操作方法，我們依據問題的性質作種種技術方法的計算與操作。期望讀者能夠熟練其計算與操作方法，在進一步研習本書第七與第八章之前。在第七與第八章中是在於利用古典分解法預測時間序列去進行季節因素的運算，消除季節性因素以顯現趨勢，與季節的調整的過程。其中從四季移動平均，季節——不規則成分中去獲得季節因素，在我們所提出的範例的探究中我們所得到的季節因子，有時必須做最後的調整，因為在相乘或倍增的模型中，季節因子的平均必須等於 1.00；即其因子和必須等於 4.00。若是超過了，就必須調整，在我們的例子中，季節因子的平均恰等於 1.00。因此不必做此類的調整，然而在其他例子裡，做稍微的調整也許是必要的。為了要顯現隱含有季節效果的時間序列中的趨勢，首先我們必須從原時間序列中消除季節的效果，此程序稱為消除時間序列的季節性。至於調整的方法是簡單地把每一季節因子乘上季節的數目，而後除以未調整前的季節因子和即可。我們經由趨勢已經得到了下四季的銷售量預測值，現在我們加上季節的效果時，這些預測值就必須加以調整。接著，我們使用 SPSS 軟體的分解法進行預測，其中的計算與操作方法是前述四季移動平均，季節——不規則成分，季節因子獲得，消除季節性因素，與季節性調整的過程。其後，使用五年的時間序列資料的範例，使用前述第八節的相同方法進行探求十二個月的季節性因素或因子。其以更詳細的與更完整的技術方法進行分析，期望讀者研習本章之後，就能夠完全理解與掌握基本時間序列分析的技術方法。

第三章的探究內容是在於承繼前述第二章中有關利用迴歸模型預測時間序列的主題，擴大在時間序列分析中迴歸技術的統合應用問題。

時間系列迴歸分析的最大優勢是要去解釋過去與預測未來兩者變項所關切的行動作為是可能的。如此，一個時間系列的過去歷史是被要求去執行雙重的責任（Nelson，1973：19）：第一、它必須告知我們有關個別的機制（mechanism），這樣的機制透過時間與次第（through time and second）描述其演變，它允許我們插入這樣的機制以作為預測未來。如我們可看到，這兩者的努力可以被預測係基於能夠去正確地假設（postulate）一個模型與估計它的參數。例如，在國際政治與決策分析問題探究中，美國對於要花多少國防支出的決定是總統，國會，民意，與其他世界領導者所最大的關切之所在。它是我們嘗試去理解其決策是如何形成與其決策機制未來的支節問題（ramifications）是可能會有甚麼樣的結果。又如，在企業經營問題探究中，企業經營者對某一種產品要支出多少廣告支出才能夠使產品的銷售量按廣告支出的比率而增加，在甚麼樣的支出比率之下才能夠合乎其效益原則，而形成其決策。在這些問題的探討上，在本章的主題探究中，吾人將致力於提供某種相關技術的討論，以期望我們探究的主題能夠反應於時間序列迴歸模型的技術方法上。其中，我們從迴歸模型的技術方法最小平方的估計式開始，以一個研究範例建構一個迴歸分析模型，然後進行研究範例的單變項多元迴歸分析。其過程以原始資料，離均差分數，使用方程式的計算方法，與變異數——共變數矩陣與相關係數 R 矩陣，使用 MATLAB 軟體進行計算與分析。接著，以原始資料，離均差分數使用矩陣代數進行統計上顯著性檢定考驗，個別迴歸係數的信賴區間檢定，標準差，標準誤，t 分數，變異數，與迴歸平方和等的求取方法，最後以 SPSS 軟體進行單變項多元迴歸分析的結果以檢測前述的分析過程是否相符。這樣的分析過程都以最小的篇幅，最簡易的方法，呈現出一個非常完整的單變項多元迴歸分析與其檢定考驗方法。希望以這樣有系統的與完整的描述方法能夠包括單變項多元迴歸分析與其檢定考驗方法的精髓，提供讀者參考，而能夠以最少的時間掌握單變項多元迴歸分析與其檢定考驗方法的完整架構，很快地進入時間序列迴歸分析的研究領域。

然而，在時間序列迴歸分析的未滯延的案例中，有誤差項，非自我迴歸的假設，如果違反非自我迴歸假設的結果會使估計模型產生偏估或低估的問題，與傳統對自我相關的檢定問題；在滯延的案例中，凡是過去對時間序列迴歸分析有些經驗認知的讀者，我們必須面對要去獲得係數變異數不偏估的估計式會面臨很多的麻煩，縱使其係數估計本身是不偏估的，而事實是會有些令人困擾的問題。不過在進行探討的過程中會有提供評估不同類型模型的基礎理論；在許多案例中這些不同的模型要面臨更多嚴厲的估計問題。在滯延的案例中我們將集中焦點在合併滯延的內衍與外衍變項的這些模型上。基本上有兩種時間滯延的類型：(1) 內衍變項滯延的值與 (2) 外衍變項的滯延值。其中亦面臨到自我相關的檢定與估計方法的問題。綜合言之，在時間序列迴歸分析中，會有殘差的自我相關的問題，因而有 OLS 估計方法，通則化的最小平方（Generalized Least Squares, GLS），虛擬——GLS 估計，與 IV——虛擬 GLS 方法的提出與比較。

接著，時間序列迴歸模型主要用法之一是要去產生依變數的預測。在預測的關聯系絡中的主要目標是在於去推測超越樣本的限制與由此可以使它通則化到非樣本的情境（non-sample situations）（Klein, 1971: 10）。由此可知，一個預測（forecast）或預估（prediction）是被限制為「企圖或嘗試基於從樣本觀察中所決定的關係上去製作產生有關非樣本情境的科學陳述」（Klein, 1971: 10）。然而，所有的預測可以被預期包含有某種誤差的存在。要使用預測誤差的認知去製作有關已產生的預測機率陳述是可能的。這些預測將包含獲自二個不同來源一個誤差的確定量。誤差的大小程度可以被估計與其預測區間也可以被建構。在這一點上，去產生點與區間預測之間的區分似乎是明智的。一個點預測是一個變項一個單一值的預測（a single valued prediction）。一區間預測提供一個區間其中吾人可以預期去發現真實值其時間的一個固定的比例或比率。

在本章中我們使用時間序列許多先驅著作者的基本概念，分析架構，分析技術，與數學方程式建立的模型，其學習、研究、與認知的過程是從許多有關這方面研究領域有專業性與學術性的著作著手開啟學習、研究、與認知的過程。從以上各節如從前述迴歸的基本方程式，模型的建構，最小平方的估計方法，和前述這方面研究領域有所貢獻與成果的著作者或先驅者的著作中，如 Ostrom（1978）所提出有關美國國防支出問題中，呈現出美國對蘇聯國防支出的關切，追求戰略優勢或平衡的決策過程，其中出現自我相關，提出 Durbin-Watson 統計量檢定，差分，滯延，與自我迴歸等的問題。其中提出中國（中共）國防預算問題，期望能夠呈現出自我相關，Durbin-Watson 統計量檢定，以便呈現迴歸技術應用於國際政治中國防問題的研究範例，希望能夠從中解釋說明迴歸技術如果應用於國防預算問題的研究。希望有助益於時間序列迴歸分析技術的突破與創新。

總而言之，本章是從迴歸的基本方程式，模型的建構，最小平方的估計，這方面研究領域有所貢獻與成果的著作者或先驅者的著作中，不斷地學習、研究、認知、實驗、試誤、與修正的研究成果，希望有助益於時間序列迴歸分析技術的突破與創新。

在跨越時間的過程中發生相關的誤差項被稱為是自我相關（autocorrelated）或序列地相關（serially correlated）。

在第四章中是承繼前述的第三章的迴歸技術於時間序列分析中所呈現出的自我相關，自我迴歸的誤差問題提出更詳細的說明，接著提出自我相關與 Durbin-Watson 的檢定方法，然而呈現自我相關測量中 Cochrance-Orcutt 程序，Hildreth-Lu 程序，與一階差分程序的比較研究等等，期望能夠透過本章的進一步解釋說明，使前述第三章所呈現出的問題獲得更深入的理解，以啟示讀者能夠體驗到前述第二章所提出的時間序列基本技術是在於介紹有關時間序列問題的基本技術方法。若想要進行時間序列問題的學習與研究，需要有系列地從第三章、第四章、及以下第五章等等，循序漸進的研習，才能給予你提供有系列的，完整的時間序列分析技術。

在第五章中，時間序列準實驗的 Box-Tiao 模型開始以一個噪音成分，一個時間序列的 ARIMA 模型進行實驗。使用 ARIMA 模型被建立的程序已在圖 5-10 中輪廓地被描述為一個流程圖（a flow-chart）。在季節之內，這個模型的建立策略可以在機制上被遵循去達成一個 ARIMA 模型它在統計上是達到足夠的條件（它的殘差是無害的）與達到簡約的（parsimonious）（它有最少的參數數目與在統計上達到足夠的條件之中有最多自由度的數目）。的確有很多可以選擇的或對立的模型其建立的策略可以在機制上被遵循。無論如何，這些可以選擇的，對立的模型其建立的策略，一般而言，並無法導致產生一個模型，必須具備有在統計上達到足夠的顯著性與達到模型的簡約性兩者的條件，才能成立。

已建立了一個能夠提供時間序列達成一個令人滿意的噪音水準之後，分析者下一步驟就在選擇一個適當的干預成分它是可逐步增加地被連接到噪音的成分。如此，這種完整影響評估的模型可以被寫成如

$$Y_t = f(I_t) + N_t$$

我們已描述了三種簡單的干預成分，每一種均結合著一種個別的影響模式。因而在理念上，分析者對其影響模式將會有一種預期影響的先驗概念（a priori notion of the expected impact）；它在起初會是突然的或逐漸的，例如，在發生期間會是持久的或暫時的。有很多機會情境可以使用這三種簡單的干預成分。它們是簡約的（包含不超過二個參數以上），它們已廣泛地被使用與如此實況地被進行檢定考驗，與它們似乎是在於描述經驗社會影響的或衝擊的現象。一種可增加機會情境的是這三種簡單的干預模型在邏輯上是相關的，如此就可以給予進行檢定考驗對立影響的或衝擊的假設（testing rival impact hypothesis ）提供理論檢測的基礎。

一旦一個令人滿意的影響評估模型已被建立（即是它的參數已被估計，與它的殘差已被診斷）。此時，分析者就必須解釋其進行估計與診斷的結果。在許多準實驗的著作中，其解釋僅由檢定考驗一個虛無假設（a null hypothesis）所形成的條件即可：即解釋該干預對時間序列是否有達到一個統計上的顯著性？無論如何，在許多案例中，一個解釋該分析的足夠條件要求諸如影響形成的某些陳述。它是突然的或逐漸的形成，持久的或暫時的？如果起初是逐漸的形成，如何會逐漸的形成？所有這些問題均可從模型參數的估計過程中獲得解釋的答覆。

一般模型的建立策略在罕見的案例將會要求某些稍微的修整。在 the Directory Assistance 時間序列中，例如，即從前干預序列所估計的 ACF 與 PACF 的影響是如此大。從整體序列進行估計的 ACF 與 PACF 會受到該序列中的真正影響所控制或壓制與所扭曲。The Hyde Park purse snatching 序列 and the Sutter County Workforce 序列，另一方面，有相對比較小的影響，如此其噪音成分可以從過去整體時間序列已估計的 ACF 與 PACF 中被辨識。所以，依據我們的觀點，大部分社會的影響將

會是這樣的大小程度，由此在辨識中將出現較少的實際問題。所以，分析者在這一點上依然必須運用常識的判斷。

在本文中時間序列分析所呈現的已被假設讀者將練習熟悉這些方法。實際上，這是唯一學習時間序列分析的方式。在過去，時間序列的分析方法無法被社會科學家所廣泛使用是因為其所應用的程式軟體無法被接受。現在已非昔比，在本書中使用 SPSS 軟體，從第六章開始，我們就使用 SPSS 軟體程式進行分析，尤其是在第七章中我們使用 SPSS（13 版本），按照時間序列分析著作先驅者的論述方法，以範例配合指數平滑模型、自我迴歸、ARIMA、季節的分解、與光譜的曲線圖等專題進行探討與說明。

特別值得一提的是在第七章中的 ARIMA 是配合本章中所探討的 ARIMA 模型代數與技術分析，使用 SPSS 軟體更進一步應用於 ARIMA 模型問題的分析與探討，使讀者能夠體驗 ARIMA 模型代數與技術應用實際 ARIMA 模型問題的實況分析。在第八章我們使用 SPSS（18 版本），其操作方法和 SPSS（13 版本）比較會有些差異因為其結構上有些差異，然而只要吾人熟悉其操作方法與其結構位置，深信會很快地克服其困境。

在第六章中，在完成前述第二、第三、第四與第五章的個別有關時間序列專題研究領域之後，從前述的各個章節中，可以發現時間序列的預測模型是一種分析問題的重要技術與方法，它的重要性與需求性跨越許多研究領域包括商業與工業、政府學（government）、經濟學、環境科學、醫學、社會科學、政治學、與財政學。它是很多分析技術的一種整合，諸如前述的迴歸分析、指數平滑、移動平均、自我迴歸統合移動平均（ARIMA）與季節性分解（decomposition）等等技術方法的整合。吾人鑑識到有關時間序列的問題是多種分析技術的一種整合，所以本章期望能夠整合前述的分析技術，進行有系統的時間序列資料分析。

資料時常是以規則間距的方式被採取進行一個變項的測量。諸如每週、每月、每季與每年。股價是以每日的規則間距方式被報導，利率（interest rates）是以每週被公告（posted），銷售量的數字是以每週、每月、每季與每年的規則間距的方式被給予。存貨與產品的水準亦以規則時間的期間方式被記錄。這種記錄方式持續進行。自我相關概念的序列關聯圖形或曲線圖（the sequence plots）是以時間序列資料縱向分析（longitudinal analysis）的重要面向或角度被引進介紹。

從跨越過去時間的一個過程中所蒐集的資料可以給予該序列提供預測未來各值一個獨特呈現的機會。如果給予過去序列的行為能夠以一個統計模型來足夠適當的呈現出其行為模式的模型可以被發現與其過程能夠持續以相同方式去運作於未來的預測，那麼其種種的預測值就可以基於這種模型的基礎之上被進行製作。但是僅僅只有種種的預測值是不足的，如果該模型能夠足以描述該列序的行為，而且其測量的精確度可以與其種種的預測值相符合。預測間距（prediction intervals）可能是要去包含未來值，這些預測間距是預測過程的一個重要研究面向或角度。所以，迴歸模型的理念是首先被擴張或延伸到時間序列資料。

本章的目的是期望以 SPSS 軟體（18 版）程式，以一個完整的系統把前述時間序列的基本技術方法，諸如時間序列的迴歸模型中的一個預測式模型，二次方程式趨勢，診斷：自我相關的修正，Durbin-Watson 的統計量，與差分的技術，以範例輸入 SPSS 軟體進行分析。其中，一方面熟悉時間序列的基本技術的問題；另一方面可以熟練 SPSS 軟體（18 版）程式的操作方法。接著，我們深入探討滯延，自我迴歸（AR(1) 模型）與 AR(2) 模型，指數平滑中平滑常數的選擇與雙重指數平滑的探討與 SPSS 軟體（18 版）程式的使用方法。希望有助於提供讀者加深時間序列的技術方法與 SPSS 軟體的運作過程。

在第七章中，是綜合前述第二、第三、第四與第五章的理論性與技術性的問題，以專題的方式使用 SPSS 軟體（13 版）進行分析，因為 SPSS 軟體（13 版）的設計能夠配合前述各章節中的理論性與技術性探究的方式，因為其中有某些使用方程式計算的過程去進行預測模型的建立。

從本章的陳述與探究方式，雖然會有些繁複的過程，然而這樣的探究方式是從學理基礎的探究開始。期望有助於讀者對於時間序列問題的探討，能夠從學理基礎的探究逐步的深入理解與熟悉。

在第八章中，在我們前述的各章中，我們已從基礎的時間序列的分析技術探究，迴歸技術的探究，自我相關與自我迴歸問題，ARIMA 模型代數與技術分析，時間序列的資料分析與 SPSS（18 版）的操作過程，時間序列預測模型專題的分析與 SPSS（13 版）的操作，等等。其中從基本分析時間序列的概念，諸如：SPSS 在 13 版本之後，從 15 版本出版以來在時間序列的程式方面就有很大的改變或革新，其主要革新部分是如前述從第一節第四節中使專業的模組器與套用模式進行時間序列的分析，其中最主要的優勢有二：（一）在模型的建立過程或程序中得以省略模型辨認，估計，與診斷的過程，（二）把複雜的 ARIMA 模型（0,0,0）與 ARIMA 模型（0,d,0）過程隱含在 Create Model 的程序中。因而，對於前述第七章使用干擾分析去決定市場分配的問題，如果吾人對於其中程式的運作不熟悉而不去使用

ARIMA 模型的建構，是非常遺憾的。

基於善用新軟體的優勢，又能善用新軟體內含舊內容的獨特性之思維。所以，吾人從本章開始，思考把含蘊在 SPSS18 版本之中舊內容的獨特性再度以 SPSS18 視窗版面去進行前述第七章後面部分三個專題的分析，其中雖然分析內容是一樣的，然而其主要目標是在於能夠以 SPSS18 視窗版面去進行分析，使沒有 SPSS13 版本的讀者亦能夠熟識新軟體含有舊內容的獨特性之預測加上模型的建構可以提供實現建立模型與產生預測值二個任務的程序。

時間序列模型塑造程序可以估計指數平滑，單變項（univariate）自我迴歸統合移動（Autoregressive Integrated Moving Average, ARIMA），與提供時間序列的單變項 ARIMA（或轉變函數模型），與產生預測值。該程序包括一個專業模型模組器它可以自動地辨識與估計最適配的 ARIMA 或指數平滑模型提供一個或一個以上的依變項序列。如此可以減少要去辨識一個適當模型要透過實驗與錯誤的要求。很幸運，由此你可以辨識一個習慣的 ARIMA 或指數平滑模型。基於前述實現建立模型與產生預測值二個任務的程序，可知本章的主要目標就是在於能夠承繼前述七章的基本技術條件，可以更進一步深入去體認 SPSS 軟體在 15 版本之後，為了可以節約問題辨識、估計、與診斷的過程。

第七節　結語

本書是以「時間序列分析」為書名，從時間序列分析與預測的基本技術開始，依據時間序列的成分：趨勢成分、循環成分、季節成分、與不規則成分，從各成分中去理解使用平滑法預測技術中那一種方法，諸如：移動平均、加權移動平均、與指數平滑最適用於進行那一種成分的分析。並理解移動平均、加權移動平均、與指數平滑的基本概念，使用時機，與計算方法，與其移動平均、加權移動平均、與指數平滑方法如何結合使用的問題。接著，我們提出分析時間序列的迴歸的預測分析技術。在時間序列的迴歸的預測分析技術中有許多假設與自我相關的問題，如果違反其假設與出現殘差自我相關的問題時，都會影響到估計模型的偏估問題。這些問題亦會產生預測誤差的問題。這些問題的克服與解決方法，或自我相關的修正測量，諸如，增加一個自變項（預測變項），已被轉變變項的使用，一階的差分的程序，自我迴歸的使用等等。在自我相關的修正測量中，ACF 與 PACF 圖形的使用，接著 The ARIMA 程序允許你去創造一個自我迴歸程序統合移動平均（ARIMA）的模型，它是適合於去建構時間序列可以敏銳調整的模型。

ARIMA 模型可以提供建構趨勢與季節成分模型，它有更多人為機制的方法甚於指數平滑模型所能提供的，所以 ARIMA 模型允許我們在模型中可以包括預測變項成效問題的探討。在 ARIMA 模型代數與技術分析問題中，我們使用 ARIMA 模型（0,0,0）與 ARIMA 模型（0,d,0）過程，自我相關函數，移動平均模型，自我迴歸的模型，混合自我迴歸——移動平均模型，模型的建構，季節的模型，與模型的（一）辨識（二）估計（三）診斷（四）影響評估，等等問題，我們都進行深入的探討。

從一般時間序列分析與預測的基本技術開始，到時間序列迴歸預測模型的建立中，使用最小平方估計方法中，殘差自我相關問題的出現，自我相關的修正測量中，提出滯延，差分，自我迴歸技術的使用，結合到 ARIMA 模型的建立。有關 SPSS 軟體能夠提供進行建構 ARIMA 模型程序的操作方法作更詳細的分析與探討。吾人相信經過以下的範例與 ARIMA 模型程序的操作，可以提供讀者對 ARIMA 模型中所謂的自我相關函數、移動平均模型、自我迴歸的模型、與混合自我迴歸——移動平均模型的基本概念和進行其統合與差分的，混合模型的過程，將會有更清晰的，更有系統的認識 ARIMA 模型的建構，辨識，估計，診斷，與影響評估。尤其是干擾問題的策略與分析，將會有更深入的體驗與有系統完整的建構。

分析時間取向的資料與預測一個時間序列的未來值是許多研究領域之中分析者所面臨的最重要的問題，其研究領域從財政學與經濟學，到製造生產管理學，到政治與政治研討會的分析，到生態環保政策的決策對人類的影響。均需依據跨越過去的時間序列資料進行估計，評估，與預測，然後再進決策的評估與選擇。由此，在各行各業領域的研究中就有一群專業的研究者，包括財政、經濟、科學、工程學、統計學與公共政策的學者就需要去理解時間序列分析與預測的某些基本概念與理論的應用。然而，在大部分的基本統計與公司經營管理的書籍中，對於時間序列資料的分析與預測技術方法，卻很少有一套完整理論系統與預測方法的分析。個人期望本書的出版能夠使讀者的研究方法，提供更多研究方法的選擇。

Chapter

02

時間序列分析與預測的基本技術

第一節　緒言

每一天，經營者（manager）都要作決策，如果無法獲知在未來將會發生甚麼事，那該如何？存貨（inventory）是要被預定的，雖然沒有一個人知道將會有多少的銷售量，與新的設備是要被預先購置的，雖然沒有一個人知道市場產品的需求量將會有多大，與投資亦要被決定的，雖然沒有一個人知道將會有多少利潤。經營者（manager）總是要嘗試去減少這樣的不確定性與要對未來將會發生甚麼事做最佳的估計。完成這樣的問題是預測的主要目的。有許多方法可以去預測未來。在很多公司中（尤其是較小的公司行號），整體過程是主觀的（subjective），就像涉及褲子修正的方法一樣（involving seat- of - the pants methods），涉及直覺，與年資經歷的問題。有許多量化的（quantitative）預測方法，諸如移動平均（moving average）、指數平滑（exponential smoothing）、趨勢投射（trend projections）與最小平方迴歸分析（least squares regression analysis）。

規劃未來是任何組織在經營上極為重要的一環。事實上，一個企業的長期成功，是與其管理當局預測未來而採取適當的對策的能力有著密切的關係。良好的判斷、直覺、對經濟情況的了解，皆能帶給管理者對未來即將發生什麼的粗略概念或「感覺」。然而這種「感覺」是很難以轉換成如下一季的銷售量，或明年每單位的原料成本等的實際資料。因此，本章的目的，即是在介紹可以幫助企業對於未來經營方向的幾種預測方法。

假設此時我們要求提供某特定產品在未來一年銷售數量的季估計。顯然的，生產排程、原料進貨計畫、存貨控制及銷售配額等，皆將受此估計值的影響。因此不良的估計，將使計畫失調而導致成本增加。然而，我們如何才能做好每季銷售量的估計值呢？

首先，我們必須要觀察該產品過去時期的實際銷售量資料。假設我們已有了過去三年的每季銷售量資料。從這些資料，我們可以知道一般的銷售水準及了解整個時期的銷售量是否有增加或減少的趨勢。更進一步地，可從這些資料顯示每一季的模式，如每年的第三季為銷售量的高峰，而第一季為谷底。經由觀察過去的資料，我們更了解過去的銷售量模式，進而也使我們對未來銷售量提供更好的預測。

過去的銷售量資料，我們稱之為時間序列。更明確地說，時間序列是一群發生在連續的時間點上或是整個連續時期上的觀察值所形成的集合。本章我們將介紹幾種分析時間序列資料的方法，其目的即在於對時間序列的未來數值提供良好的預測值（forecasts）。

預測方法可分為量化方法（quantitative method，定量法）與質化方法（qualitative method，定性法）二種。量化的預測方法是分析時間序列或可能與時間序列有關的過去資料的方法。若我們預測的方法，僅限於使用過去的序列資料值，則此一方法，我們稱之為時間序列法。在本章我們將討論三種時間序列法：平滑法（移動平均及指數平滑）、趨勢投射法及古典分解法。若我們在預測時所使用的過去資料，是含有與此時間序列有關的其他時間序列，則我們稱之為因素法。我們利用多元迴歸分析為因素預測的方法。質化的預測方法，一般是由專家的判斷來進行預測的。圖 2-1 提供了幾種不同種類預測方法的概觀。

第二節　預測的類型

因為經濟與企業的經營會隨時間的變動而變動，所以企業的領導者必須尋求發現這些的改變能夠與效益並駕齊驅的方法而將發生作用於他們經營運作的管理上。企業的領導者可以使用作為未來經營運作需求規劃中的一種技術是預測（forecasting）。雖然有很多的預測方法被推薦，它們所有的共同目標——是在於對未來的事件作預測如此這些計畫（these projections）就可以被併入決策的過程中。

對預估的需求瀰漫遍及於現代的社會。例如，政府的官員必須能夠去從私人與公司所得稅收中去預測諸如失業、通貨膨脹、工業生產、與預期的歲入稅收總額的問題以便能夠去規劃政策。一間大的零售公司的市場行銷執行長（marketing executives）必須有能力去預測產品的需求、銷售的盈利（sales revenues）、消費者的傾向（consumer preferences）、存貨總值（inventory），等等，以便對當前的與未來的營運方向作適時的決策，並參與公司策略規劃的行動。一間航空公司的經營者為了維持其航空公司團隊的經營水準，他（她）可選擇放棄與淘汰公司的部分設施與人員，所以基於維持其航空公司團隊的經營水準，他（她）必須有能力基於航空公司擁有的飛機數量，受雇者人數的可使用性，與乘客人數的需求去作預測。大學或學院的行政者必須基於全國人口的規劃去進行學生入學的事宜與基於科技發展的課程發展趨勢去進行預測以便去計畫宿舍與其他學術設備的建設，計畫學生與教師的甄選，與進行其他種種需求的評估。

基本上有二種預測的研究途徑：質化的與量化的。質化的預測方法是特別地重要於當歷史的資料是無法可資利用（unavailable）時，如在這種情形之下，例如，如果市場行銷部分想要去預測一項新產品的行銷時。質化的預測方法被認為是會太過於主觀與判斷。這些方法包括 the factor listing method，expert opinion，and the Delphi technique。

另一方面，量化的預測方法是在於製作歷史資料的使用。其目標是在於研究在跨越過去的時間已發生了甚麼樣的事以便能夠更加理解資料的基本結構與由此可以給予預測未來事件的出現提供必要的工具或方法。

量化的預測方法可以被區分成二種類型：時間序列與因果（causal）。時間序列預測方法包括一個變項各個未來值基於完整過去與現在其變項的觀察值之上所產生的投射方法（the projection）。

在本章中我們考量到的預測模型，可以被分類成為三個範疇之一：時間序列模型、因果模型與質化的模型（參考圖 2-1）。

一、時間序列模型

量化的預測方法是在於製作歷史資料的使用。其目標是在於研究在跨越過去的時間已發生了甚麼樣的事以便能夠更加理解資料的基本結構，由此可以給予預測未來事件的出現提供必要的工具或方法。

量化的預測方法可以被區分成二種類型：時間序列與因果（causal）。時間序列預測方法包括一個變項各個未來值基於完整過去與現在其變項的觀察值之上所產生的投射方法（the projection）。

一個時間序列是一個數目字資料的組合，它是在跨越過去的時間以有規律的或正常的循環期間所獲得的資料。

例如，在紐約股票交易市場上一個特別股票每日的收盤價格（the daily closing price）可以建構一個時間序列。其他經濟的與商業的時間序列範例是每月公布的消費價格指數（the Consumer Price Index），國內總生產（gross domestic product，GDP）的每季報告書，與一個個別的公司紀錄它每年的整體銷售盈利（total sales revenues）。

時間序列，無論如何，是不受限於經濟的與商業的資料研究。例如，在你學院的教務主任可以希望去調查在過去十年期間是否有維持持續同一的教學水準以達成教育的目標。

因果預測模型（causal forecasting models）包括和被預測的變項有關的決定因素。這些包括以滯延變項的多元迴歸分析（multiple regression analysis with lagged variables），計量經濟的模型（econometric modeling），主導的指標分析（leading indicator analysis），擴散指數（diffusion indexes），與其他經濟的測量器（other economic barometers），它們的探討超出本章的討論範圍。這些分析可進一步參考 Chambers, J., Mullick, S.K., and Smith, D. D. (1971) Mahmoud, E. (1984) 的研究論文。在此，我們基本的研究焦點是集中於時間序列的分析。

時間序列模型企圖使用歷史資料去預測未來。這些方法製作去假設未來所發生的是在過去已發生的一個函數（a function）。換言之，時間序列模型注意到跨越時間的一個時期已發生的與使用過去時間的一個序列去進行製作一個預測。如此，如果我們正進行預測割草機的每週銷售量，我們會使用過去割草機每週銷售的數量以進行製作一個預測。

我們在本章要進行檢測與探討的時間序列模型是移動平均，指數平滑，趨勢投射，與分解（decomposition）等預測的模型或技術方法。迴歸分析可以被使用於趨勢投射與分解模型的類型之一。本章所要強調的是時間序列的預測。

二、因果模型

因果模型基本概念的理解，是在從實驗研究的因果關係與理論角色的論述之中，得知因果模型的用法，就是如何使因果的理論化（causal theorizing）與問題系統化的陳述或規劃。因此，在我們面對真實資料使用因果分析技術之際，就必須執著把一種因果研究邁向理論化的途徑作為一種啟發式的設計是有價值的，以因果思考有關的問題與建構一個箭矢的圖解分析圖（arrow diagram）來反映因果的過程，時常可助長其假設的陳述達到更為清楚的效果。由此，Meter 與 Asher 在其「因果分析：它對政策研究的預示」（Causal Analysis: its promise for policy studies）一文中就認為因果的思考與箭矢的圖解分析圖對政策的研究具有啟發式的價值（Van Meter and Asher, 1973）。

依此方式，我們可以思考一個決策者，面對他的目標是去改善學生有關各種標準化測驗的成績（standardized tests）為例。假定決策者有一個他可控制的變項，即是支付於教育的經費。這樣的變項可以被標示為可操縱的變項（a manipulative variable），它係由決策者在各種外在束縛或限制（external constraints）所加諸的某些限制之下依其目標作良知的決定。因而，假定增加教育經費可以改進學生的成績問題，對於這樣的問題我們可思考更多與因果相關的問題。例如，思考把教育經費支付於去雇用更多優良的老師是否可降低學生與老師的比例，或思考把教育經費支付於去雇用更多優良的師資，或思考把教育經費支付於改善教育設施與發展教育改革計劃？甚麼樣的抉擇可提出這些方案作最適當的教育經費的混合支出？在此情境之下，我們就可呈現決策者採取下列圖解分析圖的情境。

因果模型（causal model）把能夠影響到被進行預測的影響數量（quantity）之變項或因素併入預測模型中。例如，一種 cola 飲料的每日銷售量端視季節，平均溫度，平均濕度，它是在週末或星期日，等等因素而定。如此，一個因果模型會企圖去含蓋季節，溫度，濕度，星期的假日，等等因素。所以，因果模型亦包括過去的銷售資料為時間序列模型，然而它們亦包括其他的因素。

作為量化分析者的工作是要去發展形成銷售量或被預測變項（依變項）與自變項組合之間最好的統計關係。最普遍的量化因果模型是迴歸分析，它已在個人已出版的著作中被提出。還有其他的因果模型存在的，這些模型許多是基於迴歸分析的。

三、質化的模型

質化的預測方法是特別地重要於當歷史的資料是無法可資利用（unavailable）時，如在這種情形之下，例如，如果市場行銷部分想要去預測一項新產品的行銷時。質化的預測方法被認為是會太過於主觀與判斷。這些方法包括 the factor listing method，expert opinion，and the Delphi technique。

由此可知時間序列與因果模型信賴量化資料，質化的模型企圖去把判斷與主觀因素併入預測模型。由專家所提供的意見，個人的經歷與判斷，其他主觀因素亦可以被考慮。質化的模型是特別有效於當主觀因素是被預期是非常重要或當精確的量化資料要去獲得是有困難時。因為這些模式的每一種技術，都需要有著變數的過去資料才行，因此若無變數的過去資料，則這些技術便不適用。甚至，即使有過去的資料可用，但時間序列卻因環境條件的影響，有著明顯的改變時，若仍用此過去資料來預測時間序列，則其預測值將是可疑的。例如，一個政府實施汽油分配政策，則依其過去資料以預測汽油的銷售量，將引起人們懷疑其正確性。所以有質化的預測方法或定性的預測技術，給於諸如此類的情形一個變通的方法。

（一）德爾菲方法（Delphi method）

這種重複團體的過程（this iterative group process）允許專家，他可以被置放在困難的地方，去進行作預測。參與者在德爾菲過程中有三種不同的類型：決策製作者，參謀幹部個人，與受訪者（respondents）。決策製作團體通常是由 5 至 10 位專家所組成他們將是進行製作實際的預測。參謀幹部人員協助決策製作者作一切準備事宜，分配，收集，總結一系列問卷調查與研究結果。受訪者是提供有價值與被請求提供判斷者的團體。這個團體提供資料輸入給決策製作者於預測被製作之前。

這種技術，最早是由瑞德公司（Rand Corporation ）的研究小組發展出來的，他們嘗試經由「群體意見」來獲得預測值，而適用於此技術的群體，通常是由一群被隔離且彼此不認識的專家所組成。他們被要求回答一系列的問卷，將從第一份問卷得到的答案製表，並做為第二份問卷，其中包含了全體的資訊及意見，而後在看過全體的資訊之時，每個人在做出答案之前，都被要求再次地考慮及可能地修訂他的答案。這樣基本的程序不斷地重複，直到協調者感覺到已經達到某種程度的一致時才停止。注意到德爾菲方法的目的，並非對結果產生單一的答案，而是產生一個包含專家們「主要」意見的相關答案。

（二）執行意見審議委員會（Jury of executive opinion）

這種方法是去取得一個小團體高層經理的意見，時常結合著統計模型，與產生一個團體需求的估計。

（三）銷售力的合成（sales force composite）

在這個研究途徑中，每一位銷售人員估計將在他或她的地區銷售多少；這些預測被視為是在保證他們是實際具體的（realistic）與接著是和地區與全國的銷售水準連結去達成一個整體全面的預測。

（四）消費市場的調查（consumer market survey）

這個方法促使引進來自顧客或潛在顧客對於他們未來購物規劃的輸入資料，它不僅有利於籌備一個預測而且亦可改善產品的設計與提供新產品的規劃。

（五）情節撰寫（scenario writing）

若一種定性的方法是基於完備的假設定義之下，發展一種有關未來情節的概念，我們稱之為情節撰寫（scenario writing）。因此在開始時，若有不同的假設，則會產生許多相異的未來情節，故決策者的工作，即是決定那一種情節最有可能在未來發生而後適當地做成決策。

（六）主觀或直覺質化法

是利用人類的理性來處理不同資料的能力而言，其中的資訊在大部分的情況下是非數量的。這些技術通常被用在團體的工作上，例如一個委員會或小組透過 " 腦力激盪會議 " 以尋求新的點子或解決複雜的問題。在這樣的會議中，人人可免於一般群體來自上面壓力的限制與批評，因為任何的主張或意見都能夠被提出來，而不必擔心它的適當性，更重要的是，不用害怕別人的批評。

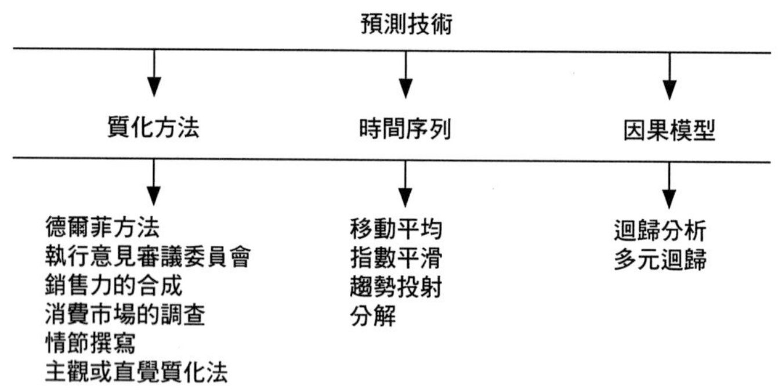

圖2-1　預測方法的概觀

第三節　時間序列的成分

為了要解釋時間序列資料的模式或行為，我們經常藉助於時間序列的組成成分，通常我們假設序列的組成，可分為趨勢、循環、季節及不規則等四個成分，而由它們構成了時間序列上的特定值。下面就讓我們更仔細地來觀察這四個成分。

一、趨勢成分

時間序列分析的測量資料，可取自於每一小時、天、星期、月或年，或任何其他有規則的區間。雖然一般的時間序列資料呈現隨機的上下變動，但就長期間來講，它仍然逐漸地變動或移動在一定範圍內變動的值，這逐漸變動的時間序列，經常是由長期的因素導致的。例如人口的變動，人口統計上的特徵改變，工業技術的改進，及顧客的喜好改變等，我們稱之為時間序列上的趨勢。

舉例來說，一個地區汽車代理商可以從他每月的汽車實際銷售量的變動，得知在他過去的 10 到 15 年之間，每年的銷售量在逐漸的增加。假若在 1998 年每月的銷售量為 1,600 部汽車，在 2003 年每月為 2,200 部汽車及在 2008 年每月為 2,800 部汽車。實際上的每月銷售量也許不同，但整個時期的銷售量顯示，卻有逐漸地向上成長的趨勢，圖 2-2 呈現的直線或許是對於此銷售量一個很好的概略趨勢，即在整個時期汽車的銷售量呈現線性，且有遞增的情形，有時此趨勢在時間序列上的描述要比其他模式要好。

圖 2-3 為其他可能的時間序列的趨勢模型，A 圖為非線性趨勢，此曲線在描述一個時間序列、開始時成長甚少，中間時期則為快速成長，而後減為水平。這也許是一產品由引進至成長階段而後進入另一個時期的市場概況趨勢。B 圖是線性遞減趨勢是用來說明整個期間持續減少的時間序列趨勢，呈水平直線的 C 圖是用來描述整個期間沒有任何一致的增加或減少的趨勢，事實上即無趨勢。

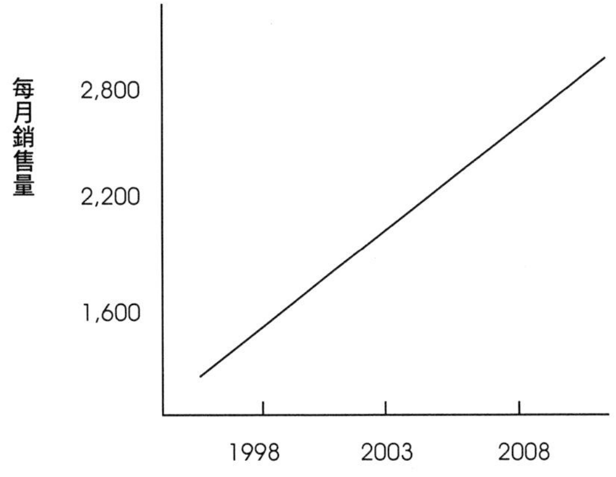

圖2-2　汽車銷售量的線性趨勢

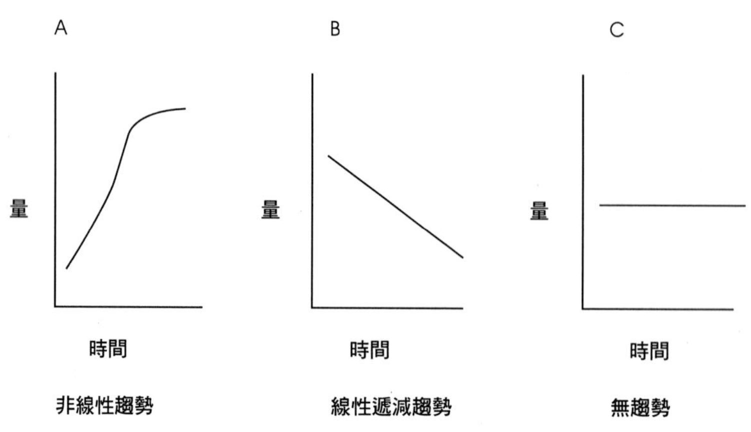

圖2-3　一些時間序列可能形成的趨勢範例

二、循環成分

當時間序列在長期間裏呈現逐漸變動或趨勢的模式，我們不能預期所有時間序列的未來值將落在趨勢線上。事實上時間序列的變動數值經常落於趨勢線的上方與下方，落於趨勢線的上方與下方序列點的任何有規則的模式皆屬於時間序列的循環成分，圖 2-4 即為一個明顯的時間序列循環成分。這些觀察值取自一年又一年的期間。

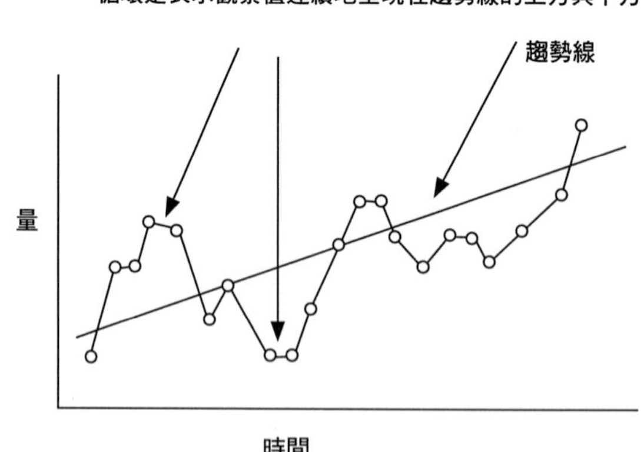

圖2-4　時間序列的趨勢與循環的成分，每一個資料點代表各年度的值

許多序列的連續觀察值落於趨勢線的上方與下方，而呈現循環的現象。一般相信在經濟上多年的循環變動，可以這種時間序列的成分來代表。例如，某一段期間通貨膨脹穩定，然而下一個時間卻有快速的通貨膨脹，因此導致許多時間序列值會變動落在一般遞增的趨勢線的上方與下方（如租屋成本）。在 1970 年代末期，許多時間序列皆呈現這種形態的變動。

三、季節成分

時間序列的趨勢與循環成分是被用來分析過去多年的資料，然而有許多時間序列在一年內即呈現規則的變動情形。例如，游泳池的經營者可以預期其在秋冬季的月份中，銷售較差，在春夏季的月份則銷售較好。而除雪器材及厚衣的製造商每年的預期是恰為相反，這種隨著季節的影響而變動的時間序列，我們稱之為季節成分。一般我們都認為時間序列的季節變動是在一年之內，然而我們常用它來表示少於一年的連續重複的模式。例如一天內的交通流量也呈現了「季節」的情況，在尖峰時間為最擁擠，白天的其他時間及傍晚流量較為穩定，而從午夜至凌晨的流量則最為稀少。

四、不規則成分

時間序列的不規則成分是用來解釋當我們已經完全使用趨勢、循環及季節等分析此時間序列後，而實際的時間序列值仍然脫離我們所預期的序列時的最後因素。它是用來說明時間序列的隨機變動。影響時間序列的不規則成分，通常是由短期不可預知或非重複的因素所引起的。正因為它是用來說明時間序列的隨機變動，故無法去描述它，也因此我們無法進一步去描述它對時間序列的影響。

基於時間序列分析的基本假設是在過去與現在已影響到行動模式的因素，將持續在未來以或多或少的相同方式如此行動模式。如此，時間序列分析的重要目標是在於辨識與孤立這些影響的因素以提供預測目的及提出管理的規劃與控制。

要達成這些目標，許多數學模型已對探索在一個時間序列成分因素之間的上下波動提出設計。也許最基本的是對每年的，每季的，或每月的，已被紀錄的資料提供典型倍增性的模型（the classical multiplicative model）。我們考量在本章中使用這個模型。我們將使用典型倍增性的模型基本上在於提供作為預測。其他的應用包括透過時間序列的分解（time-series decomposition）做一個個別成分的詳細分析。例如，經濟學家時常進行每年的，每季的，或每月的時間序列研究去過濾出循環的成分（the cyclical component），然後評估它對一般經濟活動的移動或趨向（movement）。所以，時間序列分解的應用，無論如何，是在本章的探究範圍之外。

要去證實典型倍增性的時間序列模型，我們呈現 Eastman Kodak Company 從 1975 到 1996 的真正總收益（the actual gross revenues）於圖 2-5 中。如果我們可以描繪出這些時間序列資料的特徵，它是很明顯的呈現出真正總收益已顯示出一個成長趨向的增加在過去 22 年期間。這種整體呈現出長期向上或向下移動的發展趨向或印象是被稱為一種趨勢（a trend）。

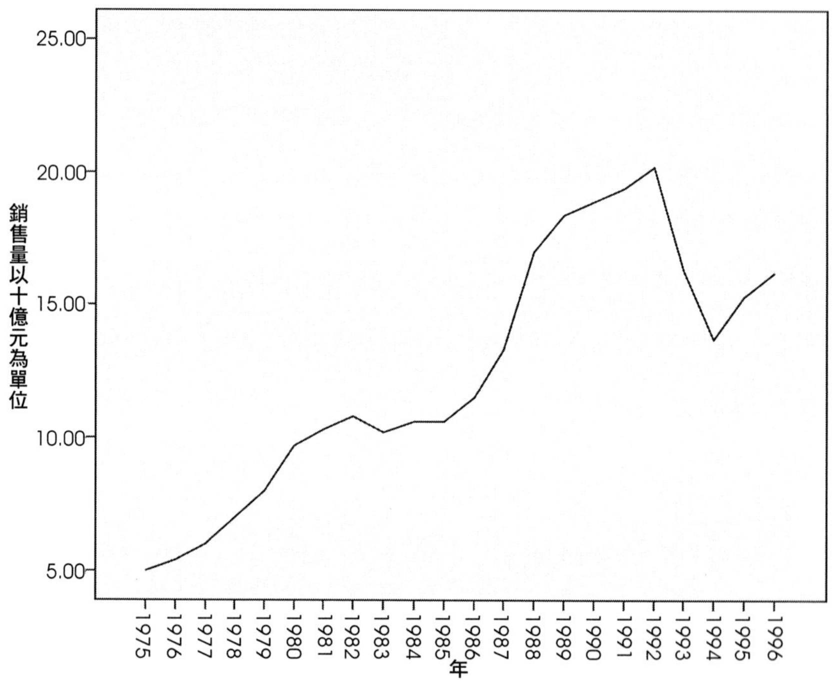

圖2-5　使用SPSS獲得Eastman Kodak Company（1975-1996）真正的總收益（以貨幣十億元為單位）（本資料儲存在本書檔案CH2-10中）

資料來源：Moody's Handbook of Common Stocks, 1980, 1989, 1993, 1997。Reprinted by permission of Moody's Investors Service。

無論如何，趨勢並不僅是影響這些個別資料或影響其他每年時間序列的成分因素。二個其他因素，循環的成分（the cyclical component）與不規則的成分（the irregular component），亦被提出於資料中。循環的成分在於透過各序列描述向上或向下搖擺或移動。循環的移動是依期間的長度（length），通常從 2 年持續到 10 年；

依密集度或振幅度（intensity or amplitude）不同發生變化；它們時常是和一個企業的循環有關。在某些年中其各值將會比由一個簡單趨勢線所預測的各值還要高（即是，它們處於或接近一個循環的高峰），而在另其他年中其各值將會比由一個趨勢線所預測的各值還要低（即是，它們處於或接近一個循環的底部或谷底）。沒有遵循趨勢曲線被修正資料的任何可以觀察的資料是不規則或隨機成分（the irregular or random component）的指示。當資料是每季地，或每月地被紀錄時，一個被稱為季節因素的可增加性成分（an additional component）被考量是依據趨勢的，循環的，與不規則的成分。

影響一個經濟的或企業的時間序列的三或四個成分因素是被摘要於表 2-1 中。典型相乘或倍增性的模型可以陳述在一個時間序列中任何可以觀察的值是這些影響因素的產生或結果；即是，當資料是每年地被獲得，在 i 年中被紀錄的一個觀察值 Y_i 可以以如在方程式（2-1）中的方式呈現。

提供每年資料的典型倍增性時間序列的模型

$$Y_i = T_i \cdot C_i \cdot I_i \tag{2-1}$$

其中在 i 年中

T_i = 趨勢成分的值

C_i = 循環成分的值

I_i = 不規則成分的值

表 2-1　影響時間序列資料的因素

成分	成分的類型	差異	影響的原因	期間
趨勢	系統的	整體或持續，長期的向上或向下移動模式	科技，人口，財富價值的改變	若干年
季節	系統的	相當規則期間上下波動發生於一年又一年每十二個月期間	天氣狀況，社會習慣，宗教習俗	12 個月之內（或每月或每季資料）
循環	系統的	重複上下擺動或移動經歷四個時期：從高峰（繁榮）到緊縮（蕭條）再到（衰退）到擴張（復甦或成長）	很多因素結合的交互作用影響到經濟	通常 2-10 年以不同密度提供一個完全的循環
不規則	沒系統的	在一個序列中不規律的或殘餘的上下波動存在於考量系統的影響之後——即是在趨勢，季節，循環之後再考量不規則的問題	資料方面隨機的變異	短期間與非重複的

資料來源：Berenson and Levine (1990, p.917)

當資料是以每季地，或每月地被獲得時，被紀錄在 i 時間期間中的一個觀察值 Y_i 可以被給予如在方程式（2-2）中。

提供季節成分資料的典型倍增性時間序列的模型

$$Y_i = T_i \cdot S_i \cdot C_i \cdot I_i \tag{2-2}$$

其中

$T_i \cdot C_i$ 與 I_i = 在 i 時間期間中，各別地，趨勢，循環與不規則成分的值

S_i = 在 i 時間期間中，季節成分的值。

在一個時間序列分析中的第一個步驟是去繪製資料的圖形與觀察在跨越過去時間中它們的趨勢（tendencies）。我們首先必須決定在時間序列中是否有呈現出一個長期向上或向下移動（即是，一種趨勢）或各序列在跨越過去時間上是否似乎在一條水平線附近變動。如果後者是案例（即是，沒有長期向上或向下的趨勢），然後移動平均方法或指數平滑方法可以被使用去平滑各序列與提供我們一個整體長期的印象（參考第五節）。另一方面，如果一個趨勢是真正的呈現，那時間序列的一種多樣預測方法可以被考量（參考第六節與第七節）當處理每年資料時。對每季地，或每月地時間序列的資料預測將被探討以下的各節中。

第四節　預測誤差的測量

在本章中，有若干預測技術通常會被引進不同的預測方法。一個決策者要認知那一種預測技術在預測未來是最佳執行的工具？是以進行比較那一種預測技術方法在獲得真正預測值的過程所產生誤差最少的方法。其預測品質的焦點在整體品質管控中的預測所扮演的角色。有若干預測技術已被提出它們可以被使用去測量整體誤差。一個個體誤差的檢測會給予某些預測的精確度提供某種洞察力。無論如何，這種過程是繁複的，尤其是對大的資料組合而言，一個單一整體預測誤差的測量是需要以整體資料組合做考量。所以，任何可以被使用於去計算預測誤差的方法，其選擇端視預測者的目標需求而定，預測者需要熟悉預測技術，與使用電腦預測軟體進行誤差測量的方法。有若干可以被使用於去測量整體誤差的技術方法已被提出，這些方法包括平均誤差（mean error, ME），平均絕對離差（Mean Absolute Deviation, MAD），均方差（Mean Square Error, MSE），平均百分比誤差（Mean Percentage

Error, MPE），平均絕對百分比誤差（Mean Absolute Percentage Error, MAPE）。

以下表 2-2 是美國政府每年製造工作者的數目（人數）（以十萬人為計算單位）從 1984 年到 1993 年在 1993 年由美國商業部所報告的每年製造業調查，使用 SPSS 軟體把這些資料呈現出如下的圖 2-6 所示。

表 2-2 （本資料儲存在本書CH2-12的檔案中）

年	工作人數	預測值	誤差
1984	12.57	-	-
1985	12.17	12.57	−0.40
1986	11.77	12.45	−0.68
1987	12.24	12.25	−0.01
1988	12.40	12.24	0.16
1989	12.34	12.29	0.05
1990	12.13	12.31	−0.18
1991	11.51	12.25	−0.74
1992	11.65	12.03	−0.38
1993	11.73	11.92	−0.19

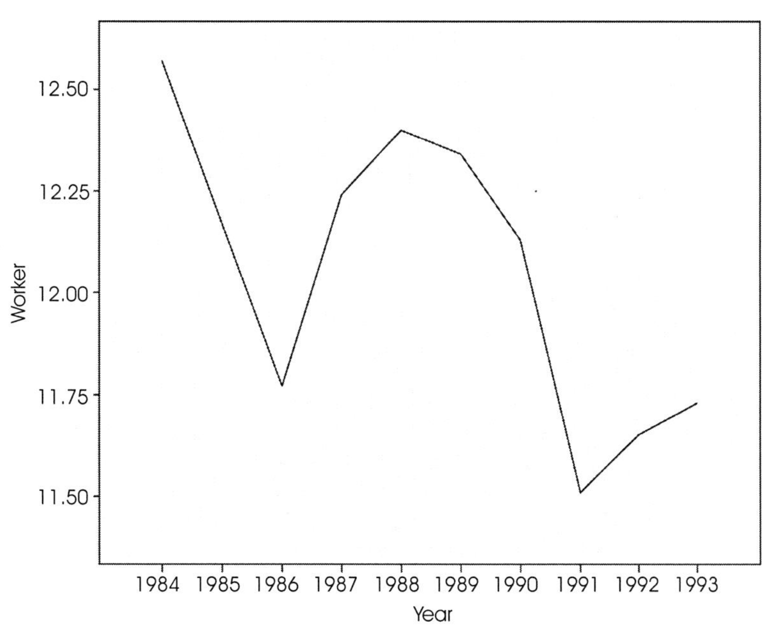

圖2-6

一、誤差（Error）

一個個別預測值的誤差是真實值（the actual value，目前值，或現行值）與該值的預測值之間的差異。

一個預測值的誤差

$$e_t = X_t - F_t$$

式中

e_t = 預測值的誤差

X_t = 真實值

F_t = 預測值

二、平均誤差（Mean Error, ME）

計算整體誤差的一個方法是平均誤差。平均誤差是給予一組資料所有預測值誤差的平均。計算平均誤差的方程式

$$ME = \Sigma e_i \ / \ \text{預測值的數目（個數）}$$

其中

e_i = 為值 i 的預測值的誤差

如以上顯示，平均誤差是由總和所有的預測值誤差，然後除以預測值的數目（個數）。當然，這會產生平均數誤差（the average error），或平均誤差（Mean Error, ME）。誤差（ME）令人感覺有興趣的面向之一是如果其預測值是在真實值的上下，會產生正向與負向的誤差，所以誤差將包括正向與負向值某些取消的影響。在這些案例中，其結果是誤差（ME）小於預測值誤差「大小程度」的平均數。因為這種影響，誤差（ME）會低估依據整體誤差測量界定方式的誤差。

依據表 2-2 的資料，個體預測值的誤差已被計算。結合誤差的各預測值亦被呈現在表 2-2 中的資料被進行計算的平均誤差如

$$\text{平均誤差} = (-0.40 - 0.68 - 0.01 + 0.16 + 0.05 - 0.18 - 0.74 - 0.38 - 0.19) / 9 = -0.26$$

三、平均絕對離差（Mean Absolute Deviation, MAD）

在表 2-2 中資料的一個檢測可以揭示某些預測誤差是正向與負向的。負向的 0.40 與 0.68 等數據是被包括在平均誤差的計算中，產生總和的一個減少。在某些情況之中，預測值會較喜愛去檢測預測誤差的大小程度而忽略到其方向的問題。

平均絕對離差（MAD）是誤差絕對值的平均或平均數。

平均絕對離差

$$MAD = \Sigma\,|\,e_i\,| \,/\, 預測值的數目（個數）$$

當然，要取平均絕對誤差，我們不必去焦慮有關消除正向與負向值的影響。平均絕對誤差可以被計算預測誤差（表 2-2）如下。

$$\begin{aligned} MAD &= (|-0.40| + |-0.68| + |-0.01| + |0.16| + |0.05| + |-0.18| + \\ &\quad + |-0.74| + |-0.38| + |-0.19|) \,/\, 9 \\ &= 0.31 \end{aligned}$$

注意到在相同的資料上被進行計算這個值是比平均誤差值大（0.31 > −0.26）

四、均方差（Mean Square Error, MSE）

均方差是去克制正向與負向預測誤差以消除其影響問題的另一方法。均方差可以由平方每一個誤差被計算之（如此可以產生一個正向的數目）與平均平方差。其方程式陳述如下。

$$\begin{aligned} MSE &= [(-0.40)^2 + (-0.68)^2 + (-0.01)^2 + (0.16)^2 + (0.05)^2 + (-0.18)^2 \\ &\quad + (-0.74)^2 + (-0.38)^2 + (0.19)^2] \,/\, 9 \\ &= .16 \end{aligned}$$

五、平均百分比誤差（Mean Percentage Error，MPE）

在決策中，它有時候是會誤導，因而要去檢測原始值（raw values）或誤差原始值的平均數是特別不值得。某些預測者喜歡依據他們真實值的百分比去檢測誤差替代原始誤差的操作。一個百分比誤差，或 PE，是誤差對真實值的比率乘以 100。

百分比誤差

$$PE = \frac{e_i}{X_i}(100)$$

這些百分比誤差的平均數是被稱為平均百分比誤差。

平均百分比誤差

$$MPE = \frac{\Sigma\left(\frac{e_i}{X_i}\cdot 100\right)}{\text{預測值的數目}}$$

提供計算百分比誤差的誤差被登錄在表 2-2 中其結果為

$$\begin{aligned}\text{百分比誤差 (MPE)} &= [(-0.40/12.17)(100) + (-0.68/11.77)(100) + (0.01/12.24)(100) \\ &+ (0.16/12.40)(100) + (0.05/12.34)(100) + (-0.18/12.13)(100) \\ &+ (-0.74/11.51)(100) + (-0.38/11.65)(100) \\ &+ (-0.19/11.73)(100)] / 9 \\ &= -2.25\%\end{aligned}$$

對製造業工作者資料的預測值是 −2.25%。

六、平均絕對百分比誤差（Mean Absolute Percentage Error, MAPE）

平均絕對百分比誤差

$$MAPE = \frac{\Sigma\left(\frac{|e_i|}{X_i}\cdot 100\right)}{\text{預測值的數目}}$$

MAPE 可以依據登錄在表 2-2 上的誤差進行計算

$$\begin{aligned}MAPE &= [(|-0.40|/12.17)(100) + (|-0.68|/11.77)(100) + (|-0.01|/12.24)(100) \\ &+ (|0.16|/12.40)(100) + (|0.05|/12.34)(100) + (|-0.18|/12.13)(100) \\ &+ (|-0.74|/11.51)(100) + (|-0.38|/11.65)(100) + (|-0.19|/11.73)(100)] / 9 \\ &= [3.29 + 5.78 + 0.08 + 1.29 + 0.41 + 1.48 + 6.43 + 3.26 + 1.62] / 9 \\ &= 2.63\%\end{aligned}$$

要注意到這個值是會比 MPE（2.25%）值大。要把誤差視為一個百分比，預測者有使用 MPE 或 MAPE 的選擇。

對於計算誤差一個個別機制（a particular mechanism ）的選擇是端視於預測者的適用性而定。對於預測者而言，去理解不同誤差技術將產生不同的資訊才是重要的。所以，研究者應該是有足夠的知識理解到各種的誤差測量技術以使預測結果達到有所根據的推測。

第五節　利用平滑法預測

在本節我們將要利用一個沒有明顯的趨勢、循環與季節因素存在的實際時間序列，以討論預測的技巧。在這種情況下，預測的方法即是透過幾種平均法的方式，去排除時間序列的不規則成分。下面討論的即是大家熟悉的移動平均（moving average）。

一、移動平均

移動平均的方法是把最近的 n 個時間序列資料值加以平均，這個平均值便被用來預測下一期的時間序列值。下面是移動平均的數學式子（或方程式）

移動平均

$$\text{移動平均} = \Sigma\text{（最近的 n 個資料值）} / n \qquad (2\text{-}3)$$

此「移動」平均的項目是由一新的時間序列觀察值替代方程式（2-3）中最舊的觀察值，再計算出平均值，結果，平均值會因新的觀察值的變動而改變或「移動」。

在此我們舉出一個假設範例來說明移動平均法，在表 2-3 與圖 2-7 中，為過去 12 個月的資料，這些資料為假定臺灣某地區的沙拉油配銷商過去 12 個月的沙拉油銷售加侖量。

為了利用移動平均來預測沙拉油銷售量的時間序列，首先我們必須選幾個資料值來算移動平均。例如我們使用 3 個月的資料值以計算預測的移動平均。下面為前 3 個月沙拉油銷售量的時間序列的移動平均計算：

$$\text{移動平均（1-3 月）} = (22 + 26 + 24) / 3 = 24$$

表 2-3 沙拉油銷售的時間序列（儲存在檔案CH2-1）

月	銷售量（1,000 加侖）
1	22
2	26
3	24
4	27
5	23
6	21
7	25
8	23
9	27
10	23
11	20
12	27

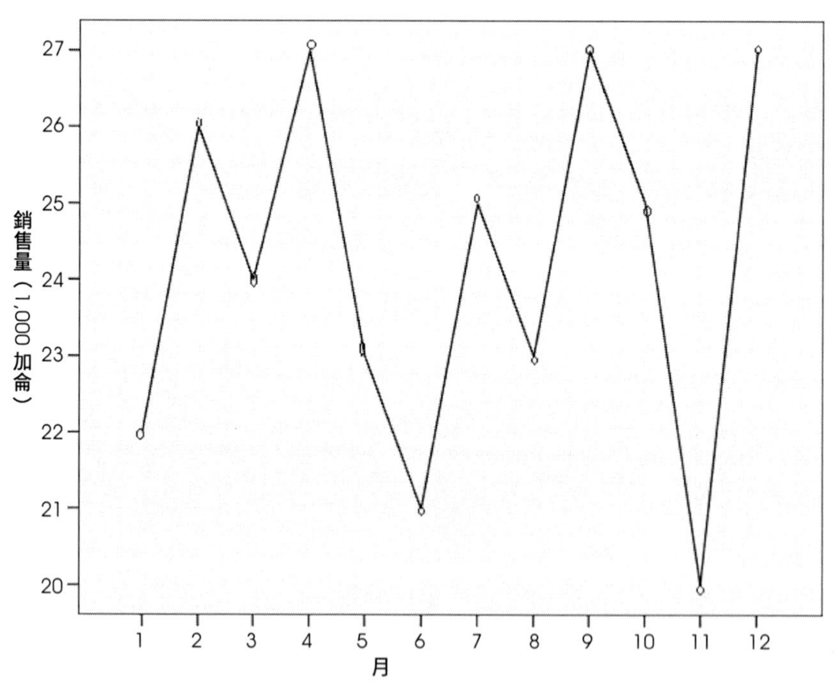

圖 2-7 沙拉油銷售的時間序列圖

然後我們利用這個移動平均值來預測第 4 個月，由於第 4 個月的實際值為 27，所以第 4 個月的預測誤差為 27 − 24= 3。一般而言，此一誤差即為預測值與時間序列實際值的差異。

下面為第二個 3 個月的平均移動計算

1	2	3	4	5	6	7	月
22	26	24	27	23	21	25	銷售量（1,000 加侖）

移動平均（2 – 4 月）= (26 + 24 + 27)/ 3 = 24.333

因此我們預測第 5 個月的值為 25.666，而預測誤差為 23 − 25.666 = −2.666。故我們可知預測誤差的正值或負值，全看我們的預測值是否太高或太低而定。

所有 3 個月的沙拉油銷售量，其移動平均的計算值列於表 2-4 及圖 2-8。

表 2-4　所有3個月的移動平均計算值（儲存在檔案CH2-2）

月	時間序列值	移動平均預測值	預測誤差	（誤差）^{2}
1	22			
2	26			
3	24			
4	27	24.000	3.000	9.000
5	23	25.666	−2.666	7.108
6	21	24.666	−3.666	13.439
7	25	23.666	1.334	1.779
8	23	23.000	0.000	0.000
9	27	23.000	4.000	16.000
10	23	25.000	−2.000	4.000
11	20	24.300	−4.300	18.490
12	27	23.300	3.700	13.690
		總和	0	83.550

這是一個重要的概念，無論我們使用任何的預測方法，皆在求能精確的預測，即希望預測誤差能較少些。在表 2-4 中的最後二行為預測誤差及預測誤差的平方，由此我們希望能夠達到精確計算的程度。

當我們要計算預測的精確度時，你也許會把整個時期的預測誤差簡單地加總起來，然而問題就在如果這誤差是隨機的（即如果我們選擇的預測方法為適當時），則誤差值將會有正值也有負值，其加總的結果將忽略了個別的誤差，且其和為零，我們可從表 2-4 中看到這個事實。因此若我們把每個個別誤差值平方或取絕對值，則這種情形即可避免。

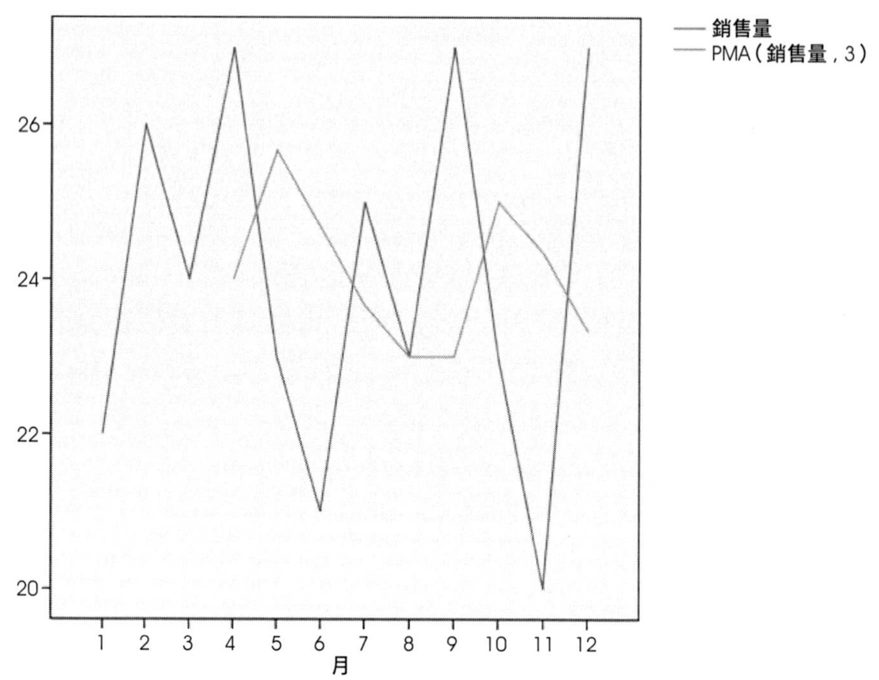

圖 2-8 沙拉油銷售的時間序列與三個月移動平均預測值

至於沙拉油銷售量時間序列的誤差平方和的平均，我們可由表 2-4 計算得到：

誤差平方和的平均 = 83.550/ 9= 9.2833

這個誤差平方和的平均，我們稱為均方差（Mean Squored Error, MSE），我們常以此種 MSE 來測量一個預測方法的精確度。

另一個測量預測精確度的方法稱為平均絕對差（Mean Absolute Deviation）（MAD）。它是將所有預測誤差的絕對值和，予以平均所得到的值。我們亦可由表 2-4 得

平均絕對差（MAD）= (3 + 2.666 + 3.666 + 1.334 + 0 + 4 + 2 + 4.3 + 3.7) / 9
= 24.667/9 = 2.7411

MSE 與 MAD 一個最主要的不同在於 MSE 受預測誤差較大值的影響遠比較小誤差值來得大（因為 MSE 的計算是由誤差平方而來的）。然而最好的測量預測精確度的方法，並非如此簡單，事實上，預測專家們也對使用何者比較適當常常會有爭議。在本章我們將使用 MSE 的測度方法。

如我們在前面所提到的，為了要使用移動平均法，首先我們必須選幾個資料值來計算移動平均值。你也許會發現對同一時間序列的問題，會因為選擇的移動平均長度的不同而會有所不同。因而，使其預測的精確度也會有所差異，那如何選擇其最佳的長度呢？有一個可能的方法就是「試誤」，從「試誤」的過程中去找尋使預測精確度的 MSE 為最小的長度。由其結果之後我們將會樂意假設它為過去及將來最佳長度的參考值，且利用這個最佳長度的參考值我們就使用 MSE 最小的過去時間序列資料值的數目，去預測下一個時間的序列值。在本章以下的各個章節中會有更多與更複雜的使用 MSE 的討論，你將會更進一步深入其使用方法。

以上的計算過程是很繁雜的，我們可以使用 SPSS 軟體程式去進行計算，以下是我們使用 SPSS（18 版本）軟體進行計算與操作的過程。

首先把 CH2-1 檔案拉出來，會出現下圖 2-9 的資料檔與 SPSS 的作業視窗，在作業視窗按如圖 2-9 的作業視窗上按 Transform 後會出現圖 2-10，再按 Create Time Series...，

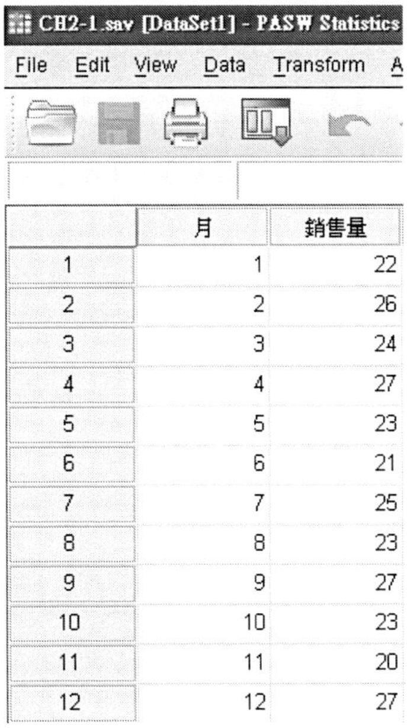

CH2-1.sav [DataSet1] - PASW Statistics

File Edit View Data Transform A

	月	銷售量
1	1	22
2	2	26
3	3	24
4	4	27
5	5	23
6	6	21
7	7	25
8	8	23
9	9	27
10	10	23
11	11	20
12	12	27

圖 2-9

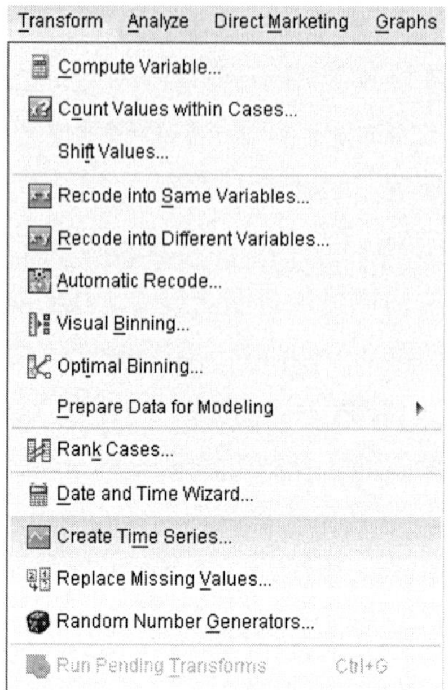
Transform
Analyze
Direct Marketing
Graphs
Compute Variable...
Count Values within Cases...
Shift Values...
Recode into Same Variables...
Recode into Different Variables...
Automatic Recode...
Visual Binning...
Optimal Binning...
Prepare Data for Modeling
Rank Cases...
Date and Time Wizard...
Create Time Series...
Replace Missing Values...
Random Number Generators...
Run Pending Transforms
Ctrl+G

圖 2-10

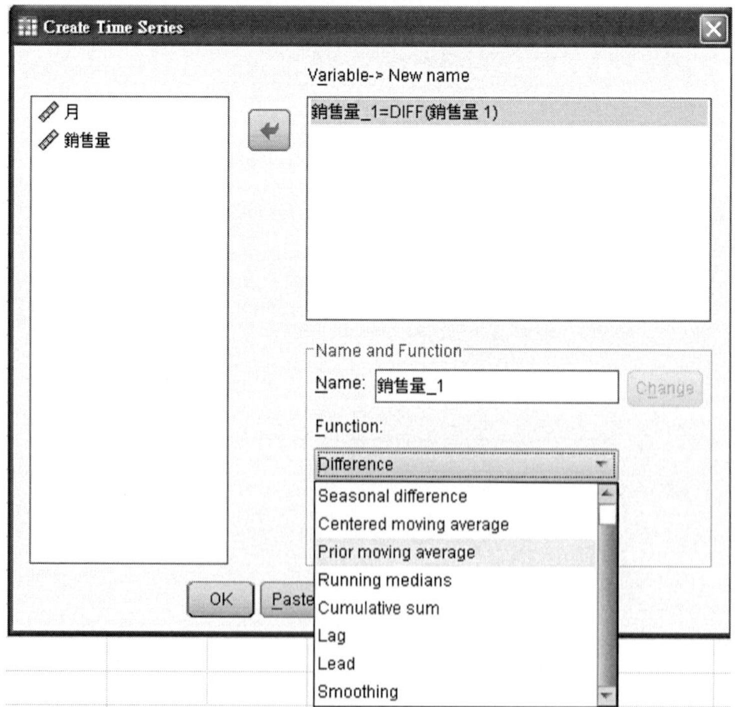
Create Time Series
Variable-> New name
月
銷售量
銷售量_1=DIFF(銷售量 1)
Name and Function
Name:
銷售量_1
Change
Function:
Difference
Seasonal difference
Centered moving average
Prior moving average
Running medians
Cumulative sum
Lag
Lead
Smoothing
OK
Paste

圖 2-11

會出現 Create Time Series 的對話盒，把銷售量移入 Variable- > New name 的方盒中，按 Function：功能鍵 Prior moving average，在 span 方格中輸入 3，然後按 change 鍵如圖 2-12 所示。就會出現圖 2-13 的結果，按其中的 No，就會出現圖 2-14 的資料。接著在圖 2-14 資料的視窗上按 Trnsform 會出現圖 2-15，接著按 Compute Variable...。進入 Compute Variable 對話盒，在 Target Variable：長形格中輸入或打入預測誤差，接著按 Type ＆ Lablel 鍵，進入 Compute Variable：Type and...，輸入或打入預測誤差，然後按 Continue 鍵，如圖 2-16 所示。

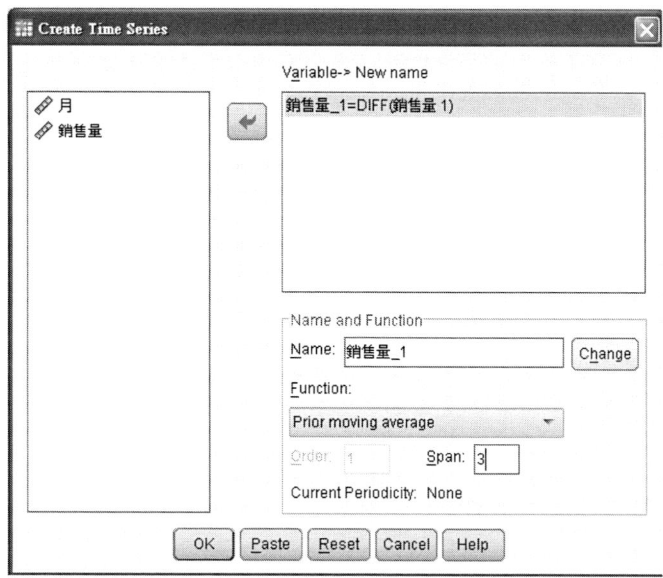

圖 2-12

Create

[DataSet1] C:\Documents and Settings\All Users\Documents\my book 33\CH2-1.sav

Created Series

		Case Number of Non-Missing Values		N of Valid Cases	Creating Function
	Series Name	First	Last		
1	銷售量_1	4	12	9	PMA (銷售量,3)

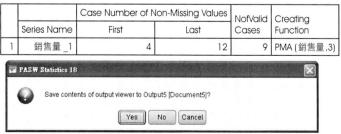

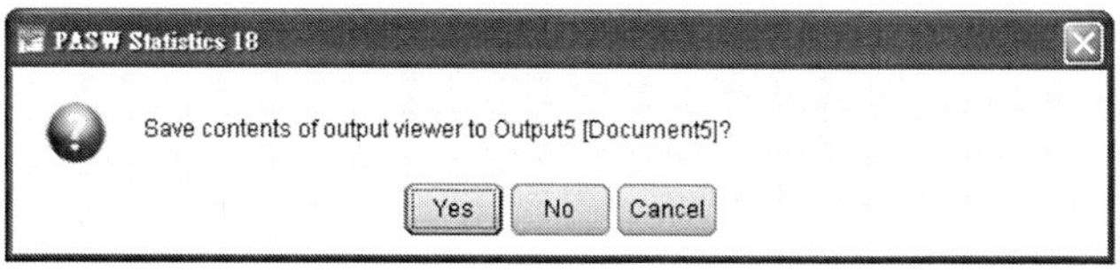

PASW Statistics 18

Save contents of output viewer to Output5 [Document5]?

Yes　No　Cancel

圖 2-13

Transform
Analyze
Direct Marketing
Graphs
Compute Variable...
Count Values within Cases...
Shift Values...
Recode into Same Variables...
Recode into Different Variables...
Automatic Recode...
Visual Binning...
Optimal Binning...
Prepare Data for Modeling
Rank Cases...
Date and Time Wizard...
Create Time Series...
Replace Missing Values...
Random Number Generators...
Run Pending Transforms
Ctrl+G

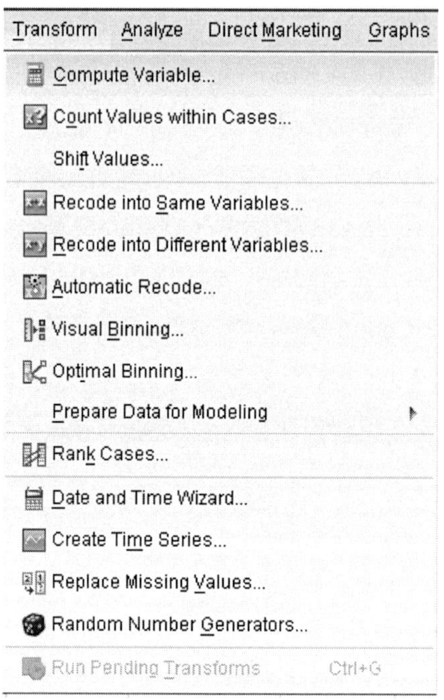

圖 2-14

Transform
Analyze
Direct Marketing
Graphs
Compute Variable...
Count Values within Cases...
Shift Values...
Recode into Same Variables...
Recode into Different Variables...
Automatic Recode...
Visual Binning...
Optimal Binning...
Prepare Data for Modeling
Rank Cases...
Date and Time Wizard...
Create Time Series...
Replace Missing Values...
Random Number Generators...
Run Pending Transforms
Ctrl+G

圖 2-15

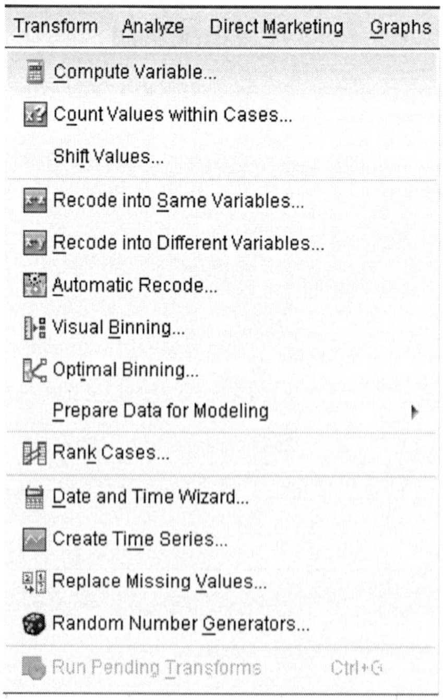

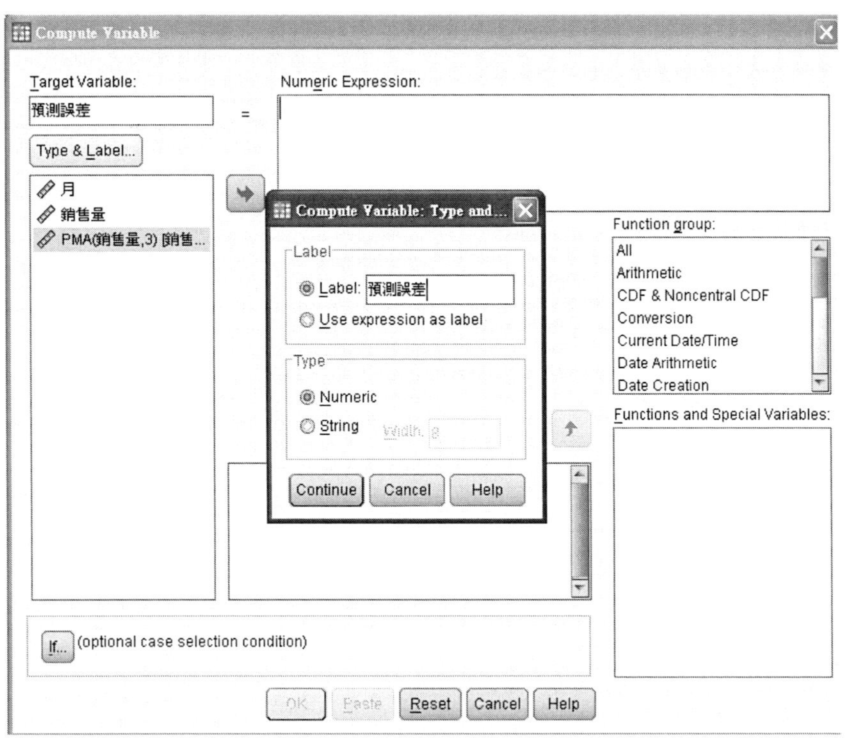

圖 2-16

回到圖 2-17 的 Compute Variable 對話盒，按銷售量，再按箭頭移銷售量進入 Numeric Expression 長形方格中，從數字與符號鍵盤中輸減（-）進入 Numeric Expression，再按銷售量 _1 進入 Numeric Expression 中。然後按 OK，進入圖 2-18 結果輸出中，按 No，就會獲得圖 2-19 的資料。

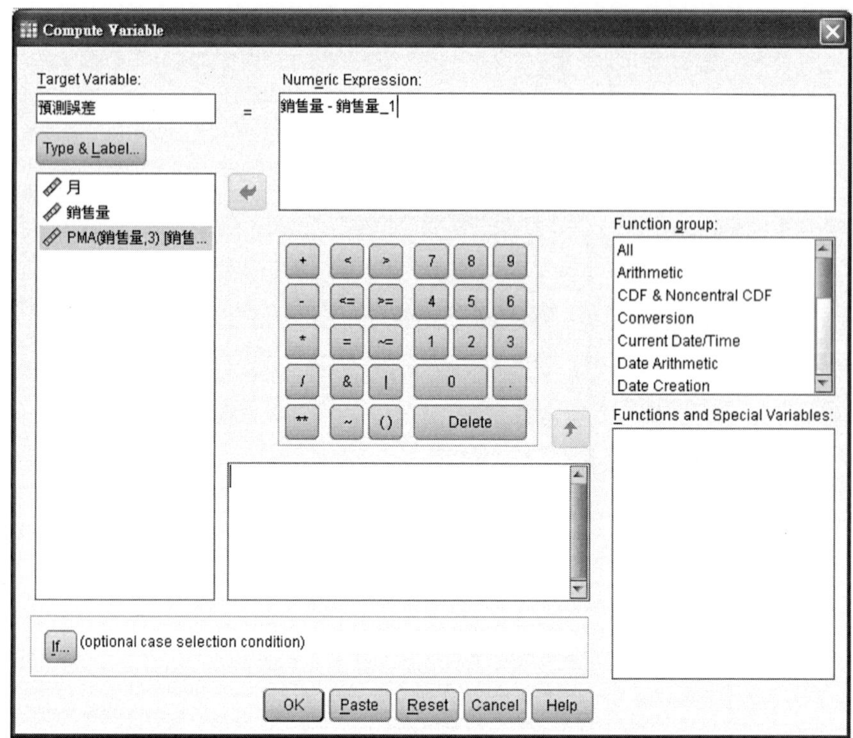

圖 2-17

```
COMPUTE 預測誤差=銷售量 - 銷售量_1.
VARIABLE LABELS 預測誤差 '預測誤差'.
EXECUTE.
```

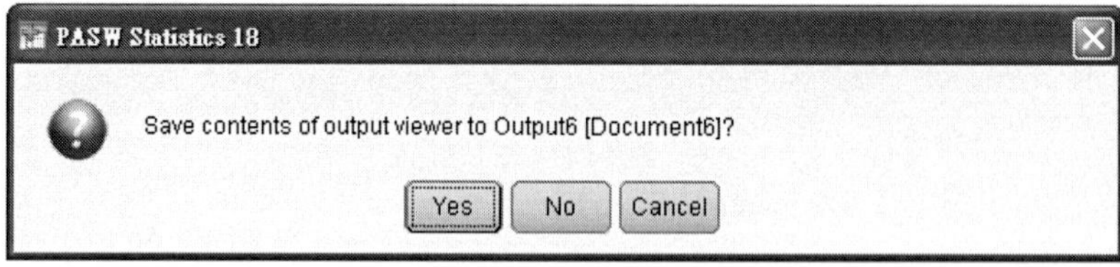

圖 2-18

月	銷售量	銷售量_1	預測誤差
1	22.00	.	.
2	26.00	.	.
3	24.00	.	.
4	27.00	24.00	3.00
5	23.00	25.67	-2.67
6	21.00	24.67	-3.67
7	25.00	23.67	1.33
8	23.00	23.00	.0
9	27.00	23.00	4.00
10	23.00	25.00	-2.00
11	20.00	24.33	-4.33
12	27.00	23.33	3.67

圖 2-19

接著，我們要進一步去獲得誤差平方。其過程和前述步驟一樣。按圖 2-19 資料視窗，

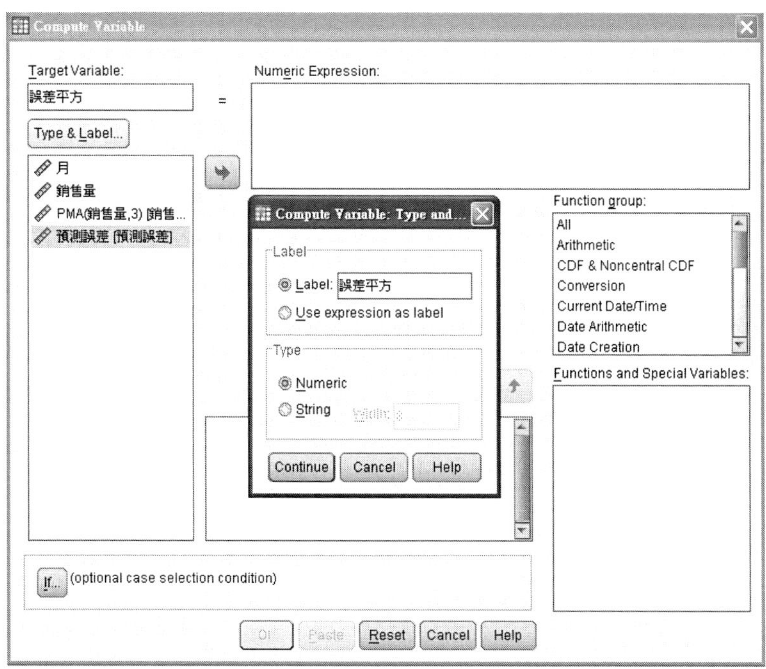

圖 2-20

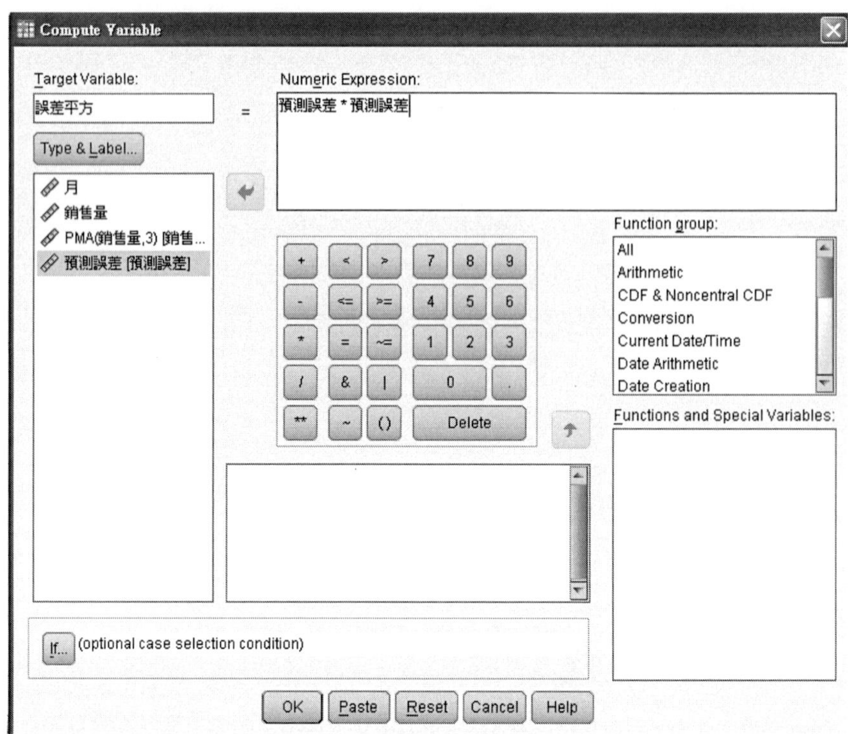

圖 2-21

```
COMPUTE 誤差平方=預測誤差 * 預測誤差.
VARIABLE LABELS  誤差平方 '誤差平方'.
EXECUTE.
```

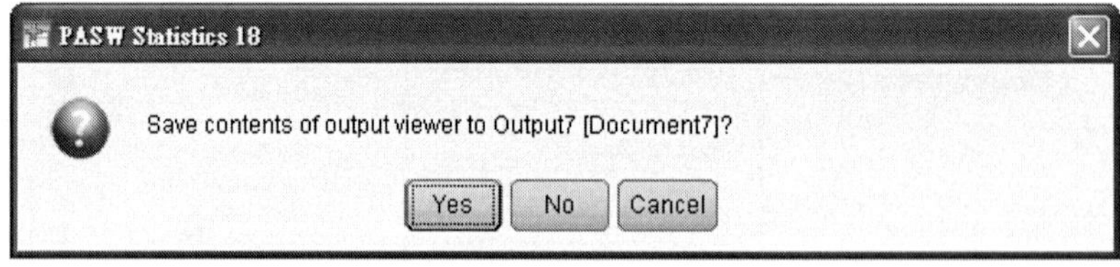

圖 2-22

儲存在檔案 CH2-2b

月	銷售量	銷售量_1	預測誤差	誤差平方
1	22.00	.	.	.
2	26.00	.	.	.
3	24.00	.	.	.
4	27.00	24.00	3.00	9.00
5	23.00	25.67	-2.67	7.11
6	21.00	24.67	-3.67	13.44
7	25.00	23.67	1.33	1.78
8	23.00	23.00	.0	.0
9	27.00	23.00	4.00	16.00
10	23.00	25.00	-2.00	4.00
11	20.00	24.33	-4.33	18.78
12	27.00	23.33	3.67	13.44

圖 2-23

進入圖 2-20 進入 Compute Variable 對話盒，在 Target Variable：長形格中輸入或打入誤差平方，接著按 Type ＆ Lablel 鍵，進入 Compute Variable：Type and...，輸入或打入誤差平方，然後按 Continue 鍵，如圖 2-20 所示。回到圖 2-21 的 Compute Variable 對話盒，再按箭頭預測誤差 * 預測誤差，進入 Numeric Expression 長形方格中。然後按 OK，進入圖 2-22 結果輸出，按 No，就會獲得圖 2-23 的資料視窗。

以上使用 SPSS 軟體程式進行計算操作的過程與結果和前述表 2-4 使用手算的結果是近似一樣的，只是手算的過程使用小數點六位數，而使用 SPSS 軟體程式過程中我們使用小數點二位數的結果之間有四捨五入的差異而已。

二、加權移動平均

在移動平均法的計算中，每一個觀察值具有相同的權數（weight）。另一種可能的方法，即為熟知的加權移動平均，它是附於每一個資料值不同的權數，而後再以計算的加權平均做為預測值。在大部分的情況中，我們將最大的權數放在最近的觀察值上，且權數隨著資料值的久遠而呈遞減。例如在計算 3 個月移動平均的沙拉油銷售量的時間序列中，最近的資料值其權數為最遠資料值權數的三倍，而又次久資料值的權數為最遠資料值權數的二倍，下面為以加權移動平均預測第 4 個月值的計算：

$$\text{預測第四個月值的加權移動平均} = 3/6(24) + 2/6(26) + 1/6(22) = 24.3333$$

在此要注意，加權移動平均的權數其和要等於 1，對簡易的移動平均每一個權數為 1/3 而言，也是如此。然而在前面簡易或無加權的移動平均所算出的預測值為 24，我們可以要求你計算所有三個月的加權移動平均值並與無加權移動平均的值，比較其精確度。

雖然我們花了許多時間來討論移動平均法，但是實際上在預測的方法中卻很少使用這種方法，而是利用加權移動平均的一種特殊形式稱為指數平滑的方法。雖然如此，移動平均仍在第六節中在確定時間序列的季節成分時扮演著重要的角色。

三、指數平滑

指數平滑是使用某一期的時間序列平滑值，以預測下一期的時間序列值的預測技術，基本的指數平滑模式如下：

指數平滑模式

$$F_{t+1} = \alpha Y_t + (1 - \alpha)F_t \qquad (2\text{-}4)$$

其中

F_{t+1} = t + 1 期的時間序列預測值

Y_t = t 期的時間序列實際值

F_t = t 期的時間序列預測值

α= 平滑常數（$0 \leqq \alpha \leqq 1$）

方程式（2-4）是以時間序列前期實際值的加權平均預測任何一期的時間序列值。例如我們假設前 3 期的資料為 Y_1, Y_2, Y_3，則預測第 4 期的值為

$$F_4 = \alpha Y_3 + (1 - \alpha)F_3$$

很清楚地第 4 期的預測值是 Y_3 與 F_3 的加權平均，權數分別是 α 與 $1-\alpha$。但從方程式（2-4）我們也可獲知

$$F_3 = \alpha Y_2 + (1-\alpha)F_2$$
$$F_2 = \alpha Y_1 + (1-\alpha)F_1$$

因為此時間序列並無以前的資料值，所以我們令 Y_1 為第一個預測值，也就是 $F_1 = Y_1$。使用 F_1 的值代入，則 F_2 為

$$F_2 = \alpha Y_1 + (1-\alpha)Y_1 = Y_1$$

將 $F_2 = Y_1$ 代入 F_3 式得

$$F_3 = \alpha Y_2 + (1-\alpha)Y_1$$

最後我們將 F_3 式的值代入上面的 F_4 式，則得

$$\begin{aligned} F_4 &= \alpha Y_3 + (1-\alpha)[\alpha Y_2 + (1-\alpha)Y_1] \\ &= \alpha Y_3 + \alpha(1-\alpha)Y_2 + (1-\alpha)^2 Y_1 \end{aligned}$$

由此，我們可以獲知 F_4 是前三個時間序列值的加權平均，並且我們注意到 Y_1, Y_2, Y_3 的係數或權數的和為 1。於是對於任一 F_{t+1} 的預測值而言，我們一樣可以依此推導出，它是前面 t 個時間序列值的加權平均。

一個更好的指數平滑法是僅需要極少的過去資料來做簡易的處理，只要平滑常數 α 已經選定，則要計算下一期的預測值，只須二項資料。如同方程式（2-4）中，若 α 已給定而要求 t + 1 期的預測值，只要知道 t 期的實際值 Y_t 與預測值 F_t 即可。

舉出一個範例來說明指數平滑模式，若我們考慮前面提過的表 2-3 及圖 2-7 中沙拉油銷售量的時間序列。由於第 1 期沒有預測值，所以我們令 F_1 等於第 1 期的實際值，及為 $Y_1 = 22$。而後使用 $F_1 = 22$ 的假設，開始做指數平滑的計算，若我們令平滑常數 $\alpha = 0.2$ 則為第 2 期的預測值為繼續下去，第 2 期指數平滑計算的預測值為

$$F_2 = 0.2Y_1 + (1-0.2)F_1 = 0.2(22) + 0.8(22) = 22$$

此時再看表 2-3 的時間序列資料，我們會發現第 2 期的實際資料值 $Y_2 = 26$，

因此第 2 期的預測誤差為 26 − 22 = 4。

接著，第 3 期指數平滑計算的預測值為

$$F_3 = 0.2Y_2 + 0.8F_2 = 0.2(26) + 0.8(22) = 22.8$$

只要第 3 期時間序列的實際值 $Y_3 = 24$ 知道，我們同樣地能求出第 4 期的預測值如下：

$$F_4 = 0.2Y_3 + 0.8F_3 = 0.2(24) + 0.8(22.8) = 23.04$$

如前面所述，我們只要知道前面一期的實際值及預測值，便可很輕易地算出每一期的預測值。

若我們繼續利用指數平滑計算，即可求得如表 2-5 中每週的預測值及預測誤差。例如第 12 月，$Y_{12} = 27$，$F_4 = 24.1573$，那麼你能否利用此項資料，在第 13 月的實際值未知之前，求算第 13 月的預測值？使用指數平滑模型，我們得到

$$F_{13} = 0.2Y_{12} + 0.8F_{12} = 0.2(27) + 0.8(23.4460) = 24.16$$

因此求得第 13 月的指數平滑預測銷售量為 24.16 或 24,160 加侖沙拉油，依此預測值，地區代理商便能做適當的計畫與決策。至於其預測的精確度，則必須等到代理商的第 13 月業務完成後才可知道，我們當然希望指數平滑模式能對第 13 個月的沙拉油銷售量提供一個良好的預測值。

表 2-5　當平滑常數為 $\alpha = 0.2$ 時，所有沙拉油銷售量的指數平滑預測值與預測誤差

月 (t)	時間序列值 (Y_t)	指數平滑預測值 (F_t)	預測誤差（儲存在檔案 CH2-3）($Y_t - F_t$)
1	22	22.00	
2	26	22.00	4.00
3	24	22.80	1.20
4	27	23.04	3.96
5	23	23.83	−0.83
6	21	23.67	−2.67
7	25	23.13	1.87
8	23	23.50	−0.50
9	27	23.42	3.58

月 (t)	時間序列值 (Y_t)	指數平滑預測值 (F_t)	預測誤差（儲存在檔案 CH2-3） ($Y_t - F_t$)
10	25	24.14	0.86
11	20	24.31	-4.31
12	27	23.45	3.55

以上要注意的是，第一個月的預測誤差並沒有被考慮是因為我們假定以便使用平滑計算法，圖 2-24 的點為時間序列的實際值與預測值，特別注意到這些預測值如何去除掉時間序列的不規則影響。

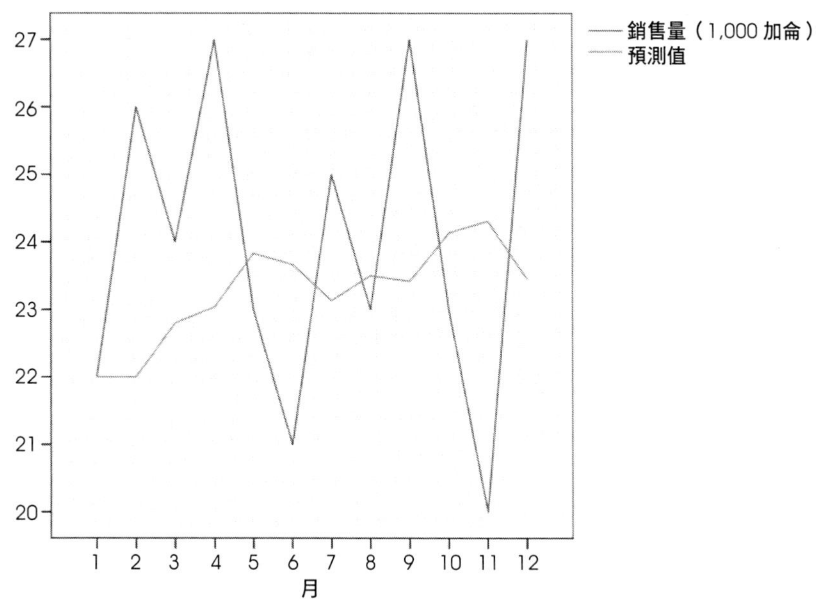

圖 2-24　當平滑常數 $\alpha = 0.2$ 時，實際與預測沙拉油銷售量時間序列圖

因而在計算的過程中，我們使用平滑常數，事實上只要 α 值介於 0 與 1 之間皆可以。當然有某一些值是比其他的值來得好，而從下面的基本指數平滑模式改寫中，我們可以選擇出一個良好的 α 值。

$$\begin{aligned} F_{t+1} &= \alpha Y_t + (1 - \alpha)F_t \\ &= \alpha Y_t + F_t - \alpha F_t \\ &= F_t + \alpha(Y_t - F_t) \end{aligned} \qquad (2\text{-}5)$$

其中 F_t 是第 t 期的預測值，$(Y_t - F_t)$ 是第 t 期的預測誤差。

由此我們知道新的預測值 F_{t+1} 等於前期的預測值 F_t 加上一項修正項即是 α 倍的最近預測誤差 $(Y_t - F_t)$。也就是第 t + 1 期的預測值是由第 t 期的預測值經預測誤差修正而獲得的。若此一時間序列是非常易變且實質上有隨機變異的情形，則平滑常數應選較小的，其理由是因為許多的預測誤差是由隨機變異引起的。因此我們不希望太快地高估或低估這些預測值。但若對於一時間序列是相當穩定及極少隨機變異。則我們選擇較大的平滑常數，以便當預測誤差發生時，能很快地降低預測值或升高預測值以改變其條件。

我們選擇平滑常數的標準亦如前面移動平均計算選擇期數的標準一樣，即是要選擇一個 α 值使均方差（MSE）為最小。

表 2-6 為 $\alpha = 0.2$ 時沙拉油銷售量的指數平滑預測值其均方差的計算彙總。注意此平方差的項目比期數少 1，因為第 1 期並沒過去的資料可以預測。因此我們令 $F_1 = Y_1$，且平方差不包含第 1 期。

然而不同於前面所提的 α 值，是否會使 MSE 的值更低呢？也許回答這問題最直接的方式是代另一個 α 值試試看。然後與平滑常數 0. 2 的均方差 8.13 比較即可。

表 2-7 即是我們利用 $\alpha = 0.3$ 的指數平滑結果，其 MSE = 8.47。由此可知，對此項資料而言，平滑常數 $\alpha = 0.3$ 的預測精確度是比平滑常數 $\alpha = 0.2$ 的精確度差。因此我們較喜歡用原來的平滑常數0.2。試誤的運算可找到一個良好的平滑常數值，此值被用於指數平滑模式以提供未來的預測值，當過些時日後，我們獲得另一個時間序列的觀察值。我們便可好好地實際分析這個新收集來的時間序列資料，看看是否需要修正這平滑常數，以求得更好的預測結果。

以下我們使用 SPSS 軟體程式（13 版本）計算與操作比較如下：

使用 $\alpha = 0.2$ 時，我們拉出檔 CH2-1 的資料檔，顯示出圖 2-25 的視窗介面，按 Analyze → Time Series → Exponential Smoothing...。進入圖 2-26 的 Exponential Smoothing 對話盒，把銷售量移入 Variables：的方盒中，在 Model 選項中按 Simple，再按 Parameters... 鍵。進入 Exponential Smoothing：Parameters 對話盒中，在General（Alpha）的小方格中輸入 0.2，如圖 2-27 所示，按Continue鍵，回到圖 2-26 的 Exponential Smoothing 對話盒中，按 Save 鍵，進入 Exponential Smoothing：Save 對話盒，如圖 2-28 所示，然後按 Continue 鍵，就會獲得圖 2-29 的資料視窗介面。

表 2-6 當平滑常數為 $\alpha = 0.2$ 時，預測沙拉油銷售量的均方差計算

月 (t)	時間序列值 (Y_t)	指數平滑預測值 (F_t)	預測誤差 ($Y_t - F_t$)	平方差 $(Y_t - F_t)^2$
1	22	22.00		
2	26	22.00	4.00	16.00
3	24	22.80	1.20	1.44
4	27	23.04	3.96	15.68
5	23	23.83	−0.83	0.68
6	21	23.67	−2.67	7.13
7	25	23.13	1.87	3.50
8	23	23.50	−0.50	0.25
9	27	23.42	3.58	12.82
10	25	24.14	0.86	0.74
11	20	24.31	−4.31	18.58
12	27	23.45	3.55	12.60
				總和 89.42
均方差（MSE）= 89.42/ 11 = 8.13				

表 2-7 當 $\alpha = 0.3$ 時，預測沙拉油銷售量的均方差計算

月 (t)	時間序列值 (Y_t)	指數平滑預測值 (F_t)	預測誤差 ($Y_t - F_t$)	平方差 $(Y_t - F_t)^2$
1	22	22.00		
2	26	22.00	4.00	16.00
3	24	23.20	0.80	0.64
4	27	23.44	3.56	12.67
5	23	24.51	−1.51	2.28
6	21	24.06	−3.06	9.36
7	25	23.14	1.86	3.46
8	23	23.70	−0.70	0.49
9	27	23.49	3.51	12.32
10	25	24.54	0.46	0.21
11	20	24.68	−4.68	21.90
12	27	23.28	3.72	13.84
				總和 93.17
均方差（MSE）= 93.17/ 11= 8.47				

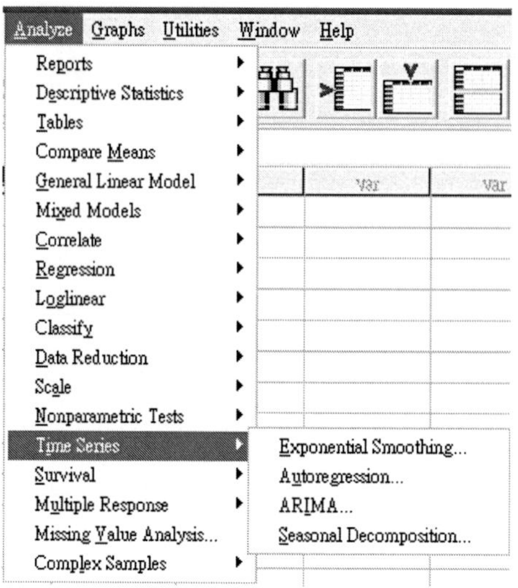

圖 2-25

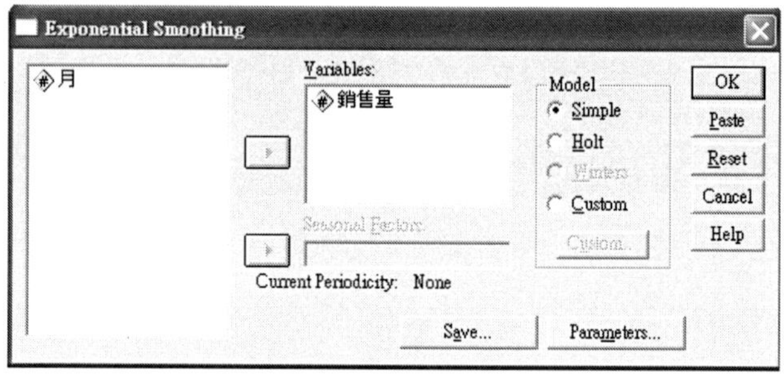

圖 2-26

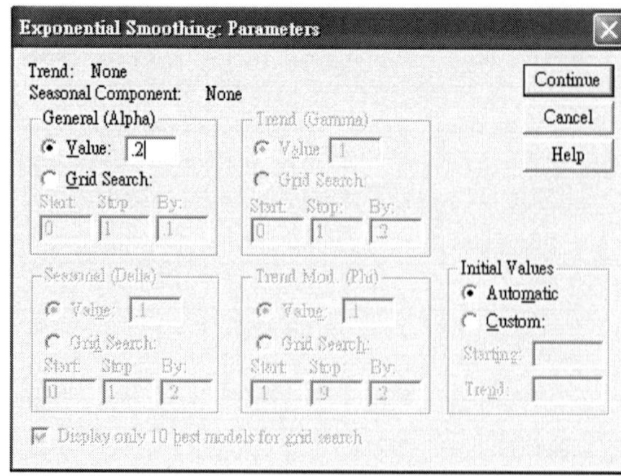

圖 2-27

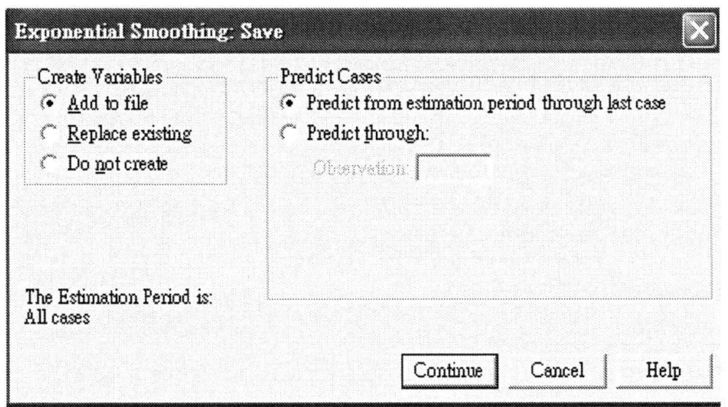

圖 2-28

月	銷售量	FIT_1	ERR_1
1	22	24.00000	-2.00000
2	26	23.60000	2.40000
3	24	24.08000	-.08000
4	27	24.06400	2.93600
5	23	24.65120	-1.65120
6	21	24.32096	-3.32096
7	25	23.65677	1.34323
8	23	23.92541	-.92541
9	27	23.74033	3.25967
10	23	24.39227	-1.39227
11	20	24.11381	-4.11381
12	27	23.29105	3.70895

圖 2-29

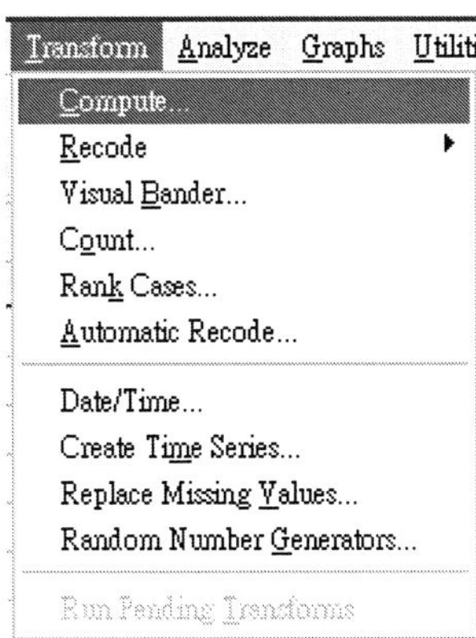

圖 2-30

在圖 2-29 的資料視窗介面上，依圖 2-30 所示，按 Transform → Compute...，進入圖2-31 Compute Variable對話盒，在Target Variable：長形格中輸入或打入平方差，

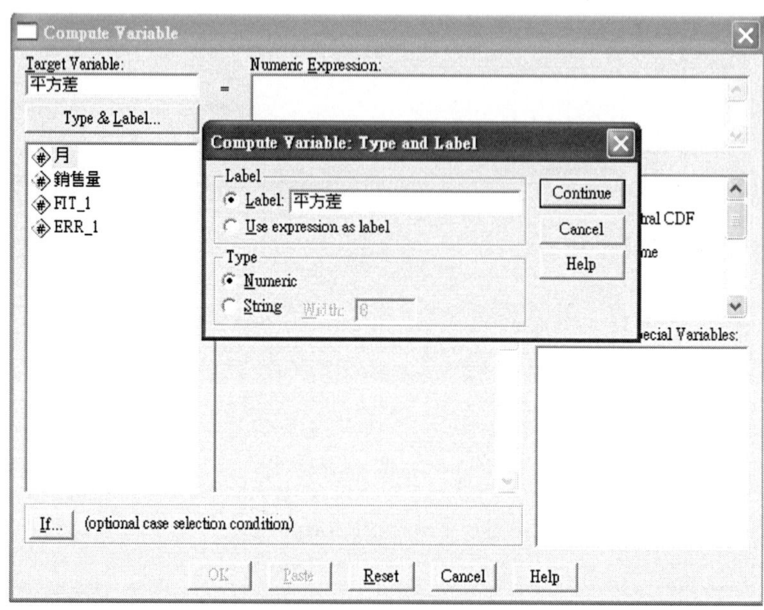

圖 2-31

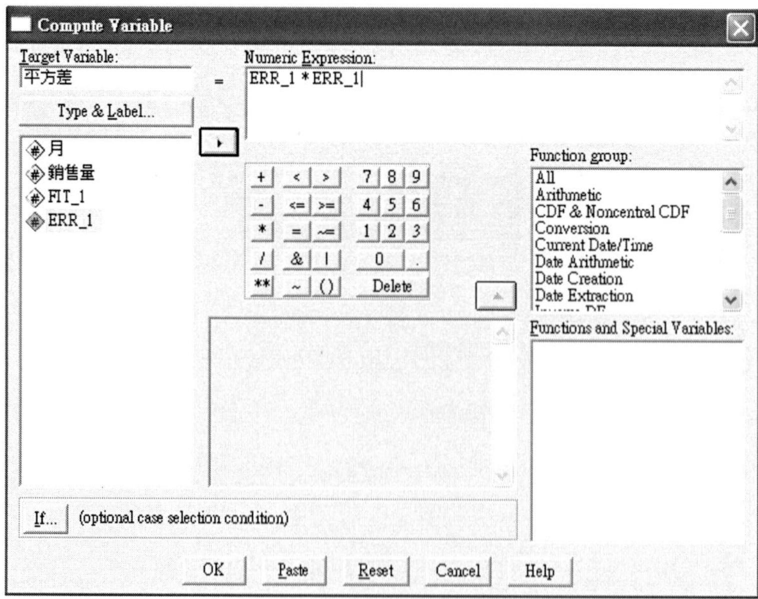

圖 2-32

接著按 Type & Lablel 鍵，進入 Compute Variable：Type and...，輸入或打入平方差，然後按 Continue 鍵，如圖 2-31 所示。回到圖 2-32 的 Compute Variable 對話盒，再按箭頭輸入 ERR_1*ERR_1，進入 Numeric Expression 長形方格中。然後按 OK，進入圖 2-33 結果輸出，再 Transform → Create Time Series... 進入圖 2-34 的 Create Time Series 對話盒，如前述的過程按平方差進入 New Variable（s）長方格中，在按 Function 鍵，選 Cumulative Sum，再按 Change 鍵。然後按 OK。就會獲得圖 2-35 的資料視窗。

Transform Analyze Graphs Utilities Window Help

- Compute...
- Recode
- Visual Bander...
- Count...
- Rank Cases...
- Automatic Recode...
- Date/Time...
- Create Time Series...
- Replace Missing Values...
- Random Number Generators...
- Run Pending Transforms

				ERR_1	平方差
			00000	-2.00000	4.00
			60000	2.40000	5.76
			08000	-.08000	.01
			06400	2.93600	8.62
			65120	-1.65120	2.73
			32096	-3.32096	11.03
			65677	1.34323	1.80
8	23		23.92541	-.92541	.86
9	27		23.74033	3.25967	10.63
0	23		24.39227	-1.39227	1.94
1	20		24.11381	-4.11381	16.92
2	27		23.29105	3.70895	13.76

圖 2-33

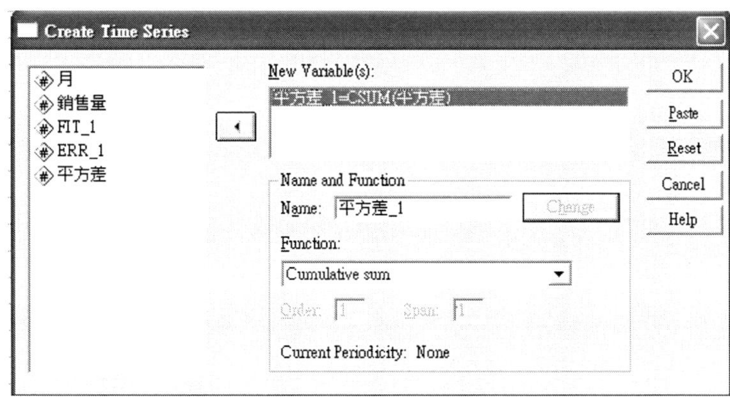

圖 2-34

月	銷售量	FIT_1	ERR_1	平方差	平方差_1
1	22	24.00000	-2.00000	4.00	4.00
2	26	23.60000	2.40000	5.76	9.76
3	24	24.08000	-.08000	.01	9.77
4	27	24.06400	2.93600	8.62	18.39
5	23	24.65120	-1.65120	2.73	21.11
6	21	24.32096	-3.32096	11.03	32.14
7	25	23.65677	1.34323	1.80	33.95
8	23	23.92541	-.92541	.86	34.80
9	27	23.74033	3.25967	10.63	45.43
10	23	24.39227	-1.39227	1.94	47.37
11	20	24.11381	-4.11381	16.92	64.29
12	27	23.29105	3.70895	13.76	78.05

圖 2-35

在獲得圖 2-35 的資料介面之後，我們可以使用 $\alpha = 0.3$ 進行分析比較。使用 $\alpha = 0.3$ 時，其計算與操作過程和前面的過程完全一樣，只有在 Exponential Smoothing：Parmenters 對話盒中，輸入 $\alpha = 0.3$。然後只要依照前述的計算與操作過程，就可以獲得圖 2-37 的資料介面。

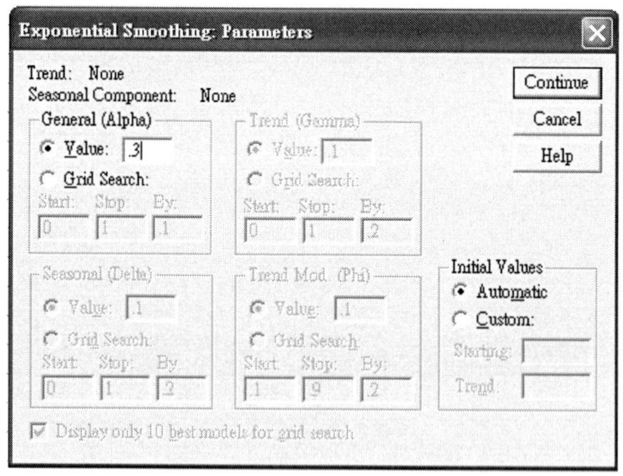

圖 2-36

月	銷售量	FIT_1	ERR_1	平方差	平方差_1
1	22	24.00000	-2.00000	4.00	4.00
2	26	23.40000	2.60000	6.76	10.76
3	24	24.18000	-.18000	.03	10.79
4	27	24.12600	2.87400	8.26	19.05
5	23	24.98820	-1.98820	3.95	23.01
6	21	24.39174	-3.39174	11.50	34.51
7	25	23.37422	1.62578	2.64	37.15
8	23	23.86195	-.86195	.74	37.90
9	27	23.60337	3.39663	11.54	49.43
10	23	24.62236	-1.62236	2.63	52.06
11	20	24.13565	-4.13565	17.10	69.17
12	27	22.89495	4.10505	16.85	86.02

圖 2-37

使用 SPSS 軟體程式的過程和我們使用手算方式有所差異。其中使用 SPSS 軟體程式進行指數平滑中它平方差的項目並沒有比期數少 1，它是直接使用資料進行指數平滑。因此我們使平方差包含第 1 期。所以，使用 SPSS 軟體程式的結果與使用手算方式的結果會有所差異。然而其結果是一樣的，就是使用平滑常數 $\alpha = 0.3$ 的預測精確度是比平滑常數 $\alpha = 0.2$ 的精確度差。由前述使用 SPSS 軟體程式以 $\alpha = 0.2$ 與 $\alpha = 0.3$ 進行計算與操作的結果比較可知 $\alpha = 0.2$ 的平方誤差是 78.05，而 $\alpha = 0.3$ 的平方誤差是 86.02。

第六節　利用趨勢投射法預測時間序列

本節我們將要討論如何預測一個呈現長期線性趨勢的時間序列值。特別是這麼一個例子，若我們考慮某一液晶電視的製造商，在過去 10 年其銷售量的時間序列值如表 2-8 及圖 2-38 所示，其中第 1 年銷售 22,700 台，第 2 年銷售 23,600 台等等。在第 10 年，即最近的一年銷售 32,600 台，圖 2-38 為過去 10 年的銷售量的上下移動，看起來這液晶電視銷售量的時間序列似乎是有向上遞增的趨勢。

我們不希望時間序列的趨勢成分隨著每一個值上下改變，而希望它能反應出其逐漸變異的時間序列值，如我們的例子是成長。當我們觀察表 2-8 及圖 2-38 的時間序列資料之後，我們贊同如圖 2-39 所示的圖形，即對於此序列的長期移動提供一個可能且合理的線性趨勢描述。因此我們現在便能夠專心找出一個最佳的線性函數以趨近此趨勢了。

表 2-8 液晶電視的銷售資料（儲存在檔案CH2-4）

年	銷售量（以 1000 台為單位）(Y_t)
1	22.7
2	23.6
3	26.5
4	22.8
5	24.7
6	28.5
7	32.5
8	30.6
9	29.6
10	32.6

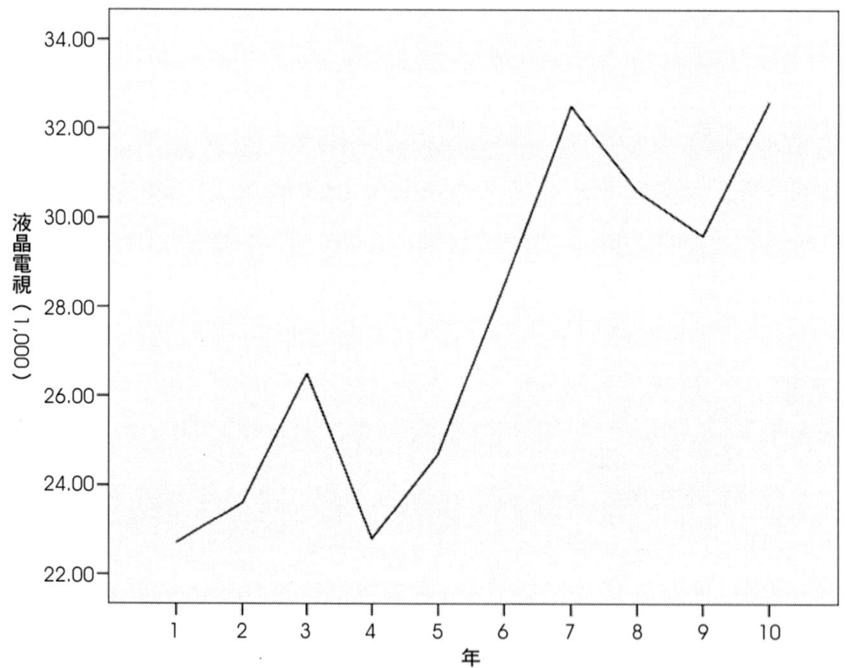

圖 2-38 液晶電視銷售量的時間序列圖

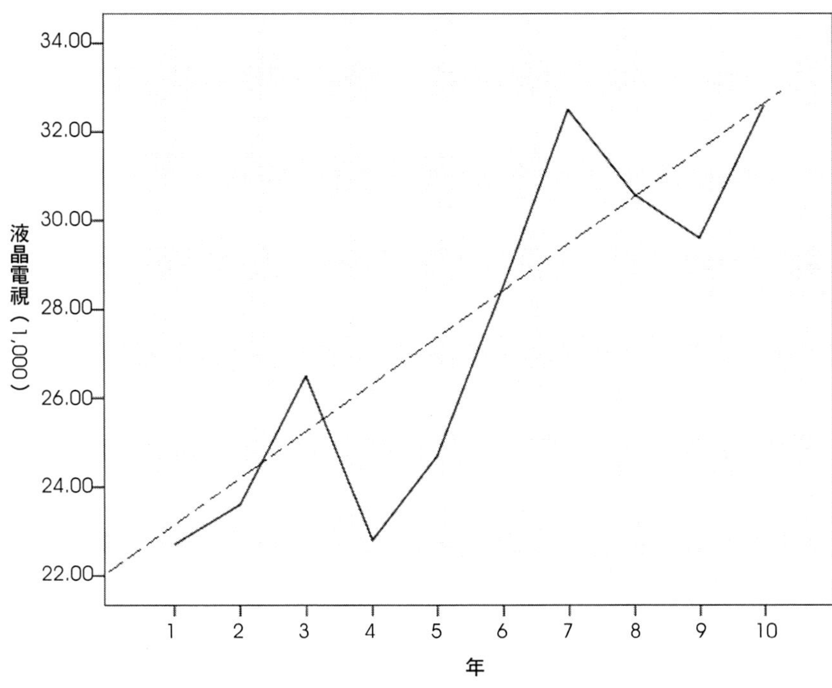

圖 2-39　液晶電視銷售量趨勢的線性函數

我們使用液晶電視的銷售資料來舉例說明它的演算過程，並且利用迴歸分析來定義一個時間序列的線性趨勢，回顧我們在簡單線性迴歸中所學習的，是如何地利用最小平方法以找尋兩個變數的最佳直線關係。同樣的方怯，我們亦將用來推導時間序列趨勢直線的數學方程式，特別是利用迴歸分析來估計時間與銷售量的關係。

回顧我們在簡單線性迴歸中所學習的，我們看到了用來描述自變數 x 與因變數 y 之間直線關係的迴歸估計式寫成：

$$\hat{y} = b_0 + b_1 x \qquad (2\text{-}6)$$

而在預測方面，為了要使自變數為時間的事實更明顯，我們以 t 代替方程式（2-6）中的 x，另外以 T_t 代替 $\hat{y}$。因此估計銷售量的線性趨勢即可被表成一個時間的函數如下：

$$T_t = b_0 + b_1 t \qquad (2\text{-}7)$$

其中

T_t = 第 t 期的時間序列（在趨勢上）的預測值

b_0 = 趨勢線上的截距

b_1 = 趨勢線的斜率

t = 時間點

在線性趨勢的關係式中，若我們令時間 t = 1，即可得時間序列資料的第一個觀察值。若令時間 t = 2，即可得第二個觀察值等等，在此注意到，在我們的液晶電視銷售時間序列中 t = 1 是表示最遠的時間序列值，而 t = 10 則表示最近的資料值。至於迴歸係數的估計方程式的運用，在此我們再進一步探討如下，並以 t 代替 x，Y_t 代替 y_i

$$b_1 = \frac{\Sigma tY_t - (\Sigma t \Sigma Y_t)/n}{\Sigma t^2 - (\Sigma t)^2/n} \tag{2-8}$$

$$b_0 = \overline{Y} - b_1\bar{t} \tag{2-9}$$

其中

Y_t = 第 t 期的時間序列實際值

n = 期數

$\overline{Y}$ = 時間序列的平均值

$\bar{t}$ = t 的平均值，即 $\bar{t} = \Sigma\, t/n$

利用這些 b_0 與 b_1 的關係式及表 2-8 的液晶電視銷售資料，我們可得到如下的計算值

t	Y_t	tY_t	t^2（儲存在檔案 CH2-5）
1	22.7	22.7	1
2	23.6	47.2	4
3	26.5	79.5	9
4	22.5	90.0	16
5	24.7	123.5	25
6	28.5	171.0	36
7	32.5	227.5	49
8	30.6	244.8	64

	9	29.6	266.4	81
	10	32.6	326.0	100
合計	55	273.8	1596.6	385

$$\bar{t}=\frac{55}{10}=5.5$$

$$\overline{Y}=\frac{273.8}{10}=27.38$$

$$b_1=\frac{1598.6-(55)(273.8)/10}{385-(55)^2/10}=\frac{92.7}{82.5}=1.1236$$

$$b_0=27.38-1.1236(5.5)=21.2$$

由此 $$T_t=21.2+1.12t \qquad (2\text{-}10)$$

為液晶電視銷售量的時間序列其線性趨勢成分的式子或方程式。

我們可以使用 SPSS 軟體程式進行迴歸分析，獲得表 2-9 的輸出結果。

表 2-9 使用SPSS軟體程式進行迴歸分析的輸出結果

Coefficients[a]

Model		Unstandardized Coefficients		Standardized Coefficients	t	Sig.
		B	Std. Error	Beta		
1	(Constant)	21.200	1.404		15.095	0.000
	年	1.124	0.226	0.869	4.964	0.001

a. Dependent Variable: 液晶電視(1,000)

一、趨勢投射法

1.12 的斜率是在於表示液晶電視製造商在過去的 10 年經驗中，平均每年的銷售量約成長了 1120 個單位，若我們假設過去 10 年的銷售量趨勢是未來的一個很理想的導向，則方程式（2-8）就可被用來投射時間序列的趨勢成分。例如將 t = 11.2 代入方程式（2-8），則可得下一年的趨勢投射 T_{11}：

$$T_{11}=21.20+1.12(11)=33.52$$

由此，我們只要利用趨勢成分，便可預測下一年的銷售量為 33,520 台液晶電視。

使用線性函數去設計此趨勢的模式，其方法都是相同的。然而就如我們早先討論過的，一些時間序列所呈現的並非線性趨勢，圖 2-40 為兩個常見的非線性趨勢函數的圖形。更深入的教材，將會詳細地討論到當我們使用非線性函數時，如何去決定其趨勢成分及如何做決策，而我們的目的只要能夠充分地了解到分析人員如何選擇一個最能配合資料的函數即可。

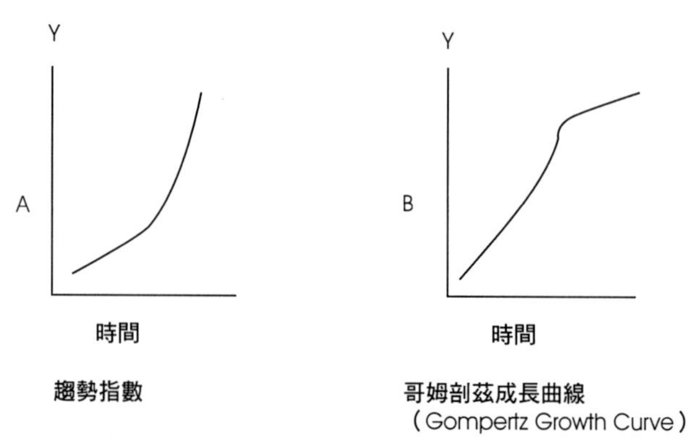

圖2-40　可能出現的一些非線性趨勢的函數模式

第七節　利用古典分解法預測時間序列

在使用古典分解法預測時間序列之前，我們必須先詳細說明趨勢（T）、循環（C）、季節（S）及不規則（I）等的四個時間序列成分是如何地結合成一個模式的。首先我們假設此時間序列能以倍增的或相乘的模型為其最佳的描述，且其趨勢、循環、季節及不規則等的成分能夠被找出及測量，而其四個成分的測量值相乘結合後，可提供此時間序列的實際值 Y_t。經由上述的假設，我們可以將相乘模式的數學方程式表現如下：

相乘模式

$$Y_t = T_t \times C_t \times S_t \times I_t \tag{2-11}$$

在此模式中，T_t 是預測項目的趨勢測量值。而 C_t, S_t 及 I_t 則是以相對數值來進行測量，若其值大於 1.00，則表示循環的效果高於趨勢成分，季節的效果高於正常或平均水準，或不規則的效果高於趨勢、季節及循環三者混合的成分。如果 C_t, S_t

及 I_t 的值小於 1.00，即表示各別或每一個成分皆低於平均水準。舉出一個範例來說明，若趨勢投射值為 540 單位，C_t, S_t 及 I_t 的值分別為 1.10,0.85 及 1.02 則此時間序列值為 540(1.10)(0.85)(1.02) = 515。

在本節中我們將以表 2-10 及圖 2-41 中的每季資料，說明古典分解法的應用，此一資料為某一製造商在過去 4 年中，每一季的銷售量（以千為單位）。現在我們就開始分析如何定義此時間序列的季節成分。

一、季節因素的運算

從圖 2-41 中便可開始定義液晶電視機銷售量的季節模式。特別是在每一年的第 2 季銷售量為最低，而在第 3、 4 季中，則有較高的銷售量，被用來定義每一季季節影響的運算過程中，首先利用移動平均以測量時間序列趨勢——循環（T_tC_t）的混合成分。即是我們排除了季節（S_t）與不規則（I_t）的成分。

表 2-10　液晶電視的每一季銷售量（儲存在檔案CH2-6）

年（日期）	季	銷售量（1,000 台）
2005	1	5.0
	2	4.2
	3	5.8
	4	6.7
2006	1	5.9
	2	4.9
	3	6.9
	4	7.7
2007	1	6.1
	2	5.8
	3	7.8
	4	8.5
2008	1	6.4
	2	6.0
	3	8.5
	4	9.4

當我們的時間序列觀察時期以一年為單位時，則我們令季節成分的值為 1，且不必將其包含於此模型中。

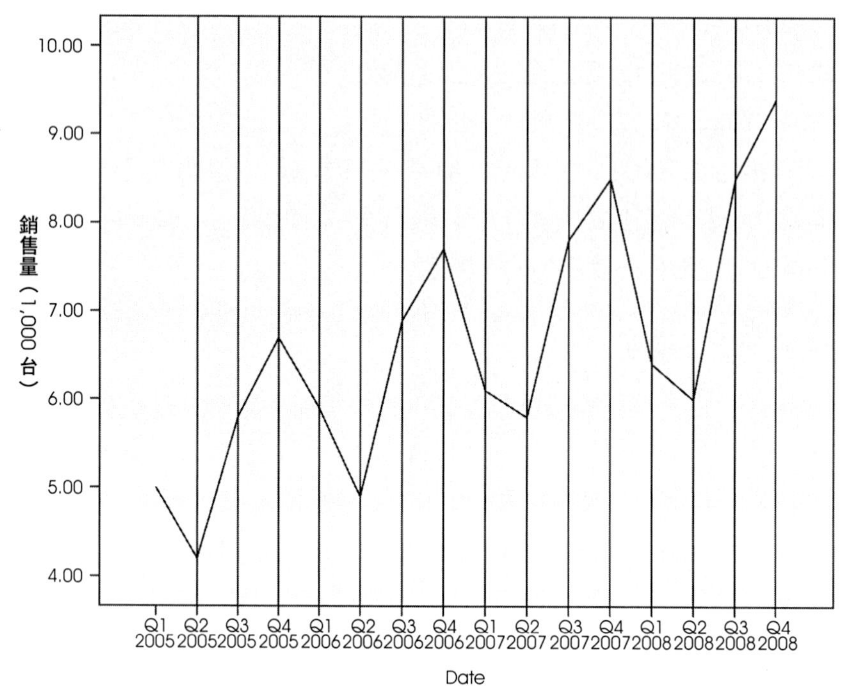

圖 2-41　每季液晶電視銷售量的時間序列

在使用移動平均時，我們以一年的每一筆資料計算，因為我們面對的是每季的序列，因此我們每一個移動平均包含了四個資料值，下面是第一個四季的電視機銷售資料的移動平均：

$$第一次移動平均 = (5.0 + 4.2 + 5.8 + 6.7)/4 = 5.425$$

注意此第一個四季的移動平均計算值是從這時間序列的第 1 年資料所產生的。接下來我們加上第 2 年的第 1 季值 5.9，及去掉第 1 年的第 1 季值 5.0，於是第 2 個移動平均即為

第二次移動平均 = (4.2 + 5.8 + 6.7 + 5.9)/4 = 5.650
同樣地，
第三個移動平均計算值為 (5.8 + 6.7 + 5.9 + 4.9)/4 = 5.825。

在我們求得所有時間序列的移動平均之前，讓我們回頭來看第一個移動平均計算值 5.425。這 5.425 的值是代表一年中平均每一季的銷售量；也許我們還可以合

理地稱 5.425 為移動平均群中的「中央」(middle) 季節。我們將順此處理方式，然而在定義「中央」季節時，曾遭遇到一些困難，如我們的移動平均是四個季節，並沒有所謂的「中央」季節。故我們把 5.425 的值視為第 2 季的後半季及第 3 季的前半季。同樣地，下一個移動平均值 5.650，其「中央」即為第 3 季的後半季及第 4 季的前半季。

回想我們計算移動平均值以測量趨勢——循環混合成分的理由，然而這些我們所算出的移動平均值，卻無法直接地與時間序列的原始季節相配合，因此我們以介於連續移動平均值間的中點來解決這個問題。例如因為 5.425 視為第 3 季前半季的值，且 5.650 為第 3 季後半季的值，因此我們以（5.425 + 5.650）/2 = 5.538 為第 3 季的移動平均值。同樣地，第 4 季的移動平均值為（5.650 + 5.825）/2 = 5.738。表 2-11 所列的，即為全部的液晶電視銷售資料的移動平均計算值。

在此我們注意到，若用於計算移動平均的資料點是奇數時，則其中央點即代表著時間序列上的某一點，我們即可不必再做如表 2-11 中的調整運算了。

讓我們停下來考量一下，表 2-11 的移動平均，對此時間序列有何意義，從圖 2-42 此時間序列的實際值與移動平均的表示值圖上，特別地注意到移動平均值是如何地使上下跳動的時間序列趨於「平滑」的，那是由於移動平均包含四季的資料，因此不受上下跳動的季節影響，再者因為是整個期間的平均，所以使得不規則的變動趨於 0，而排除了因不規則影響的變異。

表 2-11 液晶電視機的每季銷售量的時間序列，其移動平均的計算值（儲存在檔案 **CH2-7**）

日期（年）	季	銷售量（1,000 台）	四季移動平均	中央移動平均
2005	1	5.0		
	2	4.2		
	3	5.8	5.425	5.538
	4	6.7	5.650	5.738
2006	1	5.9	5.825	5.963
	2	4.9	6.100	6.225
	3	6.9	6.350	6.375
	4	7.7	6.400	6.513
2007	1	6.1	6.625	6.738
	2	5.8	6.850	6.950
	3	7.8	7.050	7.088
	4	8.5	7.125	7.150

日期（年）	季	銷售量（1,000 台）	四季移動平均	中央移動平均
2008	1	6.4	7.175	7.263
	2	6.0	7.350	7.463
	3	8.5	7.575	
	4	9.4		

由於季節與不規則的影響被排除掉，使得中央移動平均值得以定義時間序列的趨勢——循環之混和成分。因此圖 2-42 的平滑值即是測量最近四年來電視銷售資料的趨勢——循環成分。

由於每季的時間序列資料，混合了趨勢、循環、季節及不規則等的序列成分，我們可再次地使用下列的相乘或倍增的模式

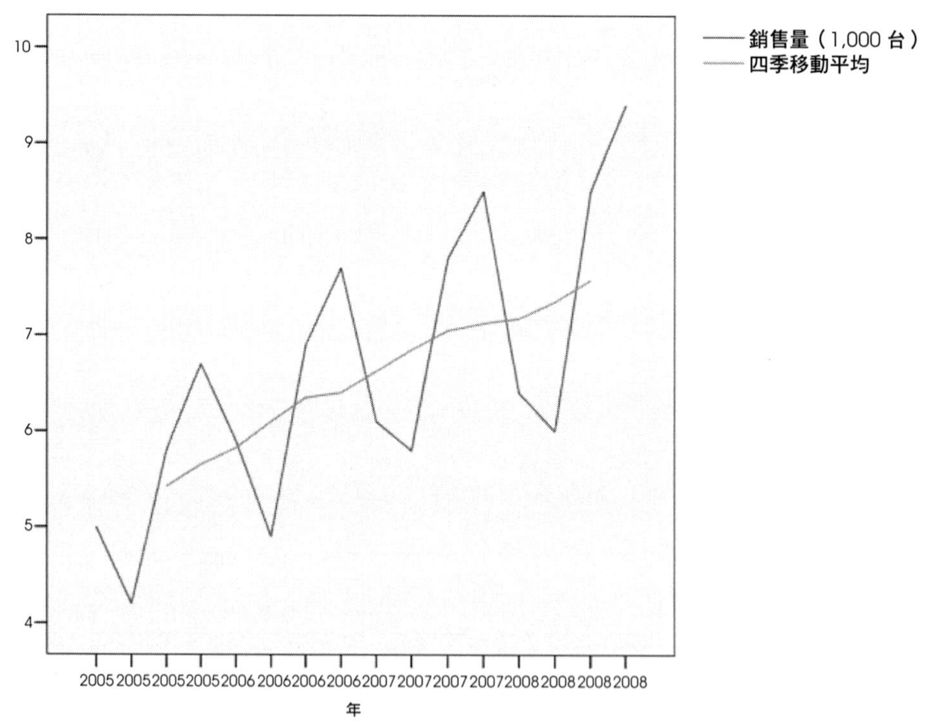

圖 2-42　每季液晶電視機銷售量的時間序列與移動平均圖

將每一個時間序列觀察值除以相對的移動平均值的結果，即是我們所定義的此時間序列的季節——不規則效果，我們將其結果列於表 2-12。

表 2-12 液晶電視機的每季銷售量的時間序列

年（日期）	季	銷售量（1,000 台）(Y_t)	四季移動平均 (T_tC_t)	季節一不規則成分 (S_tI_t) = Y_t / T_tC_t
2005	1	5.0		
	2	4.2		
	3	5.8	5.538	1.047
	4	6.7	5.738	1.168
2006	1	5.9	5.963	0.989
	2	4.9	6.225	0.787
	3	6.9	6.375	1.082
	4	7.7	6.513	1.182
2007	1	6.1	6.738	0.905
	2	5.8	6.950	0.835
	3	7.8	7.088	1.100
	4	8.5	7.150	1.189
2008	1	6.4	7.263	0.881
	2	6.0	7.463	0.804
	3	8.5		

若我們以第 3 季 S_tI_t 的結果為例，其在第 1、2 與 3 年的值，分別是 1.047， 1.082 與 1.100。因此所有第 3 季的季節——不規則成分皆高於平均的影響。又因為每年季節——不規則成分的變異，原則上可歸因於不規則的成分所致，所以當我們在 S_tI_t 值加以平均後，即可去除不規則的影響而得到第 3 季的季節影響估計值：

$$\text{第 3 季的季節效果} = (1.047 + 1.082 + 1.100)/3 = 1.076$$

我們稱 1.076 為第 3 季的季節因子（seasonal factor）。表 2-13 即是將液晶電視機銷售時間序列的季節因子運算，彙總列出。由此我們得知四個季節的季節因子為第 1 季，0.925；第 2 季，0.809；第 3 季，1.076；第 4 季，1.180。

從表 2-13 對於觀察值的描述中，我們得知電視機的銷售季節成分，以第 4 季為最佳，其銷售平均大約高於平均每季銷售量的 14%，而最差的或最低的是季節因子為 0.809 的第 2 季，其銷售平均大約低於平均每季銷售量的 16%。從直覺的猜想中，我們可知道為何第 4 季的季節成分較佳，使得購買電視機與收視率呈現高峰的原因。因為是第 4 季屬於冬季，人們較少做戶外活動之故。同樣地，第 2 季是因為春天及初夏的活動吸引了大批的顧客，因而影響了收視率及降低了購買數量。

至於我們所得到的季節因子，有時必須做最後的調整，因為在相乘或倍增的模型中，季節因子的平均必須等於 1.00；即其因子和必須等於 4.00。若是超過了，就必須調整，在我們的例子中，季節因子的平均恰等於 1.00。因此不必做此類的調整，然而在其他例子裡，做稍微的調整也許是必要的。至於調整的方法是簡單地把每一季節因子乘上季節的數目，而後除以未調整前的季節因子和即可。例如在我們例子中，每一季節因子乘於 4/（未調整前的因子和）。在本章末的一些問題中，為了獲得適當的季節因子，必須做這樣的調整。

表 2-13 液晶電視機銷售量時間序列的每季成分計算

季	季節——不規則成分值 (S_tI_t)	季節因子 (S_t)
1	0.989 0.905 0.881	0.925
2	0.787 0.835 0.804	0.809
3	1.047 1.082 1.100	1.076
4	1.168 1.182 1.189	1.180

二、消除季節性因子以顯現趨勢

為了要顯現隱含有季節效果的時間序列中的趨勢。首先我們必須從原時間序列中消除季節的效果，此程序稱為消除時間序列的季節性。利用相乘或倍增模式的符號

$$Y_t = T_t \times C_t \times S_t \times I_t \tag{2-12}$$

及剛才對此模式所定義的季節因子，我們可以解得並定義同時具有趨勢、循環及不規則等成分的方程式，如

$$T_tC_tI_t = \frac{Y_t}{S_t}$$

即把每一個時間序列值除以對應的季節因子，如此我們便把此時間序列的季節效果消除了。表 2-14 即是季節消除後，液晶電視機銷售量的時間序列值，而圖 2-43 則為其圖形。

表 2-14　季節性消除後，電視機銷售量的時間序列值（儲存在檔案CH2-8）

年（日期）	季	銷售量（1,000 台）(Y_t)	季節因子 (S_t)	季節性消除後的銷量 ($Y_t/S_t = T_tC_tI_t$)
2005	1	5.0	0.925	5.405
	2	4.2	0.809	5.192
	3	5.8	1.076	5.390
	4	6.7	1.180	5.678
2006	1	5.9	0.925	6.378
	2	4.9	0.809	6.057
	3	6.9	1.076	6.413
	4	7.7	1.180	6.525
2007	1	6.1	0.925	6.490
	2	5.8	0.809	7.169
	3	7.8	1.076	7.249
	4	8.5	1.180	7.203
2008	1	6.4	0.940	6.919
	2	6.0	0.809	7.417
	3	8.5	1.076	7.900
	4	9.4	1.180	7.966

本資料儲存在 CH2-8 的檔案中。

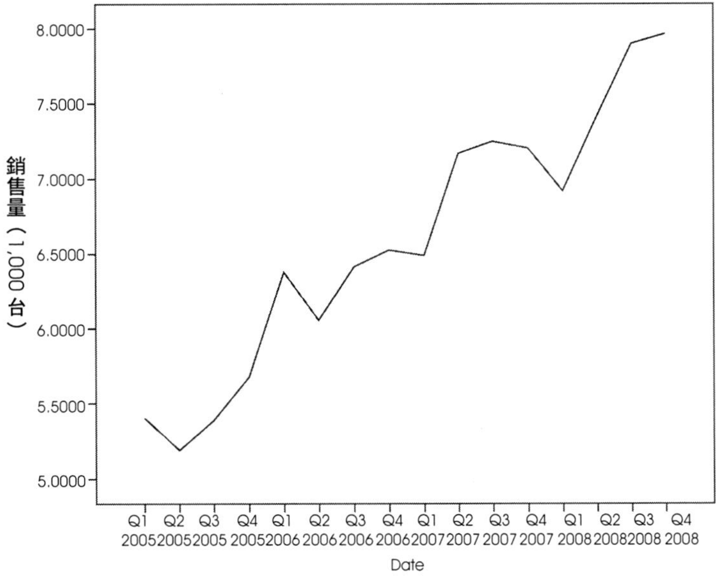

圖 2-43　季節性消除後，液晶電視機銷售量的時間序列

從圖 2-43 中，我們看到其圖形在過去的 16 個季節中，有些上下變動的現象且此序列似乎有向上的線性趨勢。我們將以預測每年資料趨勢的相同方法，定義此趨勢。在本例中，因為我們已有消除季節性後的資料，所以可以直接利用這些每季的銷售值來計算。因此估計銷售量的線性趨勢的方程式，可以寫成如下的時間函數

$$T_t = b_0 + b_1 t$$

其中

T_t = 第 t 期電視機銷售量的趨勢值

b_0 = 趨勢線的截距

b_t = 趨勢線的斜率

在我們計算之前，我們令 t = 1 為時間序列的第一個觀察值，t = 2 為第二個觀察值等等。因此對於季節性消除後液晶電視機銷售量時間序列而言，t = 1 即相當於季節性消除後第 1 季的銷售量，而 t = 16 相當於季節性消除後最近一季的銷售量。在此我們再將計算 b_0 與 b_t 值的方程式如下

$$b_1 = \frac{\Sigma tY_t - (\Sigma t \Sigma Y_t)/n}{\Sigma t^2 - (\Sigma t)^2/n}$$

$$b_0 = \overline{Y} - b_1 \bar{t}$$

其中 Y_t 是於時間 t 時季節性消除後的時間序列值，而非時間序列的實際值，利用上面 b_0 與 b_t 的關係式，及列於表 2-14 的季節性消除後的銷售量資料，得到以下的計算值：

	Y_t 季節性消除後	tY_t	t^2
1	5.405	5.405	1
2	5.192	10.384	4
3	5.390	16.170	9
4	5.678	22.712	16
5	6.378	31.890	25
6	6.057	36.342	36
7	6.413	44.891	49
8	6.525	52.200	64

	Y_t 季節性消除後	tY_t	t^2
9	6.490	58.410	81
10	7.169	71.690	100
11	7.249	79.739	121
12	7.203	86.436	144
13	6.919	89.947	169
14	7.417	103.838	196
15	7.900	118.500	225
16	7.966	127.456	256
合計 136	105.3510	956.0100	1496

A = 1 + 2 + 3 + 4 + 5 + 6 + 7 + 8 + 9 + 10 + 11 + 12 + 13 + 14 + 15 + 16

ans =136

B = 5.405 + 5.192 + 5.390 + 5.678 + 6.378 + 6.057 + 6.413 + 6.525 + 6.490 + 7.169 + 7.249 + 7.203 + 6.919 + 7.417 + 7.900 + 7.966

B = 105.3510

C = 5.405 + 10.384 + 16.170 + 22.712 + 31.890 + 36.342 + 44.891 + 52.200 + 58.410 + 71.690 + 79.739 + 86.436 + 103.838 + 89.947 + 118.500 + 127.456

C = 956.0100

D = 1 + 4 + 9 + 16 + 25 + 36 + 49 + 64 + 81 + 100 + 121 + 144 + 169 + 196 + 225 + 256

D = 1496

$$\bar{t} = \frac{136}{16} = 8.5$$

$$\overline{Y} = \frac{105.3510}{16} = 6.5844$$

$$b_1 = \frac{956.0100 - (136)(105.3510)/16}{1496 - (136)^2/16} = \frac{60.52645}{340} = 0.1780$$

$$b_0 = 6.5844 - 0.1780(8.5) = 5.0714$$

由此

$$T_t = 5.0714 + 0.1780t \qquad (2\text{-}13)$$

為此時間序列的線性趨勢成分的數學方程式。

0.1780 的斜率是表示工廠在過去的 16 個季節經驗中，平均每季在季節性消除後的銷售量約成長了 178 台，如果我們假設過去 16 個季節的銷售量趨勢，是未來的一個很良好的導向，則對未來季節，方程式（2-13）即可被用來投射時間序列的趨勢成分。例如將 t = 17 代入方程式（2-13），則可以得到下一季的趨勢投射值 T_{17}：

$$T_{17} = 5.0714 + 0.1780(17) = 8.097$$

因此只要利用趨勢成分，我們便可預測下一季的電視機銷售量為 8097 台。依同樣的方式，只要我們利用趨勢成分，我們即可預測第 18，19 及 20 季的銷售量分別為 8275，8453 及 8631 台液晶電視機。

三、季節的調整

我們經由趨勢已經得到了下四季的銷售量預測值，現在我們加上季節的效果時，這些預測值就必須加以調整。例如第 5 年的第 1 季（t = 17）的季節因子為 0.925，而每一季的預測值可視為趨勢的預測值（T_{17} = 8.097）乘上時間的季節因子（0.925）的結果。因此我們獲得下一季的預測值為 8,097(0.925) = 7,490。表 2-15 所列的值即為第 17，18，19 及 20 季的預測值，從每季的預測值中，我們看到第 4 季的 10,185 台預測單位為最高，而以第 2 季的 6,694 台預測單位為最低。

表 2-15 液晶電視機銷售量的時間序列，其短期的每季預測值

年	季	趨勢的預測值	季節因子	每季的預測值
2009	1	8,097	0.925	(8,097)(0.925) = 7,490
2009	2	8,275	0.809	(8,275)(0.809) = 6,694
2009	3	8,453	1.076	(8,453)(1.076) = 9,095
2009	4	8,631	1.180	(8.631)(1.180) = 10,185

雖然我們未來還可能考慮到循環效果的預測值調整，但這樣的分析已經超出本章的範圍了。

季節的調整是被加到在季節上可以被調整的序列以獲得其觀察值。這種調整嘗試去消除來自一個序列的季節性影響以便可以注視到季節成分所偽裝的其他關切的特性所蒙蔽。種種趨勢可以估計季節的成分這些成分並不端視序列的整體水準而定。沒有季節性變數的觀察值有一個 0 的季節成分。這個資訊被蒐集在 CH2-8 檔案中，可以被使用去執行一個趨勢分析（例如，以自我迴歸的程序）去消除在資料中所出現的任何季節的變數。以季節分解的程序這是很容易被實現。

四、電腦軟體的使用

（一）理解資料

季節的分解程序要求在資料檔案中一個時期資料成分的呈現，例如，一年有四季的時期期限（periodicity），每一週 7 天的時期期間（periodicity），依序等等。首先去圖示你時間序列的習慣通常會是一個好的理念，因為觀察一個時間序列圖形通常會導致對基本的時期性持有一個合乎邏輯的猜測。

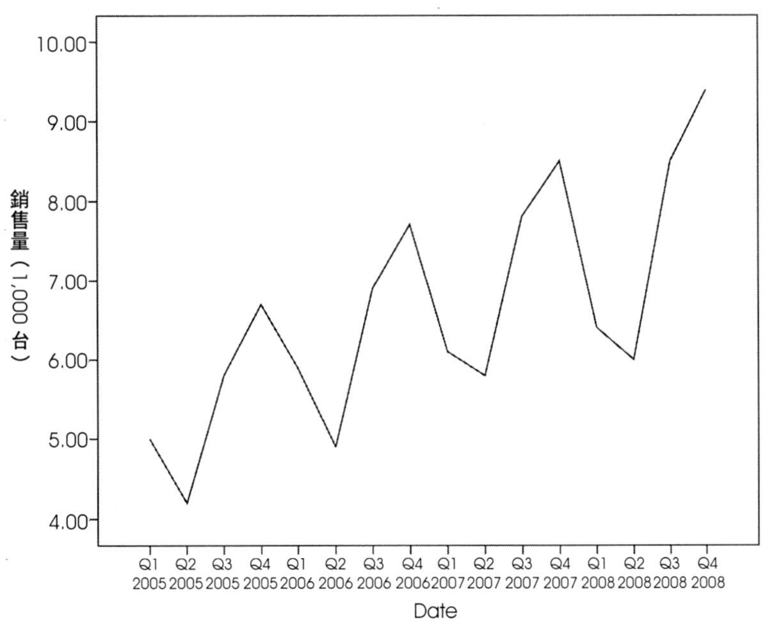

圖 2-44

該序列展示很多的高峰，而且這種高峰的出現均在每年的第四季。顯著的高峰呈現出由若干個季節所分隔。假設銷售量的季節性質，在每年的第四季假期季節期間以典型的拉高，它可能一個好的猜測即時間序列有一個每年第四季時期的高峰。而且亦注意到季節的變數出現與向上成長的序列趨勢，指出季節的變數可以依該序列的水準作成比例。這意指一個相乘或倍增的而不是逐步增加的模型。

檢測一個時間序列的自我相關與淨自我相關可提供有關基本時期性的一

個更多量化的推論。從名單中（the menus）選擇：Analyze → Forecasting → Autocorrelations... 如圖 2-45，進入圖 2-46 的 Autocorrelations 對話盒，把銷售量移入 Variable：的長形方格中，按 Options... 鍵。進入圖 2-47 的 Autocorrelations：Options 對話盒，按圖 2-47 做選擇，然後按 Continue 鍵，回到圖 2-46 的 Autocorrelations 對話盒，然後按 OK。可以獲得圖 2-48，圖 2-49，與表 2-16 的資料中獲知它是季節性的。

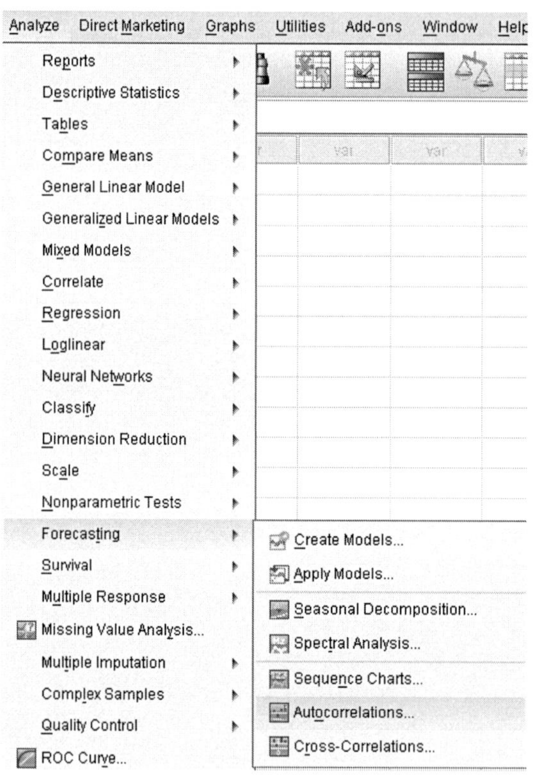

圖 2-45

Autocorrelations
資料
年
Variables:
銷售量(1,000台) [銷售量]
Options...
Transform
Natural log transform
Difference:
1
Seasonally difference:
1
Current Periodicity: None
Display
Autocorrelations
Partial autocorrelations
OK
Paste
Reset
Cancel
Help

圖 2-46

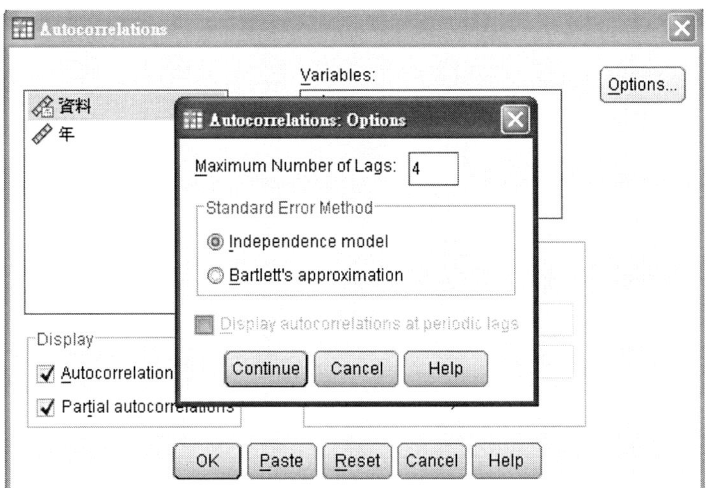
Autocorrelations
Autocorrelations: Options
Maximum Number of Lags: 4
Standard Error Method
Independence model
Bartlett's approximation
Display autocorrelations at periodic lags
Continue
Cancel
Help
Options...
Variables:
資料
年
Display
OK
Paste
Reset
Cancel
Help

圖2-47

表 2-16

Autocorrelations

Series: 銷售量 (1,000 台)

Lag	Autocorrelation	Std. Error[a]	Box-Ljung Statistic		
			Value	df	Sig.[b]
1	0.372	0.228	2.663	1	0.103
2	-0.230	0.220	3.754	2	0.153
3	0.178	0.212	4.460	3	0.216
4	0.554	0.204	11.819	4	0.019

a. The underlying process assumed is independence (white noise).

b. Based on the asymptotic chi-square approximation.

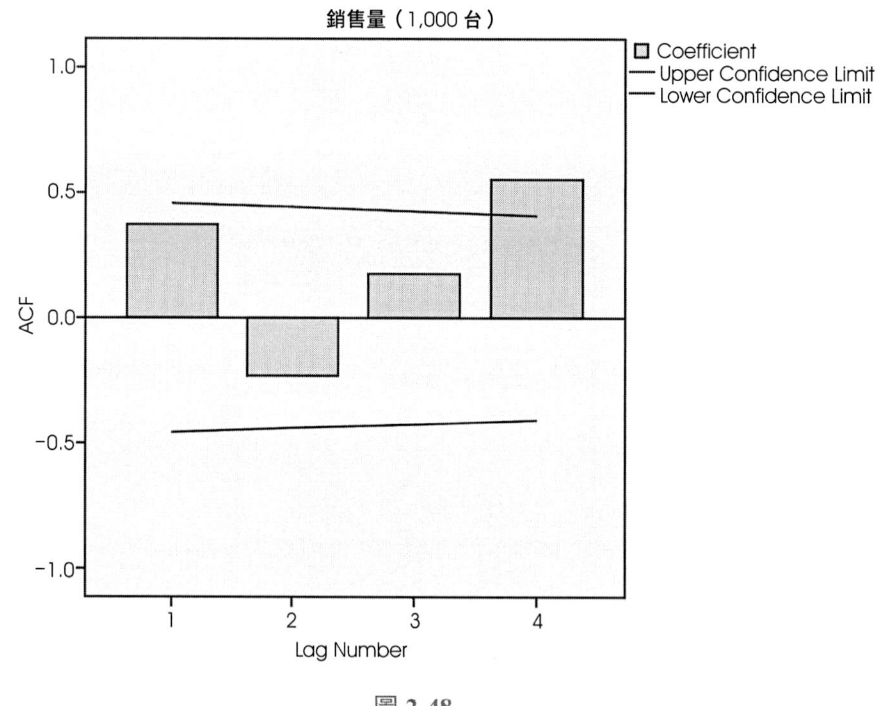

圖 2-48

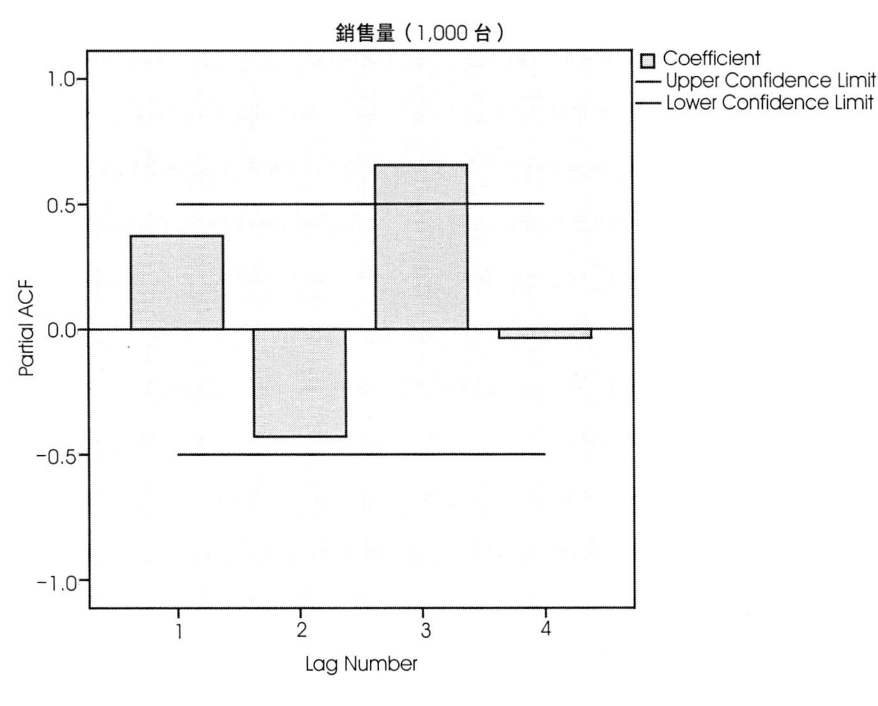

圖 2-49

（二）季節因素的運算

在季節因素的運算中，我們拉出檔案資料 CH2-6 的視窗介面圖 2-50，在使用檔案資料 CH2-6 中我們為了以下進行計算介面寬度的問題，我們把其中年份的欄位消除，建立另一個資料檔為 CH2-6e 檔案。以下使用 CH2-6e 檔案，按 Transform → Create Time Series，進入圖 2-51 的 Create Time Series 對話盒，把銷售量移入 Variable → New name 的長形方格中，按 Function：鍵，選擇 Centered moving average，輸入 4 的數字進入 Span 的小方格中，接著按 Change 鍵，按 OK，獲得圖 2-52 的輸出結果，按其中的 No，就可以獲得圖 2-53 的資料。

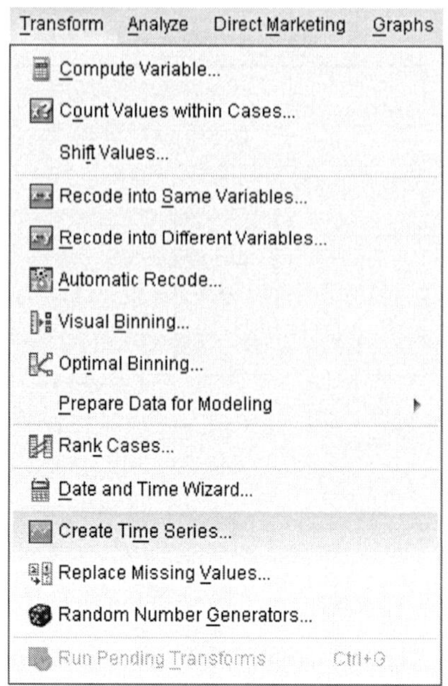
Transform
Analyze
Direct Marketing
Graphs
Compute Variable...
Count Values within Cases...
Shift Values...
Recode into Same Variables...
Recode into Different Variables...
Automatic Recode...
Visual Binning...
Optimal Binning...
Prepare Data for Modeling
Rank Cases...
Date and Time Wizard...
Create Time Series...
Replace Missing Values...
Random Number Generators...
Run Pending Transforms
Ctrl+G

圖 2-50

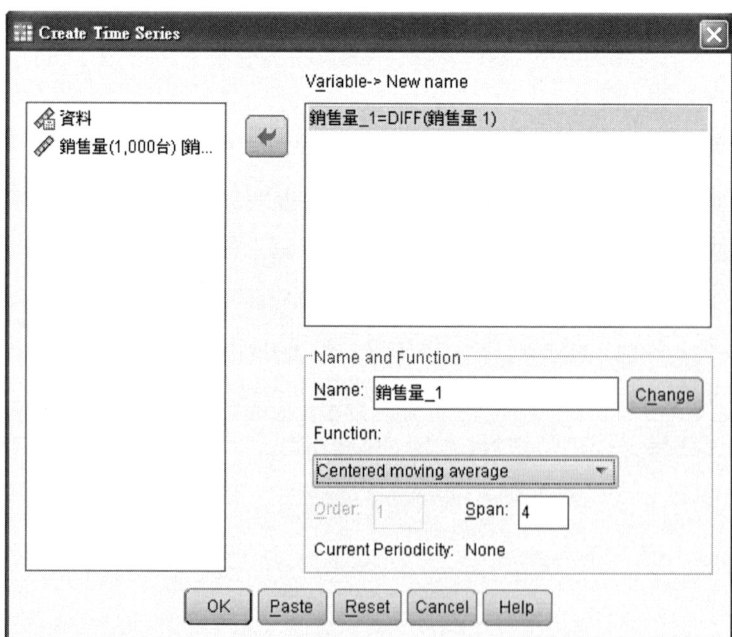
Create Time Series
資料
銷售量(1,000台) [銷...
Variable-> New name
銷售量_1=DIFF(銷售量 1)
Name and Function
Name:
銷售量_1
Change
Function:
Centered moving average
Order:
1
Span:
4
Current Periodicity: None
OK
Paste
Reset
Cancel
Help

圖 2-51

Create

[DataSet1] C:\Documents and Settings\All Users\Documents\my book 33\CH2-6.sav

Created Series

	Series Name	Case Number of Non-Missing Values		NofValid Cases	Creating Function
		First	Last		
1	銷售量 _1	3	14	12	MA (銷售量,4,4)

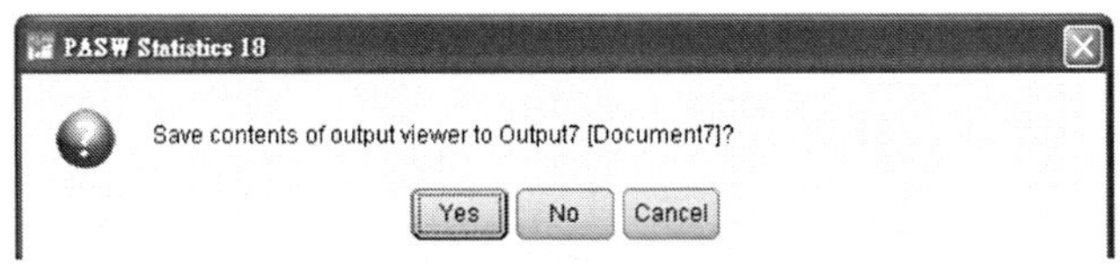

圖2-52

資料	銷售量	銷售量_1
03/30/2005	5.0000	.
06/30/2005	4.2000	.
09/30/2005	5.8000	5.5375
12/30/2005	6.7000	5.7375
03/30/2006	5.9000	5.9625
06/30/2006	4.9000	6.2250
09/30/2006	6.9000	6.3750
12/30/2006	7.7000	6.5125
03/30/2007	6.1000	6.7375
06/30/2007	5.8000	6.9500
09/30/2007	7.8000	7.0875
12/30/2007	8.5000	7.1500
03/30/2008	6.4000	7.2625
06/30/2008	6.0000	7.4625
09/30/2008	8.5000	.
12/30/2008	9.4000	.

圖2-53

按圖 2-53 的資料介面中的 Transform → Compute Variable...，如圖 2-54 所示，進入的圖 2-55 的 Compute Variable 對話盒，在 Target Variable：長形格中輸入或打入季節的不規則成分，接著按 Type & Lablel 鍵，進入 Compute Variable：Type and...，輸入或打入季節的不規則成分，然後按 Continue 鍵，回到圖 2-55 的 Compute Variable 對話盒，再按箭頭輸入銷售量／銷售量 _1，進入 Numeric Expression 長形方格中。然後按 OK，進入圖 2-56 結果輸出，按 No，獲得圖 2-57 的資料。

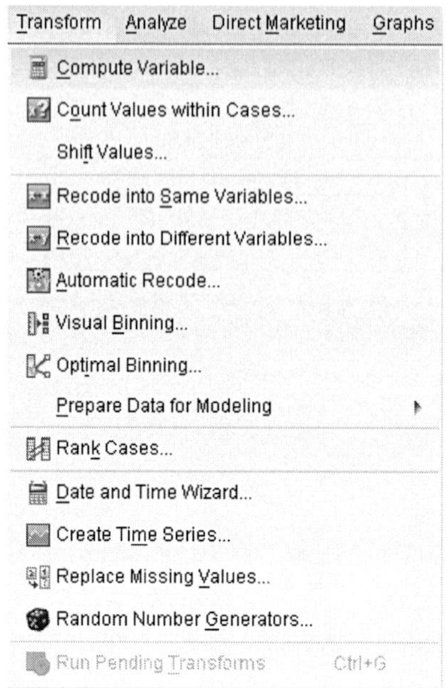
Transform
Analyze
Direct Marketing
Graphs
Compute Variable...
Count Values within Cases...
Shift Values...
Recode into Same Variables...
Recode into Different Variables...
Automatic Recode...
Visual Binning...
Optimal Binning...
Prepare Data for Modeling
Rank Cases...
Date and Time Wizard...
Create Time Series...
Replace Missing Values...
Random Number Generators...
Run Pending Transforms
Ctrl+G

圖 2-54

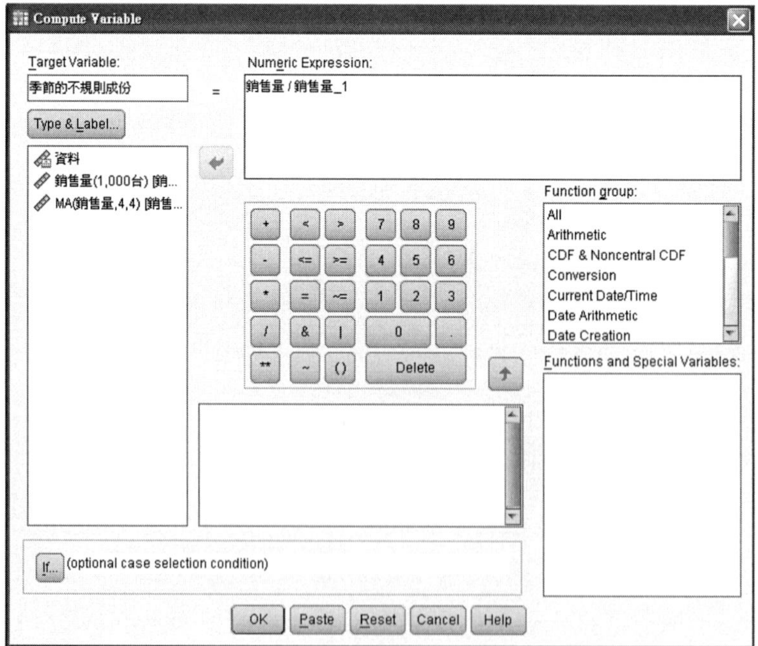
Compute Variable
Target Variable:
季節的不規則成份
=
Numeric Expression:
銷售量 / 銷售量_1
Type & Label...
資料
銷售量(1,000台) [銷...
MA(銷售量,4,4) [銷售...
Function group:
All
Arithmetic
CDF & Noncentral CDF
Conversion
Current Date/Time
Date Arithmetic
Date Creation
Delete
Functions and Special Variables:
If...
(optional case selection condition)
OK
Paste
Reset
Cancel
Help

圖 2-55

```
COMPUTE 季節的不規則成份=銷售量 / 銷售量_1.
VARIABLE LABELS 季節的不規則成份 '季節的不規則成份'.
EXECUTE.
```

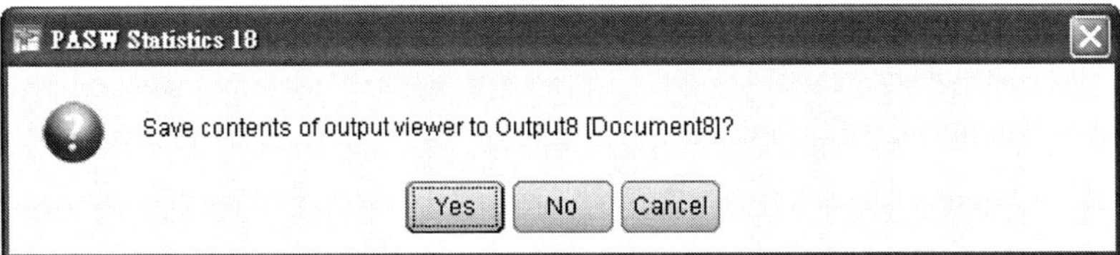

圖 2-56

資料	銷售量	銷售量_1	季節的不規則成份
03/30/2005	5.0000	.	.
06/30/2005	4.2000	.	.
09/30/2005	5.8000	5.5375	1.0474
12/30/2005	6.7000	5.7375	1.1678
03/30/2006	5.9000	5.9625	.9895
06/30/2006	4.9000	6.2250	.7871
09/30/2006	6.9000	6.3750	1.0824
12/30/2006	7.7000	6.5125	1.1823
03/30/2007	6.1000	6.7375	.9054
06/30/2007	5.8000	6.9500	.8345
09/30/2007	7.8000	7.0875	1.1005
12/30/2007	8.5000	7.1500	1.1888
03/30/2008	6.4000	7.2625	.8812
06/30/2008	6.0000	7.4625	.8040
09/30/2008	8.5000	.	.
12/30/2008	9.4000	.	.

圖 2-57　本資料的結果儲存在CH2-6c的檔案中

接著取圖 2-57 中季節的不規則成分欄位中的數目，進行計算季節因子。季節因子計算如下：

$$(0.9895 + 0.9054 + 0.8812)/3 = 2.7761/3 = 0.92537$$

$$(0.7871 + 0.8345 + 0.8040)/3 = 2.4256/3 = 0.80853$$

$$(1.0474 + 1.0824 + 1.1005)/3 = 3.2303/3 = 1.07676$$

$$(1.1678 + 1.1823 + 1.1888)/3 = 3.5389/3 = 1.1796333$$

以下所計算獲得的四個數目就是第一季，第二季，第三季，與第四季的季節因子。使用電腦所計算的結果和前述以手算的結果在表 2-13 的數據是一樣的。

（三）消除季節性因子以顯現趨勢

要消除季節性因子以顯示出趨勢的操作方法，首先拉出前面引用的資料檔 CH2-6f 視窗介面圖 2-58，在圖 2-58 視窗介面按 Data → Define Dates...，如圖 2-59 所示，進入圖 2-60 的 Define Dates 對話盒，在 Cases Are：的選項組合中選按 Year quarters，在 First Case is：的選擇日期資料中的 Year

	資料	銷售量
1	03/30/2005	5.00
2	06/30/2005	4.20
3	09/30/2005	5.80
4	12/30/2005	6.70
5	03/30/2006	5.90
6	06/30/2006	4.90
7	09/30/2006	6.90
8	12/30/2006	7.70
9	03/30/2007	6.10
10	06/30/2007	5.80
11	09/30/2007	7.80
12	12/30/2007	8.50
13	03/30/2008	6.40
14	06/30/2008	6.00
15	09/30/2008	8.50
16	12/30/2008	9.40

圖 2-58

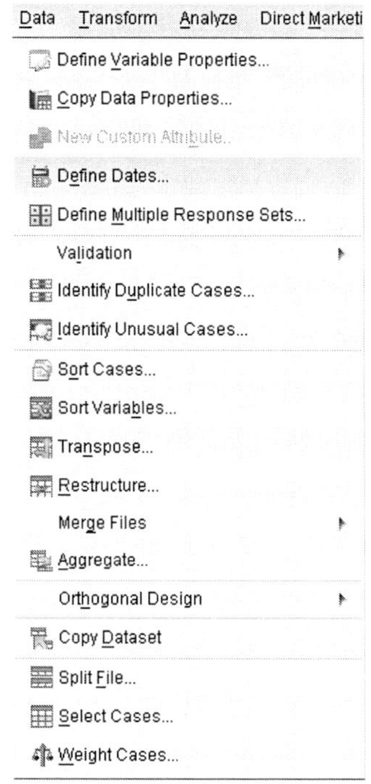
Data Transform Analyze Direct Marketi
Define Variable Properties...
Copy Data Properties...
New Custom Attribute...
Define Dates...
Define Multiple Response Sets...
Validation
Identify Duplicate Cases...
Identify Unusual Cases...
Sort Cases...
Sort Variables...
Transpose...
Restructure...
Merge Files
Aggregate...
Orthogonal Design
Copy Dataset
Split File...
Select Cases...
Weight Cases...

圖 2-59

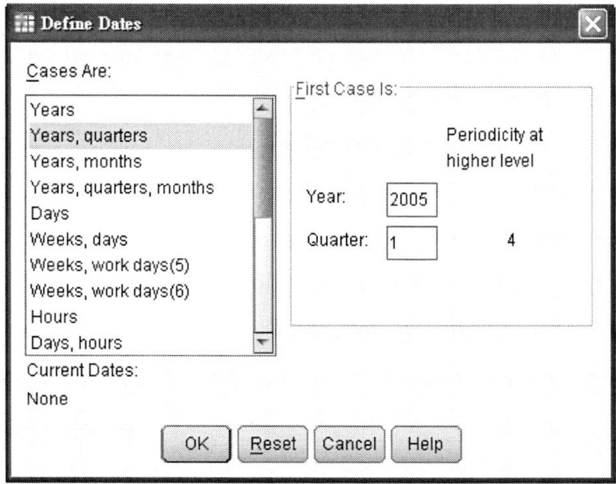
Define Dates
Cases Are:
Years
Years, quarters
Years, months
Years, quarters, months
Days
Weeks, days
Weeks, work days(5)
Weeks, work days(6)
Hours
Days, hours
First Case Is:
Periodicity at higher level
Year: 2005
Quarter: 1
4
Current Dates:
None
OK
Reset
Cancel
Help

圖 2-60

```
GET
  FILE='C:\Documents and Settings\All Users\Documents\my book 33\CH2-6.sav'.
DATASET NAME DataSet1 WINDOW=FRONT.
DATE Q 1 4 Y 2005.

The following new variables are being created:

  Name        Label

  YEAR_       YEAR, not periodic
  QUARTER_    QUARTER, period 4
  DATE_       Date.  Format:  "QQ YYYY"
```

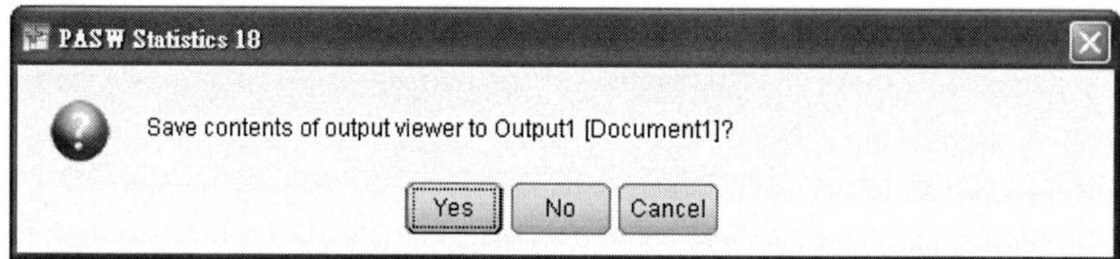

圖 2-61

資料	銷售量	YEAR_	QUARTER_	DATE_
03/30/2005	5.00	2005	1	Q1 2005
06/30/2005	4.20	2005	2	Q2 2005
09/30/2005	5.80	2005	3	Q3 2005
12/30/2005	6.70	2005	4	Q4 2005
03/30/2006	5.90	2006	1	Q1 2006
06/30/2006	4.90	2006	2	Q2 2006
09/30/2006	6.90	2006	3	Q3 2006
12/30/2006	7.70	2006	4	Q4 2006
03/30/2007	6.10	2007	1	Q1 2007
06/30/2007	5.80	2007	2	Q2 2007
09/30/2007	7.80	2007	3	Q3 2007
12/30/2007	8.50	2007	4	Q4 2007
03/30/2008	6.40	2008	1	Q1 2008
06/30/2008	6.00	2008	2	Q2 2008
09/30/2008	8.50	2008	3	Q3 2008
12/30/2008	9.40	2008	4	Q4 2008

圖 2-62　本資料儲存在CH2-6f中

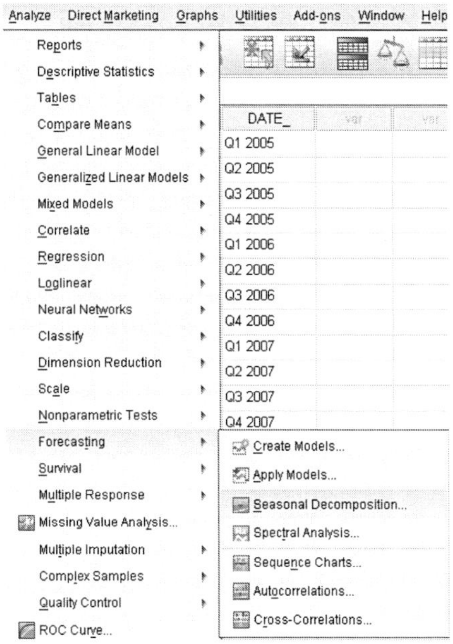

圖 2-63

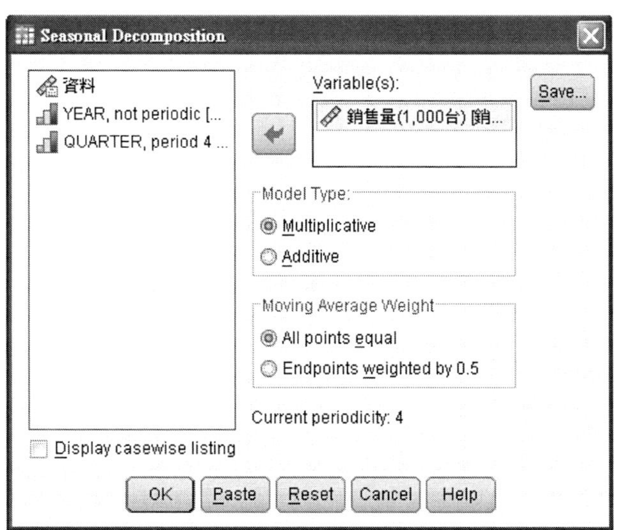

圖 2-64

方格中，輸入 2005，在 Quarter 的方格中，輸入 1，如圖 2-60 所示，然後按 OK。獲得圖 2-61 的輸出結果，按視窗上的 × 符號，會出現 No 的符號，按 No，就會出現圖 2-62 的資料視窗介面。接著，在圖 2-62 的資料視窗介面按圖 2-63 的 Analyze → Forecasting → Seasonal Decomposition...，進行圖 2-64 的 Seasonal

Decomposition 對話盒，把銷售量移入 Variable（s）：的長形方格中，在 Model Type 按 Multiplicative。在 Moving Average Weight 的長形方格中，按 Endponts eual。然後按 Save 鍵。

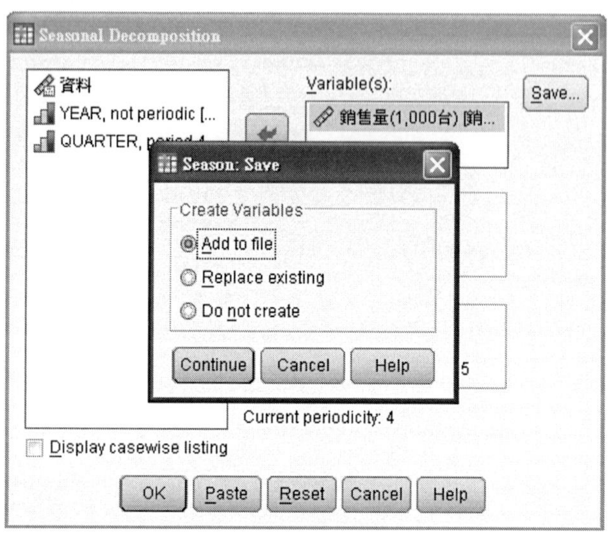

圖 2-65

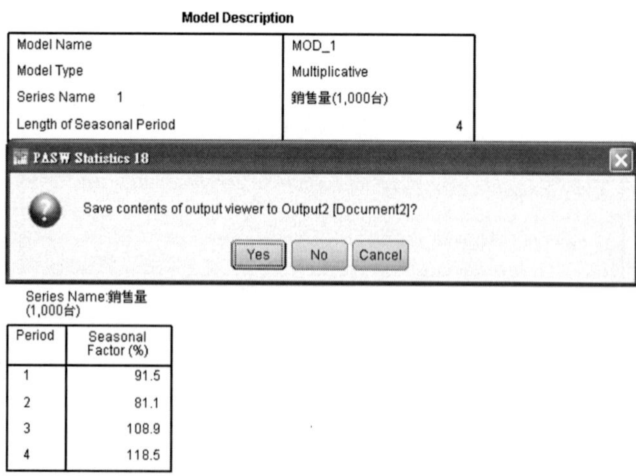

Seasonal Decomposition

[DataSet1] C:\Documents and Settings\All Users\Documents\my book 33\CH2-6.sav

Model Description

Model Name	MOD_1
Model Type	Multiplicative
Series Name 1	銷售量(1,000台)
Length of Seasonal Period	4

Series Name:銷售量(1,000台)

Period	Seasonal Factor (%)
1	91.5
2	81.1
3	108.9
4	118.5

圖 2-66

進入 Season：Save 對話盒，按圖所示作選擇，按 Continue 鍵，進入圖 2-66 的輸出結果，其中呈現出季節因子 91.5(0.915)， 81.1(0.811)， 108.9(1.089)，與 118.5(1.185)。接近前述的 0.925， 0.808， 1.076，與 1.1796（其有點小差異是由於以小數點幾位數計算與四捨五入的問題）。按圖 2-66 上的 No，獲得圖 2-67 的資料介面。接著在圖 2-67 的資料介面上按 Analyze → Forecast → Sequence Charts...，如圖 2-68 所示。進入圖 2-69 Sequence Charts 視窗，把 Seasonal adjusteds... 移入 Variable：中，接著，把 Date Format 項移入 Time Axis Lables：小的長形方格中，然後按 OK。呈現出圖 2-70 和在前述圖 2-43 季節性消除後，液晶電視機銷售量的時間序列近似一樣。

銷售量	YEAR_	QUARTER_	DATE_	ERR_1	SAS_1	SAF_1	STC_1
5.00	2005	1	Q1 2005	1.04480	5.46639	.91468	5.23201
4.20	2005	2	Q2 2005	.97290	5.17917	.81094	5.32341
5.80	2005	3	Q3 2005	.96703	5.32469	1.08927	5.50623
6.70	2005	4	Q4 2005	.98355	5.65347	1.18511	5.74800
5.90	2006	1	Q1 2006	1.06711	6.45034	.91468	6.04466
4.90	2006	2	Q2 2006	.97374	6.04236	.81094	6.20529
6.90	2006	3	Q3 2006	.99666	6.33455	1.08927	6.35580
7.70	2006	4	Q4 2006	.99629	6.49727	1.18511	6.52149
6.10	2007	1	Q1 2007	.98717	6.66899	.91468	6.75569
5.80	2007	2	Q2 2007	1.02523	7.15218	.81094	6.97619
7.80	2007	3	Q3 2007	1.01019	7.16079	1.08927	7.08859
8.50	2007	4	Q4 2007	1.00260	7.17231	1.18511	7.15372
6.40	2008	1	Q1 2008	.96736	6.99698	.91468	7.23304
6.00	2008	2	Q2 2008	.99534	7.39881	.81094	7.43348
8.50	2008	3	Q3 2008	1.01194	7.80343	1.08927	7.71132
9.40	2008	4	Q4 2008	1.01038	7.93174	1.18511	7.85025

圖 2-67　本資料儲存在 CH2-6d 檔案中

圖 2-67 中 SAF 是季節的調整因素（Seasonal adjustment factors），代表季節的變數，它提供可相乘或倍增的模型，值 1 代表沒有季節的變數；可逐步增加的模型，值 0 代表沒有季節的變數。季節因素可以被使用於當輸入到一個指數平滑的模型。SAS，季節調整的序列（Seasonally adjusted series），代表以季節變數可以被消除的原始序列，以一個季節上可以被調整的序列運作，允許一個趨勢成分可以被孤立與被分析和任何季節的成分無關。STC，平滑趨勢——循環成分（Smoothed trend-cycle component）在季節上可以被調整序列的一個被平滑的作法（a smoothed version）可以顯示趨勢與循環成分兩者。ERR，提供一個個別觀察值的序列殘差成分。

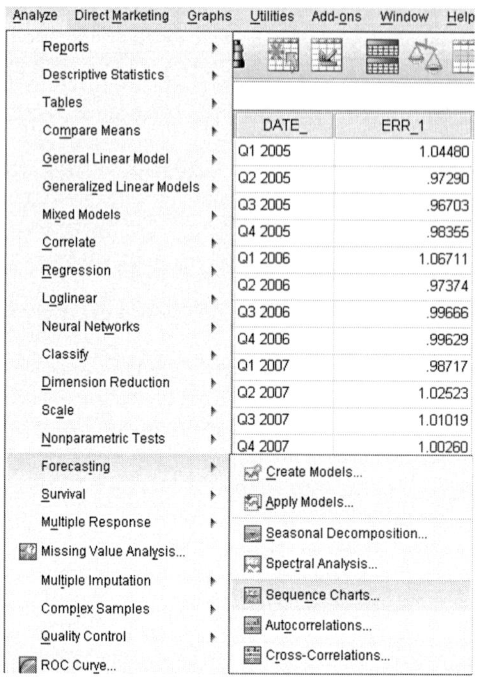
Analyze
Direct Marketing
Graphs
Utilities
Add-ons
Window
Help
Reports
Descriptive Statistics
Tables
Compare Means
General Linear Model
Generalized Linear Models
Mixed Models
Correlate
Regression
Loglinear
Neural Networks
Classify
Dimension Reduction
Scale
Nonparametric Tests
Forecasting
Survival
Multiple Response
Missing Value Analysis...
Multiple Imputation
Complex Samples
Quality Control
ROC Curve...
DATE_
ERR_1
Q1 2005 1.04480
Q2 2005 .97290
Q3 2005 .96703
Q4 2005 .98355
Q1 2006 1.06711
Q2 2006 .97374
Q3 2006 .99666
Q4 2006 .99629
Q1 2007 .98717
Q2 2007 1.02523
Q3 2007 1.01019
Q4 2007 1.00260
Create Models...
Apply Models...
Seasonal Decomposition...
Spectral Analysis...
Sequence Charts...
Autocorrelations...
Cross-Correlations...

圖 2-68

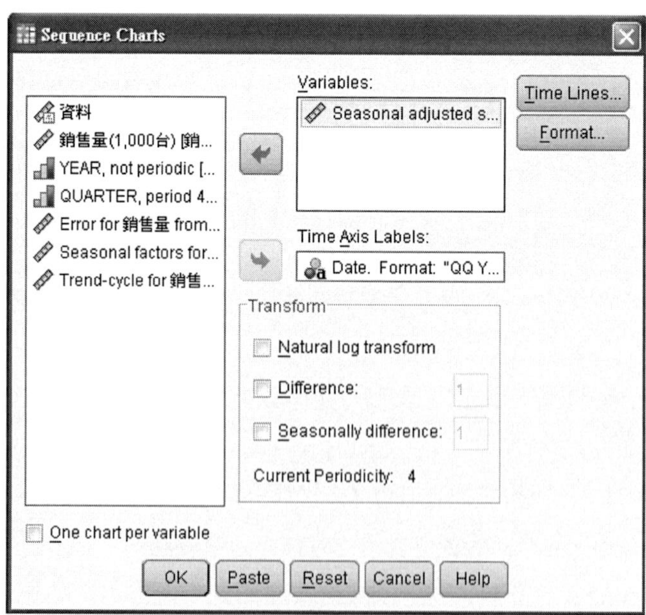
Sequence Charts
Variables:
Seasonal adjusted s...
Time Lines...
Format...
資料
銷售量(1,000台) [銷...
YEAR, not periodic [...
QUARTER, period 4...
Error for 銷售量 from...
Seasonal factors for...
Trend-cycle for 銷售...
Time Axis Labels:
Date. Format: "QQ Y...
Transform
Natural log transform
Difference:
1
Seasonally difference:
1
Current Periodicity: 4
One chart per variable
OK
Paste
Reset
Cancel
Help

圖 2-69

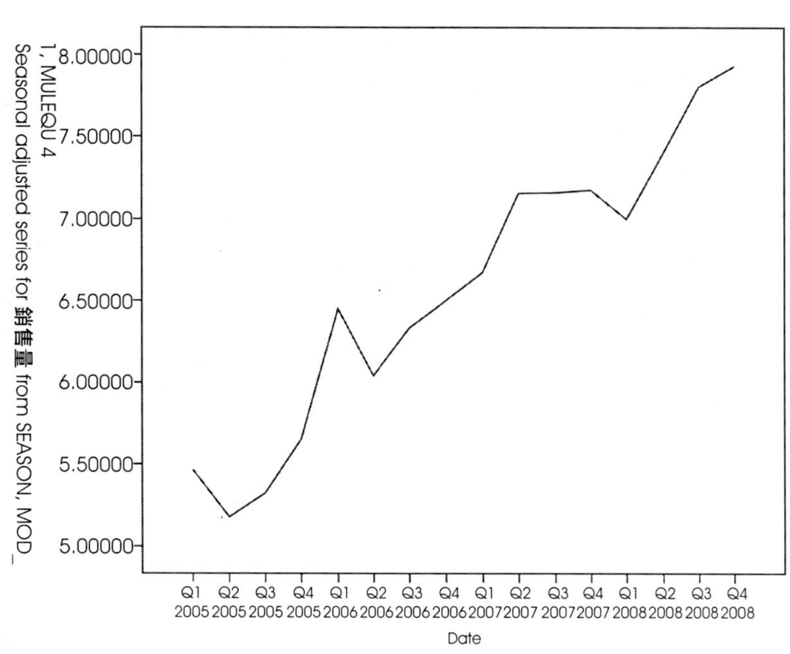

圖 2-70　季節性消除後，液晶電視機銷售量的時間序列

第八節　使用每年的範例進行分解法預測

在前一節中我們使用每季的資料，在本節中我們使用每月的資料，本章的前述探究中，我們已討論時間序列資料的概念係由四種成分所組成：趨勢、循環、季節與不規則。在本節中，我們將以孤立或分離這些成分中的每一成分的方法去探索，如此我們可以檢驗有關時間序列資料的每一種影響。這個過程被歸之為分解法（decomposition）。提供這種分析的基礎是在本節中所提出的相乘或倍增的模型（multiplicative model）。

T.C.S.I

其中：

T = 趨勢

C = 循環

S = 季節

I = 不規則

要去解釋說明這個過程，我們將使用有關液晶電視機貨品五年時間序列銷售資料被給予在表 2-17 中，圖 2-71 是這些資料的關聯圖。其中要被檢驗的一個成分是季節性。

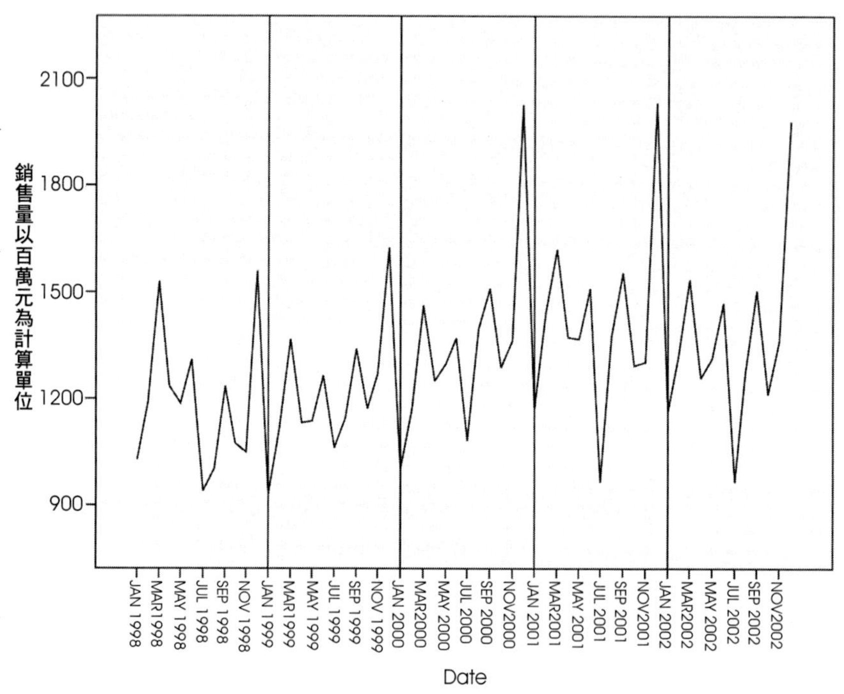

圖2-71　液晶電視機銷售量（以百萬元為計算單位）的圖形
（本圖資料儲存在CH2-13的檔案中）

由圖 2-71 液晶電視機銷售量（以百萬元為計算單位）的圖形中，我們就可以觀察到本時間序列資料是一個季節性的關聯模型。其中我們使用直線標示出每一年的上下波動情況，可以發現在每一年的十二月是其高峰期。以下就是在於說明我們如何能夠消除這種季節性不規則的影響。

一、季節的影響

季節的影響是發生或出現在小於一年時間期間行為的資料模式。季節的影響時常是使用月 1 的單位來進行測量。有時候季節的影響是使用四分之一（quarters），但是它們可以以小的時間序列架構如一個星期或甚至於一天來進行測量。當發生於過去比一年還要長的一段期間的任何模式或影響被考慮是循環的行為模式或趨勢的影響。我們如何能夠區隔季節的影響？

依據相乘（或倍增）的時間序列模型，T.C.S.I 的資料可以包括趨勢、循環的影響、季節的影響與不規則的上下起伏波動。在本節中，我們將孤立季節的影響以決定 TC 的每一個值與由 TC 除以時間序列資料（T.C.S.I）的值。其結果是

$$\frac{\text{T.C.S.I}}{\text{T.C}} = \text{S.I}$$

當我們可以看到，其結果包含在不規則的上下起伏波動的過程中產生季節的影響。在本節中，在減低時間序列資料對 SI 的影響（季節的影響，與不規則的影響）之後，我們將引進消除不規則的上下起伏波動，僅留下季節影響的一種方法。

假設我們以包括若干年與以每月增加方式的時間序列資料開始進行測量。如果我們平均過去 12 個月期間的資料，我們將已「降低」（dampend）資料的季節影響因為在每一個月期間各值的起伏將以過去一年的值平均起來。

我們開始計算從一年的一月到十二月的平均數，使用表 2-17 的資料

$$\begin{aligned} \text{12 個月的平均數} &= (1029 + 1191 + 1531 + 1235 + 1188 + 1311 + 940 + 1004 + 1235 + \\ &\quad 1076 + 1050 + 1560)/12 \\ &= 1195.83 \end{aligned}$$

從一年的一月到十二月的移動平均是 1195.83（百萬元）貨品銷售價值。如果我們要把這個平均置放在表中，我們要放置在那裡？注意在 12 個月其後所顯示的。因為 12 個月的平均是各月的中央，它應該放置在六月與七月之間。

無論如何，要消除季節的影響，我們需要去決定一個以每一個所集中在中央的值。要去解釋這個問題，替代使用一個 12 個月的移動平均。預測者可以使用 12 個月移動的總數，然後總和二個連續移動的總數。這 24 個月移動的總數由 24 除之，去產生一個在中央的 12 個月移動平均，畫線交叉一個月。如此進行是可類推於計算二個連續 12 月的移動平均，然後平均它們，如此產生落在一個月的線上。使用這種從一年的一月到十二月程序的結果被顯示在表 2-17 的第五欄位。

MONTHS
JAN
FEB
MAR
APR
MAY
JUN
JUL
AUG
SEP
OCT
NOV
DEC

—— 1195.83

表 2-17

MONTHS	YEAR1	YEAR2	YEAR3	YEAR4	YEAR5
JAN	1029	930	1002	1170	1163
FEB	1191	1117	1171	1444	1316
MAR	1531	1366	1462	1620	1524
APR	1235	1134	1250	1374	1259
MAY	1188	1138	1297	1367	1314
JUN	1311	1266	1370	1511	1471
JUL	940	1064	1083	966	966
AUG	1004	1145	1399	1378	1272
SEP	1236	1340	1511	1555	1505
OCT	1076	1174	1287	1293	1214
NOV	1050	1270	1363	1303	1363
DEC	1560	1625	2028	2033	1981

一個 12 個月的移動總數（moving total）可以在這些資料從年 1 的一月開始到年 1 的十二月進行計算如下：

第一個移動總數（moving total）從銷售量（以百萬元為計算單位）T.C.S.I 的欄位中前面十二個月

$$= 1029 + 1191 + 1531 + 1235 + 1188 + 1311 + 940 + 1004 + 1235 + 1076 + 1050 + 1560$$

$$= 14350$$

在表 2-18 中的 14350 是在年 1 的六月與七月之間。12 個月的移動整體提供於年 1 的二月到年 2 的一月是

第二個移動總數 = 1191 + 1531 + 1235 + 1188 + 1311 + 940 + 1004 + 1235 + 1076 + 1050 + 1560 + 930
= 14251

第三個移動總數 = 1531 + 1235 + 1188 + 1311 + 940 + 1004 + 1235 + 1076 + 1050 + 1560 + 930 + 1117
= 14177

第四個移動總數 = 1235 + 1188 + 1311 + 940 + 1004 + 1235 + 1076 + 1050 + 930 + 1117 + 1368 + 1134
= 14014

第五個移動總數 = 1188 + 1311 + 940 + 1004 + 1235 + 1076 + 1050 + 1560 + 930 + 1117 + 1368 + 1134 + 1138
= 13913

依據此計算方法可以完成第 3 個欄位的移動總數。

在表 2-18 中，第 4 欄位這個值是在年 1 的七月與八月之間。24- 月（2- 年）移動總數對七月被計算為

24- 月移動總數 = 14350 + 14251 = 28601
14251 + 14177 = 28428
14177 + 14014 = 28191
14014 + 13913 = 27776
13913 + 13818 = 27681

依據此計算方法可以完成第 4 個欄位的移動總數。

注意在表 2-18 中這個值是年 1 的七月的中央因為它是在二個相鄰 12- 月的移動總數。這個總數除以 24 產生對七月的移動平均被顯示在表 2-18 中第五欄，依據如此推算接著為

28601/24 = 1191.71 依據如此推算接著
28428/24 = 1184.50

28191/24 = 1174.63

27927/24 = 1163.63

27776/24 = 1157.33

依據此計算方法可以完成第 5 個欄位的移動總數。

接著第 2 欄位中各個 T.C.SI 值除以第 5 欄位中的各個值

940/1191.71 = 78.88

1004/1184.5 = 84.76

1235/1174.63 = 105.14

1076/1163.33 = 92.47

1050/1157.33 = 90.73

依據此計算方法可以完成第 6 個欄位的移動總數。

欄 3 包含不是中央的 12- 月移動總數，欄 4 包含 2- 年中央的 12- 月移動總數，而欄 5 包含 12- 中央的移動平均。

12- 月中央的移平均顯示表 2-18 的欄 5 中代表 T.C 季節的影響或效果已從原始資料（actual values，真實值）中被消除使用交叉 12- 月期間的加總。季節的影響或效果已被消除當資料交叉時間期間的加總時，此包括季節的期間與不規則的影響是被平滑，僅留下趨勢與循環的影響或效果。

表 2-18 的欄 2 包括原始資料（actual values，真實值），它包括所有的影響或效果（T.C.S.I）。欄 5 僅包含趨勢與循環的影響或效果 T.C。如果欄 2 除以欄 3，其結果是 S.I，它是被顯示在表 2-18 的欄 6。

$$\text{欄 } 6 = \text{欄 } 2 \ / \ \text{欄 } 5 = \frac{\text{T.C.S.I}}{\text{T.C}} = \text{S.I}$$

在欄 6 中的各值有時候被稱為真實值對移動平均的比率，可以由乘於 100 為指數的各值。這些值如此就是季節的指數。由此欄 6 包括季節性與不規則上下起伏波動的影響，我們如何能夠消除不規則的影響。

表 2-18 的獲得過程，是使用 SPSS 軟體程式所獲得。

表 2-18 **12-月移動平均的發展與形成（本資料儲存在 CH2-14 的檔案中）**

	欄位 1	欄位 2	欄位 3	欄位 4	欄位 5	欄位 6
	MONTH	T.C.S.I	MOVING1	MOVING2	T.C	S.I
1	1	1029	-	-	-	-
2	2	1191	-	-	-	-
3	3	1531	-	-	-	-
4	4	1236	-	-	-	-
5	5	1188	-	-	-	-
6	6	1311	-	--	-	-
7	7	940	14350	-	1191.70833	0.788800
8	8	1004	14251	28601	1184.50000	0.847600
9	9	1235	14177	28428	1174.62500	1.051400
10	10	1076	14014	28191	1163.62500	0.924700
11	11	1050	13913	27927	1157.33333	0.907300
12	12	1560	13863	27776	1153.37500	1.352500
13	1	930	13818	27681	1156.66667	0.804000
14	2	1117	13942	27760	1167.70833	0.956600
15	3	1368	14083	28025	1177.95833	1.161300
16	4	1134	14188	28271	1186.41667	0.955800
17	5	1138	14288	28474	1199.66667	0.948600
18	6	1266	14506	28792	1211.54167	1.045000
19	7	1064	14571	29077	1217.25000	0.874100
20	8	1145	14643	29214	1222.50000	0.936600
21	9	1340	14697	29340	1228.66667	1.090600
22	10	1174	14791	29698	1237.41667	0.948800
23	11	1270	14907	29973	1248.87500	1.016900
24	12	1625	15066	30236	1269.8333	1.289900
25	1	1002	15170	30359	1264.95833	0.792100
26	2	1171	15189	30632	1276.33333	0.917500
27	3	1462	15443	31057	1294.04167	1.129800
28	4	1250	15614	31341	1305.87500	0.957200
29	5	1297	15727	31547	1314.45833	0.987200
30	6	1370	15820	32043	1335.12500	1.026100
31	7	1083	16223	32614	1358.91667	0.797000
32	8	1399	16391	33055	1377.29167	1.045800
33	9	1511	16664	33486	1395.25000	1.083000
34	10	1287	16822	33768	1407.00000	0.914700

	MONTH	T.C.S.I	MOVING1	MOVING2	T.C	S.I
35	11	1363	16946	33962	1415.08333	0.963200
36	12	2028	17016	34173	1423.87500	1.424300
37	1	1170	17157	34059	1424.87500	0.821100
38	2	1444	17040	34082	1419.12500	1.017500
39	3	1620	17019	34132	1420.08333	1.140800
40	4	1374	17063	34078	1422.16667	0.966100
41	5	1367	17069	34023	1419.91667	0.962700
42	6	1511	17009	34021	1417.62500	1.065900
43	7	966	17014	33886	1417.54167	0.681500
44	8	1378	17007	33672	1411.91667	0.976000
45	9	1555	16879	33471	1403.00000	1.108300
46	10	1293	16793	33303	1394.62500	0.927100
47	11	1303	16678	33210	1387.62500	0.939000
48	12	2033	16625	33170	1383.75000	1.469200
49	1	1163	16586	33064	1382.08333	0.841500
50	2	1316	16585	32908	1377.66667	0.955200
51	3	1534	16479	32779	1371.16667	1.118800
52	4	1259	16429	32760	1365.79167	0.921800
53	5	1314	16350	32628	1365.00000	0.962600
54	6	1471	16410	-	1365.33333	1.077400
55	7	966	16218	-	-	-
56	8	1272	-	-	-	-
57	9	1505	-	-	-	-
58	10	1214	-	-	-	-
59	11	1363	-	-	-	-
60	12	1981	-	-	-	-

Create Time Series
Variable-> New name
日期
銷售量以百萬元爲計...
銷售量_1=MA(銷售量 12)
Name and Function
Name: 銷售量_1
Change
Function:
Centered moving average
Order: 1
Span: 12
Current Periodicity: None
OK
Paste
Reset
Cancel
Help

圖 2-72

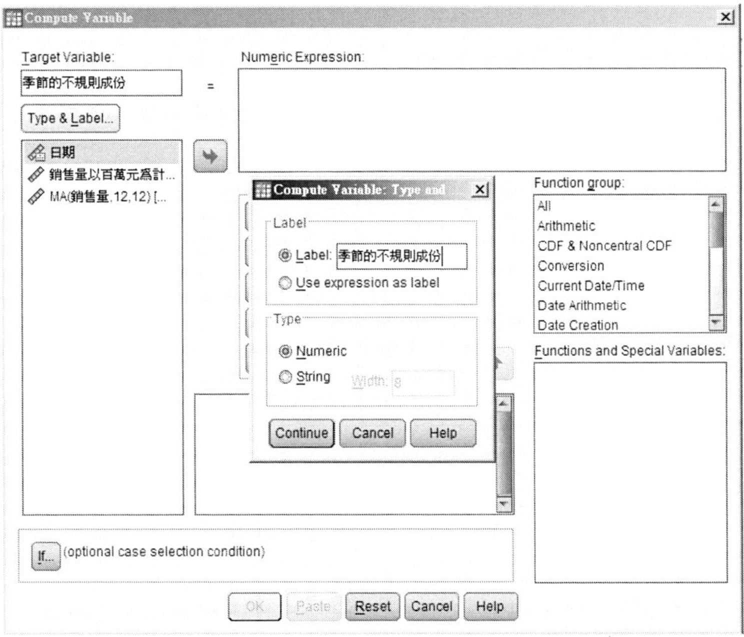
Compute Variable
Target Variable:
季節的不規則成份
Numeric Expression:
Type & Label...
日期
銷售量以百萬元爲計...
MA(銷售量,12,12) [...
Compute Variable: Type and
Label
Label: 季節的不規則成份
Use expression as label
Type
Numeric
String
Width: 8
Continue
Cancel
Help
Function group:
All
Arithmetic
CDF & Noncentral CDF
Conversion
Current Date/Time
Date Arithmetic
Date Creation
Functions and Special Variables:
If...
(optional case selection condition)
OK
Paste
Reset
Cancel
Help

圖 2-73

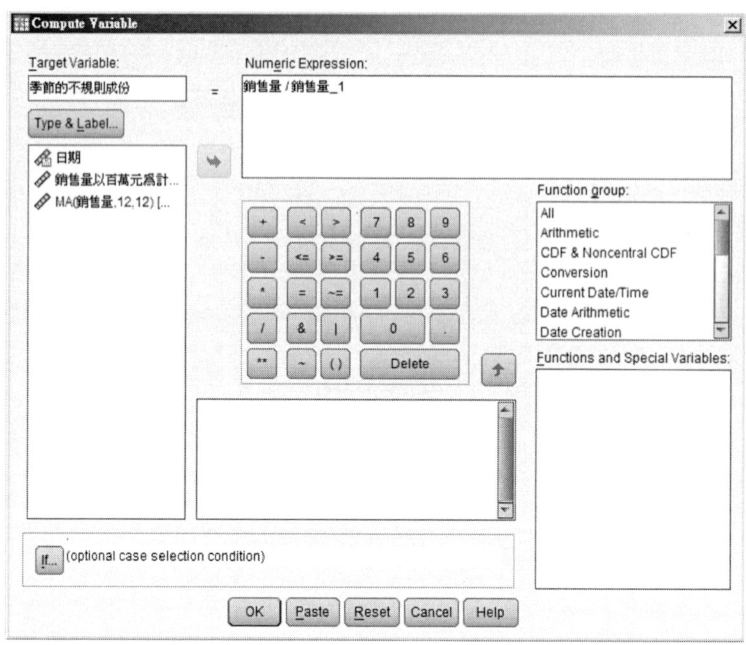

圖 2-74

參考前述第七節的方法與圖 2-72，圖 2-73 與圖 2-74 的操作方法，可以獲得表 2-18 中 T.C 欄位 5 與 S.I 欄位 6 的數據。

表 2-19　（本資料儲存在CH2-15檔案中）

	日期	銷售量	銷售量 1	季節的不規則成分
1	01/01/1998	1029	-	-
2	02/01/1998	1191	-	-
3	03/01/1998	1531	-	-
4	04/01/1998	1235	-	-
5	05/01/1998	1188	-	-
6	06/01/1998	1311	-	-
7	07/01/1998	940	1191.708333	0.788784
8	08/01/1998	1004	1184.500000	0.847615
9	09/01/1998	1235	1174.525000	1.051399
10	10/01/1998	1076	1163.626000	0.924697
11	11/01/1998	1050	1157.333333	0.907258
12	12/01/1998	1560	1163.375000	1.352552
13	01/01/1999	930	1156.666667	0.804035

	日期	銷售量	銷售量 1	季節的不規則成分
14	02/01/1999	1117	1167.708333	0.956574
15	03/01/1999	1368	1177.958333	1.161331
16	04/01/1999	1134	1186.416667	0.955819
17	05/01/1999	1138	1199.666667	0.948697
18	06/01/1999	1266	1211.541667	1.044950
19	07/01/1999	1064	1217.250000	0.874101
20	08/01/1999	1145	1222.500000	0.936605
21	09/01/1999	1340	1228.666667	1.090613
22	10/01/1999	1174	1237.416667	0.948751
23	11/01/1999	1270	1248.875000	1.016915
24	12/01/1999	1625	1269.833333	1.289863
25	01/01/2000	1002	1264.958333	0.792121
26	02/01/2000	1171	1276.333333	0.917472
27	03/01/2000	1462	1294.041667	1.129794
28	04/01/2000	1250	1305.875000	0.957213
29	05/01/2000	1297	1314.458333	0.986718
30	06/01/2000	1370	1335.125000	1.026121
31	07/01/2000	1083	1358.916667	0.796958
32	08/01/2000	1399	1377.291667	1.015762
33	09/01/2000	1511	1395.250000	1.082960
34	10/01/2000	1287	1407.000000	0.914712
35	11/01/2000	1363	1415.083333	0.963194
36	12/01/2000	2028	1423.875000	1.424282
37	01/01/2001	1170	1424.875000	0.821125
38	02/01/2001	1444	1419.125000	1.017528
39	03/01/2001	1620	1420.083333	1.140778
40	04/01/2001	1374	1422.166667	0.966131
41	05/01/2001	1367	1419.916667	0.962733
42	06/01/2001	1511	1417.625000	1.065867
43	07/01/2001	966	1417.541667	0.681461
44	08/01/2001	1378	1411.916667	0.975978
45	09/01/2001	1555	1403.000000	1.108339
46	10/01/2001	1293	1394.625000	0.927131
47	11/01/2001	1303	1387.625000	0.939015
48	12/01/2001	2033	1383.750000	1.469196
49	01/01/2002	1163	1382.083333	0.841483

	日期	銷售量	銷售量 1	季節的不規則成分
50	02/01/2002	1316	1377.666667	0.955238
51	03/01/2002	1534	1371.166667	1.118755
52	04/01/2002	1259	1365.791667	0.921810
53	05/01/2002	1314	1365.000000	0.962637
54	06/01/2002	1471	1365.333333	1.007393
55	07/01/2002	966	-	-
56	08/01/2002	1272	-	-
57	09/01/2002	1505	-	-
58	10/01/2002	1214	-	-
59	11/01/2002	1363	-	-
60	12/01/2002	1981	-	-

由表 2-19 中季節的不規則成分數目我們可以獲得每一個的季節因素或因子

一月 = (0.804035 + 0.792121 + 0.821125 + 0.841483)/4
= 0.8147

二月 = (0.956574 + 0.917472 + 1.017528 + 0.955238)/4
= 0.9617

三月 = (1.161331 + 1.129794 + 1.140778 + 1.118755)/4
= 1.1377

四月 = (0.955819 + 0.957213 + 0.966131 + 0.921810)/4
= 0.9502

五月 = (0.948597 + 0.986718 + 0.962733 + 0.962637)/4
= 0.9652

六月 = (1.044950 + 1.026121 + 1.065867 + 1.077393)/4
= 1.0536

七月 = (0.788784 + 0.874101 + 0.796958 + 0.681461)/4
= 0.7853

八月 = (0.847615 + 0.936605 + 1.015762 + 0.975978)/4
= 0.9440

九月 = (1.051399 + 1.090613 + 1.082960 + 1.108339)/4
= 1.0833

十月 = (0.924697 + 0.948751 + 0.914712 + 0.927131)/4
= 0.9288

十一月 = (0.907258 + 1.016915 + 0.963194 + 0.939015)/4
= 0.9566

十二月 = (1.352552 + 1.289853 + 1.424282 + 1.469196)/4
= 1.3840

以上的季節因素或因子被綜合建立成表 2-20。

0.8238 + 0.9617 + 1.1377 + 0.9502 + 0.9652 + 1.0536 + 0.7853 + 0.9440 + 1.0833 + 0.9288 + 0.9566 + 1.3840 = 11.9742（應該等於 12，由於四捨五入會有一點誤差）。

表 2-20 季節的指數提供液晶電視機的銷售（以百萬元為計算單位）資料

MONTH	YEAR1	YEAR2	YEAR3	YEAR4	YEAR5	AVERAGE
一月		0.804035	0.792121	0.821125	0.841483	0.8147
二月		0.956574	0.917472	1.017528	0.955238	0.9617
三月		1.161331	1.129794	1.140778	1.118755	1.1377
四月		0.955819	0.957213	0.966131	0.921810	0.9502
五月		0.948597	0.986718	0.962733	0.962637	0.9652
六月		1.044950	1.026121	1.065867	1.077393	1.0536
七月	0.788784	0.874101	0.796958	0.681461		0.7853
八月	0.847615	0.936605	1.015762	0.975978		0.9440
九月	1.051399	1.090613	1.082960	1.108339		1.0833
十月	0.924697	0.948751	0.914712	0.927131		0.9288
十一月	0.907258	1.016915	0.963194	0.939015		0.9566
十二月	1.352552	1.289853	1.424282	1.469196		1.3840

本表的資料數據引自表2-19中的季節的不規則成分欄位。

表 2-21 包含由表 2-19 中月與年所組成欄 6 中的各值。在這些資料中的每月有四個季節的指數。提出每月高的與低的值消除各極端值。剩餘留下二個指數被平均如下提供一月

一月：0.804035 0.792121 0.821125 0.841483 其被平均數為 0.8147
消除：0.792121 與 0.841483

平均剩餘留下二個指數：$\overline{X}_{Jan.index} = \frac{0.804035 + 0.821125}{2} = 0.812580$

二月：0.956574 0.917472 1.017528 0.955238 其被平均數為 0.9617

平均剩餘留下二個指數：$\overline{X}_{Feb.index} = \frac{0.956574 + 0.955238}{2} = 0.955906$

三月：1.161331 1.129794 1.140778 1.118755 其被平均數為 1.1377

平均剩餘留下二個指數：$\overline{X}_{Mar.index} = \frac{1.129794 + 1.140778}{2} = 1.140778$

四月：0.955819 0.957213 0.966131 0.921810 其被平均數為 0.9502

平均剩餘留下二個指數：$\overline{X}_{Apr.index} = \frac{0.955819 + 0.957213}{2} = 0.956516$

五月：0.948597 0.986718 0.962733 0.962637 其被平均數為 0.9652

平均剩餘留下二個指數：$\overline{X}_{May.index} = \frac{0.962733 + 0.962637}{2} = 0.962685$

六月：1.044950 1.026121 1.065867 1.077393 其被平均數為 1.0536

平均剩餘留下二個指數：$\overline{X}_{Jun.index} = \frac{1.04495 + 1.065867}{2} = 1.055409$

七月：0.788784 0.874101 0.796958 0.681461 其被平均數為 0.7853

平均剩餘留下二個指數：$\overline{X}_{Jul.index} = \frac{0.788784 + 0.874101}{2} = 0.831443$

八月：0.847615 0.936605 1.015762 0.975978 其被平均數為 0.9440

平均剩餘留下二個指數：$\overline{X}_{Aug.index} = \frac{0.936605 + 0.975978}{2} = 0.956292$

九月：1.051399 1.090613 1.082960 1.108339 其被平均數為 1.0833

平均剩餘留下二個指數：$\overline{X}_{Sep.index} = \frac{1.090613 + 1.082960}{2} = 1.086787$

十月：0.924697 0.948751 0.914712 0.927131 其被平均數為 0.9288

平均剩餘留下二個指數：$\overline{X}_{Oct.index} = \frac{0.924697 + 0.927131}{2} = 0.925914$

十一月：0.9072581 0.016915 0.963194 0.939015 其被平均數為 0.9566

平均剩餘留下二個指數：$\overline{X}_{Nov.index} = \frac{0.963194 + 0.939015}{2} = 0.951105$

十二月：1.352552 1.289853 1.424282 1.469196 其被平均數為 1.3840

平均剩餘留下二個指數：$\overline{X}_{Dec.index} = \frac{1.35255 + 1.424282}{2} = 1.388416$

表 2-21 提供液晶電視機銷售資料最後季節的指數（**final seasonal indexs**）

月	指數	月	指數
一月	0.812580	七月	0.831443
二月	0.955906	八月	0.956292
三月	1.140778	九月	1.086787
四月	0.956516	十月	0.925914
五月	0.962685	十一月	0.951105
六月	1.055408	十二月	1.388416

$$0.812580 + 0.955906 + 1.140778 + 0.956516 + 0.962685 + 1.055408 + 0.831443 + 0.956292 + 0.925914 + 1.086787 + 0.951105 + 1.388416 = 12.0238$$

$$\text{比率} = 12.0000/12.0238 = 0.9980$$

每一個季節指數是乘以此比率來進行調整。在本案例中，每一個季節指數是乘以 0.9980 來進行調整。這樣的結果被顯示在表 2-22 中為最後的調整指數。圖 2-75 是季節指數的一個圖形。

最後的調整指數被決定之後，原始資料可以被消除季節化。真正資料的消除季節化是由政府與其他官方機構所發表的資料是有相當的共同性。資料可以由被區分的真正值來進行季節的消除，它是由最後調整季節的影響 T.C.S.I 所組成。

依據相乘模型的方程式是

$$Y_t = T_t \times C_t \times S_t \times I_t$$

$$\text{消除季節的資料} = \frac{T_t C_t S_t I_t}{S_t} = T_t C_t I_t$$

$$T_t C_t I_t = \frac{Y_t}{S_t}$$

因為季節的影響或效應是依法指數的數據（index numbers）來界定，在消除季節影響之前季節的指數必須除以 100。在此顯示從表 2-17 中年 1 一月液晶電視消除季節因素的資料計算。

年 1 一月的真正值 = 1029

年 1（1998）一月的季節指數（季節因素）= 0.8147

年 1（1998）一月的消除季節指數 = 1029/0.8147 = 1263

接著按此方式可以獲得其後年 1（1998）一月到年 5（2002）到 12 月的季節因素消除後液晶電視銷售的時間序列值。其過程可以使用軟體 SPSS 中 Transform 的功能，進行計算。

表 2-22 給予液晶電視季節消除後，液晶電視銷售的時間序列值。圖 2-76 是季節因素消除後液晶電視銷售的時間序列值。

在進行獲得季節因素消除後液晶電視銷售的時間序列值過程中，首先把季節因子或因素輸入到表 2-22 的資料中，然後再使用 $T_tC_tI_t = \frac{Y_t}{S_t}$ 方程式，進行圖 2-75 的操作方法，就可以得到表 2-22 的結果。

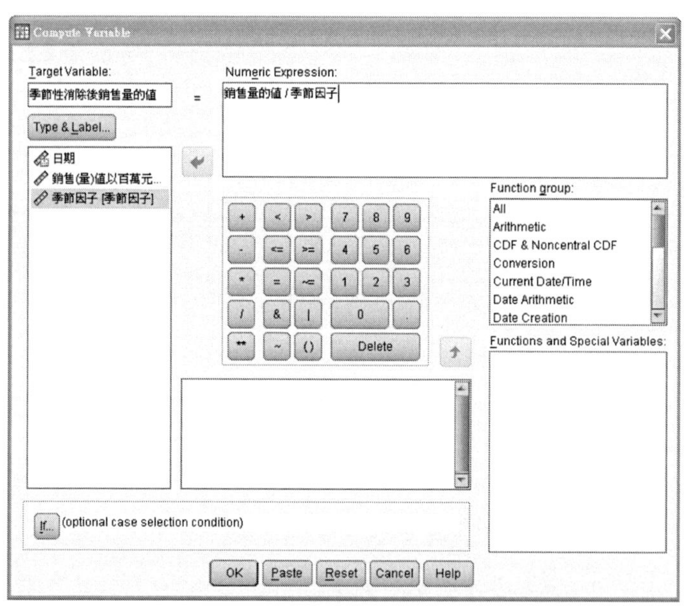

圖 2-75

表 2-22 季節性消除後，液體電視機銷售量的值的時間序列資料（本資料儲存在 **CH2-16** 的檔案中）

	日期	銷售量的值	季節因子	季節性消除後銷售量的值
1	01/01/1998	1029	0.8147	1263
2	02/01/1998	1191	0.9617	1238
3	03/01/1998	1531	1.1377	1346
4	04/01/1998	1235	0.9502	1300
5	05/01/1998	1188	0.9652	1231
6	06/01/1998	1311	1.0536	1244

	日期	銷售量的值	季節因子	季節性消除後銷售量的值
7	07/01/1998	940	0.7853	1197
8	08/01/1998	1004	0.9440	1064
9	09/01/1998	1235	1.0833	1140
10	10/01/1998	1076	0.9288	1158
11	11/01/1998	1050	0.9566	1098
12	12/01/1998	1560	1.3840	1127
13	01/01/1999	930	0.8147	1142
14	02/01/1999	1117	0.9617	1161
15	03/01/1999	1368	1.1377	1202
16	04/01/1999	1134	0.9502	1193
17	05/01/1999	1138	0.9652	1179
18	06/01/1999	1266	1.0536	1202
19	07/01/1999	1064	0.7853	1355
20	08/01/1999	1145	0.9440	1213
21	09/01/1999	1340	1.0833	1237
22	10/01/1999	1174	0.9288	1264
23	11/01/1999	1270	0.9566	1328
24	12/01/1999	1625	1.3840	1174
25	01/01/2000	1002	0.8147	1230
26	02/01/2000	1171	0.9617	1218
27	03/01/2000	1462	1.1377	1285
28	04/01/2000	1250	0.9502	1316
29	05/01/2000	1297	0.9652	1344
30	06/01/2000	1370	1.0536	1300
31	07/01/2000	1083	0.7853	1379
32	08/01/2000	1399	0.9440	1482
33	09/01/2000	1511	1.0833	1395
34	10/01/2000	1287	0.9288	1386
35	11/01/2000	1363	0.9566	1425
36	12/01/2000	2028	1.3840	1465
37	01/01/2001	1170	0.8147	1436
38	02/01/2001	1444	0.9617	1502
39	03/01/2001	1620	1.1377	1424
40	04/01/2001	1374	0.9502	1446
41	05/01/2001	1367	0.9652	1416
42	06/01/2001	1511	1.0536	1434

	日期	銷售量的值	季節因子	季節性消除後銷售量的值
43	07/01/2001	966	0.7853	1230
44	08/01/2001	1378	0.9440	1460
45	09/01/2001	1555	1.0833	1435
46	10/01/2001	1293	0.9288	1392
47	11/01/2001	1303	0.9566	1362
48	12/01/2001	2033	1.3840	1469
49	01/01/2002	1163	0.8147	1428
50	02/01/2002	1316	0.9617	1368
51	03/01/2002	1534	1.1377	1348
52	04/01/2002	1259	0.9502	1325
53	05/01/2002	1314	0.9652	1361
54	06/01/2002	1471	1.0536	1396
55	07/01/2002	966	0.7853	1230
56	08/01/2002	1272	0.9440	1347
57	09/01/2002	1505	1.0833	1389
58	10/01/2002	1214	0.9288	1307
59	11/01/2002	1363	0.9566	1425
60	12/01/2002	1981	1.3840	1431

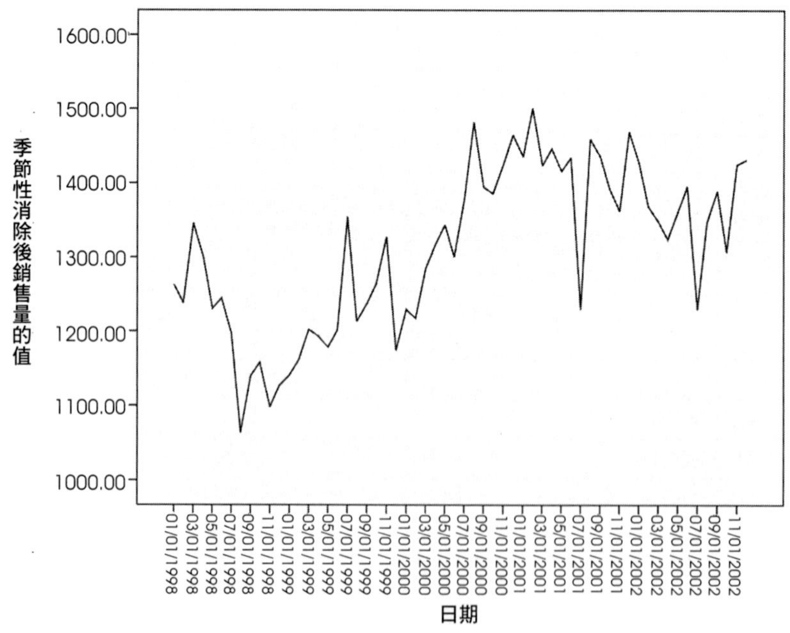

圖 2-76　季節性消除後液晶電視機銷售量的值的時間序列

二、趨勢的影響

由於使用迴歸趨勢分析技術可以決定趨勢的影響以便能夠作為分解過程的部分。回顧到迴歸趨勢分析，其 n 個連續時間期間是從 1 到 n 被記數，這些數目可以被使用作為預測式變項（the predictor variable）。迴歸趨勢分析技術可以探索線性與二次方程式趨勢。在此我們僅檢視線性趨勢。

考慮液晶電視機的銷售資料於表 2-17 中。如有 60 月的資料，其時間期間可以從 1 到 60 被記數與這些數值可以被作為預測式變項（the predictor variable）。液晶電視機的銷售資料與被記數的時間期間被提供於檔案 CH2-17 中。一個迴歸分析使用這些數值資料產生其輸出結果報表於表 2-23 中。注意到趨勢線的方程式是

$$\hat{Y} = 1146.554 + 5.313X_t$$

表 23 之 1

Model Summary[b]

Model	R	R Square	Adjusted R Square	Std. Error of the Estimate	Change Statistics				
					R Square Change	F Change	df1	df2	Sig. F Change
-1	0.386[a]	0.149	0.134	223.689	0.149	10.152	1	58	0.002

a. Predictors: (Constant), 月

b. Dependent Variable: Shipments

表 23 之 2

ANOVA[b]

Model		Sum of Squares	df	Mean Square	F	Sig.
1	Regression	507957.680	1	507957.680	10.152	0.002[a]
	Residual	2902140.720	58	50036.909		
	Total	3410098.400	59			

a. Predictors: (Constant), 月

b. Dependent Variable: Shipments

表 23 之 3

Coefficients[a]

Model		Unstandardized Coefficients		Standardized Coefficients	t	Sig.
		B	Std. Error	Beta		
1	(Constant)	1146.554	58.486		19.604	0.000
	期間	5.313	1.668	0.386	3.186	0.002

a. Dependent Variable: 銷售（量）值以百萬元為計算單位

其中斜率指示在時間期間中每單位的增加，在銷售貨品有一個被預測 5.313（以 1000000 元為單位）的增加。如此，在每個月銷售貨品的長期發展趨勢中。Y 截距是 1146.554（以 1000000 元為單位）指示在這些資料第一個期間之前的月份（第十二月）中，有 1146554000 元的出貨值。

t 比率（0.002）的機率指出某種顯著性線性趨勢被呈現在資料中。無論如何，其決定係數 R^2 僅有 14.9%。圖 2-71 的一個再檢測顯示在資料中並沒有顯然的趨勢呈現。

插入各個期間值（1, 2, 3, ..., 60）進入現行的方程式中產生 Y 的各預測值是趨勢的。例如，年 1 的一月它是期間 1，

$$\hat{Y} = 1146.554 + 5.313(1) = 1151.867$$

年 1（1998）的一月被預測或預測的出貨使用趨勢僅是 1146.554（以 1000000 元為單位）。要在資料之後去預測次期間的出貨，年 6（2003）的一月，我們把 X_t = 61 代入趨勢的方程式與獲得

$$\hat{Y} = 1146.554 + 5.313(61) = 1470.647$$

表 2-24 包括原始資料依據被預測或預測的值使用提供所有 60 個期間的線性趨勢。圖 2-77 是透過檔案 CH2-17 的資料進行線性迴歸的結果表 2-24 的資料，獲得其預測值如表 2-24，然後再進行序列關聯圖所呈現出的一個圖形。

表 2-24 液晶電視機銷售量的值進行線性迴歸的預測值
（本資料儲存在 **CH2-17b** 的檔案中）

	日期	銷售量的值	期間	PRE_1
1	01/01/1998	1029	1	1152
2	02/01/1998	1191	2	1157
3	03/01/1998	1531	3	1162
4	04/01/1998	1236	4	1168
5	05/01/1998	1188	5	1173
6	06/01/1998	1311	6	1178
7	07/01/1998	940	7	1184
8	08/01/1998	1004	8	1189
9	09/01/1998	1235	9	1194
10	10/01/1998	1076	10	1200
11	11/01/1998	1050	11	1205
12	12/01/1998	1560	12	1210
13	01/01/1999	930	13	1216
14	02/01/1999	1117	14	1221
15	03/01/1999	1368	15	1226
16	04/01/1999	1134	16	1232
17	05/01/1999	1138	17	1237
18	06/01/1999	1266	18	1242
19	07/01/1999	1064	19	1248
20	08/01/1999	1145	20	1253
21	09/01/1999	1340	21	1258
22	10/01/1999	1174	22	1263
23	11/01/1999	1270	23	1269
24	12/01/1999	1625	24	1274
25	01/01/2000	1002	25	1279
26	02/01/2000	1171	26	1285
27	03/01/2000	1462	27	1290
28	04/01/2000	1250	28	1295
29	05/01/2000	1297	29	1301
30	06/01/2000	1370	30	1306
31	07/01/2000	1083	31	1311
32	08/01/2000	1399	32	1317
33	09/01/2000	1511	33	1322
34	10/01/2000	1287	34	1327

	日期	銷售量的值	期間	PRE_1
35	11/01/2000	1363	35	1333
36	12/01/2000	2028	36	1338
37	01/01/2001	1170	37	1343
38	02/01/2001	1444	38	1348
39	03/01/2001	1620	39	1353.76
40	04/01/2001	1374	40	1359.07
41	05/01/2001	1367	41	1364.39
42	06/01/2001	1511	42	1369.70
43	07/01/2001	966	43	1375.01
44	08/01/2001	1378	44	1380.33
45	09/01/2001	1555	45	1385.64
46	10/01/2001	1293	46	1390.95
47	11/01/2001	1303	47	1396.26
48	12/01/2001	2033	48	1401.58
49	01/01/2002	1163	49	1406.89
50	02/01/2002	1316	50	1412.20
51	03/01/2002	1534	51	1417.52
52	04/01/2002	1259	52	1422.83
53	05/01/2002	1314	53	1428.14
54	06/01/2002	1471	54	1433.45
55	07/01/2002	966	55	1438.77
56	08/01/2002	1272	56	1444.08
57	09/01/2002	1505	57	1449.39
58	10/01/2002	1214	58	1454.71
59	11/01/2002	1363	59	1460.02
60	12/01/2002	1981	60	1465.33

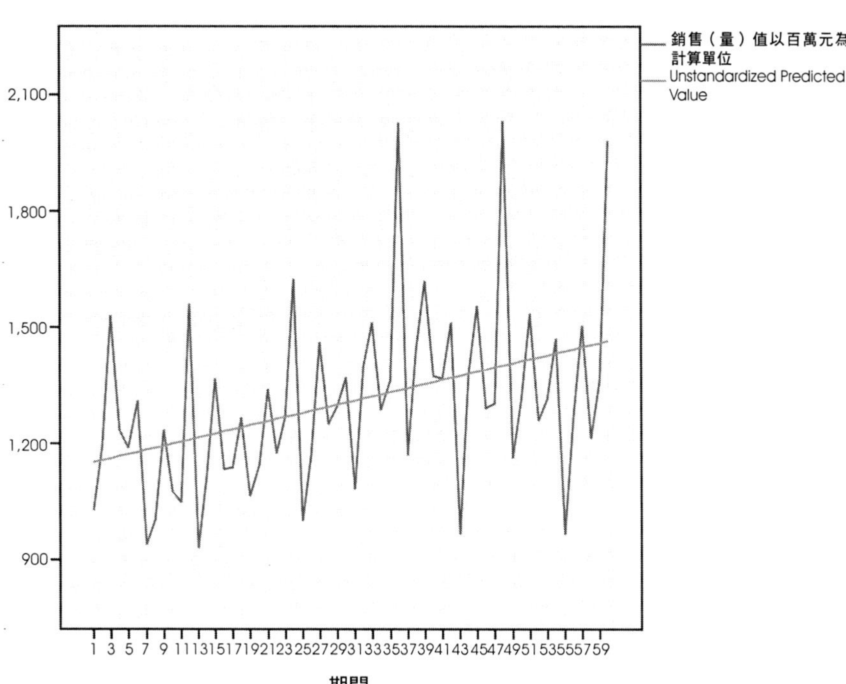

圖 2-77　液晶電視機銷售的真實值與預測值之間的趨勢線

三、循環的影響

趨勢分析是集中分析焦點在過去一段時間的長期期間企業資料的總體營利方向。季節性的影響或效果是在於測量過去不到或少於一年一段時間期間其資料的上下波動起伏的情況。有時候企業經營的環境（climates）透過循環進行擴張到過去若干年的測量，這些影響是被歸之為循環的影響。循環的影響亦可以由使用分解方法來進行孤立。

你可以回顧在本節的前述部分我們是有能力利用一個 12- 月的中央移動平均去孤立循環的影響。這種 12- 月的中央移動平均包含由 12- 月的中央移動平均的 T.C 除以趨勢值 T 的影響，循環的影響值可以被決定。

$$\text{循環的影響} = \frac{T_t C_t}{T_t} = C_t$$

範例

這個程序的一個範例可以使用液晶電視機銷售量由表 2-17 所提出的資料來顯

示，檢測表 2-18 的欄 5。注意到 T.C 或 12- 月的中央移動平均的值是被包含在內。檢測在表 2-24 中的欄 4 趨勢值。從表 2-18 的欄 5 中的（T.C）各值除以表 2-24 中欄 4 的 T 值產生循環的影響（C）。由 100 乘循環的影響轉變各值成為指數的數目。表 2-25 包括液晶電視機銷售資料的 T.C，T 與被計算結果 C 的各值（在表中由於 T.C，T 與 C 的下標標示有困難，所以在進行計算過程中沒有標示下標）。

當沒有從年 1（1998）的 1 月到年 1 的 6 月與從年 5（2002）的 7 月到年 5 的 12 月的中央移動平均，沒有循環的影響可以對這幾個月的資料進行計算時。要決定在年 1（1998）7 月的循環影響，由年 1（1998）的中央移動平均 1191.708333 除以年 1（1998）的 1183.7451，產生一個循環影響以指數數目的 100.67

$$C_t = \frac{T_t C_t}{T_t} = \frac{1191.708333}{1183.7451} \times 100 = 100.67271$$

從表 2-25 中的循環值觀察在年 1（1998）的 7 月一個向下循環是在進行中與持續其方向進行直到年 2（1999）的 1 月止。從在年 1（1998）的 7 月年 2（1999）的一月直到年 4 的 1 月，其循環向上增加。在年 4（2001）的 1 月，一個向下的循環開始，持續到資料的最後（年 5 的 6 月）（2002 年）。圖 2-79 是這些循環影響資料所呈現的圖形。

在獲得表 2-25 資料的過程，我們可以參考前述的相關計算與操作方法，其中我們使用表 2-18 的欄 5 中的（T.C）各值除以表 2-24 中欄 4 的 T 值產生循環的影響（C）。由 100 乘循環的影響轉變各值成為指數的數目，其操作方法參考圖 2-78 所示。

表 2-25 液晶電視銷售量的循環影響（本資料儲存在CH2-18檔案中）

	日期	月	銷售量的值	TC	T	C
1	07/01/1998	7	940	1191.708333	1183.7451	100.67
2	08/01/1998	8	1004	1184.500000	1189.0580	99.62
3	09/01/1998	9	1235	1174.625000	1194.3710	98.35
4	10/01/1998	10	1076	1163.625000	1199.6840	96.99
5	11/01/1998	11	1050	1157.333333	1204.9970	96.04
6	12/01/1998	12	1560	1153.375000	1210.3099	95.30
7	01/01/1999	13	930	1156.666667	1215.6229	95.15
8	02/01/1999	14	1117	1167.708333	1220.9359	95.64
9	03/01/1999	15	1368	1177.958333	1226.2489	96.06

	日期	月	銷售量的值	TC	T	C
10	04/01/1999	16	1134	1186.416667	1231.5619	96.33
11	05/01/1999	17	1138	1199.666667	1236.8748	96.99
12	06/01/1999	18	1266	1211.541667	1242.1878	97.53
13	07/01/1999	19	1064	1217.250000	1247.5008	97.53
14	08/01/1999	20	1145	1222.500000	1252.8138	97.58
15	09/01/1999	21	1340	1228.666667	1258.1267	97.66
16	10/01/1999	22	1174	1237.416667	1263.4397	97.94
17	11/01/1999	23	1270	1248.875000	1268.7527	98.43
18	12/01/1999	24	1625	1259.833333	1274.0657	98.88
19	01/01/2000	25	1002	1264.958333	1279.3786	98.87
20	02/01/2000	26	1171	1276.333333	1284.6916	99.35
21	03/01/2000	27	1462	1294.041667	1290.0046	100.31
22	04/01/2000	28	1250	1305.875000	1295.3176	100.82
23	05/01/2000	29	1297	1314.458333	1300.6305	101.06
24	06/01/2000	30	1370	1335.125000	1305.9435	102.23
25	07/01/2000	31	1083	1358.916667	1311.2565	103.63
26	08/01/2000	32	1399	1377.291667	1316.5695	104.61
27	09/01/2000	33	1511	1395.250000	1321.8824	105.55
28	10/01/2000	34	1287	1407.000000	1327.1954	106.01
29	11/01/2000	35	1363	1415.083333	1332.5084	106.20
30	12/01/2000	36	2028	1423.875000	1337.8214	106.43
31	01/01/2001	37	1170	1424.875000	1343.1343	106.09
32	02/01/2001	38	1444	1419.125000	1348.4473	105.24
33	03/01/2001	39	1620	1420.083333	1353.7603	104.90
34	04/01/2001	40	1374	1422.166667	1359.0733	104.64
35	05/01/2001	41	1367	1419.916667	1364.3862	104.07
36	06/01/2001	42	1511	1417.625000	1369.6992	103.50
37	07/01/2001	43	966	1417.541667	1375.0122	103.09
38	08/01/2001	44	1378	1411.916667	1380.3252	102.29
39	09/01/2001	45	1555	1403.000000	1385.6381	101.25
40	10/01/2001	46	1293	1394.625000	1390.9511	100.26
41	11/01/2001	47	1303	1387.625000	1396.2641	99.38
42	12/01/2001	48	2033	1383.750000	1401.5771	98.73
43	01/01/2002	49	1163	1382.083333	1406.8901	98.24
44	02/01/2002	50	1316	1377.666667	1412.2030	97.55
45	03/01/2002	51	1534	1371.166667	1417.5160	96.73
46	04/01/2002	52	1259	1365.791667	1422.8290	95.99

	日期	月	銷售量的值	TC	T	C
47	05/01/2002	53	1314	1365.000000	1428.1420	95.58
48	06/01/2002	54	1471	1365.333333	1433.4549	95.25

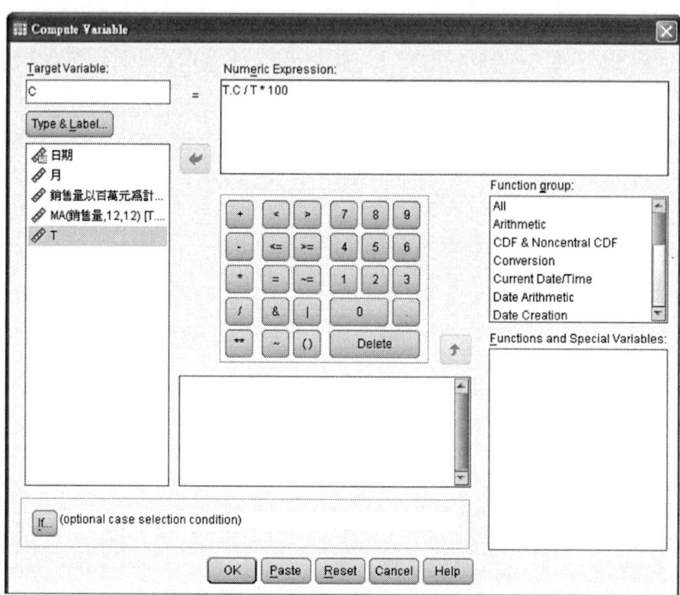

圖 2-78

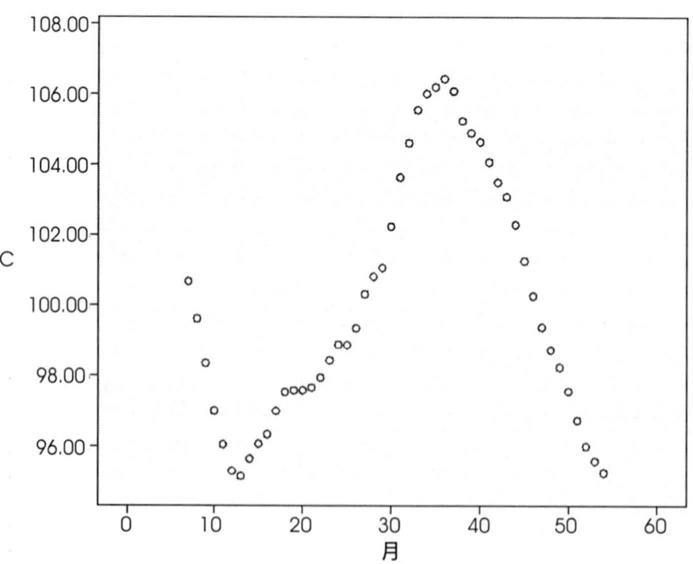

圖 2-79　循環的影響圖形

四、使用分解法進行預測

由分解法所決定的時間序列可以被使用於預測的過程。例如，假設我們想要去預測年 6（2003）十二月液晶電視機的銷售量的值。我們如何利用從時間序列的結果分解法去執行這個問題？

記得，預測包括四個影響或效果。

$$\hat{Y}_t = T_t S_t C_t I_t$$

第一、我們可以使用趨勢模型去預測一個銷售量的值。如到年 5（2002）十二月最後的資料項目有 60 個時間期間，而到年 6（2003）的十二月將是 $X_t = 72$ 個期間。趨勢預測是由 1.3840 最後季節指數（表 2-22 分解季節的資料）

$$\hat{Y}_t = 1146.554 + 5.313(72) = 1529.09$$

季節性的影響可以被包括使用十二月 1.3840 的最後季節指數。十二月 1.3840 的季節指數值較高因為更多的出貨值被製作於十二月期間更多於該年的其他月份，而由此由於這個因素其預測值應該被調整到更高。

$$\hat{Y}_t = 1529.09(1.3840) = 2116.2605$$

包含循環的影響是比包含趨勢的影響更困難一點因為它是比去設計甚麼樣的循環在未來將會發生還要困難。在表中所給予的最後的循環值是年 5（2002）的六月，其中循環指數是 95.25。如果回到表的另一方面前述的時間當該指數是接近該值時，我們發現在年 1（1998）的十二月循環指數是 95. 30。年 5（2002）的六月是 18 個月在我們嘗試去建立預測值（年 6 的十二月）之前的資料。如年 1（1998）的十二月的循環指數是接近年 6（2003）的六月指數。或許如果我們從年 1（1998）的十二月向前計算我們將達到一個循環值即運作年 6（2003）的十二月，它是在年 5（2002）六月的 18 個月。如此進行，我們發現年 3（2000）六月 102.23 的循環指數值。我們使用這個值輸入循環的影響進行預測。

$$\hat{Y}_t = T_t S_t C_t I_t = 1529.09(1.3840)(1.0223)(1) = 2163.4531$$

依據此一方式，一個時間序列分解法的結果可以被使用去預測未來值。

五、使用電腦的分解法

分解法可以使用 SPSS 軟體程式去執行，其計算與操作方法可以參考前述第七節中所使用的過程。首先我們使用檔案 CH2-19 的資料，依據圖 2-80 所示按 Data → Define Dates...，進入圖 2-81 的 Define Dates 對話盒，在 Cases Are：中選 Years，months。在 First Case is：中 Year 的小長方格中輸入 1998，在 Month：中輸入 1。就會產生表 2-26 的結果資料（資料只呈現出部分資料，本完整資料儲存在檔案 CH2-19b）。

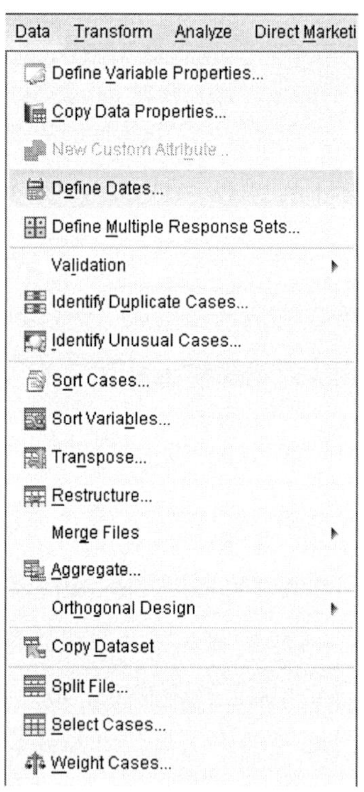

圖 2-80

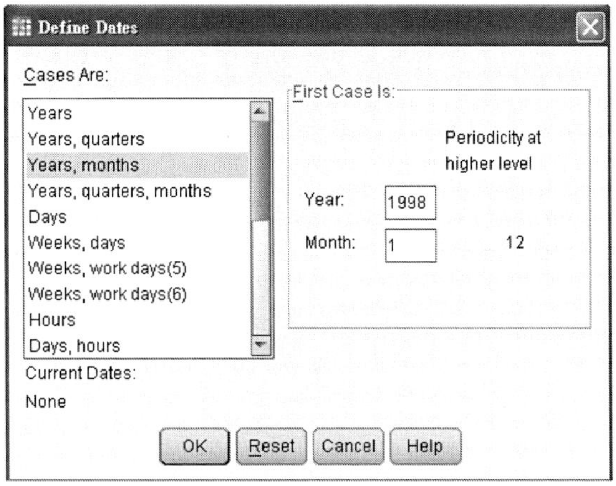

Define Dates

Cases Are:

Years
Years, quarters
Years, months
Years, quarters, months
Days
Weeks, days
Weeks, work days(5)
Weeks, work days(6)
Hours
Days, hours

First Case Is:

Periodicity at higher level

Year: 1998

Month: 1 12

Current Dates:

None

OK Reset Cancel Help

圖 2-81

表 2-26

	日期	銷售量的值	YEAR	MONTH	DATE
1	01/01/1998	1029	1998	1	JAN 1998
2	02/01/1998	1191	1998	2	FEB 1998
3	03/01/1998	1531	1998	3	MAR 1998
4	04/01/1998	1235	1998	4	APR 1999
5	05/01/1998	1188	1998	5	MAY 1998
6	06/01/1998	1311	1998	6	JUN 1998
7	07/01/1998	940	1998	7	JUL 1998
8	08/01/1998	1004	1998	8	AUG 1998
9	09/01/1998	1235	1998	9	SEP 1998
10	10/01/1998	1076	1998	10	OCT 1998
11	11/01/1998	1050	1998	11	NOV 1998
12	12/01/1998	1560	1998	12	DEC 1998
13	01/01/1999	930	1999	1	JAN 1999
14	02/01/1999	1117	1999	2	FEB 1999
15	03/01/1999	1368	1999	3	MAR 1999
16	04/01/1999	1134	1999	4	APR 1999
17	05/01/1999	1138	1999	5	MAY 1999
18	06/01/1999	1266	1999	6	JUN 1999
19	07/01/1999	1064	1999	7	JUL 1999
20	08/01/1999	1145	1999	8	AUG 1999
21	09/01/1999	1340	1999	9	SEP 1999
22	10/01/1999	1174	1999	10	OCT 1999

接著，我們在表 2-26 的視窗介面上按 Analyze → Forecasting → Seasonal Decomposition... 如圖 2-82 所示。進入圖 2-83 的 Seasonal Decomposition 對話盒，把銷售量（值）移入 Variable（s）：中，在 Model Type 中選按 Multiplicative，在 Moving Average Weight 中選按 All points equal，然後按 Save 鍵，進入圖 2-84 的 Season：Save 對話盒，按圖所示，再按 Continue 鍵。

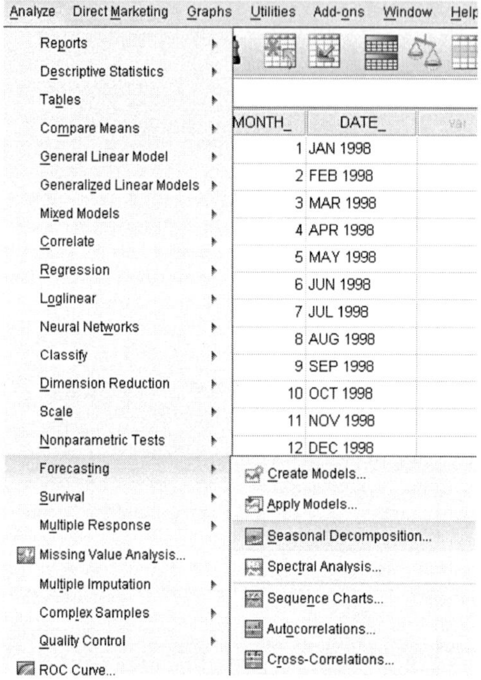

圖 2-82

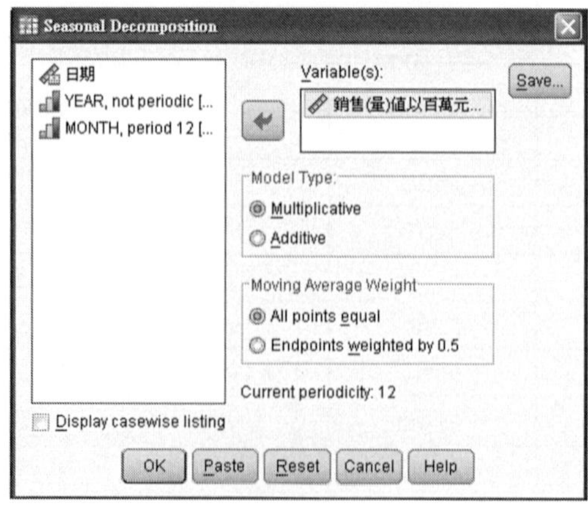

圖 2-83

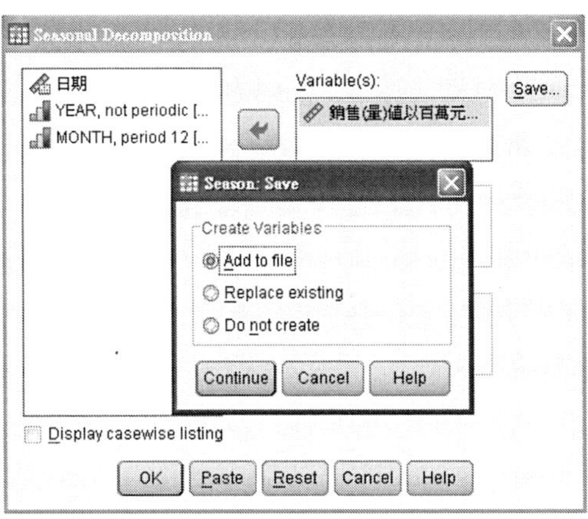

圖 2-84

回到圖 2-83 的 Seasonal Decomposition 對話盒，最後按 OK。會獲得 SPSS 輸出結果報表 2-27 的季節性因素或因子與表 2-28，SAF 是季節的調整因素，SAS 是季節調整的序列，STC 是平滑趨勢——循環成分，ERR 是提供一個個別觀察值的序列殘差成分。在表 2-27 的季節性因素或因子中呈現出各月的季節性因素或因子，其數據和我們前述使用方程式進行計算的結果是近似的，其中會因為小數點四捨五入的誤差。

表 2-27 **Seasonal Factors Series Name**：銷售（量）值以百萬元為計算單位

Period	Seasonal Factor (%)
1	81.5
2	96.0
3	114.3
4	96.3
5	96.6
6	106.0
7	76.8
8	95.8
9	109.4
10	92.5
11	95.4
12	139.4

表 2-28 （本資料儲存在 **CH2-19c** 的檔案中）

	銷售量的值	YEAR	MONTH	DATE	ERR_1	SAS_1	SAF_1	STC_1
1	1029	1998	1	JAN 1998	0.98645	1261.92956	0.81542	1279.26993
2	1191	1998	2	FEB 1998	0.96883	1241.05980	0.95966	1280.98688
3	1531	1998	3	MAR 1998	1.04325	1339.97128	1.14256	1284.42077
4	1235	1998	4	APR 1998	1.00679	1282.75349	0.96277	1274.09974
5	1188	1998	5	MAY 1998	0.98032	1230.31694	0.96560	1255.01091
6	1311	1998	6	JUN 1998	1.01657	1237.00091	1.05982	1216.83834
7	940	1998	7	JUL 1998	1.03957	1224.66730	0.76756	1178.05223
8	1004	1998	8	AUG 1998	0.92008	1047.82035	0.95818	1138.83614
9	1235	1998	9	SEP 1998	1.00246	1128.50868	1.09436	1125.73921
10	1076	1998	10	OCT 1998	1.03480	1162.71130	0.92542	1123.61091
11	1050	1998	11	NOV 1998	0.97735	1100.39624	0.95420	1125.90085
12	1560	1998	12	DEC 1998	0.99055	1118.73410	1.39443	1129.41049
13	930	1999	1	JAN 1999	0.99806	1140.51943	0.81542	1142.73678
14	1117	1999	2	FEB 1999	1.00109	1163.94945	0.95966	1162.67648
15	1368	1999	3	MAR 1999	1.01710	1197.30941	1.14256	1177.17542
16	1134	1999	4	APR 1999	0.99595	1177.84815	0.96277	1182.63617
17	1138	1999	5	MAY 1999	0.97634	1178.53592	0.96560	1207.10161
18	1266	1999	6	JUN 1999	0.96977	1194.54092	1.05982	1231.77283
19	1064	1999	7	JUL 1999	1.10011	1386.21916	0.76756	1260.07543
20	1145	1999	8	AUG 1999	0.95433	1194.97441	0.95818	1252.15787
21	1340	1999	9	SEP 1999	0.97370	1224.45476	1.09436	1257.52281
22	1174	1999	10	OCT 1999	1.01246	1268.60880	0.92542	1252.99658
23	1270	1999	11	NOV 1999	1.05874	1330.95546	0.95420	1257.11694
24	1625	1999	12	DEC 1999	0.94450	1165.34802	1.39443	1233.82426
25	1002	2000	1	JAN 2000	0.99921	1228.81771	0.81542	1229.79151
26	1171	2000	2	FEB 2000	0.98571	1220.21916	0.95966	1237.90397
27	1462	2000	3	MAR 2000	1.00597	1279.58067	1.14256	1271.98496
28	1250	2000	4	APR 2000	1.00271	1298.33350	0.96277	1294.82786
29	1297	2000	5	MAY 2000	1.01568	1343.19956	0.96560	1322.46230
30	1370	2000	6	JUN 2000	0.95795	1292.67067	1.05982	1349.41680
31	1063	2000	7	JUL 2000	1.01897	1410.97308	0.76756	1384.69898
32	1399	2000	8	AUG 2000	1.03903	1460.06043	0.95818	1405.21476
33	1511	2000	9	SEP 2000	0.97976	1380.70981	1.09436	1409.23030
34	1287	2000	10	OCT 2000	0.98617	1390.71510	0.92542	1411.64644
35	1363	2000	11	NOV 2000	1.00507	1428.41912	0.95420	1421.21701

	銷售量的值	YEAR	MONTH	DATE	ERR_1	SAS_1	SAF_1	STC_1
36	2028	2000	12	DEC 2000	1.00802	1454.36433	1.39433	1442.77824
37	1170	2001	1	JAN 2001	0.98812	1434.84702	0.81542	1452.10255
38	1444	2001	2	FEB 2001	1.03368	1504.69383	0.95966	1455.66586
39	1620	2001	3	MAR 2001	0.98404	1417.86641	1.14256	1440.86480
40	1374	2001	4	APR 2001	0.99730	1427.12818	0.96277	1430.98990
41	1367	2001	5	MAY 2001	1.00887	1415.69298	0.96560	1403.24074
42	1511	2001	6	JUN 2001	1.02726	1425.71195	1.05982	1387.87511
43	966	2001	7	JUL 2001	0.91790	1258.54108	0.76756	1371.10486
44	1378	2001	8	AUG 2001	1.03577	1438.14387	0.95818	1388.47288
45	1555	2001	9	SEP 2001	1.01837	1420.91579	1.09436	1395.27920
46	1293	2001	10	OCT 2001	0.99322	1397.19862	0.92542	1406.7322
47	1303	2001	11	NOV 2001	0.97122	1365.53934	0.95420	1406.00817
48	2033	2001	12	DEC 2001	1.03108	1457.94001	1.39443	1413.99289
49	1163	2002	1	JAN 2002	1.01510	1426.26247	0.81542	1405.04792
50	1316	2002	2	FEB 2002	0.99392	1371.31377	0.95966	1379.69796
51	1534	2002	3	MAR 2002	0.99265	1342.59696	1.14256	1352.53877
52	1259	2002	4	APR 2002	0.97353	1307.68150	0.96277	1343.23690
53	1314	2002	5	MAY 2002	1.01428	1360.80510	0.96560	1341.65065
54	1471	2002	6	JUN 2002	1.03771	1387.96975	1.05982	1337.53339
55	966	2002	7	JUL 2002	0.94844	1258.54108	0.76756	1326.95887
56	1272	2002	8	AUG 2002	0.99981	1327.51742	0.95818	1327.76564
57	1505	2002	9	SEP 2002	1.02363	1375.22718	1.09436	1343.48235
58	1214	2002	10	OCT 2002	0.96058	1311.83227	0.92542	1365.66174
59	1363	2002	11	NOV 2002	1.02989	1428.41912	0.95420	1386.96676
60	1981	2002	12	DEC 2002	1.01648	1420.64888	1.39443	1397.61926

在表 2-28 的資料視窗介面上，我們按如圖 2-85 的 Analyze → Forecasting → Sequence Charts...，進入圖 2-86 的 Sequence Charts 對話盒，把 Seasonal factos 移入 Variales：長形格中，再把 Date，Formats 移入 Time Axis Lables：方格中，再按 Time Lines 鍵，進入圖 2-87 的 Sequence Chart：Time AxisFeference Lines 對話盒，按 Lines at each change of，把 YEAR，not periodic 移入 Reference Variabl 的長形格中，按 Continue 鍵，回到圖 2-86 的 Sequence Charts 對話盒，按 OK。會獲得圖 2-88 季節性消除後液晶電視機銷售量的值的時間序列，它和前述圖 2-76 是近似的。

在獲得圖 2-88 季節性消除後液晶電視機銷售量的值的時間序列之後，我們可以進一步去理解液晶電視機銷售量的值的時間序列資料，其 SAF 季節的調整因素，SAS 季節調整的序列，STC 平滑趨勢——循環成分之間的序列關聯圖形。首先，使用表 2-28 的資料視窗，按如圖 2-85 的 Analyze → Forecasting → Sequence Charts...，進入圖 2-89 的 Sequence Charts 對話盒，把銷售量的值，SAF 是季節的調整因素，SAS 是季節調整的序列，STC 是平滑趨勢——循環成分，移入 Variales：長形格中，再把 Date，Formats 移入 Time Axis Lables：方格中，再按 Time Lines 鍵，進入圖 2-90 的 Sequence Chart：Time AxisFeference Lines 對話盒，按 Lines at each change of，把 YEAR，not periodic 移入 Reference Variabl 的長形格中，按 Continue 鍵，回到圖 2-86 的 Sequence Charts 對話盒，按 OK。會獲得圖 2-91 液晶電視機銷售量的值與 SAF，SAS，STC 之間的序列關聯圖形。

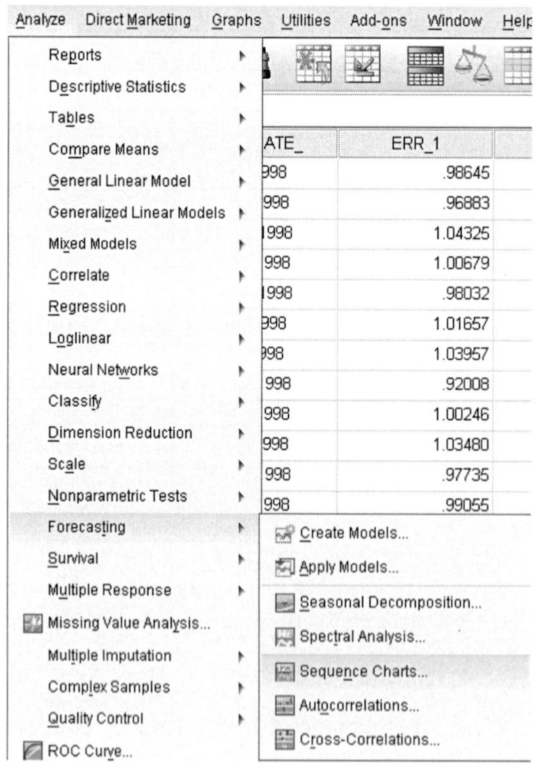

圖 2-85

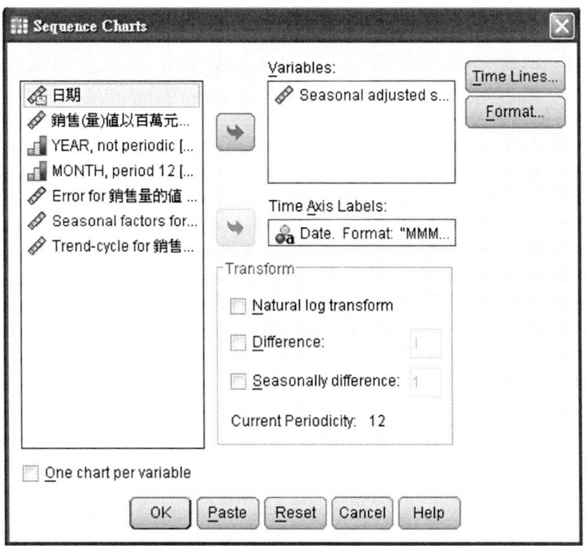
Sequence Charts
日期
銷售(量)值以百萬元...
YEAR, not periodic [...
MONTH, period 12 [...
Error for 銷售量的值 ...
Seasonal factors for...
Trend-cycle for 銷售...
Variables:
Seasonal adjusted s...
Time Lines...
Format...
Time Axis Labels:
Date. Format: "MMM...
Transform
Natural log transform
Difference:
Seasonally difference:
Current Periodicity: 12
One chart per variable
OK
Paste
Reset
Cancel
Help

圖 2-86

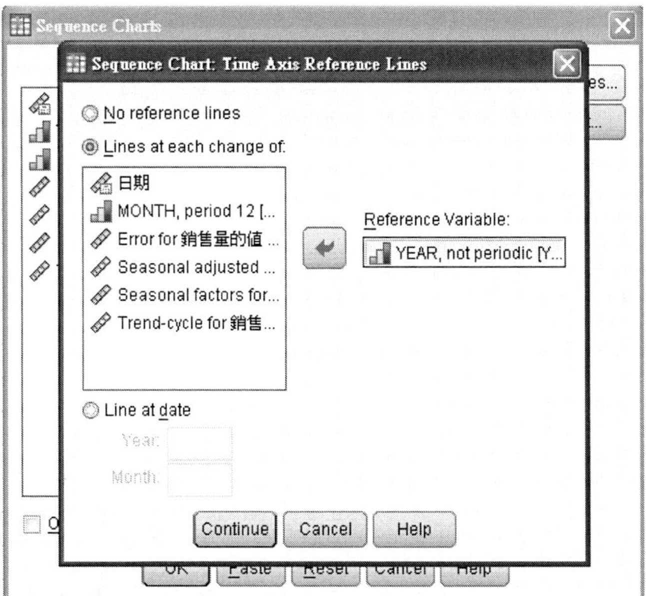
Sequence Charts
Sequence Chart: Time Axis Reference Lines
No reference lines
Lines at each change of:
日期
MONTH, period 12 [...
Error for 銷售量的值 ...
Seasonal adjusted ...
Seasonal factors for...
Trend-cycle for 銷售...
Reference Variable:
YEAR, not periodic [Y...
Line at date
Year:
Month:
Continue
Cancel
Help

圖 2-87

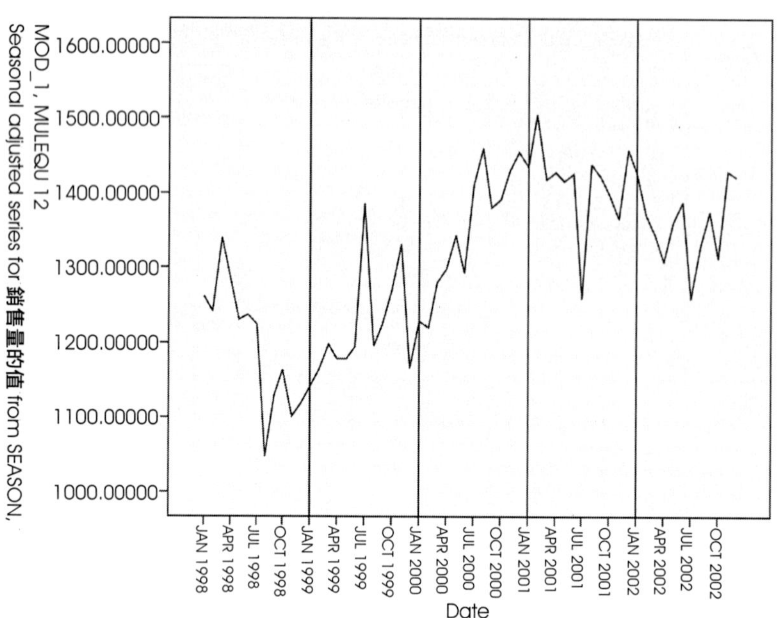

圖 2-88　季節性消除後液晶電視機銷售量的值的時間序列

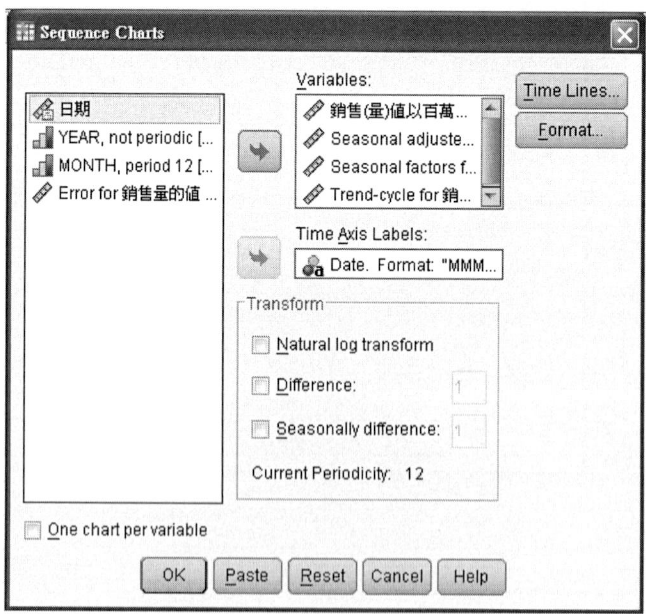

圖 2-89

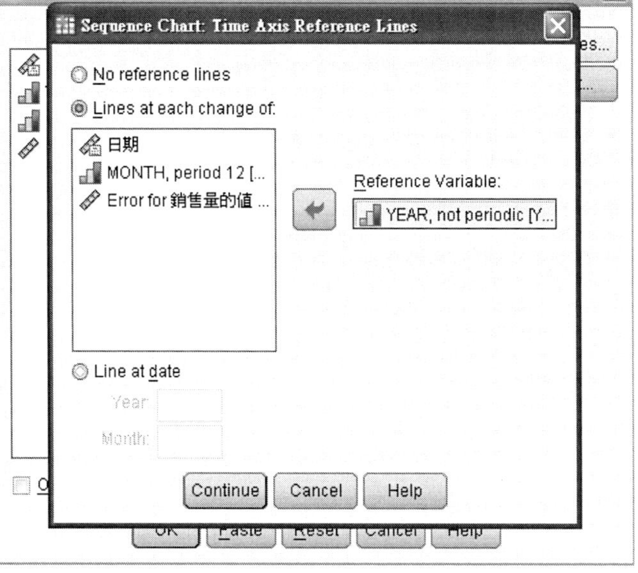

圖 2-90

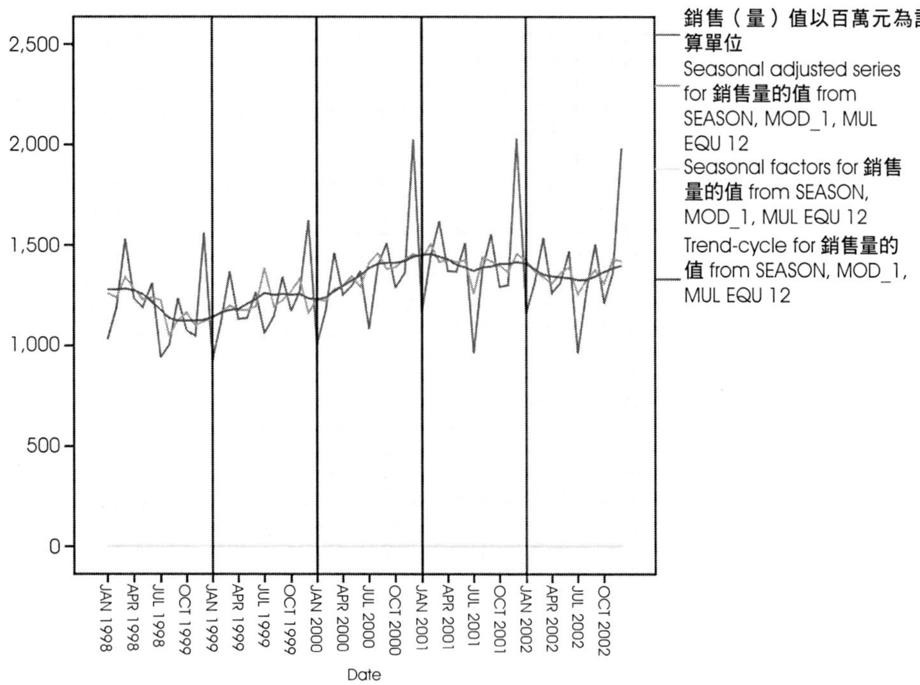

圖 2-91　液晶電視機銷售量的值 與SAF，SAS，STC之間的序列關聯圖形

第九節　利用迴歸模型預測時間序列

我們回顧在迴歸分析中所學習的問題，我們就知道如何地使用一個或更多個的自變數以預測單一因變數的值。事實上我們也看過許多例子，一個被推導出的迴歸估計式，當自變項已知時，它能夠被使用去求得依變項或因變項的良好預測值，至於迴歸分析的邏輯與方法，應用在時間序列值上，我們就可以將其預測值視為是依變項或因變項。因此如果我們能夠獲得我們所要研究問題的一個理想的相關自變項的組合時，我們就可以推導出一個迴歸的估計式或方程式以預測此時間序列。

此種方法我們在前述的問題探討中已使用過。在前述的問題探討中我們使用兩個變項，即銷售量與時間序列兩個變項建立迴歸的估計式或方程式以預測此時間序列，其過程比較簡單，我們稱為簡單的線性迴歸。然而真正的情形，要比這複雜的多，因此不得不使用更多的變數以預測我們想求得的結果。我們所知的多元迴歸分析的統計技術，便是可以應用在這種情況。

記得在推估迴歸方程式時，我們需要一個包含因變數及所有自變數的觀察值樣本。而在時間序列分析中，n 個時期的時間序列資料，恰可做為用於此分析中的每一個變數，使其含有 n 個觀察值的樣本。至於含有 k 個自變數的函數，我們以下列的符號表示：

Y_t = 第 t 期時間序列的實際值

X_{1t} = 第 t 期的第 1 個自變項

X_{2t} = 第 t 期的第 2 個自變項

X_{kt} = 第 t 期的第 k 個自變項

這些用於推估迴歸等式的 n 期資料如下：

期別	時間序列值	自變項的值				
	Y_t	X_{1t}	X_{2t}	X_{3t}	……	X_{kt}
1	Y_1	X_{11}	X_{21}	X_{31}	……	X_{k1}
2	Y_2	X_{12}	X_{22}	X_{32}	……	X_{k2}
⋮	⋮	⋮	⋮	⋮	……	⋮
n	Y_n	X_{1n}	X_{2n}	X_{3n}	……	X_{kn}

你可以想像得到，在一個預測的模式中，我們有多少個可能來選擇自變數。其中一種可能是選擇一個代表時間序列期間數目的自變數，如我們在前節中用於推估時間序列的趨勢線性函數時的時間自變數即是。我們令

$$X_{1t} = t$$

得到迴歸等式的估計式為

$$\hat{Y}_t = b_0 + b_1 t$$

其中 $\hat{Y}_t$ 為時間序列值 Y_t 的估計值，b_0 與 b_t 為迴歸係數。在更複雜的模式中，加入新的項目，使得對應時間的次冪增加。例如，如果

$$X_{2t} = t^2$$

而且

$$X_{3t} = t^3$$

則此迴歸等式的估計式即為

$$\hat{Y}_t = b_0 + b_1X_{1t} + b_2X_{2t} + b_3X_{3t}$$

$$\hat{Y}_t = b_0 + b_1t^2 + b_3t^3$$

在此要注意到此模式所提供的時間序列預測值，在全部時期裏具有非線性的特徵。

其他迴歸基礎的預測模型，使用了一些混合經濟及人口統計的自變數。例如，在產品銷售量的預測模型中，我們可以選擇如下的自變數：

X_{1t} = 第 t 期的價格
X_{2t} = 第 t-1 期的產品銷售總額
X_{3t} = 第 t-1 期的新產品生產的數目
X_{4t} = 第 t 期的人口預測值
X_{5t} = 第 t 期的廣告預算

如此便可使用一般的多元迴歸方法，以一個含有五個自變數的迴歸等式估計式以求取預測值。

迴歸的方法能否提供一個良好的預測值，全賴於我們所得到的自變數資料，是否與此時間序列有緊密的關係而定。一般在推估一個迴歸等式時，會考慮到許多種自變數的組合，迴歸分析的部分程序，即將注意力集中於所要選擇的自變數上，以期能提供一個最好的預測模式。

在本章的緒論中，我們敘述了所謂的因素預測模式（causal forecasting models）是利用其他相關的時間序列預測值，使該時間序列行為的因素，得以有更佳的解釋，迴歸分析便是最常被用來推導這些因素模式的工具，它把相關的時間序列視為自變數，而將要預測的時間序列值視為因變數。

另一種迴歸基礎的預測模式，其自變數的所有值皆是此一時間序列的前期值。例如，如果 $Y_1, Y_2, ..., Y_n$ 為時間序列值，則因變數 Y_t 可利用最近期的時間序列 Y_{t-1}, Y_{t-2} 等等的值，經由迴歸等式估計式而求得其值。就以最近三期的值當自變數的迴歸等式估計式而言，可寫成

$$Y_t = b_0 + b_1Y_{t-1} + b_2Y_{t-2} + b_3Y_{t-3}$$

在迴歸模型中，以時間序列的前期值為自變項者，我們稱之為自我迴歸模型（autoregressive models）。

最後，另一種迴歸基礎的預測方法，是合併了以上所討論的自變數的混合。例如我們可以選擇一個混合的時間值，其中有一些是經濟及人口統計的值，有一些是它自己時間序列的前期值。

對於迴歸分析的問題，我們將在後面的第三章與第四章做更詳細的探討與說明。

第十節　結語

本章節的目的如前所述的是在介紹幾種基本的時間序列分析與預測的方法。首先我們討論了當很少或沒有過去的資料可用時，我們使用了質化的預測方法，這些方法也被認為當時間序列的過去形式不再延續到未來時的最適用預測方法。為了要解釋時間序列的行為，我們介紹了時間序列的四個成分，即趨勢、循環、季節及不規則。經由分離這些成分及測度它們個別的效果，因此才能預測時間序列的未來

值。

再者，我們討論了如何利用平滑方法，在沒有明顯的趨勢、季節或循環效果的情形下預測一個時間序列。其中的移動平均法是將過去資料加以平均，而後將此平均值視成下一期的預測值。而指數平滑法是一種更實用的技術，它利用過去時間序列值的加權平均以求算預測值。

當時間序列呈現的僅是一長期趨勢時，我們說明了如何地使用迴歸分析以做趨勢投射，若當趨勢與季節兩種影響力都明顯時，我們也說明了如何地使用相乘的古典分解法以分離這兩種效果及調配成更佳的預測值。最後我們利用迴歸分析來描述及推導所謂的因素預測模型，它是利用與此時間序列有關係的自變數來說明此時間序列的行為。

接下來了解時間序列的分析與預測，在這種領域中，它是很重要的一環。而本章我們僅對於時間序列的領域及預測的方法做表面上簡單的探索而已。

Chapter

03

時間序列分析：迴歸技術的探究

第一節　導論

本章是為一種深度介紹基本迴歸模型的一種變異（a variation）而設計，這樣的模型可以利用一種特殊類型——時間序列的資料。資料 X_t（t = 1，2，…，T）結合 X_t 與 X_{t+1} 之間隔或間距被固定與恆定（constant）的一種聚集資料（a collection），這樣的資料聚集形成被歸之為時間序列（time series）。簡言之，其觀察值的秩序或順序（the order）是極為重要的，我們所關切的不只是觀察值的個別值（particular values）而且亦關切它們出現的秩序或順序（the order）。在社會科學研究領域中，例如，序列與美國國防支出的相關，在國際系統中戰爭發生的次數或數量（amount），總統的支持度，企業的經營預測與失業率的預測，均符合使用時間序列分析的條件。如此，其中大部分是以迴歸進行處理（例如，Wonacott and Wonacott, 1970; Kmenta, 1971; Johnstin, 1972; Kelejian and Oates, 1974; Usland, 1978）觀察值的秩序或順序是不相關的，然而在本章中它是至為重要的。

假定資料處於特殊的暫時性的秩序或順序中，要去引發關切變項在過去如何行動（behave）是可能的與它在未來如何行動是可能的。時間系列迴歸分析的最大優勢是要去解釋過去與預測未來兩者變項所關切的行動作為是可能的。如此，一個時間系列的過去歷史是被要求去執行雙重的責任（Nelson, 1973: 19）：第一、它必須告知我們有關個別的機制（mechanism），這樣的機制透過時間與次第（through time and second）描述其演變，它允許我們插入這樣的機制以作為預測未來。如我們可看到，這兩者的努力可以被預測係基於能夠去正確地假設（postulate）一個模型與估計它的參數。例如，在國際政治與決策分析問題探究中，美國對於要花多少國防支出的決定是總統，國會，民意，與其他世界領導者所最大的關切之所在。它是我們嘗試去理解其決策是如何形成與其決策機制未來的支節問題（ramifications）是可能會有甚麼樣的結果。又如，在企業經營問題探究中，企業經營者對某一種產品要支出多少廣告支出才能夠使產品的銷售量按廣告支出的比率而增加，在甚麼樣的支出比率之下才能夠合乎其效益原則，而形成其決策。在這些問題的探討上，在本章的主題探究中，吾人將致力於提供某種相關技術的討論，以期望我們探究的主題能夠反應於時間系列迴歸模型的技術方法上。其中，我們從迴歸模型的技術方法最小平方的估計式開始，以一個研究範例建構一個迴歸分析模型，然後進行研究範例的單變項多元迴歸分析。其過程以原始資料，離均差分數，使用方程式的計算方法，與變異數——共變數矩陣與相關係數 R 矩陣，使用 MATLAB 軟體進行計算與分析。接著，以原始資料，離均差分數使用矩陣代數進行統計上顯著性檢定考驗，個別迴歸係數的信賴區間檢定，標準差，標準誤，t 分數，變異數，與迴歸平方和等的求取方法，最後以 SPSS 軟體進行單變項多元迴歸分析的結果以檢測前述的分析過程是否相符。這樣的分析過程都以最小的篇幅，最簡易的方法，呈現出一個非常完整的單變項多元迴歸分析與其檢定考驗方法。希望以這樣有系統的與完整的描述方法能夠含括單變項多元迴歸分析與其檢定考驗方法的精髓，提供讀者參考，而能夠以最少的時間掌握單變項多元迴歸分析與其檢定考驗方法的完整架構，很快地進入時間序列迴歸分析的研究領域。

時間序列迴歸分析的探討被分為四個部分。第一，我們可藉由凸顯問題與發展的一種正確評估時間系列迴歸模型的程序中去探討一般的案例。第二，我們可以集中焦點於進行程序的修正上其中依變項或自變項的滯延值（lagged values）是被包括作為解釋變項。第三，從滯延與未滯延模型的兩個類型中所產生與評估預測的方法，可以使用時間系列迴歸分析的模型，去進行分析。最後，基於對某些主題的某種考慮給予優先處理（an advanced treatment）的考量，這些主題已被討論於下列陳述的第五，第六與第七節中。

依據個人學習與研究時間序列迴歸模型的經驗過程中，詳言之，其模型的基本概念，分析架構，分析技術，與數學方程式建立其分析模型，等等的學習，研究，與認知的過程是從許多有關這方面研究領域有專業性與學術性的著作著手開啟學習，研究，與認知的過程。從其中不斷地學習，研究，認知，實驗，試誤，與修正的過程。

綜合言之，吾人除了學習基本的數學之外，如果企圖在時間序列迴歸分析的探討想要有所突破與創新，學習與探究這方面研究領域有所貢獻與成果的著作者或先驅者的著作是最佳的途徑，從他們的著作中吸取知識與技術經驗的累積，如此不僅能夠累積吾人的知識與技術經驗，並且能夠增進吾人的知識與技術經驗的成長。總而言之，本章是從迴歸的基本方程式，模型的建構，最小平方的估計，這方面研究領域有所貢獻與成果的著作者或先驅者的著作中，不斷地學習，研究，認知，實驗，試誤，與修正的研究成果，希望有助益於時間序列迴歸分析技術的突破與創新。

第二節　線性迴歸模型的最小平方的估計

迴歸分析是提供一個結果（outcome）或反應（response）變項與一個或一個以上預測式（predictor）或迴歸（regressor）變項之間關係模型建立與研究的一種統計技術。一個迴歸分析研究的目的結果（the end result）時常是在於去產生一個模型，而這個模型能夠被使用於去預測（forecast）或預估（predict）預測式變項被界定所給予反應（response）變項的未來值。

簡單線性迴歸模型包括一個單一預測式變項與可以被寫成

$$y = \beta_0 + \beta_1 x + \varepsilon \tag{3-1}$$

其中 y 是反應（response）變項，x 是預測式變項，β_0 與 β_1 是未知的參數，而 ε 是一個誤差項。模型參數或迴歸係數 β_0 與 β_1，個別地有一個物理的或自然的解釋為一個直線性的截距與斜率。斜率 β_1 是在於測量反應變項 y 平均數中的改變對預測式變項 x 中一個單位的改變。這些參數在典型上是未知的與必須是從一個資料樣本中被進行估計。誤差項 ε 提供由直線性模型方程式所界定真正資料所產生差距或離差提出解釋。我們通常會認為 ε 為一種統計上的誤差，如此我們把它界定為一個隨機的變項與將促使它的分配做某些假設。例如，我們在典型上會假設 ε 在常態上是與平均數零與變異數 σ^2 被分配，被縮寫為 $N(0, \sigma^2)$。要注意到變異數是被假設為常數（constant）；即是，它並不端視預測式變項（或任何其他變項）的值而定。

迴歸模型時常包括一個以上的預測式變項或迴歸變項。如果有 k 個預測式變項，其多元線性迴歸模型是

$$y = \beta_0 + \beta_1 x_1 + \beta_2 x_2 + \cdots + \beta_k x_k + \varepsilon \tag{3-2}$$

在這個模型中的參數 $\beta_0, \beta_1, \cdots, \beta_k$ 通常被稱為淨迴歸係數（partial regression coefficients），因為它們是在於傳遞有關預測式變項對 y 的效應或影響。

在方程式（3-1）與方程式（3-2）中的迴歸模型是線性迴歸模型因為它們在未知的參數（參數 $\beta_0, \beta_1, \cdots, \beta_k$）中是線性的（are linear），而不是它們必然要描述反應變項與迴歸項（regressors）之間的線性關係。例如，其模型是

$$y = \beta_0 + \beta_1 x + \beta_2 x^2 + \varepsilon$$

它是一個線性迴歸模型因為在未知的參數 β_0，β_1，與 β_2 中它是線性的，雖然

它可以描述 y 與 x 之間的一種二次方程式的關係（a quadratic relationship）。另一範例，考量其迴歸模型

$$y_1 = \beta_0 + \beta_1 \sin\frac{2}{d}t + \beta_2 \cos\frac{2\pi}{d}t + \varepsilon_t \quad (3\text{-}3)$$

它可以描述一個反應變項 y 與時間在周期性循環（其下標以 t 標示）變化與這種周期性循環變異（this cyclic variation）本質可以被描述為一個簡單正弦（sine）波動起伏之間的關係。迴歸模型諸如方程式（3-3）可以被使用去消除來自時間序列中其季節性的效應或影響。如果該周期性循環的期間 d 是被界定（諸如 d = 12 為一個一年一次的周期性循環），那麼正弦（sin）（2π/d）t 與餘弦（cosine）（2π/d）t 剛好是為每個觀察值對反應變項的數目，而方程式（3-3）是一個標準的線性迴歸模型。

接著，我們要討論提供預測（forecasting）迴歸模型或製作預測（making prediction）迴歸模型在兩種不同情境的用法。其中第一種情境是所有資料是被聚集在 y 上與在一個單一時間期間的迴歸項中。例如，假定我們想要去發展一個迴歸模型去預測消費者他們想要購買一個個別品牌的牛奶（y）優惠卷彌補作為這個優惠卷（x）面值折扣量的一個函數。這些資料被蒐集過去某被界定研究期間（諸如一個月）與該資料並沒有明顯地隨時間而有所變化。這種類型的迴歸資料被稱為橫斷面資料（cross-section data）。對橫斷面資料的迴歸模型可以被寫成

$$y_i = \beta_0 + \beta_1 x_{i1} + \beta_2 x_{i2} + \cdots + \beta_k x_{ik} + \varepsilon_i \quad i = 1, 2, ..., n \quad (3\text{-}4)$$

其中下標 i 是被使用去指示在資料組合中的每一個個體的觀察值（或案例）與 n 是代表觀察值的數目。在其他的情境中反應變項與迴歸項是時間序列，如此迴歸模型包括時間序列的資料。例如，反應變項可以是來自一個化學工廠每一個小時 CO_2 的射出（emissions）與迴歸項可以是每一個小時製造生產率（production rate），在一個輸入未精煉原料的濃縮（concentration）中每一個小時的變化，與流動溫度（ambient temperature）每一個小時的被測量。所有這些均是時間取向或時間序列的資料。

時間序列的迴歸模型可以被寫成

$$y_t = \beta_0 + \beta_1 x_{t1} + \beta_2 x_{t2} + \cdots + \beta_k x_{tk} + \varepsilon_t \quad t = 1, 2, ..., T \quad (3\text{-}5)$$

把方程式（3-5）與方程式（3-4）作比較，可以注意到我們已從觀察值或案例中的下標 i 到 t 的改變去強調反應變項與預測式變項是時間序列。而且，從其中我們已使用 T 替代 n 去指示與我們保持傳統習慣同步的觀察值的數目，即當一個時間序列被使用去建立一個預測模型時，T 代表大部分最近或最後可資利用的觀察值。方程式（3-3）是一個時間序列迴歸模型的一個特別範例。

在一個線性迴歸模型中的未知參數 $\beta_0, \beta_1, \cdots, \beta_k$ 在典型上是使用最小平方（least squares）方法去進行估計。我們將於下一節探討最小平方模型可以適用於從時間序列資料中消除其趨勢與季節性的效應或影響。這就是迴歸模型被使用進行預測中的一個關鍵性的重要技術，而且它的重要性不僅僅只有這樣而已。其次一節我們將給予說明最小平方估計程序的一個形式描述，與處理有關其模型與其參數的統計推論方法，及其模型足夠適當性的檢核方法。

我們一開始即以其情境其中迴歸模型是使用橫斷面資料（cross-section data）。該模型是以方程式（3-4）的形式呈現。有 $n > k$ 的觀察值在反應變項上以 $y_1, y_2, \ldots, y_n$ 的形式呈現。依據每一個可觀察的反應變項 y_1 排列，我們將有一個觀察值在每一個迴歸項或預測式變項上，與 x_{ij} 可以指示第 ith 個觀察值或變項 x_j 的水準（level）。該資料將以方程式（3-6）中的呈現方式。我們可以假設誤差項 ε 在模型中有被預期值 $E(\varepsilon) = 0$ 與變異數 $var(\varepsilon) = \sigma^2$，與誤差項 ε_i，$i = 1, 2, \cdots, n$ 是不相關的隨機變項。

最小平方方法選擇在方程式（3-4）中的模型參數（各個 β 的參數）如此誤差（ε_i）平方和被最小化。其最小平方函數是

$$L = \sum_{i=1}^{n} \varepsilon_i^2 = \sum_{i=1}^{n} (y_i - \beta_0 - \beta_1 x_{i1} - \beta_2 x_{i2} - \cdots - \beta_k x_{ik})^2$$
$$= \sum_{i=1}^{n} \left(y_i - \beta_0 - \sum_{j=1}^{k} \beta_{jxij} \right)^2 \qquad (3\text{-}6)$$

這個函數是在於對 $\beta_0, \beta_1, \cdots, \beta_k$ 可以被進行到最小化。由此，最小平方的估計式（estimators），就是說，$\beta_0, \beta_1, \cdots, \beta_k$ 必須滿足於

$$\frac{\partial L}{\partial \beta_0}\bigg|_{\beta_0, \beta_1, \ldots, \beta_k} = -2 \sum_{i=1}^{n} \left(y_i - \hat{\beta}_0 - \sum_{j=1}^{k} \hat{\beta}_j x_{ij} \right) = 0 \qquad (3\text{-}7)$$

與

$$\frac{\partial L}{\partial \beta_0}\Big|_{\beta_0,\beta_1,\dots,\beta_k} = -2\sum_{i=1}^{n}\left(y_i - \hat{\beta}_0 - \sum_{j=1}^{k}\hat{\beta}_j x_{ij}\right)x_{ij} = 0 \tag{3-8}$$

簡化方程式（3-7）與方程式（3-8）

$$n\hat{\beta}_0 + \hat{\beta}_1\sum_{i=1}^{n}x_{i1} + \hat{\beta}_2\sum_{i=1}^{n}x_{i2} + \cdots + \hat{\beta}_k\sum_{i=1}^{n}x_{ik} = \sum_{i=1}^{n}y_i \tag{3-9}$$

$$\hat{\beta}_0\sum_{i=1}^{n}x_{i1} + \hat{\beta}_1\sum_{i=1}^{n}x_{i1}^2 + \hat{\beta}_2\sum_{i=1}^{n}x_{i2}x_{i1} + \cdots + \hat{\beta}_k\sum_{i=1}^{n}x_{ik}x_{i1} = \sum_{i=1}^{n}y_i x_{i1}$$

$$\vdots$$

$$\hat{\beta}_0\sum_{i=1}^{n}x_{ik} + \hat{\beta}_1\sum_{i=1}^{n}x_{i1}x_{ik} + \hat{\beta}_2\sum_{i=1}^{n}x_{i2}x_{ik} + \cdots + \hat{\beta}_k\sum_{i=1}^{n}x_{ik}^2 = \sum_{i=1}^{n}y_i x_{ik} \tag{3-10}$$

這些方程式是被稱為最小平方常態的方程式（the least squares normal equations）。要注意到有 $p = k + 1$ 常態的方程式，提供每一個未知迴歸係數之一的方程式。給予常態的方程式的解答將是最小平方模型迴歸係數的估計式。

如果它們是以矩陣符號呈現那會是最簡單的解答常態方程式的方法。現在我們給予常態的方程式提供一個矩陣的形成，這樣的形成是和方程式（3-10）相似的。單變項多元線性迴歸模型可以以矩陣符號呈現如

$$y = X\beta + \varepsilon \tag{3-11}$$

其中

$$\underset{N\times 1}{y} = \underset{N\times q}{X}\ \underset{q\times 1}{\beta} + \underset{N\times 1}{\varepsilon}.$$

$$\begin{bmatrix} y_1 \\ y_2 \\ \vdots \\ y_N \end{bmatrix} = \begin{bmatrix} 1 & X_{11} & X_{12} & X_{13} & \cdots & X_{1K} \\ 1 & X_{21} & X_{22} & X_{23} & \cdots & X_{2K} \\ \vdots & \vdots & \vdots & \vdots & & \vdots \\ 1 & X_{N1} & X_{N2} & X_{N3} & \cdots & X_{NK} \end{bmatrix} \begin{bmatrix} \beta_0 \\ \beta_1 \\ \vdots \\ \beta_K \end{bmatrix} + \begin{bmatrix} \varepsilon_1 \\ \varepsilon_2 \\ \vdots \\ \varepsilon_N \end{bmatrix}$$

在迴歸模型中，模型矩陣 X 的元素是我們實際所觀察的分數。在其中 N 是受試者的人數。y 是 N×1 的行向量，代表 N 個受試者的依變項（或效標變項）觀察分數。X 是 N×q 階矩陣，係由一個單元行向量和 N 個受試者每人 K 個自變項（即預測式變項）觀察分數所組成。由此可知，$q = K + 1$。其次，β 是 q×1 的行向量，其中第一個元素 β_0 代表「截距」的母數，其餘 k 個元素代表我們所想要求得的「斜

率」之母數。至於 ε 在理論上是代表誤差分數的 N×1 階行向量。

最小平方估計式的向量可以極小化為

$$L=\sum_{i=1}^{n}\varepsilon_i^2=\varepsilon'\varepsilon=(y-X\beta)'(y-X\beta)$$

我們可以擴展 L 右手邊的程式，獲得

$$\begin{aligned}L&=y'y-\beta'X'y-y'X\beta+\beta'X'X\beta\\&=y'y-2\beta'X'y+\beta'X'X\beta\end{aligned}$$

因為 $\beta'X'y$ 是一個（1×1）矩形，或一個純量（a scalar），它的轉置 $(\beta'X'y)'=y'X\beta$ 是相同的純量。最小平方估計式必須滿足於

$$\frac{\partial L}{\partial \beta}=-2X'y+2(X'X)\hat{\beta}=0$$

它可以簡化為

$$(X'X)\,\hat{\beta}=X'y \qquad (3\text{-}12)$$

方程式（3-12）是一個（p×p）的對稱矩陣（symmetric matrix），X'Y 是一個（p×1）的行向量。

方程式（3-12）是一個獲自最小平方常態方程式中的矩陣，它是相同於方程式（3-10）。要解答常態方程式，可由 X'X 的反矩陣方程式（3-12）（我們假設這個反矩陣是存在的）。如此 $\hat{\beta}$ 最小平方的估計式是根據 $(X'X)\beta=X'y$ 的討論可知，方程式（3-12）的向量是以下列方程式來進行估計。

$$\hat{\beta}=(X'X)^{-1}X'y \qquad (3\text{-}13)$$

由方程式（3-13）可以觀察到，如果 $|X'X|=0$ 時，$(X'X)^{-1}$ 便不可能存在，所以，$|X'X|$ 不可能等於 0 才能求得 β 值。為了要使 $|X'X|$ 不等於 0，X'X 必須符合 q 階的滿秩矩陣，要符合這項要求，第一個要求條件是 N 大於或等於 q ，換言之，受試者的人數必須大於自變項的個數（因為如果 N 小於 q，則 X'X 便不能成為 q 階的滿秩矩陣，而會成為 N 階或 $N<q$ 的缺秩矩陣）。第二個條件是矩陣 X 的各行向量之間必須彼此線性的獨立。假設 X 的幾個行向量是代表各行測驗的成績或稱為次

測驗分數（subtests），而其餘之中某一行的向量是各行測驗分數相加而成的總測驗分數時，就不合乎這個條件（Finn, 1974, p.97）。

從迴歸模型中獲得反應變項的適配值（the fitted values）是由下列方程式進行計算

$$\hat{y} = X\hat{\beta} \quad (3\text{-}14)$$

或依純量符號

$$\hat{y}_i = \hat{\beta}_0 + \hat{\beta}_1 X_{i1} + \hat{\beta}_2 X_{i2} + \cdots + \hat{\beta}_k X_{ik}，i = 1, 2, ..., n \quad (3\text{-}15)$$

真正的觀察值 Y_i 與對應的適配值之間的差距（the difference）是殘差 $e_i = y_i - \hat{y}_i$, $i = 1, 2, ..., n$。n 殘差可以被寫成為一個（n×1）向量由下列方程式指示

$$e = y - \hat{y} = y - X\hat{\beta} \quad (3\text{-}16)$$

除了要去估計迴歸係數 $\beta_0, \beta_1, \cdots, \beta_k$ 之外，亦有必要去估計模型誤差的變異數 σ^2。所以這種參數的估計式就要包括殘差的平方和

$$SS_E = (y - X\hat{\beta})'(y - X\hat{\beta})$$

我們顯示 $E(SS_E) = (n - p)\sigma^2$，如此 σ^2 的估計式是殘差或均方誤（mean square error）

$$\hat{\sigma}^2 = \frac{SS_E}{n - p} \quad (3\text{-}17)$$

最小平方方法不僅是可以被使用去進行估計一個線性迴歸模型中參數的唯一方法，而且它的被使用範圍亦是相當廣泛，它會使有很好屬性的模型參數產生種種估計值，如果模型是正確的（它有適當的形成過程與包括所有相關的預測式）。所以，最小平方的估計式 $\hat{\beta}$ 是模型參數 β 的一個不偏估的估計式；即是，

$$E(\hat{\beta}) = \beta$$

估計式 $\hat{\beta}$ 的變異數與共變數是被包含在一個（p×p）共變數矩陣

$$Var(\hat{\beta}) = \sigma^2(X'X)^{-1} \quad (3\text{-}18)$$

迴歸係數的變異數是在這個矩陣的對角線上，而共變數是在這個矩陣的非對角線上。

我們必須從以上方程式中去學習矩陣的定義，類型，運算，轉置，排列，反矩陣，隨機向量與矩陣，簡單迴歸模型的矩陣操作，迴歸參數的最小平方估計，適合值與殘差，變異數結果分析，與迴歸分析的推論等等，我們都作了很簡要的討論與分析。在熟悉與掌握這些概念，公式或方程式，與回顧其重要概念，理論與運作之後，我們就可以更深入地運用矩陣的操作方法去運算，建立多元迴歸的預測方程式，與進行多元迴歸分析。現僅就這些問題依序探討於後。

依據表 3-1 的資料，只要我們熟練矩陣的操作，就可以獲得截距與各個迴歸係數的值。為了要使想從事行為科學研究的學習者獲得學習基本代數的樂趣，我們可以使用 MATLAB 套裝軟體來計算截距與迴歸係數。

表 3-1 在 **10** 個國家中的科技水準、城市人口比例與生命預期（本資料儲存在 **CH3-1** 檔案中）

國名	生命預期	科技水準	都市人口比
阿爾巴尼亞	60	17	43
玻利維亞	53	10	49
智利	71	22	84
哥倫比亞	66	15	68
埃及	60	13	45
愛爾蘭	74	48	56
日本	79	53	77
馬拉威	49	12	14
秘魯	65	12	69
羅馬尼亞	71	33	61

資料來源：Population Reference Bureau, 1990 World Population Data Sheet (Washington, D.C.: Population Reference Bureau, Inc.,1990)

在熟悉與掌握這些概念，公式或方程式，與回顧前述的重要概念，理論與運作之後，我們就可以更深入地運用矩陣的操作方法去運算，建立多元迴歸的預測方程式，與進行多元迴歸分析。現僅就這些問題依序探討於後。

第三節　單變項多元迴歸分析

研究者開始計算迴歸係數時，他的資料可能是原始資料（raw scores），可能是離均差分數（deviation scores），也可能是標準化分數（standardized scores）。

一、原始資料

原始資料時，我們可以依上述的方程式，呈現有以自變項迴歸預測依變項的方程式，為一種自變項的線性關聯，其中有 X_S' 變項加上一個常數（或截距），與一個誤差項，e。

對 k 的自變項而言其方程式是：

$$y = \beta_0 + \beta_1 X_1 + \beta_2 X_2 + \cdots + \beta_k X_k + \varepsilon$$

式中 β_0 = 截距；β_1, β_2 是應用於 X_1, X_2 的迴歸係數；e = 殘差或誤差。我們使用矩陣的符號其方程式呈現如下：

$$X = \begin{bmatrix} 1 & 17 & 43 \\ 1 & 10 & 49 \\ 1 & 22 & 84 \\ 1 & 15 & 68 \\ 1 & 13 & 45 \\ 1 & 48 & 56 \\ 1 & 53 & 77 \\ 1 & 12 & 14 \\ 1 & 12 & 69 \\ 1 & 33 & 61 \end{bmatrix} \qquad y = \begin{bmatrix} 60 \\ 53 \\ 71 \\ 66 \\ 60 \\ 74 \\ 79 \\ 49 \\ 65 \\ 71 \end{bmatrix}$$

以下我們是依據上述方程式使用 MATLAB 軟體計算與操作的過程：

```
>> X = [1 17 43;1 10 49;1 22 84;1 15 68;1 13 45;1 48 56;1 53 77;1 12 14;1 12 69;1 33 61]
  X =
        1   17   43
        1   10   49
        1   22   84
        1   15   68
        1   13   45
        1   48   56
```

```
    1   53   77
    1   12   14
    1   12   69
    1   33   61

>>X'*X
ans =
      10     235     566
     235    7757   14452
     566   14452   35698

>>y = [60;53;71;66;60;74;79;49;65;71]
y =
    60
    53
    71
    66
    60
    74
    79
    49
    65
    71

>>X'*y
ans =
       648
     16332
     38058
>> inv(X'*X)
ans =
      0.9921   -0.0031   -0.0145
```

```
     -0.0031      0.0005   -0.0002
     -0.0145   -0.0002      0.0003

>>inv(X'*X)*(X'*y)
ans =
     41.4112  （b0，截距）
      0.3577  （X1，科技水準的斜率）
      0.2647  （X2，都市人口比例的斜率）
```

由此我們可以獲得多元迴歸預測方程式是：

$$\hat{y} = 41.4112 + 0.3577X_1 + 0.2647X_2$$

其中 X_1 = 科技水準，X_2 = 都市人口比例，

二、離均差分數

如果每一個觀察值（或受試對象）的分數是以離均差分數表示，則其線性模型變為：

$$\underset{N\times 1}{y_d} = \underset{N\times k}{D}\ \underset{k\times 1}{\gamma} + \underset{N\times 1}{\varepsilon}$$

$$\begin{bmatrix} y_1 \\ y_2 \\ \vdots \\ y_N \end{bmatrix} = \begin{bmatrix} d_{11} & d_{12} & \cdots & d_{1k} \\ d_{21} & d_{22} & \cdots & d_{2k} \\ \vdots & \vdots & & \vdots \\ d_{N1} & d_{N2} & \cdots & d_{Nk} \end{bmatrix} \begin{bmatrix} \beta_0 \\ \beta_1 \\ \vdots \\ \beta_k \end{bmatrix} + \begin{bmatrix} \varepsilon_1 \\ \varepsilon_2 \\ \vdots \\ \varepsilon_N \end{bmatrix} \qquad (3\text{-}19)$$

此時，斜率 β_0 消失，然而 k 個斜率依然保持不變。換言之，方程式（3-19）中的 γ 是 k×1 階的行向量，是 k 個未標準化的斜率 β_1 至 β_2 所形成，但是沒有截距在內。在這種情境之下，γ 必須使用方程式（3-20）來進行估計

$$\hat{\gamma} = (D'D)^{-1}D'y_d \qquad (3\text{-}20)$$

式中 $Y_d = Y - \overline{Y}$，而 D'D 實際上就是 K 個自變項的「離均差平方和——交叉乘積的和（SSCP）矩陣」。D'D 除以 N-1 即成為 k 個自變項分數的「變異數——共

變數矩陣 S_{XX}」。此時，則 $\hat{\gamma}$ 也就可使用方程式（3-21）來求得：

$$\hat{\gamma}=\begin{bmatrix}\beta_1\\ \beta_2\\ \vdots\\ \beta_k\end{bmatrix}=\left[\frac{D'D}{N-1}\right]^{-1}\left[\frac{D'Y_d}{N-1}\right]=S_{XX}^{-1}S_{XY} \tag{3-21}$$

要計算離均差分數以求得斜率，去檢定 H_0：$\gamma = 0$ 時，首先假設表 3-1 的資料為 V 的矩陣，V 是一個 10×3 階的矩陣，由 Y 向量與二個自變項分數的向量，亦即由矩陣 X 去掉單元向量所組成。接著，依據方程式（3-21）或方程式（3-22）求得矩陣 Q：

$$Q=V'V-N\overline{V}\overline{V}' \tag{3-22}$$

依方程式（3-21）中的 S_{XX} 與 S_{XY}

$$=\begin{bmatrix}Y'_dY_d & Y'_dD\\ D'Y_d & D'D\end{bmatrix}$$

由此，我們可以利用 Q 的 SSCP（離均差平方和）資料代入方程式（3-21）計算迴歸係數的向量 $\hat{\gamma}$：

$$\hat{\gamma}\;=(D'D)^{-1}D'Y_d$$

在使用 MATLAB 軟體中我們使用 YM 替代 $\overline{V}$ 的符號

```
>>V = [60 17 43;53 10 49;71 22 84;66 15 68;60 13 45;74 48 56;79 53 77;49 12 14;65 12
    69;71 33 61]
V=
    60   17   43
    53   10   49
    71   22   84
    66   15   68
    60   13   45
```

```
    74   48   56
    79   53   77
    49   12   14
    65   12   69
    71   33   61

>>V'*V
ans =
    42790     16332     38058
    16332      7757     14452
    38058     14452     35698

>>648/10
ans =
    64.8000

>>YM = [64.8;23.5;56.6]
YM =
    64.8000
    23.5000
    56.6000

>> format long g;
>> 10*YM*YM'
ans =
    41990.4     15228      36676.8
    15228       5522.5     13301
    36676.8     13301      32035.6

>> Q = (V'*V)-(10*YM*YM')
Q =
```

```
    799.599999999999    1104      1381.2
    1104                2234.5    1151
    1381.2              1151      3662.4
```

$$\begin{bmatrix} 799.5999 & 1104 & 1381.2 \\ 1104 & 2234.5 & 1151 \\ 1381.2 & 1151 & 3662.4 \end{bmatrix}$$

```
>> D = [2234.5 1151;1151 3662.4]
D =
    2234.5        1151
    1151          3662.4
```

$$\begin{bmatrix} 2234.5 & 1151 \\ 1151 & 3662.4 \end{bmatrix}$$

```
>> D'*D
ans =
    6317791.25     6787331.9
    6787331.9      14737974.76

>> Y = [1104;1381.2]
Y =
    1104
    1381.2

>> inv(D'*D)*D'*Y
ans =
```

0.357718117537158（x_1，科技水準的斜率）

0.26470796382556（x_2，都市人口比例的斜率）

由此我們可以獲得多元迴歸預測方程式是：

由計算過程中獲得：$\bar{x}_1 = 23.5$，$\bar{x}_2 = 56.6$，依據下列方程式

$$b_0 = \bar{y} - b_1\bar{x}_1 - b_2\bar{x}_2$$

$$b_0 = 64.8 - 0.3577181(23.5) - 0.2647079(56.6)$$
$$= 64.8 - 8.4063753 - 14.982467$$
$$= 41.411158$$

$$\hat{y} = 41.4112 + 0.3577x_1 + 0.2647x_2$$

由以上的計算過程可知，使用原始分數與離均差分數以求得的迴歸係數 $\hat{\beta}$ 是相同的，只是以離均差求得的迴歸係數中沒有截距值而已。在其計算過程中 $(D'D)^{-1}$ 就是 $(X'X)^{-1}$ 去掉第一縱行與第一橫列所剩下的部分。

三、使用方程式的計算方法

如果沒有 MATLAB 的軟體，我們亦可以使用前述的方程式去獲得 $\hat{\beta}$ 的值。

在表 3-1 的資料我們現在將以矩陣操作來分析，並以離差分數的矩陣來操作，而不是以原始分數。如此，我們將會更加熟練三個變項或變異量（variations）的主題之研究。對 $\hat{\beta}$ 使用離差分數的公式或方程式是：

$$\hat{\beta} = (X'X)^{-1}X'y \qquad (3\text{-}13)$$

式中 $\hat{\beta}$ 是一橫列的迴歸係數，X 是對 k 個自變項的一個 N×k 的矩陣，而 X' 是 X 的倒數或反矩陣。在此 X 不像原始分數作答方式，X 並不含蓋一個單元向量（a unit vector），因為一個單元列向量是和加行向量的元素或成分一樣。現在 X 的每個縱行係由它們的平均數的離差（deviation scores from their mean）或離均差分數所組成。由此，每行的和是 0，當方程式（3-13）被應用時，僅獲得 $\hat{\beta}$ 的解答，而對於截距 β_0，則以個別的計算來獲得。

$$(X'X) = \begin{bmatrix} S_{X_1X_1} & S_{X_1X_2} & \cdots & S_{X_1X_K} \\ S_{X_2X_1} & S_{X_2X_2} & \cdots & S_{X_2X_K} \\ \vdots & \vdots & & \vdots \\ S_{X_KX_1} & S_{X_KX_2} & & S_{X_KX_K} \end{bmatrix}$$

注意對角線是由平方和所組成，而非對角線是交叉乘積的和。X'y 是 x_k 變項與 y 依變項交叉乘積的一個 k×1 縱行。

$$(X'X)^{-1}=\begin{bmatrix}\dfrac{S_{X_2X_2}}{(S_{X_1X_1})(S_{X_2X_2})-(S_{X_1X_2})^2} & \dfrac{-S_{X_1X_2}}{(S_{X_1X_1})(S_{X_2X_2})-(S_{X_1X_2})^2}\\ \dfrac{-S_{X_2X_1}}{(S_{X_1X_1})(S_{X_2X_2})-(S_{X_1X_2})^2} & \dfrac{S_{X_1X_1}}{(S_{X_1X_1})(S_{X_2X_2})-(S_{X_1X_2})^2}\end{bmatrix}$$

注意：(1) 在倒數或反矩陣中每個項目的分母是 (X'X) 的行列式，|X'X|；(2)

$$x'y=\begin{bmatrix}S_{X_1Y}\\ S_{X_2Y}\\ \vdots\\ S_{X_KY}\end{bmatrix}$$

在應用方程式（3-13）於表 3-1 資料之前，我們以下將詳細說明二個自變項使用符號的案例之公式或方程式。

$$\hat{\beta}=\underset{X'X}{\begin{bmatrix}S_{X_1X_1} & S_{X_1X_2}\\ S_{X_2X_1} & S_{X_2X_2}\end{bmatrix}^{-1}}\underset{X'Y}{\begin{bmatrix}S_{X_1Y}\\ S_{X_2Y}\end{bmatrix}}$$

首先計算（X'X）的行列式：

$$|X'X|=\begin{bmatrix}S_{X_1X_1} & S_{X_1X_2}\\ S_{X_2X_1} & S_{X_2X_2}\end{bmatrix}=(S_{X_1X_1})(S_{X_2X_2})-(S_{X_1X_2})^2$$

其次計算（x'x）倒數或反矩陣：

$(S_{X_1X_1},S_{X_2X_2})$ 平方和是可交換的；(3) 交叉乘積和的符號是倒數的，現在我們可以去求得 $\hat{\beta}$ 的值：

$$\hat{\beta}=\underset{(X'X)^{-1}}{\begin{bmatrix}\dfrac{S_{X_2X_2}}{(S_{X_1X_1})(S_{X_2X_2})-(S_{X_1X_2})^2} & \dfrac{-S_{X_1X_2}}{(S_{X_1X_1})(S_{X_2X_2})-(S_{X_1X_2})^2}\\ \dfrac{-S_{X_2X_1}}{(S_{X_1X_1})(S_{X_2X_2})-(S_{X_1X_2})^2} & \dfrac{S_{X_1X_1}}{(S_{X_1X_1})(S_{X_2X_2})-(S_{X_1X_2})^2}\end{bmatrix}}\underset{X'Y}{\begin{bmatrix}S_{X_1Y}\\ \\ S_{X_2Y}\end{bmatrix}}$$

$$=\begin{bmatrix}\dfrac{(S_{X_2X_2})(S_{X_1Y})-(S_{X_1X_2})(S_{X_2Y})}{(S_{X_1X_1})(S_{X_2X_2})-(S_{X_1X_2})^2}\\ \dfrac{(S_{X_1X_1})(S_{X_2Y})-(S_{X_1X_2})(S_{X_1Y})}{(S_{X_1X_1})(S_{X_2X_2})-(S_{X_1X_2})^2}\end{bmatrix}$$

注意以上述的方法所求得的答案其值會和我們使用代數方程式所獲得的值是一樣的。這些矩陣操作方法的提出不僅在於顯示這兩種研究途徑的原體（identity）。而且亦會給予我們提供如何去嘗試發展一種可以控制與運作二個自變項以上的案例。這就是為什麼我們要訴諸於矩陣代數的原因。

現在就讓我們把表 3-1 的資料應用矩陣代數的方法。我們已推論與計算獲得如下資料數據：

為了要應用常態方程式，我們必須首先利用這些資料找出 b_0, b_1, b_2 的係數值以及在這些程式右邊的值。有關生命預期，科技發展水準，與居住都市人口百分比的資料如表 3-2 所示。

表 3-2

國家	生命預期 Y	科技水準 X_1	都市人口比 X_2	X_1^2	X_1^2	X_1X_2	X_1Y	X_2Y
阿爾及利亞	60	17	43	289	1849	731	1020	2580
玻利維亞	53	10	49	100	2401	490	530	2597
智利	71	22	84	484	7056	1848	1562	5964
哥倫比亞	66	15	68	225	4624	1020	990	4488
埃及	60	13	45	169	2025	585	780	2700
愛爾蘭	74	48	56	2304	3136	2688	3552	4144
日本	79	53	77	2809	5929	4081	4187	6083
馬拉威	49	12	14	144	196	168	588	686
祕魯	65	12	69	144	4761	828	780	4485
羅馬尼亞	71	33	61	1089	3721	2013	2343	4331
總　計	648	235	566	7757	35698	14452	16332	38058

利用在表 3-2 中的資料，代入下列各個方程式的計算中

為了去執行一個多元迴歸的分析，有很多統計量必須被計算，如原始分數的總和，平均數，與平方和，這三個分數的組合資料被列入表 3-2 中。而三個變項（依變項 Y，自變項 X_1 與 X_2）的離差平方和，它們離差的交叉乘積，與它們的標準差。計算如下：

首先我們求得 $\Sigma Y^2 = 42790 = 60^2 + 53^2 + 71^2 + 66^2 + 60^2 + 74^2 + 79^2 + 49^2 + 65^2 + 71^2$

依表 3-2 的資料，$\Sigma Y^2 = 42790$，其他的資料數據可參考表 3-1。

$$S_{YY}=\Sigma Y^2-\frac{(\Sigma Y)^2}{N}=42790-\frac{(648)^2}{10}=42790-41990.4=799.6$$

$$S_{X_1X_1}=\Sigma X_1^2-\frac{(\Sigma X_1)^2}{N}=7757-\frac{(235)^2}{10}=7757-5522.5=2234.5$$

$$S_{X_2X_2}=\Sigma X_2^2-\frac{(\Sigma X_2)^2}{N}=35698-\frac{(566)^2}{10}=35698-32035.6=3662.4$$

$$S_{X_1Y}=\Sigma X_1Y-\frac{(\Sigma X_1)(\Sigma Y)}{N}=16332-\frac{(235)(648)}{10}=16332-15228=1104$$

$$S_{X_2Y}=\Sigma X_2Y-\frac{(\Sigma X_2)(\Sigma Y)}{N}=38058-\frac{(566)(648)}{10}=38058-36676.8=1381.2$$

$$S_{X_1X_2}=\Sigma X_1X_2-\frac{(\Sigma X_1)(\Sigma X_2)}{N}=14452-\frac{(235)(566)}{10}=14452-13301=1151$$

$$S_Y=\sqrt{\frac{S_{YY}}{N-1}}=\sqrt{\frac{799.6}{10-1}}=9.425733$$

$$S_{X_1}=\sqrt{\frac{S_{X_1X_1}}{N-1}}=\sqrt{\frac{2234.5}{10-1}}=15.756832$$

$$S_{X_2}=\sqrt{\frac{S_{X_2X_2}}{N-1}}=\sqrt{\frac{36662.4}{10-1}}=20.172588$$

計算的結果可以被匯集於表 3-2 中，因為各變項之間的各種關係在後面的敘述與運作過程之中是需要被應用到的資料，而且它們亦會被包含於矩陣的主要對角線上（0.826, 0.807, 0.402）。

表 3-3 為依據表 3-1 與表 3-2 資料代入上述方程式所獲得的離差平方和與交叉乘積，相關係數與標準差。

表 3-3

	Y	X_1	X_2
Y	799.6	1104	1381.2
X_1	0.826	2234.5	1151
X_2	0.807	0.402	3662.4
S	9.426	15.757	20.173

表中的項目如下：第一列是 S_{YY}，Y 的離差平方和，X_1, X_2 與 Y 離差的交叉乘積。最後一列是 S_Y, S_{X_1} , S_{X_2} 的標準差。而第二、三列的上對角線是 $S_{X_1X_1}$, $S_{X_2X_2}$, $S_{X_1X_2}$ 離差的交叉乘積，下對角線的值是它們的相關係數。

依據上述表 3-1、表 3-2 與表 3-3 中所計算出統計量的數據，帶入下列迴歸方程式的計算是：

$$b_1 = \frac{(S_{X_2X_2})(S_{X_1Y}) - (S_{X_1X_2})(S_{X_2Y})}{(S_{X_1X_1})(S_{X_2X_2}) - (S_{X_1X_2})} \quad (3\text{-}23)$$

$$b_2 = \frac{(S_{X_1X_1})(S_{X_2Y}) - (S_{X_1X_2})(S_{X_1Y})}{(S_{X_1X_1})(S_{X_2X_2}) - (S_{X_1X_2})^2} \quad (3\text{-}24)$$

$$b_1 = \frac{(3662.4)(1104) - (1151)(1381.2)}{(2234.5)(3662.4) - (1151)^2} = \frac{2453528.4}{6858831.8} = 0.357718$$

$$b_2 = \frac{(2234.5)(1381.2) - (1151)(1104)}{(2234.5)(3662.4) - (1151)^2} = \frac{1815587.4}{6858831.8} = 0.2647079$$

$$b_0 = \overline{Y} - b_1\overline{X_1} - b_2\overline{X_2}$$

$$b_0 = 64.8 - 0.3577181(23.5) - 0.2647079(56.6)$$

$$= 64.8 - 8.4063753 - 14.982467$$

$$= 41.411158$$

如此，我們可以獲得其預測方程式：

$$\hat{y} = 41.411 + 0.358X_1 + 0.265X_2$$

$$S_{X_1X_1} = 2234.5,\ S_{X_2X_2} = 3662.4,\ S_{X_1X_2} = 1151$$

$$S_{X_1Y} = 1104,\ S_{X_2Y} = 1381.2$$

$$\mathbf{b} = \underset{\mathbf{X'X}}{\begin{bmatrix} 22354.5 & 1151 \\ 1151 & 3662.4 \end{bmatrix}^{-1}} \underset{\mathbf{X'Y}}{\begin{bmatrix} 1104 \\ 1381.2 \end{bmatrix}}$$

首先發現 X'X 的行列式

$$|\mathrm{X'X}| = \begin{bmatrix} 2234.5 & 1151 \\ 1151 & 36624 \end{bmatrix} = (2234.5)(3662.4) - (1151)^2 = 6858831.8$$

現在轉置 (X'X)

$$(\mathrm{X'X})^{-1} = \begin{bmatrix} \frac{3662.4}{6858831.8} & \frac{-1151}{6858831.8} \\ \frac{-1151}{6858831.8} & \frac{2234.5}{6858831.8} \end{bmatrix} = \begin{bmatrix} 0.0005339 & -0.0001678 \\ -0.0001678 & 0.0003257 \end{bmatrix}$$

$$b = \begin{bmatrix} 0.0005339 & -0.0001678 \\ -0.0001678 & 0.0003257 \end{bmatrix} \begin{bmatrix} 1104 \\ 1381.2 \end{bmatrix}$$

$$= 0.5894256 - 0.2317653 = 0.3576603$$

$$= -0.1852512 + 0.4498568 = 0.2646056$$

$$= \begin{bmatrix} 0.3576603 \\ 0.2646056 \end{bmatrix}$$

$$b_0 = 64.8 - 8.405017 - 14.976676 = 41.418307$$

$$\hat{Y} = 41.418 + 0.358X_1 + 0.265X_2$$

由此我們獲得自變項科技發展水準（X_1），居住都市人口比率（X_2）與依變項Y的預測迴歸方程式。若有一點差異是受到計算過程中小數點四捨五入的影響。

四、變異數——共變數矩陣與相關係數 R 矩陣

如果要計算標準化的迴歸係數，並進行檢定考驗 H_0：$\gamma_z = 0$，就是再將前述的SSCP 矩陣 Q 除以自由度（N-1），使它變成一個變異數——共變數矩陣，即是：

$$\underset{(3\times3)}{S} = \begin{bmatrix} S_{YY} & S_{YX} \\ S_{XY} & S_{XX} \end{bmatrix}$$

接著再利用方程式（3-23）將它化為相關係數矩陣 R。其過程如下：

$$D^{-\frac{1}{2}}SD^{-\frac{1}{2}} \qquad (3\text{-}25)$$

假如我們想把迴歸係數標準化，並進一步檢定 H_0：$\gamma_z = 0$ 時，可將上述 SSCP 的矩陣 Q 除以（N-1），而成為變異數——共變數矩陣，亦即：

$$S = \begin{bmatrix} S_{YY} & S_{YX} \\ S_{XY} & S_{XX} \end{bmatrix}$$

接著再利用方程式（3-26）將它化為相關係數矩陣 R。其過程如下：

$$D^{-\frac{1}{2}}SD^{-\frac{1}{2}}$$

```
>> S = Q/9
S =
    88.8444444444443     122.666666666667     153.466666666666
    122.666666666667     248.277777777778     127.888888888889
    153.466666666667     127.888888888889     406.933333333333
```

此時，矩陣 S 的主對角線以外的各元素為共變數，主對角線的各元素是為變異數，故矩陣 S 為變異數矩陣。然後，我們可從矩陣 S 的對角線求得標準差。標準差（S）= $\sqrt{\dfrac{\Sigma(X-\overline{X})^2}{N-1}}$

```
>> diag(S)
ans =
    88.8444444444443
    248.277777777778
    406.933333333333

>> A = diag(S)
A =
    88.8444444444443
    248.277777777778
    406.933333333333

>> sqrt(A)
ans =
```

9.42573309851517 （y，生命預期的標準差）

15.7568327330647 （x_1，科技水準的標準差）

20.1725886621755 （x_2，都市人口比例的標準差）

利用矩陣對角線求得 $D^{-\frac{1}{2}}$ ，再求相關矩陣 R，標準差矩陣 = $D^{\frac{1}{2}}$

```
>> G = [1/9.425733 0 0;0 1/15.756932 0;0 0 1/20.172588]
```

```
G =

   0.106092544738961                   0                   0
                   0  0.0634641312153914                   0
                   0                   0  0.0495722214720293

>> R = G*S*G
R =

   1.00000002090345   0.825923398115352   0.807118511480654
   0.825923398115352  0.999987400260068   0.402345857925372
   0.807118511480658  0.402345857925372   1.00000006565103
```

相關係數的矩陣

$$\begin{bmatrix} 1.000000 & 0.825923 & 0.807119 \\ 0.825923 & 1.000000 & 0.402346 \\ 0.807119 & 0.402346 & 1.000000 \end{bmatrix}$$

以上我們使用手算所獲得 R 矩陣的相關係數的各值或數據和上述使用 MATLAB 軟體運算的結果數據是一樣的。

（一）標準化分數

如果每一個受試者的分數想要以 Z 分數表示時，其線性模型為：

$$\underset{(N\times1)}{Y_Z} = \underset{(N\times K)}{Z} \quad \underset{(K\times1)}{\gamma_Z} + \underset{(N\times1)}{\varepsilon}$$

$$\begin{bmatrix} Y_1 \\ Y_2 \\ Y_3 \\ \vdots \\ Y_N \end{bmatrix} = \begin{bmatrix} Z_{11} & Z_{12} & Z_{13} & \cdots & Z_{1K} \\ Z_{21} & Z_{22} & Z_{23} & \cdots & Z_{2K} \\ Z_{31} & Z_{32} & Z_{33} & \cdots & Z_{3K} \\ \vdots & \vdots & \vdots & & \vdots \\ Z_{N1} & Z_{N2} & Z_{N3} & \cdots & Z_{NK} \end{bmatrix} \begin{bmatrix} \gamma_1 \\ \gamma_2 \\ \gamma_3 \\ \vdots \\ \gamma_N \end{bmatrix} + \begin{bmatrix} \varepsilon_1 \\ \varepsilon_2 \\ \varepsilon_3 \\ \vdots \\ \varepsilon_N \end{bmatrix} \qquad (3\text{-}26)$$

在我們求得相關係數 R 矩陣之後，可把 R 矩陣劃分成：

$$\begin{bmatrix} r_{YY} & r_{YX} \\ r_{XY} & R_{XX} \end{bmatrix} \qquad (3\text{-}27)$$

求得標準化分數的公式 $\hat{\gamma}_Z = R_{XX}^{-1} r_{XY}$ （3-28）

以 MATLAB 來運算：

$$R = \begin{bmatrix} 1.000000 & 0.825923 & 0.807119 \\ 0.825923 & 1.000000 & 0.402346 \\ 0.807119 & 0.402346 & 1.000000 \end{bmatrix}$$

```
>> RXY = [0.825923;0.807119]
RXY =
    0.8259
    0.8071

RXX  =
    1.0000    0.4023
    0.4023    1.0000

>> inv(RXX)
ans =
     1.1931      -0.4801
    -0.4801       1.1931
```

求得 R_{XX} 反矩陣（R_{XX}^{-1}）

```
>> inv(RXX)*(RXY)
ans  =
    0.5980
    0.5665
```

0.5980 （x_1，科技水準的標準化迴歸係數）

0.5665 （x_2，都市人口比例的標準化迴歸係數）

由此可求得標準化迴歸係數（Beta）。

在此，如果已求出 B 的各個非標準化的迴歸係數時，我們亦可以把每一個自變項的迴歸係數乘以該自變項的標準差，再除以依變項的標準差，即可獲得該自變項標準化的迴歸係數（Beta）。

自變項標準化的迴歸係數（Beta）的求取，參考下列後面的計算。

例如：

$$\gamma_{z1}=\beta_1\frac{S_{X_1}}{S_Y}=0.3577\frac{15.7568}{9.4257}=0.5979616=0.5980$$

$$\gamma_{z2}=\beta_2\frac{S_{X_2}}{S_Y}=0.2646\frac{20.1726}{9.4257}=0.5663009=0.5663$$

第四節　迴歸係數顯著性的檢定

對於迴歸係數顯著性的檢定，我們可以使用上述由原始分數與離均差分數所求得與迴歸係數來檢定或考驗是否顯然不同於 0。其方法個別地說明如下：

一、原始分數時

如果我們想要檢定或考驗 H_0：$\beta = 0$，其中包括截距與各個自變項的斜率。其計算方法如下：

$$Q_h=\hat{\beta}\ X'X\ \hat{\beta}=\hat{\beta}'X'Y \qquad (3\text{-}29)$$

在前述的討論中，我們求出 $\hat{\beta}$ 與 X'Y 的數據，由 $\hat{\beta}$ 與 X'Y 值可求出 Q_h 為：

```
>> inv(X'*X)*(X'*y)
ans =
    41.4112
     0.3577
     0.2647

>> B = inv(X'*X)*(X'*y)
B =
    41.4112
     0.3577
     0.2647
```

```
>> QH = B'*X'*y
QH =
    4.2751e + 004

>> format long g;
>> QH = B'*X'*y
QH =
    42750.9354413969
```

而 $Q_e = Y'Y - \hat{\beta}X'X\hat{\beta}$ （3-30）


```
>> y'*y
ans =
    42790

>> QE = (y'*y)-(B'*X'*y)
QE =
    39.0645586031169
```

式中 Y'Y（即 Y'*Y）= 133516 是由前述 V'V（即 V'*V）的最左上角所獲得。

$$F = \frac{\hat{\beta}X'X\hat{\beta} / q}{(Y'Y - \hat{\beta}X'X\hat{\beta}) / (N - q)} \quad (3\text{-}31)$$

$$= \frac{42750.935 / 3}{39.06456(10 - 3)} = \frac{14250.311}{5.5806514} = 2553.521$$

F 值 255.5855 遠大於查表 $F_{0.05(3, 7)} = 4.35$。故應該拒絕 H_0：$\beta = 0$。由此可見，截距與斜率的值顯然不同於 0。

二、離均差分數時

就研究者而言，比較有興趣於 H_0：$\gamma = 0$ 的檢定。檢定其斜率是否顯然不同於 0。利用離均差分數計算的結果，我們可以獲得：

$$Q_H = \hat{\gamma}\text{'D'D}\hat{\gamma} \tag{3-32}$$

```
>> D = [2234.5 1151;1151 3662.4]
D =
    1.0e + 003
      2.2345    1.1510
      1.1510    3.6624

>> T = [0.3577;0.2647]
T =
    0.3577
    0.2647

>> QH = T'*D'*T
QH =
    760.4734
```

$$\begin{aligned} Q_E &= Y_d'Y_d - \hat{\gamma}\text{'D'D}\hat{\gamma} \\ &= 799.5999\text{-}760.4734 \\ &= 39.1265 \end{aligned} \tag{3-33}$$

式中 $Y_d'Y_d = 799.5999$，也就是利用上面公式求得矩陣 $Q = Y'Y - N\overline{Y}\,\overline{Y}'$ 的最左上角的元素。因此：

$$\begin{aligned} &\frac{\hat{\gamma}'(D'D)\hat{\gamma}/k}{(Y_d'Y_d - \hat{\gamma}'D'D\hat{\gamma})/(N-k-1)} \\ &= \frac{760.4734 / 2}{39.1265 / (10-2-1)} \\ &= 68.02696 \end{aligned} \tag{3-34}$$

檢定結果，F 值大於查表 $F_{0.05(2,\,7)} = 4.74$。由此拒絕 H_0：$\gamma = 0$，依此我們可推論本研究的迴歸係數向量顯然不同於 0，此種分析結果可摘要如表 3-4。

表 3-4　檢定 H_0：$\gamma = 0$ 的變異數分析摘要表

變異來源	SS	df	MS	F
依變項平均	41990.4	1		
迴歸係數	760.4734	2	380.2367	68.02696
殘餘誤差	39.1265	7	5.5895	
總　和	42789.999			

$F_{0.05(2,\ 7)} = 4.74$

表 3-4 中變異的來源有三：「依變項平均」部分是 $N\overline{Y}^2 = 10(64.8)^2 = 41990.4$，亦即 $N\overline{V}\overline{V}'$（或 10*YM*YM）左上角的元素。「迴歸係數」部分和「殘差誤差」部分之和是為 39.1265，亦正好等於 $Y_d'Y_d$，這部分之和是為 42789.999 等於 Y'Y，是 V'V（或 V'*V）矩陣最上角的元素。

在獲得以上的數據之後，我們接著可把它們代入方程式（3-35）：

$$R^2 = \frac{\hat{\gamma}'D'D\hat{\gamma}}{Y_d'Y_d} = \frac{\hat{\beta}'X'X\hat{\beta} - N\overline{Y}^2}{Y'Y - N\overline{Y}^2} \tag{3-35}$$

$$= \frac{760.4734}{799.5999} = 0.9510674$$

或可以以上述由 RXY 與 inv（RXX）*（RXY）所獲得的數據來求得迴歸的決定係數。

```
>> RXY = [0.825923;0.807119]
RXY =
    0.8259
    0.8071

>> RXX = [1.00000 0.402346;0.402346 1.000000]
RXX =
    1.0000    0.4023
    0.4023    1.0000

>> RXY'*inv(RXX)*(RXY)
ans  =
    0.9511
```

求得 R^2（決定係數）之後，我們可把它代入下列方程式（3-36），以檢定虛無假設 H_0：$\gamma = 0$。這一個公式是：

$$F = \frac{R^2 / k}{(1 - R^2)/(N - k - 1)} \tag{3-36}$$

$$= \frac{0.9511 / 2}{(1 - 0.9511)/(10 - 2 - 1)} = 68.07478$$

事實上這一個公式是我們常常使用的，其所獲得 F 的檢定值，雖然會因為在計算的過程之中四捨五入的關係會有所差異之外，其結果應該是一樣的。

三、個別迴歸係數的信賴區間

F 值的檢定之後，我們要去估計 B 向量內的截距和五個原始分數的迴歸係數（也是離均差分數的迴歸係數）之中那一個可以達到顯著的水準。在迴歸分析中，當我們求出 $\hat{\beta}$ 值之後，即要決定其中每一個個別迴歸係數的可信賴區間範圍。其估計信賴區間的公式是：

$$\hat{\beta} - t_{\alpha/2(N-K-1)}\hat{\sigma}_{\hat{\beta}ij} \le \beta_\iota \le \hat{\beta}_\tau + t_{\alpha/2(N-K-1)}\hat{\sigma}_{\hat{\beta}\tau} \tag{3-37}$$

式中 $\hat{\sigma}_{\beta\tau}$ 是 $\hat{\beta}_\tau$ 的估計標準誤，也是 $\hat{\sigma}^2(X'X)^{-1}$ 的第 $\tau\tau$ 個對角線元素之平方根。原來 $\hat{\beta}$ 的期望值是 β，而 $\hat{\sigma}^2(X'X)^{-1}$ 就是 $\hat{\beta}$ 的變異數，亦是：

$$E(\hat{\beta}) = \beta$$

$$V(\hat{\beta}) = \hat{\sigma}^2(X'X)^{-1} = \hat{\sigma}^2 G \tag{3-38}$$

而方程式（3-38）中的 $\hat{\sigma}^2 = \dfrac{Q_E}{N - q}$ （3-39）

現在，我們先求出 G 值：

```
>> inv(X'*X)
ans =
   0.99213807809079     -0.00305005292592246    -0.0144957921260002
  -0.00305005292592246   0.000533968481338178   -0.000167812833666514
  -0.0144957921260002   -0.000167812833666514    0.000325784341292638
```

```
>> G = inv(X'*X)
G =
    0.99213807809079       -0.00305005292592246     -0.0144957921260002
   -0.00305005292592246     0.000533968481338178    -0.000167812833666514
   -0.0144957921260002     -0.000167812833666514     0.000325784341292638

>> diag(G)
ans =
   0.99213807809079
   0.000533968481338178
   0.000325784341292638
```

然後，我們再求出 $\hat{\sigma}^2 = \dfrac{799.5999 - 760.4734}{10-3} = \dfrac{39.1265}{7} = 5.5895$

$\hat{\sigma} = \sqrt{5.5895} = 2.3642123$ （Y 的估計標準誤）

依據下列公式，可求得迴歸係數的估計標準誤 $\hat{\sigma}_S$ 如下所示：

$$\hat{\sigma}_{\beta_0} = 2.3642123\sqrt{0.992138} = 2.3549001$$
$$\hat{\sigma}_{\beta_1} = 2.3642123\sqrt{0.000534} = 0.054631$$
$$\hat{\sigma}_{\beta_2} = 2.3642123\sqrt{0.000326} = 0.042685$$

將 $t_{\alpha/2(N-K-1)} = t_{0.05/2(10-2-1)} = 2.365$ 和這些迴歸係數標準誤代入方程式（3-37），即可求得信賴區間如下（參考 Rawlings，1988，p.143）：

截距：$41.4112 - 2.365(2.35490) \le \beta_0 \le 41.4112 + 2.365(2.35490)$

或 $35.8478 \le \beta_0 \le 46.9805$

科技水準：$0.3577 - 2.365(0.054631) \le \beta_1 \le 0.3577 + 2.365(0.054631)$

或 $0.2285 \le \beta_1 \le 0.4869$

都市人口比例：$0.2647 - 2.365(0.042685) \le \beta_2 \le 0.2647 + 2.365(0.042685)$

或 $0.1638 \le \beta_2 \le 0.3657$

如果代入方程式（3-37）所求出的信賴區間內包括 0 在內時，那這個迴歸係數就無法達到顯著的水準（參考 Finn， 1974，pp.98-101；Timm， 1975，p.268 與

p.277）。

依據上述的方程式（3-35）求出決定係數：

$$R^2 = 0.9511$$

$$R = 0.9752 \text{（多元相關係數）}$$

根據以上所獲得的決定係數，就可以推論本研究所建構二個自變項的預測迴歸方程式大約可預測依變項的總變異數之 95%。如果我們利用下列方程式（3-40），其估計母群體的決定係數則應為：

$$\hat{R}^2 = 1 - (1 - R^2)\frac{N-1}{N-k-1} \qquad (3\text{-}40)$$

$$= 1 - (1 - 0.9511)\frac{10-1}{10-2-1}$$

$$= 1 - (0.0485)(1.2857142)$$

$$= 0.937643$$

$$\hat{R} = 0.9683196$$

由以上所求得的估計母群體的決定係數 $\hat{R}^2$ 顯示本研究二個自變項的母數可能是 0.937643 而已。

四、多元迴歸與殘差平方和

當我們使用離差分數的矩陣時，迴歸平方和是：

$$SSR = \mathbf{b'X'Y}$$

$$= \underset{\mathbf{b'}}{[0.3576603 \quad 0.2646056]} \underset{\mathbf{X'Y}}{\begin{bmatrix} 1104 \\ 1381.2 \end{bmatrix}} = 394.85695 + 365.47325 = 760.3302$$

而殘差平方和是：

$$SSE = \mathbf{e'e} = \mathbf{Y'Y} - \mathbf{b'X'Y}$$

$$= 799.6 - 760.330 = 39.27$$

當然，我們現在可以進行計算 R^2，和去做顯著性檢定，然而這些計算的結果也將和第三章所呈現的檢定值一樣。因而我們在此不再陳述。反而 b 的變異數／共變數矩陣在此亦應提出討論。

五、b 的變異數／共變數矩陣

提到每個 b 都有它所關聯（或所聯結）的變異數（即是，它抽樣分配的變異數，一個 b 的變異數的平方根就是 b 的標準誤）。依此去計算二個 b 的共變數是可能的。b 的變異數／共變數矩陣是：

$$\mathbf{C}=\frac{\mathbf{e'e}}{\mathbf{N-k-1}}(\mathbf{X'X})^{-1}=\mathbf{S}^2_{\mathbf{Y.12...k}}(\mathbf{X'X})^{-1} \tag{3-41}$$

式中 **C** = b 的變異數／共變數矩陣；**e'e** = 殘差的平方和；N = 樣本的大小；k = 自變項的個數；$(\mathbf{X'X})^{-1}$ = 對自變項 **X**，乘它的轉置矩陣 **X'** 離差分數，即是，平方和與交叉乘積矩陣的轉置 **X'**。如在方程式（3-41）右手邊所提出的項目，$\frac{\mathbf{e'e}}{\mathbf{N-k-1}}=\mathbf{S}^2_{\mathbf{Y.12...k}}$ 是估計變異數，或均數平方殘差（the mean square residual），C 矩陣在顯著性檢定中扮演一個重要角色。

C 對角線的每個元素是它與相關聯 b 的變異數。如此，c_{11} 即是 C 矩陣主要對角線的第一個元素，是 b_1 的變異數，而 c_{22} 是 b_2 的變異數，等等。$\sqrt{c_{11}}$ 是 b_1 的標準誤，$\sqrt{c_{22}}$ 是 b_2 的標準誤。非對角線的各元素是與各 b 關聯的共變異數。如此，$c_{12}=c_{21}$ 是 b_1 與 b_2 的共變數，對其他非對角線的各個元素亦是如此。因為沒有混淆的問題，所以在對角線上的各元素都是變異數，在非對角線上的各元素都是共變數。依此我們可更方便於把 **C** 歸之為指示 b 的共變數矩陣。

對範例 **C** 的計算，我們可依據上述的方程式（3-41）把各元素代入，使用統計的檢定來說明與解釋以上所言及的問題。我們在本章所討論的範例，以科技水準與居住都市人口比率為自變項來迴歸預測生命預期（依變項），計算獲得 **e'e** = SSE = 39.27；N = 10；k = 2，使用這些數據與前述的 $(\mathbf{X'X})^{-1}$，我們可獲得：

$$\begin{aligned}\mathbf{C}&=\frac{39.330}{10-2-1}\begin{bmatrix}0.0005339 & -0.0001678\\ -0.0001678 & 0.0003257\end{bmatrix}\\ &=5.6185714285\begin{bmatrix}0.0005339 & -0.0001678\\ -0.0001678 & 0.0003257\end{bmatrix}\\ &=\begin{bmatrix}0.00299975528 & -0.00094279628\\ -0.00094279628 & 0.00182996871\end{bmatrix}\end{aligned}$$

如以上所提出的，在右邊的第一個項目是估計變異數（$S^2_{Y.12}$=5.6185 $S^2_{Y.12}$=5.61857）。

C 的對角線是 b 的變異數，由此，b_1 與 b_2 的標準誤是$\sqrt{0.00299975528}=0.05477$ 與 $\sqrt{0.00182996871}=0.04278$。

現在檢定二個 b 值如下：

$$t=\frac{b_1}{s_{b_1}}=\frac{0.3576603}{0.545993}=6.550$$

$$t=\frac{b_2}{s_{b_2}}=\frac{0.2648516}{0.0426333}=6.212$$

每個 t 結合著 7 個自由度（即是 N − k − 1）。

以上所述被認為 **C** 的非對角線上的各元素是它們與各個 b 的共變數。b_1 與 b_2 之間的標準誤是：

$$s_{b_1-b_2}=\sqrt{c_{11}+c_{22}-2c_{12}} \tag{3-42}$$

式中 c_{11} 與 c_{22} 是對角線的元素，而 $c_{12}=c_{21}$ 是 **C** 非對角線的元素，值得注意的是方程式（3-42）的擴張去設計二個自變項以上，將會變得龐大複雜而不易控制。因而對於二個自變項以上的設計可以由矩陣代數來掌握或操作是相當容易的。

應用方程式（3-42）於現在所提範例以數字來表示的範例，

$$s_{b_1-b_2}=\sqrt{0.00299975+0.00182996-2(0.00094279)}=0.0543764$$

$$t=\frac{b_1-b_2}{s_{b_1-b_2}}=\frac{0.3576603-0.2648516}{0.0543764}=1.7067827$$

以自由度 7(N − k − 1)。

這樣的一個檢定，唯有在二個 b 是關聯著性質相同的變項與尺度類型相同所測量的變項時，才具有意義。在現行的範例中這樣的檢定是不具有意義的，在此被提出係為了研究者或學習者能夠熟悉這樣方式的檢定，以便在其後的各章中有關檢定二個 b 之間的差異與二個 b 以上的線性關聯時，可以使用這種檢定。

六、迴歸平方和的增加

迴歸平方和或變異數比例增加的概念，我們可以使用矩陣的操作來推論其增加的比例。迴歸平方和的增加是由於變項 j：

$$ss_{reg(j)} = \frac{b_j^2}{X^{jj}} \qquad (3\text{-}43)$$

式中 $ss_{reg(j)}$ = 由於變項 j 造成迴歸平方和的增加；b_j = 變項 j 的迴歸係數；X^{jj} = 和變項 j 關聯的反矩陣 $(\mathbf{X'X})^{-1}$ 中對角線的元素。如以上所計算獲得的數據，

$$b_1 = 0.3576603,\ b_2 = 0.2648516，$$

而

$$(\mathbf{X'X})^{-1} = \begin{bmatrix} 0.0005339 & -0.0001678 \\ -0.0001678 & 0.0003257 \end{bmatrix}$$

由於 X_1 所產生迴歸平方和的增加是：

$$ss_{reg(1)} = \frac{0.3576603^2}{0.0005339} = 239.59692$$

由於 X_2 所產生迴歸平方和的增加是：

$$ss_{reg(1)} = \frac{0.2648516^2}{0.0003257} = 215.37089$$

反之，如果我們希望去表達變異數比例的增加，我們必須做的是由依變項的平方和 (S_{YY}) 除以每個增加的迴歸平方和。以現行的範例為例，S_{YY} = 799.6。由此，對於由於 X_1 解釋的變異數比例的增加是：

$$= \frac{239.59692}{799.6} = 0.2996459$$

而由於 X_2 $$= \frac{215.37089}{799.6} = 0.2693482$$

這些結果可顯示我們如何檢定其顯著性的增加。本節所提出的這種研究途徑，在此探討的目的是在於設計去顯示我們如何使用矩陣才能很容易地獲得以上的數據以推論變異數與迴歸平方和的增加。

七、兩個自變項的一個範例：相關係數

當所有的變項是以標準分數來表達時，我們可以使用相關係數來計算迴歸統計

量。對兩個自變項而言，其迴歸方程式是：

$$Z'_Y = \beta_1 Z_1 + \beta_2 Z_2 \tag{3-44}$$

式中 Z'_Y 是以標準分數來預測 Y；β_1 與 β_2 是標準化的迴歸係數；Z_1 與 Z_2 是個別地對 X_1 與 X_2 的標準分數。

求標準化係數解答的矩陣公式是：

$$\beta = \boldsymbol{R}^{-1}\boldsymbol{r} \tag{3-45}$$

式中 β 是標準化係數的一個行向量；***R*** 是自變項的相關矩陣；***r*** 是每個自變項與依變項之間種種相關的一個行向量。方程式（3-45）現在可應用於表 3-1 的資料。並參考前述表 3-3 的獲得數據：

$$r_{12} = 0.402,\ r_{Y1}(r_{1Y}) = 0.826,\ r_{Y2} = 0.807$$

因此
$$R = \begin{bmatrix} 1.00 & 0.202 \\ 0.202 & 1.00 \end{bmatrix}$$

r_{11} 與 r_{22}，當然是等於 1.00。

R 的行列式是：

$$|\boldsymbol{R}| = \begin{bmatrix} 1.000 & 0.402 \\ 0.402 & 1.000 \end{bmatrix} = (1.000)^2 - (0.402)^2 = 0.838396$$

R 的反矩陣（the inverse）是：

$$\boldsymbol{R}^{-1} = \begin{bmatrix} \dfrac{1.00000}{0.838396} & \dfrac{-0.402}{0.838396} \\ \dfrac{-0.402}{0.838396} & \dfrac{1.00000}{0.838396} \end{bmatrix} = \begin{bmatrix} 1.1927537 & -0.479487 \\ -0.479487 & 1.1927537 \end{bmatrix}$$

應用方程式（3-45）

$$\beta = \begin{bmatrix} 1.1927537 & -0.479487 \\ -0.479487 & 1.1927537 \end{bmatrix} \begin{bmatrix} 0.826 \\ 0.807 \end{bmatrix} = \begin{bmatrix} 0.5982685 \\ 0.566496 \end{bmatrix}$$

迴歸公式（或方程式）是：$Z'_Y = 0.598Z_1 + 0.566Z_2$。和在 SPSS 軟體計算所獲得的 β 作比較，我們現在可以使用下列公式去計算 b：

$$b_j = \beta_j \frac{S_Y}{S_J} \qquad (3\text{-}46)$$

式中 b_j = 變項 j 的非標準化係數；β_j = 變項 j 的標準化係數；S_Y = 變項 j 的標準差。

八、多元相關的平方

多元相關的平方可以依下列公式來計算：

$$\boldsymbol{R}^2 = \beta' \boldsymbol{r} \qquad (3\text{-}47)$$

式中的 β 是各個 β 的一個列向量（β 的反矩陣），而 $\boldsymbol{r}$ 是每個自變項與依變項相關的一個行。對我們的資料。

$$\boldsymbol{R}^2 = [0.5982685 \quad .566496]\begin{bmatrix} 0.826 \\ 0.807 \end{bmatrix}$$
$$= 0.4941697 + 0.4571622 = 0.9513319$$

九、變異數比例的增加

以上所顯示的是我們如何決定迴歸平方和的增加係歸之於一個假定的變項。使用基於標準分數為基礎的矩陣，我們可以計算一個假定的變項其所增加的變異數比例如下：

$$\text{prop}_{(j)} = \frac{\beta_j^2}{r^{ij}} \qquad (3\text{-}48)$$

式中 $\text{prop}_{(j)}$ = 由於變項 j 所造成變異數的增加，r^{ij} = 與變項 j 關聯的 $\boldsymbol{R}(\boldsymbol{R}^{-1})$ 反矩陣中對角線的元素，其計算如下：

$$\beta_1 = 0.5982685,\ \beta_2 = 0.566496$$
$$\boldsymbol{R}^{-1} = \begin{bmatrix} 1.1927537 & -0.479487 \\ -0.479487 & 1.1927537 \end{bmatrix}$$

變異數比例的增加可歸之於 X_1 是

$$\text{prop}_{(1)} = \frac{0.5982685^2}{1.1927537} = \frac{0.35792519809}{1.1927537} = 0.3000837506$$

由於 X_2 的增加是：

$$prop_{(2)} = \frac{0.566496^2}{1.1927537} = \frac{0.32091771801}{1.1927537} = 0.26905614965$$

這些值，當然，就和以上所計算的與在下節使用 SPSS 軟體計算的結果所獲得的值是一樣的。最後，就如我們從迴歸平方和中獲得變異數增加的比例一樣，可以進行反操作的方法。即是，在計算變異數比例增加之後，去計算迴歸平方和的增加。此時，我們需要做的是由依變項的平方和 (S_{YY}) 乘每個自變項的增加值，以現行的範例 $S_{YY} = 799.6$。由此，

$$ss_{reg(1)} = (0.3000837506)(779.6) = 239.946967 \quad \text{或} \ (240)$$
$$ss_{reg(2)} = (0.26905614965)(799.6) = 215.137297 \quad \text{或} \ (215)$$

由以上的計算結果與使用 SPSS 軟體程式操作所獲得 SPSS 輸出結果報表呈現出來，提出讀者參考與比較。

十、使用 SPSS 軟體進行計算所獲得結果報表資料的說明

以下的輸出結果我們其中使用簡單迴歸與多元迴歸分析的結果進行比較提供參考。我們可以把以上使用方程式與矩陣進行的結果作核對，並從以上進行計算與軟體操作過程中，我們理解到迴歸分析的基本概念與技術。

（一）SPSS 軟體程式的操作

首先我們把資料輸入到 SPSS 的作業系統，其輸入方法如圖 3-1 所示，然後把它儲存在 SPSS 的檔案中（本資料儲存在本書 SPSS 的 CH3-1 檔案中）。接著按「Analyze」拉出選 Regression →按 Linear...，會呈現 Linear Regression 的對話盒如圖 3-1 所示，然後依圖 3-1 所顯示進行輸入科技水準，按 Next 後再輸入都市人口比。再按 Statistics 鍵→ Linear Regression: Statistics 對話盒，依圖 3-2 勾選，再按 Save 鍵→ Linear Regression: Save，依圖 3-3 勾選，按 Continue，回到圖 3-1 對話盒，再按 OK。

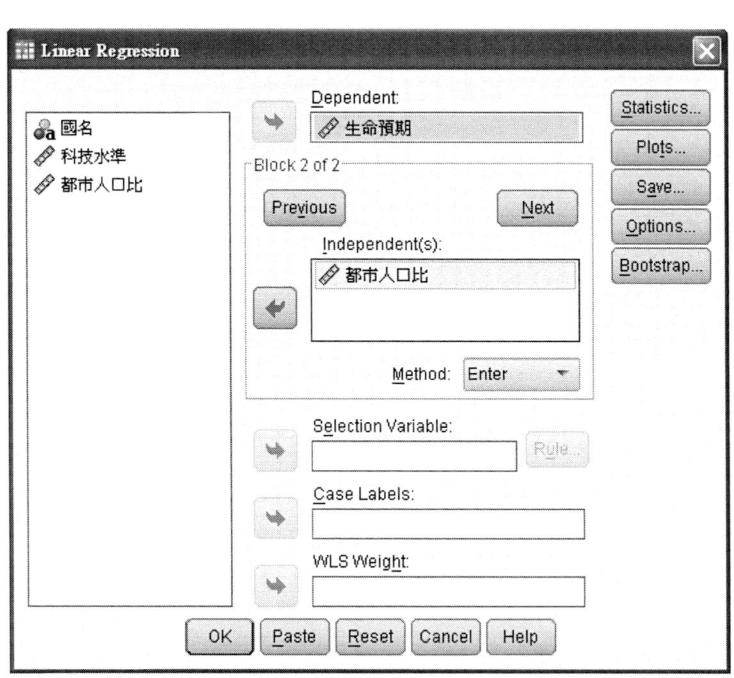
Linear Regression
國名
科技水準
都市人口比
Dependent:
生命預期
Block 2 of 2
Previous
Next
Independent(s):
都市人口比
Method: Enter
Selection Variable:
Rule...
Case Labels:
WLS Weight:
Statistics...
Plots...
Save...
Options...
Bootstrap...
OK
Paste
Reset
Cancel
Help

圖 3-1

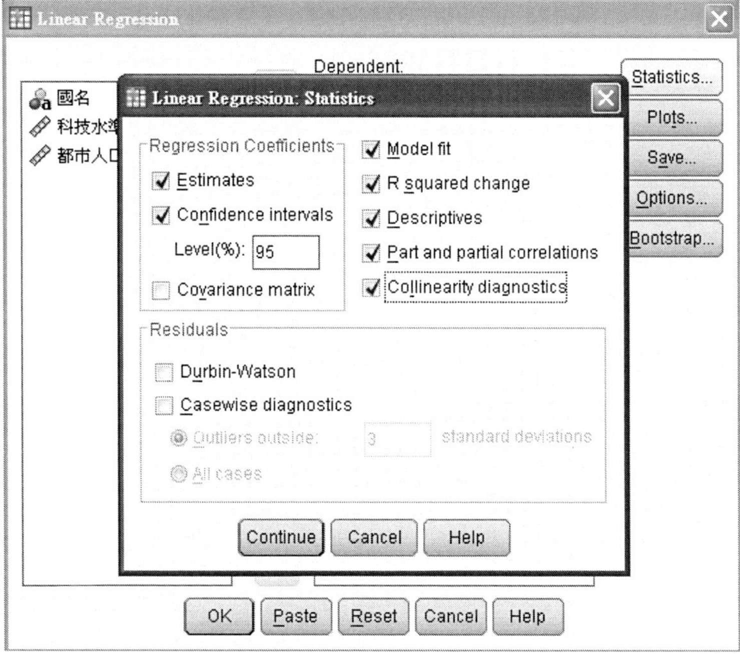
Linear Regression
Linear Regression: Statistics
Regression Coefficients
Estimates
Confidence intervals
Level(%): 95
Covariance matrix
Model fit
R squared change
Descriptives
Part and partial correlations
Collinearity diagnostics
Residuals
Durbin-Watson
Casewise diagnostics
Outliers outside: 3 standard deviations
All cases
Continue
Cancel
Help
OK
Paste
Reset
Cancel
Help

圖 3-2

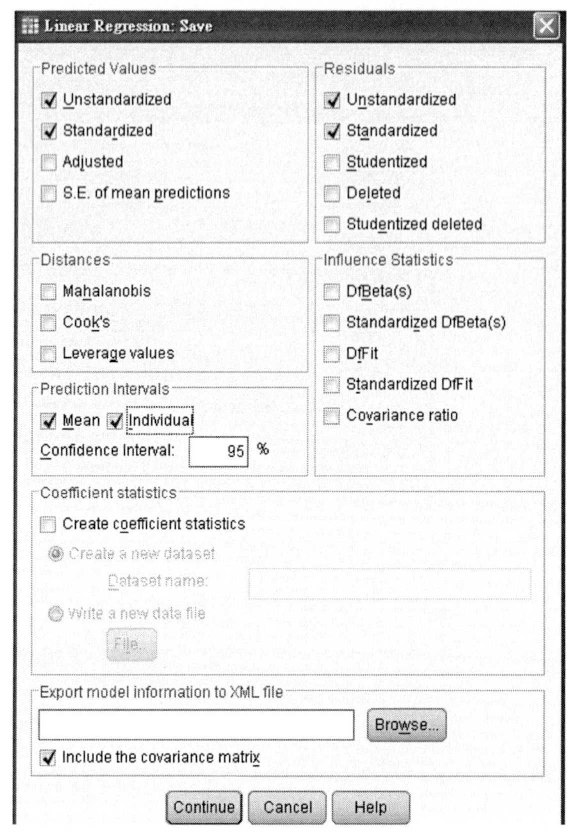

圖 3-3

（二）SPSS 輸出結果報表資料的說明

從以上使用前述相同數字範例資料，我們把它（如表 3-1 的資料）輸入 SPSS 軟體程式操作所獲得的如下輸出結果報表資料。在如下輸出結果報表資料中，我們建構二個迴歸分析模型，第一個（模型 1）是一個依變項與一個自變項的迴歸分析模型，以建構一個適合的迴歸預測方程式中一個依變項與一個自變項的迴歸分析模型。第二個（模型 2）是一個依變項與二個自變項的迴歸分析模型，第二個（模型 2）。

表 3-5 之 1 為敘述統計量，其中有依變項生命預期的平均數，標準差的分數。自變項科技水準與都市人口比的平均數，標準差的分數。三個變項的有效觀察值個數均為 10 個。它們的平均數，標準差的分數在前述的演算過程中我們可以發現它們如何被求取。

表 3-5 之 2 為各變項之間的相關矩陣，與它們之間相關的顯著性檢定。對於各變項之間的相關矩陣的獲得，在上述的 MATLAB 演算操作的過程中，我們已很詳盡的顯示其相關矩陣的求取過程，其相關係數的值與上述使用 MATLAB 軟體程式演算所獲得值是一樣的。

表 3-5 之 3 是在於指示我們所進行的多元迴歸分析是以建立二個迴歸分析模型為目標。第一個分析模型輸入一個自變項的迴歸分析模型。第二個多元迴歸分析模型輸入二個自變項。

表 3-5 之 1 敘述統計

Descriptive Statistics

	Mean	Std. Deviation	N
生命預期	64.80	9.426	10
科技水準	23.50	15.757	10
都市人口比	56.60	20.173	10

表 3-5 之 2

Correlations

		生命預期	科技水準	都市人口比
Pearson Correlation	生命預期	1.000	0.826	0.807
	科技水準	0.826	1.000	0.402
	都市人口比	0.807	0.402	1.000
Sig. (1-tailed)	生命預期	-	0.002	0.002
	科技水準	0.002	-	0.125
	都市人口比	0.002	0.125	-
N	生命預期	10	10	10
	科技水準	10	10	10
	都市人口比	10	10	10

表 3-5 之 3

Variables Entered/Removed[b]

Model	Variables Entered	Variables Removed	Method
1	科技水準 [a]	-	Enter
2	都市人口比 [a]	-	Enter

a. All requested variables entered.

b. Dependent Variable：生命預期

表 3-5 之 4

Model Summary[c]

Model	R	R Square	Adjusted R Square	Std. Error of the Estimate	Change Statistics				
					R Square Change	F Change	df1	df2	Sig. F Change
1	0.826[a]	0.682	0.642	5.636	0.682	17.170	1	8	0.003
2	0.975[b]	0.951	0.937	2.362	0.269	38.541	1	7	0.000

a. Predictors: (Constant)，科技水準

b. Predictors: (Constant)，科技水準，都市人口比

c. Dependent Variable：生命預期

表 3-5 之 5

ANOVA[c]

Model		Sum of Squares	df	Mean Square	F	Sig.
1	Regression	545.454	1	545.454	17.170	0.003[a]
	Residual	254.146	8	31.768		
	Total	799.600	9			
2	Regression	760.535	2	380.268	68.140	0.000[b]
	Residual	39.065	7	5.581		
	Total	799.600	9			

a. Predictors: (Constant)，科技水準

b. Predictors: (Constant)，科技水準，都市人口比

c. Dependent Variable：生命預期

表 3-5 之 4 為模型或模式摘要，依序為多元相關係數，R 平方，調整後的平方，估計標準誤，R 平方的改變，淨 F 值，分子自由度，分母自由度，F 值改變的顯著性。在模型 1 中，其相關係數為 0.826，其決定係數 R 平方等於 0.682。決定係數等於 0.682，表示一個自變項可以有效的提出解釋依變數（生命預期）68.2% 的變異數。換言之，就是表示一個自變項對依變數（生命預期）有 68.2% 的解釋力。

在模型 2 中，多元相關係數等於 0.975，其決定係數 R 平方等於 0.951。決定係數等於 0.951，表示二個自變項可以有效的提出解釋依變數（生命預期）95.1% 的變異數。換言之，就是表示二個自變項對依變數（生命預期）有 95.1% 的解釋力。

從模型 2 中，我們可以發現在模型 2 中增加一個自變項只僅僅增加 0.269（0.951 − 0.682 = 0.269）的解釋力，由此可推論模型 2 的解釋力比模型 1 好。

表 3-5 之 5 為迴歸係數的變異數分析摘要表，模型 1 的 SSR = 545.454，SSE = 254.146，SST = 799.600，其中 SSR + SSE = SST。F 的檢定等於 52.852（F = MSR/

MSE = 545.454/31.768 = 17.170），p = 0.003 < 0.05 達顯著性。在第三個欄位為自由度，總和自由度等於 N − 1（10 − 1 = 9），迴歸的自由度為自變項的變項數 k，因而殘差的自由度為 N − k − 1（10 − 1 − 1 = 8）。

模型 2 的 SSR = 760.538，SSE = 39.065，SST = 799.600，其中 SSR + SSE = SST。F 的檢定等於 68.140（F = MSR/MSE = 380.268/5.581），p = 0.000 < 0.05 達顯著性。在第三個欄位為自由度，總和自由度等於 N − 1（10 − 1 = 9），迴歸的自由度為自變項的變項數 k，因而殘差的自由度為 N − k − 1（10 − 2 − 1 = 7）。

表 3-5 之 6

Coefficients[a]

Model		Unstandardized Coefficients		Standardized Coefficients	t	Sig.	95.0% Confidence Interval for B		Correlations			Collinearity Statistics	
		B	Std. Error	Beta			Lower Bound	Upper Bound	Zero-order	Partial	Part	Tolerance	VIF
1	(Constant)	53.189	3.321		16.017	0.000	45.531	60.847					
	科技水準	0.494	0.119	0.826	4.144	0.003	0.219	0.769	0.826	0.826	0.826	1.000	1.000
2	(Constant)	41.411	2.353		17.599	0.000	35.847	46.975					
	科技水準	0.358	0.055	0.598	6.553	0.000	0.229	0.487	0.826	0.927	0.547	0.838	1.193
	都市人口比	0.265	0.043	0.567	6.208	0.000	0.164	0.366	0.807	0.920	0.519	0.838	1.193

a. Dependent Variable：生命預期

表 3-5 之 7

Excluded Variables[b]

Model		Beta In	t	Sig.	Partial Correlation	Collinearity Statistics		
						Tolerance	VIF	Minimum Tolerance
1	都市人口比	0.567[a]	6.208	0.000	0.920	0.838	1.193	0.838

a. Predictors in the Model: (Constant)，科技水準

b. Dependent Variable：生命預期

表 3-5 之 8

Collinearity Diagnostics[a]

Model	Dimension	Eigenvalue	Condition Index	Variance Proportions		
				(Constant)	科技水準	都市人口比
1	1	1.844	1.000	0.08	0.08	
	2	0.156	3.435	0.92	0.92	
2	1	2.774	1.000	0.01	0.03	0.01
	2	0.175	3.978	0.13	0.93	0.05
	3	0.051	7.378	0.86	0.05	0.94

a. Dependent Variable：生命預期

表 3-5 之 9

Residuals Statistics[a]

	Minimum	Maximum	Mean	Std. Deviation	N
Predicted Value	49.41	80.75	64.80	9.193	10
Std. Predicted Value	-1.674	1.735	0.000	1.000	10
Standard Error of Predicted Value	0.885	1.826	1.253	0.339	10
Adjusted Predicted Value	50.02	82.49	64.97	9.367	10
Residual	-4.959	2.027	0.000	2.083	10
Std. Residual	-2.099	0.858	0.000	0.882	10
Stud. Residual	-2.321	0.937	-0.029	1.002	10
Deleted Residual	-6.060	2.418	-0.173	2.729	10
Stud. Deleted Residual	-4.473	0.928	-0.255	1.594	10
Mahal. Distance	0.364	4.477	1.800	1.456	10
Cook's Distance	0.014	0.399	0.101	0.148	10
Centered Leverage Value	0.040	0.497	0.200	0.162	10

a. Dependent Variable：生命預期

在以上中，我們是以矩陣代數的簡介與如何使用矩陣代數去進行多元迴歸的分析為探討的焦點。

首先我們介紹矩陣的表示方法和基本運算，諸如：矩陣的重要類別（如方陣，轉置矩陣，對稱矩陣，對角線矩陣，單元矩陣，向量），矩陣和向量的運算（如矩陣和向量的加減法，乘法）。如果我們想更深入學習統計學的分析技術或方法，這些問題是必要學習與熟練的。

接著我們介紹矩陣代數的方程式，然後使用範例代入矩陣代數的方程式中，其中雖然有一點點的差異，那是在計算過程中由於四捨五入所產生的誤差。

綜合以上的探討，是在於介紹讀者對於矩陣代數的基本認知，理解到矩陣代數是統計學分析技術的重要基本技術或方法。由此，提醒讀者如果有興趣於更進一步深入統計學分析技術的學習與探究，那對於矩陣代數的學習與熟練是必要的。在本章中對於矩陣代數的介紹只是基本的認知而已，若要學習與熟練它，MATLAB 軟體程式的學習與熟練亦是必要的（可參考，Marcus，1992）。

以上我們以一個多元迴歸方程式建構的範例過程來說明迴歸分析的選項，及在預測研究迴歸分析中所使用的各種方程式與概念。

在行為科學研究中，我們常常會碰到需要依據一個自變項來預測一個依變項的問題，其範例就如本章的表 3-5 中有模型 1 的就是「簡單線性迴歸與相關」，其中以一個自變項（一個國家的科技發展水準）來預測一個依變項（一個國家其嬰兒的生命預期）的問題。我們更會碰到需要依據好幾個自變項來預測一個依變項的問題。就如在模型 2 的「多元迴歸分析與相關」中以一個國家的科技發展水準與居住都市人口比例（兩個自變項）來預測其國家嬰兒的生命預期（一個依變項）。前述的多元迴歸分析中我們只限於兩個自變項來預測一個依變項的問題。然而，如果我們碰到以兩個以上的自變項來預測一個依變項的問題時，我們應該如何進行分析？對於這樣的問題與範例在 Draper and Smith（1981, pp359-368）；HairJR., Anderson, Tathan, and Black（1995, pp136-148）; Neter, Kutner, Nachtsheim, and Wasserman（1996, pp.612-614）；Pedhazur（1982, pp138-173）均有詳細的探討，個人的「多元迴歸分析和其相關的單變項與多變項技術分析」（余桂霖，民國 100 年）中的第二章至第九章就有探討兩個以上的自變項去預測一個依變項的預測分析。

第五節　時間序列迴歸分析：未滯延的範例

從以上的各節中，我們已使用簡單的與很少的篇幅把有關迴歸分析的基本技術方法呈現出來。在理解有關迴歸分析的基本技術方法之後，我們以下就集中焦點於有關時間序列迴歸分析的問題。

在迴歸分析中所使用的，基本上有兩個變項的類型：內衍的（依變項）與外衍的（自變項）變項。一個內衍變項通常是由一個 Y 所指示，它的值是由模型所解釋；它通常被歸之為依變項。外衍變項通常是由一個 X 所指示，它的值是由現行模型的限制之外所決定；它們時常是被稱為解釋的或自變項。有兩種基本時間序列迴歸模型的類型它們使用這兩種變項的類型：未滯延的與滯延的模型。一個未滯延的模型是於關切跨越過去時間的變項關係上，簡言之，就是觀察內衍變項與外衍變項在同一個時間點的關係上。例如，我們可以假設當前美國國防支出是與當前蘇聯或中共國防支出相關，或假設某產品的銷售量與其廣告支出之間的相關。在另一方面，一個滯延的模型，使一個當前的內衍變項和外衍的與／或內衍的變項過去的值相關。即是，在國際政治與國家政策的問題上，我們可以考量到當前美國國防支出與它過去的支出水準（程度）加上當前與滯延的蘇聯或中共支出水準（程度）之間的關係；而在企業經營問題上，我們可以考量到當前產品推銷廣告支出與它過去的支出水準（程度）加上當前與滯延的推銷廣告支出水準（程度）之間的關係。本節將集中焦點於未滯延時間序列迴歸模型之上。

一、一個比率目標的假設

從 Ostrom 研究美國國防支出在跨越過去二十多年來的增加或提升模式之解釋研究中，他嘗試以時間序列中迴歸的技術去探究國防決策過程的問題（1977）。他的解釋之一是集中焦點在美國對蘇聯國防支出上。尤其是近年來，中國大陸經濟發展的結果，中共在亞洲軍事力量的崛起，基於這樣的一個世界局勢變化的決策模型可以被視為是一個比率目標模型與假定美國國防支出水準是基於想要對中共與蘇聯國防支出維持於某種比率的經費支出。此際有其他思維方向的推論，此推論方向會導致產生一種相同的結論。其基本的假設仍然是相同的：美國國防支出的決定是基於維持固定比率相對於中共與蘇聯國防支出的水準。又如企業經營者對其企業薪資水準的比率目標是依據人力市場的供需所決定，因而一個公司企業薪資的水準需依據過去每小時薪資的成長去預測其未來薪資水準而增加，在甚麼樣的薪資水準比率目標的假設之下才能夠合乎其效益原則，而形成其決策（參考第六章第二節的範例）。

這種假設的迴歸類推可以被陳述如下：

$$Y_t = a + bX_t + e_t \tag{3-49}$$

其中 Y_t 是美國國防支出金費的數額，X_t 是由蘇聯國防支出的金額，a 是苦境的常數（the grievance constant）（在前述第二節，第三節，與第四節中我們把常數或截距以 b_0 或 β_0 符號表示，在此基於尊重有些學者的用法使用 a 代表常數或截距），b 是比率目標，而 e_t 是一個隨機干擾項（a random disturbance term）。下列為 Richardson（1960：16）苦境的常數是代表很多可能的情境（情況）：如果是正的（正數），它表示「根深柢固的偏見，持續的苦境，老的無法滿足的野心「或」邪惡的與持續堅持的征服世界的夢想」；如果是負的（負數），它表示「一種永久不斷爭端的感覺」。由此看來，縱然蘇聯國防支出不支任何經費，美國國防的支出仍然會支付一個固定的金額。所以，比率目標，b，代表美國對蘇聯的國防姿態（posture）與將會是小於 1.0 如果美國有意去接受劣勢的話，如果等於 1.0，表示美國想要維持均勢，如果大於 1.0，表示美國想要維持優勢。如果我們把這種方程式與在任何基本迴歸處理中的第一個方程式作比較（例如，Kmenta， 1971：201），我們將注意到它的形成是相同於方程式（3-49）中的形成形式，只是使用 t 為一個下標而不使用 i 為下標替代之。這種變動的顯著性是現在時間很明顯地被併入模型中。

要去研究調查中，使用方程式（3-49）可以精確地描述美國國防支出決策的程度，Ostrom 把簡單的迴歸應用於美國與蘇聯國防支出的資料（1978）。就歷史的與比較的兩者目的而言，Ostrom 應用簡單的迴歸如使用一般最小平方（此後使用 OLS）於他所研究報告的其餘部分。Ostrom 的研究（1978）其迴歸分析的結果如下：

$$Y_t = -9278 + 1.64X_t$$
$$(1.23) \quad (7.88)$$
$$R^2 = 0.82 \quad \text{s.e.} = \$\,6.05 \text{ billion}$$

其中括弧中的數字是 t 的比率。當我們可以從方程式（3-49）獲知，蘇聯的國防支出對美國的支出有一種很強的正向的影響。而且，顯示美國很清楚的要求優勢於蘇聯，因為 b 是實質地大於 1。而 a 的解釋就沒有這樣的直進。無論如何，因為它的 t 比率指示它並沒有顯著地不同於 0。最後，其關係就在 Y_t 變異數中一個整體 82% 的解釋量而言。它呈現出這樣的比率目標假設的敘述（version，說法）是受到資料的支撐。由於，基於先驗的理論化（prior theorizing）基礎上，我們可以預期美國國防支出的決定是蘇聯的國防支出經費的一種函數（a function），其經驗的結果證實這樣的臆測（supposition）。

在薪資的比率水準目標的範例中，其迴歸分析的結果如下：

$$Y_t = 5.002 + 0.015X_t$$
$$(485.581)(49.619)$$

$$R^2 = 0.977 \quad s.e. = 0.03940$$

$$\text{薪資} = 5.002 + 0.015\ (\text{時間})$$

以上這樣的推論呈現出一個問題，即是干擾項不是獨立的而是彼此相關於一個系統的方式中。這會使任何實質的推論或結果缺乏足夠的證據力。要克服這樣的問題與要以一種適當的方法去估計這樣的模型，我們必須準備去描述這種系統關係性質（本質）的特性，然後把這種資訊併入估計的程序中。

二、誤差項

在有關國防政策與國防支出的問題中與任何其他有關時間序列模型的問題中，其最重要的問題就是誤差項的問題。一個誤差項會被包含在一個模型中有下列幾個原因或理由。第一，假定我們想要去提供一個簡化的（parsimonious）解釋與因為我們無法獲知所有因素它們和一個假定依變項是相關的，因而通常的實況是去承認某些因素已從方程式中被省略。例如，我們必須假設，蘇聯國防支出的總額是美國國防支出的唯一因素。它是可能的，無論如何，先前（過去）美國國防支出的水準，民意，失業，通貨膨脹的程度，與是否與戰爭的可能發生有關，所有的原因或因素均會對美國國防支出產生影響。第二個誤差的來源是和資料的收集與測量有關。在目前系絡的前後關聯中這是一個潛在問題因為諸問題與蘇聯國防支出的決定水準有關聯。誤差的第三個來源來自「人類反應隨機性（randomness）的一個基本的與無法預測的因素（element）而這樣的隨機性只要一個隨機變項的含入就足以描述這樣的特性」之事實（johnston，1972：11）。這三個因素可以由誤差項來進行概述，與我們通常可以假定它們的影響或效應是小的與基本上是隨機的或無目的（random，無意的，隨意的）。

假設一個誤差項的出現，要以機率或猜測的條例方式（in stochastic term）去描述美國與蘇聯國防支出的關係之特性。即是，提供每一個 X_t 存有 e_t 的一個機率分配與因此存有 Y_t 的一個機率分配。因為方程式的機率性質，模型的最初界定必須包括某些有關誤差項機率分配的假設。這些和它的平均數，變異數，與共變數有關。通常有下列三個假設要被製作：

(1) 誤差項有一個 0 的平均數；

(2) 誤差項有一個不變的變異數在所有觀察值之上；

(3) 對應於在時間上不同點的誤差項是不相關的。

當然，這些假設之中的第三個誤差項是最重要的。當在時間上來自不同點的觀察值是相關時，是違反諸假設之一。當這樣的情況發生時我們可以說其誤差發生的過程是序列相關或自我相關。我們將會這些誤差項交叉使用在是本章以下部分的研究中。

誤差項，e_t，是無法被觀察的，在此我們將區別它不同於 $\hat{e}_t$ ，e_t 是依變項的殘差或離差的（deviation）觀察值不同於它的適配值。所以，本章以下的研究中戴帽符號 $\hat{e}_t$ 將被使用去指示一個參數的估計。因而和真正的迴歸模型結合關聯的各個誤差，此時就會在估計的進行程序中產生種種的殘差。

如果在一個時間期間的隨機因素（random factors）在其後的時間期間的任何隨機因素並沒有產生任何的影響或效應時，我們就可以預期去發現各個殘差的一個散布圖，$\hat{e}_t = Y_t - \hat{a} - \hat{b}X_t$，相似於圖 3-4 的情況；即是，可以觀察的各個殘差會隨機地（randomly，隨意的）沿著迴歸線的上下散布著。另一方面，如果操作在一個時期的各因素繼續引伸到其後的各時期期間，我們可以發現其殘差的各點散布圖會相似於圖 3-5 或圖 3-6 所顯示的情況。

依據 Ostrom 的研究（1978），如果美國國防的支出在時間 t 的期間花費一筆很大的金額如為 $e_t > 0$，它可以彌補未來期間而採取把它在時間 t + 1 的花費減低到平均數以下的水準，如此為 $e_{t+1} < 0$。注意這是意指 e_t 與 e_{t+1} 是負的相關（即是，花費高水準的變項隨後會降低到低水準的程度）。這種行動作為的類型被描述在圖 3-5 中；如果要去圖示在跨越過去時間 $\hat{e}_t$ 值的散布圖，我們可以觀察一個模式相同於圖 3-7 中所顯示的。可以選擇之道，干擾項的各值可以顯示在跨越過去時間的一個正相關。例如，如果在運作中有若干因素使它對國防的支出要立即被降低有困難，我們可以觀察 e_t 一個正相關的值是由另一個正相關的值典型地隨之在後。其相反地，假定干擾項的各值是部分地由外在的力量所決定，它的影響或效應會交替於正與負之間，我們可以預期去發現很多正的符號與負的符號的連續出現（runs）。如果要降低國防支出有困難，一旦增加，那麼支出在平均數金額以上（$e_t > 0$）將會隨之支出在平均數金額以上（$e_{t+1} > 0$）就會發生；另一方面，如果有支出在平均數金額以下（$e_t < 0$）發生，那它要去獲得更多金額會是困難的與由此會隨之發生殘差（$e_{t+1} < 0$）是負的值，是可能的。這樣的模式被描述在圖 3-6 中與它透過時間的徑路圖被展現於圖 3-8 中。

要對這點進行解釋說明，來自方程式（3-50）的殘差已被散布在跨越時間的各點上如圖 3-9 中所顯示。如我們已看到的模式是非常相似於圖 3-8 中的情況。由此，它似乎可以合理的去推論，在方程式（3-49）中的殘差並不是獨立的反而會顯示正的序列相關。

為了要能夠去評估自我相關（autocorrelation）的結果或影響，我們首先必須界定誤差項之間其關係的性質。一個可能的過程，通常稱為一個第一階自我迴歸過程（a first order autoregression process），可以被形式化如下：

$$e_t = pe_{t-1} + v_t \tag{3-50}$$

式中 e_t 是在 t 時間的誤差項，e_{t-1} 是在時間 $t-1$ 的誤差項，p 是一個迴歸係數，而 v_t 是一個具有一個 0 平均數的隨機變項（a random variable），不變的變異數（常數的變異數），與和其他誤差是 0（零）相關。假設第一階的自我相關出現（即是，方程式（3-49）與（3-50）是發生影響或效應），它會被顯示對參數估計產生影響或效應，而對參數估計無效應時（即是，$\hat{a}$ 與 $\hat{b}$）。有已估計變異數（即是，變項 $\hat{a}$ 與 $\hat{b}$ 變項）的問題。大部分迴歸的電腦程式依例可以輸出各參數的估計值與它們的變異數。然後這些可以被使用去產生 t 比率，

$$t = \hat{b} / \sqrt{\mathrm{var}(\hat{b})}$$

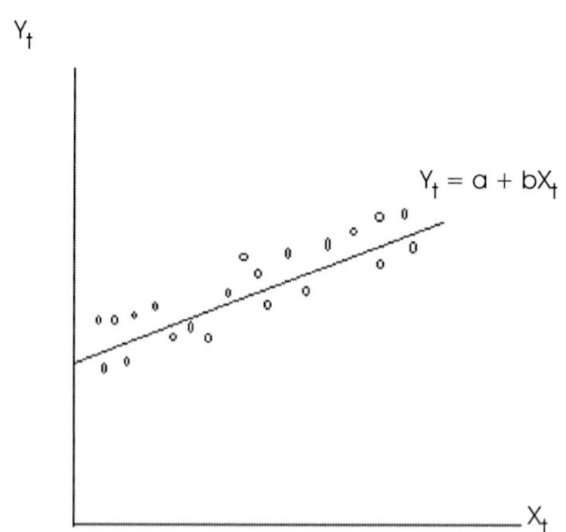

圖 3-4　隨機地被散布的殘差

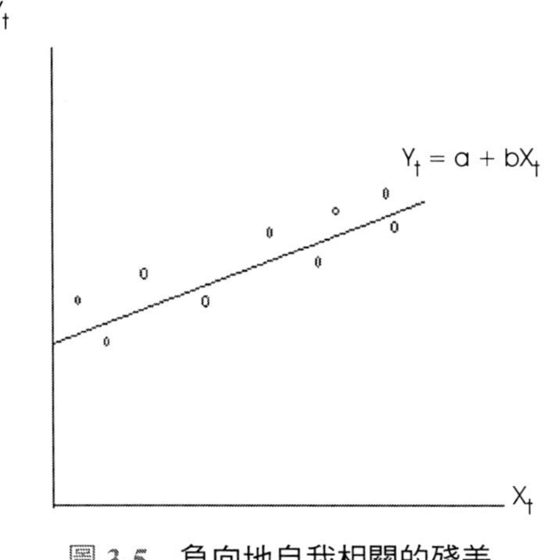

圖 3-5 負向地自我相關的殘差

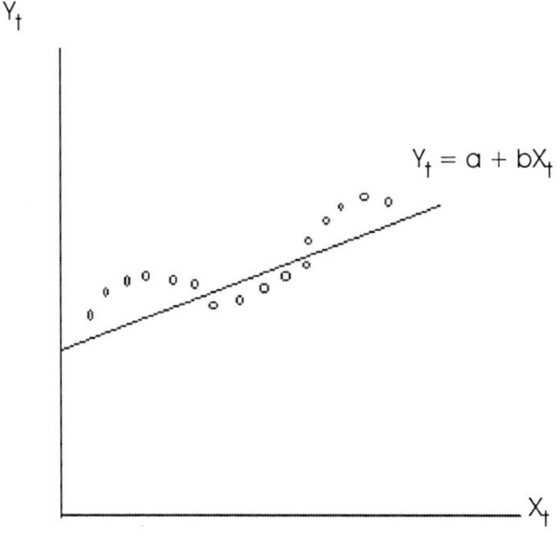

圖 3-6 正向地自我相關的殘差

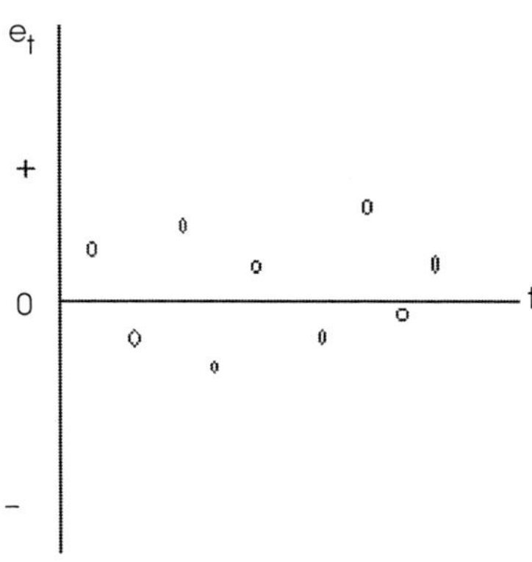

圖 3-7 負向地跨越過去時間自我相關的殘差

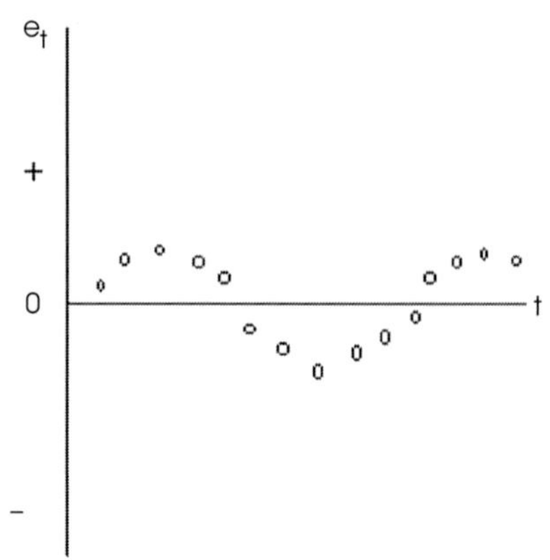

圖 3-8　正向地跨越過去時間自我相關的殘差

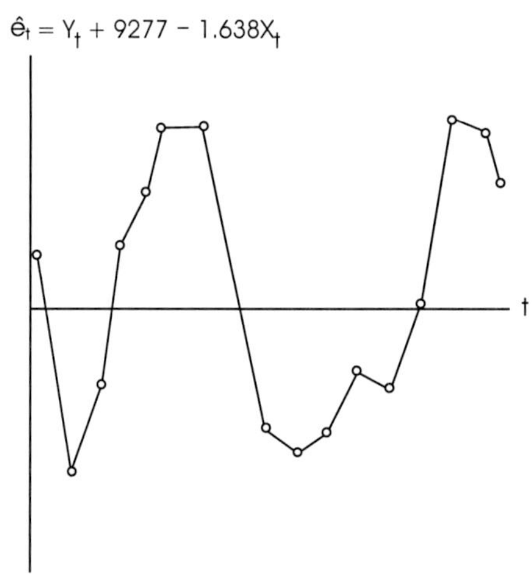

圖 3-9　從方程式（3-49）跨越過去時間的已估計殘差

此方程式可以被使用於去評估個體估計值的精確度與顯著性。然而，如果現在被使用於提供變異數的方程式會是不適當的，所以 t 比率就不再會是有效的。這對凡是希望去檢驗有關美國與蘇聯國防支出變項之間在跨越過去時間其關係的強度與方向的假設之研究調查者而言會產生種種的問題。

在我們的範例中有正向序列相關的證據顯示（即是，在方程式（3-50）中 $p > 0$）。如我們應該理解到，這意指 a 與 b 的已估計變異數將會是嚴重地被低估。在現行的案例中 $p = 0.9$，此意指對於變項 $\hat{b}$ 的一般公式（usual formula）將會低估真正的變異數大約 900% 之多，與在此 t 比率將會被膨脹大約 300%。如此，我們會錯誤地被導致推論蘇聯國防支出已顯著地影響到美國國防支出似乎是可能的，當有顯著性自我相關出現時。其結果，去檢定考驗已估計殘差不是相互的依存（依賴）（interdependent）的虛無假設（null hypothesis）才是相當重要的。從方程式（3-49）所進行已估計殘差的散布圖可以指出有正向序列相關的證據顯示。很明顯地有某種相關需要被介紹或關切模型良好適配度的推論，此種推論將導致我們產生錯誤的結論。

回顧到從方程式（3-49）產生結果的時刻，其簡單迴歸分析的結果會低估模型的「適配度」是很明顯的，如果我們是忽視這種低估的問題，我們就會犯了接受此種目標比率模型的錯誤，而在估計某其他模型時，事實上，亦會是真的如此時。在統計的著作中或論文中這種低估被稱為是犯了一個類型 II 的錯誤。想要去規避這種問題，我們需要去使誤差項之間的關係正式化或形式化，與使用再估計（或重新估計）方程式的相關資訊（information）。

這種簡要說明的目的是在於強調問題的性質（本質，nature）與在於對研究自我相關的問題提供某種辨識。在本節的其餘部分將討論基本迴歸模型的假設問題。並將特別的考量到非自我相關的假設與它的意含（implication），對其違犯假設的探測，p 的估計，與問題的修正及資料的轉換問題。對於以上諸主題的探討我們將回顧到方程式（3-49）與提出進行研究估計 a 與 b 的適當途徑。

時間序列迴歸分析的重要目的是在於基於已估計的參數進行推論有關一個個別模型的真實或虛假。假定給予這樣的研究取向（orientation），在我們的心目中就要記得序列相關的問題才是真正重要的問題。因此，依其意義使用時間序列迴歸分析的研究者所要面對的一個決定關鍵，就是除非他有足夠壓倒性的資訊量，否則他要去行使適當的實質推論是不可能的。無論如何，如果未能嘗試獲得一個足夠充分的解答，就會導致使相同情境的分析者會對他推論的實質內容與其推論的支撐力產生過度自信是可能的。如果這樣的結果被使用去形成政策推薦的基礎，可能會產生極端的結果。

三、時間序列迴歸模型

在時間序列迴歸模型中，如就一般迴歸關聯的系絡而言，時間序列分析者可以進行處理機率關係（stochastic relationships）的問題，即是，可以處理這些包括在模型界定（the specification of the model）中誤差項的問題。質言之，就是在於處理 Y_t 與 X_t 之間兩個變項之間最簡單的形成問題，它被稱為時間序列迴歸模型（the simple time series model）：

$$Y_t = a + bX_t + e_t \qquad (3\text{-}51)$$

其中 Y_t 是內衍變項（the endogenous variable），X_t 是外衍變項（the exogenous variable），e_t 是隨機干擾項（the random disturbance），a 與 b 是未知的參數，而其下標的 t 是在於指示 Y_t 與 X_t 是透過跨越過去時間的一個序列的觀察值。簡單時間序列迴歸模型的完整界定組成下列的基本假設（Pindyck and Rubinfeld, 1976: 16-17）：（Box and Jenkins, 1970）

（一）直線性：Y 與 X 之間的關係是線性的

（二）非機率的 X：$E[e_tX_t] = 0$

（三）零的平均數：$E[e_t] = 0$

（四）恆定的變異數：$E[e_t] = \sigma_e^2$

（五）非自我迴歸：$E[e_te_{t-m}] = 0(m \neq 0)$

當我們已理解到，時間序列迴歸模型是於關切模型，自變項，與干擾項形成的很多基本假設的使用方法。

假定這些假設是維持不變的，要以下列方程式可以理想地進行估計其迴歸參數與它們的變異數：

$$\hat{b} = \frac{\sum_{t=1}^{T}(X_t - \overline{X})(Y_t - \overline{Y})}{\sum_{t=1}^{T}(X_t - \overline{X})^2} \qquad (3\text{-}52)$$

$$\hat{a} = \overline{Y} - \hat{b}\overline{X}_t \qquad (3\text{-}53)$$

$$\text{var}\,(\hat{b}) = s_e^2 / \sum_{t=1}^{T}(X_t - \overline{X})^2 \qquad (3\text{-}54)$$

$$\text{var}\,(\hat{a}) = s_e^2 \left[\frac{1}{T} + \frac{\overline{X}^2}{\sum_{t=1}^{T}(X_t - \overline{X})^2}\right] \qquad (3\text{-}55)$$

$$s_e^2 = \frac{\sum_{t=1}^{T}(Y_t - a - bX_t)}{T - 2} \qquad (3\text{-}56)$$

估計式（the estimator）依其意義，它們要達到不偏估的（unbiased），有效率的（efficient），與前後一貫的（consistent）境界才是理想的。不偏估的估計式，其中的預期估計值，b 會是等於真正的值，b。一個估計式的 b，如果它有一個比任何其他估計式 b 更小的變異數，那它相對地就會是一個有效率的估計式。一個估計式，如果它的偏誤（bias）與變異數兩者接近零，當樣本大小接近無窮數時，它將會是一個前後一貫的估計式。這些屬性（properties）即意指一個估計式將會是一個集中於接近真正值的估計式，會有一個相對小的離勢（dispersion）。研究本著作的讀者假定熟悉上述估計方程式的離差（the derivation）與熟悉不偏估，相對效率，與前後一貫性的屬性（如果讀者不熟悉的話，可以參考有關迴歸討論的著作如，Uslaner， 1978；Pindyck and Rubinfeld， 1976：21-24），因而我們將集中於違反非自我迴歸假設（the violation of the nontoregression assumption）所產生的焦點問題上。

這五個假設可以說明前述建構的古典線性迴歸模型。由於增加下列的假設，就具有古典常態線性迴歸模型（Pindyck and Rubinfeld，1976：20）。

（六）常態性：誤差項是常態性分配

這個假設僅對模型的統計檢定是必要的（例如；諸如 t 檢定的顯著性檢定考驗）。如 Pindyck and Rubinfeld（1976：20）提到，只要「吾人有意去相信由於測量與省略所造成的個體誤差是小的與彼此是不相關的，那麼常態性假設是一個合理的推論。」這個假設將允許我們去獲得顯著性檢定考驗與迴歸係數的信賴區間檢定。如 Johnston（1972：135）所指出，要使有關分配的形成產生不明確是可能的，與反之可訴諸於中央限制定理（the Central Limit Theorem）去證明使用一般檢定（the usual tests）的正當性。縱然常態性的假設對其後的大部分探究並不是關鍵性的問題，然而要去理解在推論過程中這個假設其角色的重要性是必要的。有興趣的讀者可以進一步參考 Christ（1966：513， 521）的著作，可以提供有關常態性假設檢定與違反其假設的問題。

四、非自我迴歸的假設

要建立簡單迴歸估計式的某些屬性其每一個假設是必要的，然而特別重要的是三個誤差項的假設（假設 3， 4，與 5）。尤其是，假設 3 與 5，它們意指任何兩個干擾項（即是，$cov(e_t e_{t-1})$）是等於零。這種情況可以由下列方程式去理解：

$$\begin{aligned} cov(e_t e_{t-1}) &= E[e_t - E(e_t)][e_{t-m} - E(e_{t-m})] \\ &= E[e_t - 0][e_{t-m} - 0] \\ &= E[e_t e_{t-m}] \\ &= 0 \end{aligned} \tag{3-57}$$

這意指我們正進行假定在時間一點上的各個干擾項是和任何其他的干擾項是不相關的。當這個假設維持不變，方程式（3-52）、（3-53）、（3-54）、（3-55）與（3-56）代表或呈現為適當的估計方程式。然而，當違反這個假設時，方程式（3-54）、（3-55）與（3-56）就不再是為適當的估計方程式。

要使我們的推論方程式化，讓我們假定誤差項之間的相依（the dependence）取自一個一階自我迴歸的過程（即是，方程式（3-50））：

$$\begin{aligned} &e_t = pe_{t-1} + v_t \\ &E[v_t] = 0 \quad \text{對所有 } t \text{ 而言} \\ &E[v_t^2] = \sigma_v^2 \quad \text{對所有 } t \text{ 而言} \\ &E[v_t v_{t-m}] = 0 \quad m \neq 0\text{，對所有 } t \text{ 而言} \\ &E[v_t e_{t-1}] = 0 \quad \text{對所有 } t \text{ 而言} \\ &-1 < p < +1 \end{aligned} \tag{3-58}$$

顯示這些假設是在於指示任何的干擾項是和它使用一個簡單線性迴歸模型直接進行的值有關；每一個干擾項是等於進行中干擾項加上一個隨機變項的部分（因為 p 是小於絕對值 1.0）。藉由連續替代 $e_{t-1}, e_{t-2}, \cdots$ 於方程式（3-50）中，我們可以獲得下列方程式：

$$\begin{aligned} e_t &= pe_{t-1} + v_t \\ &= p[pe_{t-2} + v_{t-1}] + v_t \\ &\vdots \\ &= p^m e_{t-m} + p^{m-1} v_{t-m+1} + \cdots + pv_{t-1} + v_t \qquad (3\text{-}59) \\ &\vdots \\ &= p^t e_0 + p^{t-1} v_1 + p^{t-2} v_2 + \cdots + pv_{t-1} + v_t \qquad (3\text{-}60) \end{aligned}$$

這個顯示每一個干擾項，被產生如以隨機的影響或效應（random effects）v_1, $v_2, \cdots v_t$ 與最初干擾項，e_0 的一種線性函數（Kmenta， 1971：271）。在已界定這種方式之後，其中各個 v_t 被產生，現在要去界定其過程以產生 e, e_0 的最初值。如 Kmenta（1971：271）提到，下列的特性描述是有效的：

$$E[e_0] = 0$$
$$E[e_0^2] = \sigma_v^2 \ / \ 1 - p^2 \qquad (3\text{-}61)$$

即是，最初干擾項有一個零的平均數與一個恆定不變的變異數。

基於方程式（3-60）中特性的描述，我們可以探究一個干擾項是否隨一階自我迴歸過程違反任何基本假設而出現。首先，

$$\begin{aligned} E[e_t] &= p^t E[e_0] + p^{t-1} E[v_1] + \cdots + E[v_t] \\ &= 0 \end{aligned} \qquad (3\text{-}62)$$

因為所有的隨機變項有零的預期值，如此干擾項的預期值是零。其次，提示恆定變異數的假設是不可違反（Kmenta，1971：272）；

$$\begin{aligned} var(e_t) &= (p^t)^2 \, var(e_0) + (p^{t-1})^2 \, var(v_1) + \cdots var(v_t) \\ &= p^{2t}[\sigma_v^2 \ / \ 1 - p^2] + p^{2(t-1)}\sigma_v^2 + \cdots + p^2\sigma_v^2 + \sigma_v^2 \\ &= p^{2t}[\sigma_v^2 \ / \ 1 - p^2] + \sigma_v^2[p^{2(t-1)}\sigma_v^2 + p^{2(t-2)}\} + \cdots + p^2 + 1] \\ &= \sigma_v^2[p^{2t} \ / \ 1 - p^2 + 1 - p^{2t} \ / \ 1 - p^2] \\ &= \sigma_v^2 \ / \ 1 - p^2 \end{aligned} \qquad (3\text{-}63)$$

如此所有的 e 有相同的變異數。要注意到違反 p 必須小於絕對值 1.0 的假設之枝節（the ramifications）；如果 p 是等於 1.0，那 e_t 的變異數會是無窮數或無限大與被觀察的任何 Y_t 會完全地受到劇增的誤差項所支配。（Wonnacott and Wonnacott，1970：141）。

最後，要檢驗干擾項的共變數，我們可以以 e_{t-m} 乘方程式（3-59），與取得預期值：

$$\begin{aligned} E[e_t e_{t-m}] &= p^m E(e_{t-m}^2) + p^{m-1}(e_{t-m} V_{t-m+1}) + \cdots + pE(e_{t-m}^2 v_{t-1}) + E(e_{t-m} v_t) \\ &= p^m var(e_{t-m}) \\ &= p^m \sigma_e^2 \end{aligned} \qquad (3\text{-}64)$$

只要 p 是非零，其共變數是非零，由此會違反基本假設之一。如此，誤差項隨

後會發生在方程式（3-58）中所提到的模式，所有假設僅留下一個仍然可以滿足。這個例外是非自我迴歸的假設不必維持。

要去理解方程式（3-58）意指著甚麼，它是有益於去考量自我相關函數，此自我相關函數可以描述在不同時間點其誤差項的相關。誤差項 j 期間的個別自我相關函數，A_j 是被界定如下：

$$A_j = \frac{cov[e_t e_{t-j}]}{\sqrt{var[e_t]}\sqrt{var[e_{t-j}]}} \qquad (3\text{-}65)$$

j = 1, 2, ⋯由這個替代就變成

$$A_j = p^j\sigma^2/\sigma^2$$
$$A_j = p^j \qquad (3\text{-}66)$$

這是一個重要的結果因為它依理論描述 j 期間個別干擾項的相關當它們是由一個一階自我迴歸的過程所產生。要注意的是，自我相關的函數是干擾項之間的相關係數，由此它的各值範圍從 −1 到 +1。這意指 p 是 e_t 與 e_{t-1} 之間的相關係數，p^2 是 e_t 與 e_{t-2} 之間的相關係數，p^3 是 e_t 與 e_{t-3} 之間的相關係數，依序等等。而且，p = + 1 或 −1 是依據假設而規劃的。最後，無論何時，當 p = 0 時，我們可以獲得

$$e_t = v_t$$
$$var[e_t] = \sigma_v^2$$
$$var[e_0] = \sigma_v^2$$

因為各個 e 有一個零的平均數與一個恆定的變異數，所有基本的假設維持不變。

如此非自我迴歸的假設是否是違反一個基本指標（indicator），即是在各個不同的隨機干擾項之間是否有一個樣本的相關；不可違反其他的假設。要獲得一個可觀察的相關性質之指示，可以去建構一個相關量尺以提供圖解的方式呈現出已估計自我相關的函數是會有所助益的。圖 3-10 與圖 3-11 說明兩個假設的案例。值得注意的是當有正向的自我相關出現時（參考圖 3-10）其相關呈現出在指數上往下平穩地下滑。由此當有負向的自我相關出現時（參考圖 3-11）其持續相關呈現出一種擺動的與指數的逐漸向下退化。

對這點而言，我們已檢測迴歸模型的基本假設與已集中焦點於非自我迴歸的假

設上，因為它對時間序列關聯的系絡是適當的。在時間序列分析中因為干擾項所產生的問題，這些干擾項在很多理論上是不相關的（或在臆測上隨意的）因素在研究之中輸入其關係所產生的一種概略結果，是很可能會延續到其後時間的時段。對於這樣的問題 Kmenta 把自我迴歸的干擾項比喻為類似於輕彈一種樂器所產生音符的效應（Kmenta，1972：270）：

> 當聲音在影響的時間是最低音時，它並沒有立即停止而且會遲緩一段時間或片刻直到它最後消失。這就是干擾項的特性，因為它的效應會遲緩一段時間在它的發生之後。但是在一個干擾項遲緩其效應時，其後的干擾項亦會發生，彷彿音弦一次又一次被輕彈，有時候比在其他時刻更嚴重。

這種類推是與一個一階自我迴歸過程的呈現相符合，將被討論於本節中。

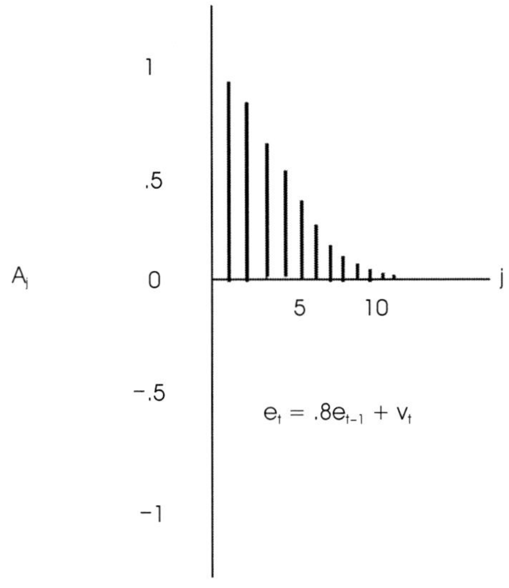

圖 3-10　依據理論建構的相關量尺提供一階的過程，p = ＋0.8

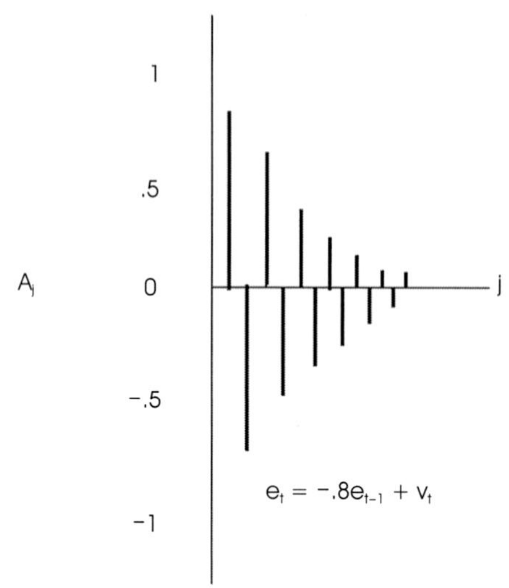

圖 3-11　依據理論建構的相關量尺提供一階的過程，p = −0.8

基本上在時間序列迴歸分析中的所有運作會假定一個一階自我迴歸的過程是會產生種種干擾項。不僅在其運作過程是可能的，一階自我迴歸的過程被研究，時常是因為它的統計延展性（statistical tractibility）與因為它會產生一個粗略的近似值於其過程其中是我們所關切的。已發展形成了違反非自我迴歸假設的意含（the implications）之後，吾人有待去考量這一種違反將會產生甚麼樣的結果，是必要的。

五、違反非自我迴歸假設的結果

在呈現非自我迴歸假設的形式結果之前，吾人需要去考慮由 Wonnacott and Wonnacott（1970：136-140）所提出的下列範例。他們假定下列非常簡單的模型：

$$
\begin{aligned}
Y_t &= a + bX_t + e_t \\
e_t &= e_{t-1} + v_t \\
X_t &= X_{t-1} + u_t
\end{aligned}
\tag{3-67}
$$

式中 v_t 可滿足假設 3，4，與 5 的條件。值得注意的是 e_t 與 X_t 被假定是自我迴歸的，與 X_t 被假定可以在規則上（regularly）去增加跨越過去時間（即是，$E(u_t) > 0$）。Wonnacott and Wonnacott 執行一個簡單的實驗其中他們產生 e_t 與 X_t，而使這樣的 e_t 與 X_t 和上述的界定（specifications）一致，然後可以計算 Y_t。接著，一般最小平方（OLS）可以被應用於模擬的資料（simulated data）去觀察當違反非自我

迴歸的假設與 X_t 正增加跨越過去時間時，a 與 b 會發生甚麼樣的結果。

為了說明會發生甚麼樣的結果，Wonnacott and Wonnacott 抽取一個樣本 v_t 的 20 個獨立值，以 $e_0 = 5$ 開始，然後產生 $e_1, e_2, \cdots, e_{20}$。進行隨機 v_t 與自我相關的 e_t 之間的比較被顯示於圖 3-12 中。其中清楚顯示自我相關是正數的，因為當 e_{t-1} 是正數時 e_t 傾向於是正數的，而當 e_{t-1} 是負數時 e_t 則傾向於是負數的。圖 3-13 呈現出真正的與已估計的迴歸線沿著真正的與已估計的各個 e_t 的時間點。研究圖 3-13 可以指示由序列相關所產生的種種難題，即是，a 是被低估與 b 是被高估。如果各個殘差的階（the order）被顛倒，無論如何，如此它們首先會是負數的，然後是正數的，b 是被低估，而 a 則是被高估。當一個結果是同樣時，它就不會呈現出偏估的問題：因為 b 可能會是被高估亦可能被低估，它將被平均等於真正的值。

很清楚地在圖 3-13 中真正的與已估計誤差項（estimated error terms）之間有一個實質的差異或差分（difference），而這是由自我相關所產生問題的來源。問題發生的理由或原因可以由圖 3-13 與在圖 3-14 中所呈現沒有序列相關的一個完全相同的模型進行比較去獲知。這些圖解在所有方面是相似的（尤其是其誤差變異數是相似的），除了一模型顯示序列相關而另一模型則顯示沒有序列相關之外。當在圖 3-14 中已估計的殘差是真正相同於真正的，自我相關的殘差。基於這個理由或原因應該是很清楚，即是在圖 3-13 中的線是適配於誤差項而不是自我相關假設的條件。所以，其結果是誤差變異數將會嚴重地被低估；因而其迴歸線顯示會更精確適配於它原來真實適配度的資料。

這種結果的意含是在自我相關的殘差中其已估計的迴歸線非常適配於資料，因而留下小的已估計殘差被顯示於圖 3-13 中。如此已估計的變異數將會嚴重的低估真正的變異數。而且，如 Uslaner（1978）證明，已估計的變異數在建構信賴區間，檢定假設（testing hypothese），與計算 t 比率中是極為重要的。在連續地相關誤差出現中我們很可能被導致產生似是而非的結果縱然已估計的係數呈現出相當好的信度（小的變異數），然而事實上它們是極端不可信的。

基於由 Wonnacott and Wonnacott 進行實驗結果所獲得理由我們可以考慮他們所提出簡單模型來進行觀察：

$$
\begin{aligned}
&Y_t = a + bX_t + e_t \\
&e_t = pe_{t-1} + v_t \\
&X_t = cX_{t-1} + u_t \\
&-1 < p < +1 \\
&-1 < c < +1
\end{aligned}
\tag{3-68}
$$

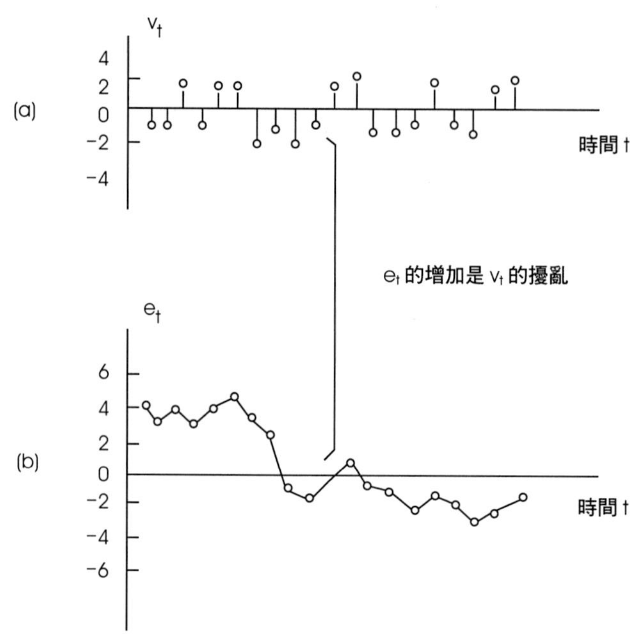

圖 3-12　一個連續地相關誤差項的建構，**(a)** 獨立的干擾 $\mathbf{v_t}$ **(b)** 產生的誤差：$\mathbf{e_t = e_{t-1} + v_t}$

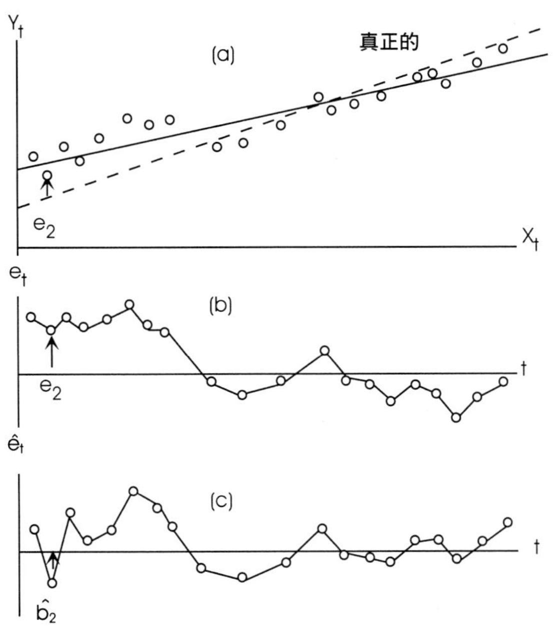

圖 3-13 連續地相關誤差的迴歸，**(a)** 真正的與已估計的迴歸線 **(b)** 真正的誤差項 **(c)** 已估計的誤差項

資料來源：Wonnacott and Wonnacott (1970: 138)

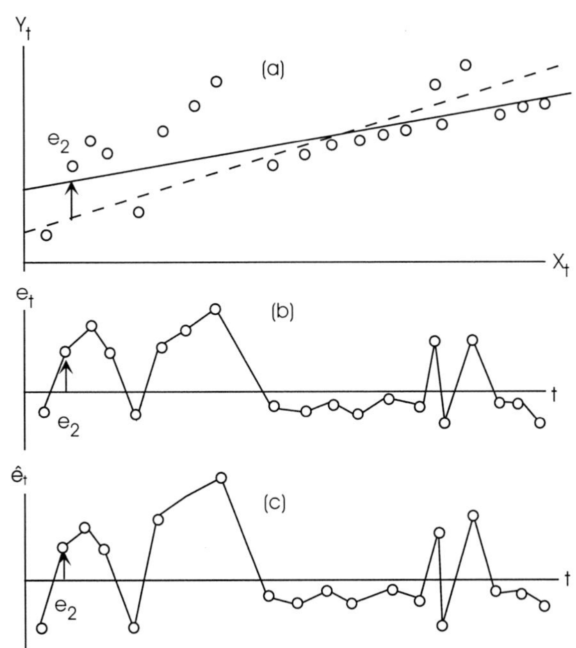

圖 3-14 獨立誤差的迴歸（如圖 **3-13** 中的相似變異數），**(a)** 真正的與已估計的迴歸線 **(b)** 真正的誤差項 **(c)** 已估計的誤差項

資料來源：Wonnacott and Wonnacott (1970: 139)

Johnston（1972：247）已顯示 b 變異數的一般方程式是

$$\mathrm{var(b)} = \frac{\sigma^2}{\Sigma(X_t - \overline{X})^2}\left[\frac{1+pc}{1-pc}\right] \tag{3-69}$$

基於以上的結果，我們可以計算假定 p 與 c 的一個值在已估計變異數中的偏估（the bias）。方程式（3-69）指示去計算在已估計 t 比率（t-ratios）的偏估：

$$\begin{aligned} t &= b \,/\, \sqrt{\mathrm{var(b)}} \\ &= \sqrt{\frac{1-pc}{1+pc}}\left[\frac{b}{\sigma / \sum_t (X_t - \overline{X})^2}\right] \end{aligned} \tag{3-70}$$

如此如果 c = p = 0.9，(1 + 0.81)／(1 － 0.81) = 9.53，如此真正的變異數是被低估 953%（percent）。而且，$\sqrt{(1-0.81)/(1+0.81)} = 0.32$，此意指真正的 t 比率（t-ratios）被高估 309%。如此如果我們從事進行一個假設檢定中使用 t 比率，那其結果會對拒絕無效的虛無假設產生很高的偏估。這將會依序導致在我們研究結果的力量顯示出強勁正向的連續序列相關（strong positive serial correlation）中呈現出相當高估的信賴（considerable overconfidence）。

而且，其情境是很可能變得比本範例所顯示的還要不堪。這是因為在已估計的變異數，s^2 中會有一個偏估。事實上 OLS 的殘差是很可能去低估 σ^2 當各個 e 是自我相關時。如 Johnston（1972：249）顯示，

$$E[s^2] = \sigma^2\left[T - \frac{1+pc}{1-pc}\right] \tag{3-71}$$

如此，如果 p = 0.9 與 T = 16，有 57%（percent）。如此兩種偏估運作於相同的方向，在自我相關誤差模型的案例，提供變異數簡單 OLS 的方程式（方程式（3-56））將會更進一步偏估係數變異數的估計（方程式（3-54）與（3-55））。要注意的，當樣本大小變得較大時，這個組合成分或元素（component）是可能變得不顯著。

表 3-7 是由 Malinvaud 複製進行一個實驗的結果（1970：522）其中他呈現出 $\hat{a}$ 與 $\hat{b}$ 提供 p 與 c 各值中的偏估其中包括 s^2 的貢獻。注意到當在各個 X_t 中（即是，c = 0）沒有自我迴歸時，在 b 中的偏估是小的縱然 p 的偏估是大的。無論如何，這不是非常適合的（comforting），因為如 Malinvaud（1970：522）所提到：

> 被引進為內衍變項的大部分數量（most of the quantities）有相當平穩的演化（fairly smooth evolutions）。一般而言它們是很高的自我相關。由此，我們必須牢記一般使用公式（或有系統陳述）有嚴重過高估計值的精確力，無論甚麼時候均會有相當多連續誤差的相關。

最後，應該注意到在大部分的政治與經濟的資料中連續的相關是很可能會是正向的或正數的，因為相同隨機的因素（factors）傾向於至少會發生兩個連續（持續）時期的誤差（與可能會更多）。所以，我們應該謹防在誤差項與自變項兩者會有正向的或正數的連續相關出現的可能性。

如此當干擾項是自我迴歸時執行假設檢定與／或建構信賴區間的傳統方程式（公式 formulas）是很可能會導致不正確的推論。而且，因為自我相關是很可能會正向的相關，所以可接受的區間或信賴區間範圍或比真正的接受區間或信賴區間範圍還要窄小。如此我們就會犯錯地推論一個變項就可以運用一個顯著的因果推論，如果問題的模型展現正向的或正數的連續相關時。所以，Hibbs（1974：259）認為自我相關的效應是很可能會有比此更多的害處（pernicious，不利，致命）：

> 不過在連續相關干擾項的出現中 OLS 迴歸不是必然地會招致重大錯誤（disastrous，招致重大不利）……畢竟，參數的估計是不偏估的（unbiased）。無論如何，更多問題與類型其所處的情境其中研究者分析許多方程式（或公式）於評估競爭假設與同等地似是而非的可選擇種種形式的過程中。假定在這種研究情境中各自變項會有其特有的共線（the characteristic collinearty）問題，變項或完整方程式的錯誤選擇問題就會出現，因為在 t- 與 F- 統計量的不同偏估（differential bias）會嚴重損害到因果推論模型建構的過程。在這種時間序列分析中，自我相關並不再是估計精確的一個比較次要的問題：如果複雜多變項模型的連續發展（sequential development）是被建構在偏估的（biased）與沒有信度決定規則（unreliable decision rules）基礎之上，所以推論的誤差可以累積與遠超過在一個單一方程式一個單一分析中所產生的問題。

自我相關事實上對推論的品質具有重要的影響，我們可以從我們經驗的分析中進行引出。

表 3-6　a 與 b 對 p 與 c 各值的估計

各誤差（p）的自我相關	外衍變項（c）的自我相關				
	−0.4	0	0.4	0.6	0.8
	和斜率相關的係數 b				
−0.4	1.4	1	0.7	0.6	0.5
0	1.0	1	1.0	1.0	1.0
0.4	0.8	1.1	1.5	1.8	2.1
0.6	0.8	1.2	1.9	2.6	3.6
0.8	1.2	1.7	3.4	6.0	11.0
	和截距相關的係數 a				
−0.4	0.4	0.4	0.4	0.4	0.5
0	1.0	1.0	1.0	1.0	1.0
0.4	2.5	2.5	2.5	2.5	2.6
0.6	4.6	4.7	4.8	4.8	5.0
0.8	14.0	15.0	16.0	18.0	22.0

資料來源：Malinvaud (1970, p.522)

六、傳統對自我相關的檢定

因為自我相關對於簡單的 OLS 的使用假定有這樣嚴重的問題，在一個假定的樣本中對它的出現提供檢定考驗是極為重要的。如果我們不知道或無意去假設在問題中的誤差是或不是自我迴歸的問題，我們必須轉向利用樣本提供資訊。尤其是，我們希望去檢定假設

$$H_0：p = 0$$

面對對立的選擇

$$H_A：p > 0$$

後者被選擇因為前述的討論指出正向的或正數的自我相關是最有可能出現的。無論如何，因為負向的或負數的自我相關亦會出現，所以我們亦將討論對它的種種檢定考驗。

對較大的樣本而言，我們有很多的檢定考驗要選擇那種檢定考驗可以被應用於來自 OLS 迴歸（即是，$\hat{e} = Y_t + \hat{a} - \hat{b}X_t$）中要被計算的殘差。由檢定考驗所要回答

的基本問題是已估計的殘差是否是隨機的（random）。可資利用（可以有效使用的）檢定考驗有兩種類型（Johnston， 1972：250）：(1) 免於分配（distribution-free）的檢定，與 (2) 基於理論分配的分配。雖然後者的檢定是更廣泛被使用，然而它們在進行計算上是十分麻煩如果沒有適合的計算軟體可資利用的話。由此我們將研究一種可資利用免於分配的檢定，它要求不只是一個已估計殘差的列表目錄。

一個可能免於分配的檢定是被稱為搭配聯動的檢定（the Geary test）（Habibagahi and Pratschke， 1972：184），它可以提供一個簡單，快速，容易檢定自我相關的方法，而無需求助於提供 Durbin-Watson 所要求的計算方法。搭配聯動的檢定包括一個簡單計算在迴歸殘差中的符號的變動。Habibagahi 與 Pratschke（1972）展示 r 符號變動的機率（the probability of r changes）與提出一個在 0.05 與 0.01 水準的臨界值（critical values）給予 3 到 55 個案例的簡便參考表。該檢定包括進行處理一個最小與最大數量的計算方法以便可以去進行檢定沒有正向或負向自我相關的虛無假設。如果有正向的序列相關（參考圖 3-6）我們就可以預期非常少符號的變動，其中如果有負向的序列相關（參考圖 3-5）我們就可以預期有非常多符號的變動。如此要對序列相關進行檢定首先我們可以計算迴歸，估計殘差，與計算符號的變動；然後我們可以把這個數量的最小與最大值作比較以便決定是否有顯著性的正向或負向的自我相關。

搭配聯動的檢定雖然不如基於一個理論分配的檢定那樣有解釋力，但是要計算它是相當容易的因為它所要求的資訊是如此的少。這樣的檢定就對大的樣本（即是，$n > 30$）就變得更加有效。最後該檢定不僅對於顯著性序列相關的呈現或不呈現提供有趣的資訊，而且亦有助於我們能夠理解甚麼樣的問題可引起符號變動界定的條件。

如我們在圖 3-9 中所看到的，從方程式（3-49）中有四個符號變動於殘差中。對搭配聯動的檢定在 0.05 與 0.01 水準其最小與最大數量的符號變動，其個別地是 3，11 與 4，10。基於這種檢定基礎之上就有理由去接受沒有序列相關的虛無假設。無論如何，因為這些結果與其後若干頁中我們將要討論的結果會有衝突，它只是在於提出要記得搭配聯動的檢定（the Geary test）在樣本方面如在圖 3-9 中那麼小的樣本就不具有解釋力。

現在轉向一個基於一個理論分配基礎之上的一個檢定，我們集中焦點於 Durbin-Watson d-statistic（d- 統計量）：

$$d = \frac{\sum_t (\hat{e}_r - \hat{e}_{t-1})^2}{\sum_t \hat{e}_t^2} \quad (3\text{-}72)$$

其中各個 $\hat{e}_t$ 是 OLS 的迴歸殘差。它應該是很清楚的，當有正向自我相關時，分子的值（即是，$\hat{e}_t - \hat{e}_{t-1}$）將相對的比分母的值小，此時對負向自我相關其對立（the opposite）將會是案例。如此 d 將傾向於正向的自我相關會是小的，而傾向於負向的自我相關會是大的，與在中間的某地方為一個隨機的序列（a random series）。

如一個方程式（3-72）的通則化（a generalization）它會隨之發生，如果我們假設 $e_t = pe_{t-1} + v_t$，即是（Kelejian and Oates, 1974: 202）：

$$d = \frac{2var(\hat{e}_t) - 2cov(\hat{e}_t \hat{e}_{t-1})}{var(\hat{e}_t)}$$

基於前述的結果，它會是

$$= \frac{2s^2 - 2ps^2}{s^2}$$
$$= 2(1 - p)$$

這可以依序指出

$p = 0$ 意指 $d = 2$

$p = -1$ 意指 $d = 4$

$p = 1$ 意指 $d = 0$

它應該被強調這些只是近似值（approximations），因為 Durbin-Watson 的抽樣分配端視 X_t 的各值而定。其結果，Durbin 與 Watson 建立了提供 d 的各個顯著性水準的上限（d_u）與下限（d_l）。這些顯著性水準的上限與下限允許我們對正向一階自我相關的對立假設去進行檢定沒有自我相關的假設。正向序列相關案例的決定規則是（Kmenta，1971：295）：

如果 $d < d_l$　拒絕 H_0

$d_u < d < 4 - d_u$　不拒絕 H_0

$d_l \leq d \leq d_u$　非決定性的（不確定的）

如果該假設是負的一階序列相關，那其決定規則就變成（Kmenta，1971：295）：

如果 $4 - d_l < d$　拒絕 H_0

$d_u < d < 4 - d_u$　不拒絕 H_0

$4 - d_u \leq d \leq 4 - d_l$　非決定性的（不確定的）

這些決定的一個圖解的呈現方式被假定於圖 3-15 中。

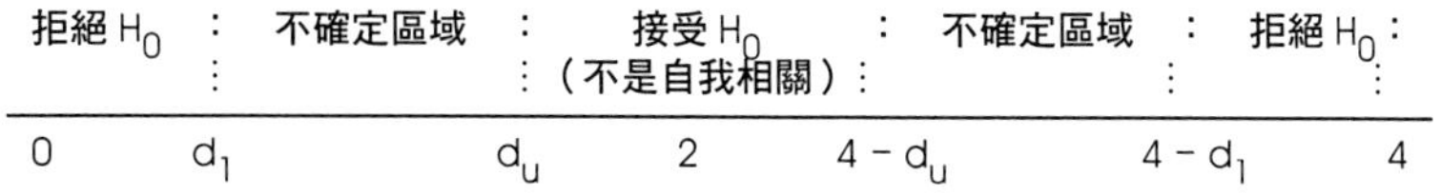

拒絕 H_0	不確定區域	接受 H_0（不是自我相關）	不確定區域	拒絕 H_0

0　d_l　d_u　2　$4 - d_u$　$4 - d_l$　4

圖 3-15　提供 Durbin-Watson d 值的五個區域

資料來源：Kelejian and Oates (1974, p. 202)

不確定區域是各值的一個範圍其中我們既不可接受也不可拒絕虛無假設。簡言之，在這個區域我們不能作推論。當使用 Durbin-Watson 檢定時這個會呈現出一個問題。Theil 與 Nagar（1961）對於外衍變項提出一個基於更特殊的假設之上的部分解決方案（a partial solution）。這些是有關外衍變項的第一與第二差分 (差異) 的假設，它們依據原始變項的界定條件必須是小的。如此具有一個傾向或趨勢的各變項才具有此條件，但是在第一差分（或一階差分）（差異，difference）中所呈現的資料就不具有此條件。Theil 與 Nagar 值被計算如下：

$$0.01\text{ 的水準：}Q = 2\left[\frac{T-1}{T-k} - \frac{2.32653}{\sqrt{T+2}}\right] \tag{3-73}$$

$$0.05\text{ 的水準：}Q = 2\left[\frac{T-1}{T-k} - \frac{1.64485}{\sqrt{T+2}}\right]$$

Theil 與 Nagar 的 Q-values 是非常接近 Durbin-Watson d_u 的值，如此共同實況（common practice）僅使用上限為切斷或捷徑點（cut-off point）。這個致使虛無假設被拒絕，縱然 d 的值是在不確定區域。

如果有任何的行動，那甚麼樣的行動應該被接受於反應序列相關出現的一個檢定結果？如果沒有顯著序列相關的指示，我們就可以接受普通最小平方（OLS）估計而無需效率（efficiency）的一種喪失或在已估計變異數的一個偏估。如果有顯著序列相關的指示，我們可以反應去使用在其後兩個部分中所發展的估計技術。最後，如果其檢定考驗是不確定的（inconclusive），我們可以反應也可以不反應。假定種種結果的重要或嚴重性，無論如何，我們可以採用 Theil 與 Nagar 的水準（或僅使用 d_u）與在有顯著序列相關指示的任何時間可能採取正確的行動。

在結尾中，有三個相關點需要被強調。第一，它必須被強調 Durbin-Watson 檢定不是有效的如果一個或更多的迴歸項（regressor）是滯延的內衍（即是，依變項）變項（Nerlove and Wallis, 1966）。我們應該回顧到這一點在本章研究報告下一重要部分的原因或理由。第二，Griliches 與 Rao（1969）提示，基於 Monte Carlo 實驗的基礎上，當干擾項由一個一階自我迴歸的過程與 $p > 0.30$ 所產生時，可選擇的估計技術（被發展形成於下兩部分）應該被使用於替代 OLS。因此，Hibbs（1974），發現在其他情況相同的條件之下 $p > 0.30$ 是一個比 Durbiin-Watson 或 Theil-Nagar 所提出的顯著性水準更令人感興趣的經驗法則。最後，如果在被討論中的迴歸模型有一個以上的外衍變項，Durbin-Watson 的 d 統計量 (d-statistic) 要求要知曉迴歸項（regressors）的數目。而 Durbin 與 Watson 已計算 $k = 1, 2, 3, 4, 5$ 的 d 值。由此，有必要去注意到 k 的計算是包括或是排除常數項於其中。一個安全的策略是去假定 k 的計算是包括常數項在內，否則它是以不同的方法被陳述。

Durbin 與 Watson 對方程式（3-49）已估計陳述方法（version）的 d 統計量是 0.89。要決定這個值是否與不是正向序列相關的虛無假設一致，去決定 d_u 與 d_l 為 $T = 16$ 與 $k = 2$ 是有必要的。注視一個標準的一覽表（a standard table）產生下列 0.05 水準的最低與最高的限制：0.98 與 1.24 因為 d 是小於最低的限制，從圖 3-14 中可以很清楚地認識我們必須拒絕虛無假設。我們已使用 0.01 的水準，其最低與最高的限制是 0.84 與 1.09，如此 d 是位於不確定區域。當面對由這種情況所產生的問題時通常會去計算 Theil-Nagar 所提出顯著性水準的限制（或界線）（方程式（3-73）），其限制（或界線）是 1.04 與 1.39 為 0.01 與 0.05 的個別顯著性水準。使用 Theil-Nagar 所提出顯著性水準，由此我們可以很清楚地拒絕在 0.01 與 0.05 水準兩者沒有序列相關的虛無假設。這些檢定的結果可以驗證我們對來自圖 3-9 中展示正向序列相關所呈現散布殘差的疑慮。

七、一個可以選擇對立的估計方法

Kelejian 與 Oates（1974：195）提出下列有關自我相關問題的綜合性摘要：

> 自我相關的普遍性問題現在應該是很清楚的。它所呈現的問題，在持續觀察值干擾項的各值方面我們有一個系統性的變異形式（variation）。這種變異形式的模式並不會導致產生各參數的偏誤估計；無論如何，變異數的程式（variance formulas）不再維持不變，由此無法產生更進一步的結果因而我們就無法去檢定各個假設與建立信賴區間。所以我們所進行的程序很明顯地留下某些可以被想像的空間……如果在干擾項之中有一個變異形式的模式，我們應該是有能力去執行一個較佳的估計與預測如果我們把這種附加的資訊併入我們的計算之中。

要去執行如此的過程，我們可以回顧到我們正已進行考量的基本模型：

$$Y_t = a + bX_t + e_t$$
$$e_t = pe_{t-1} + v_t$$
$$-1 < p < +1$$
$$E[v_t] = 0 \quad E[v^2_t] = \sigma^2 \tag{3-74}$$

而且，我們將假設，p 是已知。現在採取一個方程式（3-74）的滯延的形式與透過它乘 p 去獲得：

$$pY_{t-1} = pa + pbX_{t-1} + pe_{t-1} \tag{3-75}$$

從方程式（3-74）減方程式（3-75）產生：

$$(Y_t - pY_{t-1}) = (a - ap) + (bX_t - pbX_{t-1}) + (e_t - pe_{t-1}) \tag{3-76}$$

從方程式（3-74）中我們獲知 $v_t = e_t - pe_{t-1}$，當代入方程式（3-76）時會給予：

$$(Y_t - pY_{t-1}) = a(1 - p) + b(X_t - pX_{t-1}) + v_t$$

或

$$Y_t^{'} = a^{'} + bX_t^{'} + v_t \tag{3-77}$$

其中

$$Y_t^{'} = Y_t - pY_{t-1}$$
$$X_t^{'} = X_t - pX_{t-1}$$
$$a^{'} = a(1 - p)$$

要注意到觀察值的數目可以由任一個值來進行簡化於當使用這個進行轉換時，因為資料通常對 Y_0 與 X_0 是不存在的。

方程式（3-77）現在正處於標準迴歸的構成形式中，尤其是，v_t 滿足於基本假設的條件（不像 e_t）。把 OLS 應用於方程式（3-77）會產生下列 $\hat{a}$，$\hat{b}$，var($\hat{a}$)，與 var($\hat{b}$) 的估計值：

$$\hat{a} = (1 ／ 1 - p)[\overline{Y}_t' - b'\overline{X}_t'] \tag{3-78}$$

$$\hat{b} = \sum_{t=2}^{T} Y_t' X_t' ／ \sum_{t=2}^{T} (X_t')^2 \tag{3-79}$$

$$\text{var}\,(\hat{a}) = \frac{s^2}{(1-p)^2}\left[\frac{1}{T-1} + \frac{(X_t')^2}{\sum_t (X_t')^2}\right] \tag{3-80}$$

$$\text{var}\,(\hat{b}) = s^2 ／ \sum_t (X_t')^2 \tag{3-81}$$

而且，s^2 是依據下列程式進行計算：

$$s^2 = \frac{\sum_t [Y_t' - \hat{a} - bX_t']^2}{T-3} \tag{3-82}$$

式中 T-3 反映觀察值數目是由於使用這種轉換方式而被簡化。可以把這些估計值與前述部分的這些估計值進行比較。

它已被指出觀察值的數目無法完全地由於使用下列提出第一個觀察值的這種轉換方式而被恢復：

$$\sqrt{1-p^2} \quad Y_1 = Y_1 - pY_0$$
$$\sqrt{1-p^2} \quad X_1 = X_1 - pX_0 \tag{3-83}$$

因為 Y_0 與 X_0 不是可觀察的。所以，這種變換將保存觀察值的數目，但是它必須極為謹慎地被使用（Wonnacott and Wonnacott， 1970：142）。如果產生誤差的過程於資料蒐集之前一直持續而未被察覺已有一段很長的時間，如果有的話那是適當的。實際上，無論如何，第一個觀察值是被取得於決策過程中一個重大問題事件之後，例如，一個企業危機事件之後，一個戰爭或某種相同毀滅性事件之後，此會嚴重地妨礙誤差的出現。在這樣的案例或情況之中以上的變換不應該被使用與第一個觀察值必須從樣本中被刪除。

以上 $\hat{a}$, $\hat{b}$, var($\hat{a}$), var($\hat{b}$), 與 s^2 的估計是有效的或能夠產生結果的，與由此我們可以設定一種估計技術能夠把有關誤差項它們之間的關係可資利用的資訊併入估計的過程的技術特性。然後我們已執行的所謂估計技術被假定是產生自我相關殘差（即是，一階的自我迴歸）過程的一種特殊形式，具有自我相關誤差的迴歸模型變換成能滿足符合於簡單模型所有假設的一個模型，然後把 OLS 應用到已變換的資料。尤其是，已變換的變項是以下列方法被建構（Hibbs，1974：269）：

$$
\begin{aligned}
Y_1' &= \sqrt{1-p^2}Y & t &= 1 \\
Y_t' &= Y_t - pY_{t-1} & t &= 2, 3, \cdots, T \\
X_1' &= \sqrt{1-p^2}X_1 & t &= 1 \\
X_t' &= X_t - pX_{t-1} & t &= 2, 3, \cdots, T
\end{aligned}
\qquad (3\text{-}84)
$$

Y_1' 是直接地以 X_1' 進行迴歸，它能夠使誤差變換成下列程式的效果

$$e_t' = e_t - pe_{t-1} \quad t = 2, 3, \cdots, T$$

因為 e_t 是被假設由一階自我迴歸的模式（the first order autoregressive pattern）而來，所以已修正模型的誤差就變成：

$$
\begin{aligned}
e_t' &= pe_{t-1} + v_t - pe_{t-1} \\
&= v_t
\end{aligned}
\qquad (3\text{-}85)
$$

接著，因為 v_t 是被假設要去符合假設 3， 4，與 5，而已修正的模型同樣地符合這些假設。

要變換資料與應用 OLS 於已變換資料的途徑通常被歸之為一般化的最小平方（Generalized Least Squares），在此被簡稱為 GLS，GLS 估計的直接微分法（the direct derivation，求導）要求更多數學的技術甚於本研究論文所假設的。所以，我們在此將不更進一步進行推估 。但是，它可以被展示變換資料與應用 OLS 以便產生 a 與 b 的 GLS 估計。其唯一的條件是 GLS 假設我們知道產生干擾項與參數兩者的過程。在本案例中，這涉及到已知該過程是一個一階我迴歸的過程與已知參數 p 的值。GLS 的估計技術是可以有效利用的只要我們擁有必要的資訊。如果有的話，依據通常的案例或情況，我們通常會缺乏去從事運作 GLS 估計技術的必要認知，如要決定產生誤差過程的性質（the nature），要估計它的參數（在一階過程的情況，p），然後要變換資料與應用 OLS。這些基本過去的認知，Hibbs（1974：282）稱呼這樣的程序為虛擬 -OLS（pseudo-GLS）。我們將在下一部分看到，虛擬 -GLS 估計值可以被獲得而不必使用特殊的計算軟體程式。

八、虛擬——GLS 估計

研究虛擬—— GLS 估計有很多不同的途徑，其中有三種途徑將在本部分被討論，而有一種途徑將在下一部分被討論。就其關鍵技術方法而言，每一種技術可估計 p，然後變換資料與使用 OLS；各估計方法之間關於 p 的估計有關鍵性的差異。應該注意的是它們係依據困難度，對特殊化計算軟體程式的需求，與支付的代價之差異而有廣泛的不同。在呈現出每一種方法之後，我們將以一個實驗進行檢測其結果其中每一種技術方法將以小樣本的屬性（the small sample properties）進行比較。

Hildreth-Lu。第一個方法可以同時地估計所有模型的參數。Hildreth 與 Lu（see Kmenta，1971：282-287）考量到下列方程式（方程式（3-77））：

$$(Y_t - pY_{t-1}) = a\,(1 - p) + b(X_t - pX_{t-1}) + v_t$$

其中 a，b，p，與 σ^2 不是已知的，假設這個方程式，Hildreth 與 Lu 提出下列研究途徑：

(1) 假設 p 是未知的。在這種情況之中 a 與 b 的 GLS 的估計值可以直接使用方程式（3-78）與（3-79）進行計算。如說到 $\hat{a}$ 與 $\hat{b}$，這些估計值，就可以被使用去計算 s^2，其方式是：

$$s^2 = (1 / T - 2)\sum_t[(Y_t - pY_{t-1}) - \hat{a}(1 - p) - \hat{b}\,(X_t - pX_t)]^2 \qquad (3\text{-}86)$$

現在不同的 p 值將導致產生不同的 $\hat{a}$ ，$\hat{b}$，與 s^2 值。

(2) 探求不同的 p 值，例如 −0.95，−0.90，−0.85，⋯，0.85，0.90，0.95，與

選擇 $\hat{p}$（與對應的 $\hat{a}$ ， $\hat{b}$ 值），即會導致產生最小的 s^2 。

這樣的解答方法將是方程式（以一個假定的 p 值）它有最小平方殘差的總和。$\hat{a}$ 與 $\hat{b}$ 的標準誤可以從 GLS 的程式（方程式（3-79）與（3-80））中由 $\hat{p}$ 取代 p 之後進行計算獲得。Hildreth 與 Lu 估計可以從時間序列的製作程式（the Time-Series Processor program）使用界定模型與 p 值被探求的方式去獲得。要注意的是我們要包括更多的 p 值有待被探求，因而就需要有更多擴展的程式軟體去進行處理。其結果，如果預期正向的序列相關，就沒有理由去探求 p 的負向的值。因而，這種程序的進行在理論方面是非常複雜的，然而它們在實際上要去執行是非常簡單。

Cochrane-Orcutt。第二個可選擇是 Cochrane-Orcutt 的方法，它亦需要一種特殊的程式軟體。這種方法就如 Kmenta 所描述的（1971：288），由下列步驟所組成：

(1) 獲得 OLS 的估計值

$$Y_t = a + bX_t + e_t \quad (3\text{-}87)$$

與計算已估計的殘差 $\hat{e}_1, \hat{e}_2, \cdots, \hat{e}_t$ 。使用這些去獲得一個「第一回合」p 的估計值，提到 $\hat{p}$ ，它可以被界定為

$$\hat{p} = \Sigma \hat{e}_t \hat{e}_{t-1} / \Sigma \hat{e}_{t-1}^2 \quad t = 2, 3, \cdots, T \quad (3\text{-}88)$$

(2) 建構 Y_t' 與 X_t'，與獲得 OLS 的估計

$$Y_t' = a' + bX_t' + v_t \quad (3\text{-}89)$$

這些第二回合估計值是被稱為 $\hat{\hat{a}}$ 與 $\hat{\hat{b}}$ ，及導致產生第二回合的殘差，$\hat{\hat{e}}_1, \hat{\hat{e}}_2, \cdots, \hat{\hat{e}}_T$（式中 $\hat{\hat{e}}_t = Y_t - \hat{\hat{a}} - \hat{\hat{b}}X_t$ ）。接著這些值可以被使用去獲得 p 的一個新的估計值，假設是 $\hat{\hat{p}}$ ，

$$\hat{\hat{p}} = \Sigma \hat{\hat{e}}_t \hat{\hat{e}}_{t-1} / \Sigma \hat{\hat{e}}_{t-1}^2 \quad t = 2, 3, \cdots, T \quad (3\text{-}90)$$

(3) 建構新變項 Y_t' 與 X_t'，使用 $\hat{\hat{p}}$ 替代 $\hat{p}$ ，然後進行步驟 2 。

這樣進行的程序應該被持續進行直到估計式的各值趨於相同的目標為止（converge），即是，直到我們在一個回合之後的回合獲得各參數的相同值為止。Cochrane 與 Orcutt 已展示其程序的確是在執行各值的聚合或收斂（converge），與展示最後回合的估計值是相同於由 Hildreth-Lu 使用大樣本技術所獲得的值。

Cochrane-Orcutt 程序可以被簡化成兩個步驟在第二回合估計 $\hat{\hat{a}}$ 與 $\hat{\hat{b}}$ 之後，即停止。這些估計式有同樣大樣本的屬性如有同樣更多擴大的程序一樣，而且同樣可以使用 SPSS 軟體進行計算。$\hat{e}_t$ 可以使用 $Y_t - \hat{a} - \hat{b}X_t$ 與一個計算的陳述（a COMPUTE statement）來進行計算，而 $\hat{e}_{t-1}$ 可以以相同方式進行計算。a 與 b 標準誤的估計可以使用方程式（3-79）與（3-80），及由 $\hat{p}$ 替代 p 的方式去獲得。

第一差分（*First Differences*）。處理自我相關的問題其廣泛被使用的與／或被建議的是第一差分。即是，我們假設 p = 1，把原始資料變換成第一差分（$Y_t - Y_{t-1}$ 與 $X_t - X_{t-1}$），然後估計下列 OLS 的方程式：

$$Y_t - Y_{t-1} = a^* + b(X_t - X_{t-1}) + (e_t - e_{t-1}) \quad (3\text{-}91)$$

注意到因為

$$Y_t = a + bX_t + e_t$$
$$Y_{t-1} = a + bX_{t-1} + e_{t-1}$$

它隨之發生 $a^* = 0$ 與 $v_t = e_t - e_{t-1}$。這種方法的理論（the rationale）是相信 p 的真正值是接近 1.0。而且，我們不預期去獲得一個 a 的估計值。Kmenta（1971：290-292）很詳細地顯示為什麼第一差分的使用是被推薦的除非 p 的真正值是接近 1.0，是被相信之外。在不同狀況之下該程序會導致產生某些錯誤的推論。第一差分技術的優勢是它涉及無法個別估計 p 值。

九、小樣本的特性

它已被顯示，至少在關鍵性方面，這些不同的多重步驟或多重階段的程序是比簡單的 OLS 更有效（Johnston，1972：264）。這個留下兩個附加未回答的問題：(1) 要獲得有效的答案可真正地展示於小的樣本中，與 (2) 小樣本在各種估計式中的有效性會有任何的變異（any variation）？在自我迴歸干擾項的模型中其迴歸係數的可選擇估計式的小樣本特性一般而言是未知的，因為這些估計式的抽樣分配之決定因素是非常複雜的。我們可以獲得某種有關這些估計式小樣本作為的理念藉由在實驗上推論抽樣分配。這個僅對特殊的模型與分配的特殊母群體可以被執行。這種訴求的抽樣實驗（Kmenta，1971；Griliches and Rao，1969）是眾所周知的「Monte Carlo 實驗」因為它們相似於機會的遊戲（games of chance）。

要提供各種虛擬——GLS 技術的使用者給予某些實況的指南，讓我們檢測

Kmenta 實驗的結果（1971：292-295），其中他以 Hildreth-Lu 的 OLS 與兩個步驟的 Cochrane-Orcutt 技術作比較。其結果被紀錄於表 3-7 中，並顯示所有估計式是不偏估與 OLS 估計對其他的估計是無效的。Hildreth-Lu 與兩個步驟 Cochrane-Orcutt 程序對 20 與較大的樣本幾乎是相同的。在最小樣本中 Hildreth-Lu 技術呈現出是有效的。因而，實驗的結果要形成通則是有困難的，但其實驗的結果獲得某種指示，即指出小樣本個體估計式的實驗效果是相同於前述所討論的較大樣本的特性（large sample properties）。

表 3-7 **Monte Carlo 實驗結果（$Y = 10 + 2X_t + e_t$）**

樣本大小	估計式					
	普通的最小平方		Hildreth-Lu		Cochrane-Orcutt（兩個步驟）	
	平均數	標準差	平均數	標準差	平均數	標準差
10	2.0070	0.1029	2.0079	0.0634	2.0058	0.0754
20	2.0008	0.0634	1.9995	0.0402	1.9997	0.0412
100	2.0001	0.0201	1.9990	0.0136	1.999	0.0136

資料來源：Kmenta（1971，p.293）。

十、延伸到多元迴歸

就我們已集中焦點於時間序列迴歸兩個變項模型上這一點而言，讀者會很想知道如果我們擴張到一個具有 k 個迴歸項（k regressors）與自我相關模型進行研究時，那其模型將會有甚麼樣的變化，即是，

$$\begin{aligned} Y_t &= a + b_1X_{1t} + b_2X_{2t} + \cdots + b_kX_{kt} + e_t \\ e_t &= pe_{t-1} + v_t \end{aligned} \tag{3-92}$$

如果我們維持所有基本假設與增加兩個以上（沒有多元共線與我們的迴歸項比觀察值少），前述多元迴歸案例技術的擴張是直進的（straightforward）。

估計程式變化係在於反映附加解釋項的含入（Kmenta， 1971：347-357），因而其殘差是如以下方式被估計

$$\hat{e} = Y_t - \hat{a} - \hat{b}_1 X_{1t} - \hat{b}_2 X_{2t} - \cdots - \hat{b}_k X_{kt}$$

違反非自我迴歸假設的結果是相同的（identical）與其檢定考驗是可以應用的。

無論如何，要注意 Durbin-Watson 的檢定要求我們使用迴歸項 k + 1 的數目（1 被視為是常數項）以便去決定適當的上限與下限。依據虛擬——GLS 估計的界定條件，我們可以以特殊方法估計具有 OLS 的方程式（3-92）去獲得 e_t。使用 e_t 時我們可以使用前述已提到的計算方法（algorithms）之一去估計 p，然後變換資料如下（Hibbs，1974）：

$$Y_1' = \sqrt{1-p^2}Y_1 \quad t = 1$$
$$X_{k1}' = \sqrt{1-p^2}X_{k1} \quad t = 1; k = 1, 2, \cdots, K$$
$$Y_t' = Y_t - pY_{t-1} \quad 因為\ t = 2, 3, \cdots, T$$
$$X_{kt}' = X_{kt} - pX_{kt-1} \quad 因為\ t = 2, 3, \cdots, T；k = 1, 2, \cdots, K \tag{3-93}$$

然後 GLS 估計值可以以 X_{kt}' 迴歸預測 Y_t' 來獲得。

十一、一個比率目標假設的再斟酌

方程式（3-49）被提出於一個國家政府面對其假想敵國的國防狀況嘗試提出維持平衡或優勢的地位，而提出對應的國防支出。例如我們可以探討過去美國嘗試提出維持平衡或優勢的地位對蘇聯與中共的國防支出的一個比率水準，其參數的估計與其相關統計量均被呈現於前述的討論中。

方程式（3-49）亦可以被提出於企業管理決策中，例如企業在商業生存競爭中為了獲得企業所需相關技術的人才，提出比一般企業用人薪資高的薪資比率水準。又如企業管理決策中對某產品的銷售量與廣告支出之間比率水準的問題。這些問題參數的估計與其相關統計量的探討將被呈現於後面第六章的的討論中。

以上比率水準問題的探討中均會涉及到其參數的估計與其相關統計量評估的過程，是一個相當複雜的問題。依據 Durbin-Watson 的檢定指出在已估計的殘差中有顯著性的相關，但是，它會導致我們去推論，因為其自我迴歸是正向的，而會使其模型的適配度被過量誇大。要去克服這樣的問題我們將使用在前述部分所討論虛擬——GLS 技術中的一種方法。

為了要提出一個附加比較，在前述部分所提出三種技術的每一種已被使用去進行再估計（re-estimate）方程式（3-49）。這種被進行再估計的結果被展示於表 3-8 中，該表顯示這三種虛擬——GLS 技術產生非常相似的結果。所有各項在邏輯上均有一個小的，正向的（正數的）常數項（constant term）與一個大約 0.75 的斜率。最顯著的事實是適配度大小的程度已被減低：R^2 從 0.82 減少到大約 0.30 。的確，這是其中的值是如此高所呈現出的事實結果。假設 $\hat{p}$ 的值是 0.9 或更高，那 OLS 技術就會有極度低估真正變異數的問題出現（參考方程式（3-69））。在我們只好選擇去忽略序列相關問題之後，我們就會被導引去對簡單比率目標模型的解釋力作誇大的宣示。所以，基於虛擬——GLS 估計，這種比率目標模型敘述（this version）的解釋力就不會太大。

在此要注意的是 GLS 迴歸模型對 R^2 統計量的計算會有某種問題，通常 GLS 適配度測量的問題討論是由 Buse（1973）所提出的。其適當的適配度統計量的微分法（the derivation）通常依據正式的報告，要求要有某種統計量的操縱（some manipulation of the statistics）。對於這些統計量的計算將會在後面的章節中被討論。

虛擬——GLS 估計的一個重要特性，它對某種問題專注的特性是在後——GLS（post-GLS）Durbin-Watson d 統計量的問題上。如我們已看到的，其所有的統計量都高於 1.07 對 0.01 顯著水準的上限，然而其所有的統計量都低於 1.34 對 0.05 顯著水準的下限。端視我們選擇的顯著水準而定，它們是低的足以去指出在模型中有某種序列相關存在。所以，在這一點上至少有兩個可能性。第一，它可能是我們已錯誤界定了產生干擾的過程。即是，產生干擾的過程可能是有幾分是而不是一個一階的自我迴歸的過程。一個一階自我迴歸模型的可能選擇範圍將被呈現在本章所要研究的最後部分。

第二，方程式本身會被錯誤界定。一方面，某相關的變項可能會從方程式中被遺漏（Kmenta，1971：297）。另一方面，方程式的形成可能會被錯誤界定。例如，如果兩個變項之間有一種曲線的關係與我們已估計方程式（3-49），而其殘差的模式指出正向的自我相關。如此，其殘差可以指示自我相關當其方程式是真正非直線相關時。Kmenta(1971：451-472）介紹非直線相關模型的一種多樣性（a variety of nonlinear model），它可以被區分成兩組，在本質上是直線的與在本質上是非直線的。前者（例如，多項式迴歸）可以以 OLS（或 GLS）被進行估計，而後者要求特殊的估計計算方法（algorithms）。非直線模型的討論超越本章所要探究的範圍。由此可以說自我相關可以指示界定的誤差。

表 3-8　對方程式（3-49）的可選擇 GLS 的估計

技術	a(1 − p)	b	R^2	s.e.	D.W.	p
Hildreth-Lu	3222	0.811	0.33	4851	1.17	0.90
Cochrane-Orcutt	2594	0.701	0.27	4800	1.22	0.95
第一差分	964	0.771	0.22	4912	1.18	1.00

資料來源：Ostrom, C, W. (1978, p.43)

第六節　時間序列迴歸分析：滯延的案例

凡是過去對時間序列迴歸分析有些經驗認知的讀者，我們必須面對要去獲得係數變異數不偏估的估計式會面臨很多的麻煩，縱使其係數估計本身是不偏估的，而事實是會有些令人困擾的問題。不過在進行探討的過程中會有提供評估不同類型模型的基礎理論；在許多案例中這些不同的模型要面臨更多嚴厲的估計問題。在本節中我們將集中焦點在合併滯延的內衍與外衍變項的這些模型上。

就我們已檢測的各模型，它們假設一個方程式的左邊與右邊之間一種屬於同一時間或同一時期的關係，就這一點而言，即是，在兩者變項組合上的觀察值被取得於相同的時期。端視我們正進行建構模型時其實質的關係而定，因而把時間的滯延併入基本模型似乎是合理的。基本上有兩種時間滯延的類型：(1) 內衍變項滯延的值與 (2) 外衍變項的滯延值。就我們將看到的，前者非常不可能產生新的估計問題，然而後者會引進一個新問題的範圍。其中每一個將依序被討論。

一、滯延的外衍變項

建構模型的某些關係時常會要求含入滯延的外衍變項。例如，我們會認為明確地把時間的滯延併入一種關係似乎是合理的，因為依變項無法被預期可以直接地反應自變項方面一個特殊的增加或減少。所以，一個滯延的程式陳述承認它取時間為一個變項影響另一個變項。一個可能的程式陳述是去假定它要取得或占用一個明顯的時期，例如說一年，為蘇聯國防支出去影響美國國防支出的期間。或在某產品的銷售量與廣告支出之間的影響，在本案例中我們會進行估計下列的模型：

$$Y_t = a + bX_{t-1} + e_t \tag{3-94}$$

其中各項在前述均已被界定。如果相關的假設是被滿足，那前述部分的討論是可以有效的應用，與我們可以進行估計方程式，與進行自我相關的檢定，接著如果有任何顯著性自我相關的指示就可以採取正確的行動。

對這種模型唯一可能的問題是要去界定 X_t 要影響 Y_t 需要耗費多少的正確時間單位通常是不可能的。如果對假設一個既定反應時間沒有強制的理由時，我們希望能夠允許它可以延伸到若干持續的時間。例如，假定蘇聯國防支出的影響被延續到 n 時間的期間以一部分或局部影響到每一個滯延的時期：

$$Y_t = a + b_0X_t + b_1X_{t-1} + \cdots + b_nX_{t-n} + e_t \tag{3-95}$$

這種界定方式通常被歸之為一個被干擾的滯延模型（a distributed lag model）。多元迴歸模型在通常的假設之下沒有新的估計問題，至少依原則，OLS 與 GLS 可以被使用去產生不偏估的，會相當有效的，與不矛盾的估計。由被干擾的滯延模型所假定的實際問題通常會排除直接的應用 OLS 與 GLS。無論如何，一個問題是解釋變項的滯延值是很可能會彼此有很高的相關，如此，會產生多元共線性的潛在問題。這樣會使去區隔各個自變項對依變項的影響產生困難（Kelejian and Oates，1974：147）。第二問題是長期的滯延會留下很少的自由度。如果 n 是大的，那將會有很多的參數要進行估計。如果 n 是大的，將有很多的參數要估計，最後，對每一個被滯延的變項我們輸入一種關係，一個觀察值必須被省略。被使用於範例中的資料組合的事實僅有 16 個觀察值徹底地限制我們可能研究滯延的長度。無論如何，這是一個端視樣本大小而定的問題。

要處理這些問題，某些限制通常是被課加在滯延的加權上（即是，$b_0, b_1, \cdots, b_n$）。這會減少觀察值的數目（the number of observation）由於正滯延的與／或要被估計的參數數目失去的結果。例如，我們可以課加某些限制即其加權必須是正數的與會在跨越過去時間上減退。另一個可能是各加權都是正數的與將會上升與其後將會下降。它亦會是各加權可以由 q 度一個多項式來進行估計而這樣的 q 度是小於 n。（被涉及個體或個別技術的討論對本文有一點點的提升，但是有興趣的讀者可以參考在幾何學，巴斯喀 Pascal，Almon 的滯延主題之下任何標準計量經濟學的書籍。在政治科學中 Almon 技術使用的一個範例，參考 Ostrom and Hoole，forthcoming）。

如此就我們已討論滯延關係的估計其中，滯延的外衍變項是被考量的。研究這種任務工作的基本途徑是 (1) 以 OLS 或 GLS 作直接估計，或 (2) 各加權遵循某種模式的辨識與依此進行估計。在每一個案例中，必須給予自我相關問題以便去保證變異數估計不被偏估。這些方法，無論如何，只要沒有滯延的內衍變項於方程式中就可以運作。滯延內衍變項的引進可以創作很多新的考量。

二、滯延的內衍變項

持續整篇已發展形成的國防支出範例，前述美國已支出的國防經費水準可以是當前國防支出的主要因素。即是

$$Y_t = a + bY_{t-1} + e_t \tag{3-96}$$

對這樣的假設已由 Rattinger（1975：575）提出實質的論調辯護其正當性，他感覺到是由於有「官僚的動力要素」（bureaucratic momentum）存在所導致，「由此由一個政府官僚作風在一個假定年度中所執行的預算是被預期去估量會比前年高於一個大約固定的百分比」。這樣的一種關係在形式上是以方程式（3-96）來呈現。

要估計這個模型，OLS 是可以被應用於方程式（3-96）。其結果是如下（Ostrom，1978：46）：

$$\begin{aligned} Y_t &= -3614 + 1.12Y_{t-1} \\ &\quad\ (0.60) \quad\ (9.02) \\ R^2 &= 0.85 \quad \text{s.e.} = \$5.40 \text{ billion} \quad \text{D.W.} = 1.18 \end{aligned}$$

如我們已看到的，這個模型可以對國防經費資料提供一個相當適合的分析模型；它亦提出美國已支出的國防經費水準大約每年增加 12%。

我們可以詢問在「官僚的動力要素」模型中的序列關係是否有任何問題。進行 Durbin-Watson d 統計量的一種檢核可以指出是否是序列相關有某種問題出現。由此可知，我們可以被引導去推論官僚的動力要素模型會是非常精確的。這不是案例，然而它不僅是具有已估計模型的問題，而且可以使用 Durbin-Watson d 統計量的問題。對於這些問題我們現在依序討論。

對基本自我迴歸模型的討論，我們將集中焦點於下列的模型上（Johnston1972：303-313）：

$$y_t = by_{t-1} + e_t \tag{3-97}$$

其中 y_t 與 y_{t-1} 是被呈現出為平均數離差（mean deviates）（即是，$y_t = Y_t - \overline{Y}$）。

在其後部分我們將擴大對種種情境的討論，其中有更多 y_t 的滯延值與附加的解釋變項。估計的程序與問題端視對 e_t 所作的假設而定。其次的討論在於區分下列二個假設組合的差異：

A. e_t 符合假設 3，4，與 5

B. $e_t = pe_{t-1} + v_t$

v_t 符合假設 3，4，與 5

$-1 < p < +1$

假設 A 假定各 e_t 有一個零的平均數，恆定的變異數，與零的共變數。這是最簡單的假設，與只要 $b < 1$，其唯一的含意就是 y_{t-1} 會顯示在方程式（3-97）的右手邊。假設 B 指示 e_t 遵循一個第一階的自我迴歸過程，此意指它們不再是隨機的。

假設 A

首先，它必須再強調我們正假設的誤差不是自我相關的，如此其唯一的含意出現因為滯延的 y 被使用為一個解釋變項（Johnston1972：305）。如果吾人把 OLS 直接應用於方程式（3-50），b 的估計，就是說 b*，其估計如下：

$$b^* = \frac{\sum_t y_t y_{t-1}}{\sum_t y_{t-1}^2} \qquad (3\text{-}98)$$

Malinvaud（1975：551）提出在確定有非常限制的假設之下（即是，$b < 1$，y_0 是隨機的，b 的絕對值是小的，與 T 是大的）b* 的預期值是

$$E[b^*] = b\left[1 - \frac{2}{T}\right] \qquad (3\text{-}99)$$

如此當 T 變大時，其偏估（或偏誤，bias）（被界定為 2b/T）會傾向於變得非常小。Malinvaud 指出，無論如何，大約有 20 個樣本其偏估（bias）大約會達到真正值的 10%。如此，簡單的自我迴歸模型會產生偏估雖然滯延的依變項的係數估計是符合的與有效的（consistent and relatively efficient），只要其誤差不是序列地相關。

Malinvaud（1975：552），在報告有關各種其他模型的結果之後，推論道：

> 這些結果證實提供迴歸模型所發展形成的理論是不如被應用於自我迴歸模型所發展形成的理論那麼樣具有應用性。但是他們指出在實際的運作中並沒有違犯而產生嚴重的誤差如果我們應用迴歸模型一般所使用的方法去處理自我迴歸的模型。當然這種樂觀的推論是僅就誤差 e_t 不是自我相關時才是有效的。

如此，如果在方程式（3-97）中的模型的確無法容許自我相關的誤差項，那 b* 是會被偏估的，然而並不產生矛盾的問題。是否誤差是序列地相關的決定並不像在非滯延案例那樣直進的推論，尤其是，一般的 Durbin-Watson 檢定考驗不再是適合的。其結果，我們將檢測在假設 B 之下其估計式的屬性（the properties），然後提出一個可選擇的（或對立的）提供檢測自我相關誤差的方法。

假設 B

滯延的 y 值與自我相關的干擾之連結意指 OLS 的估計將不會是前後一致的或符合的。如 Johnston（1972：307）所提示的：

> 自我相關的干擾如果沒有滯延的 y 值就不會產生偏估的估計式，縱然在小樣本中也是一樣的；以有隨機干擾項的滯延的 y 值將會給予 OLS 的估計式產生不矛盾或前後一致的問題（consistent），雖然在有限的樣本中會有偏估的問題；無論如何，二個問題的連結，要注意到會從 OLS 中引起錯誤的推論與會給予產生矛盾或前後不一致的估計式。

其重要原因是解釋變項，y_{t-1} 和當前的干擾項 e_t 是不再相關；即是 $E(y_{t-1}e_t) \neq 0$。這個會發生是由於 y_t 直接端視 e_t，y_{t-1}，與 e_{t-1}，等等情況而定。由此，因為 e_t 與 e_{t-1} 是直接相關（依據假設 B），而 y_{t-1} 是和 e_t 相關。由此觀之，滯延方程式（3-97）在一個時期可乘以 e_t 與取得預期值：

$$\begin{aligned} E[y_{t-1}e_t] &= b[y_{t-2}e_t] + E[e_te_{t-1}] \\ &= 0 - p\sigma^2 \\ &= -p\sigma^2 \end{aligned} \tag{3-100}$$

我們已顯示了 e_t 與 y_{t-1} 之間的共變數在一階的自我迴歸的假設之下是非零的。

如此，在滯延的依變項呈現出自我相關即意指解釋變項將會與當前的干擾項發生相關。這是直接地違反假設 2 與意指參數估計值將會是矛盾或不一致的（Kelejian and Oates，1974：261）。

為了去探究提供參數估計值前後不一致或前後矛盾的結果，考慮下列 Hibbs 所發展的。如果我們的滯延方程式（3-97）在一個時期與透過乘以 p 我們可以獲得：

$$py_{t-1} = pby_{t-2} + pe_{t-1} \tag{3-101}$$

此當提供解決 pe_{t-1} 時會產生

$$pe_{t-1} = py_{t-1} - pby_{t-2} \tag{3-102}$$

由此原始的方程式可以被寫成

$$\begin{aligned} y_t &= by_{t-1} + pe_{t-1} + v_t \\ &= by_{t-1} + py_{t-1} - pby_{t-2} + v_t \\ &= (b + p)y_{t-1} - bpy_{t-2} + v_t \end{aligned} \tag{3-103}$$

如此，如果我們不猶豫做下去與把 OLS 應用到方程式（3-97）於當假設 B 是正處於施行中時，這會導致產生傳統省略變項的問題（this leads to classic problem omitted variables）（see Uslaner， 1978），其中 y_{t-1} 的係數估計會獲得被排除變項 y_{t-2} 的某種影響力。這種會導致產生種種問題的類型可以從下列的論證中被發現。在現行的案例中，y_{t-1} 的真正係數是 b + p，而 −pb 則是被省略變項 y_{t-2} 的真正係數。在原始模型中的 b(b*)OLS 估計被假定給予在方程式（3-98）中；它有它的預期值（假設自我相關的誤差）

$$E[b^*] = b + \left[p - \frac{pb\sum_t y_t y_{t-1}}{\sum_t y_{t-1}^2}\right] \tag{3-104}$$

同時，它可以被顯示，這種偏估將不會出現當其樣本大小變得無限大時。漸近線的偏估（或偏誤）（the asymptotic bias），它是在估計式的偏估當其樣本大小變得非常大時，是由下列方程式所給予

$$p(1 - b^2) \;/\; (1 + pb) \tag{3-105}$$

由此我們是很可能去高估 y_{t-2} 的影響於 p 是正數時（Hibbs， 1974：292）。換言之，在自我迴歸方程式中 y_{t-2} 的影響通常是會被誇大。

Hibbs 顯示參數估計值是會前後不一致或有矛盾的與在漸近線上會被偏估，如此不管吾人擁有多大的樣本其估計值將不會聚合（converge）成真正的值。表 3-9 中指出對各 b 與 p 值在 b* 中偏估的大小程度。表 3-9 中的主要結果是對 b 的小值與 p 的大值，其偏估值是極端的大（記得 b* 是被限制於零與 1 之間）。

除了當 OLS 是被應用於一個有自我相關誤差與一個滯延的依變數模型時其 b* 的偏估與前後不一致或有矛盾之外，OLS 的殘差 $\hat{b}_t$ 無法再提供真正基本干擾項一個精確的反映，因為 y_t 的滯延值傾向於會去吸收干擾的影響。簡言之，前述已陳述估計 p 與 d 的程序要點現在是嚴重的被偏估。例如，假定我們使用 b* 去估計殘差，即是，

$$\hat{e}_t = y_t - b^* y_{t-1} \quad (3\text{-}106)$$

而以 $\hat{b}_t$ 去估計一階的自我迴歸係數 p，即是，

$$\hat{p} = \sum_t \hat{e}_t \hat{e}_{t-1} / \sum_t \hat{e}_{t-1}^2 \quad (3\text{-}107)$$

Malinvaud（1970：460-461）已顯示 $\hat{p}$ 漸近線上的偏估是

$$-p(1-b^2)/(1+pb) \quad (3\text{-}108)$$

它是在 b* 中漸近線上偏估的正確負數或負向（exact negative）。如此如果 p 是正數或正向那偏估將會是負數或負向，而如果 b 值是大的與正數或正向，我們將會傾向嚴重地低估序列相關的真正大小程度。

表 3-9　提供 b 與 p 各值的 b* 中漸近線上偏估的各值

b	0.2	0.2	0.2	0.5	0.5	0.5	0.8	0.8	0.8
p	0.1	0.5	0.8	0.1	0.5	0.8	0.1	0.5	0.8
漸近線上的偏估	0.09	0.44	0.66	0.07	0.30	0.43	0.03	0.03	0.18

資料來源：Johnson (1972, p.308)

現在回到 Durbin-Watson d 統計量的探究，Johnston（1972：310）已提出它的

漸近線上偏估是

$$2p(1 - b^2) / (1 + pb) \tag{3-109}$$

它是 b 偏估值精確的兩倍。如此如果 p 是正數或正向的，那 d 統計量會是向上偏估；如果吾人注意到各個小的 d 統計量和正數或正向的序列相關結合那將會是嚴重的。表 3-10 顯示當 p = 0.5 與 d = 1.00 時提供各個 b 方面的 d 偏估。在所有案例或情況中如果偏估是正數或正向的，那將會是相當大。我們可以從這種情況中推出的結論是 d 會向上被偏估 2.00（隨機干擾的值），當有正數或正向的序列相關與模型包含有一個滯延的內衍變項時。

這些結果我們可以做甚麼樣的處置？最重要的也許是，如果我們有依變項帶有滯延值的一個模型作為解釋變項與正數或正向的序列相關，我們是可能地對模型的適配度會是過度信賴（to be overconfident）。即是，我們是可能地去高估 b 值，而低估 p 值，因而 d 的統計量將會被偏估到 2.00。這是一種非常危險的情況因為我們將會被導致對模型產生很強的推論當事實上有嚴重問題出現時。所以，Johnson（1972，p.311）指出這些推論是過度的大驚小怪者（alarmist），因為它僅是在本節中被使用於簡單模型的案例中吾人獲得這樣的種種結果。事實上，Malinvaud（1970：462-465）指示，在附加的解釋變項（x_t 與 x_{t-1}）呈現中，偏估在絕對值方面是會被減低縱然它是仍然顯著的大。如此我們會去高估 y_{t-1} 的係數而犧牲 x_t 的係數為代價是可能的，依序，它意指對於動態項目（the dynamic terms）的重要性地位我們會產生錯誤的推論。由此可知去發展一個新的序列相關指標（indicator）與估計方法可以被使用於顯著性序列相關的呈現中是重要的。

三、滯延內衍變項模型中自我相關的檢定

從前述部分所假設給予的結果，可知去發展一個可以作選擇於提供序列相關的傳統 Durbin-Watson 檢定是必要的當我們有一個模型其中有一個或一個以上的解釋變項是滯延的內衍變項時。Durbin（1970）提出兩個這樣的檢定考驗。

表 3-10　當 p = 0.50 與 d = 1.0 時在 d 方面漸近線上偏估的各值

B	0.9	0.7	0.5	0.3	−0.5	−0.7	−0.9
漸近線上的偏估	0.13	0.38	0.60	0.79	1.00	0.78	0.35

資料來源：Johnson (1972, p.311)

第一個檢定是被稱為 Durbin 的 h，縱然它是不被廣泛使用或被討論，它可以很容易地從任何標準的 OLS 迴歸軟體使用中進行計算。下列的步驟組成其檢定方法（Johnson，1972：312-313）：

(1) 產生 OLS 參數的估計值。

(2) 估計 p，Johnson（1972）提出使用下列程序：

$\hat{p} = 1 - d/2$，其中 d 是 Durbin-Watson d。

(3) 決定變項（b*），其中變項（b*）是 b* 的抽樣變異數，Y_{t-1} 的係數。不管有多少個 Y_t 的滯延值被包括在一個方程式中，吾人仍然必須使用 Y_{t-1} 係數的變異數。

(4) 使用下列方程式計算 Durbin 的 h：

$$h = \hat{p}\sqrt{\frac{T}{1 - Tvar(b^*)}}$$

其中 T 是樣本的大小。

Durbin 的 h 是被檢定作為一個標準的常態變項（a standar normal variable）。（注意到：沒使用 Durbin-Watson 表）即是，如果 $h > 1.64$，以 0.05 水準我們可以拒絕零自我相關的假設（（Johnson， 1972：313）。這個檢定基本上是提供樣本數大於 30 以上的；並沒有證據顯示提供樣本數小於 30 以下的檢定。

第二個檢定是由 Durbin 所發展的，是被使用於如果 $Tvar(b^*) > 1$。在這樣的案例中 Durbin 的 h 是失靈的或無法控制的，因為它包括一個負數的平方根。作為一個第二可能性（a second possibility）Durbin 提出這樣的程序：

(1) 估計與 OLS 的關係。

(2) 計算 $\hat{e}_t$ 與 $\hat{e}_{t-1}$ 。

(3) 迴歸 Y_{t-1}, X_t, X_{t-1} 求得 e_t 與 e_{t-1}。簡言之，迴歸在原始方程式右手邊的所有變項加上 $\hat{e}_{t-1}$ 。

(4) 檢定在步驟 3 迴歸中的 e_{t-1} 係數的顯著性。

這種檢定是可以使用標準的 t 檢定方法來進行；如果在吾人所選擇的顯著（α）水準上它是顯著性的，那就有一個顯著性自我相關的指標。

已有提出免除分配檢定（distribution-free tests）的建議，諸如 Geary 檢定，使用在具有依變項的滯延值模型中是適當的。無論如何，以上兩種檢定方法之一應該可以交替被使用，因為在這種模型中免除分配檢定的使用並沒有完全的或徹底的被研究。

回顧到方程式（3-96）的種種結果，現在它要提供序列相關去指導一個適當的檢定是可能的。因為 $T = 16$，$var(b_1^*) = 0.05$，與 $\hat{p} = 0.41$，Durbin 的 h 是 3.66。如此我們就可以拒絕 0.01 水準零序列相關的虛無假設。

四、估計

在模型的討論中它並不包括一個滯延的內衍變項但是包括有自我相關的誤差，被稱為一般化或通則化的最小平方（Generalized Least Squares，GLS）。所有的討論是可能應用於具有滯延的內衍變項的模型。考量下列的模型：

$$\begin{aligned} &Y_t = a + b_1 Y_{t-1} + b_2 X_t + e_t \\ &e_t = p e_{t-1} + v_t \\ &v_t \text{ 符合假設 } 3，4，\text{與 } 5 \end{aligned} \tag{3-110}$$

然後，如果 p 是已知的，此時我們所需要去執行的，是轉換方程式如下：

$$Y_t - pY_{t-1} = a(1 - p) + b_1(Y_{t-1} - pY_{t-2}) + b_2(X_t - pX_{t-1}) + v_t \tag{3-111}$$

與以 OLS 直接地進行估計。它產生的估計值將會被偏估，但是它們將會是相合的與漸近線上的係數。這種研究途徑是可以有效應用只要 p 是已知的。如果 p 是未知的，此時我們必須決定產生干擾過程的性質，估計參數，然後轉換資料，換言之，一個虛擬的 GLS 程序必須被使用。不像前述的討論，在此 Y_t 滯延值的出現意指估計 p 的一般方法將產生不一致的或前後矛盾的估計值。由此在本部分被討論的會很顯然地不同於在前述部分。

五、虛擬——GLS 估計

估計模型的可能途徑（諸如在前述的部分所提出的），我們將僅探究一種途徑，它引發二個步驟。第一，它需要引進工具性變項的技術（the instrument variables technique）它產生一致的或前後一致但是相當無效的估計值（inefficient estimates）。第二，虛擬的 GLS 的一個變異數它可以使模型參數係數估計值產生一致的或前後連貫的，它將被提出。

（一）工具性變項

以方程式（3-110）而言基本上有二個問題：第一，Y_{t-1} 是與同時發生的干擾項發生相關，第二，e_t 是自我相關。工具性變項技術是在於處理第一個問題，與由此可以產生迴歸參數的一致性估計值。基本的問題是 Y_{t-1} 是與 e_t 相關。所以，工具性變項（IV）的方法於當我們可以發現一個新變項 Z_t 時是可資利用的，即是一個新變項 Z_t 與干擾項是相關的與 Y_{t-1} 是相關的。Kmenta（1971：480）建議下列的工具是可以被使用的：

$$Z_t = X_{t-1} \tag{3-112}$$

很清楚地 X_{t-1} 與干擾項是相關的，與可能地與 Y_{t-1} 是相關的。另一建議（Johnson， 1972：318）是以 X_t 的滯延值迴歸預測 Y_t，使用 OLS 以便去獲得預測值 Y_t^*。

$$\hat{Y}_t = c_0 + c_1X_{t-1} + c_2X_{t-2} + \cdots \tag{3-113}$$

滯延 X_t 值的數目可以依據有關觀察值的數目與增加解釋力（explanatory power）的數目作決定。然後以上的相關是由一個期間給予 Y_{t-1}^* 滯延所產生的；Y_{t-1}^* 依序是被插入替代 Y_{t-1}，然後 OLS 可以被應用於方程式去估計各參數。

工具性變項的程序將會產生一致的參數估計值因為兩者的解釋變項現在和干擾是不相關的。所以，其估計值依然是無效的，但是，因為其殘差是自我相關的。換言之，我們的處境是同樣處在於靜態模型中（in static models）自我相關的地位，其估計值雖然是一致地但是卻相當無效力因為我們並沒有考慮到序列相關的問題。

Hibbs（1974）指出標準的迴歸程式將可以產生 R^2, σ^2，等等適當的估計值。為了要獲得適當的估計值，我們必須取得「和原始資料與模型所結合關聯的一致性參數估計值以便能夠產生理想適配的統計量」（ Hibbs， 1974：297）。這包括下列的步驟：

(1) 以 X_{t-1}, X_{t-2}, 等等進行迴歸 Y_t

(2) 計算 Y_{t-1}^*(i.e, $Y_{t-1}^* = \hat{c}_1X_{t-1} + \hat{c}_2X_{t-2} \cdots$)

(3) 估算下列的關係：

$$Y_t = a + b_1 Y_{t-1}^* + b_2X_t + e_t$$

(4) 使用 $\hat{a}$, $\hat{b}_1$, $\hat{b}_2$ 依據下列方式去獲得理想適配的統計量：

$$\hat{Y}_t = \hat{a} + \hat{b}_1 Y_{t-1} + \hat{b}_2 X_t$$

然後它可以以 Y_t 代入下列方程式

$$R^2 = \frac{\Sigma(Y_t - \hat{Y}_t)^2}{\Sigma(Y_t - \overline{Y})^2}$$

$$S^2 = \frac{\Sigma[(Y_t - \overline{Y}) - \hat{b}_1(Y_{t-1} - \overline{Y}_{t-1}) - \hat{b}_2(X_t - \overline{X})]^2}{T-3}$$

為了要獲得模型參數的係數估計值，去考量到自我相關的干擾是必要的。

六、IV──虛擬 GLS

要想去改善前者的估計值，IV 技術可以被擴展如下（Johnson，1972：319-320）：

(1) 計算原始資料與已被估計一致性的參數所結合關聯的已被估計的殘差，等等。

$$\hat{e}_t = Y_t - \hat{Y}_t$$

(2) 估計 p

$$\hat{p} = \frac{\Sigma \hat{e}_t \hat{e}_{t-1} / T-1}{\Sigma \hat{e}_t^2 / T} + \frac{k}{T}$$

其中 k 是在模型中參數的數目。

(3) 使用 $\hat{p}$ 去執行方程式中的資料，與把 OLS 應用於已被轉變的資料中。

$$(Y_t - \hat{p}Y_{t-1}) = a(1-\hat{p}) + b_1 (Y_{t-1} - \hat{p}Y_{t-2}) + b_2 (X_t - \hat{p}X_{t-1}) + v_t$$

其中 Y_{t-1} 與 Y_{t-2} 的真正值是被使用的。

Hibbs（1974：298）觀察到現行的實驗證據指出 IV──GLS 方法執行這樣情況的案例研究比單獨使用 OLS 與 IV 好，當干擾由一個一階自我迴歸過程所產生時。而且，有很多其他的方法它們對可以提供已被滯延的內衍變項的估計模型是適當的。例如，有若干最大量可能性研究技術是可資利用，但是它們在概念上是複雜的與在計算上是繁瑣的（Hibbs，1977）。雖然它們執行起來是比 IV——GLS 方法好，然而它們需要特殊的程式才能勝任，由此 IV——GLS 估計方法可以以一種標準迴歸的程式（以若干步驟）進行推論。

七、一個修正比率目標的模型

在本節的前述部分我們已看到方程式（3-49）給予顯著性的序列相關提供某種指標性的指示。我們必須引述暫時性的推論是如當已估計的模型是無法有效應用時。為了去正確地估計模型，去使用如前述的 IV——GLS 估計技術是必要的。但是，因為我們沒有解釋變項去使用作為工具性的變項，由此要把這種技術應用於方程式（3-49）是不可能的。其結果，我們面對有待被解決的一個問題唯有提供一個工具性的變項，它依序有需要重新規劃或重新設計模型。

無論如何，並沒有完全浪費，因為有相當實質的論文（considerable substantive literature）它提出簡單的比率目標與官僚動力的模型（the simple ratio goal and bureaucratic momentum model）應該可以被連接到具有有下列形式的一個單一模型：

$$Y_t = a + b_1 Y_{t-1} + b_2 X_t + e_t \tag{3-114}$$

其中所有符號在前述中已被辨識。

如一個第一步驟，OLS 已被應用於方程式（3-114）。其結果是被摘要於表 3-11 的步驟 1 之下。該方程式似乎是相當的被支持，因為它可以以一個小的標準差提供 89% 變異數的解釋。有一個明確的序列相關問題，無論如何，由一個 Durbin 的 h = 4.29 所指示。因為有顯著性的序列相關，我們知道參數的估計值是不一致的與我們的推論可能是有誤差的。由此，序列相關的影響或效應必須被消除。

要克服這種問題，多步驟或多階段的 IV—— 虛擬 GLS 估計技術已被使用。從進行各個步驟的結果被顯示在表 3-11 中的步驟 2 是提供滯延內衍變項被預測值的估計 Y^*_{t-1}。在步驟 3，這個值是被代入方程式（3-114）提供 Y_{t-1} 與各個參數是以 OLS 進行估計。在步驟 4，其產生結果的參數被使用於原始資料的關聯中去提供一個適配模型的適配指數。縱然其參數估計值是一致的，但是仍然在已估計殘差中有序列相關出現所產生的一個問題存在。

從前述第五節的討論中，我們知道序列相關對於我們可以製作的推論會產生問題。由此，在步驟 5 中從步驟 4 中所產生的殘差是可以被使用依前述所陳述的方式去計算 $\hat{p}$。其結果是 $\hat{p}$ = 0.68。這個值是被使用去執行原始的資料，與在步驟 6 中原始的方程式被重新估計。IV—— 虛擬 GLS 估計技術程序 6 個步驟的進行結果，方程式（3-114）的參數已被適當地進行估計。

在獲得各參數一致性與有效的估計值之後，暫時性就可以給予修正比率目標模型作實質的解釋。第一件事要注意到模型的整體適配度已被降低，因為從 0.89 到 0.70 下降的 R^2 與個體的 t 比率可能被減低。而且，使用一般的序列相關指標，並沒有證據顯示在已估計殘差中有顯著的序列相關。修正比率目標模型呈現出是受到資料的支持：它可以提供美國國防支出政策決定過程的一個合理的近似值。

從表 3-11 六步驟的估計值要求去獲得提供方程式（3-114）的 IV——GLS 估計（參考 Ostrom，C，W.，1978，p57）。

表 3-11

步驟 1	$Y_t = -9726 + 0.686Y_{t-1} + 0.742X_t$ (1.63) (3.08) (2.22) $R^2 = 0.89$ h = 4.29
步驟 2	$Y^*_{t-1} = -4247 + 0.807X_{t-1} + 0.660X_{t-2}$ （0.53）（1.52）（1.23） $R^2 = 0.78$ D.W = 0.89
步驟 3	$Y_t = -9426 + 0.228Y^*_{t-1} + 1.340X_t$ （1.20）（0.25）（1.13） $R^2 = 0.82$ D.W = 0.82
步驟 4	$Y_t = -9426 + 0.228Y_{t-1} + 1.340X_t$ （1.20）（0.25）（1.13） $R^2 = 0.86$
步驟 5	$\hat{p} = 0.67$
步驟 6	$(Y_t - 0.67Y_{t-1}) = 663 + 0.545(Y_{t-1} - 0.67Y_{t-2}) + 0.636(X_t - 0.67X_{t-1})$ （0.18）（2.59）（1.72） $R^2 = 0.70$ D.W = 1.49

第七節　預測

到此我們已集中焦點於建構跨越過去時期上變項之間的關係上：在一個假定樣本的限制之內我們已發生興趣於探究依變數與自變數之間其關係的性質與強度。已完成這方面的探究之後，現在去考量我們可以把一個已估計的模型置放在何處使用才是合理的。時間序列迴歸模型主要用法之一是要去產生依變數的預測。在預測的關聯系絡中的主要目標是在於去推測超越樣本的限制與由此可以使它通則化到非樣本的情境（non-sample situations）（Klein，1971：10）。由此可知，本章研究的其餘部分，一個預測（forecast）或預估（prediction）是被限制為「企圖或嘗試基於從樣本觀察中所決定的關係上去製作產生有關非樣本情境的科學陳述」（Klein，1971：10）。

這種類型的預測至少有二個不同的用法。第一，它們可以被使用於去評估一個已被估計參數的模型。為了要使潛在的使用者相信一個模型可以作為一個預測的設計是值得的，由此提供某種證據證實在問題研究中的模型是具有產生精確預測的能力通常是必要的。第二，預測的一個序列能夠被使用去作為有關政策行為某些類型執行的推論。一旦一個模型被使用於預測方面已產生了效益。吾人就可以對行為的某些類型作有限制條件的預測，然後決定這樣的行為是可能具有甚麼樣的意含。如果外衍變項可以被設定為政策的問題，這是特別有效的，其中由模型所產生預測的案例可以被視為是有關外衍變項的可能效應，然後吾人可以從其中採取某些被視為是有根據推測的值或數據。

很清楚地這二種預測的使用是糾纏在一起的。因為政策製定者要使用一個模型之前，必須顯示該模型具有能夠產生精確預測的能力。所以，進行模型評估時其預測的面向即可作為一個目的（a purpose）。一旦該模型已「通過」這個步驟，它就是成為提供政策製定者執行可選擇政策意涵中的一個候選模型。

為了有能力去利用以上二個方法進行預測，其所涉及的資料必須被分成二個不同的組合，分成樣本（由 T 觀察值所組成）與後樣本（由 m 觀察值所組成）的組合，雖然抑制從一個樣本中獲取資料的實況已受到批評（例如，Christ，1966：546-548），然而它亦被認為（Dhrymes et al.，1972：306-308）：

> 在模型選擇程序的一個現實的情境中，各種假設的檢定考驗，與很多其他的「實驗」所有估量會考量到資料的挖掘。去擁有儲存有關評估結果模型的某些資料似乎是明智的……如果該模型通過它的預測力檢定評估那 m 已儲存的觀察值應該……被併入到資料組合去再估計（或重新估計）有關所有（T + m）的觀察值。如果該模型未能達到目標，那當然它就會回到「在初步設計的階段」。

如果在研擬中的模型通過預測重要工作（the forecasting enterprise）評估的部分（即是，它的預測力可以被顯示具有足夠的精確度），然後該資料組合將被連結成由 T + m 觀察值所組成的一個單一的資料組合。接著，模型的參數可以被進行再估計（重新估計），與已修正的模型可以被使用去產生進行預測探索的未來（the blind future）。

假定以上的區分，這二個預測類型將充分被利用似乎是很清楚的。首先，在被指定為後預測值（ex post forecasts），是 m 非樣本資料點的一個預測序列。特別地，它們是 m 資料點的預測值，它們已有意的地被抑制來自樣本。其次，由此被指定為前預測值（ex ante forecasts），是成為探索未來的一個預測序列。這些變項值是尚未出現的各變項的預測值，與它們是基於再估計模型的基礎之上。

摘要言之，後預測（ex post forecasts）是使用於預測重要工作（the forecasting enterprise）的評估階段，即是，它們被使用於去評估已估計模型可以提供吾人所關切的變項能夠產生其精確預測力的能力。如果它可以被顯示其模型是具有精確的預測力，那麼前預測（ex ante forecasts）的一個序列就可以被使用去提供有關各變項進入探索未來的徑路能夠進行具有根據的推測。要注意到的是只因為一個模型在一個預測類型中執行的很好並不意指它在另一個類型中也會執行的很好。

在本節的其餘部分我們將集中焦點於為甚麼所有的預測含有誤差的理由。在完成建立這個誤差的理由之後，其餘部分其中預測被產生的方式將以詳加說明的方式進行討論。其次，預測評估的主題亦將被探究與提出一個範例作說明。最後，前測（ex ante forecasts）將被提出，與以一個範例作詳細說明。

一、預測誤差

所有的預測可以被預期包含有某種誤差，其原因可以由考量一個簡單預測的問題來觀之。假定我們有下列的模型：

$$Y_t = a + bX_t + e_t \quad t = 1, 2, \cdots T \tag{3-115}$$

我們可以使用過去的資料去推測未來的這種認知。如此，提供 Y_{T+1}（即是，第一個後樣本的值）的一個合理的預測式將會是它的預期值

$$E[Y_{T+1}] = \hat{a} + \hat{b}X_{T+1} \tag{3-116}$$

Y_{T+1} 的真實值將不同於 $E[Y_{T+1}]$ 基於下列二個理由：第一，這個預測的隨機干擾成分 e_{T+1}；與第二，樣本迴歸線是不同於母群體的迴歸線因為有抽樣本誤差（sampling error）。Kmenta（1972：240）已表示依變項的真實值與預測值之間有差

異（difference），由此，它被稱為預測誤差（forecast error），如下：

$$Y_{T+1} - \hat{Y}_{T+1} = (a + bX_{T+1} + e_{T+1}) - (\hat{a} + bX_{T+1}) \tag{3-117}$$

這種誤差可以被顯示是一個常態分配的隨機變項具有一個零的平均數與下列的變異數（Kmenta，1971：240）：

$$s_F^2 = s^2\left[1 + \frac{1}{T} + \frac{(X_{T+1} - \overline{X})^2}{\sum_t (X_t - \overline{X})^2}\right] \tag{3-118}$$

其中 s_F^2 是預測的變異數，s^2 是樣本的變異數，X_{T+1} 是外衍變項的後樣本值，與 T 是樣本的大小。這意指預測誤差將會是比較小的（Kmenta， 1971：241）：(1) 樣本的大小愈大，(2) 解釋變項的離差（dispersion）愈大，與 (3)X_{T+1} 與 $\overline{X}$ 之間的差距愈小。Kmenta（1971：241）繼續注意到

> 首先二個推論是完全直進的（quite straightforward）：它們反映母群體的迴歸線的估計愈好，預測誤差的變異數愈小的事實。第三個推論是更有趣；它意指我們的預測將對 X_{T+1} 的值愈好這樣的值是愈接近 $\overline{X}$，比這些離 $\overline{X}$ 較遠的值。這是符合在直覺上似真的爭論（the intuitively plausible contention）即是愈有能力去預測經驗或經歷範圍之內而不在範圍之外的爭論。在本案例中我們經驗或經歷範圍之內是由解釋變項 X 所提出，而其範圍的中心點是 $\overline{X}$。離我們愈遠使我們的預測面臨危險性，其預測的可信度愈小。

兩個變項的關係中，預測誤差的本質可以由在圖 3-16 中的圖形被理解。X_{T+1} 的各值接近樣本平均數，誤差結合區域（bands）之間的寬度是最小的。當各點變得離平均數的距離愈大，那誤差結合區域寬度就變得愈大。

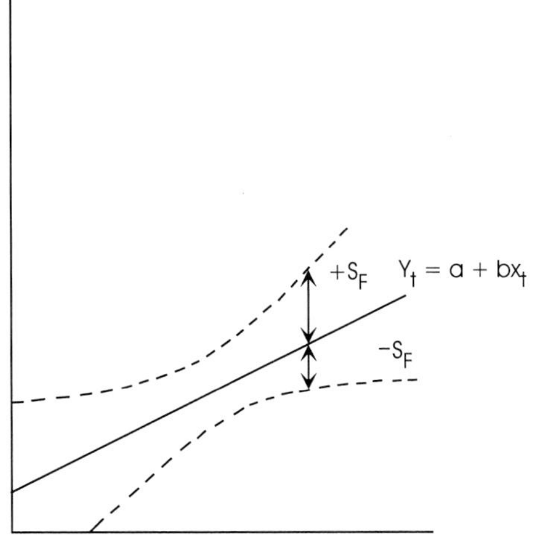

圖 3-16　預測的標準差

資料來源：Klein (1974, p.261)

要使用預測誤差的認知去製作有關已產生的預測機率陳述是可能的。假定預測誤差是常態地被分配，有一個零的平均數，與有它的變異數 s_F^2，它會發生

$$\frac{Y_{T+1} - \hat{Y}_{T+1}}{s_F} \sim t_{T-2} \qquad (3\text{-}119)$$

這使要製作有關預測機率陳述是可能的，即是，我們可建構有關預測的一個信賴區間它將包含 Y_{T+1} 的真實值其一個假定時間的百分比，這個區間是

$$\hat{Y}_{T+1} \pm t_{T-2} s_F \qquad (3\text{-}120)$$

其中 t_{T-2} 是從一個標準表取得的 t 值，以 T−2 的自由度。這個預測區間（forecast interval）可以被解釋就如通過一般的信賴區間一樣；方程式（3-120）的區間將包括真實值其時間的某百分比由選擇 t 值所選擇的水準所決定。

由此要去產生預測是可能的。這些預測將包含獲自二個不同來源一個誤差的確定量。誤差的大小程度可以被估計與其預測區間也可以被建構。

在這一點上，去產生點與區間預測之間的區分似乎是明智的。一個點預測是一個變項一個單一值的預測（a single valued prediction）。一區間預測提供一個區間其中吾人可以預期去發現真實值其時間的一個固定的比例或比率。遵循 Christ（1966：543），我們將集中於點的預測上因為單一的各值是比較容易運作與單一的各值對政策製定者是更有效用的事實。在指出區間預測是如何可以被計算之後，我們現在將集中於點預測的產生與評估。（如果有興趣於去追求更詳細的區間預測，可以參考 Kmenta（1971）或 Klein（1974）。）

二、預測的產生（forecast generaion）

如何可以被預期，要去產生點預測的最佳方法是去使用

$$Y_{T+i}=\hat{a}+\hat{b}X_{T+i}+e_{T+i} \tag{3-121}$$

其中 $\hat{a}$ 與 $\hat{b}$ 是最佳的估計式可資利用於我們的假設之下，與其中 e_{T+i} 是被假定要有一個零的平均數，恆定的變異數，與是序列地獨立自主（be serially independent）。然後 Y_{T+i}（即是，$\hat{a}+\hat{b}X_{T+i}$）的預測式，當 $\hat{a}$ 與 $\hat{b}$ 是適合最小平方的估計式時，就是一個最佳的線性不偏估的預測式。這個依據 Theil（1971：123）的著作，意指「y 的任何其他預測式的預測誤差，它亦是 y 的線性與不偏估的預測式，有一個較大的預測誤差。」

對一般線性模型的這種擴張有重要的例外發生於當干擾不是序列地獨立自主時。當有序列相關時，預測將被一個重要的方法（in a nontrivial manner）所影響。尤其，如 Johnston（1972：246）認為，預測將會是無效的，「即是，會有不需要具有大的抽樣變異數的預測」會產生。在預測關聯系絡中的序列相關可以被處理，就如在樣本中可以被處理或被執行一樣。當 e_{T+i} 是和 e_{T+i-1} 相關時，可以改善忽視誤差的任何預測式。例如，可以考量下列的模型：

$$\begin{aligned} Y_{T+i} &= a + bX_{T+i} + e_{t+i} \\ e_{T+i} &= pe_{T+i-1} + v_{T+i} \end{aligned} \tag{3-122}$$

其中 v_{T+i} 符合所有通常的（usual）假設。Klein（1974：271）提出二個可提供序列相關誤差項的預測可選擇的程式。第一個包含可以以每一個個別時期替代干擾項。從方程式（3-122）中我們獲知

$$e_{T+i} = p(Y_{T+i-1} - a - bX_{T+i-1}) + v_{T+i} \tag{3-123}$$

替代 e_{T+i-1}。然後 Y_{T+i} 就可以被呈現為

$$Y_{T+i} = a(1 - p) + bX_{T+i} - bpX_{T+i-1} + pY_{T+i-1} + v_{T+i} \tag{3-124}$$

接著我們可以假定 v_{T+i} 取得它的預期值，零，然後使用下列方程式去產生預測：

$$Y_{T+i} = a(1-p) + bX_{T+i} - bpX_{T+i-1} + p\hat{Y}_{T+i-1} \quad (3\text{-}125)$$

其中

$$Y_{T+i-1} = a(1-p) + bX_{T+i-1} - bp_{T+i-1} + p\hat{Y}_{T+i-2}$$

如我們已理解到，我們必須估計被滯延的內衍變項因為我們通常不知道它的正確值。如此，除了通常預測誤差的來源之外，我們必須允許在 $\hat{Y}_{T+i-j}$ 之中的變異性（variabibity）。這種變化（改變）促使更多複雜的預測的標準誤（the standard error）需要進行計算（Klein， 1974：268）。已被討論於估計被滯延內衍變項關聯系絡中的問題並沒有引起單一時期預測的問題，無論如何，因為被滯延內衍變項的各值事先被假定是已知的。如果我們產生一個時期以上的預測未來值就會有問題出現。

產生預測的第二個方法，Klein（1974：271）提出只要不顧慮到後樣本時期中的序列相關。來自前述方程式的預測會包含比在序列地不相關案例中滯延更長的使用。如此，會有誤差的累積是由於合併有關誤差項行為的假設所致。如此，Klein（1974）推論第一個預測的研究途徑打算去執行會比較好的

$$Y_{T+i} = \hat{a} + \hat{b}X_{T+i} + 0 \quad (3\text{-}126)$$

其中 a 與 b 是參數 GLS 的估計值與其誤差項是被假定是零。

當產生點預測時，如果樣本期間有序列地相關的誤差，由此我們是面臨一個兩難的困境。這種兩難的困境是關切被使用去產生種種預測的方法。基本上有二種不同的研究途徑，在沒有明顯的證據顯示那一種是比較好，使用第一個程序似乎是合理的，因為它包含序列相關的某種推論考量。

三、預測方程式的修正

給予種種預測提供數據的值（numeral values）可以被獲得係基於樣本時期期間參數的估計，現在應該是清楚的。現在討論的點，無論如何，是在於當我們希望能夠有一點較不機械式的方式呈現出我們研究預測產生途徑方法時，會是時間。例

如，Klein（1974：278-279）認為要有相當的給予判斷與洞察力於預測產生方面提供其思考的空間：

> 純粹數據的方法無法被使用於生活現實中的事實，而且必須由特殊資訊與個人判斷來增補。……客觀被估計的模型其中是需要一個去解釋特殊的與主觀的資訊的一個架構。

這部分給予預測的產生提供一個客觀的技術，但是其預測必須準備去增補給予提供洞察力以解決問題的機制。如 Klein（1974：279）提示警告認為：

> 計量經濟學使用的結果應該是儘可能是量化的，但是以純粹推究到底的機制使用的種種企圖的確是失敗的與證明是次級的方法，其方法是使形式的已估計模型連結一個優先的資訊（priori information）（質化的與量化的）與判斷。經濟的預測已被致使它缺乏一種藝術與由於計量經濟學方法的使用使經濟的預測更形成為一種科學但是它並沒有被簡化成為一種純粹科學的運作。

謹記這些警告在心，現在我們將考量如何去把基於我們的洞察力與判斷的資料併入預測的產生。

端視我們所擁有的資訊類型而定，有很多因素可以被引進到預測的產生過程。資訊的一個重要類型是在於關切預測方程式的特別形式，是正運作於樣本時期中可能在後樣本時期的相同結構仍然有效的？如果如此，已估計方程式就可以被使用於和它是相同結構的類型中。如果不是如此，它就需要去改變符號（sign）與／或改變一個或一個以上大小的參數。除此之外，它是有必要去刪除或增加變項於其關係之中以便可以考量到在環境中的極大改變（例如，戰爭或一種新武器類型的發展）；如果，在國防支出政策的範例關聯系絡中，美國已改變它的比率目標，我們只要改變在產生預測之前的參數值即可；如果，在薪資比率水準政策的範例關聯系絡中（例如，企業組面臨人才需求，對於它企業的生存發展有很大影響時），企業決策的高層已改變它的比率目標，我們只要改變在產生預測之前的參數值即可。

一個修正的第二類型是在於關切其中干擾被使用的方法或方式（manner）；其問題涉及有關我們是否希望形式上去認知或承認 v_{T+i} 對預測使用增加一個隨機變

項到每一個預測的影響。因為我們通常並沒有資訊去促使這樣的增加。一般的實況是去忽略誤差項與去產生好像該方程式就是決定因素一樣的預測：這被稱為非機率的（nonstochastic）預測。無論如何，如果干擾項變異數是已知的，要從一個已估計機率分配中去引出推論已估計干擾項是可能的，然後增加到每一個預測上，這被稱為機率的（stochastic）預測。例如，在方程式（3-121）中，我們可以假定每一個 e_{T+i} 值是零，或是 e_{T+i} 可以被估計與被加到每一個預測上。

第三個修正類型是在於關切預測的產生其中外衍變項的各值是未知的，在這樣的例證中我們希望去設計一個提供估計這些值的規則。例如，我們可以假定變項遵循一個一階自我迴歸的過程與產生各值如下：

$$\hat{X}_{T+i} = b^i X_T \tag{3-127}$$

然後我們可以使用在預測中外衍變項已估計的各值，它對外衍變項的特殊值是有條件的。

這種方法或方式有三個範例其中預測產生的方程式可以由預測者來進行增補。在我們進行有關模型被建構的過程中，不管有甚麼樣的資料類型，我們應該嘗試每一個資料類型去把它併入種種預測中儘可能帶入資訊去支持問題的研究。

四、預測的評估

在本節的第一部分中我們應該關切事後預測（ex post forecast）的評估。如果研究問題的模型通過評估的重要步驟（forecast enterprise），然後要去產生事前預測（ex ante forecast）是可能的，它將被依序進行探究。

. 在往一個明確考量預測精確度之前，無論如何，去進行下列的辨識（identification）是必要的，當我們論述事後預測（ex post forecast）時我們將使用符號法（the notation）

$$Y_{T+i} = a + bX_{T+i} \tag{3-128}$$

由此一個事前預測其形式（或形成，the form）將會是

$$Y_{T+m+j} = a + bX_{T+m+j} \tag{3-129}$$

其中

$t = 1, 2, \cdots, T$ 樣本

$i = 1, 2, \cdots, m$ 後樣本（可資利用的但並不被包括在樣本之內）

$j = 1, 2, \cdots, n$ 在目前時間不可利用的

到這一點，我們已討論到點預測的產生：現在去評估這樣預測的精確度是必要的。這樣的一個評估是重要的，因為去擁有有關預測誤差「平均數」大小的一個理念是聰明的與因為它可以提供從其中去決定這個大小是否可接受的一個基本原理。

預測誤差大小的評估，即是，預測（P_t）與真正的實現（the actual realization）之間的差異（或差分），從一個簡單散布圖進行一個檢測被稱為一個預測——實現的繪製圖（a prediction- realization diagram）（Theil，1966：19-26）。以真正實現的水準程度與模型的預測為軸，T 預測／實現配對（P_t, A_t）可以以座標來標示；為一個指涉點（參考點），完全預測的一條線連結這些點其中各預測與實現會是相同的（$P_t = A_t$）。一個預測——實現的繪製圖被顯示在圖 3-17 中。T 預測／實現配對在完全預測線的上下邊緣離散愈小，其預測愈精確。這種離散的一種測量由此可作為精確的一種絕對測量（an absolute measure）。一個這樣的測量，在完全預測線上下邊緣的標準差，是預測根的均方誤（the root mean squre error of the forecast, $RMSE_f$），（Klein，1974：442-444）：

$$RMSE_f = [T^{-1}\Sigma\,(P_t - A_t)^2]^{1/2} \qquad (3\text{-}130)$$

其中 P_t 是模型預測，A_t 是真正實現，而 T 是預測的數目（the number of forecast）（即是，$t = 1, 2, \cdots, T$）。$RMSE_f$ 以相同單位測量完全預測線上下邊緣的平均離差為真正實現。

就我們短期預測精確度的評估（assessment）已考量一個單一描述性的測量。因為它是一個非參數的測量，要去評估預測精確度沒有客觀的標準（例如，顯著性水準）。模型預測精確度的一個決定可以被製作，無論如何，可以以一個機制的選擇（a mechanistic alterative）比較它們的精確度，一個需要沒有先驗的理論化（no prior theorizing）（依據有一個決策制定過程動力學的先驗概念）。這樣的一個可選擇性應該是相當簡單的，快速的，與不必要求更多最近內衍變項歷程的某種認知。

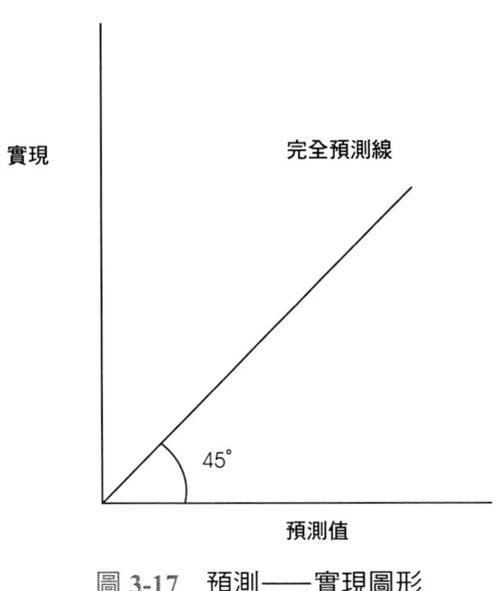

圖 3-17　預測——實現圖形

一個這樣可選擇性是自然模型的檢定，依據 Christ（1966：572）是一個檢定考驗

> 由一個模型所作的（產生的）預測誤差與一個「自然模型」所產生的預測誤差進行比較。即是，使用一個非常簡單的假設建立為一個稻草人（a straw man）去看看一個模型是否可以給予最好的（to see if a model can knock it down）。

如果只有研究問題中的模型可以「擊倒」自然模型，那就可以將它的預測類別為足夠的或適當的（adequate）模型。尤其是，沒有改變的（no-change）自然模型將被使用；這個模型設定這個時期的值等於最後時期的值加上一個隨機的常態干擾項與一個零的平均數與一個常數（恆定）但是未知的變異數：

$$Y_{T+i} = Y_{T+i-1} + u_{T+i}$$

忽略誤差項，自然模型預測就變成

$$Y_{T+i} = Y_{T+i-1} \tag{3-131}$$

在一個最理想的模型沒有意義時，這可以給予不足預測的放棄提供一個方便的與容易的基礎標準。

雖然這樣的一個比較並不允許有結論性的結果，然而它是假設的一個檢定考驗，即檢定探討中模型可以產生足夠精確預測的考驗。如 Friedman（1951：109）的提示：

> 可以很容易被理解的原因。隱藏在計量經濟學模型誘導（derivation）之後必要的客觀是在於建構一個經濟變動的一個假設；任何計量經濟學模型暗示地包含一個經濟變動的理論。現在假定經濟變動的存在，其關鍵性的問題是暗含在計量經濟學模型的理論是否可以抽出任何反應經濟變動真正發生的基本必要動力。如果有是最好，反之，如果一個理論提出並沒有促使產生變動的動力存在那該怎麼辦？現在自然模型 I「方程式（131）」，它說每一個變項明年的值將與今年的值相同，這樣的理論是精確；它否定，如它是，有任何促使產生從今年到明年的變動動力存在……如果計量經濟學模型沒有比這種自然模型好，其意義（implication）是它並沒有抽出或提出任何促使產生變動的基本必要動力，即當一個理論解釋今年到明年的變動它的值是零。

以「國防支出」（或任何其他的研究項目）替代「經濟」於這個陳述中，它對已提出自然模型的檢定考驗已變成一種非常有力量的與清晰的聲明。它必須是可以反覆重作，無論如何，自然模型既不是一種序列預測的技術也不是一種有關政策製定行為的競爭理論。它的功能作用僅是在於提供一種比較的標準，一個零點，在零點以下的模型預測是不足的。

在產生了預測與測量了它們的精確度之後，該模型與自然或基準（benchmark）模型相關的係數（the efficiency）是決定使用精確的比率：

$$\frac{\text{RMSE}_{\text{model}}}{\text{RMSE}_{\text{naive}}} \tag{3-132}$$

小於 1.00 的值指示在進行評估中的模型其預測誤差是比自然模型小。一個相對精確度的決定可以被決定如下：(1) 如果精確度比率是小於 1.00，在進行研究的模型是會比自然模型更精確；與 (2) 如果精確度比率是大於或等於 1.00，在進行研究模型的精確度會相對低於自然模型。

如果一個模型的預測已被顯示是精確的，那該模型就可以暫時性地被辨識為一個可以接受的預測模型。要注意的是任何其他評估類型的數目（any number of other types of evalution）可以替代自然模型。例如我們可以把一個模型的精確度相對於和一個爭論的（contending）或對立的（alterative）理論的模型作評估。無論以何種標準，一旦一個模型是被辨識為一個暫時可以接受的預測工具（a forecast tool），它就可以被使用去指示內衍變項未來的方向（the future course）或去探究依據對立的種種未來（alterative futures）之界定條件方式該變項會產生甚麼樣的政策變動。這種程序（procedure）是被稱為事前的預測（ex ante forecast）。

在產生與評估事後預測的作法中（course），將使用比率目標（方程式（3-49））與修正的比率目標（方程式（3-114））模型兩者。Ostrom 在研究美國國防支出的預測中（（1978，p.85）），他在事後預測的評估中嘗試依據西元 1970～1973 年美國國防支出總額預測界定方式去決定兩者模型的精確度。在產生事後預測的作法中（course），將使用可以明顯地把序列相關考量進去的方法，即是，種種預測將是依據在方程式（3-125）中所提議的方法產生。要注意的是滯延的內衍變項無法被進行估計，因為它們的值是已知的。

在二個模型的表現作比較之前，讓我們提供方程式（3-49）基於 OLS 與虛擬——GLS 參數估計基礎之上去計算西元 1970～1973 年事後預測。其結果是被呈現在表 3-12 中。如我們已看到的，使用 OLS 參數估計的作法（the version）是最小的效率（the least efficient），隨後使用第一個差分（using first difference），Cochrane-Orcutt 與 Hildreth Lu 個別的技術。這是正如被預期的，基於本研究報告第二部分的發展之上。使用 GLS 與已估計殘差序列相關的使用促使西元 1970～1973 年美國國防支出總額預測產生更精確的預測。

表 3-12　提供對立估計方法方程式（3-49）前後預測的精確度

年	真正值	估計方法			
		OLS	Cochranne-Orcutt	Hildreth-Lu	First Differences
1970	77150	79030	80288	79723	80994
1971	75546	80832	78500	77921	78962
1972	75084	82471	76936	76486	77281
1973	76435	85748	77228	76962	77204
RMSE	--	6571	2383	1904	2822

資料來源：Ostrom, C, W. (1978, p.69)

回到方程式（3-49）與方程式（3-114）預測精確的比較，預測與 RMSEs 是被呈現在表 3-13 中。如我們使用 RMSE 測量所看到的方程式在邊際上比方程式（3-67）更精確；無論如何，它應該被強調其種種差分不是所有的都是大的。在表 3-13 的最右手邊是自然模型的事後預測，它呈現出一個實質的改進，依 RMSE 的界定方式大約二個比率目標的作法（version）。如果我們取前述所引述 Friedman 的論點非常嚴重地，兩者模型都沒有呈現出「去抽取或引出產生變動的任何基本動力」（Friedman1951：109）。

如此兩者模型作為一個預測的產生模式（a forecast generator）都不是特別有價值的。然而無疑地其他方法對這二個模型的評估，其預測評估已被證實是特別有效（useful）。我們應該謹記在心的是自然模型在產生前測之中不是非常有幫助的事實因為它端視獲知前年國防支出的總額而定。為了去說明前測，由此讓我們忽略兩者模型之一本身未能建立為一個精確預測工具的問題，而要向前看。

前測要求兩者其 T 樣本時期的觀察值要與 m 後樣本的觀察值連結成為一個單一資料 N 大小的組合，與其參數被要求在進行估計。一個前測序列然後就可以產生。這些預測的精確度無法依據 RMSE 的界定方式被進行估計，但是，因為它們是指引往未知的未來。它們的信度是基於該模型已謹慎地被評估於被使用去產生前測之前的事實之上。

表 3-13　當序列相關已被考量方程式（3-49）與（3-114）前後預測的精確度

年	真正值	方程式 1	方程式 67	自然的模型
1970	77170	79723	80635	77872
1971	75546	77921	77978	77170
1972	75084	76486	76777	75546
RMSE		1904	2305	1133

資料來源：Ostrom, C, W. (1978, p.69)

在產生前測的序列中，一種計算方便（an algorithm）相同於方程式（3-129）將被使用。因為預測即要進入未知的未來，它會造成這種預測類型與前述已發展事後預測之間值得注意的差異或差分。前測（事前的預測）通常是多重期間（multiperiod）與有條件狀況的（conditional）。一個多重期間的預測使用最近滯延的內衍變項的預測值去產生其後時期期間的預測。例如，在方程式（3-129）中，Y_{T+m} 會被使用去預測 Y_{T+m+1}，而 Y_{T+m+1} 會被使用去預測 Y_{T+m+2}，等等。一個有條件狀況的預測是由假設某些外在事件的出現所敘述。在方程式（3-129）關聯的系絡中，其種種預測可以基於參數值並沒有改變它們的值與 Y_{T+m+j} 是已知的或可以被進行估計的條件狀況上。

一個情節的序列（a series of scenarios）可以被設計其中各種不同條件狀況的連結被課加在像方程式（3-129），為了去探知模型對假期情境範圍的感受性。從每一個情節中一個可選擇未來時間提供內衍變項可以被產生的徑路。如果情節含蓋很大數目的可能性（a large enough number of possibilities），可選擇的未來將可能地提供一個政策製定者可以預期去發現在未來的內衍變項範圍之內。而且，如果一個政策是被界定為特別參數值的一個特別組合，這種分析的類型亦將允許政策製定者（或決策者）去決定政策變動的效應或去探究甚麼樣的變動將被要求去產生當前內衍變項的特殊的未來值。

產生這樣前測（事前的預測）的方向，我們將使用下列二個情節（參考 Ostrom, C, W.（1978, p.70））：

情節 1：$X_{T+m} = \$94 \text{ billion}$

$$X_{T+m+j} = 1.04^{j} X_{T+m+j-1}$$

情節 2：$X_{T+m} = \$94 \text{ billion}$

$$X_{T+m+j} = 1.14^{j} X_{T+m+j-1}$$

情節 1，我們認知二個因素。第一，蘇聯國防支出最近的估計指出，如西元 1973 年或西元 1974 年，蘇聯國防支出超過 \$94 billion。比較於被使用去估計方程式（3-49）與（3-114）的資料，呈現出大約接近 \$30 billion 的一個跳躍在一個單一年度的過程中（the course of）。第二，我們正假設，一旦這種基礎的改變被考量，蘇聯國防支出總額將持續以每年四個百分比的比率成長（附帶條件地，是它的歷史成長比率）。在情節 2 中，我們作相同的第一假設然而改變第二。尤其是，我們正假設蘇聯國防支出在未來七年正以十個百分比的比率提升。這是可能的上限在吾人可以生動描述蘇聯國防支出的變動。

在產生前測之前，樣本與後樣本資料組合是連結的與模型估計使用 T + m 或 20 個資料點。然後二個問題被估計個別地使用 Hildreth-Lu 與 IV-CLS 技術。修正的估計值被提供在表 3-14 中，與顯示二個模型的相對地位依據通常或一般適配度指標的界定方式依然是相同的。

表 3-14 當西元 1954～1973 年資料被使用時提供方程式（3-49）與（3-114）的虛擬—GLS 的估計

方程式（3-49）

$$Y_t = 3223 + 0.744X_t$$
$$(0.16)\quad(2.28)$$
$$R^2 = 0.31 \quad s.e. = 4320$$
$$DW = 1.11 \quad N = 19$$

方程式（3-114）

$$Y_t = 1705 + 0.532Y_{t-1} + 0.551X_t$$
$$(0.59)\quad(2.89)\quad(1.00)$$
$$R^2 = 0.73 \quad s.e. = 3706$$
$$DW = 1.99 \quad N = 19$$

資料來源： Ostrom, C, W. (1978, p.71)

表 3-15 由方程式（3-49）與（3-114）提供情節 1 與 2 的前預測值

年	方程式（3-49）		方程式（3-114）	
	情節 1	情節 2	情節 1	情節 2
1974	89733	89733	90213	90213
1975	96992	101469	100873	104060
1976	104045	113780	110659	119144
1977	110936	126784	119434	134810
1978	117700	140604	127332	150975
1979	124373	155370	134566	167797
1980	127844	171219	141343	185525

資料來源：Ostrom, C, W. (1978, p.72)

前測的產生是使用在方程式（3-125）中所討論的形成方式，與依據被預期的蘇聯國防支出總額被展示在表 3-15 中。因為真正資料並不存在，所以要去調查這些預測值的絕對精確度是不可能的，但是它們仍然被展示在圖 3-18 中以便去指出其中它們可以被使用的方法。這個散布的座標圖應該可以提供我們可以預期去發現在未來若干年中蘇聯國防支出總額。（假定缺乏在估計中與在後測分析階段中兩者的獲得成效的結果），無論如何，我們並沒有置放很多信賴或證據在真正值被顯示在表 3-15 或圖 3-18 中。它已被顯示雖然一個模型功能函數的形成已被正確地界定與它的參數已被適當地估計，它不能去產生精確的預測。由此，一個評估（評鑑）的過程已被提出它使用模型去引出足夠清晰的資訊如此它的預測精確度可以被評估（評鑑，assessed）。而且，一旦模型依據它的預測精確度界定方式被辨識為暫時性可以接受的，豐富的政策相關資料可以透過前測的過程而產生。它必須被注意到模型被辨識為暫時性可以接受的並不必然地保證它的前測將是可接納的。

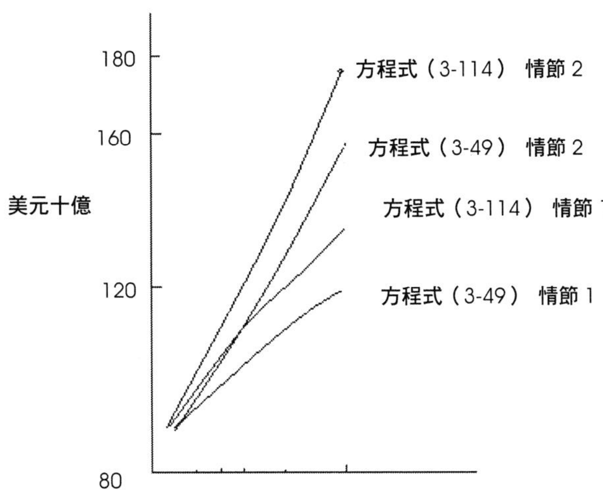

圖 3-18　前測的預測值

第八節　可以選擇的時間——相依過程

到此，我們已假設對立的時間——相依過程（alternative time-dependent）會產生誤差項，它可以由第一階自我迴歸的模型來呈現。這種假設的基本辨識已由 Theil（1971：251）所提出：

> 基於這樣過程的理念是由干擾所呈現出被忽視的各變項（the neglected variables）在跨越時間中逐漸的移動。它是似真的，即持續的干擾 e_t 與 e_{t-1} 是正向的相關，即是更多遠離的干擾是比 e_t 與 e_{t-1} 更接近零，與其相關向零斂聚（to converge）當干擾在時間方面變得愈來愈大。

在前述部分它已被顯示這個可以描述由第一階自我迴歸的過程來產生干擾的行為。所以，現在要去探究第一階自我迴歸的過程對所有的干擾過程是否適當的，是合理的。如在前述所提示的，第一階自我迴歸的過程僅是一個初估的近似值（a crude approximation），是很小的（nothing more）。幾乎所有自我迴歸的干擾的處理都集中焦點於第一階的過程上，因為它的處理過程是容易（tractability）。其結果，很少能夠理解其他某種過程可以產生干擾的可能性。要去決定時間——相依過程是反映於誤差的決定是一個重要的問題，因為 Hibbs（1974：296）已指出，「期望 GLS 的所要的屬性一般而言並無法被保存，如果時間——相依過程是不正確地被界定，事實上，凡是進行處理於一個被錯誤界定過程基礎上的研究者其研究上所造成的損害會比獲得好的適配模型更嚴重」。那麼我們如何可以辨識其正確的過程？在沒有方法之際我們可以確信甚麼樣的過程才會產生誤差，因而去使用已估計的殘差去辨識其過程會產生這些殘差的類型與參數是可能的。

自我相關函數與相關量尺（correlogram）已被討論以便可以去說明一階自我迴歸的過程意指會發生甚麼樣的殘差相關。圖 3-10 與圖 3-11 提供正向與負向一階自我迴歸的過程自我相關函數的一個座標圖。Hibbs（1974）提出一個非常另人信服的案例為相關量尺（correlogram）能夠提供描述一個個別迴歸模型發生種種干擾特性的任務。該理念是在於把 OLS 應用於原始模型與獲得其殘差。然後，其殘差可以被使用去估計自我相關函數與相關量尺（correlogram）。接著，經驗性的相關量尺可以和各種可能產生干擾過程在理論上的相關量尺可以進行比較。要注意的是一階自我迴歸的過程僅是可以提供序列地相關殘差的一個可能模型。在以下的部分，我們將檢測很多時間——相依過程其理論上的相關量尺。

我們即將討論的主題是比大部分前述所討論的還要深奧，但是要去理解某些不同的過程會產生殘差才是重要的。較高階自我迴歸，移動平均，混合的自我迴歸／移動平均方法將儘可能作為候選被進行探究。因為在考量自我相關函數的一個廣泛範圍與對干擾項行為的一個廣泛範圍它們有很大的彈性（great reflexibility），這些過程建構干擾項模型一個很有解釋力的類型（a powerful class）。

一、可以選擇的過程

在本節中，我們將探究可以產生序列地相關誤差項過程的三個類型。每一個過程的類型與它界定自我相關函數方式的意義（implication）將依序被探究。

（一）較高階自我迴歸的過程

在已注意到一階自我迴歸的過程（方程式（3-58））之後，我們將考量由一較高階自我迴歸的過程產生殘差的可能性。例如，它會是當前的干擾是由前述的二個干擾所組成。這會是與一個二階自我迴歸的模型 AR(2) 相符合。可以被系統的陳述為：

$$e_t = p_1 e_{t-1} + p_2 e_{t-2} + v_t \quad (3\text{-}133)$$

$$p_1 + p_2 < 1$$

$$p_2 - p_1 < 1$$

$$-1 < p_2 < 1$$

$$E[e_t] = E[v_t] = E[e_{t-i} v_t] = 0$$

$$E[v^2_t] = \sigma^2$$

$$E[v_t v_{t-i}] = 0 \quad i \neq 0$$

AR(2) 過程的自我相關的函數如下：

$$A_1 = p_1 \;/\; 1 - p_2 \quad (3\text{-}134)$$

$$A_2 = p_2 + (p_1^2 \;/\; 1 - p_2) \quad (3\text{-}135)$$

$$A_3 = p_1 A_{j-1} + p_2 A_{j-2} \quad j > 2 \quad (3\text{-}136)$$

圖 3-19 呈現參數 p_1 與 p_2 各種連結假設的相關量尺（correlogram）。要注意在圖 3-19 中各相關量尺如何與在圖 3-10 與 3-11 中所描述一個 AR(1) 過程進行比較。一個 AR(2) 過程可以端視二個參數的值而定產生不同可選擇相關量尺（correlogram），其過程應該是很清晰的。

對較高階自我迴歸過程的自我相關函數會相對地直進地來自以上的發展。有 k 個方程式結合著決定自我相關函數的第一個 k 值（Pindyck and Rubinfield，1976：464-465）：

$$A_1 = p_1 + p_2 A_1 + \cdots + p_k A_{k-1}$$

$$\vdots$$

$$A_k = p_1 A_{k-1} + p_2 A_{k-2} + \cdots + p_k$$

因為變換（displacements）比 k 時期大，下列的自我相關應該支撐：

$$A_j = p_1 A_{j-1} + p_2 A_{j-2} + \cdots + p_k A_{j-k} \quad j > k \quad (3\text{-}137)$$

這些一般方程式的表現可以被使用由 k 度（degree k）的一個自我迴歸過程去推論（演繹，deduce）所產生干擾的經驗性行為。

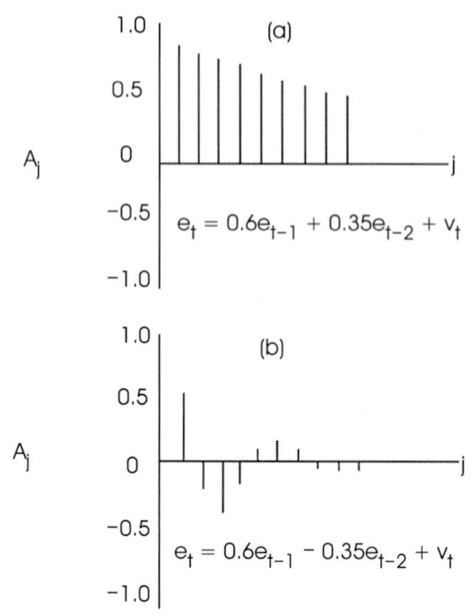

圖 3-19　對 **AR(2)** 干擾分配的理論相關量尺
資料來源：Ostrom, C, W. (1978, p.76)

（二）移動平均的過程

在一個移動平均的過程中，干擾的模式是完全地由一個當前的與滯延隨機的干擾之加權的總和（a weighted sum）所描述。種種的干擾是在本章第五節所討論種種因素的結果。如果這些干擾對依變項有一個直接立即的影響與對跨越時間有一個折扣的影響（a discounted effect），與如果折扣（the discounting）是這樣進行的，即干擾在它出現後就產生一個影響力到 q 時期，然後一個階次 q 移動平均的過程，MA(q) 可以是提供時間——相依過程的一個適當模型。階次 q 移動平均的過程是由下列方程式所給予：

$$e_t = v_t - d_1v_{t-1} - d_2v_{t-2} - \cdots - d_qv_{t-q} \qquad (3\text{-}138)$$

其中各參數，d_j 可以是正向或負向的。隨機的干擾以這樣的一種方法所產生即每一個 v_t 有一個零的平均數，恆定的變異數，與零的自我相關。在相對比較於 AR(k) 模型，一個移動平均的過程就是隨機變動或振動的產物，它發生或出現與干擾依變項在它消失之前已有某固定的數個時期。所以，由一個 MA(q) 模型所產生的自我相關的函數，由此，將非常不同於一個 AR(k) 模型。要理解這一點，考量一階移動平均模型 MA(1)：

$$e_t = v_t - d_1 v_{t-1} \qquad (3\text{-}139)$$

其中

$$-1 < d_1 < 1$$
$$E[e_t] = E[v_t] = E[e_{t-i}v_t] = E[v_t v_{t-i}] = 0 \quad i \neq 0$$
$$E[v_t^2] = \sigma^2$$

在一階移動平均的過程，該影響（效應）是去「忘記」在過去已發生一個時期以上。即是，隨機變動或振動在一個時期一個滯延之後是完全地被打折扣。這樣一個過程的自我相關的函數是由下列方程式所給予：

$$A_1 = -d_1(1 - d_2) \ / \ (1 + d^2{}_1 + d^2{}_2) \qquad (3\text{-}140)$$
$$A_j = 0 \quad j > 1$$

如此 MA(1) 過程的自我相關函數對所有的應該是零，除了單一時期的滯延之外。這會產生一種相關它是很容易的區分不同於前述所提出的 AR(1)。MA(1) 過程的範例是被呈現在圖 3-20。

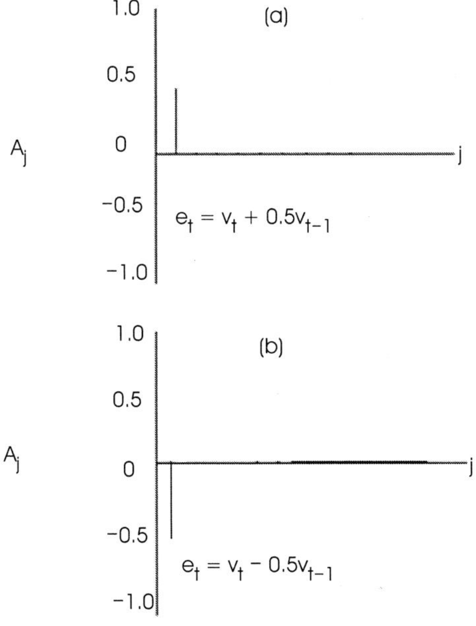

圖 **3-20** 提供 **MA(1)** 干擾過程理論上的相關量尺
資料來源：Ostrom, C, W. (1978, p.78)

第二與較高階移動平均過程直進地來自第一階模型。第二階移動平均過程，MA(2) 由下列方程式所給予：

$$e_t = v_t - d_1 v_{t-1} - d_2 v_{t-2} \qquad (3\text{-}141)$$

其中各項已在前述中被界定。在 MA(2) 模型中，隨機變動或振動在二個時期之後被完全地被打折扣。對 MA(2) 模型的自我相關的函數是由下列方程式所給予：

$$A_1 = -d(1 - d_2) \ / \ (1 + d^2{}_1 + d^2{}_2) \qquad (3\text{-}142)$$

$$A_2 = -d_2 \ / \ (1 + d^2{}_1 + d^2{}_2) \qquad (3\text{-}143)$$

$$A_j = 0 \quad j > 2 \qquad (3\text{-}144)$$

如此一個 MA(2) 過程的自我相關的函數應該顯示在第一個的二個滯延的相關與此後的零相關。MA(2) 過程相關量尺的範例是被呈現在圖 3-21 中。

最後，MA(2) 過程的一般形式是下列自我相關的函數所給予。

$$A_j = \frac{-d_j + d_1 d_{j+1} + \cdots + d_{q-j} d_q}{1 + d_1^2 + d_2^2 + \cdots + d_q^2} \quad j = 1, \cdots, q \qquad (3\text{-}145)$$

$$A_j = 0 \qquad j > q$$

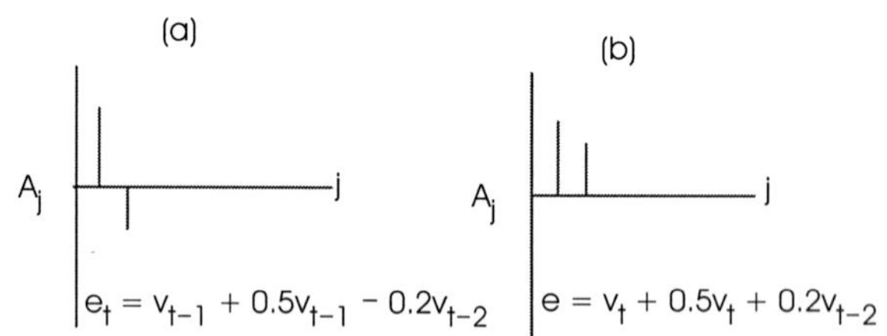

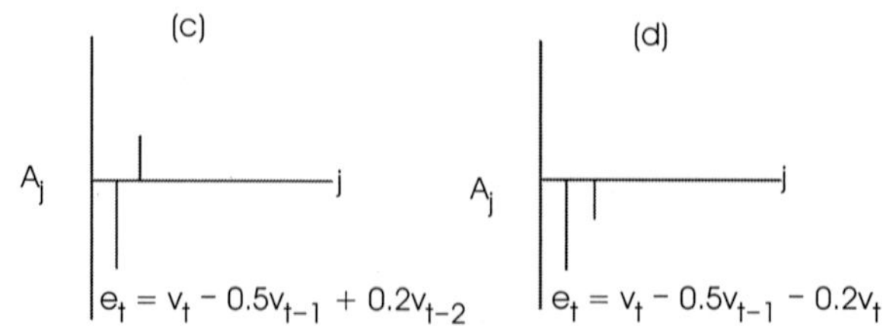

圖 3-21　提供 MA(2) 干擾過程在理論上的相關量尺

資料來源：Ostrom, C, W. (1978, p.79)

一個 MA(2) 過程的自我相關函數的純正證明是非零相關在滯延 1 透過 q 與在別處的零相關。

（三）混合的過程

除了 AR(k) 與 MA(q) 的過程之外，誤差可以發生於組成兩者過程類型的一種模式是可能的。這樣的一種混合的過程，通常被歸之為 ARMA(k, q)，並沒有一個容易的解釋。就大部分而言一個 ARMA(k, q) 是被使用於簡約的理論根據基於之上（它要求較少的參數要被估計）；一個 ARMA(k, q) 過程可以由較高階的自我迴歸或移動平均過程來進行估計（Box and Jenkins，1970）。

最簡單的混合過程是吾人把一個一階自我迴歸與移動平均模型連結。這樣的一個模型，ARMA(1, 1) 可以被程式化為

$$e_t = p_1 e_{t-1} + v_t - d_1 v_{t-1} \tag{3-146}$$

這個過程的自我相關的函數是由下列方程式所給予：

$$A_1 = \frac{(1 - p_1 d_1)(p_1 - d_1)}{1 + d_1^2 - 2p_1 d_1} \tag{3-147}$$

$$A_j = p_1 A_{j-1} \quad j > 2 \tag{3-148}$$

ARMA(1, 1) 自我相關函數的一個範例是被給予在圖 3-22 中。

Pindyck 與 Rubinfeld（1976：467）顯示認為較高階的混合自我迴歸／移動平均過程，變異數，共變數與自我相關的函數是可以解決不同方程式的方法，這些不同的方程式無法由檢視（inspection）來進行解決或解答。無論如何，他們指示，我們應該觀察一個不規則模式（an irregular pattern）為期 q 個時期，然後遵循各滯延大於 q 的模式：

$$A_j = p_1 A_{j-1} + p_2 A_{j-2} + \cdots + p_k A_{j-k}$$
$$j > q \tag{3-149}$$

因為 q 是其過程移動平均部分的記憶（the memory），自我相關函數展示一個純粹自我迴歸的過程為各滯延大於 q。

假定各過程會產生誤差項的一個寬廣範圍，如此我們就有很大的彈性可以依據過程描述其特性以反映於自我相關。在給予一個引進提供很多不同過程的類型與已

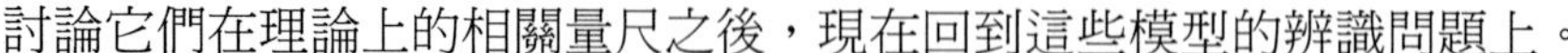

討論它們在理論上的相關量尺之後，現在回到這些模型的辨識問題上。

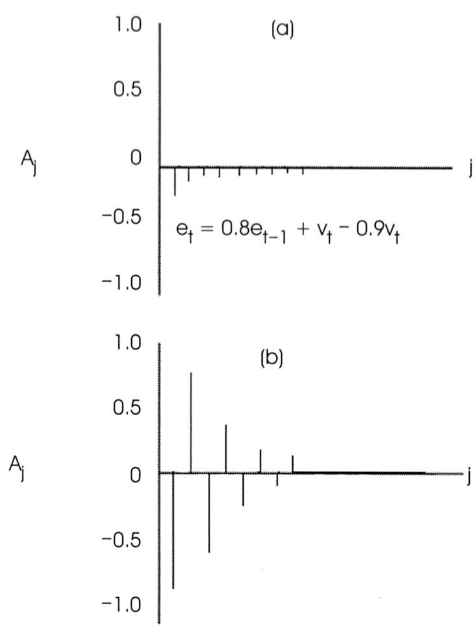

圖 3-22　提供 **MRMA（1,1）**干擾過程在理論上的相關量尺
資料來源：Ostrom, C, W. (1978, p.80)

二、過程的辨識

Hibbs（1974：278）認為一個經驗性的相關量尺是一個有效的方法，可以去推論「時間——相依過程描述在個體迴歸方程式中各干擾的特性」。在取得「推論，deduce」語言意義問題時是必要的，從事任何可能自我相關的評估或評估開始時就注意到經驗性的相關量尺似乎是明智的。如此我們首先應該以 OLS 的方程式進行估計，尋回已估計的殘差，與使用它們去估計相關量尺。然後該相關量尺可以和各種理論上的相關量尺進行比較以便發現干擾時間——相依的過程以提供一個適當模型；在這種資訊的基礎之上一個提供知識過程的辨識就可以被進行。

有關程序已被陳述的要點應該可以被強調的這一點可以被執行到極端。沒有機制方法可以發現時間——相依過程它是反映於誤差。反之，相關量尺可以被使用去製作一個有廣聞知識的臆測（an informed guess），因為在案例中我們沒有其他一個可以關切其過程的先驗知識。如果我們有某理論上的理由去建議提出一個一階的過程，然後我們應該處心積慮做下去與規避相關量尺的分析。

經驗的相關量尺是使用 OLS 計算 A_j 的殘差 e_t。如此，A_1 可由平均所有個別一個時期的殘差之相關來進行估計；A_2 則由平均所有個別兩個時期的殘差之間的相關來進行估計；等等。應該很清楚的是將有很多的相關要平均提供 A_1 然後甚至 A_3。事實上，將只有一個相關被使用去估計 A_{T-1} 其中 T 是樣本大小。當其結果，更長滯延的相關的估計是很可能會受制於極端的變異量。要克服這個問題，通常的作法（the usual prescription）是去計算提供 T/4 或 T/5 滯延的自我相關。例如，我們一直在使用的，$T = 16$；由此，我們可以計算滯延 1, 2, 3 與 4 的自我相關。這樣的程序可以簡化在相關量尺中要被估計的數目，我們可以以更多的信心對這些被含入的。可以抱持最大的希望是我們可以獲得有關相關模式的一個一般理念（a general idea）。

在估計經驗的相關量尺之後，要去嘗試去辨識基本的干擾產生過程是可能的，假定前述已進展的我們應該做下列的決定（Ostrom, C, W.（1978，p.82）：

(1) 殘差是隨機的，如果 $A_j = 0$ 因為所有的 $j > 0$。

(2) 殘差是由自我迴歸的過程所產生的如果它們依據方程式（3-137）之後而變小（tail off）。

(3) 殘差是由一種移動平均過程所產生，如果 A_j 有釘子在滯延 1 到 q（has spikes at lags 1through q）然後完全的截斷（cut off entirely）。

(4) 殘差是由一種混合的自我迴歸／移動平均過程所產生，如果有一種不規則模式在滯延 1 到 q，然後 A_j 依據方程式（3-149）落在後變少（tail off）。

這些僅是經驗的法則我們可以使用去研究調查經驗的相關量尺。

滯延內衍變項模型的應用

已被要點陳述於本部分的程序是直接地可應用於滯延內衍變項的模型以最少的修正方式：當研究中的模型有一種滯延內衍變項時，它是可以使用為一種工具性變項的估計技術（參考第六節）以便獲得符合殘差的估計值所必要的。一旦符合殘差的估計值已被產生，要去估計相關量尺與辨識其基本過程是可能的。

三、估計

已辨識了時間——相依過程之後，回到參數估計的過程是適當的。時間——相依過程參數的估計是一種極端困難的任務，與對當前的處理需要技術提升的含入。有興趣的讀者應該進一步去參考 Hibbs 的著作（1974）；縱然它的處理方法不是完全的（complete），他的著作的確可以提供很好的綜合論述與作為參考書目的文獻（a good overview and bibliography）。一旦時間——相依過程的參數已被估計，接著要把它們應用於虛擬—— GLS 估計技術方面是相對直進的問題。

第九節　中國（中共）國防預算問題的探討

從以上各節如從前述迴歸的基本方程式，模型的建構，最小平方的估計方法，和前述這方面研究領域有所貢獻與成果的著作者或先驅者的著作中，如 Ostrom（1978）所提出有關美國國防支出問題中，呈現出美國對蘇聯國防支出的關切，追求戰略優勢或平衡的決策過程，其中出現自我相關，提出 Durbin-Watson 統計量檢定，差分，滯延，與自我迴歸等的問題。本節提出中國（中共）國防預算問題，期望能夠呈現出自我相關，Durbin-Watson 統計量檢定，以便呈現迴歸技術應用於國際政治中國防問題的研究範例，希望能夠從中解釋說明迴歸技術如果應用於國防預算問題的研究。希望有助益於時間序列迴歸分析技術的突破與創新。

對於迴歸分析方程式的建立，我們循序選擇簡單的迴歸分析與多元的迴歸分析，由於進行簡單的迴歸分析中，我們發現有自我相關的殘差出現，它會產生誇大或低估的問題。因而我們選擇二個自變項的多元的迴歸分析進行分析。

一、簡單的迴歸分析

依據表 3-16 的資料，我們可以使用 SPSS 軟體進行迴歸分析，去獲得表 3-17 的各個資料，從表

$$\hat{Y}_t = 14618.606 - 1600.723X_t$$
$$(6.799) \quad (-5.723)$$
$$R^2 = 7.16 \quad \text{s.e.} = \$829.42639\text{（人民幣億元）}$$

其中括弧中的數字是 t 的比率是顯著性的。當我們可以從方程式（3-49）獲知，中國的國防支出對其財政的支出有一種很強的負向的影響。而且，因為 b 是實質地大於 1。而 a 的解釋就沒有這樣的直進。無論如何，因為它的 t 比率指示它並沒有顯著地不同於 0。最後，其關係就在 Y_t 變異數中一個整體 71.6% 的解釋量而言。它呈現出這樣的比率目標假設的敘述（version，說法）是受到資料的支撐。由於，基於先驗的理論化（prior theorizing）基礎上，我們可以預期中國國防支出的決定

表 3-16 （儲存在 **CH3-2**）

年	國防預算以人民幣億元計	占國家財政比例	中國軍事開支占 GDP 百分	中國綜合經濟實力	中國 GDP
1996.00	720.06	9.07	3.50	8561.00	10.00
1997.00	812.50	8.80	3.30	9527.00	9.30
1998.00	934.70	8.66	3.20	10195.00	7.80
1999.00	1076.40	8.16	3.00	10833.00	7.60
2000.00	1207.54	7.60	3.10	11984.00	8.40
2001.00	1442.14	7.63	3.10	13248.00	8.30
2002.00	1707.78	7.44	3.10	14538.00	9.10
2003.00	1907.87	7.74	3.40	16410.00	10.00
2004.00	2200.01	7.72	3.80	19316.00	10.10
2005.00	2474.96	7.29	3.90	22569.00	11.30
2006.00	2979.38	7.37	4.00	27129.00	12.70
2007.00	3554.91	7.14	4.00	34941.00	14.20
2008.00	4177.67	7.70	4.00	45218.00	9.60
2009.00	4806.89	6.30	4.30	49855.00	9.10
2010.00	5321.15	6.30	4.60	49090.00	9.10

資料來源：
1. The Global Competitiveness Index Rankings (GCI)，世界經濟論壇(WEF)
2. http://www.weforum.org/en/index.htm
3. The Networked Readiness Index Rankings (NRI)，世界科技論壇（GTF）
4. Economist Intelligence Unit e-readiness rankings and score(EIU)，世界科技論壇（GTF）
5. http://www.ebusinessforum.com/
6. Global Technology Forum.(GTF) http://www.ebusinessforum.com/
7. World Competitiveness Online (IMD) https://www.worldcompetitiveness.com/OnLine/App/Index.htm
8. 澳洲經濟與和平研究所 Global Peace Index（GPI）2007-2010.
9. 中國國家統計局（2005-2007），中國統計年鑑（歷年）
10. 中共年報（2008 年版），頁 3-20（16 大、17 大異同表），頁 3-51（領導人發言內容)
11. 綜整自中共國家統計局「2005年中國統計年鑑」、「2008年中國統計年鑑」、2009 年「新華社」資料，金額單位：人民幣億元。

是財政支出經費的一種函數（a function），其經驗的結果證實這樣的臆測（supposition）。

由於我們在建立能夠解釋與預測中國國防支出的迴歸方程式模型時，這樣的模型會出現前述所提出的當迴歸模型中的誤差項發生正向地自我相關時，普通最小平方方法（Ordinary Least Square methods，OLS）程序的使用會產生很多重要的影響或結果。如產生（一）已估計的迴歸係數會被偏估，使它們就不再成為有最小量的變異數量之屬性，因而使其效果或效率很低。（二）MSE 會嚴重地低估誤差項的變異數。（三）使依據普通最小平方（OLS）程序所計算的 $s\{b_k\}$ 會嚴重地低估已估計迴歸係數的真正標準差。（四）使其信賴區間及 t 與 F 分配的檢定，在精確度上就不再是具有其效度的可應用性。

依據 Durbin-Watson 統計量表，在 Durbin-Watson 統計量表包括提供 d_U 與 d_L 的值。這些值的範圍從 0 到 4。如果已計算的 D 值是在 d_U 之上，我們無法拒絕虛無假設與沒有顯著性的自我相關。如果已計算的 D 值是在 d_L 之下，我們可以拒絕虛無假設與有顯著性的自我相關。

從表 3-17 之 4 中，我們檢視 Durbin-Watson 統計量是 0.843，因為我們使用一個簡單的線性迴歸，k 的值是 1（因為只有一個預測式）。樣本數（樣本大小），n 是 15，$\alpha = 0.05$。在附表中臨界值是

$$d_U = 1.36 \quad \text{與} \quad d_L = 1.08$$

因為對此問題被計算的 D 統計量是 0.843 小於 $d_U = 1.36$ 的值，由此虛無假設被拒絕。因而，在此問題中是有正向的自我相關存在。

依據 Durbin-Watson 統計量的檢定是有正向的自我相關存在。如圖 3-27 顯示出正向的自我相關的序列關聯圖形，就和前述圖 3-8 與圖 3-9 的情況一樣。圖 3-28 顯示自我相關殘差的線性散布圖形。圖 3-29 是呈現國防支出與其預測值之間的序列關聯圖形。

雖然從表 3-17 之 5 的 F 的整體檢定與表 3-17 之 6 的 t 的個別檢定顯示是顯著性，然而我們有前述這樣的迴歸方程式模型使用最小平方估計方法將會發生。

表 3-17 之 1

Descriptive Statistics

	Mean	Std. Deviation	N
國防預算以人民幣億元計	2354.9307	1499.36141	15
占國家財政比例	7.6613	0.79250	15

表 3-17 之 2

Correlations

		國防預算以人民幣億元計	占國家財政比例
Pearson Correlation	國防預算以人民幣億元計	1.000	−0.846
	占國家財政比例	−0.846	1.000
Sig. (1-tailed)	國防預算以人民幣億元計	-	0.000
	占國家財政比例	0.000	-
N	國防預算以人民幣億元計	15	15
	占國家財政比例	15	15

表 3-17 之 3

Variables Entered ∕ Removed[b]

Model	Variables Entered	Variables Removed	Method
−1	占國家財政比例 [a]	-	Enter

a. All requested variables entered.

b. Dependent Variable：國防預算以人民幣億元計

表 3-17 之 4

Model Summary[b]

Model	R	R Square	Adjusted R Square	Std. Error of the Estimate	Change Statistics					Durbin-Watson
					R Square Change	F Change	df1	df2	Sig. F Change	
−1	0.846[a]	0.716	0.694	829.42639	0.716	32.749	1	13	0.000	0.843

a. Predictors: (Constant)，占國家財政比例

b. Dependent Variable：國防預算以人民幣億元計

表 3-17 之 5

ANOVA[b]

Model		Sum of Squares	df	Mean Square	F	Sig.
1	Regression	2.253E7	1	2.253E7	32.749	0.000[a]
	Residual	8943325.695	13	687948.130		
	Total	3.147E7	14			

a. Predictors: (Constant)，占國家財政比例

b. Dependent Variable：國防預算以人民幣億元計

表 3-17 之 6

Coefficients[a]

Model	Unstandardized Coefficients		Standardized Coefficients	t	Sig.	95.0% Confidence Interval for B	
	B	Std. Error	Beta			Lower Bound	Upper Bound
1(Constant)	14618.606	2153.660		6.788	0.000	9965.907	19271.306
占國家財政比例	−1600.723	279.714	−0.846	−5.723	0.000	−2205.010	−996.437

a. Dependent Variable：國防預算以人民幣億元計

表 3-17 之 7

Residuals Statistics[a]

	Minimum	Maximum	Mean	Std. Deviation	N
Predicted Value	100.0449	4534.0488	2354.9307	1268.57229	15
Std. Predicted Value	−1.777	1.718	0.000	1.000	15
Standard Error of Predicted Value	214.336	448.462	289.095	93.448	15
Adjusted Predicted Value	−156.0949	4429.2896	2314.3165	1267.47804	15
Residual	−1245.56836	1884.63403	.00000	799.25526	15
Std. Residual	−1.502	2.272	0.000	0.964	15
Stud. Residual	−1.555	2.352	0.022	1.017	15
Deleted Residual	−1335.14954	2019.61865	40.61416	894.54529	15
Stud. Deleted Residual	−1.656	2.982	0.053	1.140	15
Mahal. Distance	0.002	3.160	0.933	1.240	15
Cook's Distance	0.000	0.239	0.061	0.077	15
Centered Leverage Value	0.000	0.226	0.067	0.089	15

a. Dependent Variable：國防預算以人民幣億元計

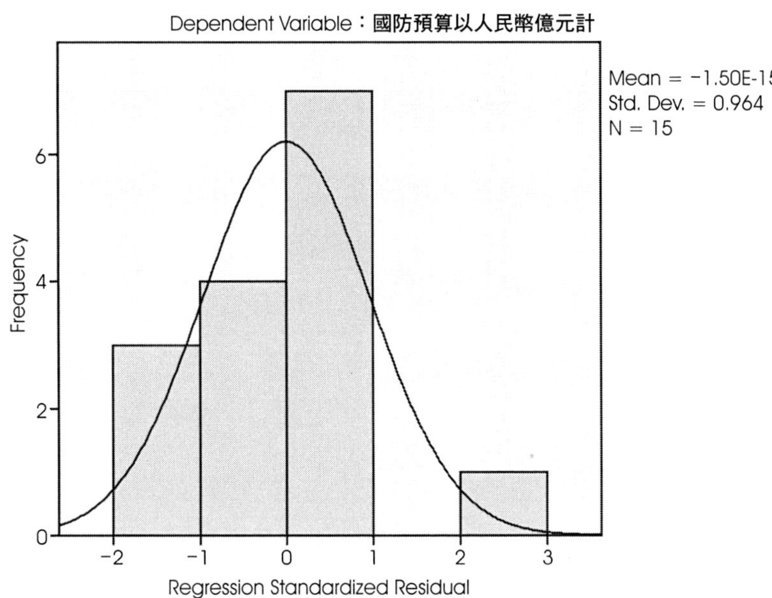

圖 3-23　標準化迴歸殘差常態分配圖

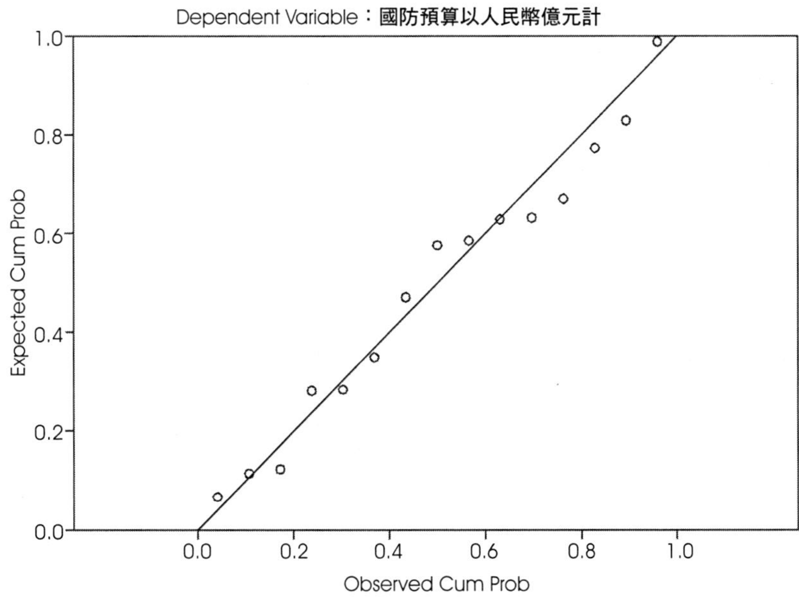

圖 3-24　觀察值迴歸標準化殘差的常態 P-P 圖

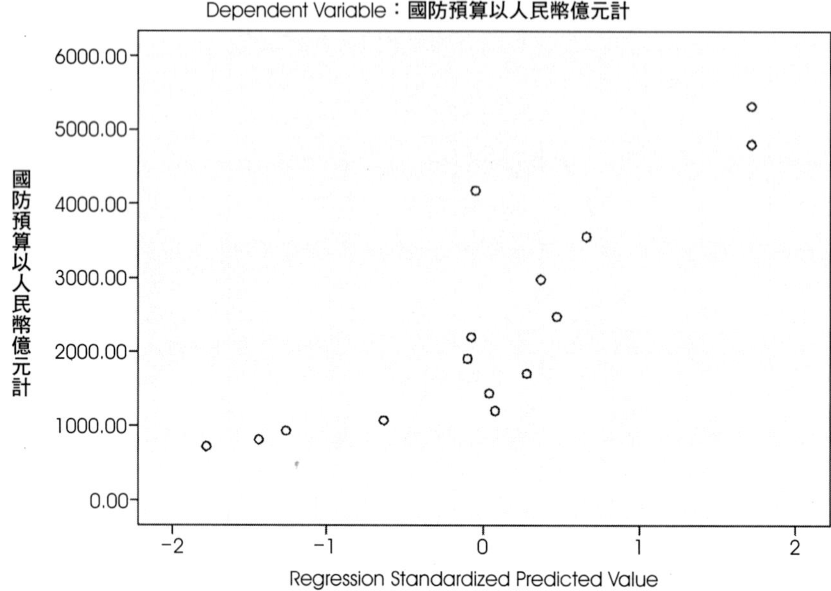

圖 3-25　國防預算迴歸標準化預測值的散布圖

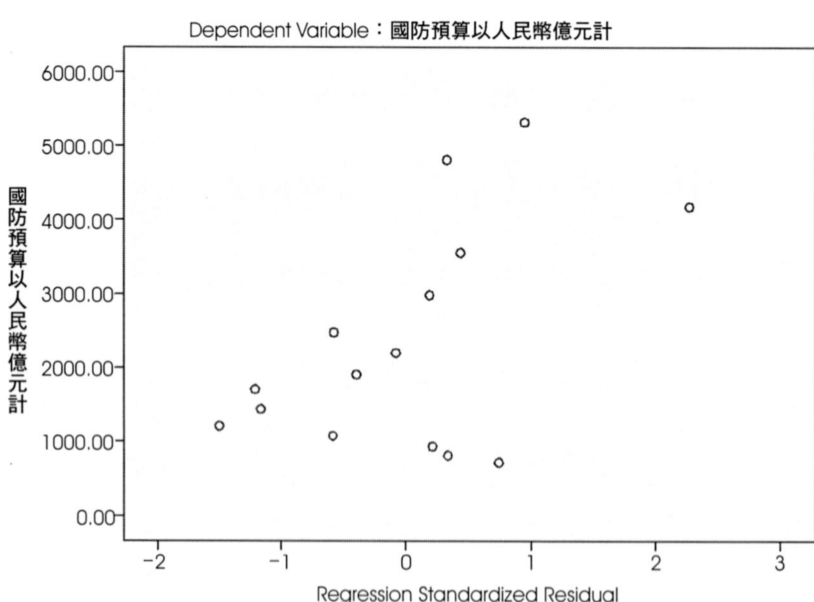

圖 3-26　國防預算迴歸標準化殘差的散布圖

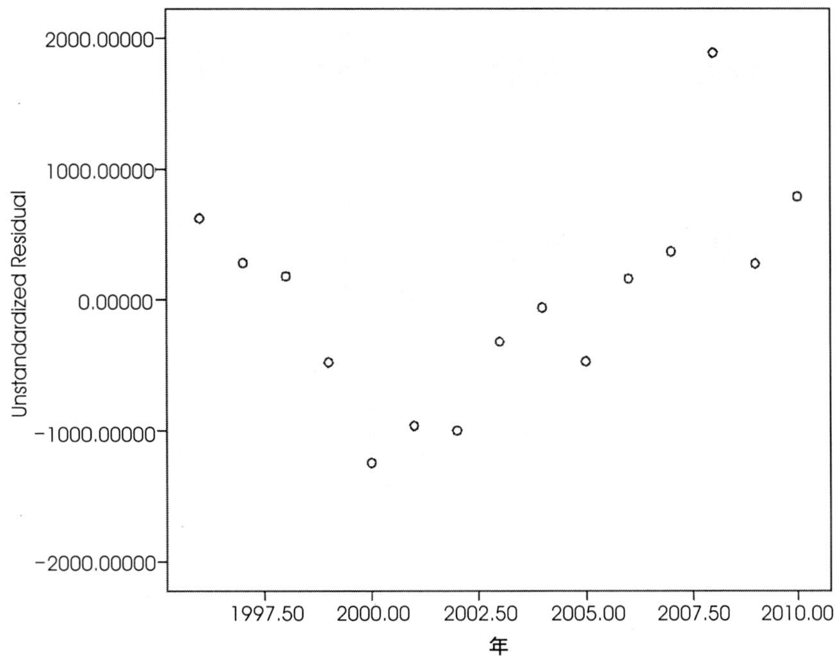

圖 3-27　國防預算非標準化殘差的直線趨勢圖

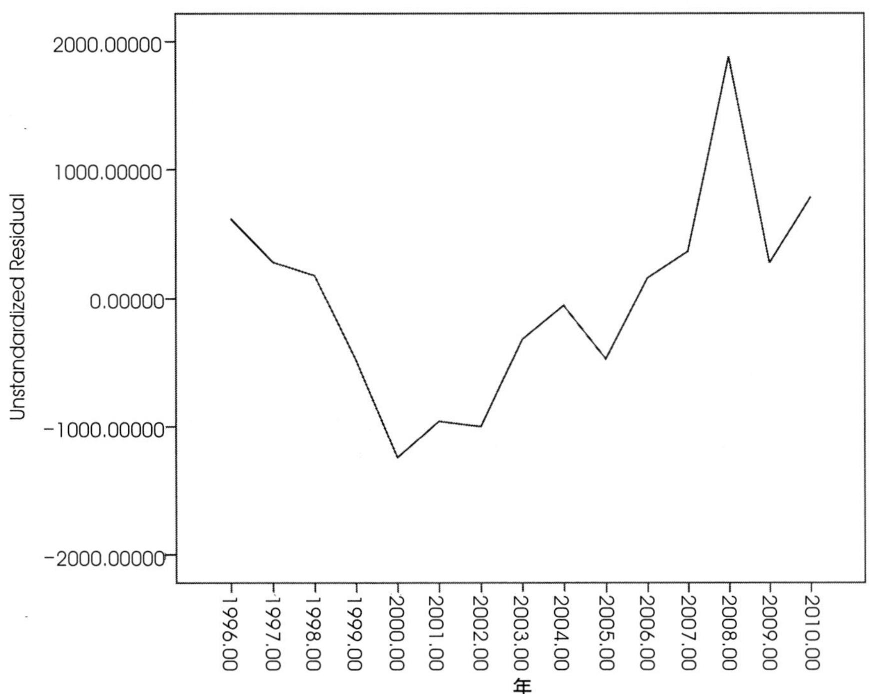

圖 3-28　國防預算非標準化殘差時間序列關聯圖

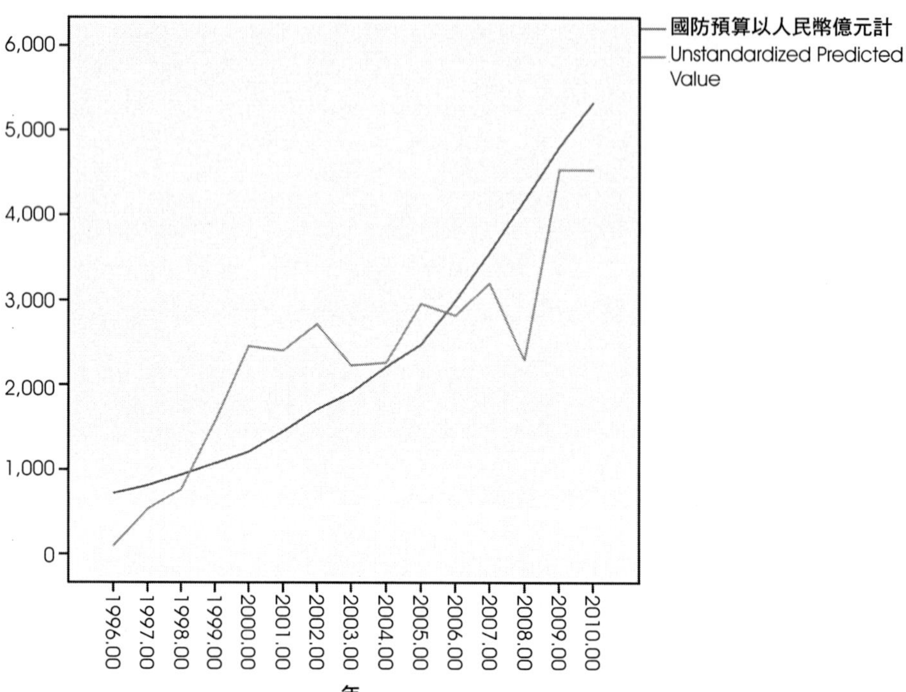

圖 3-29　國防預算與其非標準化預測值之間的時間序列關聯圖

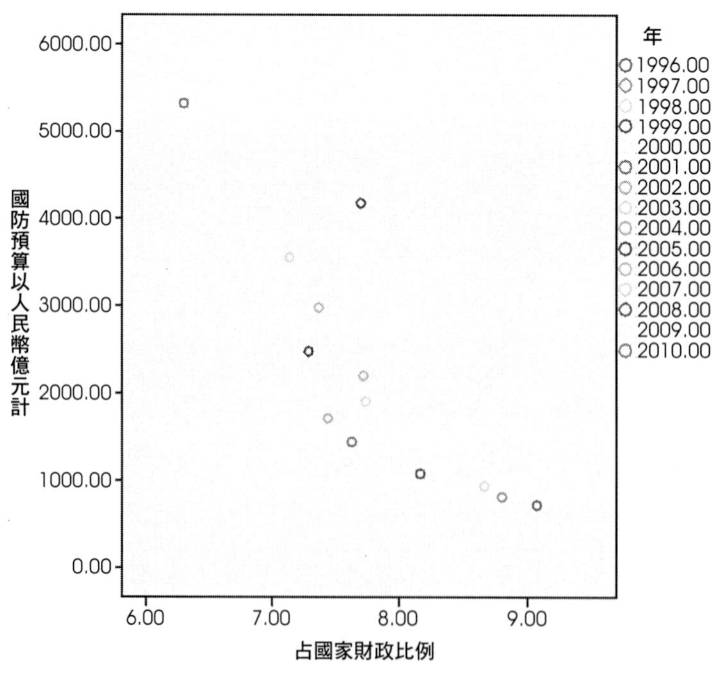

圖 3-30

二、多元的迴歸分析

由於前述選擇一個依變項與一個自變項的簡單迴歸分析，經過前述分析與 DW 的檢定的結果有自我相關殘差的問題。此時，我們應該採取甚麼樣的方法與步驟去進一步解決自我相關殘差的問題？依據前述著作者的經驗陳述，可以修正預測的方程式與選擇的時間——相依過程去解決問題。在修正預測的方程式的方法中，可使用 Cochrance-Orcutt 程序，Hildreth-Lu 程序，與一階差分程序的等等方法，這些程序方法我們將會在第四章中進行個別詳細的探討。在本節中我們採取增加一個自變項的多元迴歸分析去解決自我相關殘差的問題，建立一個多元迴歸預測方程式模型去進行預測與評估中國（中共）國防政策的問題。至於選擇的時間——相依過程，我們將會在第五章中進行專題的探討。

我們使用表 3-16 的資料進行分析的結果呈現在表 3-18，表 3-19 的各表，與圖 3-31 至圖 3-41。我們可以依據表 3-19 之 4、表 3-19 之 6 的資料去建立一個多元迴歸預測方程式模型：

$$Y_t = 2779.306 - 313.726X_1 + 0.086X_2$$
$$(3.523)\quad(-3.457)\quad(17.895)$$
$$R^2 = 0.990 \quad D.W. = 1.656$$

就 0.05 的顯著性水準，我們查 D.W. 表以 $n = 15$ 與 $p - 1 = 2$：

$$d_L = 0.95 \quad d_U = 1.54$$

因為對此問題被計算的 D 統計量是 1.656 大於 $d_U = 1.54$ 的值，由此虛無假設無法被拒絕，換言之，就是保留虛無假設。因而，在此問題中我們推論在增加一個自變項模型中誤差項的自我相關的係數是零，就是沒有正向自我相關的存在。由此可以推論此多元迴歸預測方程式模型可以作為解釋與預測中國（中共）國防政策的模型。

表 3-18 （本資料儲存在 CH3-2b 檔案中）

	年	國防預算以人民幣億元計	占國家財政比例	中國綜合經濟實力	PRE_1	RES_1	ADJ_1	ZPR_1
1	1996.00	720.06	9.07	8561.00	673.90095	46.15905	651.10958	−1.12696
2	1997.00	812.50	8.80	9527.00	842.11654	−29.61654	850.72789	−1.01419
3	1998.00	934.70	8.66	10195.00	943.78600	−9.08600	945.83712	−0.94603
4	1999.00	1076.40	8.16	10833.00	1155.80333	−79.40333	1165.97877	−0.80389
5	2000.00	1207.54	7.60	11984.00	1430.99247	−223.45247	1482.82532	−0.61941
6	2001.00	1442.14	7.63	13248.00	1530.85205	−88.71205	1547.17932	−0.55246
7	2002.00	1707.78	7.44	14538.00	1701.97899	5.80101	1700.61888	−0.43774
8	2003.00	1907.87	7.74	16410.00	1769.69347	138.17653	1755.71935	−0.39234
9	2004.00	2200.01	7.72	19316.00	2027.18836	172.82164	2013.49820	−0.21972
10	2005.00	2474.96	7.29	22569.00	2443.30863	31.65137	2439.31443	0.05925
11	2006.00	2979.38	7.37	27129.00	2812.41733	166.96267	2798.62018	0.30670
12	2007.00	3554.91	7.14	34941.00	3559.91274	−5.00274	3560.55324	0.80782
13	2008.00	4177.67	7.70	45218.00	4272.66109	−94.99109	4376.16854	1.28565
14	2009.00	4806.89	6.30	49855.00	5112.74071	-305.85071	5254.22477	1.84884
15	2010.00	5321.15	6.30	49090.00	5046.60734	274.54266	4924.46342	1.80450

從以上資料，我們把它（如表 3-16 的資料）輸入 SPSS 軟體程式操作所獲得的如下輸出結果報表資料。在如下輸出結果報表資料中，我們建構二個迴歸分析模型，第一個（模型 1）是一個依變項與一個自變項的迴歸分析模型，以建構一個適合的迴歸預測方程式中一個依變項與一個自變項的迴歸分析模型。第二個（模型 2）是一個依變項與二個自變項的迴歸分析模型。

表 3-19 之 1 為敘述統計量，其中有依變項國防預算的平均數，標準差的分數。自變項占國家財政比例與中國綜合經濟實力的平均數，標準差的分數。三個變項的有效觀察值個數均為 15 個。它們的平均數，標準差的分數在前述的演算過程中我們可以發現它們如何被求取。

表 3-19 之 2 為各變項之間的相關係數或矩陣，顯示它們之間的相關係數是負數的，顯示國防預算的（Y 或依變項）增加其占國家財政比例（X_1 自變項）會是負的，而其中國綜合經濟實力（X_2 自變項）是正的相關。

表 3-19 之 3 是在於指示我們所進行的多元迴歸分析是以建立二個迴歸分析模型為目標。第一個分析模型輸入一個自變項的迴歸分析模型。第二個多元迴歸分析模型輸入二個自變項。

表 3-19 之 4 為模型或模式摘要，依序為多元相關係數，R 平方，調整後的平方，

估計標準誤，R 平方的改變，淨 F 值，分子自由度，分母自由度，F 值改變的顯著性。在模型 1 中，其相關係數於 0.846，其決定係數 R 平方等於 0 .716。決定係數等於 0.716，表示一個自變項可以有效的提出解釋依變數（國防預算）71.6% 的變異數。換言之，就是表示一個自變項對依變數（國防預算）有 71.6% 的解釋力。

在模型 2 中，多元相關係數等於 0.995，其決定係數 R 平方等於 0.990。決定係數等於 0.990，表示二個自變項可以有效的提出解釋依變數（國防預算）99% 的變異數。換言之，就是表示二個自變項對依變數（國防預算）有 99% 的解釋力。

從模型 2 中，我們可以發現在模型 2 中增加一個自變項只僅僅增加 0.274（0.990 − 0.716）的解釋力，由此可推論模型 2 的解釋力比模型 1 好。

表 3-19 之 5 為迴歸係數的變異數分析摘要表，模型 1 的 SSR = 2.253E7，SSE = 8943325.695，SST = 3.147E7，其中 SSR + SSE = SST。F 的檢定等於 32.749（F = MSR/MSE = 2.253E7/687948.130 = 32.749），p = 0.000 < 0.05 達顯著性。在第三個欄位為自由度，總和自由度等於 N − 1（15 − 1 = 14），迴歸的自由度為自變項的變項數 k，因而殘差的自由度為 N − k − 1（15 − 1 − 1 = 13）。

模型 2 的 SSR = 3.115E7，SSE = 323034.810，SST = 3.147E7，其中 SSR + SSE = SST。F 的檢定等於 578.578（F = MSR/MSE = 1558E7/26919.567），p = 0.000 < 0.05 達顯著性。在第三個欄位為自由度，總和自由度等於 N − 1（15 − 1 = 14），迴歸的自由度為自變項的變項數 k，因而殘差的自由度為 N − k − 1（15 − 2 − 1 = 12）。

以上我們以一個多元迴歸方程式建構的範例過程來說明迴歸分析的選項，及在預測研究迴歸分析中所使用的各種方程式與概念。從建構一個多元迴歸方程式模型中，我們可以從以上各表的資料顯示我們以國防預算為依變項，選擇二個自變項占國家財政比例（X_1 自變項）與中國綜合經濟實力（X_2 自變項）是可以作為解釋與預測國防預算的模型。

再從圖 3-31 標準化迴歸殘差常態分配圖，圖 3-34 國防預算迴歸標準化殘差的散布圖，圖 3-35 國防預算與占國家財政比例的淨（偏）迴歸圖，圖 3-36 國防預算，占國家財政比例與中國綜合實力的淨（偏）迴歸圖，圖 3-37 國防預算非標準化殘差的直線趨勢圖，與圖 3-38 國防預算非標準化殘差時間序列關聯圖的檢核中，檢察它們並沒有違反恆定變異數的假設（the constant variance assumption）。由此，我們可以確定上述中國國防預算的多元迴歸的時間序列模型，是可以被接受的模型。

表 3-19 之 1

Descriptive Statistics

	Mean	Std. Deviation	N
國防預算以人民幣億元計	2354.9307	1499.36141	15
占國家財政比例	7.6613	0.79250	15
中國綜合經濟實力（以億萬美元計算）	22894.2667	14885.85705	15

表 3-19 之 2

Correlations

		國防預算以人民幣億元計	占國家財政比例	中國綜合經濟實力（以億萬美元計算）
Pearson Correlation	國防預算以人民幣億元計	1.000	−0.846	0.990
	占國家財政比例	−0.846	1.000	−0.793
	中國綜合經濟實力（以億萬美元計算）	0.990	−0.793	1.000
Sig. (1-tailed)	國防預算以人民幣億元計	-	0.000	0.000
	占國家財政比例	0.000	-	0.000
	中國綜合經濟實力（以億萬美元計算）	0.000	0.000	-
N	國防預算以人民幣億元計	15	15	15
	占國家財政比例	15	15	15
	中國綜合經濟實力（以億萬美元計算）	15	15	15

表 3-19 之 3

Variables Entered／Removed[b]

Model	Variables Entered	Variables Removed	Method
1	占國家財政比例[a]	-	Enter
2	中國綜合經濟實力（以億萬美元計算）[a]	-	Enter

a. All requested variables entered.

b. Dependent Variable：國防預算以人民幣億元計

表 3-19 之 4

Model Summary[b]

Model	R	R Square	Adjusted R Square	Std. Error of the Estimate	Change Statistics					Durbin-Watson
					R Square Change	F Change	df1	df2	Sig. F Change	
1	0.846[a]	0.716	0.694	829.42639	0.716	32.749	1	13	0.000	
2	0.995[b]	0.990	0.988	164.07184	0.274	320.224	1	12	0.000	1.656

a. Predictors: (Constant)，占國家財政比例

b. Predictors: (Constant)，占國家財政比例，中國綜合經濟實力（以億萬美元計算）

c. Dependent Variable：國防預算以人民幣億元計

表 3-19 之 5

ANOVA[c]

Model		Sum of Squares	df	Mean Square	F	Sig.
1	Regression	2.253E7	1	2.253E7	32.749	0.000[a]
	Residual	8943325.695	13	687948.130		
	Total	3.147E7	14			
2	Regression	3.115E7	2	1.558E7	578.578	0.000[b]
	Residual	323034.810	12	26919.567		
	Total	3.147E7	14			

a. Predictors: (Constant)，占國家財政比例

b. Predictors: (Constant)，占國家財政比例，中國綜合經濟實力（以億萬美元計算）

c. Dependent Variable：國防預算以人民幣億元計

表 3-19 之 6

Coefficients[a]

Model	Unstandardized Coefficients		Standardized Coefficients	t	Sig.	Collinearity Statistics	
	B	Std. Error	Beta			Tolerance	VIF
1(Constant)	14618.606	2153.660		6.788	0.000		
占國家財政比例	-1600.723	279.714	-0.846	-5.723	0.000	1.000	1.000
2(Constant)	2779.306	786.904		3.532	0.004		
占國家財政比例	-313.726	90.742	-0.166	-3.457	0.005	0.372	2.690
中國綜合經濟實力（以億萬美元計算）	0.086	0.005	0.858	17.895	0.000	0.372	2.690

a. Dependent Variable：國防預算以人民幣億元計

表 3-19 之 7

Excluded Variables[b]

Model		Beta In	t	Sig.	Partial Correlation	Collinearity Statistics		
						Tolerance	VIF	Minimum Tolerance
1	中國綜合經濟實力（以億萬美元計算）	0.858[a]	17.895	0.000	0.982	0.372	2.690	0.372

a. Predictors in the Model: (Constant)，占國家財政比例

b. Dependent Variable：國防預算以人民幣億元計

表 3-19 之 8

Collinearity Diagnostics[a]

Model	Dimension	Eigenvalue	Condition Index	Variance Proportions		
				(Constant)	占國家財政比例	中國綜合經濟實力（以億萬美元計算）
1	1	1.995	1.000	0.00	0.00	
	2	0.005	20.063	1.00	1.00	
2	1	2.764	1.000	0.00	0.00	0.01
	2	0.234	3.437	0.00	0.00	0.31
	3	0.002	41.463	1.00	1.00	0.68

a. Dependent Variable：國防預算以人民幣億元計

表 3-19 之 9

Residuals Statistics[a]

	Minimum	Maximum	Mean	Std. Deviation	N
Predicted Value	673.9009	5112.7407	2354.9307	1491.64698	15
Std. Predicted Value	-1.127	1.849	0.000	1.000	15
Standard Error of Predicted Value	44.451	118.479	70.453	21.221	15
Adjusted Predicted Value	651.1096	5254.2246	2364.4559	1503.12819	15
Residual	-305.85071	274.54266	0.00000	151.90100	15
Std. Residual	-1.864	1.673	0.000	0.926	15
Stud. Residual	-2.254	2.011	-0.025	1.070	15
Deleted Residual	-447.33478	396.68658	-9.52527	205.05276	15
Stud. Deleted Residual	-2.843	2.365	-0.044	1.219	15
Mahal. Distance	0.094	6.367	1.867	1.732	15
Cook's Distance	0.000	0.784	0.131	0.242	15
Centered Leverage Value	0.007	0.455	0.133	0.124	15

a. Dependent Variable：國防預算以人民幣億元計

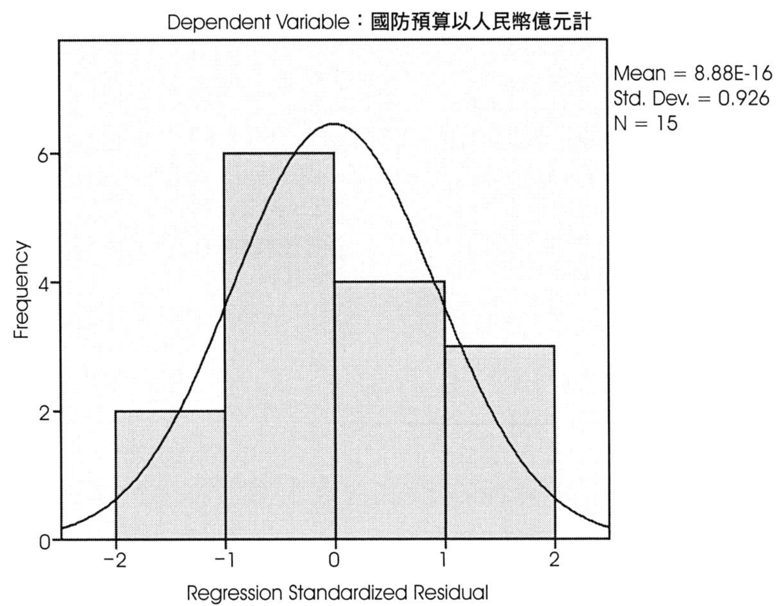

圖 3-31　標準化迴歸殘差常態分配圖

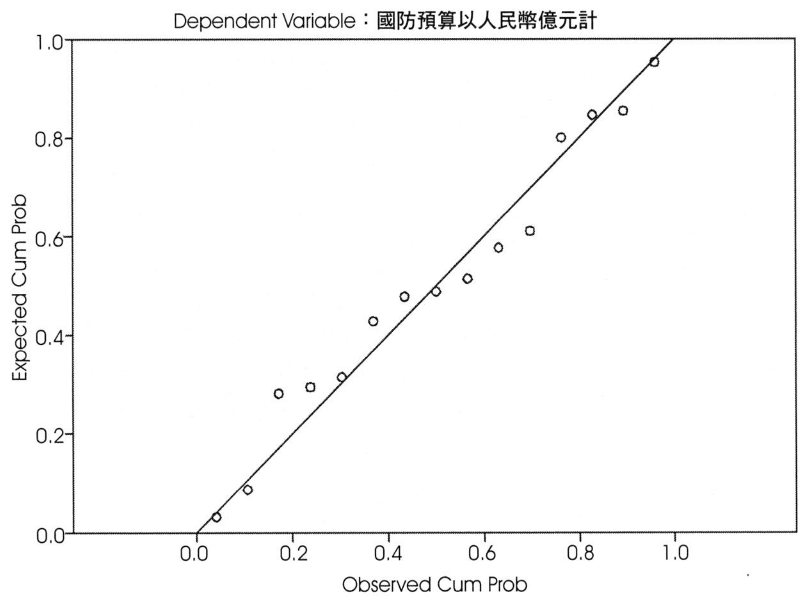

圖 3-32　觀察值迴歸標準化殘差的常態 **P-P** 圖

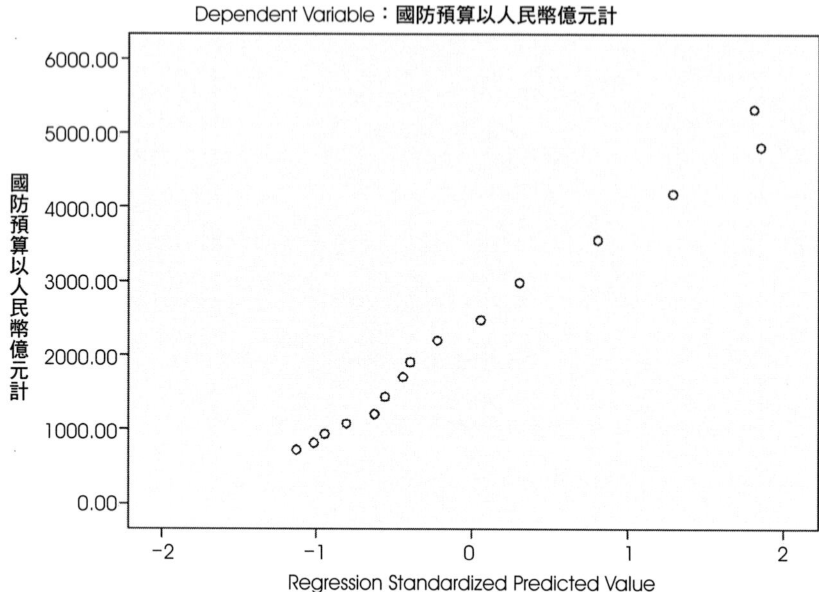

圖 3-33　國防預算迴歸標準化預測值的散布圖

Scatterplot

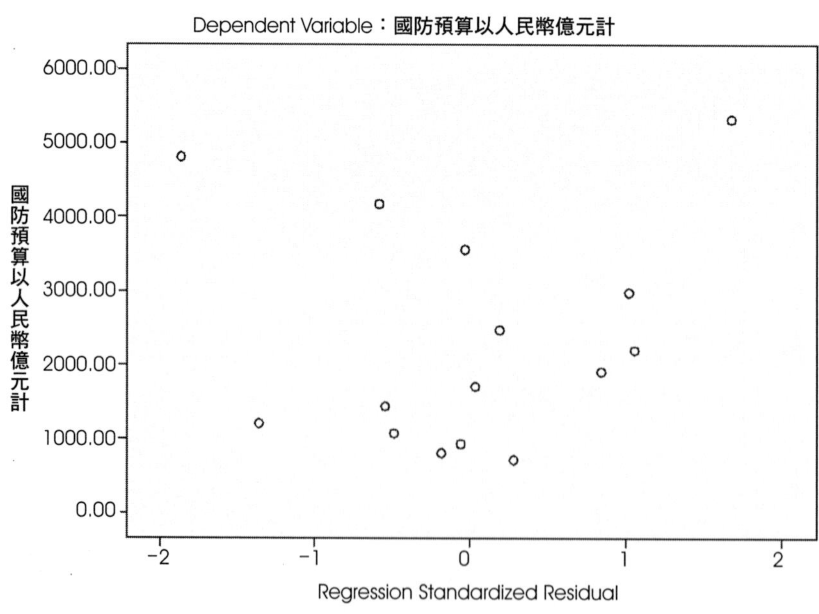

圖 3-34　國防預算迴歸標準化殘差的散布圖

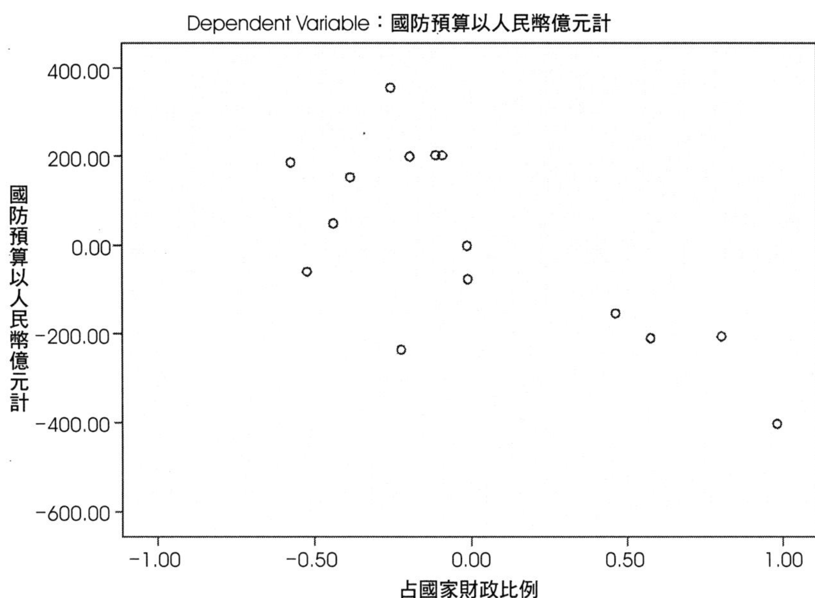

圖 3-35　國防預算與占國家財政比例的淨（偏）迴歸圖

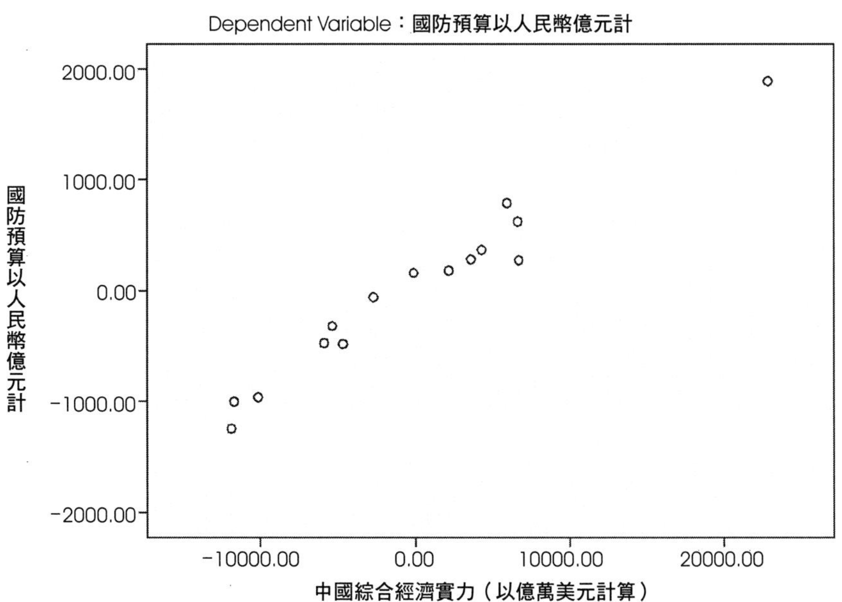

圖 3-36　國防預算，占國家財政比例與中國綜合實力的淨（偏）迴歸圖

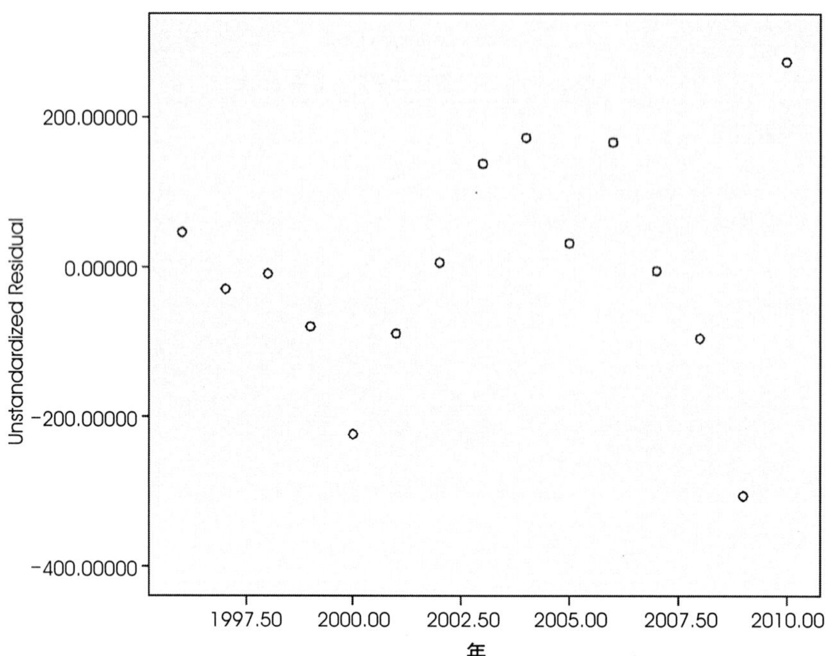

圖 3-37　國防預算非標準化殘差的直線趨勢圖

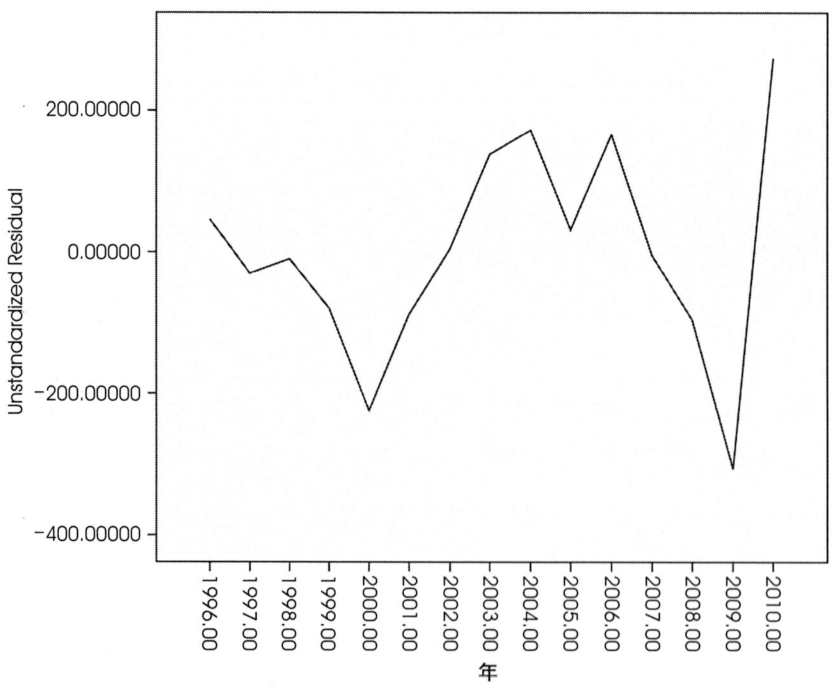

圖 3-38　國防預算非標準化殘差時間序列關聯圖

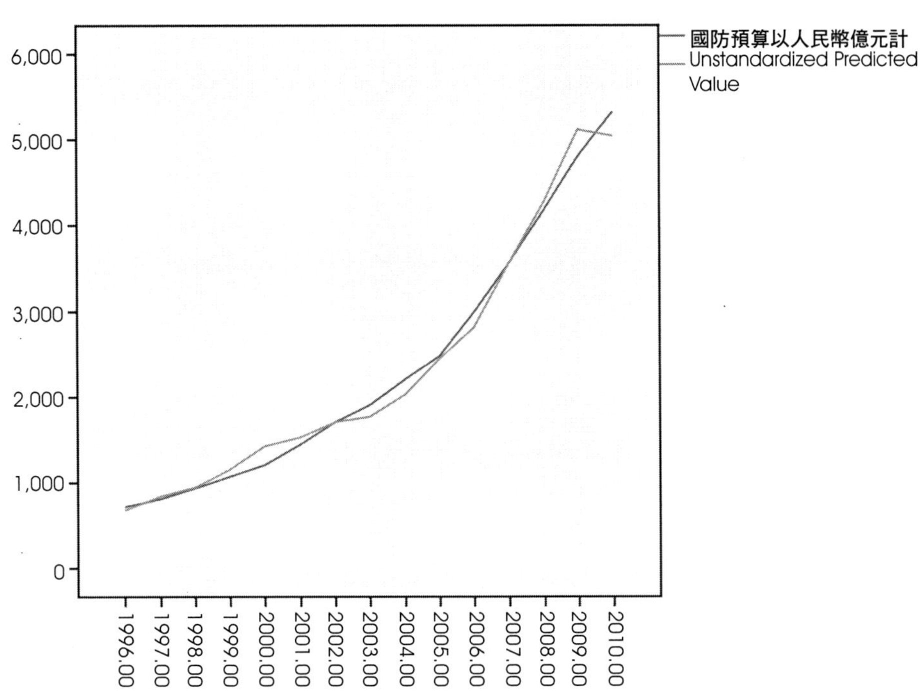

圖 3-39　國防預算與其非標準化預測值之間的時間序列關聯圖

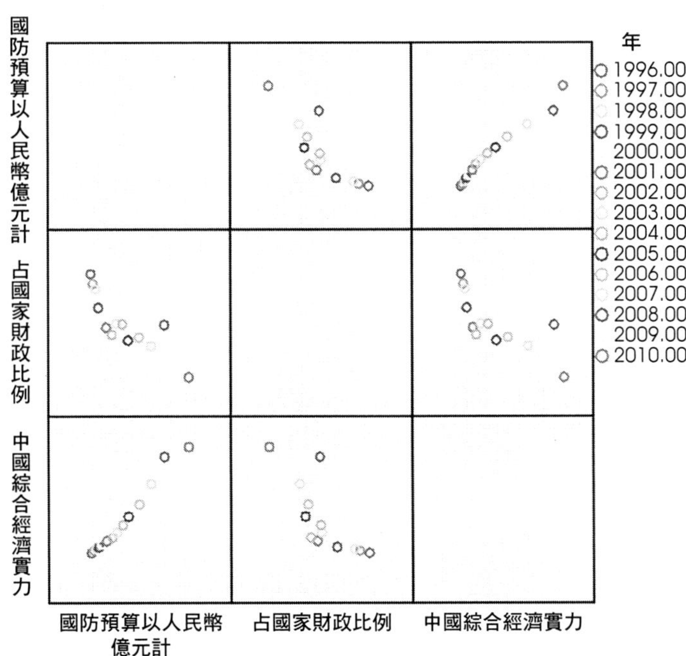

圖 3-40　國防預算，占國家財政比例與中國經濟實力的矩陣散布圖

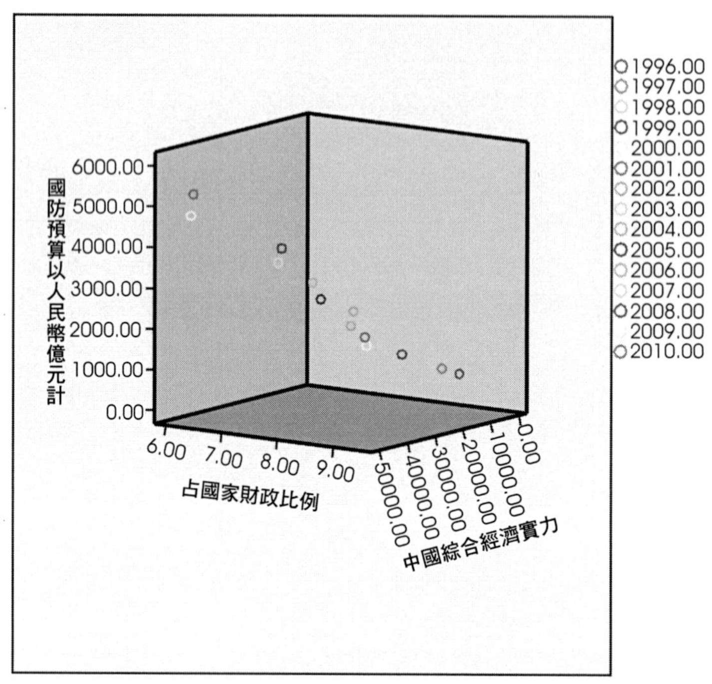

圖 3-41　三度空間立體散布圖

三、殘差自我相關的檢測

接著，我們可以使用表 3-20 的資料（本資料儲存在 CH3-2c 檔案中）再進一步地去檢視依據多元迴歸模型建立的方程式模型是否有殘差的自我相關存在。

表 3-20

年	國防預算以人民幣億元計	占國家財政比例	中國綜合經濟實力	RES_1
1996.00	720.06	9.07	8561.00	46.15905
1997.00	812.50	8.80	9527.00	-29.61654
1998.00	934.70	8.66	10195.00	-9.08600
1999.00	1076.40	8.16	10833.00	-79.40333
2000.00	1207.54	7.60	11984.00	-223.45247
2001.00	1442.14	7.63	13248.00	-88.71205
2002.00	1707.78	7.44	14538.00	5.80101
2003.00	1907.87	7.74	16410.00	138.17653
2004.00	2200.01	7.72	19316.00	172.82164

年	國防預算以人民幣億元計	占國家財政比例	中國綜合經濟實力	RES_1
2005.00	2474.96	7.29	22569.00	31.65137
2006.00	2979.38	7.37	27129.00	166.96267
2007.00	3554.91	7.14	34941.00	−5.00274
2008.00	4177.67	7.70	45218.00	−94.99109
2009.00	4806.89	6.30	49855.00	−305.85071
2010.00	5321.15	6.30	49090.00	274.54266

表 3-21 之 1

Case Processing Summary

		Unstandardized Residual
Series Length		15
Number of Missing Values	User-Missing	0
	System-Missing	0
Number of Valid Values		15
Number of Computable First Lags		14

表 3-21 之 2

Autocorrelations

Series:Unstandardized Residual

Lag	Autocorrelation	Std. Error[a]	Box-Ljung Statistic		
			Value	df	Sig.[b]
1	0.052	0.234	0.049	1	0.824
2	−0.028	0.226	0.064	2	0.968
3	−0.235	0.217	1.239	3	0.744
4	−0.124	0.208	1.597	4	0.809
5	−0.305	0.198	3.966	5	0.554
6	−0.124	0.188	4.403	6	0.622
7	0.103	0.177	4.744	7	0.691
8	0.173	0.166	5.834	8	0.666
9	0.149	0.153	6.776	9	0.660
10	−0.088	0.140	7.169	10	0.709
11	−0.051	0.125	7.334	11	0.771
12	0.007	0.108	7.337	12	0.835
13	−0.069	0.089	7.942	13	0.847

a. The underlying process assumed is independence (white noise).

b. Based on the asymptotic chi-square approximation.

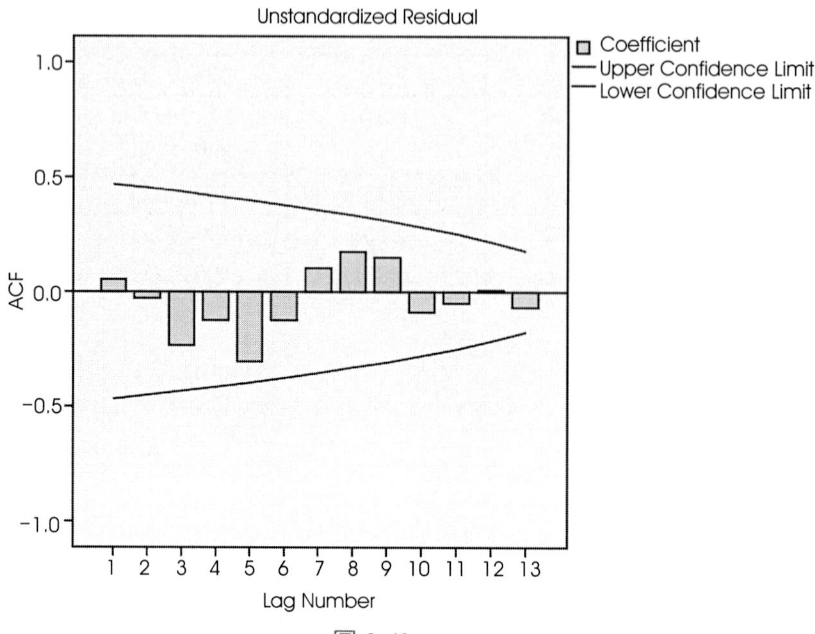

圖 3-42

表 3-21 之 3

Partial Autocorrelations

Series:Unstandardized Residual

Lag	Partial Autocorrelation	Std. Error
1	0.052	0.258
2	−0.030	0.258
3	−0.233	0.258
4	−0.108	0.258
5	−0.330	0.258
6	−0.218	0.258
7	−0.006	0.258
8	−0.025	0.258
9	0.011	0.258
10	−0.217	0.258
11	−0.141	0.258
12	0.039	0.258
13	−0.086	0.258

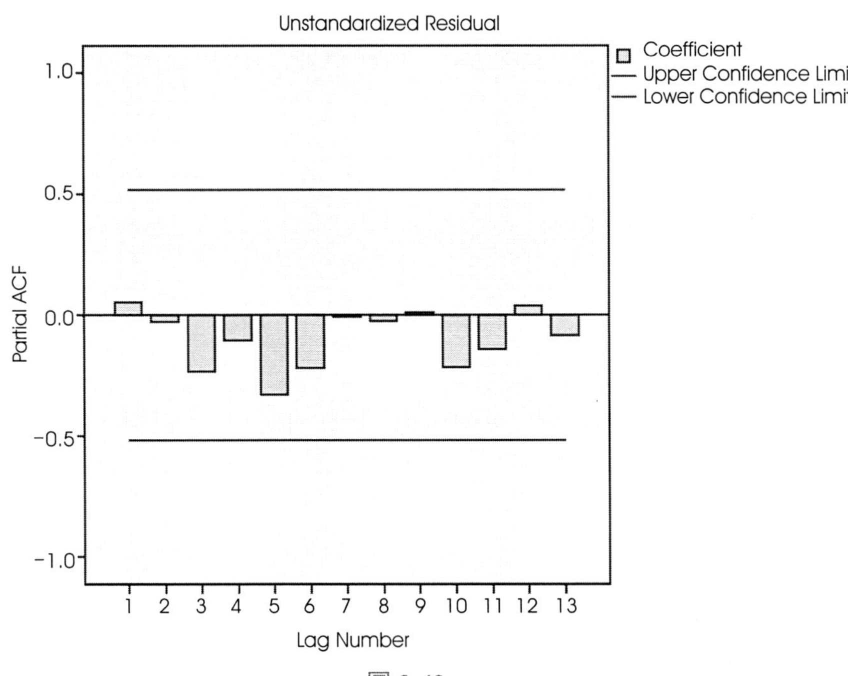

圖 3-43

我們使用儲存在 CH3-2 檔案中的資料進行迴歸分析獲得表 3-21 的結果，在進行殘差的分析。從分析的結果中的表 3-21 之 2 資料，Box-Ljung Satistics 的檢定，其中所有殘差的自我相關均是不顯著的。再從圖 3-42 中其各個釘子都沒有顯著的凸出。從表 3-21 之 3 資料的淨殘差的自我相關均是不顯著的。再從圖 3-43 中其各個釘子亦都沒有顯著的凸出。由此，我們可以推論前述為解釋預測中國（中共）國防預算所建立的多元迴歸方程式模型，並沒有違反淨殘差的自我相關的假設。

四、預測的評估

建立一個多元迴歸預測方程式模型之後，我們就可以以其分析的結果如表 3-22 的資料去進一步去顯示其預測值。

表 3-22 （本資料儲存在 CH3-2d 檔案中）

年	國防預算以人民幣億元計	占國家財政比例	中國軍事開支占GDP百分比	中國綜合經濟實力	中國GDP	YEAR_	DATE_	Predicted_國防預算以人民幣億元計 ...	LCL_國防預算以人民幣億元計_Mod...	UCL_國防預算以人民幣億元計_Mod...
1996.00	720.06	9.07	3.50	8561.00	10.00	1996	1996	720.06	539.42	900.70
1997.00	812.50	8.80	3.30	9527.00	9.30	1997	1997	812.50	631.86	993.14
1998.00	934.70	8.66	3.20	10195.00	7.80	1998	1998	904.94	724.30	1085.58
1999.00	1076.40	8.16	3.00	10833.00	7.60	1999	1999	1056.90	876.26	1237.54
2000.00	1207.54	7.60	3.10	11984.00	8.40	2000	2000	1218.10	1037.46	1398.74
2001.00	1442.14	7.63	3.10	13248.00	8.30	2001	2001	1338.68	1158.04	1519.32
2002.00	1707.78	7.44	3.10	14538.00	9.10	2002	2002	1676.74	1496.10	1857.38
2003.00	1907.87	7.74	3.40	16410.00	10.00	2003	2003	1973.42	1792.78	2154.06
2004.00	2200.01	7.72	3.80	19316.00	10.10	2004	2004	2107.96	1927.32	2288.60
2005.00	2474.96	7.29	3.90	22569.00	11.30	2005	2005	2492.15	2311.51	2672.79
2006.00	2979.38	7.37	4.00	27129.00	12.70	2006	2006	2749.91	2569.27	2930.55
2007.00	3554.91	7.14	4.00	34941.00	14.20	2007	2007	3483.80	3303.15	3664.44
2008.00	4177.67	7.70	4.00	45218.00	9.60	2008	2008	4130.44	3949.80	4311.08
2009.00	4806.89	6.30	4.30	49855.00	9.10	2009	2009	4800.43	4619.79	4981.07
2010.00	5321.15	6.30	4.60	49090.00	9.10	2010	2010	5436.11	5255.47	5616.75
-	-	-	-	-	-	2011	2011	5835.41	5654.77	6016.05
-	-	-	-	-	-	2012	2012	6349.67	5945.74	6753.60

表 3-23

Forecast

Model		2011	2012
國防預算以人民幣億元計 -Model$_1$	Forecast	5835.41	6349.67
	UCL	6016.05	6753.60
	LCL	5654.77	5945.74
占國家財政比例 -Model$_2$	Forecast	6.35	6.19
	UCL	7.16	7.00
	LCL	5.53	5.37
中國綜合經濟實力 -Model_3	Forecast	48325.04	47560.09
	UCL	53491.85	59113.37
	LCL	43158.24	36006.80

For each model, forecasts start after the last non-missing in the range of the requested estimation period, and end at the last period for which non-missing values of all the predictors are available or at the end date of the requested forecast period, whichever is earlier.

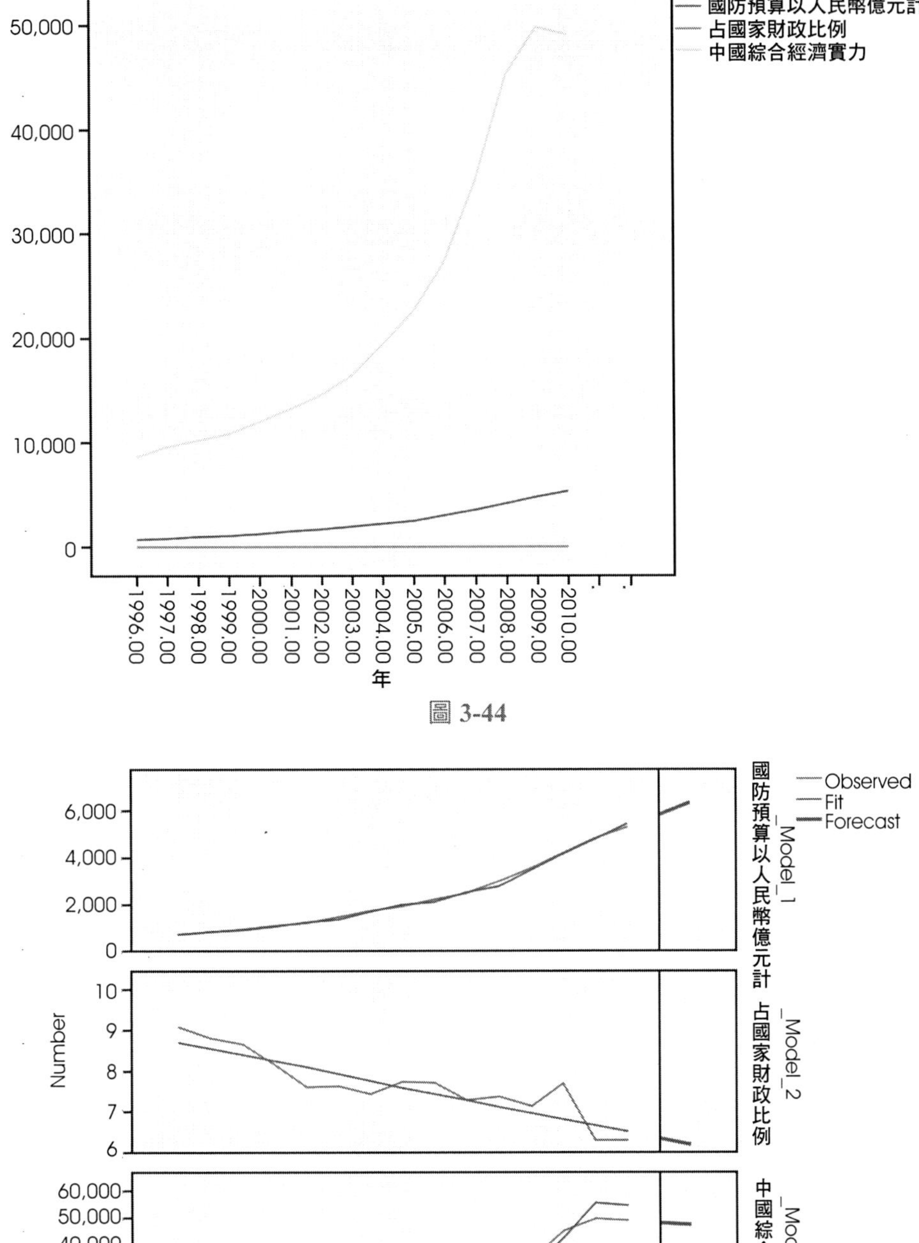
國防預算以人民幣億元計
占國家財政比例
中國綜合經濟實力
50,000
40,000
30,000
20,000
10,000
0
1996.00
1997.00
1998.00
1999.00
2000.00
2001.00
2002.00
2003.00
2004.00
2005.00
2006.00
2007.00
2008.00
2009.00
2010.00
年

圖 3-44

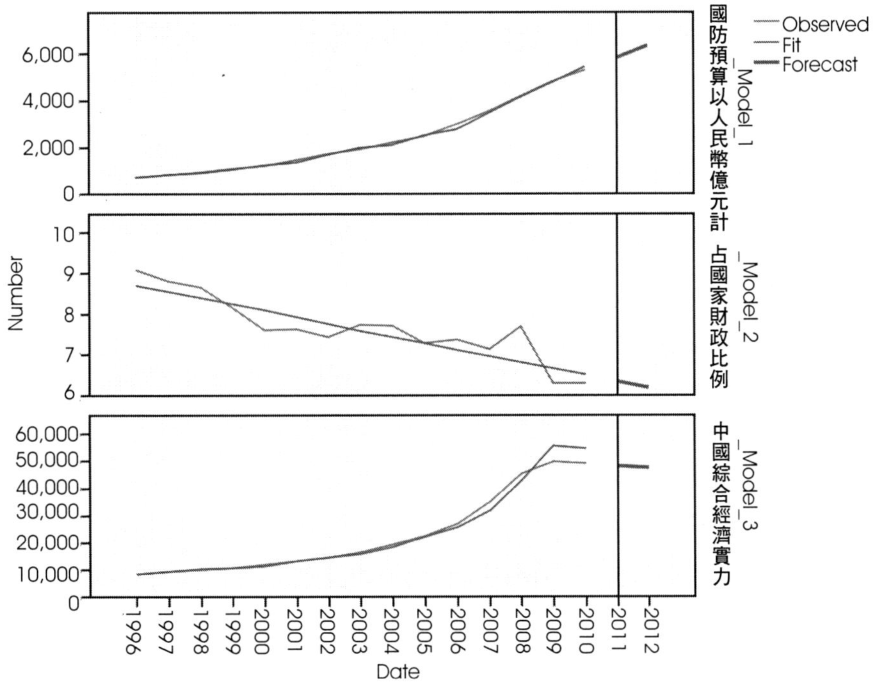

Observed
Fit
Forecast
國防預算以人民幣億元計_Model_1
占國家財政比例_Model_2
中國綜合經濟實力_Model_3
Number
Date

圖 3-45

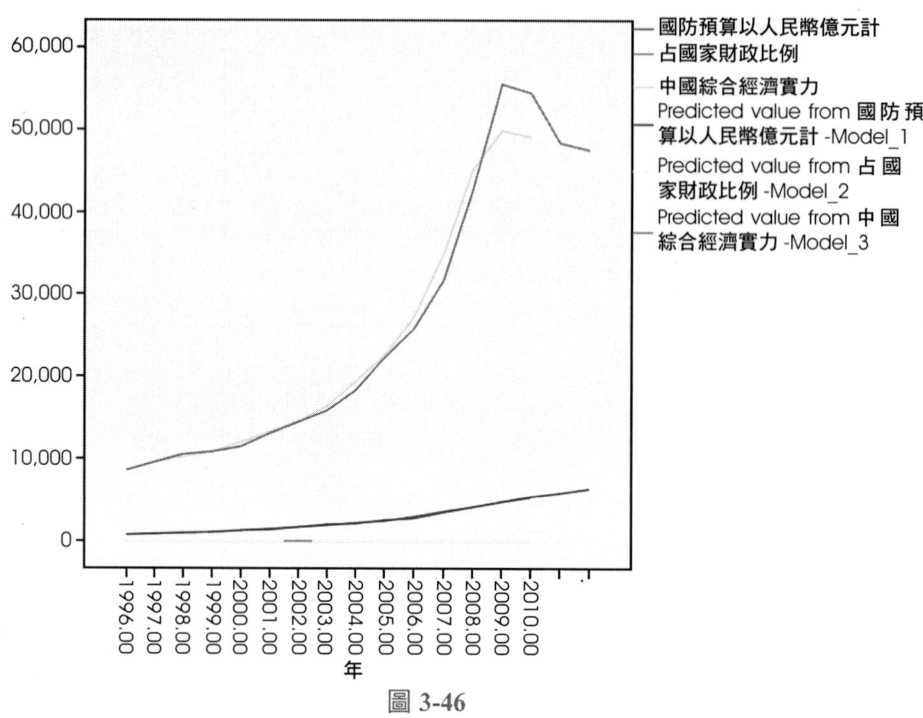

圖 3-46

從前述的研究中，可知本研究期望進一步使用「時間序列的迴歸模型」去解釋中國國防安全戰略的建構與發展，主要考量是中國的國防安全建設受制於國家財政支出的百分比與經濟實力的整體表現。因而，如果中國的領導集體，對於其國防安全戰略的決策選擇，是要追求維持區域的戰略平衡或優勢？或要追求世界的霸權能夠與美國抗衡？讀者可以擷取自 1996 年到 2010 年的時間序列數據資料，去研究分析中國國防安全戰略的發展模式，進而預測出中國的領導階層對於其國防安全戰略決策的趨勢。

第十節　使用迴歸進行趨勢發展分析

時間序列的迴歸分析技術可以被使用於企業界經營管理的所有領域，企業的經營管理者可以利用過去企業經營管理的資料去建立其預測模型以進行其趨勢分析。要去證實典型倍增性的時間序列模型，我們從前述第二章第三節所呈現 Eastman Kodak Company 從西元 1975 到 1996 年的真正總收益（the actual gross revenues）於圖 3-47 中。如果我們可以描繪出這些時間序列資料的特徵，它是很明顯的呈現出真正總收益已顯示出一個成長趨向的增加在過去 22 年期間。這種整體呈現出長期向上或向下移動的發展趨向或印象是被稱為一種趨勢（a trend）。

資料過去的一個時間期間以正常的間隔被蒐集是被歸之為時間序列資料。基本上企業或商業的所有領域，包括生產，銷售，雇用，運銷，分配，與存貨（百貨清單），產生與維持時間序列資料。一般相信時間序列資料是由四種成分所組成：趨勢，循環，季節，與不規則成分。不是所有時間序列資料均有這些成分。許多理論家均相信四種成分可以透過一種多重乘數的模型（a multiplicative model）產生時間序列資料。

對於影響一個經濟的或企業的時間序列的三或四個成分因素，其趨勢，循環，季節，與不規則成分，從前述第二章第三節中我們已有充分的認知，顯示過去若干年的一個期間時間序列的影響。資料長期總括整體的移動方向是趨勢。循環是透過資料在過去一年時間期間高與低流動的模式。季節影響是較短期的循環，它發生或出現於不到一年的時間期間。其他急速變動，或流動它發生或出現於比季節影響更短的時間期間。這些變動，被歸之為不規則的上下波動，時常發生或出現於每日的變動之中（day to day）。它們是受制於通貨的變動（momentary change）與時常無法被解釋。某些不規則的上下波動是由於諸如天災或戰爭的事件所造成的結果。

一、使用迴歸以決定趨勢發展

時間序列資料的四種成分之一是趨勢，一個趨勢是長期企業過去若干年時間期間的整體發展情況或環境。資料趨勢可以以若干方法被探究。一種在本章中被檢驗的特別技術方法是迴歸分析的使用。在時間序列趨勢迴歸分析中，Y 是反應變項，它是被進行預測的項目，自變項 X 代表時間期間。

許多趨勢的適配值可以以時間序列資料被進行探索。在本節中，我們將檢測唯一的線性模型與二次方程式模型因為它們是最容易去理解與最簡單去計算的方法。

在表 3-24 的資料中提出 35 個年有關在加拿大製造業工人每週工作長度的平均數的資料。一條迴歸線就可以呈現出適配這些資料使用時間期間作為自變項，而以每週工作長度作為反應變項或依變項。因為時間期間是連續性的，它們可以從 1 到 35 重數，然而依據時間序列資料（Y）進行迴歸分析。在本範例中被探索的線性模型是

$$Y_i = \beta_0 + \beta_1 X_{ti} + e_i$$

其中

$$Y_i = \text{給予期間 } i \text{ 的資料值}$$

$$X_{ti} = 第\ ith\ 時間期間$$

表 3-25 是 SPSS 迴歸的結果輸出報表。從表 3-25 之 3 獲得截距與斜率值，由此趨勢線的方程式就可以被決定是

$$\hat{Y} = 37.416 - 0.061X_t$$

斜率指示在時間期間中每一個單元（unit，單位）的增加，在製造業每週工作平均長度就有一個被預測 0.061 的減少。如此，在加拿大製造業工人每週工作長度其趨勢是一個被預測 0.061 的減少。其 Y 的截距是 37.416 指示在這些資料的第一個時間期間之前的這年其每週工作平均是 37.416 小時。

t 比率 0.000 的機率（the probability）指出在資料中是有某種顯著線性趨勢呈現。而且，決定係數 $R^2 = 0.61$ 指出該模型具有相當的預測力。插入各個不同的時間期間（1, 2, 3, ⋯, 35）進入現行的迴歸方程式可以產生 Y 是呈現出趨勢的各個預測值。例如，1982 年它是在時間期間 23，因而其預測值是

$$\hat{Y} = 37.416 - 0.061 = 36.013\ 小時$$

該模型是以 35 個時間期間被發展形成（從 1960 開始到 1994 年結束共 35 個時間期間）。從該模型中，我們可以預測在加拿大製造業工人每週工作的平均數，如果進行 2000 年的預測值可以使用期間為 41 個時間期間。

$$\hat{Y}_{2000} = 37.416 - 0.061(41) = 34.915\ 小時$$

圖 3-47 是使用一種 SPSS 所繪製過去 35 時間期間每週工作平均長度的散布點，SPSS 透過資料點呈現出我們使用迴歸所形成的趨勢線。觀察資料整體向下發展的趨勢，而且亦注意到其資料點是有些循環的特性。因為這樣的模式，我們可以嘗試去決定一個二次方程式模型是否比較適配於其趨勢的形成。

表 3-24（本資料儲存在檔案 **CH3-3**）

YEAR	HOURS	TIME
1960	37.2	1
1961	37.0	2
1962	37.4	3
1963	37.5	4

YEAR	HOURS	TIME
1964	37.7	5
1965	37.7	6
1966	37.4	7
1967	37.2	8
1968	37.3	9
1969	37.2	10
1970	36.9	11
1971	36.7	12
1972	36.7	13
1973	36.5	14
1974	36.3	15
1975	35.9	16
1976	35.8	17
1977	35.9	18
1978	36.0	19
1979	35.7	20
1980	35.6	21
1981	35.2	22
1982	34.8	23
1983	35.3	24
1984	35.6	25
1985	35.6	26
1986	35.6	27
1987	35.9	28
1988	36.0	29
1989	35.7	30
1990	35.7	31
1991	35.5	32
1992	35.6	33
1993	36.3	34
1994	36.5	35

表 3-25 之 1

Model Summary

Model	R	R Square	Adjusted R Square	Std. Error of the Estimate
−1	0.782[a]	0.611	0.600	0.5090

a. Predictors: (Constant), TIME

表 3-25 之 2

ANOVA[b]

Model		Sum of Squares	df	Mean Square	F	Sig.
1	Regression	13.447	1	13.447	51.908	0.000[a]
	Residual	8.549	33	0.259		
	Total	21.995	34			

a. Predictors: (Constant), TIME

b. Dependent Variable: HOURS

表 3-25 之 3

Coefficients[a]

Model		Unstandardized Coefficients		Standardized Coefficients	t	Sig.
		B	Std. Error	Beta		
1	(Constant)	37.416	0.176		212.811	0.000
	TIME	−0.061	0.009	−0.782	−7.205	0.000

a. Dependent Variable: HOURS

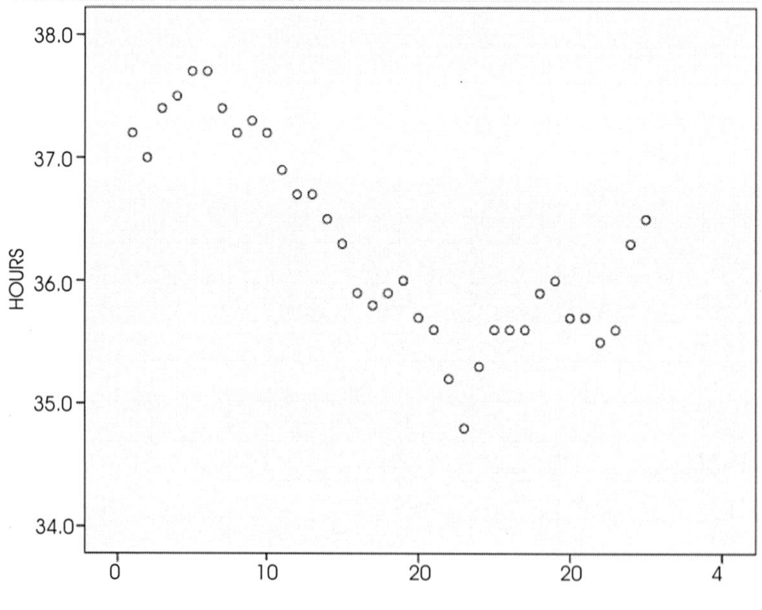

圖 3-47

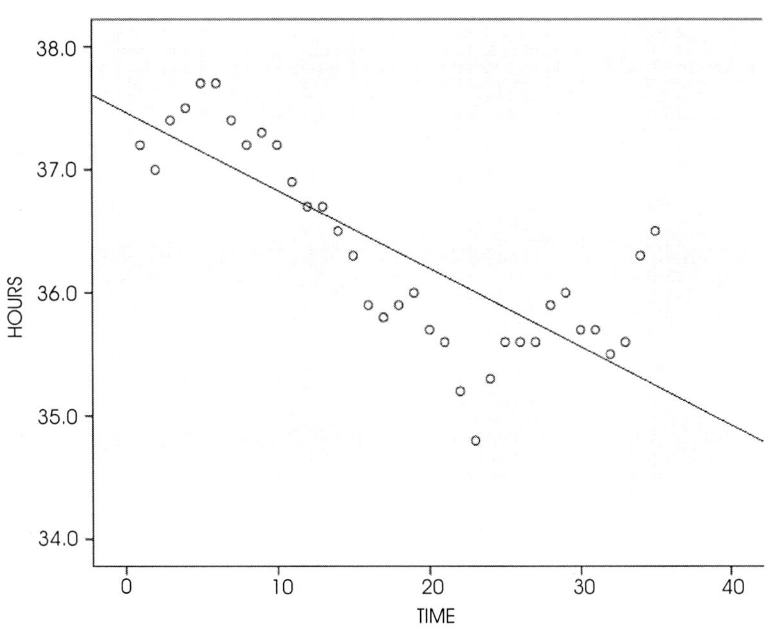

圖 3-48　每週工作時間與直線線性適配的關聯圖形

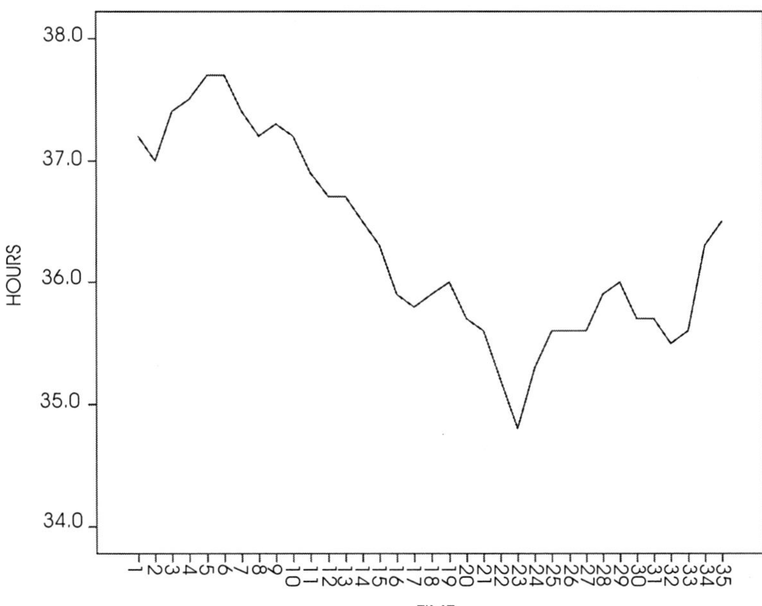

圖 3-49　每週工作與真實值之間的序列關聯

二、二次方程式模型

除了線性迴歸之外，預測者亦可以使用二次方程式迴歸模型去使用時間序列資料進行預測。二次方程式迴歸模型是

$$Y_t = \beta_0 + \beta_1 X_{ti} + \beta_2 X_{ti}^2 + e_i$$

其中

Y_i = 期間 i 的時間序列資料值

X_{ti} = 第 ith 個期間

X_{ti}^2 = 第 ith 個期間的平方

這個模型可以使用時間期間平方作為一個附加的預測式（an additional predictor）。如此，在本範例中，除了使用 t = 1, 2, 3, 4, ⋯, 35 作為一個預測式之外，我們亦可以使用 t^2 = 1, 4, 9, 16, ⋯, 1225 作為一個預測式。

在表 3-26 所顯示的是需要去計算有關每週工作的一個二次方程式迴歸趨勢模型。注意到該表包括原始資料，各時間期間，與各時間期間的平方。

表 3-26（本資料儲存在 **CH3-4** 檔案中）

YEAR	HOURS	TIME	TIME2
1960	37.2	1	1
1961	37.0	2	4
1962	37.4	3	9
1963	37.5	4	16
1964	37.7	5	25
1965	37.7	6	36
1966	37.4	7	49
1967	37.2	8	64
1968	37.3	9	81
1969	37.2	10	100
1970	36.9	11	121
1971	36.7	12	144
1972	36.7	13	169
1973	36.5	14	196
1974	36.3	15	225

YEAR	HOURS	TIME	TIME2
1975	35.9	16	256
1976	35.8	17	269
1977	35.9	18	324
1978	36.0	19	361
1979	35.7	20	400
1980	35.6	21	441
1981	35.2	22	484
1982	34.8	23	529
1983	35.3	24	576
1984	35.6	25	628
1985	35.6	26	676
1986	35.6	27	729
1987	35.9	28	784
1988	36.0	29	841
1989	35.7	30	900
1990	35.7	31	961
1991	35.5	32	1024
1992	35.6	33	1089
1993	36.3	34	1156
1994	36.5	35	1225

表 3-27 之 1

Model Summary[b]

Model	R	R Square	Adjusted R Square	Std. Error of the Estimate	Change Statistics					Durbin-Watson
					R Square Change	F Change	df1	df2	Sig. F Change	
1	0.873[a]	0.761	0.747	0.4049	0.761	51.070	2	32	0.000	0.432

a. Predictors: (Constant), TIME2, TIME

b. Dependent Variable: HOURS

表 3-27 之 2

ANOVA[b]

Model		Sum of Squares	df	Mean Square	F	Sig.
1	Regression	16.748	2	8.374	51.070	0.000[a]
	Residual	5.247	32	0.164		
	Total	21.995	34			

a. Predictors: (Constant), TIME2, TIME

b. Dependent Variable: HOURS

表 3-27 之 3

Coefficients[a]

Model		Unstandardized Coefficients		Standardized Coefficients	t	Sig.
		B	Std. Error	Beta		
1	(Constant)	38.164	0.218		175.340	0.000
	TIME	−0.183	0.028	−2.328	−6.554	0.000
	TIME2	0.003	0.001	1.594	4.487	0.000

a. Dependent Variable: HOURS

Quadratic

表 3-28 之 1

Model Summary

R	R Square	Adjusted R Square	Std. Error of the Estimate
0.873	0.761	0.747	0.405

The independent variable is TIME.

表 3-28 之 2

ANOVA

	Sum of Squares	df	Mean Square	F	Sig.
Regression	16.748	2	8.374	51.070	0.000
Residual	5.247	32	0.164		
Total	21.995	34			

The independent variable is TIME.

表 3-28 之 3

Coefficients

	Unstandardized Coefficients		Standardized Coefficients	t	Sig.
	B	Std. Error	Beta		
TIME	−0.183	0.028	−2.328	−6.554	0.000
TIME ** 2	0.003	0.001	1.594	4.487	0.000
(Constant)	38.164	0.218		175.340	0.000

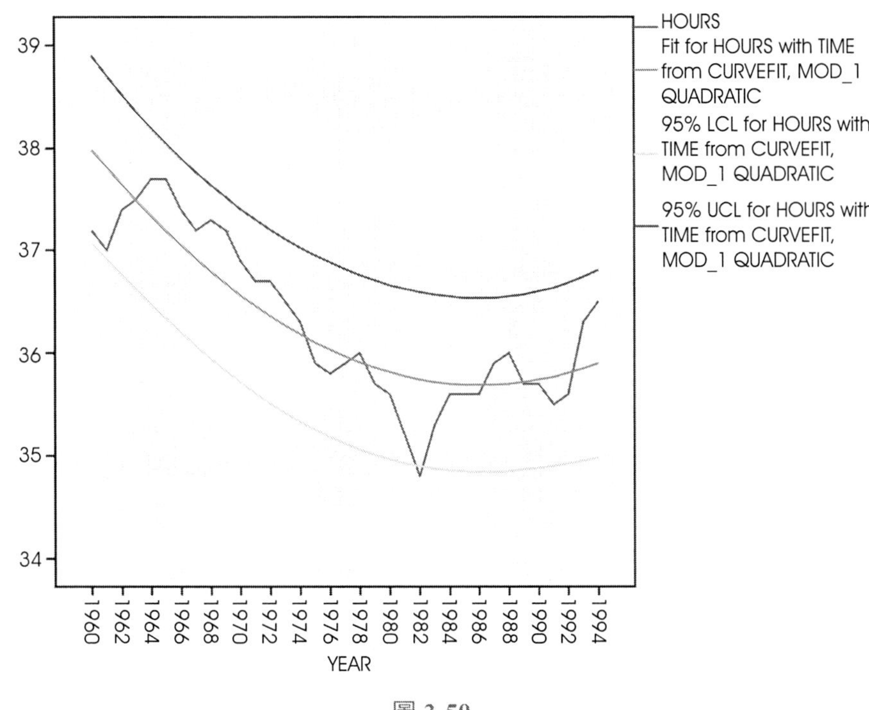

圖 3-50

第十一節　結語

本章研究的主要目的是在於承繼前述第二章中有關利用迴歸模型預測時間序列的主題，擴大在時間序列分析中迴歸技術的統合應用問題。

首先我們提出基本迴歸技術分析的基本技術，我們提出簡單迴歸與多元迴歸的分析模型或其預測方程式。其中我們呈現出 MATLAB 的操作方法與演算出我們所提出範例建立簡單迴歸與多元迴歸的分析模型的過程，接著使用 SPSS 軟體程式，把所提出範例的資料輸入到程式中進行簡單迴歸與多元迴歸的分析。最後，我們以

MATLAB 計算的結果與 SPSS 軟體程式輸出的結果進行核對與比較。從 MATLAB 計算的結果與 SPSS 軟體程式輸出的結果進行核對與比較中，我們可以充分認識基本迴歸技術分析的基本技術，並進一步步體驗到使用 MATLAB 與 SPSS 軟體程式的重要性。

接著，最重要的研究或探討焦點是如何使時間序列分析結合迴歸技術，去建構時間序列的迴歸預測模型？從上述各節中引用知名著作者的研究著作其經驗的陳述與探討，呈現出迴歸預測模型未滯延與滯延案例中的各種假設的問題。在未滯延案例中誤差項的出現，通常有下列三個假設要被製作：(1) 誤差項有一個 0 的平均數；(2) 誤差項有一個不變的變異數在所有觀察值之上；(3) 對應於在時間上不同點的誤差項是不相關的。在時間序列迴歸模型中時間序列分析者要進行處理機率關係（stochastic relationships）的問題，這些包括在模型界定（the specification of the model）中誤差項的問題，換言之，簡單時間序列迴歸模型的完整界定組成要有如後的基本假設：(1) 直線性：Y 與 X 之間的關係是線性的；(2) 非機率的 X：$E[e_tX_t] = 0$；(3) 零的平均數：$E[e_t] = 0$；(4) 非自我迴歸的假設；(5) 恆定的變異數：$E[e_t] = \sigma_e^2$；(6) 常態性：誤差項是常態性分配。如果違反非自我迴歸假設的結果就會有殘差自我相關等問題的出現，使最小平方估計方法產生偏估的問題。

接著，提出許多傳統對自我相關的檢定方法，其中我們集中焦點於 Durbin-Watson d-statistic（d- 統計量）檢定方法的探討。這樣檢定的結果可以驗證我們對正向序列相關所呈現散布殘差的疑慮。然後提出 Cochrane-Orcutt 的方法，一階差分，與 Hildreth 與 Lu 方法程序嘗試解決殘差自我相關等問題。

在滯延的案例中，仍然是自我相關的檢定的問題，我們提出通則化的最小平方（Generalized Least Squares，GLS），虛擬——GLS 估計與 IV ——虛擬 GLS 的方法。其中我們對於所提出的估計方法，就許多著作者的經驗研究的觀點進行解釋與說明。

時間序列迴歸模型主要用法之一是要去產生依變數的預測。在預測的關聯系絡中的主要目標是在於去推測超越樣本的限制與由此可以使它通則化到非樣本的情境（non-sample situations）。一旦一個模型被使用於預測方面已產生了效益。因為政策製定者要使用一個模型之前，必須顯示該模型具有能夠產生精確預測的能力。所以，進行模型評估時其預測的面向即可作為一個目的（a purpose）。一旦該模型已「通過」這個步驟，它就是成為提供政策製定者執行可選擇政策意涵中的一個候選模型。預測方面有事前預測與事後預測，就有修正預測的方程式與預測的評估的問題。

由此，一個評估（評鑑）的過程已被提出它使用模型去引出足夠清晰的資訊如此它的預測精確度可以被評估（評鑑，assessed）。而且，一旦模型依據它的預測精確度界定方式被辨識為暫時性可以接受的，豐富的政策相關資料可以透過前測的過程而產生。它必須被注意到模型被辨識為暫時性可以接受的並不必然地保證它的前測將是可接納的。

隨後，我們提出自我相關函數與相關量尺（correlogram）去說明一階自我迴歸的過程意指會發生甚麼樣的殘差相關。並提供正向與負向一階自我迴歸的過程自我相關函數的一個座標圖。Hibbs（1974）提出一個非常另人信服的案例為相關量尺（correlogram）能夠提供描述一個個別迴歸模型發生種種干擾特性的任務。該理念是在於把 OLS 應用於原始模型與獲得其殘差。然後，其殘差可以被使用去估計自我相關函數與相關量尺（correlogram）。接著，經驗性的相關量尺可以和各種可能產生干擾過程在理論上的相關量尺可以進行比較。其中要注意的是一階自我迴歸的過程僅是可以提供序列地相關殘差的一個可能模型，接著將檢測很多時間——相依過程其理論上的相關量尺。

我們即將討論的主題是比大部分前述所討論的還要深奧，但是要去理解某些不同的過程會產生殘差才是重要的。較高階自我迴歸，移動平均，混合的自我迴歸／移動平均方法將儘可能作為候選被進行探究。因為在考量自我相關函數的一個廣泛範圍與對干擾項行為的一個廣泛範圍它們有很大的彈性（great reflexibility），這些過程建構干擾項模型一個很有解釋力的類型（a powerful class）。

從前述的各節探討中，我們為配合前述所提出的迴歸技術結合時間序列的技術所產生的相關問題，而提出中國（中共）國防預算問題的探討，從建構簡單的迴歸預測到多元的迴歸預測模型中，去檢測與分殘差自我相關的問題，然後進行預測的評估。從中國（中共）國防預算問題的探討中，我們使用 SPSS 軟體程式的操作呈現出時間序列迴歸預測的技術，此為呈現它預測值兩年的方法。

最後，我們使用迴歸技術進行趨勢發展分析時間序列的迴歸分析技術，可以被使用於企業界經營管理的所有領域。企業的經營管理者可以利用過去企業經營管理的資料去建立其預測模型以進行其趨勢分析。

許多趨勢的適配值可以以時間序列資料被進行探索。在本節中，我們檢測唯一的線性模型與二次方程式模型，因為它們是最容易理解與最簡單去計算的方法。

當讀者從前述第一節研讀開始到此為止，會有何感覺？從基本迴歸技術中，如果你是熟悉基本迴歸技術的讀者，然而沒有矩陣代數基礎的讀者，如果讀者有意利用這個機會可參考前述所提出 Marcus, M.（1992）. *Matrices and MATLAB: A Tutorial*. 的著作，提升矩陣代數的能力。

在探討迴歸技術與時間序列技術結合的過程中，有許多假設的問題，我們可以從許多著作者經驗的研究中，吸取他們的經驗，提示有那些問題是我們在使用時間序列迴歸分析會出現的，例如使用最小平方估計方法，出現殘差自我相關的問題，有甚麼方法可以進行檢測，有那些估計方法是適用的。如何進行預測，有何預測誤差，如何進行預測評估等等問題。我們是以研讀許多著作者的著作，提出他們的經驗研究觀點，來呈現出問題的所在與解決的方法。

本章的探究中，雖然其探討的問題是比較艱深難懂，然而，其探討的問題卻是我們要進行時間序列迴歸分析中所要面臨的問題。如果我們在本章中對於要進行時間序列迴歸分析中所要面臨的種種問題均能夠呈現的話，我們的心理就能夠掌控全盤有關時間序列迴歸分析的問題。如果對於其中的問題與概念仍然無法完全理解與掌握的話，在下一章我們會對這些問題與概念更深入詳細的探究與說明。

本章研究的方向我們已完全地探究過去時間序列迴歸分析的研究領域。其呈現出，在時間，已變得非常詳細與數學的分析。這是必要的因為要去理解為什麼我們必須作轉變（transformation）與進行模型的再估計它們均顯示序列相關的問題。非自我迴歸的假設（與時間序列模型）獲得應有的特別關切，因為依據製作預測與／或評估政策界定方式它是如此有效的事實。在非自我迴歸假設的研究焦點是正當的，因為它時常的違反假設與因為它潛在會破壞實質研究的結果。如果僅是一個統計的問題那做這樣擴張處理研究是不值得的；無論如何，因為它似戲劇性意含（dramatic implications）很容易被修正，所以會擴大的強調其研究的成果是可能的，假定社會科學的目標是在於產生歸納的推論（inductive inference），那違反非自我迴歸假設的結果就變得非常重要的如果其工作是在於累積的與相關的。

在以上中，我們是以矩陣代數的簡介與如何使用矩陣代數去進行多元迴歸的分析為探討的焦點。

Chapter 04

在時間序列資料中的自我相關與自我迴歸

第一節 緒言

基本迴歸模型就我們的認知已假設隨機的誤差項是不相關的隨機變項就是獨立自主常態的隨機變項。在商業與經濟的領域中，許多迴歸的應用涉及到時間序列的資料。就這樣的資料而言，不相關的或獨立自主的誤差項的假設時常是不適當的；反之，其誤差項在跨越時間的過程中經常地會是正向地發生相關。在跨越時間的過程中發生相關的誤差項被稱為是自我相關（auto correlated）或序列地相關（serially correlated）。

在商業與經濟的應用中誤差項正向地發生相關的一個關鍵性原因是它所涉及的時間序列資料由於在模型中遺漏或省略一個或若干個關鍵性變項所導致。當這樣「遺漏或省略」的關鍵性變項正向地發生相關時就會產生時間序列的秩序影響問題，在迴歸模型中的誤差項將會傾向於產生正向地相關因為其誤差項包括遺漏或省略變項的影響在內。例如，考量一個公司一個產品每年的銷售量對該產品在過去 30 年的年平均價格進行迴歸。如果母群體的大小對銷售量有重要影響，而它從模型中被遺漏或省略就會導致誤差項產生正向地相關，因為母群體的大小對銷售量的影響可能在跨越時間中會正向地發生相關。

在經濟資料中誤差項會正向地發生自我相關的另一原因是反應變項的時間序列中系統所含蓋的誤差會出現（the presence of systematic coverage errors），這樣的誤差在跨越時間中時常傾向於會發生正向地相關。

「自我相關」或「序列相關」，可定義為「在時間序列或橫剖面資料中，序列觀察值之間的關聯關係」。計量經濟學通常會將「自我相關」（autocorrelation）與「序列相關」（serial correlation）二名詞互用，但某些學者對它卻有較嚴格的劃分。例如，Tintner 定義「自我相關」為：「任一時間序列之下，相鄰兩期之間變數的相關關係」，而將「序列相關」定義為：「不同的兩時間序列之下，甲序列與乙序列間，其相鄰兩期不同變數之相關關係」。有些著作仍採互相為用之說法。

自我相關問題發生原因（依據計量經濟學觀點）可能有四個原因：（一）經濟時間序列之內因性（inertia），或滯延性（sluggishness）。例如，GNP、物價指數、生產或就業等經濟變項之時間序列資料，當經濟由衰退轉趨復甦的過程中，這些時間序列值大部分將會向上攀升，其結果在攀升的階段中，其序列值在任一個時間點上，通常均會大於其前期的序列值，如此連續下去，使得在時間序列資料配合迴歸時，連續各期的觀察值之間，可能產生彼此相關的現象，因此，如果某一個時期估計值的誤差會轉入以後的各期時，就會有序列相關的存在。（二）模型的界定誤差（specification bias）：又可以分為 (a) 遺漏某些主要的解釋變項與 (b) 不正確的函數形式（incorrect function form）兩種狀況產生自我相關。（三）珠網現象（cobweb phenomenon）：許多農產品的供給會反映出所謂的「珠網現象」，此乃由於供給決策後到生產完成，有其一段時間，從而當期供給量對當期價格的反應，常會有時間落後現象。此種珠網現象的結果將使會發生自我相關的可能性。（四）自我迴歸現象（autoregression）：在消費支出對所得時間序列資料的迴歸中，通常會發現，當期消費支出，除了決定於當期所得水準之外，亦可能受到前一期消費支出之影響，因而亦會產生自我相關。（五）資料處理上所產生的原因（manipulation of data）：在實證分析中，時間序列資料通常均會經過修正處理的過程，例如，在配合季節資料的迴歸模型中，通常會對三個月的時間序列加以平均（除以 3）而得到季節性（季報）資料，此種平均的過程，通常會使得季節性（季報）資料時間序列較月（季報）資料時間序列來得平滑，因而在其誤差項中可能會導致某種性質的變動形態，而產生序列相關。

本章是在於承繼前述的第三章的迴歸技術於時間序列分析中所呈現出的自我相關，自我迴歸的誤差問題提出更詳細的說明，接著提出自我相關與 Durbin-Watson 的檢定方法，然而呈現自我相關測量中 Cochrance-Orcutt 程序，Hildreth-Lu 程序，與一階差分程序的比較研究等等，期望能夠透過本章的進一步解釋說明，使前述第三章所呈現出的問題獲得更深入的理解，以啟示讀者能夠體驗到前述第二章所提出的時間序列基本技術是在於介紹有關時間序列問題的基本技術方法。若想要進行時間序列問題的學習與研究，需要有系列地從第三章，第四章，及以下第五章等等，循序漸進的研習，才能給予你提供有系列的，完整的時間序列分析技術。

第二節　自我相關的問題

當迴歸模型中的誤差項發生正向地自我相關時，普通最小平方方法（Ordinary Least Square methods, OLS）程序的使用會產生很多重要的影響或結果。首先我們把這些影響或結果摘要言之，然後再詳加說明如下：

1. 已估計的迴歸係數仍然是會被偏估，但是它們就不再有最小量的變異數量之屬性，因而其效果或效率會很低。
2. MSE 會嚴重地低估誤差項的變異數。

3. 依據普通最小平方（OLS）程序所計算的 $s\{b_k\}$ 會嚴重地低估已估計迴歸係數的真正標準差。
4. 信賴區間與使用 t 與 F 分配進行的檢定，在精確度上就不再是具有其效度的可應用性。

無論如何，當吾人進行時間序列分析時，對於前述的第三章第五節與第六節中所提到簡單時間序列迴歸模型的完整界定組成下列的基本假設（Pindyck and Rubinfeld, 1976: 16-17）：（Box and Jenkins, 1970），如果違反其基本假設，就會出現時間序列誤差項的自我相關。在直覺上要去說明這些問題，吾人可以說，在跨越過去時間誤差項出現正向的自我相關時，隨後會有另一個時間期間 t + k（一個隨後的時間期間）的正向自我相關產生。如果在跨越過去時間誤差項出現負向的自我相關時，隨後會有另一個時間期間 t + k（一個隨後的時間期間）的負向自我相關產生。換言之，當正向的自我相關存在時隨後會有另一個正向的自我相關產生，而當負向的自我相關存在時隨後會有另一個負向的自我相關產生。這種情況的案例可以參考前述的第三章的圖 3-6，圖 3-7，與圖 3-8 的模式。如此，在誤差項中的正向自我相關會在跨越過去的時間中呈現出一種環狀的循環模式（a cyclical pattern），此意指比 y_t 平均值大的值會傾向於由比 y_t 平均值大的值所跟隨，而比 y_t 平均值小的值會傾向於由比 y_t 平均值小的值所跟隨（Bowerman and O'Connell, 1993, p.301）。

在直覺上要去說明這些問題，我們考量具時間序列資料的簡單線性迴歸模型：

$$Y_t = \beta_0 + \beta_1 X_t + \varepsilon_t$$

其中，Y_t 與 X_t 是時期或期間 t 的觀察值。接著，讓我們假設其中誤差項 ε_t 是正向地發生自我相關如下：

$$\varepsilon_t = \varepsilon_{t-1} + u_t$$

式中，u_t 被稱為干擾（disturbances），是獨立常態隨機的變項。如此，任何誤差項 ε_t 是前述誤差項 ε_{t-1} 與一個新干擾項 u_t 的總和。所以，我們在此應該假設 u_t 有平均數為 0 與變異數為 1。

由以下的範例，我們可以觀察到自我相關的問題。依據在表 4-1 中的資料，首先我們進行迴歸分析，建立迴歸方程式，然後從其中獲得殘差值，再從殘差值繪製一個線性的殘差圖，顯示殘差自我相關的特徵。表 4-1 中的資料是一間軟體製造公司的管理幹部分析其產品的產值，以產品其中的某成分進行分析跨越過去 16 個月序列資料，其中 X 以百萬元為單位，而 Y 以千元為單位。

表 4-1（本資料儲存在 CH4-1 的檔案中）

Y	X	MONTH
102.9	2.052	1
101.5	2.026	2
100.8	2.002	3
98.0	1.949	4
97.3	1.942	5
93.5	1.887	6
97.5	1.986	7
102.2	2.053	8
105.0	2.102	9
107.2	2.113	10
105.1	2.058	11
103.9	2.060	12
103.0	2.035	13
104.8	2.080	14
105.0	2.102	15
107.2	2.150	16

資料來源：Kutner, Nachtsheim, Neter, and Lu, 2005, p.502.

一、進行迴歸分析獲得資料

表 4-2 之 1

Model Summary[b]

Model	R	R Square	Adjusted R Square	Std. Error of the Estimate	Durbin-Watson
-1	0.971[a]	0.944	0.940	0.9543	0.857

a. Predictors: (Constant)，以百萬元為分析單位

b. Dependent Variable：以千元為分析單位

表 4-2 之 2

ANOVA[b]

Model		Sum of Squares	df	Mean Square	F	Sig.
1	Regression	213.995	1	213.995	234.981	0.000[a]
	Residual	12.750	14	0.911		
	Total	226.744	15			

a. Predictors: (Constant)，以百萬元為分析單位
b. Dependent Variable：以千元為分析單位

表 4-2 之 3

Coefficients[a]

Model	Unstandardized Coefficients		Standardized Coefficients	t	Sig.
	B	Std. Error	Beta		
1 (Constant)	−7.739	7.175		−1.079	0.299
以百萬元為分析單位	53.953	3.520	0.971	15.329	0.000

a. Dependent Variable：以千元為分析單位

我們亦可以使用迴歸方法去注意到表 4-2 之 3 中所獲得的各項資料，去建立一個迴歸的預測方程式為：

$$\hat{Y} = -7.739 + 53.953X$$

二、從殘差資料去發現殘差的自我相關與殘差的自我相關圖形

從以上依據資料組合進行迴歸分析所獲得圖 4-1 的正向的殘差的自我相關圖形正如我們在前述第三章已提出的圖形是相符合的。而圖 4-2 的殘差的序列相關亦顯示其殘差是在零點的上下循環波動。這種正向的殘差的自我相關圖形如何去進行檢定它是正向的殘差的自我相關，就有待以下更進一步去深入探討與說明。

基於自我相關的誤差項所產生嚴重的問題之觀點，它們的出現如何被發現與被探知是重要的。繪製殘差對時間的一個曲線圖是一個有效的，雖然有些主觀，然而確是發現與探知自我相關誤差項的方法。形式上統計的檢定亦已被形成發展。一個廣泛被使用的檢定是被基於一階自我迴歸的誤差模型之上。其次我們所要進行探討的，這個模型是一個簡單的模型，經驗指出當誤差項是序列相關時在商業與經濟中它是經常被應用的。

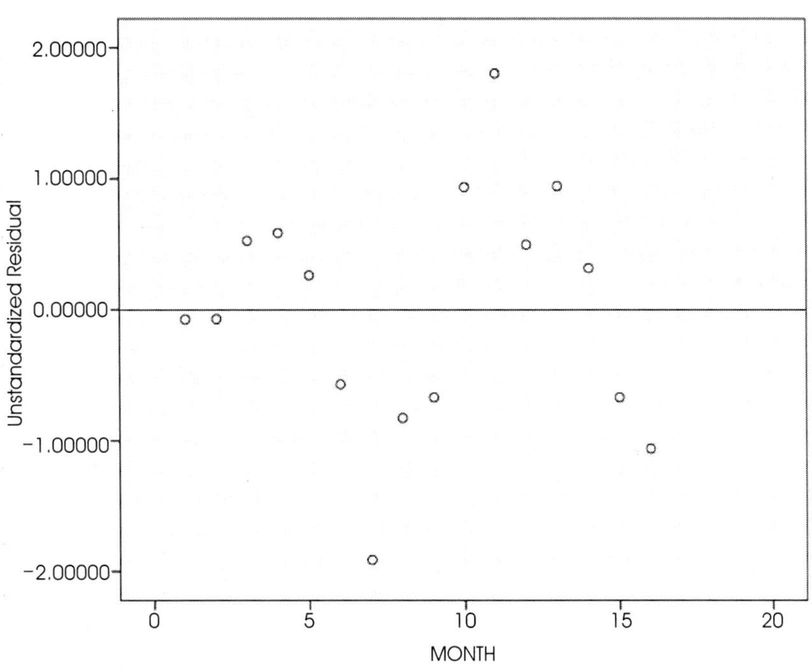

圖 4-1　正向的殘差的自我相關

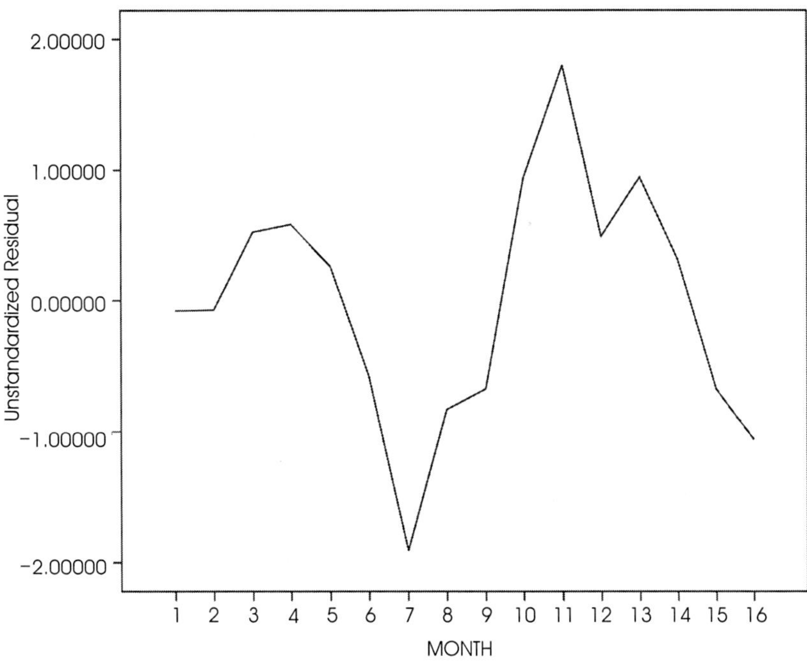

圖 4-2

第三節　一階自我迴歸的誤差模型

一、簡單的線性迴歸

對一個預測式變項被通則化或被一般化的簡單線性迴歸於當隨機誤差項遵行一個一階自我迴歸的，或 AR(1)，過程是

$$Y_t = \beta_0 + \beta_1 X_1 + \varepsilon_1$$
$$\varepsilon_t = P\varepsilon_{t-1} + u_t \qquad (4\text{-}1)$$

其中：

P 是一個參數諸如 $|p| < 1$

u_t 是獨立自主的 N $(0, \sigma^2)$

在此注意到被通則化或被一般化的模型方程式（4-1）是相同於吾人一般所謂的簡單線性迴歸模型除了誤差項的結構不同之外。在模型中方程式（4-1）的每一個誤差項是由前述誤差項（當 $p > 0$）的一個分數（a fraction）加上一個干擾項 u_t 所組成。參數 p 是被稱為自我相關的參數。

二、多元迴歸

被通則化或被一般化的多元迴歸模型當隨機誤差項遵行一個一階自我迴歸的過程是：

$$Y_t = \beta_0 + \beta_1 X_{t1} + \beta_2 X_{t2} + \cdots + \beta_{p-1} X_{t,\,p^{-1}} + \varepsilon_t$$
$$\varepsilon_t = p\varepsilon_{t-1} + u_t \qquad (4\text{-}2)$$

其中：

$|p| < 1$

u_t 是獨立自主的 N $(0, \sigma^2)$

如此，我們可以理解一般化的多元迴歸模型方程式（4-2）是相同於吾人一般所謂的多元迴歸模型除了誤差項的結構不同之外。

三、誤差項的屬性

迴歸模型方程式（4-1）與方程式（4-2）是被通則化或被一般化的迴歸模型，因為在這些模型中的誤差項 ε_t 是相關的。無論如何，誤差項仍然有零的平均數與不變的變異數：

$$E\{\varepsilon_t\} = 0 \tag{4-3}$$

$$\sigma^2\{\varepsilon_t\} = \frac{\sigma^2}{1 - p^2} \tag{4-4}$$

注意在此誤差項的變異數是自我相關參數 p 的一個函數。相鄰誤差項 ε_t 與 ε_{t-1} 之間的共變數是：

$$\sigma^2\{\varepsilon_t, \varepsilon_{t=1}\} = p\left(\frac{\sigma}{1 - p^2}\right) \tag{4-5}$$

ε_t 與 ε_{t-1} 之間的相關係數，由 $p\{\varepsilon_t, \varepsilon_{t-1}\}$ 來指示，被界定如下：

$$p\{\varepsilon_t, \varepsilon_{t-1}\} = \frac{\sigma\{\varepsilon_t, \varepsilon_{t-1}\}}{\sigma\{\varepsilon_t\}\sigma\{\varepsilon_{t-1}\}} \tag{4-6}$$

因為每一個誤差項的變異數依據方程式（4-4）是 σ^2 ／ $(1 - p^2)$，相關係數使用方程式（4-5）是

$$p\{\varepsilon_t, \varepsilon_{t-1}\} = \frac{p\left(\frac{\sigma^2}{1 - p^2}\right)}{\sqrt{\frac{\sigma^2}{1 - p^2}}\sqrt{\frac{\sigma^2}{1 - p^2}}} = p \tag{4-6a}$$

如此，自我相關的參數 p 是相鄰誤差項之間的相關係數。

誤差項之間的共變數即是個別的 s 時期可以被顯示為：

$$\sigma\{\varepsilon_1, \varepsilon_{t-s}\} = p^s\left(\frac{\sigma^2}{1-p^2}\right) \quad s \neq 0 \tag{4-7}$$

是被稱為自我相關的函數。ε_t 與 ε_{t-s} 之間的相關係數由此是：

$$p\{\varepsilon_t, \varepsilon_{t-s}\} = p^s \qquad s \neq 0 \tag{4-8}$$

注意方程式（4-8）是被稱為自我相關的函數。如此，當 p 是正向時，所有誤差項是相關的，但是它們的差距越遠，它們之間的相關越小。對自我迴歸的誤差模

型方程式（4-1）與方程式（4-2）誤差項的唯一時間是不相關，是當 $p = 0$ 時。

從方程式（4-4）與方程式（4-7）中其誤差項的變異數與共變數的結果，現在我們可以陳述誤差項變異數——共變數提出一階自我迴歸一般化的模型方程式（4-1）與方程式（4-2）：

$$\underset{n\times n}{\sigma^2\{\varepsilon\}} = \begin{bmatrix} k & kp & kp^2 & \cdots & kp^{n-1} \\ kp & k & kp & \cdots & kp^{n-2} \\ \vdots & \vdots & \vdots & & \vdots \\ kp^{n-1} & kp^{n-2} & kp^{n-3} & \cdots & k \end{bmatrix} \qquad (4\text{-}9)$$

其中：

$$k = \frac{\sigma^2}{1 - p^2} \qquad (4\text{-}9a)$$

再次注意變異數——共變數矩陣方程式（4-9）反映迴歸模型方程式（4-1）與方程式（4-2）由於包含非零共變數項的一般化的性質。

四、評論

（一）要去擴大一階自我迴歸誤差項 ε_t 的定義界定是工具性的：

$$\varepsilon_t = p\varepsilon_{t-1} + u_t$$

因此這種定義的界定堅持所有的 t，我們有 $\varepsilon_{t-1} = p\varepsilon_{t-2} + u_{t-1}$。當我們替代上述這種方程式呈現方式，我們獲得：

$$\varepsilon_t = p(p\varepsilon_{t-2} + u_{t-1}) + u_t = p^2\varepsilon_{t-2} + pu_{t-1} + u_t$$

現在以 $p\varepsilon_{t-3} + u_{t-2}$ 取代 ε_{t-2}，我們獲得：

$$\varepsilon_t = p^3\varepsilon_{t-3} + p^2u_{t-2} + pu_{t-1} + u_t$$

持續依據這種方式，我們發現：

$$\varepsilon_t = \sum_{s=0}^{\infty} p^s u_{t-s} \qquad (4\text{-}10)$$

如此，在時期中的誤差項 ε_t 是一個線性結合著當時的與現在正發生的干擾項。

當 $0 < p < 1$，方程式（4-10）指示時期 $t-s$ 是在過去中其差距越遠，在決定 ε_t 中干擾項 u_{t-s} 的加權越小。

（二）方程式（4-3）的求導或微分法（the derivation），即誤差項有預期值零，隨之取得在方程式（4-10）中 ε_t 的預期值與依據模型方程式（4-1）與方程式（4-2）對所有 t 使用 $E(u_t) = 0$ 的事實。

（三）要獲得在方程式（4-4）中誤差項的變異數，我們可以利用模型方程式（4-1）與方程式（4-2）的假設即 u_t 與變異數 σ^2 是獨立無關的。它可從方程式（4-10）中獲得：

$$\sigma^2\{\varepsilon_t\} = \sum_{s=0}^{\infty} p^{2s}\sigma^2\{u_{t-s}\} = \sigma^2\sum_{s=0}^{\infty} p^{2s}$$

現在因為 $|p| < 1$，它是已知即：

$$\sum_{s=0}^{\infty} p^{2s} = \frac{1}{1-p^2}$$

（四）要獲得在方程式（4-5）中 ε_t 與 ε_{t-1} 的共變數，我們需要去認知：

$$\sigma^2\{\varepsilon_t\} = E\{\varepsilon_t^2\}$$
$$\sigma\{\varepsilon_t, \varepsilon_{t-1}\} = E\{\varepsilon_t, \varepsilon_{t-1}\}$$

因為 $E\{\varepsilon_t\} = 0$ 由方程式（4-3）提供所有的 t。由方程式（4-10），我們獲得：

$$E\{\varepsilon_t\varepsilon_{t-1}\} = E\{(u_t + pu_{t-1} + p^2u_{t-2} + \cdots)(u_{t-1} + pu_{t-2} + p^2u_{t-3} + \cdots)\}$$

可以被寫成：

$$\begin{aligned} E\{\varepsilon_t\varepsilon_{t-1}\} &= E\{[u_t + p(u_{t-1} + pu_{t-2} + \cdots)][u_{t-1} + pu_{t-2} + p^2u_{t-3} + \cdots]\} \\ &= E\{u_t(u_{t-1} + pu_{t-2} + p^2u_{u-3} + \cdots)\} + E\{p(u_{t-1} + pu_{t-2} + p^2u_{t-3} + \cdots)^2\} \end{aligned}$$

因為 $E\{u_tu_{t-s}\} = 0$ 對所有 $s \neq 0$ 由 u_t 所假設的獨立自主與所有 t，$E\{u_t\} = 0$ 的事實，第一項刪除，然後我們可以獲得

$$E\{\varepsilon_t\varepsilon_{t-1}\} = pE\{\varepsilon_{t-2}^2\} = p\sigma^2\{\varepsilon_{t-1}\}$$

由此，使用方程式（4-4），它堅持所有的 t，我們有

$$\sigma\{\varepsilon_t, \varepsilon_{t-1}\} = p\left(\frac{\sigma^2}{1-p^2}\right)$$

（五）在模型方程式（4-1）與方程式（4-2）中一階的自我迴歸的誤差過程是最簡單的過程。一個二階的過程是：

$$\varepsilon_t = p_1\varepsilon_{t-1} + p_2\varepsilon_{t-2} + u_t \qquad (4\text{-}11)$$

雖然較高階的過程可以被假定，然後特殊專業化對這種複雜自我迴歸誤差項過程的研究途徑已被發展。這些將於時間序列程序與預測進行處理執行中被討論。

第四節　自我相關與Durbin-Watson檢定

過去被蒐集的資料值時常與來自過去時間期間的各值是相關的，這種資料的特性會造成預測中使用迴歸的問題與在相同時間會暴露某些機會。會發生在過去時間迴歸資料中問題之一是自我相關的問題。

一、自我相關

自我相關或序列相關，發生於資料中當一個迴歸進行預測模型的誤差項是相關時。這種現象出現或發生於企業資料過去時間的某種可能性，尤其是經濟變項。自我相關可以成為使用迴歸分析作為預測方法中的一個問題，因為基本迴歸分析的假設之一是其誤差項是獨立自主的或隨機的（是不相關的）。在大部分企業分析的情境中，誤差項的相關是可能以正向的相關發生或出現（正向誤差是與可供比較大小程度的正向誤差關聯，而負向誤差是與可供比較大小程度的負向誤差關聯）。

當自我相關在一個迴歸分析發生或出現時，若干可能的問題可能發生或出現。如前述所提到的會有如下的問題出現的可能性：第一，迴歸係數的估計就不再具有最小量變異數的特性與會使估計無效。第二，誤差項的變異數會由於平均平方誤差值（the mean square error value，均方誤）被很大地被低估。第三，已估計迴歸係數的真正標準差會被嚴重地低估。第四，使用 t 與 F 分配進行信賴區間與檢定考驗不再是具有其嚴謹的適用性。

對自我相關進行 Durbin-Watson 的檢定假定一階的自我迴歸的誤差模型方程式（4-1）或方程式（4-2），以預測式變項（the predictor variables）的各值被固定。其檢定是由決定在模型方程式（4-1）或方程式（4-2）中的自我相關參數 p 是否是零所形成。注意如果 $p = 0$，然後 $\varepsilon_t = u_t$。由此，當 $p = 0$ 時各誤差項的 ε_t 是獨立不相關的，因為各干擾項的 u_t 亦是獨立不相關的。

因為在商業與經濟的應用中相關的誤差項傾向於會顯示正向的序列相關，通常檢定的對立假設是：

$$H_0：p = 0$$
$$H_a：p > 0 \quad (4\text{-}12)$$

Durbin-Watson 的檢定統計量 D 是由於使用 OLS 去適配於迴歸函數而被獲得，以便於去計算普通的殘差（the ordinary residuals）：

$$e_t = Y_t - \hat{Y}_t \quad (4\text{-}13)$$

然後計算統計量：

$$D = \frac{\sum_{t=2}^{n}(e_t - e_{t-1})^2}{\sum_{t=1}^{n} e_t^2} \quad (4\text{-}14)$$

其中 n 是案例的數目。

正確的臨界值要去獲得是有困難的，但是 Durbin 與 Watson 已獲得 d_L 與 d_U 的下限與上限，這樣在這些限制之外一個 D 的值會導致產生一個明確的決定。這樣的決定規劃在方程式（4-12）中對立假設之間的檢定是：

$$\text{如果 } D > d_U\text{，推論 } H_0$$
$$\text{如果 } D < d_L\text{，推論 } H_a \quad (4\text{-}15)$$
$$\text{如果 } d_L \le D \le d_U\text{，檢定是非決定性的}$$

小的 D 值會導致產生推論 $p > 0$，因為相鄰的各個誤差項 ε_t 與 ε_{t-1} 會傾向於變成是大小相同的當它們是正向的自我相關時。由此，殘差的差異，$e_t - e_{t-1}$，ε_{t-1} 會傾向於變小當 $p > 0$ 時，導致產生 D 方面一個小的分子（numerator）與由此導致產生一個小的檢定統計量 D。

附表中包含 d_L 與 d_U 限制的範圍提供各種不同樣本（n），提供二個層次的顯著水準（0.05 與 0.01）與提供在迴歸模型中 X 變項的各種數目（p-1）。

第一階自我相關發生或出現於當鄰接時間期間的誤差項之間有相關時（相向或相對於二個或二個以上先前期間）。如果第一階自我相關呈現時，一時間期間的誤差 ε_t，是先前時間期間誤差的一個函數 ε_{t-1}，如下：

$$\varepsilon_t = p\varepsilon_{t-1} + u_t$$

第一階自我相關的係數 p，在於測量誤差項之間的相關。它是基於（存在於）−1 與 0 與 + 1 之間的一個值。v_t 是一個常態被分配的獨立誤差項。如果正向的相關發生或出現時，p 是 0 與 + 1 之間的值。如果 p 的值是 0，$\varepsilon_t = u_t$ 時，它即意指沒有相關，而 ε_t 正好是一個隨機的，獨立的誤差項。

二、Durbin-Watson 檢定

要檢定考驗去決定在一個時間序列迴歸分析中自我相關是否呈現的一種方法是可以使用 the Durbin-Watson 檢定自我相關。其次所顯示的是提供計算一個對自我相關的一個 Durbin-Watson 檢定。

$$D = \frac{\sum_{t=2}^{n}(e_t - e_{t-1})^2}{\sum_{t=1}^{n} e_t^2}$$

其中：

n = 觀察值的數目

從觀察方程式計算一個 Durbin-Watson 檢定中要注意到其檢定包括發現誤差（$e_t - e_{t-1}$）的連續值之間的差異或差分。如果誤差項是正向的相關，這樣的差異或差分將會比隨機的與獨立的誤差項小。把這個誤差項平方將會除去或消除正向與負向誤差項的影響。

對這個檢定的虛無假設是沒有自我相關。以一個雙側的檢定，其對立假設是有自我相關。

$$H_0：p = 0$$
$$H_a：p \neq 0$$

如前述已提到的，大部分企業的預測自我相關是正向的自我相關。在大部分的案例中，一個單側的檢定被使用。

$$H_0：p = 0$$
$$H_a：p > 0$$

D 值是 Durbin-Watson 統計量被計算的值使用來自迴歸分析中的殘差。一個提供 D 的臨界值可以從 α，n，與 k 值中獲得，可使用附錄中的表，其中 α 是顯著水準，n 是資料項的數目，而 k 是預測式（predictor）的數目。二個 Durbin-Watson 表被給予在附錄中。一個表包含 α = 0.01 的值而另一個表則包含 α = 0.05 的值。在附錄中的 Durbin-Watson 包括提供 d_U 與 d_L 的值，這些值的範圍從 0 到 4。如果已計算的 D 值是在 d_U 之上，我們無法拒絕虛無假設與沒有顯著性的自我相關。如果已計算的 D 值是在 d_L 之下，我們可以拒絕虛無假設與有顯著性的自我相關。有時候已計算的 D 統計量是在 d_U 與 d_L 的值之間。在這樣的案例中，Durbin-Watson 的檢定是無法作推論的。

表 4-3 （本資料儲存在 **CH4-2** 檔案中）

YEAR	OIL	GAS
1970	13.043	4.031
1971	11.903	3.983
1972	11.437	5.484
1973	10.251	6.975
1974	13.664	7.168
1975	16.979	8.169
1976	17.697	9.438
1977	18.700	12.119
1978	19.065	14.405
1979	20.689	15.166
1980	32.219	17.185
1981	42.819	19.887
1982	40.182	17.169
1983	38.286	12.727
1984	43.824	14.818
1965	35.882	12.600
1986	18.196	7.815
1987	15.759	7.603
1988	13.240	8.227
1989	10.140	8.927
1990	11.170	9.325

資料來源：*World Oil*, February 1992, 54.

三、範例說明

表 4-3 登錄石油井與瓦斯井的鑽鑿資料從西元 1970 到 1990 年（以千為單位）。一條迴歸線透過這些資料被進行適配，以決定在一個被既定的年之中被鑽鑿石油井的數目可以由在一年之中被鑽鑿瓦斯井的數目來作預測。所產生的預測誤差可以由 D 統計量進行檢定以提供顯著性的正向的自我相關之呈現使用 $\alpha = 0.05$。其假設是

$$H_0：p = 0$$
$$H_a：p > 0$$

下列的迴歸方程式是以表 4-3 資料使用 SPSS 軟體計算獲得表 4-4 的各表資料，依據表 4-4 之 3 的資料建立迴歸方程式是

$$\hat{Y} = -0.804 + 2.115X$$
$$石油井 = -0.804 + 2.115（瓦斯井）$$

接著使用表 4-5 的資料進行繪製圖 4-3 石油與瓦斯問題的殘差散布圖，及石油與瓦斯問題的殘差關聯圖，以顯示如前述所提出殘差項的自我相關圖形。然後再使用表 4-5 的資料，繼續使用 SPSS 軟體中各種技術方法獲得表 4-6 的資料，其進行的過程是相當的複雜，在此暫時不詳加說明，其進行計算的過程可以參考本書下列第二章，第六章，第七章，與第八章中會有其計算過程的說明與示範。

表 4-4 之 1　使用 SPSS 軟體進行迴歸所獲得的資料

Model Summary[b]

Model	R	R Square	Adjusted R Square	Std. Error of the Estimate	Change Statistics					Durbin-Watson
					R Square Change	F Change	df1	df2	Sig. F Change	
-1	0.815[a]	0.664	0.646	6.984582	0.664	37.468	1	19	0.000	0.367

a. Predictors: (Constant), GAS

b. Dependent Variable: OIL

表 4-4 之 2

ANOVA[b]

Model		Sum of Squares	df	Mean Square	F	Sig.
1	Regression	1827.872	1	1827.872	37.468	0.000[a]
	Residual	926.903	19	48.784		
	Total	2754.775	20			

a. Predictors: (Constant), GAS

b. Dependent Variable: OIL

表 4-4 之 3

Coefficients[a]

Model	Unstandardized Coefficients		Standardized Coefficients	t	Sig.	95.0% Confidence Interval for B	
	B	Std. Error	Beta			Lower Bound	Upper Bound
1 (Constant)	−0.804	3.976		−0.202	0.842	−9.125	7.518
GAS	2.115	0.345	0.815	6.121	0.000	1.392	2.838

a. Dependent Variable: OIL

表 4-5 使用 SPSS 軟體進行分析所獲得的預測值與殘差值

YEAR	OIL	GAS	PRE_1	RES_1
1970	13.043	4.031	7.72018	5.32282
1971	11.903	3.983	7.61868	4.28432
1972	11.437	5.484	10.79270	0.64430
1973	10.251	6.975	13.94559	−3.69459
1974	13.664	7.168	14.35370	−0.68970
1975	16.979	8.169	16.47043	0.50857
1976	17.697	9.438	19.15386	−1.45686
1977	18.700	12.119	24.82313	−6.12313
1978	19.065	14.405	29.65712	−10.59212
1979	20.689	15.166	31.26634	−10.57734
1980	32.219	17.185	35.53573	−3.31673
1981	42.819	19.887	41.24940	1.56960
1982	40.182	17.169	35.50190	4.68010
1983	38.286	12.727	26.10881	12.17719
1984	43.824	14.818	30.53046	13.29354
1985	35.882	12.600	25.84026	10.04174
1986	18.196	7.815	15.72186	2.47414

YEAR	OIL	GAS	PRE_1	RES_1
1987	15.759	7.603	15.27356	0.48544
1988	13.240	8.227	16.59307	−3.35307
1989	10.140	8.927	18.07330	−7.93330
1990	11.170	9.325	18.91491	−7.74491

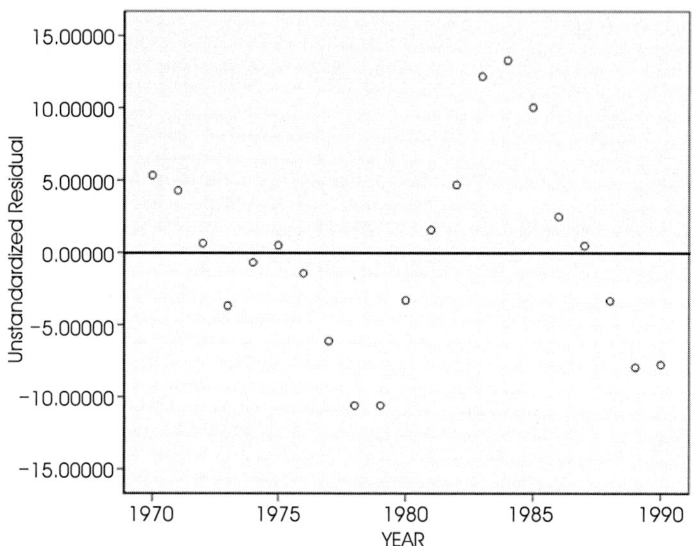

圖 4-3　石油與瓦斯問題的殘差散布圖

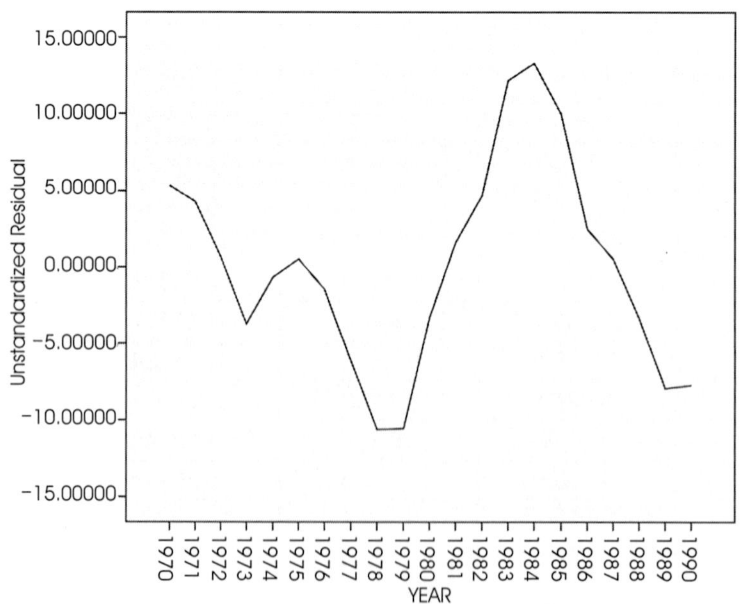

圖 4-4　石油井與瓦斯井的殘差序列關聯圖

表 4-6　從石油井與瓦斯井的鑽鑿資料中使用 **SPSS** 軟體計算獲得預測值與誤差項（本資料儲存 **CH4-3** 檔案中）

			$\hat{Y}$	e_t	e^2_t	$e_t - e_{t-1}$	$(e_t - e_{t-1})^2$	
EAR	OIL	GAS	PRE_1	RES_1	RES	RES_1_1	RES 差分	RES 差分 _1
1970	13.043	4.031	7.72018	5.32282	28.33243	-	-	-
1971	11.903	3.983	7.61868	4.28432	18.35542	−1.03850	1.07848	1.07848
1972	11.437	5.484	10.79270	0.64430	0.41512	−3.64003	13.24979	14.32827
1973	10.251	6.975	13.94559	−3.69459	13.64996	−4.33888	18.82589	33.15416
1974	13.664	7.168	14.35370	−0.68970	0.47569	3.00488	9.02931	42.18347
1975	16.979	8.169	16.47043	0.50857	0.25865	1.19828	1.43587	43.61934
1976	17.697	9.438	19.15386	−1.45686	2.12246	−1.96544	3.86295	47.48228
1877	18.700	12.119	24.82313	−6.12313	37.49271	−4.66626	21.77402	69.25630
1978	19.065	14.405	29.65712	−10.59212	112.19308	−4.46899	19.97191	89.22821
1979	20.689	15.166	31.26634	−10.57734	111.88012	0.01478	0.00022	89.22843
1980	32.219	17.185	35.53573	−3.31673	11.00072	7.26061	52.71640	141.94483
1981	42.819	19.887	41.24940	1.56980	2.46363	4.88633	23.87621	165.82104
1982	40.182	17.169	35.50190	4.68010	21.90334	3.11050	9.67524	175.49628
1983	38.286	12.727	26.10881	12.17719	148.28393	7.49709	56.20636	231.70263
1984	43.824	14.818	30.53046	13.29354	176.71830	1.11635	1.24625	232.94888
1985	35.882	12.600	25.84026	10.04174	100.83663	−3.25180	10.57420	243.52308
1986	18.196	7.815	15.72186	2.47414	6.12139	−7.56760	57.26857	300.79165
1987	15.759	7.603	15.27356	0.48544	0.23565	−1.98870	3.95494	304.74659
1988	13.240	8.227	16.59307	−3.35307	11.24311	−3.83852	14.73420	319.48079
1989	10.140	8.927	18.07330	−7.93330	62.93726	−4.58023	20.97847	340.45926
1990	11.170	9.325	18.91491	−7.74491	59.98369	0.18839	0.03549	340.49475

從表 4-4 之 1 的資料中我們可以獲得 Durbin-Watson 統計量是 0.367。現在我們可以使用表 4-6 的資料去獲得：

$$\Sigma e_t = 0.000 \quad \Sigma e_t^2 = 926.903 \quad \Sigma(e_t - e_{t-1})^2 = 340.498$$

$$D = \frac{\Sigma_{t=2}^{n}(e_t - e_{t-1})^2}{\Sigma_{t=1}^{n} e_t^2} = \frac{340.498}{926.903} = 0.367$$

$$\hat{Y} = -0.804 + 2.115X$$

$$s\{b_0\} = 3.976 \qquad s\{b_1\} = 0.345$$

$$MSE = 926.90 \ / \ 21 - 2 = 48.78421$$

因為我們使用一個簡單的線性迴歸，k 的值是 1（因為只有一個預測式）。樣本數（樣本大小）n 是 21，$\alpha = 0.05$。在附錄表中臨界值是

$$d_U = 1.42 \text{ 與 } d_L = 1.22$$

因為對此問題被計算的 D 統計量是 0.367 小於 $d_U = 1.42$ 的值，由此虛無假設被拒絕。因而，在此問題中是有正向的自我相關存在。

從表 4-6 中我們可以獲得預測值與真正值，每一個時間間距的預測誤差 e_t，可以被計算。表 4-6 顯示 $\hat{Y}$, e_t, e_t^2, $(e_t - e_{t-1})$ 與 $(e_t - e_{t-1})^2$ 的各值。注意到 Y 的第一個預測值是

$$\hat{Y}_{1970} = -0.840 + 2.115(4.031) = 7.720$$

1970 的誤差是

$$1970 \text{ 年真正的值} - 1970 \text{ 年的預測值} = 13.043 - 7.720 = 5.323$$

對 1970 與 1971 年的 e_t-e_{t-1} 值是可由 1971 年的誤差值減 1970 年的誤差去進行計算

$$e_{1971} - e_{1970} = 4.284 - 5.323 = -1.039$$

四、評論

（一）如果負向的自我相關是被要求的，其檢定統計量被使用的是 4-D，其中 D 是被界定如上。其檢定是如提供正向地自我相關的相同的方式被進行。即是，如果其數量（the quantity）4-D 落在 d_L 以下。我們就可推論 $p < 0$，即負向的自我相關是存在的，等等。

（二）一個雙側的檢定為 H_0：$p = 0$ 對 H_a：$p \neq 0$ 可以使用個別單側的檢定兩者來製作。類型 I 嘗試雙側的檢定是 2α，其中 α 是類型 I 嘗試每一側的檢定。

（三）當 Durbin-Watson 的檢定使用於 d_L 與 d_U 限制的範圍時會給予不確定（interminate）的結果，其原則會有更多的案例（情況，cases）是被要求的。當然，以時間序列資料而言要去獲更多的案例（情況，cases）是不可能的，或附加的案例（情況，cases）可以預備於未來之用與僅以更大的延緩或耽擱是可達成

的。參考 Box 與 Jenkuns（1976），Durbin 與 Watson（1951, pp.159-178），Theil 與 Nagar（1961, pp.793-806），與 Greene（2003）的著作，及前述第三章所提出的研究心得，的確可以給予一個近似的檢定（an approximate test）的觀點，此可以被使用於當其限制範圍的檢定是不確定（interminate）時。但是其自由度應該比大約 40 大於這個近似的檢定（an approximate test）之前將會給予更多有關自我相關是否存在的一個很強烈的指示。

一個合理的程序是去嘗試試驗種種結果以指示出自我相關誤差的呈現與使用種種修正行動方法之一，其種種修正行動方法將於下節被討論。當種種修正行動方法無法導致產生實質上不同的迴歸結果如使用 OLS，不相關誤差項的假設會呈現出是令人滿意的。當種種修正行動方法無法導致產生實質上不同的迴歸結果（諸如提供迴歸係數較大的已估計的標準差或自我相關誤差的剔除），由種種修正行動方法所獲得的結果是可能更有效的方法。

（四）Durbin-Watson 的檢定對模型的錯誤界定是不強烈的。例如，Durbin-Watson 的檢定並無法揭發自我相關誤差的出現，即遵行在方程式（4-11）中的二階迴歸模式。

（五）Durbin-Watson 的檢定是很廣泛的被使用；無論如何，其他自我相關的檢定是可資利用的。這樣的一個檢定是，由於 Theil 與 Nagar 所進行的檢定方法中被發現的（參考 Theil and Nagar, 1961, pp.793-806）。

第五節　自我相關的修正測量

二個主要的修正測量於當自我相關的誤差項是出現時，是可以去增加一個或一個以上的預測變項於迴歸模型中或去使用已被轉變的變項（transformed variables）。

一、預測變項的增加

如前面所提示，自我相關誤差項產生的一個重要原因是由於省略模型中在反應變項發生時間序列影響中一個或一個以上主要或關鍵性的預測變項。當自我相關誤差項是被發現正是出現時，第一個修正行動方法應該總是尋求省略或遺漏的主要或關鍵性的預測變項。在一個前述的說明中，我們已提到母群體的大小為一個產品在一個 30 年時期期間每年平均價格每年銷售量的一個迴歸中一個主要或關鍵性的變項。

當在一個反應變項中長期持續的影響（persistent effects）無法由一個或若干變項所捕捉時，一個趨勢的成分可以被加入到迴歸模型，諸如一個線性的趨勢或一個指數的趨勢。所以，季節性影響指標變項（indicator variables）的使用，如在下列中將被討論的，將會有助於剔除或減少誤差項中的自我相關當反應變項是受制於季節性的影響（例如，四季的銷售資料）。

例如，假設一個研究者要發展一個迴歸模型，企圖以該模型使用過去某段時間期間的房屋銷售量去預測新建房屋的銷售量。這種的一個模型會包含顯著性的自我相關。其中如果排除或未包含主要抵押利率變項就會是驅使其他二個變項之間產生自我相關的一個因素。所以，把抵押利率變項加入迴歸模型中可以顯著地減低自我相關產生的因素。

以下我們就提出一個預測變項的增加的範例表 4-7 的資料進行其預測變項增加的過程。

表 4-7 軟性飲料公司每年區域性密集的（或聚集的）銷售資料（本資料儲存在 **CH4-4** 檔案中）

Year	Sale	Expenditures
1	3083	75
2	3149	78
3	3218	80
4	3239	82
5	3295	84
6	3374	88
7	3475	93
8	3569	97
9	3597	99
10	3725	104
11	3794	109
12	3959	115
13	4043	120
14	4194	127
15	4318	135
16	4493	144
17	4683	153
18	4850	161

Year	Sale	Expenditures
19	5005	170
20	5236	182

資料來源：Montgomery, D. C., Jennings, C. L., and Kulahci, M. (2008).137

Montgomery, Peck, and Vining, 在《線性迴歸分析介紹》一書（*Introduction to Linear Regression Analysis*）中（2006），提出一個迴歸模型的範例，被使用於把每年區域性廣告經費支出和一個軟性飲料公司每年區域性密集性（或聚集性）銷售有關。表 4-7 中的資料呈現出過去 20 年的銷售資料被 Montgomery, Peck, and Vining（2006）所使用。這些著作者假設一個直線的關係是適當的，與使用普通的最小平方（ordinary least squares）方法可以適配於一個簡單的迴歸模型。我們使用 SPSS 輸出其進行迴歸的結果於表 4-8 的各表中。因為這些是時間序列的資料，所以吾人進行迴歸分析的結果獲得表 4-9 的殘差資料，然後再進行繪製如圖 4-5 與圖 4-6 的圖形。依據圖 4-5 與圖 4-6 顯示指出有潛在自我相關的一個模式；在圖中首先呈現出一種明確向上移動的趨勢，而隨之呈現出一種明確向下移動的趨勢。

表 4-8 之 1

Model Summary[b]

Model	R	R Square	Adjusted R Square	Std. Error of the Estimate	Durbin-Watson
−1	1.000[a]	0.999	0.999	20.532	1.080

a. Predictors: (Constant), Expenditures(1000 dollars)
b. Dependent Variable: Sale(unites)

表 4-8 之 2

ANOVA[b]

Model		Sum of Squares	df	Mean Square	F	Sig.
1	Regression	8346283.078	1	8346283.078	19799.107	0.000[a]
	Residual	7587.872	18	421.548		
	Total	8353870.950	19			

a. Predictors: (Constant), Expenditures(1000 dollars)
b. Dependent Variable: Sale(unites)

表 4-8 之 3

Coefficients[a]

Model		Unstandardized Coefficients		Standardized Coefficients	t	Sig.
		B	Std. Error	Beta		
1	(Constant)	1608.508	17.022		94.494	0.000
	以千元為單位	20.091	0.143	1.000	140.709	0.000

a. Dependent Variable：以千元為單位

表 4-9 銷售對廣告支出（以 **1000** 元單位）（本資料儲存在 **CH4-4b** 檔案中）

Year	Sale	Expenditures	RES_1
1	3083	75	−32.32979
2	3149	78	−26.60267
3	3218	80	2.21541
4	3239	82	−16.96651
5	3295	84	−1.14843
6	3374	88	−2.51227
7	3475	93	−1.96707
8	3569	97	11.66909
9	3597	99	−0.51283
10	3725	104	27.03237
11	3794	109	−4.42243
12	3959	115	40.03181
13	4043	120	23.57701
14	4194	127	33.94029
15	4318	135	−2.78739
16	4493	144	−8.60603
17	4683	153	0.57532
18	4850	161	6.84764
19	5005	170	−18.97100
20	5236	182	−29.06252

一個顯著性 Durbin-Watson 檢定統計量的顯著值，或一個令人疑慮的殘差圖指出一個自我相關模型的誤差所呈現出的潛在問題。這會可能是在誤差項或一個「人為的」(artificial) 時間相依 (time dependence) 中，由於遺漏一個或一個以上的重要預測式的變項所造成的。如果是由於遺漏重要預測式的變項而產生明顯的自

我相關，與如果這些遺漏的重要預測式變項可以被辨識與可以把這些被遺漏的重要預測式變項併列進入該模型中的話，那明顯的自我相關問題就可以被消除。這種被遺漏的重要預測式變項加入該模型中的過程可以在以下的範例進行說明。

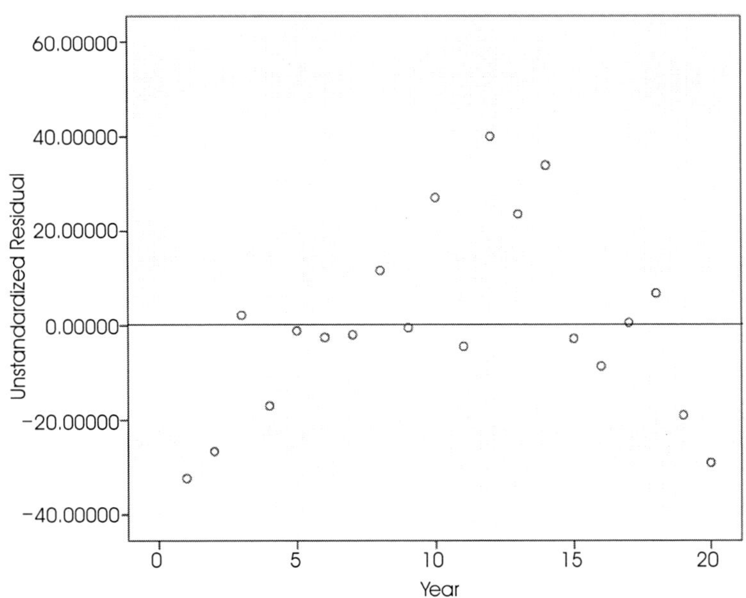

圖 4-5　銷售對廣告支出的殘差線性散布圖

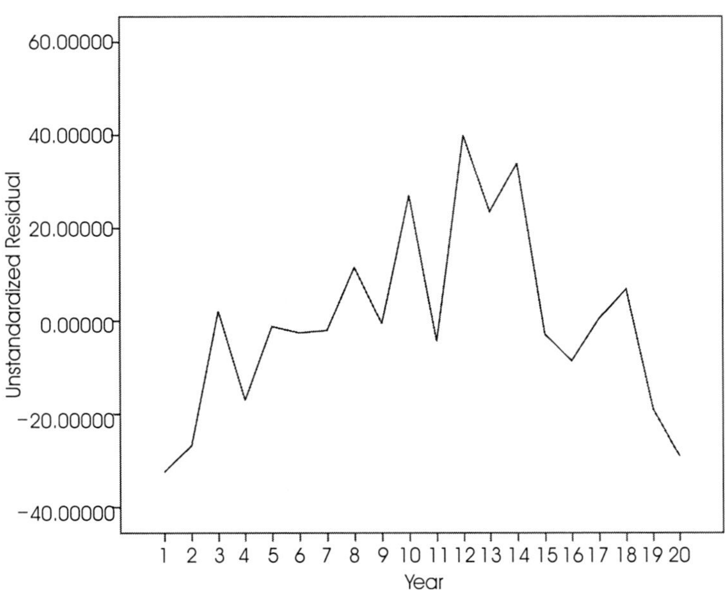

圖 4-6　銷售對廣告支出的殘差序列關聯圖

表 4-10 提出軟性飲料公司在表 4-7 中每年區域性密集的（或聚集的）銷售資料問題的一個擴大的資料組合。因為它是合理地被推論區域人口的大小會影響到飲料的銷售。依據此種推論，Montgomery, Peck, and Vining,（2006）給予增加區域人口數的變項加入他們所研究的範例中。表 4-11 是使用 SPSS 軟體進行迴歸分析的結果，在進行迴歸分析的模型中包括預測式的變項，廣告支出，與區域人口數。從表 4-11 的資料中我們可以發現廣告支出，與區域人口數兩者是顯著性的。

表 4-10（本資料儲存在 **CH4-5** 的檔案中）

Year	Sale	Expenditures	Population
1	3083	75	825000
2	3149	78	830445
3	3218	80	838750
4	3239	82	842940
5	3295	84	846315
6	3374	88	852240
7	3475	93	860760
8	3569	97	865925
9	3597	99	871640
10	3725	104	877745
11	3794	109	886520
12	3959	115	894500
13	4043	120	900400
14	4194	127	904005
15	4318	135	908525
16	4493	144	912160
17	4683	153	917630
18	4850	161	922220
19	5005	170	925910
20	5236	182	929610

資料來源：Montgomery, D. C., Jennings, C. L., and Kulahci, M. (2008).140

表 4-11 之 1

Model Summary[b]

Model	R	R Square	Adjusted R Square	Std. Error of the Estimate	Durbin-Watson
-1	1.000[a]	1.000	1.000	12.056	3.059

a. Predictors: (Constant), Population, Expenditures(1000 dollars)

b. Dependent Variable: Sale(unites)

表 4-11 之 2

ANOVA[b]

Model		Sum of Squares	df	Mean Square	F	Sig.
1	Regression	8351400.156	2	4175700.078	28730.398	0.000[a]
	Residual	2470.794	17	145.341		
	Total	8353870.950	19			

a. Predictors: (Constant), Population, Expenditures (1000 dollars)

b. Dependent Variable: Sale(unites)

表 4-11 之 3

Coefficients[a]

Model		Unstandardized Coefficients		Standardized Coefficients	t	Sig.
		B	Std. Error	Beta		
1	(Constant)	320.340	217.328		1.474	0.159
	Expenditures(1000 dollars)	18.434	0.292	0.917	63.232	0.000
	Population	0.002	0.000	0.086	5.934	0.000

a. Dependent Variable: Sale (unites)

依據表 4-10 資料組合，我們使用 SPSS 軟體獲得表 4-11 之 3 的資料，引用表 4-11 之 3 的資料我們可以建立迴歸方程式：

$$銷售 = 320.340 + 18.434（廣告支出）+ 0.002（人口數）$$

從表 4-11 之 3 的資料中，我們可以獲得 Durbin-Watson 檢定統計量是 3.059。此時我們查附錄表中 Durbin-Watson 檢定統計量的臨界值，以 0.05 的 α 值是 $d_L = 1.10$ 與 $d_U = 1.54$，因為 Durbin-Watson 檢定統計量是 3.059 大於 d_U，由此我們可以推論沒有顯著證據可以拒絕虛無假設。即是，沒有指示在誤差項中有自我相關的問題。

圖 4-7 與圖 4-8 是從迴歸模型時間的階（in time order）中所產生殘差的一個散布圖。這兩個圖顯示當我們把它們和只使用廣告支出作為預測式（predictor）進行比較時，是有相當的改善。由此，我們可以推論加入一個新的預測式人口數的大小進入原始的模型中證實已消除一個在誤差項中自我相關出現的問題。

表 4-12（本資料儲存在 **CH4-5b** 的檔案中）

Year	Sale	Expenditures	Population	RES_1
1	3083	75	825000	−4.82900
2	3149	78	830445	−3.27212
3	3218	80	838750	14.91790
4	3239	82	842940	−7.98425
5	3295	84	846315	5.48174
6	3374	88	852240	0.79864
7	3475	93	860760	−4.67488
8	3569	97	865925	6.91782
9	3597	99	871640	−11.54434
10	3725	104	877745	14.03619
11	3794	109	886520	−23.86540
12	3959	115	894500	17.13337
13	4043	120	900400	−0.94197
14	4194	127	904005	14.96688
15	4318	135	908525	−16.09448
16	4493	144	912160	−13.10440
17	4683	153	917630	1.80527
18	4850	161	922220	13.62640
19	5005	170	925910	−3.47585
20	5236	182	929610	0.10249

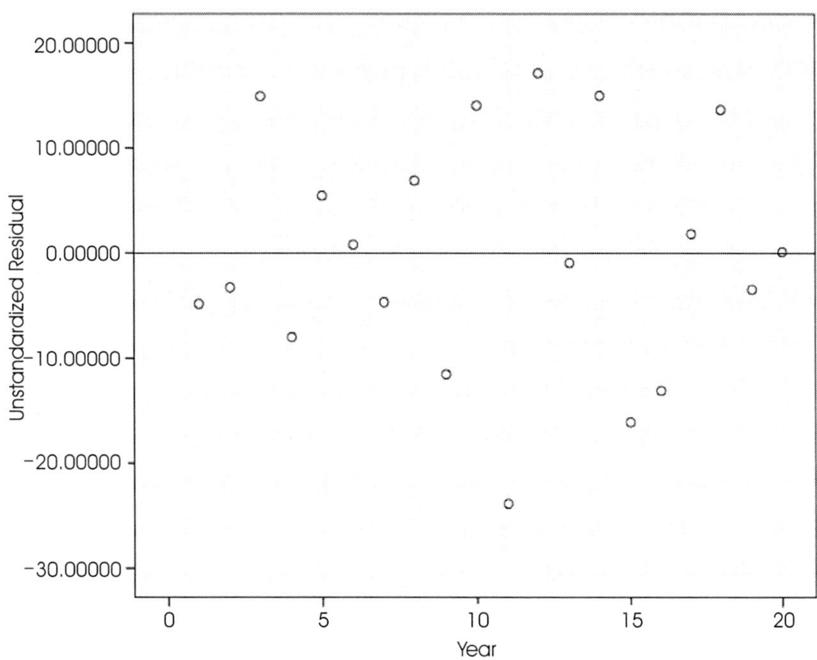

圖 4-7 銷售對廣告支出與人口數的殘差線性散布圖

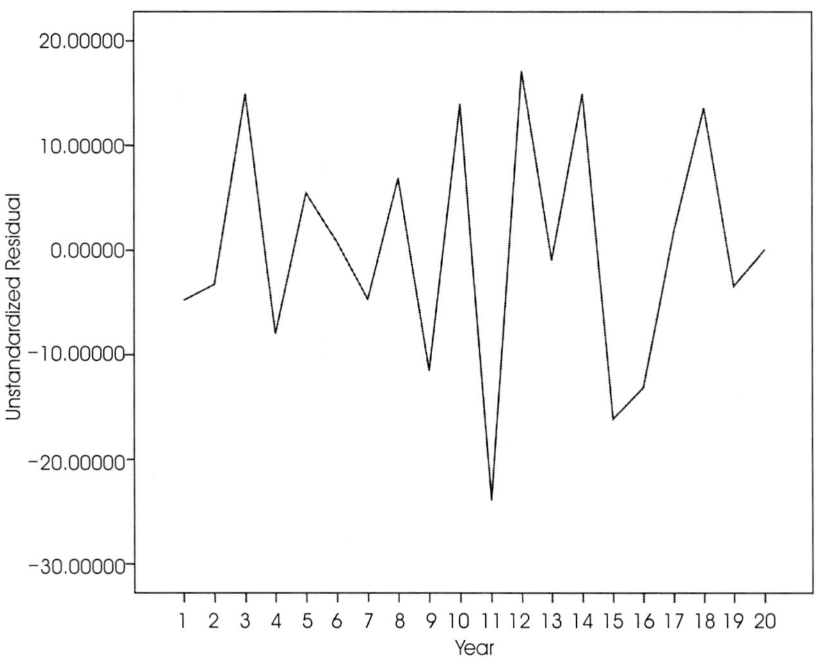

圖 4-8 銷售對廣告支出與人口數的殘差線關聯圖

二、使用已被轉變的變項

當附加預測變項的含入無助於減少自我相關的誤差達到一個可以接受的水準時，其他的技術方法可以被使用去嘗試解決問題。轉變各變項中的資料是有助益的。一個這樣的方法是一階的差分途徑（the first-differences approach）。以一階的差分途徑而言，每一個 X 的值是從每一個持續時間期間的 X 值中被減去；這些差分就會成為新的與被轉變的 X 變項。相同的過程可以被使用去轉變 Y 變項。然後迴歸分析被進行計算是基於已被轉變的 X 與 Y 變項之上去計算一個新的模型，希望能夠免除顯著性自我相關的效應。

另一方法是使用從一期間到另一方面期間的變動百分比去產生新的變項，然後進行迴歸這些新的變項。一個第三方法是去使用自我迴歸模型。

綜合言之，唯有當附加預測變項的使用不是有助於剔除或減少自我相關的誤差問題時，一個基於已被轉變的變項的一個修正行動是可以被利用的。很多修正的程序即要依賴各變項的轉變被進行發展。我們應該解釋這些方法中的三種方法。我們的解釋將是依據簡單線性迴歸的界定方式進行，而且會擴展到多元迴歸。

要被進行描述的三種方法每一個均是基於一個有趣的一階自我迴歸誤差項的迴歸模型方程式（4-1）之上。考量已被轉變的依變項：

$$Y_t^{'} = Y_t - PY_{t-1}$$

依據迴歸模型方程式（4-1）替代 Y_t 與 Y_{t-1} 的呈現方式，我們獲得

$$\begin{aligned} Y_t^{'} &= (\beta_0 + \beta_1 X_t + \varepsilon_t) - p(\beta_0 + \beta_1 X_{t-1} + \varepsilon_{t-1}) \\ &= \beta_0(1 - p) + \beta_1(X_t - pX_{t-1}) + (\varepsilon_t - p\varepsilon_{t-1}) \end{aligned}$$

然而，使用方程式（4-1），$\varepsilon_t - p\varepsilon_{t-1} = u_t$。由此：

$$Y_t^{'} = \beta_0(1 - p) + \beta_1(X_t - pX_{t-1}) + u_t \qquad (4\text{-}16)$$

其中 u_t 是獨立自主的干擾項。如此，當我們使用已被轉變的變項 Y'_t，迴歸模型包括誤差項它們是獨立自主的。而且，模型方程式（4-16）仍然是一個簡單的線性迴歸模型具有新的 X 變項 $X_t^{'} = X_t - pX_{t-1}$，可以重寫方程式（4-6）被進行理解如下：

$$Y_t' = \beta'_0 + \beta'_1 X'_t + u_t \qquad (4\text{-}17)$$

其中：

$$Y_t' = Y_t - pY_{t-1}$$
$$X_t' = X_t - pX_{t-1}$$
$$\beta_0' = \beta_0(1 - p)$$
$$\beta_1' = \beta_1$$

由此，由於使用已被轉變的變項 X_t' 與 Y_t'，我們獲得一個具有獨立自主干擾項的一個標準簡單的線性迴歸模型。這意指 OLS 方法這種模型它們通常具有一般最佳條件的屬性（their usual optimum properties）。

為了要具有能夠去使用已被轉變的模型方程式（4-17）的能力，吾人一般需要去估計自我相關的參數 p 因為它的值通常是未知的。所以，要被進行描述的三種方法就依如何去執行估計而有差異。無論如何，這三種方法進行估計所獲得的結果是完全相同的。

一旦 p 的一個估計已被獲得，由 r 來指示，被轉變的變項會被獲得是使用 p 的這種估計方法：

$$Y_t' = Y_t - rY_{t-1} \qquad (4\text{-}18a)$$
$$X_t' = X_t - rX_{t-1} \qquad (4\text{-}18b)$$

迴歸模型方程式（4-17）然後可以被適配於這些被轉變的資料，產生一個已估計迴歸的函數：

$$\hat{Y}' = b_0' + b_1' X' \qquad (4\text{-}19)$$

如果這種適配迴歸的函數已減少誤差項的自我相關，我們就可以轉變回到原始變項中一個適配的迴歸模型如下：

$$\hat{Y} = b_0 + b_1 X \qquad (4\text{-}20)$$

其中

$$b_0 = \frac{b'_1}{1-r} \quad (4\text{-}20a)$$

$$b_1 = b_1' \quad (4\text{-}20b)$$

對原始變項迴歸係數的已估計的標準差可以從被轉變變項的這些迴歸係數去獲得，其方法如下：

$$s\{b_0\} = \frac{s\{b'_0\}}{1-r} \quad (4\text{-}21a)$$

$$s\{b_1\} = s\{b_1'\} \quad (4\text{-}21b)$$

三、Cochrane-Orcutt 的程序

Cochrane-Orcutt 的程序包含三步驟的一個重複。

（一）p 的估計

這是由提示被假設在模型方程式（4-1）中的自我迴歸誤差的過程來執行，這種過程被視為是透過原點（原始，the origin）的一種迴歸：

$$\varepsilon_t = p\varepsilon_{t-1} + u_t$$

其中 ε_t 是反應變項，ε_{t-1} 是預測變項，u_t 是誤差項，而 p 是透過原點的直線性斜率。因為 ε_t 與 ε_{t-1} 是未知的，我們使用殘差 e_t 與 e_{t-1} 使用 OLS 方法獲得為反應變項與預測變項，然後由適配的一條直線透過原點進行估計 p。從我們前述討論透過原點的迴歸，我們由 $b_1 = \frac{\Sigma X_i Y_i}{\Sigma X_i^2}$ 獲知 p 的斜率估計值，然後由 r 指示，是：

$$r = \frac{\Sigma_{t=2}^{n} e_{t-1} e_t}{\Sigma_{t=2}^{n} e_{t-1}^2} \quad (4\text{-}22)$$

（二）被轉變模型方程式（4-17）的適配

使用在方程式（4-22）中的估計值 r，然後我們可以獲得被轉變的變項 Y_t' 與 X_t' 與使用具有這些被轉變變項的 OLS 方法去產生已適配的迴歸函數方程式（4-19）。

（三）需要去重複的檢定

Durbin-Watson 檢定可以被使用去檢定被轉變的誤差項是否是不相關的。如果

這樣的檢定指示它們是不相關的。然後在原始變項中的已適配迴歸模型是由轉變迴歸係數回到方程式（4-20）的過程來獲得。

如果 Durbin-Watson 檢定指示自我相關在第一個重複之後仍然是出現，參數 p 就要從新的殘差中以被轉變的變項進行重估計提供適配的迴歸模型方程式（4-20），它是從具有被轉變的變項的適配的迴歸模型方程式（4-19）中獲得。然後一個被轉變的變項的新組合就可以被獲得並有新的 r。這種過程可以被持續提供另一個重複或再一次的重複直到 Durbin-Watson 檢定指示在被轉變的模型中其誤差項是不相關的為止。如果這種過程在一次的重複或二次的重複之後仍無法終止，那一個差分的程序應該被利用。

（四）GAS WELL DRILLING 範例

在前述 GAS WELL DRILLING 的範例而言，提供自我相關參數估計 p 的必要計算方法，基於以 OLS 方法應用於原始的變項所獲得的殘差基礎上，被說明於表 4-13 中。其資料重複獲自表 4-6 中。其中包含殘差 e_t，e_{t-1}，$e_{t-1}e_t$，e^2_{t-1}，$e_{t-1}e_t$ 的總和與 e^2_{t-1} 的總和與包含必要的計算資料。由此，我們依據表 4-3 的資料去獲得殘差，在使用軟體的過程中，我們可以使用 SPSS 視窗介面的 Analyze → Regression → Linear...，Transform → Create Time Series...，Transform → Compute Variable... 中的功能獲得其結果。因為其中操作過程非常複雜與繁複，吾人只要詳細觀察表 4-13 的計算方程式與操作的過程，就可以獲得表 4-13 的結果。

表 4-13　以 Cochrane-Orcutt 程序計算 GAS WELL DRILLING 範例的估計 p（本資料儲存在 CH4-6 檔案中）

		e_t	e_{t-1}	$e_{t-1}e_t$	e^2_{t-1}	$e_{t-1}e_t$ 的總和	e^2_{t-1} 的總和
OIL	CAS	RES_1	RES_1_1	et1	et2	et1_1	et2_1
13.043	4.031	5.32282	-	-	-	-	-
11.903	3.983	4.28432	5.32282	22.80468	28.33243	22.80468	28.33243
11.437	5.484	0.64430	4.28432	2.76037	18.35542	25.56505	46.68784
10.251	6.975	−3.89459	0.64430	−2.38040	0.41512	23.18465	47.10296
13.664	7.168	−0.68970	−3.69459	2.54817	13.64996	25.73282	60.75292
16.979	8.169	0.50857	0.68970	−0.35076	0.47569	25.38205	61.22861
17.697	9.438	−1.45888	0.50867	−0.74092	0.25865	24.64113	61.48726
18.700	12.119	−8.12313	−1.45686	8.92057	2.12246	33.56170	63.60971

OIL	CAS	RES_1	RES_1_1	et1	et2	et1_1	et2_1
19.065	14.405	−10.59212	−6.12313	64.85694	37.49271	98.41864	101.10242
20.689	15.166	−10.57734	−10.59212	112.03649	112.19308	210.45513	213.29550
32.219	17.185	−3.31673	−10.57734	35.08222	111.88012	245.53735	325.17562
42.819	19.887	1.56960	−3.31673	−5.20593	11.00072	240.33142	336.17635
40.182	17.169	4.68010	1.56960	7.34586	2.46363	247.67729	338.63997
38.286	12.727	12.17719	4.68010	56.99046	21.90334	304.66775	360.54331
43.824	14.818	13.29354	12.17719	161.87799	148.28393	466.54574	508.82724
35.882	12.600	10.04174	13.29354	133.49037	176.71830	600.03611	685.54554
18.196	7.815	2.47414	10.04174	24.84472	100.83663	624.88083	786.38217
15.759	7.603	0.48544	2.47414	1.20105	6.12139	626.08188	792.50356
13.240	8.227	−3.35307	0.48544	−1.62772	0.23565	624.45416	792.73922
10.140	8.927	−7.93330	−3.35307	26.60095	11.24311	651.05511	803.98232
11.170	9.325	−7.74491	−7.93330	61.44273	62.93725	712.49784	866.91957

$$r=\frac{\Sigma e_{t-1}e_t}{\Sigma e_{t-1}^2}=\frac{712.49784}{866.91975}=0.821873$$

表 4-14　以 **Cochrane-Orcutt** 程序計算 **GAS WELL DRILLING** 範例獲得已轉變的變項

$$Y_t^{'}=Y_t-0.821873(Y_{t-1}) \qquad X_t^{'}=X_t-0.821873(X_{t-1})$$

OIL	GAS	OIL_1	yt1	yt2	GAS_1	xt1	xt2
13.043	4.031	-	-	-	-	-	-
11.903	3.983	13.04300	10.71969	1.18331	4.03100	3.31297	0.67003
11.437	5.484	11.90300	9.78275	1.65425	3.98300	3.27352	2.21048
10.251	6.975	11.43700	9.39976	0.85124	5.48400	4.50715	2.46785
13.664	7.168	10.25100	8.42502	5.23898	6.97500	5.73256	1.43544
16.979	8.169	13.66400	11.23007	5.74893	7.16800	5.89119	2.27781
17.697	9.438	16.97900	13.95458	3.74242	8.16900	6.71388	2.72412
18.700	12.119	17.69700	14.54469	4.15531	9.43800	7.75684	4.36216
19.065	14.405	18.70000	15.36903	3.69597	12.11900	9.96028	4.44472
20.689	15.166	19.06500	15.66901	5.01999	14.40500	11.83908	3.32692
32.219	17.185	20.68900	17.00373	15.21527	15.16600	12.46453	4.72047
42.819	19.887	32.21900	26.47993	16.33907	17.18500	14.12389	5.76311
40.182	17.169	42.81900	35.19178	4.99022	19.88700	16.34459	0.82441
38.286	12.727	40.18200	33.02450	5.26150	17.16900	14.11074	−1.38374

OIL	GAS	OIL_1	yt1	yt2	GAS_1	xt1	xt2
43.824	14.818	38.28600	31.46623	12.35777	12.72700	10.45998	4.35802
35.882	12.600	43.82400	36.01776	−0.13578	14.81800	12.17851	0.42149
18.196	7.815	35.88200	29.49045	−11.29445	12.60000	10.35560	−2.54060
15.759	7.603	18.19600	14.95480	0.80420	7.81500	6.42294	1.18006
13.240	8.227	15.75900	12.95190	0.28810	7.60300	6.24870	1.97830
10.140	8.927	13.24000	10.88160	−0.74160	8.22700	6.76155	2.16545
11.170	9.325	10.14000	8.33379	2.83621	8.92700	7.33686	1.98814

從表 4-13 的計算過程中，我們獲得

$$r = \frac{712.49784}{866.91975} = 0.821873$$

從表 4-14 的計算過程中，我們獲得 $Y_{t'}$（表 4-14 中的 yt2），與 X_t'（表 4-14 中的 xt2）

我們獲得被轉變的變項 Y_t' 與 X_t' 於方程式（4-18）中：

$$Y_t' = Y_t - 0.821873Y_{t-1}$$
$$X_t' = X_t - 0.821873X_{t-1}$$

這些是被發現於表 4-14 中。其中有重複原始的變項 X_t 與 Y_t，與包含被轉變的變項 Y_t' 與 X_t'。OLS 適配線性迴歸現在被使用於基於 n-1 案例之上仍然在轉變之後。在被轉變的變項中的適配迴歸線使用 SPSS 軟體進行迴歸分析獲得表 4-15 的輸出結果報表資料，從表 4-15 之 3 的資料其適配迴歸線是：

$$\hat{Y}' = -0.835 + 2.164X'$$

其中

$$Y_t' = Y_t - 0.821873Y_{t-1}$$
$$X_t' = X_t - 0.821873X_{t-1}$$

表 4-15 之 1

Model Summary[b]

Model	R	R Square	Adjusted R Square	Std. Error of the Estimate	Durbin-Watson
−1	0.741[a]	0.549	0.524	4.12285358	0.893

a. Predictors: (Constant), xt2

b. Dependent Variable: yt2

表 4-15 之 2

ANOVA[b]

Model		Sum of Squares	df	Mean Square	F	Sig.
1	Regression	372.129	1	372.129	21.893	0.000[a]
	Residual	305.963	18	16.998		
	Total	678.092	19			

a. Predictors: (Constant), xt2

b. Dependent Variable: yt2

表 4-15 之 3

Coefficients[a]

Model		Unstandardized Coefficients		Standardized Coefficients	t	Sig.
		B	Std. Error	Beta		
1	(Constant)	−0.835	1.363		−0.613	0.548
	xt2	2.164	0.463	0.741	4.679	0.000

a. Dependent Variable: yt2

從適配迴歸的函數提供在方程式（4-17）中被轉變的變項，殘差被獲得與 Durbin-Watson 統計量被計算。因為我們使用一個簡單的線性迴歸，k 的值是 1（因為只有一個預測式）。樣本數（樣本大小），n 是 21，$\alpha = 0.05$。在附錄表中臨界值是

$$d_U = 1.42 \text{ 與 } d_L = 1.22$$

因為對此問題被計算的 D 統計量是 0.897 小於 $d_U = 1.42$ 的值，由此虛無假設被拒絕。因而，在此問題中我們推論以被轉變的變項模型中提供誤差項的自我相關是仍然有正向的自我相關存在。

對於本範例，在此不再繼續進行轉變的變項，留待後面進行自我迴歸的處理。

（五）Kutner 的範例

Kutner,M. H., Nachtsheim, C. J., Neter, J., and Li, W（2005）的著作中提出 The Blaisdell Company 範例資料表 4-16，提供自我相關參數估計 p 的必要計算方法。

表 4-16 （本資料儲存在 CH4-8 的檔案中）

公司的銷售量	工業的銷售量	TIME
20.96	127.30	1
21.40	130.00	2
21.96	132.70	3
21.52	129.40	4
22.39	135.00	5
22.76	137.10	6
23.48	141.20	7
23.66	142.80	8
24.10	145.50	9
24.01	145.30	10
24.54	148.30	11
24.30	146.40	12
25.00	150.20	13
25.64	153.10	14
26.36	157.30	15
26.98	160.70	16
27.52	164.20	17
27.78	165.60	18
28.24	168.70	19
28.78	171.70	20

資料來源：Kutner,M. H., Nachtsheim, C. J., Neter, J., and Li, W (2005)

在 The Blaisdell Company 範例中，我們首先使用迴歸分析的結果如表 4-17 所顯示。參考如附錄表中所示，以 0.01 的顯著性水準，n = 20 與 p − 1 = 1：

$$d_L = 0.95 \quad d_U = 1.15$$

參考表 4-17 之 1，D = 0.735，依據決定法則方程式（4-15）指出其適當的推論是 H_a，即是，誤差項是正向的自我相關。

表 4-17 The Blaisdell Company 範例使用迴歸分析的結果。

表 4-17 之 1

Model Summary[b]

Model	R	R Square	Adjusted R Square	Std. Error of the Estimate	Durbin-Watson
-1	0.999[a]	0.999	0.999	0.08606	0.735

a. Predictors: (Constant)，以百萬元為單位

b. Dependent Variable：以百萬元為單位

表 4-17 之 2

ANOVA[b]

Model		Sum of Squares	df	Mean Square	F	Sig.
1	Regression	110.257	1	110.257	14888.144	0.000[a]
	Residual	0.133	18	0.007		
	Total	110.390	19			

a. Predictors: (Constant)，以百萬元為單位

b. Dependent Variable：以百萬元為單位

表 4-17 之 3

Coefficients[a]

Model		Unstandardized Coefficients		Standardized Coefficients	t	Sig.
		B	Std. Error	Beta		
1	(Constant)	-1.455	0.214		-6.793	0.000
	以百萬元為單位	0.176	0.001	0.999	122.017	0.000

a. Dependent Variable：以百萬元為單位

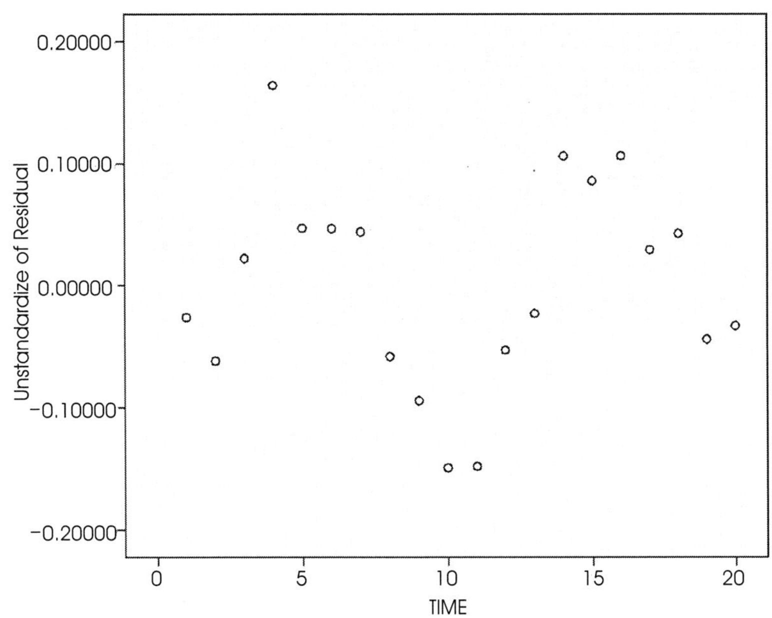

圖 4-9　**The Blaisdell Company** 範例其公司對工業銷售的殘差線性散布圖

從圖 4-9The Blaisdell Company 範例其公司對工業銷售的殘差線性散布圖中，我們可以發現它是正向的自我相關，因此我們就必須基於 OLS 方法應用於原始的變項所獲得的殘差基礎上，去進行以下的各種程序進行自我相關的修正測量過程。

基於以 OLS 方法應用於原始的變項所獲得的殘差基礎上，由此，我們進行估計被說明於表 4-18 中。在進行估計與計算的程序中，如在表 4-18 的估計與計算的程序中，首先獲得 e_t。

表 **4-18**（本資料儲存在 **CH4-9** 的檔案中）

	e_t	e_{t-1}	$e_{t-1}e_t$	e_{t-1}^2	$e_{t-1}e_t$ 的總和	e_{t-1}^2 的總和
TIME	RES_1	RES_1_1	et2	et3	et3_1	et2_1
1	−0.026052	-	-	-	-	-
2	−0.062015	−0.026052	0.001616	0.000679	0.000679	0.001616
3	0.022021	−0.062015	−0.001366	0.003846	0.004525	0.000250
4	0.163754	0.022021	0.003606	0.000485	0.005010	0.003856
5	0.046570	0.163754	0.007626	0.026815	0.031825	0.011482

TIME	RES_1	RES_1_1	et2	et3	et3_1	et2_1
6	0.046377	0.046570	0.002160	0.002169	0.033994	0.013642
7	0.043617	0.046377	0.002023	0.002151	0.036145	0.015665
8	−0.058435	0.043617	−0.002549	0.001902	0.038047	0.013116
9	−0.094399	−0.058436	0.005516	0.003415	0.041462	0.018632
10	−0.149142	−0.094399	0.014079	0.008911	0.050373	0.032711
11	−0.147991	−0.149142	0.022072	0.022243	0.072616	0.054783
12	0.053054	−0.147991	0.007851	0.021901	0.094518	0.062634
13	−0.022928	−0.053054	0.001216	0.002815	0.097332	0.063851
14	0.105852	−0.022928	−0.002427	0.000526	0.097858	0.061424
15	0.085464	0.105852	0.009046	0.011205	0.109063	0.070470
16	0.106102	0.085464	0.009068	0.007304	0.116367	0.079538
17	0.029112	0.106102	0.003089	0.011258	0.127624	0.082627
18	0.042316	0.029112	0.001232	0.000848	0.128472	0.083859
19	−0.44160	0.042316	−0.001869	0.001791	0.130263	0.081990
20	−0.033009	−0.044160	0.001458	0.001950	0.132213	0.083448

$$r = \frac{\Sigma e_{t-1}e_t}{\Sigma e_{t-1}^2} = \frac{0.083448}{0.132213} = 0.6311633$$

在表 4-19 中的 $Y_t^{'}$ 是因為進行 SPSS 軟體計算的過程中無法使用 Math Type 軟體程式標示下標的符號。所以，吾人使用 yt2 來替代。其計算操作過程是使用 SPSS 軟體的視窗界面的 Transform → Compute Variable... 進行計算操作所獲得的結果。

表 4-19　以 **Cochrane-Orcutt** 程序計算 **Blasidell Company** 範例獲得已轉變的變項（本資料儲存在 **CH4-9b** 的檔案中）

$$Y_t^{'} = Y_t - 0.6311633(Y_{t-1}) \qquad X_t^{'} = X_t - 0.6311633(X_{t-1})$$

公司的銷售量	工業的銷售量	TIME	RES_1	yt1	yt2	xt1	xt2
20.96	127.30	1	−0.026052	-	-	-	
21.40	130.00	2	−0.062015	13.229183	8.170817	80.347088	49.6529
21.96	132.70	3	0.022021	13.506895	8.453105	82.051229	50.64877
21.52	129.40	4	0.163754	13.860346	7.659654	83.755370	45.64463
22.39	135.00	5	0.046570	13.582634	8.807366	81.672531	53.32748

公司的銷售量	工業的銷售量	TIME	RES_1	yt1	yt2	xt1	xt2
22.76	137.10	6	0.046377	14.131746	8.628254	85.207045	51.89295
23.48	141.20	7	0.043617	14.365277	9.114723	86.532488	54.66757
23.66	142.80	8	−0.058435	14.819714	8.840286	89.120258	53.67974
24.10	145.50	9	−0.094399	14.933324	9.166676	90.130119	55.36988
24.01	145.30	10	−0.149142	15.211036	8.798964	91.834260	53.46574
24.54	148.30	11	−0.147991	15.154231	9.385769	91.708027	56.59197
24.30	146.40	12	−0.053054	15.488747	8.811253	93.601517	52.79848
25.00	150.20	13	−0.022928	15.337268	9.662732	92.402307	57.79769
25.64	153.10	14	0.105852	15.779083	9.860918	94.800728	58.29927
26.36	157.30	15	0.085464	16.183027	10.176973	96.631101	60.66889
26.98	160.70	16	0.106102	16.637465	10.342535	99.281987	61.41807
27.52	164.20	17	0.029112	17.028786	10.491214	101.427942	62.77205
27.78	165.60	18	0.042316	17.369614	10.410386	103.637014	61.96298
28.24	168.70	19	−0.044160	17.533716	10.706284	104.520642	64.17935
28.78	171.70	20	−0.033009	17.824052	10.955948	106.477249	65.22275

從表 4-19 中的資料，輸入 SPSS 軟體程式的迴歸分析，我們可以獲得表 4-20 的輸出資料。

建立線性迴歸方程式為

$$\hat{Y}' = -0.394 + 0.174X'$$
$$s\{b_0'\} = 0.167 \qquad s\{b_1'\} = 0.003$$
$$MSE = 0.077 \ / \ 17 = 0.00453$$

從表 4-18 的計算過程中，我們獲得

$$r = \frac{0.083448}{0.132213} = 0.6311633$$

從表 4-19 的計算過程中，我們獲得 Y_t'（表 4-19 中的 yt2），與 X_t'（表 4-19 中的 xt2）

我們獲得被轉變的變項 Y_t' 與 X_t' 於方程式（4-18）中：

$$Y_t' = Y_t - 0.6311633Y_{t-1}$$
$$X_t' = X_t - 0.6311633X_{t-1}$$

這些是被發現於表 4-19 中，其中有重複原始的變項 X_t 與 Y_t，與包含被轉變的變項 Y_t' 與 X_t'。OLS 適配線性迴歸現在被使用於基於 n-1 案例之上仍然在轉變之後。在被轉變的變項中的適配迴歸線使用 SPSS 軟體進行迴歸分析獲得表 4-20 的輸出結果報表資料，從表 4-20 之 3 的資料其適配迴歸線是：

$$\hat{Y}' = -0.394 + 0.174X'$$

其中

$$Y_t' = Y_t - 0.6311633Y_{t-1}$$
$$X_t' = X_t - 0.6311633X_{t-1}$$

從適配迴歸的函數提供在方程式（4-17）中被轉變的變項，殘差被獲得與 Durbin-Watson 統計量被計算。因為我們使用一個簡單的線性迴歸，k 的值是 1（因為只有一個預測式）。樣本數（樣本大小），n 是 20，$\alpha = 0.01$，$p - 1 = 1$，$n = 20 - 1 = 19$。在附錄表中臨界值是

$$d_U = 0.93 \text{ 與 } d_L = 1.13$$

因為對此問題被計算的 D 統計量是 1.650 大於 $d_U = 0.93$ 的值，由此虛無假設無法被拒絕，換言之，就是保留虛無假設。因而，在此問題中我們推論在被轉變的變項模型中誤差項的自我相關的係數是零，就是沒有正向自我相關的存在。

在已持續的掌控自我相關的誤差項問題之後，現在我們轉變在方程式（4-23）中的適配模型回到原始變項，使用方程式（4-20）：

$$b_0 = \frac{b'_0}{1-r} = \frac{-0.394}{1-0.6311633} = -1.0682334$$

導致產生適配迴歸的函數於原始變項中：

$$\hat{Y} = -1.0682 + 0.174X$$

最後，使用方程式（4-21）我們獲得提供原始變項迴歸係數的已估計的標準差。從表 4-20 之 3 的結果中，我們發現：

$$s\{b_0\} = \frac{s\{b_0'\}}{1-r} = \frac{0.167}{1-0.6311633} = 0.45277$$

$$s\{b_1\} = s\{b_1'\} = 0.003$$

表 4-20 之 1

Model Summary[b]

Model	R	R Square	Adjusted R Square	Std. Error of the Estimate	Durbin-Watson
-1	0.998[a]	0.995	0.995	0.067154424	1.650

a. Predictors: (Constant), xt2

b. Dependent Variable: yt2

表 4-20 之 2

ANOVA[b]

	Model	Sum of Squares	df	Mean Square	F	Sig.
1	Regression	15.575	1	15.575	3453.620	0.000[a]
	Residual	0.077	17	0.005		
	Total	15.652	18			

a. Predictors: (Constant), xt2

b. Dependent Variable: yt2

表 4-20 之 3

Coefficients[a]

	Model	Unstandardized Coefficients		Standardized Coefficients	t	Sig.
		B	Std. Error	Beta		
1	(Constant)	-0.394	0.167		-2.357	0.031
	xt2	0.174	0.003	0.998	58.768	0.000

a. Dependent Variable: yt2

（六）評論

1. Cochrane-Orcutt 的研究途徑總是能夠適當地運作。一個重要的原因是當誤差項是正向的自我相關時，在方程式（4-22）的估計值 r 會傾向於去低估自我相關的參數 p。當這樣的偏估是嚴重時，它會顯著地減低 Cochrane-Orcutt 研究途徑的效果。
2. 在方程式（4-14）中 Durbin-Watson 檢定的統計量 D 與在方程式（4-22）中已

估計自我相關的參數 r 之間存在有一種概似的相關（an approximate relation）：

$$D \approx 2(1-r) \tag{4-23}$$

這種相關指示 Durbin-Watson 檢定的統計量大概在 0 與 4 的範圍因為 r 接受的值是在 -1 與 1 之間，而 D 是近似地 2 當 r = 0 時。要注意的是 The Blaisdell Company 範例其 OLS 迴歸的適配，D = 0.735，r = 0.631，與 2(1 − r) = 0.738。

3. 在某些情況之下，它是有助於去建構提供 1 的虛擬轉換變值（pseudotransformed），如此提供轉變變項的迴歸是基於 n 的基礎上，而不是基於 n-1 的基礎上，種種的案例。對執行這種案例的程序被討論於特殊專業化的教科書中，諸如 Theil,H.H.,andNagar, A.L. (1961, pp.793-806)，Greene,W.H.（2003）。
4. 殘差的最小平方的屬性，諸如殘差的總和是零，應用於提供具有轉變變項的適配迴歸函數的殘差，無法應用於提供轉變適配迴歸函數回到原始變項的殘差。

四、Hildreth-Lu 的程序

Hildreth-Lu 的程序提供在轉變方程式（4-18）的使用以進行自我相關參數的估計，是可以類推於 Box-Cox 的程序提供在轉變 Y 解釋力於參數 λ 的估計中，以便改善標準迴歸模型的適當性。以 Hildreth-Lu 的程序所選擇的 p 值是在於使轉變迴歸模型方程式（4-17）中的誤差平方和極小化的一種方法：

$$SSE = \Sigma(Y'_t - \hat{Y}'_t)^2 = \Sigma(Y'_t - b'_0 - b'_1 X'_t)^2 \tag{4-24}$$

電腦軟體的程式是可資利用於去發現能夠使 SSE 值極小化的 p 值。吾人可以進行一種數字的尋覓，以不同的 p 值進行重複迴歸以辨識使極小化的 SSE 值接近 p 的大小。導致 SSE 極小化的接近 p 的區域，一種比較好的尋覓方法可以被指導去獲得一個更精確的 p 值。

一旦能夠使 SSE 值極小化接近 p 值的方法被發現，適配或符合於 p 值的適配迴歸函數是被檢測於去觀察這樣的轉變是否能夠持續地減少自我相關。如果是可以減少自我相關的話，然後在原始變項中的適配迴歸函數就可以使用方程式（4-20）的方法去獲得。

（一）範例

表 4-21 中包括提供 Hildreth-Lu 的程序進行迴歸的結果當適配轉變迴歸模型方程式（4-17）在 The Blaisdell Company 的資料中提供自我相關參數 p 的不同值。注意 SSE 是被極小化於當 p 是接近 0.96 時，如此我們應該能夠使 r = 0.96 成為 p 的估計值。提供轉變的各變項對稱於或適配於 r = 0.96 與其他迴歸結果的適配迴歸函數是被提供於表 4-21 的底部。在轉變各變項的適配迴歸函數是

$$\hat{Y}' = 0.07117 + 0.16045X' \qquad (4\text{-}25)$$

其中：

$$Y_t' = Y_t - 0.96Y_{t-1}$$
$$X_t' = X_t - 0.96X_{t-1}$$

提供這種適配模型的 Durbin-Watson 檢定的統計量 D = 1.73，因為 n = 19，p − 1 = 1，與 $\alpha = 0.01$ 上限的臨界值是 $d_U = 1.13$，我們可以推論在已轉變的模型中仍然沒有自我相關的問題。

由此，我們應該把迴歸函數方程式（4-25）轉變回到原始變項。使用方程式（4-20），我們可以獲得：

$$\hat{Y} = 1.7793 + 0.16045X \qquad (4\text{-}26)$$

這些迴歸係數的已估計標準差是：

$$s\{b_0\} = 1.450 \quad s\{b_1\} = 0.006840$$

表 4-21 **The Blaisdell Company 範例進行 Hildreth-Lu 檢定的結果**

P	SSE	P	SSE
0.10	0.1170	0.94	0.0718
0.30	0.0938	0.95	0.07171
0.50	0.0805	0.96	0.07167
0.70	0.0758	0.97	0.07175
0.90	0.0728	0.98	0.07197
0.92	0.0723		

資料來源：Kutner, M. H., Nachtsheim,C. J.,Neter,J., and Li, W (2005). p495

$$對\ p = 0.96：\hat{Y}' = 0.07117 + 0.16045X'$$

$$s\{b_0'\} = 0.05798 \quad s\{b_1'\} = 0.006840$$

$$MSE = 0.00422$$

（二）評論

1. Hildreth-Lu 的程序，不像 Cochrane-Orcutt 的程序，並不要求任何的重複一旦自我相關的參數被獲得。
2. 從表 4-21 中可以注意到 SSE 為一個 p 的函數在一個接近極小量的寬擴區域中是十分穩定的，而時常是在這種情況之下。它指示尋求所需要最佳 p 值的數字不是太好除非有個別關切於截距項的 β_0，因為估計值 b_0 是容易受到 r 值的影響。

五、一階的差分的程序

因為自我相關的參數 p 經常是比較大，與 SSE 作為 p 的一個函數對 p 大到 1.0 的較大值如在 Blaisdell Company 範例中時常是十分平淡無變化的，某些經濟學家與統計學家已提出在轉變模型方程式（4-17）中使用 p = 1.0。如果 p = 1，$\beta_0' = \beta_0(1 - p) = 0$，與轉變模型方程式（4-17）成為：

$$Y_t' = \beta_1' X_t' + u_t \tag{4-27}$$

其中：

$$Y_t' = Y_t - Y_{t-1} \tag{4-27a}$$

$$X_t' = X_t - X_{t-1} \tag{4-27b}$$

如此，迴歸係數 $\beta_1' = \beta_1$ 可以由 OLS 方法直接進行估計，這個時間基於透過原點的迴歸之上。注意在方程式（4-27a）與方程式（4-27b）中已轉變的變項是普通一的差分（ordiary first differences）。這種第一差分的途徑在減少誤差項自我相關的種種應用中是有效的，當然它是比 Hildreth-Lu 程序與 Cochrane-Orcutt 程序還要簡單。

在被轉變變項的適配迴歸函數是：

$$\hat{Y}' = b_1' X' \tag{4-28}$$

可以被轉變回到原始的變項如下：

$$\hat{Y} = b_0 + b_1 X \tag{4-29}$$

其中：

$$b_0 = \hat{Y} - b_1 x \tag{4-29a}$$
$$b_1 = b_1' \tag{4-29b}$$

（一）範圍

表 4-22 說明被轉變變項 Y_t' 與 X_t'，基於在方程式（4-29a）中的第一差分的基礎上提供 The Blaisdell Company 範例。OLS 方法的應用給予透過原點進行一種線性迴歸的估計，可以導致被顯示在表 4-21 底部所呈現出的結果。在被轉變變項中的適配迴歸函數是：

$$\hat{Y}' = 0.16849X' \tag{4-30}$$

其中：

$$Y_t' = Y_t - Y_{t-1}$$
$$X_t' = X_t - X_{t-1}$$

要去檢測第一差分的程序是否已消除自我相關，我們應該使用 Durbin-Watson 檢定。有兩點要注意的當使用以第一差分程序進行檢定時，有時候第一差分程序可能過份修正（overcorrect），而導致產生誤差項負向的自我相關。由此，去使用一個雙側的 Durbin-Watson 檢定是適用的於當以第一差分資料檢定自我相關時。第二點是第一差分模型方程式（4-27）並沒有截距項，然而 Durbin-Watson 檢定要求一個具有一個截距項的適配迴歸。所以，在一個沒有截距模型中進行一個有效的自我相關檢定可以使用具有一個截距項的一個迴歸函數適配於這個目的方法來達成。當然，適配於沒有截距模型仍然是基本關切的模型。

在 The Blaisdell Company 範例中，提供適配於具有一個截距項的第一差分迴歸模型進行 Durbin-Watson 檢定統計量 D = 1.749（參考表 4-23 之 1）。這個指示不相關的誤差項可以提供一個單側的檢定（以 $\alpha = 0.01$）或一個雙側的檢定（以 $\alpha = 0.02$）。

以第一差分程序持續地進行排除自我相關，我們可以使用方程式（4-29）回到原始變項的一個適配模型：

$$\hat{Y} = -0.30349 + 0.16849X \qquad (4\text{-}31)$$

其中：

$$b_0 = 24.569 - 0.16849 = -0.30349$$

我們可以從表 4-21 中獲知 b_1 已估計的標準差 b_1 是 $s\{b_1\} = 0.005096$，因為 $b_1 = b_1'$。

表 4-22 以 **Blaisdell Company** 的範例進行一階的差分（本資料儲存在 **CH4-10** 的檔案中）

公司的銷售量	工業的銷售量	MONTH	公司的銷售量_1	工業的銷售量_1
20.96	127.30	1	-	-
21.40	130.00	2	0.440	2.700
21.96	132.70	3	0.560	2.700
21.52	129.40	4	−0.440	−3.300
22.39	135.00	5	0.870	5.600
22.76	137.10	6	0.370	2.100
23.48	141.20	7	0.720	4.100
23.66	142.80	8	0.180	1.600
24.10	145.50	9	0.440	2.700
24.01	145.30	10	−0.090	−0.200
24.54	148.30	11	0.530	3.000
24.30	146.40	12	−0.240	−1.900
25.00	150.20	13	0.700	3.800
25.64	153.10	14	0.640	2.900
26.36	157.30	15	0.720	4.200
26.98	160.70	16	0.620	3.400
27.52	164.20	17	0.540	3.500
27.78	165.60	18	0.260	1.400
28.24	168.70	19	0.460	3.100
28.78	171.70	20	0.540	3.000

再以 Blaisdell Company 的範例的一階差分進行迴歸分析的結果。

表 4-23 之 1

Model Summary[b]

Model	R	R Square	Adjusted R Square	Std. Error of the Estimate	Durbin-Watson
-1	0.983[a]	0.966	0.964	0.065498	1.749

a. Predictors: (Constant), DIFF（工業的銷售量，1）

b. Dependent Variable: DIFF（公司的銷售量，1）

表 4-23 之 2

ANOVA[b]

Model		Sum of Squares	df	Mean Square	F	Sig.
1	Regression	2.059	1	2.059	479.941	0.000[a]
	Residual	0.073	17	0.004		
	Total	2.132	18			

a. Predictors: (Constant), DIFF（工業的銷售量, 1）

b. Dependent Variable: DIFF（公司的銷售量, 1）

表 4-23 之 3

Coefficients[a]

Model	Unstandardized Coefficients		Standardized Coefficients	t	Sig.
	B	Std. Error	Beta		
1 (Constant)	0.041	0.023		1.790	0.091
DIFF(工業的銷售量, 1)	0.159	0.007	0.983	21.908	0.000

a. Dependent Variable: DIFF（公司的銷售量, 1）

圖 4-10 與圖 4-11 是從迴歸模型時間的階（in time order）中所產生殘差的一個散布圖。這兩個圖顯示當我們把它們作差分分析時，是有相當的改善。

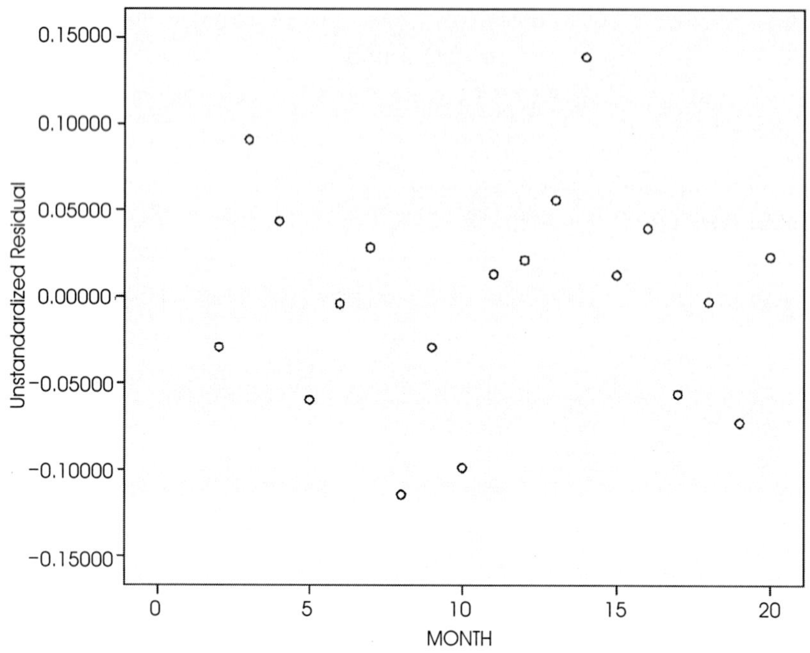

圖 4-10　進行差分後的殘差線性散布圖

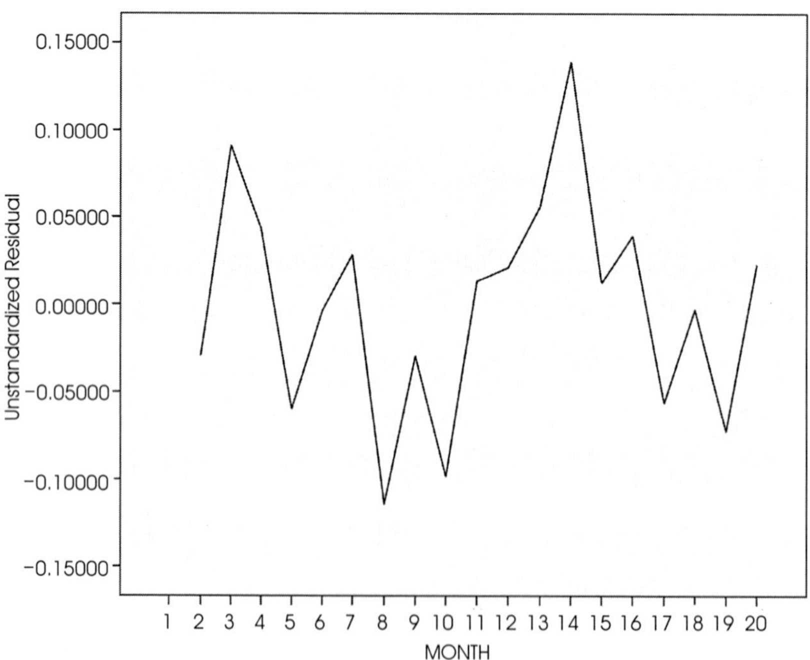

圖 4-11　進行差分後的殘差序列關聯圖

表 4-24 **Blaisdell Company** 的範例使用三種轉換程序進行迴歸分析的結果

程序	b_t	$s\{b_t\}$	r	變異數的估計（MSE）
Cochrane-Orcutt	0.1738	0.0030	0.63	0.0045
Hildreth-Lu	0.1605	0.0068	0.96	0.0042
First difference	0.1685	0.0051	1.0	0.0048
Ordinary least squares	0.1763	0.0014	-	-

資料來源：Kutner, M. H., Nachtsheim, C. J., Neter, J., and Li, W (2005). p498

六、三種方法的比較

表 4-24 中包括提供三種轉變方法進行主要迴歸的結果與提供適配於原始變項的 OLS 迴歸。有很多關鍵點支撐（Kutner,M. H., Nachtsheim, C. J., Neter, J., and Li, W, 2005 pp.498-499）：

（一）所有 β_1 的估計值是彼此十分接近。

（二）基於 Hildreth-Lu 與第一差分轉變方法基礎之上所獲得 b_1 的已估計標準差是彼此十分接近；以 Cochrane-Orcutt 程序是有些小一點。基於具有原始變項的 OLS 迴歸所獲得的 b_1 的已估計標準差依然是小一點。這是如所預期的，因為我們在前述已提到依據 OLS 所計算已估計標準差 $s\{b_k\}$ 會嚴重地低估真正的標準差 $\sigma\{b_k\}$ 當正向的自我相關是出現時。

（三）所有三種轉變方法基本上可以提供 σ^2 的相同估計值，干擾項的變異數是 u_t。

這三種轉變方法總是無法同等地具有運作效果，就如發生於 The Blaisdell Company 範例的情況。Cochrane-Orcutt 程序未能以一次或二次重複方法去消除自我相關，其中 Hildreth-Lu 與第一差分轉變方法是比較喜愛可選擇的方法。當若干轉變方法在消除自我相關方面是有效的時候，計算方法的簡易性可以從這些程序的選擇中作考量。

（四）評論

如果想要進一步的探討 Cochrane-Orcutt，Hildreth-Lu，與第一差分的程序，和其他自我相關誤差修正的程序，可以被發現於特殊專業的教科書中，諸如 Theil, H. H., and Nagar, A. L. (1961, pp.793-806), Greene, W. H. (2003)。

第六節　以自我相關的誤差項進行預測

使用自我迴歸誤差迴歸模型的重要性是在於製作預測。以這些模型，有關在最近時期 n 中誤差項的資訊可以被併入提供時期 n + 1 的預測。這可以提供一個更精確的預測，因為當自我迴歸誤差迴歸模型是適用時，在持續時期中的誤差項是相關時。如此，如果在時期 n 中的銷售量將會超越它們被預期的值與持續的誤差項將會是正向地相關，它亦會發生在時期 n−1 中的銷售量將會超越它們被預期的值。

我們應該解釋基於預測發展所形成的基本理念，使用自我相關誤差項的出現而再次利用簡單線性自我迴歸誤差項的迴歸的模型方程式（4-1）。多元迴歸模型的擴張方程式（4-2）是直接的用法。首先，我們考量到預測於當要使用 Cochrane-Orcutt 或使用 Hildreth-Lu 程序已被利用以提供迴歸參數的估計時。

當我們呈現迴歸模型方程式（4-1）時：

$$Y_t = \beta_0 + \beta_1 X_t + \varepsilon_t$$

使用誤差項的結構：

$$\varepsilon_t = p\varepsilon_{t-1} + u_t$$

我們獲得：

$$Y_t = \beta_0 + \beta_1 X_t + p\varepsilon_{t-1} + u_t$$

對時期 n + 1，我們獲得：

$$Y_{n+1} = \beta_0 + \beta_1 X_{n+1} + p\varepsilon_n + u_{n+1} \tag{4-32}$$

如此，Y_{n+1} 是由三個成分所組成：

1. 預期值 $\beta_0 + \beta_1 X_{n+1}$。
2. 進行誤差項 ε_n 的一個多元的 p。
3. 一個獨立的，以 $E\{u_{n+1}\}$ 隨機的干擾項 = 0。

對次一時期 n + 1 的預測，是由 F_{n+1} 所指示，是由處理或探討在方程式（4-32）中三個成分的每一個所建構：

1. 假設 X_{n+1}，我們估計預期值 $\beta_0 + \beta_1 X_{n+1}$ 為通常來自適配的迴歸函數：

$$\hat{Y}_{n+1} = b_0 + b_1 X_{n+1}$$

其中 b_0 與 b_1 是已估計的迴歸係數提供原始的變項獲自提供依據方程式（4-20）被轉變變項 b'_0 與 b'_1。

2. p 是由方程式（4-22）中的 r 所估計，與 ε_n 是由殘差 e_n 所估計：

$$e_n = Y_n - (b_0 + b_1 X_n) = Y_n - \hat{Y}_n$$

如此，$p\varepsilon_n$ 是由 re_n 所估計。

3. 干擾項 u_{n+1} 已被預期值是零與前述的資訊是無關的，由於我們可以使用它在預測中零的預期值。

如此，時期 n + 1 的預測是：

$$F_{n+1} = \hat{Y}_{n+1} + re_n \tag{4-33}$$

一個近似值 1-α 對 $Y_{n+1(new)}$ 的預測間隔或區間，對反應變項的新觀察值，可以使用對在方程式（4-34）中的一個新觀察值作一般的限制來獲得，

$$F_{n+1} \pm t(1-\alpha/2;\, n-1)s\{pred\} \tag{4-34}$$

但是基於被轉變的觀察值之上。

如此，在方程式（4-35）中的 Y_i 與 X_i 提供已估計變異數 $s^2\{pred\}$ 是由 Y'_t 與 X'_t 來替代如被界定於方程式（4-18）中。

$$s^2\{pred\} = MSE\left[1 + \frac{1}{n} + \frac{(X_h - \overline{X})^2}{\Sigma(X_i - \overline{X})^2}\right] \tag{4-35}$$

其近似值 1−α 預測對以簡單線性迴歸的 $Y_{n+1(new)}$ 作限制是：

$$F_{n+1} \pm t(1-\alpha/2;\, n-3)s\{pred\} \tag{4-36}$$

其中，s{pred} 被界定於方程式（4-35），在此是基於被轉變的觀察值之上。注意提供 t 是多元的 n−3 自由度的使用，在此因為只有一個 n−1 被轉變的案例與二個自由度是在簡單線性迴歸函數中進行二個參數估計中所喪失的。

當預測是基於第一差分程序之上的，在方程式（4-33）的預測仍然是可應用的，但是 r = 1 現在。已估計的標準差現在是可以依據下列方程式（4-37）來進行

計算以提供一個預測變項，使用被轉變的變項。

$$Y_{h(new)}$$

$$s^2\{pred\} = MSE\left(1 + \frac{X_h^2}{\Sigma X_i^2}\right)$$

$$\hat{Y}_h \pm ts\{pred\} \quad (4\text{-}37)$$

其中：

$$t = t(1-\alpha/2;\ n-1)$$

最後，在方程式（4-36）中提供 t 多元（multiple）的自由度將會是 n−2，因為只有一個參數必須被估計於沒有截距的迴歸模型方程式（4-37）中。

一、範例

對 The Blaisdell Company 範例而言，貿易協會已設計在 2003 第一季（即是，21 期季）分離季節化（deseasonalized）的工業產品的銷售量將會是 X_{21} = \$175.3 million。預測 The Blaisdell Company 第 21 期季的銷售量，我們應該使用前述 Cochrane-Orcutt 適配迴歸函數：

$$\hat{Y} = -1.0682 + 0.174X$$

第一，我們需要去獲得殘差 e_{20}：

$$e_{20} = Y_{20} - \hat{Y}_{20} = 28.78 - [-1.0682 + 0.174(171.7)] = -0.0276$$

適配值當 X_{21} = 175.50227 是：

$$\hat{Y}_{21} = -1.0682 + 0.174(175.50227) = 29.4692$$

那期季 21 的預期是：

$$F_{21} = \hat{Y}_{21} + re_{20} = 29.4692 + 0.6311633(-0.0276) = 29.4518$$

注意公司在期季 20 是稍微高於他們已估計平均數之上，有一個小小的正向的影響到公司在期季 21 銷售量的預測。

我們希望去建立一個 95 百分比的預測區間為 $Y_{21(new)}$。使用在表 4-19 中被轉變的變項之資料，我們計算 s{pred} 使用方程式（4-36）：

$$X'_{n+1} = X_{n+1} - 0.6311633X_n = 175.50227 - 0.6311633(171.7) = 67.1316$$

我們獲得 s{pred} = 0.0757（計算沒有顯示）。我們要求 t(0.975; 17) = 2.110。由此我們穫得 29.0286 ± 2.110（0.0757）與預測區間：

$$28.8689 \le Y_{21(new)} \le 29.1883$$

假定期季 20 在季節性上已調整公司 \$29.02039 million 銷售量與其他過去的銷售量，與假定期季 21\$173.06982 million 工業產品銷售量，我們以大約百分比 95 的信賴區間預測在季節性上已調整 The Blaisdell Company 在期季 21 的銷售量將在 \$28.8689 million 與 \$29.1883 million 之間。

要獲得真正銷售量的一個預測包括在期季 2 中季節性的影響，The Blaisdell Company 仍然需要去把第一期季（the first quarter）季節性的影響併入季節性已調整的預測。

以其他轉變的程序進行預測是非常類似於以 Cochrane-Orcutt 程序進行預測。以第一差分已估計迴歸的函數方程式（4-31），對期季 21 的預測是：

$$F_{21} = [-0.30349 + 0.16849(173.07)] + 1.0[28.78 + 0.30349 - 0.16849(171.70)]$$
$$= 29.0109$$

已估計標準差 s{pred} 依據方程式（4-37），以表 4-21 中的被轉變的資料進行計算是 s{pred} = 0.0718（並沒有顯示計算過程）。對一個百分比 95 的信賴區間，我們要求 t（0.975; 18）= 2.101。由此可知其預測限制是 29.0109 ± 2.101（0.0718）與大約百分比 95 的預測區間是：

$$28.8600 \le Y_{21(new)} \le 29.1618$$

在實際上這樣的預測就和 Cochrane-Orcutt 估計值相同。

以已估計迴歸的函數方程式（4-26）基於 Hildreth-Lu 程序的大約百分比 95 的預測區間是（並沒有顯示計算過程）：

$$F_{21} = [1.7793 + 0.16045(173.07)] + 1.0[28.78 + 1.7793 - 0.16045(171.70)] = 29.1422$$
$$29.24 \le Y_{21(new)} \le 29.52$$

在實際上這樣的預測就和其他二個程序是相同的。

二、評論

1. 以自我迴歸誤差迴歸模型方程式（4-1）與方程式（4-2）所獲得的預測對過去的觀察值 Y_n, Y_{n-1} 等等是有條件的。它們對 X_{n+1} 亦是有條件的，它時常必須被設計如在 The Blaisdell Company 範例中。
2. 在二個或二個以上的時期進行預測之前亦可以被發展形成，使用 ε_t 回溯的關係（the recursive relations of ε_t）到前面的誤差項在第二節所發展形成的。例如，假定 X_{n+2} 為時期 n + 2 的預測，可以基於 Cochrane-Orcutt 或 Hildreth-Lu 程序進行估計，是：

$$F_{n+2} = \hat{Y}_{n+2} + r^2 e_n \tag{4-38}$$

對第一差分程序進行估計而言，在方程式（4-38）是以 r = 1 被計算。
3. 概似預測限制（the approximate prediction limits）方程式（4-36）假定被使用在被轉變方程式（4-18）中的r值是p的真正值；即是，r = p。如果即是案例，標準的迴歸假設應用因為我們時常處理或探討被轉變的模型方程式（4-17）。要去理解獲自被轉變模型的預測限制是可以應用於預測在方程式（4-33）中 F_{n+1}，回顧 $\sigma^2\{pred\}$ 方程式（4-39）

$$\sigma^2\{pred\} = \sigma^2\{Y_{h(new)} - \hat{Y}_h\} = \sigma^2\{Y_{h(new)}\} + \sigma^2\{\hat{Y}_h\} = \sigma^2 + \sigma^2\{\hat{Y}_h\} \tag{4-39}$$

方程式（4-39）是差分（$Y_{h(new)} - \hat{Y}_h$）的變異數。依據在此情境對被轉變變項的界定方式，我們有下列的對應：

$Y_{h(new)}$ 對應於 $Y'_{n+1} = Y_{n+1} - rY_n$

$\hat{Y}_n$ 對應於 $\hat{Y}'_{n+1} = b'_0 + b'_1X'_{n+1} = b_0(1 - r) + b_1(X_{n+1} - rX_n)$

差分 $Y'_{n+1} - \hat{Y}'_{n+1}$ 是：

$$\begin{aligned} Y'_{n+1} - \hat{Y}'_{n+1} &= (Y_{n+1} - rY_n) - b_0(1 - r) - b_1(X_{n+1} - rX_n) \\ &= Y_{n+1} - (b_0 + b_1X_{n+1}) - r(Y_n - b_0 - b_1X_n) \\ &= Y_{n+1} - \hat{Y}_{n+1} - re_n \\ &= Y_{n+1} - F_{n+1} \end{aligned}$$

由此，Y_{n+1} 扮演 $Y_{h(new)}$ 的重要角色與 F_{n+1} 扮演 $\hat{Y}_n$ 在方程式（4-39）的重要角色。預測限制方程式（4-36）是近似值（approximate）因為 r 只是 p 的一個估計值。

三、電腦軟體的使用

以下我們使用電腦軟體，把表 4-25 拉出來，首先要進行資料的界定，按 Data → Define Dates ...，如圖 4-12 所示。

表 4-25（本資料儲存在 **CH4-11** 檔案中）

	公司的銷售量	工業的銷售量	MONTH
1	20.96	127.30	1
2	21.40	130.00	2
3	21.96	132.70	3
4	21.52	129.40	4
5	22.39	135.00	5
6	22.76	137.10	6
7	23.48	141.20	7
8	23.66	142.80	8
9	24.10	145.50	9
10	24.01	145.30	10
11	24.54	148.30	11
12	24.30	146.40	12
13	25.00	150.20	13
14	25.64	153.10	14
15	26.36	157.30	15
16	26.98	160.70	16
17	27.52	164.20	17
18	27.78	165.60	18
19	28.24	168.70	19
20	28.78	171.70	20

出現圖 4-13 Define Dates 的對話盒。以按與拉的方法，在 First case is 的小對話盒中在 Year：方格中打入 1998，在 Quarter：方格中打入 1，然後按 OK。接著就會呈現出表 4-26 的資料。在表 4-26 的資料界面上按圖 4-14 的視窗界面按 Analtyze → Forecasting → Seasonal Decomposition ...。進入圖 4-15 的 Seasonal Decomposition

對話盒，把以百萬元為單位（公）與以百萬元為單位（工）移入 Variable（s）... 長形的方盒中，接著按 Save 鍵。進入圖 4-16 的 Save 對話盒，按圖所示，作選擇，按 Continue 鍵，回到圖 4-15 的 Seasonal Decomposition 對話盒，按 OK。就會獲得表 4-27 的資料。

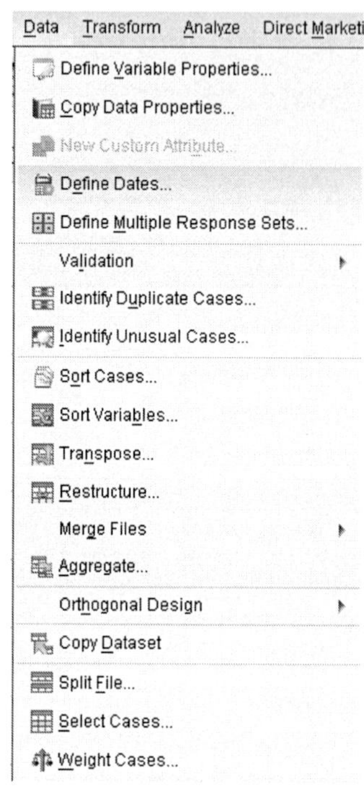

圖 4-12

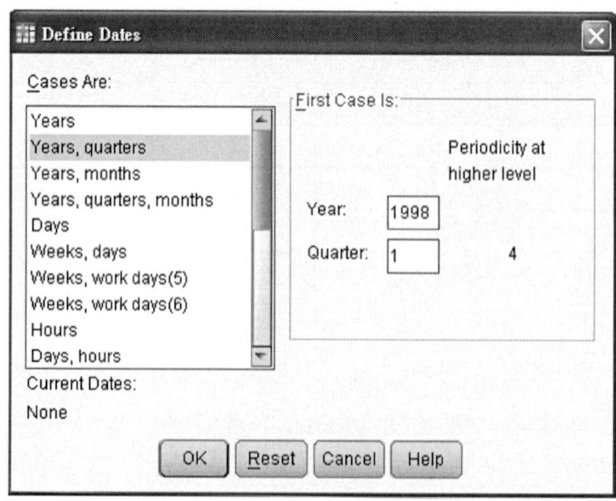

圖 4-13

表 4-26（本資料儲存在 **CH4-11b** 檔案中）

	公司的銷售量	工業的銷售量	MONTH	YEAR_	QUARTER_	DATE_
1	20.96	127.30	1	1998	1	Q1 1998
2	21.40	130.00	2	1998	2	Q2 1998
3	21.96	132.70	3	1998	3	Q3 1998
4	21.52	129.40	4	1998	4	Q4 1998
5	22.39	135.00	5	1999	1	Q1 1999
6	22.76	137.10	6	1998	2	Q2 1999
7	23.48	141.20	7	1999	3	Q3 1999
8	23.66	142.80	8	1999	4	Q4 1999
9	24.10	145.50	9	2000	1	Q1 2000
10	24.01	145.30	10	2000	2	Q2 2000
11	24.54	148.30	11	2000	3	Q3 2000
12	24.30	146.40	12	2000	4	Q4 2000
13	25.00	150.20	13	2001	1	Q1 2001
14	25.64	153.10	14	2001	2	Q2 2001
16	26.36	157.30	15	2001	3	Q3 2001
16	26.98	160.70	16	2001	4	Q4 2001
17	27.52	164.20	17	2002	1	Q1 2002
18	27.78	165.60	18	2002	2	Q2 2002
19	28.24	168.70	19	2002	3	Q3 2002
20	28.78	171.70	20	2002	4	Q4 2002

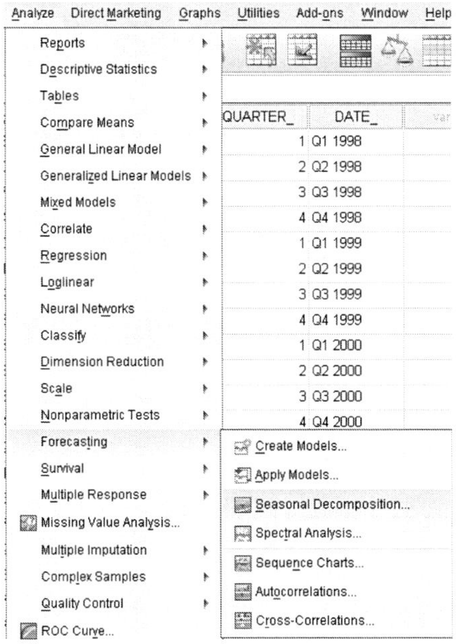

圖 4-14

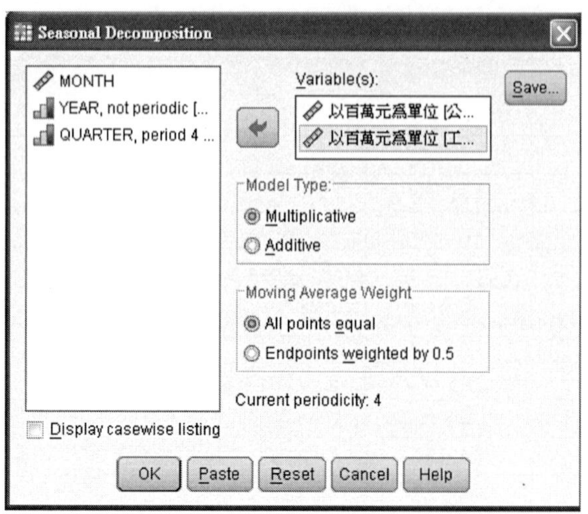

圖 4-15

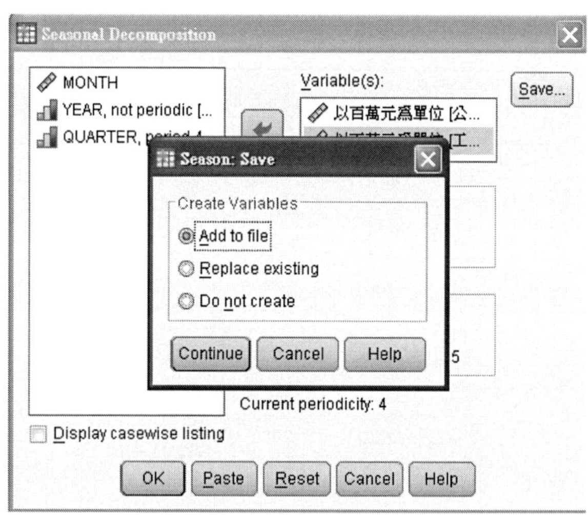

圖 4-16

在表 4-27 的資料界面上，如圖 4-17 所示按 Analyze → Forecasting → Create Models ...，進入圖 4-18 的 Time Series Modeler 的對話盒，把 Seasonal Adjusted Series for 公司與 Seasonal Adjusted Series for 工業的變項移入 Dependent Variables 的小對話盒中，按 Mrthod：Export Modeler，再按 Criteria ...。進入圖 4-19 的 Time Series Modeler 的對話盒，按 Save 鍵，按圖做選擇，按 Browse 鍵，進入圖 4-20 的 Specify Time Series Modele File 的對話盒，按圖作選擇，然後按 Save 鍵。進入圖 4-21Time Series Modeler 的對話盒，按 Options，按圖作選擇，在 Year 標示的

方格中輸入 2003，在 Quarter 的方格中輸入 4。按 Statistics 鍵進入圖 4-22 的 Time Series Modeler 的對話盒按圖作選擇。按 Plots 進入圖 4-23 的 Time Series Modeler 的對話盒按圖作選擇。接著出現表 4-28 的資料，圖 4-24，表 4-29 的資料，表 4-30 的各表資料。最後呈現出圖 4-25 的預測圖。

表 4-27 （本資料儲存在 **CH4-11c** 檔案中）

SAS_1	SAF_1	STC_1	ERR_2	SAS_2	SAF_2	STC_2
20.90099	1.00282	21.24118	0.98323	126.85329	1.00352	129.01706
21.41668	0.99922	21.38050	1.00391	130.16350	0.99874	129.65711
21.82384	1.00624	21.65915	1.00777	131.95453	1.00565	130.93720
21.69975	0.99172	21.95503	0.98506	130.43235	0.99209	132.41051
22.32696	1.00282	22.34379	0.99949	134.52627	1.00352	134.59441
22.77774	0.99922	22.80148	0.99951	137.27242	0.99874	137.33944
23.33442	1.00624	23.29257	1.00040	140.40678	1.00565	140.35104
23.85762	0.99172	23.67916	1.00785	143.93926	0.99209	142.81837
24.03215	1.00282	23.95460	1.00247	144.98942	1.00352	144.63177
24.02872	0.99922	24.14297	0.99732	145.48274	0.99874	145.87423
24.38784	1.00624	24.35430	1.00305	147.46689	1.00565	147.01827
24.50297	0.99172	24.64806	0.99428	147.56798	0.99209	148.41765
24.92962	1.00282	25.07768	0.99441	149.67293	1.00352	150.51367
25.65999	0.99922	25.66007	0.99857	153.29255	0.99874	153.51180
26.19656	1.00624	26.29917	0.99622	156.41633	1.00565	157.01055
27.20535	0.99172	26.92843	1.00880	161.98206	0.99209	160.56970
27.44252	1.00282	27.40034	1.00136	163.62380	1.00352	163.40230
27.80166	0.99922	27.84951	0.99802	165.80827	0.99674	166.13654
28.06490	1.00624	28.29565	0.99334	167.75229	1.00565	168.87679
29.02039	0.99172	28.51872	1.01658	173.06982	0.99209	170.24692

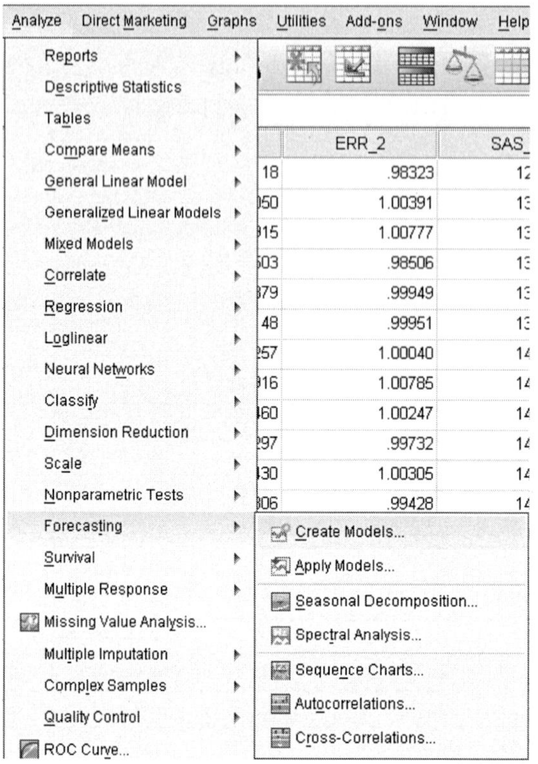
Analyze
Direct Marketing
Graphs
Utilities
Add-ons
Window
Help
Reports
Descriptive Statistics
Tables
Compare Means
General Linear Model
Generalized Linear Models
Mixed Models
Correlate
Regression
Loglinear
Neural Networks
Classify
Dimension Reduction
Scale
Nonparametric Tests
Forecasting
Survival
Multiple Response
Missing Value Analysis...
Multiple Imputation
Complex Samples
Quality Control
ROC Curve...
ERR_2
.98323
1.00391
1.00777
.98506
.99949
.99951
1.00040
1.00785
1.00247
.99732
1.00305
.99428
Create Models...
Apply Models...
Seasonal Decomposition...
Spectral Analysis...
Sequence Charts...
Autocorrelations...
Cross-Correlations...

圖 4-17

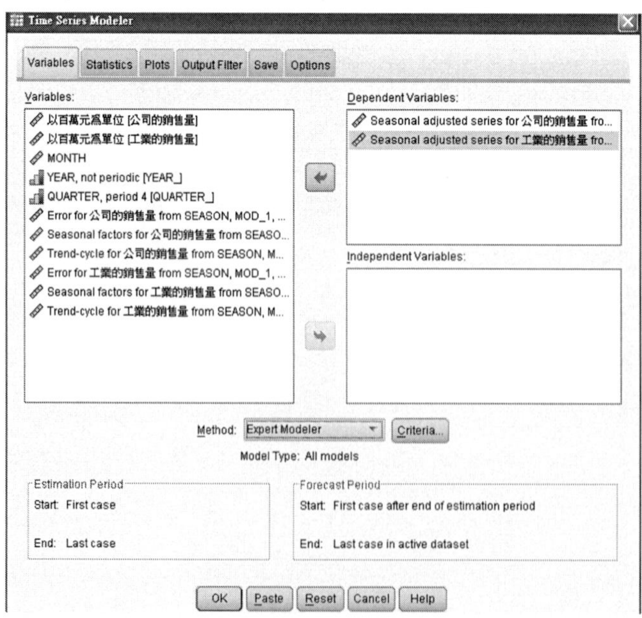
Time Series Modeler
Variables
Statistics
Plots
Output Filter
Save
Options
Variables:
以百萬元爲單位 [公司的銷售量]
以百萬元爲單位 [工業的銷售量]
MONTH
YEAR, not periodic [YEAR_]
QUARTER, period 4 [QUARTER_]
Error for 公司的銷售量 from SEASON, MOD_1, ...
Seasonal factors for 公司的銷售量 from SEASO...
Trend-cycle for 公司的銷售量 from SEASON, M...
Error for 工業的銷售量 from SEASON, MOD_1, ...
Seasonal factors for 工業的銷售量 from SEASO...
Trend-cycle for 工業的銷售量 from SEASON, M...
Dependent Variables:
Seasonal adjusted series for 公司的銷售量 fro...
Seasonal adjusted series for 工業的銷售量 fro...
Independent Variables:
Method: Expert Modeler
Criteria...
Model Type: All models
Estimation Period
Start: First case
End: Last case
Forecast Period
Start: First case after end of estimation period
End: Last case in active dataset
OK
Paste
Reset
Cancel
Help

圖 4-18

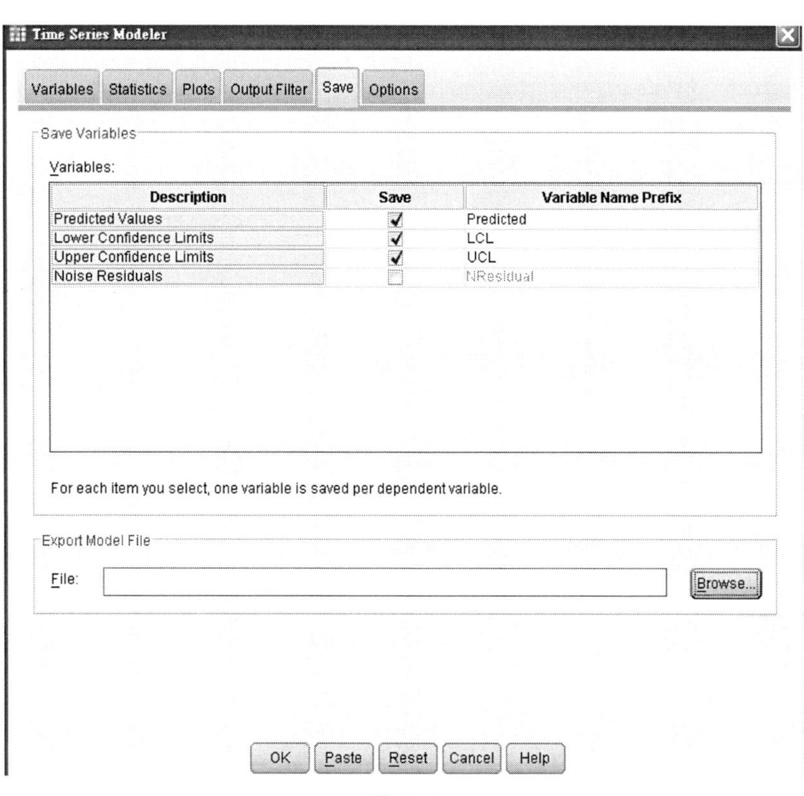
Time Series Modeler
Variables
Statistics
Plots
Output Filter
Save
Options
Save Variables
Variables:
Description
Save
Variable Name Prefix
Predicted Values
Predicted
Lower Confidence Limits
LCL
Upper Confidence Limits
UCL
Noise Residuals
NResidual
For each item you select, one variable is saved per dependent variable.
Export Model File
File:
Browse...
OK
Paste
Reset
Cancel
Help

圖 4-19

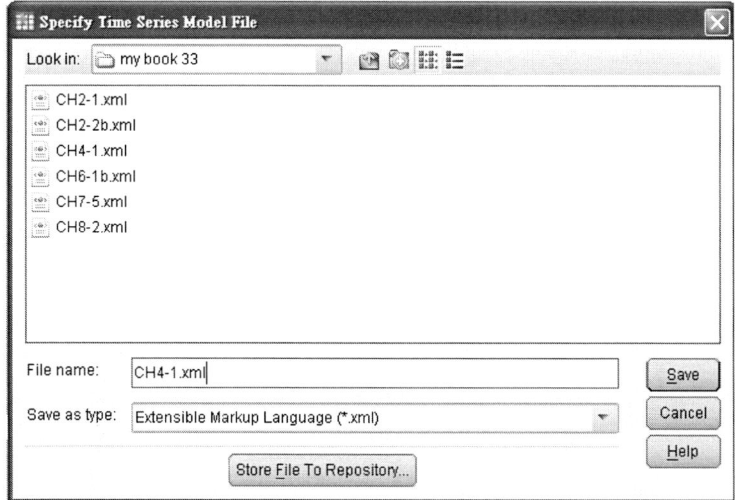
Specify Time Series Model File
Look in:
my book 33
CH2-1.xml
CH2-2b.xml
CH4-1.xml
CH6-1b.xml
CH7-5.xml
CH8-2.xml
File name:
CH4-1.xml
Save as type:
Extensible Markup Language (*.xml)
Save
Cancel
Help
Store File To Repository...

圖 4-20

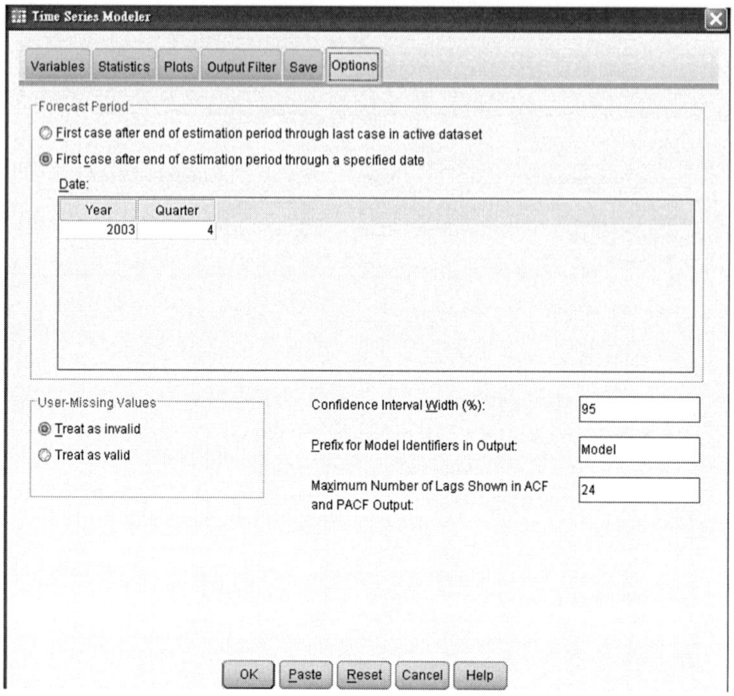

Time Series Modeler

Variables | Statistics | Plots | Output Filter | Save | Options

Forecast Period

First case after end of estimation period through last case in active dataset

First case after end of estimation period through a specified date

Date:

Year	Quarter
2003	4

User-Missing Values

Treat as invalid

Treat as valid

Confidence Interval Width (%): 95

Prefix for Model Identifiers in Output: Model

Maximum Number of Lags Shown in ACF and PACF Output: 24

OK | Paste | Reset | Cancel | Help

圖 4-21

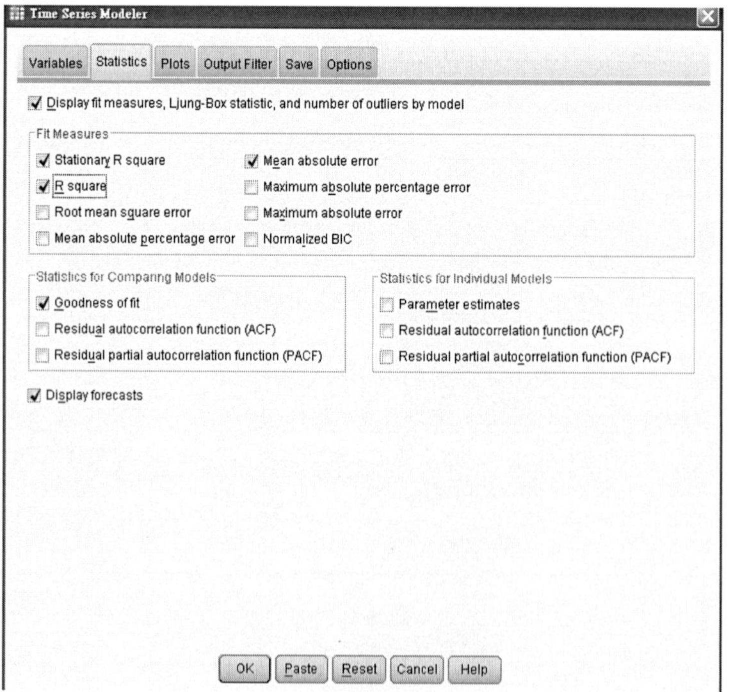

圖 4-22

圖 4-23

表 4-28

Forecast

Model		Q1 2003	Q2 2003	Q3 2003	Q4 2003
Seasonal adjusted series for	Forecast	29.44773	29.87506	30.30240	30.72974
公司的銷售量 from	UCL	30.05801	30.73813	31.35944	31.95030
SEASON, MOD_1, MUL	LCL	28.83744	29.01199	29.24536	29.50917
EQU 4-Model_1					
Seasonal adjusted series for	Forecast	175.50227	177.93472	180.36717	182.79961
工業的銷售量 from	UCL	179.13276	183.06901	186.65537	190.06060
SEASON, MOD_1, MUL	LCL	171.87177	172.80042	174.07897	175.53863
EQU 4-Model_2					

For each model, forecasts start after the last non-missing in the range of the requested estimation period, and end at the last period for which non-missing values of all the predictors are available or at the end date of the requested forecast period, whichever is earlier.

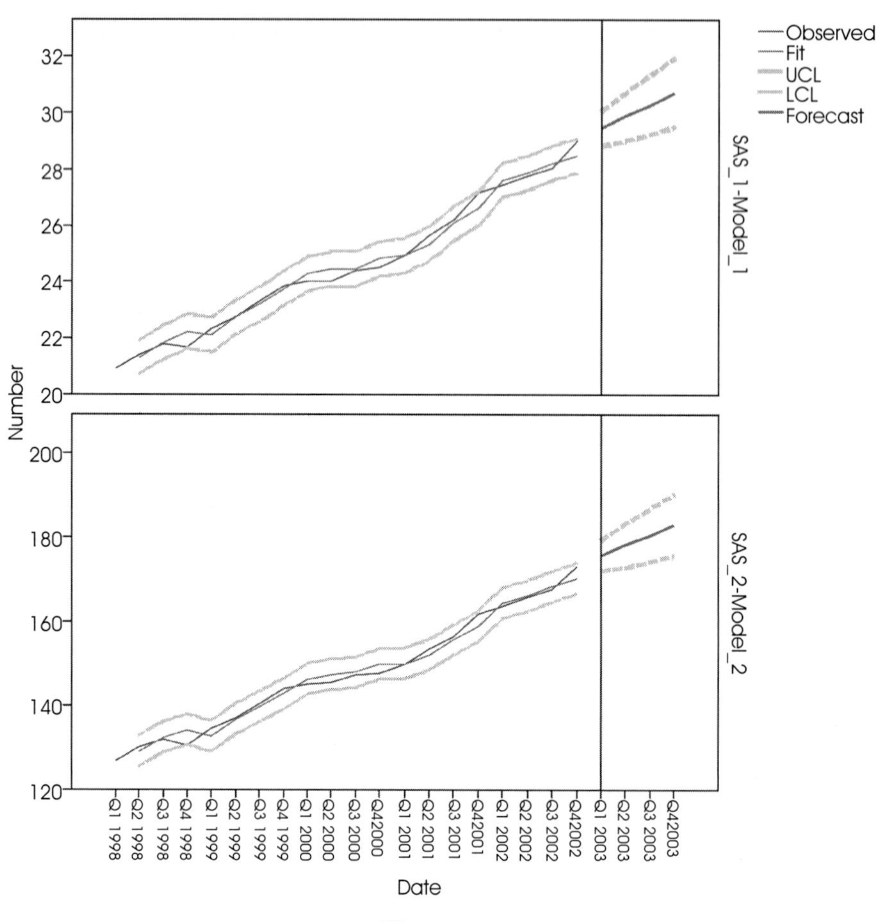

圖 4-24

表 4-29

	DATE_	Predicted_公司的銷售量_Model_1	LCL_公司的銷售量_Model_1	UCL_公司的銷售量_Model_1	Predicted_公司的銷售量_Model_2	LCL_公司的銷售量_Model_2	UCL_公司的銷售量_Model_2
21	Q1 2003	29.34	28.75	29.94	175.11	171.50	178.71
22	Q2 2003	29.67	28.83	30.51	176.89	171.79	181.98
23	Q3 2003	30.26	29.24	31.29	180.31	174.07	186.55
24	Q4 2003	30.40	29.21	31.58	180.87	173.66	188.07

表 4-30 之 1

Model Statistics

Model	Number of Predictors	Model Fit statistics		Ljung-Box Q(18)			Number of Outliers
		Stationary R-squared	R-squared	Statistics	DF	Sig.	
以百萬元為單位 -Model_1	0	0.654	0.988	14.484	15	0.489	0
以百萬元為單位 -Model_2	0	0.705	0.986	14.175	15	0.512	0

表 4-30 之 2

Exponential Smoothing Model Parameters

Model			Estimate	SE	t	Sig.
以百萬元為單位 -Model_1	No Transformation	Alpha (Level)	0.999	0.274	3.646	0.002
		Gamma (Trend)	1.296E-5	0.120	0.000	1.000
		Delta (Season)	0.001	187.839	5.324E-6	1.000
以百萬元為單位 -Model_2	No Transformation	Alpha (Level)	0.999	0.274	3.649	0.002
		Gamma (Trend)	2.230E-5	0.130	0.000	1.000
		Delta (Season)	0.001	188.923	5.293E-6	1.000

表 4-30 之 3

Forecast

Model		Q1 2003	Q2 2003	Q3 2003	Q4 2003
以百萬元為單位 -Model_1	Forecast	29.34	29.67	30.26	30.40
	UCL	29.94	30.51	31.29	31.58
	LCL	28.75	28.83	29.24	29.21
以百萬元為單位 -Model_2	Forecast	175.11	176.89	180.31	180.87
	UCL	178.71	181.98	186.55	188.07
	LCL	171.50	171.79	174.07	173.66

For each model, forecasts start after the last non-missing in the range of the requested estimation period, and end at the last period for which non-missing values of all the predictors are available or at the end date of the requested forecast period, whichever is earlier.

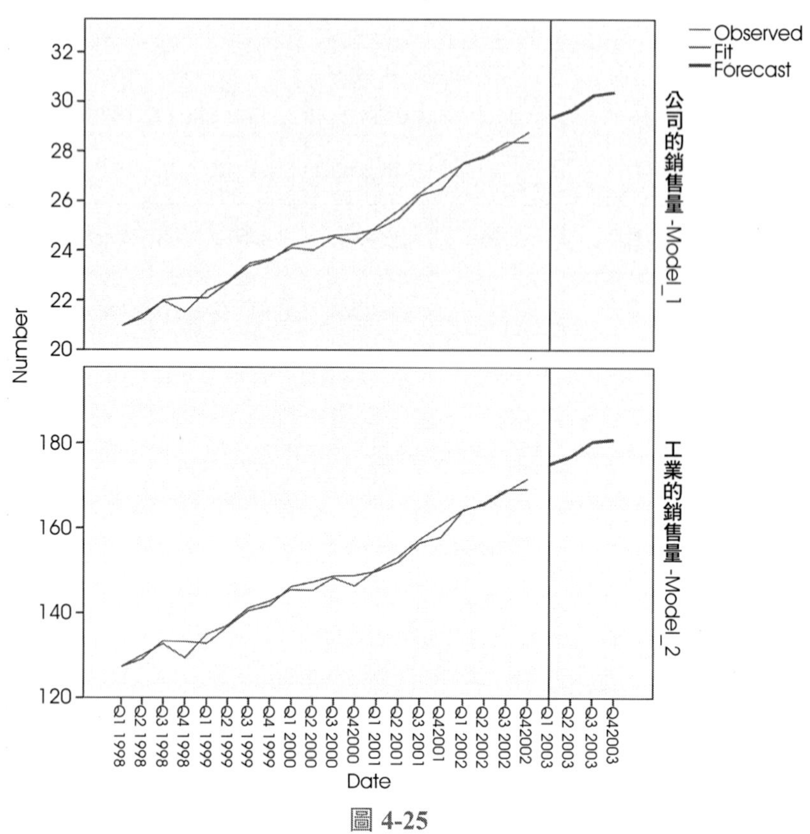

圖 4-25

第七節　自我迴歸

利用 Y_t 值對先前期間各值（$Y_{t-1}, Y_{t-2}, Y_{t-3}, ...$）的關係的一種技術是被稱為自我迴歸。自我迴歸是多元迴歸技術的一種類型，其自變項是依變項時間被滯延的一種說法（time lagged version of the depengent variables），它意指我們嘗試使用先前時間期間 Y 各值去預測 Y 的一個值。自變項可以被滯延，一，二，三，或以上的時間期間。一個自我迴歸模型包括提出三個時間期間的自變項看起來像這樣。

$$\hat{Y} = b_0 + b_1 Y_{t-1} + b_2 Y_{t-2} + b_3 Y_{t-3}$$

如一個範例，假設我們從表 4-31 中取得石油井鑽鑿的資料與嘗試使用被滯延二個時間期間的資料去預測石油井被鑽鑿的數目。這個分析資料被顯示於表 4-31 中。

從檔案 CH4-2 拉出資料，我們把它儲存為 CH4-12 檔案。從 CH4-12 檔案的視窗界面按 Transform → Create Time Series...，如圖 4-26 所示。進入圖 4-27 的 Create Time Series 對話盒，把 Oil 移入 Varuable → Time Series... 小的對話盒中，按 function 鍵，拉出 Lag，在標示 Order 的小方格中輸入 1，按 Change，如圖 4-27 所示。在一次輸入第二個 Lag 值，如圖 4-28 所示。然後按 OK，可以獲得表 4-32 的資料。接著在表 4-32 的資料界面進行迴歸分析，按圖 4-29，圖 4-30，與圖 4-31 所示作選擇。會出現表 4-33 的資料。接著獲得表 4-34 的資料，然後以表 4-34 的資料去獲得圖 4-32 的序列關聯圖。

表 4-31 自我迴歸產生石油井鑽鑿的資料（本資料儲存在 **CH4-12** 中）

YEAR	OIL	GAS
1970	13.043	4.031
1971	11.903	3.983
1972	11.437	5.484
1973	10.251	6.975
1974	13.664	7.168
1975	16.979	8.169
1976	17.697	9.438
1977	18.700	12.119
1978	19.065	14.405
1979	20.689	15.166
1980	32.219	17.185
1981	42.819	19.887
1982	40.182	17.169
1983	38.286	12.727
1984	43.824	14.818
1985	35.882	12.600
1986	18.196	7.815
1987	15.759	7.603
1988	13.240	8.227
1989	10.140	8.927
1990	11.170	9.325

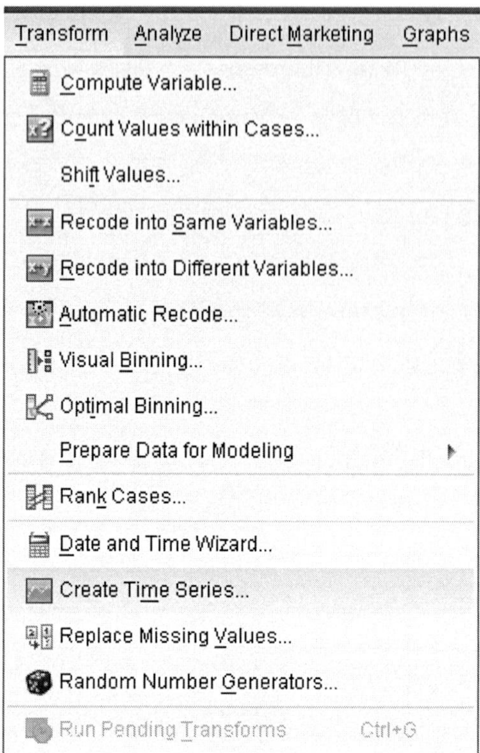
Transform
Analyze
Direct Marketing
Graphs
Compute Variable...
Count Values within Cases...
Shift Values...
Recode into Same Variables...
Recode into Different Variables...
Automatic Recode...
Visual Binning...
Optimal Binning...
Prepare Data for Modeling
Rank Cases...
Date and Time Wizard...
Create Time Series...
Replace Missing Values...
Random Number Generators...
Run Pending Transforms
Ctrl+G

圖 4-26

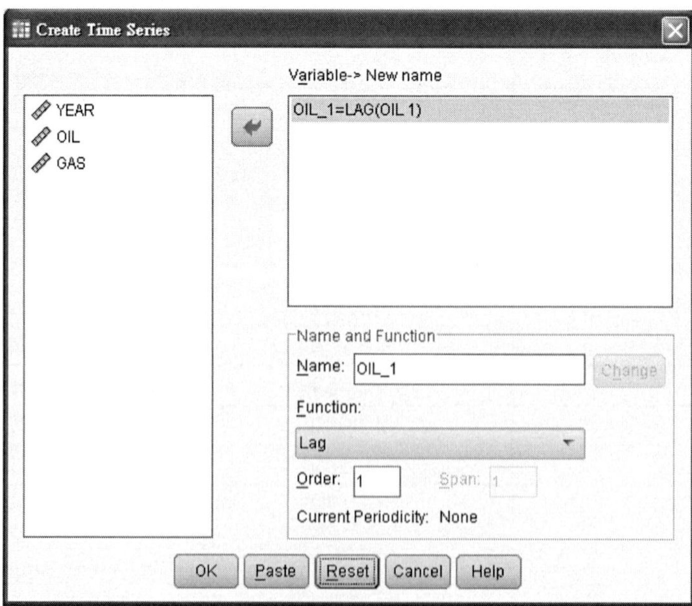
Create Time Series
Variable-> New name
YEAR
OIL
GAS
OIL_1=LAG(OIL 1)
Name and Function
Name:
OIL_1
Change
Function:
Lag
Order:
1
Span:
1
Current Periodicity:
None
OK
Paste
Reset
Cancel
Help

圖 4-27

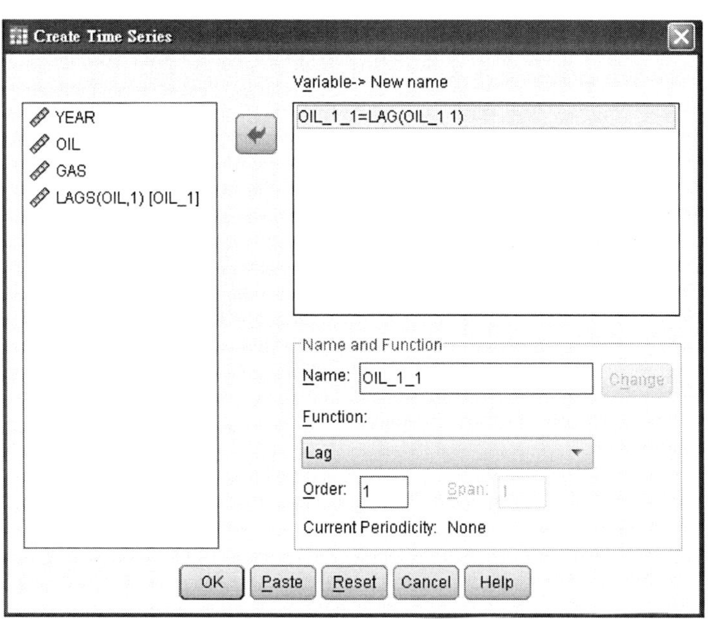

圖 4-28

表 **4-32**（本資料儲存在 **CH4-12b**）

	Y_t		$Y_{t-1}(X_1)$	$Y_{t-2}(X_2)$
YEAR	OIL	GAS	OIL_1	OIL_1_1
1970	13.043	4.031	.	.
1971	11.903	3.983	13.043	.
1972	11.437	5.484	11.903	13.043
1973	10.251	6.975	11.437	11.903
1974	13.664	7.168	10.251	11.437
1975	16.979	8.169	13.664	10.251
1976	17.697	9.438	16.979	13.664
1977	18.700	12.119	17.697	16.979
1978	19.065	14.405	18.700	17.697
1979	20.689	15.166	19.065	18.700
1980	32.219	17.185	20.689	19.065
1981	42.819	19.887	32.219	20.689
1982	40.182	17.169	42.819	32.219
1983	38.286	12.727	40.182	42.819
1984	43.824	14.818	38.286	40.182

YEAR	OIL	GAS	OIL_1	OIL_1_1
1985	35.882	12.600	43.824	38.286
1986	18.196	7.815	35.882	43.824
1987	15.759	7.603	18.196	35.882
1988	13.240	8.227	15.759	18.196
1989	10.140	8.927	13.240	15.759
1990	11.170	9.325	10.140	13.240

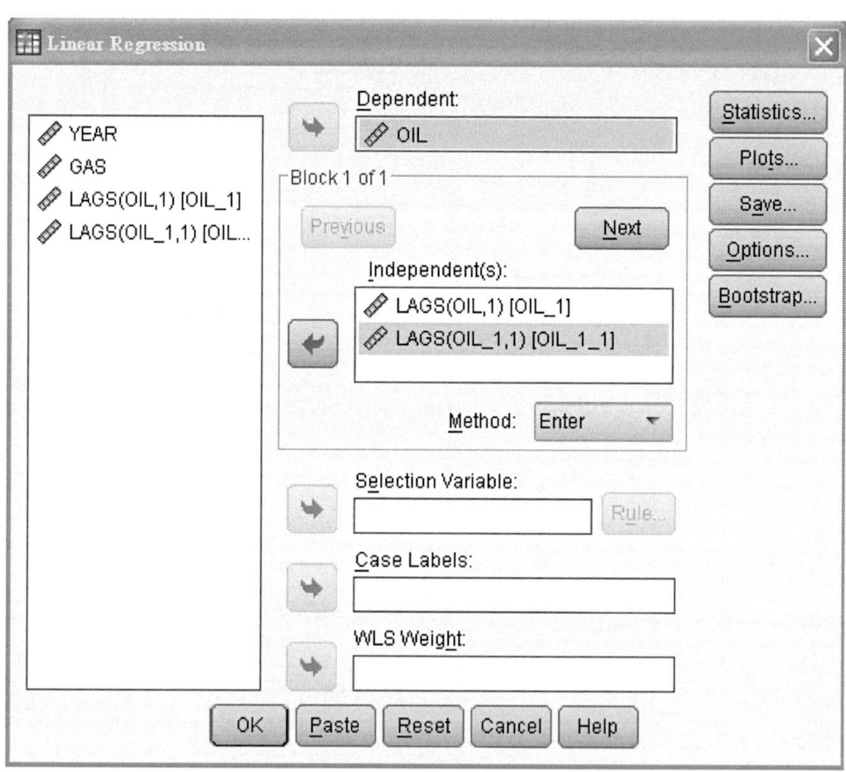

圖 4-29

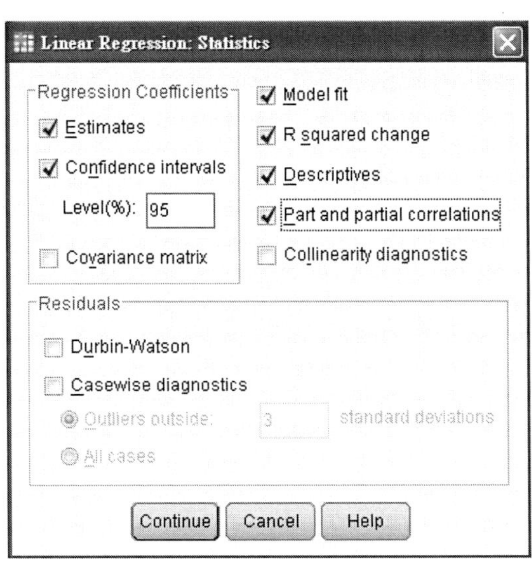
Linear Regression: Statistics
Regression Coefficients
Estimates
Confidence intervals
Level(%): 95
Covariance matrix
Model fit
R squared change
Descriptives
Part and partial correlations
Collinearity diagnostics
Residuals
Durbin-Watson
Casewise diagnostics
Outliers outside: 3 standard deviations
All cases
Continue
Cancel
Help

圖 4-30

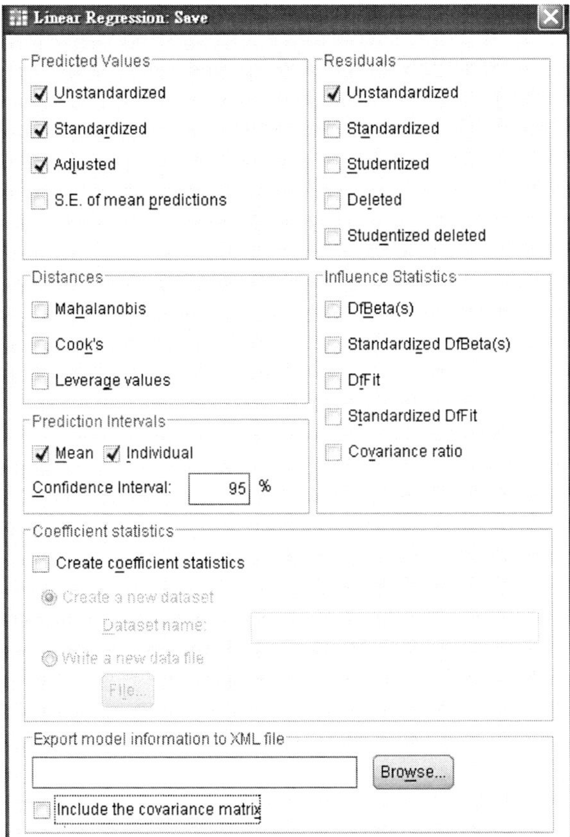
Linear Regression: Save
Predicted Values
Unstandardized
Standardized
Adjusted
S.E. of mean predictions
Residuals
Unstandardized
Standardized
Studentized
Deleted
Studentized deleted
Distances
Mahalanobis
Cook's
Leverage values
Influence Statistics
DfBeta(s)
Standardized DfBeta(s)
DfFit
Standardized DfFit
Covariance ratio
Prediction Intervals
Mean
Individual
Confidence Interval: 95 %
Coefficient statistics
Create coefficient statistics
Create a new dataset
Dataset name:
Write a new data file
File...
Export model information to XML file
Browse...
Include the covariance matrix

圖 4-31

使用 SPSS 電腦軟體，一個多元迴歸模型可以被發展形成，然後使用它以 Y_{t-1} 與 Y_{t-2} 去預測 Y_t 值。使用 SPSS 電腦軟體進行分析的結果呈現在表 4-32 中，我們把它們摘要如下在表 4-33 中。

自我迴歸模型是

$$Y_t = 4.849 + 1.282Y_{t-1} + 0.494Y_{t-2}$$

從表 4-33 之 1 中我們可以獲知有相當高的 $R^2 = 80.3\%$ 值，相當低的 S 值 = 5.626。由此可以推論這個迴歸模型是一個有相當強的預測力（predictabiity）。而且，兩個預測式有統計上顯著性的 t 比率（t = 5.905 與 p = 0.000，t = 2.247 與 p = 0.039）。

表 4-33 之 1

Model Summary

Model	R	R Square	Adjusted R Square	Std. Error of the Estimate
-1	0.896[a]	0.803	0.778	5.625711

a. Predictors: (Constant), LAGS(OIL,2), LAGS(OIL,1)

表 4-33 之 2

ANOVA[b]

Model		Sum of Squares	df	Mean Square	F	Sig.
1	Regression	2060.625	2	1030.312	32.555	0.000[a]
	Residual	506.378	16	31.649		
	Total	2567.003	18			

a. Predictors: (Constant), LAGS(OIL,2), LAGS(OIL,1)

b. Dependent Variable: OIL

表 4-33 之 3

Coefficients[a]

Model		Unstandardized Coefficients		Standardized Coefficients	t	Sig.
		B	Std. Error	Beta		
1	(Constant)	4.849	2.946		1.646	0.119
	LAGS(OIL,1)	1.282	0.217	1.278	5.905	0.000
	LAGS(OIL,2)	-0.494	0.220	-0.486	-2.247	0.039

a. Dependent Variable: OIL

自我迴歸在時間序列的測量季節或循環的影響中是可作為一種有效測量的工具或方法。例如，如果資料是以每月的方式被增加，自我迴歸使用由以 12 個月被滯延的各變項可以探究先前每月時間期間的預測力（predictabiity）。如果資料是以每季時間期間的方式被給予，以四個月期間移動的自我迴歸在測量先前每季中的預測力是一種有效測量的工具或方法。當時間期間是以年，由每年期間滯延的資料與使用自我迴歸能夠有助於探究循環的預測力。

表 4-34（本資料儲存在 **CH4-12c** 檔案中）

YEAR	OIL	GAS	OIL_1	OIL_1_1	PRE_1	RES_1	LMCI_1
1970	13.043	4.031	.	.	.	.	.
1971	11.903	3.983	13.043	.	.	.	.
1972	11.437	5.484	11.903	13.043	13.66311	-2.22611	9.91388
1973	10.251	6.975	11.437	11.903	13.62907	-3.37807	9.76091
1974	13.664	7.168	10.251	11.437	12.33887	1.32513	8.30616
1975	16.979	8.169	13.664	10.251	17.30060	-0.32160	13.13793
1976	17.697	9.438	16.979	13.664	19.86386	-2.16686	16.20476
1977	18.700	12.119	17.697	16.979	19.14609	-0.44609	16.07214
1978	19.065	14.405	18.700	17.697	20.07714	-1.01214	17.06963
1979	20.689	15.166	19.065	18.700	20.04940	0.63960	17.14022
1980	32.219	17.185	20.689	19.065	21.95105	10.26795	19.01030
1981	42.819	19.887	32.219	20.689	35.93041	6.88859	29.98940
1982	40.182	17.169	42.819	32.219	43.82192	-3.63992	37.27061
1983	38.286	12.727	40.182	42.819	35.20265	3.08335	29.69429
1984	43.824	14.818	38.286	40.182	34.07510	9.74890	29.09882
1985	35.882	12.600	43.824	38.286	42.11206	-6.23006	36.30404
1986	18.196	7.815	35.882	43.824	29.19320	-10.99720	23.02091
1987	15.759	7.603	18.196	35.882	10.44395	5.31505	2.05840
1988	13.240	8.227	15.759	18.196	16.06005	-2.82005	12.82201
1989	10.140	8.927	13.240	15.759	14.03495	-3.89495	10.47945
1990	11.170	9.325	10.140	13.240	11.30552	-0.13552	7.24507

依據上表資料可以進行如下序列關聯圖的製作。

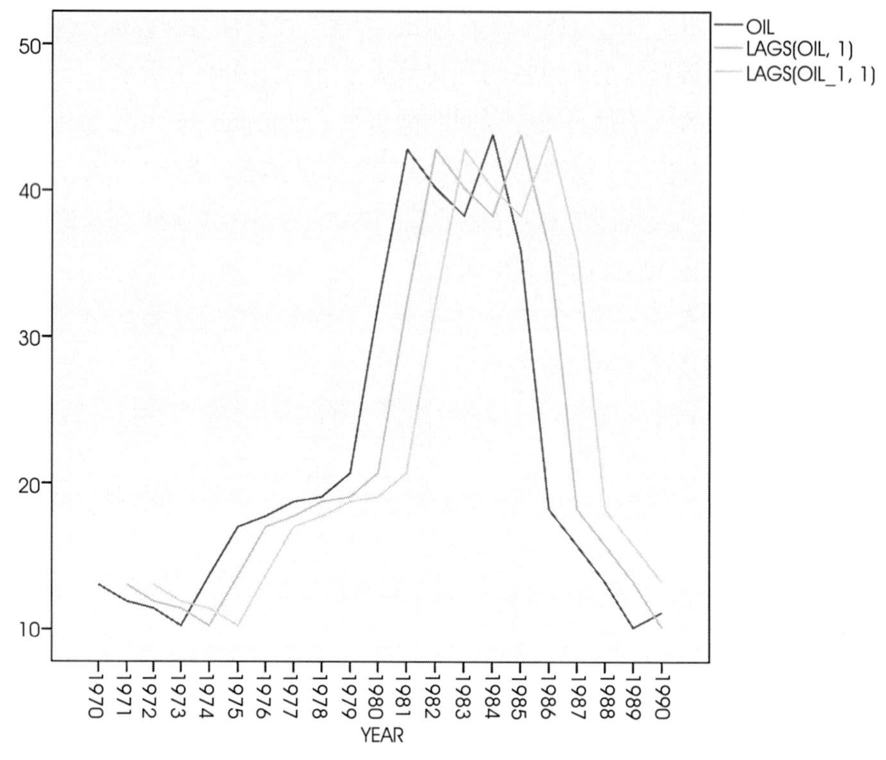

圖 4-32　序列關聯圖

第八節　結語

本章是在於承繼前述的第三章的迴歸技術於時間序列分析中所呈現出的自我相關，自我迴歸的誤差問題提出更詳細的說明，接著提出自我相關與 Durbin-Watson 的檢定方法，然而呈現自我相關測量中 Cochrance-Orcutt 程序，Hildreth-Lu 程序，與一階差分程序的比較研究等等，期望能夠透過本章的進一步解釋說明，使前述第三章所呈現出的問題獲得更深入的理解，以啟示讀者能夠體驗到前述第二章所提出的時間序列基本技術是在於介紹有關時間序列問題的基本技術方法。若想要進行時間序列問題的學習與研究，需要有系列地從第三章，第四章，及以下第五章等等，循序漸進的研習，才能給予你提供有系列的，完整的時間序列分析技術。

Chapter

05

時間序列分析：ARIMA模型代數與技術分析

第一節　緒論

在前述的第二章中，我們已探討的預測技術，一般而言，是基於某種指數平滑的變異的基礎上。提供這些模型的一般假設是任何時間序列資料可以被呈現出二個個別模型的總和：決定論的（deterministic）與機率的（stochastic）（隨機的）。前者是被建構為一個時間函數的模型，而後者我們的假設是被加上決定論的（deterministic）符號的某種隨機的噪音（noise）產生時間序列的機率行為。一個非常重要的假設是隨機的噪音（the random）是透過獨立自主的震動（或變動）於過程中所產生的。在實況中，無論如何，這種的假設時常是被違反。即是，通常持續的觀察值會顯示序列的相依（series dependence）。在這些條件情況之下，基於指數平滑的預測方法會是無效的與有時候會是不適當的因為它們無法以最有效的方法利用各觀察值中的序列相依。因而在形式上要去合併這種相依的結構，在本章中我們將探索所謂自我迴歸統合的移動平均模型或 ARIMA 模型（亦被稱為 Box-Jenkins models）。

第二節　提供定常性時間序列線性模型的限制與問題

在統計的模型建構中，我們時常會從事於一種無窮盡的追求去發現某些輸入與輸出結果之間非常令人困惑的或令人難以捉摸的真正關係。在本章所引證的這些問題，這些努力通常會產生的模型只不過是這種「真正」關係的近似值而已。一般而言，這是由於分析者依據方法做選擇去減緩致力於建構模型的心力所造成的結果。在致力於建構模型的努力中提供這種疏導的一個重要的假設是直線性（the linearity assumption）的假設。一個線性的過濾過程（a linear filter），例如，是從一個時間序列到另一時間序列的一個線性運作（a linear operation），

$$y_t = L(x_t) = \sum_{i=-\infty}^{+\infty} \psi_i x_{t-1} \qquad (5\text{-}1)$$

以 $t = \cdots, -1, 0, 1, \cdots$ 在其中線性的過濾過程可以被視為是一個 x_t 把輸入轉變成輸出 y_t 的過程。其轉變不是即時發生的（instantaneous）而是包括以不同「加權」$\{\psi\}$ 在每一個 x_t 上的一個加總形式輸入所有的（現在，過去，與未來）值。而且，在方程式（5-1）中的線性過濾過程是被認為必須要有下列的特性（properties）：

1. 時間的不變性（time-invariant）如 $\{\psi_i\}$ 並不端視時間而定。

2. 依法則上的可實現性如果 $\psi_i = 0$；即是，輸出結果 y_t 是輸入現在與過去的值：

$$y_t = \psi_0 x_t + \psi_1 x_{t-1} + \cdots$$

3. 穩定的如果 $\Sigma_{i=-\infty}^{+\infty} |\psi_i| < \infty$。

線性過濾過程，在某些條件狀況之下，諸如輸入時間序列定常性（stationarity）的某些特性亦會被反映在輸出的結果之中。

一、一個時間序列的定常性與它在時間方面的統計特性（statistical properties）有關

即是，依據更嚴謹意義的界定方式，一個定常性或穩定性時間序列可以呈現出時間方面相同的「統計作為」與這是時常被描述為時間方面一種持續不變的機率分配（a constant probability distribution in time）。無論如何，它通常是要去考量時間序列的前面二個組成成分或要素（moments）與界定定常性或穩定性（或微弱定常性，weak stationarity）如次：(1) 時間序列的被預期值無法端視時間而定，(2) 自我共變數函數（autocovariance function）被界定為 $Cov(y_t, y_{t+k})$ 對任何滯延 k 而言 k 是唯一的一個函數，而不是時間；即是，$\gamma_y(k) = Cov(y_t, y_{t+k})$。

依據一種不成熟的方法，一個時間序列的定常性可以由時間不同點任意的「即刻消失的片刻」過程與觀察時間序列的一般行為（general behavior）所決定。如果它呈「相同的」行為，那吾人就可以在定常性假設之下進行模型的建構。更進一步的基本檢定考驗亦包括自我相關函數的觀察。一個很強與緩慢弱化的 ACF 將可以從定常性的離差（deviation）中獲得指示。較佳定常性的與更多方法論的檢定考驗亦是存在的，我們將會在本章的後面進行探討。

二、定常性的時間序列

對不是時間——恆定（a time-invariant）與穩定的線性過濾過程與一個定常性輸入時間序列 x_t 與 $\mu_x = E(x_t)$ 與 $\gamma_y(k) = Cov(y_t, y_{t+k})$，在方程式（5-1）中所給予輸出的時間序列 y_t 亦是一個定常性的時間序列以

$$E(y_t) = \mu_y = \sum_{-\infty}^{\infty} \psi_i \mu_x$$

$$與\ Cov(y_t, y_{t+k}) = \gamma_y(k) = \sum_{i=\infty}^{\infty} \sum_{j=-\infty}^{\infty} \psi_i \psi_j \gamma_x\ (i-j+k)$$

由此要去顯示下列穩定的線性過程與 ε_t 無害的噪音時間亦是定常性，是容易的：

$$y_t = \mu + \sum_{i=0}^{\infty} \psi_i \varepsilon_{t-i} \tag{5-2}$$

其中 ε_t 代表獨立的隨機震動（變動）以 $E(\varepsilon_t) = 0$，與

$$\gamma_\varepsilon(h) = \begin{cases} \sigma^2 & \text{if} \quad h = 0 \\ 0 & \text{if} \quad h \neq 0 \end{cases}$$

如此對 y_t 的自我共變數，我們獲得

$$\begin{aligned} \gamma_y(k) &= \sum_{i=0}^{\infty} \sum_{j=0}^{\infty} \psi_i \psi_j \gamma_\varepsilon(i - j + k) \\ &= \sigma^2 \sum_{i=0}^{\infty} \psi_i \psi_i + k \end{aligned} \tag{5-3}$$

我們可以依據方程式（5-2）向後移動運算素（backshift operator）的界定方式重寫線性的過程，B 為

$$\begin{aligned} y_t &= \mu + \psi_0 \varepsilon_t + \psi_1 \varepsilon_{t-1} + \psi_2 \varepsilon_{t-2} + \cdots \\ &= \mu + \sum_{i=0}^{\infty} \psi_1 \beta^i \varepsilon \\ &= \mu + \underbrace{\left(\sum_{i=0}^{\infty} \psi_i \beta^i \right)}_{=\psi(\beta)} \varepsilon_t \\ &= \mu + \psi(\beta) \varepsilon_t \end{aligned}$$

這是被稱為無限大（無窮）移動平均（the infinite moving average）與可以提供任何定常性的時間序列作為模型的一般類型（a general class of models）。這是由於依據 Wold（1938）理論（a theorem）的結果，基本上陳述任何非決定性很弱的（any nondeterministic weakly）定常性的時間序列 y_t 可以以方程式（5-2）的方式被呈現，其中 $\{\psi_i\}$ 可以滿足於 $\Sigma_{i=0}^{\infty} \psi_i^2 < \infty$。這種理論（theorem）的一種更直覺的解釋是一個定常性的時間序列，可以被視為是現在與過去隨機「干擾」加權的總和。若想獲得更進一步的解釋可以參考 Yule（1927）與 Bisgaard and Kulahci（2005）的著作。我們亦可以參考方程式（5-3），它指示加權 $\{\psi_i\}$ 與自我共變數函數之間有一種直

接的關係。在以方程式（5-4）建構一個定常性的時間序列模型中，要嘗試去估計由 $\{\psi_i\}$ 所給予許多無限大（無窮）的加權很明顯地是不切實際的。雖然在提供任何定常性的時間序列的一般呈現具有解釋力，然而在實際的應用中由方程式（5-2）所給予的無限大的（無窮的）移動平均是無效的，除了某些特殊的案例之外：

1. 有限階的移動平均（MA）模型，其中只有在 $\{\psi_i\}$ 中提供有限的加權數，它們是被設定到 0。
2. 有限階的自我迴歸（AR）模型，其中在 $\{\psi_i\}$ 中的加權是唯有使用有限的參數數目所產生。
3. 有限階的自我迴歸與移動平均模型的一種混合（ARIMA）。

以下我們就以有限階的移動平均（MA）模型，有限階的自我迴歸（AR）模型，與 ARIMA 的模型進行探討。

第三節　間斷的時間序列的基本認知

時間序列的準實驗（quasi-experiment）是由 Campbell（1963; Campbell and Stanley, 1966）首先提出作為評估一個間斷的干預對一個社會過程的影響或衝擊之方法。使用傳統 Campbell-Stanley 的符號表示法，間斷的時間序列準實驗可以被繪製為

... 0 0 0 0 0 0 0 X 0 0 0 0 0 0...

其中每一個 0 指示一個時間的觀察值於當 X 指示一個間斷的干預時。該干預中斷時間序列成為兩個部分（segments），一個為前干預（preintervention）而另個為後干預（postintervention）。如以一個準實驗邏輯的解釋說明，會考量到在圖 5-1 中所顯示的時間序列。這些資料是每天打電話給 Cincinnti Directory Assistance recorder 每月從 1962 年一月到 1976 年十一月（McSweeny, 1978）的平均數。在 1974 年三月，這個序列的第 147 個月，Cincinnti Bell 開始每一通打給 Directory Assistance 的電話費用為 \$0.20。在這些之前的每一通電話無需付費用。這種政策的改變是一個干預或干擾（intervention）的範例與這種干預或干擾對時間序列的影響在視覺上是顯然引人注目的。在第 147 個月中，序列的水準突然地與很深地調下降。

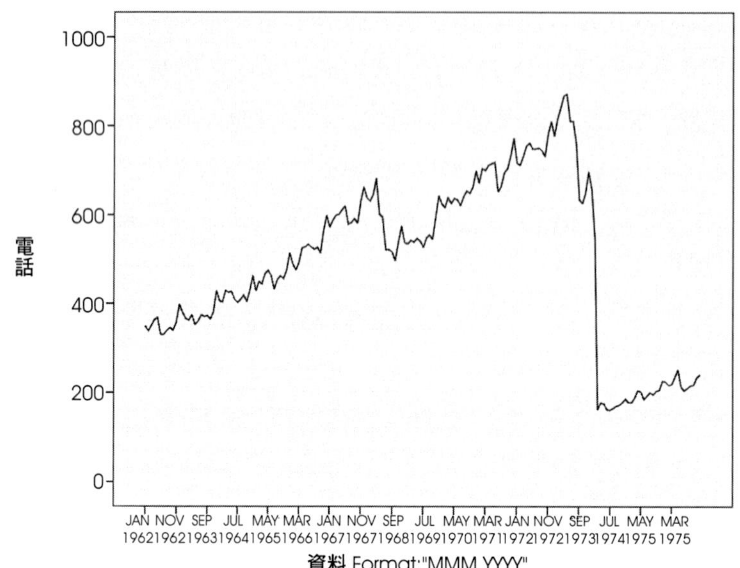

圖 5-1 **Directory Assistance Time Series** 圖形

一個時間序列準實驗的分析通常會集中焦點於一個虛無假設的檢定上；即是，該干預的確對時間序列發生影響？虛無假設是由進行時間序列前干預（pre）與後干預（post intervention）兩部分的比較作檢定。該干預影響時間序列的確沒有問題，如此一個虛無假設的檢定似乎是不必要的。然而，一個時間序列準實驗的分析依然可以被使用於這個案例中去估計該時間序列準實驗所產生影響或效應的大小程度與形成（the magnitude and form of the impact）。

顯示在圖 5-2 中的時間序列呈現出一個不明顯的案例。這些資料是 Sutter County，Califonia，勞工（workforce）人數的總額（totals）（受雇者的整體人數），記錄從 1964 一月到 1966 十一月每個月（Friesema et al., 1979）。在 1955 的一月，這個序列的第 121 個月，一個人力狂流的湧現逼迫撤離（撤銷，evacuation）Sutter County。這是一個干預的另一個範例。人力狂流的湧現已對這個序列產生一個影響或衝擊？這個案例是比 Directory Assistance 的案例更具有典型的意義。在此一個時間序列準實驗的分析將集中焦點於一個虛無假設的檢定上。

在這兩個範例說明問題的類型中其中有一個時間序列準實驗將會是有效的。時間序列準實驗已被使用於，例如去檢定與測量新的交通法規的影響（new traffic laws）（Campbell and Ross, 1968; Glass, 1968; Ross et al.,1970）；剝奪犯罪行為者權利的影響（the impacts of decriminalization）（Aaronson et al., 1978; McCleary and

Musheno, 1980）；槍械管制法的影響（Deutsch and Alt, 1977; Hay and McCleary, 1979; Zimring, 1975）；空氣污染管制法的影響（Box and Tiao, 1975）。這種方法的被廣泛使用已很清楚地呈現在法律影響的評估（legal impact assessment）研究之領域。無論如何，時間序列準實驗亦已被實驗心理學家（experimental psychologists）所使用去檢定與測量醫療處理的影響（the Impacts of treatments）（Gottman and McFall, 1972; Hall et al., 1971; Tyler and Brown, 1968），與由政治科學家所使用去檢定與測量政治輪替的影響（the impacts of political realignments）（Caporaso and Pelosku, 1971; Lewis-Beck, 1979; Smoker, 1969）。

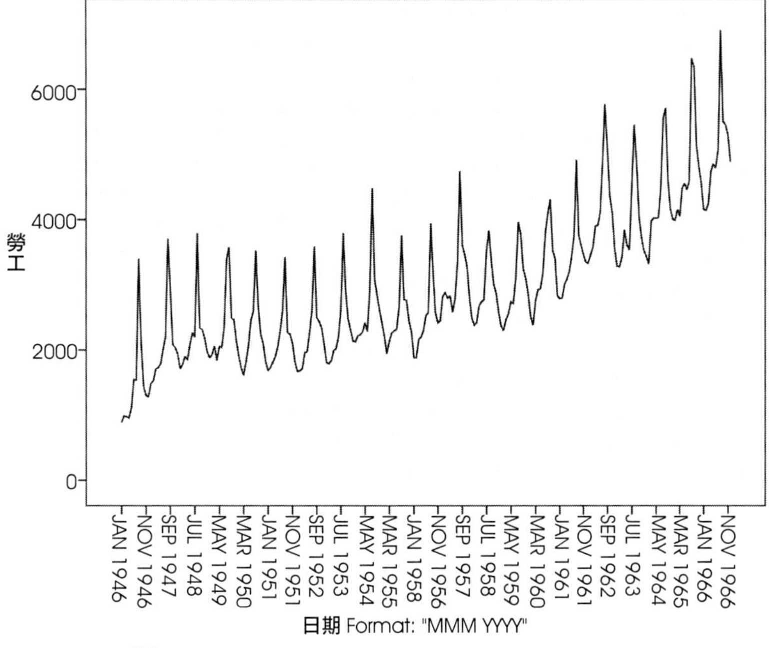

圖 5-2 **Sutter County Workforce Time Series**

本章所列舉的案例只是代表性決不是窮盡的。這些範例均具有二個共同性。第一，在研究之中的社會過程已被操作化為一個時間序列；第二，有一個間斷的干預（a discrete intervention）；即是，該干預或干擾把時間序列分成二個不同的部分或片斷，一個部分或片斷是由所有前干預或干擾觀察值所組成，而另一個部分或片斷是由所有後干預或干擾觀察值所組成。所以，時間序列準實驗是一個前與後干預或干擾時間序列的部分或片斷作一個統計的比較。由此，該分析就需要一個統計的模型，在該案例中，其模型會是

$$Y_t = b_{pre} + b_{post} + e_t \tag{5-4}$$

其中

Y_t = 一個時間序列第 t 次的觀察值

b_{pre} = 前干預或干擾序列的水準（程度）

b_{post} = 後干預或干擾序列的水準（程度）

e_t = 和 Y_t 關聯的一個誤差項

該模型的虛無假設

$$H_0：b_{pre} - b_{post} = 0$$

陳述前干預與後干預序列的水準之間沒有統計上的顯著性，即是，干預或干擾並沒有顯著的影響到序列的水準（程度）。

一個直接的問題是這個統計推論的效度（the validity）。簡言之，該模型的參數如何被進行估計？當時間序列準實驗首先被提出時，有很多研究者使用普通最小平方迴歸（ordinay least-squares regression estimates）估計前干預與後干預序列的水準去檢定考驗虛無假設。普通最小平方迴歸估計假定相鄰的誤差項是不相關的，即是，

$$\text{Covariance}\ (e_t e_{t-1}) = 0$$

這個假設是很少可由時間序列的資料給予滿足的條件，無論如何，當誤差項是相關時，普通最小平方參數估計值的標準誤。這種在標準誤偏估的一個結果，被使用去檢定虛無假設的 t 統計量會嚴重地誇大或高估一個影響的統計顯著性問題。在過去，對這個問題傳統的智慧似乎會是，如果一個 t 統計量是「足夠大」（large enough），序列相關的誤差無法對統計推論有效性呈現出一個強烈的威脅（或強烈的警訊）。所以，傳統的智慧是不精確的。在許多社會科學的時間序列中，序列相關的誤差會膨脹普通最小平方參數估計值的標準誤大約 50%；共同的（the common）t 統計量如此就會被膨脹大約 300% 或 400%；這樣的結果，對一個影響的統計顯著性是會很大的被誇大或高估。在許多情況之中，在前干預與後干預序列的水準之間一個統計上沒有顯著性差異就會有高到一個 6.0 的 t 統計量。僅僅基於這個的理由，時間序列準實驗不應該由一個普通最小平方迴歸模型來進行估計。

有很多統計學的模型它們可以被使用於去控制對統計推論有效性產生這樣的威脅。如果序列相依的結構是已知的，例如，前干預與後干預序列的水準之間的差異可以從一種一般化的最小平方模型（a generalized least-squares model）被進行估計（see eg., Hibbs, 1974; Ostrom, 1978: 53）。相依的結構很少地是已知的（known），無論如何，如此一般化的最小平方模型的使用是受到限制的。

一種更加實用方法是在經驗上研究模型序列相依為一個時間序列過程的途徑。一旦模型被建立，序列的相依在統計上是被控制的。如此，前干預與後干預序列的水準之間的差異可以被估計與可以以直進的方法被檢定其統計的顯著性。這一種的時間序列模型可以被指示如

$$Y_t = N_t + I_t \tag{5-5}$$

其中 N_t 指示一個「噪音」(noise) 成分與指示一個「干預」(intervention) 成分，這個模型的意義是 Y_t 時間序列是由噪音（或誤差）加上干預所組成。

回顧到圖 5-2，the Sutter County Workforce series 勞力序列，它顯示沒有干預，由此，該序列唯一由噪音所組成。如果有一個干預，它的呈現並沒有如在視覺上很明顯的如在 Directory Assistance 時間序列中的一個干預那麼明顯突出（圖 5-1）。一個干預不需要在視覺上是很明顯，無論如何，在任何時間序列中，有三個噪音的來源它們使干預不易發現。這些是：

(1) 趨勢（trend）：注意這種序列會向上移動遍及它的大部分歷史過程。

(2) 季節性（seasonality）：注意序列「釘狀物或長釘」加諸在（spikes）每 12 個月（這是季節性）。

(3) 隨機誤差（random error）：如果這個時間序列脫離或偏離趨勢（detrended）與脫離或偏離（deseasonalized）季節性。各觀察值有關平均數仍然會隨機地往復移動或上下移動。

趨勢與季節性，它們是同樣地被發現共同持有（quite common）於社會科學的時間序列中，而其隨機誤差傾向於不易被發現有任何的干預。如果模型並不考量到這些噪音的類型，那該分析將會是被混淆不明的。例如，在 the Sutter County Workforce series 勞力序列的後干預序列的水準案例中，將會出現比前干預序列的水準高。這是僅僅由趨勢所產生的結果。如果該模型不考量到這種趨勢，時間序列準實驗的一個分析將會不正確地顯示人力的湧現（the flood），而會增加 Sutter County 人力的雇用（就業 employment）的水準。季節性同樣地亦會使該分析混淆不清。

最後，這個預測序列的每一個觀察值會有一個隨機誤差，或震動（變動或衝突，shock）出現，它會使序列有某程度的無法預測，如已提到的，相鄰的誤差項傾向於會是相關的，因而該模型亦必須考量到噪音這種類型的問題。綜合性自我迴歸移動平均（ARIMA）模型在本章中將會有系統地被提出，被探討，與被發展，使該 ARIMA 模型會考量到「噪音」這三種類型的問題。一旦這些變異數的來源已被建構成模型，一個干預的影響就可以被進行檢定與被進行測量。

ARIMA 時間序列模型其中有很大的一部分是由 Box 與 Jenkins（1976）所著作的結果。ARIMA 模型與方法的個別成分或元素必須回溯到大約在 Box 與 Jenkins 撰寫 ARIMA 模型的時代背景，在那一段期間，Box 與 Jenkins（1976）必須草擬其成分或元素結合成為一個能夠廣泛被理解的模型進行研究以獲得信賴。所以，ARIMA 模型能夠提供使用分析時間序列準實驗是由於 Box 與 Tiao（1965, 1976）所著作的結果。無論如何，社會科學家會更熟悉 Glass et al., 的著作（1975），他首先引進這些方法到社會科學。由此，Glass et al., 亦發展與提出一種電腦程式提供時間序列準實驗的分析（Bower et al., 1974）。雖然在本章中所使用建構模型的程序是不同於 Glass et al., 的著作，不過就時間序列準實驗分析方法的發展而言，他們是這方面研究發展的先驅者。

有關建構 ARIMA 模型的問題須知，有很多這方面的論文著作論述 ARIMA 模型的技術方法被使用於去執行 ARIMA 模型的建構問題。因而其中有關 ARIMA 模型的建立就要求很多有關 ARIMA 代數的認知。ARIMA 的代數是基於普通統計的概念之上（諸如：平均數，變異數，與常態分配）去進行運作，因而凡是已完成社會科學這種初步入門課程的讀者將具有這方面運算能力的條件。

第四節即是在於進行探討 ARIMA 模型的代數（理論）與 ARIMA 模型建構的經驗程序（實況）。一般模型的方程式如

$$Y_t = N_t + I_t$$

其中 N_t 是一 ARIMA 噪音模型的成分，這個 N_t 成分可以作為提供時間序列準實驗的虛假案例（the null case）。而干預成分 I_t，接著可以被加入到 ARIMA 的噪音成分中。第四節即是在於進行探討 ARIMA 模型的干預代數（理論），與估計及解釋成分實況的問題。

我們依據具有時間序列分析經驗的著作者，參考他們的研究經驗，可以令我們堅信這樣的資料（this material）當理論與實況被統合（整合）時，是最佳學習的時

機。在本章中我們提出範例的時間序列均被記載在本書的檔案中。讀者應該可以複製我們範例進行分析，期望能夠嘗試其他時間序列資料進行分析。這將要接觸到時間序列分析軟體。在第四節中我們將討論當前可資利用的電腦套裝軟體。

第四節　隨機組成成分，N_t

一個可觀察的時間序列，如指示

$$Y_1, Y_2, \cdots, Y_{t-1}, Y_t$$

可以被描述為一個機率過程的實現（realization）。因為其產生過程是機率的（stochastic），它會產生許多時間序列。已觀察的時間序列如此就是其過程的唯一實現。如果我們理解這個過程如何運作，無論如何，我們可以建立一個模型提供它進行運作。使用這種模型去對過程的噪音（趨勢，季節性，等等）進行管制，我們可以評估一個干涉的影響或衝擊。這就是 ARIMA 模型建立的基本理念。一個 ARIMA 模型是機率過程中的一個模型，此過程產生了已觀察的時間序列。是產生過程真正的重心是隨機振動的序列關聯（the sequence），a_t，它方便於摘錄在序列中觀察變數（variation）會產生很多或眾多的（multitude）因子（factor 因素）。為了要去建立一個時間序列過程的模型，我們必須製作有關這些振動或振盪行為的某些假設。尤其是，我們要求

(1) 提供各震動（變動）零的平均數：平均數（a_t）= 0

(2) 提供各震動（變動）恆定的變異數：變異數（a_t）= 0

(3) 獨立的震動（變動）：共變數（$a_t a_{t+k}$）= 0

除此之外，我們將考慮在本章中的各模型要求更進一步假設：

(4) 提供各震動（變動）常態的分配：$a_t \sim N$。

換言之，隨機的震動（變動）是以零的平均數常態地，獨立地與完全相同地被分配，與恆定的變異數。

一個 ARIMA 模型有三個結構的參數，p，d，與 q，它們描述隨機的震動（變動）與時間序列之間的關係。結構的參數 p 指示一種自我迴歸的關係。例如，一個 ARIMA（1,0,0）模型（p = 1，d = q = 0）被書寫成如

$$Y_t = \phi_1 Y_{t-1} + a_t \tag{5-6}$$

一個 ARIMA（1,0,0）模型是一個當前的時間序列中的觀察值，Y_t 是目前正在進行觀察值，與一個隨機的震動（變動），a_t，的一個部分所組成。一個 ARIMA（2,0,0）模型被書寫成如

$$Y_t = \phi_1 Y_{t-1} + \phi_2 Y_{t-2} + a_t \tag{5-7}$$

參數 p 如此可指示在模型中自我迴歸結構的數目（過去觀察值的數目被使用去預測目前的觀察值，即是）q 的結構參數可指示在模型中移動平均結構的數目。一個ARIMA（0,0,1）模型被書寫成如

$$Y_t = a_t - \theta_1 a_{t-1} \tag{5-8}$$

與一個 ARIMA（2,0,0）模型被書寫如

$$Y_t = a_t - \theta_1 a_{t-1} - \theta_2 a_{t-2} \tag{5-9}$$

一個 ARIMA（0,0,q）模型是一個當前的時間序列中的觀察值，Y_t 是由一個當前的隨機震動（變動）a_t，與 q-1 進行中隨機震動（變動）的各部分，a_{t-1} 通過 a_{t-q} 所組成。最後，結構參數 d 指示時間序列是差分的（was differenced）。差分數量範圍從時間序列第二觀察值減第一觀察值，從時間序列第三觀察值減第二觀察值，等依序進行。一個 ARIMA（0,1,0）模型被書寫如

$$\begin{aligned} Y_t - Y_{t-1} &= a_t \\ Y_t &= Y_{t-1} + a_t \end{aligned} \tag{5-10}$$

當然，差分的時間序列在模型中可以被設定等於一個自我迴歸或移動平均。一個 ARIMA（0,1,1）模型，例如，被書寫成如

$$\begin{aligned} Y_t - Y_{t-1} &= a_t + \theta_t a_{t-1} \\ Y_t &= Y_{t-1} + a_t - \theta_t a_{t-1} \end{aligned} \tag{5-11}$$

這種（0,1,1）模型是當前的時間序列的觀察值，Y_t，是等於進行中的觀察值，Y_{t-1}，加上當前的隨機震動（變動），a_t，與加上進行中隨機震動（變動）的一部分，a_{t-1}。

辨識（identification）涉及經驗的程序，採取那一個最佳或最適當的結構參數

組合（提供 p, d 與 q 的最適當的值）被選為一個假定的時間序列。一般而言，分析家將必須知道多少時間差分資料（d）與多少自我迴歸的與／或移動平均參數可以對一個資料的組合（p 與 q）進行估計。我們將開始描述這些辨識程序於下一節。無論如何，首先隨機振動的一個敘述，a_t，是依序進行。

一個 ARIMA（p,d,q）過程的基礎是隨機震動（變動）的一個關聯（a sequence）或一個「無害的噪音」（a white noise）過程。一個「無害的噪音」過程的第 t 個觀察值，是從一個常態分配以零平均數與恆定變異數 σ^2 中隨機地與獨立地被抽取。它是有助於去把無害噪音的震動（變動）視為對一個 ARIMA（p,d,q）模型的輸入項（the input）。這可以被繪圖為

a_t →統合（Integration）→自我迴歸（Autoregression）→移動平均（Moving Average）→ Y_t

這種繪圖的意義是一個隨機震動（變動）輸入（enter 進入）ARIMA 模型，通過「過濾」的一個關聯序列，留下 ARIMA 模型為一個時間序列觀察值。這種輸入 - 產出（input-output）圖解（scheme）是 ARIMA 模型代數的中心。「過濾」的關聯序列或「黑盒子」（black box），是 ARIMA 的結構（structures）它們決定產出時間序列 Y_t 的屬性（the properties）：統合（integration）或差分（differencing）（d），自我迴歸（p），移動平均（q）。

在次一部分中，我們將發展形成各種 ARIMA 結構的代數與演示提供建立一個 ARIMA（p,d,q）模型為一個時間序列的一個經驗的策略。這種所有的事實資料（material）均可以以無害的噪音輸入與以一個 ARIMA 模型（或過濾或黑盒子）時間序列的結果產出界定方式去提出解釋。一般而言，ARIMA 模型是一個過濾的系統，其系統可以決定產生序列的屬性（或特性），Y_t。一個 ARIMA（0,1,1）模型，例如，可描述一個系統其中隨機震動（變動）輸入（enter 進入）通過一個差分的過濾與一個移動平均的過濾但是不是透過一個自我迴歸的過濾。同樣地，一個 ARIMA（1,0,1）模型，描述一個系統其中隨機振動輸入（enter 進入）通過自我迴歸與一個移動平均但是不是透過一個差分的過濾。如下我們將證明，這兩個系統的產出是完全的差異。

一、ARIMA 模型（0,0,0）與 ARIMA 模型（0,d,0）過程

一個 ARIMA 模型（0,0,0）過程完全地是一個隨機震動（變動）的關聯序列，這樣的一個過程可以被書寫成如

$$Y_t = a_t \qquad (5\text{-}12)$$

其中 Y_t 是一個時間序列觀察值與一個隨機震動（變動）。這種過程的成就的實現（successive realization）是

$$Y_0 = Y_0$$
$$Y_1 = a_1$$
$$Y_t = a_t$$

一個 ARIMA 模型（0,0,0）過程產生時間序列觀察值，這些觀察值噪音地在零的平均數上下移動。一個 ARIMA 模型（0,0,0）過程稍微更複雜的說法（version）是

$$Y_t = \theta_0 + a_t \qquad (5\text{-}13)$$

其中 θ_0 是一個可以被估計的參數，這兩個 ARIMA 模型（0,0,0）過程之間的差異是，在第一個案例中，平均數或序列水準是零。在第二個案例中，序列水準是某種非零的恆定常數，θ_0。

它在此將是有益於去描述兩者的過程是輸入——產出（input-output）的系統。在第一個案例中，ARIMA（0,0,0）的系統是

$$a_t \rightarrow Y_t$$

這種繪圖的意義是隨機震動（變動）的輸入通過，沒有過濾。而在第二個案例中，

$$a_t \rightarrow \boxed{+\theta_0} \rightarrow Y_t$$

這種繪圖的意義是隨機震動（變動）輸入或進入一個過濾其中一個常數 θ_0 被加入。過濾的產出或輸出是時間序列觀察值，Y_t。無論如何，在兩者是否取其一的案例中，該模型意含機率行為的一個平坦或無變化噪音的類型，「無害的噪音」。

一個稍微更複雜的 ARIMA 過程是實現於當隨機振動是被統合或被總和時。例如，考量過程其中持續的觀察值是

$$Y_0 = Y_0$$

$$Y_1 = Y_0 + a_1$$
$$Y_2 = Y_0 + a_1 + a_2$$
$$Y_3 = Y_0 + a_1 + a_2 + a_3$$
$$Y_t = Y_0 + a_1 + a_2 + \cdots + a_{t-1} + a_t \tag{5-14}$$

這樣的過程是被稱為一個「隨機漫步」（random walk）。每一個過程的實現由所有過去隨機震動（變動）與一個「起始值」Y_0，統合（或總和）成為一個單一的觀察值所組成。

雖然無害的噪音與被統合的過程是基於相同的隨機震動（變動）輸入基礎之上，這兩個過程意含極端差異的機率行為，或產出。在 ARIMA 模型（0,0,0）過程有一個無變化（平直的，flat）的呈現時，例如，被統合的過程將呈現出趨勢或堆積（trend or drift）的形態。趨勢是以一個特殊的方向移動，通常（使問題簡化）會向上或向下移動。更特殊的，趨勢是被界定為在一個時間序列過程的水準中任何有系統的變動。一個被統合的過程發生一個趨勢於無害噪音輸入過程時，會有一個非零的平均數。例如，使

$$\text{mean}(a_t) = \theta_0$$

其中 θ_0 是一個非零的常數。然後被統合的過程的持續實現被預期是

$$Y_0 = Y_0$$
$$Y_1 = Y_0 + \text{mean}(a_1)$$
$$= Y_0 + \theta_0$$
$$Y_2 = Y_0 + \text{mean}(a_1) + \text{mean}(a_2)$$
$$= Y_0 + 2\theta_0$$
$$Y_3 = Y_0 + \text{mean}(a_1) + \text{mean}(a_2) + \text{mean}(a_3)$$
$$= Y_0 + 3\theta_0$$
$$Y_t = Y_0 + \text{mean}(a_1) + \text{mean}(a_2) + \cdots + \text{mean}(a_{t-1}) + \text{mean}(a_t)$$
$$= Y_0 + \theta_0 \tag{5-15}$$

如此其過程的水準程序是被預期去增加或減少（端視 θ_0 是正數或負數而定）結合每一個持續觀察值，在這個案例中的常數 θ_0 是被解釋為該過程的斜率。

縱然當隨機震動（變動）有一個零的平均數，但是，被統合（被整合）的過程

將不會有平坦或平直的實現。圖 5-3 顯示 369 一個序列每天 IBM 普通股（common stock）價格報價（price quotation）（Box and Jenkins, 1976: 526-527）。如我們將在下一部分證明，這個序列是一個被統合（被整合）過程的實現其中隨機震動（變動）的被預期值是零。在其過程不發生一種趨勢的形態時，它呈現出堆積（drifts）形態，首先向上然後向下。在實況中，要區分趨勢不同於堆積時常是有困難的。如果僅僅這個序列前序列的一半是可以利用的，分析家可以推論其過程發生一個向上的趨勢。另一方面，如果僅僅就這個序列的次要的一半是可以利用的，分析家可以正確地推論是相對的或相反的（the opposite），即其過程發生一個向下的趨勢。無論如何，事實上，當整個序列是可以利用時，分析家可以推論其過程並沒有趨勢的形態發生，反而推論是在機率上形成堆積（drifts）的形態。

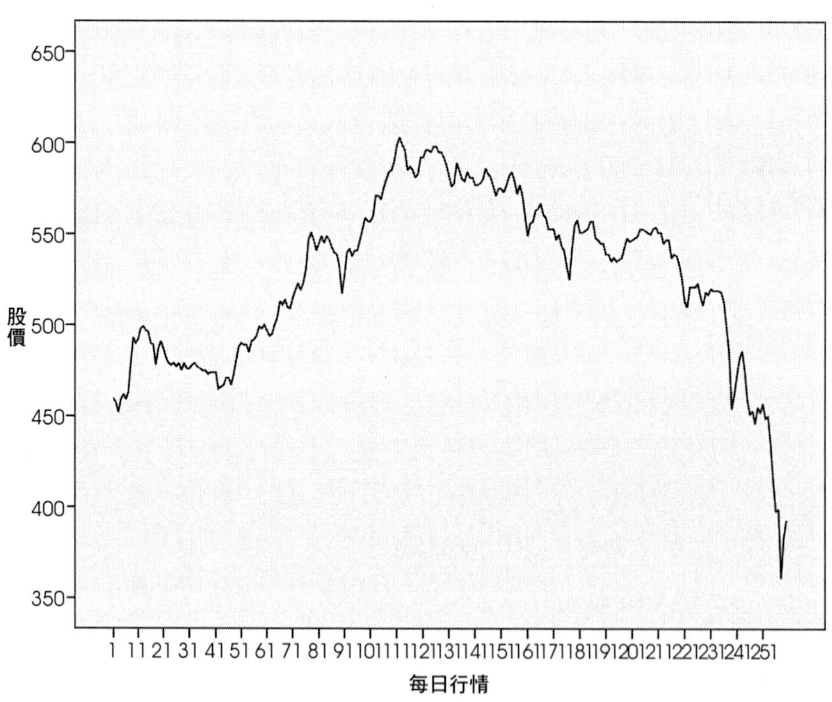

圖 5-3 **IBM 股價的時間序列（Stock Price Time Series）波動的圖形**

被統合（被整合）的過程會是趨勢或是堆積，它是可以由一個 ARIMA（0,d,0）模型所呈現。對模型的這種類型，結構參數 d 可以指示時間序列已有差異或差分。差異或差分可轉變趨勢或是堆積成為一個不是趨勢也不是堆積的一個過程。要證明使一個時間序列差分的實際結果，可以考量被統合（被整合）的過程

$$Y_0 = Y_0$$
$$Y_1 = Y_0 + a_1$$
$$Y_2 = Y_0 + a_1 + a_2$$
$$Y_t = Y_0 + a_1 + a_2 + \cdots + a_{t-1} + a_t \tag{5-16}$$

如果這個過程是差分的（is differenced），即是，如果第一個觀察值是從第二個觀察值中被減去，第二個觀察值是從第三個觀察值中被減去，等等。

$$\begin{aligned} Y_1 - Y_0 &= Y_0 + a_1 - Y_0 \\ &= a_1 \\ Y_2 - Y_1 &= Y_0 + a_1 + a_2 - Y_0 - a_1 \\ &= a_2 \\ Y_3 - Y_2 &= Y_0 + a_1 + a_2 + a_3 - Y_0 - a_1 - a_2 \\ &= a_3 \\ Y_t - Y_{t-1} &= Y_0 + a_1 + a_2 \cdots + a_t - Y_0 - a_1 - a_2 \cdots - a_{t-1} \\ &= a_t \end{aligned} \tag{5-17}$$

圖 5-4 顯示已差分的 IBM 股票價格的時間序列。其中使序列差分向上與向下堆積遍及它的行程，使序列差分在一個零平均數噪音地向上與向上移動。這種時間序列如此可由一個 ARIMA（0,1,0）模型所代表，其中 d = 1 指示一個差分被要求去從非定常性（nonstationary）（堆積的行為）序列轉變成定常性（stationarity）（非堆積的行為）。

最後，它是有利於去繪製 ARIMA（0,1,0）過程成為輸入——產出的系統。首先，隨機震動（變動）輸入（進入）一個過濾其中一個常數被加上。

$$a_t \rightarrow \boxed{+\theta_0} \rightarrow (a_t + \theta_0)$$

其次，$(a_t + \theta_0)$ 震動（變動）輸入（進入）一個過濾其中它是與所有過去的振動被統合（被整合）。

$$(a_t + \theta_0) \rightarrow \boxed{+\sum_{i=1}^{\infty}(a_{t-i}+\theta_0)} \rightarrow Y_t$$

其產出（output）是時間序列觀察值，Y_t。當然，如果常數 θ_0 是零，Y_t 過程是一個「隨機漫步」；如果 θ_0 是非零，Y_t 會發生一個直線的趨勢（a liner trend）。

在這種繪圖中，我們已指示一個統合會無意中獲得無窮數（back into the infinite）過去，當然，這無法以一個有限的時間序列被執行。無論如何，時間序列的起始值是所有歷程震動（變動）的總和。

$$Y_0 = \sum_{i=0}^{\infty} a_{t-i} \tag{5-18}$$

與

$$Y_1 = \sum_{i=0}^{t-1} a_{t-i} + Y_0 \tag{5-19}$$

由此

$$Y_t = \sum_{i=0}^{\infty} a_{t-i}$$

此是與在過濾圖解中所使用的符號一致。

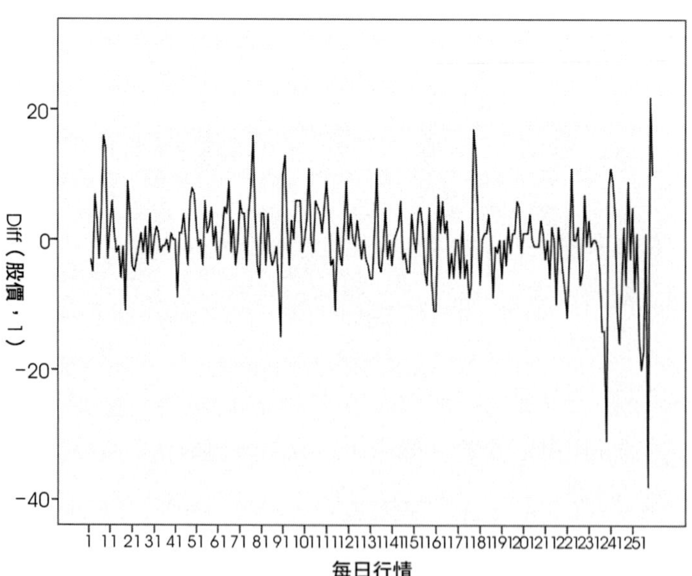

圖 5-4　**IBM** 股價的時間序列（**Stock Price Time Series**），被差分的（**Differenced**）圖形

讀者是被鼓勵能夠去熟悉輸入，產出，與過濾的符號。這種輸入——產出的

類推給予甚至於最複雜的與繁複累贅的 ARIMA 模型提供一個簡單的描述。在時間序列的分析數學有時候要去進行理解是有困難的。時間序列分析的常識基礎，是以輸入——產出項進行其過程的陳述，將會是相當容易去理解的。在它的基礎上，一個時間序列的過程是由隨機震動（變動）或無害噪音與實現或觀察值產出所組成。輸入與產出之間，是一個過濾的序列它們使振動（a_t）形成一個實現（Y_t）。ARIMA 模型（0,0,0）與 ARIMA 模型（0,d,0）過濾在此可描述的，是典型的各範例（typical examples）。在一個短暫的離題之後，我們將要考量 ARIMA 模型（p,0,0）與 ARIMA 模型（0,0,q）過濾，它們將使輸入形成自我迴歸的與移動平均產出。

二、自我相關函數

一個定常性（stationary）機率過程（既不是趨勢也不是堆積的一個）是完全地由它的平均數，變異數（variance），與自我相關的函數（autocorrelation function, ACF）。如果二個過程有相同的變異數，與 ACF，那麼它們就是相同的過程。因為每一個不同的過程均有一個不同的 ACF，我們就能夠從一個 ACF 中估計出一個已實現的（a realized）時間序列與使用去決定已產生實現（the realization）的過程結構。

對一個 Y_t 時間序列的過程而言，ACF 是被界定為

$$\mathrm{ACF}(k) = \mathrm{covariance}(YY_{t+k}) \;/\; \mathrm{variance}(Y_t)$$

假定 Y_t 過程的一個實現，N 觀察值的一個有限時間序列，ACF 可以從該程式（formula）中被估計

$$\mathrm{ACF}(k) = \frac{\sum_{i=1}^{N}(Y_i - Y)(Y_{i+k} - Y)}{\sum_{i=1}^{N}(Y_i - Y)^2}\left(\frac{N}{N-k}\right) \qquad (5\text{-}20)$$

ACF(k) 如此就是 Y_t 與 Y_{t+k} 之間相關的一個測量。要去說明提供估計 ACF(k) 的程式，滯延在時間方面向前的 Y_t 序列：

lag-0	Y_1	Y_2	$Y_3\cdots$	Y_N			
lag-1		Y_1	$Y_2\cdots$	Y_{N-1}	Y_N		
lag-2			$Y_1\cdots$	Y_{N-2}	Y_{N-1}	Y_N	

等等。ACF(1) 是時間序列（lag-0）與它的第一個滯延（lag-1）之間被估計的相關係數；ACF(2) 是時間序列（lag-0）與它的第二個滯延（lag-2）之間被估計的相關係數；一般而言，ACF(k) 是時間序列（lag-0）與它的 k^{th} 個滯延（lag-k）之間被估計的相關係數。對每一個滯延而言，觀察值的一個配對是從 ACF(k) 估計中失去。ACF(1) 是從觀察值 N-1 配對中被估計；ACF(2) 是從觀察值 N-2 配對中被估計，等等。當 k 的值增加時，在 ACF(k) 估計的信賴度（confidence）減少。

依據理論，ARIMA（p,d,q）過程的每一個類型有一個獨特的（a unique）ACF。例如，ARIMA（0,0,0）過程被寫為 $Y_t = a_t$ 是被預期有一個相同的（a uniformly）零 ACF。即是，

$$ACF(1) = ACF(2) = \cdots = ACF(k) = 0$$

這是由隨機振動的定義而起，隨機振動建構 ARIMA（0,0,0）過程；每一個震動（變動）（shock）是和每一個其他的震動（變動）無關彼此獨立。該過程的各觀察值如此是不相關的。對照之下，一個 ARIMA（0,1,0）過程被寫為

$$Y_t = Y_{t-1} + a_t$$

或

$$Y_t - Y_{t-1} = a_t \tag{5-21}$$

是被預期有一個很大的 ACF(1) 值與 ACF 的持續滯延是被預期會慢慢地逐漸完全達到零為止。即是，

$$ACF(1) \approx 1$$
$$ACF(k-1) \approx ACF(k)$$

這是由 ARIMA（0,1,0）過程的界定定義而來：

$$Y_t = Y_0 + a_1 + \cdots + a_{t-1} + a_t \tag{5-22}$$

其相鄰的各觀察值，Y_t 與 Y_{t-1}，是相同的除了一個隨機振動之外。同樣地，Y_t 與 Y_{t-2} 的觀察值是相同的除了二個隨機振動之外。被統合（被整合）過程的二個觀察值如此總是會是發生相關到某種程度，然而其相關的程度將會減低於當二個觀

察值之間的差距（the distance）增加時。

表 5-1 顯示 ACF 來自 IBM 股票價格時間序列中所作的估計。在前述的部分中，我們並無證實顯示陳述這個時間序列是一個 ARIMA（0,1,0）過程的實現。在此我們呈現 ACF 去支持這個陳述。ACF（自我相關的函數）以很高的正數的值與慢慢地逐漸達到零終止。這是對一個非定常性的實質證據 ARIMA（0,1,0）過程是一個案例。表 5-2 顯示 ACF 來自 IBM 已差分序列中所作的估計。這種 ACF 對所有的滯延是有效的零，指示已差分序列是一個無害噪音或 ARIMA（0,0,0）過程的實現。

圖 5-5 與圖 5-6 是 SPSS 軟體，和一個電腦程式特別為 Box-Tiao 時間序列分析而設計。有關 ACF（自我相關的函數）每一個滯延的插入（parentheses）是 95% 信賴區間（confidence interval）。ACF(k) 已估計值的標準誤是由下列程式所給予

$$SE[ACF(k)] = \sqrt{1 / N\left(1 + 2\sum_{i=1}^{k} ACF(i)^2\right)} \qquad (5\text{-}23)$$

ACF(k) 已估計值它們落在 ±2 標準誤信賴區間之內的值，如此在統計上以 0.95 信賴水準沒有不同於零。

表 5-1　IBM 股價的時間序列的 ACF

Autocorrelations

Series：股價

Lag	Autocorrelation	Std. Error[a]	Box-Ljung Statistic		
			Value	df	Sig.[b]
1	0.971	0.062	247.814	1	0.000
2	0.935	0.105	478.696	2	0.000
3	0.893	0.133	690.269	3	0.000
4	0.863	0.155	888.451	4	0.000
5	0.833	0.172	1073.858	5	0.000
6	0.808	0.187	1248.814	6	0.000
7	0.786	0.200	1415.219	7	0.000
8	0.770	0.212	1575.418	8	0.000
9	0.754	0.222	1729.553	9	0.000
10	0.739	0.232	1878.310	10	0.000
11	0.722	0.241	2020.837	11	0.000
12	0.704	0.249	2157.134	12	0.000
13	0.685	0.256	2286.490	13	0.000

Lag	Autocorrelation	Std. Error[a]	Box-Ljung Statistic		
			Value	df	Sig.[b]
14	0.667	0.263	2409.857	14	0.000
15	0.650	0.270	2527.505	15	0.000
16	0.635	0.276	2639.988	16	0.000
17	0.621	0.281	2748.244	17	0.000
18	0.607	0.287	2852.083	18	0.000
19	0.592	0.291	2951.034	19	0.000
20	0.571	0.296	3043.486	20	0.000
21	0.545	0.300	3128.118	21	0.000
22	0.517	0.304	3204.568	22	0.000
23	0.498	0.307	3275.715	23	0.000
24	0.483	0.310	3343.006	24	0.000
25	0.471	0.313	3407.322	25	0.000
26	0.459	0.316	3468.688	26	0.000

a. The underlying process assumed is MA with the order equal to the lag number minus one. The Bartlett approximation is used.

b. Based on the asymptotic chi-square approximation.

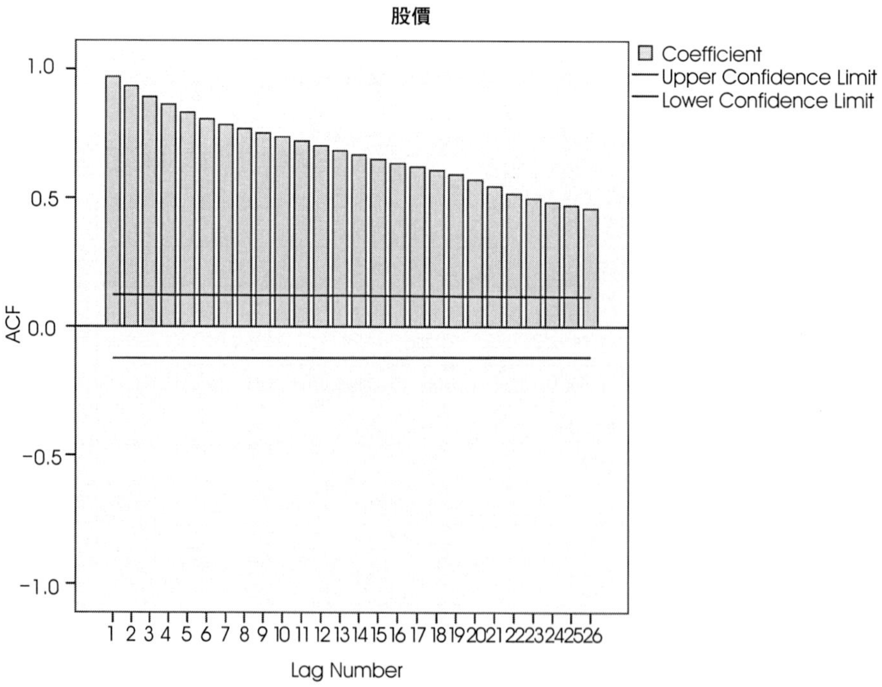

圖 5-5　**IBM** 股價的時間序列被差分的 **ACF** 圖形

表 5-2 **IBM 股價的時間序列被差分的 ACF**

Autocorrelations

Series：股價

Lag	Autocorrelation	Std. Error[a]	Box-Ljung Statistic		
			Value	df	Sig.[b]
1	0.177	0.062	8.177	1	0.004
2	0.019	0.064	8.271	2	0.016
3	-0.081	0.064	10.010	3	0.018
4	-0.021	0.064	10.132	4	0.038
5	-0.045	0.064	10.676	5	0.058
6	0.063	0.065	11.721	6	0.068
7	0.006	0.065	11.732	7	0.110
8	0.063	0.065	12.796	8	0.119
9	0.002	0.065	12.797	9	0.172
10	0.070	0.065	14.120	10	0.168
11	0.083	0.065	15.999	11	0.141
12	0.009	0.066	16.021	12	0.190
13	-0.039	0.066	16.439	13	0.226
14	-0.051	0.066	17.162	14	0.248
15	-0.004	0.066	17.167	15	0.309
16	0.060	0.066	18.153	16	0.315
17	0.103	0.066	21.091	17	0.222
18	0.087	0.067	23.211	18	0.183
19	0.181	0.067	32.402	19	0.028
20	0.092	0.069	34.774	20	0.021
21	-0.009	0.070	34.797	21	0.030
22	-0.096	0.070	37.418	22	0.021
23	-0.072	0.070	38.915	23	0.020
24	0.025	0.070	39.094	24	0.027
25	0.053	0.070	39.916	25	0.030
26	0.085	0.071	42.008	26	0.025

a. The underlying process assumed is MA with the order equal to the lag number minus one. The Bartlett approximation is used.

b. Based on the asymptotic chi-square approximation.

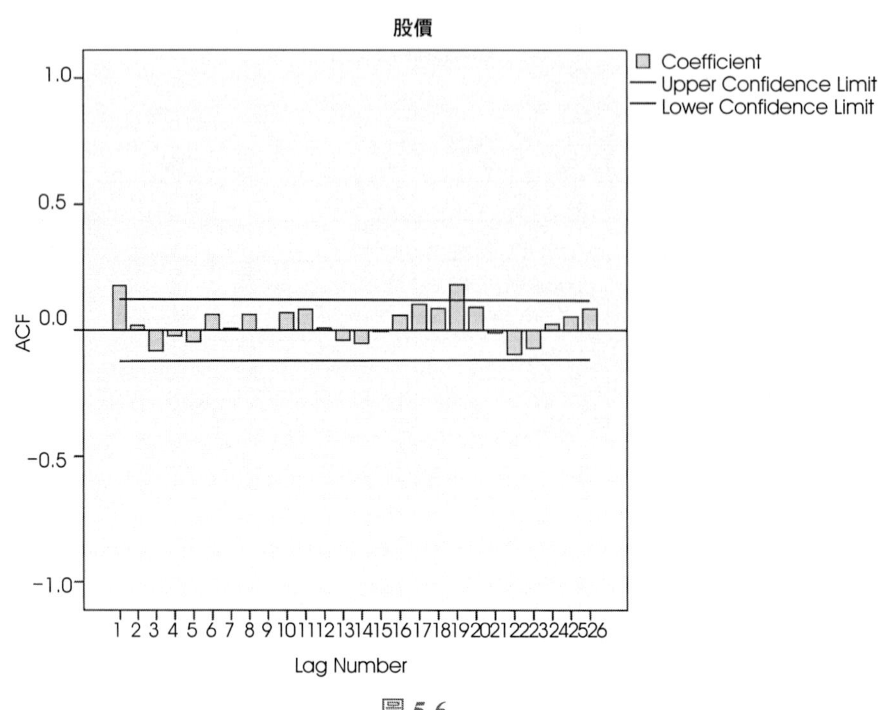

圖 5-6

由表 5-1 中的 Box-Ljung 的統計量與圖 5-5 觀察可以發現其殘差的自我相關是顯著的。經過差分之後，由表 5-2 中的 Box-Ljung 的統計量與圖 5-6 觀察可以發現其殘差的自我相關是不顯著的。

三、移動平均模型

在實際運作中，時間序列分析 Y_t，從原始或未差分的時間序列被估計的一個 ACF（自我相關的函數）開始。如果這個 ACF 指示其過程是非定常性的，那該序列必須是被差分的（be differenced）。分析的第二步驟是一個 ARIMA 模型提供定常性序列（the stationary series）的一個辨識（identification）（或提供由差分已完成定常性的一個序列），這樣一個定常性序列是基於被顯示在 ACF 中序列相關的模式之上。在前述部分中，從原始 IBM 序列（圖 5-3）所估計的 ACF（自我相關的函數）指示該過程是非定常性（nonstationary），所以被要求進行差分。從被差分的 IBM 序列中（圖 5-4）已估計的 ACF 顯示並沒有序列相關，指出一個 ARIMA（0,0,0）模型提供已差分的序列或，等同地，一個 ARIMA（0,1,0）模型提供原始的序列。

ARIMA（0,0,0）的過程通常不會面臨在社會科學中。而且，定常性序列的

ACF 將指示某種序列的相依（some serial dependency）。序列相依最普通的類型之一是 q^{th} 階（order）的移動平均。一個 ARIMA（0,0,q）的過程是被寫為

$$Y_t = a_t - \theta_1 a_{t-1} - \cdots - \theta_q a_{t-q} \tag{5-24}$$

這個假定 Y_t 的過程是定常性的，當然，如果它是非定常性的，那 ARIMA（0,1,q）的過程是

$$Y_t - Y_{t-1} = a_t - \theta_1 a_{t-1} - \cdots - \theta_q a_{t-q} \tag{5-25}$$

不過其原則是相同的。一個定常性過程的實現是由當時的隨機震動（變動）a_t，與 q 正進行的隨機振動 a_{t-1} 通過到 a_{t-q} 的各成分所組成。由於這種的組成結果，一個移動平均過程的連續實現將不會是獨立的。

在實際運作中，社會科學的時間序列幾乎總是由低階的 ARIMA（p,d,q）模型來呈現或來進行陳述。結構參數 p，d，與 q 將很少會超過第一階。所以，我們討論 ARIMA（0,0,q）模型將會集中焦點於第一階的案例上然而其論證（the arguments）是會到較高階的案例。

ARIMA（0,0,1）過程會留下有特色的說法（leave distinctive signatures）在它們的各 ACF 中。陳述一個 ARIMA（0,0,1）過程的二個連續實現或在差分後一個 ARIMA（0,1,1）過程，如

$$Y_t = a_t - \theta_1 a_{t-1} \tag{5-26}$$

$$Y_{t+1} = a_{t+1} - \theta_1 a_t \tag{5-27}$$

持續觀察值之間的共變數是

$$\text{covariance}(a_t a_{t+1}) = -\theta_1 \sigma^2 \tag{5-28}$$

過程的變異數同樣地可以被顯示是

$$\text{variance}(Y_t) = (1 + \theta_1^{\,2})\sigma^2 \tag{5-29}$$

ACF(1) 的值如此是被預期是

$$\text{ACF}(1) \frac{-\theta_1 \sigma^2}{(1-\theta_1^2)\sigma^2} = \frac{-\theta_1}{1+\theta_1^2} \tag{5-30}$$

由時間二個單位（two units of time）被個別實現的共變數是

$$\text{covariance}(Y_t Y_{t+2}) = 0$$

ACF(2) 的值如此是被預期為

$$\text{ACF}(2) = \frac{\text{covariance}\,(Y_t Y_{t+2})}{\text{variance}(Y_t)} = \frac{0}{1+\theta_1^2} = 0 \qquad (5\text{-}31)$$

ACF(3) 的值，…，ACF(k) 的值被預期基於相同的理由是零。一個 ARIMA（0,0,1）過程如此是被預期要有一個 ACF(1) 非零的值與所有 ACF 連續的滯延被預期是零。

一個 ARIMA（0,0,2）過程被寫成如

$$Y_t = a_t - \theta_1 a_{t-1} - \theta_2 a_{t-2} \qquad (5\text{-}32)$$

由當時隨機震動（變動）a_t，與二個正進行振動，a_{t-1} 與 a_{t-2} 部分所組成的有一個實現。ACF 對這個過程被預期可以被獲得在被使用於去獲得一個 ARIMA（1,0,0）過程和被預期 ACF 的程序相同。

$$\text{ACF}(1) = \frac{\theta_1(\theta_2 - 1)}{1+\theta_1^2+\theta_2^2}$$

$$\text{ACF}(2) = \frac{-\theta_2}{1+\theta_1^2+\theta_2^2}$$

$$\text{ACF}(3) = \cdots \text{ACF}(k) = 0 \qquad (5\text{-}33)$$

如以一般的原則，一個 ARIMA（0,0,q）過程是被預期要提供 ACF(1)，…，ACF(q) 有非零的值。所以 ACF(q + 1)，…，ACF(q + k) 所有的是被預期是零。因而，一個 ARIMA（0,0,q）模型的辨識是基於在 ACF 的第一 q 滯延中非零數目的一個計算上。實際上，當然，移動平均過程會比第一階的（q > 1）將很少會面臨到。

圖 5-7 顯示對若干 ARIMA（0,0,1）與 ARIMA（0,0,2）過程被預期的各 ACF。這些 ACF 暗示在被使用去辨識一個時間序列的一個 ARIMA 模型的程序上。如果從一個時間序列中所估計的 ACF（自我相關的函數）有一個單一釘住（has a single spike at）ACF(1) 上。例如，一個 ARIMA（0,0,1）模型被提出進行時間序列；釘住在 ACF(1) 與 ACF(2) 提出一個 ARIMA（0,0,2）模型，等等。

最後，它必須被注意到移動平均是被「限制其倒轉」（"the bounds of invertibility"）因為一個 ARIMA（0,0,2）過程，這些限制是

$$-1 < \theta_1 < +1$$

換言之，參數 θ_1 必須是比絕對值的單位小。就一個 ARIMA（0,0,2）過程而言，其 the bounds of invertibility 是

$$-1 < \theta_1 < +1$$
$$\theta_1 + \theta_2 < +1$$
$$\theta_2 - \theta_1 < +1$$

當移動平均參數沒有落在這些限制之內，ARIMA（0,0,q）模型是未被界定的。我們將回到次部分的這一點上去證明 the bounds of invertibility 對移動平均參數的含意。

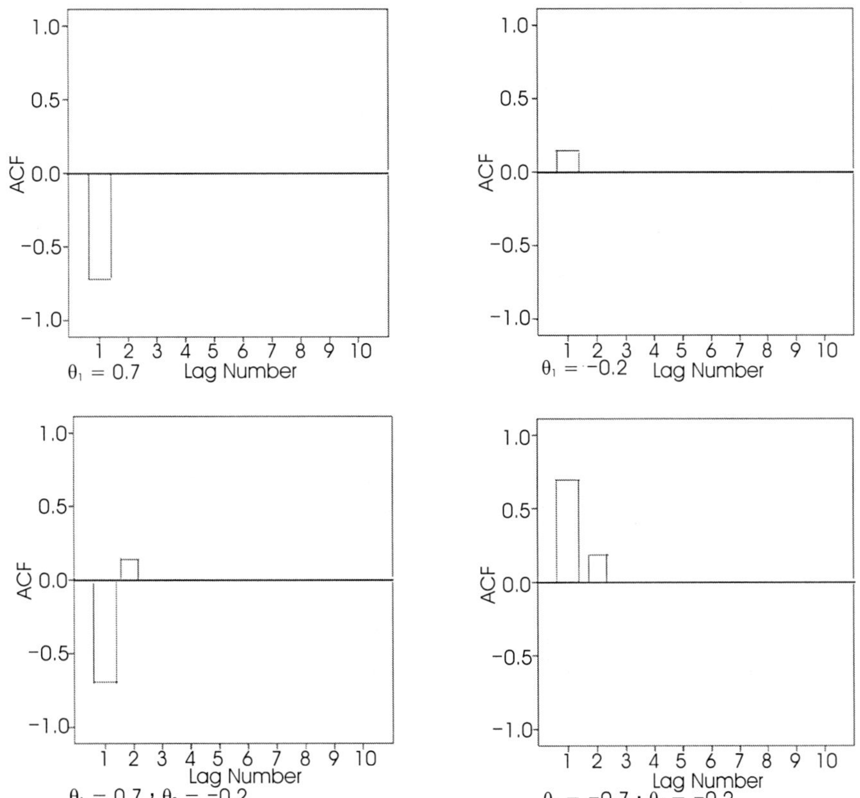

圖 5-7 提供若干 **ARIMA（0,0,1）**與 **ARIMA（0,0,2）**過程的 **ACF** 的圖形

四、自我迴歸的模型

一個 p^{th} 階自我迴歸的或 ARIMA（p,0,0）過程可以被寫成

$$Y_t = \phi_1 Y_{t-1} + \cdots + \phi_p Y_{t-p} + a_t \tag{5-34}$$

有 p 正進行的實現，Y_{t-1} 到 Y_{t-p} 與一個當前的隨機震動（變動）a_t 所組成。有關社會科學過程相對簡化我們的組成成分，因而可以在此適當地應用。所有自我迴歸的應用，最普遍性的使用是第一階的過程，ARIMA（1,0,0），可以被寫成

$$Y_t = \phi_1 Y_{t-1} + a_t \tag{5-35}$$

ACF（自我相關的函數）的這種過程是被預期去使滯延再滯延中在指數上的逐漸弱化（decay）。過程連續實現之間的共變數（covariance）是

$$\text{covariance}\ (Y_t Y_{t+1}) = \phi_1\ \text{variance}\ (Y_t)$$

由 Y_t 的變異數（variance）除以這個共變數

$$ACF(1) = \frac{\phi_1\ \text{variance}(Y_t)}{\text{variance}(Y_t)} = \phi_1$$

二個單位在個別時間實現之間的共變數（covariance）是

$$\text{covariance}\ (Y_t Y_{t+2}) = \phi_1^2\ \text{variance}\ (Y_t)$$

如此

$$ACF(2) = \frac{\phi_1^2\ \text{variance}(Y_t)}{\text{variance}(Y_t)} = \phi_1^2$$

持續這個過程，它可以被顯示為

$$\begin{aligned} ACF(3) &= \phi_1^3 \\ ACF(4) &= \phi_1^4 \\ ACF(k) &= \phi_1^k \end{aligned} \tag{5-36}$$

被預期的ACF（自我相關的函數）如此是自我迴歸參數的一個簡單的功率函數（power function）ϕ_1。

圖 5-8 顯示各 ACF 被預期的 ARIMA（1,0,0）過程與ϕ_1 的不同值。基於將很快就可清楚，必須被拘限於區間 $-1 < \phi_1 < +1$。這些拘限被稱為「常定性的拘限」（bounds of stationarity），寫下 ARIMA（1,0,0）過程在時間內的二個點：

$$Y_t = \phi_1 Y_{t-1} + a_t \tag{5-37}$$

與

$$Y_{t-1} = \phi_1 Y_{t-2} + a_{t-1} \tag{5-38}$$

一個很明顯的替代導致

$$\begin{aligned} Y_t &= \phi_1(\phi_1 Y_{t-2} + a_{t-1}) + a_t \\ &= \phi_1^2 Y_{t-2} + \phi_1 a_{t-1} + a_t \end{aligned} \tag{5-39}$$

而且，對 Y_{t-2} 同一性的一個辨識依據方程式（5-38）是

$$Y_{t-2} = \phi_1 Y_{t-3} + a_{t-2}$$

與替代這個辨識導致

$$\begin{aligned} Y_t &= \phi_1^2(\phi_1 Y_{t-3} + a_{t-2}) + \phi_1 a_{t-1} + a_t \\ &= \phi_1^3 Y_{t-3} + \phi_1^2 a_{t-2} + \phi_1 a_{t-1} + a_t \end{aligned} \tag{5-40}$$

持續這種替代

$$Y_t = \sum_{i=0}^{\infty} \phi_1^i a_{t-1} \tag{5-41}$$

如此一個第一階自我迴歸過程可以同樣方式被呈現為一個移動平均的過程它的階是無窮數。

要說明這個重要點的種種意含，可考量 ARIMA（1,0,0）過程其中$\phi = 0.5$。這種過程可以被呈現為

$$\begin{aligned} Y_t &= \sum_{i=0}^{\infty} (0.5)^i a_{t-1} \\ &= a_t + 0.5a_{t-1} + 0.25a_{t-2} + 0.125a_{t-3} + \cdots + (0.5)^k a_{t-k} + \cdots \end{aligned}$$

在這個 ARIMA（1,0,0）過程是由過去震動（變動）一個無窮的數目所組成時，結合著這些振動的加權（the weighes）會減低指數上的絕對值，這是自我迴歸的本質。只要參數ϕ_1是一個分數（a fraction)（即是，只要ϕ_1值落在定常性的限制之內），一個隨機震動（變動）的重要性會隨時間而減少。更近的一個震動（變動），更重要於它是（或它的加權愈大）決定當前的實現中。

然而現在要考量一個 ARIMA（1,0,0）過程其中$\phi_1 = 1$，該過程可以被寫為

$$Y_t = \sum_{i=0}^{\infty} (1.0)^i a_{t-1}$$
$$= a_t + a_{t-1} + a_{t-2} + a_{t-3} + \cdots + (1.0)^k a_{t-k} + \cdots$$

它是一個非定常性的（非穩定性的）過程，每一個震動（變動）是被假定相同的加權而不管它是離過去多近與多遠。如我們在第四節所顯示的，這個過程必須被差分。

最後，考量一個 ARIMA（1,0,0）過程其中$\phi_1 = 1.5$。該過程可以被寫為

$$Y_t = a_t + 1.5a_{t-1} + 2.25a_{t-2} + \cdots + (1.5)^k a_{t-k} + \cdots$$

在本案例中，一個震動（變動）隨時間消失而愈重要。當$\phi_1 > 1$，一個 ARIMA（1,0,0）過程意指成長，當這樣一個過程的說明，考量一個情境其中一個薪資賺取者存入或多或少的隨機的存款量於每一個月的儲蓄。由於利息的支付，每一個月的儲蓄將隨時間的消失而成長。在一段很長的時間之後，薪資賺取者存入將會有極大的成長即在儲蓄帳號中的金額將會由當前與未來存入而很少被改變。直進的成長過程是很少發生於社會科學之中。

非定常性的過程不應該由自我迴歸模型來代表，基於這個理由，定常性的限制（the bounds of stationarity）必須被滿足。當參數是小於絕對值的單位，隨機震動（變動）隨時間的消失會有一種越來越弱的影響力。這是自我迴歸的特殊本質：一個事件的發生越接近越重要，它對當前實現的影響力越大。依據輸入——產出的界定方式，自我迴歸的行為可以被繪製為

$$a_t \rightarrow \boxed{+\sum_{i=1}^{\infty} \phi_1^i a_{t-i}} \rightarrow + \ \boxed{+\theta_0} \rightarrow Y_t$$

$$\downarrow \rightarrow \sum_{i=1}^{\infty} (1-\phi_1^i) a_{t-1} \quad \text{“leakage”}$$

依據繪製圖的意義是一個隨機震動（變動）被增加到一個指數上在過去振動加權的總和；這個總和然後被加到成為一個常數 θ_0，從 ARIMA 系統中呈現出當前的實現 Y_t。這個繪製圖的重要面向是它的「排泄量」（leakage）。當時間消失中，隨機震動（變動）以一個指數比率「洩漏」出系統之外。如此，一個隨機震動（變動）對一個時間序列觀察值的影響在指數上就會隨時間的消失而減低。一個最初的隨機震動（變動）a_0，遺留在連續時間的部分是：

時間	剩餘部分	洩漏
t = 0	a_0	…
t = 1	$\phi_1 a_0$	$(1- \phi_1)a_0$
t = 2	$\phi_1^2 a_0$	$(1- \phi_1^2)a_0$
⋮	⋮	⋮
t = k	$\phi_1^k a_0 \approx 0$	$(1- \phi_1^k)a_0 \approx a_0$

在 k 個時期期間之後，在 ARIMA（1,0,0）系統中剩餘的 a_0 部分是會變得如此的小，小的我們可以把它認為是零一樣。透過洩漏消失的部分是如此大，大的我們可以把它認為如所有的 a_0 一樣。

現在再考量對移動平均參數倒轉性的限制（the bounde of invertibility），一個 ARIMA（0,0,1）過程在時間的二個點上可寫為

$$Y_t = a_t - \theta_1 a_{t-1} \tag{5-42}$$

與

$$Y_{t-1} = a_{t-1} - \theta_1 a_{t-2} \tag{5-43}$$

一個明顯的替代是

$$a_{t-1} = Y_{t-1} + \theta_1 a_{t-2}$$

$$\begin{aligned} Y_t &= a_t\text{-}\theta_1(Y_{t-1} + \theta_1 a_{t-2}) \\ &= a_t\text{-}\theta_1 Y_{t-1}\text{-}\theta_1^2 a_{t-2} \end{aligned} \tag{5-44}$$

然後以 a_{t-2} 替代

$$a_{t-2} = Y_{T-2} + \theta_1^2 a_{t-3}$$

$$Y_t = a_t - \theta_1 Y_{t-1} - \theta_1^2(Y_{t-1} + \theta_1 a_{t-3})$$
$$= a_t - \theta_1 Y_{t-1} - \theta_1^2 Y_{t-2} - \theta_1^3 a_{t-3} \qquad (5\text{-}45)$$

無限地持續這種替代的過程導致產生無限的序列

$$Y_t = a_t - \sum_{i=1}^{\infty} \theta_1^i Y_{t-i} \qquad (5\text{-}46)$$

一個 ARIMA（0,0,1）過程如此可以在辨識上被呈現為無限階（infinite order）的一個自我迴歸的過程。

當參數 θ_1 是一個分數（a fraction）（即是，當它滿足倒轉性的限制時），一個 ARIMA（0,0,1）過程在指數上會逐漸減低加權數（decreasing weights）。要證明這點，讓 $\theta_1 = 0.5$。然後，

$$Y_t = a_t - \sum_{i=1}^{\infty} (0.5)^i Y_{t-1}$$
$$= a_t - 0.5Y_{t-1} - 0.25Y_{t-2} - 0.125Y_{t-3} - \cdots - (0.5)^k Y_{t-k} - \cdots$$

但是當 $\theta_1 = 1.0$

$$Y_t = a_t - Y_{t-1} - Y_{t-2} - Y_{t-3} - \cdots -(1.0)^k Y_{t-k} - \cdots$$

與當 $\theta_1 = 1.5$

$$Y_t = a_t - 1.5Y_{t-1} - 2.25Y_{t-2} - 3.375Y_{t-3} - \cdots -(1.5)^k Y_{t-k} - \cdots$$

對移動平均參數倒轉限制的含意是如此相同於自我迴歸參數定常性限制的含意。除了參數 θ_1 是小於絕對值的結合（unity in absolute value）之外，其過程是受到它的過去歷程所壓制（the process is overwhelmed by its history）。

我們可以使用一個圖製的輸入——產出，推論 ARIMA（0,0,1）過程的這個部分（this section）：

$$a_t \rightarrow \boxed{-\theta_1 a_{t-1}} \rightarrow \boxed{+\theta_0} \rightarrow Y_t$$
$$\downarrow \rightarrow (1-\theta_1)a_{t-1} + \sum_{i=2} a_{t-i} \qquad \text{leakage}$$

在此一個隨機震動（變動）輸入該系統，是和當前的隨機震動（變動）連結，有一個常數 θ_0，加上從該系統出現為當前的實現 Y_t。當進入該系統時，每一個隨

機震動（變動）的一個部分洩漏與這種行為是典型的移動平均過程。自我迴歸與移動平均兩者過程是由 ARIMA 系統洩漏量（leakage）來描述其特性。在 ARIMA（1,0,0）過程中，震動（變動）以一個指數比率洩漏。在 ARIMA（0,0,1）過程中，震動（變動）以某定量的步驟洩漏（in quantum steps），堅持僅一觀察值。從一個 ARIMA（0,d,0）模型中沒有甚麼樣的洩漏量（leakage）。定常性限制與倒轉性（轉換性）限制允許隨機震動（變動）於 ARIMA 系統去進行洩漏。當這些限制不被滿足時，ARIMA 模型將無法擬態或仿效自我迴歸或移動平均過程的行為特性。

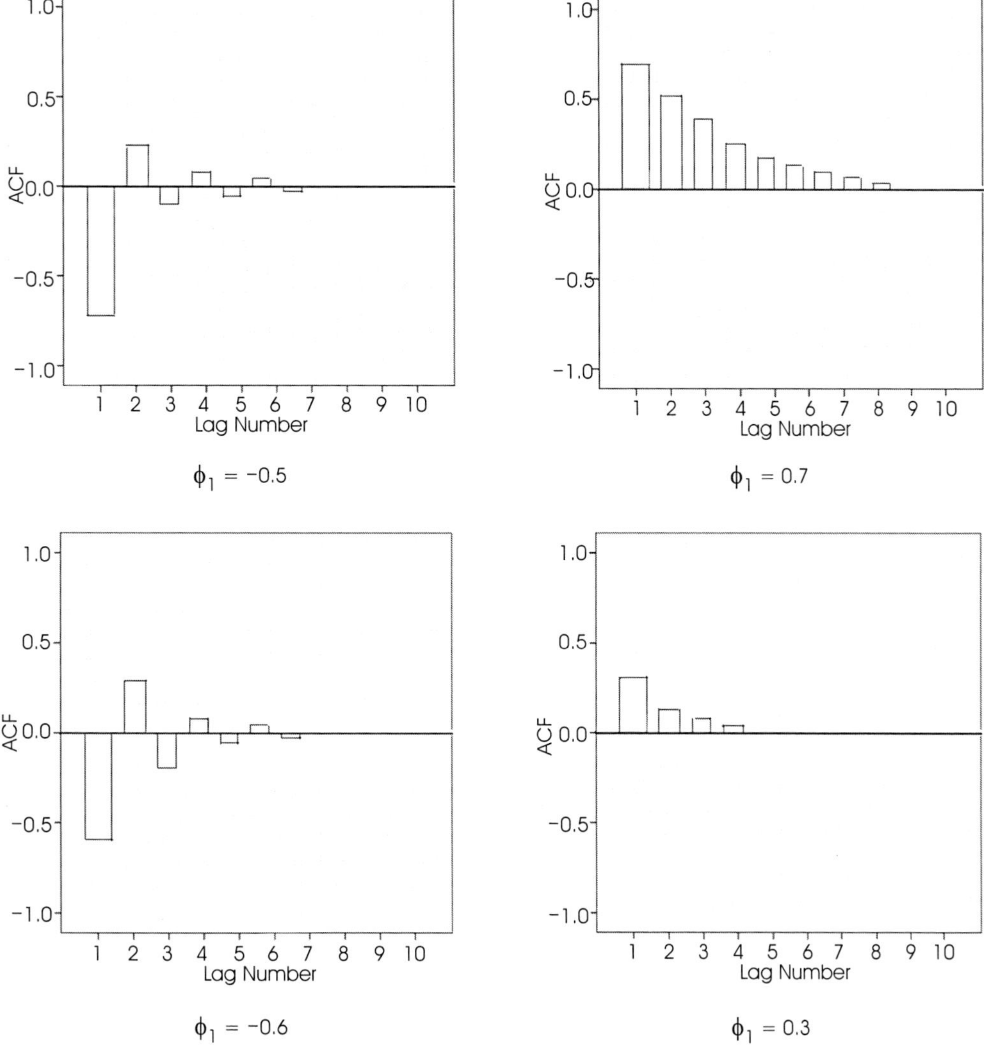

圖 5-8　提供若干 **ARIMA（1,0,0）**過程的 **ACF** 的圖形

五、淨（偏 partial）自我相關的函數

一個 ARIMA（2,0,0）過程可以被寫成

$$Y_t = \phi_1 Y_{t-1} + \phi_2 Y_{t-1} + a_t$$

有一個當前的實現是由二個當前實現的部分所決定，Y_{t-1} 與 Y_{t-2}，與由當前的隨機震動（變動）a_t 所決定。對參數 ϕ_1 與 ϕ_2 的定常性的限制是

$$-1 < \phi_1 < +1$$
$$\phi_1 + \phi_2 < +1$$
$$\phi_2 - \phi_1 < +1$$

這些限制是相同於對一個 ARIMA（0,0,2）過程的倒轉性（轉換性）的限制。讀者在此可以很容易去證實這個問題，當 ϕ_1 與 ϕ_2 被選擇時而無法滿足這些限制時，一個非定常性的過程就被指示。

一個 ARIMA（0,0,2）過程的 ACF（自我相關的函數）是被預期會從一再滯延（lag to lag）中衰弱（decay），這樣會呈現出模型辨識的一個真正問題。如果一個定常性序列的 ACF（自我相關的函數）（或一個由差分所產生的）同樣地是零，那分析家就可以推論該序列是一個 ARIMA（0,0,0）的實現；或如果 ACF 有一個單一的非零（a single nonzero）釘住在一階的滯延；與釘住在 ACF(1) 與 ACF(2) 指出一個 ARIMA（0,0,2）的實現。如果 ACF 從一再滯延（lag to lag）中衰弱（decay），無論如何，即一個 ARIMA（p,0,0）的過程被指出。這個問題，當然，是其分析者通常是無法只從 ACF 中決定 p 值。在實際的運作中，ARIMA（1,0,0）與 ARIMA（2,0,0）兩者的過程已衰弱了 ACFs，此是由於機率的變異數所致，它們會有相同的問題呈現。

在這樣的案例中一個有效辨識的統計量是淨（偏 partial）自我相關的函數（the partial autocorrelation function, PACF）。PACF（淨自我相關的函數）有一種解釋方式不像任何其他淨相關的測量。滯延 −k（lag-k）PACF， PACF(k)，是時間序列觀察值 k 單位個別之間相關的一種測量，在居間滯延的相關已被控制或「被淨化（或淨出）」之後。不像 ACF，PACF（淨自我相關的函數）無法從一個簡易的，直進的方程式（程式）中被進行估計。在此我們將不如此進行之際，它可以被證實即 PACF 可以由下列方程式所給予

$$PACF(1) = ACF(1)$$

$$PACF(2) = \frac{ACF(2) - [ACF(1)]^2}{1 - [ACF(1)]^2}$$

$$PACF(3) = \frac{\{ACF(3) + ACF(1)[ACF(2)]^2 + [ACF(1)]^3 - 2ACF(1)ACF(2) - [ACF(1)^2 ACF(3)]\}}{1 + 2[ACF(1)]^2 ACF(2) - [ACF(2)]^2 - 2[ACF(1)]^2}$$

等等。

PACF 是從 the Yule-Walker 方程式進行估計中所獲得的。由 Box and Jenkins（1976: 82-84）進行對一個真正的估計程序所作的描述。PACF(k) 的標準誤是由 $SE[PACF(k)] = N^{-1/2}$ 所給予提供一個 N- 觀察值的時間序列。

以這種方式呈現 PACF，可以很清晰的呈現出 PACF 成為測量淨相關的一種角色。事實上 PACF 是一種「淨的」(或被淨化的) ACF，呈現在 PACF 之中。這種形成方式亦可以很清晰的呈現出在它的估計之中會涉及到很繁複的計算問題。若沒有適當的電腦軟體，已估計的 PACF 會令分析者對於時間序列的問題感到困難重重。

當被預期的 PACF 是被預期 ACF 的一種函數時，與若干 ARIMA 過程的被預期的 ACF 已被獲得時，被預期的 PACF 是由簡易的（但是繁複的）代數的替代所獲得。我們留下這些微分法給讀者與反而給予被預期的 PACF 提供若干 ARIMA 的過程如

(1) 一個 ARIMA 的過程（1,0,0）它的 ACF 是被預期是

$$ACF(k) = \phi_1^k \qquad (5\text{-}47)$$

是被預期必須有一個非零 PACF(1) 於 PACF(2) 與所有持續滯延被預期是零，特別是，

$$PACF(1) = \phi_1$$
$$PACF(2) = \cdots = PACF(k) = 0$$

(2) 一個 ARIMA 的過程（0,0,1）它的 ACF 被預期是

$$ACF(1) = \frac{-\theta_1}{1 + \phi_1^2} \qquad (5\text{-}48)$$
$$ACF(2) = \cdots = ACF(k) = 0$$

有一個逐漸衰弱的 PACF，即是，所有 PACF(k) 被預期是非零，特別是，

$$PACF(1)=\frac{-\theta_1}{1+\theta_1^2}$$

$$PACF(2)=\frac{-\theta_1}{1+\theta_1^2+\theta_1^4}$$

$$PACF(3)=\frac{-\theta_1}{1+\theta_1^2+\theta_1^4+\theta_1^6}$$

被預期的 PACF 的持續滯延在絕對值方面就變得愈來愈小。如果 $\theta_1 = 0.7$，則

$$PACF(1) = -0.469$$

$$PACF(2) = -0.283$$

$$PACF(1) = -0.186$$

等等。在一般的案例中，一個 ARIMA（0,0,q）過程的 PACF 是被預期以這種方式衰退（衰弱），但是以一個比率由 $\theta_1 \cdots \theta_q$ 所決定。

圖 5-9 顯示被預期的 PCFs 與 PACFs 提供 ARIMA（p,0,0）與 ARIMA（p,d,q）的過程。如所顯示，移動平均過程已使 PACFs 逐漸衰弱於當自我迴歸過程已釘住 PACFs 時。ARIMA（p,0,0）的過程，例如，已釘住 PACF(1)，…，PACF(p)。由於使用 PCF 與 PACF，分析者可以決定，首先，一個序列是移動平均或自我迴歸，其次，過程的階（即是，p 或 q 的值）。

我們尚未獲得一個 ARIMA（2,0,0）過程所預期的 ACF，如此，就無法獲得它所預期的 PACF。PCFs 的微分法（導數，derivation）提供較高階的自我迴歸的過程是比 ARIMA（0,0,q）與 ARIMA（1,0,0）PCFs 的微分法（導數，derivation）更加複雜。無論如何，它可以證實一個 ARIMA（0,0,0）過程的持續觀察值之間的共變數是

$$\text{covariance}(Y_t Y_{t+k}) = \sum_{i=1}^{p} \phi_i \,\text{covariance}(Y_{t-i} Y_{t+k})$$

與這個方程式除以 ARIMA（p,0,0）過程的變異數

$$ACF(k) = \sum_{i=1}^{p} \phi_i ACF(k-i) \tag{5-49}$$

對一個 ARIMA（2,0,0）過程，即是

$$ACF(k) = \phi_1 ACF(k-1) + \phi_2 ACF(k-2) \tag{5-50}$$

以這樣的呈現方式，ACF 可以回溯地（recursively）被獲得 ACF 的第一個三個滯延被預期是

$$\mathrm{ACF}(1)=\frac{\phi_1}{1-\phi_2}$$

$$\mathrm{ACF}(2)=\frac{\phi_1^2}{1-\phi_2}+\phi_2$$

$$\mathrm{ACF}(3)=\frac{\phi_1(\phi_2+\phi_1^2)}{1-\phi_2}+\phi_1\phi_2$$

在顯示中，一個 ARIMA（2,0,0）過程的 ACF 呈現衰弱，但是會以一個緩慢比率通常會比一個 ARIMA（1,0,0）過程還要慢。如圖 5-5 所顯示。

(3) 現在我們的關切是回到 PACF。替代 ACF(1)、ACF(2)、ACF(3) 的各值於程式中，提供一個 ARIMA（2,0,0）過程其被預期的 PACF 是

$$\mathrm{PACF}(1)=\frac{\phi_1}{1-\phi_2}$$

$$\mathrm{PACF}(2)=\frac{\phi_2(\phi_2-1)^2-\phi_1\phi_2}{(1-\phi_2)^2-\phi_1^2}$$

$$\mathrm{PACF}(3)=0$$

提供 ARIMA（2,0,0）過程其 PACF 的持續滯延是完全被預期是零。在一般的案例中，一個 ARIMA（0,0,0）過程是被預期要有非零的 PACF(1)，⋯，PACF(p) 各值，於 PACF（p + 1），⋯，PACF（p + k）是完全被預期是零時。

它應該是可以從圖 5-9 的檢測中看清楚，即 ACF 與 PACF 是很有解釋力的辨識工具。檢測這些統計量，分析者就可以決定一個時間序列是定常性（穩定性）或非定常性（非穩定性）；是定常性（穩定性）序列（或一個已被差分所產生的穩定性）是無害的噪音，移動平均，或自我迴歸；與移動平均的階級或自我迴歸的成分，q 或 p 的整數值（the integer values of q or p）。

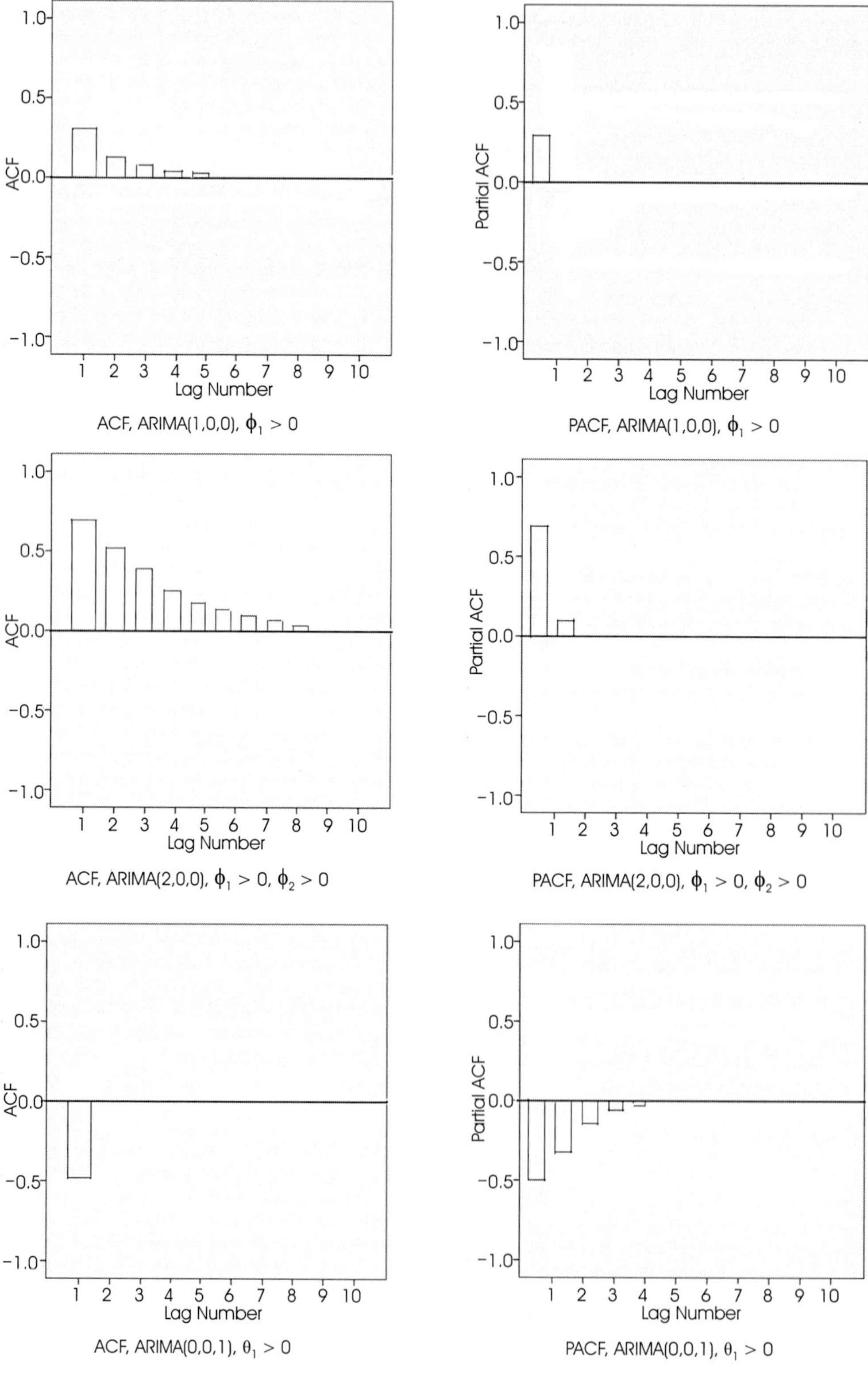

ACF, ARIMA(1,0,0), $\phi_1 > 0$

PACF, ARIMA(1,0,0), $\phi_1 > 0$

ACF, ARIMA(2,0,0), $\phi_1 > 0$, $\phi_2 > 0$

PACF, ARIMA(2,0,0), $\phi_1 > 0$, $\phi_2 > 0$

ACF, ARIMA(0,0,1), $\theta_1 > 0$

PACF, ARIMA(0,0,1), $\theta_1 > 0$

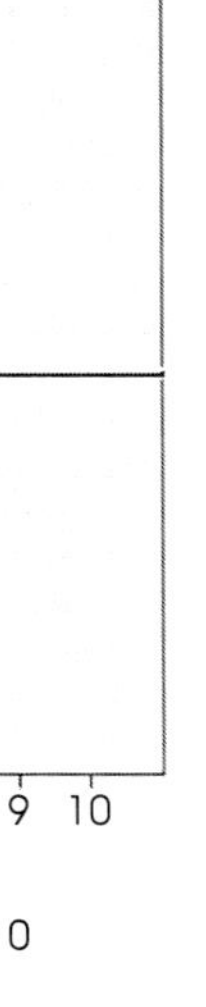

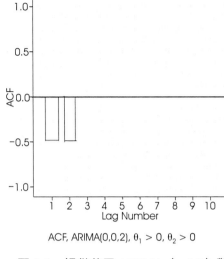

ACF, ARIMA(0,0,2), $\theta_1 > 0$, $\theta_2 > 0$

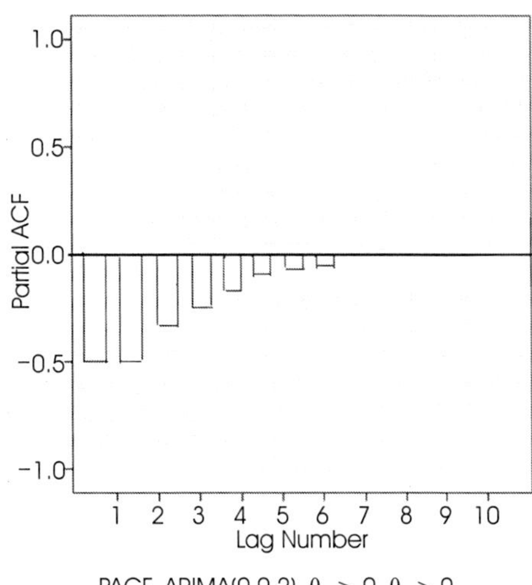

PACF, ARIMA(0,0,2), $\theta_1 > 0$, $\theta_2 > 0$

圖 5-9　提供若干 **ARIMA（p,0,0）**與 **ARIMA（0,0,q）**過程的 **ACF** 與 **PACF** 的圖形

六、混合自我迴歸——移動平均模型

我們探討問題的發展到此已個別地考量到自我迴歸的與移動平均的結構。例如，當我們已發展到移動平均模型的代數時，我們僅考量到 ARIMA（0,0,q）過程的案例。同樣地，我們在進展自我迴歸模型中僅考量到 ARIMA（p,0,0）過程的案例。我們現在將要考量到混合的模型，即是，ARIMA（p,d,q）模型其中 p 與 q 兩者是非零的。

如果我們的呈現方式是典型的，在一千萬個呈現方式之中僅有若干社會科學的時間序列將會是由混合的 ARIMA（p,d,q）模型所呈現。混合的自我迴歸——移動平均過程在邏輯上不是不可能之際，我們已討論的自我迴歸與移動平均過程之間的關係，我們把它們的關係置放某些限制於 ARIMA（p,d,q）的過程上。這些限制在通常是被指涉（或被歸之）為參數過多的限制（the limits of parameter redundancy），因為它們考量到事實即，在某些情境之中，複雜的模型（complex models）是等同於結構較少的較簡單的模型。

要說明參數過多的問題，可以考慮一個 ARIMA（1,0,1）過程被寫成

$$Y_t = \phi_1 Y_{t-1} + a_t - \theta_1 a_{t-1} \tag{5-51}$$

這種過程可以同樣地被寫成一個加權振動無限的序列

$$Y_t = a_t + (\phi_1 - \theta_1) \sum_{i=1}^{\infty} \phi_1^i a_{t-i} \qquad (5\text{-}52)$$

以這種形成方式被寫成，參數過多的問題就會清晰的呈現。首先，當 $\phi_1 = \theta_1$，$\phi_1 - \theta_1 = 0$，與

$$Y_t = a_t + (0) \sum_{i=1}^{\infty} \phi_1^i a_{t-i} = a_t \qquad (5\text{-}53)$$

ARIMA（1,0,1）過程可以簡化成一個 ARIMA（0,0,0）過程。同樣地，當 $\phi_1 = \theta_1 / 2$，$\phi_1 - \theta_1 = -\phi$，與

$$Y_t = a_t - \phi_1 \sum_{i=1}^{\infty} \phi_1^i a_{t-i} = -\phi_1 Y_{t-1} + a_t \qquad (5\text{-}54)$$

ARIMA（1,0,1）過程可以簡化成一個 ARIMA（1,0,0）過程。

ARIMA（1,0,1）過程在邏輯上不是不可能。一個混合過程的 ACF 與 PACF 是被預期會衰弱。它會是時常發生的，無論如何，ARIMA（1,0,1）過程是由較簡單的 ARIMA（0,0,0），ARIMA（1,0,0），或 ARIMA（0,0,1）過程來代表呈現較好。就整體而言，參數過多的問題是如此大，即分析者不應該接受一個 ARIMA（1,0,1）的模型直到較簡單的模型已被拒絕接受為止。

七、模型的建構

在發展形成 ARIMA（p,d,q）模型的代數之後，我們現在解釋說明建構一個時間序列的一個 ARIMA 模型。圖 5-10 顯示一個基於三個程序或步驟的模型建構策略：辨識（identification）、估計（estimation）與診斷（diagnosis）。這種模型建構策略是一個保守的策略它通常會導致產生一個 ARIMA 模型，即是在統計上是足夠適當的與尚簡約的（adequate and parsimonious）特性。當我們很快地理解，當缺乏這兩個特性的一個時間序列模型時，它會是一個隨意武斷（arbitrary）的模型。更特別的是，除非 ARIMA 模型在統計上是足夠的適當與尚簡約的之外，否則它的應用將會導致無效的推論。

↦ → (1) 辨識（Identification）
↓
↑ ← (2) 估計（Estimation）：參數估計值必須是達到統計上的顯著性與必須落在定常性與倒轉性的界限之間。如果二者的標準之一是不符合的，就要回到辨識的步驟。如果二者的標準均是符合的，那就可以繼續進行去診斷。
↓
↑ ← (3) 診斷（Diagnosis）：模型的殘差依據二個的標準所判斷必須是無害的噪音。第一，殘差的 ACF 必須是沒有釘狀物釘在主要的滯延上。第二，Q 統計量必須不是顯著性的。如果二個標準中有任一是不符合的，就要回到辨識的步驟。如果二者的標準均是符合的，那就可以接受這個模型。

圖 5-10　模型的建立策略

(1) 辨識（identification）是基於從時間序列中所估計的 ACF 與 PACF 之上。已估計的 ACF 與 PACF 將指出該序列是定常性（穩定性）的或非定常性（不穩定性），即是該序列是否需要差分（differencing）；是定常性序列（穩定性）的（或一個透過差分已成為定常性序列）是一個無害的噪音，移動平均，或自我迴歸的；與一個移動平均的階序或自我迴歸的結構。

(2) 估計（estimation）要求一個適用的套裝軟體。一般的 ARIMA（p,d,q）的模型是非線性的在它的參數中，如此標準的迴歸軟體程式諸如 SPSS 就可以被使用。大部分大學的資訊中心將會有一種 ARIMA 時間序列套裝軟體可資利用，我們將會在本書的第七章與第八章中專門討論這個問題。在本章的後面，我們亦會對於 ARIMA 時間序列使用 SPSS 進行分析，在進行分析中，我們所發展形成的模型建構策略假定讀者已接觸到這些計算軟體。

已辨識了一個時間序列的 ARIMA 模型之後，模型的 ϕ 與／或 θ 參數就必須被進行估計。模型建構程序在這階段，分析者就必須關切二個估計標準。第一，參數估計值必須落在提供自我迴歸的或移動平均參數的定常性（穩定性）與／或倒轉性（轉換性）的限制之內。第二，參數估計值必須在統計上達成顯著性。如果參數估計值無法滿足這二者的標準，一個新的模型就必須被辨識。

如在圖 5-10 中所顯示，模型建構策略是一個反覆的（iterative）策略。該策略的每一個階段有某些絕對要關切的，它們必須是由暫時性 ARIMA 模型來滿足。如果其關切無法獲得滿足，那分析者就必須回顧到當前進行的階段。假設，例如，最初的辨識建議一個 ARIMA（1,0,0）模型。在估計階段，無論如何，ϕ_1 的估計不能滿足定常性（穩定性）的限制；即是，ϕ_1 的估計值是比絕對值的結合大。這指出該序列是非定常性（不穩定性）與必須被差分。要探究這個可能性，分析者必須回到模型建構策略的辨識階段。

統計顯著性的標準是和簡約性（parsimony）有關。當它對讀者不是顯然明白的時候，時常有許多 ARIMA（p,d,q）的模型它們將適配一個時間序列。無論如何，這些模型中將唯有一個是最簡約的。這點的最明顯說明是一個 ARIMA（1,0,0）過程可以由一個 ARIMA（2,0,0）模型是適配的其中參數ϕ_2是零的。在 ARIMA（2,0,0）模型統計上是足夠的適當（adequate），無論如何，它就是說它將適配於時間序列，但是它將在統計上所有足夠的適當模型中不是最簡約性的模型。

(3) 診斷是關切暫時性模型統計上的足夠適當。在已辨識與在滿意上已估計一個暫時性 ARIMA（p,d,q）模型的參數之後，模型統計上的足夠適當必須是可以被估計。在第四節中，我們介紹 ARIMA 過程輸入 — 產出的概念。隨機振動進入 ARIMA 系統，通過自我迴歸的，統合的，與／或移動平均的過濾，與從 ARIMA 系統中出現如時間序列的觀察。模型的建構可以在方便適當性上被視為顛倒程序的診斷為

$$Y_t \leftarrow \boxed{\text{Differencing}} \leftarrow \boxed{\text{Autoregression}} \leftarrow \boxed{\text{Moving Average}} \leftarrow a_t$$

這個圖解的意義是一個時間序列的觀察值是透過過濾過程的一個序列被向後傳達，從相反的 ARIMA 系統中出現為一種隨機的震動。模型建立策略的辨識與估計步驟，當然，其目標是在於選擇能夠滿足於這個系統的過濾過程。如果適當的過濾過程已被選擇，如果適當的 ARIMA（p,d,q）模型已被辨識與估計，即是，該模型的殘差將不會是不同於無害的噪音。

診斷是從模型殘差中進行估計一個 ACF 所形成，如果殘差是沒有不同於無害的噪音。那麼所有殘差 ACF 的滯延將會被預期是零。當然，在實況中，一個 ACF 中一個或二個滯延被預期在統計上的顯著性是由於偶然（by chance alone）所導致。要去檢定整個的殘差 ACF 是不同於一個被預期的無害噪音的過程，分析者可以使用由下列方程式所給予的 Q 統計量

$$Q(df) = N\sum_{i=1}^{k}[ACF(i)]^2 \quad \text{以 } df = k-1-q \tag{5-55}$$

（一）範例 5-1 Hyde Park Purse Snatchings 的模型（本資料儲存在 CH5-4 檔案中）

這種方程式假設從 N 個殘差中所估計 k 個滯延的一個 ACF。Q 統計量是以一

個卡方（a chi-square）的自由度由模型中 ACF 的一截長度（the length）與自我迴歸與／或移動平均參數的數目所決定被進行分配。例如，從一個 ARIMA（0,0,1）模型的殘差中已估計有一個有 30 個滯延的 ACF 有 29 個自由度。一個模型的殘差是無害噪音的一個虛無假設是

$$H_0：a_t \sim NID(0,\sigma^2)$$

這種虛無假設可以依據 Q 統計量的界定方式被呈現出

$$H_0：Q = 0$$

如果 Q 統計量以一個名義上的顯著水準（例如說是 0.05）是顯著的，那麼這些虛無假設是被拒絕的。由此，分析者可以推論暫時性的 ARIMA 模型是統計上的不足或不適當（inadequate）；它的殘差是不同於無害的噪音。如果 Q 統計量是不顯著的，無論如何，其虛無假設是被接受的。由此，分析者可以推論模型的殘差是沒有不同於無害的噪音，與暫時性的 ARIMA 模型是可接受的。

現在我們將使用一個範例去說明建構模型的策略。圖 5-11 顯示在 the Hyde Park neighborhood of Chicago 警察局的一個竊取錢包案件的一個時間序列報告。這個序列的第一個觀察值是 1969 年第一個 28 天（4 個星期）竊取錢包的整體數據；第二個 28 天的竊取錢包的整體觀察值；第 71 個觀察值是第六個 28 天的整體觀察值於 1974 年期間。這種報告的方法是在於保證在每一個報告期間中均有一個同等的天數。我們的分析，當然，將會遵循在圖 5-10 中所提出的步驟進行策略的探討。

(1) 辨識。第一步驟，一個 ACF 與 PACF 是從原始資料中所估計出來的。依據在圖 5-12 與表 5-3 所顯示的這些統計量，指出該序列是進行一個定常性過程（a stationary process）的實現；該序列將不必被差分。對於這個辨識的關鍵是在一個 ACF 中它是非常快速地消失。而且，一個移動平均過程並沒有從這個圖 5-12 的 ACF 圖形中獲得指示。一個移動平均過程是從圖 5-12 的 ACF 圖形中有一個或二個突出的釘柱（salient spikes）出現獲得指示。反之，ACF 的圖形呈現出一個概略逐漸衰弱的模式，指出一個自我迴歸，這個時間序列為一個 ARIMA（p,0,0）模型。PACF 有二個統計上顯著性的釘柱在 PACF(1) 與 PACF(2) 上它們指出一個 ARIMA（2,0,0）模型。這是可以被寫成

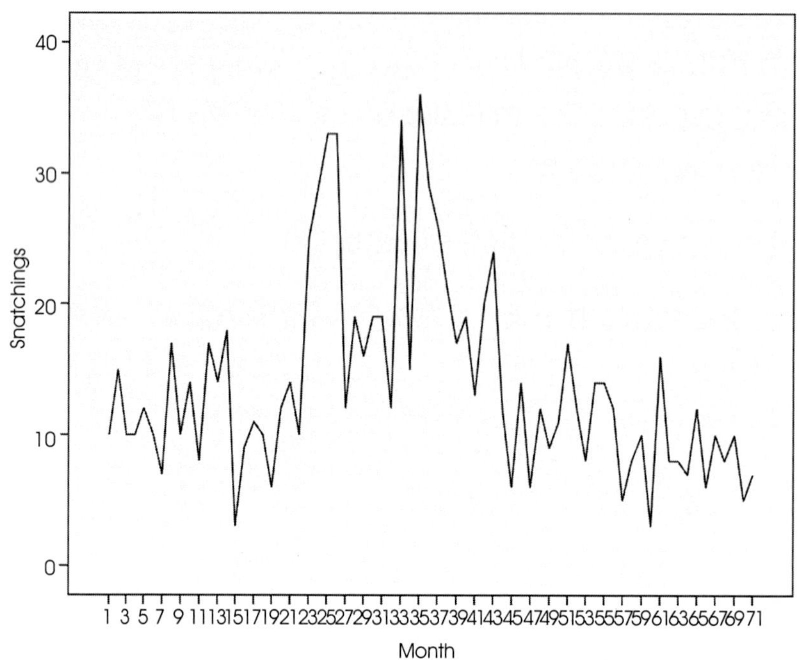

圖 5-11 **Hyde Park Purse Snatchings** 時間序列

$$Y_t = \phi_1 Y_{t-1} + \phi_2 Y_{t-2} + a_t$$

有二個參數在這個模型中要被進行估計。

(2) 估計。對一個 ARIMA（2,0,0）模型而言，其參數的估計值是（參考表 5-6）

$$\hat{\phi}_1 = 0.290 \text{ 與 t 的統計量} = 2.593$$
$$\hat{\phi}_2 = 0.385 \text{ 與 t 的統計量} = 3.401$$

兩者的參數的估計值以一個 0.05 的水準是統計上的顯著性；而且，其估計值可以滿足於自我迴歸參數定常性的界限（the bounds of stationarity）。

(3) 診斷。建構模型的一個最後程序，暫時性模型的殘差必須不是不同於（或必須同等於）無害的噪音。被估計殘差的一個 ACF，被顯示在表 5-7 上與圖 5-16 的 ACF 圖。在低階滯延上並沒有統計上顯著性的釘柱呈現。對這種診斷 ACF 的 Q 統計量是 11.714，Q 的一個值，以 16 的自由度，是統計上顯著性僅以 0.763 的水準。要去拒絕虛無假設，即這些殘差是無害的噪音，當然，我們要求 Q 的一個值是以 0.05 水準或較佳的水準（或 0.01）達成統計上顯著性。因為殘差的 ACF 其低階的釘柱呈現沒有統計上顯著性，與因為它的 Q 統計量是不顯著性的。所以，我們必須推論這些殘差沒有不同於（are not different than white noise）無害的噪音。所以，暫時性的模型必須被接受。

對 the Hyde Park 竊取錢包的時間序列的 ARIMA（2,0,0）模型是

$$Y_t = 0.290Y_{t-1} + 0.385Y_{t-2} + a_t$$

這個模型在經驗上是被辨識的，它的參數要被估計與要被檢定，與它的殘差要被診斷。當然，如果在估計步驟中邏輯的檢定考驗（參數估計值必須是統計上的顯著性與必須是滿足於定常性的界限）或在診斷步驟中（模型的殘差不必是不同於無害的噪音）已指出一個問題，我們已回到辨識的步驟。一個新的模型已被辨識，它的參數要被估計，與它的殘差要被診斷。這個程序已重複地被持續直到一個統計上足夠適當性模型被建立。

一旦建立，對這個時間序列的模型可以提供影響評估所使用。在這個序列的第 42 時間期間，一個社區警哨的方案（a community whistle-alert program）是被制定。在一個後面的點上，我們將回顧到這個時間序列去決定該方案是否對在 Hyde Park 的竊取錢包有任何程度的影響。

表 5-3

Autocorrelations

Series: Snatchings

Lag	Autocorrelation	Std. Error[a]	Box-Ljung Statistic		
			Value	df	Sig.[b]
1	0.493	0.116	17.984	1	0.000
2	0.534	0.115	39.421	2	0.000
3	0.363	0.115	49.463	3	0.000
4	0.294	0.114	56.169	4	0.000
5	0.261	0.113	61.516	5	0.000
6	0.163	0.112	63.637	6	0.000
7	0.243	0.111	68.415	7	0.000
8	0.183	0.110	71.165	8	0.000
9	0.179	0.109	73.851	9	0.000
10	0.243	0.108	78.883	10	0.000

Lag	Autocorrelation	Std. Error[a]	Box-Ljung Statistic		
			Value	df	Sig.[b]
11	0.204	0.108	82.495	11	0.000
12	0.227	0.107	87.008	12	0.000
13	0.147	0.106	88.928	13	0.000
14	−0.022	0.105	88.973	14	0.000
15	−0.023	0.104	89.022	15	0.000
16	−0.076	0.103	89.560	16	0.000
17	−0.092	0.102	90.375	17	0.000
18	−0.098	0.101	91.307	18	0.000
19	−0.147	0.100	93.472	19	0.000
20	−0.277	0.099	101.283	20	0.000
21	−0.219	0.098	106.274	21	0.000
22	−0.286	0.097	114.926	22	0.000
23	−0.196	0.096	119.059	23	0.000
24	−0.305	0.095	129.326	24	0.000
25	−0.186	0.094	133.204	25	0.000

a. The underlying process assumed is independence (white noise).

b. Based on the asymptotic chi-square approximation.

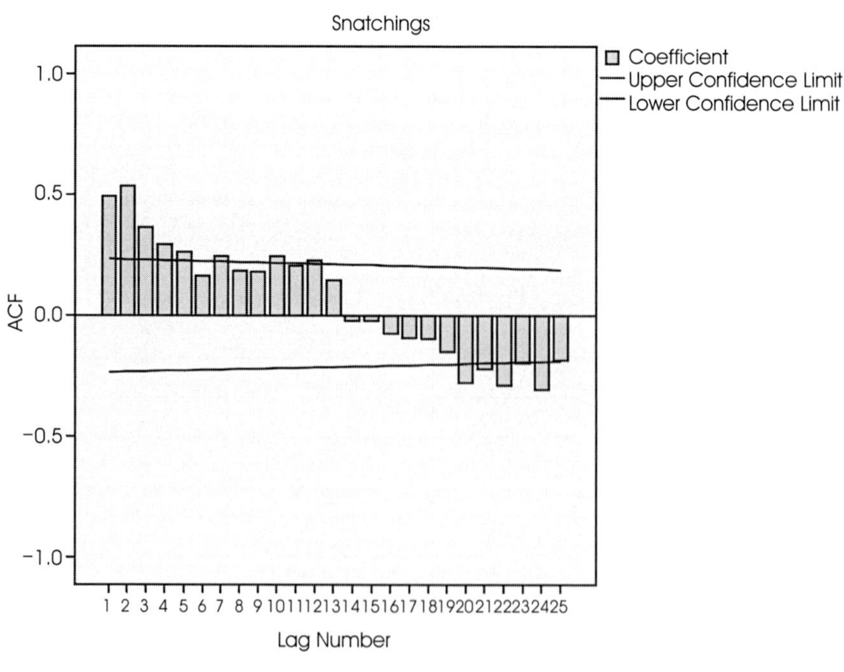

圖 5-12　**ACF 的圖形**

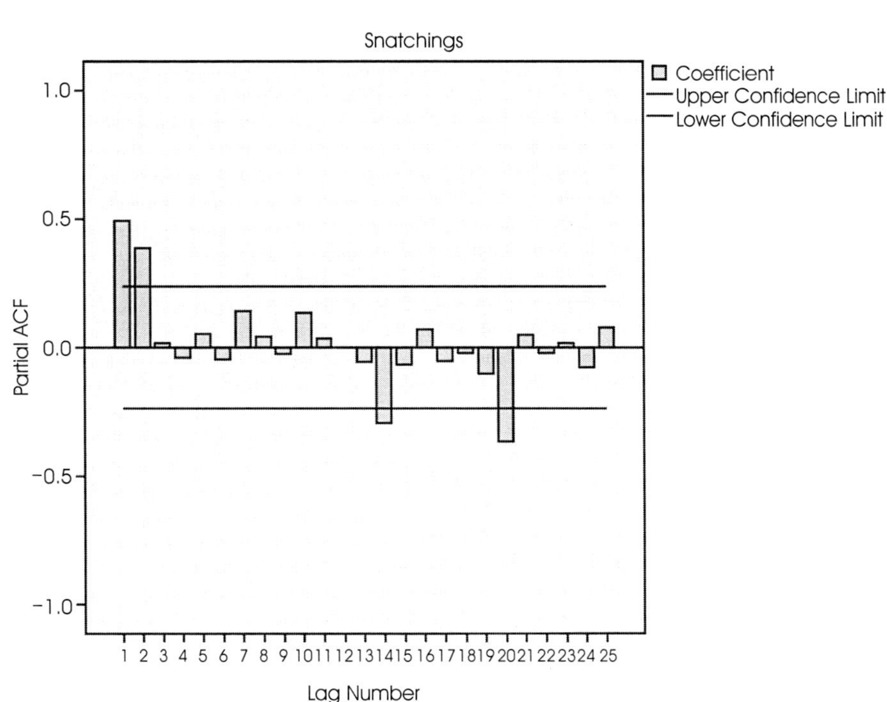

圖 5-13　**PACF 的圖形**

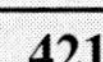

表 5-4

Partial Autocorrelations

Series: Snatchings

Lag	Partial Autocorrelation	Std. Error
1	0.493	0.119
2	0.385	0.119
3	0.018	0.119
4	−0.038	0.119
5	0.053	0.119
6	−0.048	0.119
7	0.141	0.119
8	0.044	0.119
9	−0.026	0.119
10	0.136	0.119
11	0.036	0.119
12	0.001	0.119
13	−0.056	0.119

Lag	Partial Autocorrelation	Std. Error
14	−0.296	0.119
15	−0.067	0.119
16	0.069	0.119
17	−0.052	0.119
18	−0.021	0.119
19	−0.102	0.119
20	−0.364	0.119
21	0.049	0.119
22	−0.023	0.119
23	0.018	0.119
24	−0.079	0.119
25	0.077	0.119

從表 5-3 的 ACF 函數與圖 5-12 的 ACF 圖形，接著從表 5-4 的 PACF 函數與圖 5-13 的 PACF 圖形進行診斷它們殘差的自我相關是顯著的。依據這樣的檢測，我們可以選擇去建立一個 ARIMA 的（2,0,0）模型。

範例 5-1 Hyde Park Purse Snatchings 的模型，使用 SPSS 輸出 ARIMA（2,0,0）模型的結果。

Model Description

			Model Type
Model ID	Snatchings	Model_1	ARIMA(2,0,0)

表 5-5

Model Statistics

Model	Number of Predictors	Model Fit statistics				Ljung-Box Q(18)			Number of Outliers
		Stationary R-squared	R-squared	RMSE	MAPE	Statistics	DF	Sig.	
Snatchings-Model_1	1	0.368	0.368	6.111	42.755	11.714	16	0.763	0

表 5-6

ARIMA Model Parameters

					Estimate	SE	t	Sig.
Snatchings-Model_1	Snatch-ings	No Transformation	Constant		16.175	4.047	3.997	0.000
			AR	Lag 1	0.290	0.112	2.593	0.012
				Lag 2	0.385	0.113	3.401	0.001
	Month	No Transformation	Numerator	Lag 0	−0.074	0.096	−0.774	0.442

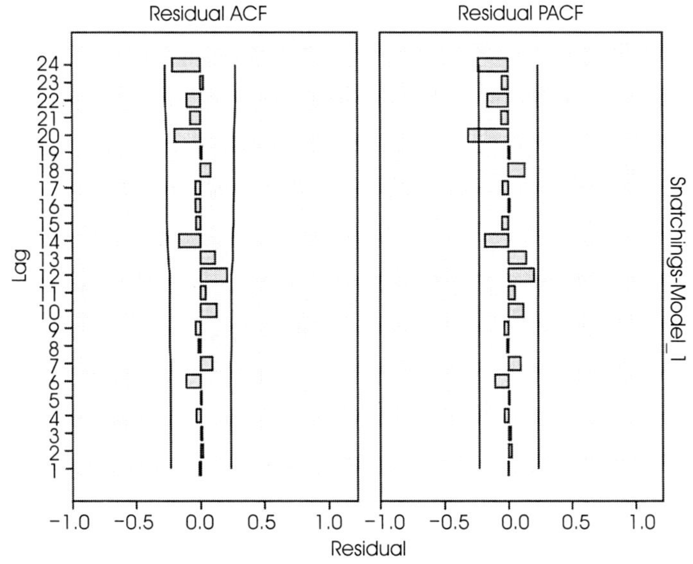

圖 5-14　殘差的 **ACF** 與 **PACF** 圖形

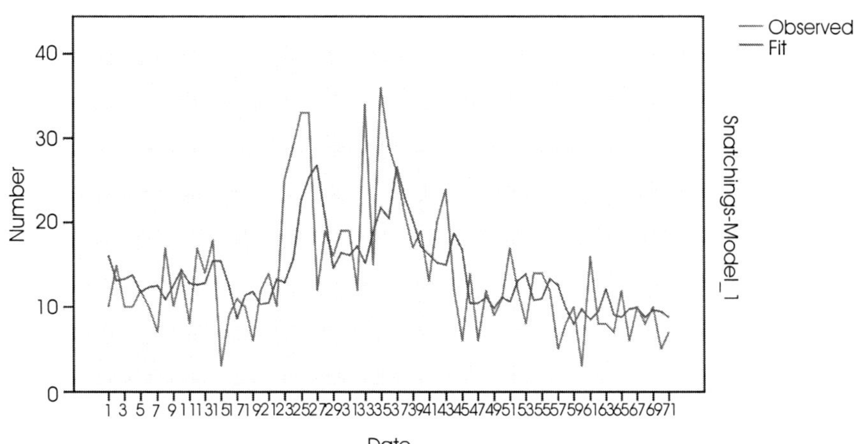

圖 5-15　**SPSS** 輸出結果依據表 **5-5** 與表 **5-6** 所提供 **AR(2)** 模型所呈現出的觀察值與適配值的時間序列圖形

接著可以使用 CH5-4b 檔案中的資料 Noise residual 項進行殘差檢測，去獲得圖 5-16 的 ACF 圖與表 5-7，和圖 5-17 與表 5-8 的資料，去檢測建立一個 ARIMA 的（2,0,0）模型是暫時可以接受的。

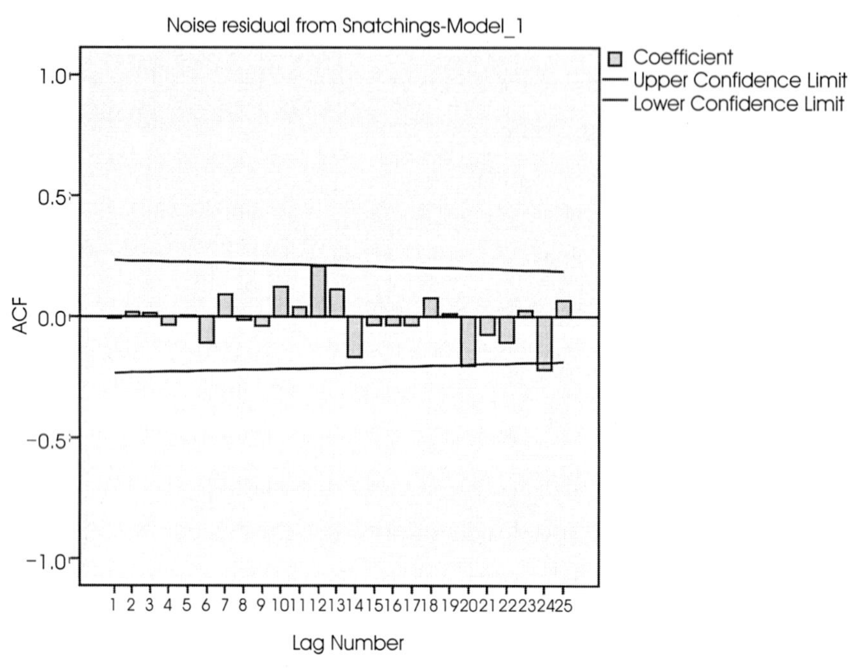

圖 5-16

表 5-7

Autocorrelations

Series: Noise residual from Snatchings-Model_1

Lag	Autocorrelation	Std. Error[a]	Box-Ljung Statistic		
			Value	df	Sig.[b]
1	-0.008	0.116	0.005	1	0.946
2	0.018	0.115	0.029	2	0.986
3	0.013	0.115	0.042	3	0.998
4	-0.034	0.114	0.133	4	0.998
5	0.004	0.113	0.134	5	1.000
6	-0.110	0.112	1.098	6	0.982
7	0.091	0.111	1.764	7	0.972
8	-0.015	0.110	1.783	8	0.987
9	-0.038	0.109	1.906	9	0.993

Lag	Autocorrelation	Std. Error[a]	Box-Ljung Statistic		
			Value	df	Sig.[b]
10	0.122	0.108	3.177	10	0.977
11	0.040	0.108	3.318	11	0.986
12	0.209	0.107	7.140	12	0.848
13	0.112	0.106	8.257	13	0.826
14	−0.165	0.105	10.734	14	0.707
15	−0.034	0.104	10.840	15	0.764
16	−0.037	0.103	10.971	16	0.811
17	−0.037	0.102	11.102	17	0.851
18	0.079	0.101	11.714	18	0.862
19	0.011	0.100	11.726	19	0.897
20	−0.202	0.099	15.873	20	0.724
21	−0.076	0.098	16.467	21	0.743
22	−0.105	0.097	17.644	22	0.727
23	0.023	0.096	17.704	23	0.773
24	−0.220	0.095	23.019	24	0.519
25	0.066	0.094	23.509	25	0.548

a. The underlying process assumed is independence (white noise).

b. Based on the asymptotic chi-square approximation.

表 5-8

Partial Autocorrelations

Series: Noise residual from Snatchings-Model_1

Lag	Partial Autocorrelation	Std. Error
1	−0.008	0.119
2	0.018	0.119
3	0.014	0.119
4	−0.034	0.119
5	0.003	0.119
6	−0.109	0.119
7	0.091	0.119
8	−0.012	0.119
9	−0.039	0.119
10	0.115	0.119
11	0.049	0.119
12	0.200	0.119

Lag	Partial Autocorrelation	Std. Error
13	0.137	0.119
14	−0.186	0.119
15	−0.053	0.119
16	0.006	0.119
17	−0.047	0.119
18	0.127	0.119
19	0.009	0.119
20	−0.317	0.119
21	−0.059	0.119
22	−0.164	0.119
23	−0.052	0.119
24	−0.235	0.119
25	−0.019	0.119

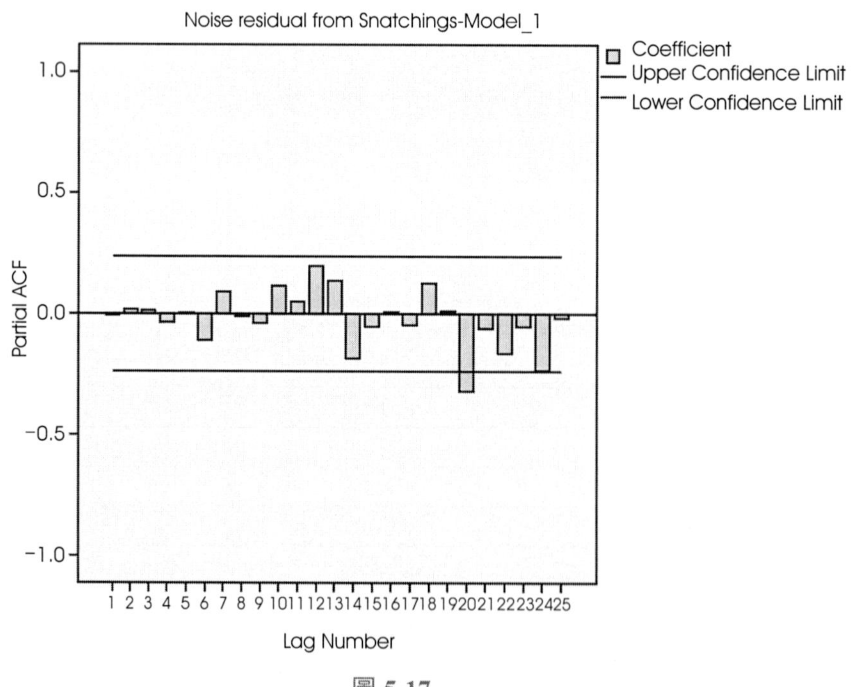

圖 5-17

（二）範例 5-2 貸款申請的案例模型（本資料儲存在 CH5-5 與 CH5-5b 的檔案中）

範例 5-2 顯示在一個國家銀行的一個地區的分行提出最近二年以來每週貸款申請案的總額。懷疑最近每週貸款申請的案件數與過去每週貸款申請的案件數之間應該有某種關係（即是，自我相關）存在。建構一個關係的模型透過信用的預測將有助於提供未來每週預先規劃的管理。就如前述的步驟，我們以蒐集的日期資料進行分析。首先顯示圖 5-18 每週貸款申請總額的時間序列圖形，圖 5-18 展示每週貸款申請的資料傾向於統計上的不足或不適當與似乎是有自我相關的存在。其次，我們可以在視覺上檢視其定常性（stationarity）。縱然在第二年的每週貸款申請案件有呈現出一種稍微下降的趨勢（在第 53-104 週），一般而言去假定它是定常性的，似乎是可信的。

現在我們檢視在圖 5-19 樣本的 ACF 與圖 5-20 的 PACF 圖形。可以對 ACF 的圖形提出可能性的解釋：

1. 它截斷在滯延 2（lag 2，落後 2）（或甚至於在 lag 3），此種現象指出一個 MA(2)（或 MA(3)）的模型。
2. 它呈現出一種指數上的衰退現象模式，此種現象指出一個 AR(p) 的模型。

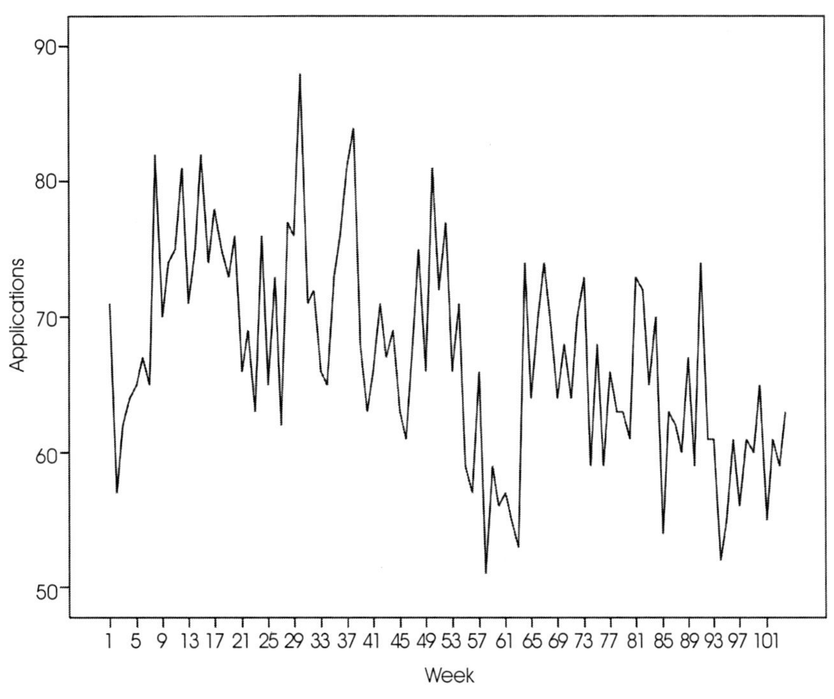

圖 5-18　每週貸款申請總額的時間序列圖形

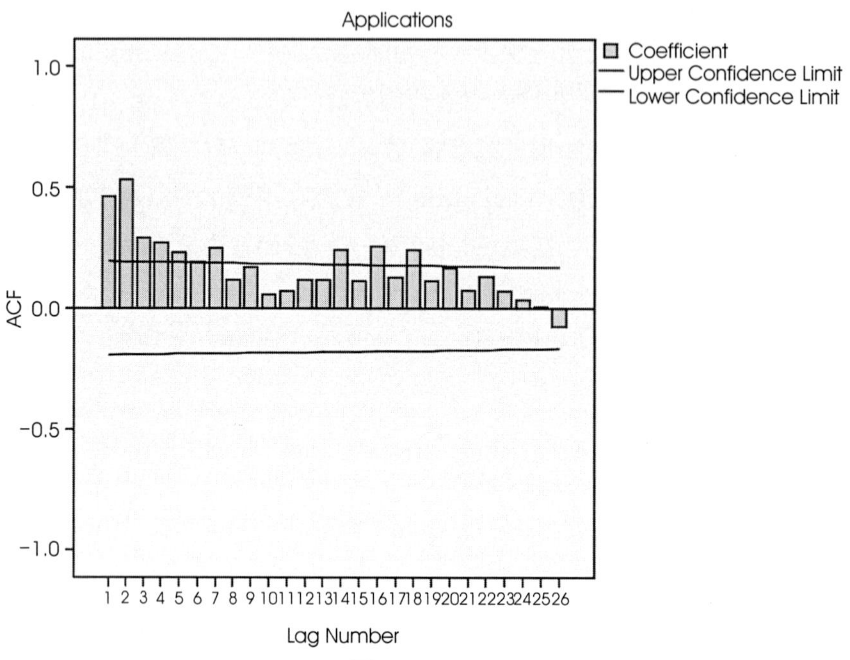
Applications
Coefficient
Upper Confidence Limit
Lower Confidence Limit
1.0
0.5
0.0
-0.5
-1.0
ACF
1 2 3 4 5 6 7 8 9 10 11 12 13 14 15 16 17 18 19 20 21 22 23 24 25 26
Lag Number

圖 5-19

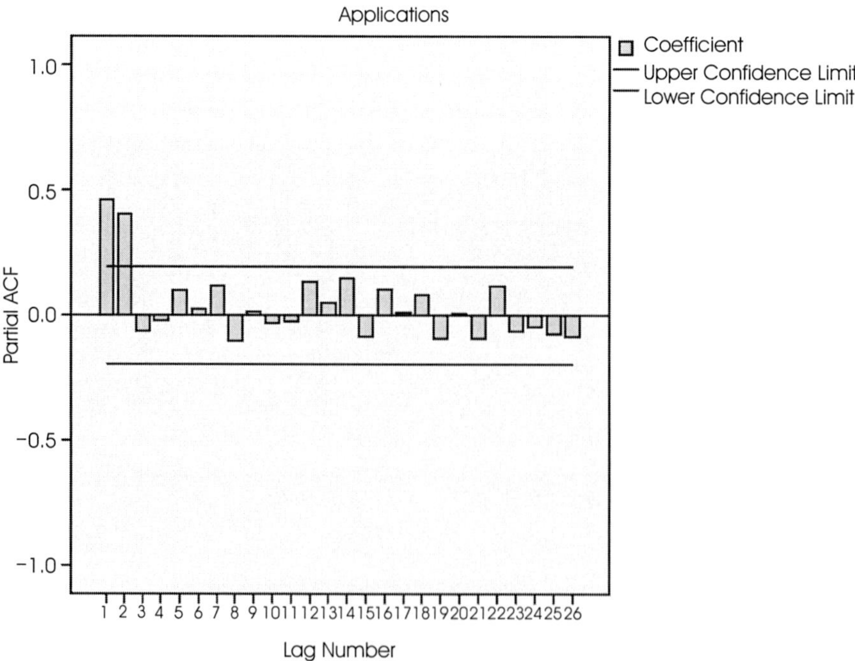
Applications
Coefficient
Upper Confidence Limit
Lower Confidence Limit
1.0
0.5
0.0
-0.5
-1.0
Partial ACF
1 2 3 4 5 6 7 8 9 10 11 12 13 14 15 16 17 18 19 20 21 22 23 24 25 26
Lag Number

圖 5-20

要解決這種選擇的衝突，我們可以考量樣本的 PACF 圖形。對 PACF 圖形，我們僅有一個解釋；就是它截斷在滯延 2（lag 2）。然而，在本範例中我們使用第二個解釋樣本的 ACF 圖形與假定適配的適當模型是 AR(2) 模型。

表 5-9 與表 5-10 是顯示使用 SPSS 軟體進行 AR(2) 模型建立的結果。其參數的估計是對一個 ARIMA（2,0,0）模型而言，其參數的估計值是（參考表 5-10）

$$\hat{\phi}_1 = 0.195 \text{ 與 t 的統計量} = 2.063$$
$$\hat{\phi}_2 = 0.331 \text{ 與 t 的統計量} = 3.515$$

兩者的參數的估計值以一個 0.05 的水準是統計上的顯著性；而且，其估計值可以滿足於自我迴歸參數定常性的界限（the bounds of stationarity）。

診斷建構模型的一個最後程序，暫時性模型的殘差必須不是不同於（或必須同等於）無害的噪音。被估計殘差的一個 ACF，被顯示在圖 5-23 。與圖 5-24 的圖形，顯示在低階滯延上並沒有統計上顯著性的釘柱呈現。對這種診斷 ACF 的 Q 統計量是 15.059，Q 的一個值，以 16 的自由度，是統計上顯著性僅以 0.520 的水準。要去拒絕虛無假設，即這些殘差是無害的噪音，當然，我們要求 Q 的一個值是以 0.05 水準或較佳達成統計上顯著性。因為殘差的 ACF 其低階的釘柱呈現沒有統計上顯著性，與因為它的 Q 統計量是不顯著性的。所以，我們必須推論這些殘差不是不同於（are not different than white noise，沒有不同於）無害的噪音。所以，暫時性的模型必須被接受。

接著再檢視圖 5-25 常態的機動圖形，圖 5-26 殘差與預測值，圖 5-27 殘差的直方圖，與圖 5-28 殘差的時間序列圖，它們均指出其適配度是可以接受的。

在圖 5-22 SPSS 輸出結果依據表 5-9 與表 5-10 所提供 AR(2) 模型所呈現出的觀察值與適配值的時間序列圖形。它看起來其適配值依據日期資料平滑其高與低的變動。在本範例中，我們會使用「含混的」（vague）的語言諸如「似乎是」與「看起來」等。現在我們應該很清楚在本章中所呈現的方法論是有一種真正穩健的理論基礎，所以在任何致力於模型的建構中，我們應該謹記模型的辨識會有主觀的成分，事實上，如我們前述所提到的，時間序列模型的適配可以被視為是科學與藝術的一種混合，其模型的適配最佳的方法是從實況與經驗去學習與體驗。

範例 5-2 貸款申請的案例模型，使用 SPSS 進行 ARIMA（2,0,0）的輸出結果。

Model Description

			Model Type
Model ID	Applications	Model_1	ARIMA(2,0,0)

表 5-9

Model Statistics

Model	Number of Predictors	Model Fit statistics		Ljung-Box Q(18)			Number of Outliers
		Stationary R-squared	R-squared	Statistics	DF	Sig.	
Applications-Model_1	1	0.377	0.377	15.059	16	0.520	0

表 5-10

ARIMA Model Parameters

					Estimate	SE	t	Sig.
Applications-Model_1	Application	No Transformation	Constant		73.106	2.460	29.720	0.000
			AR	Lag 1	0.195	0.095	2.063	0.042
				Lag 2	0.331	0.094	3.515	0.001
	Week	No Transformation	Numerator	Lag 0	−0.117	0.040	−2.908	0.004

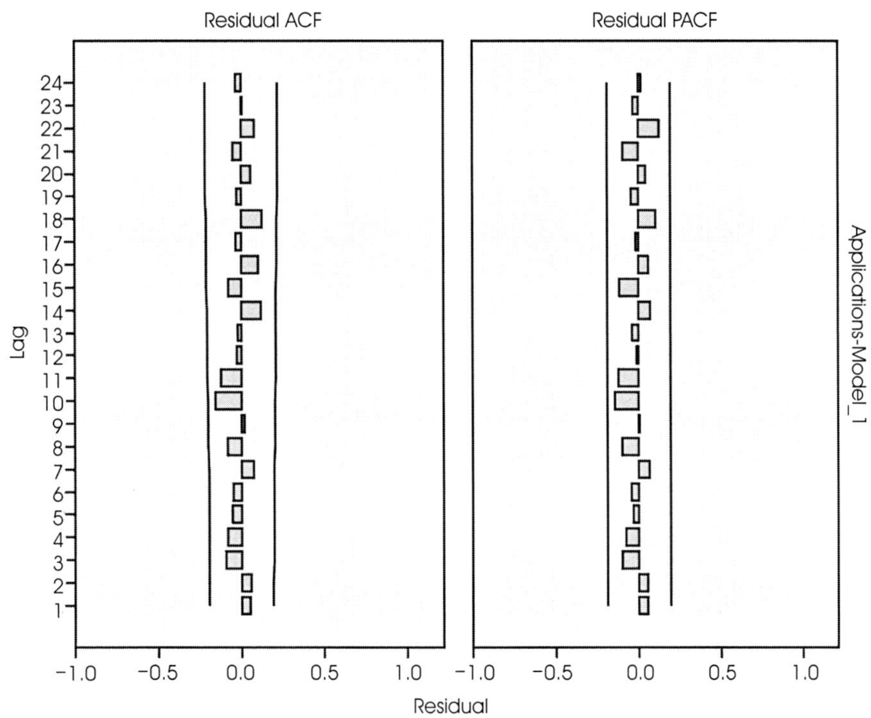

圖 5-21　在表 **5-10** 與表 **5-11** 中提供 **AR(2)** 模型殘差的樣本 **ACF** 與 **PACF** 圖形

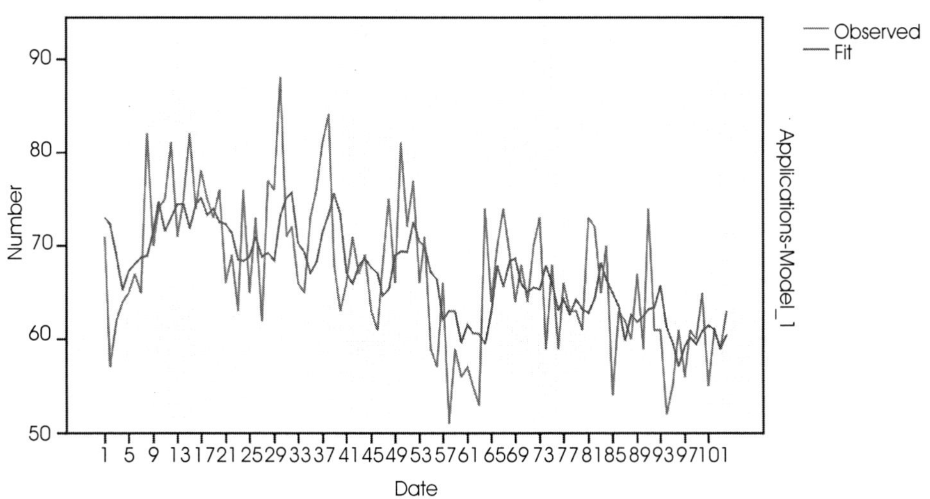

圖 5-22　**SPSS** 輸出結果依據表 **5-9** 與表 **5-10** 所提供 **AR(2)** 模型所呈現出的觀察值與適配值的時間序列圖形

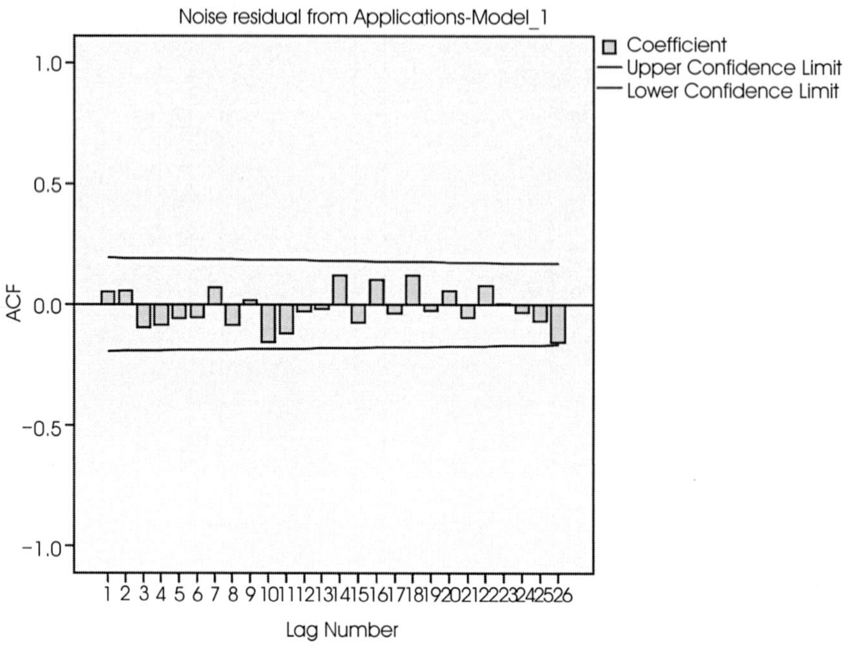
Noise residual from Applications-Model_1
Coefficient
Upper Confidence Limit
Lower Confidence Limit
1.0
0.5
0.0
-0.5
-1.0
ACF
1 2 3 4 5 6 7 8 9 10 11 12 13 14 15 16 17 18 19 20 21 22 23 24 25 26
Lag Number

圖 5-23

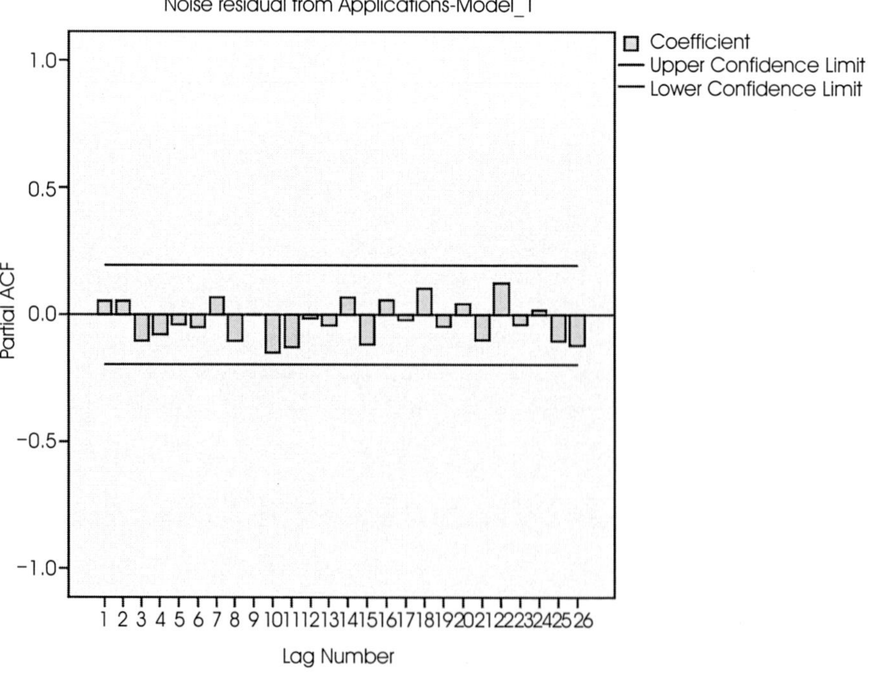
Noise residual from Applications-Model_1
Coefficient
Upper Confidence Limit
Lower Confidence Limit
1.0
0.5
0.0
-0.5
-1.0
Partial ACF
1 2 3 4 5 6 7 8 9 10 11 12 13 14 15 16 17 18 19 20 21 22 23 24 25 26
Lag Number

圖 5-24

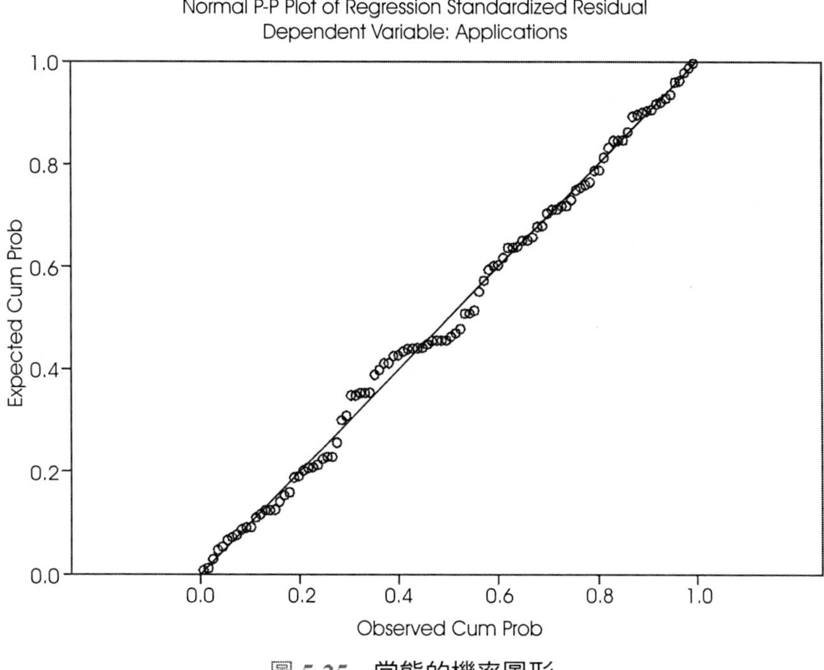

圖 5-25 常態的機率圖形

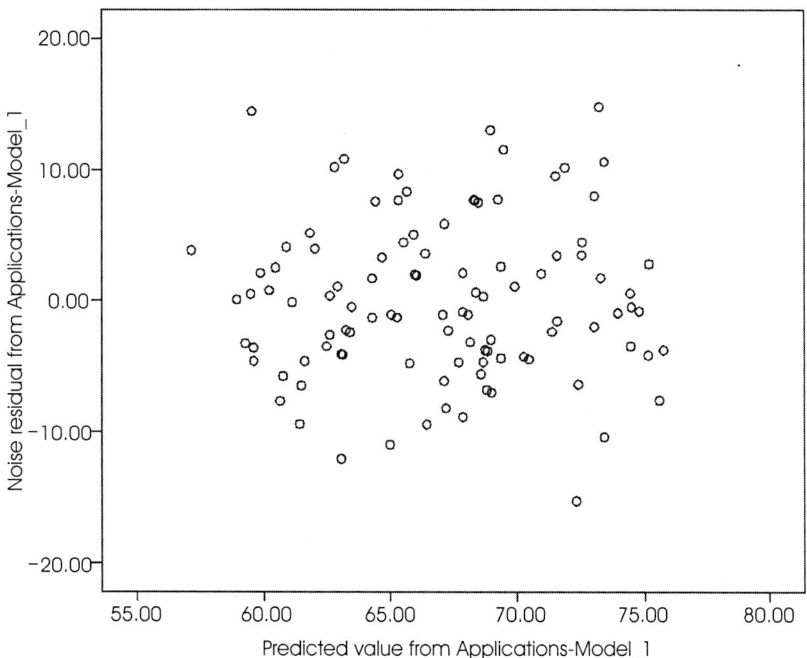

圖 5-26 殘差與預測值

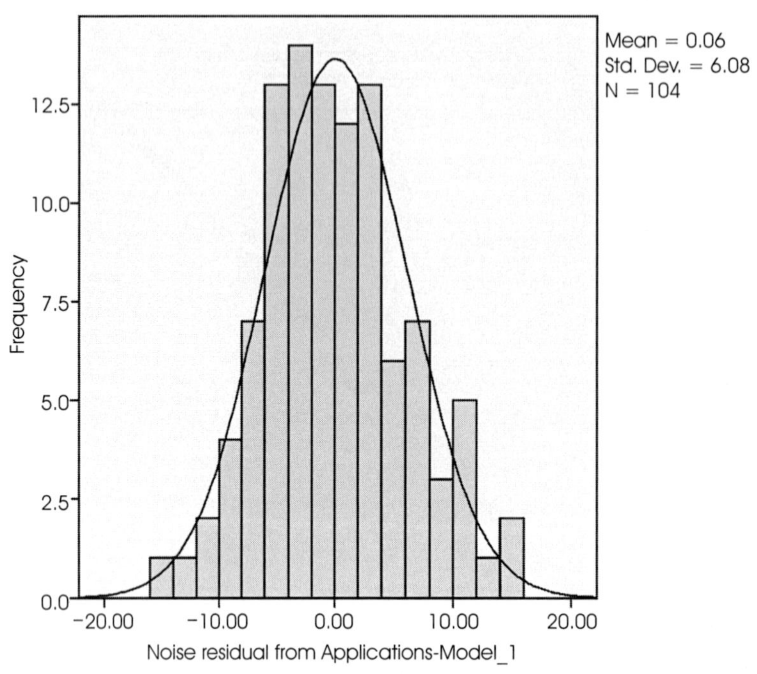

圖 5-27　殘差的直方圖

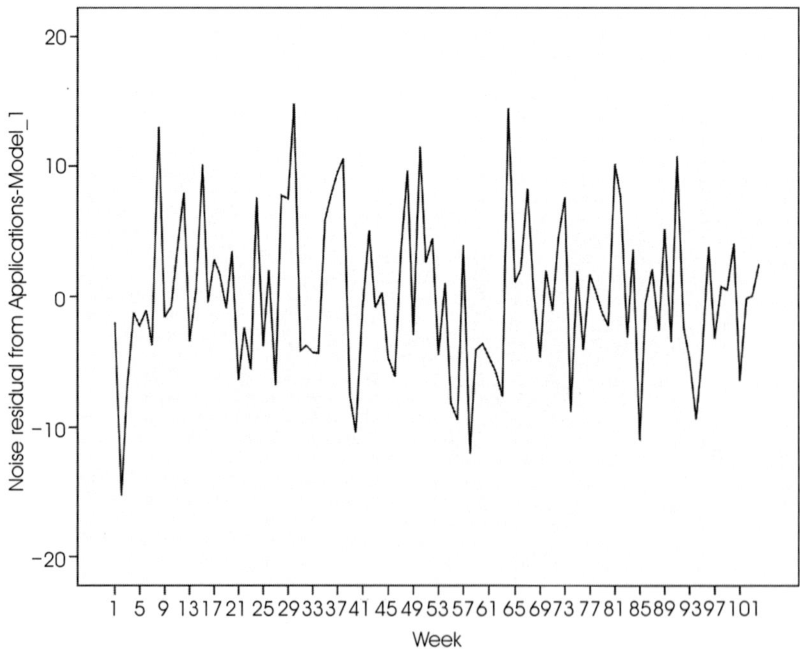

圖 5-28　殘差的時間序列圖

（三）範例 5-3 Dow Jones Index **的模型（本資料儲存在** CH5-6）

圖 5-29 是從 1999 年 6 月到 2006 年 6 月 Dow Jones Index 的時間序列圖形，其過程顯示改變平均數與可能變異數的非定常性（nonstationarity）現象。再從圖 5-30 的 ACF 與圖 5-31 的 PACF 的觀察可以發現其釘柱呈現有統計上的顯著性。

1. AR(1) **或** ARIMA（1,0,0）**模型建構過程（**CH5-6b **的檔案中）**

我們可以緩慢地以滯延 1（lag 1）逐漸增加樣本 ACF 與樣本 PACF 的顯著性，在圖 5-29 中它是可以接近 1，去驗證它事實是可以被認為是非定常性（nonstationarity）的過程。另一方面，吾人可以認為在滯延 1（lag 1）的顯著性樣本 PACF 的值可以指出 AR（1）模型亦可以適配於資料。首先，我們將考慮這樣的解決，然後把一個 AR（1）模型適配於 Dow Jones Index 的資料。表 5-11 與表 5-12 是顯示使用 SPSS 軟體進行 AR（1）模型建立的結果。其參數的估計是對一個 ARIMA（1,0,0）模型而言，其參數的估計值是（參考表 5-12）

$$\hat{\phi}_1 = 0.896 \text{ 與 t 的統計量} = 18.283$$

圖 5-29　**從 1999 年 6 月到 2006 年 6 月 Dow Jones Index 的時間序列圖形**

依據 Ljung-Box Q 檢定對這種診斷 ACF 的 Q 統計量是 5.455，Q 的一個值，以 17 的自由度，是統計上顯著性僅以 0.996 的水準。要去拒絕虛無假設，即這些殘差是無害的噪音。即是，在殘差中是沒有因為殘差的存在，在圖 5-34 的 ACF 與圖 5-35 的 PACF 其低階的釘柱呈現沒有統計上顯著性，與因為它的 Q 統計量是不顯著性的。所以，我們必須推論這些殘差不是不同於（are not different than white noise，沒有不同於）無害的噪音。所以，暫時性的模型必須被接受。

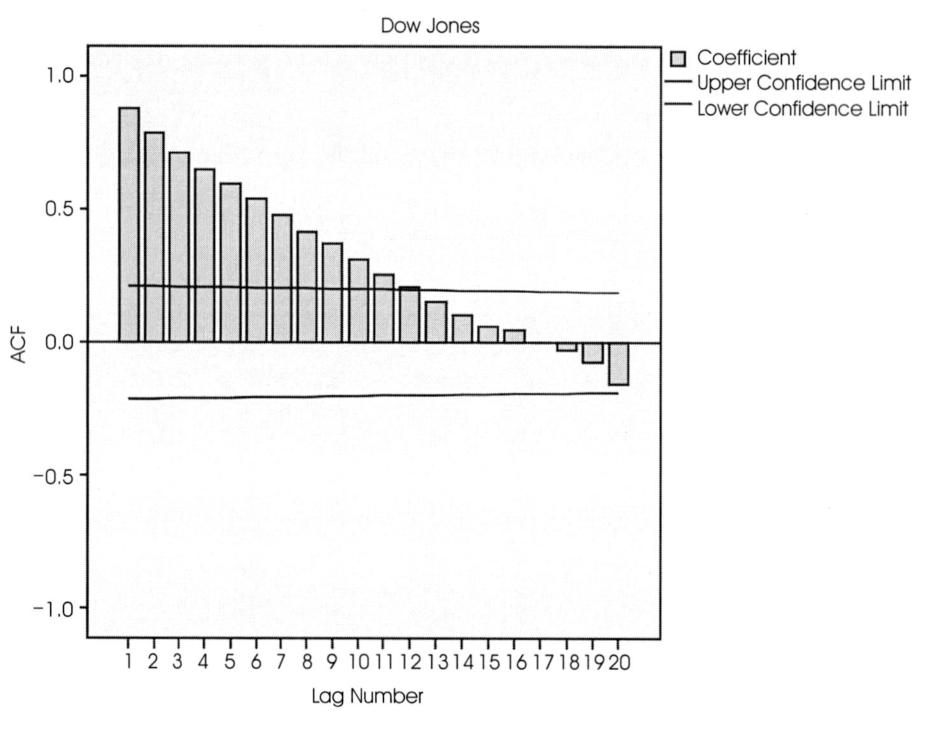

圖 5-30

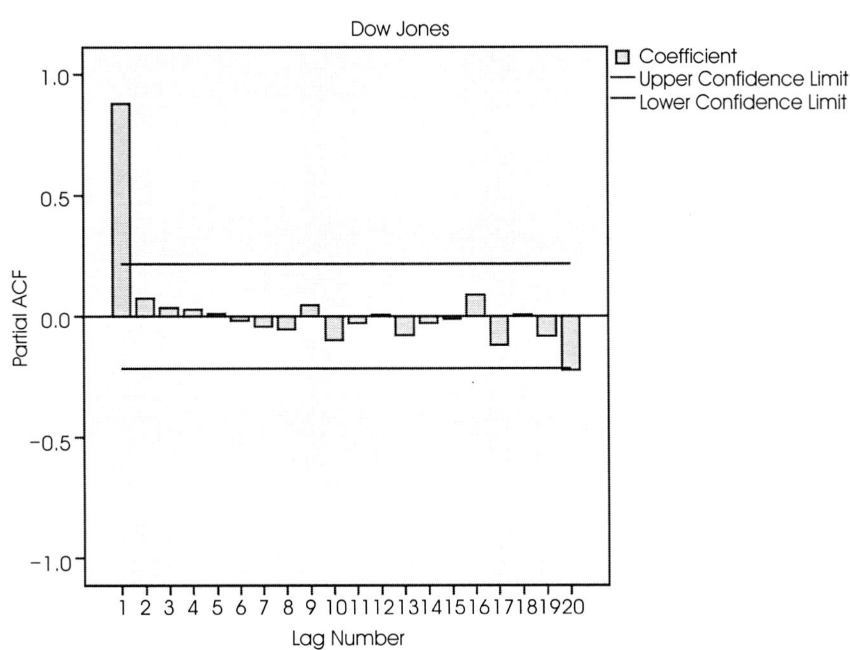

圖 5-31

範例5-3 Dow Jones Index的模型，使用SPSS進行ARIMA(1, 0, 0)的輸出結果。

Model Description

			Model Type
Model ID	DowJones	Model_1	ARIMA(1,0,0)(0,0,0)

表 5-11

Model Statistics

Model	Number of Predictors	Model Fit statistics	Ljung-Box Q (18)			Number of Outliers
		Stationary R-squared	Statistics	DF	Sig.	
DowJones-Model_1	1	0.790	5.455	17	0.996	0

表 5-12

ARIMA Model Parameters

					Estimate	SE	t	Sig.
DowJonee-Model_1	DowJo-nee	No Transforma-tion	Constant		10216.71	391.920	26.068	0.000
			AR	Lag 1	0.896	0.049	18.283	0.000
	MONTH, period 12	No Transforma-tion	Numer-ator	Lag 0	12.321	13.893	0.887	0.378

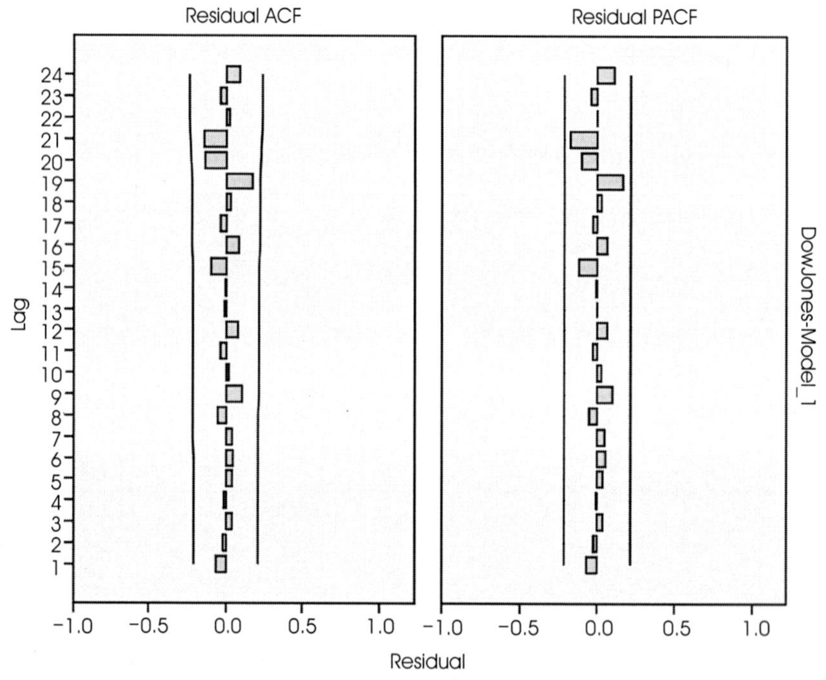

圖 5-32 殘差的 **ACF** 與 **PACF** 的圖形

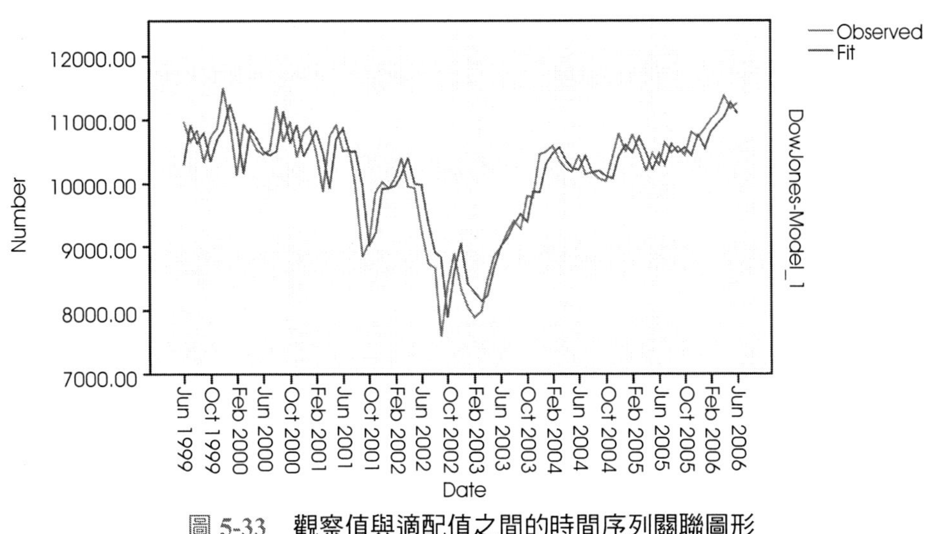

圖 5-33　觀察值與適配值之間的時間序列關聯圖形

從圖 5-33 觀察值與適配值之間的時間序列關聯圖形，已預測的各值顯示與已觀察的各值有良好的符合，包括該模型已具有令人滿意的預測能力。

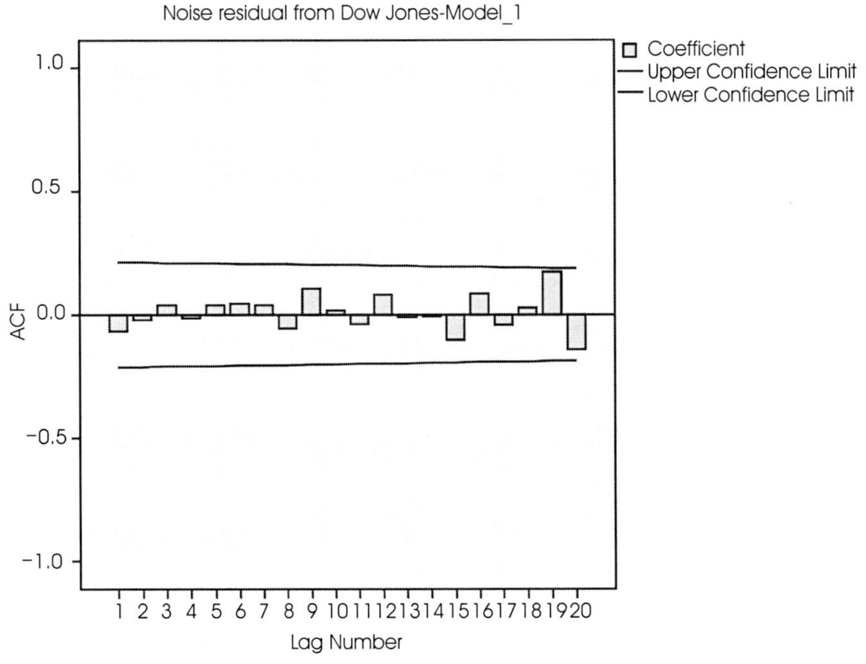

圖 5-34

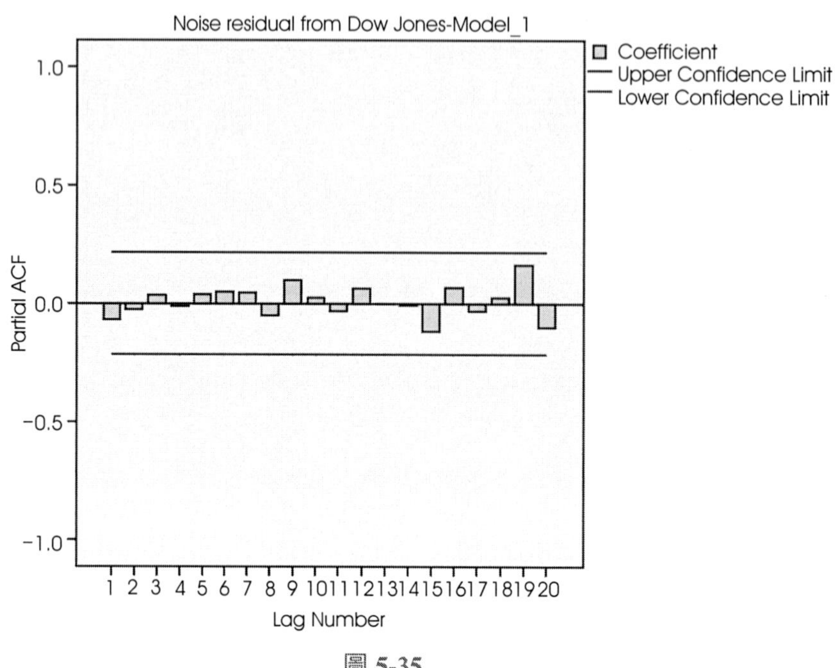

圖 5-35

從圖 5-34 的 ACF 與圖 5-35 的 PACF 觀察，就整體而言，它可以被視為是一個可以提供一個適配於該資料的 AR(1) 模型。無論如何，我們現在將考慮前述有關 Dow Jones Indes 資料產生於一個非定常性（nonstationarity）過程的解釋與假設。

2. ARIMA（0,1,0）**建構的過程（本資料儲存在** CH5-6c **檔案中）**

接著我們亦可以考慮到在圖 5-36 Dow Jones Indes data 第一階差分時間序列的圖形。如果一旦對改變變異數有某種嚴重關切時，第一階差分的水準仍然和 AR(1) 模型會有同樣的問題。如果我們忽略改變變異數的問題，而注意到在圖 5-38 與圖 5-39 中所呈現出的 ACF 圖形和 PACF 圖形，我們可以推論第一階差分在事實上是無害的噪音（white noise）。即是，因為這些圖形並沒有顯示任何顯著性自我相關的跡象，我們可以把 Dow Jones Indes data 視為是隨機漫步的模型（the random walk model），一個 ARIMA（0,1,0）模型。

現在分析者必須對這二個模型作決定：AR（1）與 ARIMA（0,1,0），如果吾人可以確定使用某些標準去選擇這二個模型之一。因為這二個模型在基本上是完全不同的，所以吾人被推薦作為一個分析者應儘可能使用研究主題（subject matter）／過程的認知（Montgomery, Jennings, and Kulahci, 2008, p.274）。吾人期望諸如 Dow Jones Indes 的一種財政的指數去偏離如 AR(1) 所意指的一種被固定的意義（a fixed mean）？在大部分的案例中會涉及到財政的資料，這個答案會是不。在此諸如 ARIMA（0,1,0）的模型需要考慮到非定常性過程所固有的特性應該較為被喜愛的選擇。無論如何，我們要有處理和已被提出模型有關的問題。一個隨機漫步的模型意指價格的問題是隨機的，它是無法被預測的。如果我們今天有一個較高的價格比較於明天的價格，即對明天的預測值並不影響。即是，明天的價格可比今天的價格高或低，與我們沒有方法去有效地預測。這可以更進一步指出對明天價格的最佳預測事實上是我們擁有今天的價格。很明顯地這並不是一個可信的與有效的預測模型。所以，提供財政資料的隨機漫步模型的真正相同問題已在本著作中被進行詳細的探討。我們僅在於使用這樣的資料去解釋說明在進行適配時間序列模型中我們可以以基本上不同的模型但同樣的方式去進行使時間序列模型適配於資料的探究。在這點上，探究過程的認知對鑑識選擇 " 正確的 " 模型方面可以提供所需要的指引。

在本範例中，我們應該謹記，我們嘗試去維護這樣的模型僅僅在於提供說明的目的而已。事實上，一個更周詳的分析會更留意改變變異數的問題。實際上，當進行處理財政資料時這是一個共同關切的問題。對於這樣問題的探索可以更進一步去參考 Montgomery，Jennings，and Kulahci 的著作（2008, pp.355-358）。

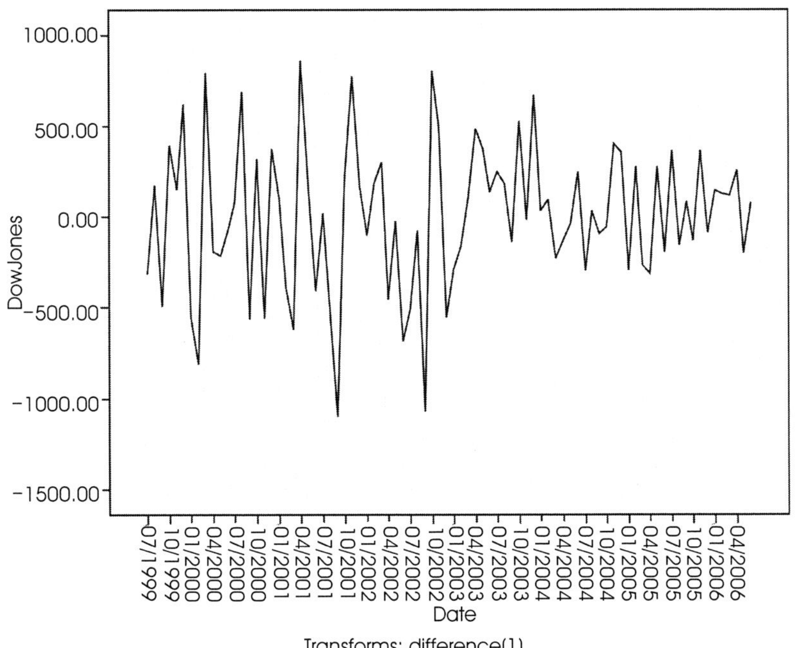

圖 5-36　**Dow Jones Indes data** 第一階差分時間序列圖形

範例5-3 Dow Jones Index的模型，使用SPSS進行ARIMA(0, 1, 0)的輸出結果。

Model Description

			Model Type
Model ID	DowJones	Model_1	ARIMA(0,1,0)(0,0,0)

表 5-13

Model Statistics

Model	Number of Predictors	Model Fit statistics		Ljung-Box Q(18)			Number of Outliers
		Stationary R-squared	R-squared	Statistics	DF	Sig.	
DowJones-Model_1	1	0.005	0.783	7.598	18	0.984	0

表 5-14

ARIMA Model Parameters

					Estimate	SE	t	Sig.
DowJones-Model_1	DowJones	No Transformation	Constant		−28955.656	43539.150	−0.665	0.508
			Difference		1			
	YEAR, not periodic	No Transformation	Numerator	Lag 0	14.461	21.742	0.665	0.508

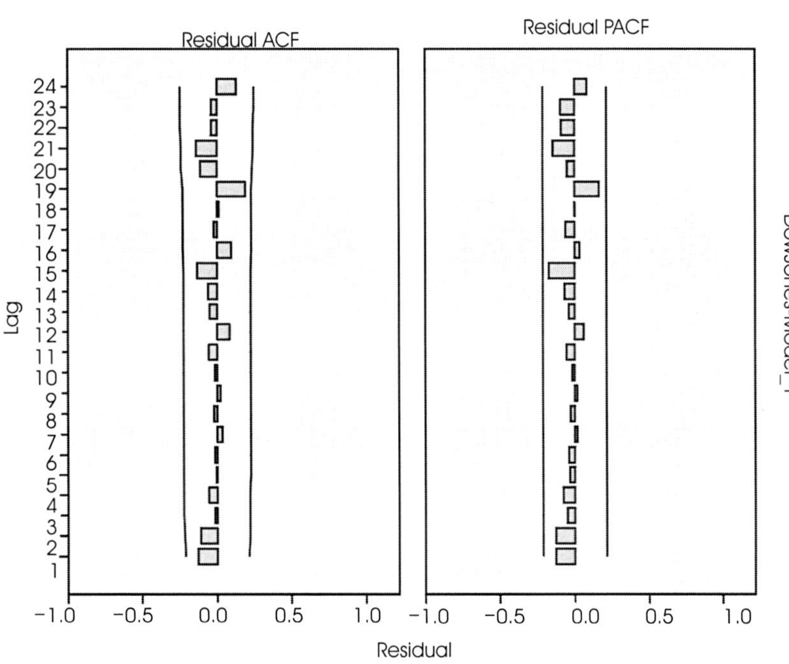

圖 5-37　殘差的 **ACF** 與 **PACF** 圖形

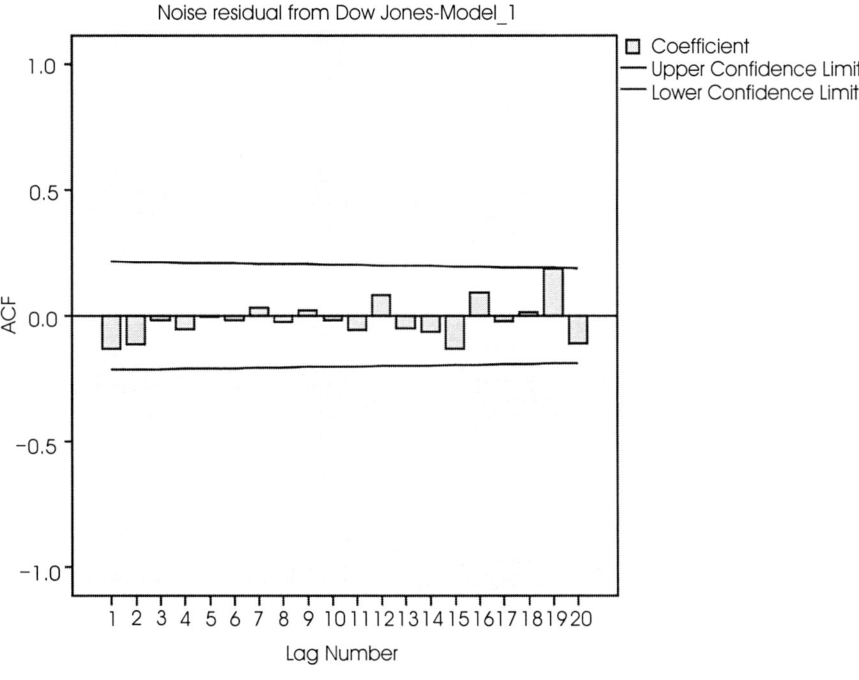

圖 **5-38**

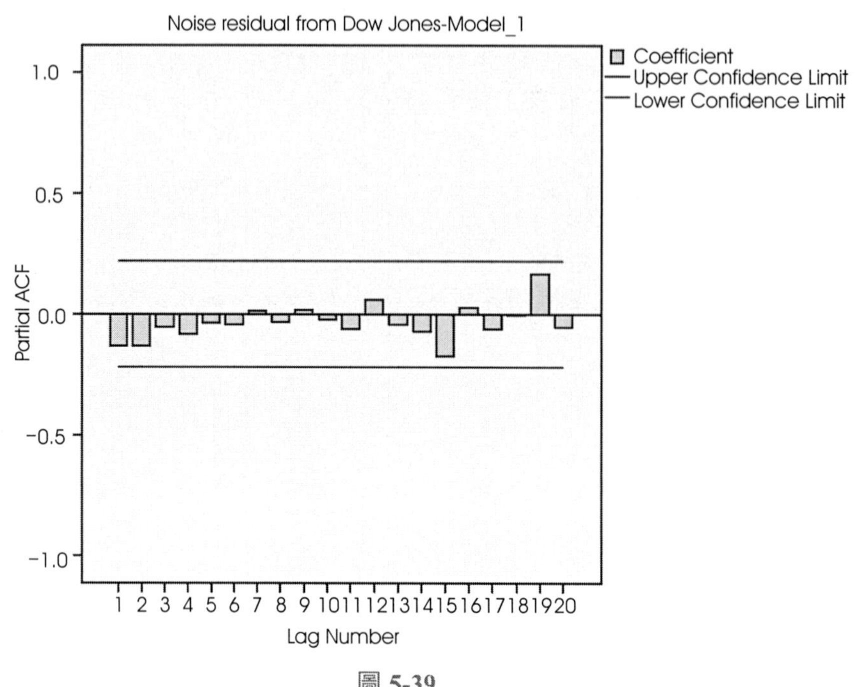

圖 5-39

八、季節的模型

The Hyde Park 時間序列於兩個方面是一個不尋常的序列。第一，它要求一個 ARIMA（2,0,0）模型。如果我們的經驗是典型的（typical），社會科學家面臨的大部分時間序列將會是由零或一階模型所呈現出最佳的代表模型諸如 ARIMA（0,0,0），ARIMA（1,0,0），ARIMA（0,0,1），與 ARIMA（0,1,1）。第二，The Hyde Park 時間序列沒有實質季節的變數。而且，如果我們的經驗是典型的（typical），社會科學家所面臨的大部分的時間序列將會有實質季節的變數。

我們界定季節性（或季節的變異數）為在時間序列中任何時期性或循環性的行為（any periodic or cyclic behavior）。如每月交通致命（traffic fatalities 死亡）的時間序列，例如，會在冬季的月份達成高峰當道路狀況不佳時；每月零售銷售量的時間序列同樣地會在十一與十二月達到高峰當聖誕節禮物的家庭購物時；與任何由總和事件所形成的時間序列可能是成為季節的簡稱（seasonal simply）因為某些月份是會比其他月份長。有關一個時間序列的問題除了有一個強烈的季節成分之外，其他的無所知，所以分析家可以製作有關序列的預測。由此具有預測性是由於季節的變異數所產生的結果其季節的變異數必須受到控制或能夠被塑造。

有許多研究時間序列分析的途徑包括越熟練迴歸的途徑越好（Ostrom，1978）。ARIMA 的途徑有許多優勢凌駕於這些對立的研究途徑，無論如何。在季節性的案例中，例如，對立的研究途徑時常要求一種「季節性的調整」或「作季節性的調整」（deseasonalization）在時間序列分析之前。ARIMA 的研究途徑，在相對照之下，是在於塑造相依性（the dependencies），這些相依性可以界定季節性的問題。

要去解釋說明季節性如何可以被塑造，我們寫下一個 N-month 的時間序列為

JAN	FEB	MAR	APR	MAY	JUN	JUL	AUG	SEP	OCT	NOV	DEC
Y_1	Y_2	Y_3	Y_4	Y_5	Y_6	Y_7	Y_8	Y_9	Y_{10}	Y_{11}	Y_{12}
Y_{13}	Y_{14}	Y_{15}	Y_{16}	Y_{17}	Y_{18}	Y_{19}	Y_{20}	Y_{21}	Y_{22}	Y_{23}	Y_{24}
•	•	•	•	•	•	•	•	•	•	•	•
$Y_{N-11}\cdots$											$\cdots Y_N$

一個 ARIMA（p,d,q）模型描述這個序列相鄰觀察值之間的相關。例如，一個 ARIMA（1,0,0）模型使用先前的（the preceding）觀察值去預測現在的（the current）觀察值。一個 ARIMA（0,0,1）模型，在另一方面，使用先前的震動或變動（the preceding shock）（它是先前觀察值的部分）去預測現在的（the current）觀察值。如果一個時間序列是季節性的，無法如何，Y_1（或第一年的一月）與 Y_{13}（第二年的一月）。當吾人猜測，有季節性自我迴歸的（seasonal autoregressive），統合的（integrated），與移動平均（moving average）結構，它的秩序是個別地由 P，D，與 Q，所指示。可以更細地被界定有：

（一）季節性的非定常性（Seasonal nonstationarity）

一個過程會以每年的步驟或每年的增加的方式形成堆砌（drift）或趨勢。農業生產時間序列傾向於去展示這種非定常性，在假定上是由於在這些過程中季節性成長的突起。要去解釋季節性的非定常性，時間序列在季節上必須是被差分的（be differenced）。即是，

$$Y_t - Y_{t-12} = \theta_0$$

對每月的資料。一個由這個模型所呈現的過程會是以每年的步驟呈現出趨勢或堆砌的方式諸如：

而不是以一個月對一個月的步驟。

（二）季節性的自我迴歸（seasonal autoregression）

時間序列的現在觀察值會端視反應於前年（preceding year）時間序列的觀察值而定。即是，對每月的資料

$$Y_t = \phi_{12} Y_{t-12} + a_t$$

我們對較高階 ARIMA（0,0,0）與 ARIMA（0,0,0）模型的註釋亦可以應用於 ARIMA（P,0,0）與 ARIMA（0,0,Q）模型。當一個二階的自我迴歸過程是可能時，它會是一個很少被發現的。

（三）季節性的移動平均（seasonal moving average）

時間序列現在的觀察值端視來自於前年的隨機震動（變動）。即是，

$$Y_t = a_t - \theta_{12} a_{t-12}$$

當然，季節性的結構可以是由任何以上的這些結構的關聯所形成。

當吾人可以猜想，一個季節性的 ARIMA 結構可以從 ACF 與 PACF 的一個檢測中進行辨識。事實上，從一個 ARIMA（P,D,Q）中預期 ACF 與 PACF 過程與從 ARIMA（p,d,q）中預期 ACF 與 PACF 的類推過程是相同的。其差異是，在季節性的過程中，其釘住與衰退的模式會呈現出 ACF 與 PACF 的季節滯延。假定每月的資料，其季節的滯延是 ACF(12)，…，ACF(12k)。

如此

(1) 季節性的非定常性是可以由一個在指數上從季節滯延到季節滯延緩慢地逐漸消除 ACF 中獲得指示。換言之，即是，

$$ACF(12) \approx ACF(24) \approx ACF(36) \approx \cdots \approx ACF(k)$$

如果一個時間序列要求進行季節的差分，縱然 ACF（60）有時候將會是非零。

(2) 季節性的自我迴歸是可以由一個在指數上從季節滯延到季節滯延緩慢地逐漸消除 ACF 中獲得指示。

$$ACF(12) = \phi_{12}$$
$$ACF(24) = \phi_{12}^2$$
$$ACF(12k) = \phi_{12}^k$$

一個 ARIMA（P,0,0）過程的 PACF 將會釘住在 PACF(12)，PACF(12P) 上。實際上，當然，在所有案例中 P = 1。

(3) 季節性的移動平均是由釘住在 ACF(12), ⋯, ACF(12Q) 上的一個 ACF 來進行指示。而且，無論如何，在所有案例中 Q = 1。

具有季節性 ARIMA 行為的大部分時間序列過程亦將展現規則的（regular）ARIMA 行為。所以，可加性併入規則的與季節性的結構似乎是合理的。例如，具有規則的與季節性的自我迴歸結構就可以被寫成為

$$Y_t = \phi_1 Y_{t-1} + \phi_{12} Y_{t-12} + a_t \tag{5-56}$$

由此規則的與季節性的結構僅可以被加在一起，由此，模型是可加性的。一個更具解釋力的模型就可以併入規則的與季節性的結構在倍增上被實現。無論如何，這樣的模型可以被寫成如，

$$Y_t = \phi_1 Y_{t-1} + \phi_{12} Y_{t-12} - \phi_1 \phi_{12} Y_{t-13} + a_t \tag{5-57}$$

在這樣的案例中模型的可加性與倍數增加性之間的差異是$\phi_1 \phi_{12} Y_{t-13}$項。簡言之，倍數增加的模型會給予季節滯延的觀察值（Y_{t-12}）與先前觀察值（$Y_{t-12}Y_{t-13}$）之間的相依性（dependence）作加權的考量。倍數增加的架構在常態上將提供明顯的理由給予一個季節性較佳的呈現，即它會使用資訊的一個額外部分（an extra piece of information）（Y_{t-13}）。當ϕ_1與ϕ_{12}兩者是小的時候，當然，它們產生的結果，$\phi_1 \phi_{12}$將會幾乎是零，與模型的倍數增加性與可加性的形式將會是概略地相同。

一般季節性模型是指示 ARIMA 的（p,d,q）（P,D,Q），一般季節性模型使它的倍數增加的本質清晰呈現。參數 S 的下標或足下是在於指示時期或週期循環的長度。對每月資料而言，S = 12；但對季節的資料，S = 4；對每週的資料而言，S = 52。

時間序列分析的學習者時常會受到從非季節性突然跳躍到季節性的模型所恐嚇。這樣的焦慮是無根據的。如果非季節性 ARIMA（p,d,q）模型的原理能夠被理解，那有關季節性 ARIMA（p,d,q）（P,D,Q）的模型與塑造模型的程序亦可以盡力而為地去學習。要去證明這一點，我們現在將建立一個 ARIMA（p,d,q）（P,D,Q）的模型，首先提出我們前述的 the Sutter County Workforce 時間序列為範例進行說明。從其中我們眼睛的視覺就能夠理解到圖 5-40 中所傳遞的意義，讀者應該立即會注意到該序列釘住每 12 個月，而指示一個實質的季節性成分。該序列亦顯示出向上發展的趨勢。這些眼睛視覺的印象由分析就可獲得證實。

（四）範例 5-4 the Sutter County Workforce 時間序列為範例

(1) 辨識。首先由圖 5-40 顯示出原始的時間序列關聯圖形，呈現出逐步向上堆砌成長的趨勢。使用 SPSS 軟體進行分析產生圖 5-40 的結果，就可以概略獲知其情況。然後再使用 CH5-2 資料檔案進行自我相關的檢測，其結果從表 5-15 與表 5-16，圖 5-41 的 ACF 與圖 5-42 的 PACF 圖形診斷就可清晰地指出它是非定常性的（或不穩定性，nonstationarity），如此可以確定該序列必須被差分的。

接著，我們使用 CH5-2 資料檔案進行差分的程序。從 SPSS 輸出結果的表 5-17 的模型統計量與表 5-18 的參數估計值，圖 5-43 與圖 5-44 顯示出從規則地被差分的序列中（the regularly differenced）進行估計所獲得的 ACF 與 PACF，就可以獲知其情況。然後再使用 CH5-2b 資料檔案進行自我相關的檢測，其結果從表 5-19 與表 5-20，圖 5-45 的 ACF 與圖 5-46 的 PACF 圖形指出，季節性的非定常性。對這樣被辨識的關鍵點是在於 ACF(12) 與 ACF(24) 有很大的值的。ACF(36)、ACF(48)、ACF(60) 在此並沒有被顯示，然而亦是有很大的值。該序列現在必須在季節性被進行差分。規則地被差分的計算是從第二個觀察值中減去第一觀察值，然後再依序從第三個觀察值中減去第二觀察值，等等。即是，

$$Z_t = Y_t - Y_{t-1} \quad (5\text{-}58)$$

其中規則的被差分序列的觀察值是由 Z 所指示，然後序列被季節性地差分。

$$W_t = Z_t - Z_{t-12} \quad (5\text{-}59)$$

其中規則地與季節性地被差分序列的 t^{th} 觀察值是由 W_t 所指示，去理解該序列可以在季節性上首先被差分是重要的。

接著規則地被差分

$$W_t = Z_t - Z_{t-1}$$
$$= (Y_t - Y_{t-12}) - (Y_{t-1} - Y_{t-13}) \quad (5\text{-}60)$$

以相同進行分析的結果。我們從規則地與季節性地差分序列中進行估計所獲得結果，從表 5-21 模型統計量與表 5-22 的參數估計值，圖 5-47 與圖 5-48 顯示出從規則地與季節地被差分的序列中（the regularly and seasonally differenced）進行估計所獲得的結果，再從檔案 CH5-2c 進行自我相關的檢定獲得表 5-23 與表 25-24，圖 5-49 的 ACF 與圖 5-50 的 PACF 圖形，就可以獲知其情況。從表 5-23 與表 5-24，圖 5-49 的 ACF 與 5-50 的 PACF 圖形中看到釘住 ACF（1）ACF（12）的值指出規則的與季節性的移動平均出現。這個指出一個 $ARIMA(0,1,1)(0,1,1)_{12}$ 時間序列的模型它可以被寫成為

$$W_t = \theta_0 + a_t - \theta_1 a_{t-1} - \theta_{12} a_{t-12} + \theta_1 \theta_{12} a_{t-13} \quad (5\text{-}61)$$

事實上，以這樣的辨識方式並不會產生含糊不清的辨識問題。

(2) 估計。對這種暫時性模型的參數估計是 θ_0 的估計值在統計上是不顯著的，如此這種參數必須從模型中被刪除。因為 $ARIMA(0,1,1)(0,1,1)_{12}$ 時間序列的模型假設是一個非定常性的過程，所以 θ_0 被解釋為該過程中的斜率或趨勢。在本案中，在統計上不顯著的估計值是被解釋為意指該序列是不顯著的差異於堆砌（different than drift）。而 θ_1 與 θ_{12} 兩者是統計上顯著性與在其狀態之下是可接受的。兩者是落在 invertibility 的限制範圍之內。

(3) 診斷。從 SPSS 輸出結果的表 5-25 的模型統計量與表 5-26 的參數估計值，圖 5-51 與圖 5-52 顯示圖形指出，季節性的定常性。再以 CH5-2d 檔案進行自我相關的檢定從表 5-27 與表 5-28，圖 5-53 與圖 5-54 顯示從模型殘差中被進行估計所獲得 ACF 與 PACF。並沒有顯著性的釘住在初期或季節性的滯延。更重要的，對 ACF 的 Q 統計量以 0.05 的水準不是顯著性的。所以，這個模型的殘差是沒有不同於無害的噪音（white noise），如此該模型是可以被接受的。

ARIMA(0,1,1)(0,1,1)$_{12}$ 時間序列的模型在分析中必須以規則地與季節性地被差分時間序列的界定方式被寫成。由 Y_t 來呈現 the Sutter County Workforde 時間序列

$$Z_t = Y_t - Y_{t-1}$$
$$W_t = Z_t - Z_{t-12} = Y_t - Y_{t-1} - Y_{t-1} - Y_{t-12} - Y_{t-13}$$

此是在於描述規則地與季節性地被差分時間序列為一個現在震動或變動 (a_t) 的總和，先前震動或變動 (a_{t-1}) 的一個部分，從前年 (a_{t-12}) 中震動或變動的一個部分，從現在 (a_{t-13}) 中震動或變動的一個部分。當這個模型開始會立即嚇住讀者，它是一個相當簡單的模型，在時間序列的分析過程中尚無法提供令人感覺到的精確描述。

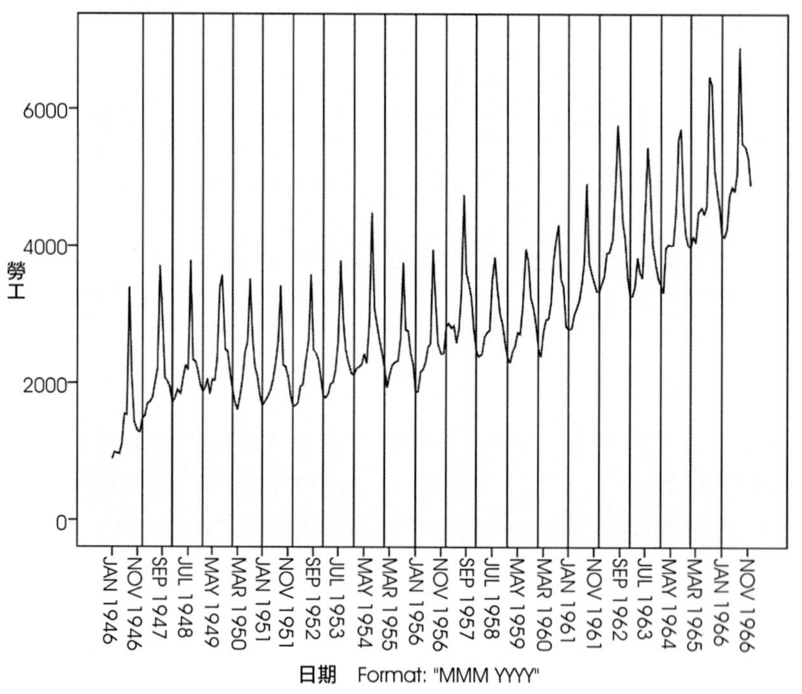

圖 5-40

表 5-15

Autocorrelations

Series：勞工

Lag	Autocorrelation	Std. Error[a]	Box-Ljung Statistic		
			Value	df	Sig.[b]
1	0.874	0.063	194.861	1	0.000
2	0.757	0.062	341.542	2	0.000
3	0.665	0.062	455.385	3	0.000
4	0.586	0.062	544.079	4	0.000
5	0.515	0.062	612.820	5	0.000
6	0.486	0.062	674.224	6	0.000
7	0.492	0.062	737.399	7	0.000
8	0.535	0.062	812.493	8	0.000
9	0.580	0.062	901.145	9	0.000
10	0.633	0.061	1007.240	10	0.000
11	0.722	0.061	1145.751	11	0.000
12	0.792	0.061	1312.837	12	0.000
13	0.699	0.061	1443.624	13	0.000
14	0.596	0.061	1539.035	14	0.000
15	0.513	0.061	1610.013	15	0.000
16	0.433	0.061	1660.923	16	0.000
17	0.371	0.061	1698.321	17	0.000
18	0.343	0.060	1730.497	18	0.000
19	0.349	0.060	1764.024	19	0.000
20	0.393	0.060	1806.660	20	0.000
21	0.444	0.060	1861.255	21	0.000
22	0.499	0.060	1930.477	22	0.000
23	0.578	0.060	2023.903	23	0.000
24	0.652	0.060	2143.229	24	0.000
25	0.578	0.060	2237.591	25	0.000
26	0.487	0.059	2304.644	26	0.000
27	0.406	0.059	2351.572	27	0.000
28	0.334	0.059	2383.423	28	0.000
29	0.280	0.059	2405.981	29	0.000
30	0.251	0.059	2424.184	30	0.000

a. The underlying process assumed is independence (white noise).

b. Based on the asymptotic chi-square approximation.

表 5-16

Partial Autocorrelations

Series：勞工

Lag	Partial Autocorrelation	Std. Error
1	0.874	0.063
2	−0.031	0.063
3	0.044	0.063
4	0.002	0.063
5	−0.004	0.063
6	0.142	0.063
7	0.147	0.063
8	0.214	0.063
9	0.115	0.063
10	0.165	0.063
11	0.338	0.063
12	0.218	0.063
13	−0.511	0.063
14	−0.152	0.063
15	−0.012	0.063
16	−0.043	0.063
17	0.026	0.063
18	−0.006	0.063
19	−0.006	0.063
20	0.063	0.063
21	0.108	0.063
22	0.050	0.063
23	−0.006	0.063
24	0.200	0.063
25	−0.175	0.063
26	−0.082	0.063
27	−0.017	0.063
28	0.010	0.063
29	0.029	0.063
30	−0.050	0.063

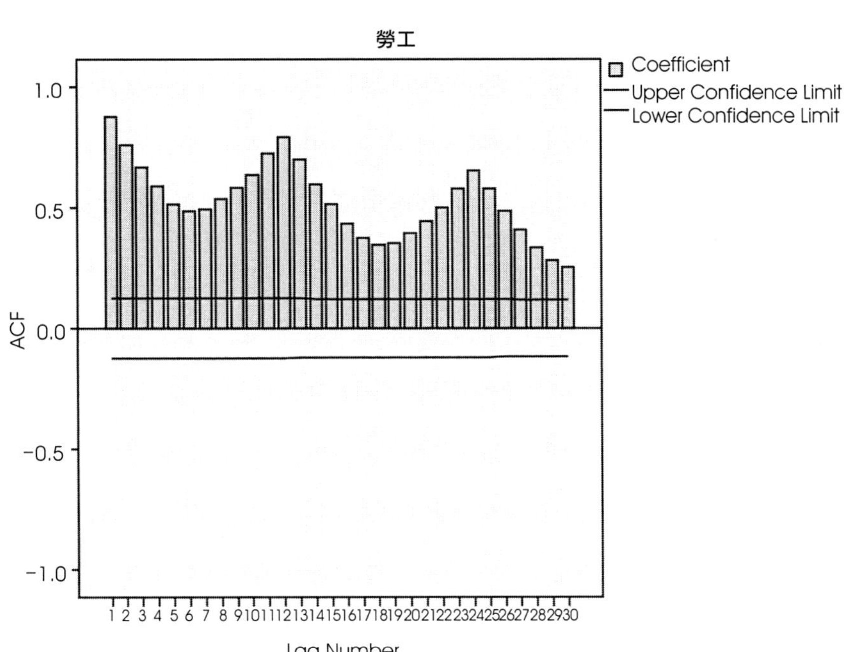
勞工
Coefficient
Upper Confidence Limit
Lower Confidence Limit
1.0
0.5
0.0
-0.5
-1.0
ACF
1 2 3 4 5 6 7 8 9 10 11 12 13 14 15 16 17 18 19 20 21 22 23 24 25 26 27 28 29 30
Lag Number

圖 5-41

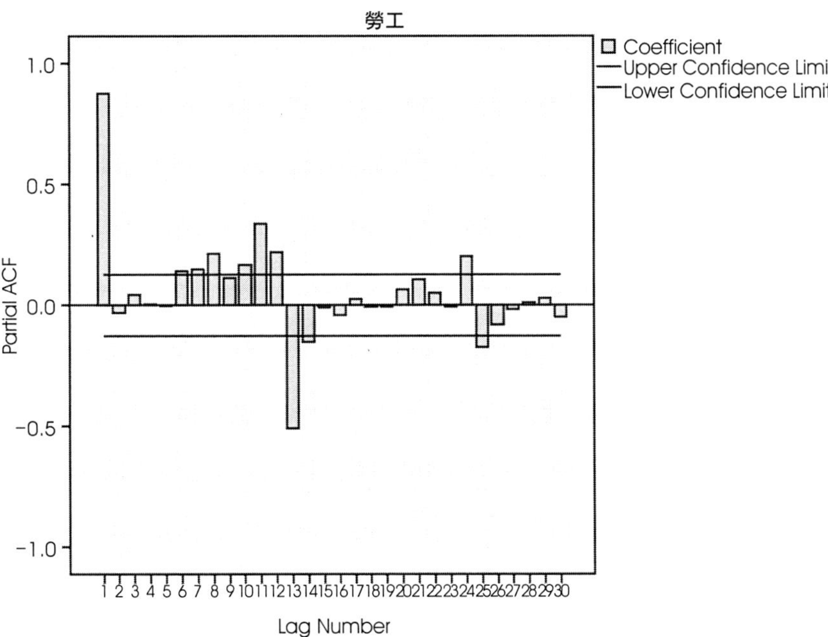
勞工
Coefficient
Upper Confidence Limit
Lower Confidence Limit
1.0
0.5
0.0
-0.5
-1.0
Partial ACF
1 2 3 4 5 6 7 8 9 10 11 12 13 14 15 16 17 18 19 20 21 22 23 24 25 26 27 28 29 30
Lag Number

圖 5-42

範例 5-4 the Sutter County Workforce，使用 SPSS 輸出 ARIMA 模型（0,1,0）的結果。

Model Description

			Model Type
Model ID	勞工	Model_1	ARIMA(0,1,0)

表 5-17

Model Statistics

Model	Number of Predictors	Model Fit statistics		Ljung-Box Q(18)			Number of Outliers
		Stationary R-squared	R-squared	Statistics	DF	Sig.	
勞工 -Model_1	1	4.129E-5	0.771	176.662	18	0.000	0

表 5-18

ARIMA Model Parameters

					Estimate	SE	t	Sig.
勞工 Model_1	勞工	No Transformation	Constant		−1086.179	10869.346	−0.100	0.920
			Difference		1			
	YEAR, not periodic	No Transformation	Numerator	Lag 0	0.563	5.557	0.101	0.919

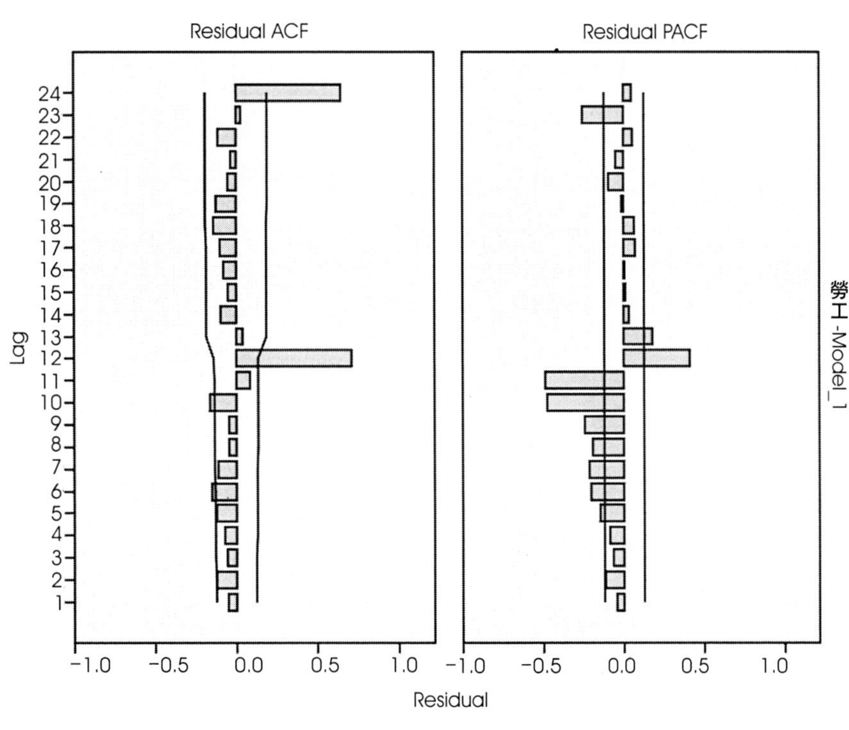

圖 5-43　殘差的 **ACF** 與 **PACF** 的圖形

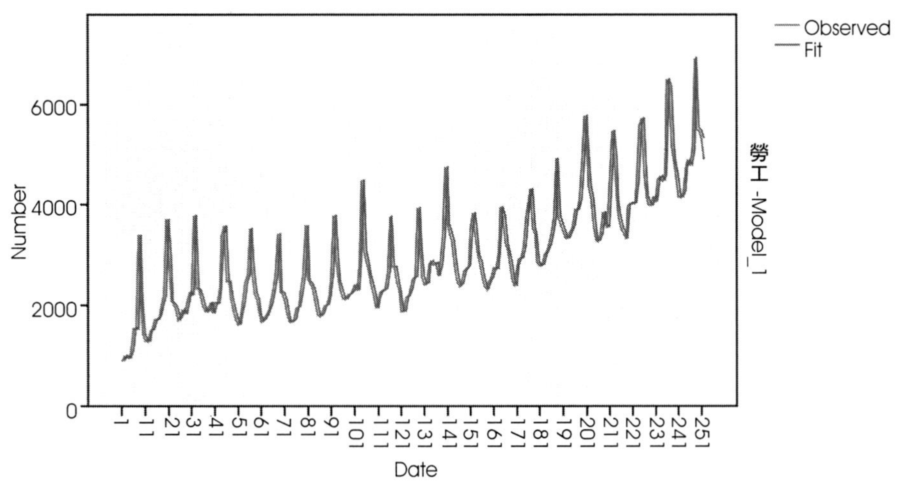

圖 5-44　觀察值與適配值之間時間序列關聯圖形

表 5-19

Autocorrelations

Series:Noise residual from 勞工 -Model_1

Lag	Autocorrelation	Std. Error[a]	Box-Ljung Statistic		
			Value	df	Sig.[b]
1	−0.047	0.063	0.568	1	0.451
2	−0.120	0.063	4.250	2	0.119
3	−0.057	0.062	5.074	3	0.166
4	−0.071	0.062	6.361	4	0.174
5	−0.124	0.062	10.325	5	0.067
6	−0.149	0.062	16.097	6	0.013
7	−0.112	0.062	19.374	7	0.007
8	−0.044	0.062	19.880	8	0.011
9	−0.043	0.062	20.361	9	0.016
10	−0.159	0.062	27.055	10	0.003
11	0.085	0.061	28.950	11	0.002
12	0.712	0.061	163.529	12	0.000
13	0.040	0.061	163.956	13	0.000
14	−0.094	0.061	166.315	14	0.000
15	−0.049	0.061	166.964	15	0.000
16	−0.077	0.061	168.567	16	0.000
17	−0.098	0.061	171.194	17	0.000
18	−0.142	0.061	176.662	18	0.000
19	−0.124	0.060	180.853	19	0.000
20	−0.052	0.060	181.602	20	0.000
21	−0.032	0.060	181.894	21	0.000
22	−0.114	0.060	185.470	22	0.000
23	0.026	0.060	185.657	23	0.000
24	0.644	0.060	301.807	24	0.000
25	0.079	0.060	303.557	25	0.000
26	−0.060	0.060	304.589	26	0.000
27	−0.068	0.059	305.913	27	0.000
28	−0.073	0.059	307.431	28	0.000
29	−0.074	0.059	309.012	29	0.000
30	−0.171	0.059	317.400	30	0.000

a. The underlying process assumed is independence (white noise).

b. Based on the asymptotic chi-square approximation.

表 5-20

Partial Autocorrelations

Series: Noise residual from 勞工 -Model_1

Lag	Partial Autocorrelation	Std. Error
1	−0.047	0.063
2	−0.123	0.063
3	−0.070	0.063
4	−0.095	0.063
5	−0.155	0.063
6	−0.207	0.063
7	−0.218	0.063
8	−0.201	0.063
9	−0.248	0.063
10	−0.475	0.063
11	−0.490	0.063
12	0.408	0.063
13	0.176	0.063
14	0.033	0.063
15	0.010	0.063
16	0.002	0.063
17	0.068	0.063
18	0.067	0.063
19	−0.014	0.063
20	−0.100	0.063
21	−0.054	0.063
22	0.055	0.063
23	−0.259	0.063
24	0.049	0.063
25	0.044	0.063
26	0.032	0.063
27	−0.030	0.063
28	−0.033	0.063
29	0.015	0.063
30	−0.076	0.063

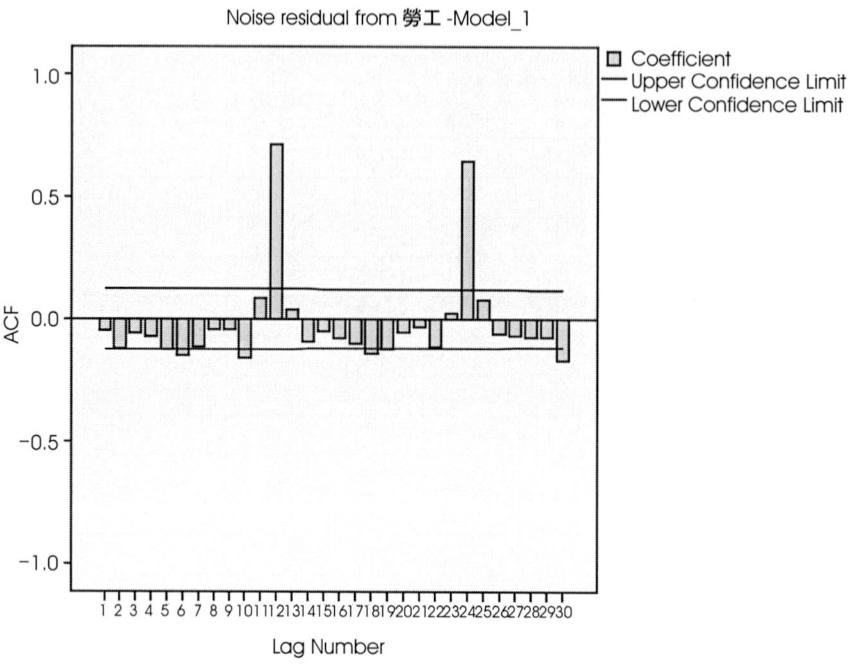
Noise residual from 勞工 -Model_1
Coefficient
Upper Confidence Limit
Lower Confidence Limit
ACF
1.0
0.5
0.0
-0.5
-1.0
1 2 3 4 5 6 7 8 9 10 11 12 13 14 15 16 17 18 19 20 21 22 23 24 25 26 27 28 29 30
Lag Number

圖 5-45

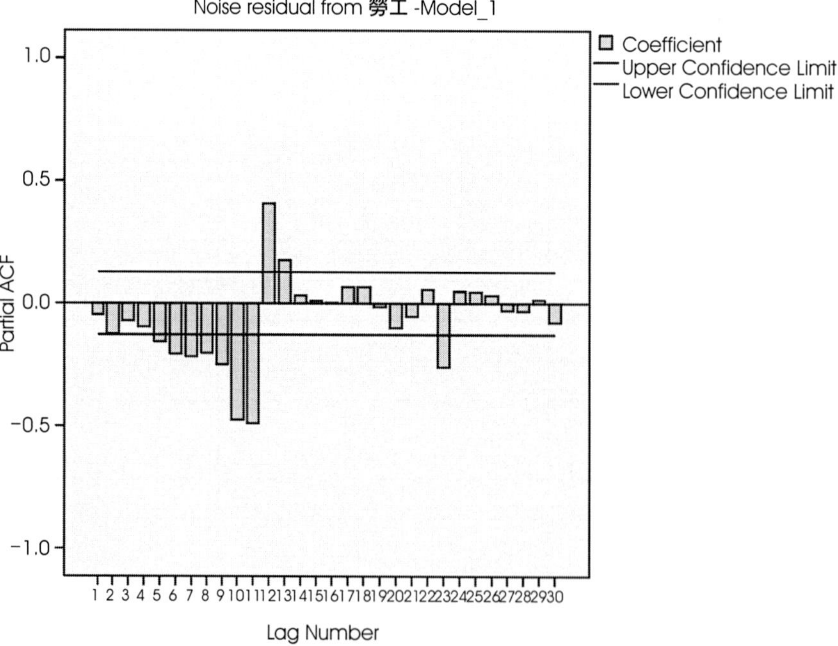
Noise residual from 勞工 -Model_1
Coefficient
Upper Confidence Limit
Lower Confidence Limit
Partial ACF
1.0
0.5
0.0
-0.5
-1.0
1 2 3 4 5 6 7 8 9 10 11 12 13 14 15 16 17 18 19 20 21 22 23 24 25 26 27 28 29 30
Lag Number

圖 5-46

範例 5-4 the Sutter County Workforce，使用 SPSS 輸出 ARIMA 模型（0,1,0）（0,1,0）的結果。

Model Description

			Model Type
Model ID	勞工	Model_1	ARIMA(0,1,0)(0,1,0)

表 5-21

Model Statistics

Model	Number of Predictors	Model Fit statistics		Ljung-Box Q(18)			Number of Outliers
		Stationary R-squared	R-squared	Statistics	DF	Sig.	
勞工 -Model_1	1	0.000	0.896	127.051	18	0.000	0

表 5-22

ARIMA Model Parameters

					Estimate	SE	t	Sig.
勞工 Model_1	勞工	No Transformation	Constant		−1344.741	7656.961	−0.176	0.861
			Difference		1			
			Seasonal		1			
			Difference					
	YEAR, not periodic	No Transformation	Numerator	Lag 0	0.687	3.914	0.175	0.861

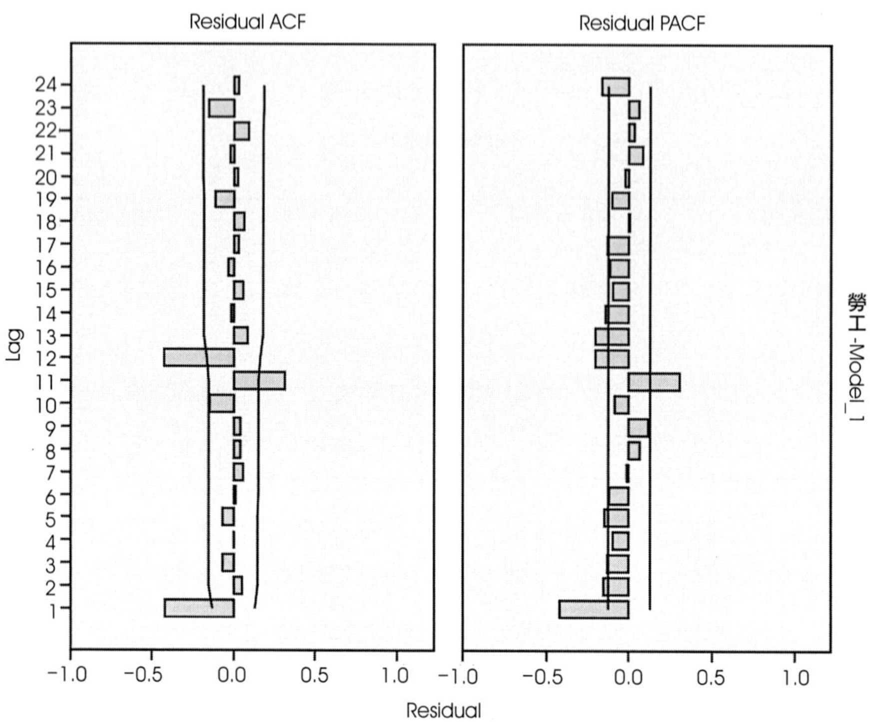

圖 5-47 殘差的 **ACF** 與 **PACF** 的圖形

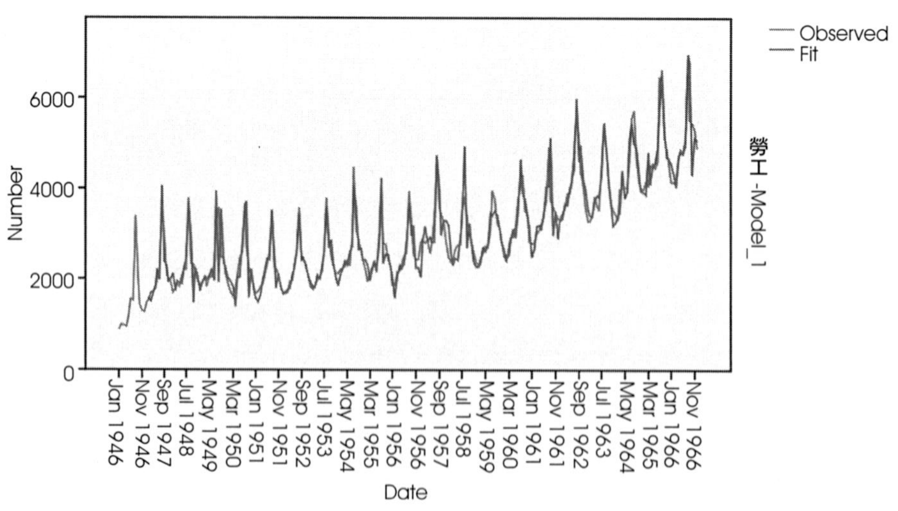

圖 5-48 觀察值與適配值之間時間序列關聯圖形

表 5-23

Autocorrelations

Series: Noise residual from 勞工 -Model_1

Lag	Autocorrelation	Std. Error[a]	Box-Ljung Statistic		
			Value	df	Sig.[b]
1	-0.420	0.064	42.759	1	0.000
2	0.052	0.064	43.407	2	0.000
3	-0.065	0.064	44.452	3	0.000
4	-0.002	0.064	44.454	4	0.000
5	-0.067	0.064	45.554	5	0.000
6	0.012	0.064	45.587	6	0.000
7	0.058	0.063	46.410	7	0.000
8	0.041	0.063	46.826	8	0.000
9	0.041	0.063	47.245	9	0.000
10	-0.145	0.063	52.509	10	0.000
11	0.311	0.063	76.898	11	0.000
12	-0.425	0.063	122.816	12	0.000
13	0.083	0.063	124.583	13	0.000
14	-0.019	0.063	124.677	14	0.000
15	0.056	0.062	125.471	15	0.000
16	-0.035	0.062	125.783	16	0.000
17	0.028	0.062	125.982	17	0.000
18	0.064	0.062	127.051	18	0.000
19	-0.109	0.062	130.166	19	0.000
20	0.024	0.062	130.315	20	0.000
21	-0.021	0.062	130.434	21	0.000
22	0.091	0.061	132.614	22	0.000
23	-0.149	0.061	138.516	23	0.000
24	0.029	0.061	138.737	24	0.000
25	0.027	0.061	138.928	25	0.000
26	0.119	0.061	142.751	26	0.000
27	-0.115	0.061	146.370	27	0.000
28	0.014	0.061	146.421	28	0.000
29	0.066	0.060	147.626	29	0.000
30	-0.129	0.060	152.225	30	0.000

a. The underlying process assumed is independence (white noise).

b. Based on the asymptotic chi-square approximation.

表 5-24

Partial Autocorrelations

Series: Noise residual from 勞工 -Model_1

Lag	Partial Autocorrelation	Std. Error
1	−0.420	0.065
2	−0.152	0.065
3	−0.130	0.065
4	−0.100	0.065
5	−0.148	0.065
6	−0.120	0.065
7	−0.012	0.065
8	0.062	0.065
9	0.115	0.065
10	−0.085	0.065
11	0.306	0.065
12	−0.206	0.065
13	−0.203	0.065
14	−0.140	0.065
15	−0.099	0.065
16	−0.116	0.065
17	−0.129	0.065
18	0.002	0.065
19	−0.105	0.065
20	−0.023	0.065
21	0.080	0.065
22	0.031	0.065
23	0.060	0.065
24	−0.165	0.065
25	−0.151	0.065
26	0.030	0.065
27	−0.087	0.065
28	−0.134	0.065
29	−0.054	0.065
30	−0.084	0.065

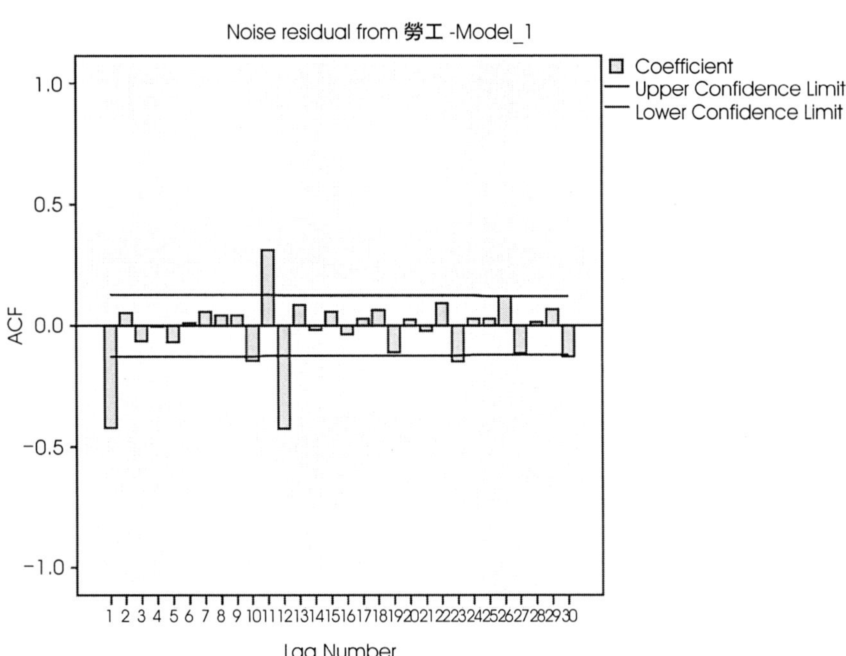
Noise residual from 勞工 -Model_1
Coefficient
Upper Confidence Limit
Lower Confidence Limit
ACF
1.0
0.5
0.0
−0.5
−1.0
1 2 3 4 5 6 7 8 9 10 11 12 13 14 15 16 17 18 19 20 21 22 23 24 25 26 27 28 29 30
Lag Number

圖 5-49

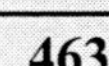

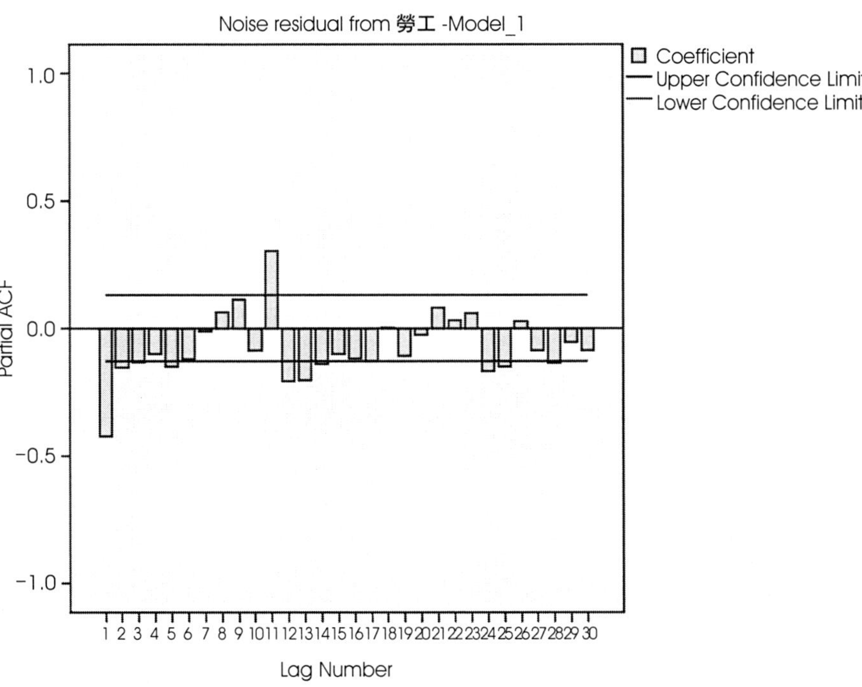
Noise residual from 勞工 -Model_1
Coefficient
Upper Confidence Limit
Lower Confidence Limit
Partial ACF
1.0
0.5
0.0
−0.5
−1.0
1 2 3 4 5 6 7 8 9 10 11 12 13 14 15 16 17 18 19 20 21 22 23 24 25 26 27 28 29 30
Lag Number

圖 5-50

範例 5-4 the Sutter County Workforce，使用 SPSS 輸出 ARIMA 模型（0,1,1）（0,1,1）的結果。

Model Description

			Model Type
Model ID	勞工	Model_1	ARIMA(0,1,1)(0,1,1)

表 5-25

Model Statistics

Model	Number of Predictors	Model Fit statistics		Ljung-Box Q(18)			Number of Outliers
		Stationary R-squared	R-squared	Statistics	DF	Sig.	
勞工 -Model_1	1	0.481	0.946	18.254	16	0.309	0

表 5-26

ARIMA Model Parameters

					Estimate	SE	t	Sig.
勞工 Model_1	勞工	No Transformation	Constant		−1057.305	795.539	−1.329	0.185
			Difference		1			
			MA	Lag 1	0.631	0.051	12.367	0.000
			Seasonal		1			
			Difference					
			MA, Seasonal	Lag 1	0.789	0.053	14.934	0.000
	YEAR, not periodic	No Transformation	Numerator	Lag 0	0.541	0.407	1.330	0.185

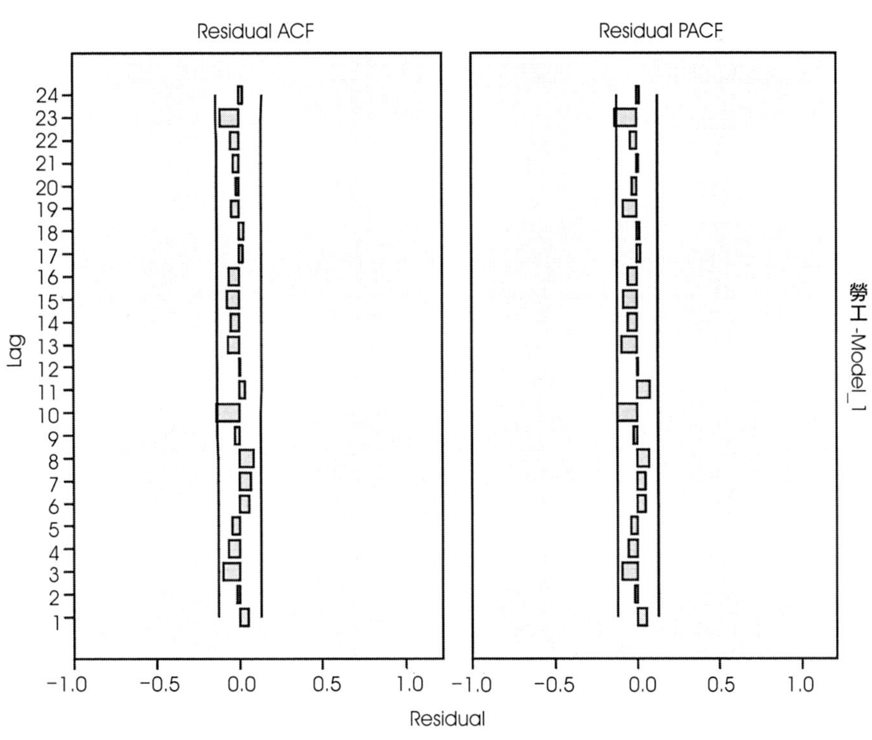

圖 5-51　殘差的 **ACF** 與 **PACF** 的圖形

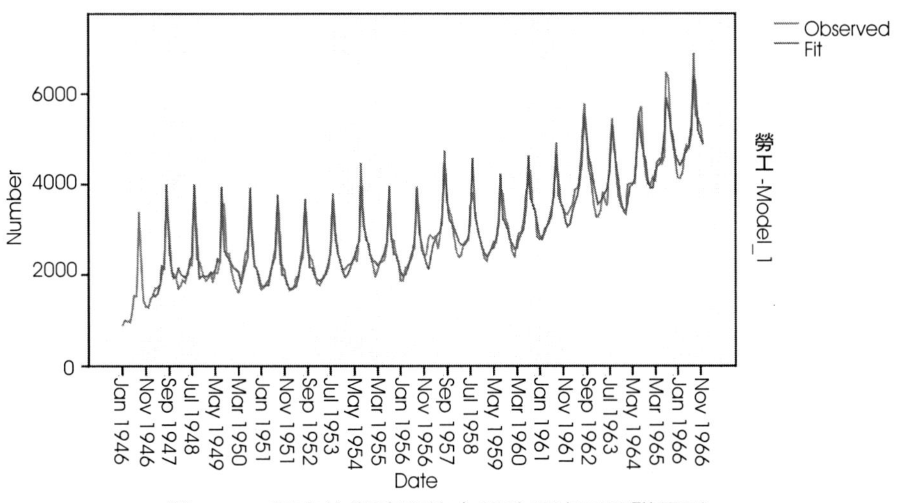

圖 5-52　觀察值與適配值之間時間序列關聯圖形

從圖 5-52 觀察值與適配值之間時間序列關聯圖形中，已預測的各值顯示與已觀察的各值有良好的符合，包括該模型已具有令人滿意的預測能力。

注意到該模型如何能夠良好的預測季節的高峰，它能夠執行捕獲資料向上成長趨勢的任務。

表 5-27

Autocorrelations

Series: Noise residual from 勞工 -Model_1

Lag	Autocorrelation	Std. Error[a]	Box-Ljung Statistic		
			Value	df	Sig.[b]
1	0.053	0.064	0.686	1	0.408
2	−0.019	0.064	0.770	2	0.681
3	−0.099	0.064	3.167	3	0.367
4	−0.069	0.064	4.328	4	0.363
5	−0.045	0.064	4.833	5	0.437
6	0.056	0.064	5.620	6	0.467
7	0.066	0.063	6.708	7	0.460
8	0.084	0.063	8.452	8	0.391
9	−0.025	0.063	8.610	9	0.474
10	−0.139	0.063	13.495	10	0.197
11	0.035	0.063	13.805	11	0.244
12	0.007	0.063	13.818	12	0.313
13	−0.068	0.063	15.004	13	0.307
14	−0.048	0.063	15.593	14	0.339
15	−0.073	0.062	16.949	15	0.322
16	−0.062	0.062	17.940	16	0.327
17	0.022	0.062	18.063	17	0.385
18	0.027	0.062	18.254	18	0.439
19	−0.045	0.062	18.787	19	0.471
20	−0.017	0.062	18.867	20	0.530
21	−0.033	0.062	19.157	21	0.575
22	−0.052	0.061	19.885	22	0.590
23	−0.112	0.061	23.209	23	0.449
24	0.023	0.061	23.354	24	0.499
25	0.119	0.061	27.157	25	0.348
26	0.091	0.061	29.400	26	0.293
27	−0.071	0.061	30.752	27	0.281
28	−0.033	0.061	31.041	28	0.315
29	0.034	0.060	31.364	29	0.348

Lag	Autocorrelation	Std. Error[a]	Box-Ljung Statistic		
			Value	df	Sig.[b]
30	−0.041	0.060	31.834	30	0.375

a. The underlying process assumed is independence (white noise).

b. Based on the asymptotic chi-square approximation.

表 5-28

Partial Autocorrelations

Series: Noise residual from 勞工 -Model_1

Lag	Partial Autocorrelation	Std. Error
1	0.053	0.065
2	−0.021	0.065
3	−0.097	0.065
4	−0.060	0.065
5	−0.043	0.065
6	0.050	0.065
7	0.048	0.065
8	0.070	0.065
9	−0.026	0.065
10	−0.123	0.065
11	0.072	0.065
12	0.006	0.065
13	−0.096	0.065
14	−0.061	0.065
15	−0.084	0.065
16	−0.059	0.065
17	0.021	0.065
18	0.012	0.065
19	−0.084	0.065
20	−0.028	0.065
21	0.009	0.065
22	−0.044	0.065
23	−0.137	0.065
24	0.015	0.065
25	0.093	0.065
26	0.050	0.065
27	−0.080	0.065
28	−0.028	0.065

Lag	Partial Autocorrelation	Std. Error
29	0.046	0.065
30	−0.032	0.065

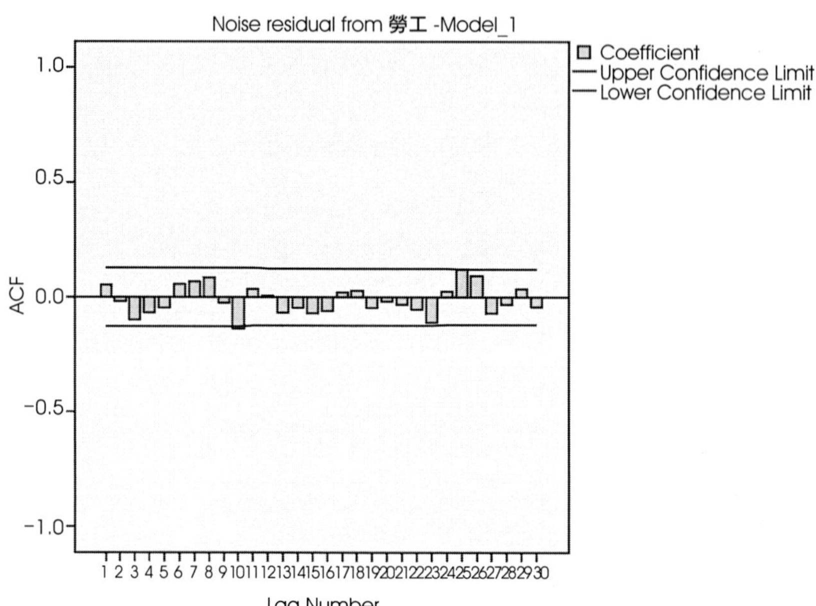

圖 5-53

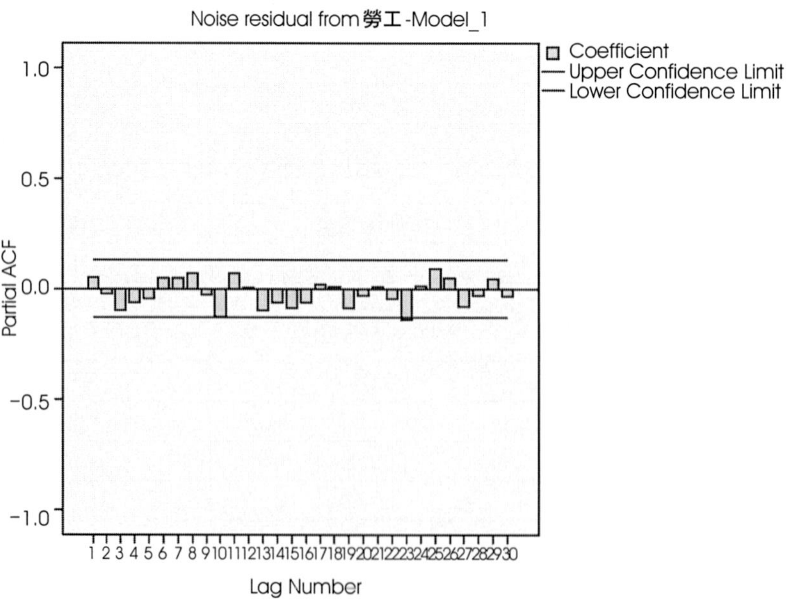

圖 5-54

（五）範例 5-5 服飾的銷售資料

考慮在 CH5-7 的檔案，是服飾的銷售資料。從圖 5-55 的時間序列關聯中很明顯地可以看出有某種季節性與向上成長的線性趨勢。

從 CH5-7 的檔案進行自我相關的檢定中，獲得表 5-31 與表 5-32，樣本的圖 5-56 的 ACF 與圖 5-57 的 PACF 圖形。從其中指出有每一個月的季節性，S = 12，如其 ACF 值在 lags 12， 24， 36 是顯著的，然後緩慢地逐漸減低，而有顯著性的 PACF 值在 lag 12，接近 1。而且，緩慢地逐漸減低的 ACF 值通常亦可以指出一個非定常性的模型，它可以使用第一階的差分進行修正。

由於有前述範例 5-4 的經驗，在此我們可以考慮使用 ARIMA(0,1,1)(0,1,1) 模型。首先，使用 CH5-7 的檔案進行 ARIMA$(0,1,1)(0,1,1)_{12}$ 模型的建構，使用 SPSS 軟體進行分析的結果，從表 5-31 的模型統計量與表 5-32 參數估計，圖 5-58 與圖 5-59 的圖形進行檢視，再使用 CH5-7b 的檔案進行自我相關的檢定，獲得表 5-33 與表 5-34，圖 5-60 的 ACF 與圖 5-61 的 PACF 圖形，診斷有助於達到定常性的條件與可以消除季節性。其定常性與消除季節性可由圖 5-60 的 ACF 與圖 5-61 的 PACF 圖形獲得驗證。

最後圖 5-60 ARIMA$(0,1,1)(0,1,1)_{12}$ 模型提供服飾銷售資料的真正資料（the actual data）與適配值（fitted values）的時間序列模型，可以給予這個高季節性的

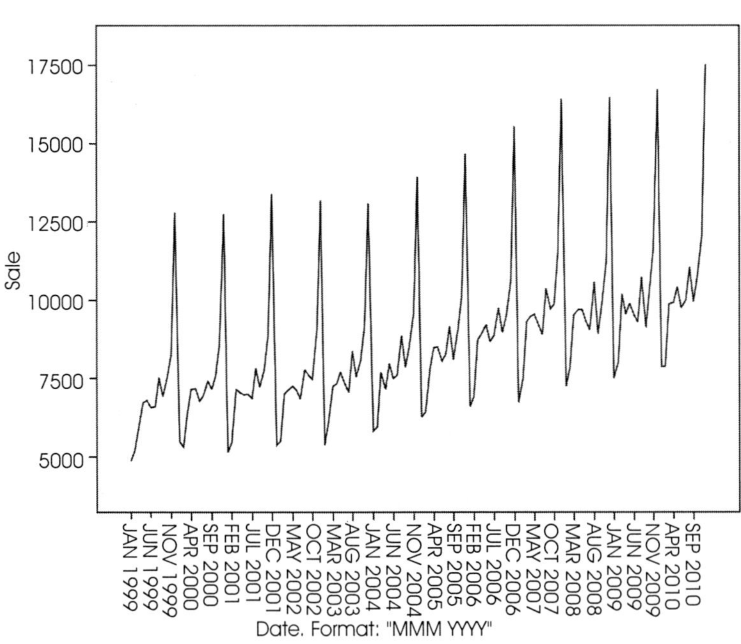

圖 5-55

與非定常性提供一種合理的適配度。

從以上 ARIMA 的模型（亦被稱為 Box-Jenkins models）呈現出給予時間序列的分析與預測提供一種很大解釋力（powerful）與彈性的模型類型。在過去幾十年中，這些 ARIMA 的模型已具有很大的成果被應用於許多研究與實況的問題。無論如何，它們在提供「正確的」答案於某些情境的研究分析中仍然會有不足的問題。

表 5-29

Autocorrelations

Series: Sale

Lag	Autocorrelation	Std. Error[a]	Box-Ljung Statistic		
			Value	df	Sig.[b]
1	0.282	0.082	11.717	1	0.001
2	0.092	0.082	12.980	2	0.002
3	0.172	0.082	17.395	3	0.001
4	0.271	0.082	28.387	4	0.000
5	0.189	0.081	33.771	5	0.000
6	0.154	0.081	37.382	6	0.000
7	0.179	0.081	42.304	7	0.000
8	0.244	0.080	51.494	8	0.000
9	0.133	0.080	54.252	9	0.000
10	0.028	0.080	54.379	10	0.000
11	0.202	0.080	60.817	11	0.000
12	0.873	0.079	182.071	12	0.000
13	0.222	0.079	189.973	13	0.000
14	0.050	0.079	190.381	14	0.000
15	0.126	0.078	192.963	15	0.000
16	0.211	0.078	200.284	16	0.000
17	0.135	0.078	203.317	17	0.000
18	0.108	0.077	205.275	18	0.000
19	0.127	0.077	207.989	19	0.000
20	0.192	0.077	214.230	20	0.000
21	0.085	0.076	215.462	21	0.000
22	-0.009	0.076	215.476	22	0.000
23	0.148	0.076	219.274	23	0.000
24	0.756	0.076	319.348	24	0.000
25	0.164	0.075	324.121	25	0.000

Lag	Autocorrelation	Std. Error[a]	Box-Ljung Statistic		
			Value	df	Sig.[b]
26	0.007	0.075	324.130	26	0.000
27	0.078	0.075	325.227	27	0.000
28	0.149	0.074	329.247	28	0.000
29	0.082	0.074	330.482	29	0.000
30	0.054	0.074	331.028	30	0.000
31	0.072	0.073	331.993	31	0.000
32	0.131	0.073	335.220	32	0.000
33	0.025	0.073	335.338	33	0.000
34	-0.054	0.072	335.901	34	0.000
35	0.087	0.072	337.354	35	0.000

a. The underlying process assumed is independence (white noise).

b. Based on the asymptotic chi-square approximation.

表 5-30

Partial Autocorrelations

Series: Sale

Lag	Partial Autocorrelation	Std. Error
1	0.282	0.083
2	0.014	0.083
3	0.155	0.083
4	0.203	0.083
5	0.070	0.083
6	0.075	0.083
7	0.081	0.083
8	0.131	0.083
9	−0.016	0.083
10	−0.080	0.083
11	0.141	0.083
12	0.859	0.083
13	−0.472	0.083
14	−0.133	0.083
15	−0.075	0.083
16	−0.141	0.083
17	0.016	0.083
18	0.017	0.083

Lag	Partial Autocorrelation	Std. Error
19	−0.056	0.083
20	0.043	0.083
21	0.036	0.083
22	0.164	0.083
23	0.012	0.083
24	−0.125	0.083
25	−0.034	0.083
26	−0.074	0.083
27	−0.037	0.083
28	−0.003	0.083
29	−0.007	0.083
30	−0.048	0.083
31	0.039	0.083
32	0.000	0.083
33	−0.007	0.083
34	0.002	0.083
35	−0.048	0.083

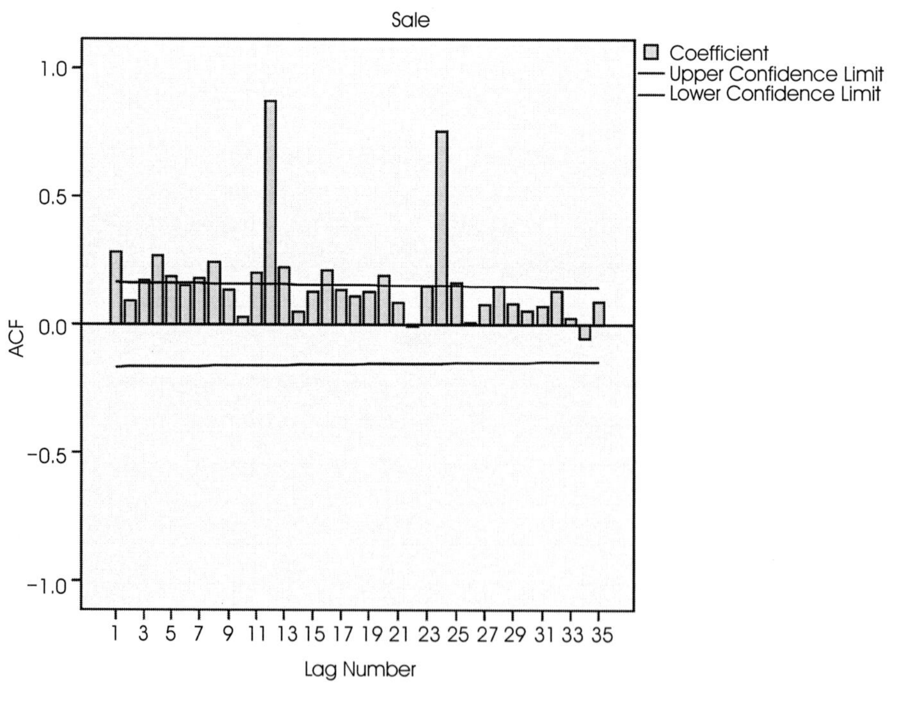

圖 5-56

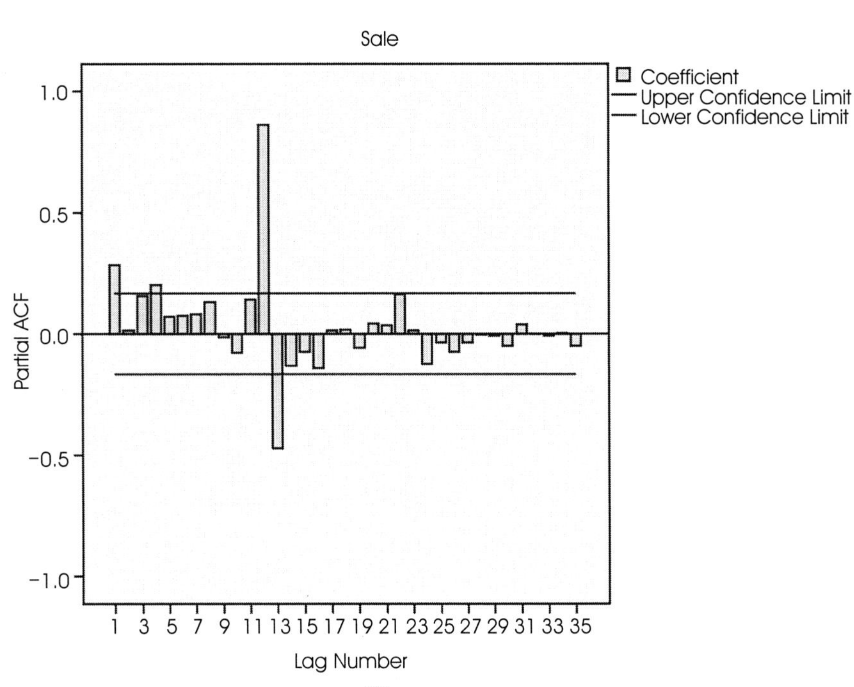

圖 5-57

範例 5-5 服飾的銷售資料，使用 SPSS 輸出 ARIMA（0,1,1）（0,1,1）的結果。

Model Description

			Model Type
Model ID	勞工	Model_1	ARIMA(0,1,1)(0,1,1)

表 5-31

Model Statistics

Model	Number of Predictors	Model Fit statistics		Ljung-Box Q(18)			Number of Outliers
		Stationary R-squared	R-squared	Statistics	DF	Sig.	
Sale -Model_1	1	0.497	0.987	22.614	16	0.124	0

表 5-32

ARIMA Model Parameters

					Estimate	SE	t	Sig.
Sale-Model_1	Sale	No Transformation	Constant		159.968	2642.728	0.061	0.952
			Difference		1			
			MA	Lag 1	0.777	0.060	13.026	0.000
			Seasonal		1			
			Difference					
			MA, Seasonal	Lag 1	0.436	0.087	5.008	0.000
	YEAR, not periodic	No Transformation	Numerator	Lag 0	−0.079	1.317	−0.060	0.952

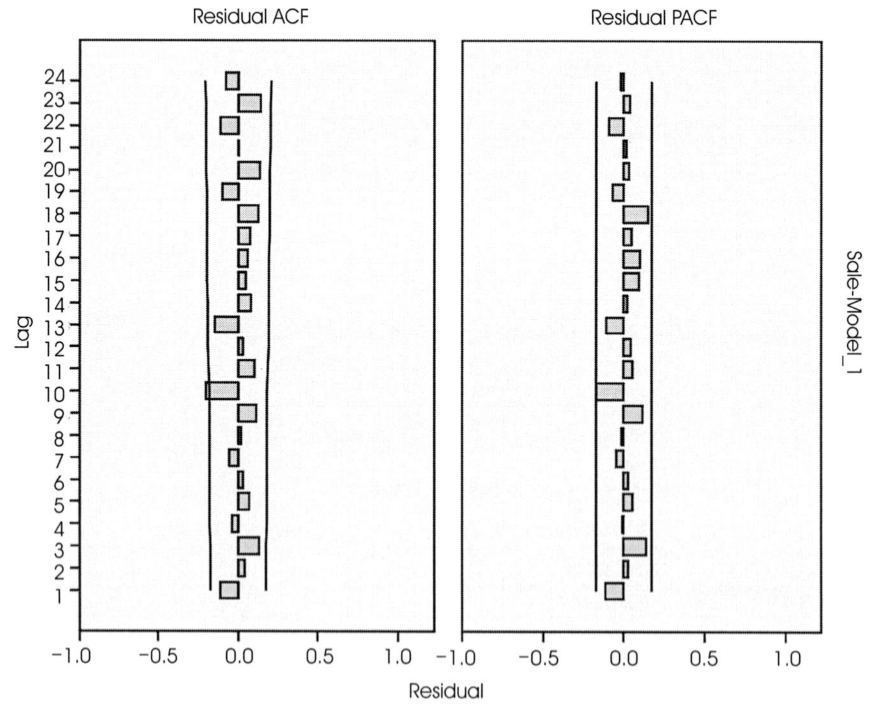

圖 5-58　殘差的 ACF 與 PACF 的圖形

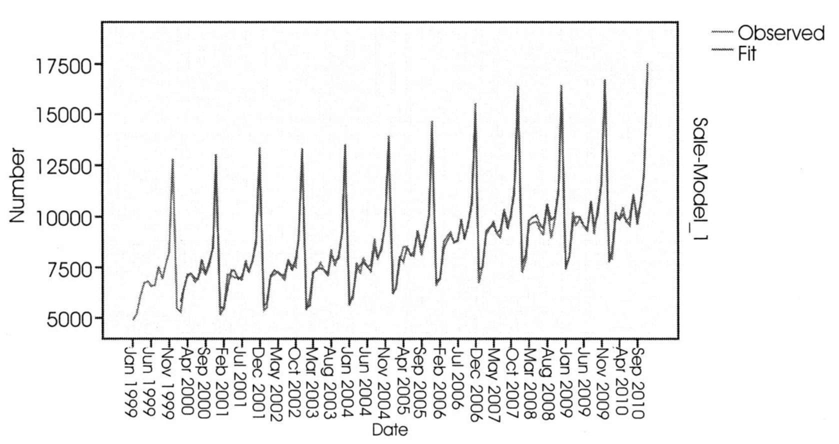

圖 5-59 **ARIMA(0,1,1)×(0,1,1)$_{12}$** 模型提供服飾銷售資料的真正資料（**the actual data**）與適配值（**fitted values**）的時間序列圖形

表 5-33

Autocorrelations

Series: Noise residual from Sale-Model_1

Lag	Autocorrelation	Std. Error[a]	Box-Ljung Statistic		
			Value	df	Sig.[b]
1	−0.114	0.086	1.748	1	0.186
2	0.037	0.086	1.933	2	0.380
3	0.129	0.086	4.207	3	0.240
4	−0.037	0.085	4.391	4	0.356
5	0.069	0.085	5.054	5	0.409
6	0.027	0.085	5.159	6	0.524
7	−0.054	0.084	5.562	7	0.592
8	0.018	0.084	5.610	8	0.691
9	0.110	0.084	7.348	9	0.601
10	−0.198	0.083	13.014	10	0.223
11	0.100	0.083	14.480	11	0.208
12	0.030	0.083	14.611	12	0.263
13	−0.146	0.082	17.764	13	0.167
14	0.081	0.082	18.735	14	0.175
15	0.044	0.082	19.026	15	0.213
16	0.054	0.081	19.470	16	0.245
17	0.071	0.081	20.250	17	0.262
18	0.125	0.081	22.666	18	0.204
19	−0.098	0.080	24.149	19	0.190
20	0.133	0.080	26.907	20	0.138

Lag	Autocorrelation	Std. Error[a]	Box-Ljung Statistic		
			Value	df	Sig.[b]
21	0.001	0.079	26.907	21	0.174
22	-0.110	0.079	28.824	22	0.150
23	0.141	0.079	32.046	23	0.099
24	-0.076	0.078	32.999	24	0.104
25	-0.104	0.078	34.788	25	0.092
26	0.033	0.078	34.968	26	0.112
27	-0.234	0.077	44.167	27	0.020
28	-0.079	0.077	45.213	28	0.021
29	0.007	0.077	45.222	29	0.028
30	-0.236	0.076	54.842	30	0.004
31	0.063	0.076	55.537	31	0.004
32	0.114	0.075	57.812	32	0.003
33	-0.131	0.075	60.869	33	0.002
34	0.026	0.075	60.988	34	0.003
35	0.013	0.074	61.018	35	0.004

a. The underlying process assumed is independence (white noise).

b. Based on the asymptotic chi-square approximation.

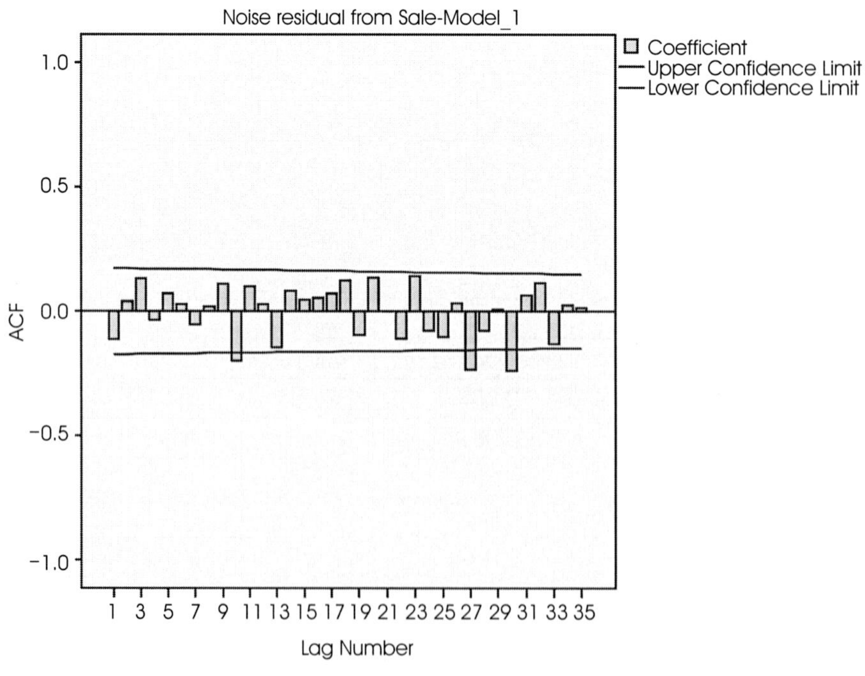

圖 5-60

表 5-34

Partial Autocorrelations

Series: Noise residual from Sale-Model_1

Lag	Partial Autocorrelation	Std. Error
1	−0.114	0.087
2	0.024	0.087
3	0.138	0.087
4	−0.008	0.087
5	0.056	0.087
6	0.026	0.087
7	−0.048	0.087
8	−0.012	0.087
9	0.115	0.087
10	−0.173	0.087
11	0.051	0.087
12	0.042	0.087
13	−0.106	0.087
14	0.018	0.087
15	0.090	0.087
16	0.099	0.087
17	0.046	0.087
18	0.150	0.087
19	−0.070	0.087
20	0.030	0.087
21	0.016	0.087
22	−0.090	0.087
23	0.035	0.087
24	−0.019	0.087
25	−0.118	0.087
26	−0.028	0.087
27	−0.228	0.087
28	−0.077	0.087
29	−0.046	0.087
30	−0.173	0.087
31	0.072	0.087
32	0.105	0.087
33	−0.028	0.087
34	−0.031	0.087
35	−0.020	0.087

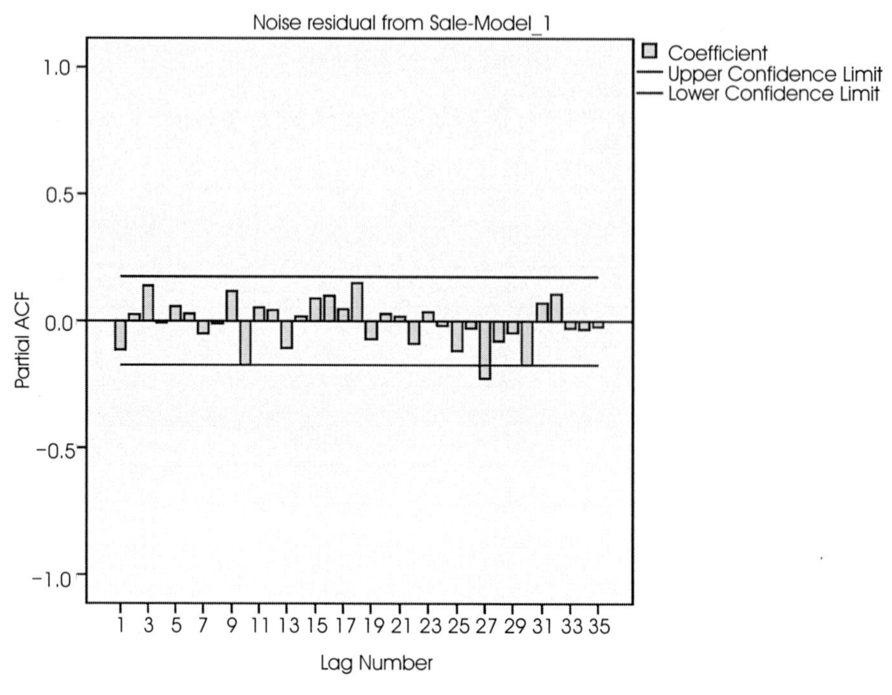

圖 5-61

第五節　干預成分，I_t

在完成建立一個時間序列過程的模型之後，分析者可以使用該模型去評估一個外衍干擾對時間序列的影響。呈現 ARIMA（p,d,q）（P,D,Q）以 N_t 為代表，評估對模型的影響可以被寫成為

$$Y_t = f(I_t) + N_t \tag{5-62}$$

「I_t 的函數」$f(I_t)$，是模型干擾的成分。以這種形式被寫成，N_t 的組成成分是時間序列準實驗的虛假案例（null case）。Y_t 的時間序列是足夠地由 N_t 的成分解釋為「噪音」。如果干擾的成分由一個統計上顯著性的數量增加模型的解釋力，分析者可以推論外衍干擾已有統計上顯著性的對時間序列發生影響。

我們使用影響評估一詞去指涉一個時間序列準實驗的統計分析。最普遍地，一個影響評估是虛假案例的「一個檢定考驗」即一個被假設的事件以一個時間序列來進行測量造成或產生在一個社會過程中的一個改變。認知這種定義界定的缺失與限制，我們可以直接地評鑑它的二個主要成分。

第一，影響評估是在於關切一個「被假設事件」的影響（或效應）。一個事件對我們的目的而言是在陳述一個質的改變或以共同名詞的意義陳述「某事發生」。事件可以以二元（binary）變項為代表來呈現，這種二元（binary）變項可以指示事件之前狀況的不存在與在事件發生其間與之後狀況的出現。例如，在實驗心理學的用語中，一個實驗處理的引進是事件結合著「從非實驗處理」到「實驗處理」過程中其狀態的一個變化或改變。在法律的研究中，一個法律的建立是事件結合著從「沒有規定」到「規定」中其狀態的一個變化或改變。

在狀態（事件）中質的變化或改變時常是無法從程度水準（過程）中辨識不同於量的變化或改變。在研究過去時間國家武器經費支出中，例如，某些社會科學家喜好去思考「戰爭」為影響武器經費支出的一個事件。其他社會科學家喜好去思考「發生戰爭的傾向」為一個影響武器經費支出的持續過程。其中發生變化或改變的原動力必須是被呈現出的為一個過程（而不是一個事件），多變項的 ARIMA 模型是被要求的（see McCleary and Hay, 1980: Chapter 5; Brockwell and Davis, 1991: Chapter 11）。我們將僅包含這些情境其中變化或改變的原動力是由一個事件所呈現，由此，這些情境其中一個時間序列的準實驗是適當的。

因為變化或改變的原動力是一個事件，它是被代表呈現於模型中為一個「虛擬的」（dummy）變項或一個步驟或手段的函數（step function）諸如

$$I_t = 0 \text{ 在事件之前}$$
$$= 1 \text{ 其後}$$

這個事件的影響，由 I_t 所代表，對依變項的影響，Y_t，將是個別的由「I_t 的函數」所決定。我們將很快證明，一個簡單的函數組合會允許分析者去塑造一個影響範圍很廣的模型。

「影響評估」定義的第二個成分是一個事件開始的一個先驗的界定（a priori specification）。一個虛假的假設即一個事件造成某行為的一種改變可以被進行檢定考驗只是因為事件發生的時間是已知一個先驗的（a priori）。要去研究一個時間序列多長為統計上顯著性改變事實上是可能的，但是要去使每一個改變與事件的無限數可以被認為是造成原因的結合在邏輯上是不可能的。基於這樣一個茫然的研究所進行的一個影響分析一般被稱為「探索性的分析」（exploratory analysis）。它所產生的結果是完全無法解釋的。基於一個事件所作的影響評估它的開始是一個被界定為一個先驗的，在相對比較之下，是「一個驗證性的分析」（a confirmatory analysis）。它僅被使用於去檢定在理論上依據一個嚴格效度標準組合所產生的假設。

影響評估（或影響的時間序列分析）以一個提供時間序列的 ARIMA 模型開始。因為這種 ARIMA 模型可以描述時間序列過程的機率行為（the stochastic behavior），我們把它歸之為影響評估模型的「噪音的成分」（noise component）。一個「干預成分」（intervention component），$f(I_t)$，然後被加入模型，如我們已提示的，有若干 I_t 的不同函數它們反應於若干不同的影響類型。

一般而言，我們已發現去依據二個特性界定方式思考一個影響是有效的：開始（onset）與持續的時間（duration）。對社會過程的一個影響在開始會是突然的（abrupt）或逐漸的（gradual），而在持續的時間中會是持久性的（permanent）或暫時性的。圖 5-62 顯示影響的四個模式僅依開始與持續的時間的界定條件而不同。這四個模式中有三個是由簡單的干預成分所決定。第四個模式，一個逐漸的，暫時性的影響，無法很容易地被塑造。這個模型似乎是四個模式中最少被使用的，無論如何，在理想上，分析者將有能力基於理論之上從這四個模式中去選擇一個適合的模型，如此虛無的假設將不僅成為一個影響在統計顯著性的探究焦點而且亦是它形成的問題。

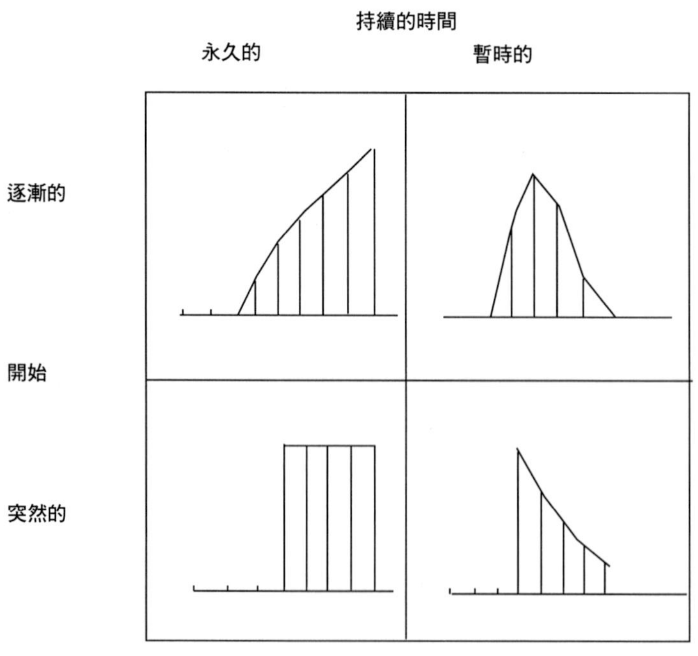

圖 5-62 影響模式

一、一個突然的間斷的，持久的影響

最簡單的可能干預成分是

$$f(I_t) = wI_t \qquad (5\text{-}63)$$

其中 I_t 是一個步驟函數與 w 是一個參數可以被估計。基於這種干預成分之上的影響評估模型是

$$Y_t = wI_t + N_t \qquad (5\text{-}64)$$

現在因為這種影響評估模型在它的成分中是直線的（線性的），噪音的成分可以從時間序列中被減去。

$$y_t = Y_t - N_t$$
$$y_t = wI_t \qquad (5\text{-}65)$$

與 y_t 序列發生作用，我們可以觀察干預成分的決定性行為而無需考量噪音成分的機率行為。

在干預之前，當 $I_t = 0$，y_t 序列的水準（the level）是零。

$$y_t = w(0) = 0$$

但是後干預（postintervention），當 $I_t = 0$ 時，y_t 序列的水準（the level）是

$$y_t = w(1) = w$$

這種最簡單干預如此在一個時間序列水準中決定一個突然的間斷的，與持久的更易，這有某種特性

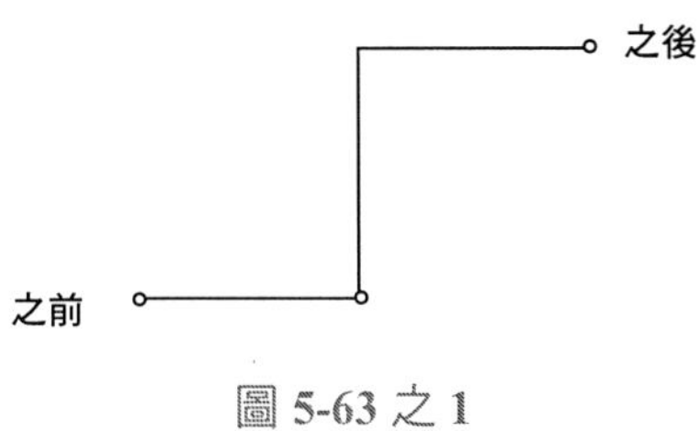

圖 5-63 之 1

對有關「水準」或「程度」概念的若干註釋在此是有幫助的。一個影響評估模

型是在於描述在水準（level）或（有時候）趨勢對時間序列產生過程的變動。某些著作者使用均衡而不使用水準一詞，不管使用那一個名詞，記得要有一個統計的（不是一個真實的）概念被意指的才是重要的。

對一個定常性的時間序列過程，參數 w 是前的與後的干預過程水準或程度（level）之間一個差異的估計。對一個非定常性的時間序列而言，一個類推的解釋是可能的。所以，在一個趨勢形成序列中一個突然的間斷的，持久的影響模式會呈現出如

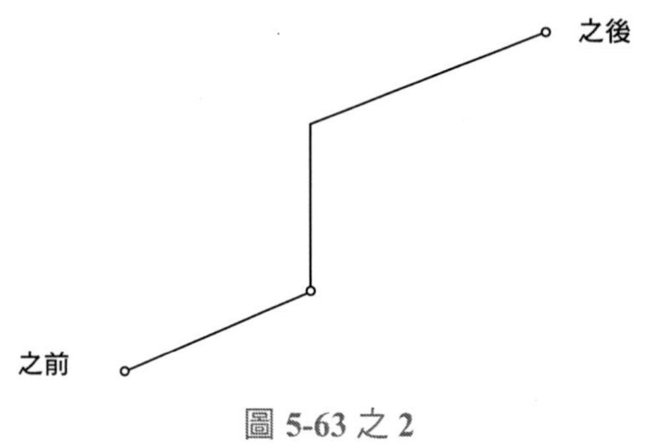

圖 5-63 之 2

參數 w 的解釋或多或少是相同的，因而 N_t 的成分是一個定常性的 ARIMA（p,0,q）（P,0,Q）模型或是一個非定常性的 ARIMA（p,d,q）（P,D,Q）的模型，其參數 w 的解釋或多或少是相同的。

使用簡單的干預成分，我們現在將使用我們前面所引用的 the Directory Assistance 時間序列分析（圖 5-1），證實一個影響評估模型的建立策略。在 1974 年 3 月，這個序列的第 147th Cincinnati Bell 開始提出給 the Directory Assistance 的每一通電話要付款 $0.20 。這個序列之前，對這些電話不必付款。這個事件的影響在視覺的感受上是突然的，強烈的（striking）。在第 147th 月，該時間序列的水準突然的間斷的與深深地下滑。當一個影響是大到在本範例中所展現的，在水準或程度中的變化交雜著噪音成分的辨識。在水準或程度中的變化傾向於壓倒 ACF 與 PACF。要去規避 ACF 與 PACF 偏估的估計，唯有使該序列的首先 146 觀察值能夠提供辨識。其 ACF 的值與 PACF 的值顯示在圖 5-64 到 5-67 中。

(1) 辨識。從原始序列（圖 5-64）中所獲估計的 ACF 與 PACF 指出一個非定常性的過程；該序列必須是被差分的。從規則地被差分中所估計的 ACF 與 PACF（圖 5-65）（資料儲存在 CH5-1b 檔案中）該序列亦必須在季節上被差分。從規則地與季節性被差分的序列（圖 5-66）（資料儲存在 CH5-1c 檔案

中）指出一個 ARIMA(0,1,0)(0,1,1)$_{12}$ 模型（資料儲存在 CH5-1d 案中）。這個模型而言，時間序列規則地被差分。

$$Z_t = Y_t - Y_{t-1} \tag{5-66}$$

與然後季節性地

$$W_t = Z_t - Z_{t-1} \tag{5-67}$$

（或反之）。規則地與季節性被差分的序列被建立同等於一個 12th 階移動平均。

$$W_t = \theta_0 + a_t - \theta_{12} a_{t-12} \tag{5-68}$$

這是一個很有趣的模型與有些是少有的。唯一的自我相關是處於該序列的季節性滯延。

(2) 估計。對 N_t 模型參數的估計是

$$\hat{\theta}_0 = 3.478 \text{ 與 t 統計量} = 1.466$$
$$\hat{\theta}_{12} = 0.938 \text{ 與 t 統計量} = 2.961$$

$\hat{\theta}_0$ 的參數不是統計上的顯著性，如此它就要從暫時性模型中被刪除。$\hat{\theta}_{12}$ 是統計上的顯著性與落在 invertibility 的限制之內。

(3) 診斷。殘差的 ACF 與 PACF（圖 5-67）（資料儲存在 CH5-1e 中）指示這個模型的殘差並沒有不同於無害的噪音。Q = 12.294，自由度 17，不是統計上的顯著性，如此暫時性模型是被接受的。

(4) 影響評估。影響評估模型是暫時性被設定為

$$W_t = wI_{147} + a_t - \theta_{12} a_{t-12} \tag{5-69}$$

其中

$$I_{147} = 0 \text{ 為第一個 146 的觀察值}$$
$$= 1 \text{ 為第 147th 與其後的觀察值}$$

我們對這些發現的解釋是顯然的。在 147th 的月中，幾乎每天有 40000 通平均的電話打給 Derectory Assistance 被刪減的序列水準或程度。

在本範例中所概論的模型建構策略一般而言可以被遵行在所有的分析中。每一個分析將呈現出一個獨特的問題組合，無論如何，它要求對該策略作一種稍微的適用性的調整。例如，在該案例中，我們必須去使用前干預的片斷以提供辨識。在該案例中，最後我們要注意到，虛無假設的一個檢定考驗不完全是問題的所在。影響在視覺上是顯然的。影響評估分析仍然被假定可提供從影響或效應中獲得一個精確的估計。

如果進行一個練習，讀者應該重作這樣的分析。如果影響評估模型噪音的成分是在整體序列的基礎上（而不是僅在前干預序列的基礎上）被辨識，分析者將達成一個稍微不同的影響評估描述；與該模型在所有方面將會是一個較低的品質。Derectory Assistance 時間序列是罕見的其中其真正的影響是相當大的，如此對提供解釋該序列的變異數為一個重要部分。在其他時間序列中我們將依此方式進行分析，其真正的影響將會是相當的小與我們對這樣的分析也將會較少。

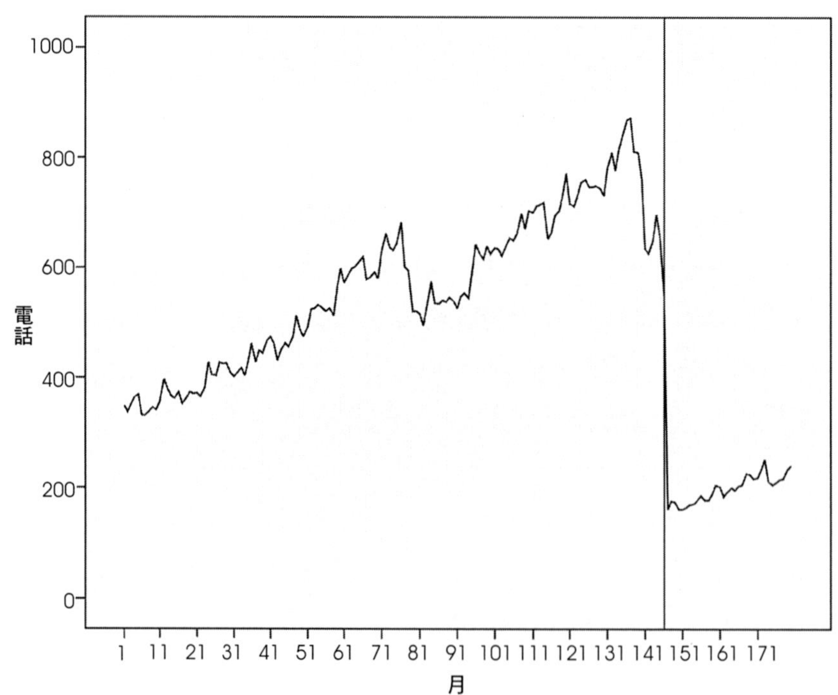

圖 5-1 原始 **Directory Assistance Time Series**

範例 Directory Assistance Time Series 從 1 月到 146 月的觀察值，SPSS 輸出從 1 月到 146 月的觀察值的結果。

Model Description

			Model Type
Model ID	電話	Model_1	ARIMA(0,0,0)(0,0,0)

表 5-35

Model Statistics

Model	Number of Predictors	Model Fit statistics		Ljung-Box Q(18)			Number of Outliers
		Stationary R-squared	R-squared	Statistics	DF	Sig.	
電話-Model_1	1	0.860	0.860	246.023	18	0.000	0

表 5-36

ARIMA Model Parameters

					Estimate	SE	t	Sig.
電話-Model_1	電話月	No Transformation	Constant		336.722	8.680	38.793	0.000
		No Transformation	Numerator	Lag 0	3.048	0.102	29.752	0.000

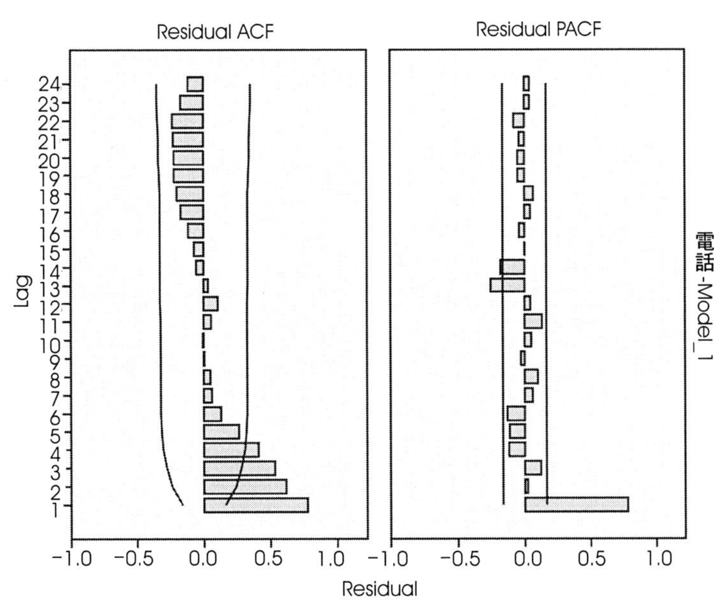

圖 5-64　原始 **Directory Assistance Time Series ACF** 與 **PACF** 圖形

範例 Directory Assistance Time Series 規則地差分，使用 SPSS 輸出 ARIMA 模型（0,1,0）（0,0,0）的結果。

Model Description

			Model Type
Model ID	電話	Model_1	ARIMA(0,1,0)(0,0,0)

表 5-37

Model Statistics

Model	Number of Predictors	Model Fit statistics		Ljung-Box Q(18)			Number of Outliers
		Stationary R-squared	R-squared	Statistics	DF	Sig.	
電話-Model_1	1	0.020	0.951	26.472	18	0.089	0

表 5-38

ARIMA Model Parameters

					Estimate	SE	t	Sig.
電話-Model_1	電話月	No Transformation	Constant		6.072	5.709	1.064	0.289
			Difference		1			
			Seasonal		1			
			Difference					
		No Transformation	Numerator	Lag 0	-0.104	0.064	-1.615	0.109

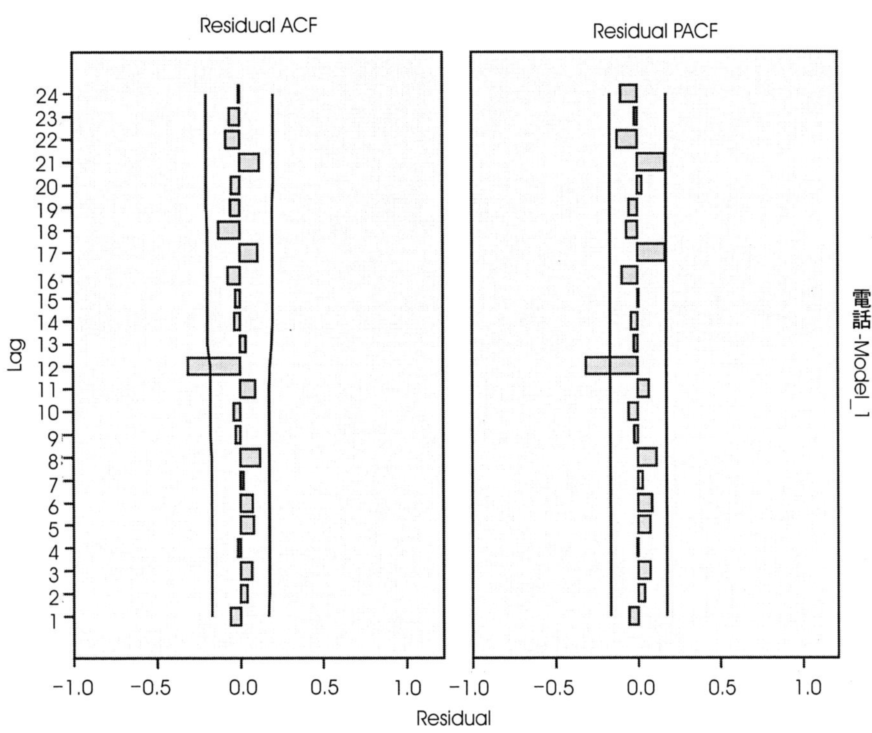

圖 5-65　殘差的 ACF 與 PACF 的圖形

範例 Directory Assistance Time Series 使用規則地與季節性地差分，使用 SPSS 輸出 ARIMA 模型（0,1,0）（0,1,0）的結果。

Model Description

			Model Type
Model ID	電話	Model_1	ARIMA(0,1,0)(0,1,0)

表 5-39

Model Statistics

Model	Number of Predictors	Model Fit statistics		Ljung-Box Q(18)			Number of Outliers
		Stationary R-squared	R-squared	Statistics	DF	Sig.	
電話-Model_1	1	0.020	0.951	26.472	18	0.089	0

表 5-40

ARIMA Model Parameters

					Estimate	SE	t	Sig.
電話-Model_1	電話月	No Transformation	Constant		6.072	5.709	1.064	0.289
			Difference		1			
			Seasonal		1			
			Difference					
		No Transformation	Numerator	Lag 0	−0.104	0.064	−1.615	0.109

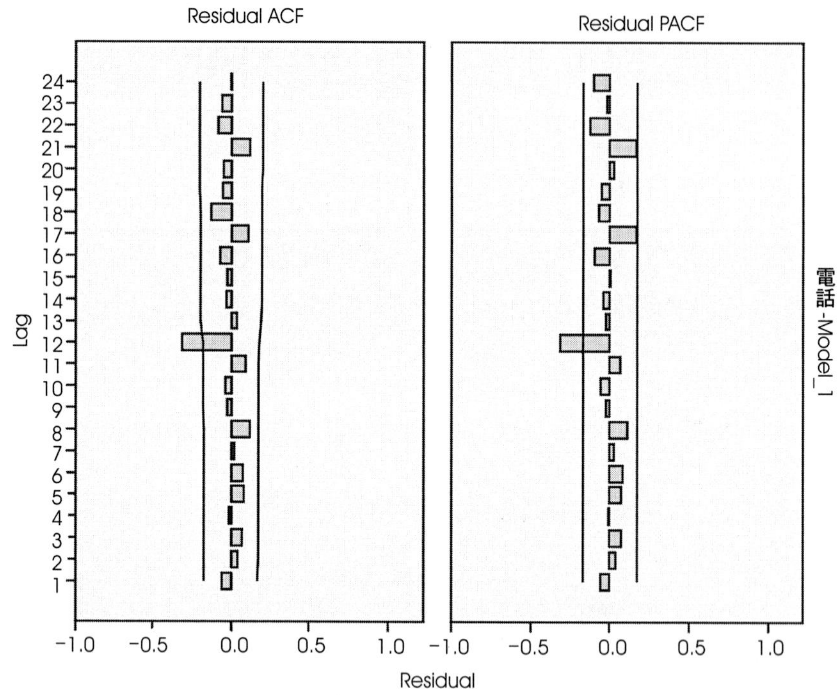

圖 5-66　使用規則地與季節性地差分的 **Directory Assistance Time Series**，**ACF** 與 **PACF** 圖形

範例 Directory Assistance Time Series 使用規則地與季節性地差分，使用 SPSS 輸出 ARIMA 模型（0,1,0）（0,1,1）的結果。

Model Description

			Model Type
Model ID	電話	Model_1	ARIMA(0,1,0)(0,1,1)

表 5-41

Model Statistics

Model	Number of Predictors	Model Fit statistics		Ljung-Box Q(18)			Number of Outliers
		Stationary R-squared	R-squared	Statistics	DF	Sig.	
電話-Model_1	1	0.320	0.966	12.294	17	0.782	0

表 5-42

ARIMA Model Parameters

					Estimate	SE	t	Sig.
電話-Model_1	電話月	No Transformation	Constant		3.478	2.372	1.466	0.145
			Difference		1			
			Seasonal Difference		1			
			MA, Seasonal	Lag 1	0.938	0.317	2.961	0.004
		No Transformation	Numerator	Lag 0	−0.053	0.029	−1.825	0.070

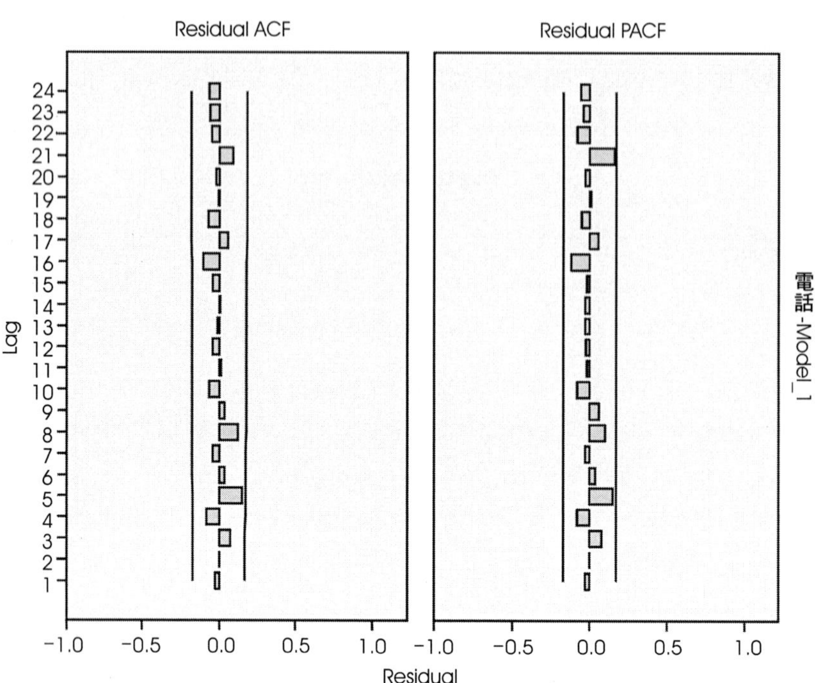

圖 5-67　使用（0,1,0）（0,1,1）的 **Directory Assistance Time Series**，**ACF** 與 **PACF** 圖形

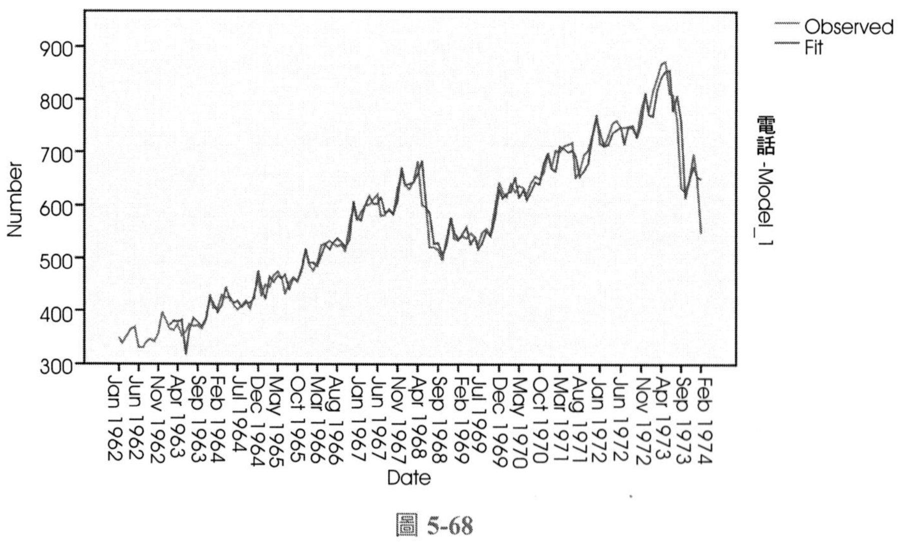

圖 5-68

二、一個逐漸的，持久的影響

在我們的觀點中，大部分社會科學的影響在一開始是逐漸的，很多其影響的形

成是不同於 Directory Assistance 時間序列的形成方式。一個逐漸的，持久影響模型的被塑造可以由於把時間序列的一個滯延值加入到干預的成分而產生。依照 y_t 序列的界定方式去運作，干預成分是可以被寫成

$$y_t = \delta y_{t-1} + wI_t \qquad (5\text{-}70)$$

δ 參數在這個模型中必須是一個大於零的參數但是要小於 1 的單元，即是

$$0 < \delta < +1$$

這些對 δ 參數的限制是被稱為「系統穩定的限制」（bounds of system stability），如果 δ 參數不被居限在這些限制範圍之內，其時間序列的系統會是不穩定的。在後面的這一點上，我們將證明這個系統的不穩定是可以類推到其過程的非定常性。

在干預之前，當 $I_t = 0$，在這個模型中 y_t 序列的預期值是零：

$$y_t = \delta y_{t-1} + w(0) = 0$$

但是在干預之後，當 $I_t = 1$，y_t 時間序列的水準或程序是被預期會是非零。這指示干預點如 $t = i$，

$$y_{i-1} = \delta y_{i-2} + w(0) = 0$$
$$y_i = \delta y_{i-1} + w(0) = w$$

在次一時刻，y_t 時間序列的水準或程度再次改變：

$$\begin{aligned} y_{i+1} &= \delta y_i + w(1) \\ &= \delta(w) + w = \delta w + w \end{aligned} \qquad (5\text{-}71)$$

y_t 時間序列的水準或程度會持續隨每一個時刻的通過產生變化或改變：

$$\begin{aligned} y_{i+2} &= \delta y_{i+1} + w(1) \\ &= \delta(\delta w + w) + w(1) = \delta^2 w + \delta w + w \\ y_{i+3} &= \delta y_{i+2} + w(1) \\ &= \delta(\delta^2 w + \delta w + w) + w(1) \\ &= \delta^3 w + \delta^2 w + \delta w + w \end{aligned}$$

$$
\begin{aligned}
y_{i+n} &= \delta y_{i+n-1} + w(1) \\
&= \delta^n w + \delta^{n-1} w + \cdots + \delta^2 w + \delta w + w
\end{aligned}
$$

y_t 時間序列的水準或程度增加（或減少如果 w 參數是負數的話）隨每一個時刻的通過。無論如何，從 n^{th} 到 $n + 1^{st}$ 的時刻是 $\delta^n w$ 它是非常小的數字（數目），概略是零，如此，在 y_t 時間序列的水準或程度持續增加（或減少如果 w 參數是負數的話）隨每一個持續的後干預觀察值的出現而增加，所以持續增加（或減少）或變得越來越小。對由這種干預成分所決定時間序列的影響是如此的性質

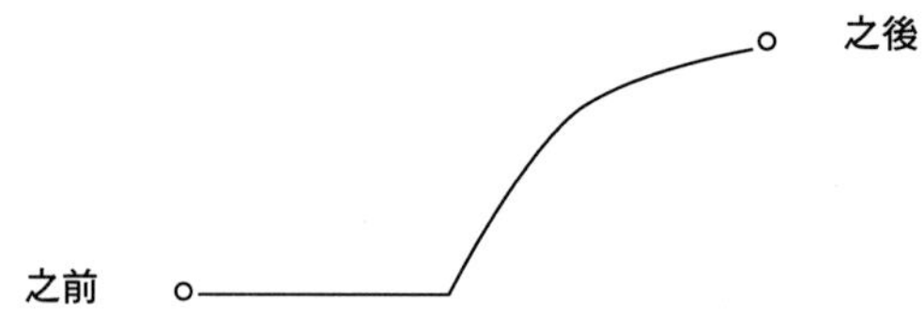

它是一個逐漸的（而且是持久的）影響。因為 y_t 時間序列的後干預水準或程度持續增加（雖然其量會越來越小），而在水準或程度的漸進的（或最後的）改變是由於無限的序列所給予的

$$
\text{在水準或程度的漸進改變} = \sum_{i=0}^{\infty} \delta_w^i
$$

因為 δ 參數是比單元（unity）小，這種無限序列或趨向收斂於相同的目標與可以被評估為

$$
\text{在水準或程度的漸進改變} = w/(1-\delta)
$$

我們將簡短的證實這個程式如何被解釋。無論如何，暫時而言，更重要的是要注意到 δ 不是一個分數（a fraction）（即是，當它無法滿足於系統穩定的限制範圍時），該程式是無效的。

當它不是立即呈現時，δ 可以成為一個有效的解釋被作為一個比率的參數（a rate parameter）。當 δ 是小的時候，例如 δ = 0.1 時，在水準或程序的漸進改變可以非常快速地被實現。當 δ = 0，當然，在水準或程序的漸進改變是很快的（instantaneous）或突然的。這會從，δ = 0 的事實中發生，所以干預成分會減縮到

$$
y_t = (0)y_{t-1} + wI_t = wI_t \tag{5-72}
$$

它是在前述部分所發展的簡單的干預成分。最後，當δ的值是大時，如δ = 0.9，在水準或程度的漸進改變是完全逐漸地被實現。

圖 5-69 顯示若干個 δ 參數的值被預期的影響模式。一個特別有趣的案例是其中 δ = 1。在這個案例中，後干預時間序列由於一個常數（a constant）w 與每一個通過的時刻而改變。這種性質的一個影響是被解釋為一個後干預的趨勢；其中在干預之前 y_t 時間序列是定常性的，而現在它是非定常性。這種性質的影響在社會科學中似乎是很少的。最重要的影響應該是由一般干預成分所呈現出的其中 δ 的值是被限制於其區間

$$0 < \delta < 1$$

它就是系統穩定的限制範圍。

要去證實這種干預成分的用法，我們可以回顧到 Hyde Park purse snatchings 時間序列。在這個序列的 41st 時期，a community-whistle alert program 被開始進行（參考圖 5-70）。這個計畫方案假設對金錢的盜取有影響（希望有助於盜竊事件的減少）但是一個突然的影響是不被預期的。使用 ARIMA（20,0）模型在前述已被辨識。我們估計影響評估模型的參數為

$$\hat{\theta}_1 = 0.242 \text{ 與 t 統計量} = 2.03$$
$$\hat{\phi}_2 = 0.336 \text{ 與 t 統計量} = 2.80$$
$$\hat{\delta} = 0.927 \text{ 與 t 統計量} = 6.87$$
$$\hat{w} = -0.781 \text{ 與 t 統計量} = -0.79$$

診斷的檢核被使用於這種已估計模型的殘差指出其殘差是無害的噪音，如此該模型是被接受的。

因為 w 的估計值不是統計上的顯著性，我們將必須接受虛無假設：a community-whistle alert program 對盜竊事件並沒有影響。暫時，無論如何，我們將解釋這些結果而無需考量到它們在統計上的顯著性。

依據 y_t 時間序列界定的方式，第一個後干預觀察值

$$y_{41} = 0.927y_{40} - 0.781(1) = -0.781$$

換言之，在第一個後干預觀察值中由 0.781 盜竊事件所下降的水準或程序。在

第二後干預觀察值中

$$
\begin{aligned}
y_{42} &= 0.927y_{41} - 0.781(1) \\
&= 0.927(-0.781) - 0.781 = -1.504
\end{aligned}
$$

在持續後後干預觀察值，

$$
\begin{aligned}
y_{43} &= 0.927y_{42} - 0.781(1) \\
&= 0.927(-1.504) - 0.781 = -2.176 \\
y_{44} &= 0.927y_{43} - 0.781(1) \\
&= 0.927(-2.176) - 0.781 = -2.798 \\
y_{45} &= 0.927y_{44} - 0.781(1) \\
&= 0.927(-2.798) - 0.781 = -3.375
\end{aligned}
$$

後干預序列的水準持續降低由於其解釋量越來越小。在 n^{th} 後干預觀察值，

$$
\begin{aligned}
y_{41} &= 0.927y_{41+n-1} - 0.781(1) \\
&= -0.781[1 + 0.927 + (0.927)^2 + \cdots + (0.927)^{n-1}]
\end{aligned}
$$

當 n 變得無限大時，這種水準可以被評估為

$$
\text{漸進的改變（asymptotic change）} = -0.781/(1 - 0.927) = -10.699
$$

a community-whistle alert program 如此被預期去產生一個最後減縮盜竊事件幾乎 11 於每個提出報告時期。從一個時期到另一時期其水準的改變是非常小的，無論如何，如此它將對該計畫方案需要很多年的時間才能達到它的完整影響。

我們最後要注意到的是這種影響不是在統計上完全不同於零。無論如何，間斷的時間序列，像橫斷面分析，在虛無假設檢定中被使用的資料量是敏感的。如果有若干個更多後干預觀察值在此是可資利用的，已估計的影響會是在統計上的顯著性。

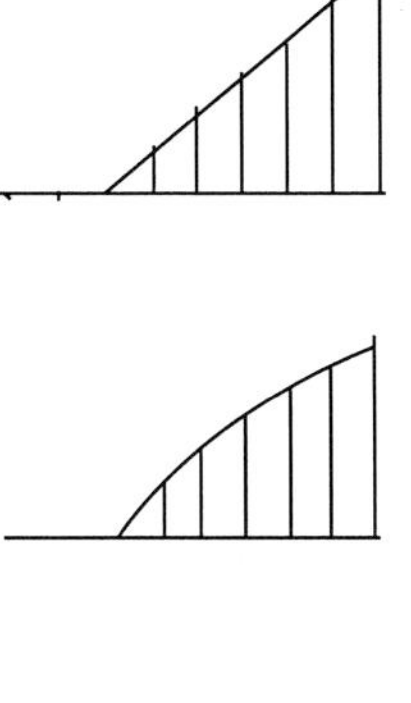

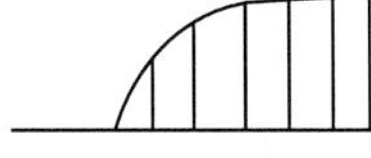

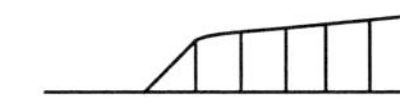

圖 5-69　逐漸的，持久的影響模式

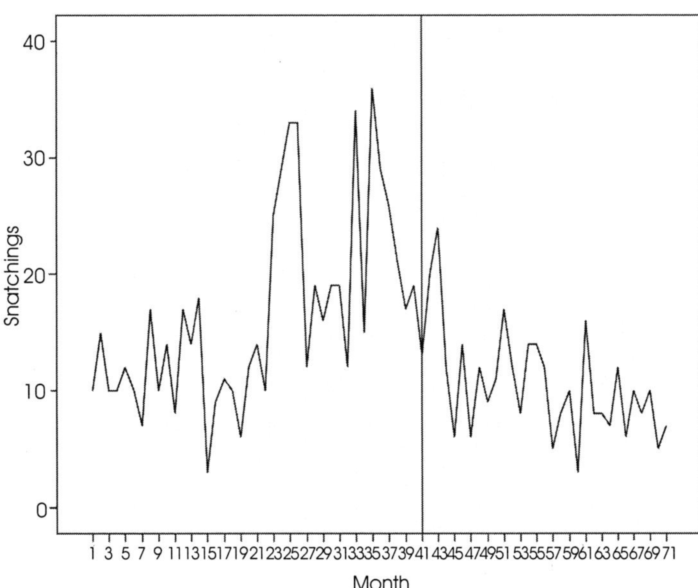

圖 5-70

三、一個突然的，暫時的影響

一個突然的，暫時的影響模式是由呈現事件與一個脈衝函數（a pulse function）（而不是一個步驟函數）所決定 。脈衝函數 P_t，是被界定為

$$P_t = 0 \text{ 於干預之前}$$
$$= 1 \text{ 在干預的時刻}$$
$$= 0 \text{ 之後}$$

當事件是由一個步驟函數所呈現時，其情況的改變很明顯地是恆定的或永久的。當事件是由一個脈衝函數所呈現時，其情況的改變很明顯地是暫時性的；它持久只是一個時刻而已。

依據 y_t 時間序列界定的方式，一個突然的，暫時的影響模型提供干預的成分是

$$y_t = \delta y_{t-1} + wP_t \tag{5-73}$$

在干預之前，當 $P_t = 0$，y_t 時間序列的水準是被預期會是零。但是在干預的時刻，$t = i$ 與 $P_t = 1$，

$$y_t = \delta y_{i-1} + wPi$$
$$= \delta(0) + w(1) = w$$

在其次後干預的時刻，$P_{i+1} = 0$，如此

$$y_{i+1} = \delta y_i + wP_{i+1}$$
$$= \delta(w) + w(0) = \delta w$$

與再下一個後干預的時刻

$$y_{i+2} = \delta y_{i+1} + wP_{i+2}$$
$$= \delta(\delta w) + w(0) = \delta^2 w$$

一個前進開始去呈現，在 n^{th} 後干預的時刻

$$y_{i+n} = \delta y_{i+n-1} + wP_{i+n}$$
$$= \delta(\delta^{n-1} w) + w(0) = \delta^n w$$

因為 δ 參數是被受限於系統的穩定限制範圍，所以 $\delta^n w$ 項的條件將會是非常小的，近似於零。干預成分如此描述一個釘住的，開始於干預的時刻，與衰退交叉於後干預的部分。這種影響的性質是

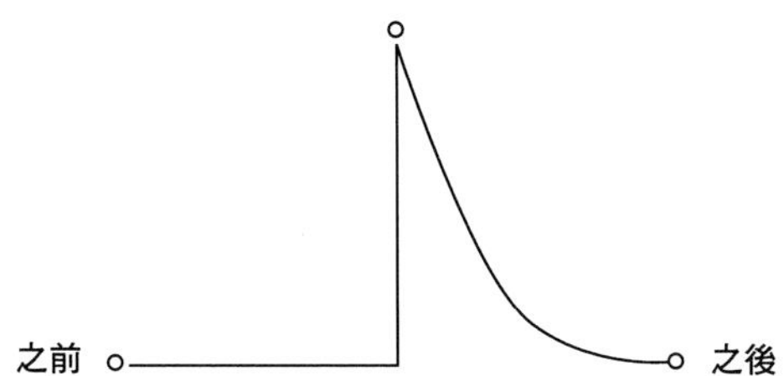

有很多暫時性的社會現象它們是被預期有這種性質的影響。

圖 5-71 顯示若干這種比率參數（rate parameter）的值，它們被預期的影響模式。當 δ 的值是小時，後干預的列序水準會快速地衰退回到它前干預的水準。當 δ 的值是大時，例如 δ = 0.9 時，這種釘住的情況會緩慢地衰退。最後，當 δ = 1 時，這種釘住的情況並不會衰退但是仍然恆定的遍及後干預的時期。我們使用這種特性在一個更後的點上。

要證實這種干預成分如何被使用，我們回顧到 the Sutter County Workforce 時間序列（圖 5-1）。在 1956 年 1 月，該列序的 121st（參考圖 5-72），一種人力大量的湧入（a flood forced）迫使 Sutter County 撤離 Friesema et al（1979）使用一個突然的，暫時的影響模型去評估 Sutter County 從人力氾濫中恢復經濟的作為。像脈衝函數，一個自然災害一開始是突然的而其期間會短暫的。縱然一個自然災害是持續不久的，但是，它的影響其後仍然會持續一段時間。在本系絡中使用一個突然的，暫時的影響模型的優點是 δ 參數可以被解釋為在災害其後餘波期間其恢復或復原的比率。

所有參數的估計值除了 w 的估計值是統計上的顯著性之外，其他的估計值是可接受的。殘差的診斷檢核指出它們是沒有不同於無害的噪音，如此該模型是可以被接受的。

依據 Friesma et al.,（1979）Sutter County 的經濟大部分是農業方面，在 12 月的人力氾濫打擊在常態成長季節之後，並沒有導致地方經濟的瓦解。在次成長季節的開始，對農田有一些無法修補的損害。使用 δ 與 w 已估計值，一個有關人力時間序列氾濫影響的「最佳估計」是

1956 年一月：變樣（displacement）$(0.84)^0(-276.44) = -276.44$
1956 年二月　變樣（displacement）$(0.84)^1(-276.44) = -232.21$
1956 年三月　變樣（displacement）$(0.84)^2(-276.44) = -195.06$
1956 年四月　變樣（displacement）$(0.84)^3(-276.44) = -163.85$
⋮　　⋮　　⋮　　⋮
1956 年十二月　變樣（displacement）$(0.84)^{11}(-276.44) = -40.61$

依序等等。

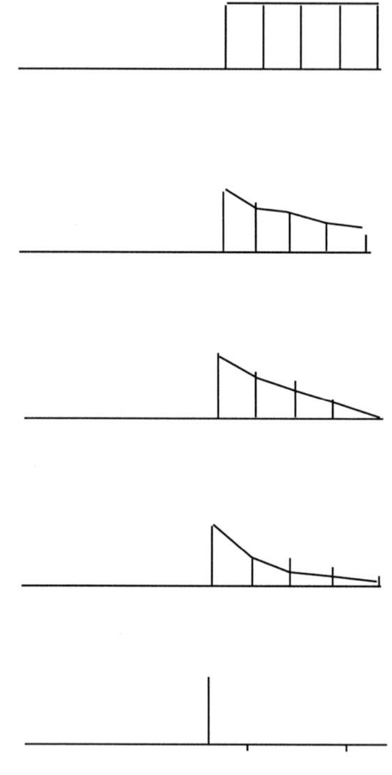

圖 5-71　突然的，暫時的影響模式

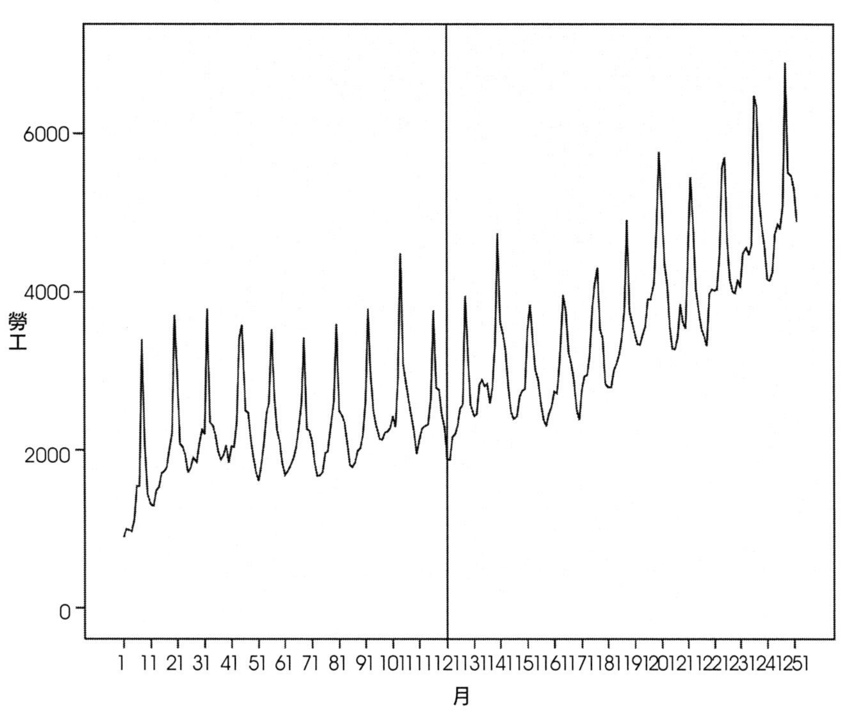

圖 5-72

四、檢定競爭的假設

在前述的各節中，我們已發展形成三種簡單的干預成分，每一種均結合著一種個別的影響模式。這些包括一個突然的，持久的影響模式結合著其成分

$$f(I_t) = wI_t \tag{5-74}$$

一個逐漸的，持久的影響模式結合著其成分

$$f(I_t) = \delta Y_{t-1} + wI_t \tag{5-75}$$

一個突然的，暫時的影響模式結合著其成分

$$f(I_t) = \delta Y_{t-1} + wP_t \tag{5-76}$$

在一個理想的情境中，分析者將從一個理論的體系中進行運作那一點可應用於這三種影響模式之一，換言之，可應用於這三種干預成分之一。但是，其中由於該

理論的體系在這三種干預成分之間缺乏一套合乎邏輯的關係允許分析者去檢定考驗其競爭的或對立的影響假設（testing rival impact hypothesis）。

要去解釋說明這些關係，首先要考量在系統穩定的限制範圍其突然的，暫時的干預成分。參考圖 5-71，它是很清楚指出要恢復是可即時運作發生的，無論何時，當 $\delta = 0$，即會恢復。而當 $\delta = 1$ 時，即無法全然的恢復。事實上，我們在此將無法如此運作，它可以被證實的，即當 $\delta = 1$ 時，一個突然的，暫時的干預成分與一個突然的，持久的干預成分是完全相同的（identical），可參考圖 5- 69。當 $\delta = 0$，一個逐漸的，持久的干預成分與一個突然的，持久的干預成分是完全相同的（identical）。

這些關係給予檢核一個干預成分的適當性提供一個相當簡單的方法。首先，如果分析者對於預期的影響模式沒有一個先驗的概念（a priori notion），分析者可以以一個突然的，暫時的干預成分開始進行。如果 δ 的已估計值是「太大」,「接近 1 」時，一個暫時的影響可以被刪除。其次接著如果 δ 的已估計值是「太小」，沒有顯著的不同於 0 時，一個逐漸的影響可以被刪除。剩餘的唯一影響模式是一個突然的，持久的影響模式。

要去解釋說明這種程序，我們可以回顧 the Directory Assistance 時間序列。眼視其圖示的序列（圖 5-1），就可以理解到它是一個突然的，持久的影響模式。然而，假設現在對於干預成分的適當性是未知的。這種「盲目的」分析可以以一個突然的，暫時的干預成分開始進行。其影響參數的估計值是

$$\hat{\delta} = 0.99292 \text{ 以 t 統計量} = 70.64$$
$$\hat{w} = -38{,}034 \text{ 以 t 統計量} = -13.47$$

δ 的估計值要去支持一個暫時的影響假設很清楚地是「太大」。關於這個估計值的一個 95% 的信賴區間會落在超越系統穩定界限之外。

在盲目的分析中一個第二步驟就是，一個逐漸的，持久的干預成分是可以被併入於該模型中。其影響參數的估計值是

$$\hat{\delta} = -0.0396 \text{ 以 t 統計量} = -0.56$$
$$\hat{w} = 37{,}900 \text{ 以 t 統計量} = -13.38$$

這種 δ 的估計值要去支持一個逐漸的影響假設很清楚地是「太小」。因為三種

干預成分之中的二個（在此是三種影響模式的二個）已被刪除，那唯一的就是一個突然的，持久的影響模式依然是一個似真的假設（a plausiable hypothesis）。

從以上獲得各表與各圖的資料，我們是使用 SPSS 軟體（18 版）進行操作所獲得的。基於其複雜繁瑣的過程，我們在本節之後，再舉出配合 SPSS 操作過程的一個範例進行分析。

五、範例 5-6 一個穀物品牌銷售的範例與 SPSS 的操作方法

（一）範例的解釋說明

一種每月穀物 A 品牌過去十一年銷售的資料被登錄在本書 CH8-1 的資料檔。我們可以從圖 5-76 中看到，從圖 5-76 中可以理解這種穀物品牌在過去十年期間中其銷售量是穩定的增加。在 2009 年 4 月（第 88 個月），由於有競爭或對立的公司引進一種相同的穀物但是不同品牌 B 到市場。基於這種品牌的競爭，我們使用干擾分析，想要去研究是否對 A 品牌產生影響。基於這種原因，我們首先將使用一個 ARIMA 模型適配於從第 1 個月到第 87 個月的前干擾的資料。在表 5-43 與圖 5-81，及表 5-44 與圖 5-82 中是提供穀物 A 品牌從 2002 年 1 月到 2009 年 3 月（1-87 個月）銷售資料，它們呈現出的自我相關從該期間樣本的 ACF 與 PACF 資料顯示其過程是非定常性（nonstationary）。在表 5-46 與圖 5-96，及表 5-47 與圖 5-97 給予一階差分的樣本 ACF 與 PACF 資料指出一個 ARIMA（0,1,1）模型是適當的。然後干擾模型形成下列的形式：

$$y_t = w_0 S_t^{(88)} + \frac{1-\theta B}{1-B}\varepsilon_t$$

式中

$$S_t^{(88)} = \begin{cases} 0 & \text{if} \quad t < 88 \\ 1 & \text{if} \quad t \geq 88 \end{cases}$$

這種干擾分析意指我們假定競爭形態只是銷售量的增加率緩慢下降。在表 5-45 與表 5-46 資料是 SPSS 的輸出結果中顯示一種相同的穀物但是由於不同品牌的 B 引進到市場之後，事實上對穀物 A 品牌有顯著的影響。

（二）獲得圖 5-76 的過程

首先，我們把檔案 CH5-8 資料拉出來，按 Analyze → Forecasting → Sequence Charts...，進入圖 5-75 的 Sequence chart：Time Axis Reference Lines 對話盒，按 Lime at date 鍵，在 year 方格中輸入 2009，month 方格輸入 4，按 Comtinue，回到圖 5-74 對話盒，按 OK。獲得圖 5-76。

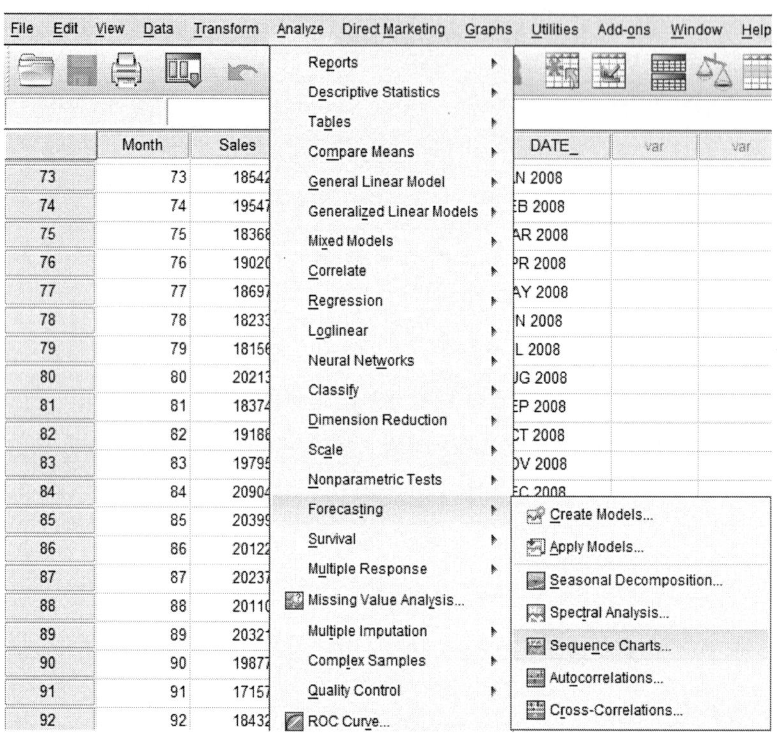

圖 5-73

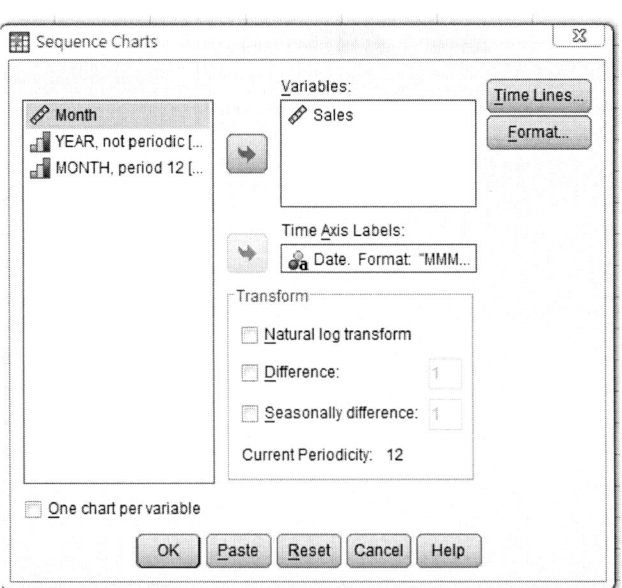
Sequence Charts
Month
YEAR, not periodic [...
MONTH, period 12 [...
Variables:
Sales
Time Lines...
Format...
Time Axis Labels:
Date. Format: "MMM...
Transform
Natural log transform
Difference: 1
Seasonally difference: 1
Current Periodicity: 12
One chart per variable
OK
Paste
Reset
Cancel
Help

圖 5-74

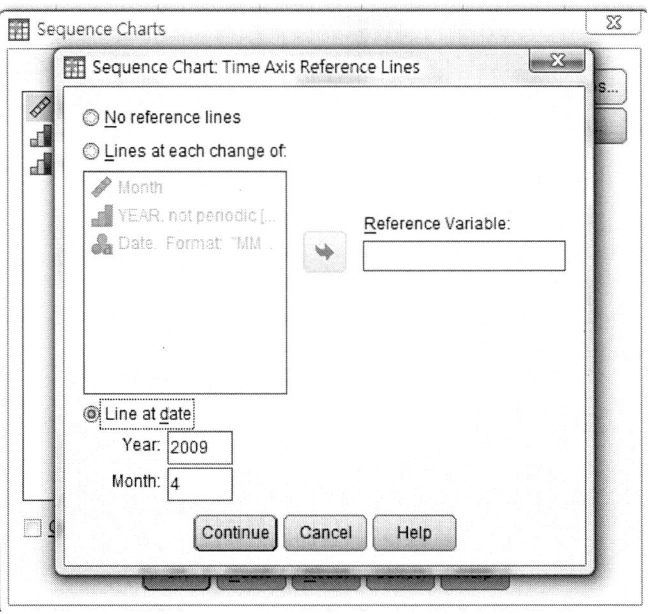
Sequence Charts
Sequence Chart: Time Axis Reference Lines
No reference lines
Lines at each change of:
Month
YEAR, not periodic [...
Date. Format: "MM...
Reference Variable:
Line at date
Year: 2009
Month: 4
Continue
Cancel
Help

圖 5-75

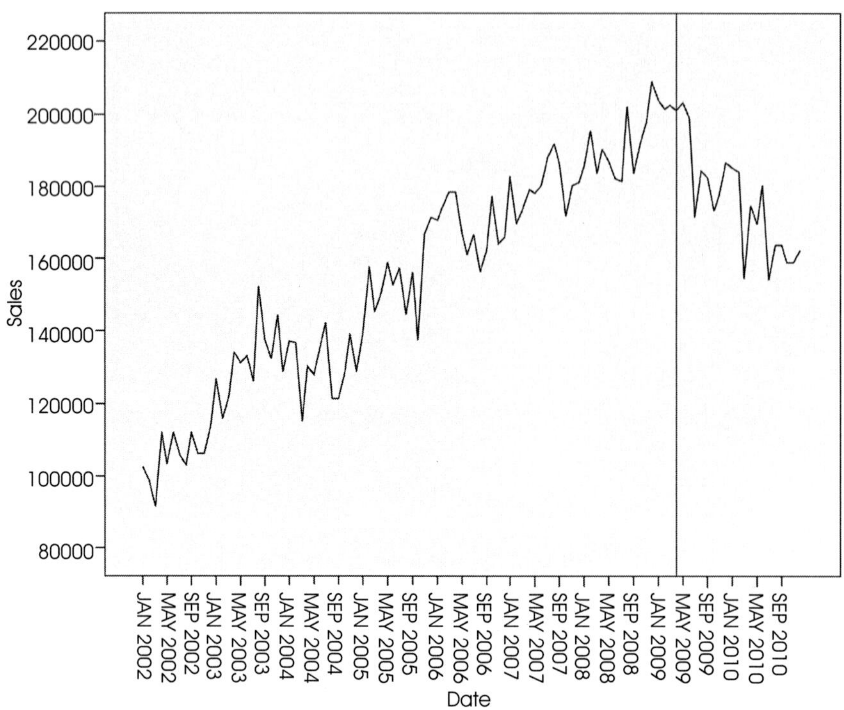

圖 5-76 每月穀類銷售資料的時間序列圖形

（三）獲得表 5-43 與圖 5-81，及表 5-44 與圖 5-82 的過程

把檔案 CH5-8b 資料拉出來，如圖 5-77 的視窗介面，按 Analyze → Forecasting → Autocorrections...，進入圖 5-78 的 Autocorrections 對話盒，按圖 5-78 所示移 Sales 到 Variables：長形方格中，按 Options...，進入圖 5-79Autocorrections：Options 對話盒，按圖所示輸入 25，按 Continue 鍵，回到圖 5-80Autocorrections 對話盒，按 OK。

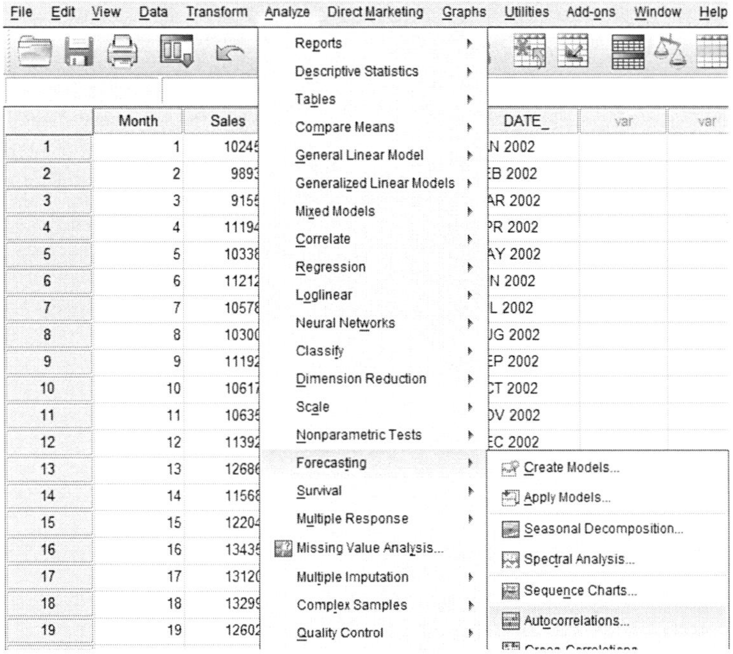

圖 5-77

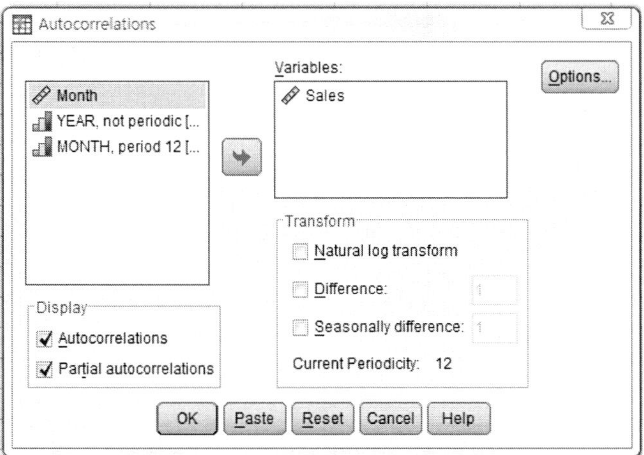
Autocorrelations
Variables:
Options...
Month
YEAR, not periodic [...
MONTH, period 12 [...
Sales
Transform
Natural log transform
Difference:
Seasonally difference:
Current Periodicity: 12
Display
Autocorrelations
Partial autocorrelations
OK
Paste
Reset
Cancel
Help

圖 5-78

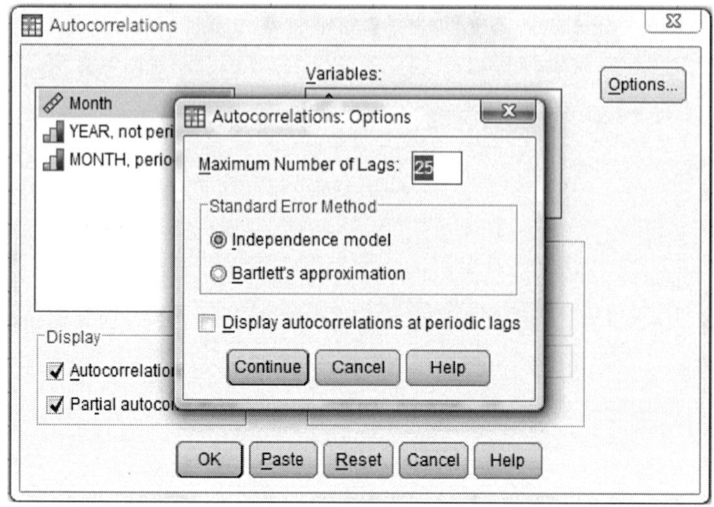

圖 5-79

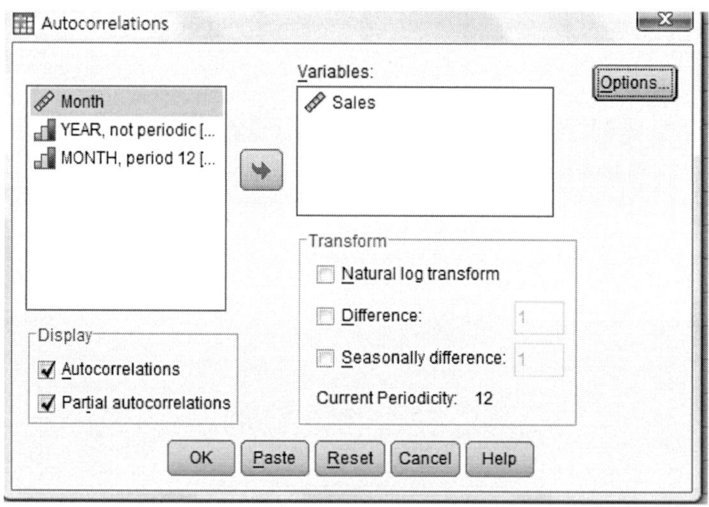

圖 5-80

表 5-43 穀物 A 品牌從 2002 年 1 月到 2009 年 3 月（1-87 個月）銷售資料的自我相關

Autocorrelations

Series: Sales

Lag	Autocorrelation	Std. Error[a]	Box-Ljung Statistic		
			Value	df	Sig.[b]
1	0.908	0.105	74.266	1	0.000
2	0.867	0.105	142.695	2	0.000
3	0.826	0.104	205.577	3	0.000

Lag	Autocorrelation	Std. Error[a]	Box-Ljung Statistic		
			Value	df	Sig.[b]
4	0.773	0.104	261.249	4	0.000
5	0.733	0.103	311.919	5	0.000
6	0.700	0.102	358.822	6	0.000
7	0.677	0.102	403.134	7	0.000
8	0.630	0.101	442.083	8	0.000
9	0.604	0.100	478.268	9	0.000
10	0.581	0.100	512.230	10	0.000
11	0.534	0.099	541.273	11	0.000
12	0.499	0.098	566.964	12	0.000
13	0.479	0.098	590.960	13	0.000
14	0.437	0.097	611.200	14	0.000
15	0.407	0.096	629.027	15	0.000
16	0.399	0.096	646.350	16	0.000
17	0.383	0.095	662.585	17	0.000
18	0.365	0.094	677.522	18	0.000
19	0.342	0.094	690.876	19	0.000
20	0.321	0.093	702.802	20	0.000
21	0.297	0.092	713.178	21	0.000
22	0.283	0.092	722.736	22	0.000
23	0.259	0.091	730.867	23	0.000
24	0.238	0.090	737.837	24	0.000
25	0.222	0.089	743.991	25	0.000

a. The underlying process assumed is independence (white noise).

b. Based on the asymptotic chi-square approximation.

表 5-44 穀物 **A** 品牌從 **2002** 年 **1** 月到 **2009** 年 **3** 月（**1-87** 個月）銷售資料的淨自我相關

Partial Autocorrelations

Series: Sales

Lag	Partial Autocorrelation	Std. Error
1	0.908	0.107
2	0.239	0.107
3	0.060	0.107
4	−0.074	0.107
5	0.017	0.107
6	0.054	0.107

Lag	Partial Autocorrelation	Std. Error
7	0.074	0.107
8	−0.116	0.107
9	0.028	0.107
10	0.049	0.107
11	−0.111	0.107
12	−0.036	0.107
13	0.078	0.107
14	−0.081	0.107
15	0.005	0.107
16	0.103	0.107
17	0.030	0.107
18	−0.002	0.107
19	−0.074	0.107
20	−0.039	0.107
21	0.034	0.107
22	0.041	0.107
23	−0.099	0.107
24	0.005	0.107
25	0.022	0.107

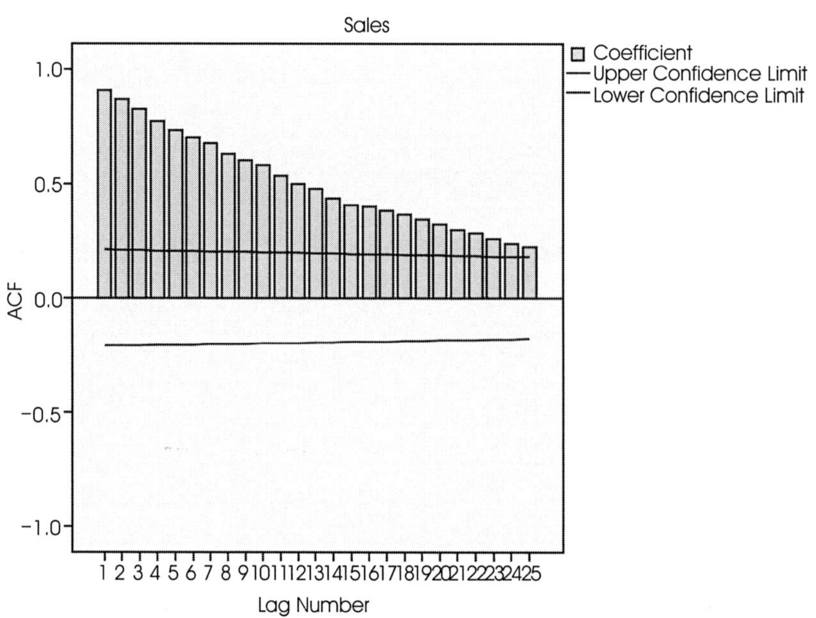

圖 5-81　穀物 A 品牌從 2002 年 1 月到 2009 年 3 月（1-87 個月）銷售資料 的 ACF 圖

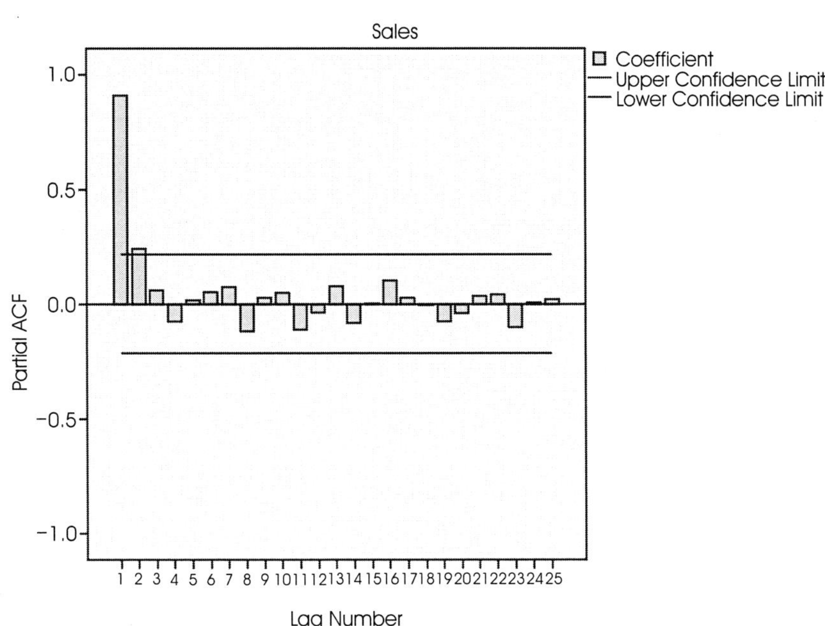

圖 5-82　穀物 A 品牌從 2002 年 1 月到 2009 年 3 月（1-87 個月）銷售資料的 PACF 圖

一個穀物品牌銷售的範例，使用SPSS輸出ARIMA（0,1,1）（0,0,0）模型的結果。

（四）獲得 ARIMA（0,1,1）（0,0,0）模型的過程

拉出 CH5-8b 檔案圖 5-83 的視窗介面，按 Analyze → Forecasting → Create Modeles...，進入圖 5-84 的 Time Series Modeler 對話盒，把 Sales 移入 Dependent Variables：長方形的方格中，把 Month 移入 Independent Variables：長方形的方格中，然後按 Method 鍵，拉出 ARIMA，按 Critera... 鍵，進入圖 5-85 的 Time Series Modeler：ARIMA Criterie 對話盒，在 Structure 項的 Nonseasonal 欄位 Difference(d) 打入 1，在 Moving(q) 打入 1，勾選 include constant in model，按 Continue 鍵。進入圖 5-86Time Series Modeler 對話盒，按 Save 鍵，按圖做勾選。按 Plots 鍵，進入圖 5-87 的 Time Series Modeler 對話盒，按圖作選擇。按 Statistics 鍵，進入圖 5-88 的 Time Series Modeler 對話盒，按圖作選擇。按 Variable 鍵，進入圖 5-89 的 Time Series Modeler 對話盒，然後按 OK。可以獲得表 5-45 之 1，表 5-45 之 2，圖 5-90 與圖 5-91。由此資料就可能診斷 ARIMA（0,1,1）（0,0,0）模型在統計上是不顯著的，可以暫時的接受此模型。

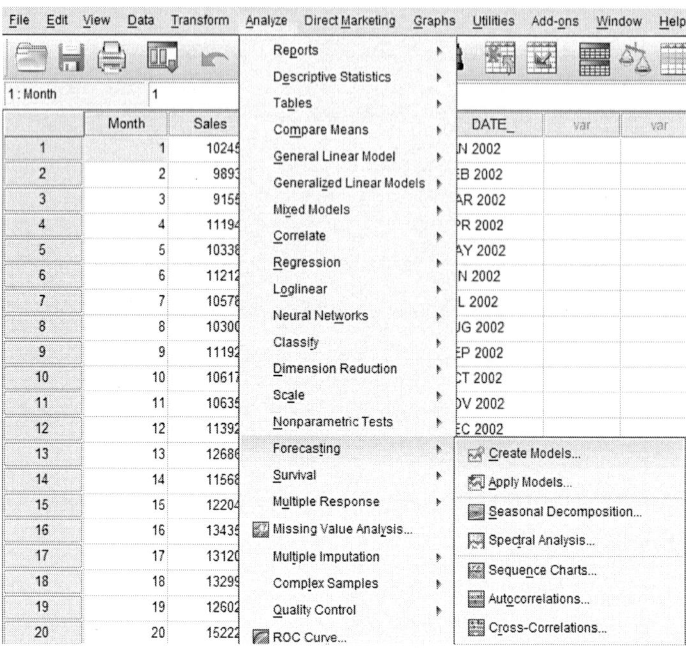
File Edit View Data Transform Analyze Direct Marketing Graphs Utilities Add-ons Window Help
Reports
Descriptive Statistics
Tables
Compare Means
General Linear Model
Generalized Linear Models
Mixed Models
Correlate
Regression
Loglinear
Neural Networks
Classify
Dimension Reduction
Scale
Nonparametric Tests
Forecasting
Survival
Multiple Response
Missing Value Analysis...
Multiple Imputation
Complex Samples
Quality Control
ROC Curve...
Create Models...
Apply Models...
Seasonal Decomposition...
Spectral Analysis...
Sequence Charts...
Autocorrelations...
Cross-Correlations...

圖 5-83

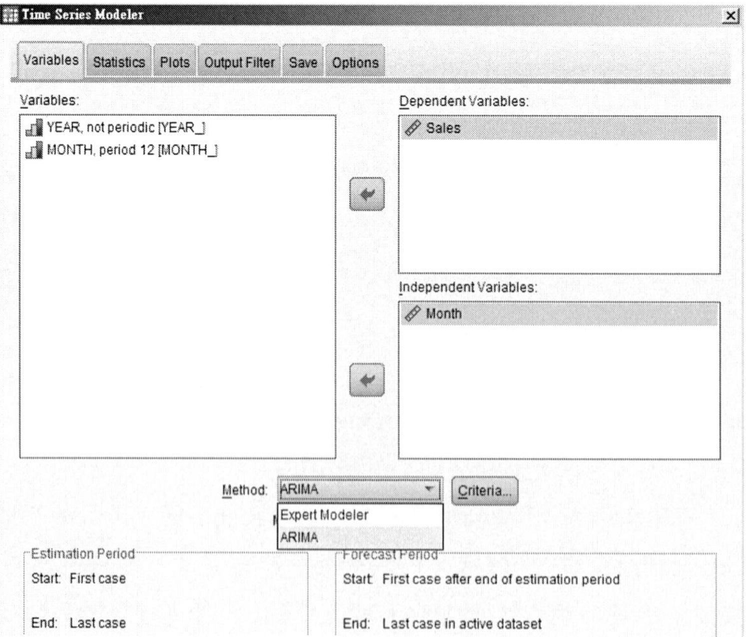
Time Series Modeler
Variables Statistics Plots Output Filter Save Options
Variables:
YEAR, not periodic [YEAR_]
MONTH, period 12 [MONTH_]
Dependent Variables:
Sales
Independent Variables:
Month
Method: ARIMA
Criteria...
Expert Modeler
ARIMA
Estimation Period
Start: First case
End: Last case
Forecast Period
Start: First case after end of estimation period
End: Last case in active dataset

圖 5-84

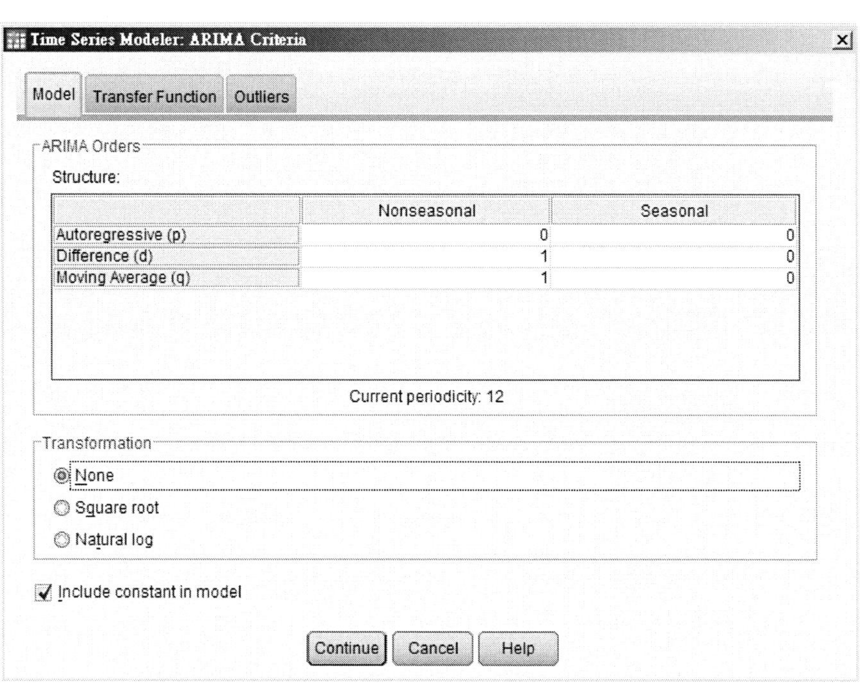
Time Series Modeler: ARIMA Criteria
Model
Transfer Function
Outliers
ARIMA Orders
Structure:
Nonseasonal
Seasonal
Autoregressive (p) 0 0
Difference (d) 1 0
Moving Average (q) 1 0
Current periodicity: 12
Transformation
None
Square root
Natural log
Include constant in model
Continue
Cancel
Help

圖 5-85

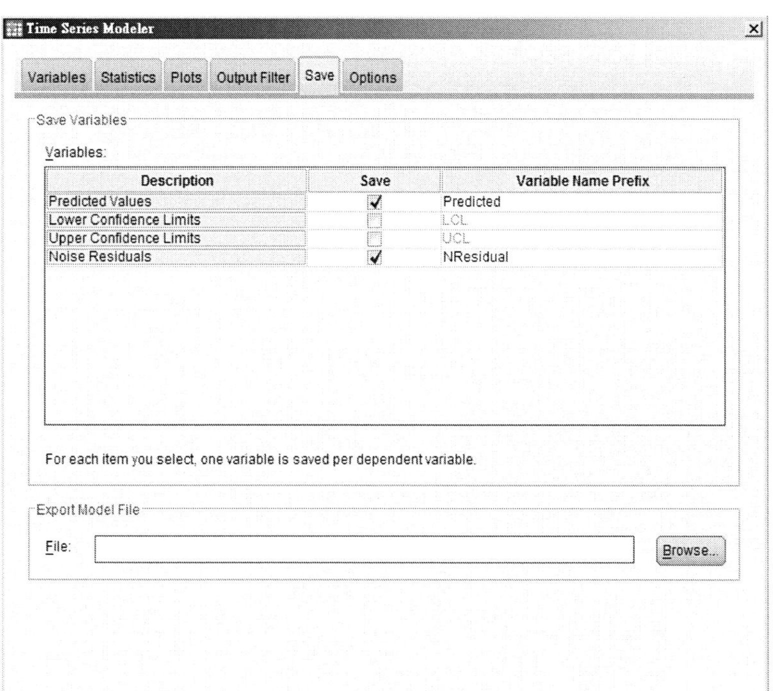
Time Series Modeler
Variables
Statistics
Plots
Output Filter
Save
Options
Save Variables
Variables:
Description
Save
Variable Name Prefix
Predicted Values
Predicted
Lower Confidence Limits
LCL
Upper Confidence Limits
UCL
Noise Residuals
NResidual
For each item you select, one variable is saved per dependent variable.
Export Model File
File:
Browse...

圖 5-86

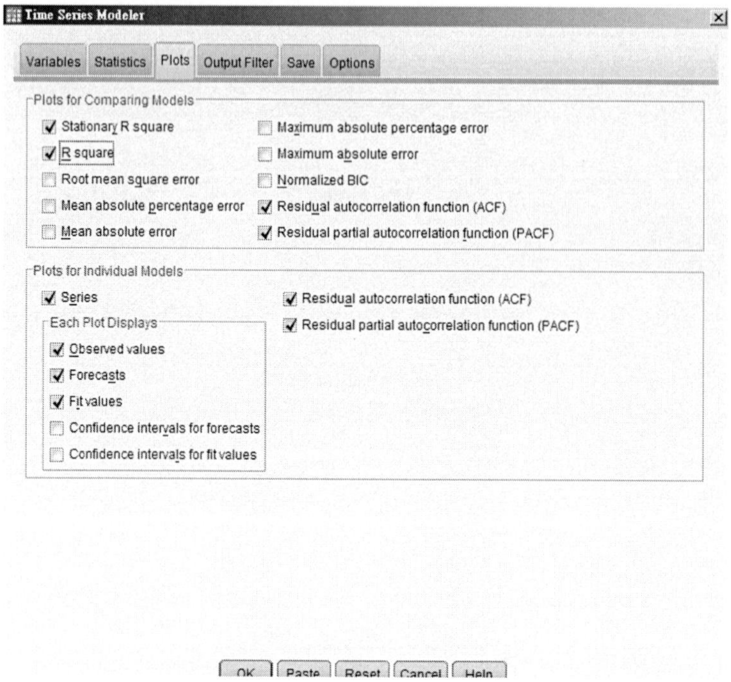

Time Series Modeler

Variables | Statistics | Plots | Output Filter | Save | Options

Plots for Comparing Models

- [x] Stationary R square
- [x] R square
- [ ] Root mean square error
- [ ] Mean absolute percentage error
- [ ] Mean absolute error
- [ ] Maximum absolute percentage error
- [ ] Maximum absolute error
- [ ] Normalized BIC
- [x] Residual autocorrelation function (ACF)
- [x] Residual partial autocorrelation function (PACF)

Plots for Individual Models

- [x] Series

Each Plot Displays

- [x] Observed values
- [x] Forecasts
- [x] Fit values
- [ ] Confidence intervals for forecasts
- [ ] Confidence intervals for fit values

- [x] Residual autocorrelation function (ACF)
- [x] Residual partial autocorrelation function (PACF)

OK | Paste | Reset | Cancel | Help

圖 5-87

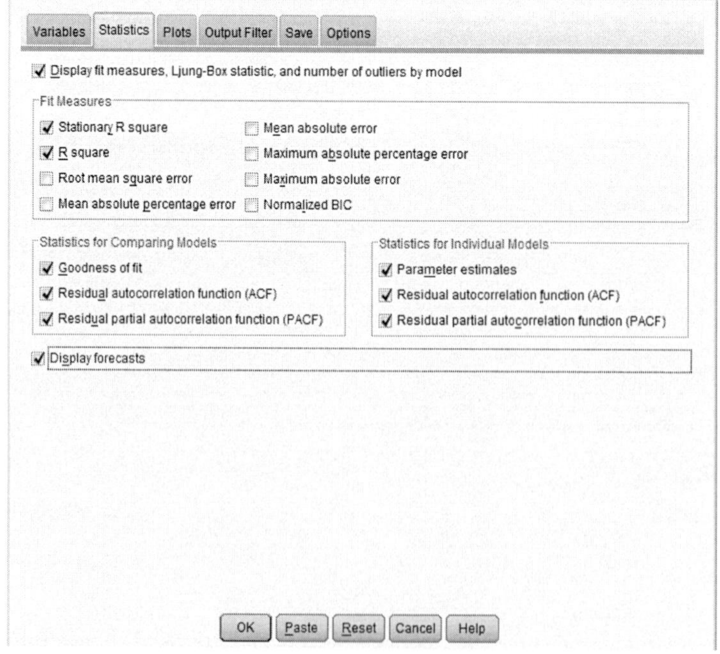

圖 5-88

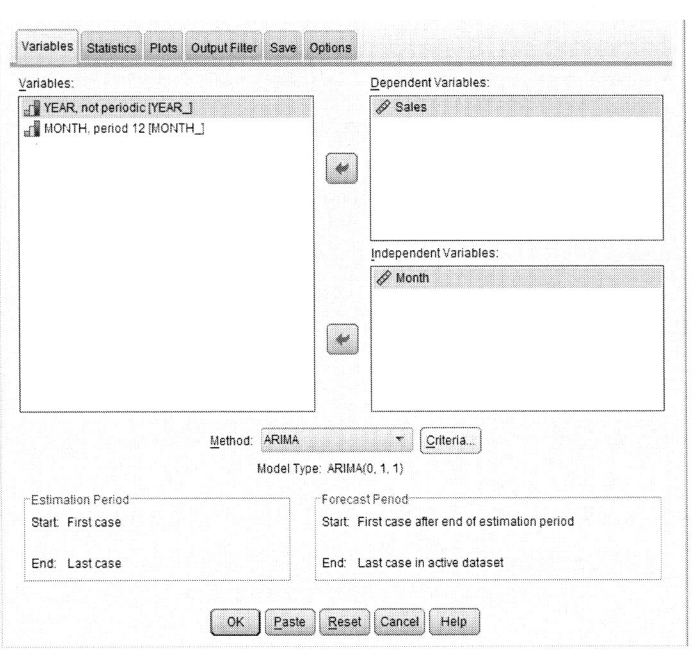

圖 5-89

Model Description

			Model Type
Model ID	Sales	Model_1	ARIMA(0,1,1)(0,0,0)

表 5-45 之 1

Model Statistics

Model	Number of Predictors	Model Fit statistics								Ljung-Box Q(18)			Number of Outliers
		Stationary R-squared	R-squared	RMSE	MAPE	MAE	MaxAPE	MaxAE	Normalized BIC	Statistics	DF	Sig.	
Sales-Model_1	1	0.290	0.912	9055.564	4.832	7077.687	21.582	24814.971	18.378	12.324	17	0.780	0

表 5-45 之 2

ARIMA Model Parameters

					Estimate	SE	t	Sig.
Sales-Model_1	Sales	No Transformation	Constant		1359.854	730.611	1.861	0.066
			Difference		1			
			MA	Lag 1	0.655	0.084	7.802	0.000
	Month	No Transformation	Numerator	Lag 0	−3.417	14.489	−0.236	0.814

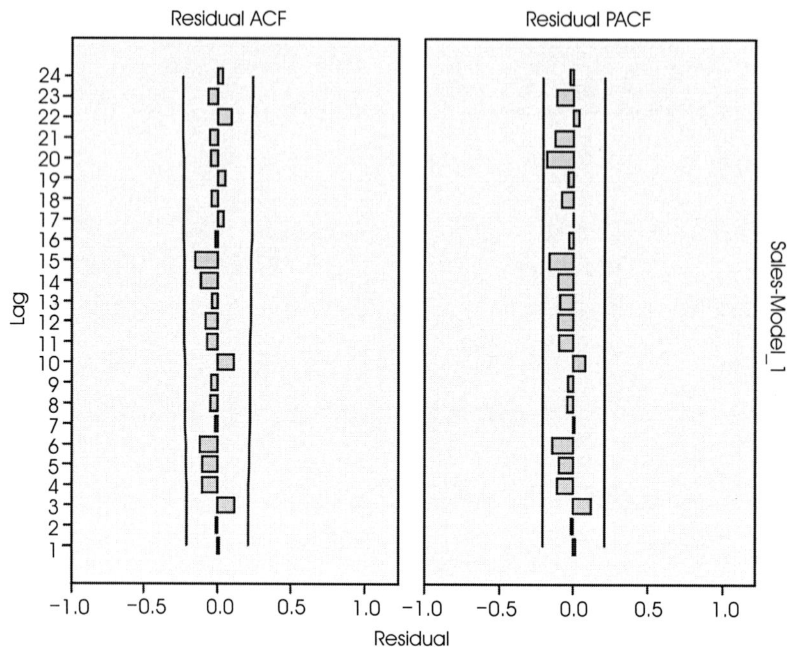

圖 5-90　殘差的 **ACF** 與 **PACF** 的圖形

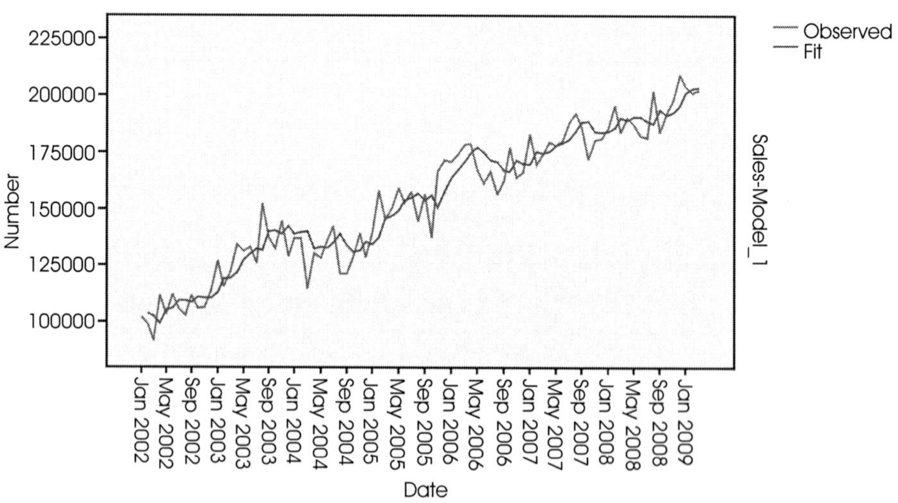

圖 5-91　觀察值與適配值之間時間序列關聯圖形

（五）獲得更進一步診斷 ARIMA（0,1,1）（0,0,0）模型在統計上是不顯著的過程

從 CH5-8c 的檔案圖 5-92 的視窗介面，按 Analyze → Forecasting → Autocorrelations...，進入圖 5-93 的 Autocorrelations 對話盒，把 Noise residual 移入 Variables：的長形格中，按圖作選擇，按 Options... 鍵，進入圖 5-94 的 Autocorrelations：Options 對話盒，按圖打入 25，按 Continue 鍵，回到圖 5-95 的 Autocorrelations 對話盒，按 OK。就可以獲得表 5-46 與圖 5-96ACF，及表 5-47 與圖 5-97 的 PACF 圖。更進一步診斷 ARIMA（0,1,1）（0,0,0）模型在統計上是不顯著的。

對於干擾模型的問題，我們在第七章與第八章中將會有更詳細的探討與說明。

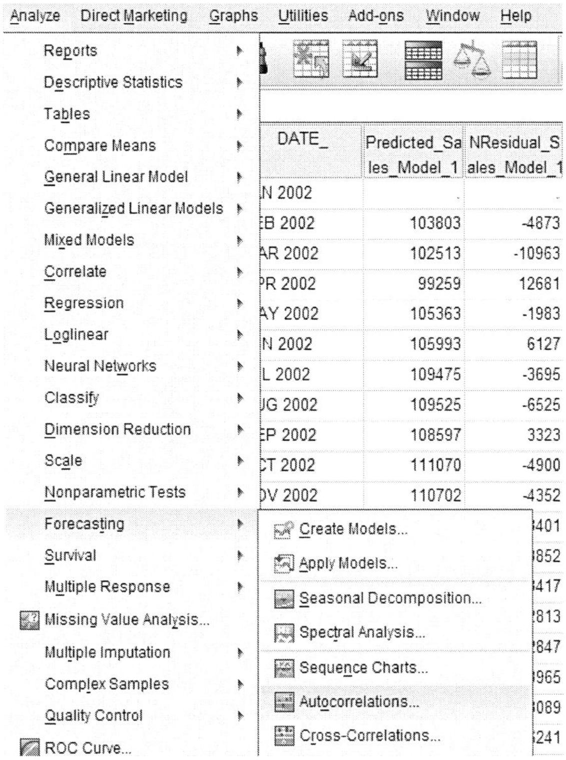

圖 5-92

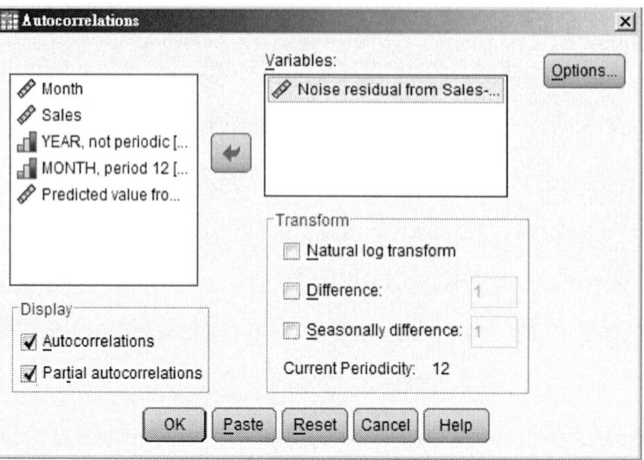

圖 5-93

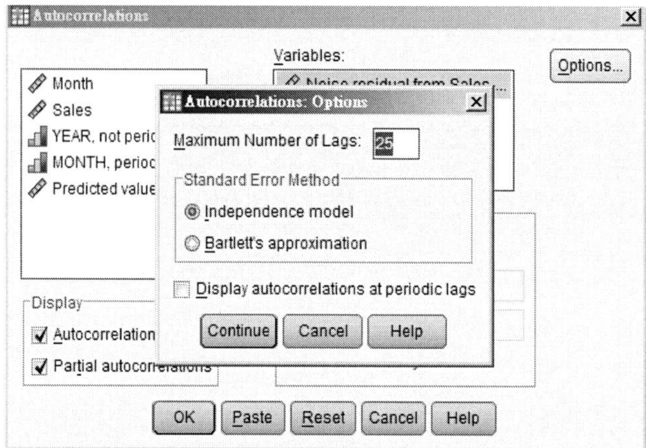

圖 5-94

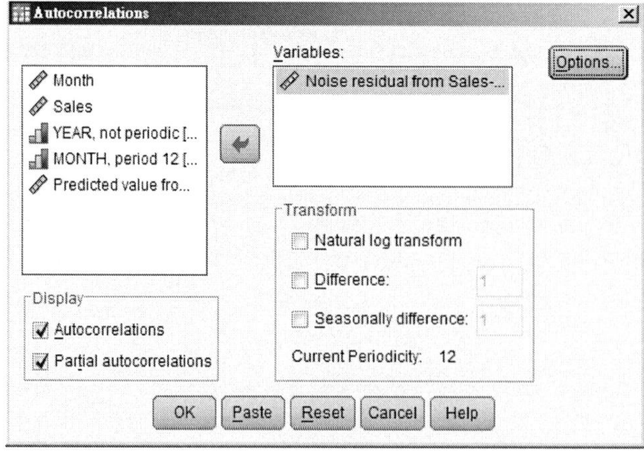

圖 5-95

表 5-46

Autocorrelations

Series: Noise residual from Sales-Model_1

Lag	Autocorrelation	Std. Error[a]	Box-Ljung Statistic		
			Value	df	Sig.[b]
1	0.013	0.106	0.015	1	0.903
2	−0.012	0.105	0.027	2	0.986
3	0.120	0.105	1.348	3	0.718
4	−0.104	0.104	2.347	4	0.672
5	−0.103	0.103	3.339	5	0.648
6	−0.125	0.103	4.809	6	0.569
7	−0.018	0.102	4.838	7	0.680
8	−0.048	0.102	5.064	8	0.751
9	−0.046	0.101	5.273	9	0.810
10	0.113	0.100	6.552	10	0.767
11	−0.075	0.100	7.112	11	0.790
12	−0.082	0.099	7.792	12	0.801
13	−0.038	0.098	7.940	13	0.847
14	−0.115	0.098	9.326	14	0.810
15	−0.155	0.097	11.873	15	0.689
16	−0.014	0.096	11.894	16	0.751
17	0.042	0.095	12.088	17	0.795
18	−0.046	0.095	12.324	18	0.830
19	0.048	0.094	12.586	19	0.859
20	−0.048	0.093	12.850	20	0.884
21	−0.054	0.093	13.187	21	0.902
22	0.097	0.092	14.289	22	0.891
23	−0.066	0.091	14.819	23	0.901
24	0.033	0.091	14.950	24	0.922
25	0.090	0.090	15.960	25	0.916

a. The underlying process assumed is independence (white noise).

b. Based on the asymptotic chi-square approximation.

表 5-47

Partial Autocorrelations

Series: Noise residual from Sales-Model_1

Lag	Partial Autocorrelation	Std. Error
1	0.013	0.108
2	−0.012	0.108
3	0.121	0.108
4	−0.109	0.108
5	−0.098	0.108
6	−0.143	0.108
7	0.009	0.108
8	−0.040	0.108
9	−0.034	0.108
10	0.080	0.108
11	−0.099	0.108
12	−0.101	0.108
13	−0.091	0.108
14	−0.105	0.108
15	−0.164	0.108
16	−0.028	0.108
17	0.000	0.108
18	−0.081	0.108
19	−0.034	0.108
20	−0.180	0.108
21	−0.126	0.108
22	0.036	0.108
23	−0.114	0.108
24	−0.027	0.108
25	0.012	0.108

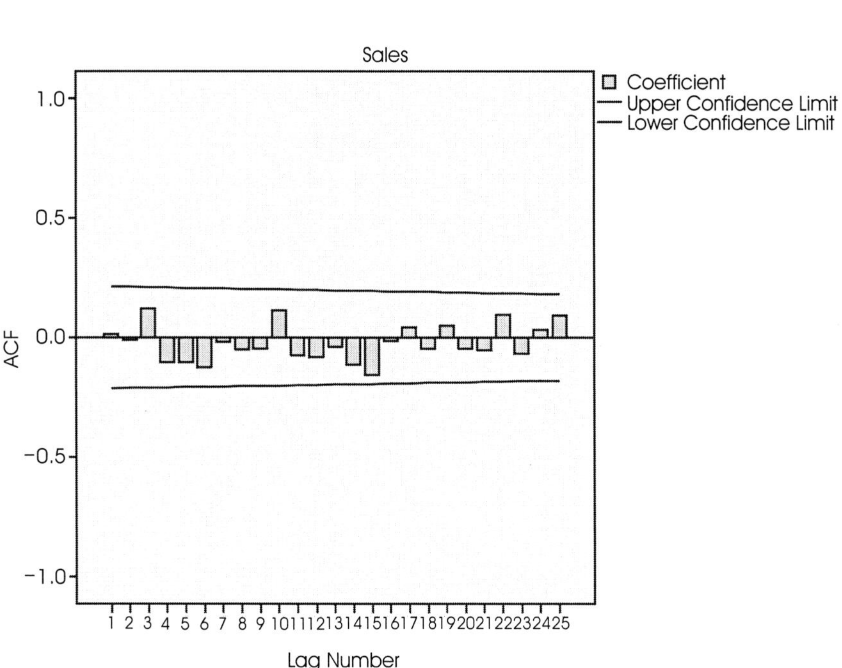
Sales
Coefficient
Upper Confidence Limit
Lower Confidence Limit
1.0
0.5
0.0
-0.5
-1.0
ACF
1 2 3 4 5 6 7 8 9 10 11 12 13 14 15 16 17 18 19 20 21 22 23 24 25
Lag Number

圖 5-96

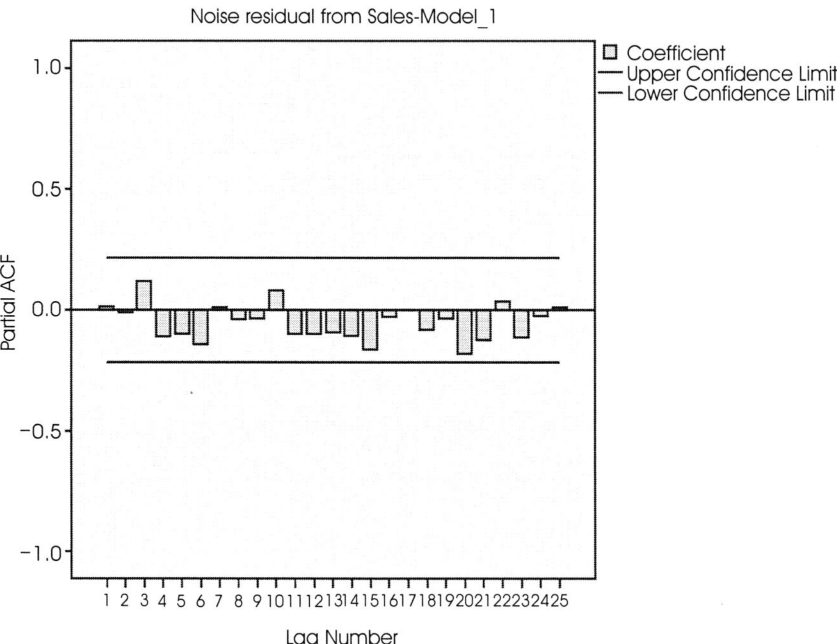
Noise residual from Sales-Model_1
Coefficient
Upper Confidence Limit
Lower Confidence Limit
1.0
0.5
0.0
-0.5
-1.0
Partial ACF
1 2 3 4 5 6 7 8 9 10 11 12 13 14 15 16 17 18 19 20 21 22 23 24 25
Lag Number

圖 5-97

第六節　結語

時間序列準實驗的 Box-Tiao 模型開始以一個噪音成分，一個時間序列的 ARIMA 模型進行實驗。使用 ARIMA 模型被建立的程序已在圖 5-10 中輪廓地被描述為一個流程圖（a flow-chart）。在季節之內，這個模型的建立策略可以在機制上被遵循去達成一個 ARIMA 模型它在統計上是達到足夠的條件（它的殘差是無害的）與達到簡約的（parsimonios）（它有最少的參數數目與在統計上達到足夠的條件之中有最多自由度的數目）。的確有很多可以選擇的或對立的模型，其建立的策略可以在機制上被遵循。無論如何，這些可以選擇的，對立的模型其建立的策略，一般而言，並無法導致產生一個模型，具備在統計上達到足夠的顯著性與達到模型的簡約性兩者的條件。

已建立了一個能夠提供時間序列達成一個令人滿意的噪音水準之後，分析者下一步驟就在選擇一個適當的干預成分它是可逐步增加地被連接到噪音的成分。如此，這種完整影響評估的模型可以被寫成如

$$Y_t = f(I_t) + N_t$$

我們已描述了三種簡單的干預成分，每一種均結合著一種個別的影響模式。因而在理念上，分析者對其影響模式將會有一種預期影響的先驗概念（a priori notion of the expected impact）；它在起初會是突然的或逐漸的，例如，在發生期間會是持久的或暫時的。有很多機會情境可以使用這三種簡單的干預成分。它們是簡約的（包含不超過二個參數以上），它們已廣泛地被使用與如此實況地被進行檢定考驗，與它們似乎是在於描述經驗社會影響的或衝擊的現象。一種可增加機會情境的是這三種簡單的干預模型在邏輯上是相關的，如此就可以給予進行檢定考驗對立影響的或衝擊的假設（testing rival impact hypothesis）提供理論檢測的基礎。

一旦一個令人滿意的影響評估模型已被建立（即是它的參數已被估計，與它的殘差已被診斷），此時，分析者就必須解釋其進行估計與診斷的結果。在許多準實驗的著作中，其解釋僅由檢定考驗一個虛無假設（a null hypothesis）所形成的條件即可：即解釋該干預對時間序列是否有達到一個統計上的顯著性？無論如何，在許多案例中，一個解釋該分析的足夠條件要求諸如影響形成的某些陳述。它是突然的或逐漸的形成，持久的或暫時的？如果起初是逐漸的形成，如何會逐漸的形成？所有這些問題均可從模型參數的估計過程中獲得解釋的答覆。

一般模型的建立策略在罕見的案例將會要求某些稍微的修整。在 the Directory Assistance 時間序列中，例如，即從前干預序列所估計的 ACF 與 PACF 的影響是如此大。從整體序列進行估計的 ACF 與 PACF 會受到該序列中的真正影響所控制或壓制與所扭曲。The Hyde Park purse snaching 序列與 the Sutter County Workforce 序列，另一方面，有相對比較小的影響，如此其噪音成分可以從過去整體時間序列已估計的 ACF 與 PACF 中被辨識。所以，依據我們的觀點，大部分社會的影響將會是這樣的大小程度，由此在辨識中將出現較少的實際問題。所以，分析者在這一點上依然必須運用常識的判斷。

在本文中時間序列分析所呈現的已被假設讀者將練習熟悉這些方法。實際上，這是唯一學習時間序列分析的方式。在過去，時間序列的分析方法無法被社會科學家所廣泛使用是因為其所應用的程式軟體無法被接受。現在已非昔比，在本書中使用 SPSS 軟體，從第六章開始，我們就使用 SPSS 軟體程式進行分析，尤其是在第七章中我們使用 SPSS（13 版本），按照時間序列分析著作先驅者的論述方法，以範例配合指數平滑模型，自我迴歸，ARIMA，季節的分解，與光譜的曲線圖等專題進行探討與說明。

特別值得一提的是在第七章中的 ARIMA 是配合本章中所探討的 ARIMA 模型代數與技術分析，使用 SPSS 軟體更進一步應用於 ARIMA 模型問題的分析與探討，使讀者能夠體驗 ARIMA 模型代數與技術應用實際 ARIMA 模型問題的實況分析。在第八章我們使用 SPSS（18 版本），其操作方法和 SPSS（13 版本）比較會有些差異因為其結構上有些差異，然而只要吾人熟悉其操作方法與其結構位置，深信會很快地克服其困境。

Chapter

06

時間序列的資料分析與SPSS（18版）的操作過程

第一節　緒論

在完成前述第二、第三、第四與第五章的個別有關時間序列專題研究領域之後，從前述的各個章節中，可以發現時間序列的預測模型是一種分析問題的重要技術與方法，它的重要性與需求性跨越許多研究領域包括商業與工業，政府學（government），經濟學，環境科學，醫學，社會科學，政治學，與財政學。它是很多分析技術的一種整合，諸如前述的迴歸分析，指數平滑，移動平均，自我迴歸統合移動平均（ARIMA），與季節性分解（decomposition）等等技術方法的整合。吾人鑑識到有關時間序列的問題是多種分析技術的一種整合，所以本章期望能夠整合前述的分析技術，進行有系統的時間序列資料分析。

資料時常是以規則間距的方式被採取進行一個變項的測量。諸如每週，每月，每季，與每年。股價是以每日的規則間距方式被報導，利率（interest rates）是以每週被公告（posted），銷售量的數字是以每週，每月，每季，與每年的規則間距的方式被給予。存貨與產品的水準亦以規則時間的期間方式被記錄。這種記錄方式持續進行。自我相關概念的序列關聯圖形或曲線圖（the sequence plots）是以時間序列資料縱向分析（longitudinal analysis）的重要面向或角度被引進介紹。

從跨越過去時間的一個過程中所蒐集的資料可以給予該序列提供預測未來各值一個獨特呈現的機會。如果給予過去序列的行為能夠以一個統計模型來足夠適當的呈現出其行為模式的模型可以被發現與其過程能夠持續以相同方式去運作於未來的預測，那麼其種種的預測值就可以基於這種模型的基礎之上被進行製作。但是僅僅只有種種的預測值是不足的，如果該模型能夠足以描述該列序的行為，而且其測量的精確度可以與其種種的預測值相符合。預測間距（prediction intervals）可能是要去包含未來值，這些預測間距是預測過程的一個重要研究面向或角度。所以，迴歸模型的理念是首先被擴張或延伸到時間序列資料。

本章的目的是期望以 SPSS 軟體（18 版）程式，以一個完整的系統把前述時間序列的基本技術方法，諸如時間序列的迴歸模型中的一個預測式模型，二次方程式趨勢，診斷：自我相關的修正，Durben-Watson 的統計量，與差分的技術，以範例輸入 SPSS 軟體進行分析。其中，一方面熟悉時間序列的基本技術的問題；另一方面可以熟練 SPSS 軟體（18 版）程式的操作方法。接著，我們深入探討滯延，自我迴歸（AR(1) 模型與 AR(2) 模型），指數平滑中平滑常數的選擇與雙重指數平滑的探討與 SPSS 軟體（18 版）程式的使用方法。希望有助於提供讀者加深時間序列的技術方法與 SPSS 軟體的運作過程。

第二節　時間序列的迴歸

一、時間就是一個預測式（predictor）

對時間序列而言，它是在於展現一個強勢向上或向下發展的趨勢，一個時間迴歸的模型當一個預測式（predictor）可以被考量時。最簡單的案例是一個線性時間趨勢模型（a linear time trend model），它是一個可以被塑造為一個直線的趨勢模型。在此它是假定該列序 y_t 在時間 t 點時可以被呈現出為

$$y_t = \beta_0 + \beta_t t + e_t \quad (6\text{-}1)$$

這個方法是可以使用在表 6-1（儲存本書的 CH6-1 檔案中）的資料作說明。六年每月的資料是可資利用的，而且最後十年的資料（儲存本書的 CH6-1c 檔案中）是可以被給予去進行檢核該模型的預測精確度。即是， 2005 年 6 月將被視為是最後可資利用的值。從 2001 年 7 月到 2006 年 6 月的 60 個觀察值是可以使用去適配該模型與預測其後 12 個月的值。其種種的預測可以和真正值（the actual value，真實值）作比較去評估該模型的預測表現。一個線性趨勢模型似乎是真正的基於在表 6-1 中的資料去進行操作順序關聯曲線圖（the sequence plot）圖 6-1 。

表 6-1 的資料被儲存在本章的檔案 CH6-1 中，該資料是一個 A 公司從 2001 年 7 月到 2006 年 6 月的時薪資料。從圖 6-2 中我們可以看到從 2001 年 7 月到 2006 年 6 月的時薪是呈現出向上成長的趨勢。

表 6-1　一個 A 公司從 2001 年 7 月到 2006 年 6 月的時薪資料（儲存本書的 CH6-1 檔案中）

	每小時薪資	時間	年	月
1	4.92	07/01/2001	2001	1
2	4.96	08/01/2001	2001	2
3	5.04	09/01/2001	2001	3
4	5.05	10/01/2001	2001	4
5	5.04	11/01/2001	2001	5
6	5.04	12/01/2001	2001	6
7	5.18	01/01/2002	2002	7

	每小時薪資	時間	年	月
8	5.13	02/01/2002	2002	8
9	5.15	03/01/2002	2002	9
10	5.18	04/01/2002	2002	10
11	5.16	05/01/2002	2002	11
12	5.18	06/01/2002	2002	12
13	5.19	07/01/2002	2002	13
14	5.20	08/01/2002	2002	14
15	5.23	09/01/2002	2002	15
16	5.21	10/01/2002	2002	16
17	5.24	11/01/2002	2002	17
18	5.28	12/01/2002	2002	18
19	5.33	01/01/2003	2003	19
20	5.33	02/01/2003	2003	20
21	5.33	03/01/2003	2003	21
22	5.35	04/01/2003	2003	22

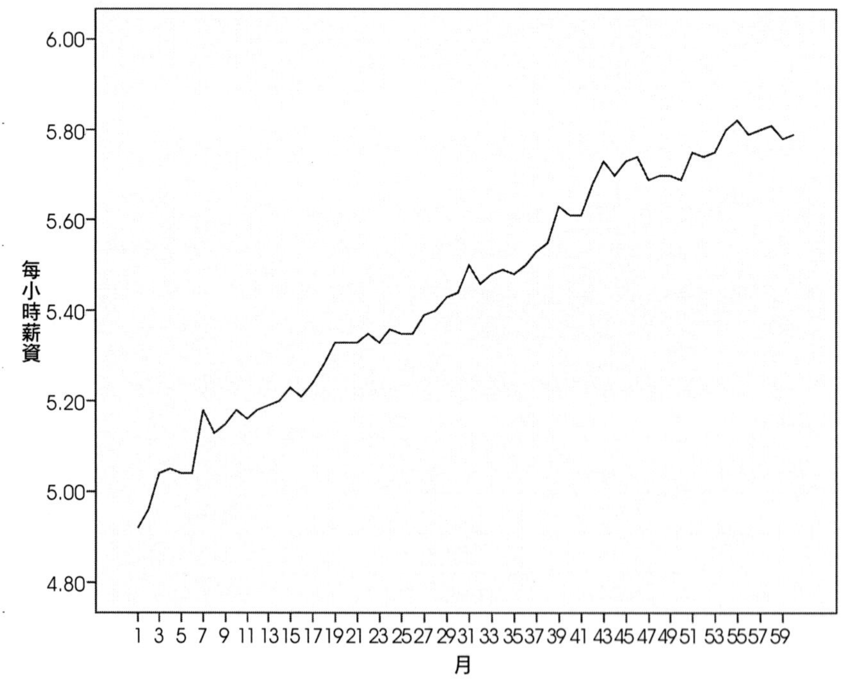

圖 6-1　使用 **SPSS** 軟體獲得 **A** 公司從 **2001** 到 **2006** 時薪的順序關聯曲線圖

迴歸的結果被顯示在下列表 6-2 之 1 到表 6-2 之 3 的各個表報資料中。要注意到薪資是傾向每月依 0.015 元而增加，亦要注意到對時間預測式（predictor）的迴歸係數有一個 49.619 的 t 比率，它被認為是有很高的顯著性。而且其決定係數（R^2）的值為 97.7% 是極高的。圖 6-2 展示它與最小平方迴歸線（直線性）適配情況足以顯示這是一個很好的模型，它可以被使用去預測來年 12 個月的預測。

我們亦可以使用迴歸方法去注意到表 6-2 之 3 所獲得的各項資料，建立一個迴歸的預測方程式為：

$$薪資 = 5.002 + 0.015\ (時間)$$

表 6-2 之 1

Model Summary[b]

Model	R	R Square	Adjusted R Square	Std. Error of the Estimate	Change Statistics					Durbin-Watson
					R Square Change	F Change	df1	df2	Sig. F Change	
−1	0.988[a]	0.977	0.977	0.03940	0.977	2462.047	1	58	0.000	0.729

a. Predictors: (Constant)，月
b. Dependent Variable：每小時薪資

表 6-2 之 2

ANOVA[b]

Model		Sum of Squares	df	Mean Square	F	Sig.
1	Regression	3.822	1	3.822	2462.047	0.000[a]
	Residual	0.090	58	0.002		
	Total	3.912	59			

a. Predictors: (Constant)，月
b. Dependent Variable：每小時薪資

表 6-2 之 3

Coefficients[a]

Model		Unstandardized Coefficients		Standardized Coefficients	t	Sig.
		B	Std. Error	Beta		
1	(Constant) 月	5.002	0.010		485.581	0.000
		0.015	0.000	0.988	49.619	0.000

a. Dependent Variable：每小時薪資

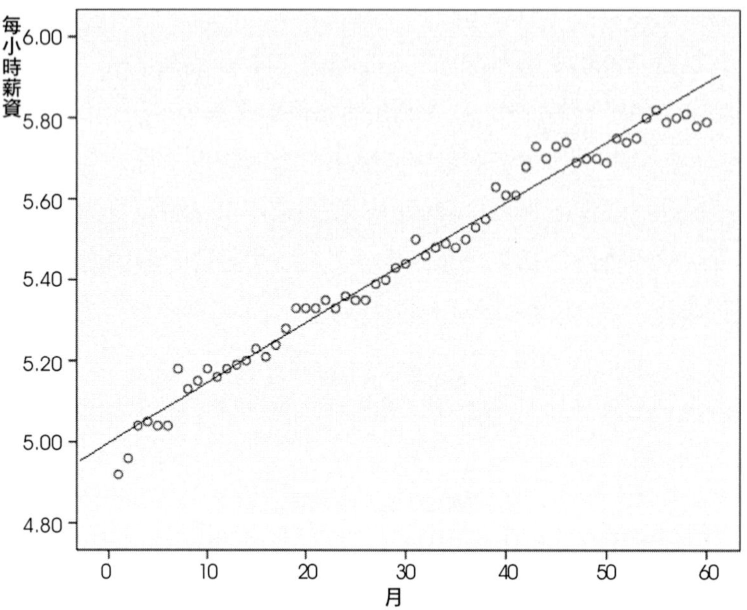

圖 6-2 使用迴歸的最小平方迴歸線所呈現出的散布圖

在 SPSS 軟體程式（18 版本）中，對於預測值與預測值上下限制區間的求得有兩種程序方法：(一) 使用 Analyze → Forecasting → Create Models... 的程序；(二) Analyze → Regression → Linear... 的程序。

(一) 使用 Analyze → Forecasting → Create Models... 程序

依據表 6-1b（儲存在 CH6-1b 的檔案中）的資料，我們可以使用 SPSS（18 版本）中的創造模型（Create Models）去進行分析以獲得預測值與其預測區間（在此列出最近一年的值）。其結果呈現在表 6-3 中，而表 6-3 的結果是從使用 SPSS（18 版本）中的創造模型（Create Models）進行分析結果所得的表 6-3 之 1 與表 6-3 之 2 的資料中所綜合得到的。

表 6-3 直線性模型中，真正值，預測值，與預測上下限制（在此列出最近一年的值）

真正值	年	月	預測值	預測區間	
5.79	2006	61	5.799156	5.761315	5.836997
5.83	2006	62	5.811156	5.764950	5.857361
5.91	2006	63	5.869155	5.815883	5.922428
5.87	2006	64	5.863155	5.803648	5.922661

真正值	年	月	預測值	預測區間	
5.87	2006	65	5.875154	5.810008	5.940301
5.90	2006	66	5.909154	5.838813	5.979490
5.94	2007	67	5.973153	5.897985	6.048322
5.93	2007	68	5.943153	5.863445	6.022861
5.93	2007	69	5.959152	5.875149	6.043155
5.94	2007	70	5.975152	5.887063	6.063241
5.89	2007	71	5.949151	5.857158	6.041145
5.91	2007	72	5.967151	5.871412	6.062890

表 6-3 之 1

Forecast

Model		Jul 2006	Aug 2006	Sep 2006	Oct 2006	Nov 2006	Dec 2006	Jan 2007	Feb 2007	Mar 2007	Apr 2007	May 2007	Jun 2007
每小時薪資-Model$_1$	Forecast	5.80	5.81	5.87	5.86	5.88	5.91	5.97	5.94	5.96	5.98	5.95	5.97
	UCL	5.84	5.86	5.92	5.92	5.94	5.98	6.05	6.02	6.04	6.06	6.04	6.06
	LCL	5.76	5.76	5.82	5.80	5.81	5.84	5.90	5.86	5.88	5.89	5.86	5.87

For each model, forecasts start after the last non-missing in the range of the requested estimation period, and end at the last period for which non-missing values of all the predictors are available or at the end date of the requested forecast period, whichever is earlier.

表 6-3 之 2

	DATE_	Predicted_每小時薪資_Model$_1$	LCL_每小時薪資_Model$_1$	UCL_每小時薪資_Model$_1$
61	JUL 2006	5.799156	5.761315	5.836997
62	AUG 2006	5.811156	5.764950	5.857361
63	SEP 2006	5.869155	5.815883	5.922428
64	OCT 2006	5.863155	5.803648	5.922661
65	NOV 2006	5.875154	5.810008	5.940301
66	DEC 2006	5.909154	5.838818	5.979490
67	JAN 2007	5.973153	5.897985	6.048322
68	FEB 2007	5.943153	5.863445	6.022861
69	MAR 2007	5.959152	5.875149	6.043155
70	APR 2007	5.975152	5.887063	6.063241
71	MAY 2007	5.949151	5.857158	6.041145
72	JUN 2007	5.967151	5.871412	6.062890

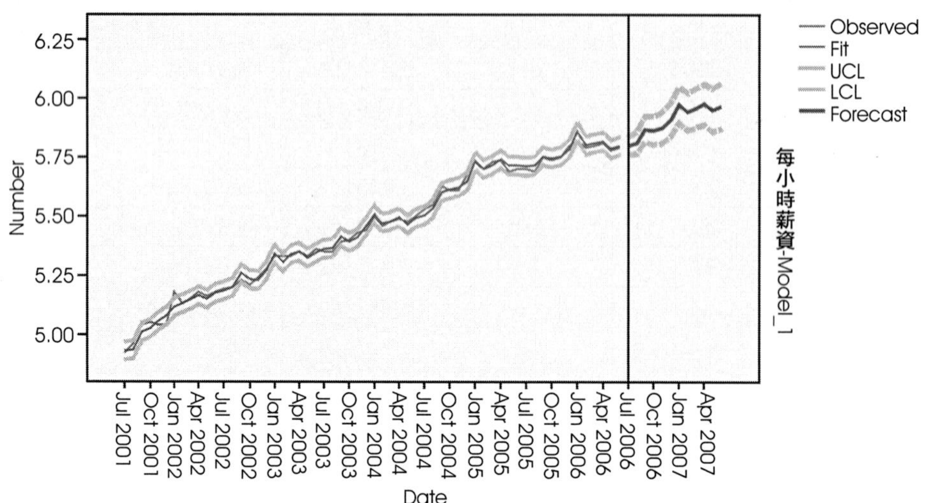

圖 6-3 使用 **SPSS**（**18** 版本）中的創造模型（**Create Models**）分析所獲得 **A** 公司從 **2001** 年到 **2006** 年時薪與其未來一年預測值及上下限制區間的順序關聯曲線圖

（二）Analyze → Regression → Linear... 的程序

一個對進行預測的較好研究觀點是可以透過圖形來顯示薪資資料曲線圖的原始順序關聯圖。我們可以使用檔案 CH6-1c 的資料，進行迴歸分析獲得表 6-3 之 3，然後以圖 6-3 之 1 顯示真正值使用迴歸的最小平方迴歸線所呈現出的散布圖。而圖 6-4 顯示真正值與預測值之間的差距，可以理解真正值與預測值之間的問題。其中中間的一條上的各值為預測值，這條線的最後 12 個值為未來的預測值。其中 A 為從 1 月到 60 月的值為薪資的真正值，B 為從 61 月到 72 月薪資的預測值。

表 6-3 之 3　直線性模型中，真正值，預測值，與預測上下限制（在此列出最近一年的值）

真正值	年	月	預測值	預測區間	
5.79	2006	61	5.85405	5.76411	5.94599
5.83	2006	62	5.86868	5.77768	5.95969
5.91	2006	63	5.88232	5.79124	5.97340
5.87	2006	64	5.89596	5.80480	5.98711
5.87	2006	65	5.90959	5.81835	6.00083
5.90	2006	66	5.92323	5.83191	6.01455
5.94	2007	67	5.93686	5.84546	6.02827
5.93	2007	68	5.95050	5.85901	6.04199
5.93	2007	69	5.96413	5.87255	6.05572

真正值	年	月	預測值	預測區間	
5.94	2007	70	5.97777	5.88610	6.06944
5.89	2007	71	5.99141	5.89964	6.08318
5.91	2007	72	6.00504	5.91317	6.09691

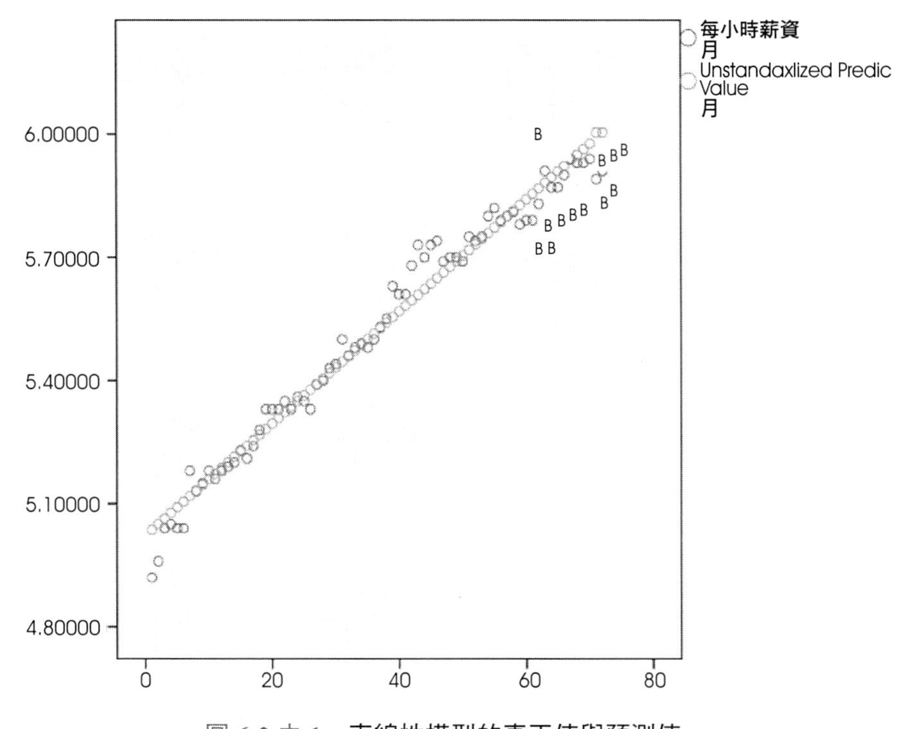

圖 6-3 之 1　直線性模型的真正值與預測值

在表 6-3 之 3 中，僅列出最近一年（2005 年 7 月到 2006 年 6 月）的值直線性模型中，以真正值進行迴歸所獲得的預測值，與 95% 預測區間上下限制的各值。吾人可以依據這些值進行繪製直線性的散布圖以便呈現出直線性模型中，真正值，預測值，與預測上下限制的情況，可以提供吾人進一步分析的參考。以上這些值是獲自進行迴歸結果表報中所略取的。其完整結果資料吾人可以進行繪製曲線的圖形以呈現出它們各值的情況，其從直線性中獲得的真正值，預測值，與預測上下限制的各值情況可參考圖 6-4 的情況。

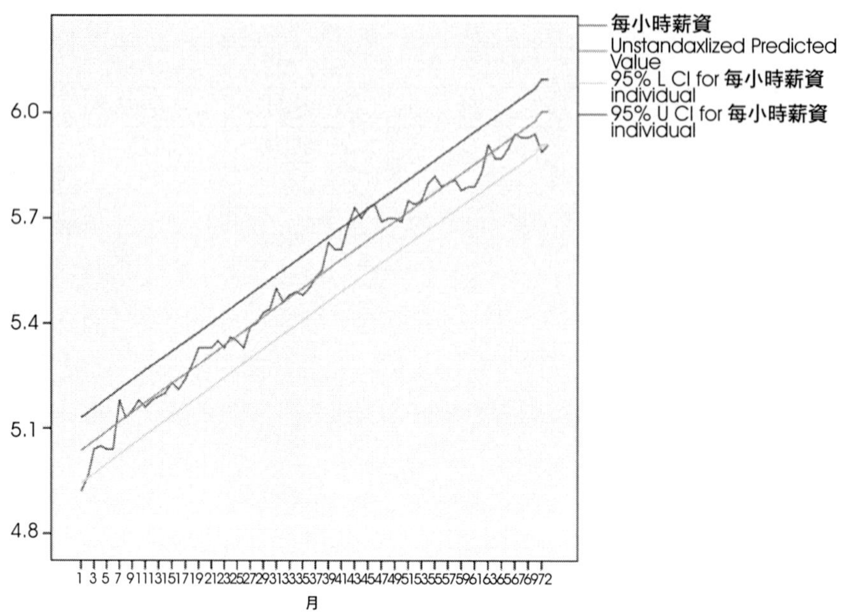

圖 6-4　從直線性模型中，真正值，預測值，與預測上下限制

二、進行二次方程式趨勢

要改善預測值的一個途徑是使用一個模型，這個模型允許以趨勢的彎曲度以一個相同的方式執行於橫斷面或橫截面資料的迴歸模型。最簡單的這種模型可以包括一個附加時間平方的項目為一個預測式，這可以以二次方程式趨勢的方法界定一個模型。

$$y_t = \beta_0 + \beta_1 t + \beta_2 t + e \qquad (6\text{-}2)$$

我們使用檔案 CH6-1 的資料進行二次方程式的迴歸分析，二次方程式趨勢的迴歸給予薪資時間序列的結果被提供在表 6-4 之 1 到表 6-4 之 3 的資料中，它們顯示線性與二次方程式兩者均是很高的顯著性。而且其決定係數（R^2）的值為 98.6% 是極高的。其已調整的 R^2 已增加到 98.1%，與估計標準誤已減低到 0.035 當比較於前述直線性模型顯示於表 6-2 之 1 的估計標準誤。圖 6-5 顯示真正的序列值，適配於二次方程式趨勢，其預測的曲線基於二次方程式的趨勢之上，與真正未來每年的各值。最後一年的各值被使用於模型的適配度，而其二次方程式迴歸方程式薪資 = 4.959 + 0.019（時間）− 0.0000682（時間）^{2}。

表 6-4 之 1

Model Summary

R	R Square	Adjusted R Square	Std. Error of the Estimate
0.991	0.982	0.981	0.035

The independent variable is 月

表 6-4 之 2

ANOVA

	Sum of Squares	df	Mean Square	F	Sig.
Regression	3.842	2	1.921	1564.824	0.000
Residual	0.070	57	0.001		
Total	3.912	59			

The independent variable is 月

表 6-4 之 3

Coefficients

	Unstandardized Coefficients		Standardized Coefficients	t	Sig.
	B	Std.Error	Beta		
月	0.019	0.001	1.271	17.646	0.000
月 **2	-6.82E-005	0.000	−0.291	−4.043	0.000
(Constant)	4.959	0.014		353.343	0.000

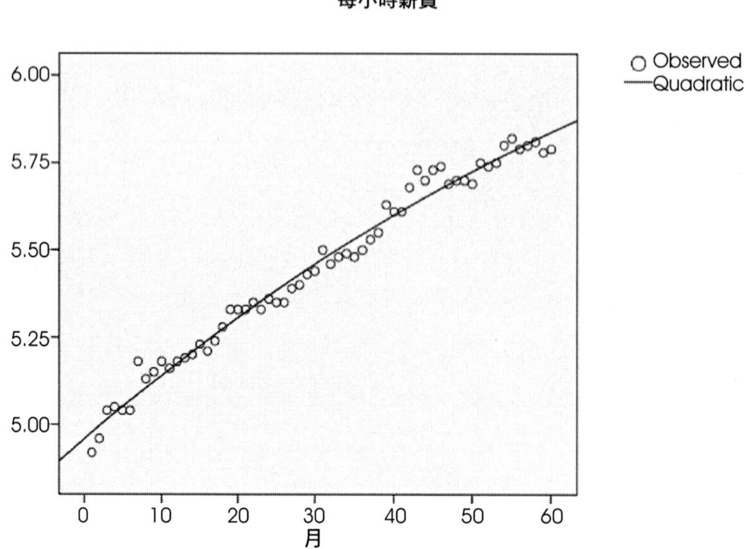

圖 6-5 從二次方程式趨勢中所獲得真正值與預測值之間的差距

接著我們可以使用檔案 6-1c 中有 72 個月的資料進行二次方程式趨勢分析，可以獲得圖 6-6 從二次方程式趨勢中所獲得真正值與預測值之間的差距，與圖 6-7 從二次方程式中獲得的真正值，預測值與預測上下限制。

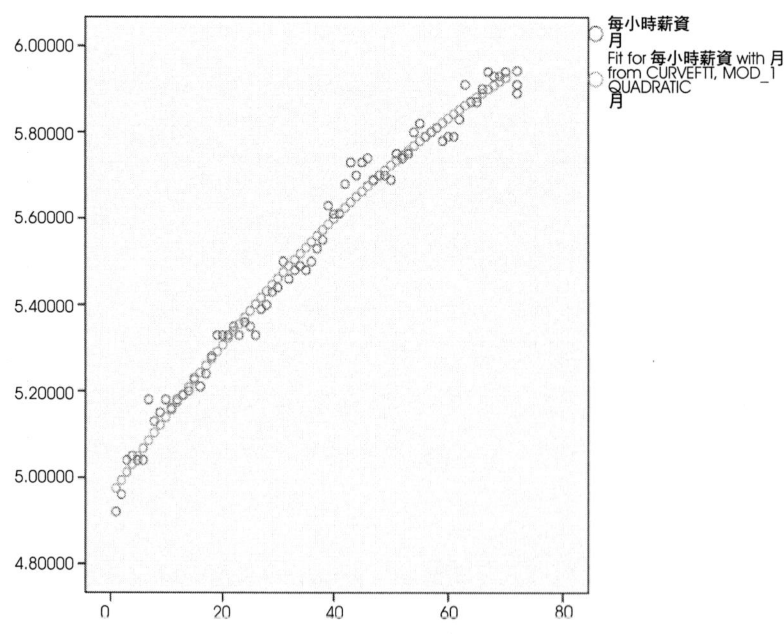

圖 6-6 從二次方程式趨勢中所獲得真正值與預測值之間的差距

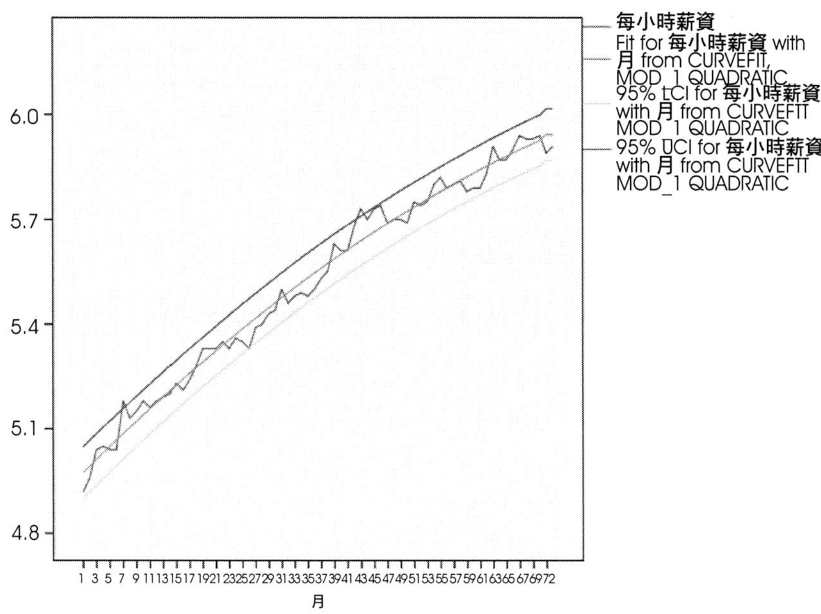

圖 6-7　從二次方程式中獲得的真正值、預測值與預測上下限制

這些結果應該可以和圖 6-3 之 1 與圖 6-4 所呈現出的直線性的模型圖形做比較。由比較進行中我們可以獲知以二次方程式模型進行序列的趨勢分析是比較好的。無論如何，我們將會理解到獨立自主誤差的迴歸假設是和直線性與二次方程式兩者趨勢模型的假設是相違背的。雖然這些模型是極為簡單，但是在社會科學中它們是很少被應用的，其中標準迴歸的假設是能夠合理地被滿足。如果吾人考量到資料中自我相關模型的使用通常是會更適當的。

三、診斷：自我相關的修正

自我相關是幾乎會在所有時間序列的資料中出現。縱然在塑造一個直線的，一個二次方程式曲線圖，或其他曲線圖的一般趨勢之後，環繞著曲線的誤差一般而言會是自我相關的。當塑造時間序列資料模型時，一個重要的診斷工具是殘差的一個序列關聯曲線圖。在此任何的趨勢可以指出模型的不適當的。尤其，自我迴歸指出無法由模型捕獲各變項之間的各關係是會出現的。在模型中提供自我相關的解釋，我們應該能夠去善用預測該序列的未來值。

（一）一個直線趨勢模型時

圖 6-8 顯示當薪資序列適配於一個直線趨勢模型時其殘差序列關聯的圖形，這個圖形有二個明顯呈現的問題。其序列的兩端均是負數的，這個指出一般趨勢中的曲度在直線性模型中是無法捕獲的。無論如何，一個重要的事實是在時間中集結在一起的各殘差幾乎總是呈現出相同的符號，不是兩者均是正數就是兩者均是負數。即是，它們會落在殘差平均數零的同一邊。各殘差至少會適度地或溫和地在滯延 1 發生自我相關。這樣的自我相關可以很容易地在殘差對滯延殘差一個月的散布圖中被看到如圖 6-9 中的情況。這種圖形中的自我相關是 0.542（在滯延 1 時），在該圖形中可以看到有關這種關係存在。當然，感覺的自我相關不是真的，而僅是對這個資料組合使用錯誤趨勢模型的一種人為所造成的失誤。

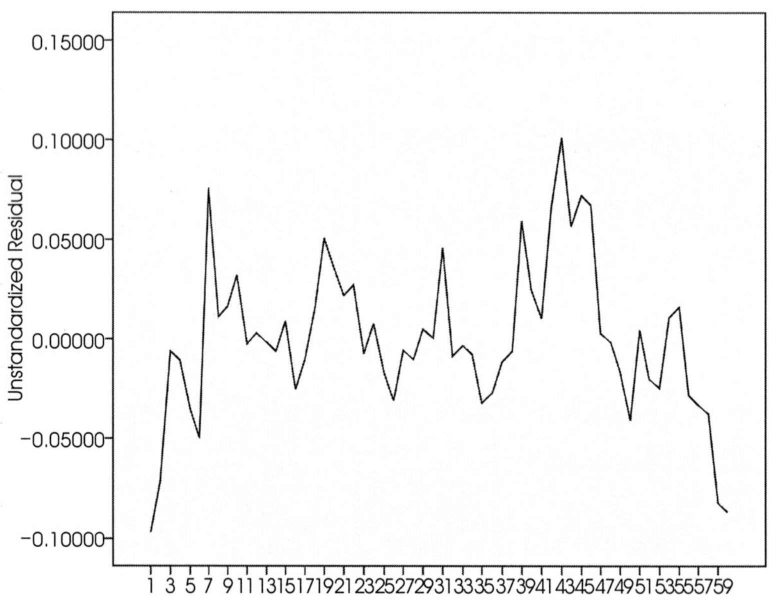

圖 6-8　薪資殘差與直線性趨勢模型的序列關聯圖

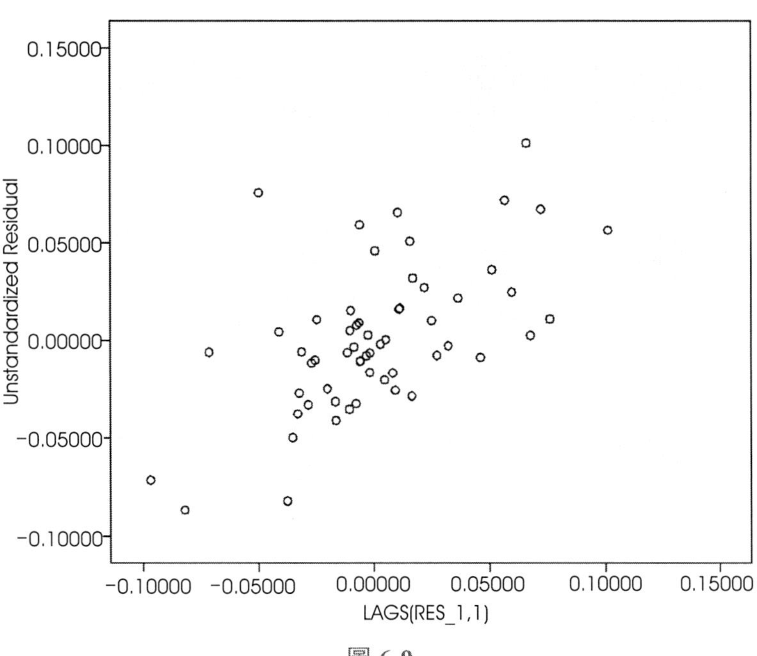

圖 6-9

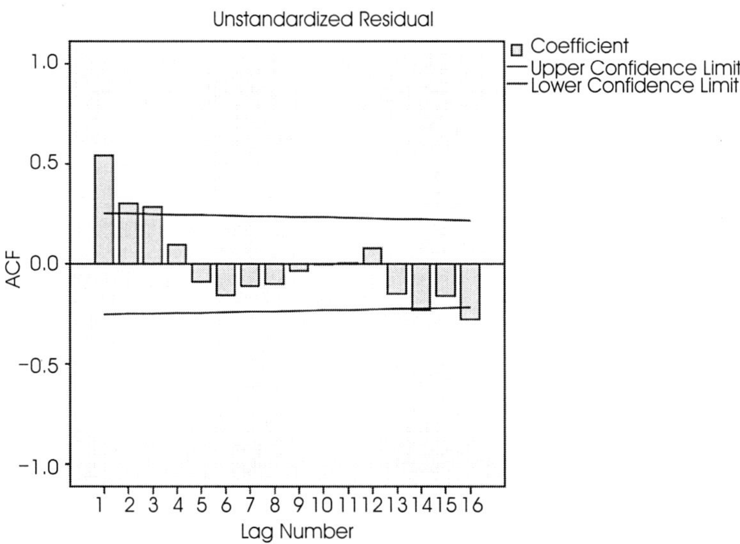

圖 6-10　直線性在滯延 1 的 ACF

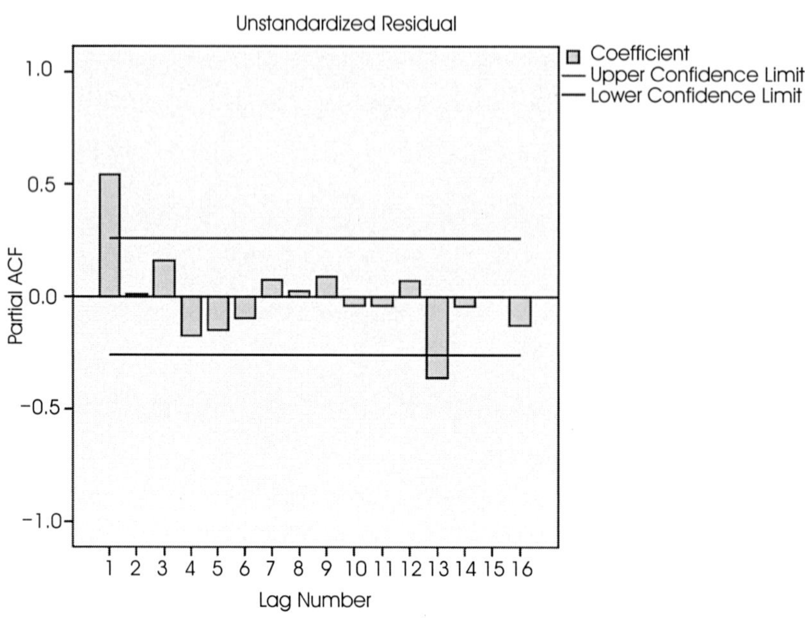

圖 6-11 直線性在滯延 1 的淨 ACF

表 6-5

Autocorrelations

Series:Unstandardized Residual

Lag	Autocorrelation	Std. Error[a]	Box-Ljung Statistic		
			Value	df	Sig.[b]
1	0.542	0.126	18.500	1	0.000
2	0.302	0.125	24.341	2	0.000
3	0.282	0.124	29.518	3	0.000
4	0.095	0.123	30.112	4	0.000
5	−0.090	0.122	30.657	5	0.000
6	−0.156	0.120	32.337	6	0.000
7	−0.111	0.119	33.205	7	0.000
8	−0.098	0.118	33.889	8	0.000
9	−0.037	0.117	33.989	9	0.000
10	−0.002	0.116	33.989	10	0.000
11	0.002	0.115	33.990	11	0.000
12	0.079	0.114	34.471	12	0.001
13	−0.148	0.112	36.214	13	0.001
14	−0.229	0.111	40.454	14	0.000
15	−0.159	0.110	42.550	15	0.000
16	−0.278	0.109	49.062	16	0.000

a. The underlying process assumed is independence (white noise).

b. Based on the asymptotic chi-square approximation.

（二）二次方程式

提供二次方程式相同的圖形是其次的被考量。圖 6-14 給予薪資殘差序列關聯圖當以二次方程式趨勢模型被建立時。在該序列的兩端很多負數的殘差問題現在已被進行解釋說明。無論如何，其殘差仍然是自我相關的問題。這種情況可以很容易地在圖 6-15 中薪資殘差與殘差滯延 1 的二次方程式趨勢模型散布圖中被看出其端倪。在這樣的展現中的相關是 0.499（參考表 6-6）其殘差 ACF 與淨 ACF 可參考圖 6-12 與 6-13，再次顯示在殘差滯延一個月所產生適度的或不過分的自我相關。

最佳的方法是去評估在殘差方面其自我相關程度的大小，由 Bartlett 所獲得的理論結果可以被使用（Bartlett, M.S.1946: 27-41）。他顯示獨立的資料（independent data），大的 n，一個自我相關係數的抽樣分析是以平均數零與標準差 1 $\sqrt{n}$的大約常態。如此，一個自我相關程度的大小大於 2 $\sqrt{n}$或 3 $\sqrt{n}$可以被認為是統計上顯著性與獨立自主是強烈地被質問。在現行的範例中，n = 60，如此 3 $\sqrt{60}$ = 0.387 與可觀察的自我相關 0.542 是提供過多的獨立自主。如前述已提到的，圖 6-4 指出這個薪資序列的模型在此在實質上已有相當的改進。

表 6-6

Autocorrelations
Series:Error for 每小時薪資 with 月 from CURVEFIT, MOD_2 QUADRATIC

Lag	Autocorrelation	Std. Error[a]	Box-Ljung Statistic		
			Value	df	Sig.[b]
1	0.499	0.126	15.700	1	0.000
2	0.272	0.125	20.438	2	0.000
3	0.270	0.124	25.179	3	0.000
4	0.056	0.123	25.387	4	0.000
5	−0.138	0.122	26.678	5	0.000
6	−0.194	0.120	29.263	6	0.000
7	−0.176	0.119	31.446	7	0.000
8	−0.142	0.118	32.886	8	0.000
9	−0.050	0.117	33.071	9	0.000
10	−0.015	0.116	33.087	10	0.000
11	0.030	0.115	33.154	11	0.000
12	0.153	0.114	34.974	12	0.000
13	−0.118	0.112	36.073	13	0.001
14	−0.198	0.111	39.248	14	0.000

Lag	Autocorrelation	Std. Error[a]	Box-Ljung Statistic		
			Value	df	Sig.[b]
15	−0.132	0.110	40.688	15	0.000
16	−0.292	0.109	47.903	16	0.000

a. The underlying process assumed is independence (white noise).

b. Based on the asymptotic chi-square approximation.

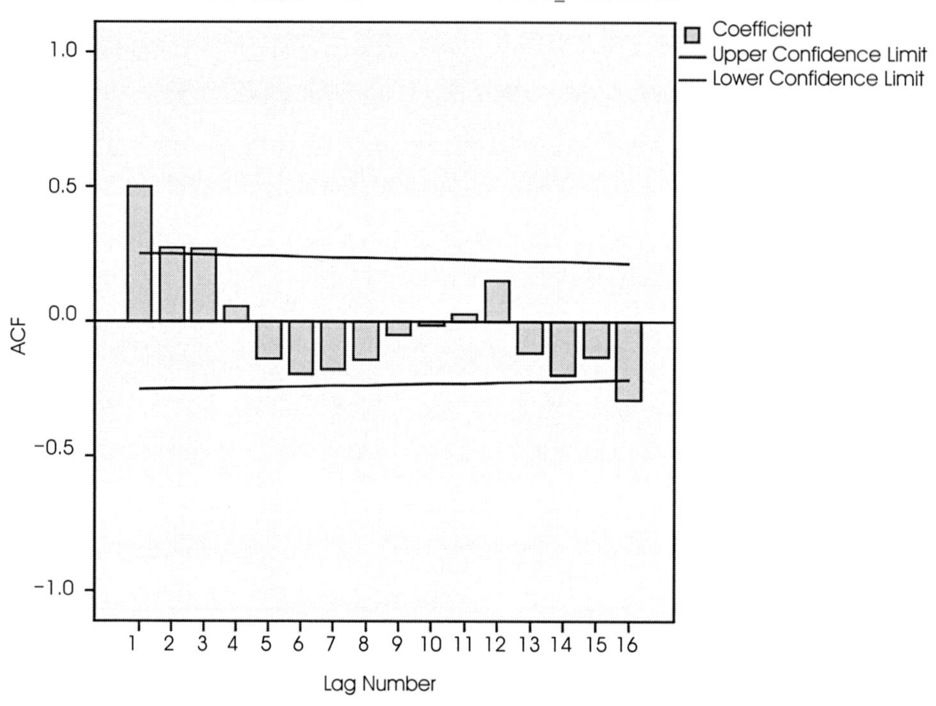

圖 6-12

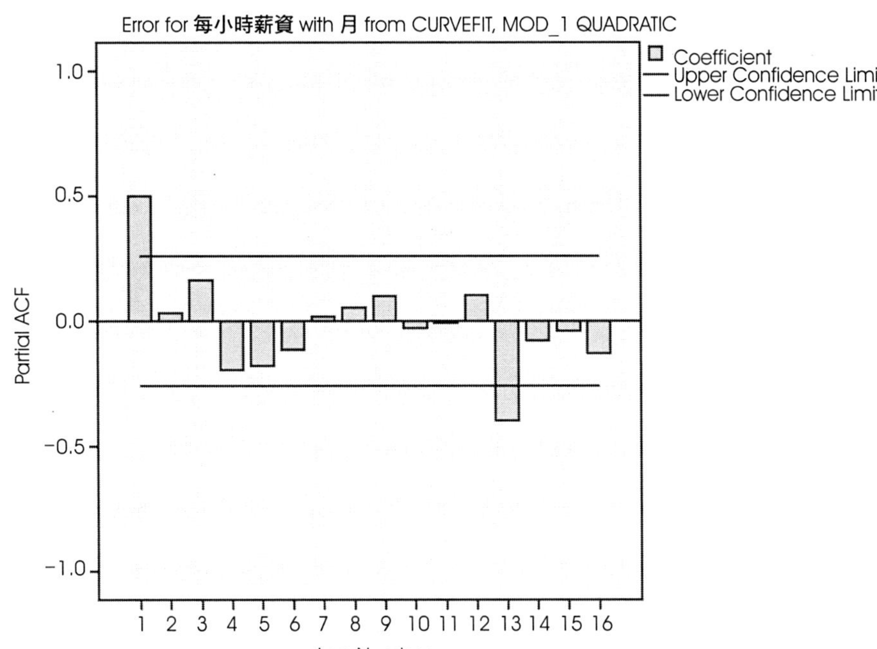

圖 6-13

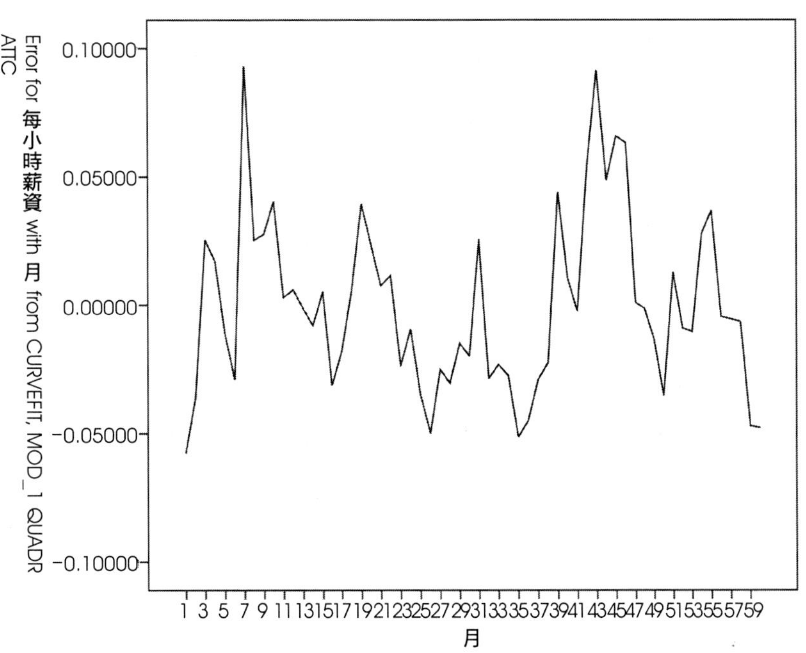

圖 6-14　薪資殘差與二次方程式趨勢模型的序列關聯圖

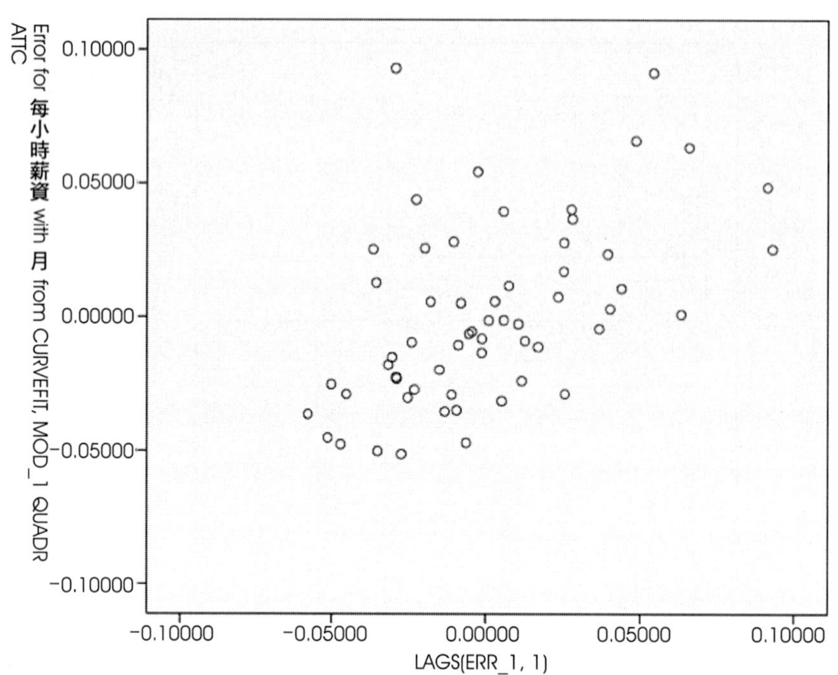

圖 6-15　薪資殘差與殘差滯延 1 的二次方程式趨勢模型

從上圖 6-12 與圖 6-13 中觀察到淨自我相關函數顯示在滯延 1 有一個顯著的釘住，證實從 the Durbin-Watson 統計量的推論。在滯延 13 的高峰可以被折扣為虛假的（spurious），因為沒有理由去預期自我相關有這種滯延數目。一階自我相關殘差的出現是違反不相關殘差的假設，它是基於普通最小平方方法（OLS）。由此可以推論，普通最小平方方法的失敗或無法勝任於一階自我相關殘差的檢測，是可從已選擇的預測變項均未達統計上的顯著性之事實得到證實，甚至於表現其數值的不顯著性！由此可以推論普通最小平方迴歸不是一個分析這種時間序列的適當方法或工具。

四、The Durbin-Watson 統計量

在迴歸殘差中被使用於去偵測自我相關的另一方法是 Durbin-Watson 統計量（Durbin, J. and Watson, G.S, 1950: 409-428; 1951, 159-178; 1971: 1-19 ），它被計算如下：

$$D = \frac{\sum_{t=2}^{n}(e_t - e_{t-1})^2}{\sum_{t=1}^{n} e_t^2}$$

使用直進的代數它可以被顯示，一個好的近似值（a good first approximation），$DW \simeq 2(1 - r_1)$ 其中 r_1 是在殘差中滯延 1 的自我相關。如此如果殘差不是自我相關的，如此 $r_1 \simeq 0$，DW 是被預期是大約 2。如果殘差是很強地以 $r_1 \simeq 1$ 的正向的（正數地）自我相關，那麼 $DW \simeq 0$；如果殘差是很強地以 $r_1 \simeq -1$ 的負向的（負數地）自我相關，那麼 $DW \simeq 4$。DW 的值接近 2 支持誤差項是獨立自主的。DW 值離 2 與更近 0 或 4 的極端值支持自我相關誤差的一個假設。幾乎所有統計的軟體均可自動地計算 Durbin-Watson 統計量。

考量在表 6-2 之 1 中所報導的薪資線性時間趨勢模型與在圖 6-8 中所標示的殘差。因為這些殘差，$DW = 0.729$，它是合理地接近 $2(1 - r_1) = 2(1 - 0.542) = 0.916$。這個值是更接近 0 至 2 表示具有如前面已提到的正向地自我相關殘差的問題。同樣地，亦可以考量在表 6-4 中以二次方程式趨勢模型迴歸的結果與在圖 6-10 中所標示散布點的殘差序列關聯，0.93 的 DW 是被發現。雖然 0.93 是稍微接近 2 小於 0.729，這仍然指示重要的正向地自我相關存在於這個模型中的誤差。

在誤差中滯延 1 自我相關的顯著性形式考驗檢定可以基於 DW 的基礎上。無論如何，縱然當誤差是獨立自主的，然後要依據在迴歸問題被考量中預測變項的特別值而定。要去列表或計算所有這些分配的百分比（percentiles）是不可行的。但是要去列表主要或臨界值百分比（percentiles）的上限與下限是可行的。如此清晰的推論在許多案例中是可以被達成的。無論如何，機率總是存在，即考驗檢定會是不能產生明確的效果。在薪資二次方程式趨勢模型的 60 個案例中與二個預測式（時間與時間平方）與在獨立自主的誤差假設之下，DW 分配的第一個百分比（percentiles）是 1.35 與 1.48 之間（Mill, R.B. and Wichern, D.W., 1977）。如此 DW = 0.93 的觀察值，它是在 1.35 之下，給予二次方程式趨勢模型在誤差滯延 1 的正向地自我相關提供推論性的證據。

Durbin-Watson 統計量面臨的最嚴重的困難是它僅可檢核在誤差滯延 1 的自我相關。基於這個理由殘差若干個滯延的自我相關，包括殘差與滯延殘差的散布圖與特別是滯延的自我相關是被懷疑的，應該被考慮。

五、差分（Differences）

在某些應用中，二個或二個以上時間序列已被蒐集在跨越過去相同時期期間與關切序列之間的關係。引起在縱向資料分析中某些微妙問題的一個範例將進行解釋說明。

表 6-7 顯示美國從 1973 到 1982 年每年工業生產指數（the index of industrial production, IIP）與失業率（unemployment）的數據。一個 Unemployment 對 IIP 的一個散布圖被顯示在圖 6-16，6-17 與 6-18。IIP 是經濟製造部門一個產出的測量。其結果，它是被預期與 Unemployment 是呈現出很強的負相關。換言之，當工業生產是高時，對勞工的要求是被預期保持低失業率，反之亦然。散布圖顯示一個令人失望地微弱的負相關。基於散布圖呈現的事實，它是合理的去推論失業基本上是與 IIP 不相關。因為這個大膽反抗直覺與經濟理論，我們可以推論至今二個測量之一是無法正確反應現實。無論如何，這種推論是有瑕疵的。就面對困難所提出的是一個散布圖的不適當解釋與一個時間面向的處理不當。

在圖 6-17 中的曲線圖符號 A, B, ...，顯示時間的順序；即是，A 指示 1973 年，B 指示 1974 年，依序等等。依字母順序連接這些符號產生圖 6-18 的散布點的圖形。從 A 到 B 進行線的連接部分顯示在 1973 年與 1974 年之間 IIP 的減少與失業的一個增加。相同的變動發生於 1974 年與 1975 年之間。從 C 到 D 進行線的連接部分顯示在 1975 年與 1976 年之間 IIP 的增加與失業的一個減少。

這些變動反應於我們對 IIP 與 Unemployment 之間關係的直覺理解。在表 6-7 中顯示每年的變動於二個變項之中，變動的變項（differences，差分）被標示為 DIIP 與 Dunemployment 因為每年變動的變項被稱為原始序列的第一差分（first differences）。注意到除了 1981 年之外，IIP 與 Unemployment 之間的變動是對立的符號（opposite sign）！

表 6-7　資料儲存在檔案 CH6-2 中

Year	IIP	Unemployment
1973	130	4.80
1974	129	5.50
1975	118	8.30
1976	131	7.60
1977	138	6.90
1978	146	6.00
1979	153	5.80
1980	147	7.00
1981	151	7.50
1982	139	9.50

資料來源：U.S. Bureau of the Census, Statistical Abstract of the United States: 1984, 104th ed. (Washington, D.C. Government Printing Office, 1984)。

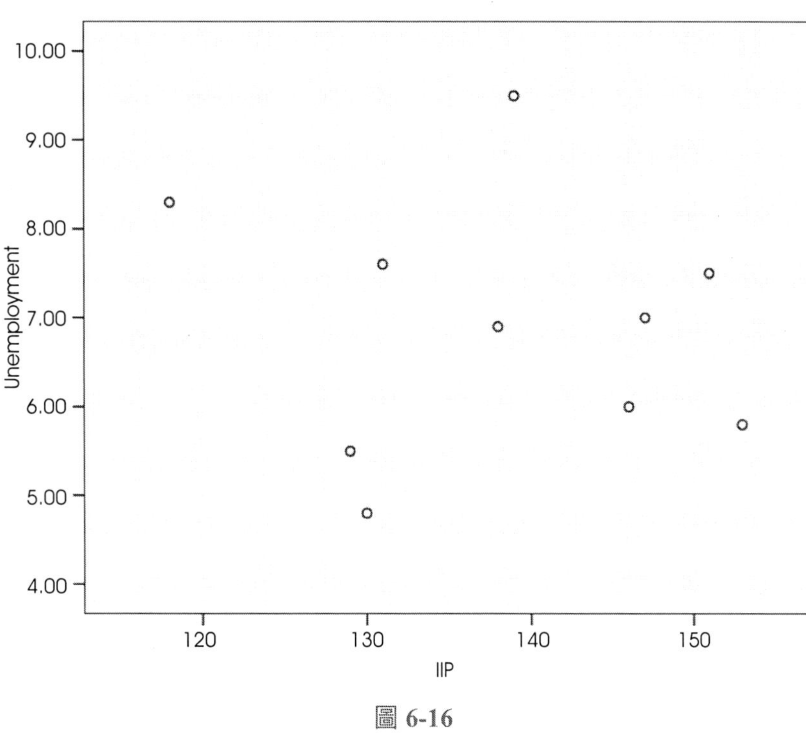

圖 6-16

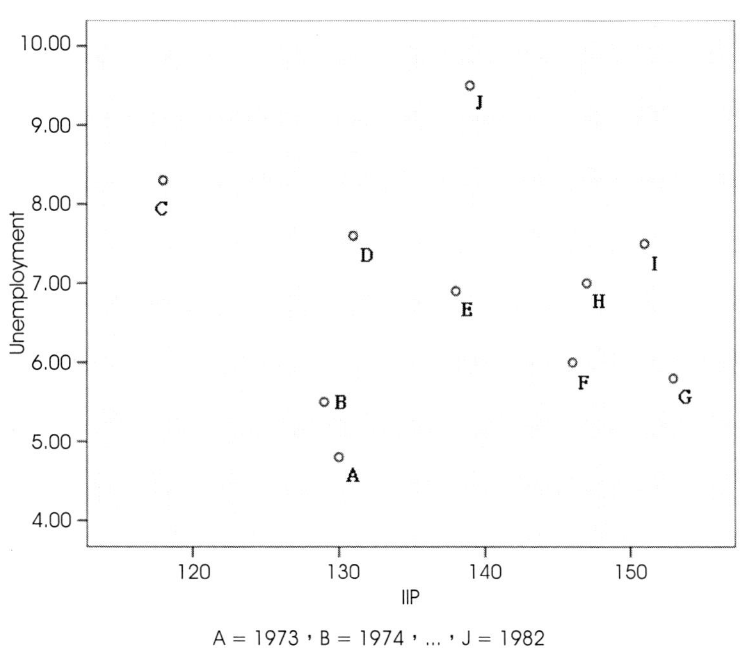

圖 6-17　**Unemployment** 與 **IIP** 在 **1973-1982** 年的散布圖

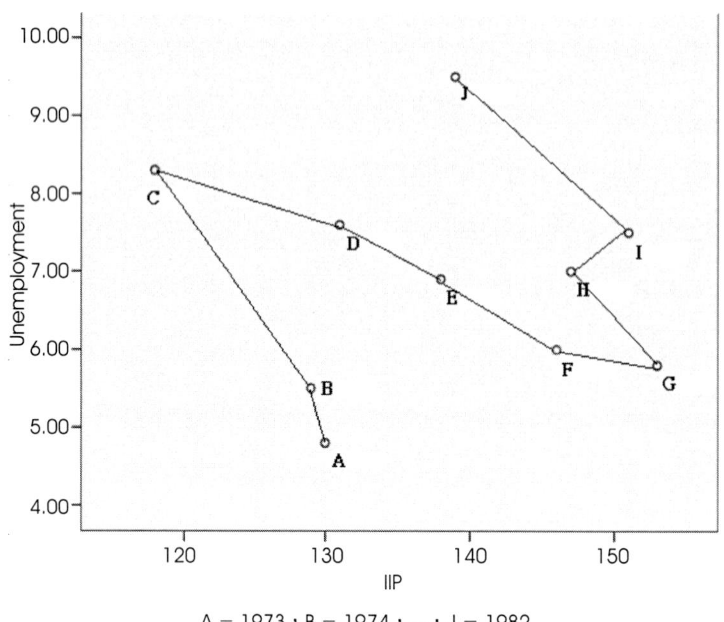

A = 1973，B = 1974，...，J = 1982

圖 6-18　以線顯示時間序列的的散布圖

表 6-8　**IIP 與失業的第一差分（資料儲存在 CH6-2b 檔案中）**

Year	IIP	Unemployment	DIIP	Dunemployment
1973	130	4.80	-	-
1974	129	5.50	−1	0.70
1975	118	8.30	−11	2.80
1976	131	7.60	13	−0.70
1977	138	6.90	7	−0.70
1978	146	6.00	8	−0.90
1979	153	5.80	7	−0.20
1980	147	7.00	−6	1.20
1981	151	7.50	4	0.50
1982	139	9.50	−12	2.00

圖 6-19 顯示 DIIP（每年變動的變項）對 Dunemployment 的散布圖。其 r 相關係數 = −0.95 參考表 6-9 之 2。由此顯示這二個變項之間有一個非常強的負向線性關係，並指出工業生產指數的變動在失業率的預測變動應該是有效的。

表 6-9 之 1

Descriptive Statistics

	Mean	Std. Deviation	N
Dunemployment	0.522	1.29400	9
DIIP	1.00	8.944	9

表 6-9 之 2

Correlations

		Dunemployment	DIIP
Pearson Correlation	Dunemployment	1.000	-0.950
	DIIP	-0.950	1.000
Sig. (1-tailed)	Dunemployment	-	0.000
	DIIP	0.000	-
N	Dunemployment	9	9
	DIIP	9	9

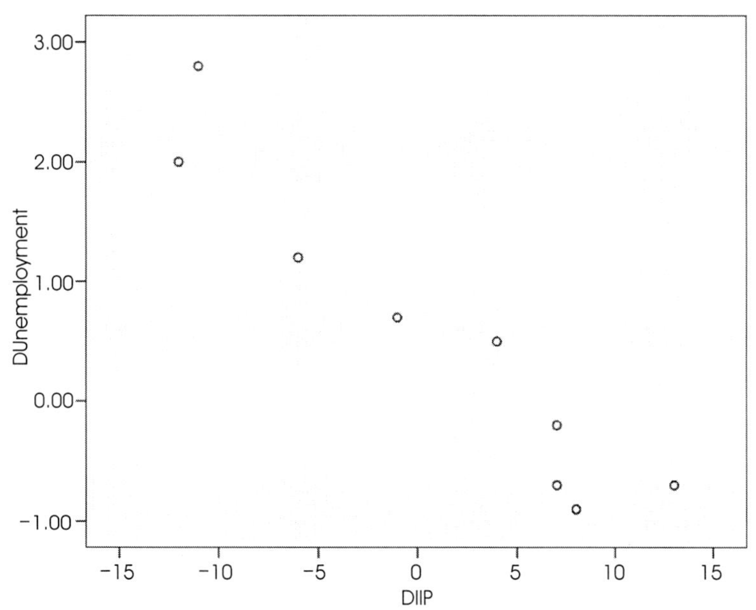

圖 6-19　失業差分與工業生產指數差分的線性散布圖

第一差分的分析指出 IIP 與 Unemployment 可以善於執行證明變動的任務。很幸運地，如果種種的變數可以正確地被預測，那一個序列的水準或程度就可以被追蹤；被預測的變動可以被加入到現行的序列的水準或程度以便獲得次一序列的水準或程度。如果在圖 6-17 中的水準或程度分析已被使用，那透過變動進行預測的機會已被忽略。

要去檢測在圖 6-19 中其種種關係的可預測性，使用 OLS 的一個直線被進行適配與下列的結果被獲得（參考進行迴歸所獲得結果報表資料如表 6-9 之 3 與表 6-9 之 4）：

$$\text{Dunemployment} = 0.660 - 0.138\ (\text{DIIP}) \qquad (6\text{-}3)$$

表 6-9 之 3

Model Summary

Model	R	R Square	Adimsted R Souare	Std. Error of the Estimate	Change Statisties				
					R Square Change	F Change	df1	df2	Sig. F Change
1	0.950[a]	0.903	0.889	0.43021	0.903	65.377	1	7	0.000

a. Predictors: (Constant), DIIP

表 6-9 之 4

Coefficients[a]

Model		Unstandardized Coefficients		Standardized Coefficients	t	Sig.
		B	Std. Error	Beta		
1	(Constant)	0.660	0.144		4.568	0.003
	DIIP	−0.138	0.017	−0.950	−8.086	0.000

以估計的標準誤 = 0.4302 與決定係數（R^2）= 90.8%。殘差分析在此是不重要的因為在進行差分之後只有 9 個資料點。無論如何，在圖 6-20 中的順序關聯曲線圖與在圖 6-21 中的殘差對滯延的殘差曲線圖沒有指出任何獨立誤差項假設的難題。

因為 Dunemployment 的標準差是 1.29，迴歸模型應該產生比在 unemployment rate 中可觀察的差異（差分）獲得實質上較好的預測值。這種陳述是受制於一個重要的情況條件，無論如何，要達到已承諾 Dunemployment 預測的精確度，DIIP 的估計值必須是精確的。要預測下一年（1983）的 Dunemployment 可以使用迴歸模型，提供該年對 DIIP 的一個值必須被選擇。

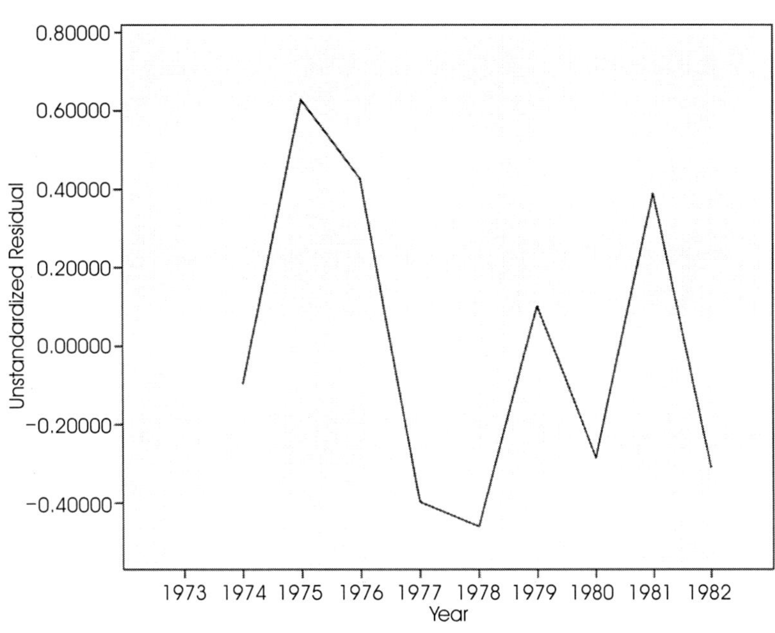

圖 6-20　以失業進行 **DIIP** 迴歸其殘差的序列關聯圖

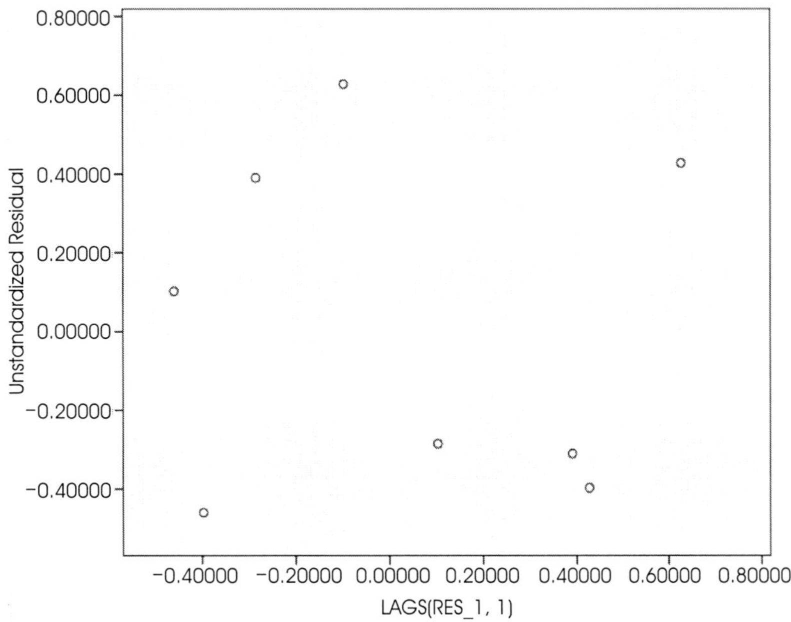

圖 6-21　**Dunemployment** 對 **DIIP** 迴歸中其殘差對滯延殘差的直線性圖

在表 6-9 之 1 中差分資料的檢視顯示 DIIP 是比 Dunemployment 更重要的變項

（is much more variable than）。你可以證明 DIIP 有的一個平均數 1 與一個 9 的標準差（8.944），由此 Dunemployment 的平均數與標準差是個別地為 0.5222 與 1.2940 。如此使用有關 DIIP 過去的資料在預測 DIIP 的未來值方面會給予非常不精確的值。所以，要在迴歸預測中去使用 DIIP 值的選擇必須從其他的考量中去進行。如果在工業生產中有很多變動的不確定性，那麼這將增加未來變動預測的不確定性。有一種方法可以傳遞這種的概念（notion）去列出 DIIP 的若干值與對 Dunemployment 反應 2- 標準差預測區間（2-standard-deviation prediction intervals），如下列表中的陳述。

x = DIIP	$\hat{y}$ = 0.660 − 0.138x	2- 標準差預測區間對 y = Dunemployment
−11	2.178	「1.2, 3.2」
−5	1.350	「0.5, 2.3」
1	0.522	「−0.4, 1.4」
7	−0.306	「−1.2, 0.6」
13	−1.134	「−2.1, −0.0」

你可以看到已被選擇的 DIIP 值對預測 Dunemployment 有的一個實質的影響與對預測區間的長度有一個適度的影響。這樣的呈現顯示選擇 DIIP 的重要性與可能是明顯直接的。因為 DIIP 過去的歷史有關未來給予很少的資訊，經濟其他面向的知識必須被進行分析嘗試去追上或獲得 DIIP 的最佳選擇。如果一個 DIIP 的一個可信的最佳選擇依然是難以獲得，吾人可以退回到預測區間上基於僅有 unemployment 的序列上，即是，

$$\begin{aligned}\bar{y} \pm 2s_y &= [0.522 - 2(1.294),\ 0.522 + 2(1.294)] \\ &= [-2.1,\ 3.1]\end{aligned}$$

此在基本上包含由以上所展示由迴歸所產生區間的結合（聯合，union）。因為區間預測失業率（unemployment rate）可以紀錄 2.1 百分比點的一個減少到 3.1 百分比點的一個增加之間的任何細節。如果任何細節均有明確的資訊它可傳達的資訊就很少。

在這部分的範圍中已說明解釋二個時間序列之間關係的使用以便可以去建立一個預測模型。被進行分析的時間序列已顯示縱然序列的水準只是很弱的相關，然而其變動的序列會是很高的相關。當進行分析時間序列時要留意謹防這種現象，因為當它發生或出現時其種種變動或變化允許一個很好的模型可以被建立，其中各個水

準（the levels）無法給予一個預測模型提供一個可信的基礎。

在本節中的模型關係到在相同的年份中（in the same year）二個變項的值。這意指要去預測一個 y 的未來值，一個 x 的未來值的一個良好的估計值必須被選擇，所以這是在實況中證明很難的任務。在某些時間序列的應用中，y 的現行值可以和 x 的過去值發生相關。如果如此的話，x 現行的各值就可以被使用去預測 y 的未來值。這樣的模型是有很多實況的值（practical value），將在下一節被進行討論。

六、圖形的求取與 SPSS 軟體的操作方法

（一）在時間就是一個預測式中有關其序列關聯圖的 SPSS 操作過程

1. 圖 6-1 使用 SPSS 軟體獲得的順序關聯曲線，取得的過程

首先從 SPSS 檔案中拉出 CH6-1 的資料。呈現出圖 A1-1 的介面，然後依序按 Analyze → Sequence → Charts...。進入圖 A1-2 的 Sequence Charts 對話盒，依圖示輸入變項。然後按 OK。就可獲得圖 6-1 順序關聯曲線圖。

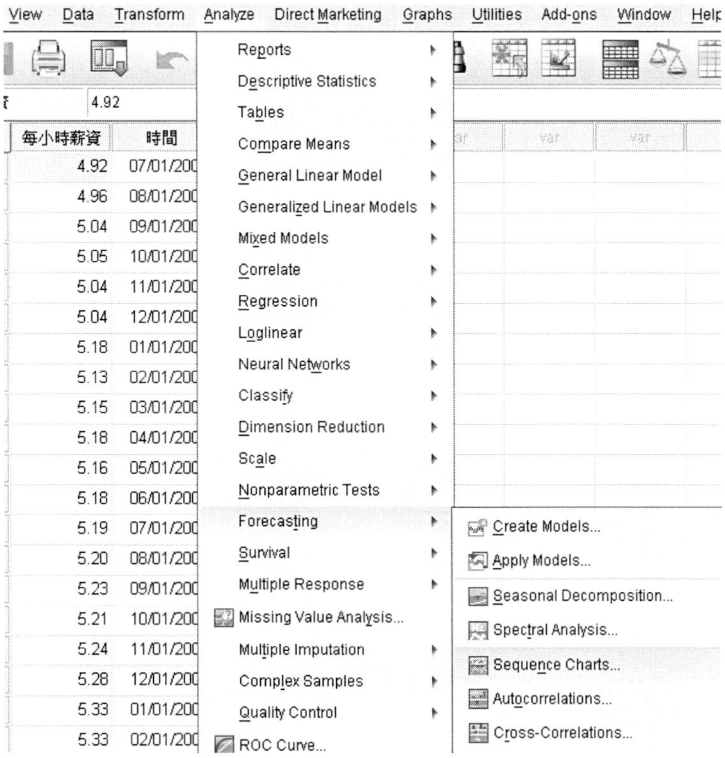

圖 A1-1

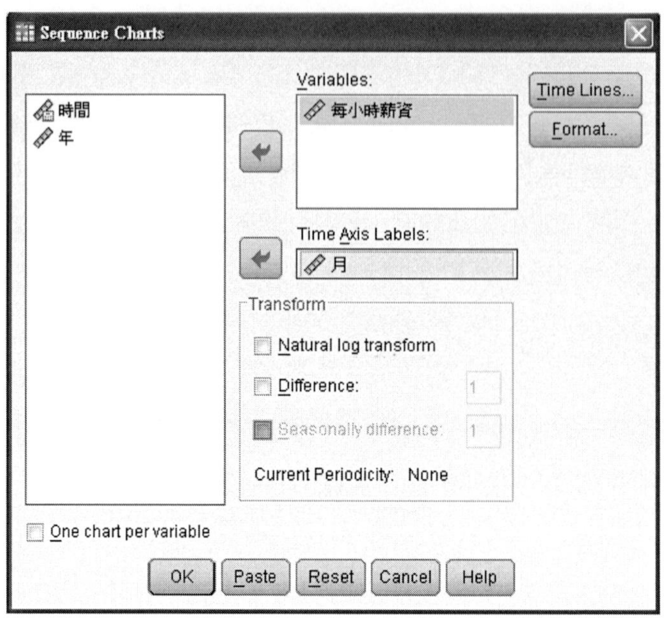

圖 A1-2

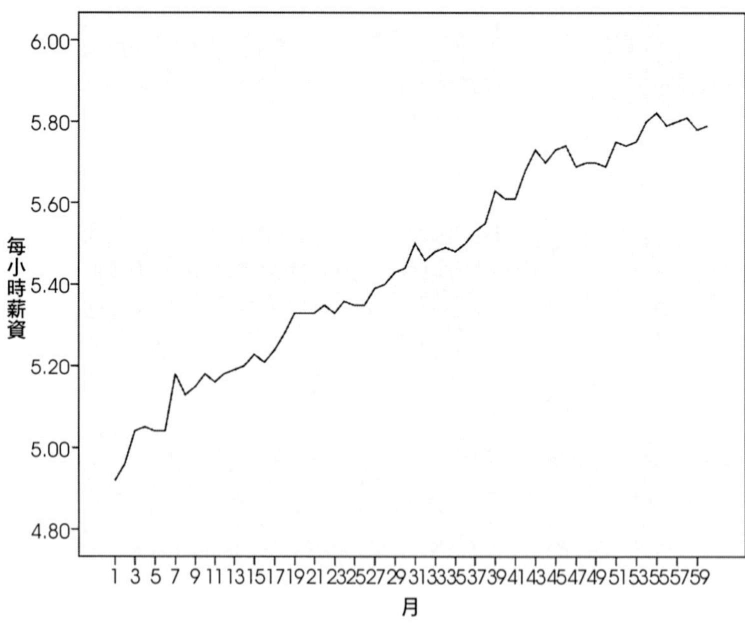

圖 6-1 使用 SPSS 軟體獲得的順序關聯曲線圖

2. 圖 6-2 使用迴歸的最小平方迴歸線所呈現出的散布圖，取得的過程

從 SPSS 檔案中拉出 CH6-1 的資料。呈現出圖 A2-1 的介面，然後依序按

Graphs → Legacy Dialog → Scatter/Dot...。進入圖 A2-2 的 Scatter/Dot 對話盒，依圖示按 Defind 鍵，依圖示再按 Simple Scatter。

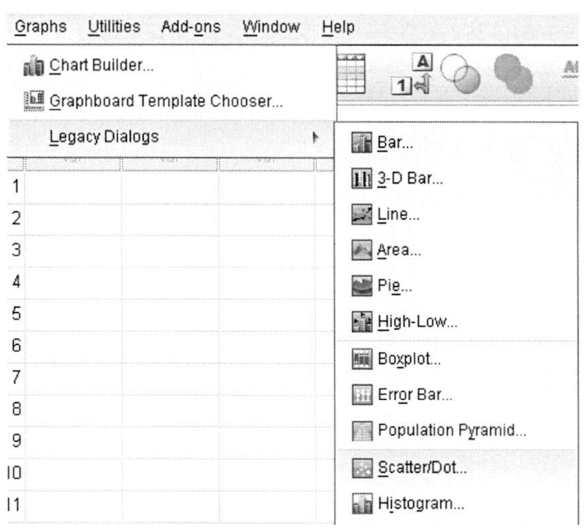

圖 A2-1

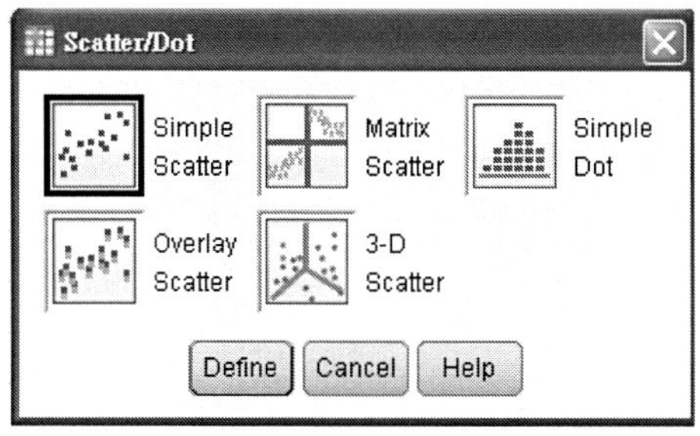

圖 A2-2

進入圖 A2-3 的 Simple Scatte 對話盒。接著把每小時薪資移入 Y Axis：小長方形的盒中，再把月的資料移入 X Axis：小長方形的盒中。然後按 OK。會獲 SPSS 製作最小平方迴歸線所呈現出的散布圖。由此，就可以獲得圖 A2-4，接著使用小畫家畫出一條最小平方迴歸線就是圖 6-2 使用迴歸的最小平方迴歸線所呈現出的散布圖。

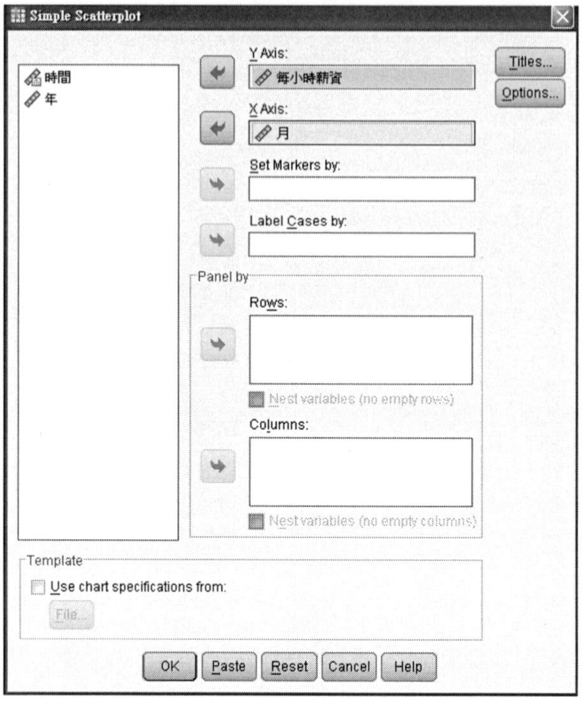

圖 A2-3

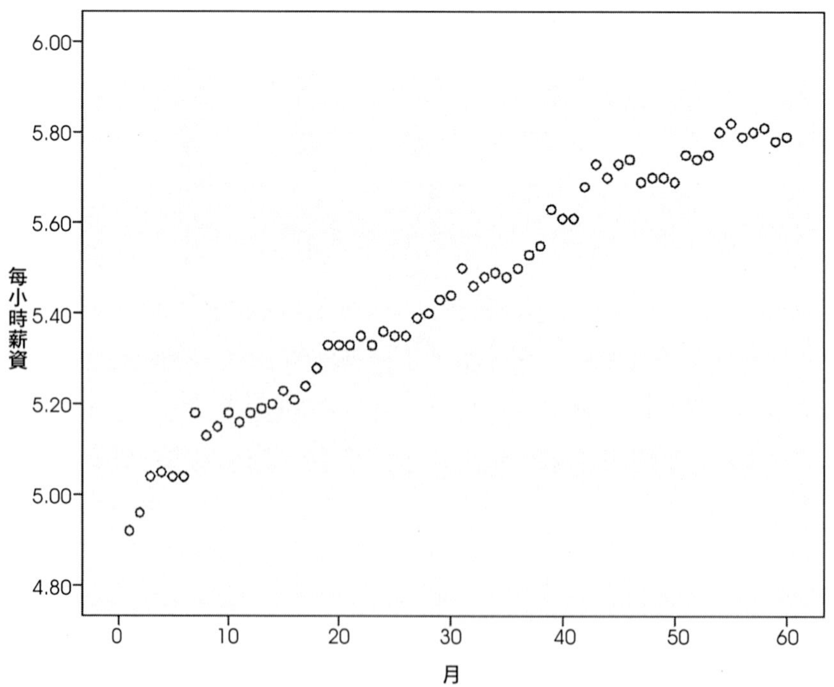

圖 A2-4　最小平方迴歸線所呈現出的散布圖

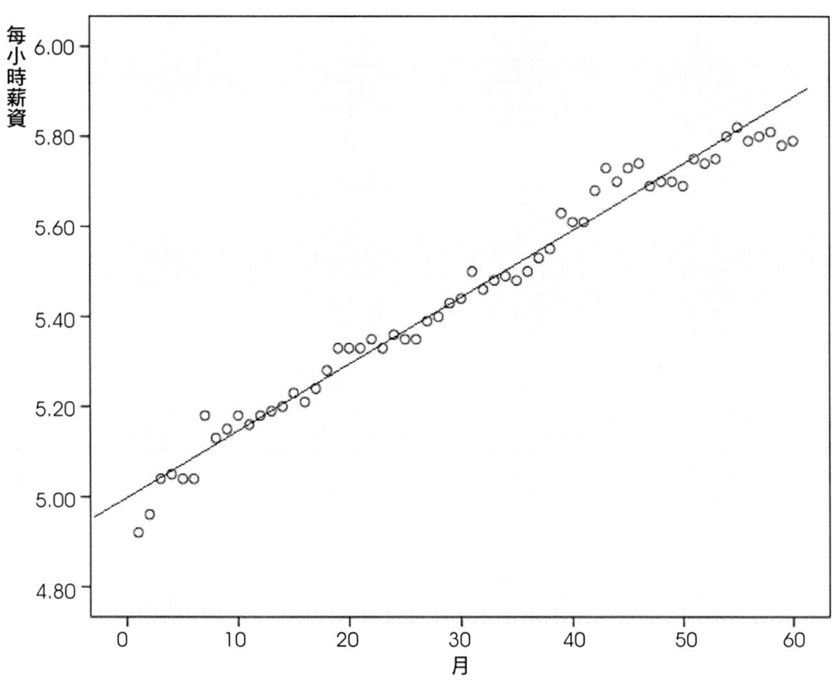

圖 6-2　使用迴歸的最小平方迴歸線所呈現出的散布圖

3. 表 6-3 直線性模型中，真正值，預測值，與預測上下限制（在此列出最近一年的值）取得的過程

依據表 6-1b（儲存在 CH6-1b 的檔案中）的資料，我們可以使用 SPSS（18 版本）中的創造模型（Create Models）去進行分析以獲得預測值與其預測區間（在此列出最近一年的值）。

首先拉出 CH6-1b 的檔案視窗介面如圖 A3-1 的檔案視窗，按 Analyze → Forecasting → Create Models...，進入圖 A3-2 的 Time Series Modeler 對話盒，把每小時薪資資料項移入 Dependent Variables：中的長形方格中，按 Expert Modeler 拉出 Expert Modeler 再按 Ctiteria... 鍵。進入圖 A3-3 的 Time Series Modeler：Expert Modeler Ctiteria 對話盒，選擇 Expert Modeler considers seasonal models，然後，按 Continue。進入圖 A3-4 的 Time Series Modeler 對話盒，按 Options 鍵，依圖 A3-4 所示，按 First case after end and estimation period through a specifid date 中，Date：在年的方格中輸入 2007，在月的方格中輸入 6。接著按 Time Series Modeler 對話盒中的 Save 鍵依圖 A3-5 所示，選擇 Predicted Values，Lower Confidence Limits，與 Upper Confidence Limits，按 Browse 鍵輸入儲存資料檔。按 Statistics 鍵，依圖

A3-6 所示作選擇。接著按 Plots 鍵，依據圖 A3-7 所示作選擇。最後按 OK，就會獲得表 6-3 之 1 與表 6-3 之 2 的資料（在此不重複呈現），及圖 6-3 的預測圖形。

Analyze Direct Marketing Graphs Utilities Add-ons Window Help

Reports
Descriptive Statistics
Tables
Compare Means
General Linear Model
Generalized Linear Models
Mixed Models
Correlate
Regression
Loglinear
Neural Networks
Classify
Dimension Reduction
Scale
Nonparametric Tests
Forecasting
Survival
Multiple Response
Missing Value Analysis...
Multiple Imputation
Complex Samples
Quality Control
ROC Curve...

YEAR_	MONTH_	DATE_
2001	7	JUL 2001
2001	8	AUG 2001
2001	9	SEP 2001
2001	10	OCT 2001
2001	11	NOV 2001
2001	12	DEC 2001
2002	1	JAN 2002
2002	2	FEB 2002
2002	3	MAR 2002
2002	4	APR 2002
2002	5	MAY 2002
2002	6	JUN 2002

Create Models...
Apply Models...
Seasonal Decomposition...
Spectral Analysis...
Sequence Charts...
Autocorrelations...
Cross-Correlations...

圖 A3-1

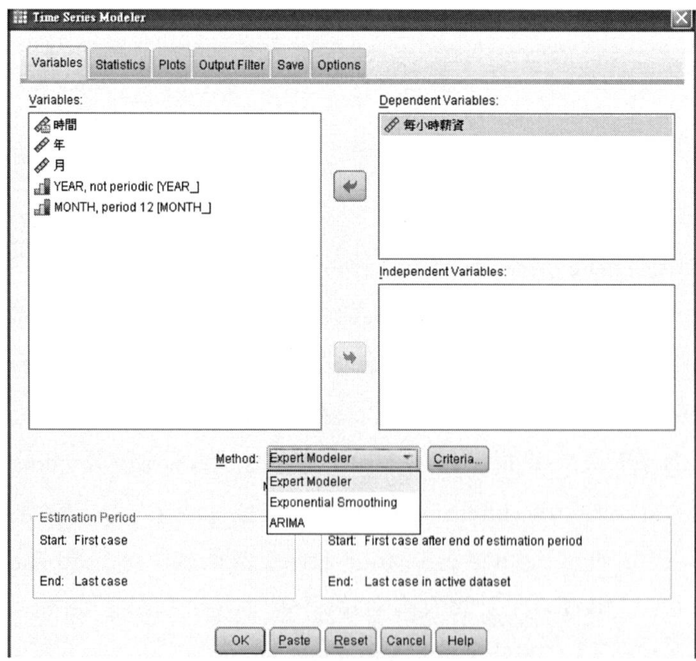

圖 A3-2

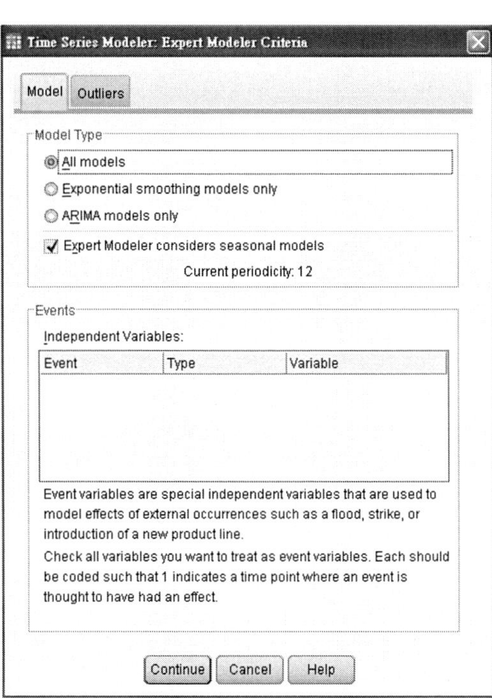
Time Series Modeler: Expert Modeler Criteria
Model
Outliers
Model Type
All models
Exponential smoothing models only
ARIMA models only
Expert Modeler considers seasonal models
Current periodicity: 12
Events
Independent Variables:
Event
Type
Variable
Event variables are special independent variables that are used to model effects of external occurrences such as a flood, strike, or introduction of a new product line.
Check all variables you want to treat as event variables. Each should be coded such that 1 indicates a time point where an event is thought to have had an effect.
Continue
Cancel
Help

圖 A3-3

Time Series Modeler
Variables
Statistics
Plots
Output Filter
Save
Options
Forecast Period
First case after end of estimation period through last case in active dataset
First case after end of estimation period through a specified date
Date:
Year
Month
2007
6
User-Missing Values
Treat as invalid
Treat as valid
Confidence Interval Width (%):
95
Prefix for Model Identifiers in Output:
Model
Maximum Number of Lags Shown in ACF and PACF Output:
24
OK
Paste
Reset
Cancel
Help

圖 A3-4

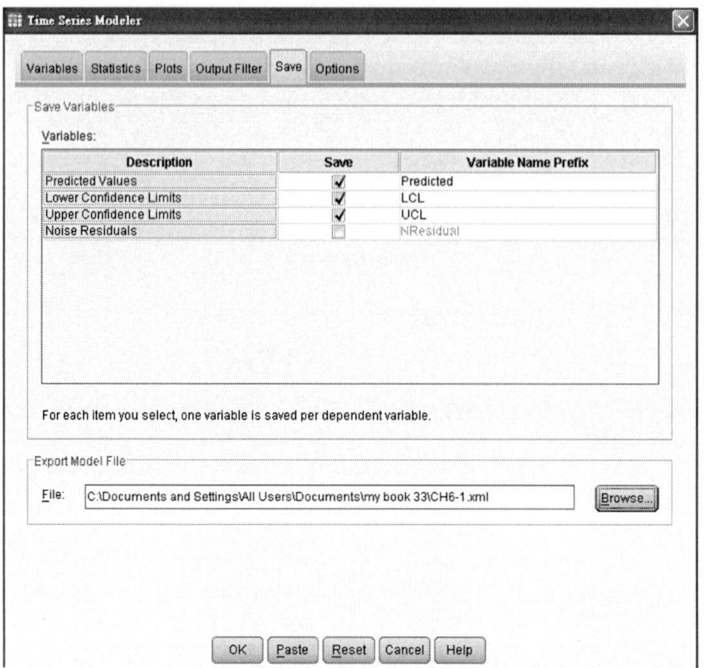
Time Series Modeler
Variables
Statistics
Plots
Output Filter
Save
Options
Save Variables
Variables:
Description
Save
Variable Name Prefix
Predicted Values
Predicted
Lower Confidence Limits
LCL
Upper Confidence Limits
UCL
Noise Residuals
NResidual
For each item you select, one variable is saved per dependent variable.
Export Model File
File:
C:\Documents and Settings\All Users\Documents\my book 33\CH6-1.xml
Browse...
OK
Paste
Reset
Cancel
Help

圖 A3-5

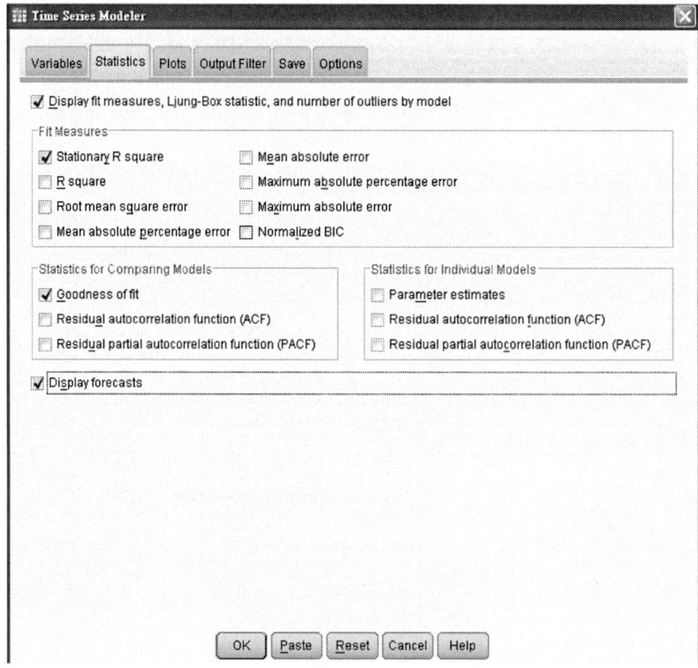
Time Series Modeler
Variables
Statistics
Plots
Output Filter
Save
Options
Display fit measures, Ljung-Box statistic, and number of outliers by model
Fit Measures
Stationary R square
Mean absolute error
R square
Maximum absolute percentage error
Root mean square error
Maximum absolute error
Mean absolute percentage error
Normalized BIC
Statistics for Comparing Models
Goodness of fit
Residual autocorrelation function (ACF)
Residual partial autocorrelation function (PACF)
Statistics for Individual Models
Parameter estimates
Residual autocorrelation function (ACF)
Residual partial autocorrelation function (PACF)
Display forecasts
OK
Paste
Reset
Cancel
Help

圖 A3-6

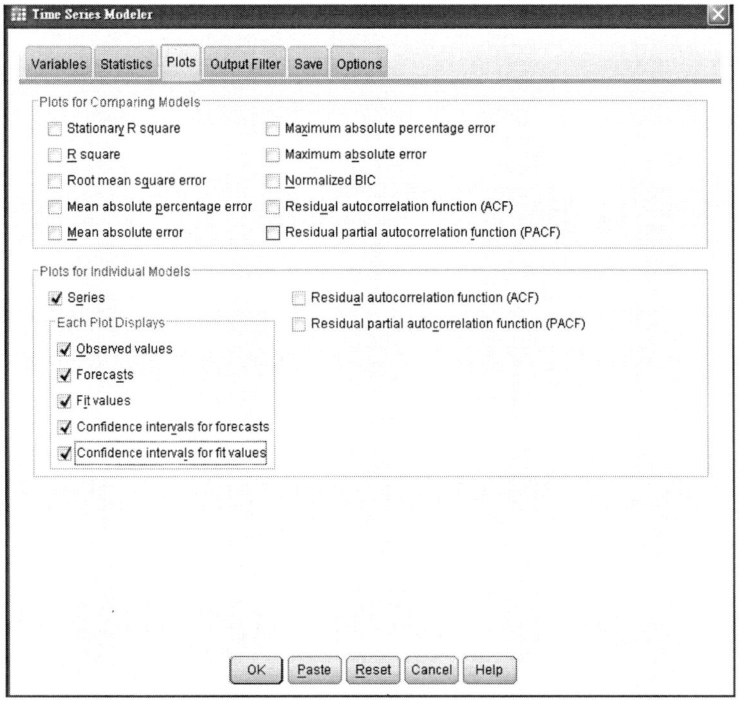

Time Series Modeler

Variables | Statistics | Plots | Output Filter | Save | Options

Plots for Comparing Models

- [ ] Stationary R square
- [ ] R square
- [ ] Root mean square error
- [ ] Mean absolute percentage error
- [ ] Mean absolute error
- [ ] Maximum absolute percentage error
- [ ] Maximum absolute error
- [ ] Normalized BIC
- [ ] Residual autocorrelation function (ACF)
- [ ] Residual partial autocorrelation function (PACF)

Plots for Individual Models

- [x] Series
- [ ] Residual autocorrelation function (ACF)
- [ ] Residual partial autocorrelation function (PACF)

Each Plot Displays

- [x] Observed values
- [x] Forecasts
- [x] Fit values
- [x] Confidence intervals for forecasts
- [x] Confidence intervals for fit values

OK | Paste | Reset | Cancel | Help

圖 A3-7

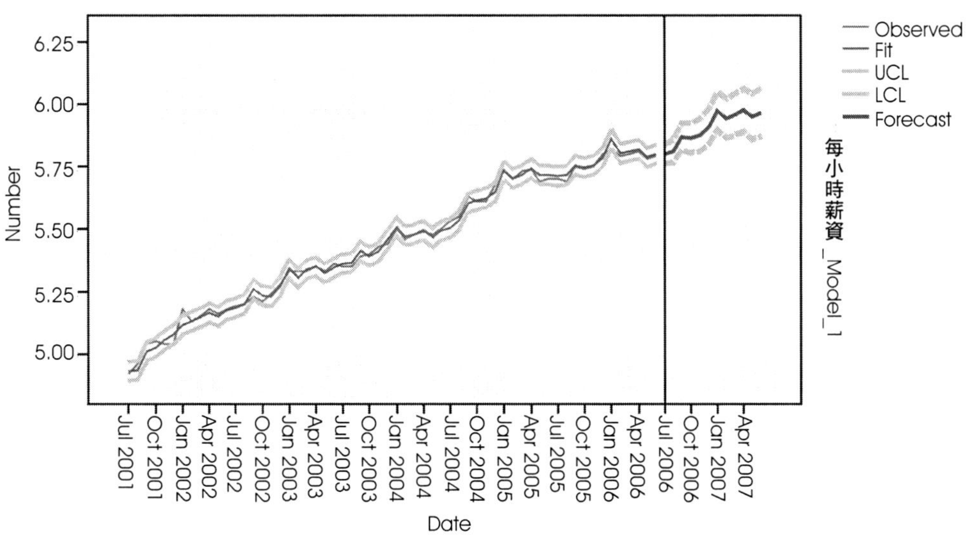

圖 6-3　預測的圖形

4. 直線性模型中，真正值，預測值，與預測上下限制（在此列出最近一年的值）取得的過程

從 SPSS 檔案中拉出 CH6-1c 的資料。呈現出圖 A3-8 的介面，然後依序按 Analyze → Regression → Linear...。進入圖 A3-9 的 Linear Regression 對話盒，依圖示輸入變項。接著按圖示作選擇。然後按 Statistics 鍵。進入圖 A3-10 的 Linear Regression：Statistics 對話盒中，接著按圖示作選擇，按 Continue。回到圖 A3-8 的 Linear Regression 對話盒中按 Save... 鍵。進入圖 A3-11 的 Linear Rgression：Save 對話盒中，接著按圖示作選擇。按 Continue。回到圖 A3-8 的 Linear Regression 對話盒中按 OK。就會呈現出 SPSS 結果的報表，然後在結果報表的視窗按關閉，會出現圖 A3-12 的圖形後，按 No 就會呈現出表 6-3 之 3 中的資料，我們可從其中獲得最近一年的有關資料。

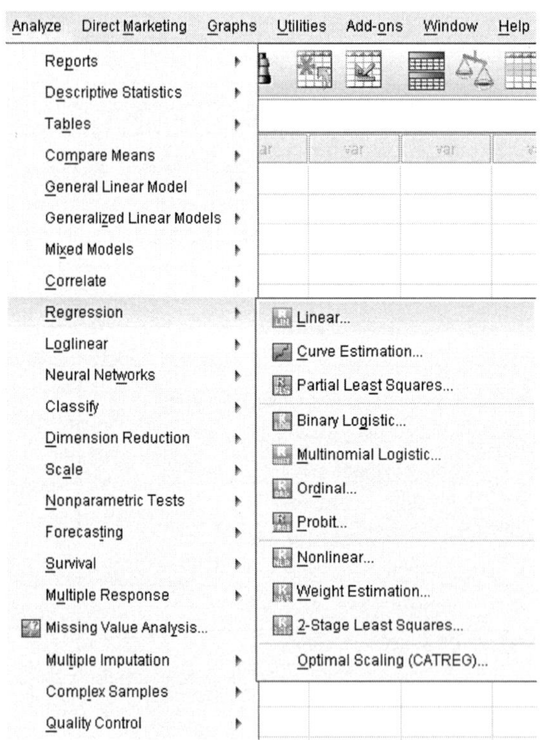

圖 A3-8

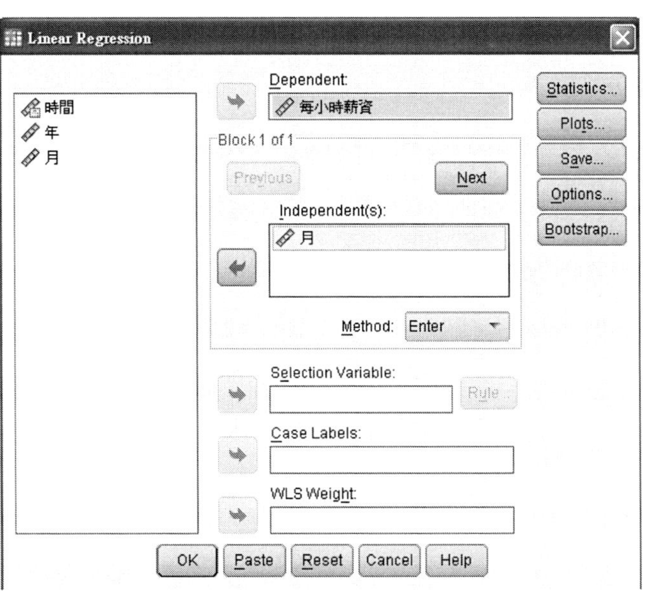
Linear Regression
時間
年
月
Dependent:
每小時薪資
Block 1 of 1
Previous
Next
Independent(s):
月
Method:
Enter
Selection Variable:
Rule...
Case Labels:
WLS Weight:
Statistics...
Plots...
Save...
Options...
Bootstrap...
OK
Paste
Reset
Cancel
Help

圖 A3-9

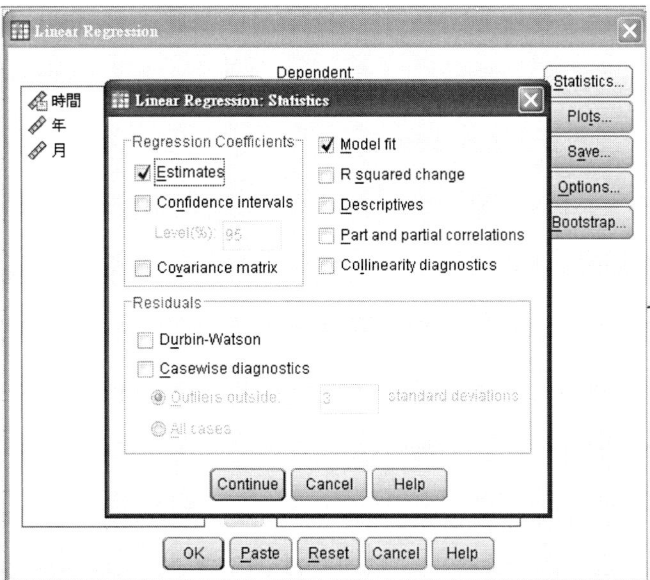
Linear Regression: Statistics
Regression Coefficients
Estimates
Confidence intervals
Level(%): 95
Covariance matrix
Model fit
R squared change
Descriptives
Part and partial correlations
Collinearity diagnostics
Residuals
Durbin-Watson
Casewise diagnostics
Outliers outside: 3 standard deviations
All cases
Continue
Cancel
Help

圖 A3-10

Linear Regression: Save

Predicted Values
- [x] Unstandardized
- [x] Standardized
- [ ] Adjusted
- [ ] S.E. of mean predictions

Residuals
- [ ] Unstandardized
- [ ] Standardized
- [ ] Studentized
- [ ] Deleted
- [ ] Studentized deleted

Distances
- [ ] Mahalanobis
- [ ] Cook's
- [ ] Leverage values

Influence Statistics
- [ ] DfBeta(s)
- [ ] Standardized DfBeta(s)
- [ ] DfFit
- [ ] Standardized DfFit
- [ ] Covariance ratio

Prediction Intervals
- [x] Mean [x] Individual

Confidence Interval: 95 %

Coefficient statistics
- [ ] Create coefficient statistics

Create a new dataset

Dataset name

Write a new data file

File...

Export model information to XML file

Browse...

- [x] Include the covariance matrix

Continue Cancel Help

圖 A3-11

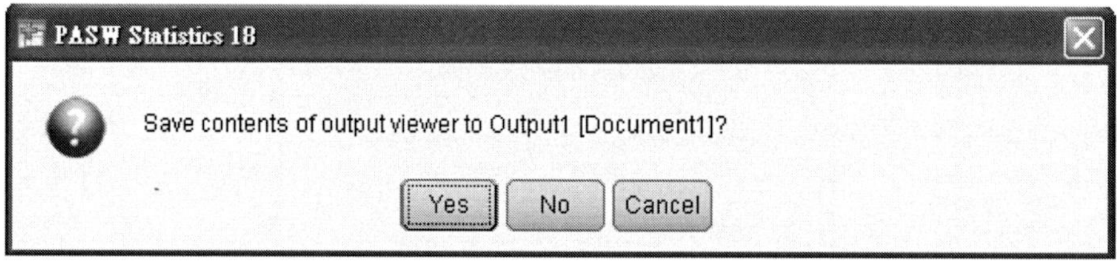

圖 A3-12

表 6-3 之 3　直線性模型中，真正值，預測值，與預測上下限制（在此列出最近一年的值）

61	61	5.85505	5.83875	5.87135	5.76411	5.94599
62	62	5.86868	5.85199	5.88537	5.77768	5.95969
63	63	5.88232	5.86523	5.89941	5.79124	5.97340
64	64	5.89596	5.87847	5.91344	5.80480	5.98711
65	65	5.90959	5.89170	5.92749	5.81835	6.00083
66	66	5.92323	5.90492	5.94153	5.83191	5.01455
67	67	5.93686	5.91814	5.95559	5.84546	6.02827
68	68	5.95050	5.93135	5.96964	5.85901	6.04199

69	69	5.96413	5.94456	5.98371	5.87255	6.05572
70	70	5.97777	5.95777	5.99777	5.88610	5.06944
71	71	5.99141	5.97097	6.01184	5.89964	6.08318
72	72	6.00504	5.98417	6.02591	5.91317	6.09691

5. 圖 6-3 之 1 直線性模型的真正值與預測值，取得的過程

從前述結果報表資料中如表 6-3 之 3 的資料，呈現出圖 A4-1 視窗的介面中，按 Graphs 拉出 Lagacy Dialogs → Scatte/Dot...。進入圖 A4-2 的 Scatter/Dot 對話盒，接著按 Overlay Scatter → Define。然後進入圖 A4-3 的 Overlay Scatterplot 對話盒。

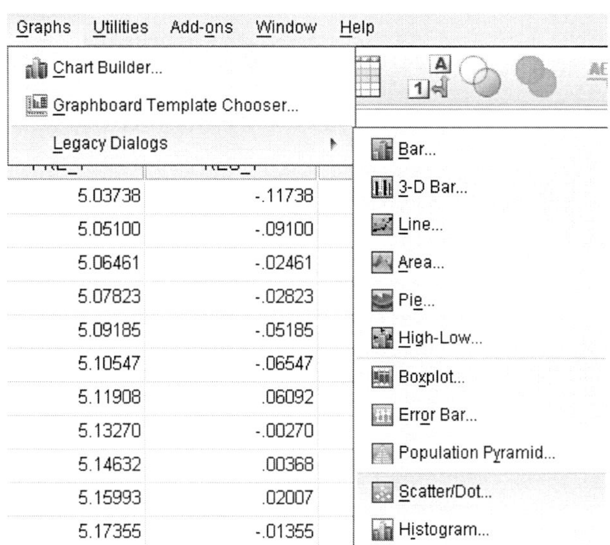

圖 A4-1

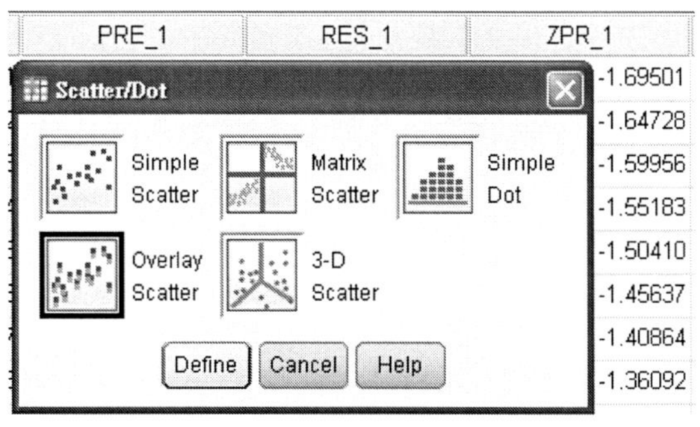

圖 A4-2

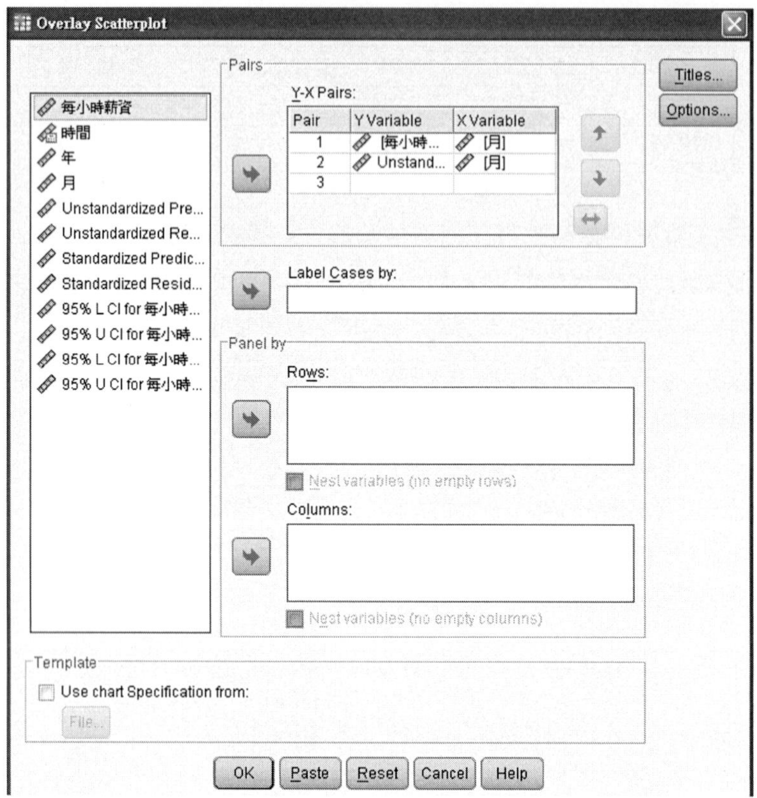

圖 A4-3

在圖 A4-3 的 Overlay Scatterplot 對話盒中，我們可以選擇真正值和月配對與預測值和月的配對輸入 Y-X Pairs 方格中。然後按 OK。就會獲得圖 A4-4 的圖形，然後再使用小畫家的技術把預測值和月的配對標示出來。

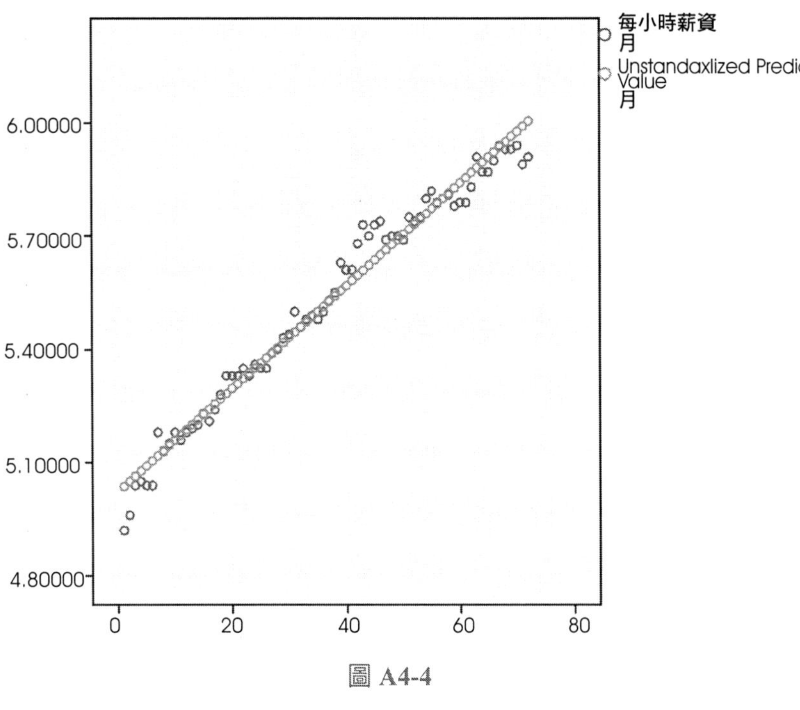

圖 A4-4

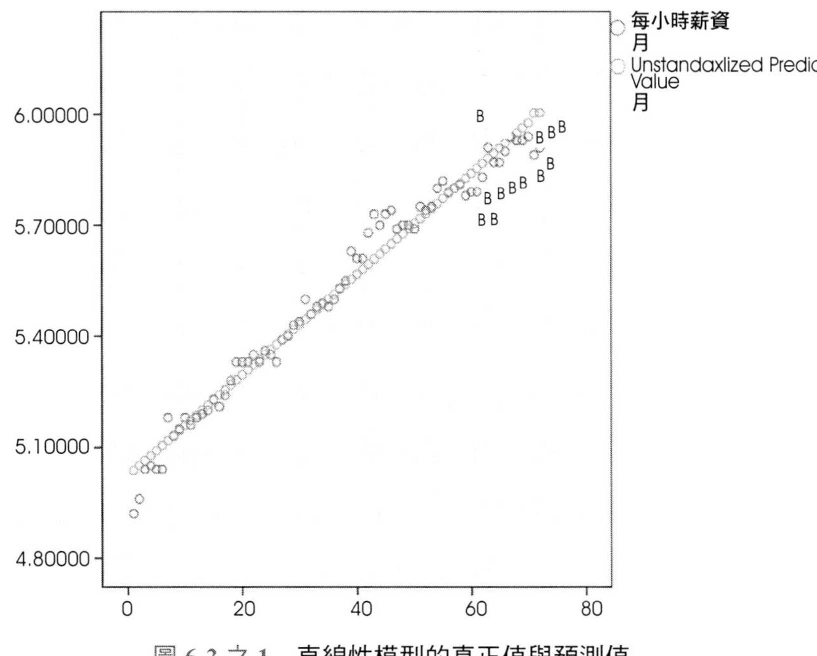

圖 6-3 之 1　直線性模型的真正值與預測值

（二）進行二次方程式趨勢

1. 表 6-4 結果報表與圖 6-5 從二次方程式趨勢中所獲得真正值與預測值之間的差距，取得的過程

從 SPSS 檔案中拉出 CH6-1 的資料。呈現出圖 A5-1 的視窗介面，然後依序按 Analyze → Regression → Curve Estimation... 進入圖 A5-2 的 Curve Estimation 對話盒，按圖作選擇，按 Save 鍵，出現圖 A5-3 的 Curve Estimation：Save 對話盒，按圖作選擇後，按 Continue 鍵，回到圖 A5-2 的 Curve Estimation 對話盒，按 OK，就會呈現出圖 6-5 的二次方程式趨勢圖。

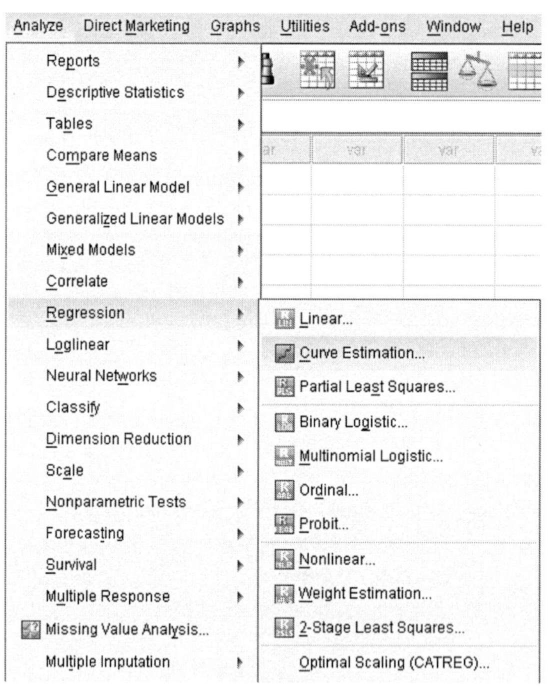

圖 A5-1

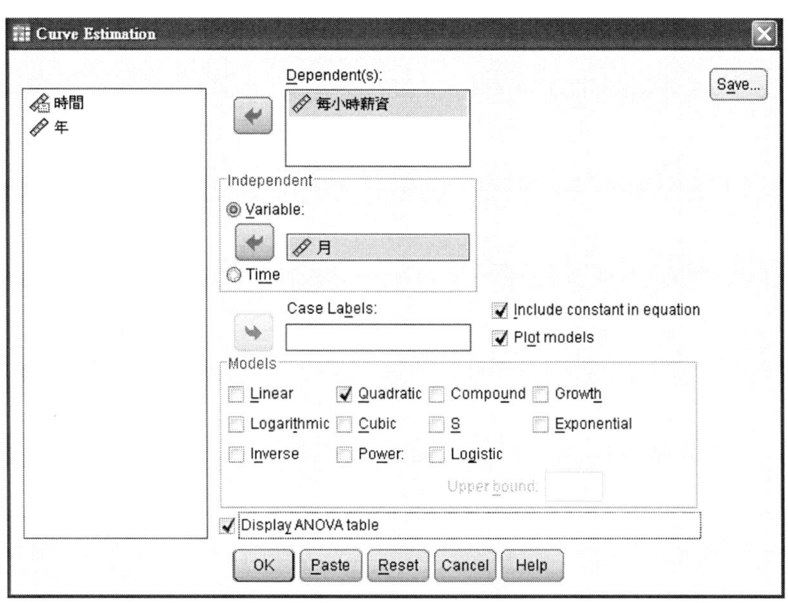
Curve Estimation
時間
年
Dependent(s):
每小時薪資
Save...
Independent
Variable:
月
Time
Case Labels:
Include constant in equation
Plot models
Models
Linear
Quadratic
Compound
Growth
Logarithmic
Cubic
S
Exponential
Inverse
Power:
Logistic
Upper bound:
Display ANOVA table
OK
Paste
Reset
Cancel
Help

圖 A5-2

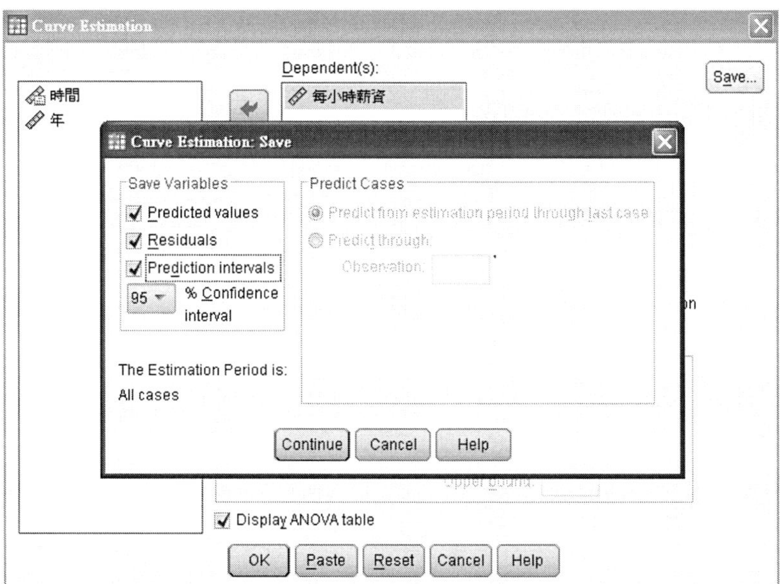
Curve Estimation
Curve Estimation: Save
Save Variables
Predicted values
Residuals
Prediction intervals
95
% Confidence interval
Predict Cases
Predict from estimation period through last case
Predict through:
Observation:
The Estimation Period is:
All cases
Continue
Cancel
Help
Display ANOVA table
OK
Paste
Reset
Cancel
Help

圖 A5-3

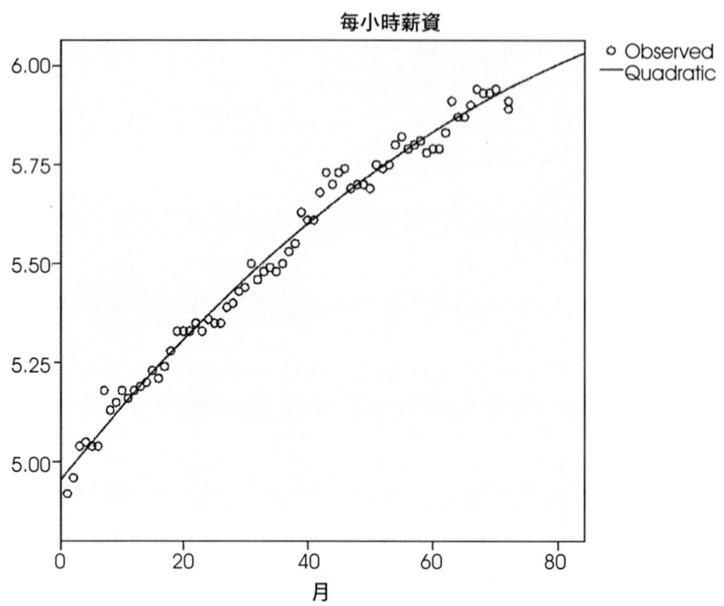

圖 6-5　從二次方程式趨勢中所獲得真正值與預測值之間的差距

2. 圖 6-6 從二次方程式趨勢中所獲得真正值與預測值之間的差距，直線性模型的真正值與預測值取得的過程

在獲得上述表 6-4 結果報表與圖 6-5 之後，在圖 A6-1 的 Output2「Document2」-PAAW Statistics Viewer 視窗的介面上按關閉，會出現圖 A6-2 的 PASW Statistics 18 的對話盒，按 No，就會呈現出圖 A6-3 的 Output2「Document2」-PAAW Statistics Data Editor 視窗的介面。

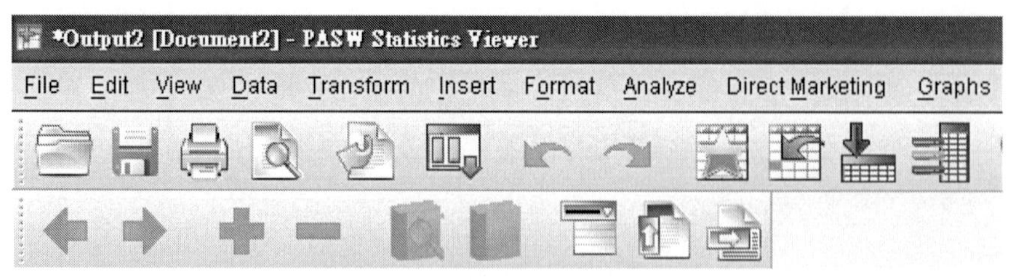

圖 A6-1

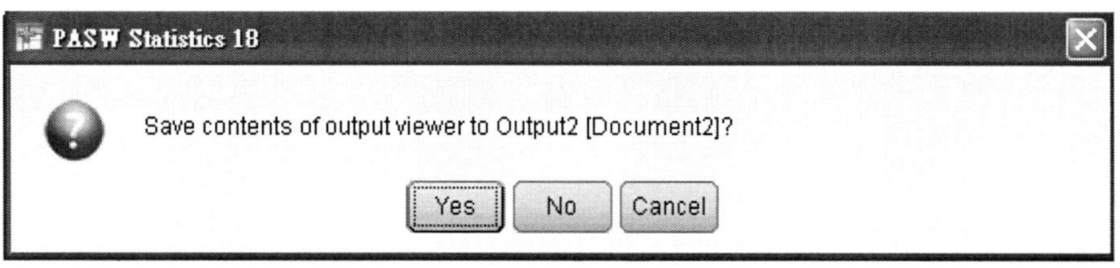

圖 A6-2

File Edit View Data Transform Analyze Direct Marketing Graphs Utilities Add-ons Window Help

1 : 每小時薪資 4.92

	每小時薪資	時間	年	月	FIT_1	ERR_1	LCL_1	UCL_1
1	4.92	07/01/2001	2001	1	4.97482	-.05482	4.90197	5.04767
2	4.96	08/01/2001	2001	2	4.99371	-.03371	4.92127	5.06616
3	5.04	09/01/2001	2001	3	5.01246	.02754	4.94039	5.08453
4	5.05	10/01/2001	2001	4	5.03105	.01895	4.95931	5.10279
5	5.04	11/01/2001	2001	5	5.04949	-.00949	4.97806	5.12093
6	5.04	12/01/2001	2001	6	5.06779	-.02779	4.99662	5.13895
7	5.18	01/01/2002	2002	7	5.08593	.09407	5.01500	5.15686
8	5.13	02/01/2002	2002	8	5.10392	.02608	5.03320	5.17464
9	5.15	03/01/2002	2002	9	5.12176	.02824	5.05122	5.19229
10	5.18	04/01/2002	2002	10	5.13945	.04055	5.06907	5.20982
11	5.16	05/01/2002	2002	11	5.15699	.00301	5.08675	5.22723
12	5.18	06/01/2002	2002	12	5.17438	.00562	5.10425	5.24450
13	5.19	07/01/2002	2002	13	5.19161	-.00161	5.12159	5.26164
14	5.20	08/01/2002	2002	14	5.20870	-.00870	5.13875	5.27865
15	5.23	09/01/2002	2002	15	5.22564	.00436	5.15575	5.29553
16	5.21	10/01/2002	2002	16	5.24243	-.03243	5.17259	5.31226
17	5.24	11/01/2002	2002	17	5.25906	-.01906	5.18926	5.32886
18	5.28	12/01/2002	2002	18	5.27555	.00445	5.20577	5.34533
19	5.33	01/01/2003	2003	19	5.29188	.03812	5.22212	5.36164
20	5.33	02/01/2003	2003	20	5.30807	.02193	5.23831	5.37782

圖 A6-3

接著，拉出直線性的繪圖系統，從圖 A6-4 的 SPSS 作業系統的視窗中按 Graphs → Legacy → Scatter/Dot...。拉出圖 A6-5 的 Scatter/Dot 對話盒，接著按 Overlay Scatter → Define。然後進入圖 A6-6 的 Overlay Scatterplot 對話盒。我們可以選擇真正值和月配對與預測值和月的配對輸入 Y-X Pairs 方格中。然後按 OK。就會獲得圖 A6-7 的圖形，然後再使用小畫家的技術把預測值和月的配對標示出來。

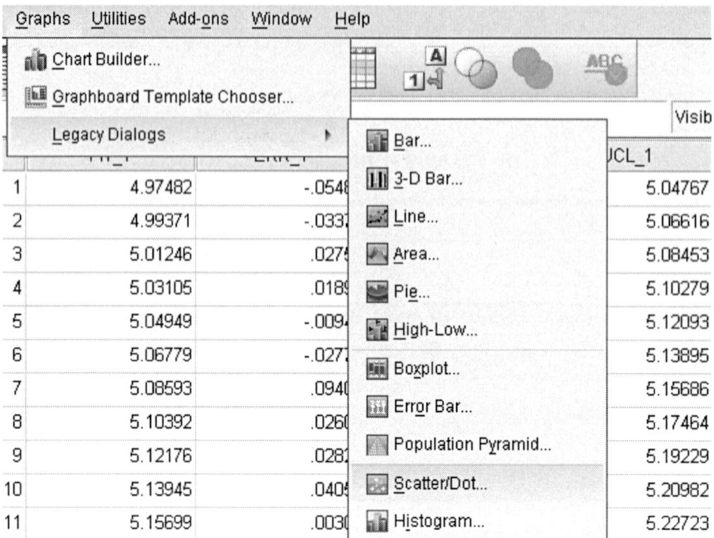
Graphs Utilities Add-ons Window Help
Chart Builder...
Graphboard Template Chooser...
Legacy Dialogs
Bar...
3-D Bar...
Line...
Area...
Pie...
High-Low...
Boxplot...
Error Bar...
Population Pyramid...
Scatter/Dot...
Histogram...
1 4.97482 5.04767
2 4.99371 5.06616
3 5.01246 5.08453
4 5.03105 5.10279
5 5.04949 5.12093
6 5.06779 5.13895
7 5.08593 5.15686
8 5.10392 5.17464
9 5.12176 5.19229
10 5.13945 5.20982
11 5.15699 5.22723

圖 A6-4

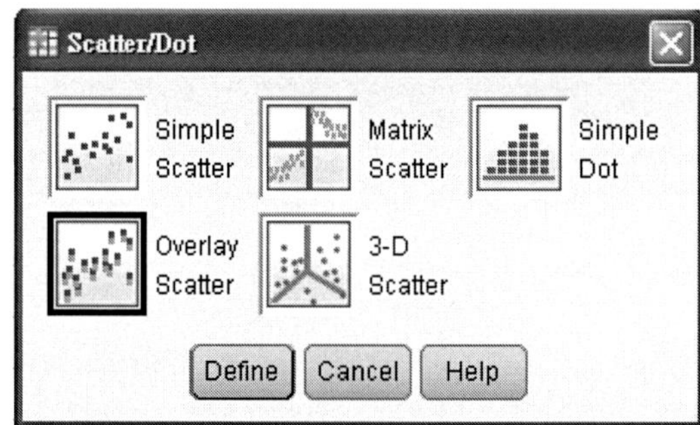
Scatter/Dot
Simple Scatter
Matrix Scatter
Simple Dot
Overlay Scatter
3-D Scatter
Define
Cancel
Help

圖 A6-5

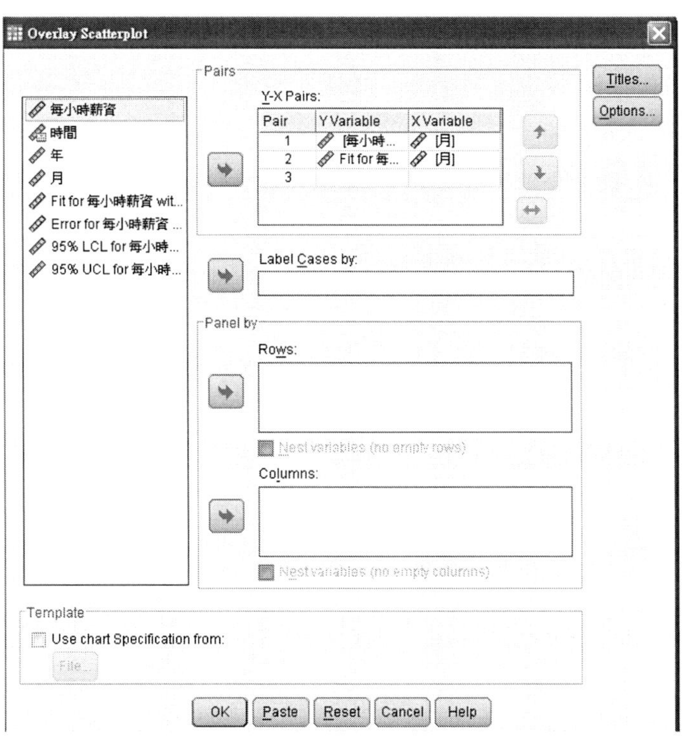
Overlay Scatterplot
Pairs
Y-X Pairs:
Pair
Y Variable
X Variable
1
[每小時...
[月]
2
Fit for 每...
[月]
3
每小時薪資
時間
年
月
Fit for 每小時薪資 wit...
Error for 每小時薪資 ...
95% LCL for 每小時...
95% UCL for 每小時...
Titles...
Options...
Label Cases by:
Panel by
Rows:
Nest variables (no empty rows)
Columns:
Nest variables (no empty columns)
Template
Use chart Specification from:
File...
OK
Paste
Reset
Cancel
Help

圖 A6-6

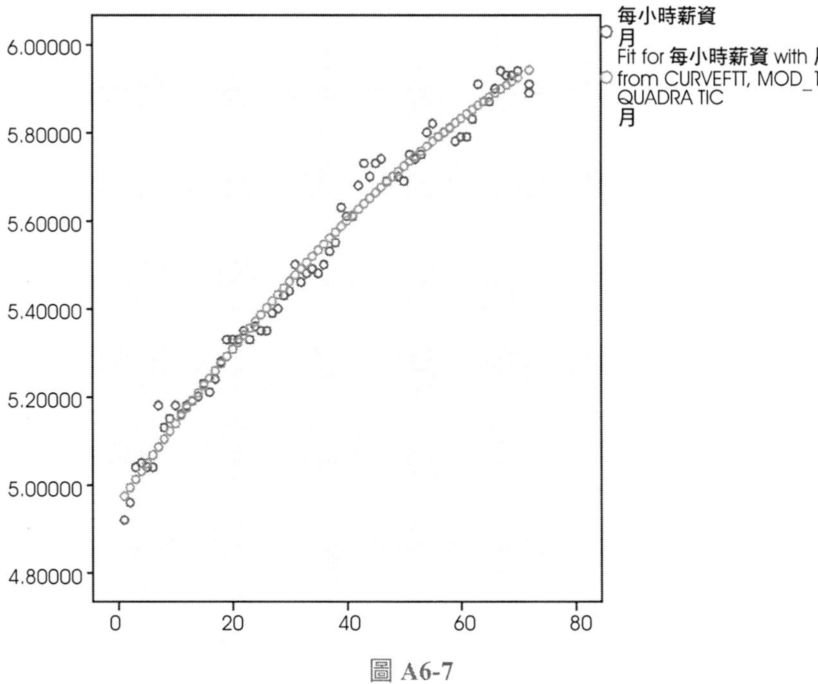
6.00000
5.80000
5.60000
5.40000
5.20000
5.00000
4.80000
0
20
40
60
80
每小時薪資
月
Fit for 每小時薪資 with 月
from CURVEFIT, MOD_1
QUADRA TIC
月

圖 A6-7

3. 圖 6-7 從二次方程式中獲得的真正值，預測值，與預測上下限制，取得的過程

我們可以繼續使用圖 A6-3 的資料繪出關聯圖，呈現出圖 A7-1 的視窗介面，首先按 Analyze → Forecast → Sequence Charts...。進入圖 A7-2 的 Sequence Charts，接著按圖示輸入各變項於其方格中。然後按 OK，就會獲得圖 6-7。

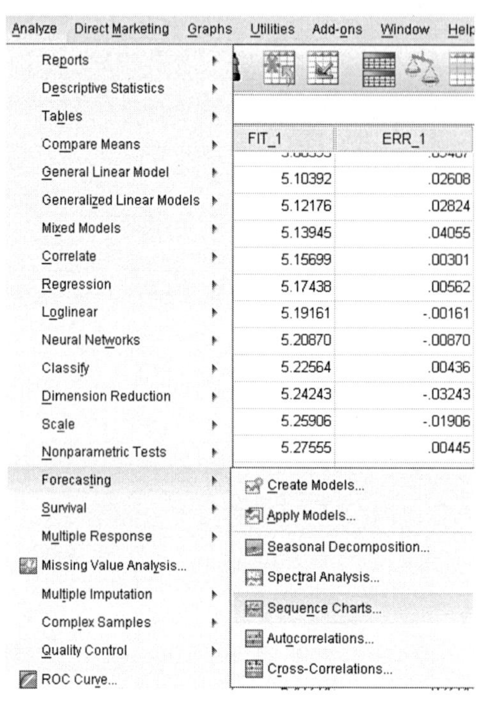

圖 A7-1

圖 A7-2

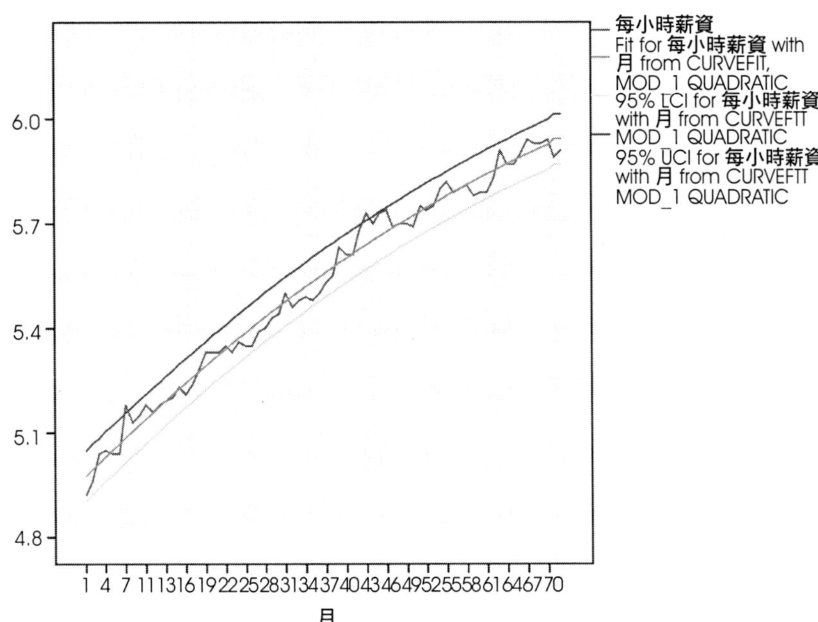

圖 6-7　從二次方程式中獲得的真正值，預測值，與預測上下限制

（三）診斷：自我相關的修正

1. 圖 6-8 薪資殘差與直線性趨勢模型的順序關聯圖，取得的過程

首先把檔案 CH6-1 資料拉出來，在 SPSS 視窗的介面圖 A8-1 開始進行操作。按 Analyze → Regression → Line...。進入圖 A8-2 的 Linear Regression 的對話盒，把時間薪資變項輸入依變項的方格，接著把月的變項輸入自變項的方格中，按 Statistics...。進入圖 A8-3 的 Linear Regression 的 Statistics 對話盒中，按圖示作選擇，然後按 Continue，回到圖 A8-2 的 Linear Regression 的對話盒，按 Save... 鍵，進行圖 A8-4 的 Linear Regression 的 Save 對話盒中，按圖示作選擇，然後按 Continue，回到圖 A8-2 的 Linear Regression 的對話盒，然後按 OK。就會獲得圖 A8-5 的 SPSS 結果報表，按關閉，就會出現圖 A8-6 的選擇指示，按 No，就會獲得圖 A8-7 的資料。

此時，我們依據圖 A8-7 的資料繪製序列關聯的圖形。其步驟在圖 A8-7 的資料的介面上依據圖 A8-8 的介面按 Analyze → Forecasting → Sequence Charts...。進入圖 A8-9 的對話盒，把 Unstandized Residual 輸入 Variables 的方格中，然後把月的資料輸入 Time Axis Labels 的方格中，最後按 OK，就會獲得圖 6-8 薪資殘差與直線性趨勢模型的順序關聯圖。

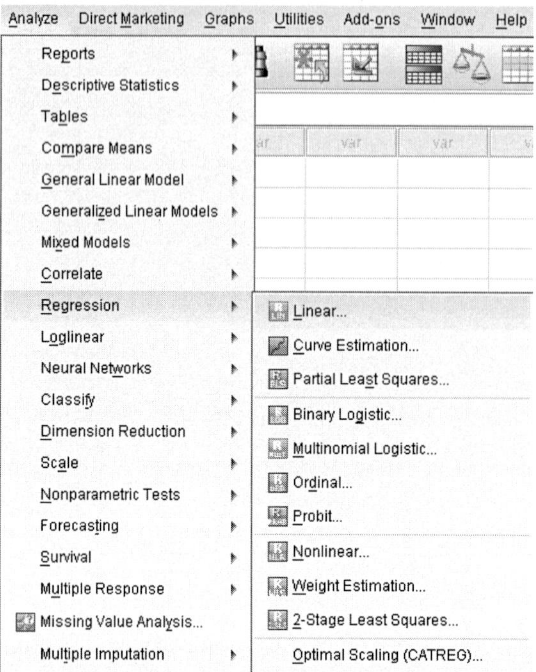
Analyze
Direct Marketing
Graphs
Utilities
Add-ons
Window
Help
Reports
Descriptive Statistics
Tables
Compare Means
General Linear Model
Generalized Linear Models
Mixed Models
Correlate
Regression
Loglinear
Neural Networks
Classify
Dimension Reduction
Scale
Nonparametric Tests
Forecasting
Survival
Multiple Response
Missing Value Analysis...
Multiple Imputation
Linear...
Curve Estimation...
Partial Least Squares...
Binary Logistic...
Multinomial Logistic...
Ordinal...
Probit...
Nonlinear...
Weight Estimation...
2-Stage Least Squares...
Optimal Scaling (CATREG)...

圖 A8-1

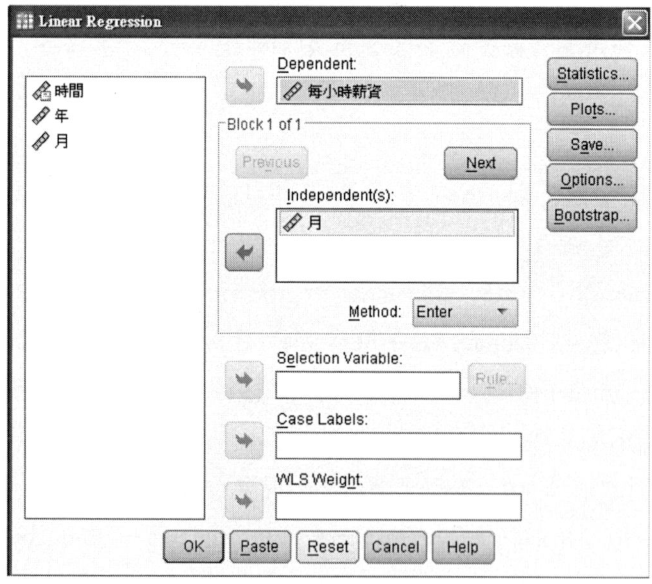
Linear Regression
時間
年
月
Dependent:
每小時薪資
Block 1 of 1
Previous
Next
Independent(s):
月
Method: Enter
Selection Variable:
Rule...
Case Labels:
WLS Weight:
Statistics...
Plots...
Save...
Options...
Bootstrap...
OK
Paste
Reset
Cancel
Help

圖 A8-2

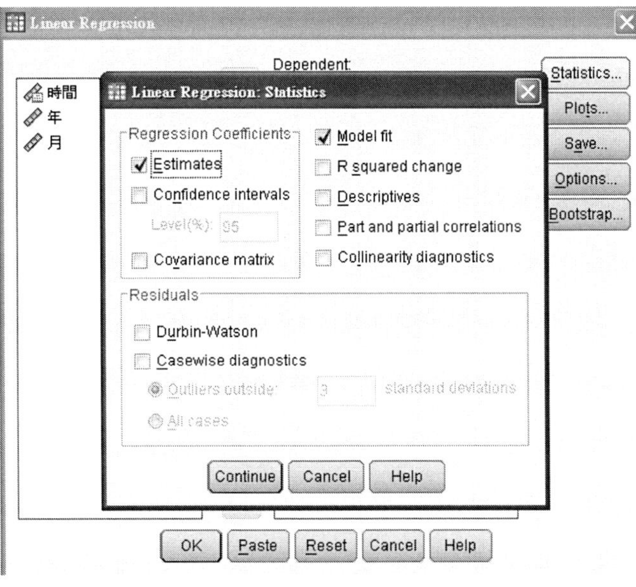
Linear Regression
Dependent
時間
年
月
Statistics...
Plots...
Save...
Options...
Bootstrap...
Linear Regression: Statistics
Regression Coefficients
Estimates
Confidence intervals
Level(%): 95
Covariance matrix
Model fit
R squared change
Descriptives
Part and partial correlations
Collinearity diagnostics
Residuals
Durbin-Watson
Casewise diagnostics
Outliers outside: 3 standard deviations
All cases
Continue
Cancel
Help
OK
Paste
Reset
Cancel
Help

圖 A8-3

Linear Regression: Save
Predicted Values
Unstandardized
Standardized
Adjusted
S.E. of mean predictions
Residuals
Unstandardized
Standardized
Studentized
Deleted
Studentized deleted
Distances
Mahalanobis
Cook's
Leverage values
Influence Statistics
DfBeta(s)
Standardized DfBeta(s)
DfFit
Standardized DfFit
Covariance ratio
Prediction Intervals
Mean
Individual
Confidence Interval: 95 %
Coefficient statistics
Create coefficient statistics
Create a new dataset
Dataset name:
Write a new data file
File...
Export model information to XML file
Browse...
Include the covariance matrix

圖 A8-4

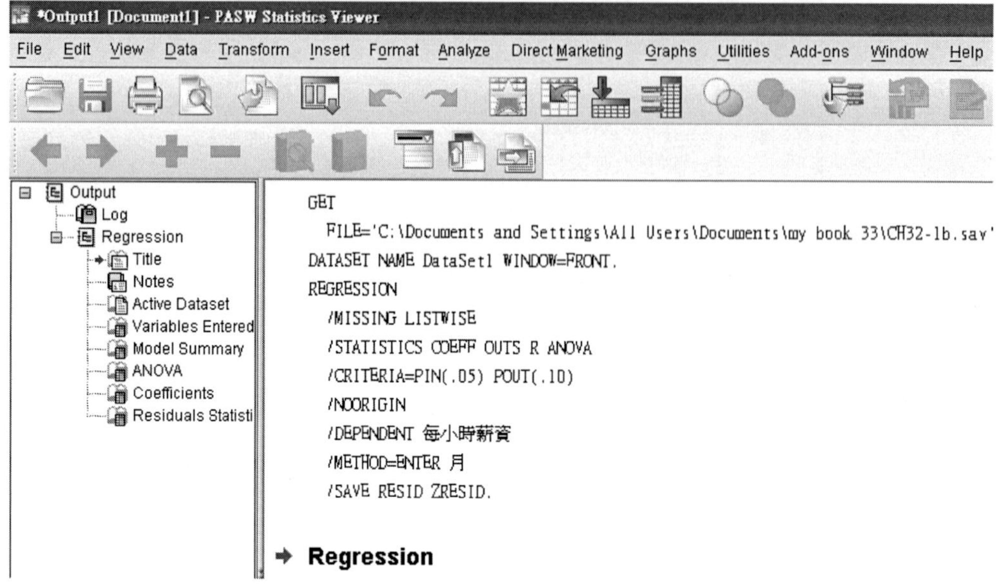
*Output1 [Document1] - PASW Statistics Viewer
File Edit View Data Transform Insert Format Analyze Direct Marketing Graphs Utilities Add-ons Window Help
Output
Log
Regression
Title
Notes
Active Dataset
Variables Entered
Model Summary
ANOVA
Coefficients
Residuals Statisti
GET
FILE='C:\Documents and Settings\All Users\Documents\my book 33\CH32-1b.sav'
DATASET NAME DataSet1 WINDOW=FRONT.
REGRESSION
/MISSING LISTWISE
/STATISTICS COEFF OUTS R ANOVA
/CRITERIA=PIN(.05) POUT(.10)
/NOORIGIN
/DEPENDENT 每小時薪資
/METHOD=ENTER 月
/SAVE RESID ZRESID.
Regression

圖 A8-5

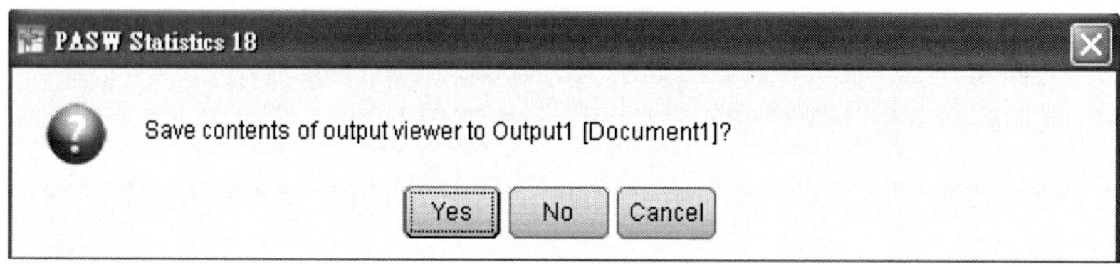
PASW Statistics 18
Save contents of output viewer to Output1 [Document1]?
Yes
No
Cancel

圖 A8-6

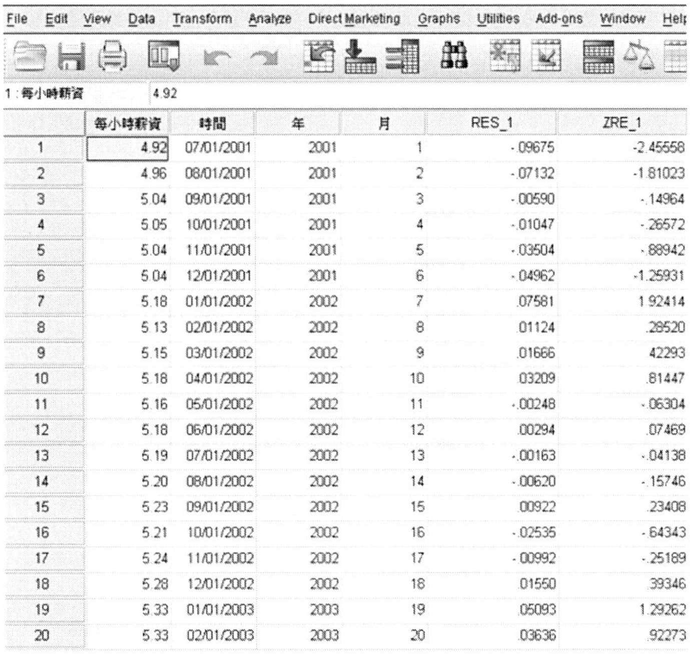

File Edit View Data Transform Analyze Direct Marketing Graphs Utilities Add-ons Window Help

1 : 每小時薪資 4.92

	每小時薪資	時間	年	月	RES_1	ZRE_1
1	4.92	07/01/2001	2001	1	-.09675	-2.45558
2	4.96	08/01/2001	2001	2	-.07132	-1.81023
3	5.04	09/01/2001	2001	3	-.00590	-.14964
4	5.05	10/01/2001	2001	4	-.01047	-.26572
5	5.04	11/01/2001	2001	5	-.03504	-.88942
6	5.04	12/01/2001	2001	6	-.04962	-1.25931
7	5.18	01/01/2002	2002	7	.07581	1.92414
8	5.13	02/01/2002	2002	8	.01124	.28520
9	5.15	03/01/2002	2002	9	.01666	.42293
10	5.18	04/01/2002	2002	10	.03209	.81447
11	5.16	05/01/2002	2002	11	-.00248	-.06304
12	5.18	06/01/2002	2002	12	.00294	.07469
13	5.19	07/01/2002	2002	13	-.00163	-.04138
14	5.20	08/01/2002	2002	14	-.00620	-.15746
15	5.23	09/01/2002	2002	15	.00922	.23408
16	5.21	10/01/2002	2002	16	-.02535	-.64343
17	5.24	11/01/2002	2002	17	-.00992	-.25189
18	5.28	12/01/2002	2002	18	.01550	.39346
19	5.33	01/01/2003	2003	19	.05093	1.29262
20	5.33	02/01/2003	2003	20	.03636	.92273

圖 A8-7

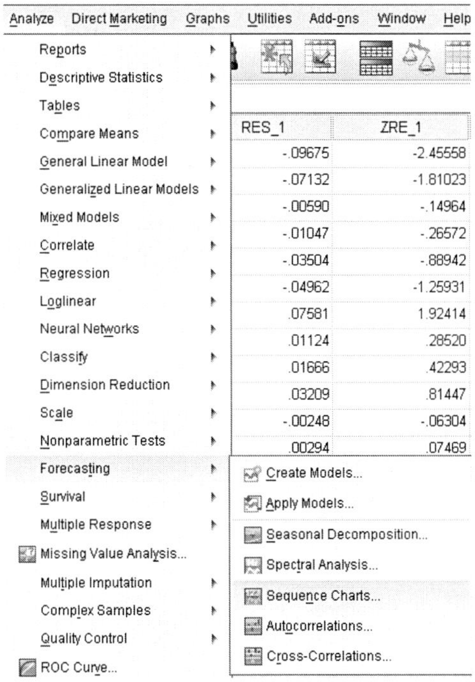

Analyze Direct Marketing Graphs Utilities Add-ons Window Help

- Reports
- Descriptive Statistics
- Tables
- Compare Means
- General Linear Model
- Generalized Linear Models
- Mixed Models
- Correlate
- Regression
- Loglinear
- Neural Networks
- Classify
- Dimension Reduction
- Scale
- Nonparametric Tests
- Forecasting
  - Create Models...
  - Apply Models...
  - Seasonal Decomposition...
  - Spectral Analysis...
  - Sequence Charts...
  - Autocorrelations...
  - Cross-Correlations...
- Survival
- Multiple Response
- Missing Value Analysis...
- Multiple Imputation
- Complex Samples
- Quality Control
- ROC Curve...

RES_1	ZRE_1
-.09675	-2.45558
-.07132	-1.81023
-.00590	-.14964
-.01047	-.26572
-.03504	-.88942
-.04962	-1.25931
.07581	1.92414
.01124	.28520
.01666	.42293
.03209	.81447
-.00248	-.06304
.00294	.07469

圖 A8-8

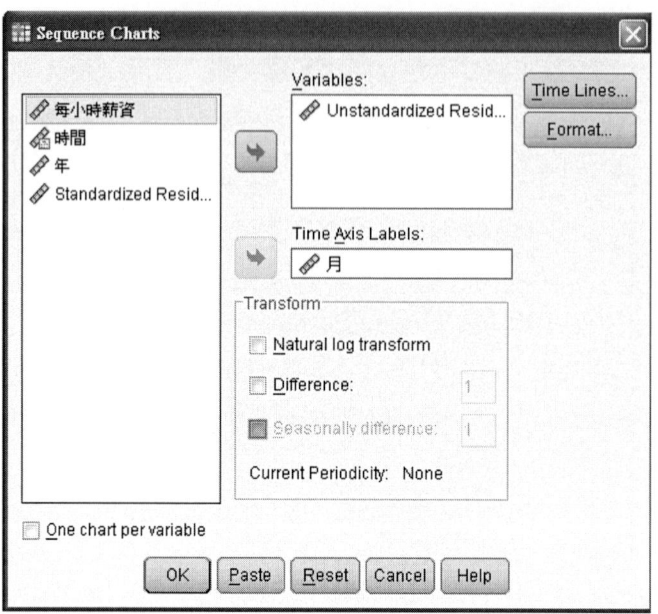

圖 A8-9

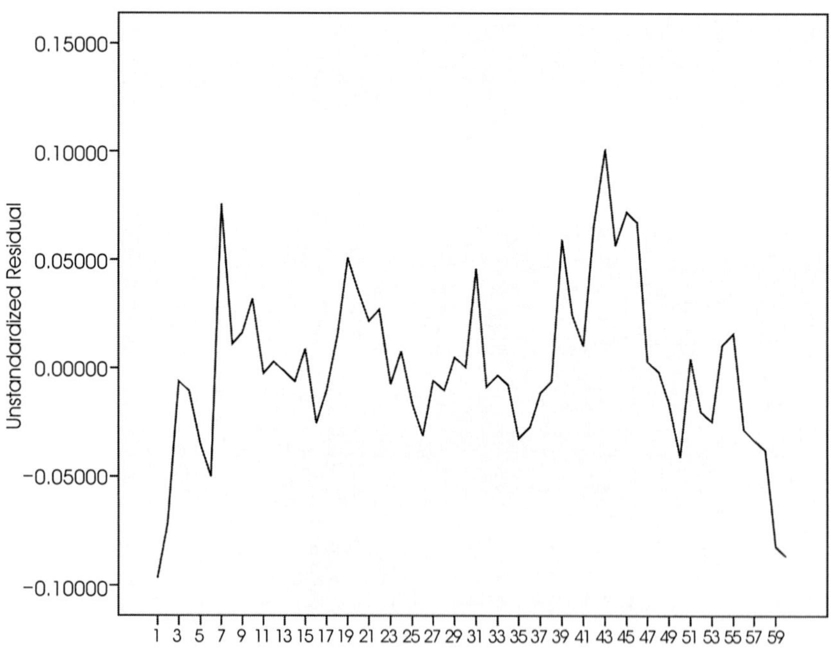

圖 6-8　薪資殘差與直線性趨勢模型的順序關聯圖

2. 圖 6-9 薪資殘差對滯延 1 的殘差之直線性趨勢的模型，取得的過程

依據前述圖 A8-7 的資料視窗介面，拉出繪製直線性的趨勢模型圖，如圖 A9-1 按 Transform → Create Time Series...。進入圖 A9-2 的 Create Time Series 對話盒，如圖 A9-2 對話盒，按圖示選擇。輸入 RES-1-1 = DIFF (RES-1-1) 進入 Variable → New name 中，在 Function 中拉出 Lag，按 Order：1，按 Change。接著如圖 A9-3 所示按 OK，即會獲得圖 A9-4 的資料檔，然後依圖 A9-5、圖 A9-6 與圖 A9-7 的操作方式，就可獲得圖 6-9 薪資殘差對滯延 1 的殘差之直線性趨勢的模型。

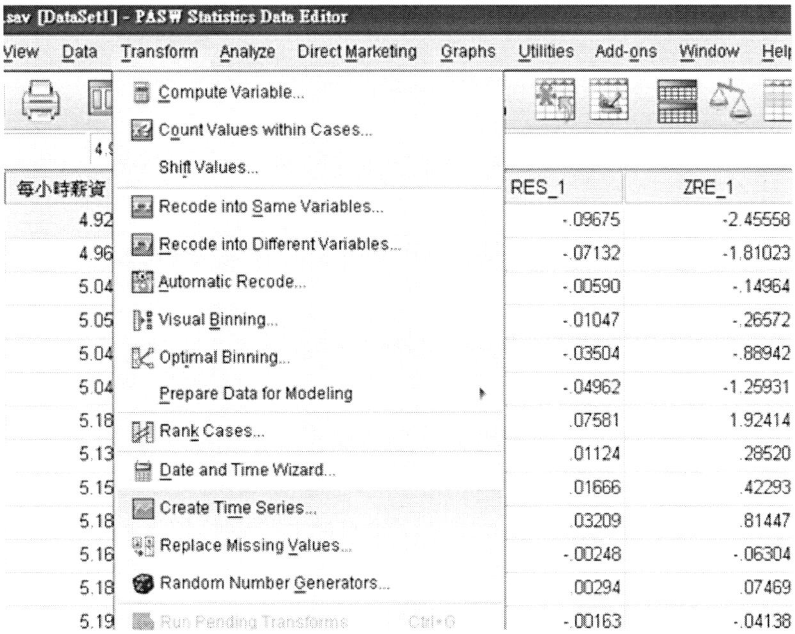

圖 A9-1

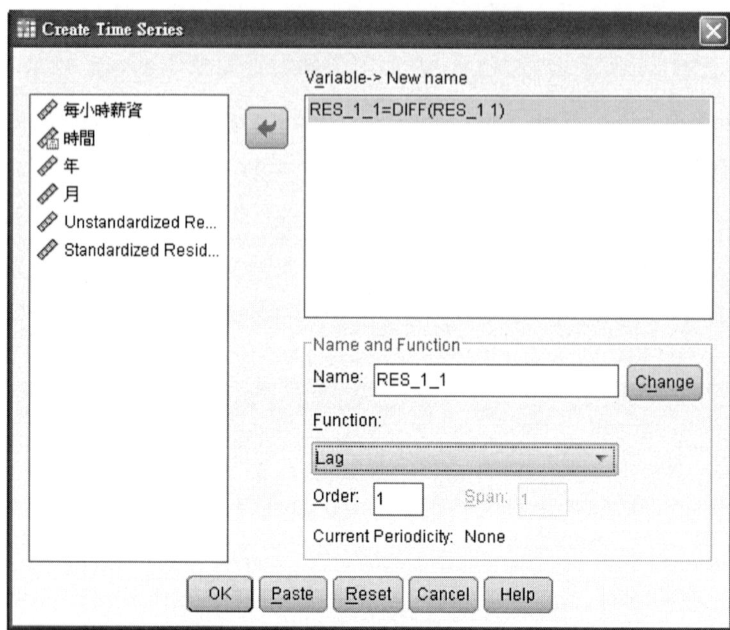
Create Time Series
Variable-> New name
每小時薪資
時間
年
月
Unstandardized Re...
Standardized Resid...
RES_1_1=DIFF(RES_1 1)
Name and Function
Name: RES_1_1
Change
Function:
Lag
Order: 1
Span: 1
Current Periodicity: None
OK
Paste
Reset
Cancel
Help

圖 A9-2

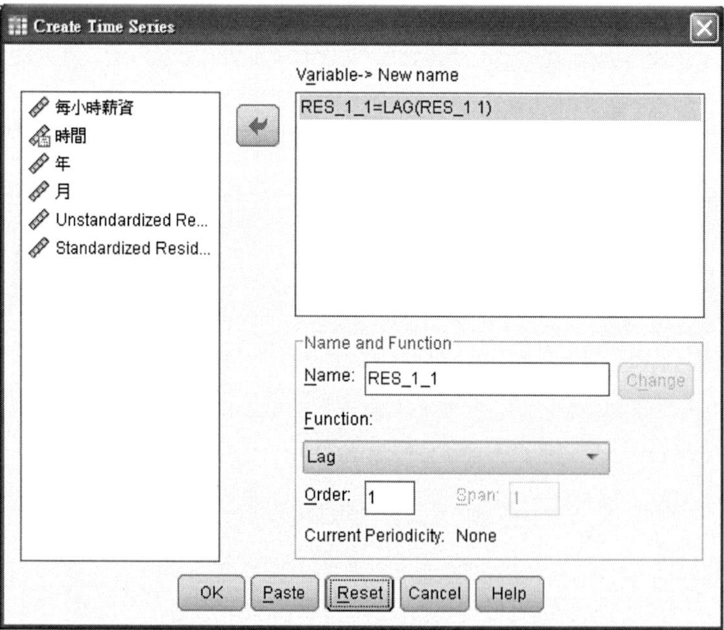
Create Time Series
Variable-> New name
每小時薪資
時間
年
月
Unstandardized Re...
Standardized Resid...
RES_1_1=LAG(RES_1 1)
Name and Function
Name: RES_1_1
Change
Function:
Lag
Order: 1
Span: 1
Current Periodicity: None
OK
Paste
Reset
Cancel
Help

圖 A9-3

File Edit View Data Transform Analyze Direct Marketing Graphs Utilities Add-ons Window Help

1 : 每小時薪資 4.92

	每小時薪資	時間	年	月	RES_1	ZRE_1	RES_1_1
1	4.92	07/01/2001	2001	1	-.09675	-2.45558	
2	4.96	08/01/2001	2001	2	-.07132	-1.81023	-.09675
3	5.04	09/01/2001	2001	3	-.00590	-.14964	-.07132
4	5.05	10/01/2001	2001	4	-.01047	-.26572	-.00590
5	5.04	11/01/2001	2001	5	-.03504	-.88942	-.01047
6	5.04	12/01/2001	2001	6	-.04962	-1.25931	-.03504
7	5.18	01/01/2002	2002	7	.07581	1.92414	-.04962
8	5.13	02/01/2002	2002	8	.01124	.28520	.07581
9	5.15	03/01/2002	2002	9	.01666	.42293	.01124
10	5.18	04/01/2002	2002	10	.03209	.81447	.01666
11	5.16	05/01/2002	2002	11	-.00248	-.06304	.03209
12	5.18	06/01/2002	2002	12	.00294	.07469	-.00248
13	5.19	07/01/2002	2002	13	-.00163	-.04138	.00294
14	5.20	08/01/2002	2002	14	-.00620	-.15746	-.00163
15	5.23	09/01/2002	2002	15	.00922	.23408	-.00620
16	5.21	10/01/2002	2002	16	-.02535	-.64343	.00922
17	5.24	11/01/2002	2002	17	-.00992	-.25189	-.02535
18	5.28	12/01/2002	2002	18	.01550	.39346	-.00992
19	5.33	01/01/2003	2003	19	.05093	1.29262	.01550
20	5.33	02/01/2003	2003	20	.03636	.92273	.05093

圖 A9-4

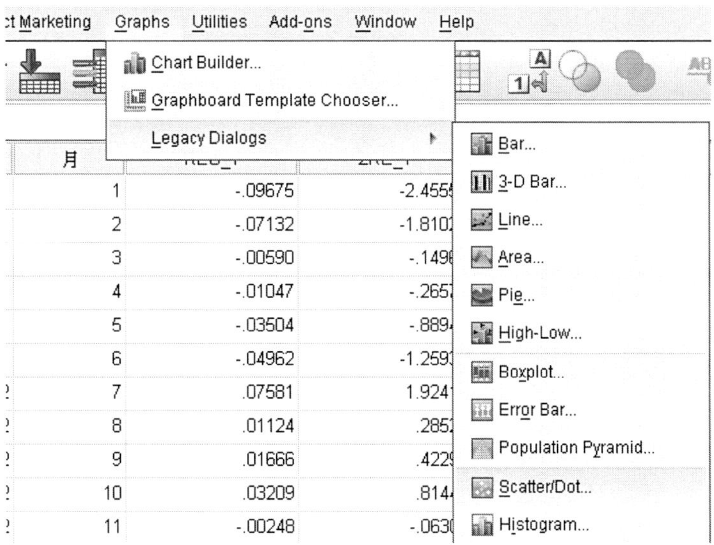

圖 A9-5

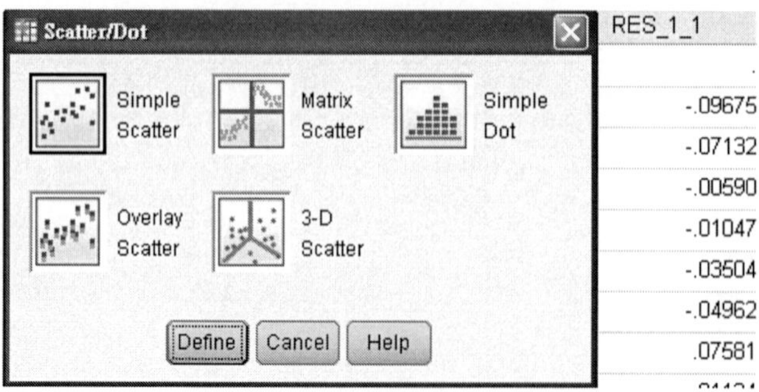
Scatter/Dot
Simple Scatter
Matrix Scatter
Simple Dot
Overlay Scatter
3-D Scatter
Define
Cancel
Help
RES_1_1
-.09675
-.07132
-.00590
-.01047
-.03504
-.04962
.07581

圖 A9-6

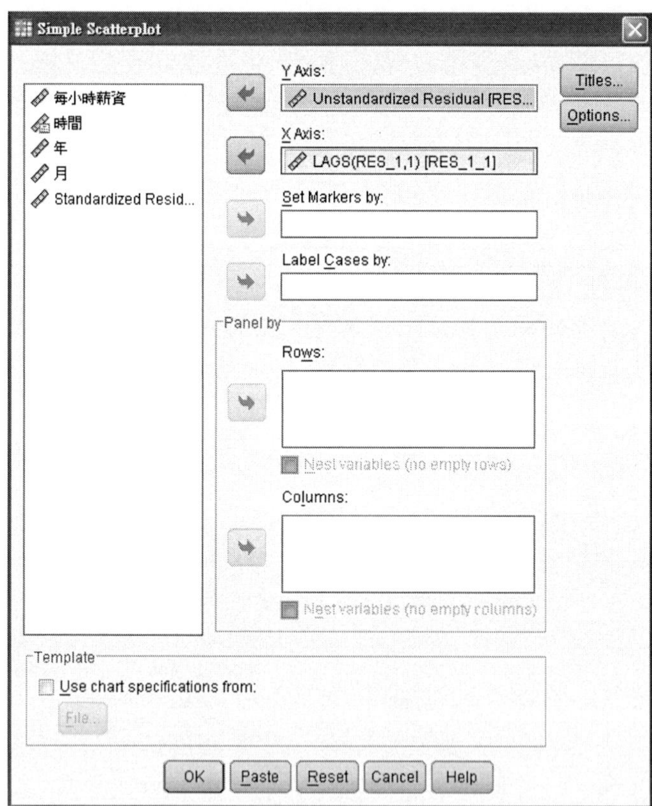
Simple Scatterplot
每小時薪資
時間
年
月
Standardized Resid...
Y Axis:
Unstandardized Residual [RES...
X Axis:
LAGS(RES_1,1) [RES_1_1]
Set Markers by:
Label Cases by:
Panel by
Rows:
Nest variables (no empty rows)
Columns:
Nest variables (no empty columns)
Titles...
Options...
Template
Use chart specifications from:
File...
OK
Paste
Reset
Cancel
Help

圖 A9-7

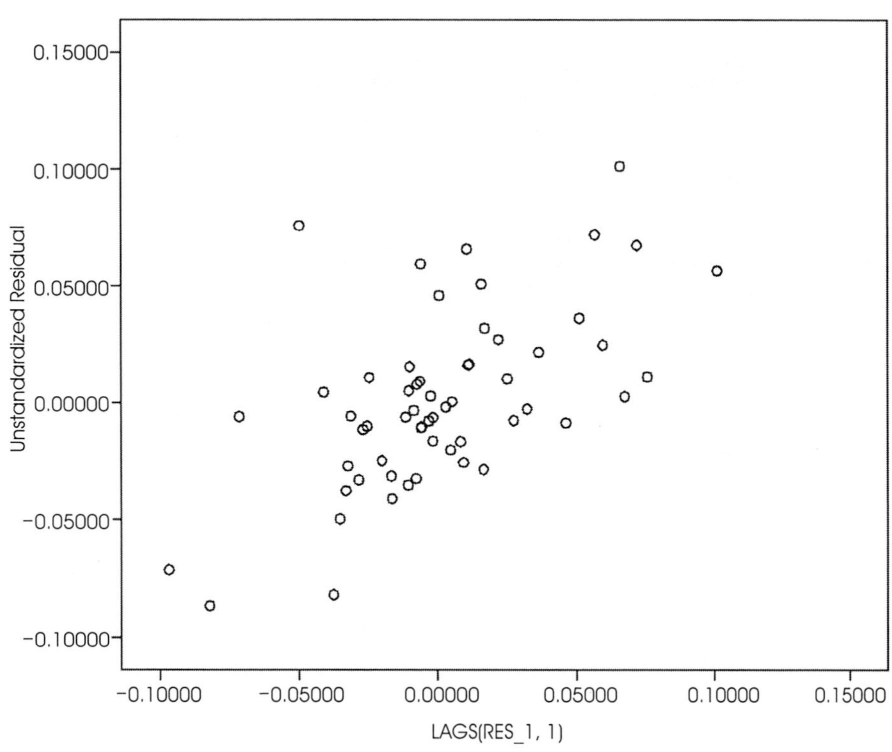

圖 6-9　薪資殘差對滯延 1 的殘差之直線性趨勢的模型

3. 圖 6-10、圖 6-11 直線性在滯延 1 的 ACF 與淨 ACF，及表 6-5，取得的過程

首先把檔案 CH6-1 資料拉出來，在 SPSS 視窗的介面。按 Analyze → Regression → Line...。進行獲得如圖 A8-1 的程序，獲得圖 A10-1 的資料視窗介面，按 Analyze → Forecasting → Autocorrelations...，如圖 A10-2 在 Autocorrelations 的對話盒，按圖示作選擇，然後按 OK，就可以獲得圖 6-10，圖 6-11 直線性在滯延 1 的 ACF 與淨 ACF，及表 6-5。

	每小時薪資	時間	年	月	PRE_1	RES_1
1	4.92	07/01/2001	2001	1	5.01675	-.09675
2	4.96	08/01/2001	2001	2	5.03132	-.07132
3	5.04	09/01/2001	2001	3	5.04590	-.00590
4	5.05	10/01/2001	2001	4	5.06047	-.01047
5	5.04	11/01/2001	2001	5	5.07504	-.03504
6	5.04	12/01/2001	2001	6	5.08962	-.04962
7	5.18	01/01/2002	2002	7	5.10419	.07581
8	5.13	02/01/2002	2002	8	5.11876	.01124
9	5.15	03/01/2002	2002	9	5.13334	.01666
10	5.18	04/01/2002	2002	10	5.14791	.03209
11	5.16	05/01/2002	2002	11	5.16248	-.00248
12	5.18	06/01/2002	2002	12	5.17706	.00294
13	5.19	07/01/2002	2002	13	5.19163	-.00163
14	5.20	08/01/2002	2002	14	5.20620	-.00620
15	5.23	09/01/2002	2002	15	5.22078	.00922
16	5.21	10/01/2002	2002	16	5.23535	-.02535
17	5.24	11/01/2002	2002	17	5.24992	-.00992
18	5.28	12/01/2002	2002	18	5.26450	.01550
19	5.33	01/01/2003	2003	19	5.27907	.05093
20	5.33	02/01/2003	2003	20	5.29364	.03636
21	5.33	03/01/2003	2003	21	5.30822	.02178
22	5.35	04/01/2003	2003	22	5.32279	.02721

圖 A10-1

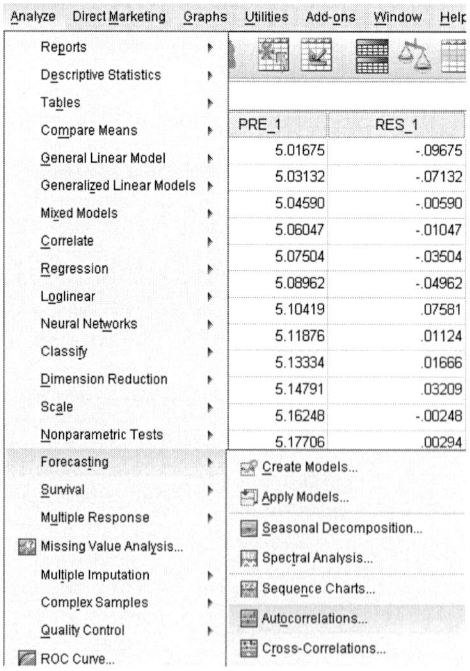

圖 A10-2

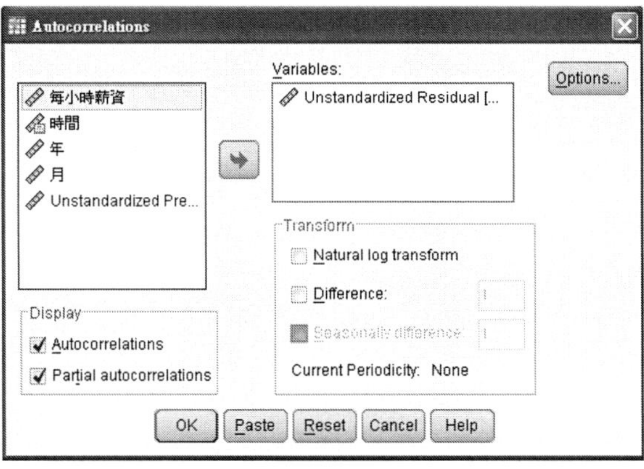

圖 A10-3

表 6-5

Autocorrelations

Series:Unstandardized Residual

Lag	Autocorrelation	Std. Error[a]	Box-Ljung Statistic		
			Value	df	Sig.[b]
1	0.542	0.126	18.500	1	0.000
2	0.302	0.125	24.341	2	0.000
3	0.282	0.124	29.518	3	0.000
4	0.095	0.123	30.112	4	0.000
5	−0.090	0.122	30.657	5	0.000
6	−0.156	0.120	32.337	6	0.000
7	−0.111	0.119	33.205	7	0.000
8	−0.098	0.118	33.889	8	0.000
9	−0.037	0.117	33.989	9	0.000
10	−0.002	0.116	33.989	10	0.000
11	0.002	0.115	33.990	11	0.000
12	0.079	0.114	34.471	12	0.001
13	−0.148	0.112	36.214	13	0.001
14	−0.229	0.111	40.454	14	0.000
15	−0.159	0.110	42.550	15	0.000
16	−0.278	0.109	49.062	16	0.000

a. The underlying process assumed is independence (white noise).

b. Based on the asymptotic chi-square approximation.

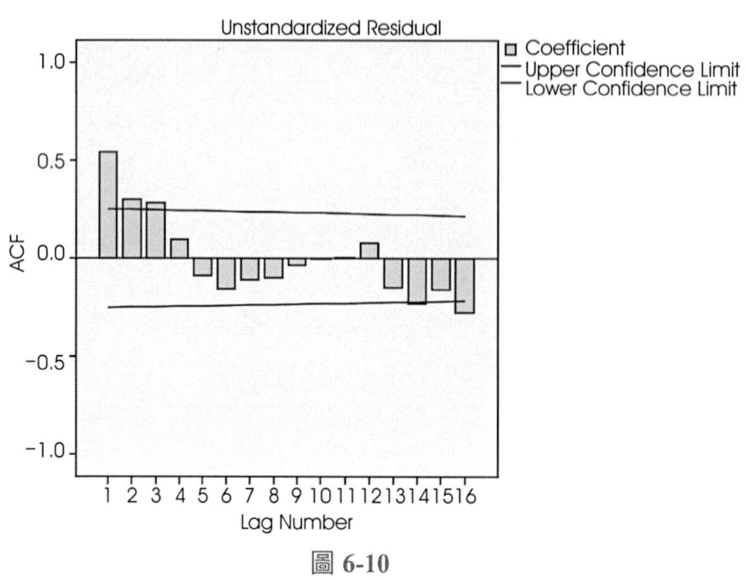

圖 6-10

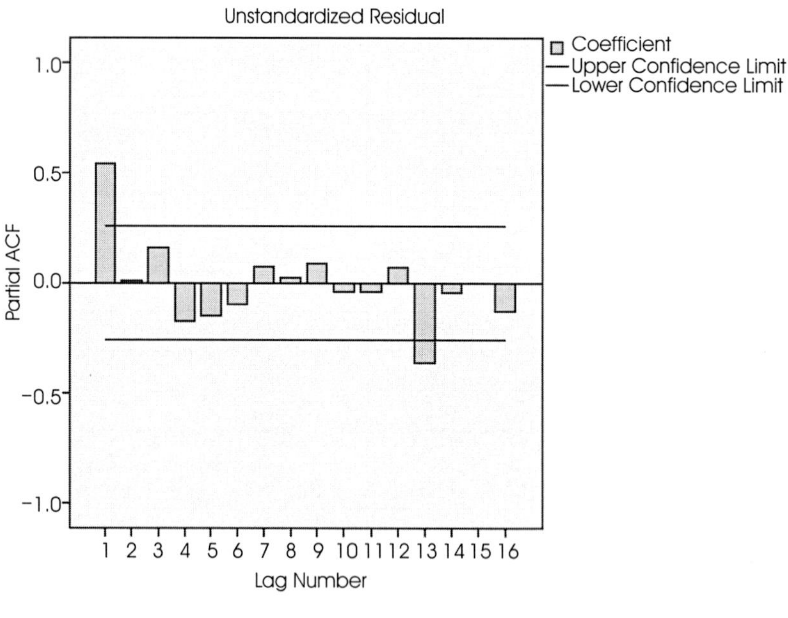

圖 6-11

4. 圖 6-12、圖 6-13 二次方程式在滯延 1 的 ACF 與淨 ACF 及表 6-6，取得的過程

首先把檔案 CH6-1 資料拉出來，在 SPSS 視窗的介面。按 Analyze → Regression → Line...。進行獲得如圖 A8-1 的程序，獲得圖 A11 的資料視窗介面，按 Analyze → Forecasting → Autocorrelations...，如圖 A12-1 在 Autocorrelations 的對話盒，按圖示作選擇，然後按 OK，就可以獲得圖 6-12，圖 6-13 直線性在滯延 1

的 ACF 與淨 ACF，及表 6-6。

每小時薪資	時間	年	月	FIT_1	ERR_1	LCL_1	UCL_1
4.92	07/01/2001	2001	1	4.97786	-.05786	4.90293	5.05278
4.96	08/01/2001	2001	2	4.99638	-.03638	4.92205	5.07072
5.04	09/01/2001	2001	3	5.01478	.02522	4.94096	5.08859
5.05	10/01/2001	2001	4	5.03303	.01697	4.95967	5.10639
5.04	11/01/2001	2001	5	5.05115	-.01115	4.97820	5.12411
5.04	12/01/2001	2001	6	5.06914	-.02914	4.99653	5.14174
5.18	01/01/2002	2002	7	5.08698	.09302	5.01468	5.15929
5.13	02/01/2002	2002	8	5.10469	.02531	5.03264	5.17675
5.15	03/01/2002	2002	9	5.12227	.02773	5.05043	5.19411
5.18	04/01/2002	2002	10	5.13970	.04030	5.06804	5.21137
5.16	05/01/2002	2002	11	5.15701	.00299	5.08548	5.22853
5.18	06/01/2002	2002	12	5.17417	.00583	5.10275	5.24559
5.19	07/01/2002	2002	13	5.19120	-.00120	5.11987	5.26253
5.20	08/01/2002	2002	14	5.20809	-.00809	5.13682	5.27936
5.23	09/01/2002	2002	15	5.22485	.00515	5.15361	5.29608
5.21	10/01/2002	2002	16	5.24147	-.03147	5.17025	5.31268
5.24	11/01/2002	2002	17	5.25795	-.01795	5.18674	5.32915
5.28	12/01/2002	2002	18	5.27430	.00570	5.20309	5.34551
5.33	01/01/2003	2003	19	5.29051	.03949	5.21928	5.36173
5.33	02/01/2003	2003	20	5.30658	.02342	5.23533	5.37782
5.33	03/01/2003	2003	21	5.32252	.00748	5.25125	5.39379
5.35	04/01/2003	2003	22	5.33832	.01168	5.26702	5.40962

圖 A11

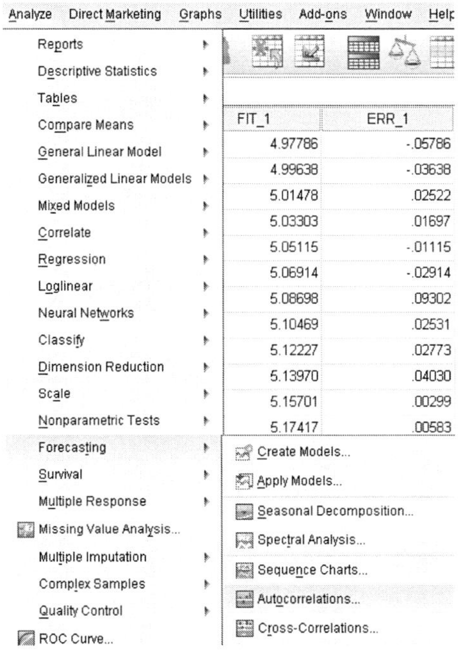

圖 A12-1

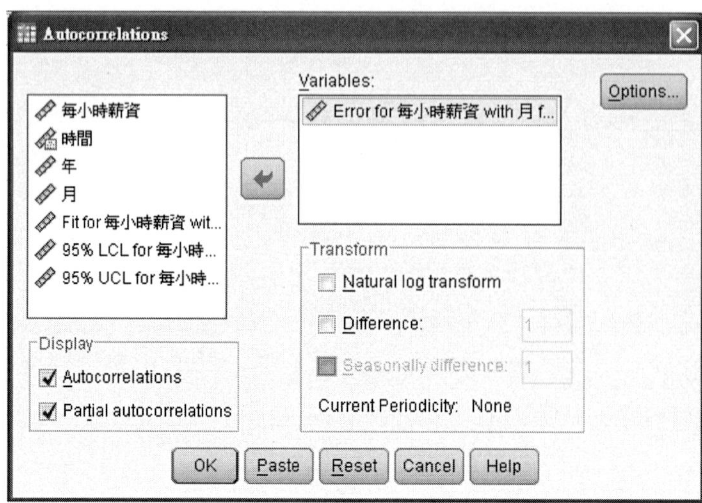

圖 A12-2

表 6-6

Autocorrelations

Series:Error for 每小時薪資 with 月 from CURVEFIT, MOD_2 QUADRATIC

Lag	Autocorrelation	Std. Error[a]	Box-Ljung Statistic		
			Value	df	Sig.[b]
1	0.499	0.126	15.700	1	0.000
2	0.272	0.125	20.438	2	0.000
3	0.270	0.124	25.179	3	0.000
4	0.056	0.123	25.387	4	0.000
5	−0.138	0.122	26.678	5	0.000
6	−0.194	0.120	29.263	6	0.000
7	−0.176	0.119	31.446	7	0.000
8	−0.142	0.118	32.886	8	0.000
9	−0.050	0.117	33.071	9	0.000
10	−0.015	0.116	33.087	10	0.000
11	0.030	0.115	33.154	11	0.000
12	0.153	0.114	34.974	12	0.000
13	−0.118	0.112	36.073	13	0.001
14	−0.198	0.111	39.248	14	0.000
15	−0.132	0.110	40.688	15	0.000
16	−0.292	0.109	47.903	16	0.000

a. The underlying process assumed is independence (white noise).

b. Based on the asymptotic chi-square approximation.

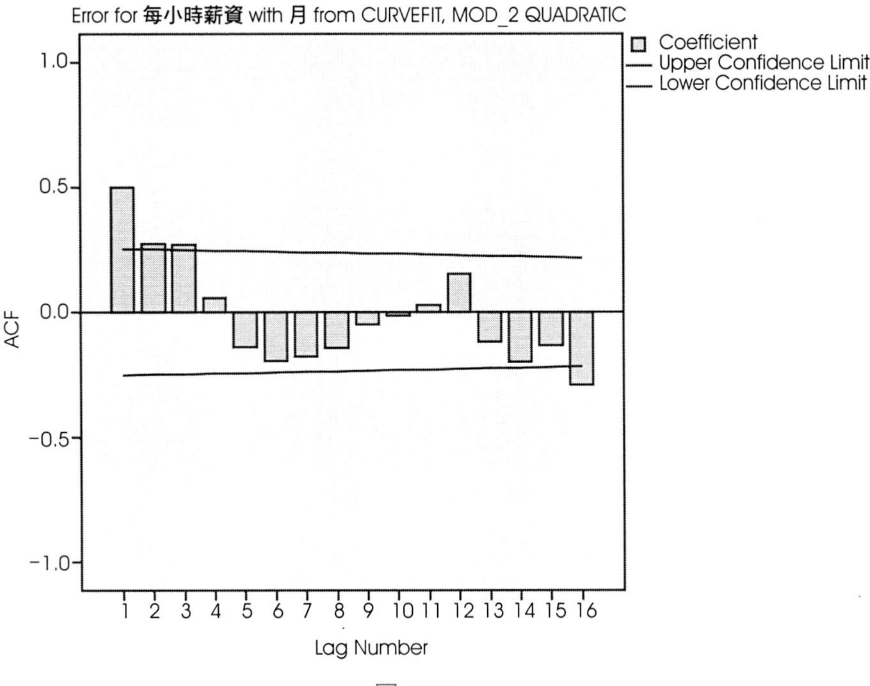
Error for 每小時薪資 with 月 from CURVEFIT, MOD_2 QUADRATIC
Coefficient
Upper Confidence Limit
Lower Confidence Limit
ACF
1.0
0.5
0.0
-0.5
-1.0
1 2 3 4 5 6 7 8 9 10 11 12 13 14 15 16
Lag Number

圖 6-12

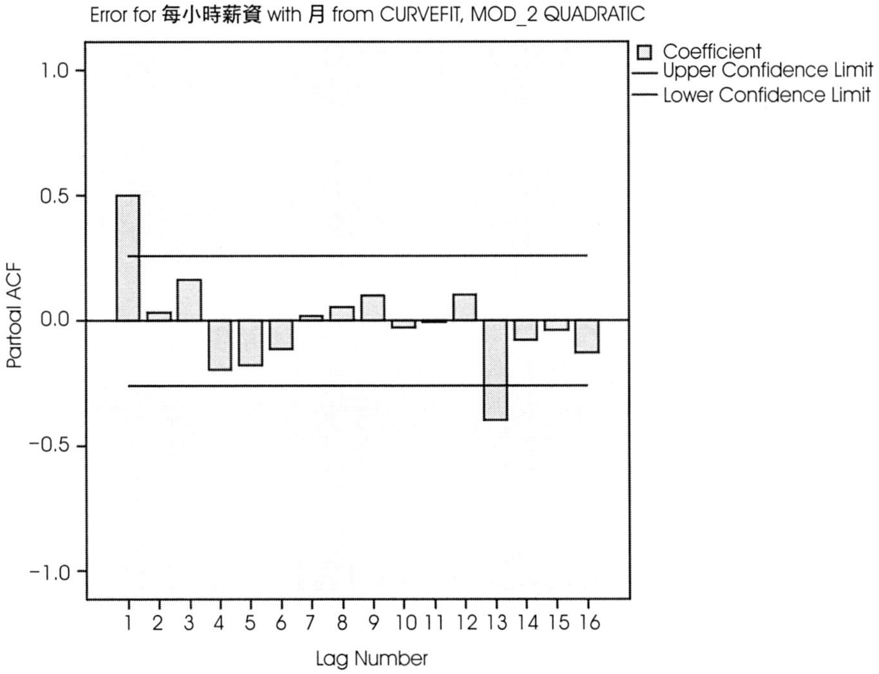

Error for 每小時薪資 with 月 from CURVEFIT, MOD_2 QUADRATIC
Coefficient
Upper Confidence Limit
Lower Confidence Limit
Partial ACF
1.0
0.5
0.0
-0.5
-1.0
1 2 3 4 5 6 7 8 9 10 11 12 13 14 15 16
Lag Number

圖 6-13

5. 圖 6-14 薪資殘差與二次方程式趨勢模型的順序關聯圖，取得的過程

首先把檔案 CH6-1 資料拉出來，在 SPSS 視窗的介面圖 A13。按 Analyze → Regression → Curve Estimation... 的視窗。進入圖 A14-1 的 Curve Estimation 對話盒中，把薪資輸入依變項的方格中，隨後把月的資料輸入自變項的方格中，接著按圖示作選擇。然後按 Save... 鍵，進入圖 A14-2 的 Curve Estimation：Save 的對話盒中，依據圖 A14-2 所示作選擇，然後按 Continue，回到圖 A14-1 的 Curve Estimation 對話盒中，按 OK 之後會呈現出在圖 A14-3 的標示，在標示上按 OK，

如在前述案例圖 A8-2 的 Linear Regression 的對話盒中，按 Save... 鍵，進行圖 A8-4 的 Linear Regression：Save 的對話盒中，按圖示作選擇，然後按 Continue，回到圖 A8-2 的 Linear Regression 的對話盒，然後按 OK。就會獲得如前述圖 A8-5 的 SPSS 結果報表，按關閉，就會出現圖 A8-6 的選擇指示，按 No，就會獲得圖 A14-4 的資料。

接著在圖 A14-4 的資料上拉出圖 A14-5 的 Analyze → Forecasting Chart...，然後進入圖 A14-6 的 Sequence Charts 對話盒，把 Residual 輸入 Variables：方格中，再把月的變項輸入 Time Axis Lables：方格中，然後按 OK。就會獲得圖 6-14 薪資殘差與二次方程式趨勢模型的順序關聯圖。

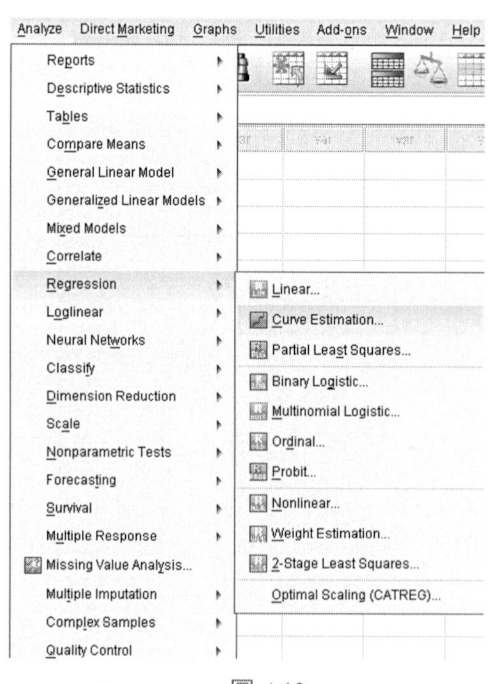

圖 A13

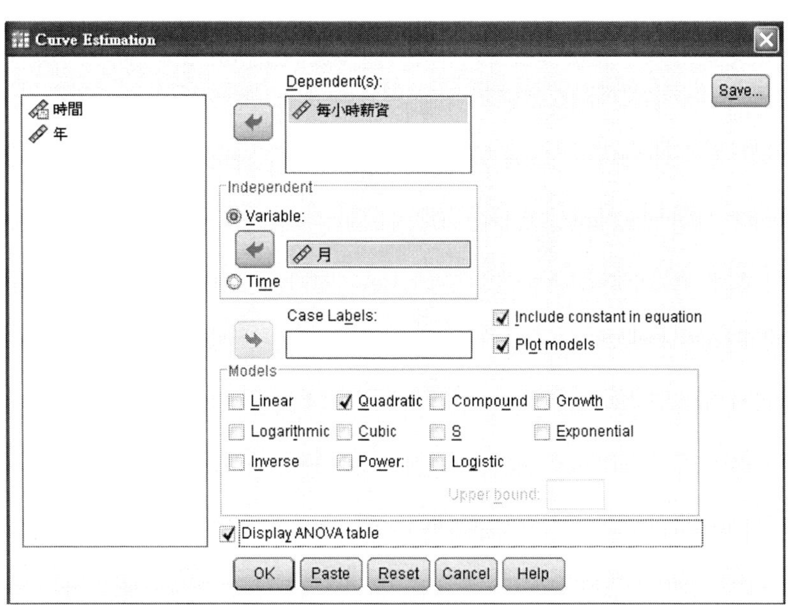
Curve Estimation
時間
年
Dependent(s):
每小時薪資
Save...
Independent
Variable:
月
Time
Case Labels:
Include constant in equation
Plot models
Models
Linear
Quadratic
Compound
Growth
Logarithmic
Cubic
S
Exponential
Inverse
Power:
Logistic
Upper bound:
Display ANOVA table
OK
Paste
Reset
Cancel
Help

圖 A14-1

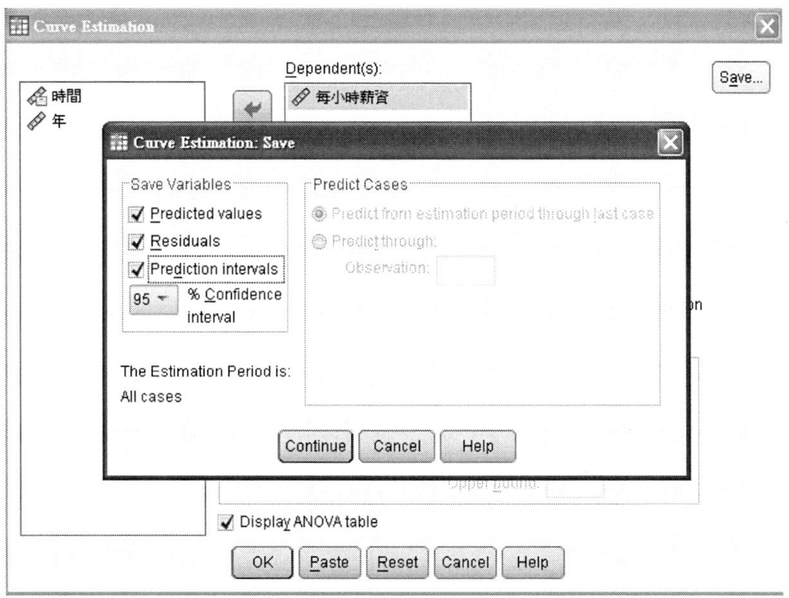
Curve Estimation
時間
年
Dependent(s):
每小時薪資
Save...
Curve Estimation: Save
Save Variables
Predicted values
Residuals
Prediction intervals
95
% Confidence interval
Predict Cases
Predict from estimation period through last case
Predict through:
Observation:
The Estimation Period is:
All cases
Continue
Cancel
Help
Display ANOVA table
OK
Paste
Reset
Cancel
Help

圖 A14-2

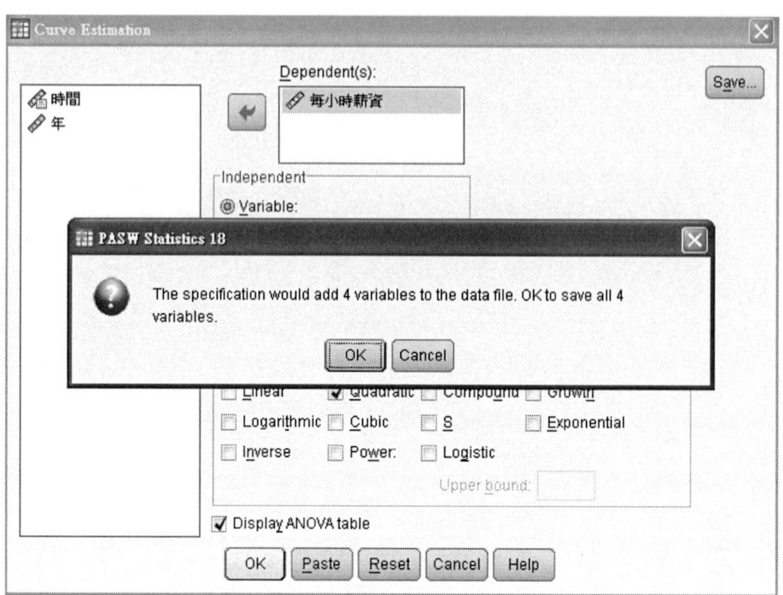

圖 A14-3

	每小時薪資	時間	年	月	FIT_1	ERR_1	LCL_1	UCL_1
1	4.92	07/01/2001	2001	1	4.97786	-.05786	4.90293	5.05278
2	4.96	08/01/2001	2001	2	4.99638	-.03638	4.92205	5.07072
3	5.04	09/01/2001	2001	3	5.01478	.02522	4.94096	5.08859
4	5.05	10/01/2001	2001	4	5.03303	.01697	4.95967	5.10639
5	5.04	11/01/2001	2001	5	5.05115	-.01115	4.97820	5.12411
6	5.04	12/01/2001	2001	6	5.06914	-.02914	4.99653	5.14174
7	5.18	01/01/2002	2002	7	5.08698	.09302	5.01468	5.15929
8	5.13	02/01/2002	2002	8	5.10469	.02531	5.03264	5.17675
9	5.15	03/01/2002	2002	9	5.12227	.02773	5.05043	5.19411
10	5.18	04/01/2002	2002	10	5.13970	.04030	5.06804	5.21137
11	5.16	05/01/2002	2002	11	5.15701	.00299	5.08548	5.22853
12	5.18	06/01/2002	2002	12	5.17417	.00583	5.10275	5.24559
13	5.19	07/01/2002	2002	13	5.19120	-.00120	5.11987	5.26253
14	5.20	08/01/2002	2002	14	5.20809	-.00809	5.13682	5.27936
15	5.23	09/01/2002	2002	15	5.22485	.00515	5.15361	5.29608
16	5.21	10/01/2002	2002	16	5.24147	-.03147	5.17025	5.31268
17	5.24	11/01/2002	2002	17	5.25795	-.01795	5.18674	5.32915
18	5.28	12/01/2002	2002	18	5.27430	.00570	5.20309	5.34551
19	5.33	01/01/2003	2003	19	5.29051	.03949	5.21928	5.36173
20	5.33	02/01/2003	2003	20	5.30658	.02342	5.23533	5.37782
21	5.33	03/01/2003	2003	21	5.32252	.00748	5.25125	5.39379
22	5.35	04/01/2003	2003	22	5.33832	.01168	5.26702	5.40962

圖 A14-4

Analyze Direct Marketing Graphs Utilities Add-ons Window Help

Reports
Descriptive Statistics
Tables
Compare Means
General Linear Model
Generalized Linear Models
Mixed Models
Correlate
Regression
Loglinear
Neural Networks
Classify
Dimension Reduction
Scale
Nonparametric Tests
Forecasting
Survival
Multiple Response
Missing Value Analysis...
Multiple Imputation
Complex Samples
Quality Control
ROC Curve...

FIT_1	ERR_1
4.97786	-.05786
4.99638	-.03638
5.01478	.02522
5.03303	.01697
5.05115	-.01115
5.06914	-.02914
5.08698	.09302
5.10469	.02531
5.12227	.02773
5.13970	.04030
5.15701	.00299
5.17417	.00583

Create Models...
Apply Models...
Seasonal Decomposition...
Spectral Analysis...
Sequence Charts...
Autocorrelations...
Cross-Correlations...

圖 A14-5

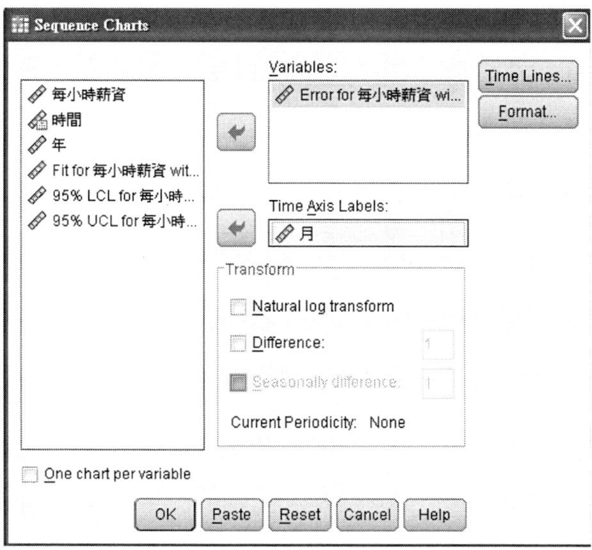

圖 A14-6

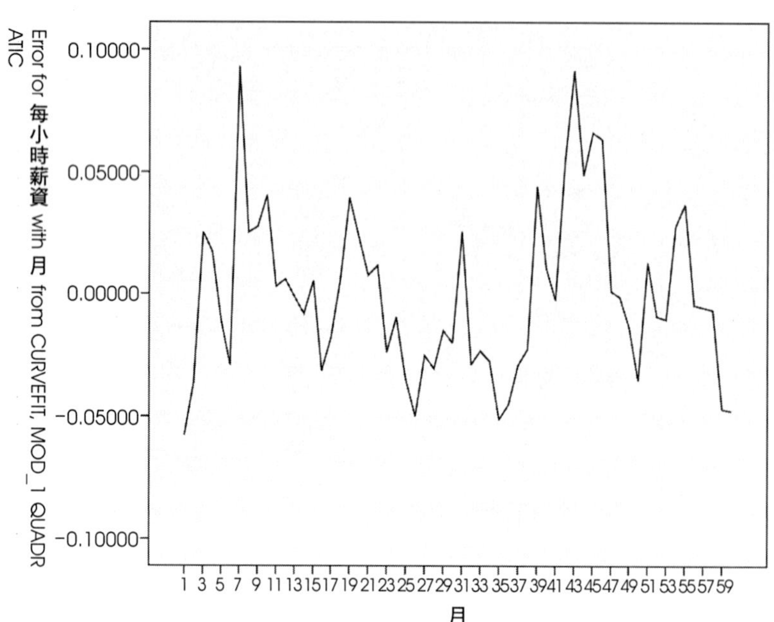

圖 6-14　薪資殘差與二次方程式趨勢模型的順序關聯圖

6. 圖 6-15 薪資殘差與殘差滯延 1 的二次方程式趨勢模型，獲取過程

接著，以前述圖 A14-4 的資料為我們求取薪資殘差與殘差滯延 1 的二次方程式趨勢模型的起點（如果不以圖 A14-4 的資料開始，我們亦可以拉出檔案 CH6-1 開始，只是從頭起步而已），進入圖 A15-1 的 Transform → Create Time Series 進入圖 A15-2 的 Create Time Series 話盒，把 Residual 移入 Variables → New name 方格中，隨後按 Function 鍵拉出 Lag，Order1，然後按 Change 鍵，按 OK，就會獲得結果如圖 A15-3，按關閉會呈現在其結果上的 PASW Statistics 18 的標示，然後按 No，獲得進入圖 A15-4 的資料。

接著，以圖 A15-4 的資料在其資料上依據圖 A15-5 的方法在其視窗的介面按 Graphs → Legacy Dialog → Scatter/Dot...。進入圖 A15-6 的 Scatter/Dot 對話盒，按 Simple Scatter 方格，再按 Define 鍵。進入圖 A15-7 的 Simple Scatterplot 對話盒，把 Error for 移入 Y Axis 方格中，把 LAGS（ERR-1）移入 X Axis 方格中，最後按 OK，就會獲得圖 6-15 薪資殘差與殘差滯延 1 的二次方程式趨勢模型。

Transform Analyze Direct Marketing Graphs Utilities Add-ons Window Help

- Compute Variable...
- Count Values within Cases...
- Shift Values...
- Recode into Same Variables...
- Recode into Different Variables...
- Automatic Recode...
- Visual Binning...
- Optimal Binning...
- Prepare Data for Modeling
- Rank Cases...
- Date and Time Wizard...
- Create Time Series...
- Replace Missing Values...
- Random Number Generators...
- Run Pending Transforms Ctrl+G

FIT_1	ERR_1
4.97786	-.05786
4.99638	-.03638
5.01478	.02522
5.03303	.01697
5.05115	-.01115
5.06914	-.02914
5.08698	.09302
5.10469	.02531
5.12227	.02773
5.13970	.04030
5.15701	.00299
5.17417	.00583
5.19120	-.00120

圖 A15-1

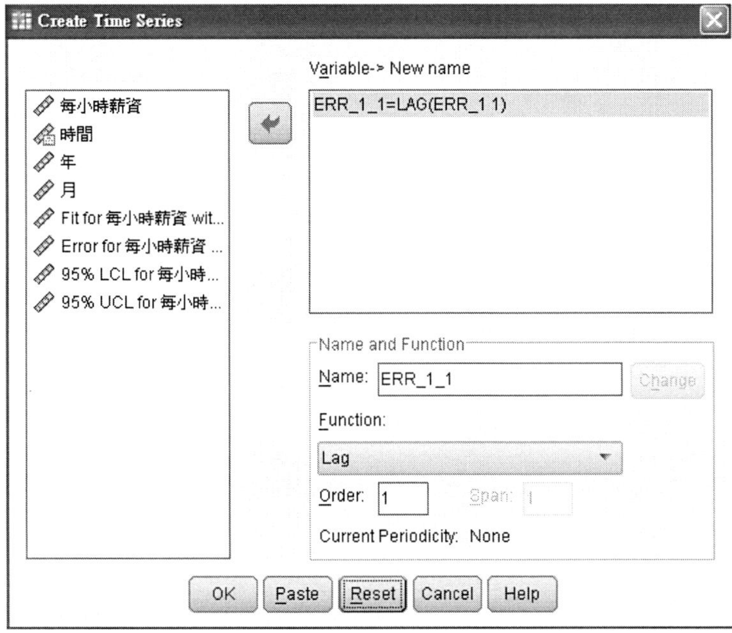

圖 A15-2

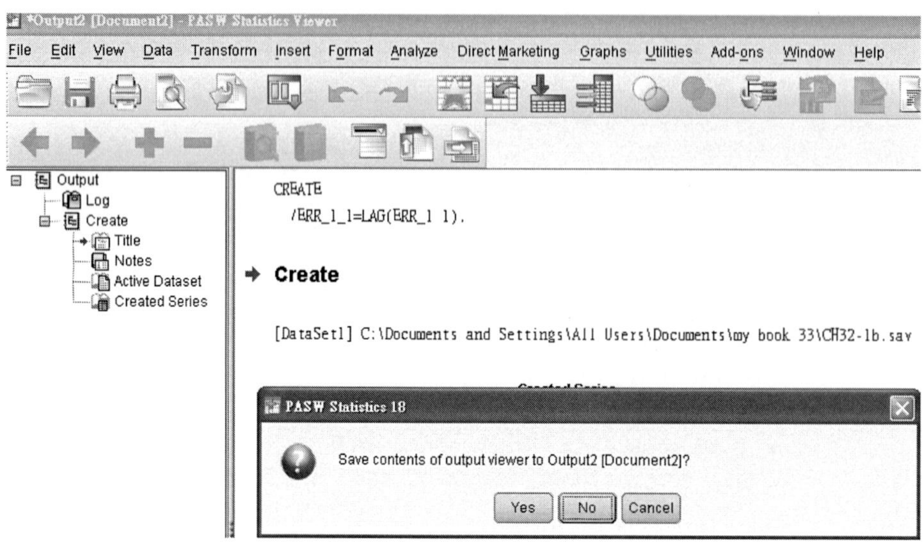

圖 A15-3

年	月	FIT_1	ERR_1	LCL_1	UCL_1	ERR_1_1
2001	1	4.97786	-.05786	4.90293	5.05278	.
2001	2	4.99638	-.03638	4.92205	5.07072	-.05786
2001	3	5.01478	.02522	4.94096	5.08859	-.03638
2001	4	5.03303	.01697	4.95967	5.10639	.02522
2001	5	5.05115	-.01115	4.97820	5.12411	.01697
2001	6	5.06914	-.02914	4.99653	5.14174	-.01115
2002	7	5.08698	.09302	5.01468	5.15929	-.02914
2002	8	5.10469	.02531	5.03264	5.17675	.09302
2002	9	5.12227	.02773	5.05043	5.19411	.02531
2002	10	5.13970	.04030	5.06804	5.21137	.02773
2002	11	5.15701	.00299	5.08548	5.22853	.04030
2002	12	5.17417	.00583	5.10275	5.24559	.00299
2002	13	5.19120	-.00120	5.11987	5.26253	.00583
2002	14	5.20809	-.00809	5.13682	5.27936	-.00120
2002	15	5.22485	.00515	5.15361	5.29608	-.00809
2002	16	5.24147	-.03147	5.17025	5.31268	.00515
2002	17	5.25795	-.01795	5.18674	5.32915	-.03147
2002	18	5.27430	.00570	5.20309	5.34551	-.01795
2003	19	5.29051	.03949	5.21928	5.36173	.00570
2003	20	5.30658	.02342	5.23533	5.37782	.03949

圖 A15-4

Graphs Utilities Add-ons Window Help

Chart Builder...
Graphboard Template Chooser...
Legacy Dialogs

Bar...
3-D Bar...
Line...
Area...
Pie...
High-Low...
Boxplot...
Error Bar...
Population Pyramid...
Scatter/Dot...
Histogram...

1	4.97786	-.0578
2	4.99638	-.0363
3	5.01478	.0252
4	5.03303	.0169
5	5.05115	-.0111
6	5.06914	-.0291
7	5.08698	.0930
8	5.10469	.0253
9	5.12227	.0277
10	5.13970	.0403
11	5.15701	.0029

圖 A15-5

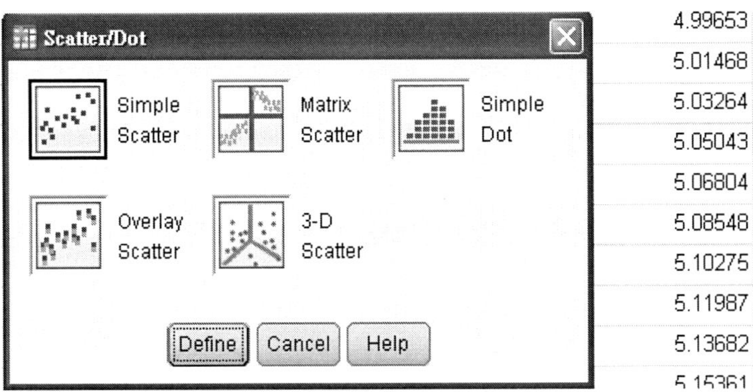

圖 A15-6

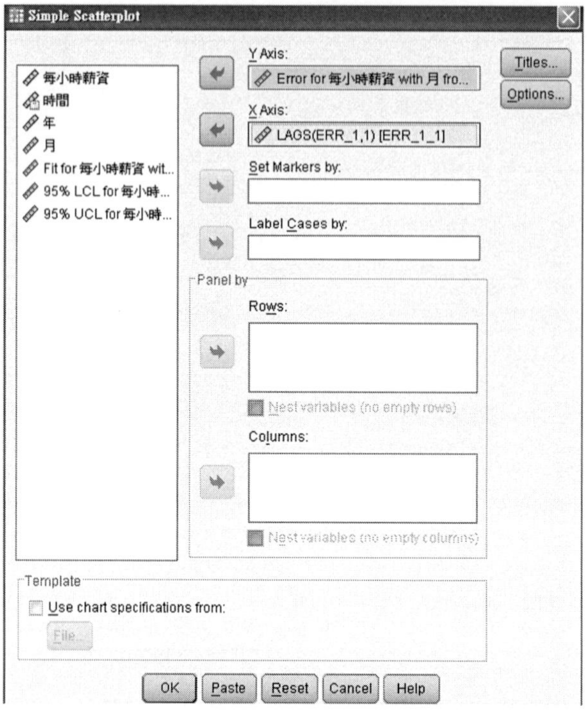

Simple Scatterplot
每小時薪資
時間
年
月
Fit for 每小時薪資 wit...
95% LCL for 每小時...
95% UCL for 每小時...
Y Axis:
Error for 每小時薪資 with 月 fro...
X Axis:
LAGS(ERR_1,1) [ERR_1_1]
Set Markers by:
Label Cases by:
Panel by
Rows:
Nest variables (no empty rows)
Columns:
Nest variables (no empty columns)
Titles...
Options...
Template
Use chart specifications from:
File...
OK
Paste
Reset
Cancel
Help

圖 A15-7

Error for 每小時薪資 with 月 from CURVEFIT, MOD_1 QUADR ATIC
0.10000
0.05000
0.00000
-0.05000
-0.10000
-0.10000
-0.05000
0.00000
0.05000
0.10000
LAGS(ERR_1, 1)

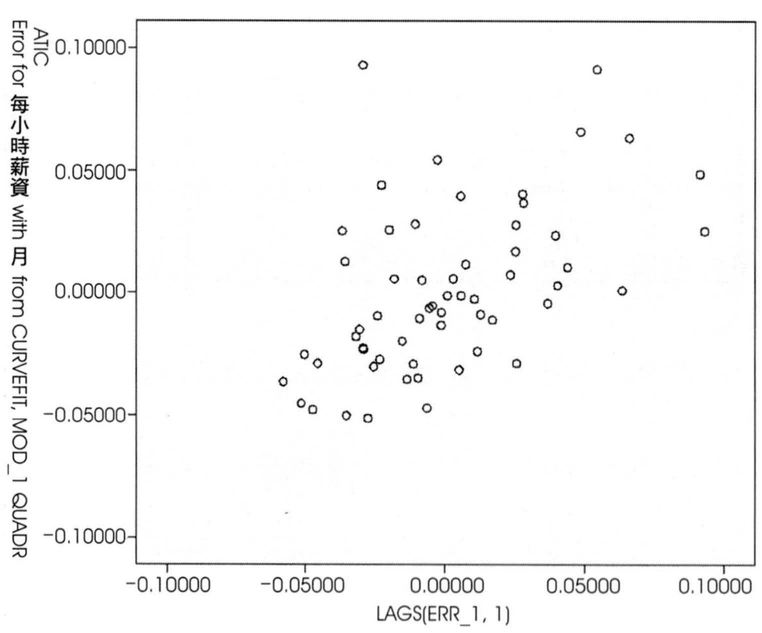

圖 6-15　薪資殘差與殘差滯延 1 的二次方程式趨勢模型

（四）差分（Differences）

1. 圖 6-16 Unemployment 與 IIP 在 1973-1982 年的散布圖，圖 6-17 與圖 6-18 的獲得過程

使用資料檔案 CH6-2 拉出表 6-7 的資料進入圖 A16-1 的視窗介面，按 Graphs → Legacy Dialogs → Scatter/Dot...。進入圖 A16-2 的 Scatter/Dot 對話盒，按 Simple Scatter 方格後，按 Define 鍵。進入圖 A16-3 的 Simple Scatterplot 對話盒，把 Unemployment 移入 Y Axis：方格中，再把 IIP 移入 X Axis：方格中 ，按 OK，獲得圖 6-16 。使用小畫家把 A = 1973，B = 1974，...，J = 1982 標示出來，獲得圖 6-17 Unemployment 與 IIP 在 1973-1982 年的散布圖。然後再使用小畫家以線條把年線接起來就可以呈現出圖 6-18 以線顯示時間秩序的散布圖。

表 6-7

Year	IIP	Unemployment
1973	30	4.80
1974	129	5.50
1975	118	8.30
1976	131	7.60
1977	138	6.90
1978	146	6.00
1979	153	5.80
1980	147	7.00
1981	151	7.50
1982	139	9.50

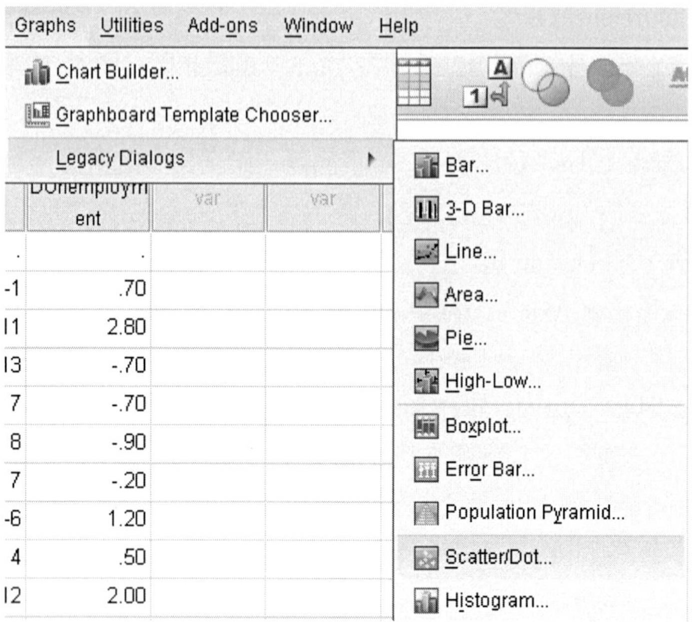
Graphs
Utilities
Add-ons
Window
Help
Chart Builder...
Graphboard Template Chooser...
Legacy Dialogs
Bar...
3-D Bar...
Line...
Area...
Pie...
High-Low...
Boxplot...
Error Bar...
Population Pyramid...
Scatter/Dot...
Histogram...
var
var
ent
.70
2.80
-.70
-.70
-.90
-.20
1.20
.50
2.00

圖 A16-1

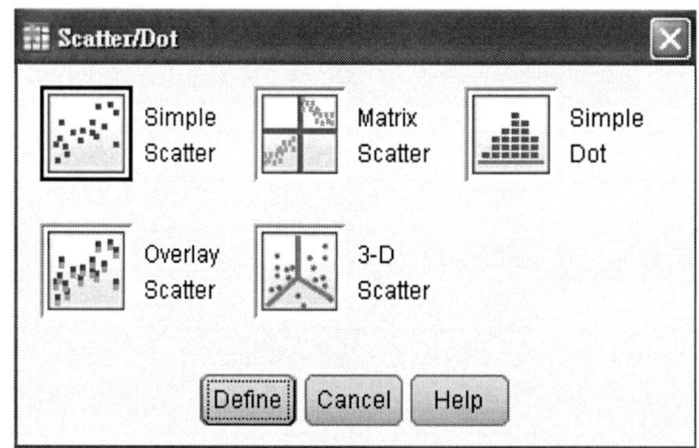
Scatter/Dot
Simple Scatter
Matrix Scatter
Simple Dot
Overlay Scatter
3-D Scatter
Define
Cancel
Help

圖 A16-2

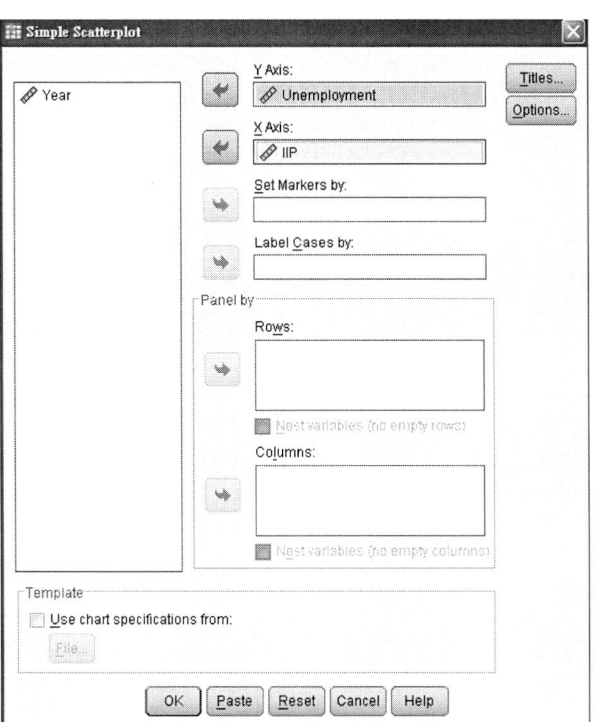
Simple Scatterplot
Year
Y Axis:
Unemployment
X Axis:
IIP
Set Markers by:
Label Cases by:
Panel by
Rows:
Nest variables (no empty rows)
Columns:
Nest variables (no empty columns)
Titles...
Options...
Template
Use chart specifications from:
File...
OK
Paste
Reset
Cancel
Help

圖 A16-3

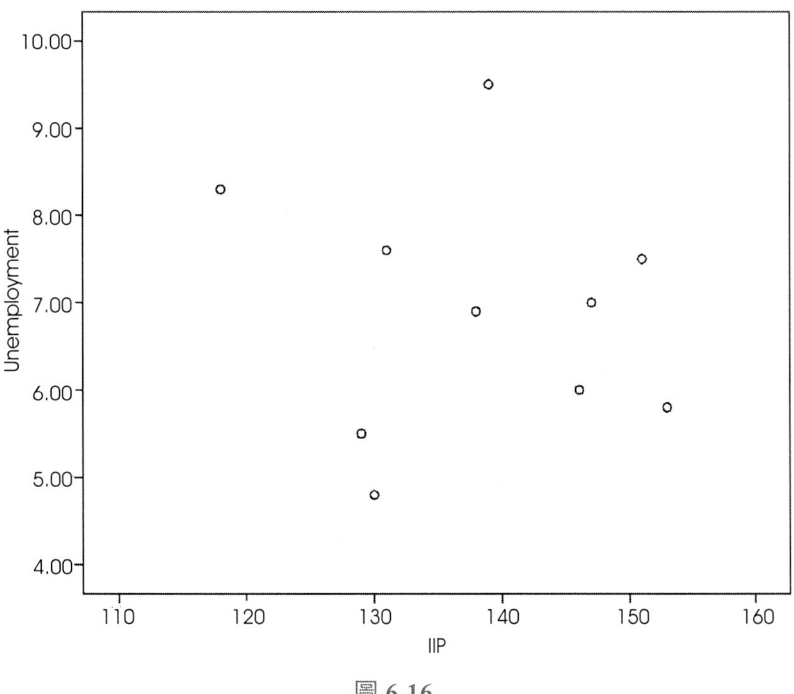
10.00
9.00
8.00
7.00
6.00
5.00
4.00
Unemployment
110
120
130
140
150
160
IIP

圖 6-16

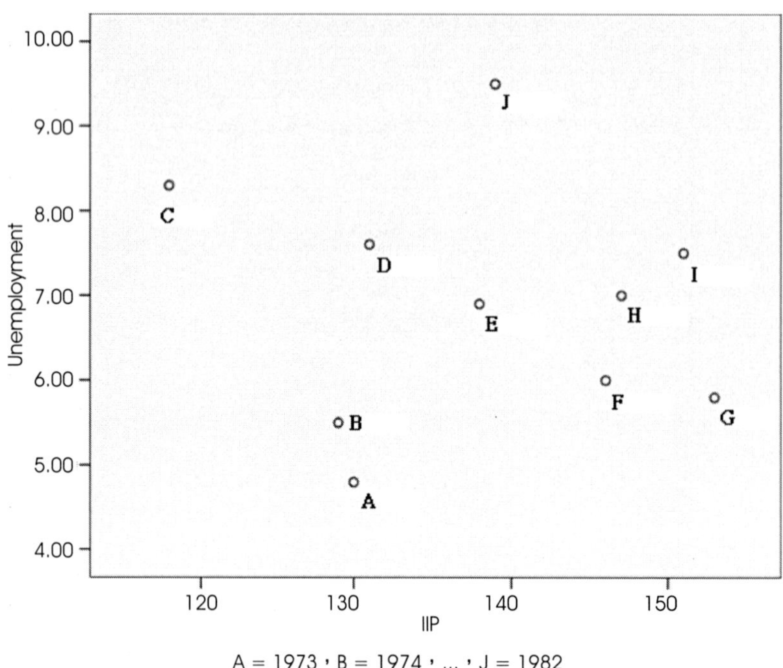

A = 1973，B = 1974，...，J = 1982

圖 6-17 **Unemployment 與 IIP 在 1973-1982 年的散布圖**

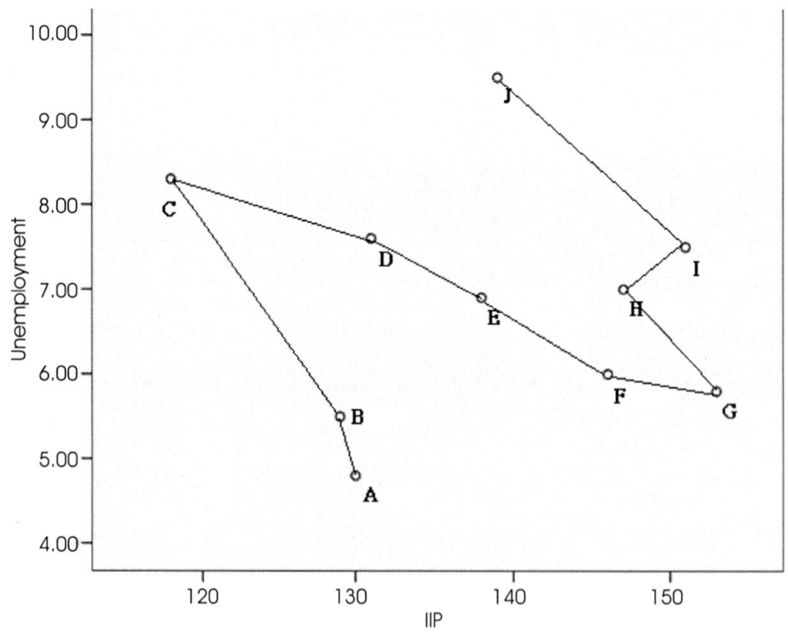

圖 6-18 以線顯示時間秩序的的散布圖

2. 差分與圖 6-19 失業差分與工業生產指數差分的線性散布圖，獲得過程

使用檔案 CH6-2 拉出表 6-5 的資料，進行差分的動作，進入圖 A17 的視窗介面按 Transform → Create Time Series...。進入圖 A18 的 Create Time Series 對話盒，按順序把 IIP 與 Uuemployment 移入 Variables → New name 方格中，按 Difference → Order1，然後按 OK，進行圖 A19-1 的結果報表，在其視窗的介面按關閉，在其結果報表上出現 Save Contents of output viewer to Output「Document1」的標示，在標示上按 No，會獲得圖 A19-2 的差分結果。

使用圖 A19-2 的差分結果，進行圖 A19-3 按 Graphs → Legacy Dialogs → Scatter/Dot... 的過程。進入圖 A19-4 的 Scatter/Dot 對話盒，按 Simple Scatter 方格，再按 Define 鍵。進入圖 A19-5 的 Simple Scatterplot 對話盒，把 Unemployment-1 移入 Y Axis 方格中，IIP-1 移入 X Axis 方格中，最後按 OK，就會獲圖 6-19 失業差分與工業生產指數差分的線性散布圖。

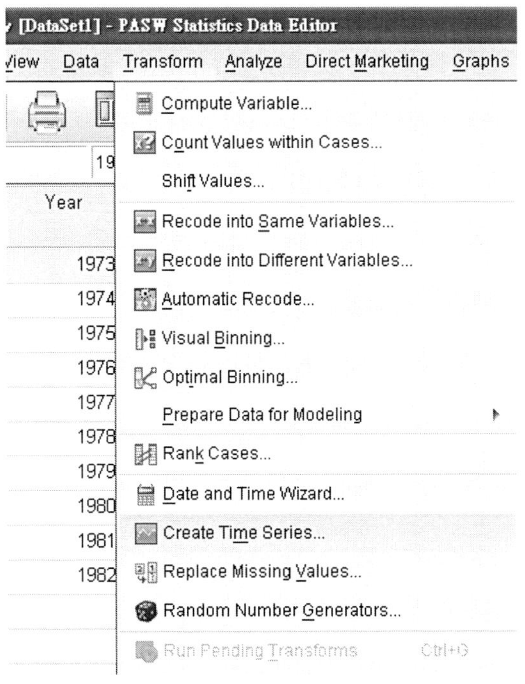

圖 A17

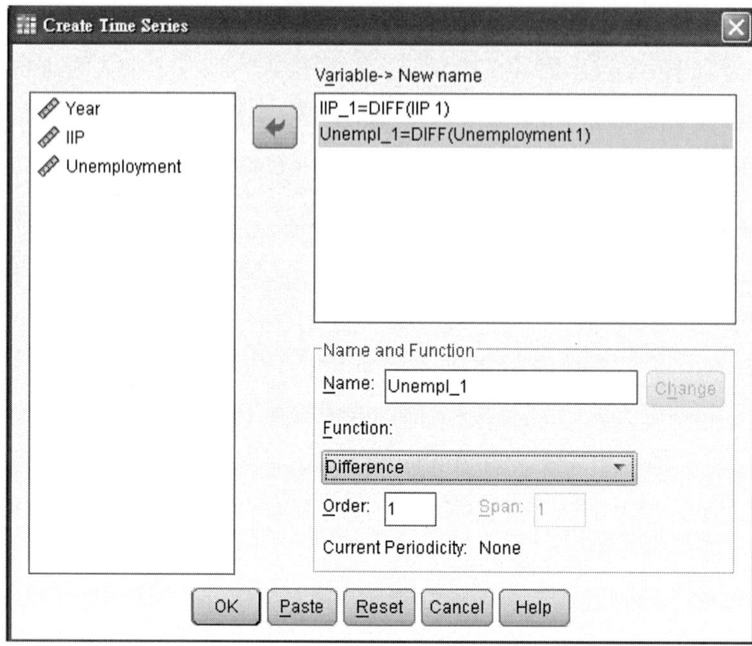

圖 A18

➔ Create

```
[DataSet1] C:\Documents and Settings\All Users\Documents\my book 33\CH32-2.sav
```

Created Series

	Series Name	Case Number of Non-Missing Values		N of Valid Cases	Creating Function
		First	Last		
1	IIP_1	2	10	9	DIFF(IIP,1)
2	Unempl_1	2	10	9	DIFF (Unemployment,1)

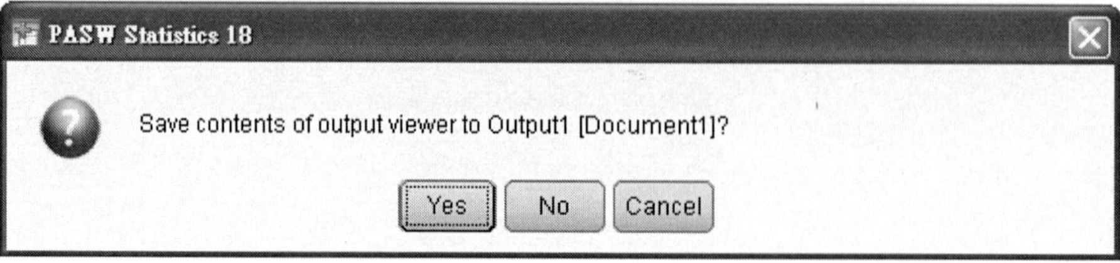

圖 A19-1

Year	IIP	Unemployment	IIP_1	Unempl_1
1973	130	4.80	.	.
1974	129	5.50	-1	.70
1975	118	8.30	-11	2.80
1976	131	7.60	13	-.70
1977	138	6.90	7	-.70
1978	146	6.00	8	-.90
1979	153	5.80	7	-.20
1980	147	7.00	-6	1.20
1981	151	7.50	4	.50
1982	139	9.50	-12	2.00

圖 A19-2

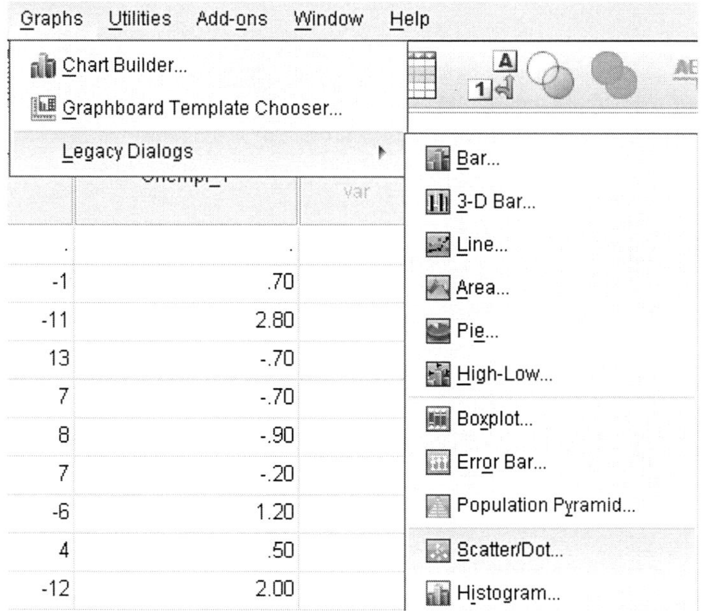

圖 A19-3

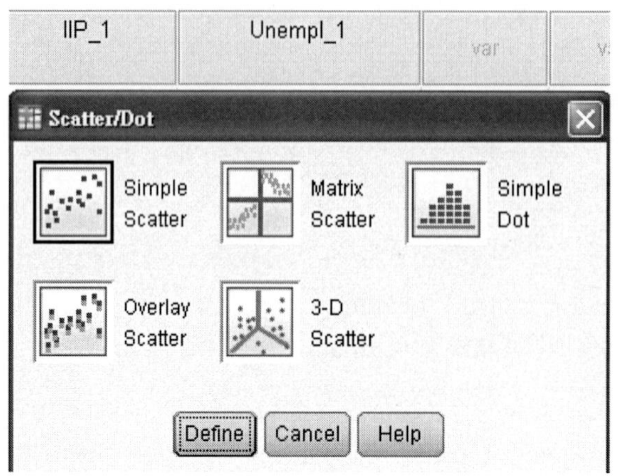
IIP_1
Unempl_1
Scatter/Dot
Simple Scatter
Matrix Scatter
Simple Dot
Overlay Scatter
3-D Scatter
Define
Cancel
Help

圖 A19-4

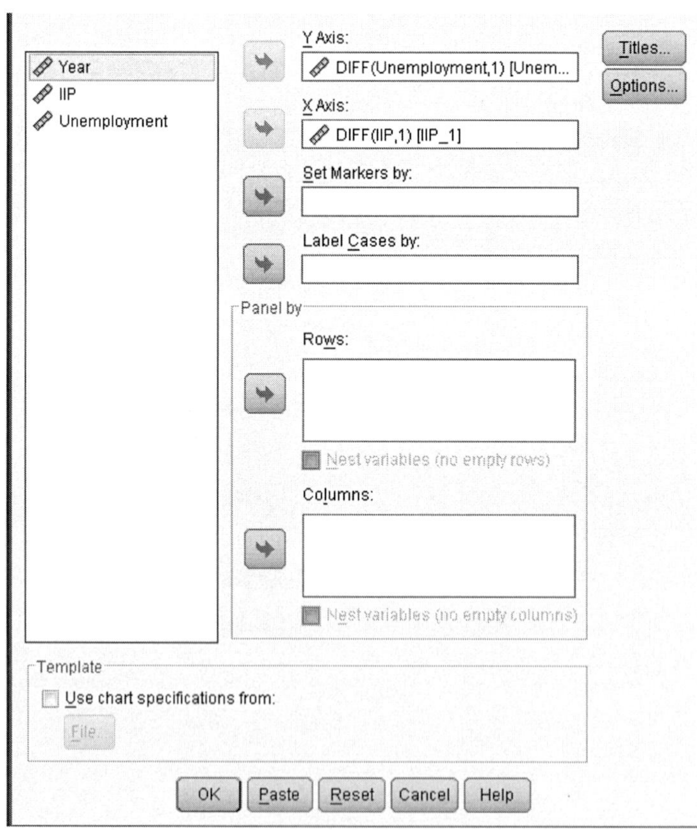
Year
IIP
Unemployment
Y Axis:
DIFF(Unemployment,1) [Unem...
X Axis:
DIFF(IIP,1) [IIP_1]
Set Markers by:
Label Cases by:
Panel by
Rows:
Nest variables (no empty rows)
Columns:
Nest variables (no empty columns)
Titles...
Options...
Template
Use chart specifications from:
File...
OK
Paste
Reset
Cancel
Help

圖 A19-5

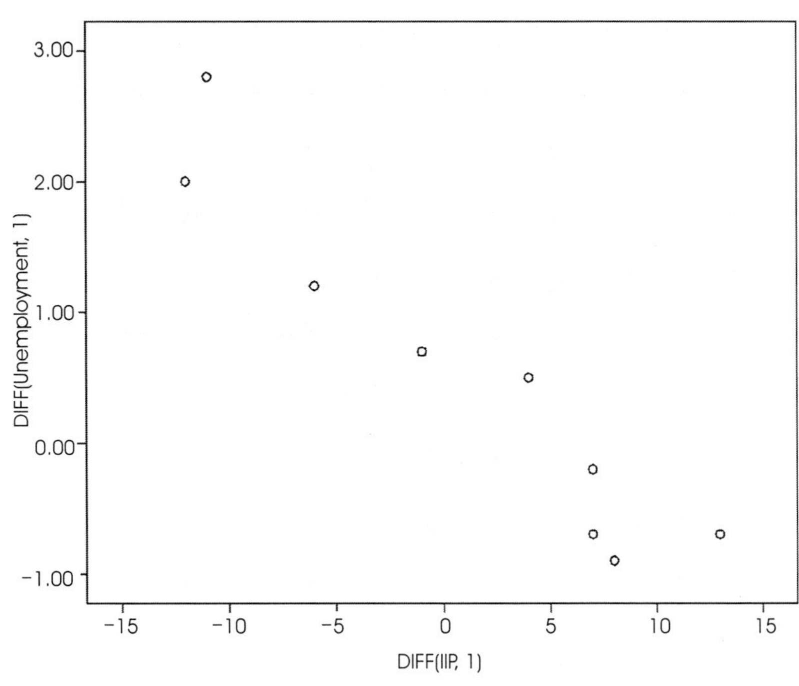

圖 6-19　失業差分與工業生產指數差分的線性散布圖

3. 圖 6-20 以失業進行 DIIP 迴歸其殘差的序列關聯圖

首先以檔案 CH6-2b 拉出其圖 A20-1 視窗的介面，進行圖 A20-2 的 Liner Regression 對話盒，把 Dunemployment 移入 Dependent 依變項的方格中，再把 DIIP 移入 Independents 自變項的方格中，按 Save 鍵，進入圖 A20-3 的 Liner Regression：Save 對話盒，按圖示作選擇，然而按 Continue 鍵，會獲得 SPSS 結果的報表，在其結果報表上出現 Save Contents of output viewer to Output「Document1」的標示，在標示上按 No，會獲得圖 A20-4 的結果。

接著在圖 A20-4 的資料上拉出圖 A20-5 的 Analyze → Forecasting Chart...，然後進入圖 A20-6 的 Sequence Charts 對話盒，把 Unstandized Residual 輸入 Variables：方格中，再把年的變項輸入 Time Axis Lables：方格中，然後按 OK。就會獲得圖 6-20 以失業進行 DIIP 迴歸其殘差的序列關聯圖。

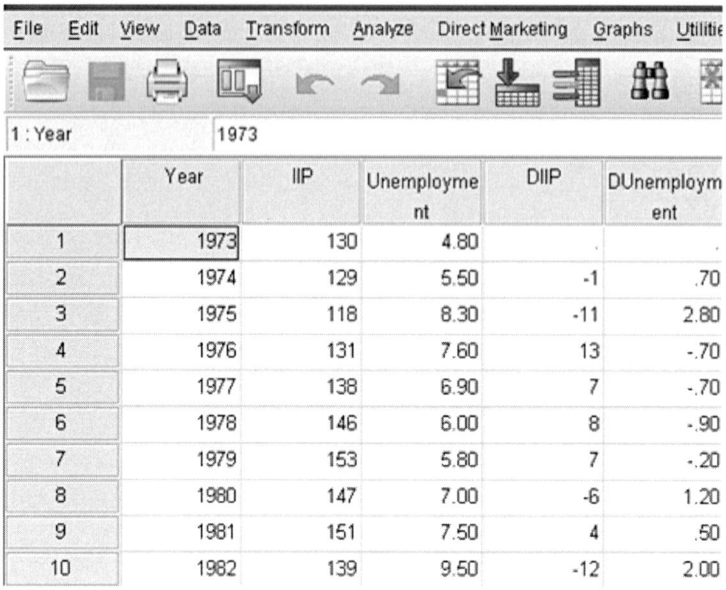

File Edit View Data Transform Analyze Direct Marketing Graphs Utilitie

1 : Year 1973

	Year	IIP	Unemployment	DIIP	DUnemployment
1	1973	130	4.80	.	.
2	1974	129	5.50	-1	.70
3	1975	118	8.30	-11	2.80
4	1976	131	7.60	13	-.70
5	1977	138	6.90	7	-.70
6	1978	146	6.00	8	-.90
7	1979	153	5.80	7	-.20
8	1980	147	7.00	-6	1.20
9	1981	151	7.50	4	.50
10	1982	139	9.50	-12	2.00

圖 A20-1

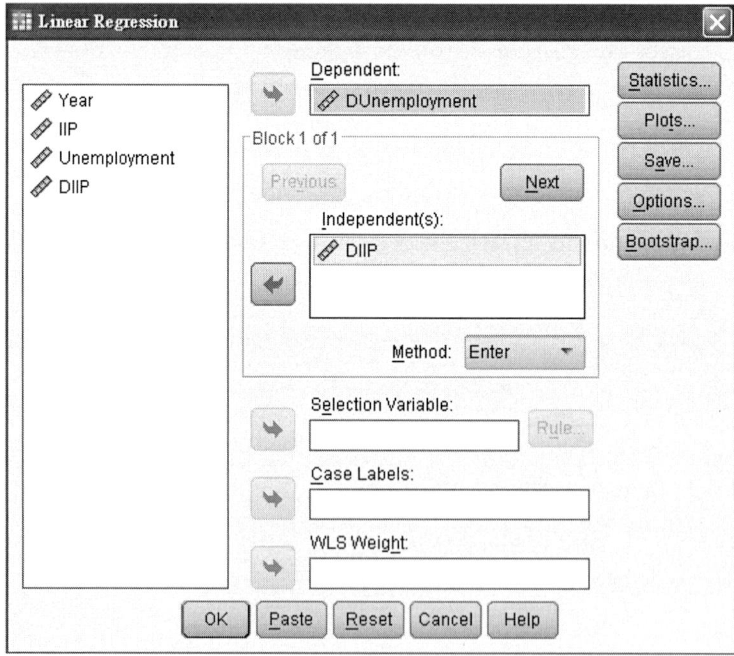

圖 A20-2

圖 A20-3

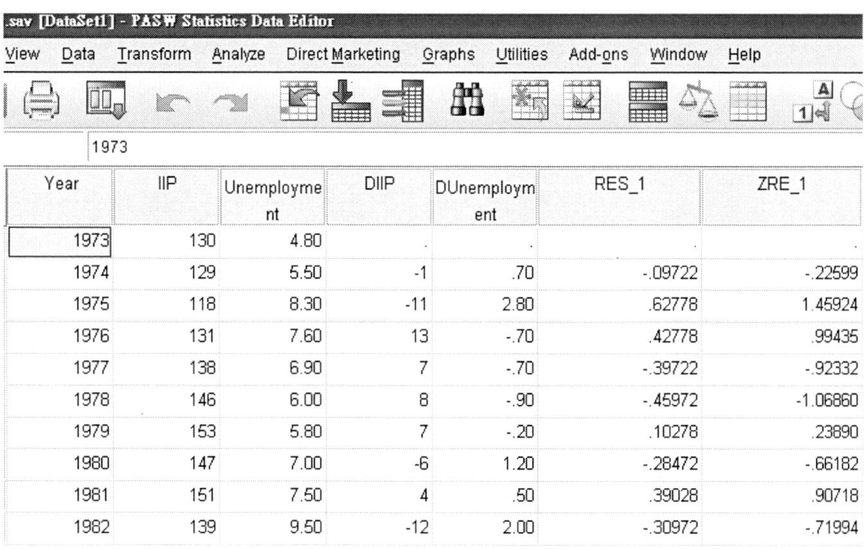

Year	IIP	Unemployment	DIIP	DUnemployment	RES_1	ZRE_1
1973	130	4.80	.	.	.	.
1974	129	5.50	-1	.70	-.09722	-.22599
1975	118	8.30	-11	2.80	.62778	1.45924
1976	131	7.60	13	-.70	.42778	.99435
1977	138	6.90	7	-.70	-.39722	-.92332
1978	146	6.00	8	-.90	-.45972	-1.06860
1979	153	5.80	7	-.20	.10278	.23890
1980	147	7.00	-6	1.20	-.28472	-.66182
1981	151	7.50	4	.50	.39028	.90718
1982	139	9.50	-12	2.00	-.30972	-.71994

圖 A20-4

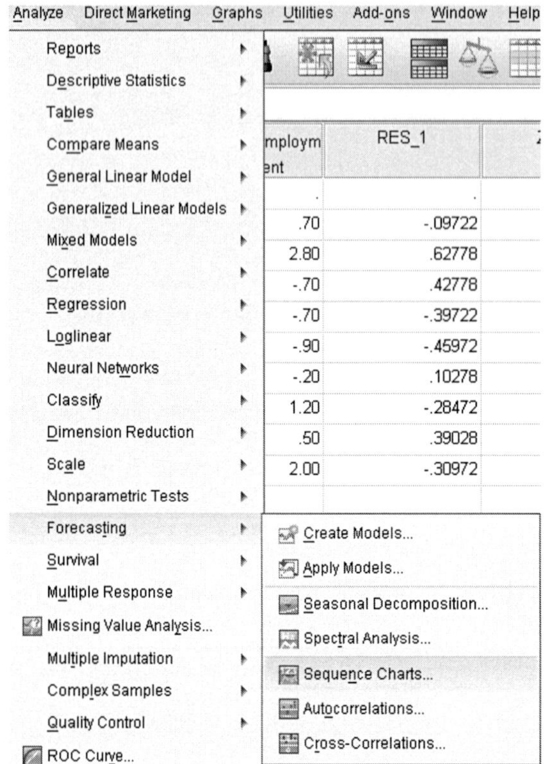
Analyze
Direct Marketing
Graphs
Utilities
Add-ons
Window
Help
Reports
Descriptive Statistics
Tables
Compare Means
General Linear Model
Generalized Linear Models
Mixed Models
Correlate
Regression
Loglinear
Neural Networks
Classify
Dimension Reduction
Scale
Nonparametric Tests
Forecasting
Survival
Multiple Response
Missing Value Analysis...
Multiple Imputation
Complex Samples
Quality Control
ROC Curve...
mploym ent
RES_1
.70 -.09722
2.80 .62778
-.70 .42778
-.70 -.39722
-.90 -.45972
-.20 .10278
1.20 -.28472
.50 .39028
2.00 -.30972
Create Models...
Apply Models...
Seasonal Decomposition...
Spectral Analysis...
Sequence Charts...
Autocorrelations...
Cross-Correlations...

圖 A20-5

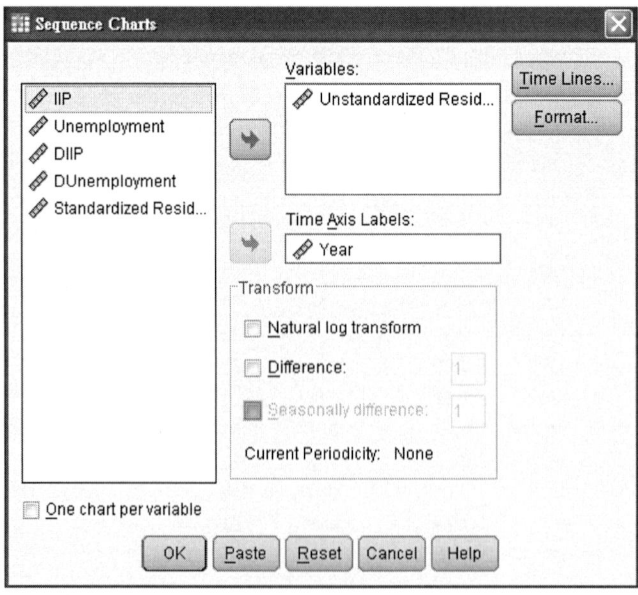
Sequence Charts
IIP
Unemployment
DIIP
DUnemployment
Standardized Resid...
Variables:
Unstandardized Resid...
Time Lines...
Format...
Time Axis Labels:
Year
Transform
Natural log transform
Difference:
1
Seasonally difference:
1
Current Periodicity: None
One chart per variable
OK
Paste
Reset
Cancel
Help

圖 A20-6

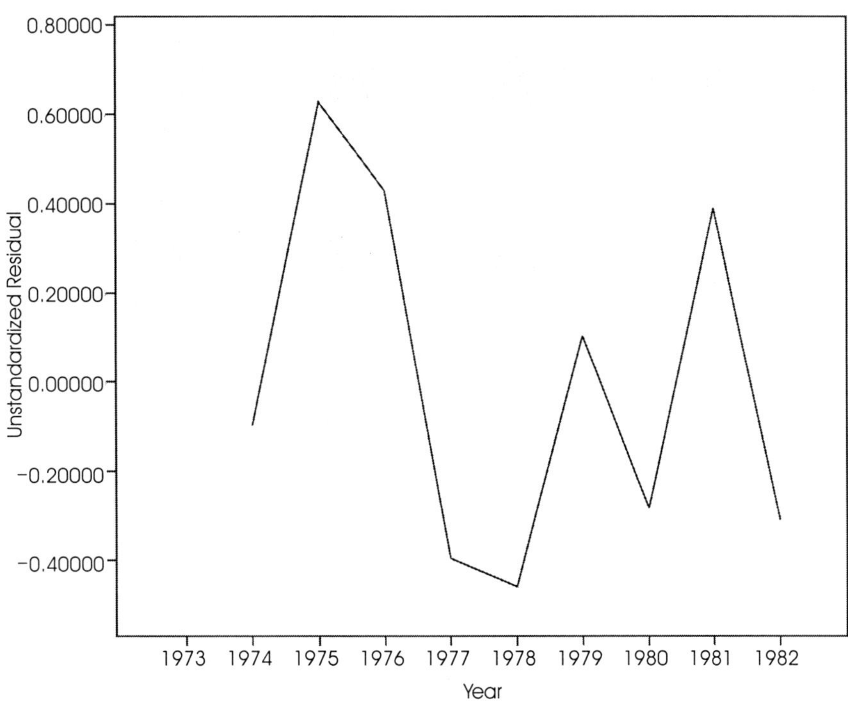

圖 **6-20** 以失業進行 **DIIP** 迴歸其殘差的序列關聯圖

4. 圖 6-21 Dunemployment 對 DIIP 迴歸中其殘差對滯延殘差的直線性圖，獲得過程

首先以前述的圖 A20-4 為資料或拉出 CH6-2b 的檔案圖 A21-1 為資料，然後以此視窗的介面圖 A21-2 按 Transform → Create Time Series...。進入圖 A21-3 的 Create Time Series 對話盒，移入 Unstandardized Residual 進入 Variables → New name 方格中，按 Function 拉出 Lag，Order， 1，按 Change 鍵，然後按 OK。進行圖 A21-4 的結果報表，在其視窗的介面按關閉，在其結果報表上出現 Save Contents of output viewer to Output「Document1」的標示，在標示上按 No，會獲得圖 A21-5 的結果。

使用圖 A21-5 的結果，進行圖 A21-6 按 Graphs → Legacy Dilogs → Scatter/Dot... 的過程。進入圖 A21-7 的 Scatter/Dot 對話盒，按 Simple Scatter 方格，再按 Define 鍵。進入圖 A21-8 的 Simple Scatterplot 對話盒，把 Unstandardized Residual「RES...」移入 Y Axis 方格中，LAGS（RES-1）移入 X Axis 方格中，最後按 OK，就會獲圖 6-21 失業差分與工業生產指數差分的線性散布圖。

Year	IIP	Unemployment	DIIP	DUnemployment	RES_1	ZRE_1
1973	130	4.80	.	.	.	.
1974	129	5.50	-1	.70	-.09722	-.22599
1975	118	8.30	-11	2.80	.62778	1.45924
1976	131	7.60	13	-.70	.42778	.99435
1977	138	6.90	7	-.70	-.39722	-.92332
1978	146	6.00	8	-.90	-.45972	-1.06860
1979	153	5.80	7	-.20	.10278	.23890
1980	147	7.00	-6	1.20	-.28472	-.66182
1981	151	7.50	4	.50	.39028	.90718
1982	139	9.50	-12	2.00	-.30972	-.71994

圖 A21-1

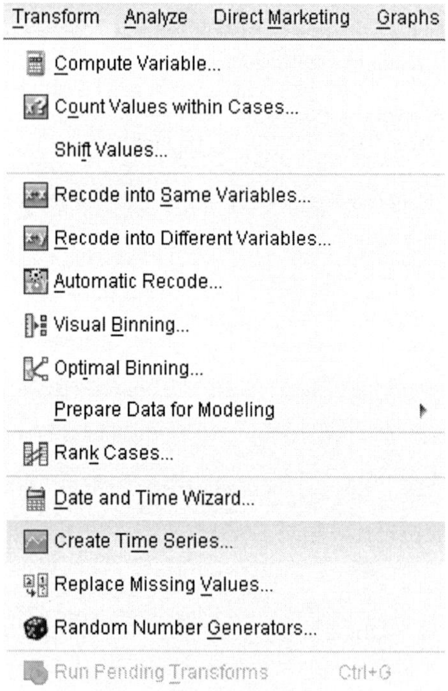

Transform Analyze Direct Marketing Graphs

- Compute Variable...
- Count Values within Cases...
- Shift Values...
- Recode into Same Variables...
- Recode into Different Variables...
- Automatic Recode...
- Visual Binning...
- Optimal Binning...
- Prepare Data for Modeling ▸
- Rank Cases...
- Date and Time Wizard...
- Create Time Series...
- Replace Missing Values...
- Random Number Generators...
- Run Pending Transforms Ctrl+G

圖 A21-2

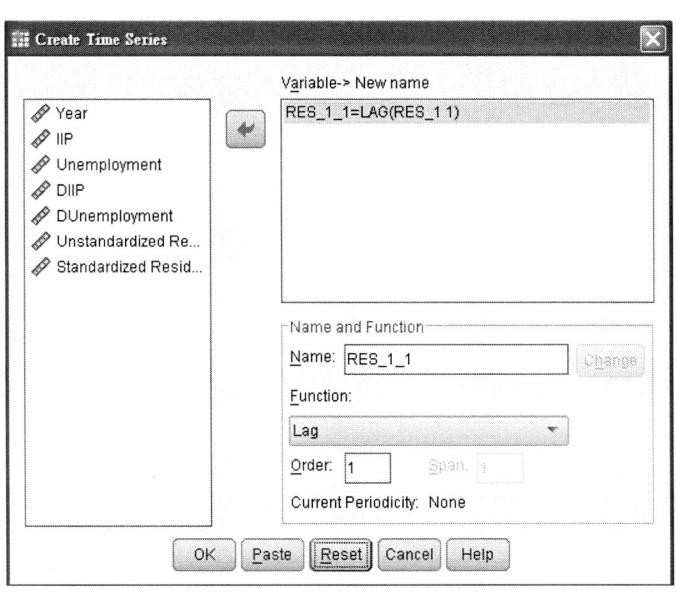

圖 A21-3

➜ Create

[DataSet1] C:\Documents and Settings\All Users\Documents\my book 33\CH32-2c.sav

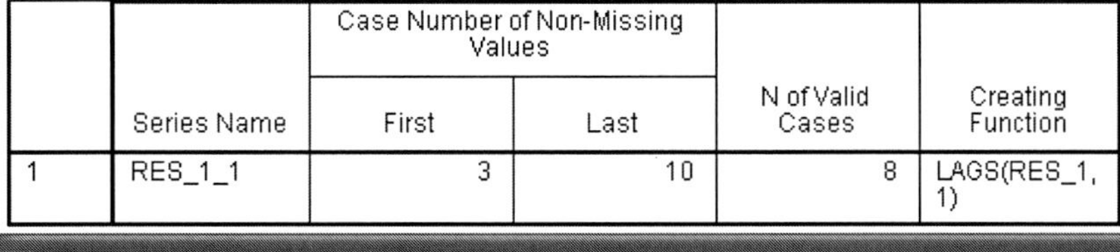

Created Series

	Series Name	Case Number of Non-Missing Values		N of Valid Cases	Creating Function
		First	Last		
1	RES_1_1	3	10	8	LAGS(RES_1, 1)

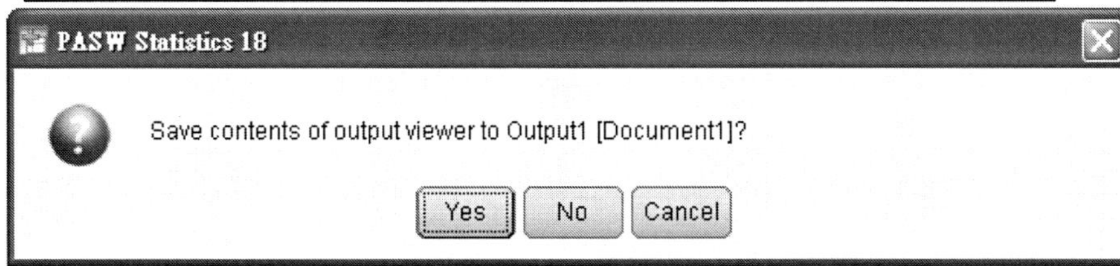

圖 A21-4

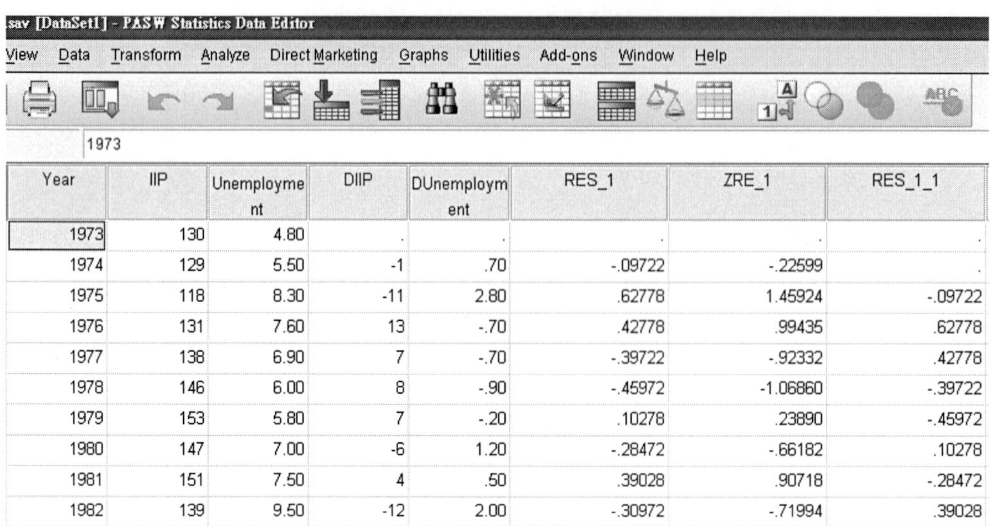

Year	IIP	Unemployment	DIIP	DUnemployment	RES_1	ZRE_1	RES_1_1
1973	130	4.80	.	.	.	.	.
1974	129	5.50	-1	.70	-.09722	-.22599	.
1975	118	8.30	-11	2.80	.62778	1.45924	-.09722
1976	131	7.60	13	-.70	.42778	.99435	.62778
1977	138	6.90	7	-.70	-.39722	-.92332	.42778
1978	146	6.00	8	-.90	-.45972	-1.06860	-.39722
1979	153	5.80	7	-.20	.10278	.23890	-.45972
1980	147	7.00	-6	1.20	-.28472	-.66182	.10278
1981	151	7.50	4	.50	.39028	.90718	-.28472
1982	139	9.50	-12	2.00	-.30972	-.71994	.39028

圖 A21-5

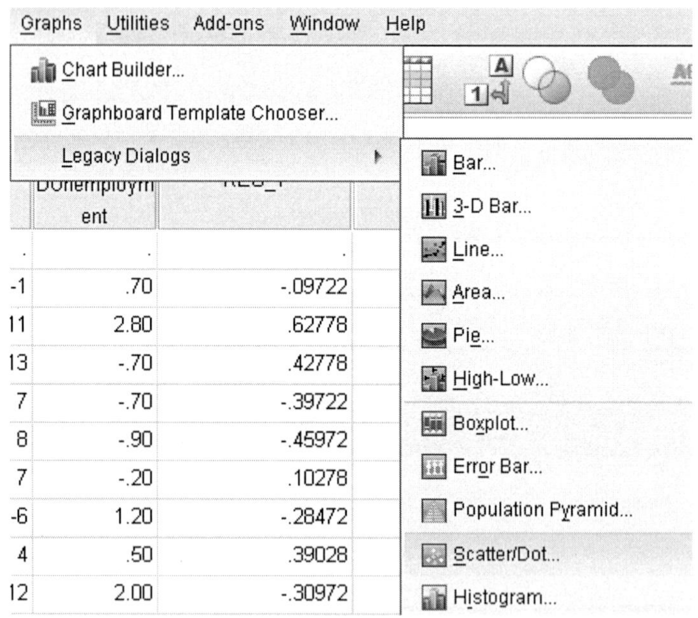

圖 A21-6

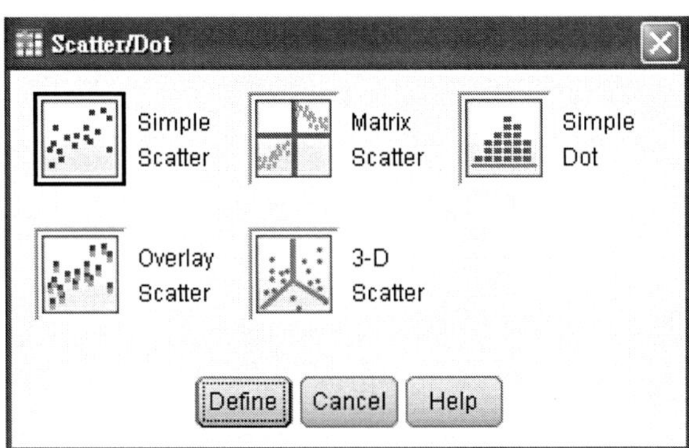
Scatter/Dot
Simple Scatter
Matrix Scatter
Simple Dot
Overlay Scatter
3-D Scatter
Define
Cancel
Help

圖 A21-7

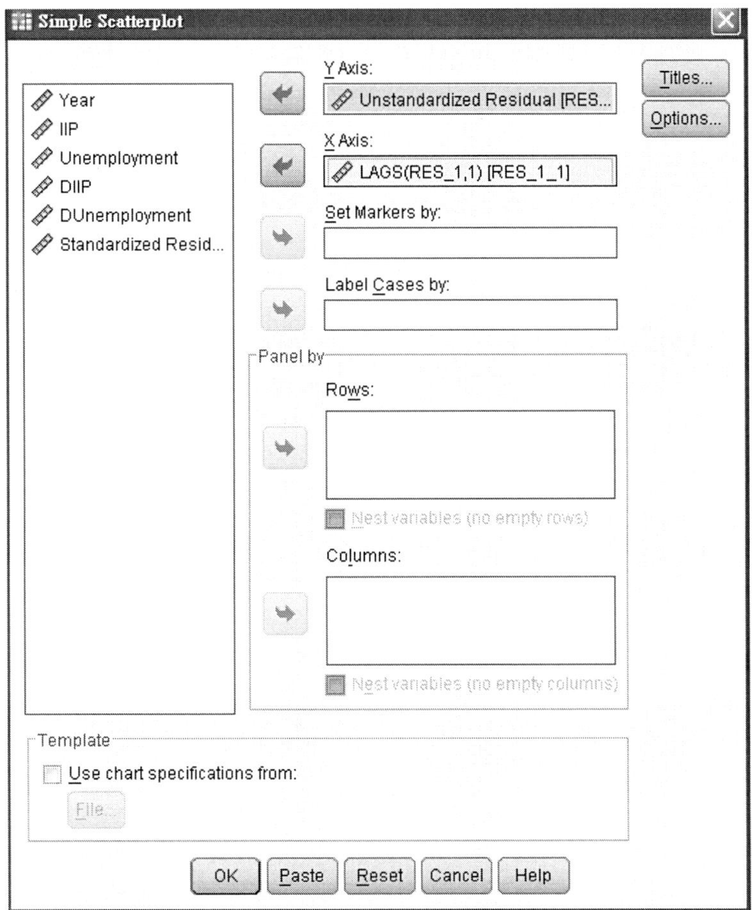
Simple Scatterplot
Year
IIP
Unemployment
DIIP
DUnemployment
Standardized Resid...
Y Axis:
Unstandardized Residual [RES...
X Axis:
LAGS(RES_1,1) [RES_1_1]
Set Markers by:
Label Cases by:
Panel by
Rows:
Nest variables (no empty rows)
Columns:
Nest variables (no empty columns)
Titles...
Options...
Template
Use chart specifications from:
File...
OK
Paste
Reset
Cancel
Help

圖 A21-8

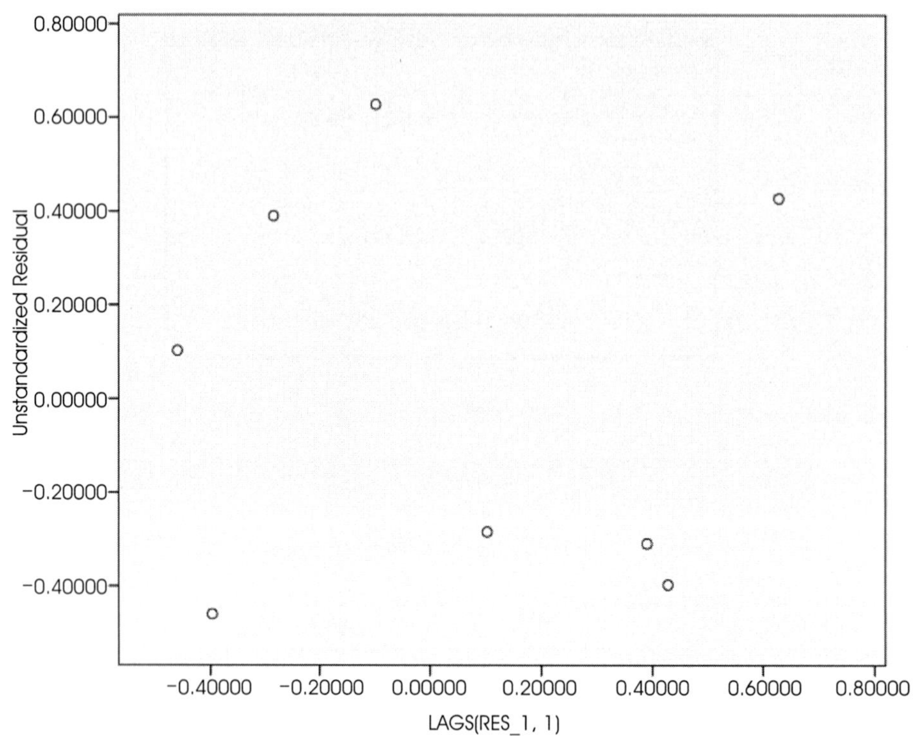

圖 6-21　**Dunemployment** 對 **DIIP** 迴歸中其殘差對滯延殘差的直線性圖

第三節　滯延

一、分配的滯延

市場研究者長久以來就有興趣於廣告與銷售量之間的縱向關係。無論如何，在缺乏有效控制實驗之下，因果關係是難以呈現其效果，如果是在無法進行有效控制實驗之下，又要去建立其因果關係。然而，這種情況在正常的企業經營過程中時常會有這樣的資料出現。二個變項之間的相關可以反映從一個到另一個變項的因果關係，而且亦會出現其因果關係是反向的或和一個第三變項發生一種關係。其目標，是不在於建立其因果關係，而是僅在於能夠建立有助於從另一個變項中去預測一個變項的模型。

在表 6-10 中（資料儲存在 CH6-3 檔案中）的資料組合是被使用去解釋說明這部分的理念。一種飲食體重控制產品以等式服用單位（不同包裝大小銷售說明）的多元性每月被測量。對這種產品的廣告亦以每月廣告支出被進行測量。廣告支出是被歸屬於真正的月份，其中廣告呈現出不是在廣告支出被送到或被支付的當月份中。考量廣告與銷售量兩者跨越過去時間的變數（variability）是被顯示圖 6-22 與 6-23 所給予的序列關聯圖。

表 6-10（資料儲存在 CH6-3 檔案中）

銷售	廣告	月
12.00	15	1
20.50	16	2
21.00	18	3
15.50	27	4
15.30	21	5
23.50	49	6
24.50	21	7
21.30	22	8
23.50	28	9
28.00	36	10
24.00	40	11
15.50	3	12
17.30	21	13
25.30	29	14
25.00	62	15
36.50	65	16
36.50	46	17
29.60	44	18
30.50	33	19
28.00	62	20
26.00	22	21
21.50	12	22
19.70	24	23
19.00	3	24
16.00	5	25
20.70	14	26
26.50	36	27
30.60	40	28
32.30	19	29

銷售	廣告	月
29.50	7	30
28.30	52	31
31.30	65	32

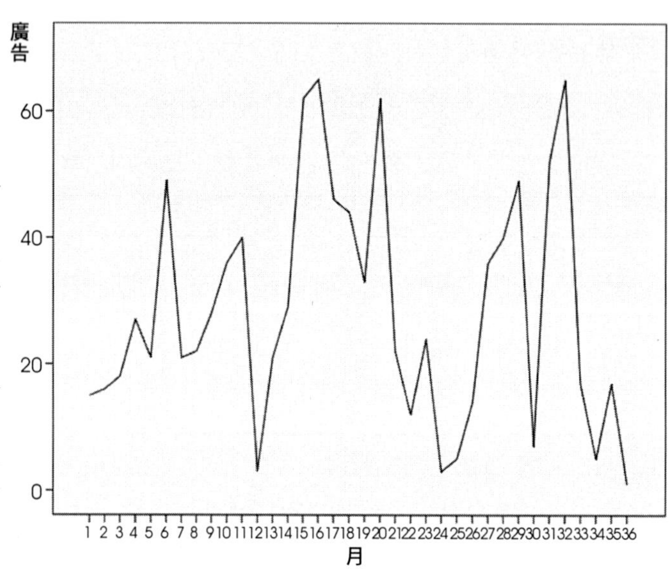

圖 6-22　廣告支出序列關聯圖

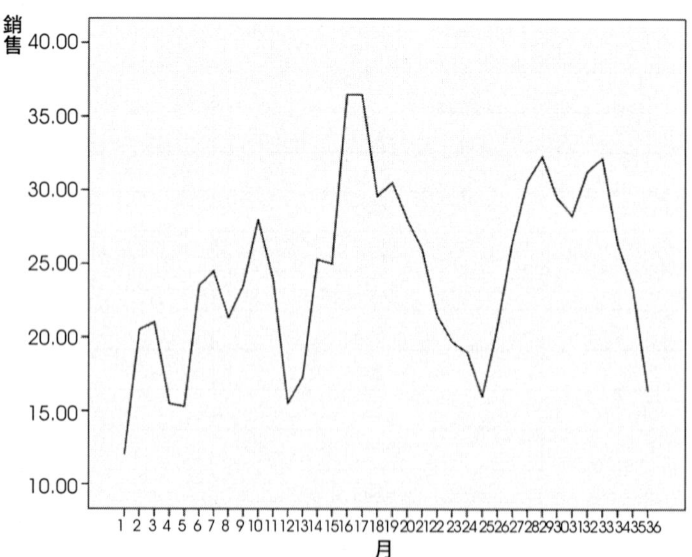

圖 6-23　銷售量序列關聯圖

開始要去理解銷售量與廣告之間的關係，可以考量連結序列關聯圖被顯示於圖 6-24 中。此為序列關聯兩者的標準化範本（standardized version）已被繪成曲線圖在相同的圖形上以被加入每一個標準化廣告值中如此序列關聯將繪成曲線圖在彼此的頂部。在這個曲線圖中該序列逐漸地向上與向下形成在一起，雖然這樣的模式不是完全有規則。有時間的期間其中銷售量增加儘管廣告並沒增加，在其他時間的期間其中儘管廣告支出增加，然而銷售量並沒增加。在資料的月 30（第 30 個月），廣告支出的下降並沒有反映於一個銷售量的下降。

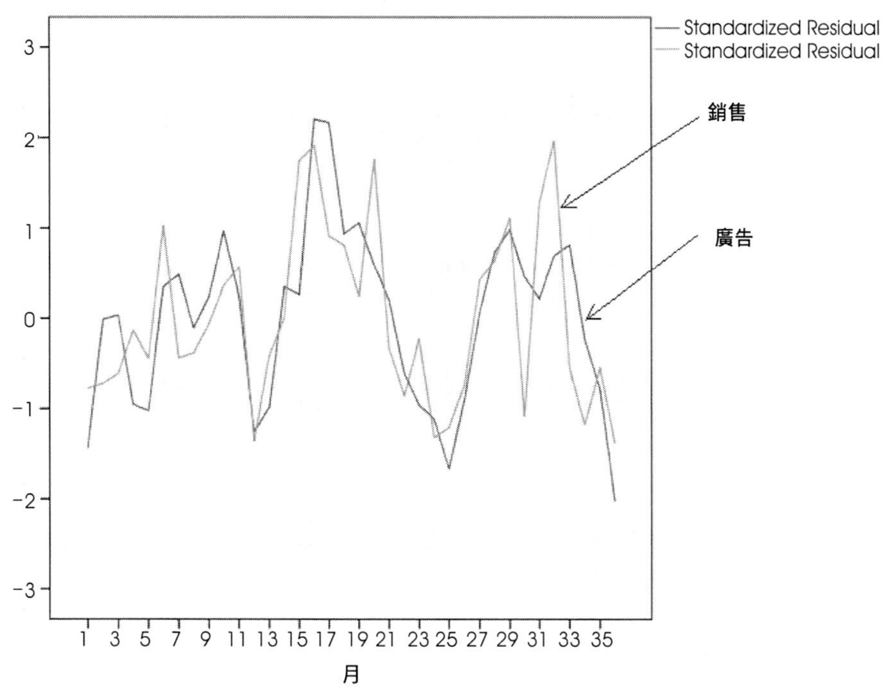

圖 6-24　標準化銷售量與廣告殘差之間重疊的序列關聯圖

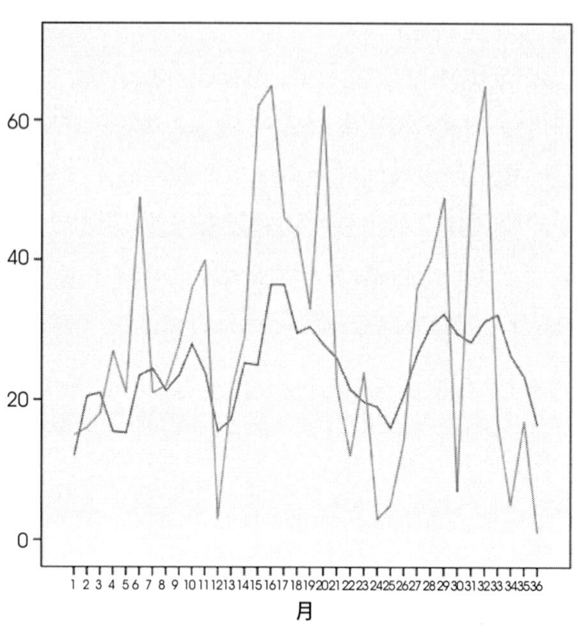

圖 6-25　銷售量與廣告之間的序列關聯圖

要更進一步去研究其關係，銷售量與廣告之間的關係是被繪製成散布圖於圖 6-26 中。在此所顯示的關係只是概略的線性但有些令人失望因為其相關係數只有 0.631。如果銷售量被進行以廣告迴歸，其預測方程式

$$\text{預測銷售量} = 18.3 + 0.208\,(\text{廣告}) \tag{6-4}$$

表 6-11 之 1

Correlations

		銷售	廣告
Pearson Correlation	銷售	1.000	0.631
	廣告	0.631	1.000
Sig. (1-talied)	銷售		0.000
	廣告	0.000	-
N	銷售	36	36
	廣告	36	36

表 6-11 之 2

Model Summary

Model	R	R Square	Adjusted R Square	Std. Error of the Estimate	Change Statistics				
	R Square Change	F Change	df1	df2	Sig. F Change	R Square Change	F Change	df1	df2
1	0.631(a)	0.399	0.381	4.86327	0.399	22.544	1	34	0.000

a Predictors: (Constant)，廣告

表 6-11 之 3

ANOVA[b]

Model		Sum of Squares	df	Mean Square	F	Sig.
1	Regression	533.202	1	533.202	22.544	0.000[a]
	Residual	804.147	34	23.651		
	Total	1337.350	35			

a. Predictors: (Constant)，廣告
b. Dependent Variable：銷售

表 6-11 之 4

Coefficients[a]

Model		Unstandardized Coefficients		Standardized Coeffcients	t	Sig.
		B	Std. Error	Beta		
1	(Constant)	18.323	1.489		12.307	0.000
	廣告	0.208	0.044	0.631	4.748	0.000

a. Dependent Variable: 銷售

以估計標準誤 = 4.863 與 R^2 = 39.9% 被獲得。無論如何，其殘差絕不是隨機的。圖 6-27 顯示基於方程式（6-4）殘差的序列關聯圖。一個月滯延的自我相關 0.317，它指出缺乏自主獨立性。我們進行建構一個更複雜的方法以提供銷售量與廣告之間關係的解釋。

市場研究者已假設廣告的影響實現在廣告被看到或被聽到的一個月之後。即是，廣告被看到在 3 月可以影響 3 月，4 月，與 5 月的銷售量到甚麼樣的程度範圍。在圖 6-28 中所顯示的散布圖展示銷售量與廣告之間的概似線性關係滯延一個月。在此其相關是 0.674 去考量一個模型亦包括滯延的廣告為一個預測式是合理的。

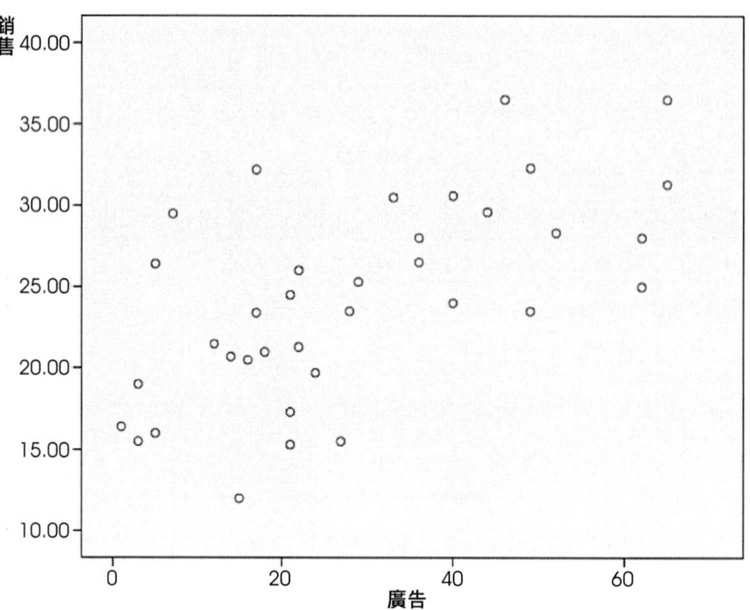

圖 6-26 銷售量與廣告支出的線性散布圖

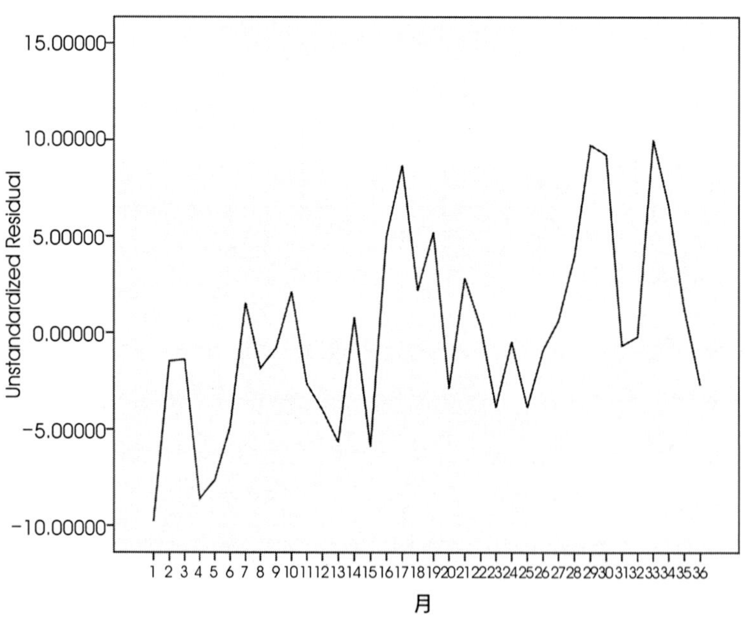

圖 6-27 銷售對廣告迴歸殘差的序列關聯圖

表 6-12　各變項滯延一個月的資料

銷售	廣告	月	銷售_1	廣告_1	月_1
12.00	15	1	-	-	-
20.50	16	2	8.5	1	1
21.00	18	3	0.50	2	1
15.50	27	4	−5.50	9	1
15.30	21	5	−0.20	-6	1
23.50	49	6	8.20	28	1
24.50	21	7	1.00	-28	1
21.30	22	8	−3.20	1	1
23.50	28	9	2.20	6	1
28.00	36	10	4.50	8	1

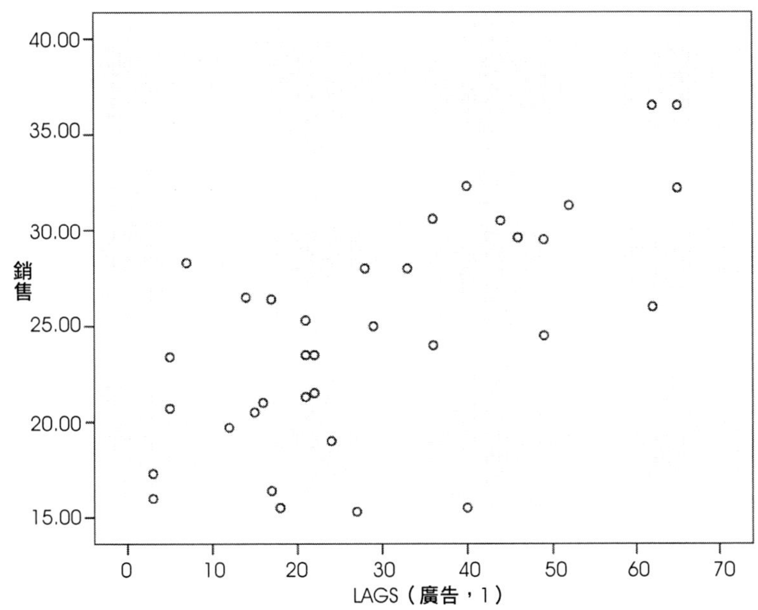

圖 6-28　銷售量對廣告滯延 1 的線性散布圖

一般而言，一個模型的形成

$$y_t = \beta_0 + \beta_1 x_t + \beta_2 x_{t-1} + \cdots + \beta_k x_{t-k} + e_t \qquad (6\text{-}5)$$

包括在預測式變項上的 k 個滯延 x_t 可以被考量，這樣的模型是被稱為分配的滯延模型（distributed lag models）。無論如何，這樣的模型可以包括許多迴歸係數，每一個係數必須從資料中被估計。因為典型的序列長度（lengths）將不會允許一個大數目的參數作精確的估計，一個模型的簡化是必要的。

二、KOYCK MODEL

在次數上一般分配的滯延模型可以由假設 $\beta_1, \beta_2, ..., \beta_k$ 的特別形式是 $\beta_1 = \alpha_0$, $\beta_2 = \alpha_0\lambda$, $\beta_3 = \alpha_0\lambda^2$, $\beta_4 = \alpha_0\lambda^3$, ..., $\beta_k = \alpha_0\lambda^{k-1}$。這種個別分配的滯延模型被稱為 koyck 或幾何分配的滯延模型（geometric distributed lag models）：

$$y_t = \beta_0 + \alpha_0 x + \alpha_0\lambda x_{t-1} + \alpha_0\lambda^2 x_{t-2} + \cdots + \alpha_0\lambda^k x_{t-k} + e_t \quad (6\text{-}6)$$

只有三個參數，β_0, α_0 與 λ，需要在這種模型中被進行估計。在大部分的案例中參數是被限制落在 0 與 1 之間，如此在滯延的 x_t 的各係數衰退於在幾何上的大小中如當滯延增加時。在我們的範例中，這個反應於在 3 月的廣告對 3 月的銷售量產生影響但是對 4 月的銷售量其影響逐漸減少，對 5 月銷售量的影響更進一步的減少，依序逐漸減少。

如果 k 是大的足以使 λ^{k+1} 可以被視為是小的可以被忽略，那麼方程式（6-6）可以被寫成

$$y_t = \beta_0^* + \lambda y_{t-1} + \alpha_0 x_t + e_t^* \quad (6\text{-}7)$$

其中 $\beta_0^* = \beta_0(1-\lambda)$ 與 $e_t^* = e_t - \lambda_{t-1}$。如果方程式（6-6）模型中的誤差是獨立自主的，那麼它可以被顯示在方程式（6-7）模型中的誤差在滯延 1 上是相關的。無論如何，最小平方的方法仍然將會產生合理的誤差，如果不理想，參數的估計與診斷的方法將總是會被使用去檢核模型的假設於進行適配模型之後。

要進行估計由方程式（6-7）所界定的參數，是以二個預測式被迴歸：y_{t-1} 與 x_t。這樣對銷售量與廣告序列進行迴歸的結果是被顯示在表 6-13 之 1，2，與 3 的報表資料中。已估計的模型使用 $\hat{\lambda} = 0.528$ 與 $\hat{\alpha} = 0.146$，它們兩者會依據一般的 t 比率進行檢定被認為是相當高的顯著性。除此之外，已估計的（已轉變的）截距項是 7.45 與殘差的標準差是 3.480 與 67.2% 的決定係數（R^2）。圖 6-29 顯示真正銷售量序列與適配值（fitted values）序列的重疊關聯圖形。要注意到適配值是如何追蹤真正的值。

表 6-13 之 1

Model Summary

Model	R	R Square	Adjusted R Square	Std. Error of the Estimate
1	0.820[a]	0.672	0.652	3.47986

a. Predictors: (Constant)，廣告，LAGS（銷售，1）

表 6-13 之 2

ANOVA[b]

Model		Sum of Squares	df	Mean Square	F	Sig.
1	Regression	795.427	2	397.714	32.843	0.000[a]
	Residual	387.503	32	12.109		
	Total	1182.930	34			

a. Predictors: (Constant)，廣告，LAGS（銷售，1）
b. Dependent Variable：銷售

表 6-13 之 3

Coefficients[a]

Model		Unstandardized Coefficients		Standardized Coefficients	t	Sig.
		B	Std. Error	Beta		
1	(Constant)	7.453	2.467		3.021	0.005
	LAGS(銷售 ,1)	0.528	0.102	0.548	5.169	0.000
	廣告	0.146	0.033	0.470	4.433	0.000

a. Dependent Variable：銷售

從以上表 6-13 之 3 獲得其迴歸方程式是：

銷售量（Sales）= 7.453 + 0.528 Lag1 Sales + 0.146 廣告

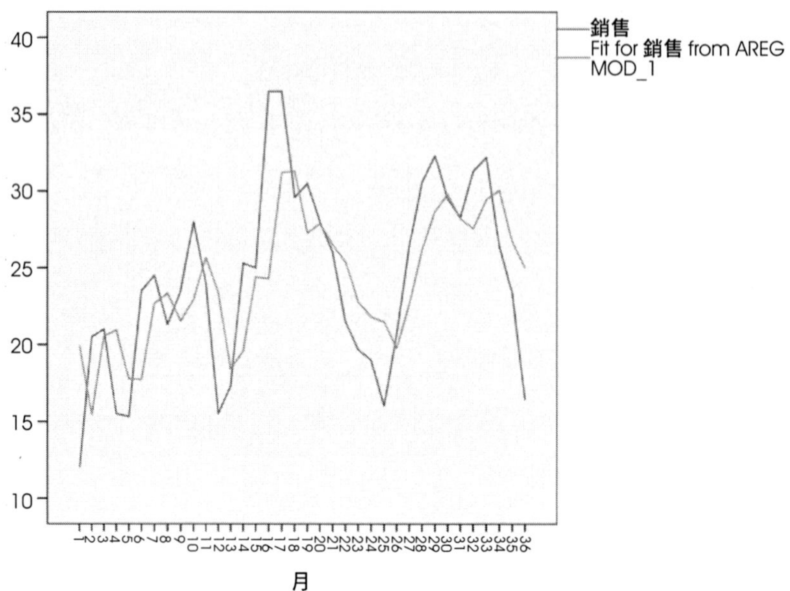

圖 6-29　銷售量的真正值與適配值的關聯圖形

簡言之，一般的診斷檢定將會被進行討論。現在假設其診斷支持已假設的模型，要注意到它要去以這個模型是如何容易去進行預測。假設 n 指示最後可信資料的時間：x_a 與 y_n。依據方程式（6-7），y 的下一個值可滿足

$$y_{n+1} = \beta_0^* + \lambda y_n + \alpha_0 x_{n+1} + e_{n+1}^* \tag{6-8}$$

因為 e_{n+1}^* 是一個未來的誤差（a future error），對它的值之最佳預測值是它的平均數 0。在我們的範例中。廣告是在我們掌握之下如此 x_{n+1} 依據我們的預算與銷售目標可以作為下月的選擇。下月的銷售預測值是由下列方程式所給予

$$\hat{y}_{n+1} = \beta_0^* + \lambda y_n + \alpha_0 x_{n+1} \tag{6-9}$$

其中各參數是被基於它們資料所獲得的估計值所替代。

在我們的範例中在月 36 的銷售值是 16.4，與廣告值的範圍從一個低的 1 到一個高到大約 60。為說明假定 30 為下個月廣告的預算。那其預測的銷售量是：銷售量 = 7.453 + 0.528(16.4) + 0.146(30) = 20.4892 或 20.5。基於規劃目標，種種的試驗值可以提供作為其次各月廣告預算的考量與作為其預測銷售結果的研究。總是，其關聯的預測區間應該被提出如此預測值的精確度可以被評估。有三個方案被提出於下表中：

廣告預算	預測銷售量	95% 預測區間	區間的長度
10	17.57	「10.16, 24.98」	14.82
30	20.50	「13.11, 27.89」	14.78
60	24.90	「17.09, 32.70」	15.61

要注意到預測區間是最小的精確度，即是，當吾人嘗試使用一個廣告變項的極端值去進行預測時，它是最寬的值。

要預測前二個月，方程式（6-8）是可以被使用於僅 n 是由 1 逐步增加。在這個方程式的誤差項是預測為零，而 x_{n+2} 必須被界定，然而 x_{n+1} 應該如何被執行？只要使用在方程式（6-9）中所給予的預測值。如此，前二個月的預測值可以從下列方程式中去獲得

$$\hat{y}_{n+2} = \beta_0^* + \lambda \hat{y}_{n+1} + \alpha_0 x_{n+2} \quad (6\text{-}10)$$

同樣地，對以 i 單位時間預測未來的值可以使用下列方程式去獲得

$$\hat{y}_{n+1} = \beta_0^* + \lambda \hat{y}_{n+1\text{-}1} + \alpha_0 x_{n+1} \quad (6\text{-}11)$$

要去執行這樣的範例，適配模型的診斷分析要被執行。圖 6-30 給予產生殘差的關聯圖形與圖 6-31 展示殘差對適配值的線性散布圖。沒有特殊的模式被呈現於這些圖形中，而這樣的感覺是由一個 0.05 的一個小的滯延 1 的自我相關所增強。

最後，我們注意到誤差項的常態性。標準化殘差的直方圖被呈現在圖 6-32 中，直方圖的形成是更進一步被實質化於被假定於圖 6-33 中所標示常態分數中的相關係數是很強的為 0.993。有關所有的解釋，the Koyck 的分配滯延模型給予一個特殊的模型提供銷售——廣告時間序列的資料。

三、圖形的求取與 SPSS 軟體的操作方法

（一）分配的滯延

1. 圖 6-22 廣告支出順序關聯圖，求取過程

從 CH6--3 檔案拉出圖 A22-1 的視窗介面，Analyze → Forecasting → Sequence Charts...。進入圖 A22-2 的對話盒，把廣告經費輸入 Variables 的方格中，然後把月的資料輸入 Time Axis Labels 的方格中，最後按 OK，就會獲得圖 6-22 廣告支出序列關聯圖。

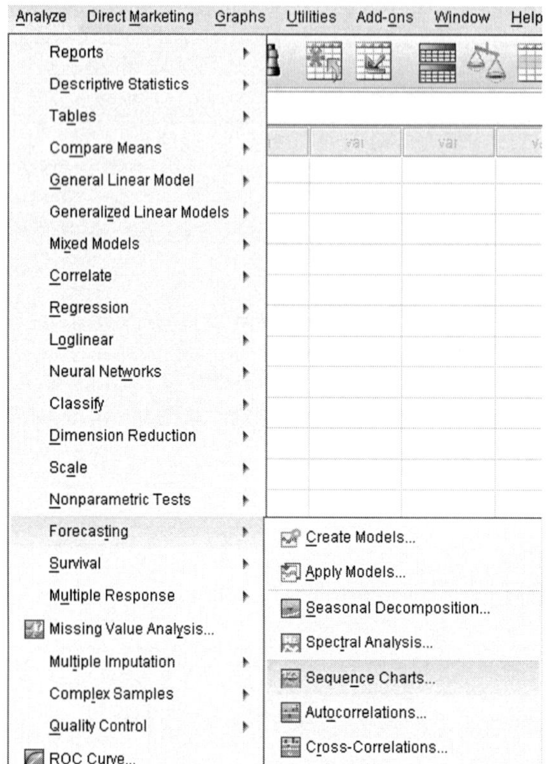
Analyze
Direct Marketing
Graphs
Utilities
Add-ons
Window
Help
Reports
Descriptive Statistics
Tables
Compare Means
General Linear Model
Generalized Linear Models
Mixed Models
Correlate
Regression
Loglinear
Neural Networks
Classify
Dimension Reduction
Scale
Nonparametric Tests
Forecasting
Survival
Multiple Response
Missing Value Analysis...
Multiple Imputation
Complex Samples
Quality Control
ROC Curve...
Create Models...
Apply Models...
Seasonal Decomposition...
Spectral Analysis...
Sequence Charts...
Autocorrelations...
Cross-Correlations...

圖 A22-1

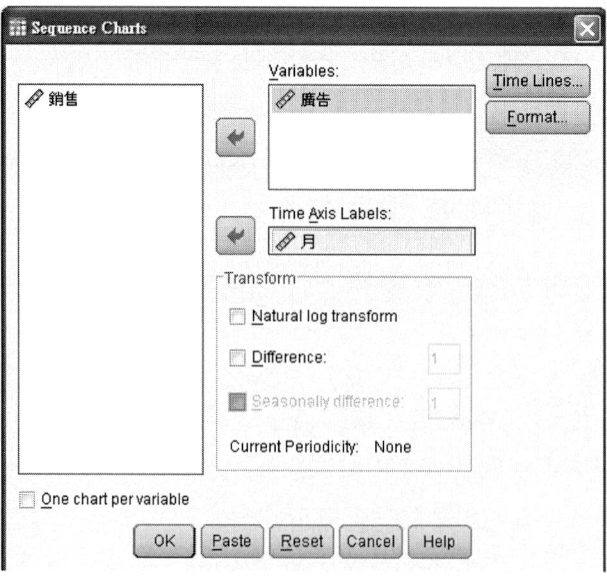
Sequence Charts
銷售
Variables:
廣告
Time Lines...
Format...
Time Axis Labels:
月
Transform
Natural log transform
Difference:
1
Seasonally difference:
1
Current Periodicity: None
One chart per variable
OK
Paste
Reset
Cancel
Help

圖 A22-2

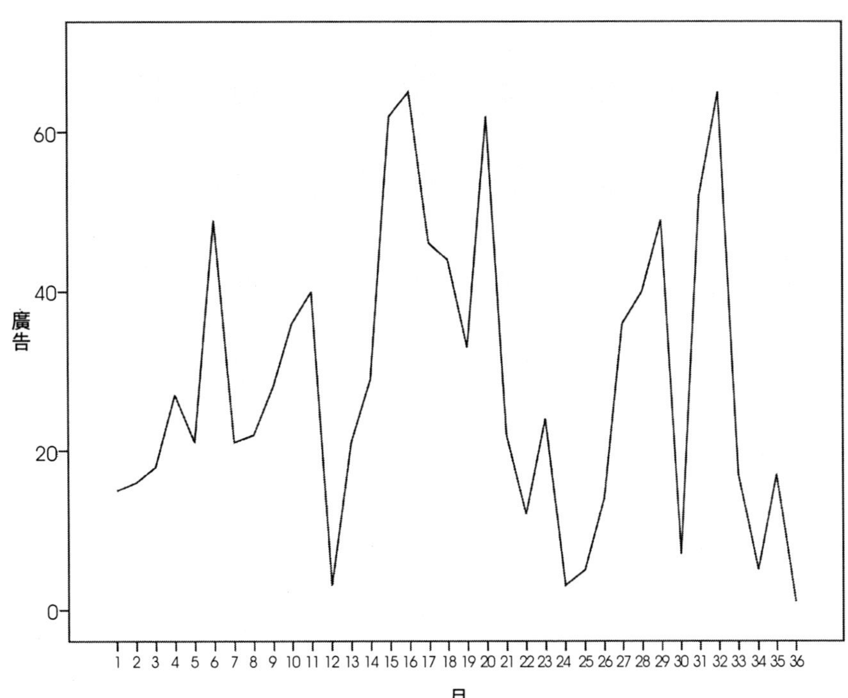

圖 6-22　廣告支出序列關聯圖

2. 圖 6-23 銷售量順序關聯圖，獲得過程

從 CH6-3 檔案拉出圖 A23-1 的視窗介面，Analyze → Forecasting → Sequence Charts...。進入圖 A23-2 的對話盒，把銷售輸入 Variables 的方格中，然後把月的資料輸入 Time Axis Labels 的方格中，最後按 OK，就會獲得圖 6-23 銷售序列關聯圖。

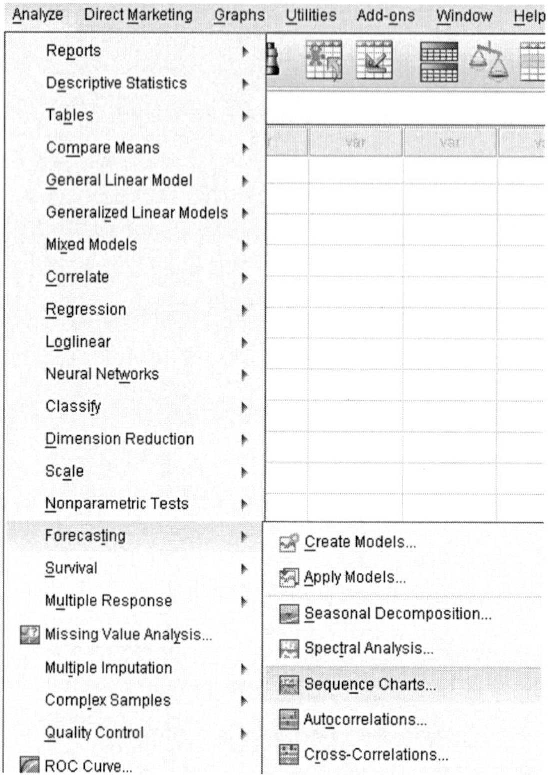
Analyze
Direct Marketing
Graphs
Utilities
Add-ons
Window
Help
Reports
Descriptive Statistics
Tables
Compare Means
General Linear Model
Generalized Linear Models
Mixed Models
Correlate
Regression
Loglinear
Neural Networks
Classify
Dimension Reduction
Scale
Nonparametric Tests
Forecasting
Survival
Multiple Response
Missing Value Analysis...
Multiple Imputation
Complex Samples
Quality Control
ROC Curve...
Create Models...
Apply Models...
Seasonal Decomposition...
Spectral Analysis...
Sequence Charts...
Autocorrelations...
Cross-Correlations...

圖 A23-1

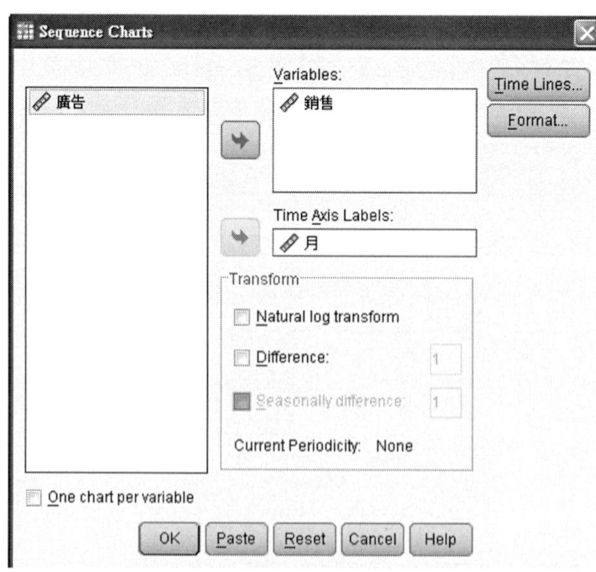
Sequence Charts
廣告
Variables:
銷售
Time Lines...
Format...
Time Axis Labels:
月
Transform
Natural log transform
Difference:
1
Seasonally difference:
1
Current Periodicity: None
One chart per variable
OK
Paste
Reset
Cancel
Help

圖 A23-2

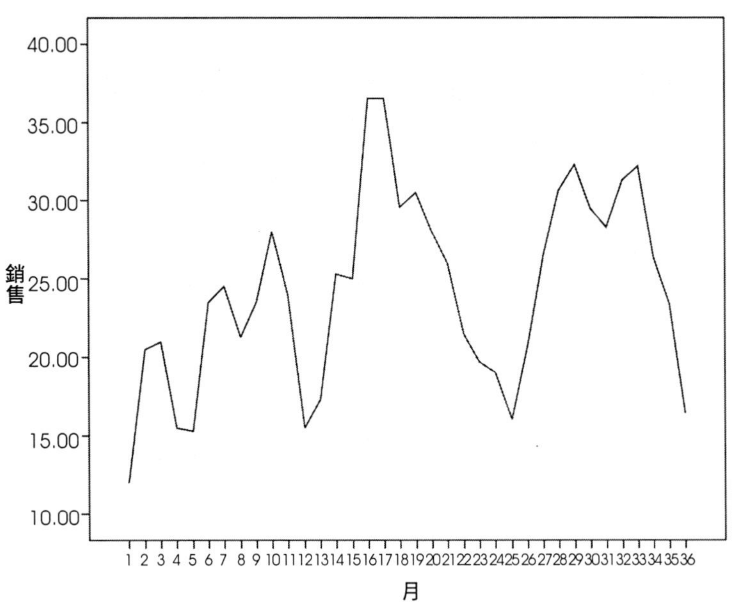

圖 6-23　銷售序列關聯圖

3. 圖 6-24 標準化銷售量與廣告之間重疊的序列關聯圖，求取過程

首先使用檔案 CH6-3 拉出圖 A24-1 的視窗介面按 Analyze → Regression → Linear...。進入圖A24-2的Regression Linear對話盒，把銷售移入Dependent（依變項）方盒中，再把月移入 Independent（s）（自變項）方盒中，然後按 Save 鍵，進入圖 A24-3 的 Regression Linear：Save 對話盒，按圖示作選擇，然後按 Continue，進入圖 A24-4 的 SPSS 輸出結果報表後按視窗介面的關閉，在其結果報表上出現 Save Contents of output viewer to Output「Document1」的標示，在標示上按 No，會獲得圖 A24-5 的結果。

接著使用圖 A24-5 的結果視窗介面，按 Analyze → Regression → Linear...。進入圖 A24-6 的 Regression Linear 對話盒，把廣告移入 Dependent（依變項）方盒中，再把月移入 Independent（s）（自變項）方盒中，然後按 Save 鍵，進入圖 A24-7 的 Regression Linear：Save 對話盒，按圖示作選擇，然後按 Continue，進入圖 A24-8 的 SPSS 輸出結果報表後按視窗介面的關閉，在其結果報表上出現 Save Contents of output viewer to Output「Document1」的標示，在標示上按 No，會獲得圖 A24-9 的結果。

最後在圖 A24-9 的結果視窗介面，按 Analyze → Forecasting Chart...，然後進入圖 A24-10 的 Sequence Charts 對話盒，把銷售的 Standardized Residual 與廣告

的 Standardized Residual 輸入 Variables：方盒中，再把月的變項輸入的 Time Axis Lables：方盒中，然後按 OK。就會獲得圖 6-24 的標準化銷售量與廣告之間重疊的序列關聯圖。

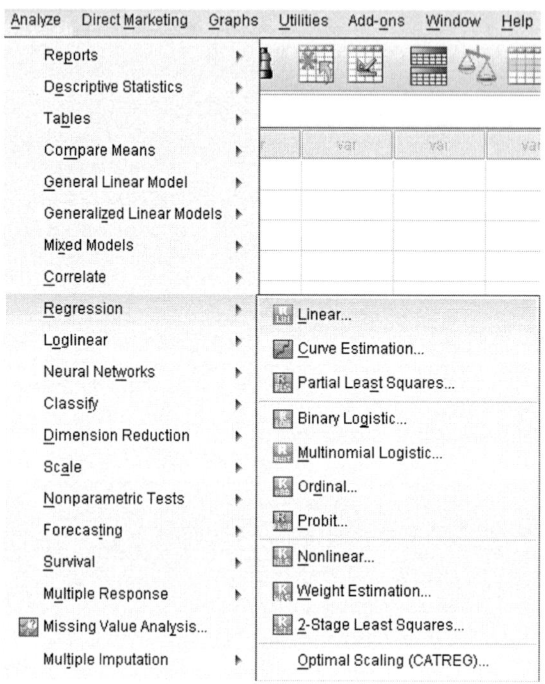

圖 A24-1

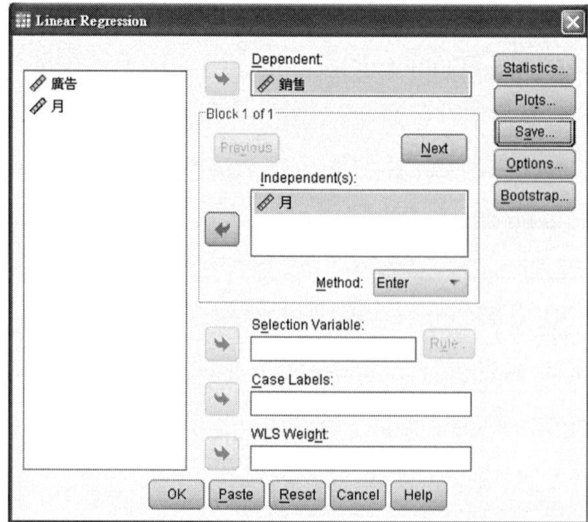

圖 A24-2

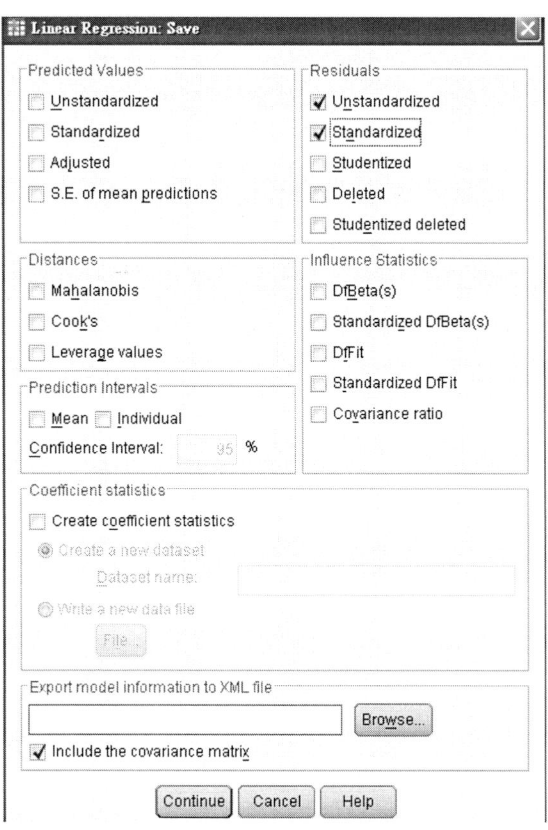

圖 A24-3

➜ Regression

[DataSet1] C:\Documents and Settings\All Users\Documents\my book 33\CH32-3b.sav

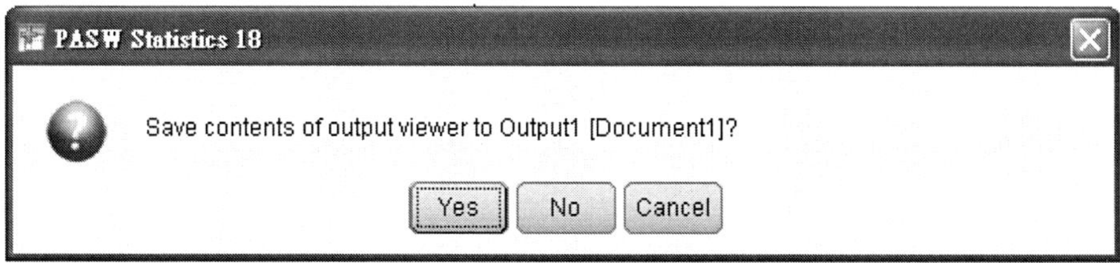

圖 A24-4

銷售	廣告	月	RES_1	ZRE_1
12.00	15	1	-8.35075	-1.43951
20.50	16	2	-.07372	-.01271
21.00	18	3	.20330	.03505
15.50	27	4	-5.51967	-.95148
15.30	21	5	-5.94264	-1.02440
23.50	49	6	2.03438	.35069
24.50	21	7	2.81141	.48463
21.30	22	8	-.61156	-.10542
23.50	28	9	1.36547	.23538
28.00	36	10	5.64249	.97266
24.00	40	11	1.41952	.24470
15.50	3	12	-7.30345	-1.25897
17.30	21	13	-5.72643	-.98713
25.30	29	14	2.05060	.35348
25.00	62	15	1.52763	.26333
36.50	65	16	12.80465	2.20728
36.50	46	17	12.58168	2.16884
29.60	44	18	5.45871	.94098
30.50	33	19	6.13574	1.05768
28.00	62	20	3.41276	.58829

圖 A24-5

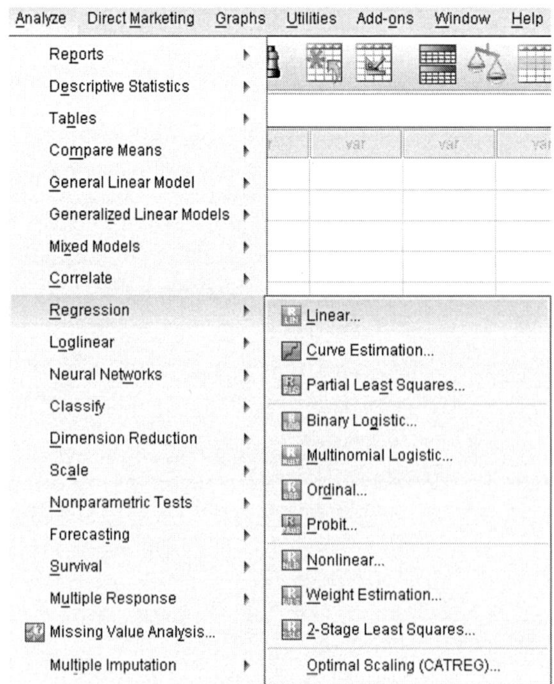

圖 A24-6

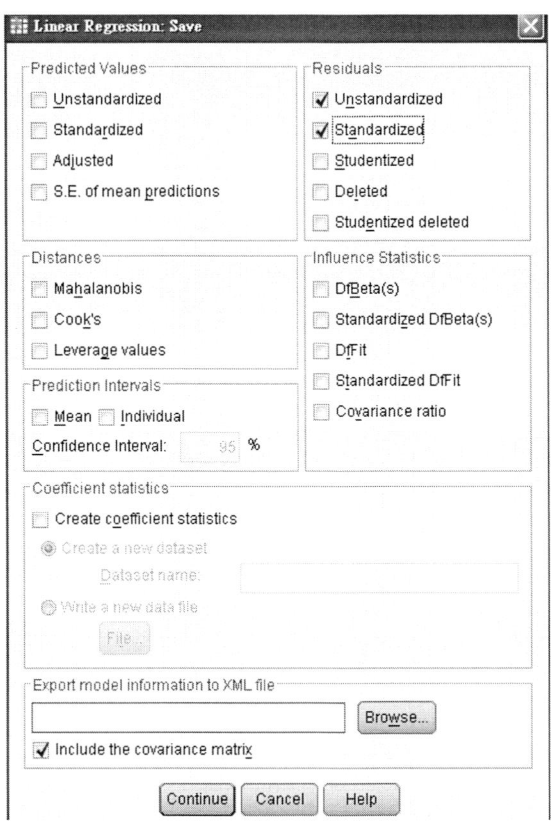

圖 A24-7

➜ Regression

[DataSet1] C:\Documents and Settings\All Users\Documents\my book 33\CH32-3b.sav

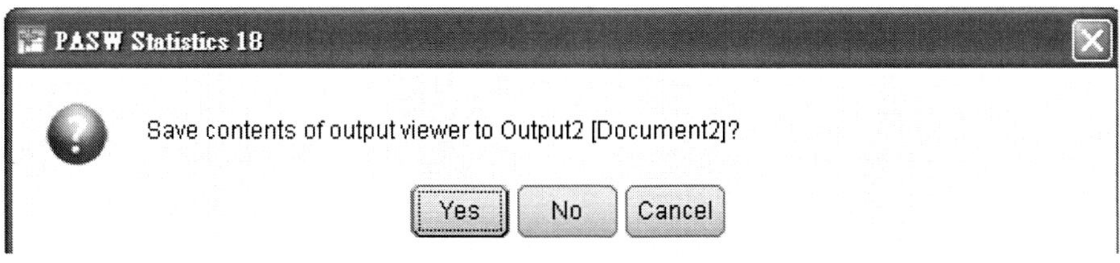

圖 A24-8

銷售	廣告	月	RES_1	ZRE_1	RES_2	ZRE_2
12.00	15	1	-8.35075	-1.43951	-14.76426	-.77556
20.50	16	2	-.07372	-.01271	-13.69361	-.71932
21.00	18	3	.20330	.03505	-11.62295	-.61055
15.50	27	4	-5.51967	-.95148	-2.55230	-.13407
15.30	21	5	-5.94264	-1.02440	-8.48164	-.44554
23.50	49	6	2.03438	.35069	19.58902	1.02901
24.50	21	7	2.81141	.48463	-8.34033	-.43812
21.30	22	8	-.61156	-.10542	-7.26967	-.38187
23.50	28	9	1.36547	.23538	-1.19901	-.06298
28.00	36	10	5.64249	.97266	6.87164	.36097
24.00	40	11	1.41952	.24470	10.94230	.57480
15.50	3	12	-7.30345	-1.25897	-25.98704	-1.36510
17.30	21	13	-5.72643	-.98713	-7.91639	-.41585
25.30	29	14	2.05060	.35348	.15427	.00810
25.00	62	15	1.52763	.26333	33.22492	1.74530
36.50	65	16	12.80465	2.20728	36.29558	1.90660
36.50	46	17	12.58168	2.16884	17.36624	.91225
29.60	44	18	5.45871	.94098	15.43689	.81090
30.50	33	19	6.13574	1.05768	4.50755	.23678
28.00	62	20	3.41276	.58829	33.57821	1.76386
26.00	22	21	1.18979	.20510	-6.35114	-.33362
21.50	12	22	-3.53318	-.60905	-16.28048	-.85521

圖 A24-9

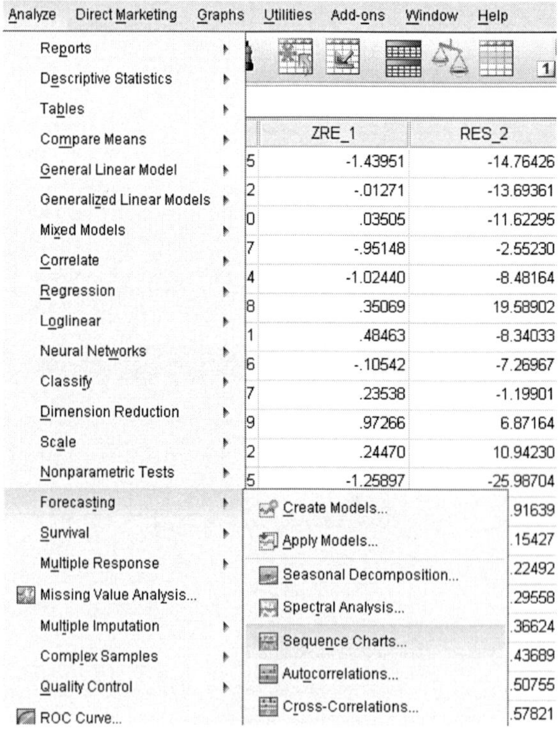

圖 A24-10

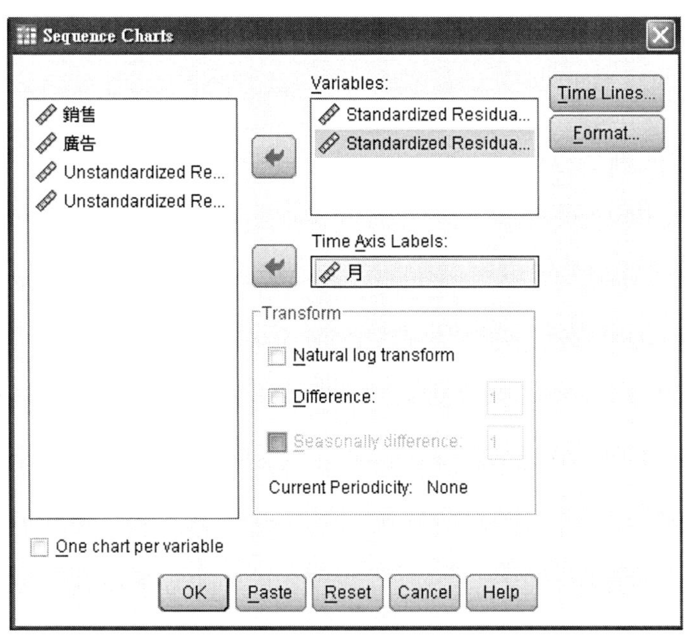

圖 A24-11

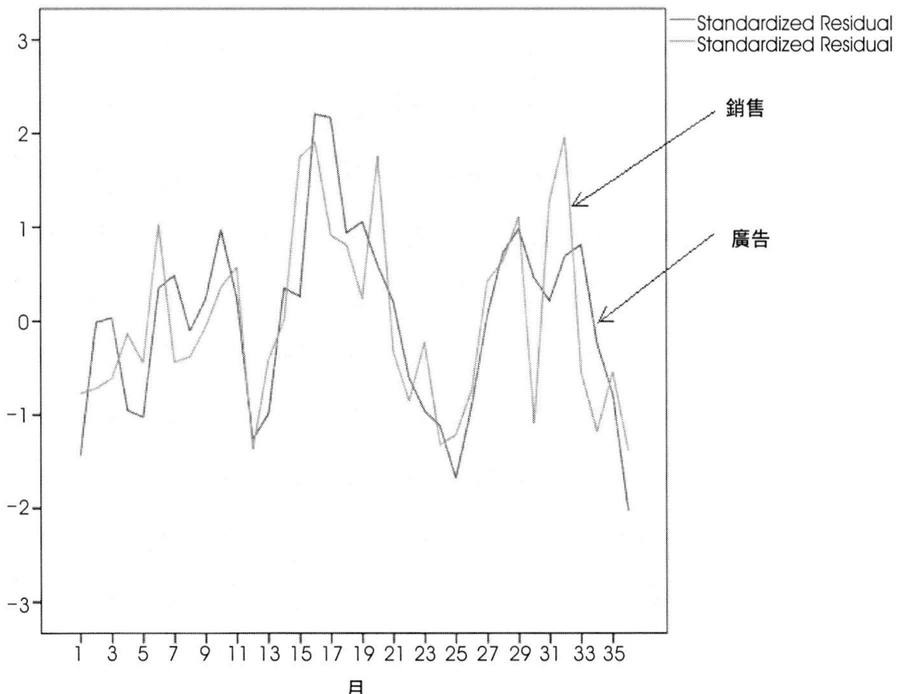

圖 6-24　標準化銷售量與廣告之間重疊的序列關聯圖

4. 圖 6-25 銷售量與廣告之間的序列關聯圖，獲得過程

首先使用檔案 CH6-3 拉出圖 A25-1 的視窗介面，Analyze → Forecasting → Sequence Charts...。進入圖 A25-2 的對話盒，把銷售與廣告經費輸入 Variables 的方盒中，然後把月的資料輸入 Time Axis Labels 的方盒中，最後按 OK，就會獲得圖 6-25 銷售與廣告支出序列關聯圖。

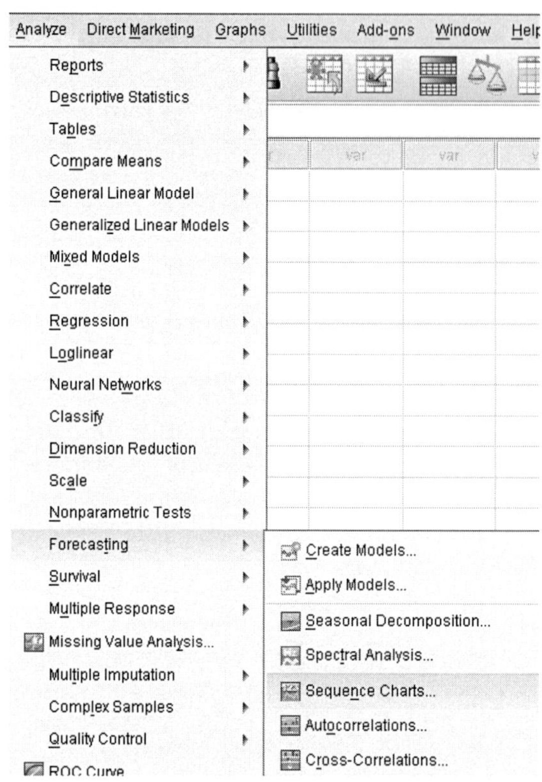

圖 A25-1

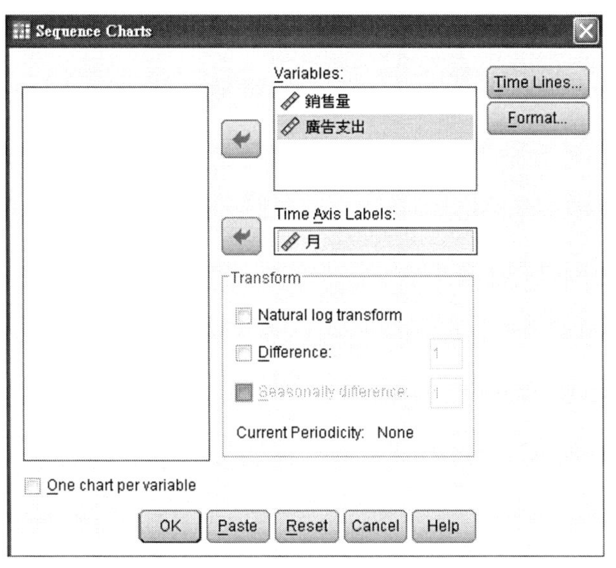

圖 A25-2

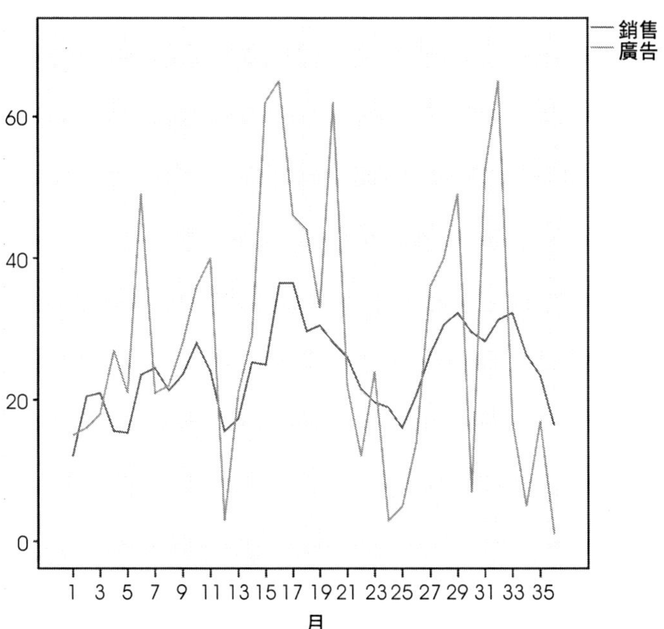

圖 6-25 銷售量與廣告之間的序列關聯圖

5. 圖 6-26 廣告支出與銷售量的線性散布圖，獲得過程

使用檔案 CH6-3 拉出圖 A26-1 的視窗介面，然後按 Graphs → Scatter/Dot...，進入圖 A26-2 的 Scatter/Dot 對話盒，按 Simple Scatter 方格，再按 Define 鍵，進入

圖 A26-3 的 Simple Scatterplot 對話盒，移入廣告支出到 Y Axis：方盒，再移入銷售量到 X Axis：方盒，然後按 OK，就可獲得圖 6-26 廣告支出與銷售量的線性散布圖。

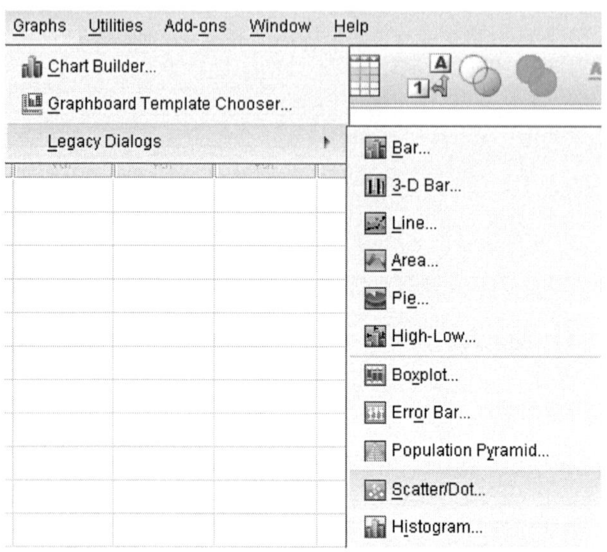

圖 A26-1

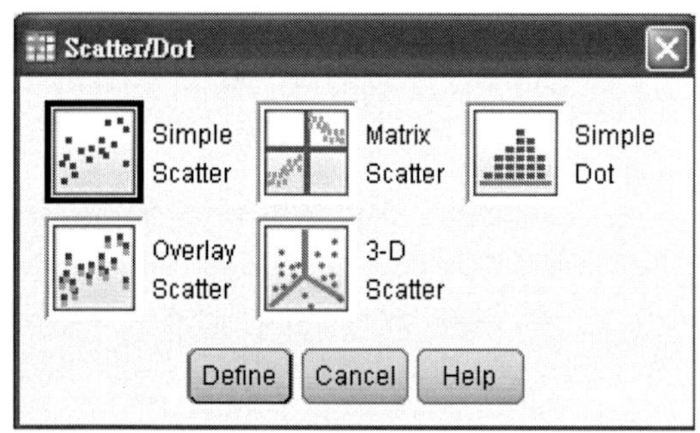

圖 A26-2

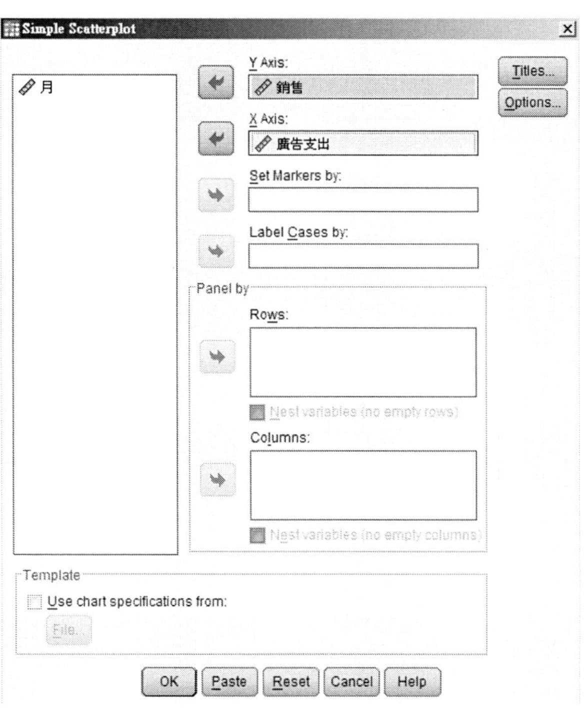

圖 A26-3

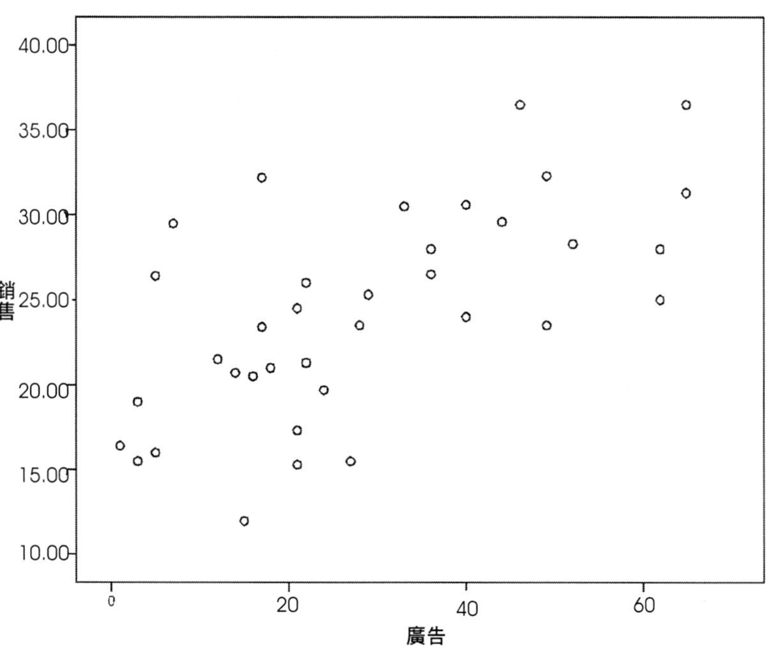

圖 6-26　廣告支出與銷售量的線性散布圖

6. 圖 6-27 銷售對廣告迴歸殘差的序列關聯圖，獲得過程

首先打開檔案 CH6-3，拉出圖 A27-1，按 Analyze → Regression → Linear。進入圖 A27-2 的 Linear Regression 對話盒，把銷售移入 Dependent 方盒中，再把廣告支出移入 Independent（s）方盒中，然後按 Save，進入 Linear Regression：Save 對話盒中，按圖作選擇，然後按 Continue，回到圖 A27-2 的 Linear Regression 對話盒，再按 OK。

進入圖 A27-3 的 Liner Regression：Save 對話盒，按圖示作選擇，然後按 Continue 鍵，會獲得 SPSS 結果的報表，在其結果報表上出現圖 A27-4 的 Save Contents of output viewer to Output「Document1」的標示，在標示上按 No，會獲得圖 A27-5 結果。

以圖 A27-5 拉出圖 A27-6 的視窗介面，Analyze → Forecasting → Sequence Charts...。進入圖 A27-7 的對話盒，把 Unstandardized Residual 輸入 Variables 的方盒中，然後把月的資料輸入 Time Axis Labels 的方盒中，最後按 OK，就會獲得圖 6-27 銷售對廣告迴歸殘差的序列關聯圖。

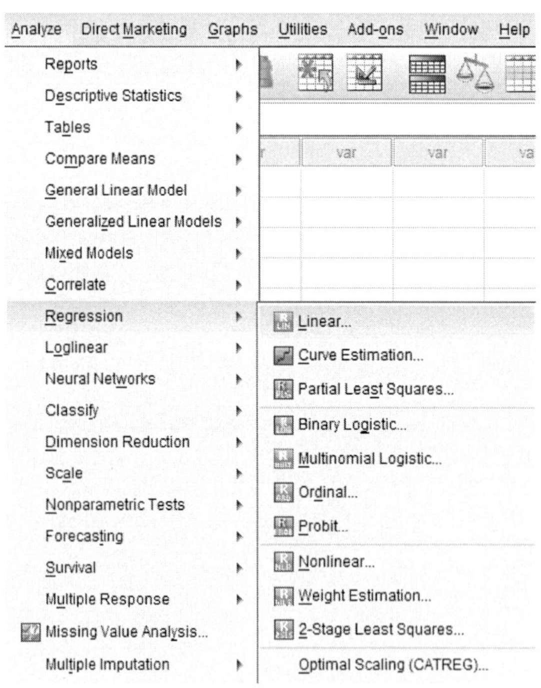

圖 A27-1

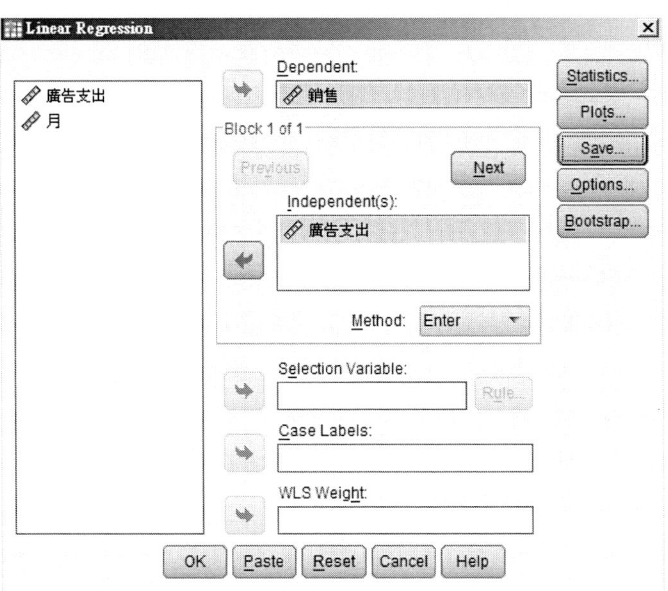
Linear Regression
廣告支出
月
Dependent:
銷售
Block 1 of 1
Previous
Next
Independent(s):
廣告支出
Method:
Enter
Selection Variable:
Rule...
Case Labels:
WLS Weight:
Statistics...
Plots...
Save...
Options...
Bootstrap...
OK
Paste
Reset
Cancel
Help

圖 A27-2

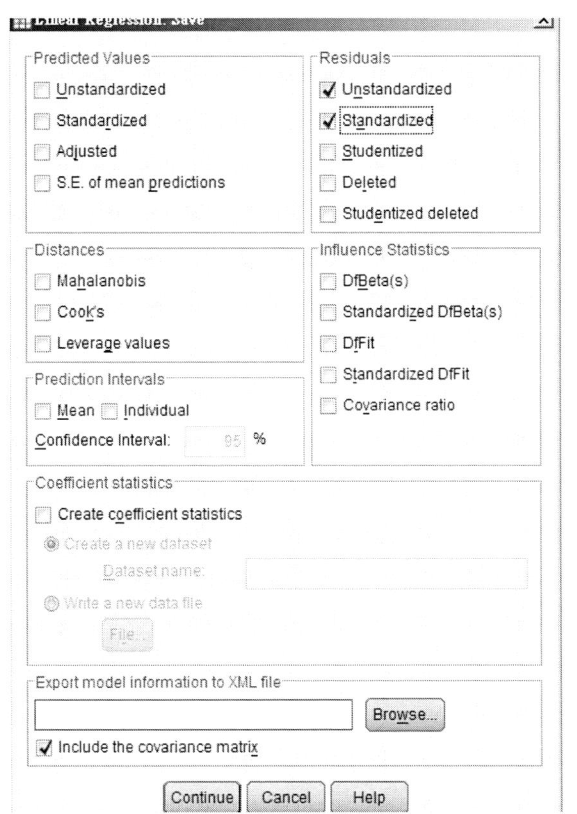
Predicted Values
Unstandardized
Standardized
Adjusted
S.E. of mean predictions
Residuals
Unstandardized
Standardized
Studentized
Deleted
Studentized deleted
Distances
Mahalanobis
Cook's
Leverage values
Influence Statistics
DfBeta(s)
Standardized DfBeta(s)
DfFit
Standardized DfFit
Covariance ratio
Prediction Intervals
Mean
Individual
Confidence Interval:
95
%
Coefficient statistics
Create coefficient statistics
Create a new dataset
Dataset name:
Write a new data file
File...
Export model information to XML file
Browse...
Include the covariance matrix
Continue
Cancel
Help

圖 A27-3

➜ Regression

[DataSet1] C:\Documents and Settings\All Users\Documents\my book 33\CH32-3.sav

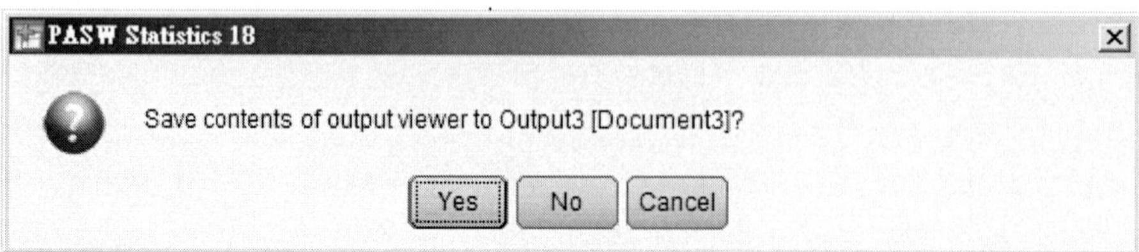

圖 A27-4

銷售	廣告支出	月	RES_1	ZRE_1
12.00	15	1	-9.79198	-1.91724
20.50	16	2	-1.48583	-.29092
21.00	18	3	-1.37353	-.26893
15.50	27	4	-8.61816	-1.68741
15.30	21	5	-7.65507	-1.49884
23.50	49	6	-4.88282	-.95604
24.50	21	7	1.54493	.30249
21.30	22	8	-1.84892	-.36201
23.50	28	9	-.81201	-.15899
28.00	36	10	2.13721	.41846
24.00	40	11	-2.63819	-.51655
15.50	3	12	-3.96581	-.77649
17.30	21	13	-5.65507	-1.10724
25.30	29	14	.79414	.15549
25.00	62	15	-5.90284	-1.15576
36.50	65	16	5.01561	.98204
36.50	46	17	8.69873	1.70318
29.60	44	18	2.18642	.42809
30.50	33	19	5.21875	1.02181
28.00	62	20	-2.90284	-.56837
26.00	22	21	2.85108	.55823

圖 A27-5

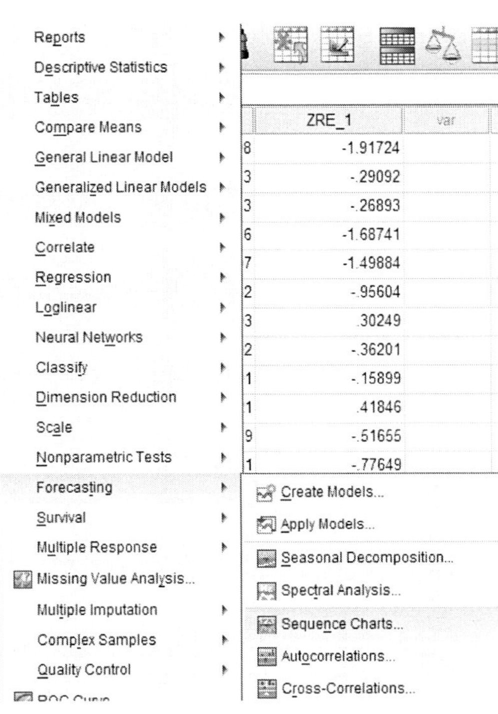
Reports
Descriptive Statistics
Tables
Compare Means
General Linear Model
Generalized Linear Models
Mixed Models
Correlate
Regression
Loglinear
Neural Networks
Classify
Dimension Reduction
Scale
Nonparametric Tests
Forecasting
Survival
Multiple Response
Missing Value Analysis...
Multiple Imputation
Complex Samples
Quality Control
ZRE_1
var
-1.91724
-.29092
-.26893
-1.68741
-1.49884
-.95604
.30249
-.36201
-.15899
.41846
-.51655
-.77649
Create Models...
Apply Models...
Seasonal Decomposition...
Spectral Analysis...
Sequence Charts...
Autocorrelations...
Cross-Correlations...

圖 A27-6

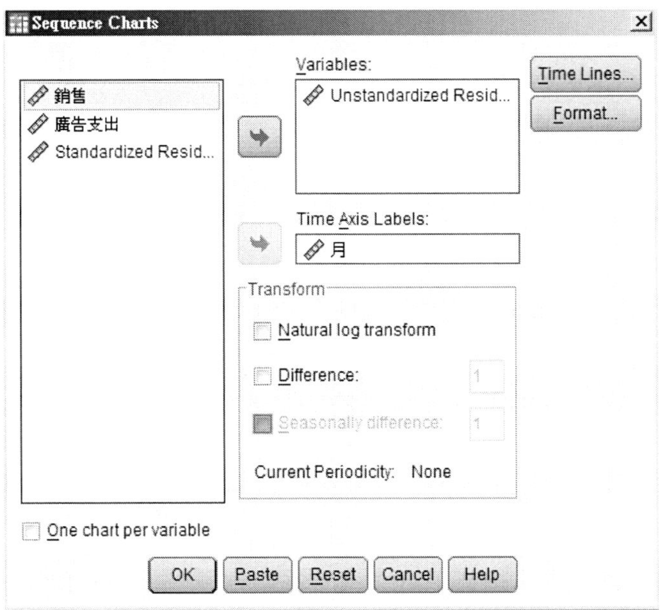
Sequence Charts
銷售
廣告支出
Standardized Resid...
Variables:
Unstandardized Resid...
Time Lines...
Format...
Time Axis Labels:
月
Transform
Natural log transform
Difference:
1
Seasonally difference:
1
Current Periodicity: None
One chart per variable
OK
Paste
Reset
Cancel
Help

圖 A27-7

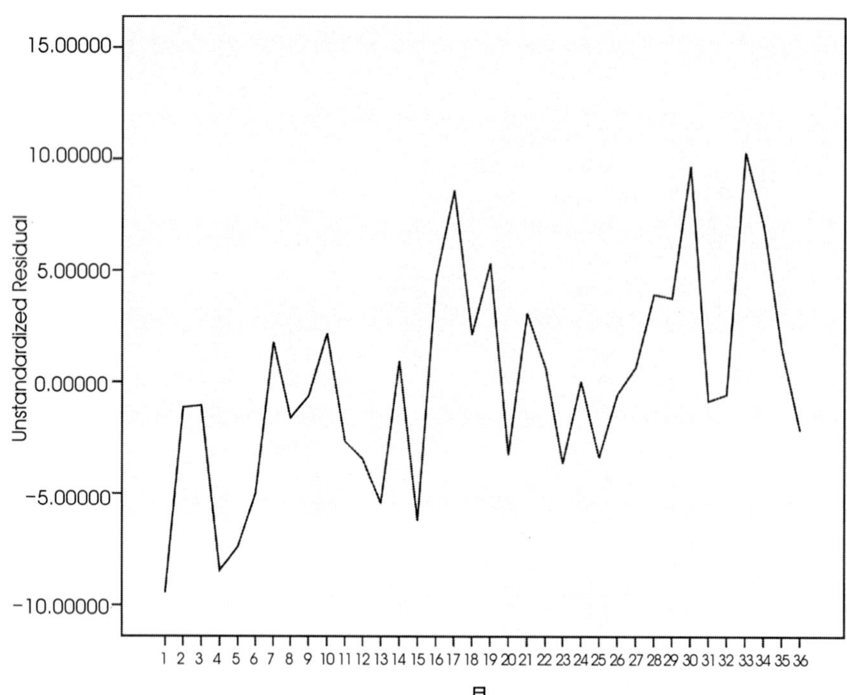

圖 6-27 銷售對廣告迴歸殘差的序列關聯圖

7. 圖 6-28 銷售量對廣告滯延 1 的線性散布圖，求取過程

首先以檔案 CH6-3 拉出圖 A28-1 的視窗介面，按 Transform → Create Time Series...，進入圖 A28-2 的 Create Time Series 對話盒，把廣告支出移入 Variables → New name 的方盒中，然後按 Function 拉下 Lag，Order1，然後在圖 A28-3 中按 Change。

獲得進入圖 A28-4 的 Save Contents of output viewer to Output「Document1」的標示，在標示上按 No，會獲得圖 A28-5 結果。

接著，以圖 A28-5 的資料在其資料上依據圖 A28-6 的方法在其視窗的介面按 Graphs → Legacy Dialog → Scatter/Dot...。進入圖 A28-7 的 Scatter/Dot 對話盒，按 Simple Scatter 方格，再按 Define 鍵。進入圖 A28-8 的 Simple Scatterplot 對話盒，把銷售移入 Y Axis 方格中，把 LAGS（廣告 -1）移入 X Axis 方格中，最後按 OK，就會獲得圖 6-28 銷售量對廣告滯延 1 的線性散布圖。

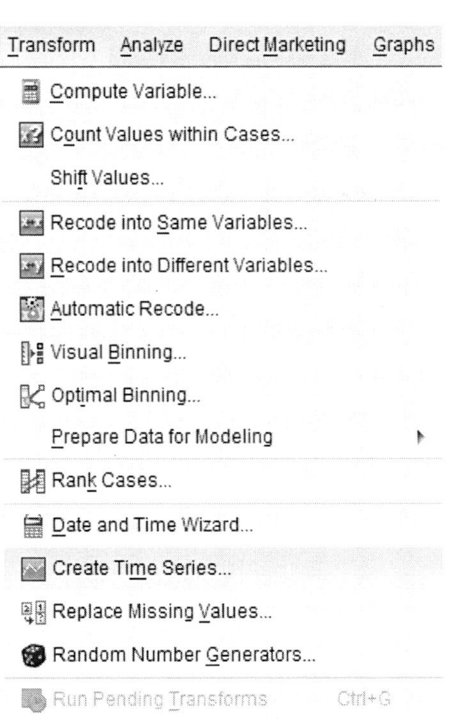
Transform
Analyze
Direct Marketing
Graphs
Compute Variable...
Count Values within Cases...
Shift Values...
Recode into Same Variables...
Recode into Different Variables...
Automatic Recode...
Visual Binning...
Optimal Binning...
Prepare Data for Modeling
Rank Cases...
Date and Time Wizard...
Create Time Series...
Replace Missing Values...
Random Number Generators...
Run Pending Transforms
Ctrl+G

圖 A28-1

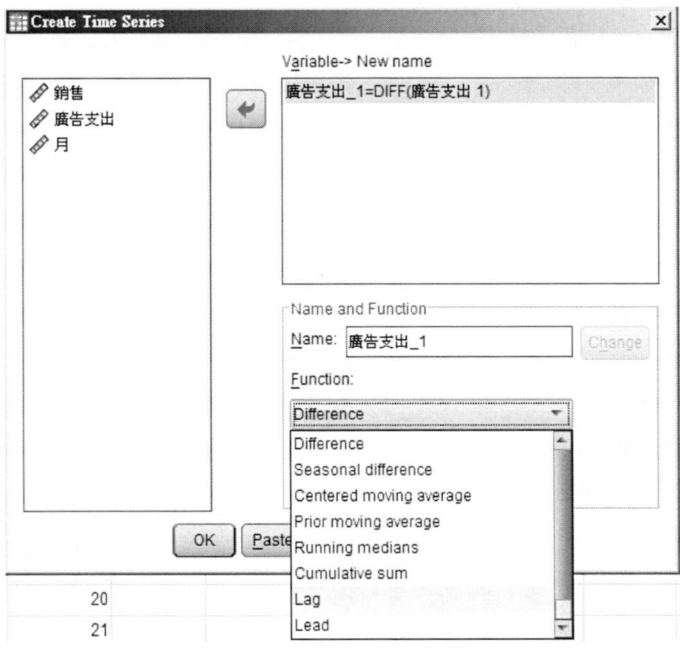
Create Time Series
銷售
廣告支出
月
Variable-> New name
廣告支出_1=DIFF(廣告支出 1)
Name and Function
Name:
廣告支出_1
Change
Function:
Difference
Difference
Seasonal difference
Centered moving average
Prior moving average
Running medians
Cumulative sum
Lag
Lead
OK
Paste
20
21

圖 A28-2

圖 A28-3

➡ Create

[DataSet1] C:\Documents and Settings\All Users\Documents\my book 33\CH32-3.sav

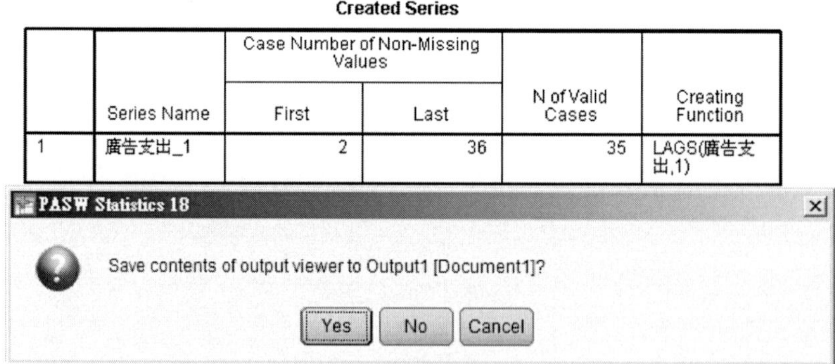

Created Series

	Series Name	Case Number of Non-Missing Values		N of Valid Cases	Creating Function
		First	Last		
1	廣告支出_1	2	36	35	LAGS(廣告支出,1)

圖 A28-4

銷售	廣告支出	月	廣告支出_1
12.00	15	1	.
20.50	16	2	15
21.00	18	3	16
15.50	27	4	18
15.30	21	5	27
23.50	49	6	21
24.50	21	7	49
21.30	22	8	21
23.50	28	9	22
28.00	36	10	28
24.00	40	11	36
15.50	3	12	40
17.30	21	13	3
25.30	29	14	21
25.00	62	15	29
36.50	65	16	62
36.50	46	17	65
29.60	44	18	46
30.50	33	19	44

圖 A28-5

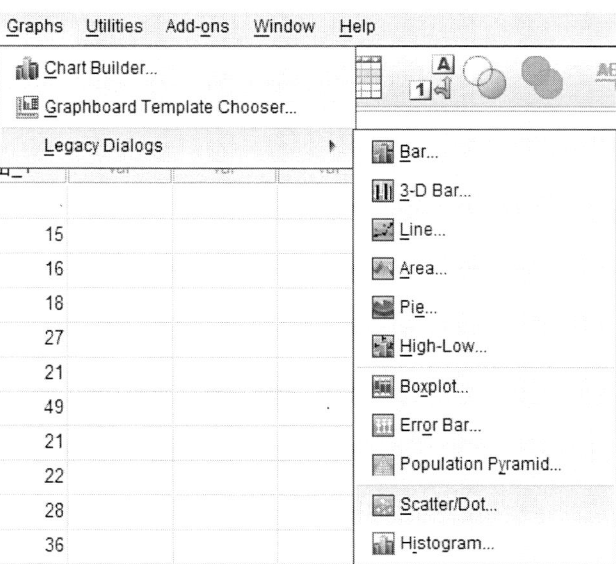

圖 A28-6

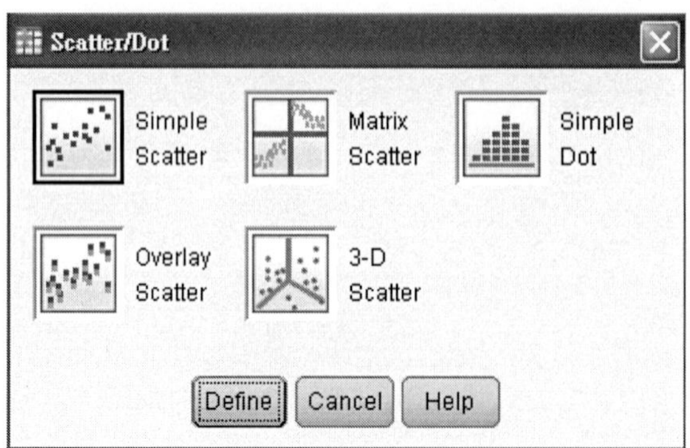
Scatter/Dot
Simple Scatter
Matrix Scatter
Simple Dot
Overlay Scatter
3-D Scatter
Define
Cancel
Help

圖 A28-7

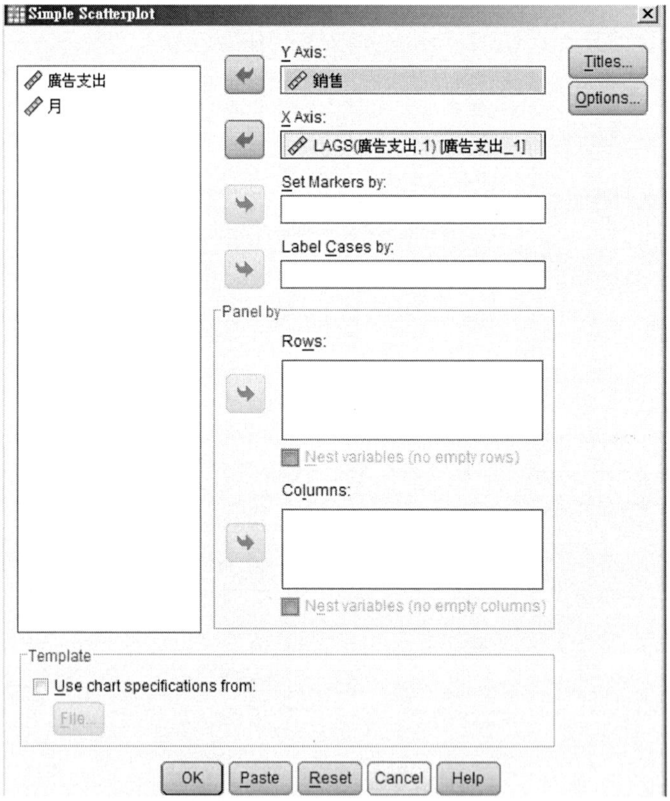

Simple Scatterplot
廣告支出
月
Y Axis:
銷售
X Axis:
LAGS(廣告支出,1) [廣告支出_1]
Set Markers by:
Label Cases by:
Panel by
Rows:
Nest variables (no empty rows)
Columns:
Nest variables (no empty columns)
Titles...
Options...
Template
Use chart specifications from:
File...
OK
Paste
Reset
Cancel
Help

圖 A28-8

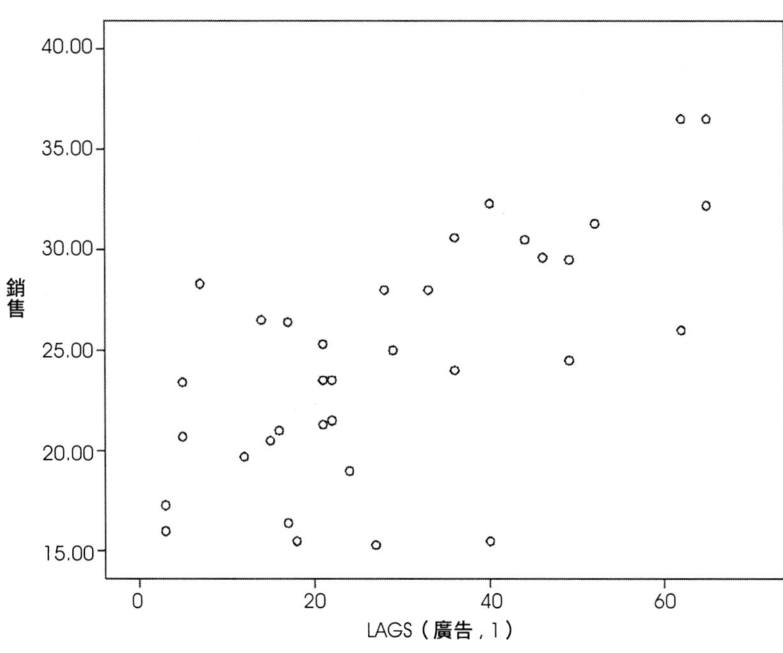

圖 6-28　銷售量對廣告滯延 1 的線性散布圖

8. 表 6-13 資料的求取過程

Transform　Analyze　Direct Marketing　Graphs

- Compute Variable...
- Count Values within Cases...
- Shift Values...
- Recode into Same Variables...
- Recode into Different Variables...
- Automatic Recode...
- Visual Binning...
- Optimal Binning...
- Prepare Data for Modeling ▸
- Rank Cases...
- Date and Time Wizard...
- Create Time Series...
- Replace Missing Values...
- Random Number Generators...
- Run Pending Transforms　Ctrl+G

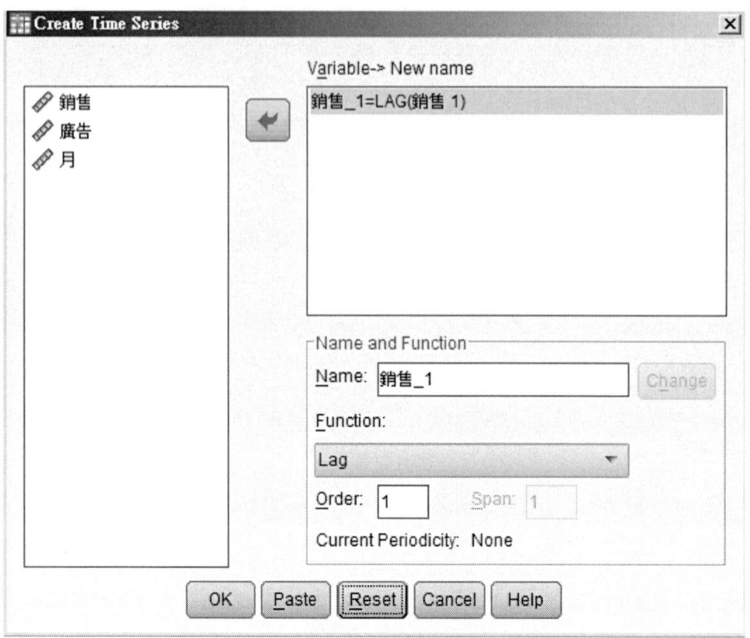

Create

[DataSet1] C:\Documents and Settings\All Users\Documents\my book 33\CH32-3b.sav

Created Series

	Series Name	Case Number of Non-Missing Values		N of Valid Cases	Creating Function
		First	Last		
1	銷售_1	2	36	35	LAGS(銷售,1)

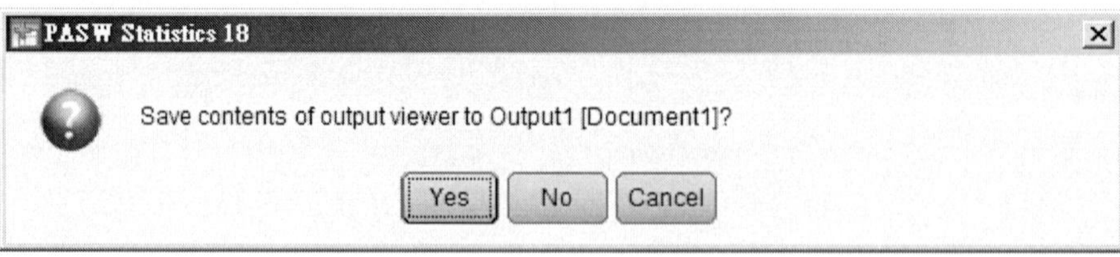

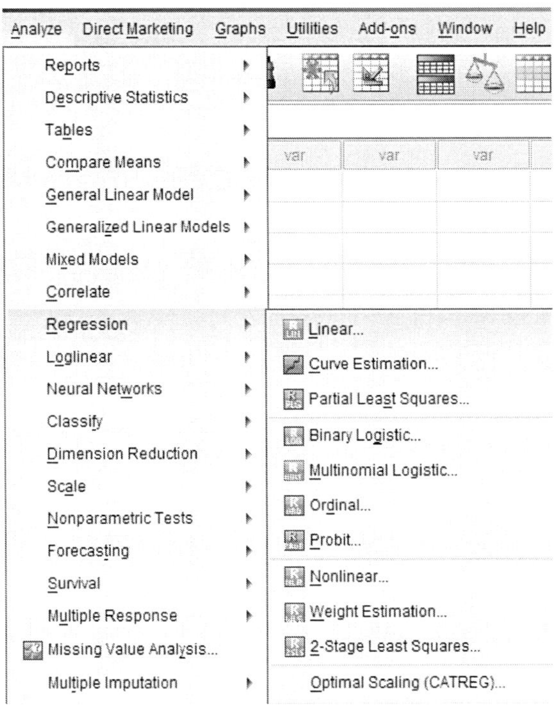
Analyze
Direct Marketing
Graphs
Utilities
Add-ons
Window
Help
Reports
Descriptive Statistics
Tables
Compare Means
General Linear Model
Generalized Linear Models
Mixed Models
Correlate
Regression
Loglinear
Neural Networks
Classify
Dimension Reduction
Scale
Nonparametric Tests
Forecasting
Survival
Multiple Response
Missing Value Analysis...
Multiple Imputation
Linear...
Curve Estimation...
Partial Least Squares...
Binary Logistic...
Multinomial Logistic...
Ordinal...
Probit...
Nonlinear...
Weight Estimation...
2-Stage Least Squares...
Optimal Scaling (CATREG)...

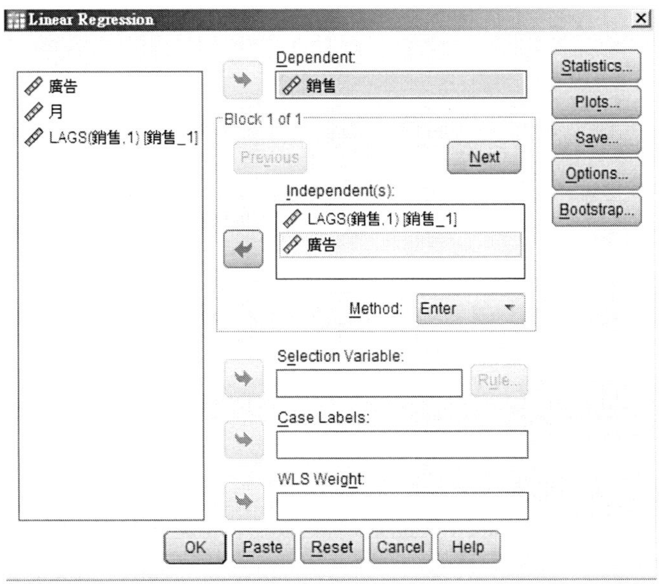
Linear Regression
廣告
月
LAGS(銷售,1) [銷售_1]
Dependent:
銷售
Block 1 of 1
Previous
Next
Independent(s):
LAGS(銷售,1) [銷售_1]
廣告
Method:
Enter
Selection Variable:
Rule...
Case Labels:
WLS Weight:
Statistics...
Plots...
Save...
Options...
Bootstrap...
OK
Paste
Reset
Cancel
Help

Model Summary

Model	R	R Square	Adjusted R Square	Std. Error of the Estimate
-1	0.820[a]	0.672	0.652	3.47986

a. Predictors: (Constant)，廣告，LAGS（銷售，1）

ANOVA[b]

Model		Sum of Squares	df	Mean Square	F	Sig.
1	Regression	795.427	2	397.714	32.843	0.000[a]
	Residual	387.503	32	12.109		
	Total	1182.930	34			

a. Predictors: (Constant)，廣告，LAGS（銷售，1）

b. Dependent Variable：銷售

Coefficients[a]

Model		Unstandardized Coefficients		Standardized Coefficients	t	Sig.
		B	Std. Error	Beta		
1	(Constant)	7.453	2.467		3.021	0.005
	LAGS (銷售 ,1)	0.528	0.102	0.548	5.169	0.000
	廣告	0.146	0.033	0.470	4.433	0.000

a. Dependent Variable：銷售

9. 圖 6-29 銷售量的真正值與適配值的關聯圖形，獲得過程

本關聯圖形使用 SPSS（13 版本）與 SPSS（18 版本）兩個進行。

(1) 使用 SPSS（13 版本）

使用檔案 CH6-3 拉出圖 a29-1 的視窗介面，按 Analyze → Time Series → Autoregression...，進入圖 a29-2 的 Autoregression 對話盒，把銷售移入 Dependent 方盒，把廣告支出移入 Independent（s）方盒中，按圖作選擇，然後按 Save 鍵，進入圖 a29-3 的 Autoregression：Save 對話盒，按圖作選擇，然後按 Continue 鍵，回到圖 a29-2 的 Autoregression 對話盒，再按 OK，進入圖 a29-4 的 SPSS 結果的報表，在其結果報表上出現圖 a29-4 的 Save Contents of output viewer to Output「Document1」的標示，在標示上按 No，會獲得圖 a29-5 結果。

使用圖 a29-5 拉出圖 a29-6 的視窗介面按 Grahp → Sequence...，進入圖 a29-7

的 Sequence Charts 對話盒，把銷售與 Fit for 銷售移入 Variables：方盒中，再把月移入 Time Axis Labels：方盒中，然後按 OK。就可獲得圖 6-29 銷售量的真正值與適配值的關聯圖形。

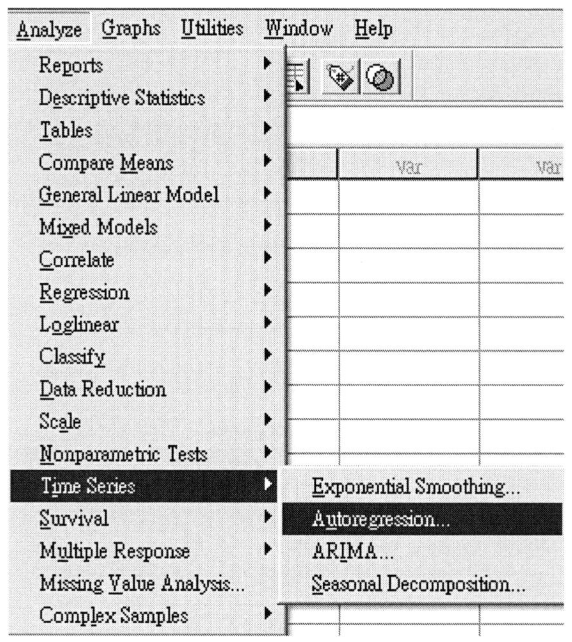

圖 a29-1

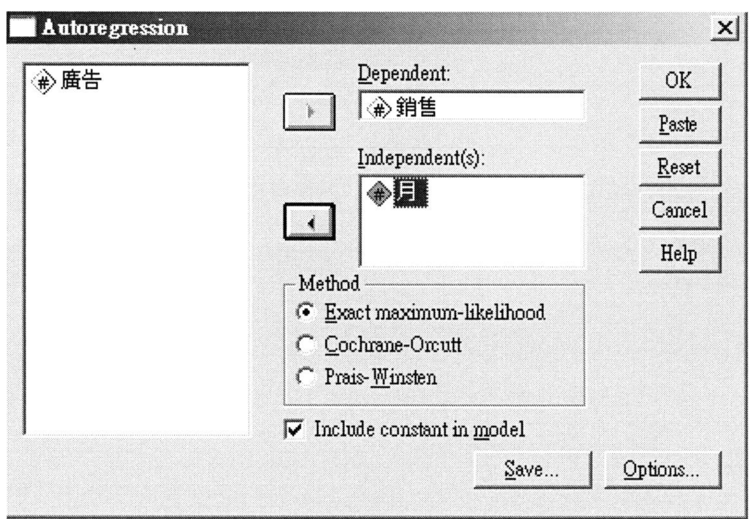

圖 a29-2

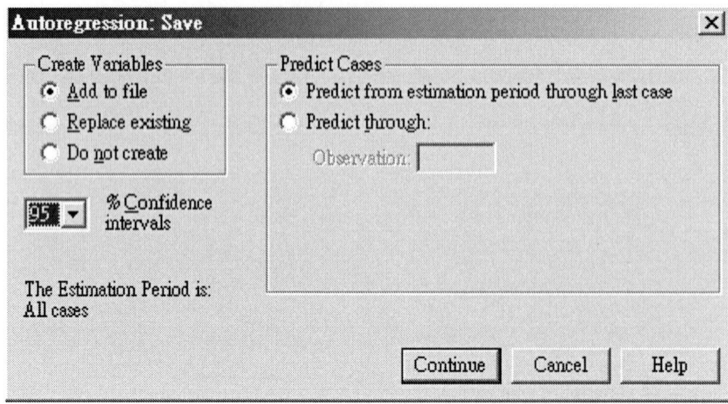

圖 a29-3

Autoregression

Model Description

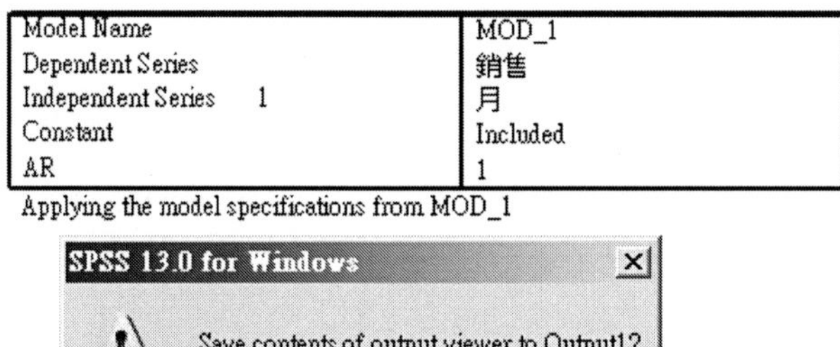

Model Name		MOD_1
Dependent Series		銷售
Independent Series	1	月
Constant		Included
AR		1

Applying the model specifications from MOD_1

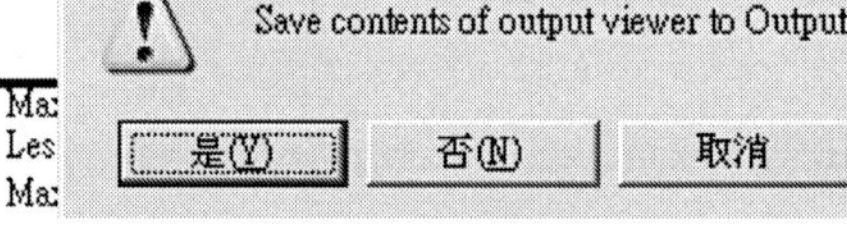

圖 a29-4

銷售	廣告	月	FIT_1	ERR_1
12.00	15	1	19.77139	-7.77139
20.50	16	2	14.68323	5.81677
21.00	18	3	20.52478	.47522
15.50	27	4	20.92729	-5.42729
15.30	21	5	17.25051	-1.95051
23.50	49	6	17.17711	6.32289
24.50	21	7	22.81470	1.68530
21.30	22	8	23.55714	-2.25714
23.50	28	9	21.44410	2.05590
28.00	36	10	23.00240	4.99760
24.00	40	11	26.12443	-2.12443
15.50	3	12	23.46748	-7.96748
17.30	21	13	17.75106	-.45106
25.30	29	14	19.03741	6.26259
25.00	62	15	24.53903	.46097
36.50	65	16	24.39763	12.10237
36.50	46	17	32.27883	4.22117
29.60	44	18	32.34140	-2.74140
30.50	33	19	27.71279	2.78721
28.00	62	20	28.38725	-.38725
26.00	22	21	26.75012	-.75012
21.50	12	22	25.45292	-3.95292
19.70	24	23	22.45603	-2.75603
19.00	3	24	21.29481	-2.29481
16.00	5	25	20.88146	-4.88146

圖 a29-5

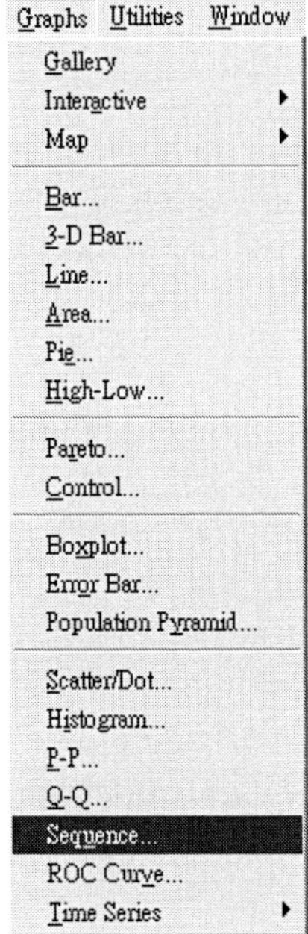

圖 a29-6

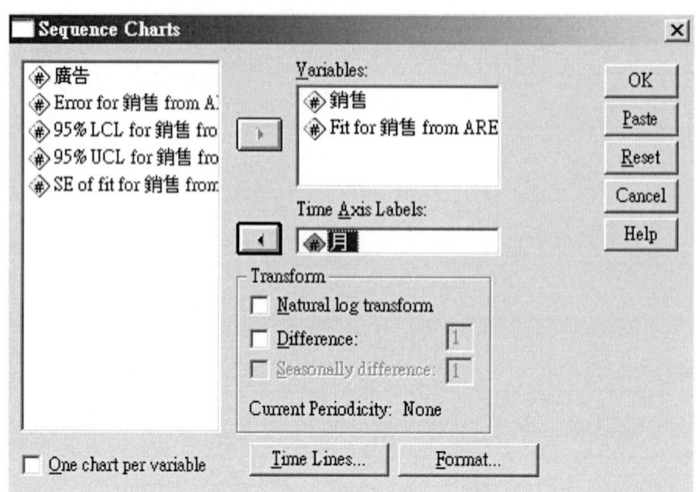

圖 a29-7

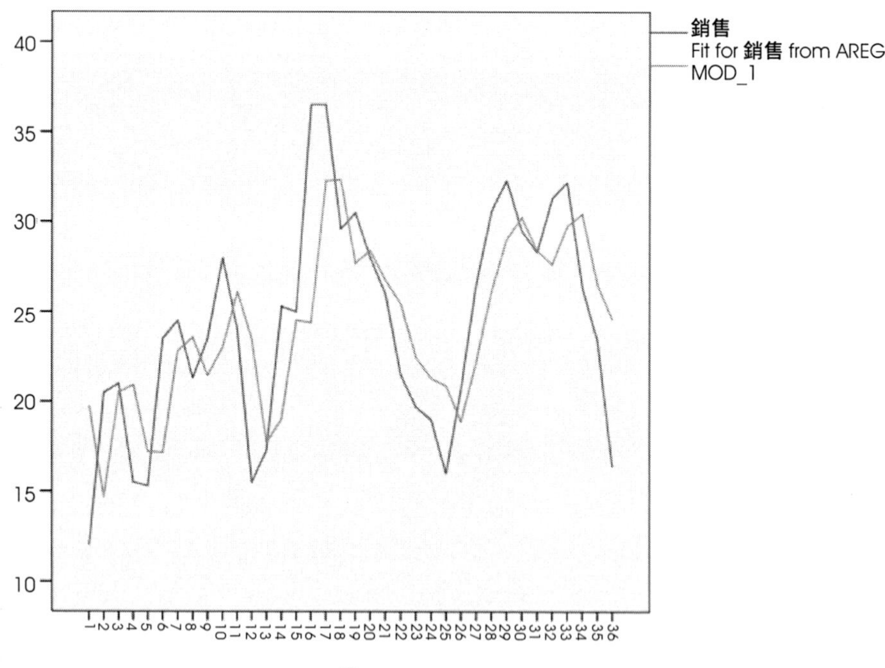

圖 6-29　銷售量的真正值與適配值的關聯圖形

(2)SPSS（18 版本）獲取過程

使用檔案 CH6-3 拉出圖 A29-1 的視窗介面，按 Analyze → Forecast → Create Models...，進入圖 A29-2 的對話盒，按 Variables 鍵把銷售移入 Dependent：Variables 方盒中，把月移入 IndependentVariables：方盒中，按圖 Statistics 依據圖示作選擇，然後按 Plot 鍵，進入圖 A29-3 的對話盒，按圖作選擇，然後按 Save 鍵，進入圖 A29-4 的對話盒，依據圖示選擇再按 OK，進入圖 A29-5 的 SPSS 結果的報表，在其結果報表上出現圖 A29-6 的 Save Contents of output viewer to Output「Document1」的標示，在標示上按 No，會會獲得圖 A29-7 結果。

使用圖 A29-7 的結果拉出圖 A29-8 的視窗介面按 Analyze → Forecasting → Sequence Charts...，進入圖 A29-8 的 Sequence Charts 對話盒，把銷售與 Predicted Valut for 移入 Variables：方盒中，再把月移入 Time Axis Labels：方盒中，然後按 OK。就可獲得圖 6-29 銷售量的真正值與適配值的關聯圖形。

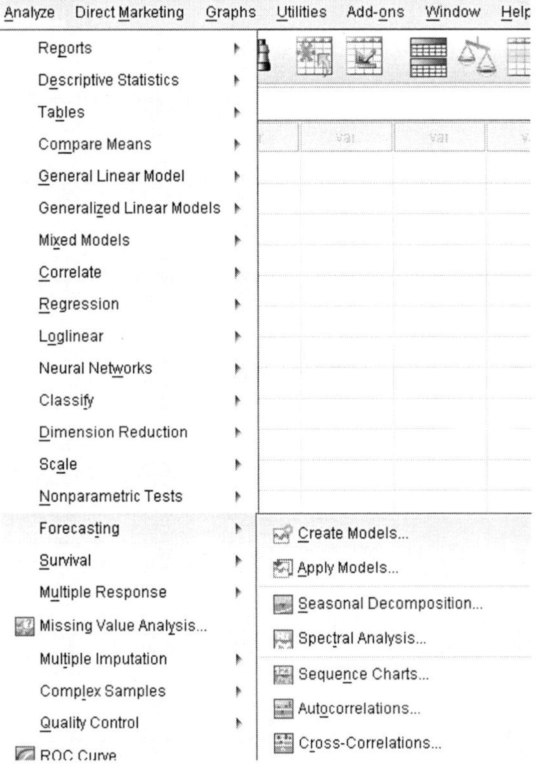

圖 A29-1

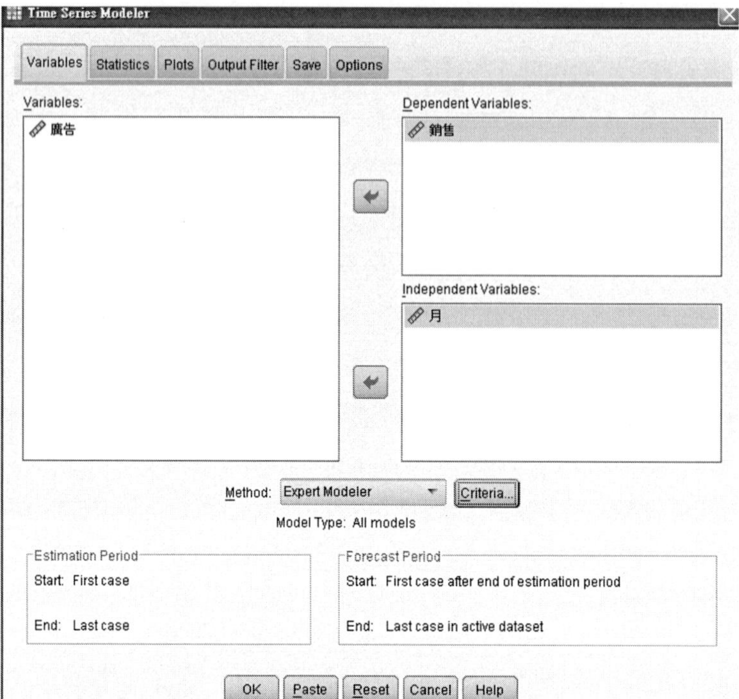
Time Series Modeler
Variables
Statistics
Plots
Output Filter
Save
Options
Variables:
廣告
Dependent Variables:
銷售
Independent Variables:
月
Method:
Expert Modeler
Criteria...
Model Type: All models
Estimation Period
Start: First case
End: Last case
Forecast Period
Start: First case after end of estimation period
End: Last case in active dataset
OK
Paste
Reset
Cancel
Help

圖 A29-2

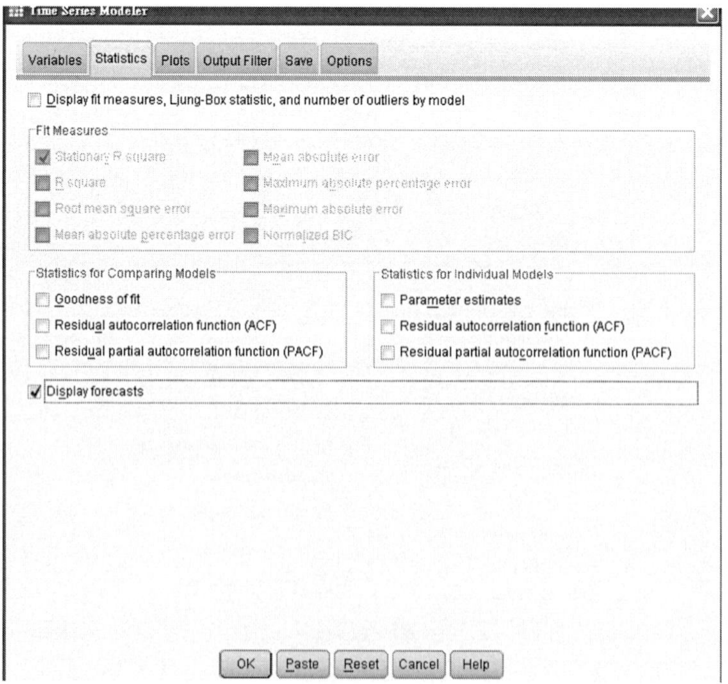
Time Series Modeler
Variables
Statistics
Plots
Output Filter
Save
Options
Display fit measures, Ljung-Box statistic, and number of outliers by model
Fit Measures
Stationary R square
Mean absolute error
R square
Maximum absolute percentage error
Root mean square error
Maximum absolute error
Mean absolute percentage error
Normalized BIC
Statistics for Comparing Models
Goodness of fit
Residual autocorrelation function (ACF)
Residual partial autocorrelation function (PACF)
Statistics for Individual Models
Parameter estimates
Residual autocorrelation function (ACF)
Residual partial autocorrelation function (PACF)
Display forecasts
OK
Paste
Reset
Cancel
Help

圖 A29-3

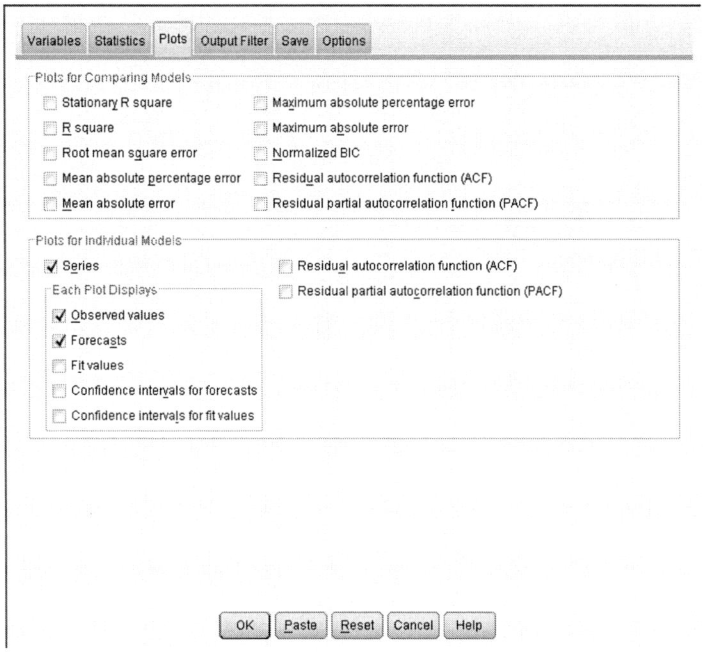

Variables | Statistics | Plots | Output Filter | Save | Options

Plots for Comparing Models
- [ ] Stationary R square
- [ ] R square
- [ ] Root mean square error
- [ ] Mean absolute percentage error
- [ ] Mean absolute error
- [ ] Maximum absolute percentage error
- [ ] Maximum absolute error
- [ ] Normalized BIC
- [ ] Residual autocorrelation function (ACF)
- [ ] Residual partial autocorrelation function (PACF)

Plots for Individual Models
- [x] Series
- [ ] Residual autocorrelation function (ACF)
- [ ] Residual partial autocorrelation function (PACF)

Each Plot Displays
- [x] Observed values
- [x] Forecasts
- [ ] Fit values
- [ ] Confidence intervals for forecasts
- [ ] Confidence intervals for fit values

OK | Paste | Reset | Cancel | Help

圖 A29-4

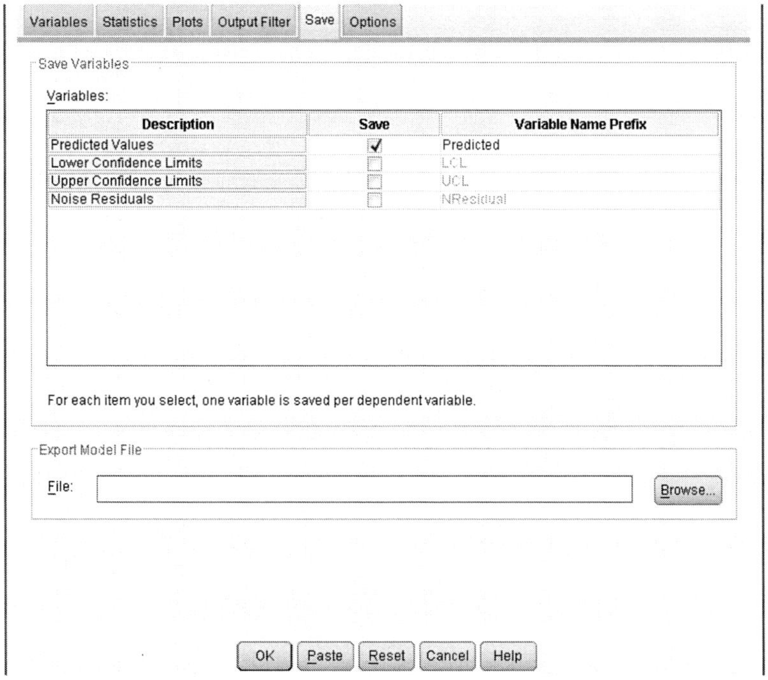

Variables | Statistics | Plots | Output Filter | Save | Options

Save Variables

Variables:

Description	Save	Variable Name Prefix
Predicted Values	✓	Predicted
Lower Confidence Limits		LCL
Upper Confidence Limits		UCL
Noise Residuals		NResidual

For each item you select, one variable is saved per dependent variable.

Export Model File

File: Browse...

OK | Paste | Reset | Cancel | Help

圖 A29-5

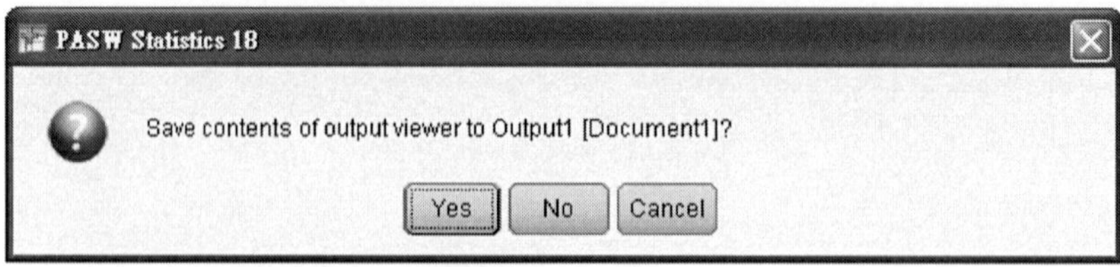


```
/MODEL DEPENDENT=銷售 INDEPENDENT=月
  PREFIX='Model'
/EXPERTMODELER TYPE=[ARIMA EXSMOOTH]
/AUTOOUTLIER DETECT=OFF.
```

▸ **Time Series Modeler**

圖 A29-6

銷售	廣告	月	Predicted_銷售_Model_1
12.00	15	1	12.00
20.50	16	2	12.00
21.00	18	3	20.50
15.50	27	4	21.00
15.30	21	5	15.50
23.50	49	6	15.30
24.50	21	7	23.50
21.30	22	8	24.50
23.50	28	9	21.30
28.00	36	10	23.50
24.00	40	11	28.00
15.50	3	12	24.00
17.30	21	13	15.50
25.30	29	14	17.30
25.00	62	15	25.30
36.50	65	16	25.00
36.50	46	17	36.50
29.60	44	18	36.50
30.50	33	19	29.60
28.00	62	20	30.50

圖 A29-7

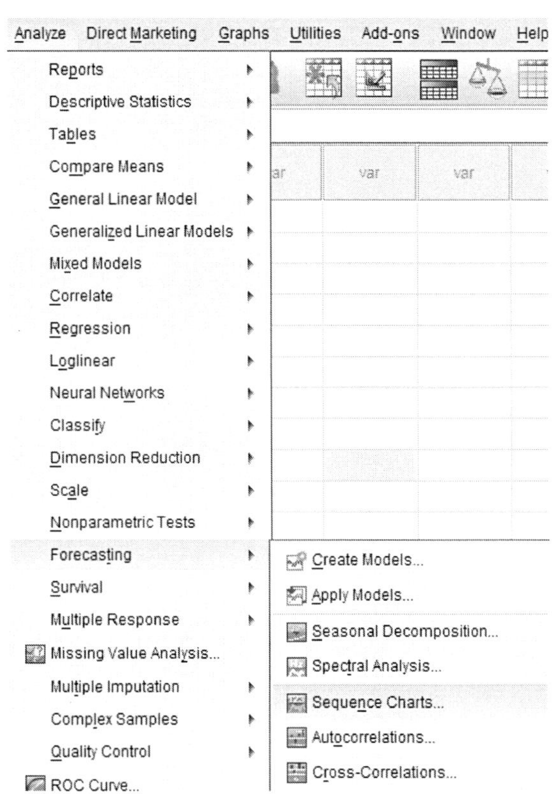
Analyze
Direct Marketing
Graphs
Utilities
Add-ons
Window
Help
Reports
Descriptive Statistics
Tables
Compare Means
General Linear Model
Generalized Linear Models
Mixed Models
Correlate
Regression
Loglinear
Neural Networks
Classify
Dimension Reduction
Scale
Nonparametric Tests
Forecasting
Survival
Multiple Response
Missing Value Analysis...
Multiple Imputation
Complex Samples
Quality Control
ROC Curve...
Create Models...
Apply Models...
Seasonal Decomposition...
Spectral Analysis...
Sequence Charts...
Autocorrelations...
Cross-Correlations...

圖 A29-8

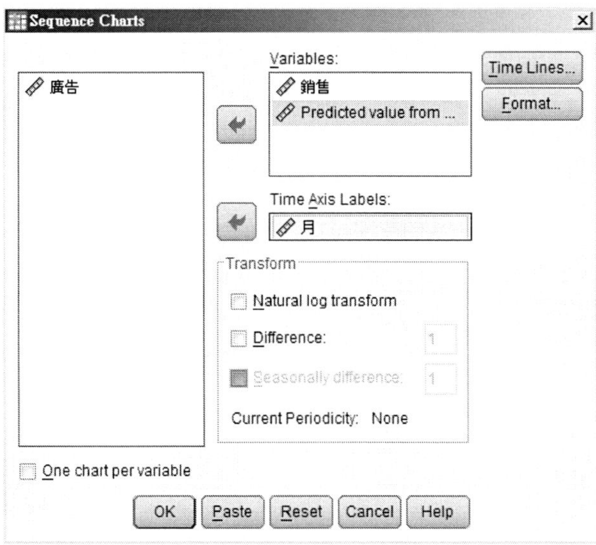
Sequence Charts
廣告
Variables:
銷售
Predicted value from ...
Time Lines...
Format...
Time Axis Labels:
月
Transform
Natural log transform
Difference:
1
Seasonally difference:
1
Current Periodicity: None
One chart per variable
OK
Paste
Reset
Cancel
Help

圖 A29-9

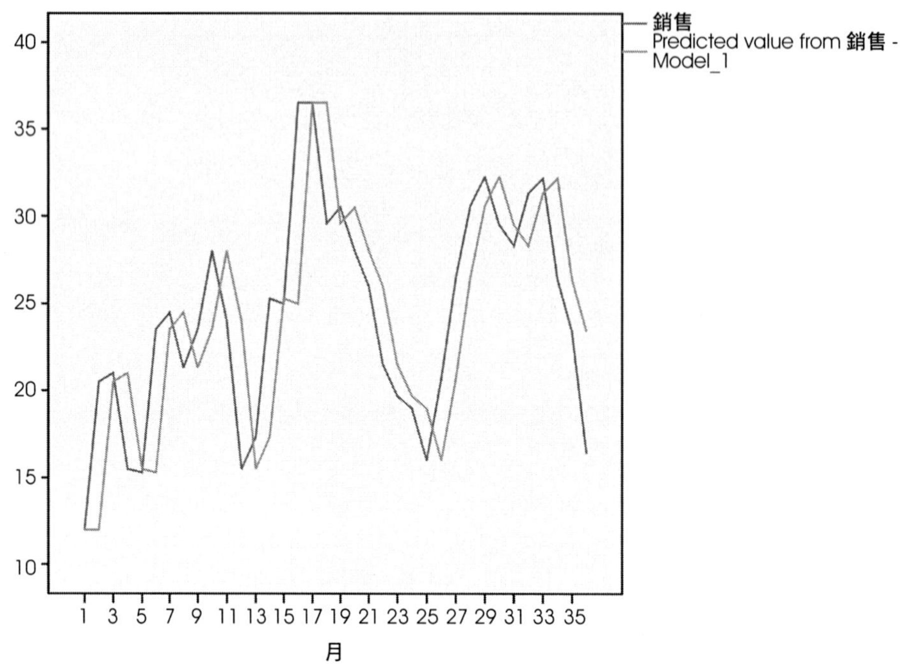

圖 6-29 銷售量的真正值與適配值的關聯圖形

第四節 自我迴歸

以許多時間序列沒有伴隨著預測式（predictor）的時間序列是可資利用的，然而在資料中它並不是以個別時間序列的方式呈現。在這樣的案例中其單一可資利用的序列可以以它自己過去行為的界定方式，使用一個塑造自我迴歸模型的方法來建構其模型。一個序列 y，被視為是遵循一個階 p 的自我迴歸模型如果它是對每一個時間 t 的話

$$y_t = \beta_0 + \beta_1 y_{t-1} + \beta_2 y_{t-2} + \cdots + \beta_p y_{t-p} + e_t \tag{6-12}$$

其中 e_t 是一個誤差項，即是和過去時間序列 y_{t-1}，y_{t-2}，⋯ 等值無關的誤差項。自我迴歸的專業術語是不證自明的：y 已在滯延時間值上自我被迴歸。簡言之，y 被視為是滿足於一個 AR（p）模型的條件。一般的理論與自我迴歸模型的應用是超越本書的範圍（有興趣的讀者可以參考 G.E.P. Box and G.M. Jenkins（1976），Time Series Analysis，rev.ed.San Francisco: Holden-Day)。在此我們探討的焦點是在更簡單的 AR(1) 與 AR(2) 案例。它們是以特殊的迴歸問題被處理。

表 6-14 登錄一個某工業時間序列 57 個值。其中被假定的各值是來自由一個複雜機械工具所製造一個產品一個尺寸的維度（dimension）一個被期望目標值的離差（deviation）。在這樣的過程中一個控制的機制（mechanism）是被使用去重新設定機械工具的某些參數端視來自目標值在其被製造最後項目一個尺寸維度（dimension）離差的大小而定。圖 6-30 顯示序列的順序關聯圖形。該序列使徘徊於被期望目標值零的離差（deviation）而且傾向於去停留在零的同一邊給予在時間是接近在集結一起的各離差。這樣的行為反映正向的自我相關為短時間的滯延。

表 6-14 （本資料儲存在 CH6-5 中）

Dimension	Time
-500.0	1
-1250.0	2
-500.0	3
-3000.0	4
-2375.0	5
2000.0	6
2375.0	7
1500.0	8
-625.0	9
250.0	10
0.0	11
625.0	12
3125.0	13
2125.0	14
2250.0	15
3875.0	16
1000.0	17
250.0	18
750.0	19
750.0	20
-375.0	21
-625.0	22
-875.0	23
-1125.0	24
250.0	25
-250.0	26

離差對滯延 1 離差的散布圖被顯示在圖 6-31 中證實在曲線圖上是自我相關的。在此圖中其相關是 0.533（參考表 6-15 之 1 的資料）。

一、AR(1) 模型

一個 AR(1) 模型是一個自我迴歸的模型，其中預測式變項在前述（過去）的時間點上的反應變項（the response variable）。考量 AR(1) 模型

$$y_t = \beta_0 + \beta_1 y_{t-1} + e_t \tag{6-13}$$

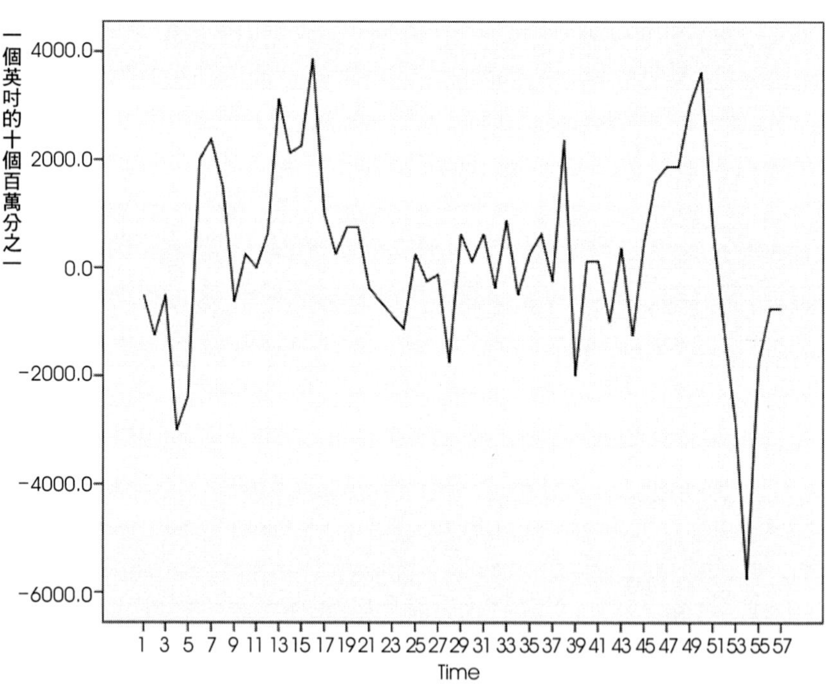

圖 6-30　機械公司來自目標離差的序列關聯圖形

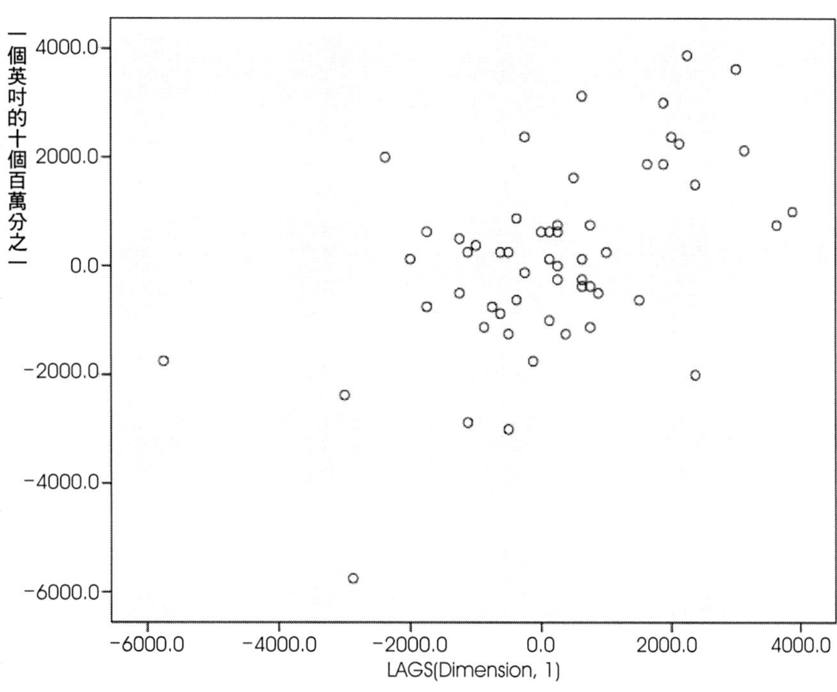

圖 6-31　從目標離差對從目標滯延 1 離差的圖形

表 6-15 給予使這個模型適配於我們序列的迴歸之結果。結合著 β_1 的 t 比率是 4.624，如果在滯延離差的迴歸係數在統計上是不同於零（不等於零）與滯延 1 離差應該有助於其次離差的預測。要注意到截距項在統計上不是顯著的不同於零。這應該不令人驚奇的，因為來自一個被期望目標值的離差是正被進行測量與該機械不斷的被重新調整以嘗試去達成一個目標值。而且要注意到 R^2 的值只是 28.4%。起初這似乎是令人失望的，但是由這個模型所產生的預測值應該被比較到甚麼樣的程度？對立模型被使用可以提供甚麼樣的預測值？

迴歸方程式是

Dimension = 0.000007 + 0.533lag1Dimension

表 6-15 之 1

Correlations

		一個英吋的十個百萬分之一	LAGS(Dimension,1)
Pearson Correlation	一個英吋的十個百萬分之一	1.000	0.533
	LAGS(Dimension,1)	0.533	1.000
Sig. (1-tailed)	一個英吋的十個百萬分之一	-	0.000
	LAGS(Dimension,1)	0.000	-
N	一個英吋的十個百萬分之一	56	56
	LAGS(Dimension,1)	56	56

表 6-15 之 2

Model Summary

Model	R	R Square	Adjusted R Square	Std. Error of the Estimate	Change Statistics				
	R Square Change	F Change	df1	df2	Sig. F Change	R Square Change	F Change	df1	df2
1	0.533(a)	0.284	0.270	1476.0136	0.284	21.379	1	54	0.000

a. Predictors: (Constant), LAGS(Dimension,1)

表 6-15 之 3

ANOVA[b]

Model		Sum of Squares	df	Mean Square	F	Sig.
1	Regression	46576828.122	1	46576828.12	21.379	0.000[a]
	Residual	117645270.092	54	2178616.113		
	Total	164222098.214	55			

a. Predictors: (Constant)，LAGS(Dimension,1)

b. Dependent Variable：一個英吋的十個百萬分之一

表 6-15 之 4

Coefficients[a]

Model		Unstandardized Coefficients		Standardized Coefficients	t	Sig.
		B	Std. Error	Beta		
1	(Constant)	74.724	198.208		0.377	0.708
	LAGS(Dimension,1)	0.533	0.115	0.533	4.624	0.000

a. Dependent Variable：一個英吋的十個百萬分之一

因為一個序列像這樣的行為，一個對立模型會是純粹一個 0.00002 英吋平均數的隨機過程。與 0.00017 英吋的標準差。這些反應於各序列值的平均數與標準差。基於一個純粹的隨機過程，對所有未來離差的預測值是 0.00002 英吋平均離差（離均差）。這些預測值的精確度是由其過程 0.00017 英吋的標準差進行測量。

另一方面，AR(1) 模型基於下列方程式的預測值

$$\hat{y}_{n+1} = 0.000007 + 0.533y_n \qquad (6\text{-}14)$$

更一般性地，

$$\hat{y}_{n+1} = 0.000007 + 0.533\,\hat{y}_{n+i-1} \text{ 因為 } i \geq 1 \qquad (6\text{-}15)$$

在此預測的標準差是比例於 0.0001476，它應該是和離差序列 0.00017 的標準差作比較。這個量（amounts）說明對一個對立模型較簡單模型是一個非常值得的改善。

要去完成該分析，從 AR(1) 模型殘差的關聯圖形被給予呈現在圖 6-32 中。在此沒有趨勢呈現，這種感覺是可由在僅 -0.009 的滯延自我相關來驗證。更進一步的殘差分析可以驗證它們大約的常態性。

圖 6-33 展示這些序列值與來自 AR(1) 模型適配值重疊的關聯。現在要注意到較大程度範圍，適配值追蹤真正值的徑路。

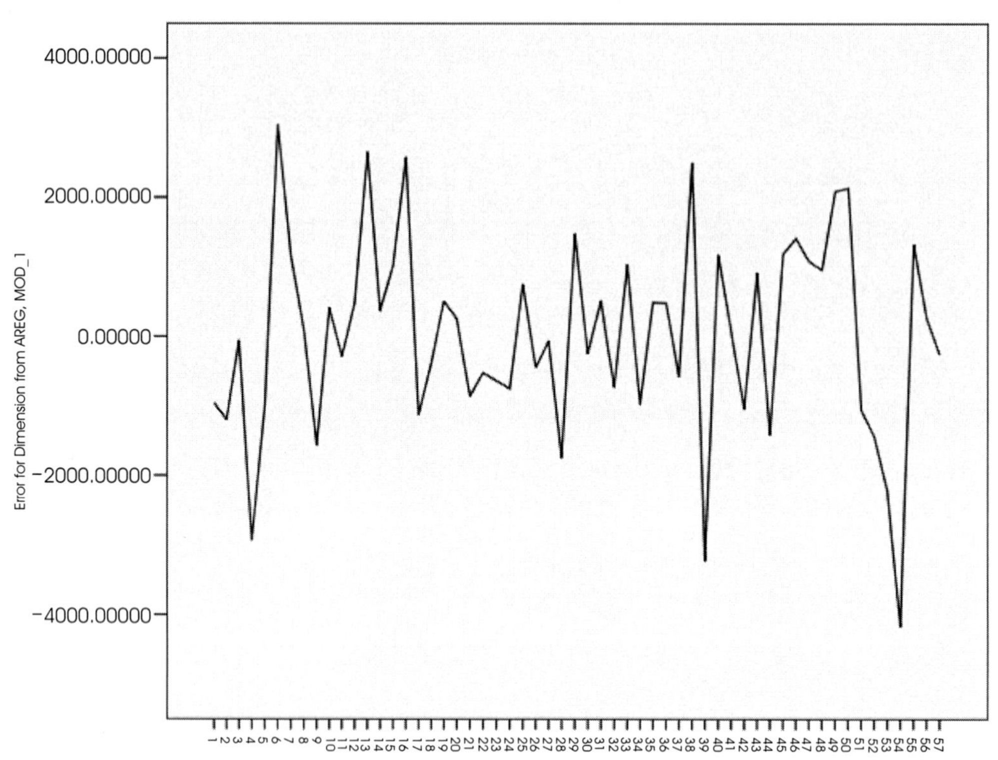

圖 6-32　對機械過程提供來自 AR(1) 殘差的順序關聯

一個最後對 AR(1) 模型的檢核，假設一個增加的滯延項，y_{t-2} 是被加入到該模型。表 6-16 顯示其迴歸的結果。首先注意到滯延 2 的迴歸係數不是統計上的顯著性：其 t 比率僅 0.06。而且，滯延 1 的迴歸係數估計值基本上從 AR(1) 模型中並沒有改變，仍然是很高的顯著性。很清楚地，增加一個滯延值到模型中並沒有幫助，而 AR(1) 模型由這樣更進一步的檢核獲得支持。

在其他案例中增加被滯延的 y 值可以獲得幫助。我們進行處理 AR(2) 模型。

迴歸方程式是

$$\text{Dimension} = 0.000009 + 0.525\text{lag1Dimension} + 0.008\ \text{lag2Dimension}$$

55 個案例被使用；二個案例被包括在遺漏值中。

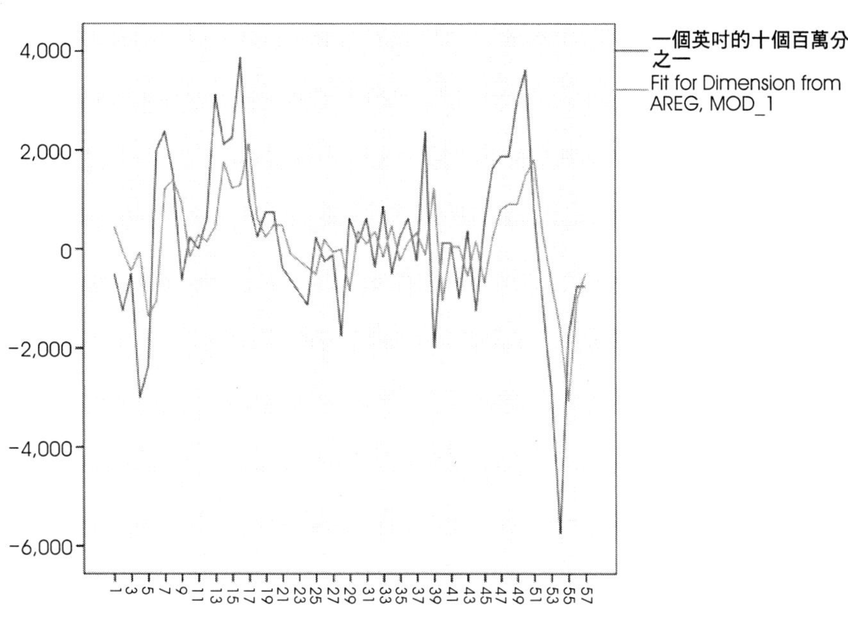

圖 6-33　對機械過程提供真正值與 **AR(1)** 適配值之間的序列關聯

表 6-16 之 1

Correlations

		一個英吋的十個百萬分之一	LAGS (Dimension,1)	LAGS (Dimension,1.1)
Pearson Correlation	一個英吋的十個百萬分之一	1.000	0.531	0.287
	LAGS(Dimension,1)	0.531	1.000	0.530
	LAGS(Dimension,1.1)	0.287	0.530	1.000
Sig. (1-tailed)	一個英吋的十個百萬分之一	-	0.000	0.017
	LAGS(Dimension,1)	0.000	-	0.000
	LAGS(Dimension,1.1)	0.017	0.000	-
N	一個英吋的十個百萬分之一	55	55	55
	LAGS(Dimension,1)	55	55	55
	LAGS(Dimension,1.1)	55	55	55

表 6-16 之 2

Model Summary

Model	R	R Square	Adjusted R Square	Std. Error of the Estimate	Change Statistics				
	R Square Change	F Change	df1	df2	Sig. F Change	R Square Change	F Change	df1	df2
1	0.531(a)	0.282	0.254	1496.7575	0.282	10.197	2	52	0.000

aPredictors: (Constant), LAGS(Dimension1,1), LAGS(Dimension,1)

表 6-16 之 3

ANOVA[b]

Model		Sum of Squares	df	Mean Square	F	Sig.
1	Regression	45688235.048	2	22844117.52	10.197	0.000[a]
	Residual	116494719.498	52	2240283.067		
	Total	162182954.545	54			

a. Predictors: (Constant), LAGS(Dimension1,1), LAGS(Dimension,1)
b. Dependent Variable：一個英吋的十個百萬分之一

表 6-16 之 4

Coefficients[a]

Model		Unstandardized Coefficients		Standardized Coefficients	t	Sig.
		B	Std. Error	Beta		
1	(Constant)	94.050	203.325		0.463	0.646
	LAGS(Dimension,1)	0.525	0.138	0.527	3.798	0.000
	LAGS(Dimension,1.1)	0.008	0.138	0.008	0.057	0.954

a. Dependent Variable：一個英吋的十個百萬分之一

表 6-16 之 5

Descriptive Statistics

	N	Mean		Std.
	Statistic	Statistic	Std. Error	Statistic
一個英吋的十個百萬分之一	57	153.509	227.1216	1714.7303
Time	57	29.00	2.198	16.598
Valid N (listwise)	57			

二、AR(2) 模型

一個 AR(2) 模型是一個自我迴歸的模型，其中二個預測式變項是在前述（過去）二個時間點的反應變項。一個階 2 自我迴歸的模型要滿足其關係

$$y_t = \beta_0 + \beta_1 y_{t-1} + \beta_2 y_{t-2} + e_t \tag{6-16}$$

其中誤差項在時間 t 點是獨立與前述序列值 y_{t-1}, y_{t-2} 無關。

一個列序範例由一個 AR(2) 模型所塑造的序列為 1948 年第一季到 1976 年第一季，期間美國季節性失業率的序列關聯圖。序列值被提供於表 6-17 中與關聯圖形被呈現於圖 6-34 中。

表 6-17（本資料儲存在 **CH6-4** 檔案中）

季節性失業率	每季
3.73	1
3.67	2
3.77	3
3.83	4
4.67	5
5.87	6
6.70	7
6.97	8
6.40	9
5.57	10
4.63	11
4.23	12
3.50	13
3.10	14
3.17	15
3.37	16
3.07	17
2.97	18
3.23	19
2.83	20
2.70	21
2.58	22

季節性失業率	每季
2.73	23
3.70	24
5.27	25

鄰界的失業率是十分相似。在時間的短期期間很大的改變並不會發生。但是，無論如何，較大的改變在較長的時間期間會發生。這種的自我相關如何被塑造？圖 6-35 與圖 6-36 展示失業率對滯延 1 與對滯延 2 失業率的線性個別呈現的散布圖。在滯延 1 的自我相關是 0.943，而在滯延 2 的自我相關是 0.815。或許，一個 AR(2) 模型可以將這種自我相關的結構提供解釋說明。

把一個 AR(2) 模型適配於這種序列的迴歸結果是被給予在表 6-18 的說明中。要注意到的是滯延 1 與對滯延 2 預測式兩者被顯示要有顯著性不同於零的係數。你會被要求去執行這種模型的殘差分析。假設該分析指出該模型是足夠適配的，那該模型是可以被使用於提供預測的目的。

從這個模型預先給予一時間單位的預測值是獲自

$$\hat{y}_{n+1} = \beta_0 + \beta_1 y_n + \beta_2 y_{n-1} \qquad (6\text{-}17)$$

要預先去預測二個步驟，使用

$$\hat{y}_{n+2} = \beta_0 + \beta_1 \hat{y}_{n+1} + \beta_2 y_n \qquad (6\text{-}18)$$

其中$\hat{y}_{n+1}$是一步驟 — 預先預測在方程式（6-17）中被獲得。最後，提出預先 l 步驟，使用

$$\hat{y}_{n+2} = \beta_0 + \beta_1 \hat{y}_{n+i-1} + \beta_2 \hat{y}_{n+i-2} \quad 因為\ i > 2 \qquad (6\text{-}19)$$

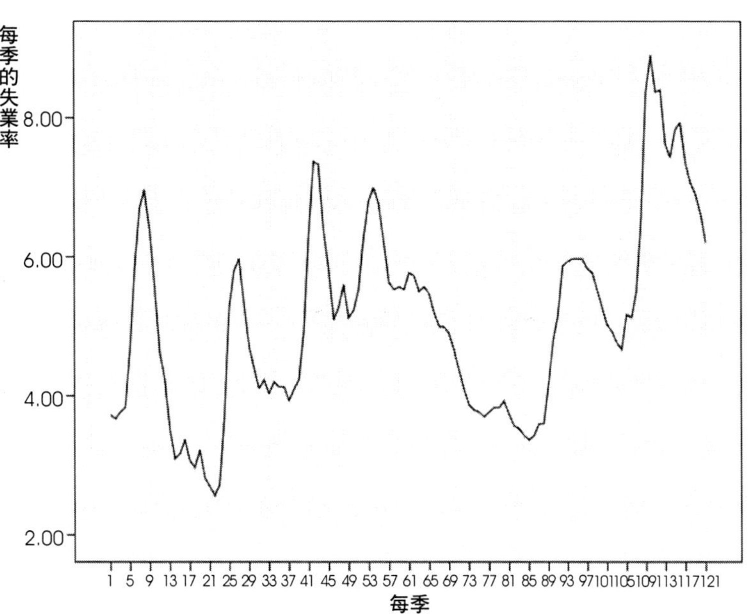

圖 6-34　每季失業率的序列關聯圖形

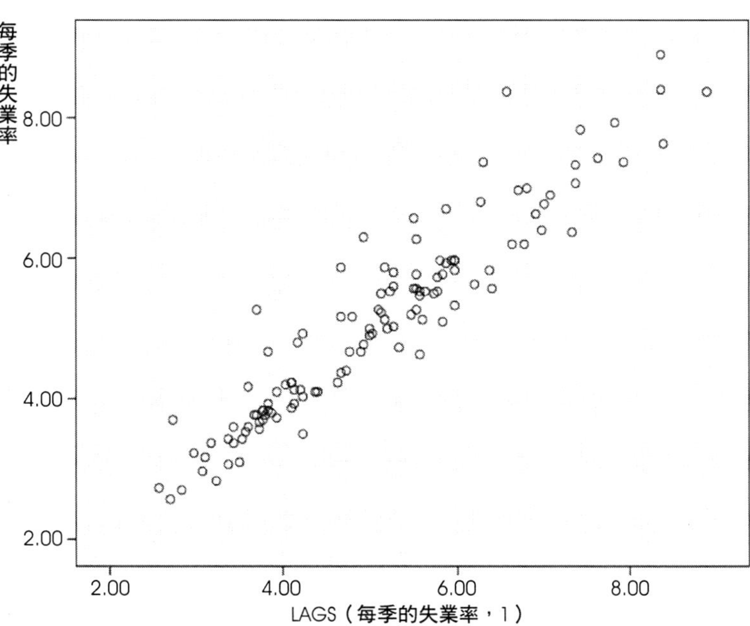

圖 6-35　失業率對滯延 1 失業率的線性散布圖形

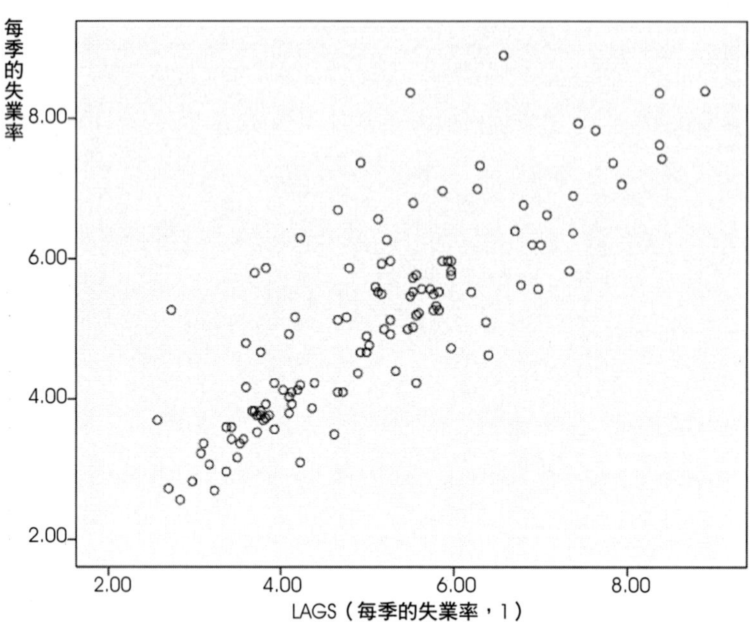

圖 6-36　失業率對滯延 2 失業率的線性散布圖形

迴歸方程式是

$$失業率 = 0.505 + 1.55\ 滯延\ 1\ 失業率 - 0.651\ 滯延\ 2\ 失業率$$

119 個案例被使用；二個案例被包括於遺漏值之中。

表 6-18 之 1

Descriptive Statistics

	Mean	Std. Deviation	N
每季的失業率	5.1306	1.41226	119
LAGS（每季的失業率 ,1）	5.1093	1.41506	119
LAGS（每季的失業率 _1,1）	5.0850	1.41362	119

表 6-18 之 2

Correlations

		每季的失業率	LAGS（每季的失業率,1）	LAGS（每季的失業率_1,1）
Pearson Correlation	每季的失業率	1.000	0.942	0.815
	LAGS（每季的失業率,1）	0.942	1.000	0.943
	LAGS（每季的失業率_1,1）	0.815	0.943	1.000
Sig. (1-tailed)	每季的失業率	-	0.000	0.000
	LAGS（每季的失業率,1）	0.000	-	0.000
	LAGS（每季的失業率_1,1）	0.000	0.000	-
N	每季的失業率	119	119	119
	LAGS（每季的失業率,1）	119	119	119
	LAGS（每季的失業率_1,1）	119	119	119

表 6-18 之 3

Model Summary

Model	R	R Square	Adjusted R Square	Std. Error of the Estimate	Change Statistics				
	R Square Change	F Change	df1	df2	Sig. F Change	R Square Change	F Change	df1	df2
1	0.967(a)	0.935	0.934	0.36317	0.935	834.176	2	116	0.000

a Predictors: (Constant), LAGS（每季失業率_1, 1）, LAGS（每季失業率, 1）

表 6-18 之 4

ANOVA[b]

Model		Sum of Squares	df	Mean Square	F	Sig.
1	Regression	220.048	2	110.024	834.176	0.000[a]
	Residual	15.300	116	0.132		
	Total	235.348	118			

a. Predictors: (Constant), LAGS（每季失業率_1, 1）, LAGS（每季失業率, 1）

b. Dependent Variable：每季失業率

表 6-18 之 5

Coefficients[a]

Model		Unstandardized Coefficients		Standardized Coefficients	t	Sig.
		B	Std. Error	Beta		
1	(Constant)	0.505	0.127		3.986	0.000
	LAGS（每季的失業率,1）	1.554	0.071	1.557	21.964	0.000
	LAGS（每季的失業率_1,1）	−0.651	0.071	−0.652	−9.200	0.000

a. Dependent Variable：每季失業率

要去計算在另一個之後的一個預測值。在我們的序列中最後二個值是 1977 年的第四季的值是 6.63 與 1978 年第一季的值是 6.20。對 1978 年第二季的預測值是如

$$\text{預測失業率}_{n+1} = 0.505 + 1.55(6.20) - 0.651(6.63) = 5.80$$

那麼對 1978 年第三季的預測值是

$$\text{預測失業率}_{n+2} = 0.505 + 1.55(5.80) - 0.651(6.20) = 5.4588$$

對次一季的預測值是

$$\text{預測失業率}_{n+3} = 0.505 + 1.55(5.4588) - 0.651(5.80) = 5.19034$$

依此方法許多預測值如所欲可以一個接一個被進行計算。

如一個最後範例，考慮 AA 鐵路債券利益（railroad bond yields）每月的序列被給予在表 6-19 中。在圖 6-37 的關聯圖形再次顯示鄰接的各值一個強烈傾向是完全相同。在這個序列中有很強的自我相關。滯延 1 的自我相關係數是 0.96 與在滯延 2 的自我相關係數是 0.92。在滯延 3 的自我相關係數仍然是 0.86。這些高的自我相關在若干個滯延上是在序列中種種變動模型的一個象徵應該被考慮。所以，圖 6-37 顯示每月變化的序列關聯圖。

表 6-19　每月 **Railroad Bond Yields**，從 **1968** 年 **1** 月到 **1976** 年 **6** 月（本資料儲存在 **CH6-6** 檔案中）

資料	Yields	月
01/01/98	639	1
02/01/98	643	2
03/01/98	640	3
04/01/98	653	4
05/01/98	667	5
06/01/98	667	6
07/01/98	663	7
08/01/98	654	8
09/01/98	649	9
10/01/98	651	10
11/01/98	659	11
12/01/98	672	12
01/01/99	670	13
02/01/99	675	14
03/01/99	692	15
04/01/99	702	16
05/01/99	706	17
06/01/99	710	18
07/01/99	722	19
08/01/99	729	20
09/01/99	740	21
10/01/99	755	22
11/01/99	763	23
12/01/99	788	24
01/01/00	828	25
02/01/00	826	26
03/01/00	821	27
04/01/00	819	28
05/01/00	827	29
06/01/00	848	30
07/01/00	881	31

表 6-20

Autocorrelation

Series: Yields

Lag	Autocorrelation	Std. Error[a]	Box-Liung Statistic		
			Value	df	Sig.[b]
1	0.963	0.098	97.339	1	0.000
2	0.915	0.097	186.161	2	0.000
3	0.862	0.097	265.737	3	0.000
4	0.809	0.096	336.608	4	0.000
5	0.758	0.096	399.452	5	0.000
6	0.703	0.095	454.137	6	0.000
7	0.644	0.095	500.413	7	0.000
8	0.580	0.094	538.326	8	0.000
9	0.511	0.094	568.056	9	0.000
10	0.436	0.093	589.962	10	0.000
11	0.360	0.093	605.052	11	0.000
12	0.286	0.092	614.684	12	0.000
13	0.209	0.092	619.913	13	0.000
14	0.135	0.091	622.097	14	0.000
15	0.066	0.091	622.630	15	0.000
16	0.004	0.090	622.631	16	0.000

a. The underlying process assurmed is independence (white noise).

b. Based on the asymptotic chi-aquare approximation.

現在考慮種種改變就如一個時間序列一樣與評估在這樣轉變序列中的自我相關。在滯延 1 的自我相關是 0.468，但是在其他較高的滯延其自我相關是可忽視的。或許一個 AR(1) 模型為改變序列將對這種序列行為產生一個合理的模型。表 6-20 顯示模型參數估計的結果，你會被要求去執行一個殘差分析。

圖 6-37　每月 **Railroad Bond Yields** 的序列關聯圖

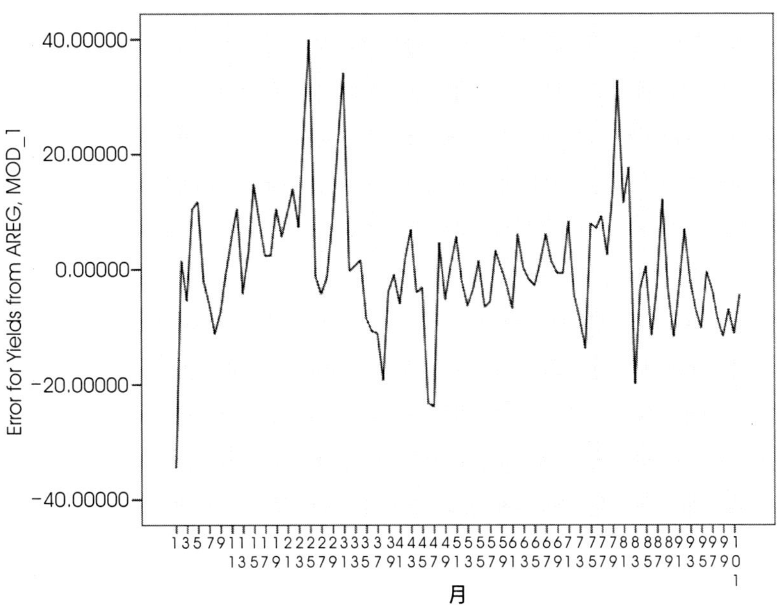

圖 6-38　在 **Bond Yields** 中每月的變動

三、圖形的求取與 SPSS 軟體的操作方法

1. 圖 6-30 機械公司來自目標的離差的順序關聯圖形，獲得過程

首先使用檔案 CH6-5 拉出圖 A30-1 的視窗介面，按 Analyze → Firecasting → Sequence，進入圖 A30-2 的 Sequence Charts 對話盒，把一個英吋的十個百萬分 ... 移入 Variables：方盒中，再把 Time 移入 Time Axis Lables：方盒中。按 OK，就可獲得圖 6-30 機械公司來自目標的離差的順序關聯圖形。

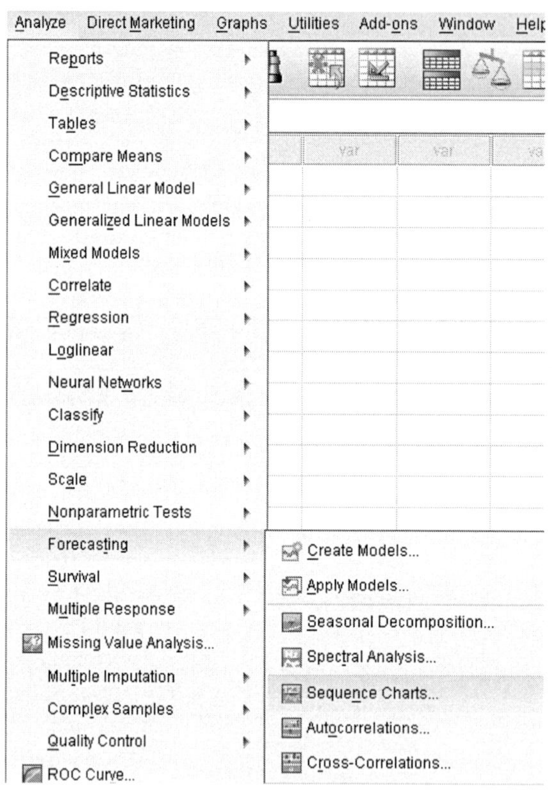

圖 A30-1

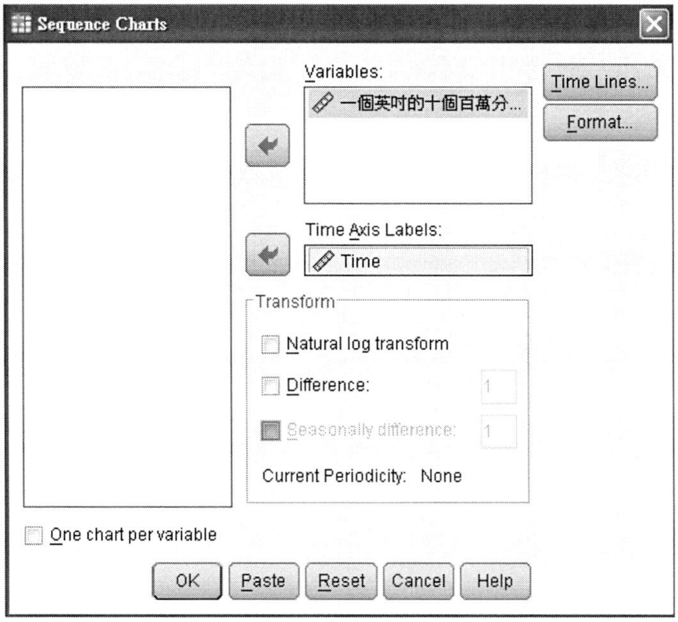

圖 A30-2

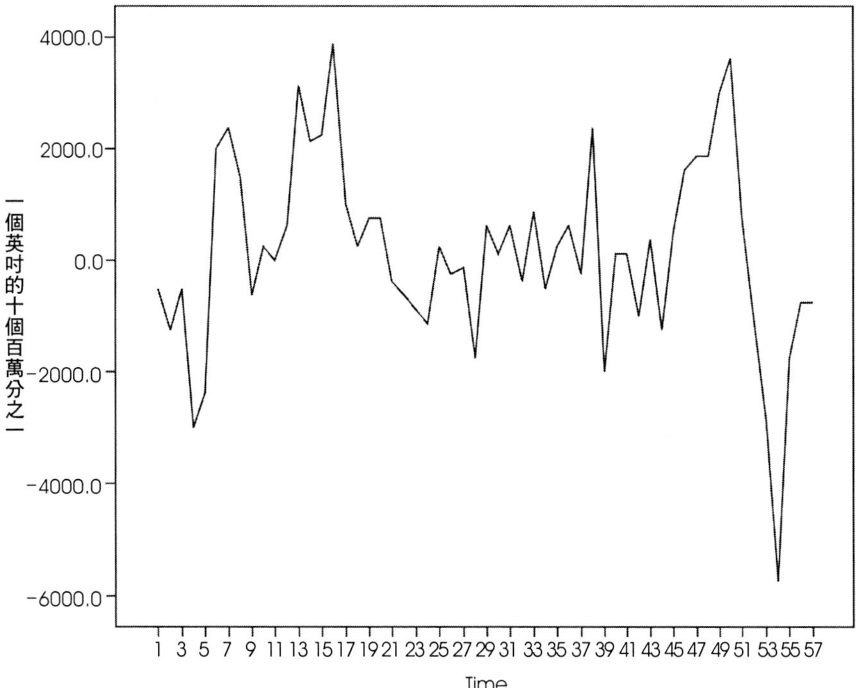

圖 6-30　機械公司來自目標的離差的順序關聯圖形

2. 圖 6-31 從目標離差對從目標滯延 1 離差的圖形，獲得過程

首先使用檔案 CH6-5 拉出圖 A31-1 的視窗介面，按 Transform → Create Time Series...，進入圖 A31-2 的 Create Time Series 對話盒，把 Dimension 移入 Variables → New name 方盒中，按 Function 拉出 Lag，Order1，然後按 Change 鍵，按 OK，進入圖 A31-3 的 SPSS 結果的報表，在其結果報表上出現圖 A31-3 的 Save Contents of output viewer to Output「Document1」的標示，在標示上按 No，會獲得圖 A31-4 結果。

使用圖 A31-4 結果拉出圖 A31-5 的視窗介面，然後按 Graphs → Scatter/Dot...，進入圖 A31-6 的 Scatter/Dot 對話盒，按 Simple Scatter 方格，再按 Define 鍵，進入圖 A31-7 的 Simple Scatterplot 對話盒，移入一個英吋的十個百萬分之一到 Y Axis：方盒，再移入 Lags 到 X Axis：方盒，然後按 OK，就可獲得圖 6-31 從目標離差對從目標滯延 1 離差的圖形線性散布圖。

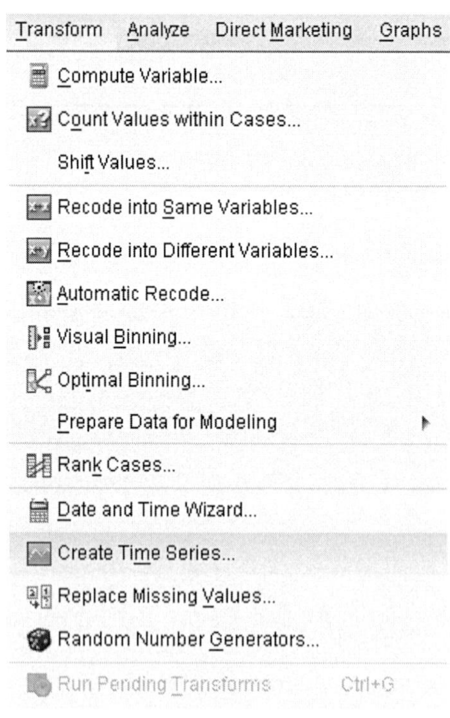

圖 A31-1

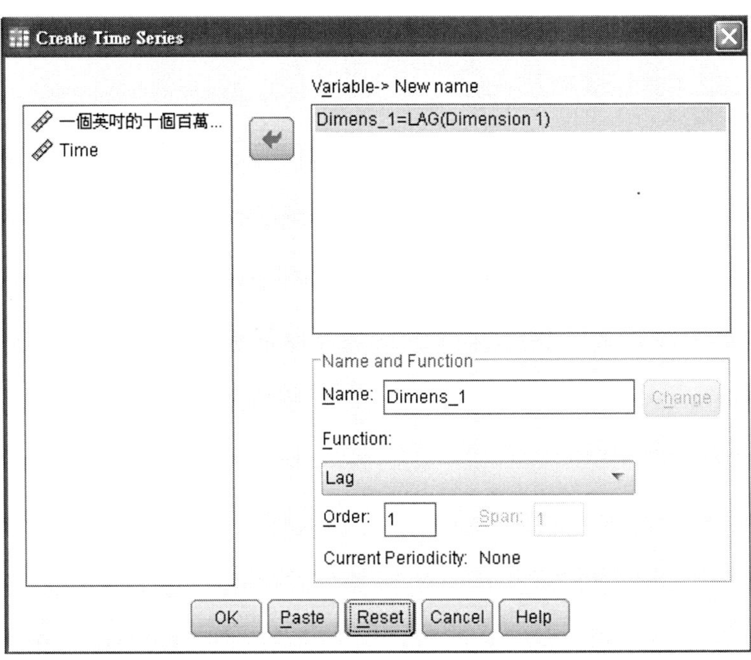

圖 A31-2

➡ Create

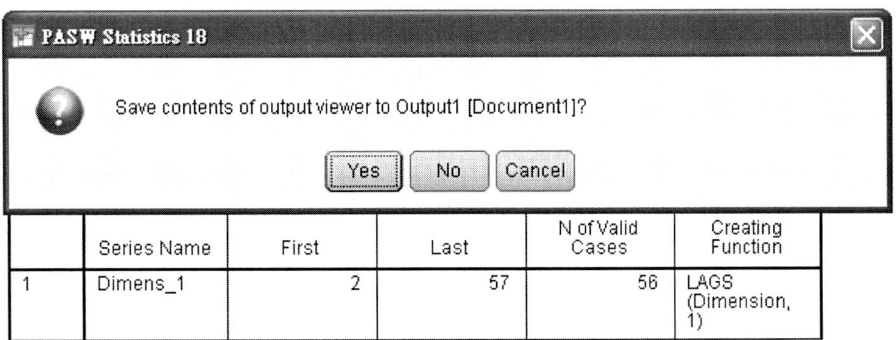

	Series Name	First	Last	N of Valid Cases	Creating Function
1	Dimens_1	2	57	56	LAGS (Dimension, 1)

圖 A31-3

Dimension	Time	Dimens_1
-500.0	1	.
-1250.0	2	-500.0
-500.0	3	-1250.0
-3000.0	4	-500.0
-2375.0	5	-3000.0
2000.0	6	-2375.0
2375.0	7	2000.0
1500.0	8	2375.0
-625.0	9	1500.0
250.0	10	-625.0
.0	11	250.0
625.0	12	.0
3125.0	13	625.0
2125.0	14	3125.0
2250.0	15	2125.0
3875.0	16	2250.0
1000.0	17	3875.0
250.0	18	1000.0
750.0	19	250.0
750.0	20	750.0
-375.0	21	750.0
-625.0	22	-375.0

圖 A31-4

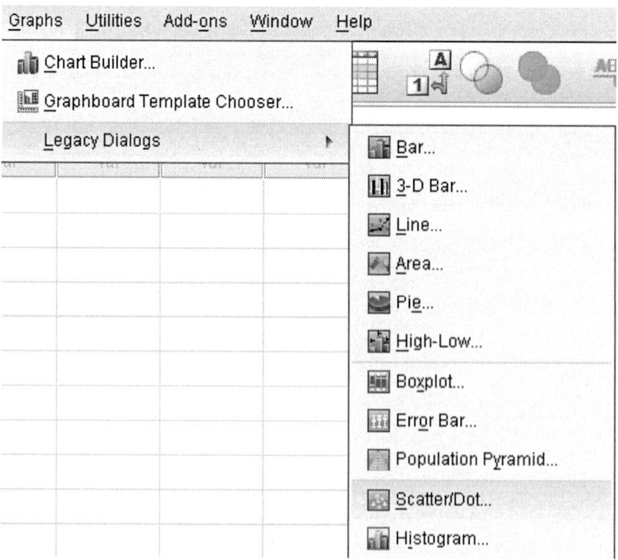

圖 A31-5

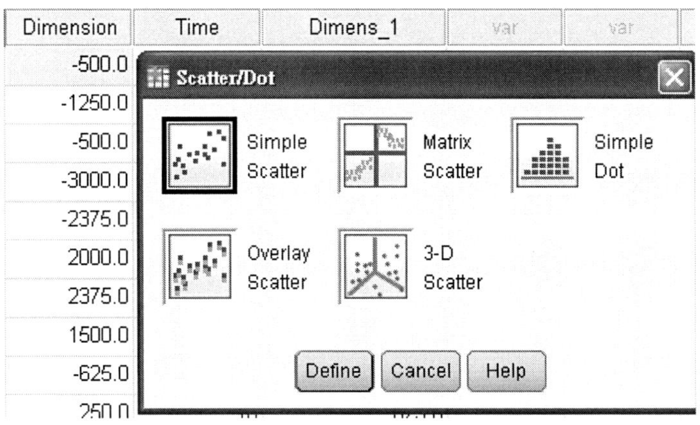
Dimension
Time
Dimens_1
var
var
-500.0
-1250.0
-500.0
-3000.0
-2375.0
2000.0
2375.0
1500.0
-625.0
Scatter/Dot
Simple Scatter
Matrix Scatter
Simple Dot
Overlay Scatter
3-D Scatter
Define
Cancel
Help

圖 A31-6

Simple Scatterplot
Time
Y Axis:
一個英吋的十個百萬分之一 [Di...
X Axis:
LAGS(Dimension,1) [Dimens_1]
Set Markers by:
Label Cases by:
Panel by
Rows:
Nest variables (no empty rows)
Columns:
Nest variables (no empty columns)
Titles...
Options...
Template
Use chart specifications from:
File...
OK
Paste
Reset
Cancel
Help

圖 A31-7

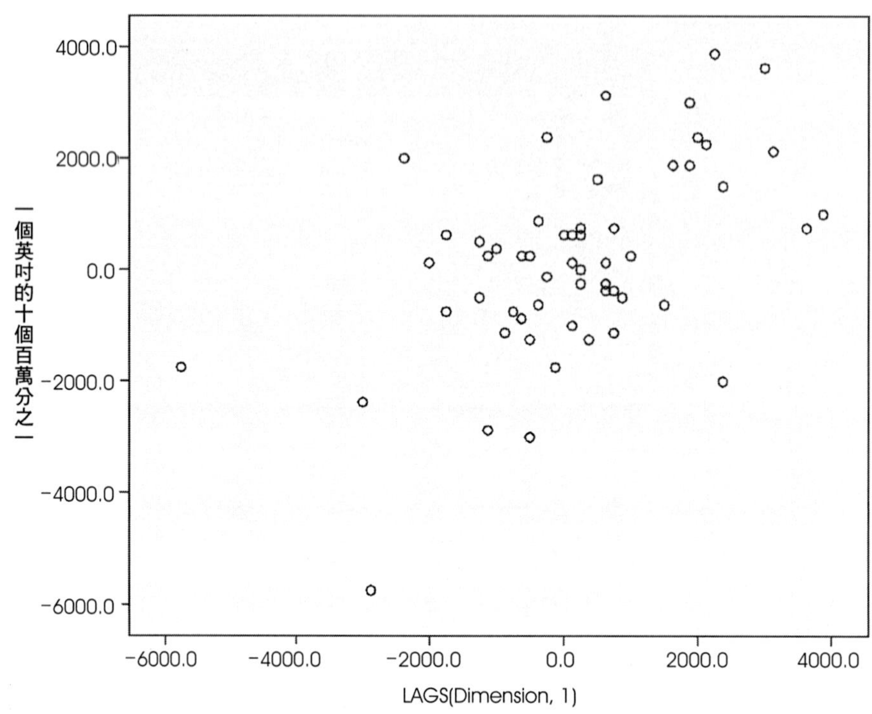

圖 6-31　從目標離差對從目標滯延 1 離差的圖形線性散布圖

3. 圖 6-32 對機械過程提供來自 AR(1) 殘差的序列關聯，獲得過程

使用 CH6-5 檔案拉出圖 A32-1 視窗介面，按 Analyze → Forecasting → Create Models，進入圖 A32-2 的 Time Series Modeler 對話盒。按 Variables，把一個英吋的百萬分一移入 Dependent Variables：方盒中，把 Time 移入 Independent Variables：方盒中，按 Statistics 鍵，進入圖 A32-3 中依據圖示作選擇，按 Plots 進入圖 A32-4 中依據圖示作選擇，按 Save 鍵進入圖 A32-5 中依據圖示作選擇。獲得圖 A32-6 的結果，拉出圖 A32-6 的結果為資料進入視窗介面圖 A32-7，按 Analyze → Firecasting → Sequence，進入圖 A32-8 的 Sequence Charts 對話盒，把 Noise resudual 移入 Variables：方盒中，再把 Time 移入 Time Axis Lables：方盒中。按 OK，就可獲得圖 6-32 對機械過程提供來自 AR(1) 殘差的序列關聯。

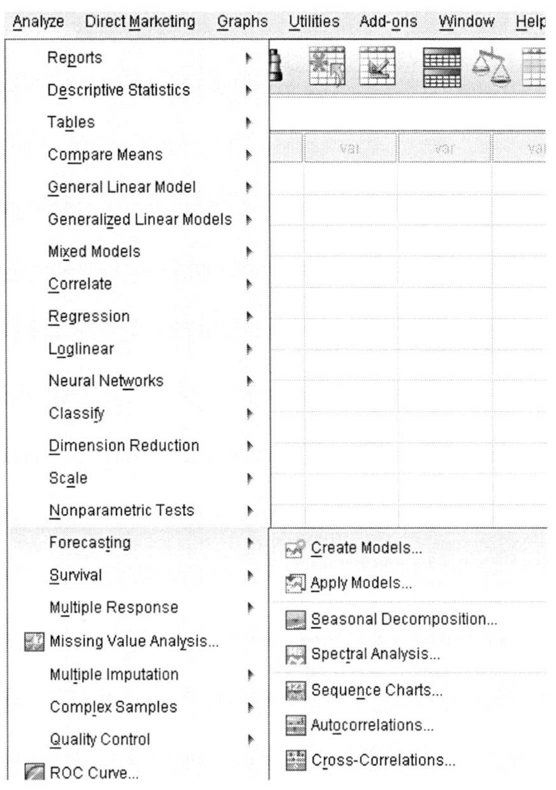
Analyze
Direct Marketing
Graphs
Utilities
Add-ons
Window
Help
Reports
Descriptive Statistics
Tables
Compare Means
General Linear Model
Generalized Linear Models
Mixed Models
Correlate
Regression
Loglinear
Neural Networks
Classify
Dimension Reduction
Scale
Nonparametric Tests
Forecasting
Survival
Multiple Response
Missing Value Analysis...
Multiple Imputation
Complex Samples
Quality Control
ROC Curve...
Create Models...
Apply Models...
Seasonal Decomposition...
Spectral Analysis...
Sequence Charts...
Autocorrelations...
Cross-Correlations...

圖 A32-1

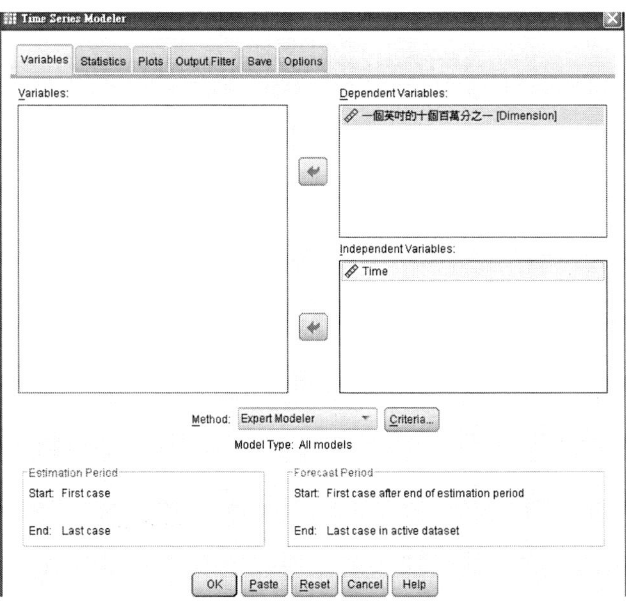
Time Series Modeler
Variables
Statistics
Plots
Output Filter
Save
Options
Variables:
Dependent Variables:
一個英吋的十個百萬分之一 [Dimension]
Independent Variables:
Time
Method:
Expert Modeler
Criteria...
Model Type: All models
Estimation Period
Start: First case
End: Last case
Forecast Period
Start: First case after end of estimation period
End: Last case in active dataset
OK
Paste
Reset
Cancel
Help

圖 A32-2

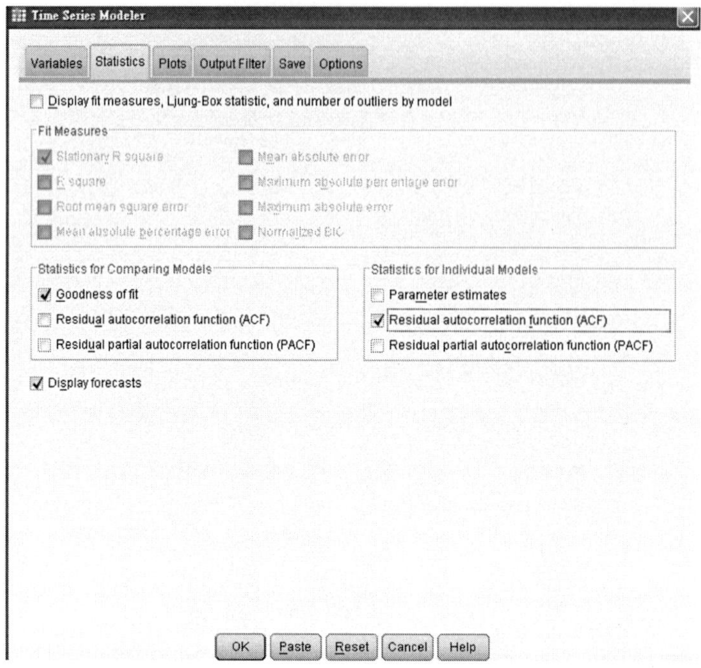
Time Series Modeler
Variables
Statistics
Plots
Output Filter
Save
Options
Display fit measures, Ljung-Box statistic, and number of outliers by model
Fit Measures
Stationary R square
R square
Root mean square error
Mean absolute percentage error
Mean absolute error
Maximum absolute percentage error
Maximum absolute error
Normalized BIC
Statistics for Comparing Models
Goodness of fit
Residual autocorrelation function (ACF)
Residual partial autocorrelation function (PACF)
Statistics for Individual Models
Parameter estimates
Residual autocorrelation function (ACF)
Residual partial autocorrelation function (PACF)
Display forecasts
OK
Paste
Reset
Cancel
Help

圖 A32-3

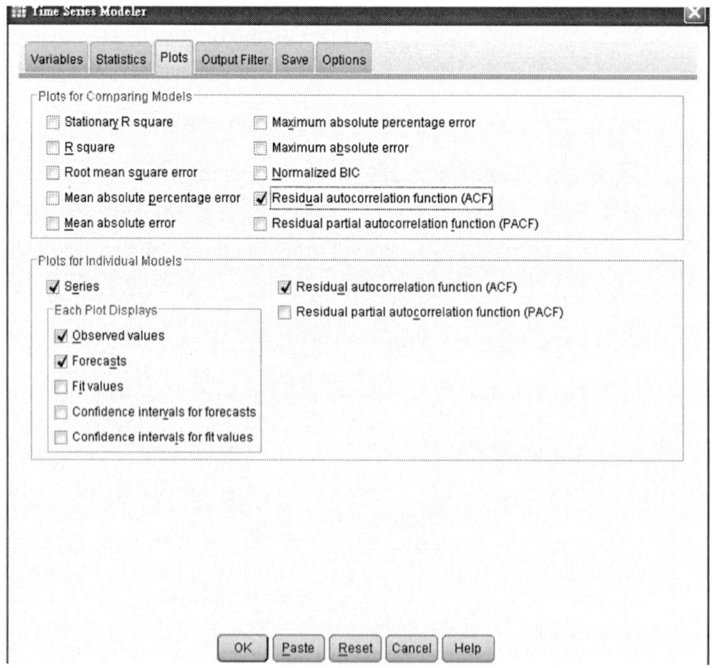
Time Series Modeler
Variables
Statistics
Plots
Output Filter
Save
Options
Plots for Comparing Models
Stationary R square
R square
Root mean square error
Mean absolute percentage error
Mean absolute error
Maximum absolute percentage error
Maximum absolute error
Normalized BIC
Residual autocorrelation function (ACF)
Residual partial autocorrelation function (PACF)
Plots for Individual Models
Series
Each Plot Displays
Observed values
Forecasts
Fit values
Confidence intervals for forecasts
Confidence intervals for fit values
Residual autocorrelation function (ACF)
Residual partial autocorrelation function (PACF)
OK
Paste
Reset
Cancel
Help

圖 A32-4

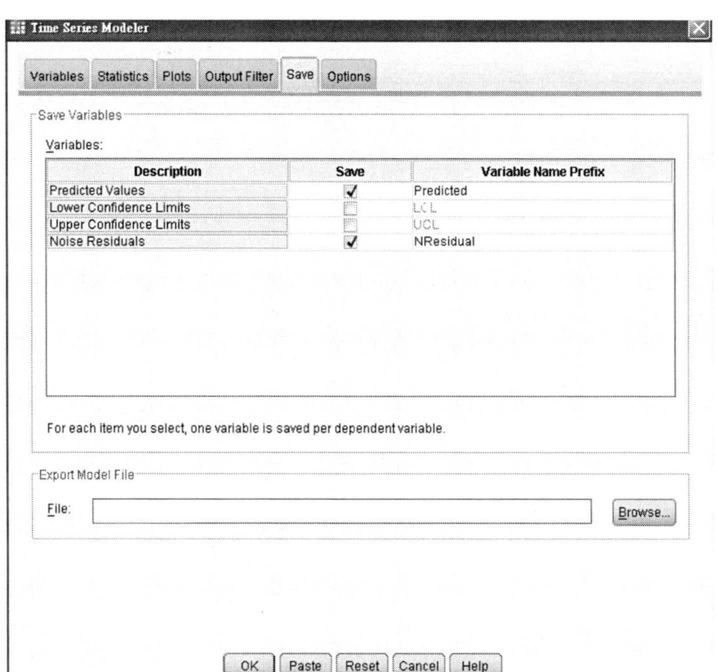

圖 A32-5

Dimension	Time	Predicted_Dimension_Model_1	NResidual_Dimension_Model_1
-500.0	1	.0	-500.0
-1250.0	2	-264.5	-985.5
-500.0	3	-661.4	161.4
-3000.0	4	-264.5	-2735.5
-2375.0	5	-1587.3	-787.7
2000.0	6	-1256.6	3256.6
2375.0	7	1058.2	1316.8
1500.0	8	1256.6	243.4
-625.0	9	793.6	-1418.6
250.0	10	-330.7	580.7
.0	11	132.3	-132.3
625.0	12	.0	625.0
3125.0	13	330.7	2794.3
2125.0	14	1653.4	471.6
2250.0	15	1124.3	1125.7
3875.0	16	1190.5	2684.5
1000.0	17	2050.2	-1050.2
250.0	18	529.1	-279.1
750.0	19	132.3	617.7
750.0	20	396.8	353.2
-375.0	21	396.8	-771.8

圖 A32-6

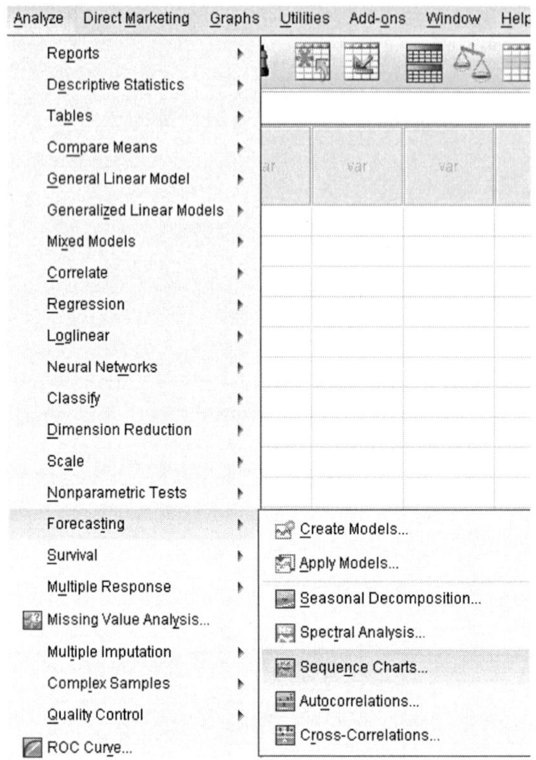
Analyze
Direct Marketing
Graphs
Utilities
Add-ons
Window
Help
Reports
Descriptive Statistics
Tables
Compare Means
General Linear Model
Generalized Linear Models
Mixed Models
Correlate
Regression
Loglinear
Neural Networks
Classify
Dimension Reduction
Scale
Nonparametric Tests
Forecasting
Survival
Multiple Response
Missing Value Analysis...
Multiple Imputation
Complex Samples
Quality Control
ROC Curve...
Create Models...
Apply Models...
Seasonal Decomposition...
Spectral Analysis...
Sequence Charts...
Autocorrelations...
Cross-Correlations...

圖 A32-7

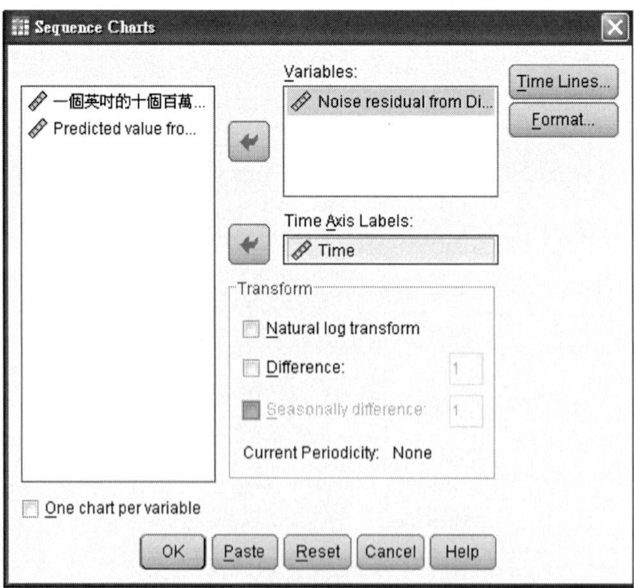
Sequence Charts
一個英吋的十個百萬...
Predicted value fro...
Variables:
Noise residual from Di...
Time Lines...
Format...
Time Axis Labels:
Time
Transform
Natural log transform
Difference:
1
Seasonally difference:
1
Current Periodicity: None
One chart per variable
OK
Paste
Reset
Cancel
Help

圖 A32-8

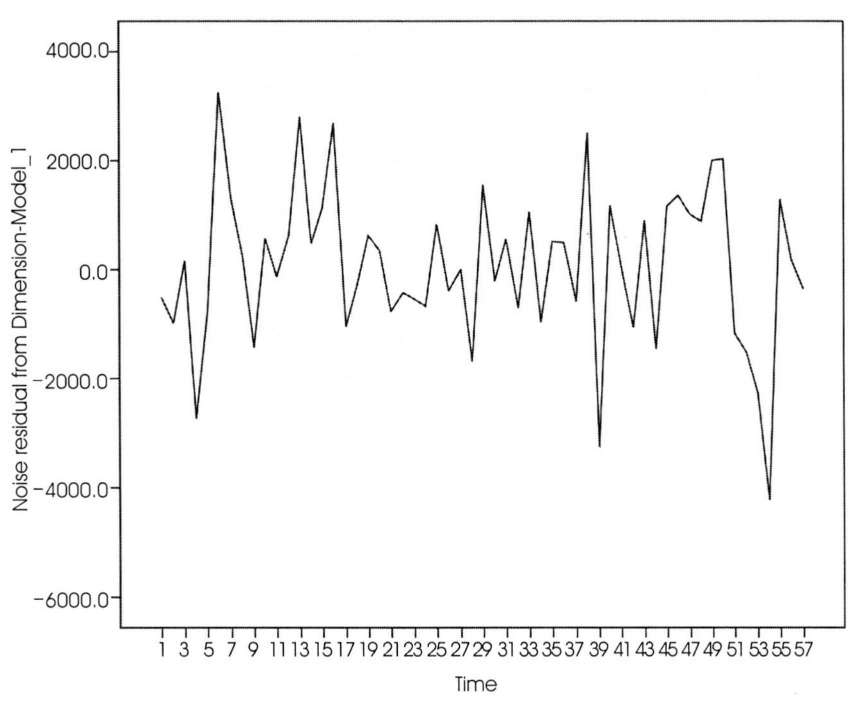

圖 6-32　對機械過程提供來自 **AR(1)** 殘差的序列關聯

4. 圖 6-33 對機械過程提供真正值與 AR(1) 適配值之間的序列關聯，獲得過程

使用前述圖 A32-6 的結果，拉出圖 A33-1 的視窗介面，按 Analyze → Forecasting → Sequence Charts...，進入圖 A33-2 的 Sequence Charts 對話盒，把一個英吋的十個百萬分之一與 Predicted Value for 移入 Variables：方盒中，再把 Time 移入 Time Axis Labels：方盒中，然後按 OK。就可獲得圖 6-33 對機械過程提供真正值與 AR(1) 適配值之間的序列關聯。

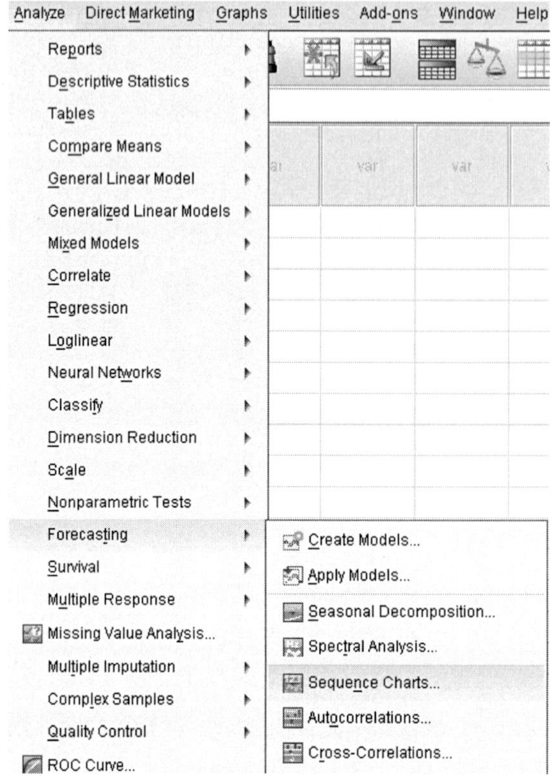
Analyze
Direct Marketing
Graphs
Utilities
Add-ons
Window
Help
Reports
Descriptive Statistics
Tables
Compare Means
General Linear Model
Generalized Linear Models
Mixed Models
Correlate
Regression
Loglinear
Neural Networks
Classify
Dimension Reduction
Scale
Nonparametric Tests
Forecasting
Survival
Multiple Response
Missing Value Analysis...
Multiple Imputation
Complex Samples
Quality Control
ROC Curve...
Create Models...
Apply Models...
Seasonal Decomposition...
Spectral Analysis...
Sequence Charts...
Autocorrelations...
Cross-Correlations...

圖 A33-1

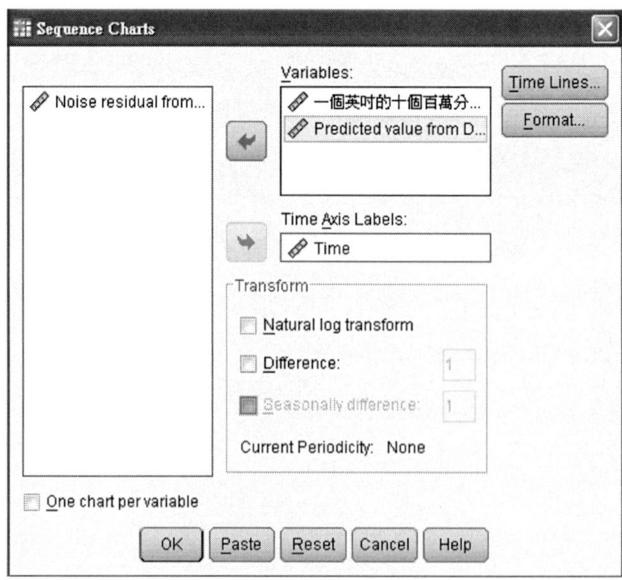
Sequence Charts
Noise residual from...
Variables:
一個英吋的十個百萬分...
Predicted value from D...
Time Lines...
Format...
Time Axis Labels:
Time
Transform
Natural log transform
Difference:
Seasonally difference:
Current Periodicity: None
One chart per variable
OK
Paste
Reset
Cancel
Help

圖 A33-2

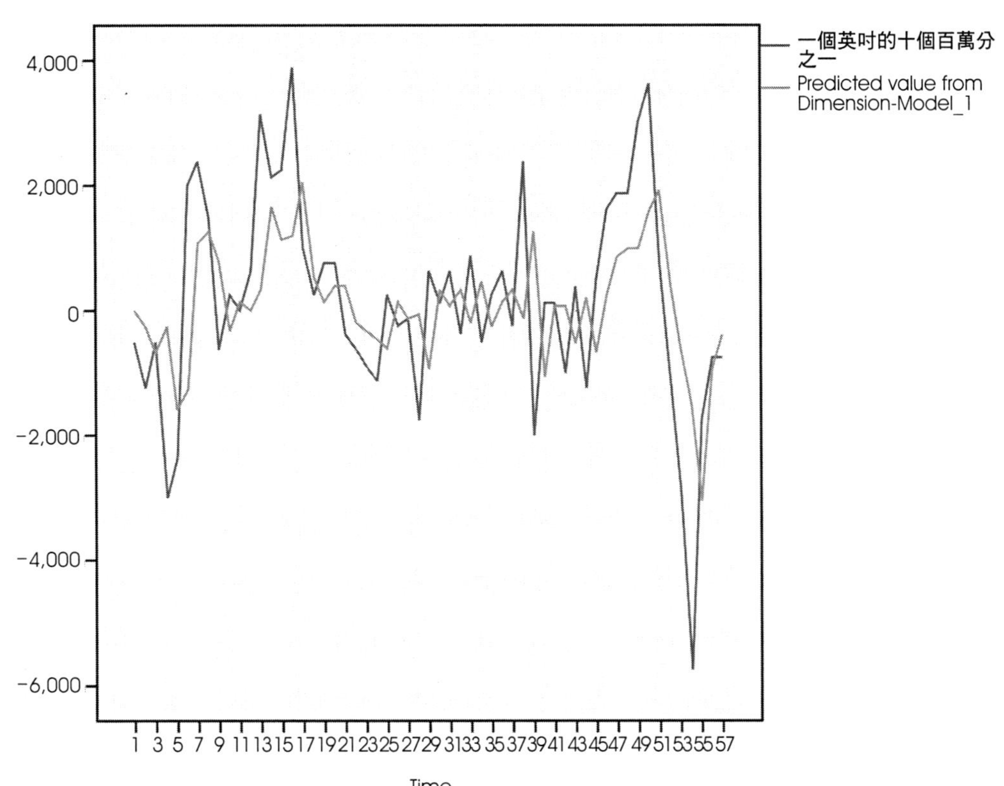

圖 6-33　對機械過程提供真正值與 AR(1) 適配值之間的序列關聯

5. 圖 6-34 每季失業率的序列關聯圖形，獲取過程

首先使用 CH6-4 檔案，拉出圖 A34-1 的視窗介面，按 Analyze → Forecasting → Create Models，進入圖 A34-2 的 Time Series Modeler 對話盒。按 Variables，把每季失業率移入 Dependent Variables：方盒中，把每季移入 Independent Variables：方盒中，按 Plots 進入圖 A34-3 中依據圖示作選擇，按 OK。獲得圖 A34-4 的結果。

也可以使用比較簡單的方法，使用 CH6-4 檔案，拉出圖 A34-5 的視窗介面，按 Analyze → Forecasting → Sequence Charts...，進入圖 A34-6 的 Sequence Charts 對話盒，把每季失業率移入 Variables：方盒中，再把每季移入 Time Axis Lables：方盒中。按 OK，就可獲得圖 6-34 每季失業率的序列關聯圖形。

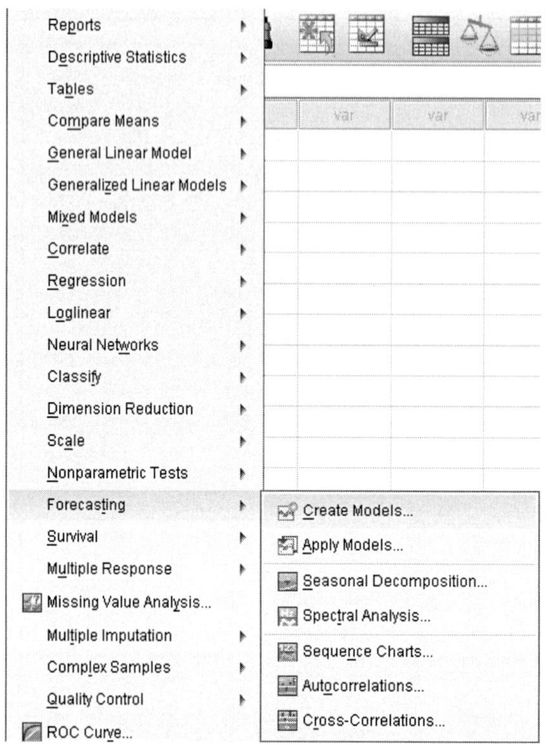
Reports
Descriptive Statistics
Tables
Compare Means
General Linear Model
Generalized Linear Models
Mixed Models
Correlate
Regression
Loglinear
Neural Networks
Classify
Dimension Reduction
Scale
Nonparametric Tests
Forecasting
Survival
Multiple Response
Missing Value Analysis...
Multiple Imputation
Complex Samples
Quality Control
ROC Curve...
Create Models...
Apply Models...
Seasonal Decomposition...
Spectral Analysis...
Sequence Charts...
Autocorrelations...
Cross-Correlations...

圖 A34-1

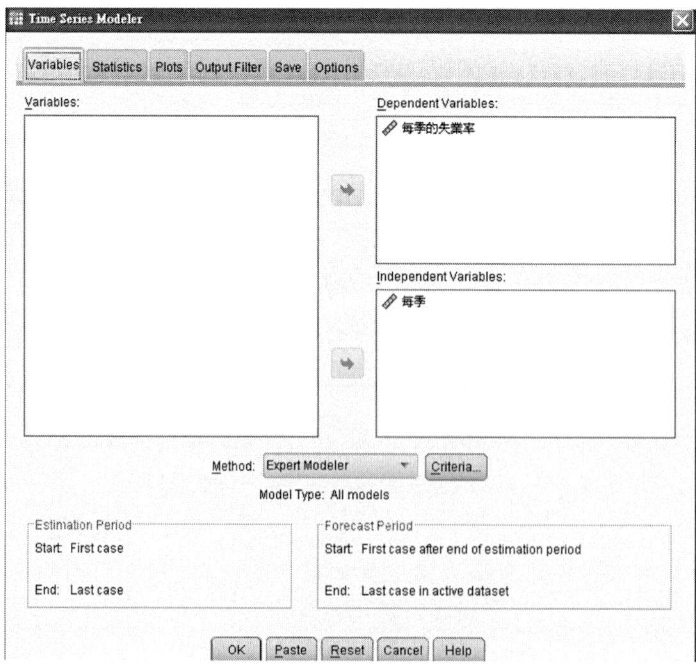
Time Series Modeler
Variables Statistics Plots Output Filter Save Options
Variables:
Dependent Variables:
每季的失業率
Independent Variables:
每季
Method: Expert Modeler
Criteria...
Model Type: All models
Estimation Period
Start: First case
End: Last case
Forecast Period
Start: First case after end of estimation period
End: Last case in active dataset
OK Paste Reset Cancel Help

圖 A34-2

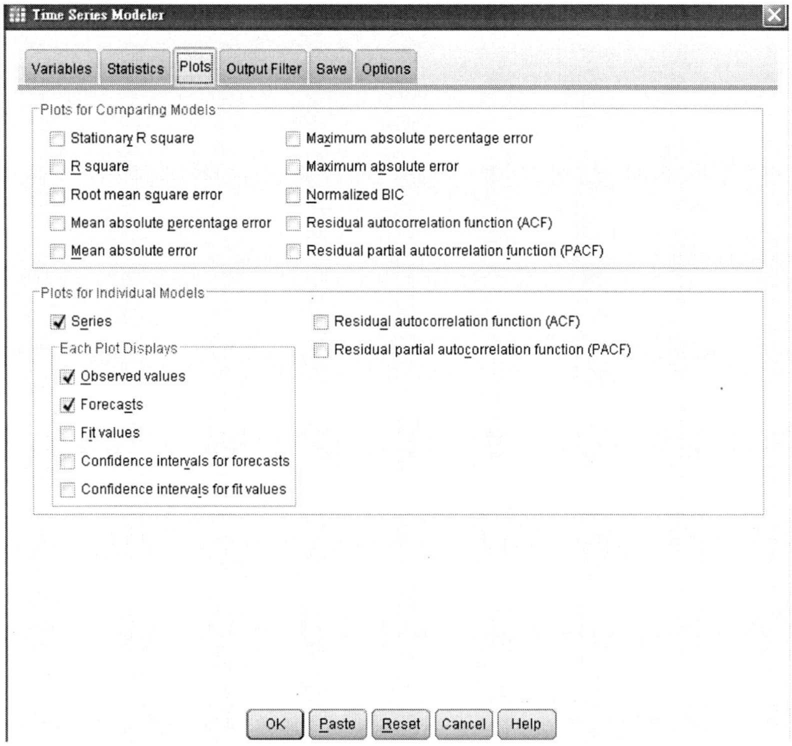

Time Series Modeler
Variables
Statistics
Plots
Output Filter
Save
Options
Plots for Comparing Models
Stationary R square
R square
Root mean square error
Mean absolute percentage error
Mean absolute error
Maximum absolute percentage error
Maximum absolute error
Normalized BIC
Residual autocorrelation function (ACF)
Residual partial autocorrelation function (PACF)
Plots for Individual Models
Series
Each Plot Displays
Observed values
Forecasts
Fit values
Confidence intervals for forecasts
Confidence intervals for fit values
Residual autocorrelation function (ACF)
Residual partial autocorrelation function (PACF)
OK
Paste
Reset
Cancel
Help

圖 A34-3

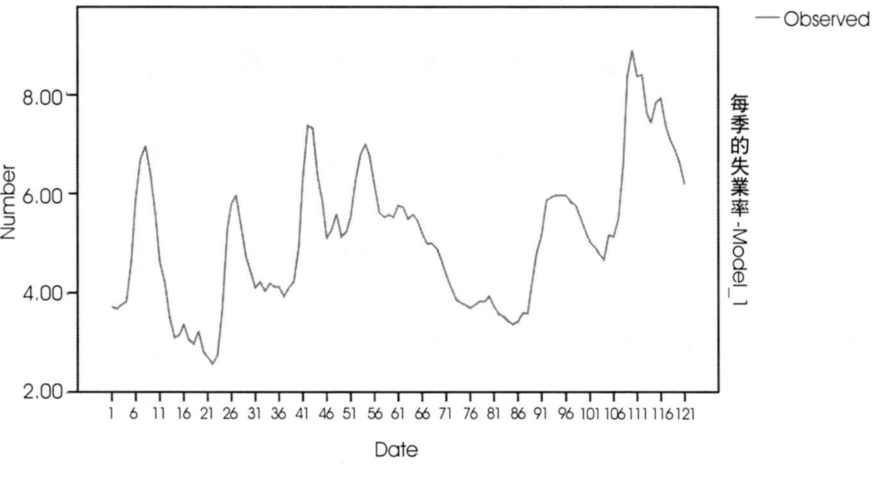
Observed
Number
8.00
6.00
4.00
2.00
1 6 11 16 21 26 31 36 41 46 51 56 61 66 71 76 81 86 91 96 101 106 111 116 121
Date
每季的失業率-Model_1

圖 A34-4

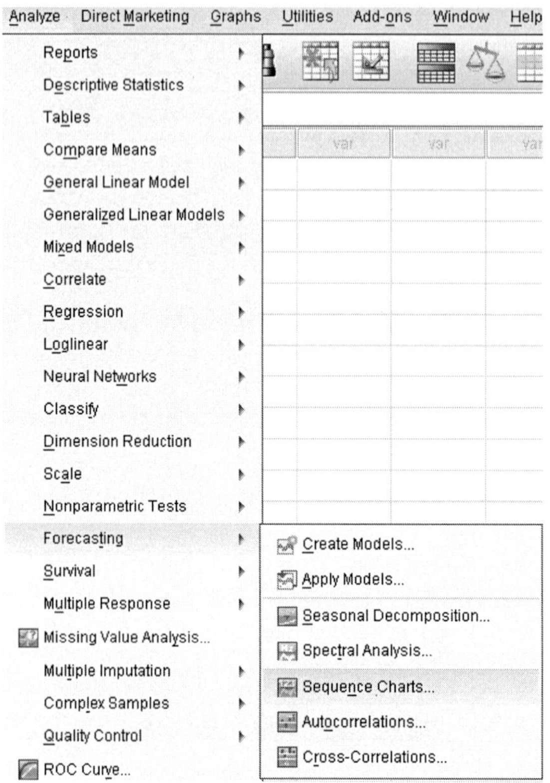
Analyze
Direct Marketing
Graphs
Utilities
Add-ons
Window
Help
Reports
Descriptive Statistics
Tables
Compare Means
General Linear Model
Generalized Linear Models
Mixed Models
Correlate
Regression
Loglinear
Neural Networks
Classify
Dimension Reduction
Scale
Nonparametric Tests
Forecasting
Survival
Multiple Response
Missing Value Analysis...
Multiple Imputation
Complex Samples
Quality Control
ROC Curve...
Create Models...
Apply Models...
Seasonal Decomposition...
Spectral Analysis...
Sequence Charts...
Autocorrelations...
Cross-Correlations...

圖 A34-5

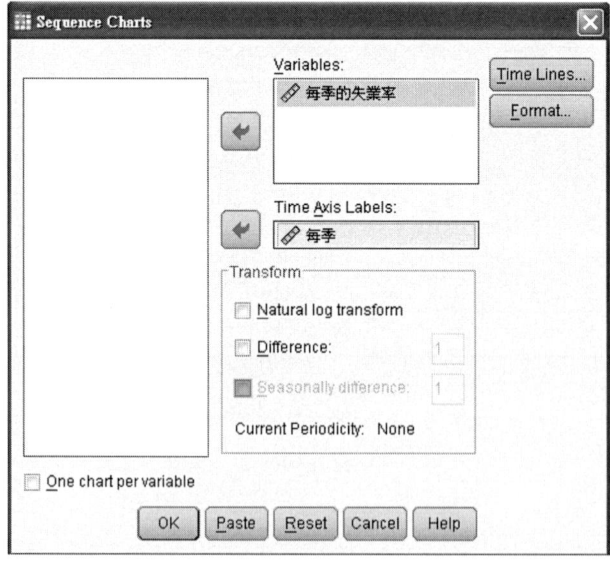
Sequence Charts
Variables:
每季的失業率
Time Lines...
Format...
Time Axis Labels:
每季
Transform
Natural log transform
Difference:
Seasonally difference:
Current Periodicity: None
One chart per variable
OK
Paste
Reset
Cancel
Help

圖 A34-6

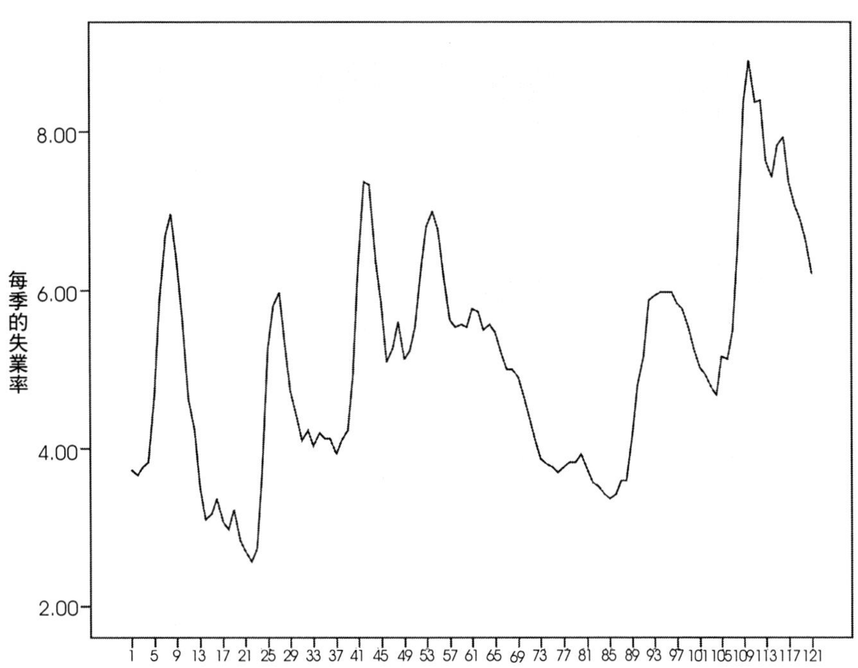

圖 6-34　每季失業率的序列關聯圖形

6. 圖 6-35 失業率對滯延 1 失業率的線性散布圖形，獲得過程

首先使用檔案 CH6-4 拉出圖 A35-1 的視窗介面，按 Transform → Create Time Series...，進入圖 A35-2 的 Create Time Series 對話盒，把每季失業率移入 Variables → New name 方盒中，按 Function 拉出 Lag，Order1，然後按 Change 鍵，按 OK，進入圖 A35-3 的 SPSS 結果的報表，在其結果報表上出現圖 A35-3 的 Save Contents of output viewer to Output「Document1」的標示，在標示上按 No，會獲得圖 A35-4 結果。

接著，使用圖 A35-4 結果拉出圖 A35-5 的視窗介面，然後按 Graphs → Scatter/Dot...，進入圖 A35-6 的 Scatter/Dot 對話盒，按 Simple Scatter 方格，再按 Define 鍵，進入圖 A35-7 的 Simple Scatterplot 對話盒，把每季失業率移入到 Y Axis：方盒，再移入 Lags 到 X Axis：方盒，然後按 OK，就可獲得圖 6-35 失業率對滯延 1 失業率的線性散布圖形。

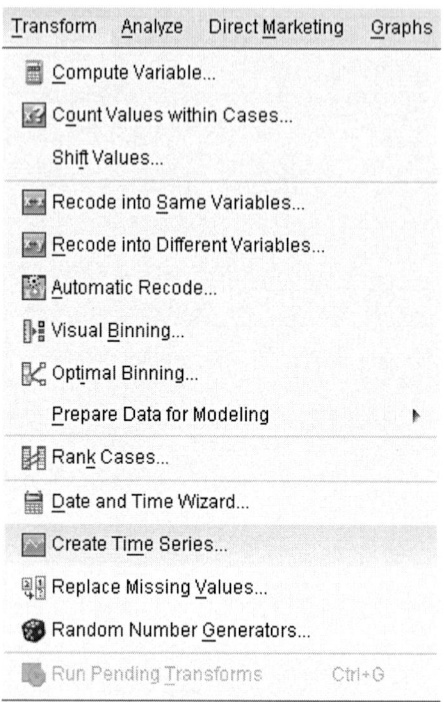
Transform
Analyze
Direct Marketing
Graphs
Compute Variable...
Count Values within Cases...
Shift Values...
Recode into Same Variables...
Recode into Different Variables...
Automatic Recode...
Visual Binning...
Optimal Binning...
Prepare Data for Modeling
Rank Cases...
Date and Time Wizard...
Create Time Series...
Replace Missing Values...
Random Number Generators...
Run Pending Transforms
Ctrl+G

圖 A35-1

Create Time Series
每季的失業率
每季
Variable-> New name
每季的失業率_1=LAG(每季的失業率 1)
Name and Function
Name:
每季的失業率_1
Change
Function:
Lag
Order:
1
Span:
1
Current Periodicity: None
OK
Paste
Reset
Cancel
Help

圖 A35-2

➡ Create

[DataSet1] C:\Documents and Settings\All Users\Documents\my book 33\CH32-7.sav

Created Series

	Series Name	Case Number of Non-Missing Values		N of Valid Cases	Creating Function
		First	Last		
1	每季的失業率_1	2	121	120	LAGS(每季的失業率,1)

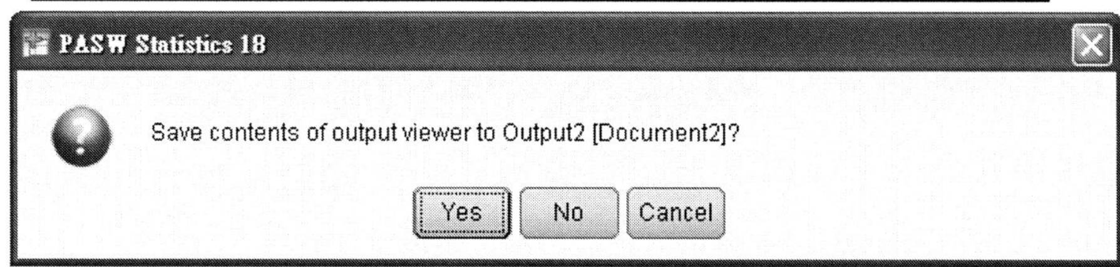

圖 A35-3

每季的失業率	每季	每季的失業率_1
3.73	1	.
3.67	2	3.73
3.77	3	3.67
3.83	4	3.77
4.67	5	3.83
5.87	6	4.67
6.70	7	5.87
6.97	8	6.70
6.40	9	6.97
5.57	10	6.40
4.63	11	5.57
4.23	12	4.63
3.50	13	4,23
3.10	14	3.50
3.17	15	3.10
3.37	16	3.17
3.07	17	3.37
2.97	18	3.07
3.23	19	2.97
2.83	20	3.23
2.70	21	2.83
2.57	22	2.70

圖 A35-4

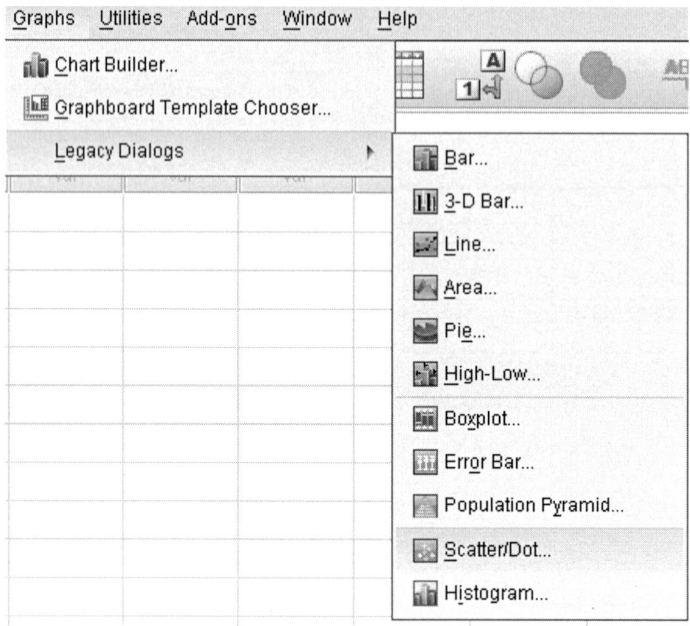
Graphs
Utilities
Add-ons
Window
Help
Chart Builder...
Graphboard Template Chooser...
Legacy Dialogs
Bar...
3-D Bar...
Line...
Area...
Pie...
High-Low...
Boxplot...
Error Bar...
Population Pyramid...
Scatter/Dot...
Histogram...

圖 A35-5

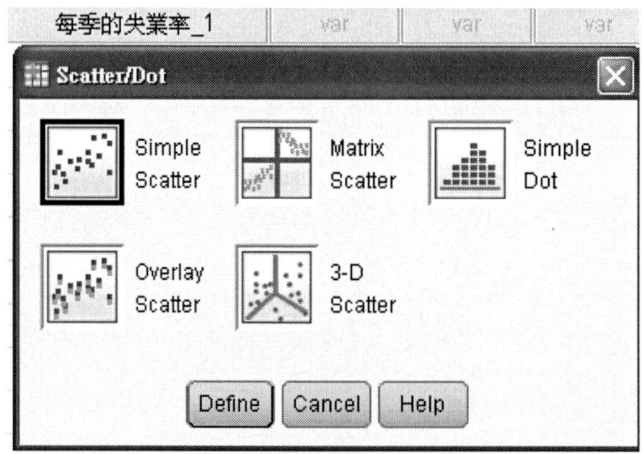
每季的失業率_1
var
var
var
Scatter/Dot
Simple Scatter
Matrix Scatter
Simple Dot
Overlay Scatter
3-D Scatter
Define
Cancel
Help

圖 A35-6

圖 A35-7

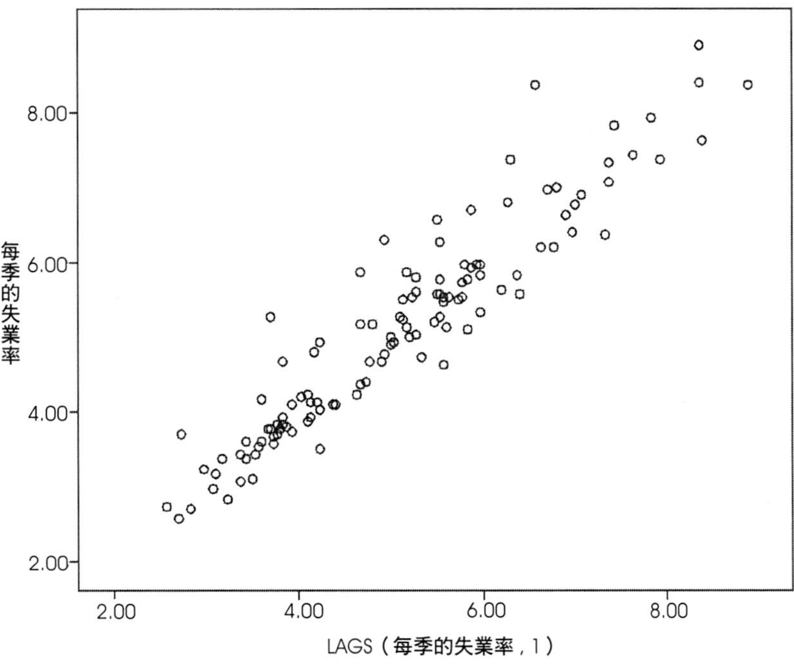

圖 6-35　失業率對滯延 1 失業率的線性散布圖形

7. **圖 6-36 失業率對滯延 2 失業率的線性散布圖形，獲得過程**

首先使用檔案 CH6-4 拉出圖 A36-1 的視窗介面，按 Transform → Create Time Series...，進入圖 A36-2 的 Create Time Series 對話盒，把每季失業率移入 Variables → New name 方盒中，按 Function 拉出 Lag，Order2，然後按 Change 鍵，按 OK，進入圖 A36-3 的 SPSS 結果的報表，在其結果報表上出現圖 A36-3 的 Save Contents of output viewer to Output「Document1」的標示，在標示上按 No，會獲得圖 A36-4 結果。

接著，使用圖 A36-4 結果拉出圖 A36-5 的視窗介面，然後按 Graphs → Scatter/Dot...，進入圖 A36-6 的 Scatter/Dot 對話盒，按 Simple Scatter 方格，再按 Define 鍵，進入圖 A36-7 的 Simple Scatterplot 對話盒，把每季失業率移入到 Y Axis：方盒，再移入 Lags 2 到 X Axis：方盒，然後按 OK，就可獲得圖 6-36 失業率對滯延 2 失業率的線性散布圖形。

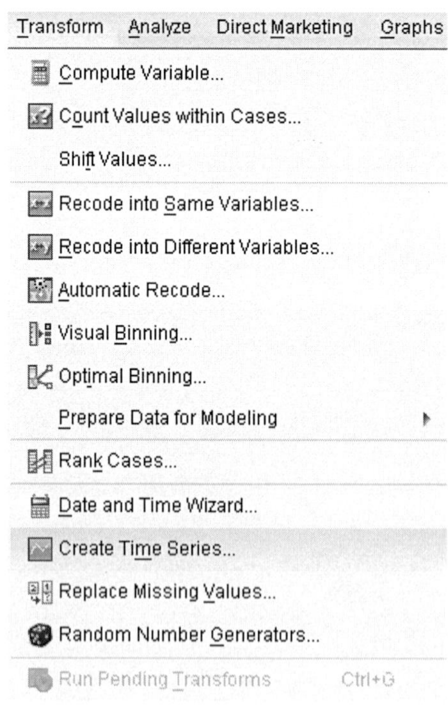

圖 A36-1

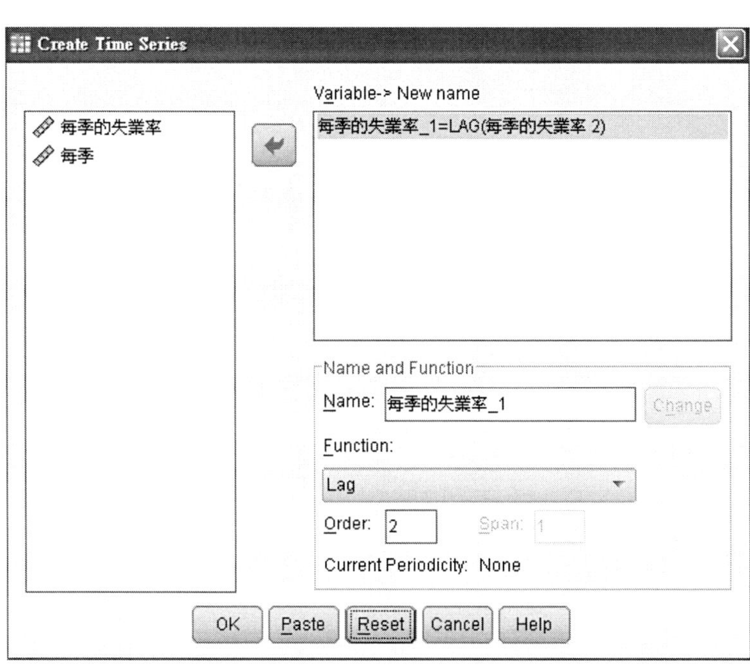

圖 A36-2

Create

[DataSet1] C:\Documents and Settings\All Users\Documents\my book 33\CH32-7.sav

Created Series

	Series Name	Case Number of Non-Missing Values		N of Valid Cases	Creating Function
		First	Last		
1	每季的失業率_1	3	121	119	LAGS(每季的失業率,2)

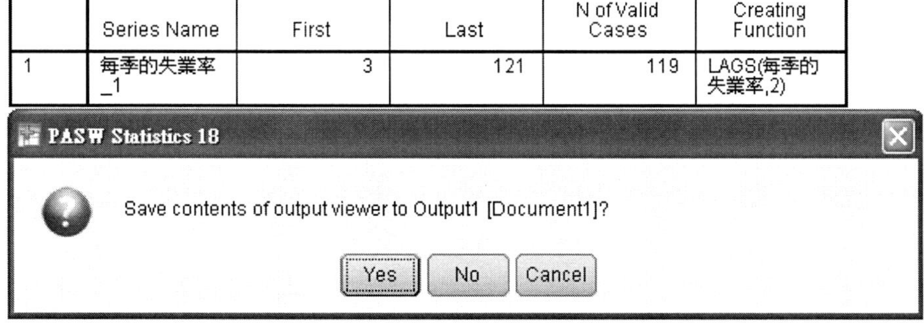

圖 A36-3

每季的失業率	每季	每季的失業率_1
3.73	1	.
3.67	2	.
3.77	3	3.73
3.83	4	3.67
4.67	5	3.77
5.87	6	3.83
6.70	7	4.67
6.97	8	5.87
6.40	9	6.70
5.57	10	6.97
4.63	11	6.40
4.23	12	5.57
3.50	13	4.63
3.10	14	4.23
3.17	15	3.50
3.37	16	3.10
3.07	17	3.17
2.97	18	3.37
3.23	19	3.07
2.83	20	2.97
2.70	21	3.23
2.57	22	2.83

圖 A36-4

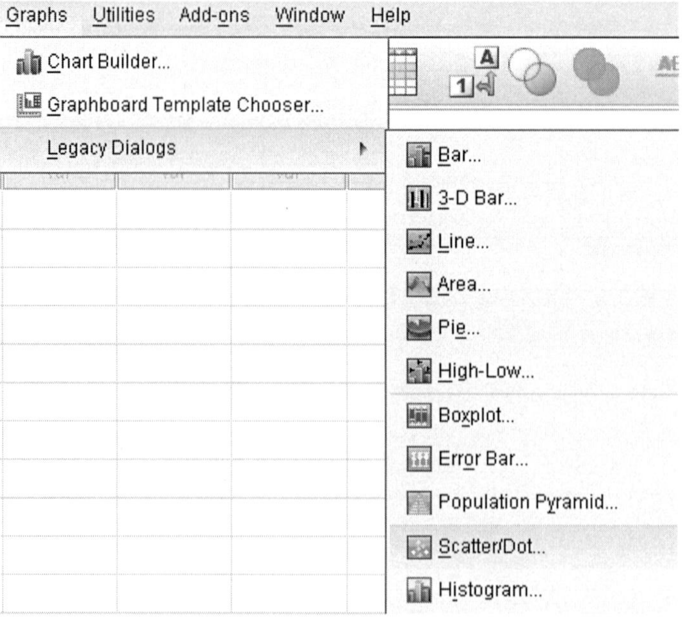

圖 A36-5

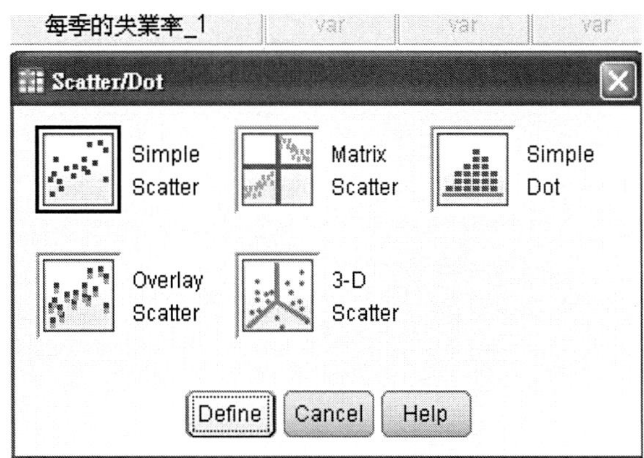
每季的失業率_1
var
var
var
Scatter/Dot
Simple Scatter
Matrix Scatter
Simple Dot
Overlay Scatter
3-D Scatter
Define
Cancel
Help

圖 A36-6

Simple Scatterplot
每季
Y Axis:
每季的失業率
X Axis:
LAGS(每季的失業率,2) [每季的...
Set Markers by:
Label Cases by:
Titles...
Options...
Panel by
Rows:
Nest variables (no empty rows)
Columns:
Nest variables (no empty columns)
Template
Use chart specifications from:
File...
OK
Paste
Reset
Cancel
Help

圖 A36-7

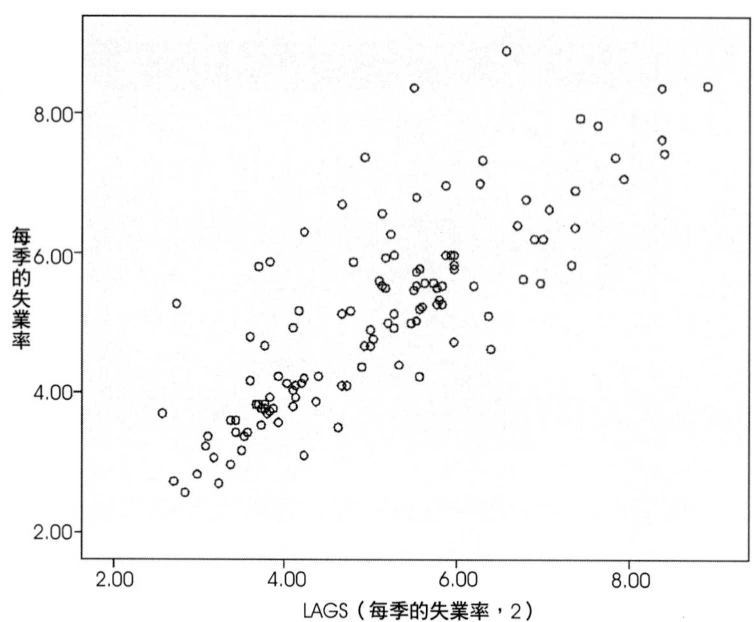

圖 6-36　失業率對滯延 2 失業率的線性散布圖形

8. 圖 6-37 每月 Railroad Bond Yields 的序列關聯圖，獲得過程

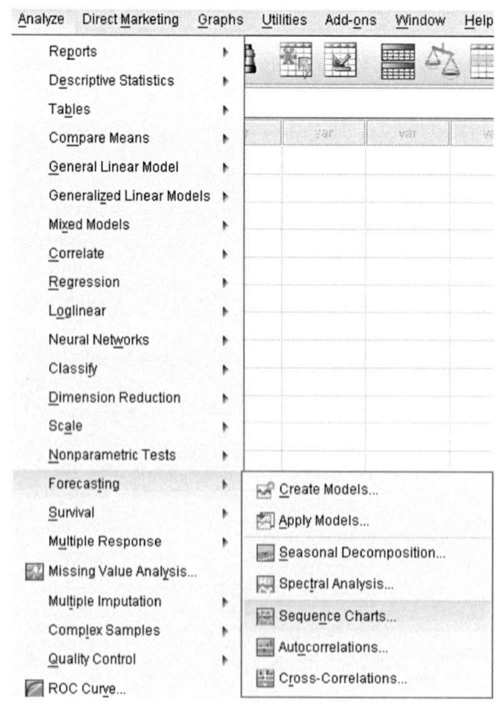

圖 A37-1

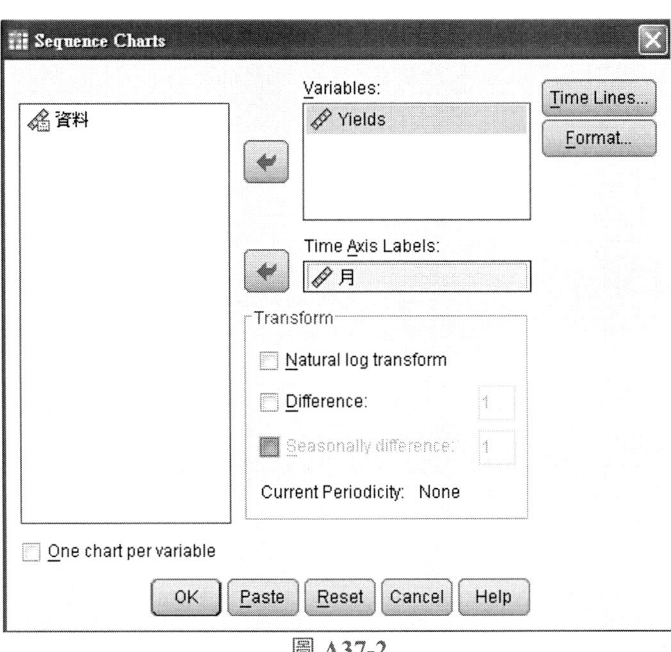

圖 A37-2

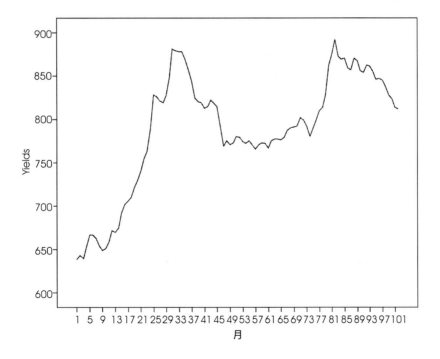

圖 6-37　每月 **Railroad Bond Yields** 的序列關聯圖

9. 圖 6-38 在 Bond Yields 中每月的變動，獲取過程

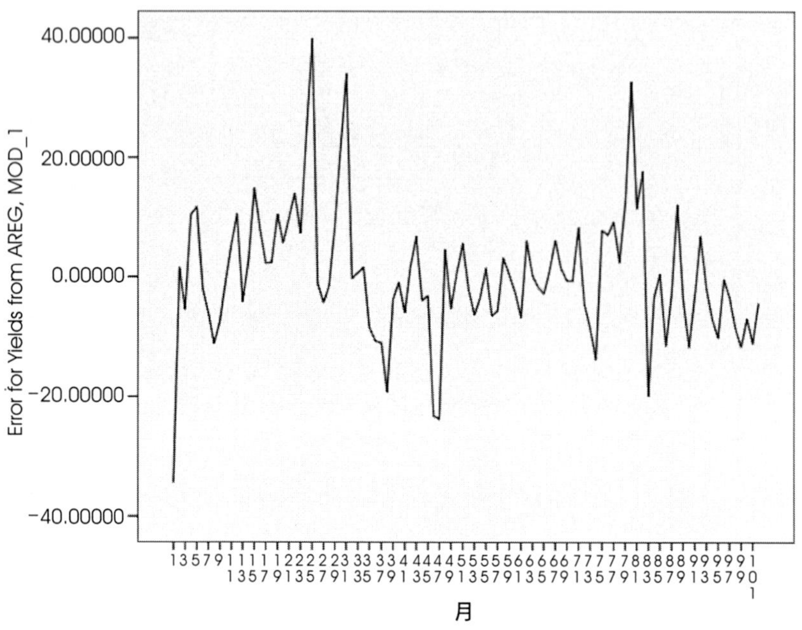

圖 A38

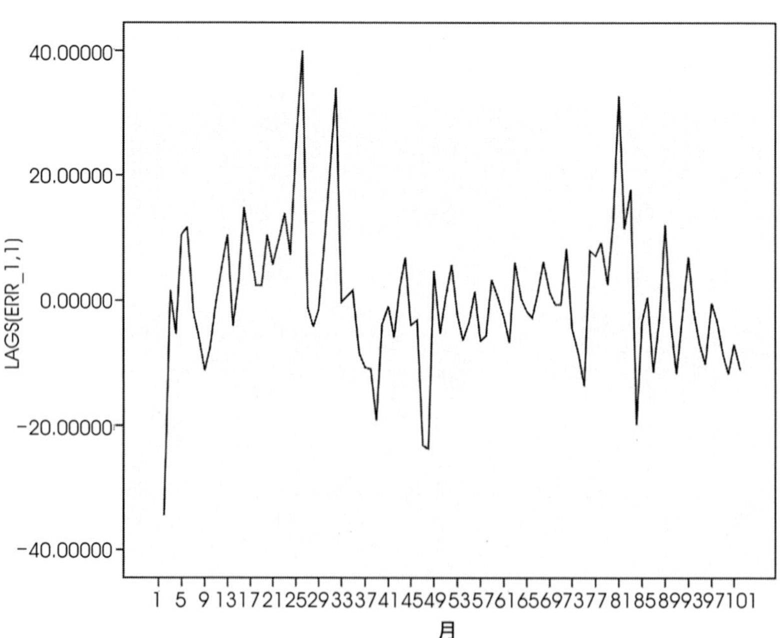

圖 6-38　在 Bond Yields 中每月的變動

第五節　指數平滑

一、簡單的指數平滑

指數平滑是平滑出一個序列中隨機變數的一種技術。它是從非常實際的考量中發展形成的（Gardner, E.S., 1985）。在一個時間序列中的某種變數必須被平滑，如此可以利用一個沒有明顯的趨勢、循環與季節因素存在的實際時間序列，以討論預測的技巧。這種技術方法可以使用在 Iowa nonfarm 每人所得的每季百分比的變動來加以說明。

顯示在表 6-21 中的原始資料與百分比的變動跨越從 1980 年的第一季到 2007 年第三季期間（如果百分比被報導它們是以一個接近百分之十的比率進行四捨五入。無論如何，這個分析有若干小數點的位數被保留，顯示於表 6-21）。圖 6-39 顯示所得變動百分比的關聯圖形與展示跨越過去時間其間所出現的很多變數（變異，variation）。無論如何，該序列呈現出沒有季節性或持續向上或向下的趨勢。簡言之，該序列的平均水準（the mean level）顯示在跨越時間的變動，在該序列的結尾比起步高。平滑的目標是在於進行估計現在（當前）情境中該序列的平均水準其中平均數是在於猜測跨越時間的變動。圖 6-40 就在於呈現變動百分比與一個指數上被平滑序列圖形的重疊的關聯圖。

掌握指數平滑方法的方程式可以呈現出許多不同等式的方法。在時間 t 點的平滑序列可以由下列方程式進行界定

$$\hat{\beta}_t = \alpha y_t + \alpha(1-\alpha)y_{t-1} + \alpha(1-\alpha)^2 y_{t-2} + \cdots + \alpha(1-\alpha)^{t-1} y_1 \qquad (6\text{-}22)$$

其中 α 是一個平滑常數即是被選擇於 $0 < \alpha < 1$ 的範圍中。因為 $0 < \alpha < 1$，被應用於現行時間與過去時間觀察值的各加權值 α，$\alpha(1-\alpha)$，$\alpha(1-\alpha)^2$，…，在指數上由於逐漸增加滯延而減低與由扣減因素或因子 $1-\alpha$ 決定一個比率。例如，如果 $\alpha = 0.1$，那 $\alpha(1-\alpha) = 0.09$，那麼其加權是 $\alpha = (1-\alpha)^2 = 0.081$，$\alpha(1-\alpha)^3 = 0.0729$，依序等等。如果現行時間觀察值的加權被增加到 $\alpha = 0.4$ 時，那其加權的順序關聯是 0.4，0.24，0.144，0.0864，… 更快速地減少，而相對地更多的加權被給予現行最近時間的觀察值。它可以被展現其各加權可以被增加到接近 1，如此被平滑的各值在時間 t 點上是現行最近時間與過去時間觀察值一個在指數上被加權的平均。在時間 t 點上被平滑的值 $\hat{\beta}_t$，是為序列時間 $t+1$ 值的預測。

表 6-21（本資料儲存在 **CH6-7** 檔案中）

所得	變動百分比	季	年
601	0.00000	1	1980
604	0.49917	2	1980
620	2.64901	3	1980
626	0.96774	4	1980
641	2.39617	5	1981
642	0.15601	6	1981
645	0.46729	7	1981
655	1.55039	8	1981
682	4.12214	9	1982
678	-0.58651	10	1982
692	2.06490	11	1982
707	2.16763	12	1982
736	4.10184	13	1983
753	2.30978	14	1983
763	1.30802	15	1983
775	1.57274	16	1983
775	0.00000	17	1984
783	1.03226	18	1984
794	1.40485	19	1984
813	2.39295	20	1984
823	1.23001	21	1985
826	0.36542	22	1985
829	0.36320	23	1985
831	0.24125	24	1985
830	-0.12034	25	1986

被給予在圖 6-40 中的平滑曲線被獲得是使用一個平滑常數 $\alpha = 0.1$，而在圖 6-41 中的平滑曲線被獲得是使用一個平滑常數 $\alpha = 0.5$。被平滑序列的計算通常無法使用方程式（6-22）中的界定來達成。反之，重寫方程式（6-22）的右側為

$$\hat{\beta}_t = \alpha y_t + (1-\alpha)[\alpha y_{t-1} + \alpha(1-\alpha)y_{t-2} + \cdots + \alpha(1-\alpha)^{t-2}y_1]$$

它可以被視為是

$$\hat{\beta}_t = \alpha y_t + (1-\alpha)\hat{\beta}_{t-1} \tag{6-23}$$

它可以提供一個方便遞迴（recusive）方式的計算。方程式（6-23）亦顯示在時間 t 點被平滑的序列可以以現行最近時間觀察值一個被加權的平均 y_t 與加權 α，與前述（過去）被平滑序列的值與加權 $1-\alpha$。

要使用方程式（6-23）一個最初的 $\hat{\beta}_0$ 是需要的。選擇的一個多樣性已被提出於著作論文中。某些著作者使用 $\hat{\beta}_0 = y_1$，而亦有其他著作者使用 $\hat{\beta}_0 = \bar{y}$ 或更複雜的計算方法。一個簡單的折衷方法是去設定 $\hat{\beta}_0$ 等於第一（前面）六個序列值的平均。一旦 $\hat{\beta}_0$ 的值是被決定，其次被平滑序列的值是獲自

$$\hat{\beta}_1 = \alpha y_1 + (1-\alpha)\hat{\beta}_0$$

依序，在 t = 2 的被平滑值是

$$\hat{\beta}_2 = \alpha y_2 + (1-\alpha)\hat{\beta}_1$$

等等。

就我們序列的解釋說明，第一或（前面）六個資料點的平均是 1.18923 如此以 $\alpha = 0.1$，$\hat{\beta}_1 = 0.1(0.49917) + 0.9(1.18923) = 1.120224$ 與 $\hat{\beta}_0 = 0.1(2.64901) + 0.9(1.120224) = 1.2731026$

等等。若干 $\alpha = 0.1$ 與 $\alpha = 0.5$ 被平滑的值被給予提供在表 6-22 中（它們是以 SPSS 電腦軟體所獲得）。

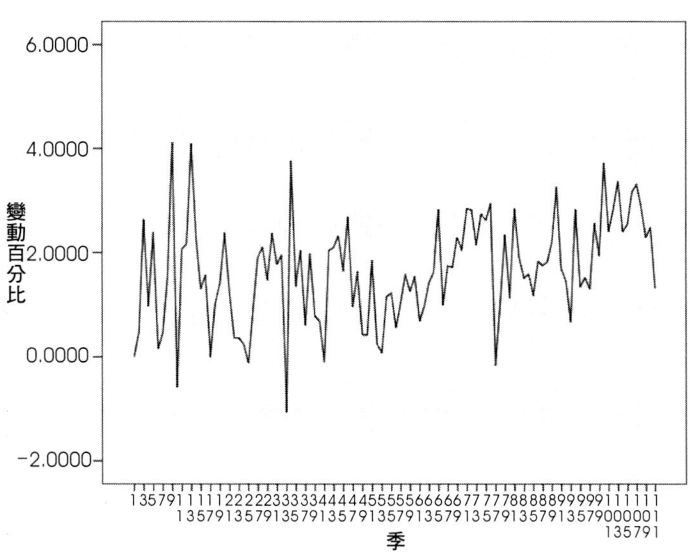

圖 6-39　所得變動百分比的關聯圖形

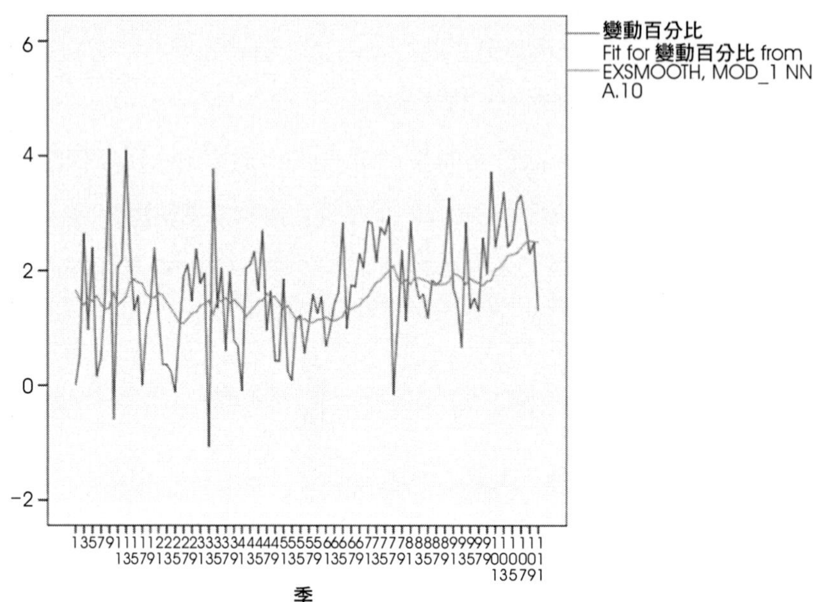

圖 6-40 序列關聯圖形與平滑關聯圖形（α = 0.1）

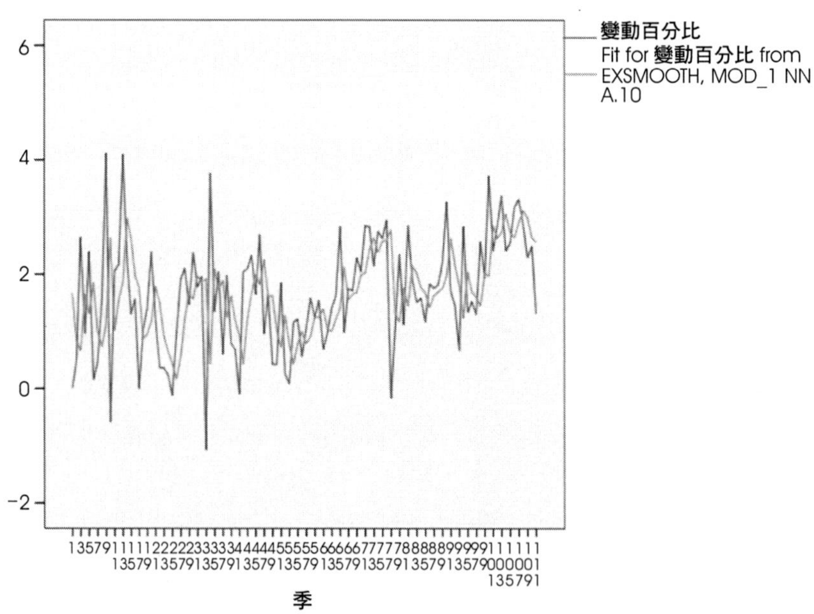

圖 6-41 序列關聯圖形與平滑關聯圖形（α = 0.5）

一個可導引指數平滑成為一個最理想的預測模型的統計模型它可以被界定如下。假設以觀察的時間序列可以被呈現為「迴歸」的方式

$$y_t = \beta_t + e_t \quad (6\text{-}24)$$

其中無法被觀察的（與緩慢變化的）「工具」（mean）成分，β_t，隨即產生一個隨機行動（a random walk）（「自我迴歸」）的模型：

$$\beta_t = \beta_{t-1} + a_t \quad (6\text{-}25)$$

在此 a_t 是另一誤差項的關聯（sequence）與 e_t 誤差無關。那麼 y_t 的變化或差異可以被寫為

$$y_t - y_{t-0} = e_t - e_{t-1} + a_t = e_t^* \quad (6\text{-}26)$$

其中該關聯（sequence）e_t^* 包含在滯延 1 的一個負的自我相關，但是在任何其他的滯延上並沒有自我相關。一個滿足於方程式（6-26）條件的序列 y_t 是被稱為一個統合移動平均（integrated moving average, IMA）序列。更特別的地，這是一個 IMA（1, 1）序列。第一個 1 指涉第一差分，而第二個 1 指涉已差分的序列有非零的自我相關僅在滯延 1 的事實。

IMA 模型在此被描述的是一個被稱為 ARIMA（AutoRegressive-Intergrated-Moving Average）模型更一般類型的一個特殊案例，這些模型的探究超出本章的範圍。

二、平滑常數的選擇

某些著作者以提出平滑常數是可以被選擇的而不是可任意或武斷的，如以 α = 0.1。另外有某些著作者選擇 α 是基於在序列被平滑中一個主觀的評估。如果在序列的水準中已感覺到其變動似乎是在於去支配短期的變異，那麼一個較大的 α 值應該被使用。不過，如果短期的變異是比水準的變動更加突出，那麼對平滑常數提出一個較小的值是被建議的。

一個較客觀的途徑是去選擇一個可以導致已觀察序列產生一個理想預測值的平滑常數。即是，使用 $\hat{\beta}_t$ 去預測 y_{t+1} 提供符合一個 t 值的範圍，與去選擇可以使均方根的預測誤差（the root mean sqaue predictiob error，RMSPE）極小化的 α 值。

$$RMSPE = \sqrt{(平均預測誤差)^2 + (預測誤差的標準差)^2}$$

平均預測誤差（Mean sqaue prediction error）

預測誤差的標準差（Standard deviation prediction error ）

因為預測值包括 α 的解釋力（power），這種極小化的過程無法直接地被執行。反之，被平滑的序列與反映中的 RMSPE 可以提供各 α 值的範圍被進行計算與被選擇的值提供最後的平滑是一個提供產生 RMSPE 最小值的 α 值。

因為我們推薦使用前面六個序列值去開始進行平滑與平滑的程序需要若干值去進行起動。我們跳過前面六個觀察值，開始計算在第七個觀察值的領先一個步驟預測（one-step-ahead）。預測誤差是從第七個序列值到該序列的結束過程中去獲得，與 RMSPE 是基於這些誤差的基礎之上。表 6-22 是顯示 $\alpha = 0.1$ 與 $\alpha = 0.5$ 的計算。例如，預測誤差當使用 $\alpha = 0.1$ 在時間 $t = 7$ 時是 $1.55039 - 1.16069 = 0.38970$。在次一個時間點預測誤差是 $4.12214 - 1.19966 = 2.92248$，等等。在獲得所有的預測誤差之後預測誤差的平均數與標準差及最後的 RMSPE 均要被計算。在我們的範

表 6-22　以 $\alpha = 0.1$ 與 $\alpha = 0.5$ 指數平滑的結果

t	變動百分比 y_t	被平滑的 $\alpha = 0.1$	被平滑的 $\alpha = 0.5$
0	0.00000	1.66672	1.66672
1	0.49917	1.50005	0.83336
2	2.64901	1.39996	0.66626
3	0.96774	1.52486	1.65764
4	2.39617	1.46915	1.31269
5	0.15601	1.56185	1.85443
6	0.46729	1.42127	1.00522
7	1.55039	1.32587	0.73625
8	4.12214	1.34832	1.14332
9	-0.58651	1.62570	2.63273
⋮			
105	2.54674	2.27831	2.73392
106	3.17510	2.30516	2.64033
107	3.32115	2.39215	2.90771
108	2.86051	2.48505	3.11443
109	2.29358	2.52260	2.98747
110	2.49439	2.49970	2.64053
111	1.31255	2.49916	2.56746

表 6-22 之 1　以 α = **0.1** 與 α = **0.5** 指數平滑計算預測誤差與 **RMSPE** 的結果（儲存在 **CH6-14** 檔案中）

					α = 0.1		α = 0.5	
	t	變動百分比 y_t			在 (t-1) 的平滑	預測誤差	在 (t-1) 的平滑	預測誤差
	所得	變動百分比	季	年	FIT_1	ERR_1	FIT_2	ERR_2
1	601	.0000	1	1980	1.66672	-1.66672	1.66672	-1.66672
2	604	.49917	2	1980	1.50005	-1.00088	.83336	-.33419
3	620	2.64901	3	1980	1.39996	1.24905	.66626	1.98275
4	626	.96774	4	1980	1.52486	-.55712	1.65764	-.68990
5	641	2.39617	5	1981	1.46915	.92702	1.31269	1.08348
6	642	.15601	6	1981	1.56185	-1.40584	1.85443	-1.69842
7	645	.46729	7	1981	1.42127	-.95398	1.00522	-.53793
8	655	1.55039	8	1981	1.32587	.22452	.73625	.81414
9	682	4.12214	9	1982	1.34832	2.77382	1.14332	2.97882
10	678	-.58651	10	1982	1.62570	-2.21221	2.63273	-3.21924
11	692	2.06490	11	1982	1.40448	.66042	1.02311	1.04179
12	707	2.16763	12	1982	1.47052	.69711	1.54401	.62362
⋮								
105	3181	2.54674	105	2006	2.27831	.26843	2.73392	-.18718
106	3282	3.17510	106	2006	2.30516	.86994	2.64033	.53477
107	3391	3.32115	107	2006	2.39215	.92900	2.90771	.41344
108	3488	2.86051	108	2006	2.48505	.37546	3.11443	-.25392
109	3568	2.29358	109	2007	2.52260	-.22902	2.98747	-.69389
110	3657	2.49439	110	2007	2.49970	-.00531	2.64053	-.14614
111	3705	1.31255	111	2007	2.49916	-1.18661	2.56746	-1.25491

例中以 α = 0.1 平均預測誤差是 0.11729 與標準差是 0.96177，它可導致 RMSPE = $\sqrt{(0.11729)^2+(0.96177)^2}$ = 0.9689。同樣的計算方法使 α = 0.5 產生一個較小平均預測誤差 0.023042 但是產生一個較大的標準差 1.0417。這些結合會給予一個較大的 RMSPE = 1.0419。

表 6-23 登錄 RMSPE 反映於 α 的各值對 Iowa 所得序列百分比變動的一個變異的多樣性（a variety of）。這些值的一個圖形被呈現出圖 6-42 中它顯示對 α 的最佳選擇是 0.10 或 0.11。無論如何，要注意到對 RMSPE 的值是常數幾乎在從 α = 0.07 到 0.15 的範圍，而且在這個範圍中的任何值可以提供大約相同平滑的解釋量。

表 6-23 提供各個平滑常數的 **RMSPE**（本表資料儲存在 **CH6-8** 檔案中）

α	RMSPE	α	RMSPE
0.01	1.05039	0.12	0.96915
0.02	1.01453	0.13	0.96960
0.03	0.99561	0.14	0.97021
0.04	0.98473	0.15	0.97096
0.05	0.97814	0.20	0.97620
0.06	0.97406	0.25	0.98342
0.07	0.97155	0.30	0.99228
0.08	0.97005	0.35	1.002264
0.09	0.96924	0.40	1.01440
0.10	0.96890	0.45	1.02750
0.11	0.96890	0.50	1.04193

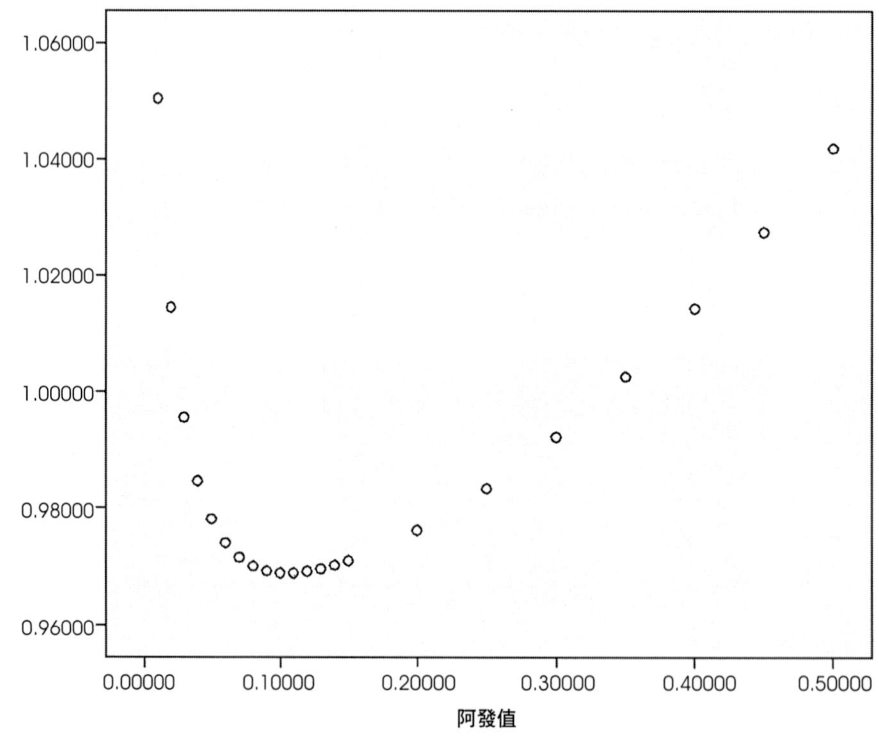

圖 6-42 **RMSPE** 對平滑常數的圖形

三、雙重指數平滑

單一指數平滑提供序列很好的預測值即在短期變化於季節性不變平均數（in the short run vary around a reasonably covstant mean），然而它平均水準變化在跨越更長時間的期間。方程式（6-24）與（6-25）呈現對這樣行為的一種特殊統計模型。其他序列可以由一種過程來進行較佳地被塑造即假定短期行為是由一種線性時間趨勢來進行估計，以斜率與截距變化在跨越更長時間水平線。雙指數平滑會導致產生在這種案例中的估計。這種模型被寫成如

$$y_t = \beta_{0,t} + \beta_{1,t} + e_t \qquad (6\text{-}27)$$

其中截距 $\beta_{0,t}$ 與斜率 $\beta_{1,t}$ 是在跨越時間中發生變動。截距與斜率是由平滑時間序列兩次得由此其名稱為雙重指數平滑（double exponential smoothing）。

因為雙重指數平滑 S'_t 指示在時間 t 對序列 y_t 的被平滑值：

$$S'_t = \alpha y_t + (1 - \alpha)S'_{t-1} \qquad (6\text{-}28)$$

那麼被平滑值的一個第二次被平滑去獲得 S''_t 其中

$$S''_t = \alpha S'_t + (1 - \alpha)S''_{t-1} \qquad (6\text{-}29)$$

最後，在此基於代數不給予假設的基礎上，變動斜率與截距的估計值是從下列方程式中被獲得

$$\hat{\beta}_{0,t} = 2S'_t - S''_t \qquad (6\text{-}30)$$

與

$$\hat{\beta}_{1,t} = \frac{\alpha}{1-\alpha}\ (S'_t - S''_t) \qquad (6\text{-}31)$$

如果 n 指示最後可資利用的序列值的時間，那麼預測 i 時間單位為未來可使用當前斜率與截距的估計值由推測線性趨勢來給予：

$$\hat{y}_{n+1} = \hat{\beta}_{0,n} + \hat{\beta}_{1,n} i \quad 因為\ i = 1, 2, \cdots \qquad (6\text{-}32)$$

在圖 6-43 資料被使用所顯示的序列提供說明。這些每週自動調溫器銷售量資料被報告於資料表 6-24 中。

表 6-24（本表資料儲存在 CH6-9 檔案中）

週	銷售量
1	206
2	245
3	185
4	169
5	162
6	177
7	207
8	216
9	193
10	230
11	212
12	192
13	162
14	189
15	244
16	209
17	207
18	211
19	210
20	173
21	194
22	234
23	156
24	206
25	188
26	162

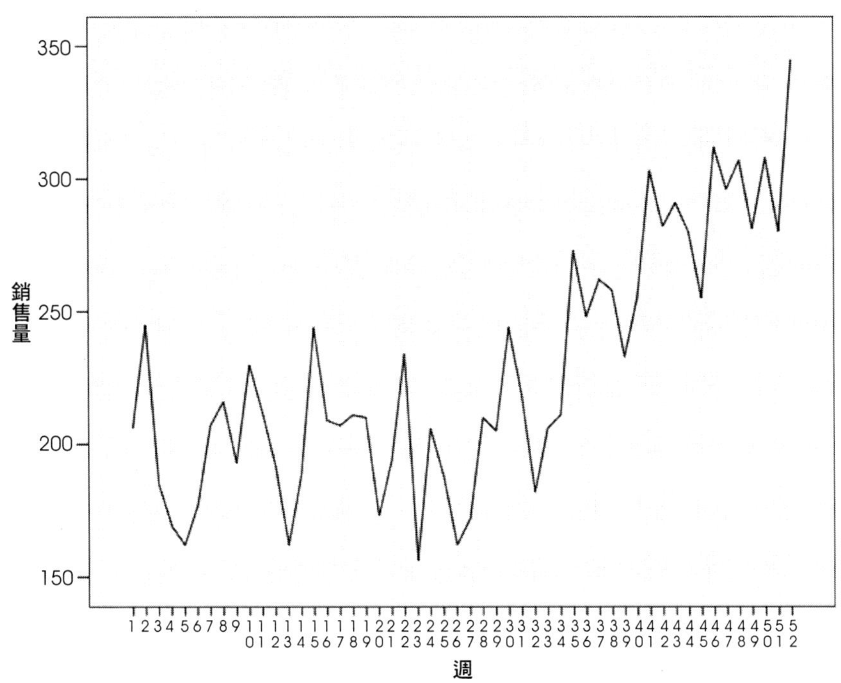

圖 6-43　每週自動調整器的銷售量

四、圖形的求取與 SPSS 軟體的操作方法

1. 圖 6-39 所得變動百分比的關聯圖形，獲取過程

把 CH6-7 檔案拉出，圖 A39-1 的視窗介面，按 Analyze → Forecasting → Sequence Charts...，進入圖 A39-2 的 Sequence Charts 對話盒，把變動百分比移入 Variables：方盒中，再把季移入 Time Axis Lables：方盒中。按 OK，就可獲得圖 6-39 所得變動百分比的關聯圖形。

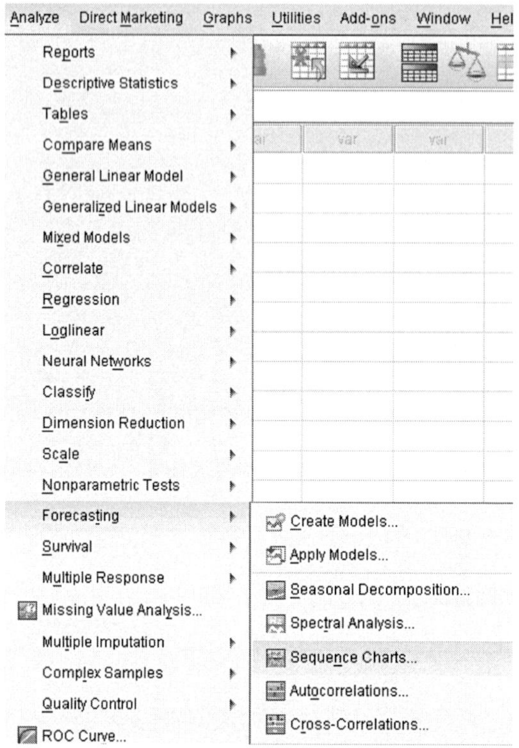
Analyze
Direct Marketing
Graphs
Utilities
Add-ons
Window
Reports
Descriptive Statistics
Tables
Compare Means
General Linear Model
Generalized Linear Models
Mixed Models
Correlate
Regression
Loglinear
Neural Networks
Classify
Dimension Reduction
Scale
Nonparametric Tests
Forecasting
Survival
Multiple Response
Missing Value Analysis...
Multiple Imputation
Complex Samples
Quality Control
ROC Curve...
Create Models...
Apply Models...
Seasonal Decomposition...
Spectral Analysis...
Sequence Charts...
Autocorrelations...
Cross-Correlations...

圖 A39-1

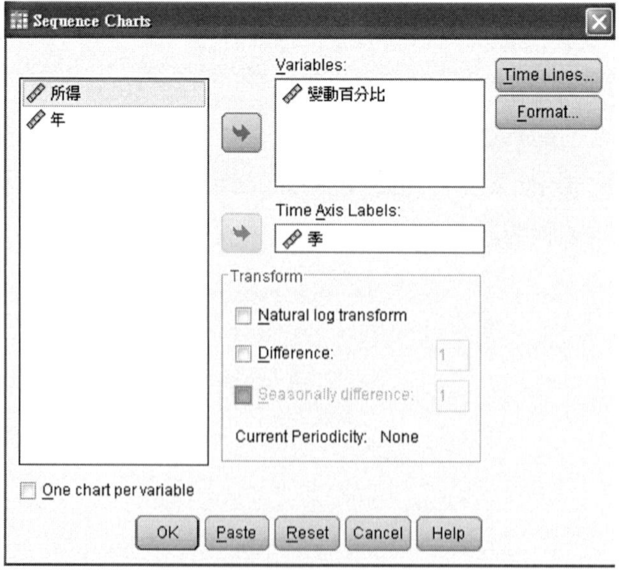
Sequence Charts
所得
年
Variables:
變動百分比
Time Lines...
Format...
Time Axis Labels:
季
Transform
Natural log transform
Difference:
Seasonally difference:
Current Periodicity: None
One chart per variable
OK
Paste
Reset
Cancel
Help

圖 A39-2

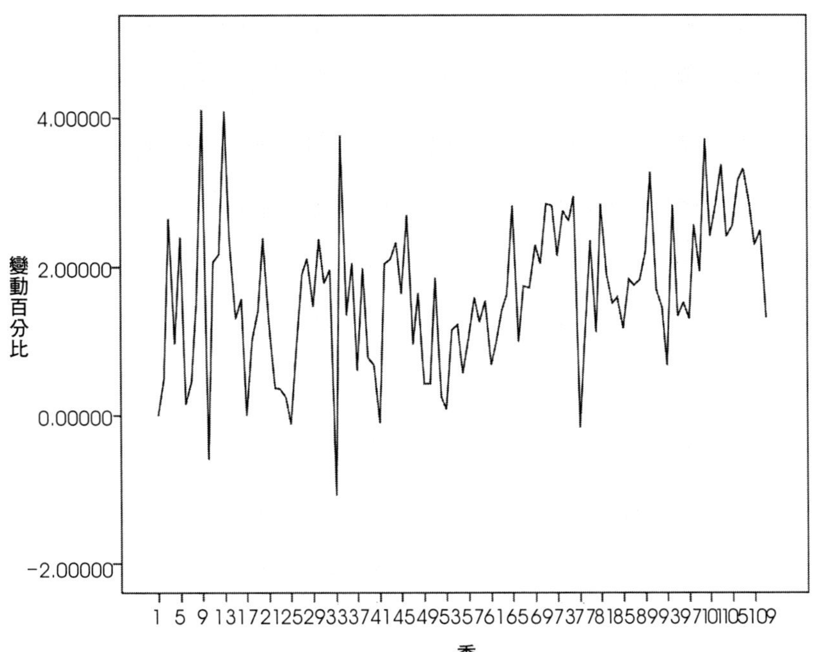

圖 6-39　所得變動百分比的關聯圖形

2. 圖 6-40 序列關聯圖形與平滑關聯圖形（α = 0.1），獲得過程（使用 SPSS13 版本與 18 版本）

我們使用 SPSS（13 版本）把 CH6-7 檔案拉出，圖 a40-1 的視窗介面，按 Edit，再按 Options...，進入圖 a40-2 的 Options 對話盒，按確定，作確定的動作。回到圖 a40-3 的視窗介面，按 Analyze → Exponential Smoothing，進入圖 a40-4 的 Exponential Smoothing 對話盒，把變動百分比移入 Variables：方盒中，按 Model 下的 Simple 鍵，然後按 Paraments 鍵，進入到圖 a40-5 的 Exponential Smoothing：Paraments 對話盒，選 Value， 0.1，按 Continue 鍵，回到圖 a40-4 的 Exponential Smoothing 對話盒，按 OK。進入圖 a40-6 的 SPSS 結果的報表，在其結果報表上出現圖 a40-6 的 Save Contents of output viewer to Output？的標示，在標示上按 No，會獲得圖 a40-7 的結果。

在圖 a40-7 的結果上，在圖 a40-8 的視窗介面，按 Graphs → Sequence，進入圖 a40-9 Sequence Charts 對話盒，按圖示移入變動百分比與 Fit-1 進入 Variable：方盒中，移入季到 Time Axis Lables：中，最後按 OK，就可獲得圖 6-40 序列關聯圖形與平滑關聯圖形（α = 0.1）。

我們使用 SPSS（18 版本）把 CH6-7 檔案拉出，圖 A40-1 的視窗介面，按

Analyze → Forecasting → Create Models，進入圖 A40-2 的 Time Series Modeler 對話盒。在 Time Series Modeler 對話盒中按 Variables，把變動百分比移入 Dependent Variables：方盒中，把季移入 Independent Variables：方盒中，按 Statistics 鍵進入圖 A40-3 中依據圖示作選擇，按 Plots 進入圖 A40-4 中依據圖示作選擇，按 Save 鍵進入圖 A40-5 中依據圖示作選擇，按 OK。獲得圖 A40-6 的結果，進一步可獲得圖 A40-7 的資料。

使用圖 A40-7 的結果資料，拉出圖 A40-8 的視窗介面，按 Analyze → Forecasting → Sequence Charts...，進入圖 A40-9 的 Sequence Charts 對話盒，把變動百分比與 Predicted Value from 移入 Variables：方盒中，再把季移入 Time Axis Lables：方盒中。按 OK，就可獲得圖 6-40 序列關聯與平滑序列關聯圖（α = 0.1）。

圖 a40-1

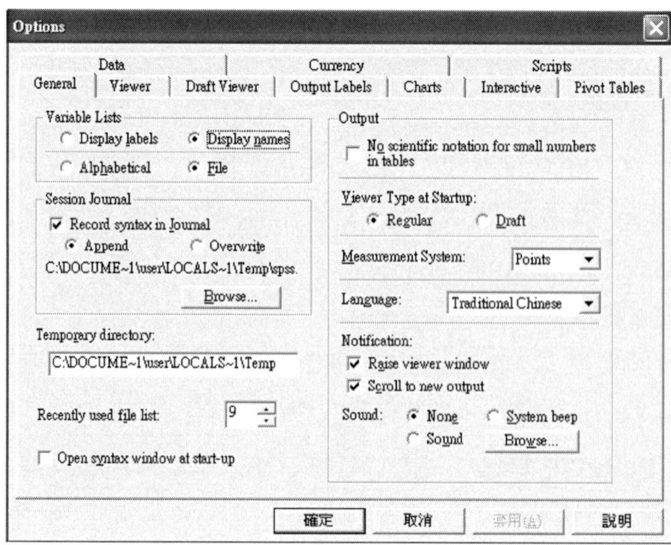

圖 a40-2

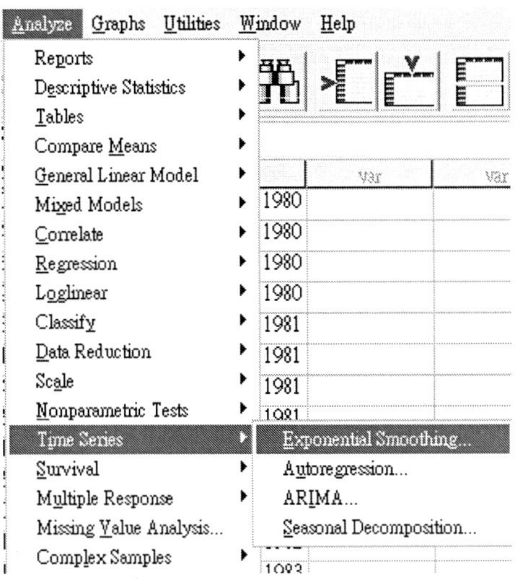

圖 a40-3

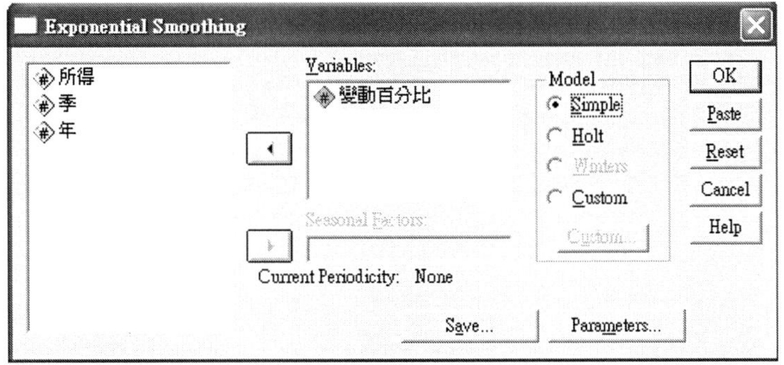

圖 a40-4

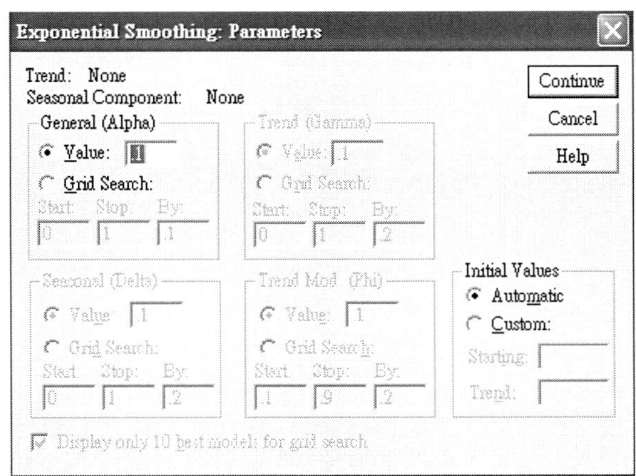

圖 a40-5

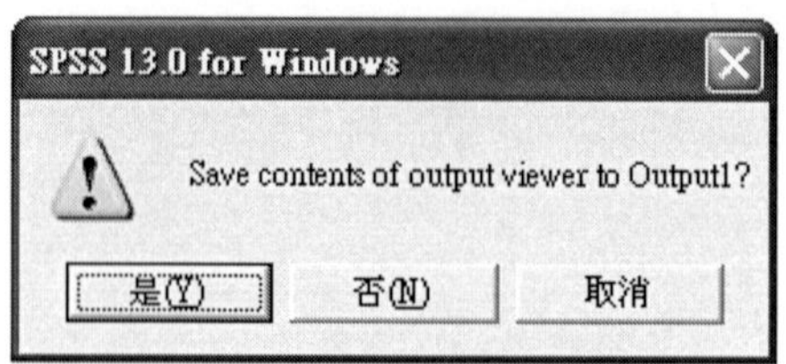

Smoothing Parameters

Series	Alpha (Level)	Sums of Squared Errors	df error
變動百分比	.10000	105.71672	110

圖 a40-6

所得	變動百分比	季	年	FIT_1	ERR_1
601	.00000	1	1980	1.66672	-1.66672
604	.49917	2	1980	1.50005	-1.00088
620	2.64901	3	1980	1.39996	1.24905
626	.96774	4	1980	1.52486	-.55712
641	2.39617	5	1981	1.46915	.92702
642	.15601	6	1981	1.56185	-1.40584
645	.46729	7	1981	1.42127	-.95398
655	1.55039	8	1981	1.32587	.22452
682	4.12214	9	1982	1.34832	2.77382
678	-.58651	10	1982	1.62570	-2.21221
692	2.06490	11	1982	1.40448	.66042
707	2.16763	12	1982	1.47052	.69711
736	4.10184	13	1983	1.54024	2.56160
753	2.30978	14	1983	1.79640	.51338
763	1.30802	15	1983	1.84773	-.53971
775	1.57274	16	1983	1.79376	-.22102
775	.00000	17	1984	1.77166	-1.77166
783	1.03226	18	1984	1.59449	-.56223
794	1.40485	19	1984	1.53827	-.13342
813	2.39295	20	1984	1.52493	.86802
823	1.23001	21	1985	1.61173	-.38172
826	.36542	22	1985	1.57356	-1.20814
829	.36320	23	1985	1.45274	-1.08954
831	.24125	24	1985	1.34379	-1.10254
830	-.12034	25	1986	1.23354	-1.35388
838	.93386	26	1986	1.09815	-.16429
854	1.90931	27	1986	1.08172	.82759
872	2.10773	28	1986	1.16448	.94325
882	1.46790	29	1987	1.25880	.20910
903	2.38094	30	1987	1.27971	1.10123

圖 a40-7

Graphs Utilities Window Help

Gallery
Interactive
Map
Bar...
3-D Bar...
Line...
Area...
Pie...
High-Low...
Pareto...
Control...
Boxplot...
Error Bar...
Population Pyramid...
Scatter/Dot...
Histogram...
P-P...
Q-Q...
Sequence...
ROC Curve...
Time Series

FIT_1	ERR_1
1.66672	-1.66672
1.50005	-1.00088
1.39996	1.24905
1.52486	-.55712
1.46915	.92702
1.56185	-1.40584
1.42127	-.95398
1.32587	.22452
1.34832	2.77382
1.62570	-2.21221
1.40448	.66042
1.47052	.69711
1.54024	2.56160
1.79640	.51338
1.84773	-.53971
1.79376	-.22102
1.77166	-1.77166

圖 a40-8

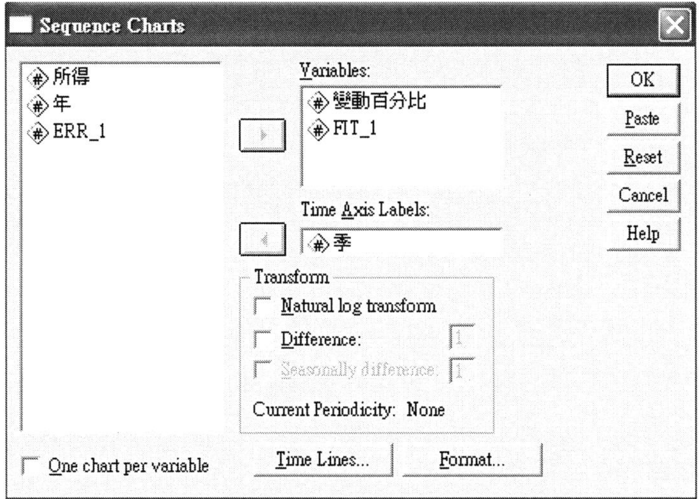

圖 a40-9

6
4
2
0
-2
變動百分比
Fit for 變動百分比 from EXSMOOTH, MOD_1 NN A.10
季

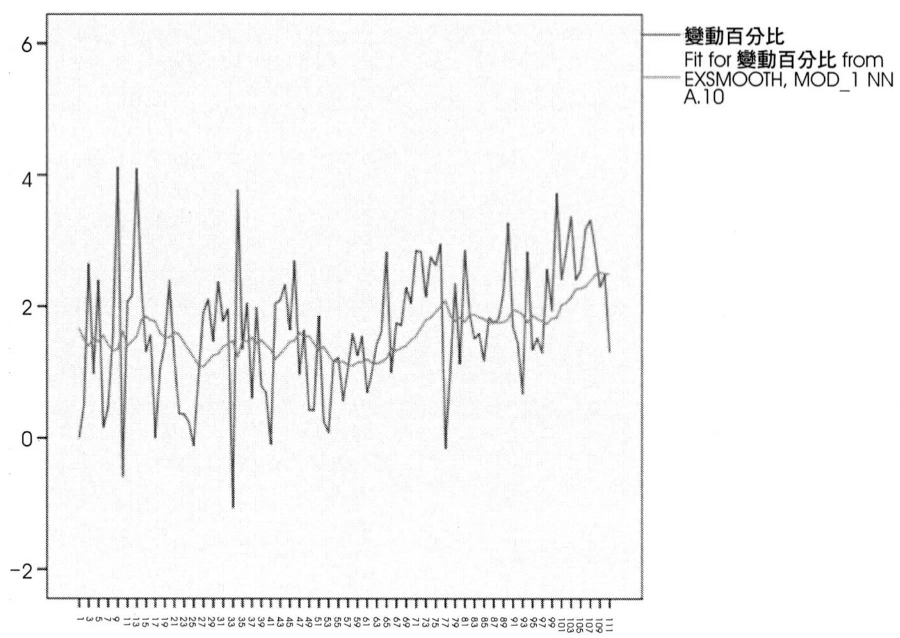

圖 6-40　序列關聯與平滑序列關聯圖（α = **0.1**）

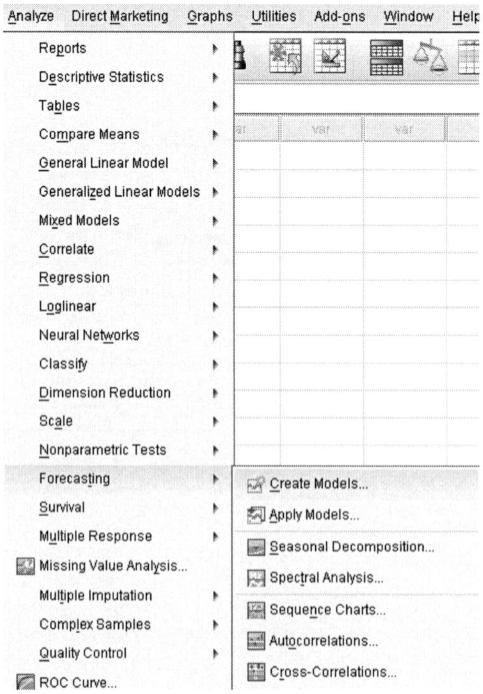

Analyze
Direct Marketing
Graphs
Utilities
Add-ons
Window
Help
Reports
Descriptive Statistics
Tables
Compare Means
General Linear Model
Generalized Linear Models
Mixed Models
Correlate
Regression
Loglinear
Neural Networks
Classify
Dimension Reduction
Scale
Nonparametric Tests
Forecasting
Survival
Multiple Response
Missing Value Analysis...
Multiple Imputation
Complex Samples
Quality Control
ROC Curve...
Create Models...
Apply Models...
Seasonal Decomposition...
Spectral Analysis...
Sequence Charts...
Autocorrelations...
Cross-Correlations...

圖 **A40-1**

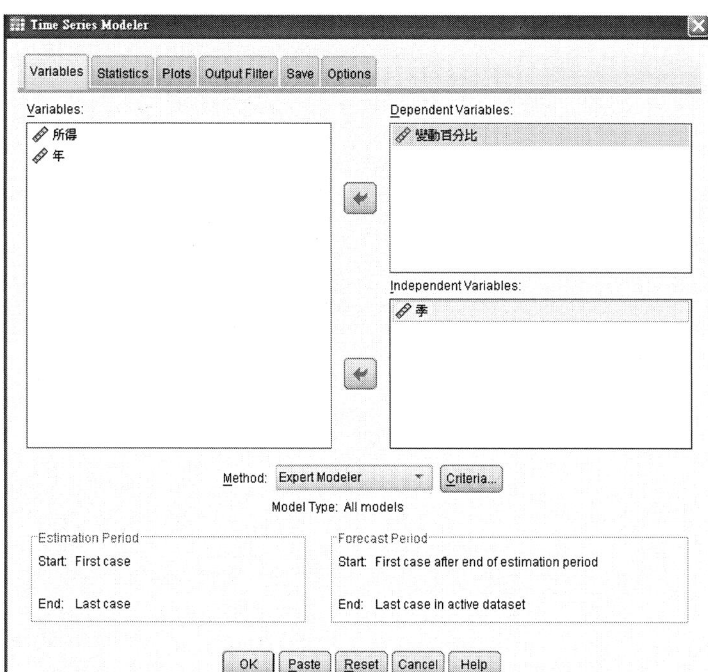
Time Series Modeler
Variables
Statistics
Plots
Output Filter
Save
Options
Variables:
所得
年
Dependent Variables:
變動百分比
Independent Variables:
季
Method: Expert Modeler
Criteria...
Model Type: All models
Estimation Period
Start: First case
End: Last case
Forecast Period
Start: First case after end of estimation period
End: Last case in active dataset
OK
Paste
Reset
Cancel
Help

圖 A40-2

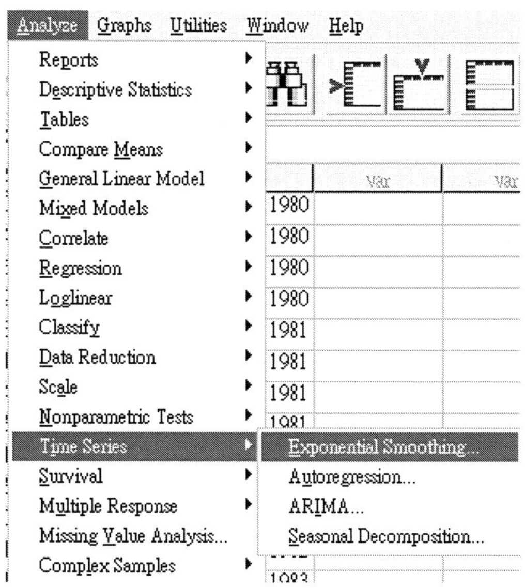
Analyze
Graphs
Utilities
Window
Help
Reports
Descriptive Statistics
Tables
Compare Means
General Linear Model
Mixed Models
Correlate
Regression
Loglinear
Classify
Data Reduction
Scale
Nonparametric Tests
Time Series
Survival
Multiple Response
Missing Value Analysis...
Complex Samples
Exponential Smoothing...
Autoregression...
ARIMA...
Seasonal Decomposition...

圖 A40-3

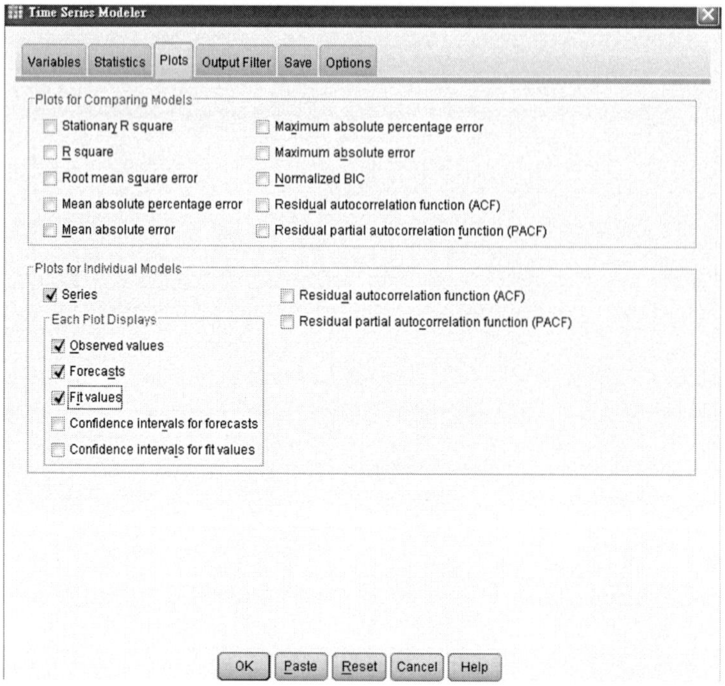

Time Series Modeler

Variables | Statistics | Plots | Output Filter | Save | Options

Plots for Comparing Models

- Stationary R square
- R square
- Root mean square error
- Mean absolute percentage error
- Mean absolute error
- Maximum absolute percentage error
- Maximum absolute error
- Normalized BIC
- Residual autocorrelation function (ACF)
- Residual partial autocorrelation function (PACF)

Plots for Individual Models

- ☑ Series
- Residual autocorrelation function (ACF)
- Residual partial autocorrelation function (PACF)

Each Plot Displays

- ☑ Observed values
- ☑ Forecasts
- ☑ Fit values
- Confidence intervals for forecasts
- Confidence intervals for fit values

OK | Paste | Reset | Cancel | Help

圖 A40-4

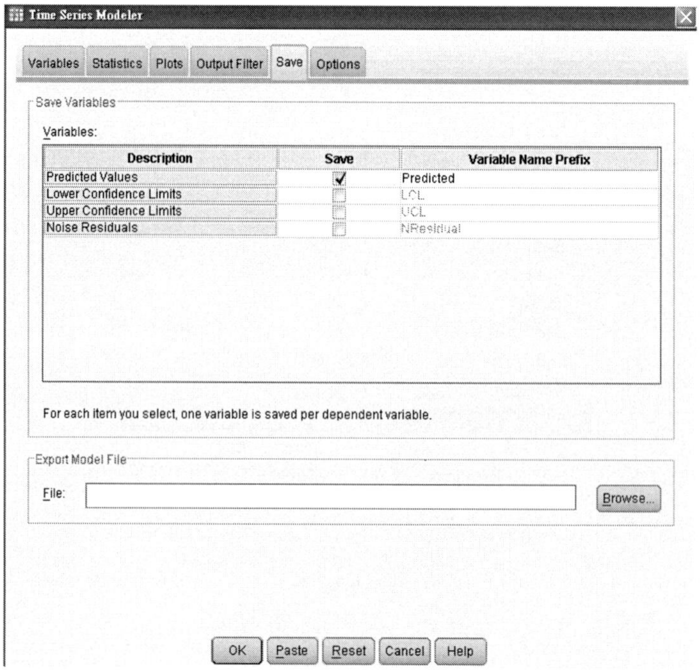

Time Series Modeler

Variables | Statistics | Plots | Output Filter | Save | Options

Save Variables

Variables:

Description	Save	Variable Name Prefix
Predicted Values	☑	Predicted
Lower Confidence Limits	☐	LCL
Upper Confidence Limits	☐	UCL
Noise Residuals	☐	NResidual

For each item you select, one variable is saved per dependent variable.

Export Model File

File: Browse...

OK | Paste | Reset | Cancel | Help

圖 A40-5

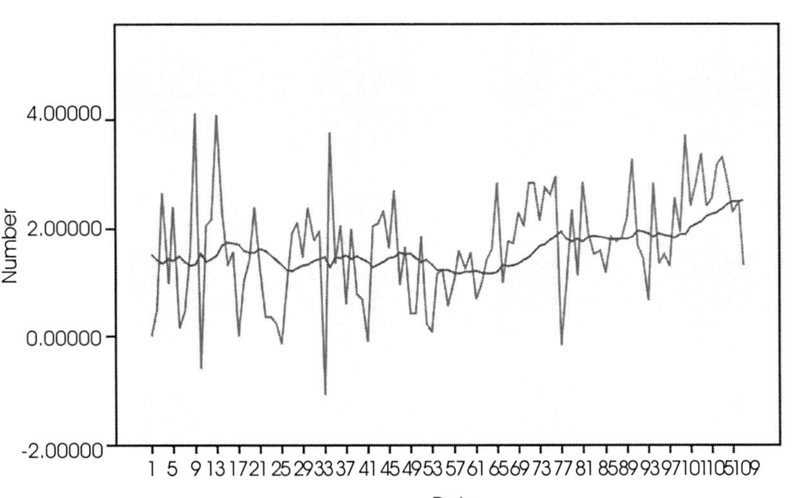

圖 A40-6

所得	變動百分比	季	年	Predicted_變動百分比_Model_1
601	.0	1	1980	1.51424
604	.49917	2	1980	1.40815
620	2.64901	3	1980	1.34390
626	.96774	4	1980	1.43880
641	2.39617	5	1981	1.40679
642	.15601	6	1981	1.47992
645	.46729	7	1981	1.38683
655	1.55039	8	1981	1.32128
682	4.12214	9	1982	1.33771
678	-.58651	10	1982	1.53948
692	2.06490	11	1982	1.38932
707	2.16763	12	1982	1.43924
736	4.10184	13	1983	1.49388
753	2.30978	14	1983	1.68557
763	1.30802	15	1983	1.73704
775	1.57274	16	1983	1.71305
775	.0	17	1984	1.70941
783	1.03226	18	1984	1.59195
794	1.40485	19	1984	1.55551
813	2.39295	20	1984	1.54796

圖 A40-7

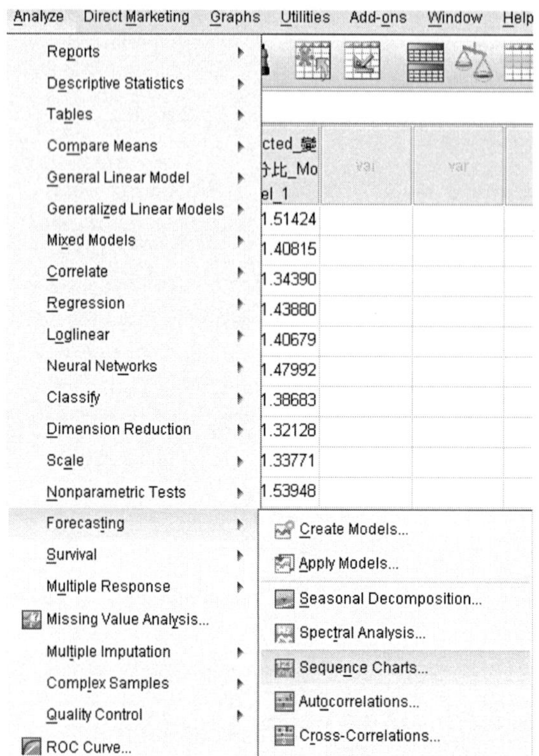
Analyze
Direct Marketing
Graphs
Utilities
Add-ons
Window
Help
Reports
Descriptive Statistics
Tables
Compare Means
General Linear Model
Generalized Linear Models
Mixed Models
Correlate
Regression
Loglinear
Neural Networks
Classify
Dimension Reduction
Scale
Nonparametric Tests
Forecasting
Survival
Multiple Response
Missing Value Analysis...
Multiple Imputation
Complex Samples
Quality Control
ROC Curve...
Create Models...
Apply Models...
Seasonal Decomposition...
Spectral Analysis...
Sequence Charts...
Autocorrelations...
Cross-Correlations...
1.51424
1.40815
1.34390
1.43880
1.40679
1.47992
1.38683
1.32128
1.33771
1.53948

圖 A40-8

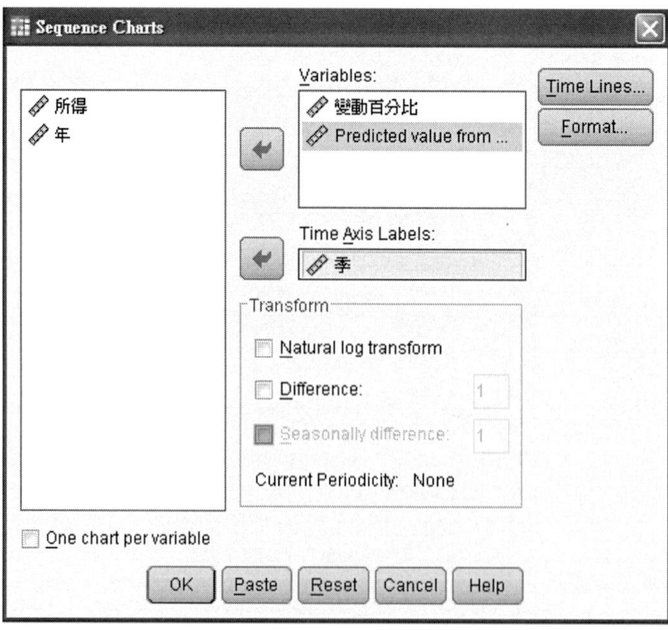
Sequence Charts
所得
年
Variables:
變動百分比
Predicted value from ...
Time Lines...
Format...
Time Axis Labels:
季
Transform
Natural log transform
Difference:
Seasonally difference:
Current Periodicity: None
One chart per variable
OK
Paste
Reset
Cancel
Help

圖 A40-9

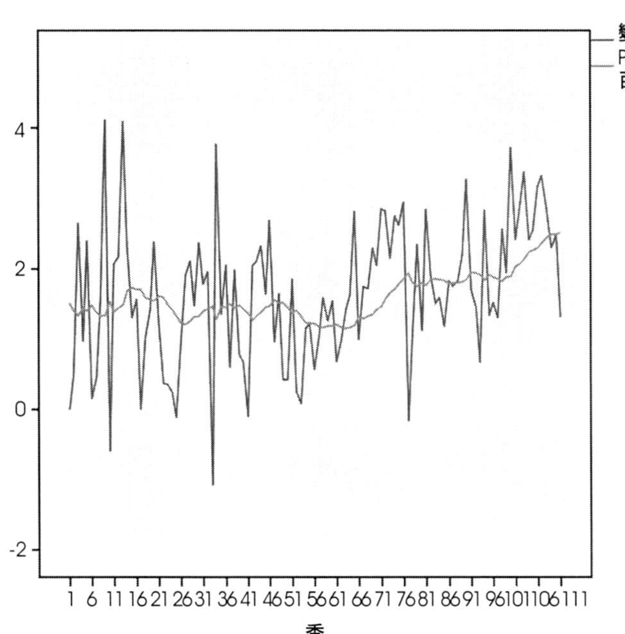

圖 6-40　序列關聯圖形與平滑關聯圖形（α = 0.1）

3. 圖 6-41 序列關聯圖形與平滑關聯圖形（α = 0.5），求取過程

使用我們使用 SPSS（13 版本）把 CH6-7 檔案拉出，如前述圖 a41-1 的視窗介面，按 Edit，再按 Options...，進入圖 a41-2 的 Options 對話盒，按確定，作確定的動作。回到圖 a41-3 的視窗介面，按 Analyze → Exponential Smoothing，進入圖 a41-4 的 Exponential Smoothing 對話盒，把變動百分比移入 Variables：方盒中，按 Model 下的 Simple 鍵，然後按 Paraments 鍵，進入到圖 a41-5 的 Exponential Smoothing：Paraments 對話盒，選 Value， 0.1，在此求取圖 6-41 的過程中我們選擇 Value， 0.5 按 Continue 鍵（如圖 a41-1），回到如前述圖 a41-4 的 Exponential Smoothing 對話盒，按 OK。進入圖 a41-6 的 SPSS 結果的報表，在其結果報表上出現圖 a41-6 的 Save Contents of output viewer to Output？的標示，在標示上按 No，會獲得如前述圖 a41-7 的結果，在此為圖 a41-2 的結果。至於獲得圖 6-41 序列關聯圖形與平滑關聯圖形的過程，可參考前述在圖 a40-7 的結果上，在圖 a40-8 的視窗介面，按 Graphs → Sequence，進入圖 a40-9 Sequence Charts 對話盒，按圖示移入變動百分比與 Fit-1 進入 Variable：方盒中，移入季到 Time Axis Lables：中，最後按 OK，就可獲得圖 6-41 序列關聯圖形與平滑關聯圖形（α = 0.5）。

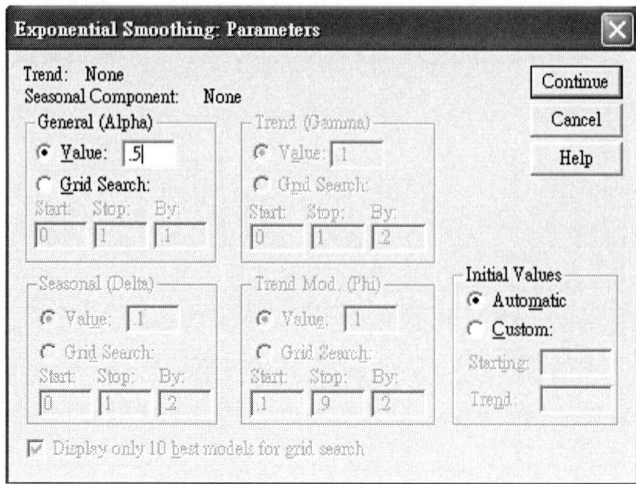

圖 a41-1

所得	變動百分比	季	年	FIT_1	ERR_1
601	.00000	1	1980	1.66672	-1.66672
604	.49917	2	1980	.83336	-.33419
620	2.64901	3	1980	.66626	1.98275
626	.96774	4	1980	1.65764	-.68990
641	2.39617	5	1981	1.31269	1.08348
642	.15601	6	1981	1.85443	-1.69842
645	.46729	7	1981	1.00522	-.53793
655	1.55039	8	1981	.73625	.81414
682	4.12214	9	1982	1.14332	2.97882
678	-.58651	10	1982	2.63273	-3.21924
692	2.06490	11	1982	1.02311	1.04179
707	2.16763	12	1982	1.54401	.62362
736	4.10184	13	1983	1.85582	2.24602
753	2.30978	14	1983	2.97883	-.66905
763	1.30802	15	1983	2.64430	-1.33628
775	1.57274	16	1983	1.97616	-.40342
775	.00000	17	1984	1.77445	-1.77445
783	1.03226	18	1984	.88723	.14503
794	1.40485	19	1984	.95974	.44511
813	2.39295	20	1984	1.18230	1.21065

圖 a41-2

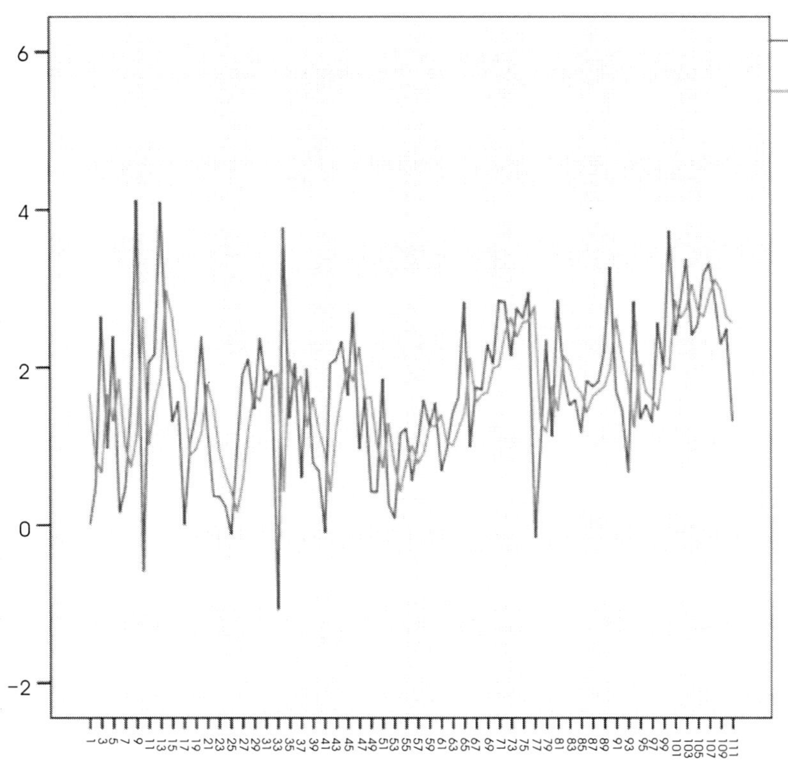

圖 6-41　序列關聯圖形與平滑關聯圖形（α = 0.5）

4. 圖 6-42 RMSPE 對平滑常數的圖形，求得過程

使用 CH6-8f 檔案，拉出圖 A42-1 的視窗介面，然後按 Graphs → Scatter/Dot...，進入圖 A42-2 的 Scatter/Dot 對話盒，按 Simple Scatter 方格，再按 Define 鍵，進入圖 A42-3 的 Simple Scatterplot 對話盒，把 RMSPE 移入到 Y Axis：方盒，再把阿發移入到 X Axis：方盒，然後按 OK，就可獲圖 6-42 每週自動調溫器的銷售量的序列關聯圖。

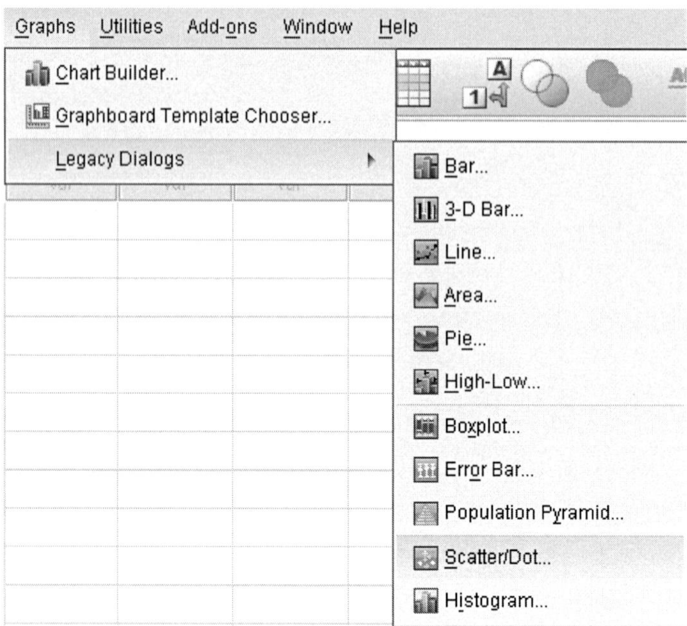
Graphs Utilities Add-ons Window Help
Chart Builder...
Graphboard Template Chooser...
Legacy Dialogs
Bar...
3-D Bar...
Line...
Area...
Pie...
High-Low...
Boxplot...
Error Bar...
Population Pyramid...
Scatter/Dot...
Histogram...

圖 A42-1

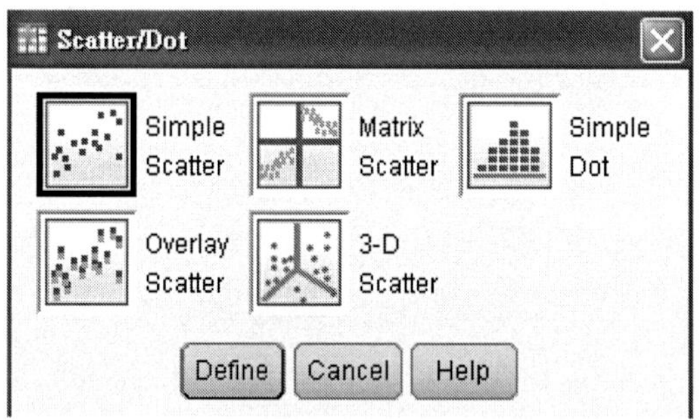
Scatter/Dot
Simple Scatter
Matrix Scatter
Simple Dot
Overlay Scatter
3-D Scatter
Define
Cancel
Help

圖 A42-2

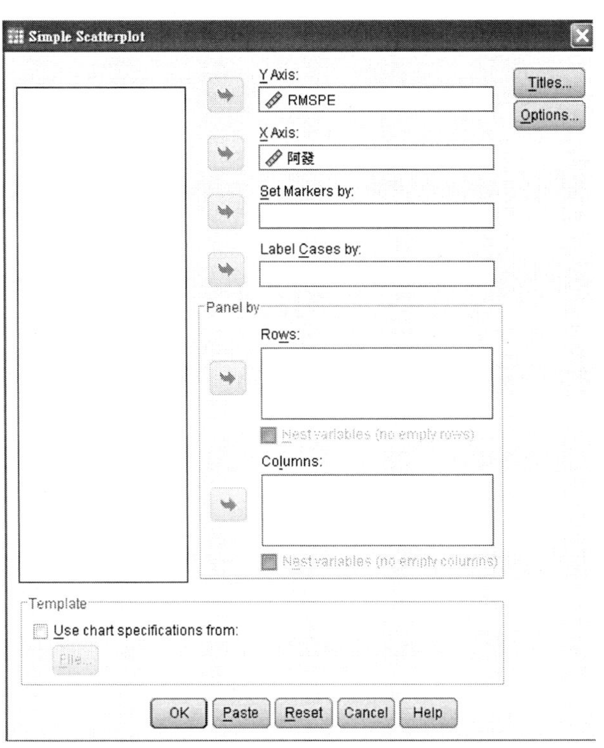

圖 A42-3

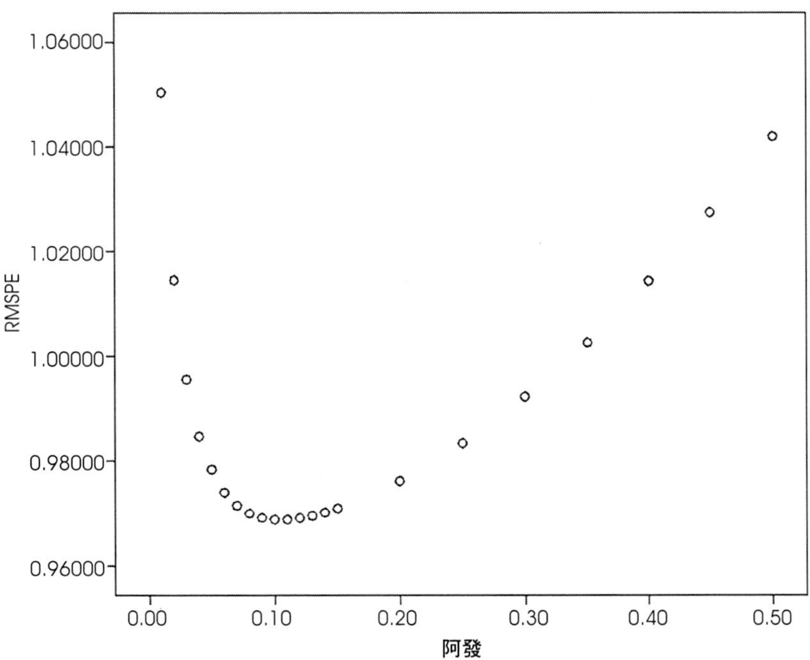

圖 6-42　**RMSPE** 對平滑常數的圖形

5. 圖 6-43 每週自動調溫器的銷售量的序列關聯圖，獲得過程

使用檔案 CH6-9 的資料，拉出圖 A43-1 的視窗介面，按 Analyze → Forecasting → Sequence Charts...，進入圖 A43-2 的 Sequence Charts 對話盒，把銷售量移入 Variables：方盒中，再把週移入 Time Axis Lables：方盒中。按 OK，就可獲得圖 6-43 每週自動調溫器的銷售量的序列關聯圖。

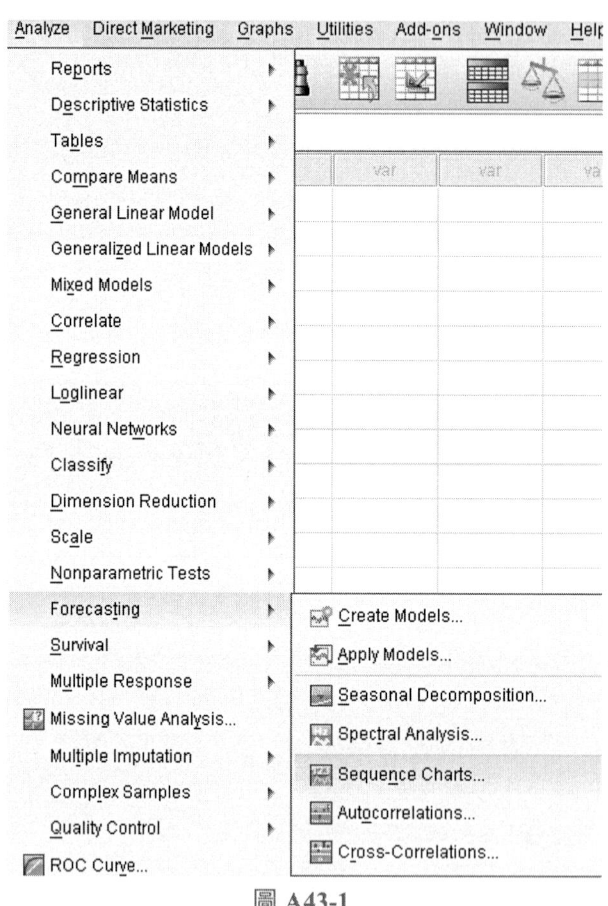

圖 A43-1

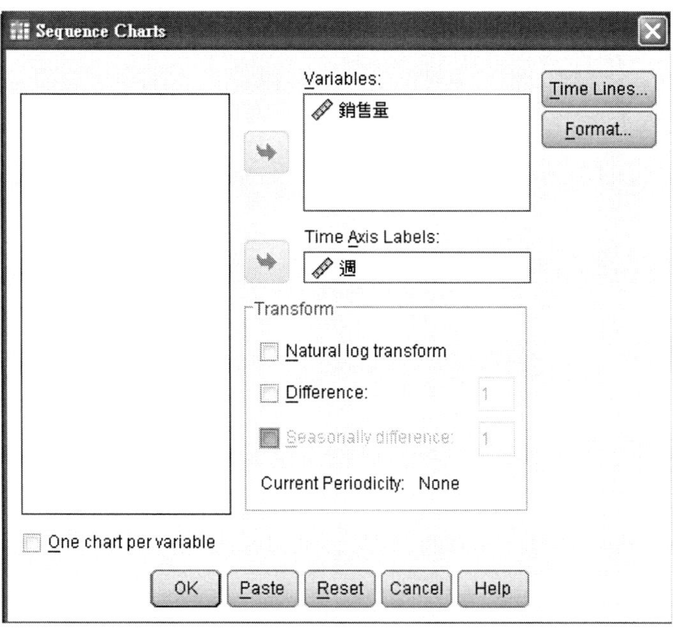

圖 A43-2

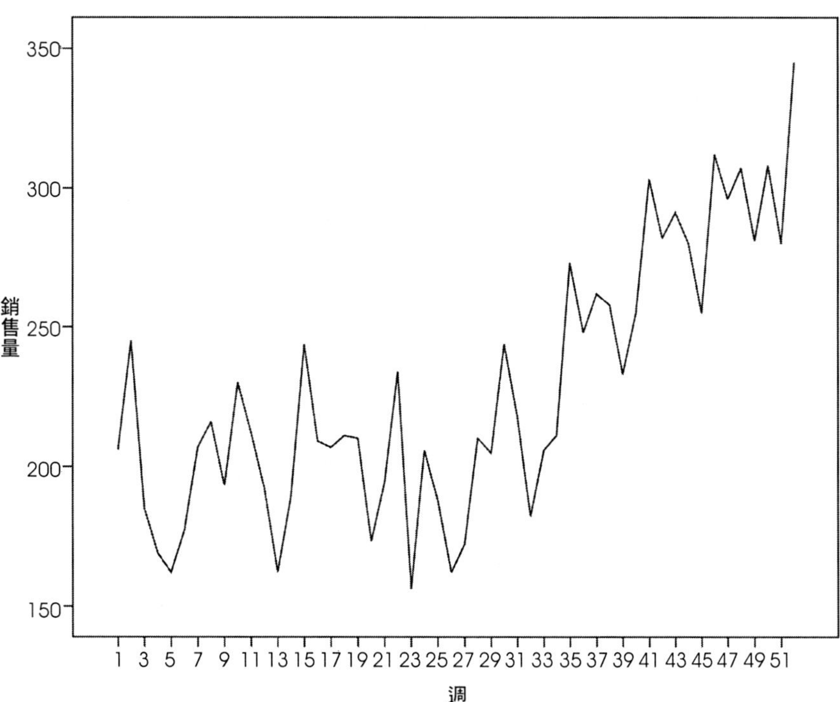

圖 6-43　每週自動調溫器的銷售量的序列關聯圖

第六節 結語

在完成前述第二，第三，第四，與第五章的個別有關時間序列專題研究領域之後，從前述的各個章節中，可以發現時間序列的預測模型是一種分析問題的重要技術與方法，它的重要性與需求性跨越許多研究領域包括商業與工業，政府學（government），經濟學，環境科學，醫學，社會科學，政治學，與財政學。它是很多分析技術的一種整合，諸如前述的迴歸分析，指數平滑，移動平均，自我迴歸統合移動平均（ARIMA），與季節性分解（decomposition）等等技術方法的整合。吾人鑑識到有關時間序列的問題是多種分析技術的一種整合，所以本章期望能夠整合前述的分析技術，進行有系統的時間序列資料分析。

資料時常是以規則間距的方式被採取進行一個變項的測量。諸如每週，每月，每季，與每年。股價是以每日的規則間距方式被報導，利率（interest rates）是以每週被公告（posted），銷售量的數字是以每週，每月，每季，與每年的規則間距的方式被給予。存貨與產品的水準亦以規則時間的期間方式被記錄。這種記錄方式持續進行。自我相關概念的序列關聯圖形或曲線圖（the sequence plots）是以時間序列資料縱向分析（longitudinal analysis）的重要面向或角度被引進介紹。

從跨越過去時間的一個過程中所蒐集的資料可以給予該序列提供預測未來各值一個獨特呈現的機會。如果給予過去序列的行為能夠以一個統計模型來足夠適當的呈現出其行為模式的模型可以被發現與其過程能夠持續以相同方式去運作於未來的預測，那麼其種種的預測值就可以基於這種模型的基礎之上被進行製作。但是僅僅只有種種的預測值是不足的，如果該模型能夠足以描述該列序的行為，而且其測量的精確度可以與其種種的預測值相符合。預測間距（prediction intervals）可能是要去包含未來值，這些預測間距是預測過程的一個重要研究面向或角度。所以，迴歸模型的理念是首先被擴張或延伸到時間序列資料。

從以上的探討與分析中，可以獲知本章的目的是期望以 SPSS 軟體（18 版）程式，以一個完整的系統把前述時間序列的基本技術方法，諸如時間序列的迴歸模型中的一個預測式模型，二次方程式趨勢，診斷：自我相關的修正，Durben-Watson 的統計量，與差分的技術，以範例輸入 SPSS 軟體進行分析。其中，一方面熟悉時間序列的基本技術的問題；另一方面可以熟練 SPSS 軟體（18 版）程式的操作方法。接著，我們深入探討滯延，自我迴歸（AR(1) 模型）與 AR(2) 模型，指數平滑中平滑常數的選擇與雙重指數平滑的探討與 SPSS 軟體（18 版）程式的使用方法。希望有助於提供讀者加深時間序列的技術方法與 SPSS 軟體的運作過程。

Chapter

07

時間序列預測模型：專題的分析與SPSS（13版）的操作

本章是綜合前述第二、第三、第四，與第五章的理論性與技術性的問題，以專題的方式使用 SPSS 軟體（13 版）進行分析，因為 SPSS 軟體（13 版）的設計能夠配合前述各章節中的理論性與技術性探究的方式，因為其中有某些使用方程式計算的過程去進行預測模型的建立。從以下的陳述與探究方式，雖然會有些繁複的過程，然而這樣的探究方式是從學理基礎的探究開始。期望有助於讀者對於時間序列問題的探討，能夠從學理基礎的探究逐步的深入理解與熟悉。

第一節　指數平滑模型

指數平滑程序是在產生適配度／預測值與提供一個或一個以上的時間序列的殘差，它是可以結合著不同趨勢與季節性假設的模型。

指數平滑是一種將過去時間序列予以加權平均，以求得指數平滑的時間序列預測值的預測技術。

平滑常數是指數平滑模型中的參數，即是在求取預測值中，附於最近時間序列值的權數。

指數平滑是一種使用過去序列的觀察值去預測未來的預測方法。諸如，指數平滑法不是基於一種理論上對資料進行理解的基礎。它可以預測在時間上的某一點，當新資料開始進入時它可以調整它的預測值。

一、指數平滑的模型類型

這種技術可以被使用去預測趨勢的形成與／或季節性的序列是有效的。在 SPSS 的軟體中（SPSS13 版本）有四種可資利用的模型類型可以適用於有關不同趨勢與季節性的假設：

（一）簡單的

簡單的模型（The Simple model）假設序列並沒有趨勢與季節性的變異。

（二）雜林（Holt）

雜林的模型（The Holt model）假設序列有一種線性的趨勢與沒有季節性的變異。

（三）冬天（冬季）（Winters）

冬季模型（The Winters model）假設序列有一種線性的趨勢與可倍數增加的季

節性變異（它以整體序列的水準增加與減少其大小）。

（四）習慣性（Custom）

一個習慣模型（A custom model）允許你去界定趨勢與季節性的成分。

趨勢與季節性的選擇要求去界定一個指數平滑模型的結構。模型的完整界定則要求去選擇模型的參數。有四種模型的參數可以被要求進行一種的，個別的，與整體的呈現方式，其呈現方式端視吾人對趨勢與季節性的選擇而定。

二、有四種模型的參數可以被要求進行選擇

（一）一般的（Alpha, α）

是在於控制被假定相對於最近觀察值加權的指數平滑參數，作為對立於整體序列的平均數。當 Alpha 等於 1，單一的最近的觀察值是排他性地可以被使用；當 Alpha 等於 0 時，舊的觀察值視為像最近的觀察值一樣。Alpha 是習慣性被使用於所有的模型。

（二）Gamma.（Γ）

指數平滑參數即在於控制被假定相對於最近觀察值在估計當前序列趨勢的加權。它的範圍從 0 到 1，愈高的值給予愈多的加權給最近的值。Gamma 僅被使用於一個線性或指數趨勢的指數平滑模型，或一個不起勁的（damped）趨勢，與沒有季節性成分的模型。它不能被使用於簡單的模型。

（三）Delta.（δ）

指數平滑參數即在於控制被假定相對於最近觀察值在估計當前季節性的加權。它的範圍從 0 到 1，接近 1 的值給予最近的值愈高的加權。Delta 是習慣性被使用於一個季節性成分的所有指數平滑模型。它不可以被使用於簡單的或雜林（Holt）模型。

（四）Phi.（Φ）

指數平滑參數即在於控制以一個趨勢的比率是「一個不起勁的或逐漸消沈的」（damped），或在時間上其趨勢的比率逐漸被減少。它的範圍從 0 到 1（但是無法等於 1），以接近 1 的值呈現代表更逐漸消沈或頹勢（more gradual damping.）。Phi. 被使用於一個頹勢地或不起勁趨勢的所有指數平滑模型，它不可以被使用於簡單的

或雜林（Holt），或冬季的模型。

三、使用指數平滑去預測未來的量尺

一個童裝公司是關切於它的兒童服飾與玩具設計產品每月銷售量預測。為了達成這個目的，公司蒐集童裝服飾一個過去十年期間每月的銷售量。這個資訊被蒐集在 CH7-1.sav 的檔案，使用指數平滑程序去預測明年童裝服飾設計產品的每月銷售量。

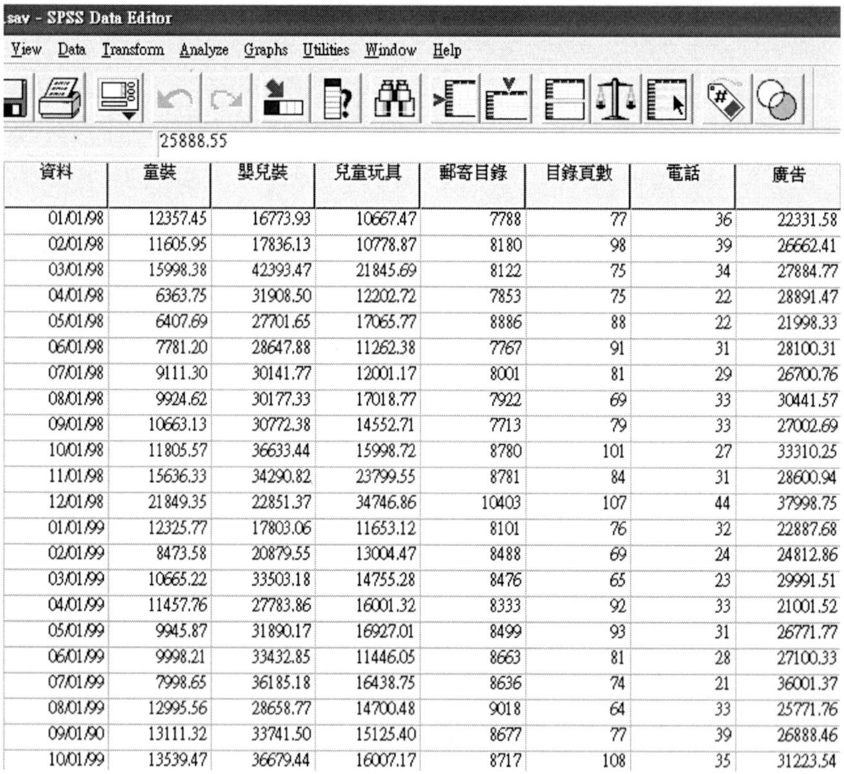

.sav - SPSS Data Editor

View Data Transform Analyze Graphs Utilities Window Help

25888.55

資料	童裝	嬰兒裝	兒童玩具	郵寄目錄	目錄頁數	電話	廣告
01/01/98	12357.45	16773.93	10667.47	7788	77	36	22331.58
02/01/98	11605.95	17836.13	10778.87	8180	98	39	26662.41
03/01/98	15998.38	42393.47	21845.69	8122	75	34	27884.77
04/01/98	6363.75	31908.50	12202.72	7853	75	22	28891.47
05/01/98	6407.69	27701.65	17065.77	8886	88	22	21998.33
06/01/98	7781.20	28647.88	11262.38	7767	91	31	28100.31
07/01/98	9111.30	30141.77	12001.17	8001	81	29	26700.76
08/01/98	9924.62	30177.33	17018.77	7922	69	33	30441.57
09/01/98	10663.13	30772.38	14552.71	7713	79	33	27002.69
10/01/98	11805.57	36633.44	15998.72	8780	101	27	33310.25
11/01/98	15636.33	34290.82	23799.55	8781	84	31	28600.94
12/01/98	21849.35	22851.37	34746.86	10403	107	44	37998.75
01/01/99	12325.77	17803.06	11653.12	8101	76	32	22887.68
02/01/99	8473.58	20879.55	13004.47	8488	69	24	24812.86
03/01/99	10665.22	33503.18	14755.28	8476	65	23	29991.51
04/01/99	11457.76	27783.86	16001.32	8333	92	33	21001.52
05/01/99	9945.87	31890.17	16927.01	8499	93	31	26771.77
06/01/99	9998.21	33432.85	11446.05	8663	81	28	27100.33
07/01/99	7998.65	36185.18	16438.75	8636	74	21	36001.37
08/01/99	12995.56	28658.77	14700.48	9018	64	33	25771.76
09/01/90	13111.32	33741.50	15125.40	8677	77	39	26888.46
10/01/99	13539.47	36679.44	16007.17	8717	108	35	31223.54

圖 7-1　童裝服飾設計產品的每月銷售資料（本資料儲存在**CH7-1**檔案中）

在以下的範例中，它是更加方便於去使用變項的名稱（命名）而不在於變項的標示。

使用指數平滑程序去進行預測童裝服飾下一年每一個月的銷售量。在範例中即發生，它是更方便於去使用變項命名而不是變項標示。

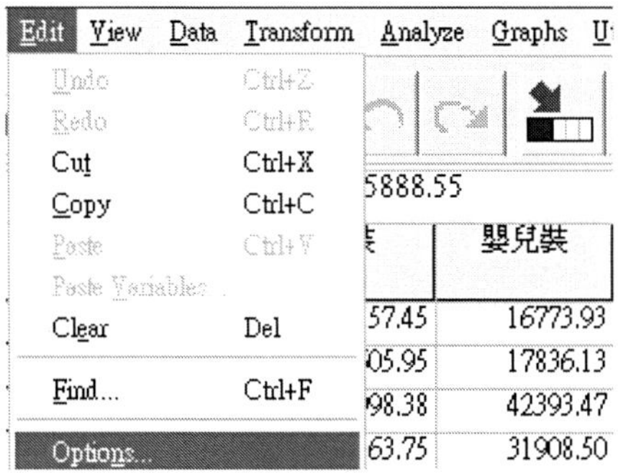

圖 7-2

從 the menus 中選擇：Edit → Options...

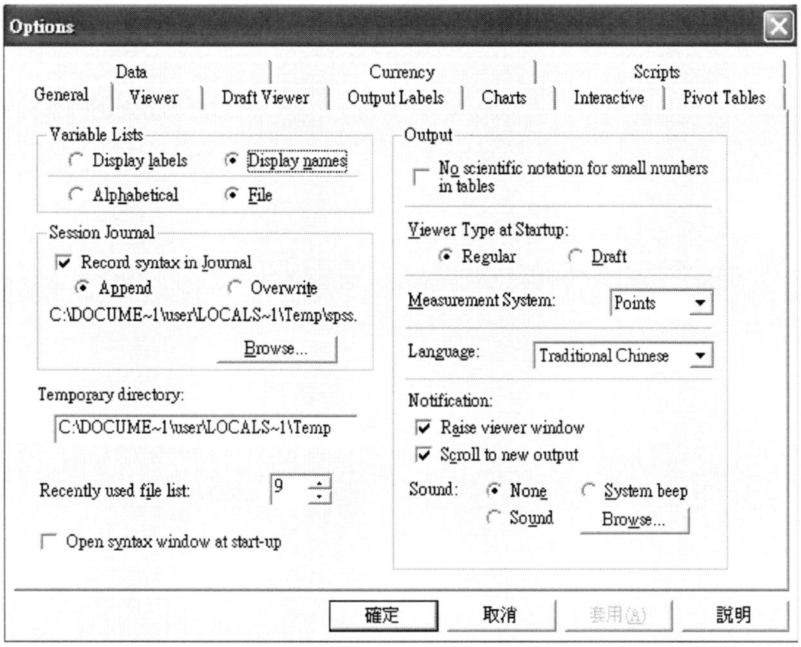

圖 7-3

選擇在 the Variable Lists group 中的 Display names，然後按 OK。

四、理解你的資料

在進行分析一個時間序列的第一個步驟是去繪製曲線圖顯示它。視覺的檢察一個時間序列時常可以在選擇一個適當的指數平滑模型方法提供一個很有解釋力的指引。尤其是：時間序列有一個整體的趨勢？該趨勢顯示是恆定的或隨時間近於結束？序列顯示是季節性？季節性的上下波動似乎隨時間成長或它們在持續的時期顯示是恆定的？

去獲得的一個童裝服飾圖示：

從名單（the menus）中選擇：Graphs → Sequence...

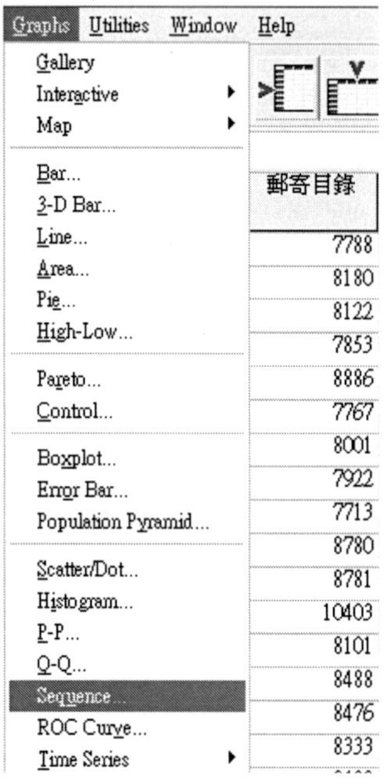

圖 7-4

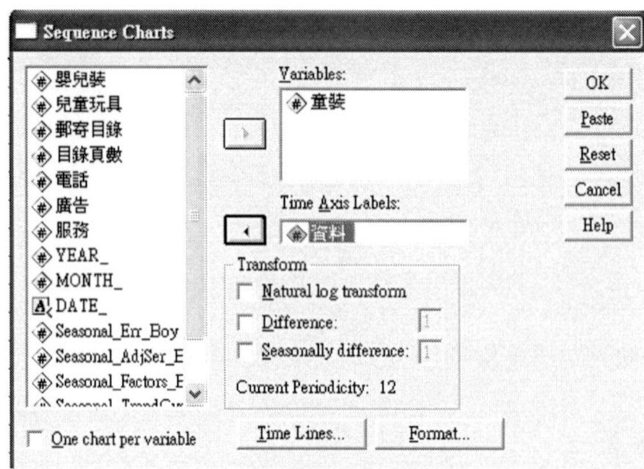

圖 7-5

選擇童裝與把它移入到 the Variables list。接著選擇資料與把它移入到 the Time Labels list。

然後按 Time Lines。

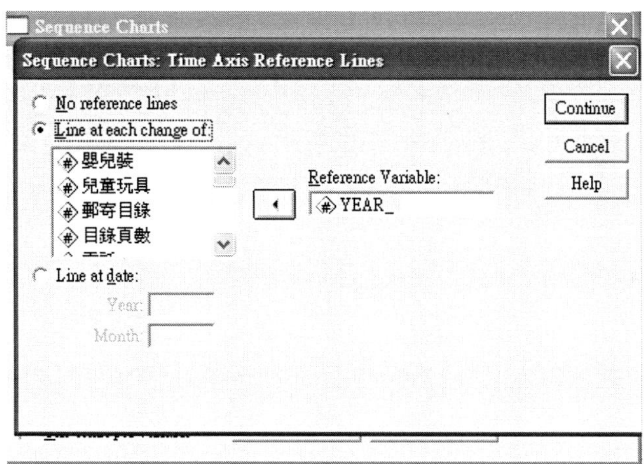

圖 7-6

選擇 Lines at each change of。然後再選 YEAR_ 與把它移入到 Reference Variable 目錄盒中。這些選擇產生一個垂直的參考線於每年的開始，它可以提供辨識每年季節性。

接著按 Continue。再按在 the Sequence Charts 對話盒中的 OK。

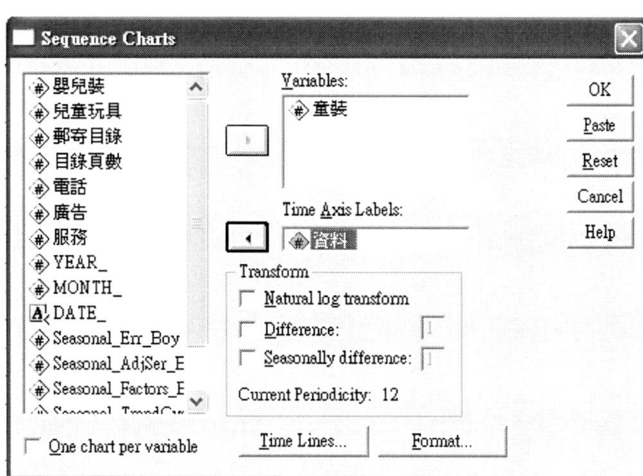

圖 7-7

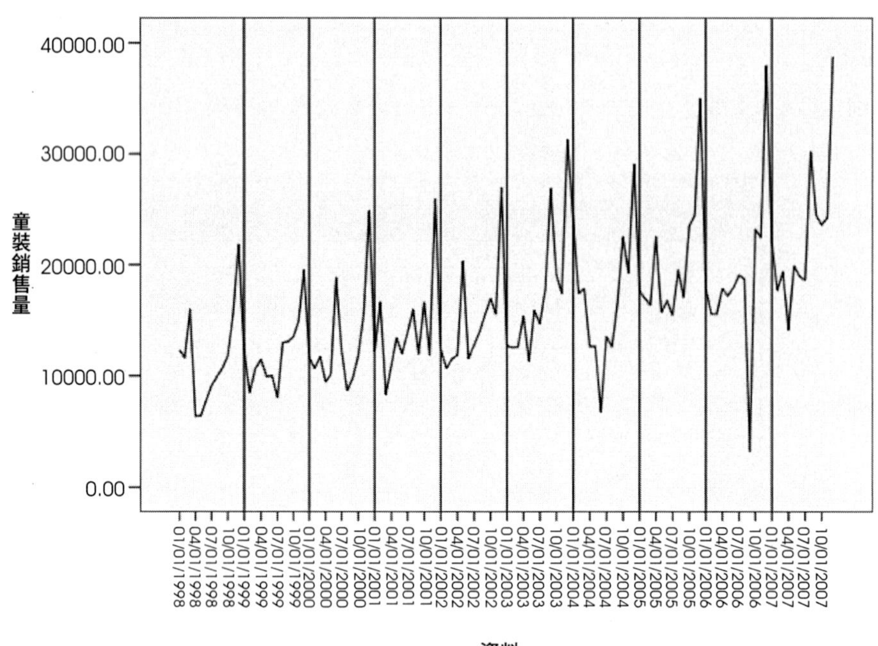

圖 7-8

序列顯示一個整體的向上成長的趨勢；即是，序列值傾向於跨越過去時間序列中逐漸增加。向上成長的趨勢似乎是一直不變的，它指出一個線性的趨勢。

序列亦顯示一個個別季節年年最高點在 12 月的模式，這是很容易理解的因為垂直的參考線定位在每年的開始。季節的變數呈現出隨向上的序列趨勢而成長，它指示倍增的而不是可加性的成長趨勢。

五、建立與分析指數平滑模型

建立一個最佳適配指數平滑模型包括決定模型類型——模型的確需要去包括趨勢與／或季節——然後獲得可以給予已選擇的模型提供最佳的適配參數。

男性服飾銷售量在過去的曲線圖指示一個具有一個線性趨勢成分與一個有倍增的季節性成分。這意指一個冬季的模型。無論如何，首先我們將探究一個簡單的模型（沒有趨勢與沒有季節性）與接著探究森林模型（雜林，Holt model）（併入線性趨勢但是沒有季節性）。這將給你實況辨識於當一個模型對資料沒有一個好的適配度時，在持續建構模型中它是一個基本必要的技術。

去建立一個指數平滑的模型：

進行名單（the menus）的選擇：Analyze→Time Series→Exponential Smoothing...

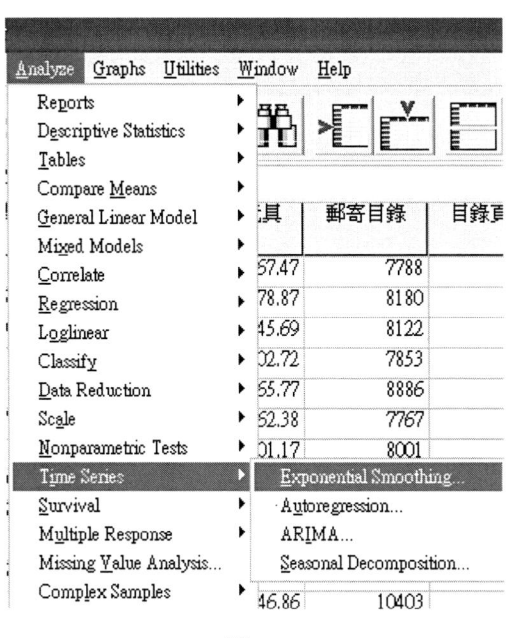

圖 7-9

六、建立與分析一個簡單的模型

選擇 men 與把它移入 the Variables 目錄，選擇在 the Model 群組中的 Simple。然後按 Parameters 鍵。

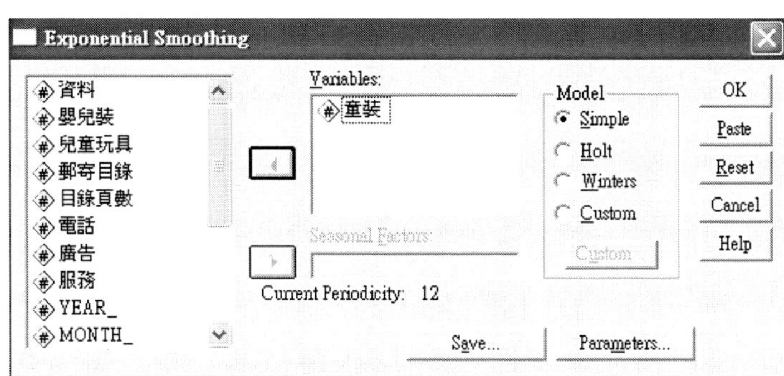

圖 7-10

選擇在一般的 α 中（the General (Alpha) group）格子的探求（Grid Search）。置放 Start, Stop, and By 主題盒（text boxes）以 0，1，與 0.1 個別地，它們不履行值。

格子探求（Grid Search）的選擇提供一種方便於決定最適配模型的參數採用每一個方格中的值進行計算適配的測量值。這種現行的選擇會以 0.1 的增加方式產生其範圍從 0 到 1 的各值。

置放不履行選擇（Leave the default choice for displaying）僅顯示 10 個最適配的模型。

按 Continue →回到 Exponential Smoothing 中對話盒中，然後按 OK。

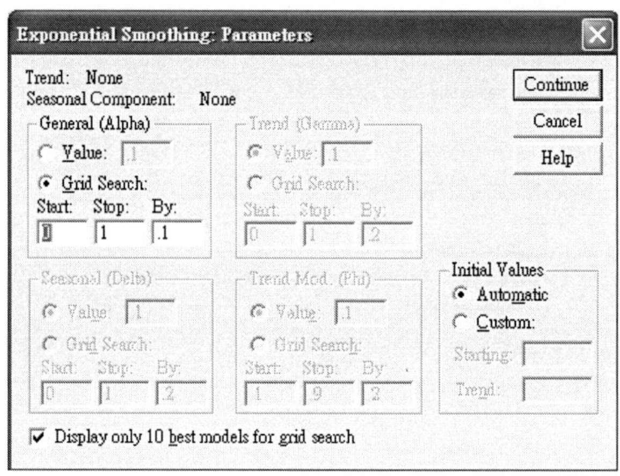

圖 7-11

表 7-1 最小的平方誤差和

Smallest Sums of Squared Errors

Series	Model rank	Alpha (Level)	Sums of Squared Errors
童裝	1	0.20000	3674652691.2
	2	0.10000	3676712883.3
	3	0.30000	3719313616.5
	4	0.40000	3772601632.0
	5	0.50000	3847983397.8
	6	0.60000	3958135647.7
	7	0.70000	4111748409.9
	8	0.80000	4317394408.0
	9	0.90000	4586984519.1
	10	0.00000	4775820849.2

表 7-2　平滑參數

Smoothing Parameters

Series	Alpha (Level)	Sums of Squared Errors	df error
童裝	0.20000	3674652691.2	119

Shown here are the parameters with the smallest Sums of Squared Errors. These parametere are used to froecast.

模型輸出結果記錄 10 個最適配的 α（alpha）值，依據每個值的平方誤差所結合的和（SSE）。對應於一個差異模型的每一個 α（alpha）值，各模型依據它們 SSE 值排列。一個較低等級（A lower rank）指示一個較小的 SSE，因而一個模型即給予資料一個較佳的適配度。誤差 SSE 的測量是最低的於當 α（alpha）值是 0.1 時，指示一個 0.1 的 α（alpha）值給予其案例模型最適配度於資料。

這種低的 α（alpha）值指示該序列的整體水準是最佳地被預測於當所有觀察值已約略同等地被考量。在本案例中以α（alpha）值是0.2時，指示一個0.2的α（alpha）值給予其案例模型最適配度於資料。

.sav - SPSS Data Editor

View　Data　Transform　Analyze　Graphs　Utilities　Window　Help

25888.55

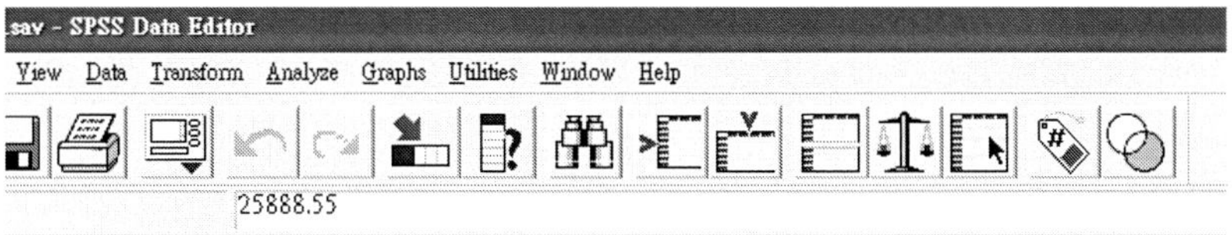

資料	童裝	嬰兒裝	兒童玩具	郵寄目錄	目錄頁數	電話	廣告
01/01/98	12357.45	16773.93	10667.47	7788	77	36	22331.58
02/01/98	11605.95	17836.13	10778.87	8180	98	39	26662.41
03/01/98	15998.38	42393.47	21845.69	8122	75	34	27884.77
04/01/98	6363.75	31908.50	12202.72	7853	75	22	28891.47
05/01/98	6407.69	27701.65	17065.77	8886	88	22	21998.33
06/01/98	7781.20	28647.88	11262.38	7767	91	31	28100.31
07/01/98	9111.30	30141.77	12001.17	8001	81	29	26700.76
08/01/98	9924.62	30177.33	17018.77	7922	69	33	30441.57
09/01/98	10663.13	30772.38	14552.71	7713	79	33	27002.69
10/01/98	11805.57	36633.44	15998.72	8780	101	27	33310.25
11/01/98	15636.33	34290.82	23799.55	8781	84	31	28600.94
12/01/98	21849.35	22851.37	34746.86	10403	107	44	37998.75
01/01/99	12325.77	17803.06	11653.12	8101	76	32	22887.68
02/01/99	8473.58	20879.55	13004.47	8488	69	24	24812.86
03/01/99	10665.22	33503.18	14755.28	8476	65	23	29991.51
04/01/99	11457.76	27783.86	16001.32	8333	92	33	21001.52
05/01/99	9945.87	31890.17	16927.01	8499	93	31	26771.77
06/01/99	9998.21	33432.85	11446.05	8663	81	28	27100.33
07/01/99	7998.65	36185.18	16438.75	8636	74	21	36001.37
08/01/99	12995.56	28658.77	14700.48	9018	64	33	25771.76
09/01/90	13111.32	33741.50	15125.40	8677	77	39	26888.46
10/01/99	13539.47	36679.44	16007.17	8717	108	35	31223.54

圖 7-12

要去理解簡單的模型是如何適配於資料，你將需要去重開 Sequence Charts 對話盒。一個方便提供重開前述對話盒的捷徑是如下：

按對話盒取消工具鍵符號（Recall toolbar icon），選擇輸入想要的對話盒。在這個案例中它是選 Sequence Charts 的對話盒（圖 7-13）。

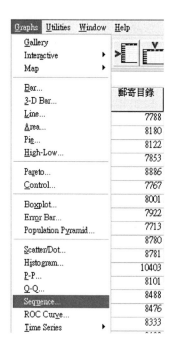

Graphs Utilities Window Help
Gallery
Interactive
Map
Bar...
3-D Bar...
Line...
Area...
Pie...
High-Low...
Pareto...
Control...
Boxplot...
Error Bar...
Population Pyramid...
Scatter/Dot...
Histogram...
P-P...
Q-Q...
Sequence...
ROC Curve...
Time Series
郵寄目錄
7788
8180
8122
7853
8886
7767
8001
7922
7713
8780
8781
10403
8101
8488
8476
8333

圖 7-13之1

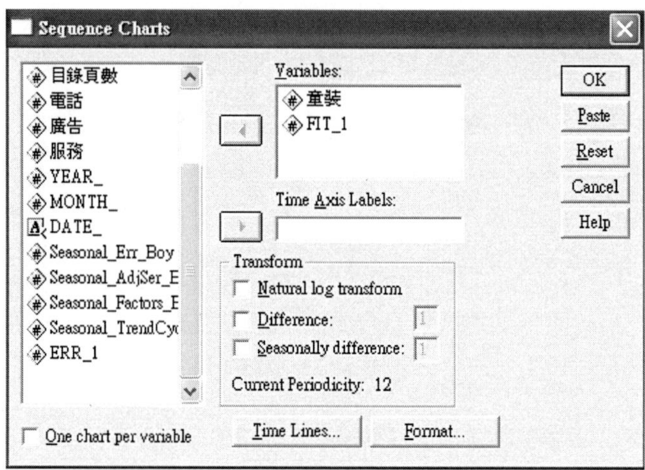

圖 7-13之2

按重新設定（Reset）。這將恢復對話盒回到它的不履行設定，如此，會取消在前述被使用在時間線上（timeline）的設定。接著選擇 men and FIT_1 與把它們移入變項的登入盒中（the Variables list）。然後按 OK。

要注意到該模型，如所預期的，並沒有提供已觀察的季節性作解釋。同時，它預測一個最初向下成長的趨勢對照於資料，然後它展現一個持續向上成長的趨勢，參考圖 7-14。

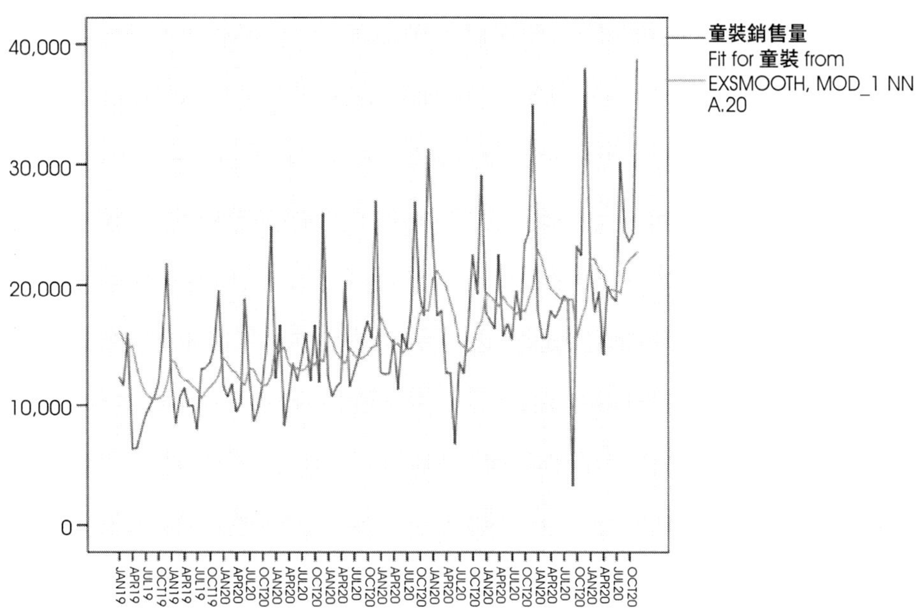

圖 7-14

檢測最適配於簡單模型殘差的自我相關與淨自我相關可以提供比觀察順序關聯圖形（the sequence charts）還要多量化的洞察力。這些相關函數其中之一的顯著性結構要意含其基本模型的問題是不足的（incomplete）。

接著從 the menus 選擇：Graphs → Time Series → Autocorrelations...

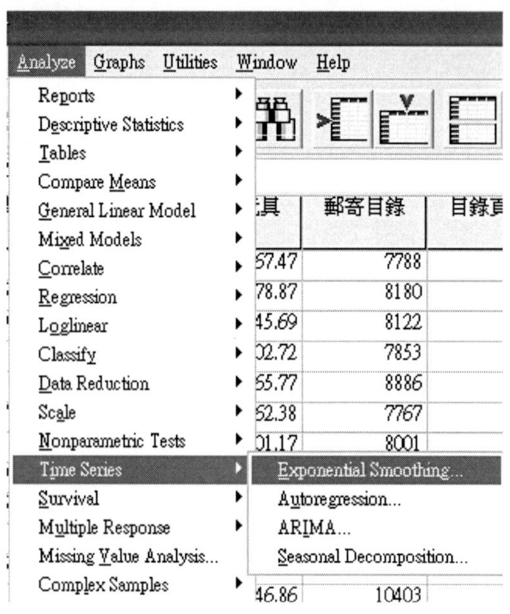

圖 7-15

從簡單模型選擇結合著適配度的誤差變項 ERR_1。參考圖 7-16，然後按 OK。

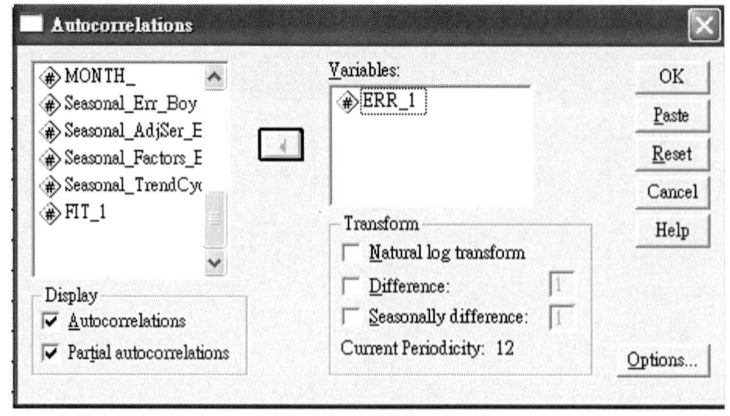

圖 7-16

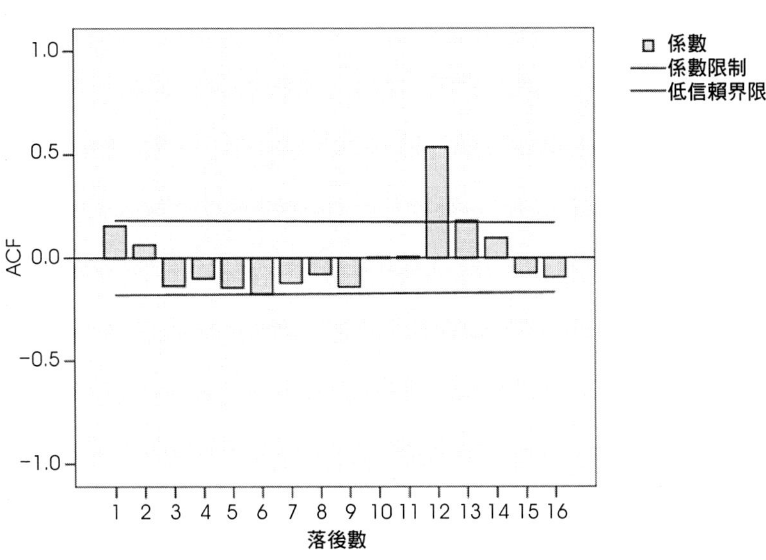

圖 7-17

自我相關函數顯示在一個12滯延是一個顯著性的高峰。這並不令人感到意外，因為簡單模型無法提供季節性的解釋與在資料中有一個很強每年季節的成分。

表 7-3

Autocorrelations
Series: Error for 童裝 from EXSMOOTH, MOD_1NNA.20

Lag	Autocorrelation	Std.Error[a]	Box-Ljung Statistic		
			Value	df	Sig.[b]
1	0.154	0.090	2.914	1	0.088
2	0.063	0.090	3.399	2	0.183
3	−0.137	0.089	5.735	3	0.125
4	−0.101	0.089	7.019	4	0.135
5	−0.145	0.089	9.679	5	0.085
6	−0.176	0.088	13.675	6	0.033
7	−0.123	0.088	15.641	7	0.029
8	−0.080	0.087	16.478	8	0.036
9	−0.142	0.087	19.124	9	0.024
10	0.002	0.087	19.125	10	0.039
11	0.005	0.086	19.128	11	0.059

Lag	Autocorrelation	Std.Error[a]	Box-Ljung Statistic		
			Value	df	Sig.[b]
12	0.536	0.086	58.006	12	0.000
13	0.178	0.085	62.349	13	0.000
14	0.095	0.085	63.600	14	0.000
15	−0.074	0.085	64.356	15	0.000
16	−0.096	0.084	65.640	16	0.000

a. The underlying process assumed is independence (white noise).

b. Based on the asymptotic chi-square approximation.

要注意到the Box-Ljung統計量在12的一個滯延在統計上是顯著性的。事實上，其所結合的 p 值對已陳述的精確度是 0 。這個是在於強調滯延 12 自我相關是顯著性的事實與呈現出該結構無法給予現行模型提供解釋。

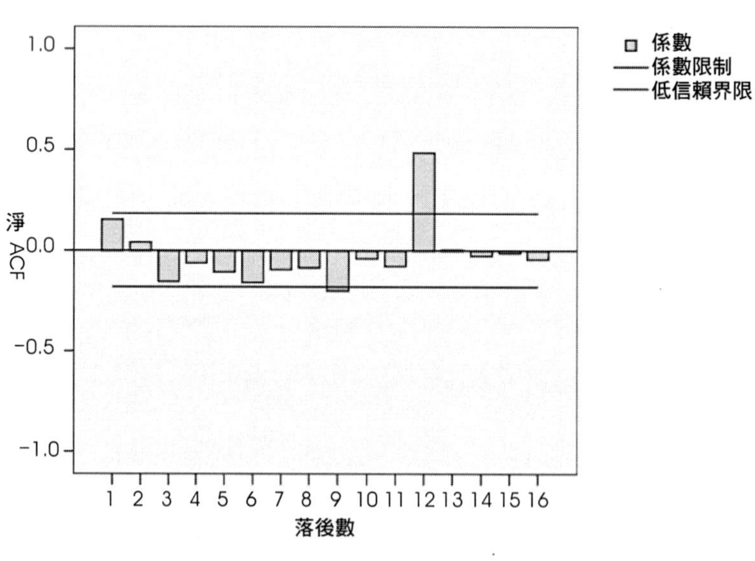

圖 7-18

淨自我相關函數在於消除所有涉及滯延的間接影響，提供由一個假定滯延所分離的時間序列值之間一個直接關係的最佳測量。

對一個簡單模型的淨自我相關函數是在於顯示在一個 12 的滯延有和自我相關函數一樣的高峰。這個給予明確的證據顯示簡單模型的殘差包含有時間序列每年的季節性之結構。

摘要

假設簡單的模型（simple model）對資料呈現出不良的適配度與在模型中有殘差的顯著性出現，由此你可以推論簡單的模型對研究資料所要建構的模型不是一個良好的選擇。時間序列的最初圖解指出趨勢與季節性的二個模型，它們均不適呈現在簡單的模型中。其次，我們將使用 the Holt model 去擴大一個趨勢成分的模型。

七、建立與分析一個雜林（Holt）模型

要建立一個雜林（Holt）模型，可以打開指數平滑對話盒（the Exponential Smoothing dialog）（圖 7-19）。選在模型組群中的雜林（Holt），接著按參數（Parameters）（圖 7-20）。

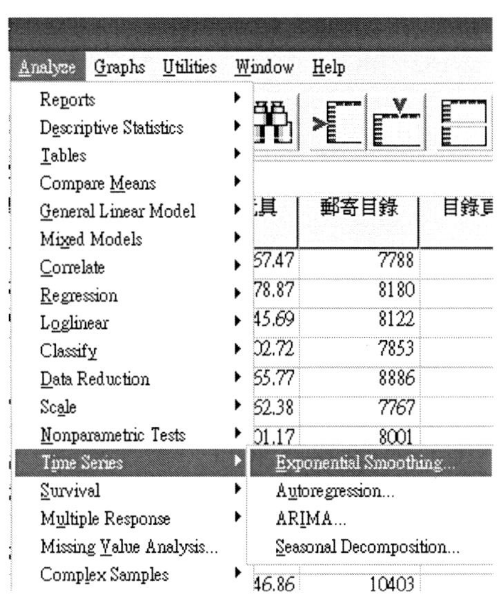

圖 7-19

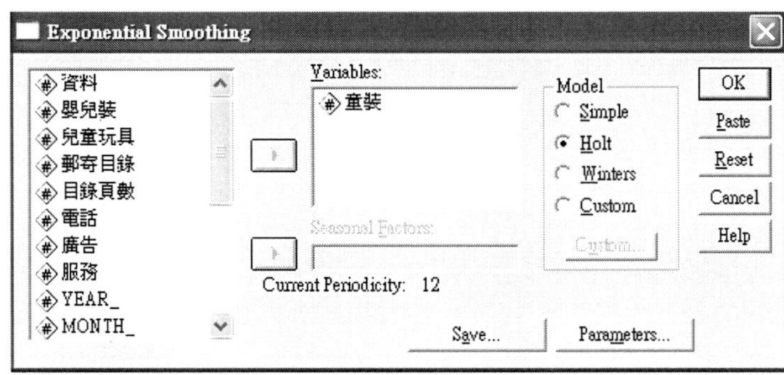

圖 7-20

選擇在 the General（Alpha）中的方格探求（Grid Search），與在 Trend（Gamma）中的方格探求（Grid Search）的 Leave the Start, Stop, and By text boxes with their default values。現行方格的探求產生估計 66 個模型，alpha and gamma 可能結合每一個－11 個 alpha 與 6 個 gamma 值。按 Continue，然後按在 the Exponential Smoothing 對話盒中的 OK。

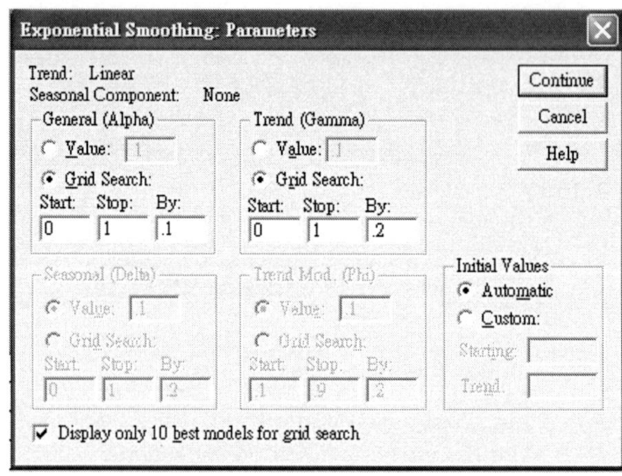

圖 7-21

表 7-4

Smallest Sums of Squared Errors

Series	Model rank	Alpha (Level)	Gamma (Trend)	Sums of Squared Errors
童裝	1	0.10000	0.00000	3575297829.4
	2	0.20000	0.00000	3588314707.0
	3	0.30000	0.00000	3657783985.1
	4	0.40000	0.00000	3727481433.2
	5	0.10000	0.20000	3729589485.3
	6	0.50000	0.00000	3813132234.8
	7	0.60000	0.00000	3929490219.3
	8	0.20000	0.20000	4062080453.8
	9	0.70000	0.00000	4086724971.5
	10	0.10000	0.40000	4129108930.6

誤差的 SSE（平方誤差和）測量當 alpha 是 0 時最低。alpha and gamma 的低值意指所有觀察值均已大約地同等的加權於序列的整體水準與序列的趨勢中。

提供 Holt 模型 SSE（平方誤差和或誤差平方和）的最佳適配度是 3575297829.4，簡單模型的最佳適配度是 3674652691.2，Holt 模型顯示比簡單模型適配於資料。

想要去觀察 Holt 模型適配於資料的情況如何，可以打開 the Sequence Chart 對話盒。

可以從變項登入盒中退選簡單模型的（FIT_1），然後選擇對應於 the Holt model（FIT_2）的變項。接著按 OK（圖 7-22）。

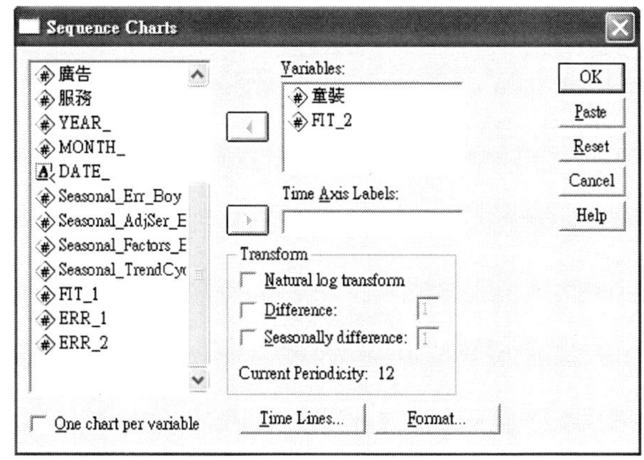

圖 7-22

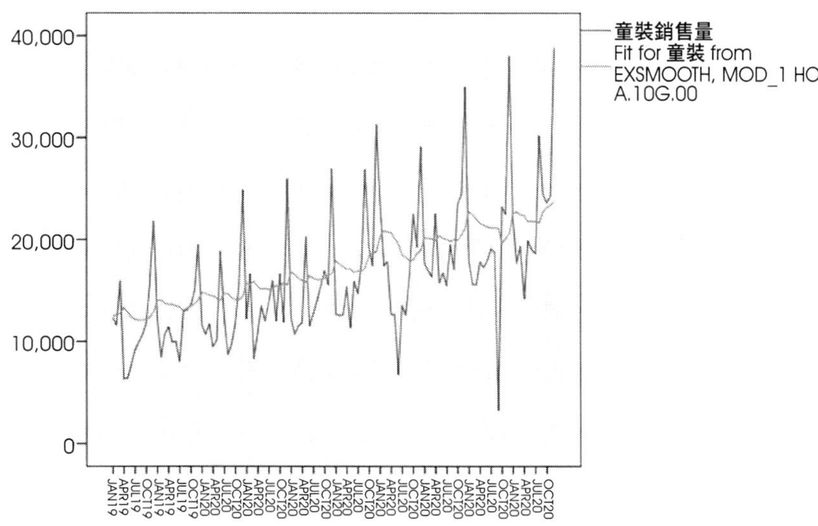

圖 7-23

注意到該模型能夠執行從資料中捕捉到趨勢成分的任務。如預期的，雖然，它無法給予已觀察的季節性提供解釋。如簡單模型的案例一樣，進行檢測殘差的自我相關與淨自我相關可以提供更多量化的洞察力。

想要檢測殘差的自我相關可以打開自我相關（Autocorrelations）的對話盒。此時，可以從變項（Variables）登入盒中退選簡單模型中的（ERR_1），接著選擇反應於雜林模型 the Holt model（ERR_2）的變項。然後按 OK（圖 7-24）。

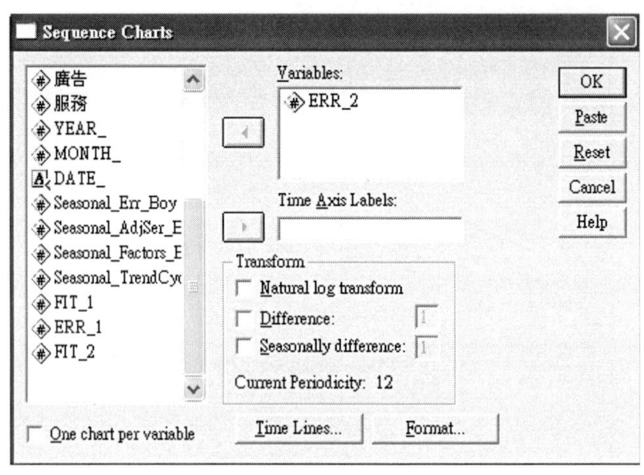

圖 7-24

自我相關函數（圖 7-25）顯示在一個滯延 12 是一個顯著性高峰，正如在簡單模型的案例一樣。這是不令人驚訝的，因為雜林模型（the Holt model）（像簡單模型一樣）它無法給予季節性提供解釋。

雜林模型（the Holt model）的淨自我相關函數（圖 7-26）顯示在一個滯延 12 是一個顯著性高峰，正如在自我相關函數顯示所呈現的案例一樣。這顯示雜林模型（the Holt model）的殘差，這些就像在簡單模型的情形一樣，包括時間序列每年有季節性的結果。摘要言之，假設 Holt 模型反映季節性成分的殘差中顯著性的出現，我們可以推論 Holt 模型比簡單模型好，但是對模型建構的資料不是一個好的選擇。

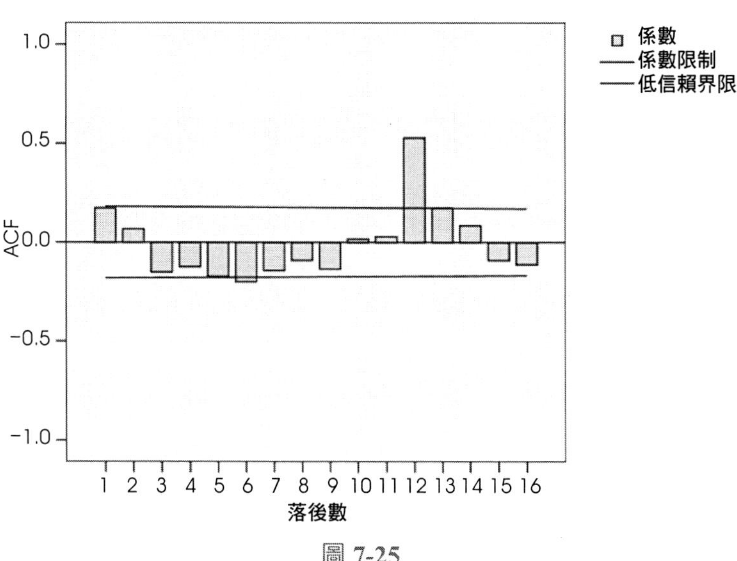

圖 7-25

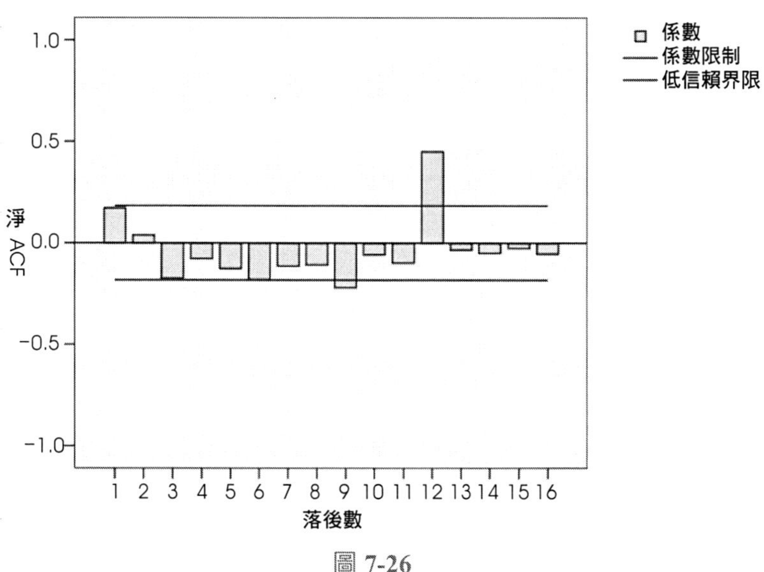

圖 7-26

八、建立冬季模型

回顧童裝在跨越過去時間的最初圖形指示，建議把一個線性趨勢與倍增的季節性合併成一個冬季模型。

要建立一個冬季模型，可以打開指數平滑（the Exponential Smoothing）對話盒（圖 7-27），選擇在模型組群中的冬季（Winters）。選擇 Seasonal_Factors_Men，接著把它移入季節因素（the Seasonal Factors）登入盒。然後按 OK。

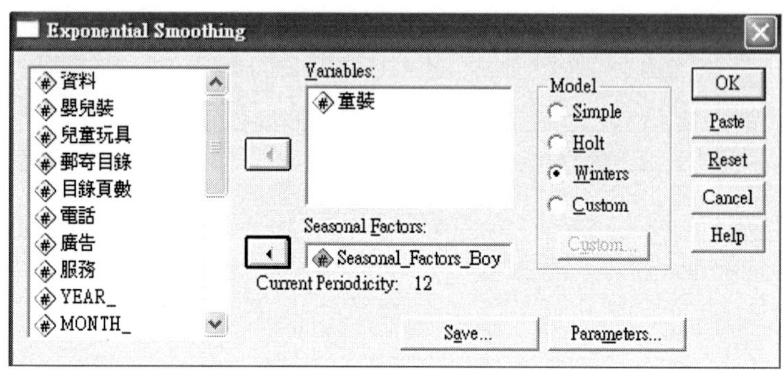

圖 7-27

選擇在 the General（Alpha）中的方格探求（Grid Search），與在 Trend（Gamma）中的方格探求（Grid Search）及季節的（Delta）groups 中 Leave the Start, Stop, and By text boxes with their default values 值（圖 7-28）。按 Cntinue，然後按在 the Exponential Smoothing 對話盒中的 OK。

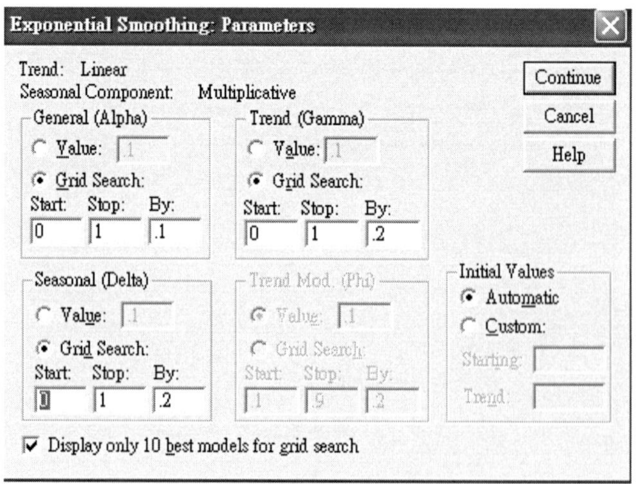

圖 7-28

誤差的 SSE（平方誤差和）測量當 alpha 是 0.1，gamma 是 0 與 delta 是 0 時，其 SSE 的測量值最低值，此意指所有觀察值均已大約地同等的加權於序列的整體水準與序列的趨勢中。

表 7-5

Smallest Sums of Squared Errors

Series	Model rank	Alpha (Level)	Gamma (Trend)	Delta (Season)	Sums of Squared Errors
童裝	1	0.10000	0.00000	0.00000	1269319713.9
	2	0.00000	0.20000	0.00000	1351335956.7
	3	0.00000	0.00000	0.00000	1351335956.7
	4	0.00000	0.40000	0.00000	1351335956.7
	5	0.00000	0.60000	0.00000	1351335956.7
	6	0.00000	0.80000	0.00000	1351335956.7
	7	0.00000	1.00000	0.00000	1351335956.7
	8	0.20000	0.00000	0.00000	1351655514.2
	9	0.10000	0.20000	0.00000	1405956940.5
	10	0.30000	0.00000	0.00000	1435998729.8

提供冬季模型 SSE（平方誤差和或誤差平方和）的最佳適配度是顯著的小於 Holt 模型 SSE（平方誤差和或誤差平方和）的最佳適配度是 3575297829.4，簡單模型的最佳適配度是 3674652691.2，由此可知 Holt 模型顯示比簡單模型適配於資料。而冬季模型最佳適配度是 1269319713.9，這是第一個指示冬季模型可以提供一個實質上較好的適配度給予資料建構的模型。

表 7-6

Smoothing Parameters

Series	Alpha (Level)	Gamma (Trend)	Delta (Season)	Sums of Squared Errors	dferror
童裝	0.10000	0.00000	0.00000	1269319713.9	107

Shown here are the parameters with the smallest Sums of Squared Errors. These parameters are used to froecast.

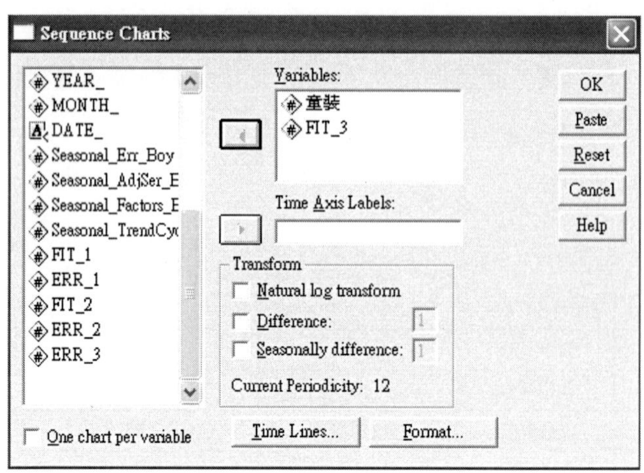

圖 7-29

要去看看冬季模型是如何適配於資料，可以打開順序關聯圖形對話盒。從變項登錄盒中退選和雜林模型（FIT_2）相關的變項，接著選擇反應於冬季模型（FIT_3）的變項。然後按 OK（圖 7-29）。

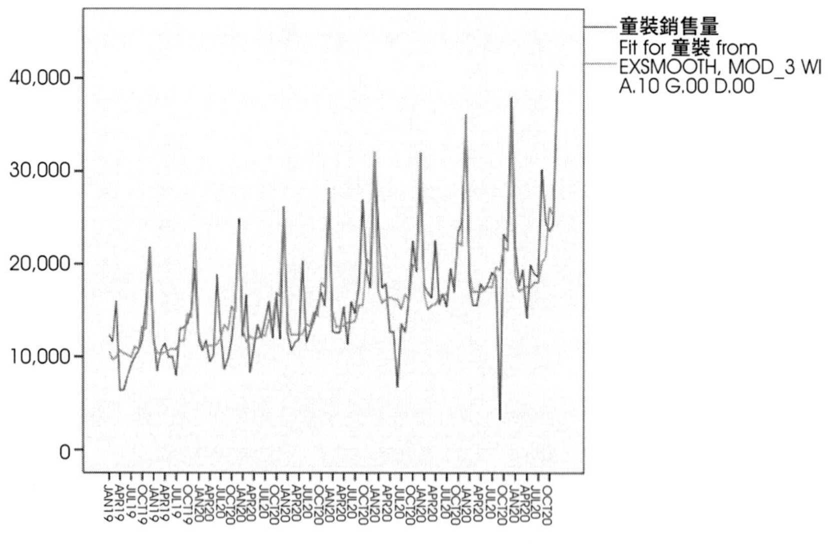

圖 7-30

要注意到模型的確能夠勝任於捕獲到趨勢與季節性的兩者資料。該資料組合包括 10 年的一個期間與包含在每年 12 月中出現 10 個季節性的高峰。在被預測的結果中所呈現出的 10 高峰可匹配與真正資料中的 10 個每年的高峰相一致。其結果亦在於強調指數平滑程序的限於，因為有顯著性的結構是無法提出解釋（since there is significant structure that is not accounted for.）。

如果你基本上是有趣於建構一個具有長期季節性變異的趨勢，那麼指數平滑可以是一個好的選擇。然而，如果要建構一個更複雜的結構，可以考量使用 ARIMA 的程序。

一個殘差自我相關與淨自我相關的檢測將提供更強烈支持或反對冬季模型的證據。

檢測殘差的自我相關可以由打開自我相關的對話盒。從變項登錄盒中退選和雜林模型（ERR_2）相關的變項，接著選擇反應於冬季模型（ERR_3）的變項。然後按 OK（圖 7-31）。

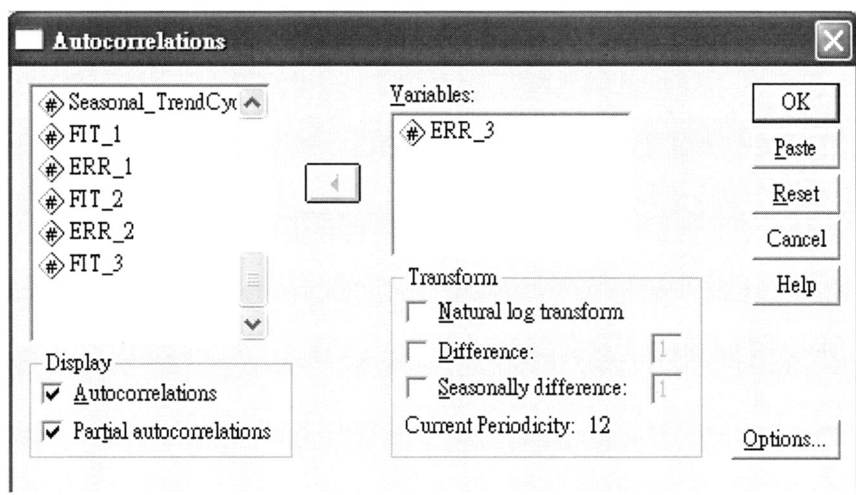

圖 7-31

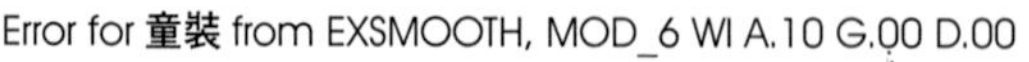

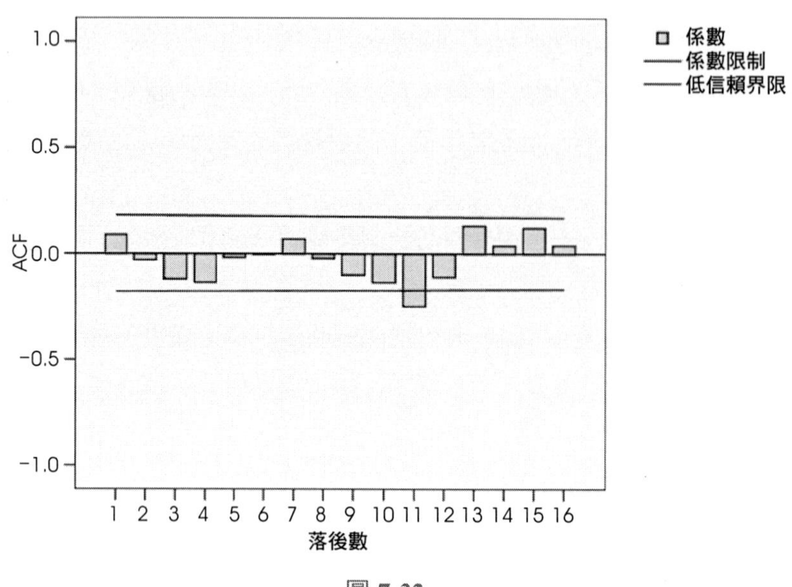

圖 7-32

冬季模型已足以描述每年季節的成分，如此就不再有一個顯著性的高峰在自我相關函數中出現一個 12 的滯延；該高峰是在信賴區間的限制之內。

表 7-7

Autoeorrelations
Series: Error for 童裝 from EXSMOOTH, MOD_6WI A.10 G .00 D .00

Lag	Autocorrelation	Std. Error[a]	Box-Ljung Statistic		
			Value	df	Sig.[b]
1	0.088	0.090	0.957	1	0.328
2	-0.030	0.090	1.072	2	0.585
3	-0.121	0.089	2.895	3	0.408
4	-0.136	0.089	5.217	4	0.266
5	-0.019	0.089	5.261	5	0.385
6	-0.002	0.088	5.262	6	0.511
7	0.068	0.088	5.860	7	0.556
8	-0.023	0.087	5.929	8	0.655
9	-0.100	0.087	7.257	9	0.610
10	-0.136	0.087	9.729	10	0.465
11	-0.250	0.086	18.126	11	0.079
12	-0.111	0.086	19.791	12	0.071
13	0.130	0.085	22.118	13	0.054
14	0.037	0.085	22.304	14	0.073

Lag	Autocorrelation	Std. Error[a]	Box-Ljung Statistic		
			Value	df	Sig.[b]
15	0.120	0.085	24.312	15	0.060
16	0.038	0.084	24.519	16	0.079

a. The underlying process ass umed is independence (white noise).

b. Based on the asymptotic chi-square approximation.

要注意到在一個滯延 12 的 Box-Ljung 統計量不再有統計上的顯著性。

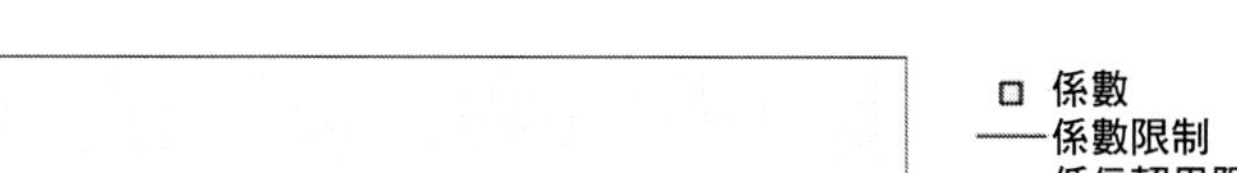
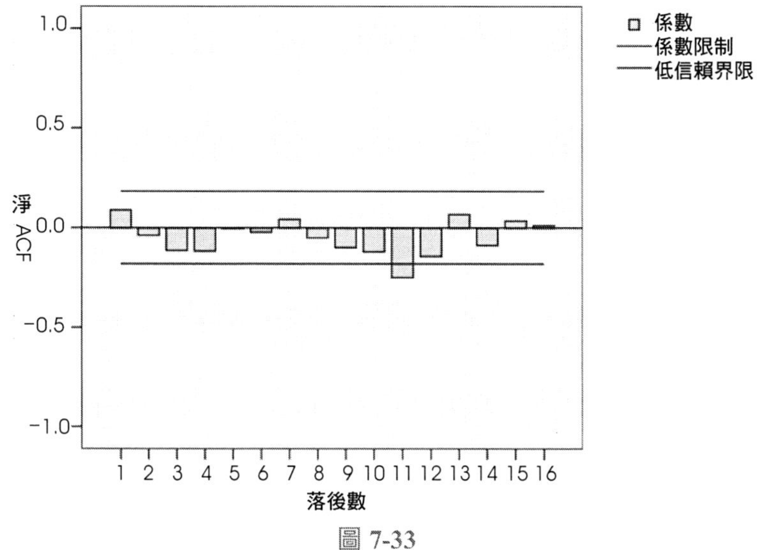

圖 7-33

淨自我相關函數在一個滯延的 12 不再有一個顯著性的高峰。無論如何，在一個滯延 11 的高峰是在高峰在信賴區間的限制之外與顯示其顯著性。這指出一個具有 11- 月週期循環的行為（This would suggest periodic behavior with an 11-month cycle）。

表 7-8

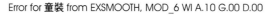

Partial Autocorrelations
Series: Error for 童裝 from EXSMOOTH, MOD_6WI A.10 G .00 D .00

Lag	Partial Autocorrelation	Std. Error
1	0.088	0.091
2	−0.039	0.091

Lag	Partial Autocorrelation	Std. Error
3	-0.116	0.091
4	-0.118	0.091
5	-0.005	0.091
6	-0.022	0.091
7	0.042	0.091
8	-0.052	0.091
9	-0.101	0.091
10	-0.122	0.091
11	-0.251	0.091
12	-0.145	0.091
13	0.067	0.091
14	-0.090	0.091
15	0.035	0.091
16	0.011	0.091

在一個滯延 11 上 Box-Ljung 的統計量，無論如何，在統計上不是顯著性的。除此之外，童裝服飾銷售量分析顯示沒有商業的理由去預期會有一個 11- 月的循環。以合理的信賴（reasonable confidence），你可以拒絕滯延 11 高峰為不相關的（as irrelevant）。

摘要

有可以合併有關趨勢與季節性不同假設的三個模型已經被考慮，其結果很清楚指出一個冬季模型可以透過一個雜林模型（a Holt）或簡單模型（simple model）。不僅最適配的冬季模型可以給予一個可以在視覺上很佳的適配度於資料，而且其殘差透過它們的自我相關與淨自我相關被進行分析，顯示沒有顯著性的結構。雖然時間序列的最初圖形已指出為線性的趨勢與倍增的季節性，然而一個更完整的分析亦可以考慮一個具線性趨勢與倍增季節性的習慣模型（a custom model）。無論如何，這種分析的結果顯示，最佳適配度的冬季模型其 SSE 會是低的，由此會給予我們信賴冬季模型是真正地適配於我們資料的最佳指數平滑模型。

九、檢定模型預測能力你可以使用堅強的證據判斷你提出模型預測力的表現

一個堅強的證據是一個歷史（歷經過程）的序列點它無法被使用於模型參數的

計算，如此想要消除它對預測值計算的影響。你可以促使模型去預測你想真正知道的各值，然後去要獲得一個在理念上其預測值是如何好的模型。這個模型可以從 2007 年 1 月到 2007 年 12 月的資料中獲得支持加以說明。在 2007 年 1 月之前的資料已被使用於去建立模型，而該模型接著被使用去預測在 2007 年的銷售量。

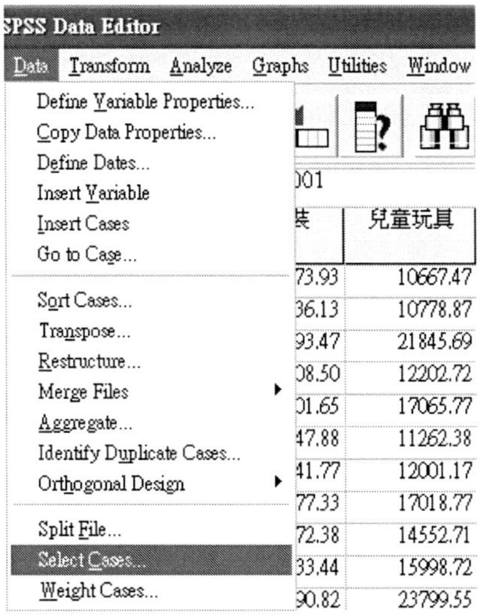

圖 7-34

去執行一個證據堅強的分析，首先選擇塑造模型的期間：從 the menus 選擇：Data → Select Cases...

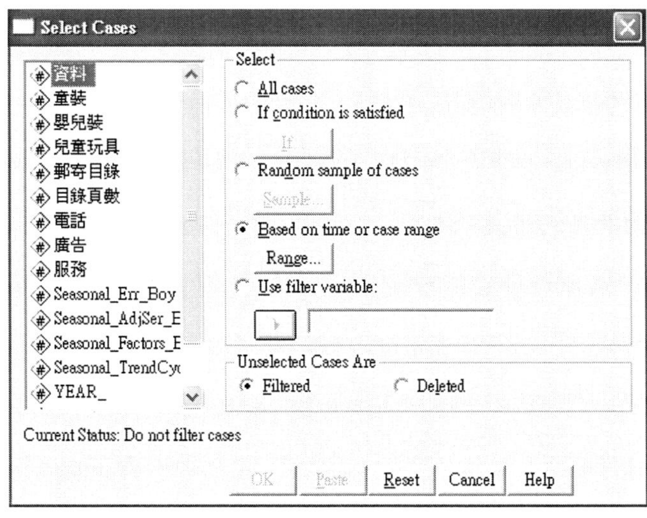

圖 7-35

選擇 Based on time or case range in the Select group。然後按 Range。

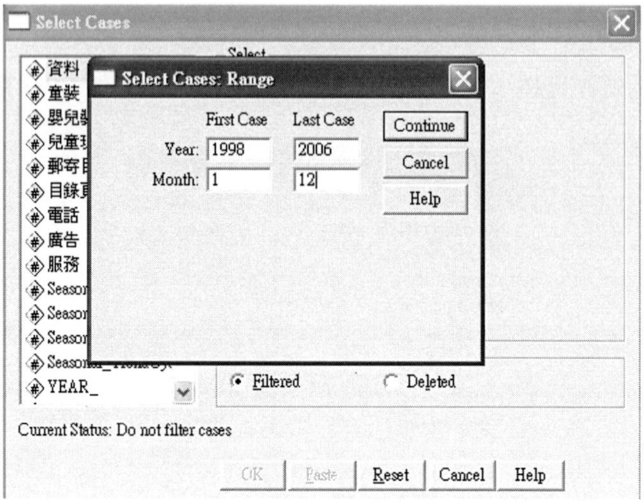

圖 7-36

輸入與最後案例的年相關聯的 2007，及與第一個案例的月相關聯的 1。然後再輸入與最後案例的年相關聯的 2006，及與最後案例的月相關聯的 12。這些選擇將產生一個基於時期 01/2007 到 12/2006 的一個模型。然後按 Continue，再按 the Select Cases dialog box 中的 OK。

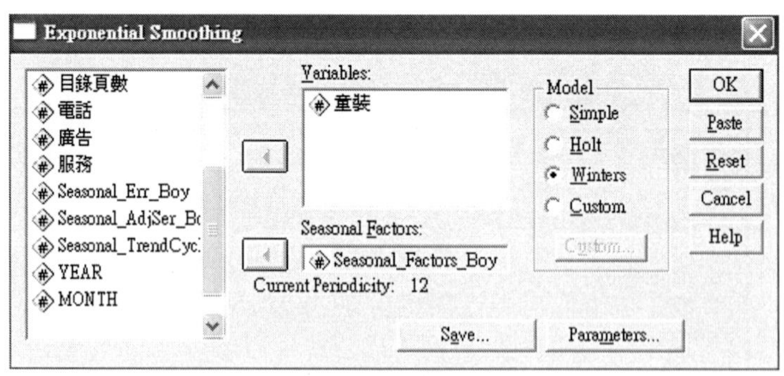

圖 7-37

打開 the Exponential Smoothing dialog box，按 OK。這樣的結果造成再 running 冬季模型，使用從 01/1998 到 12/2006 的資料以決定最適配的參數。其分析亦包括童裝服飾延續（the holdout）期間（01/1998 to 12/2007）銷售量的預測值使用來自最適配模型中的參數。

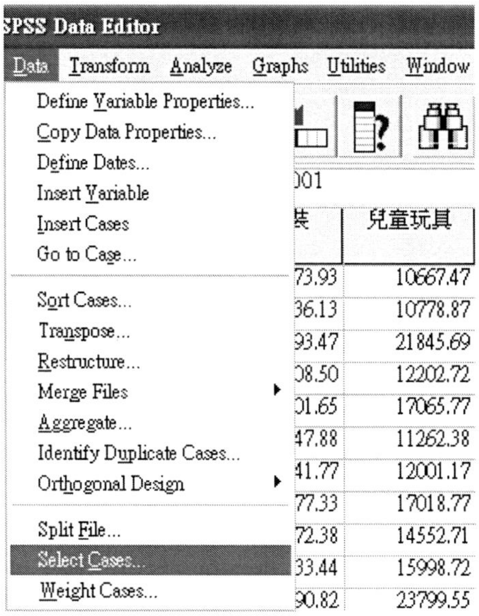

圖 7-38

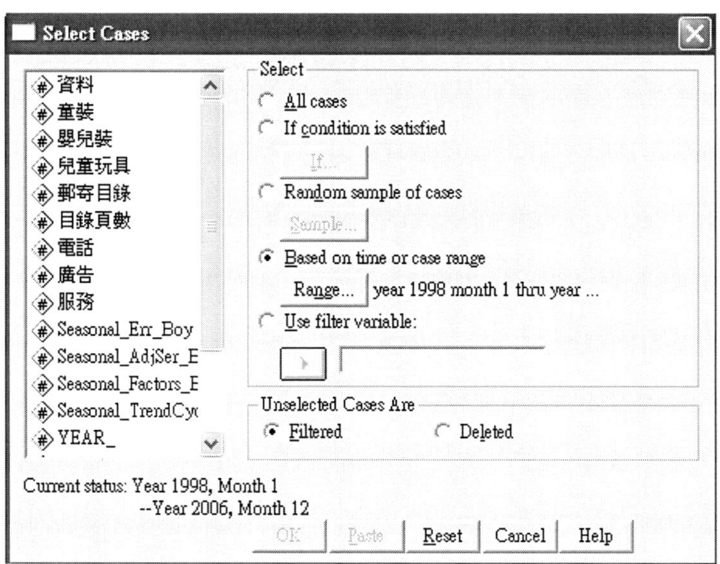

圖 7-39

延續期間的模型預測值與真正的資料作比較是由限制案例於延續期間本身來進行執行。打開 the Select Cases dialog box，然後按 Range。

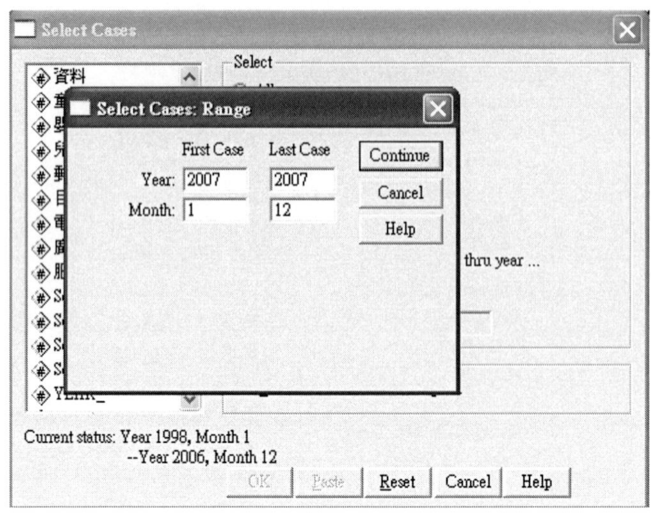

圖 7-40

輸入與最先案例（the first case）的年相關聯的 2007，及與第一個案例的（the first case）月相關聯的 1。然後再輸入與最後案例的（the last case）年相關聯的 2007，及與最後案例的（the first case）月相關聯的 12。然後按 Continue，再按 the Select Cases dialog box 中的 OK。

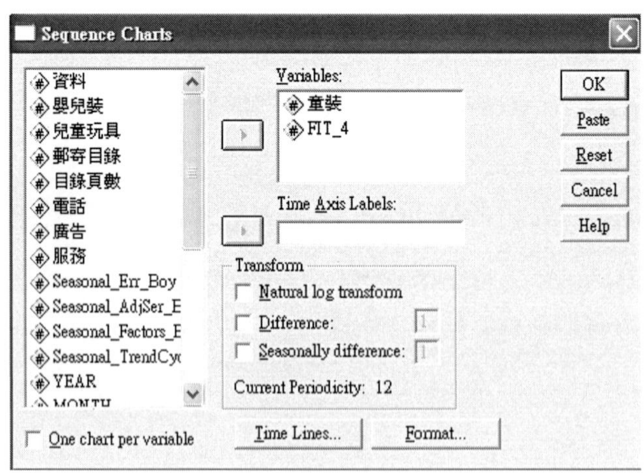

圖 7-41

打開序列關聯圖形對話盒（the Sequence Charts dialog box）。退選從變項登入與選擇中和原始冬季模型（FIT_3）關聯的變項。然後輸入反應於冬季模型關聯的

（FIT_4）變項。再按 OK。

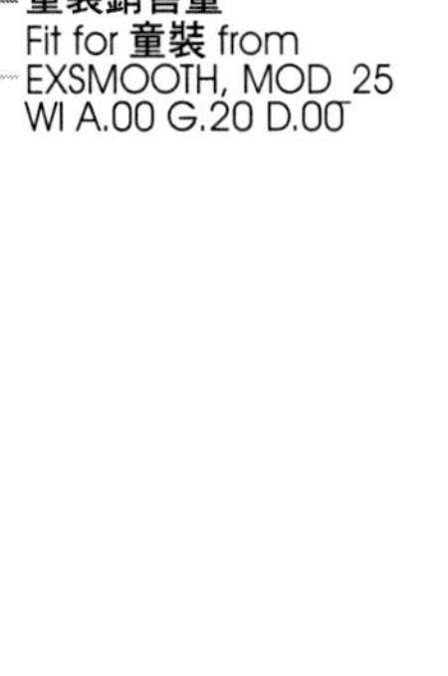

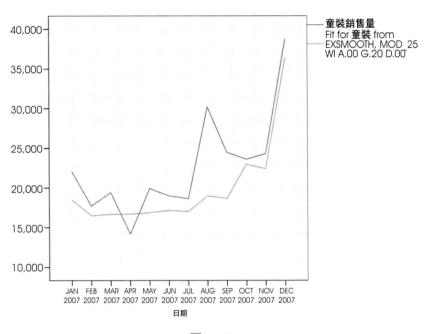

圖 7-42

不同於 2007 年 8 月的值。其預測值顯示與已知的各值有很好的契合，此指示該模型已具有令人滿意的預測能力。觀察公司的紀錄顯示 2007 年 8 月的郵寄樣品目錄大約有 20% 的一個提升，此可以解釋為什麼通常在該月其銷售量會提高的原因。你可以預期該模型將會善於處理缺乏諸如偶然提升或發生的特殊事件問題，但是如果要考量提供特殊事件重要性的問題就需要被進行模型的修正。

十、使用模型去預測未來的量尺

你已決定一個冬季模型是提供你的資料最佳的指數平滑模型與對於它的預測能力亦獲得令人滿意的結果，那現在就是使用該模型去進行未來銷售量的時候。

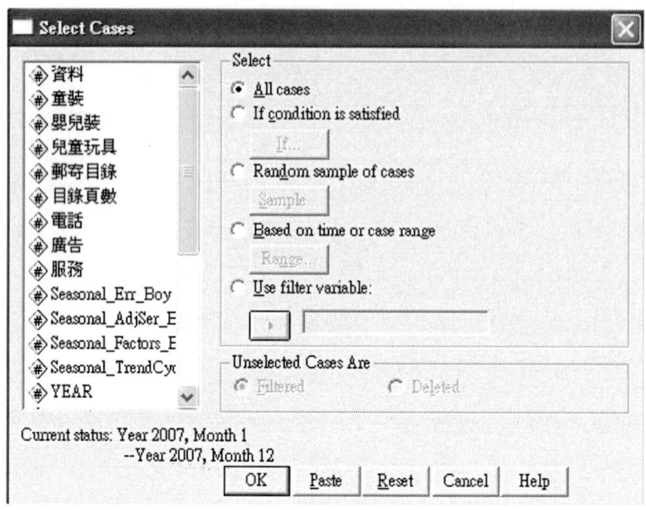

圖 7-43之1

要進行預測童裝服飾的未來銷售值，首先要包括所有案例或情況而可以執行下列步驟：打開選擇案例對話盒（the Select Cases dialog box）。選擇所有案例於選擇組群中（All Cases in the Select group），然後按 OK。

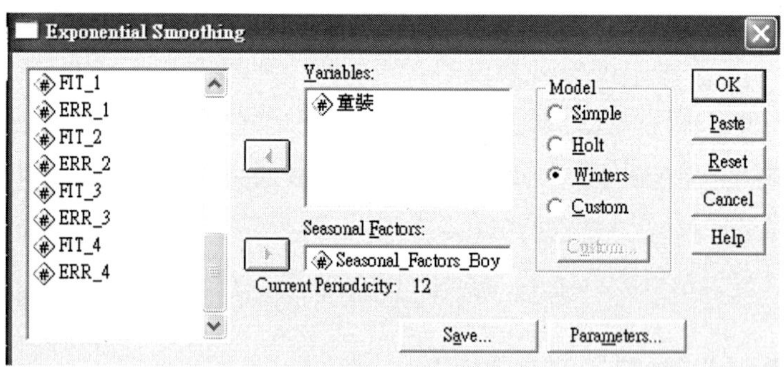

圖 7-43之2

打開指數平滑對話盒（the Exponential Smoothing dialog box），按 Save。

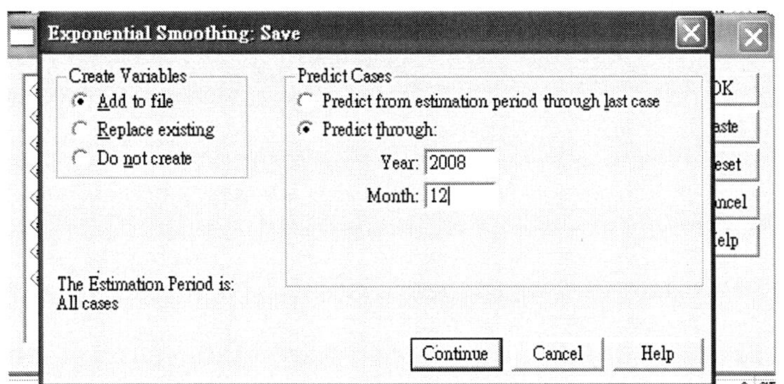

圖 7-44

選擇 Add to file 於 Create Variables 的組群中。這樣會使預測值被儲存為正常的變項於吾人可以活用運作的資料檔案中。選擇 Predict through 於 Predict Cases 的組群中。輸入該年 2008 與該月 12 。按 Continue。再按在指數平滑對話盒（the Exponential Smoothing dialog box）中的 OK。

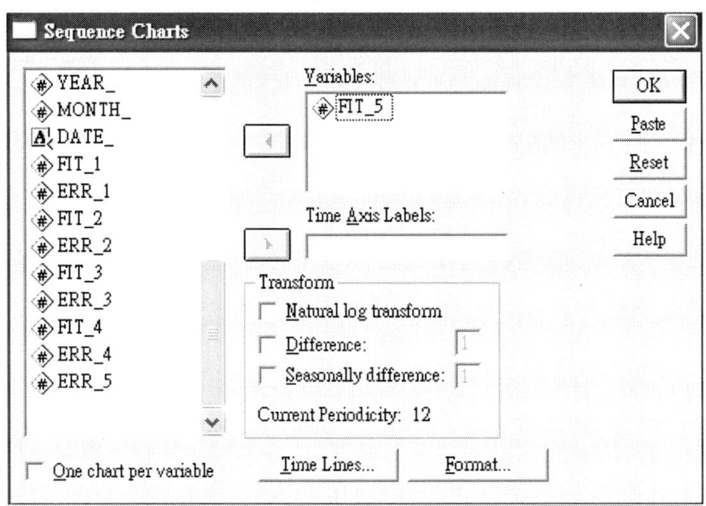

圖 7-45

要看到 2008 年整體地銷售量的預測值，可以打開關聯圖形對話盒（the Sequence Charts dialog box）。退選現行的變項（the current variables），然後選擇反應於最後預測（FIT_5）變項。再按 Time Lines。

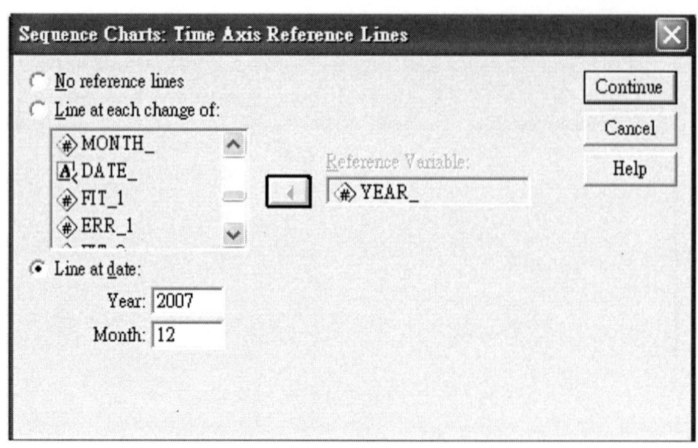

圖 7-46

選擇 Line at Date，輸入該年 2007 與該月 12。這些選擇會產生一個垂直參照線位於 2007 年 12 月的位置上，此種作為是於能夠從其餘的預測值中隔離出未來的預測值。按 Continue。再按在關聯圖形對話盒（the Sequence Charts dialog box）的 OK。

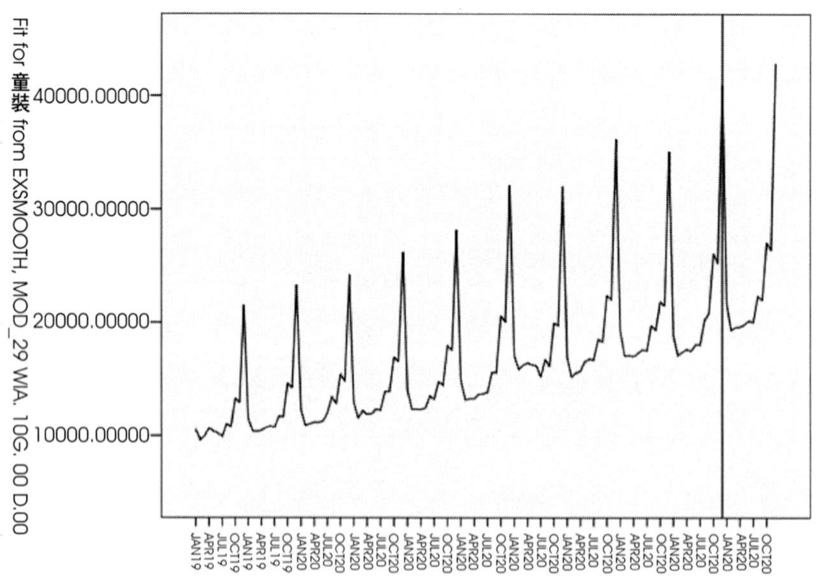

圖 7-47

從上述的圖形所呈現的就如所預期的，其預測值的各值呈現出該序列持續成長趨勢與季節性的行為。

十一、結語

使用指數平滑程序，你已建立一個可以預測童裝服飾公司未來的銷售量。有關趨勢與季節性假設的三個模型被考慮，以其結論而言一個冬季模型可以給予資料提供最佳的整體適配度。一個模型的殘差自我相關與淨自我相關的分析被理解是一個有解釋力的工具，這樣的分析可以揭示一個不完全的模型所無法被解釋的結構。在本案例中，呈現出一個每年季節性地成分。

模型建構過程的部分，你可以使用一個方格探求（a grid-search）的方法去決定模型參數的組合即會給予其最佳的適配度，如使用誤差平方和進行測量（SSE）。提出模型的一個可能的精煉過程包括使用持續精煉修正方格探求的過程去作一個最佳的更精確決定使其模型能夠獲得其最佳的適配參數。例如，以 0.01， 0.001，等等的探求（a grid-search）過程或方格探求的步驟，去獲得最佳的適配參數。

指數平滑程序對塑造時間序列模型是有效的，當對一個資料的細節缺乏理解時，諸如當預測變項的一個組合不是可資利用時。時間序列的良好運作可以展示任何已知的時間期間，藉由時間序列的分析可以掌握過去時間序列資料它所呈現出的一個緩慢變化的水準，趨勢，或季節性成分的結合或關聯。

當一個預測變項的組合是可資利用時，可以考量使用自我迴歸的程序。

對一個複雜的，非隨機的，與不管有或沒有一個預測變項的組合的時間序列，可使用 ARIMA 的程序。

要學習如何獲得被使用冬季模型季節因素的最初組合，可以參考本章後面的季節分解（Seasonal Decomposition）。要證實有關一個季節成分呈現的諸假設，可以參考本章後面的光譜圖解（Spectral Plots）程序。對於以上本節的探究，如果讀者想作更深入的研究可以參考 Gardner, E. S. (1982, pp1-28)，Makridakis, S. G., S. C. Wheelwright, and R. J. Hyndman (1997)。

第二節　自我迴歸

自我迴歸的程序是特別地為時間序列而設計的一種普通最小平方（OLS）迴歸分析範圍的擴張。基本普通最小平方（OLS）迴歸的假設之一是在殘差的模型中沒有自我相關的問題。然而，在時間序列中時常會出現一階的殘差自我相關。因而，在面臨迴歸的假設之中殘差的自我相關的出現問題時，使線性迴歸的程序對於由被選擇的預測變項所提供解釋時間序列變異的多少無法給予精確的估計。這樣的問題相反地會導致會影響到吾人對預測變項的選擇與影響到吾人所提出或所假設模型的效度問題。在這種情況之下，自我迴歸的程序可以提供一階自我相關殘差的解釋與可以提供被選擇預測變項的適配度測量與其顯著性水準的檢定。

一、方法

有關自我迴歸的問題經由在前述第三章，第四章，第五章，與第六章中都依其範例所面臨問題的內容做了個別情況的探討與處理。換言之，在時間序列的迴歸分析中都會面臨殘差的出現，而呈現出殘差的自我相關問題，若不進行修正，將會影響到吾人對時間序列的估計產生偏估的問題，使其估計的精確度不足，而導致推理的錯誤。所以，對於自我迴歸的程序方法均已做了很詳盡的探討與說明。本節基於 SPSS 軟體的程式設計，提出其軟體的程式方法。

自我迴歸的程序，在本章可以提供三種方法。其中有二個方法（Prais-Winsten and Cochrane-Orcutt）可以轉換迴歸方程式去消除這樣的自我相關。第三種（最大概似方法，maximum likelihood）使用一種相同的計算方法（the same algorithm）即以 ARIMA 的程序進行自我相關的估計。最大概似方法所需求的計算方法比前述二個方法更加複雜，然而在典型的象徵上它會產生較佳的結果。

（一）精確的最大概似

這種估計技術可以提供一個被假定的模型與資料的組合，它可以發現參數估計值，這些參數估計值是「最可能」已產生觀察資料的估計值。這種方法可以掌控序列內的遺漏值與可以被使用於自變項之一是滯延的依變項時。

（二）Cochrane-Orcutt

一個簡單與廣泛被使用的估計程序以提供估計一個迴歸方程式，它的誤差發生在一個一階自我迴歸的過程。它可以被使用於一個序列包含被插入的遺漏值。

（三）Prais-Winsten

提供估計一個迴歸方程式的一個一般化最小平方方法，它的誤差發生於一個一階的自我迴歸的過程。它無法被使用於當一個序列包含被插入的遺漏值時，所以 Prais-Winsten 方法是比 Cochrane-Orcutt 方法較令人喜歡的選擇方法。

二、在自我相關迴歸出現時顯著性預測變項的決定

一間流行女性服飾款式銷售的代理商是有興趣於決定流行女性服飾當前最流行服飾款式能夠促進銷售有關的顯著預測變項，它是被准每個月於各地發表舉辦定期的巡迴流行服飾款式走秀。代理商蒐集四年有關每月服飾款式的銷售資料，依據三個可能預測變項：每月走秀表現的數目，每月出現在網路廣告數目，與每月出現在報紙廣告的數目。這個資訊被儲存在 CH7-11.sav。使用迴歸技術去決定流行女性服飾款式銷售量的最佳預測變項。

基本步驟（preliminaries）CH7-11

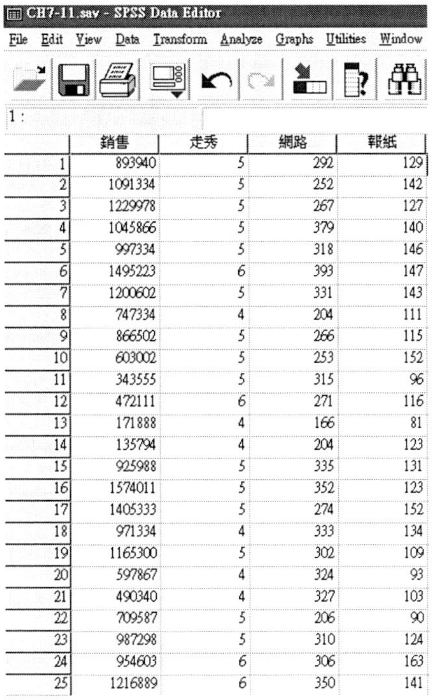

CH7-11.sav - SPSS Data Editor

File Edit View Data Transform Analyze Graphs Utilities Window

1 :

	銷售	走秀	網路	報紙
1	893940	5	292	129
2	1091334	5	252	142
3	1229978	5	267	127
4	1045866	5	379	140
5	997334	5	318	146
6	1495223	6	393	147
7	1200602	5	331	143
8	747334	4	204	111
9	866502	5	266	115
10	603002	5	253	152
11	343555	5	315	96
12	472111	6	271	116
13	171888	4	166	81
14	135794	4	204	123
15	925988	5	335	131
16	1574011	5	352	123
17	1405333	5	274	152
18	971334	4	333	134
19	1165300	5	302	109
20	597867	4	324	93
21	490340	4	327	103
22	709587	5	206	90
23	987298	5	310	124
24	954603	6	306	163
25	1216889	6	350	141

圖 7-48

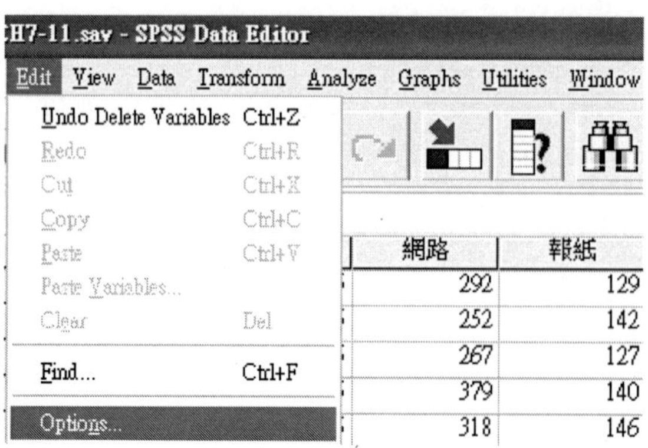

圖 7-49

在範例中即遵循，它是更方便於去使用變項命名而不是變項標示。從名單中（the menus）選擇：Edit → Options...

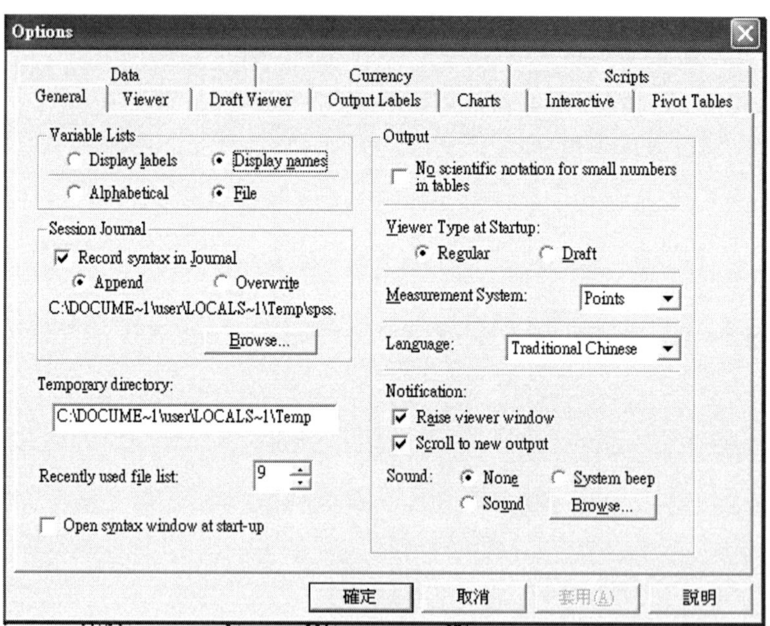

圖 7-50

選擇在 the Variable Lists group 中的 Display names。然後按 OK。

三、使用普通（ordinary）最小平方迴歸進行預測

（一）進行分析

在每個月流行女性服飾款式的銷售案例中可以接受使用普通最小平方迴歸（ordinary least-squares regression）進行分析？去發現問題的唯一方法就是去執行分析與檢測模型的殘差，看看它是否能夠勝任。

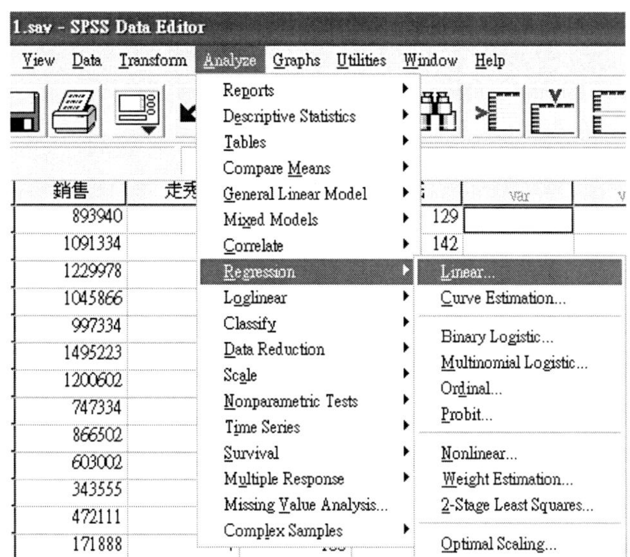

圖 7-51

首先，可以進行一個線性迴歸分析：從 the menus 選擇：Analyze → Regression → Linear...

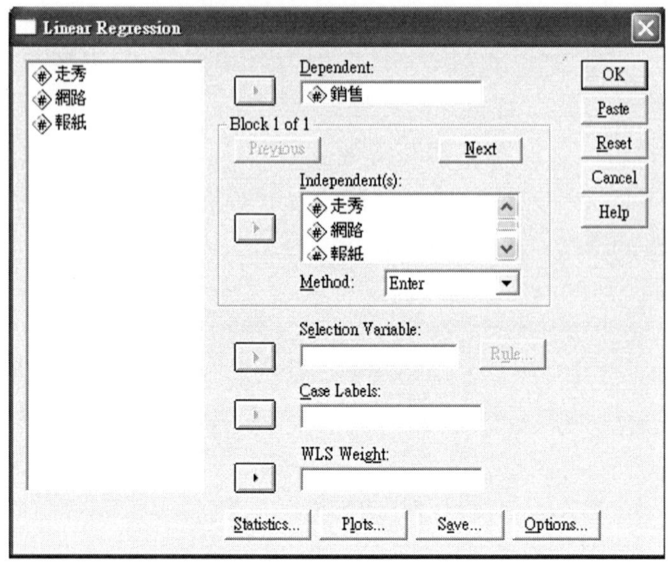

圖 7-52

選擇銷售量為依變項。選擇每月走秀表現的數目（簡稱走秀），每月出現在網路廣告數目（簡稱網路），與每月出現在報紙廣告的數目（簡稱報紙）為自變項。

然後按統計量（Statistics）的鍵。

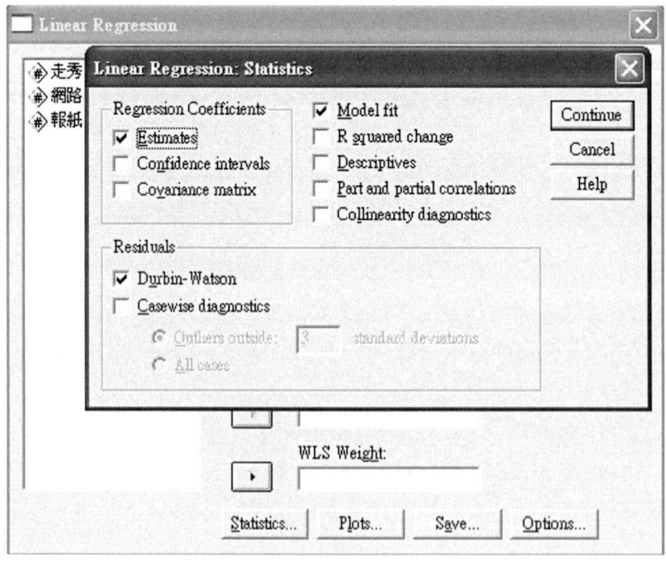

圖 7-53

選擇在 Residuals group 中的 Durbin-Watson. 按 Continue 鍵。然後按在 the Linear Regression 對話盒中的 Plots。

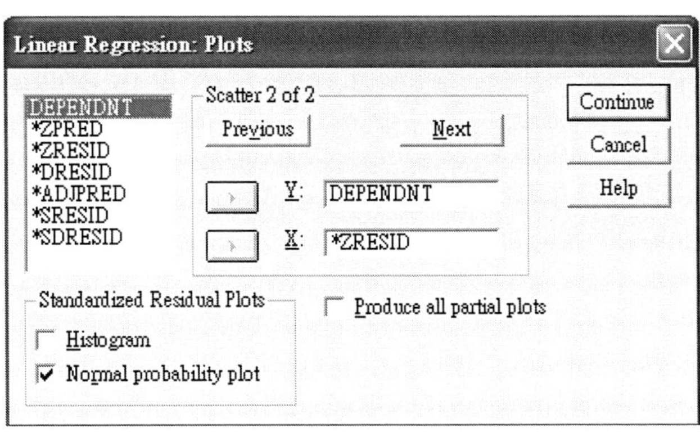

圖 7-54

選擇在 Standardized Residual Plots group 中的 Normal probability plot。按 Continue。再按在 Linear Regression 對話盒中的 Save 鍵。

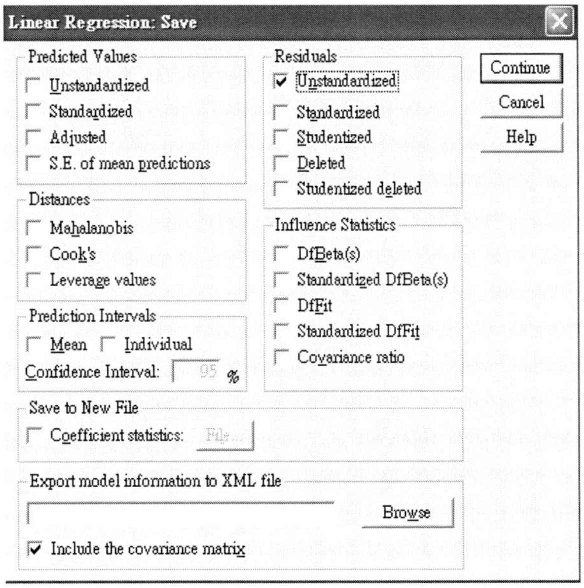

圖 7-55

選擇在 the Residuals 組合中的 Unstandardized，按在線性迴歸對話盒中的 OK。

（二）係數

表 7-9

係數[a]

模式		未標準化係數		標準化係數	t	顯著性
		B 之估計值	標準誤	Beta 分配		
1	（常數）	-811370.222	374023.459		-2.169	0.036
	走秀	123233.961	86745.969	0.209	1.421	0.162
	網路	1993.083	961.669	0.289	2.073	0.044
	報紙	4446.953	2598.948	0.252	1.711	0.094

a. 依變數：銷售

係數表依據它們統計上的顯著性水準顯示其迴歸線的係數。它顯示被選擇的預測式變項沒有一個是統計上的顯著性；即是，在表中顯著性欄位中的所有值都大於 0.05。

（三）檢查殘差的常態性

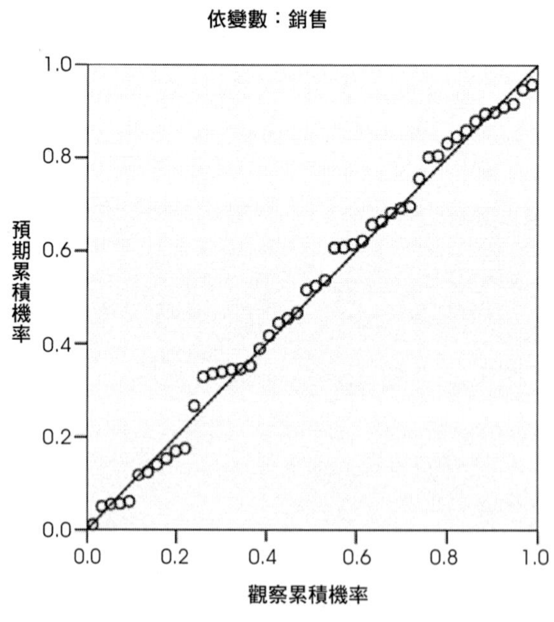

圖 7-56　迴歸標準化殘差的常態P-P圖

常態機率圖形允許你去檢核殘差常態性的假設。它顯示在水平軸上的殘差與被預期的各值，如果殘差是常態地被分配在垂直軸上。如果殘差是常態地被分配，那其各案例的散布點會落在接近對角線的線上，就像在圖 7-56 中的情況。

四、檢核殘差的自我相關

The Durbin-Watson 統計量是殘差一階自我相關的一種測量，如此它可以提供不相關殘差假設的一個檢核。這個統計量的值是從 0 到 4，以小於 2 的值指示為正向相關的殘差與大於 2 的值指示為負向相關的殘差。在此案例中，顯示為正向相關的殘差。

表 7-10

模式摘要 [b]

模式	R	R 平方	調過後的 R 平方	估計的標準誤	Durbin-Watson 檢定
1	0.604[a]	0.365	0.321	322620.588	0.872

a. 預測變數：（常數）、報紙、網路、走秀
b. 依變數：銷售

從 Durbin-Watson Significance Tables 中 Durbin-Watson 統計量是 0.872，你可以發現這個值以 0.01 的顯著水準是顯著的以提供推論其殘差顯示是正向一階的自我相關。除了要獲得 Durbin-Watson 的殘差統計量之外，它亦是以圖解的方式去顯示殘差淨自我相關函數的一個好的理念。這將可以揭開殘差自我相關的完整結構。所以，一階的自我相關被偵測在淨自我相關函數滯延 1 中呈現出有一個顯著的高峰（a significant peak）存在。

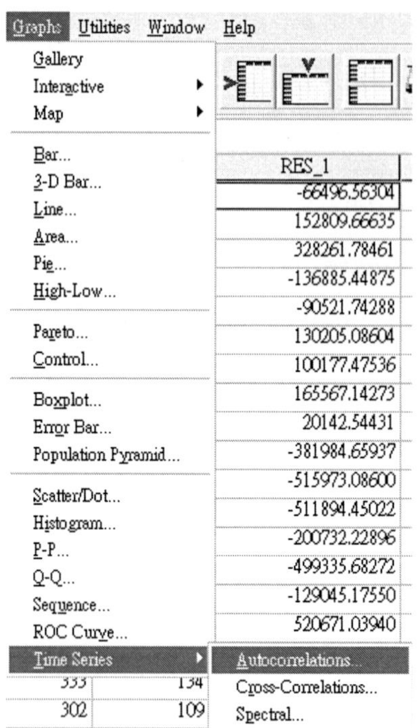

圖 7-57

要獲得淨自我相關：可以從 the menus 中選擇：Graphs → Time Series → Autocorrelations 與 Partial autocorrection..

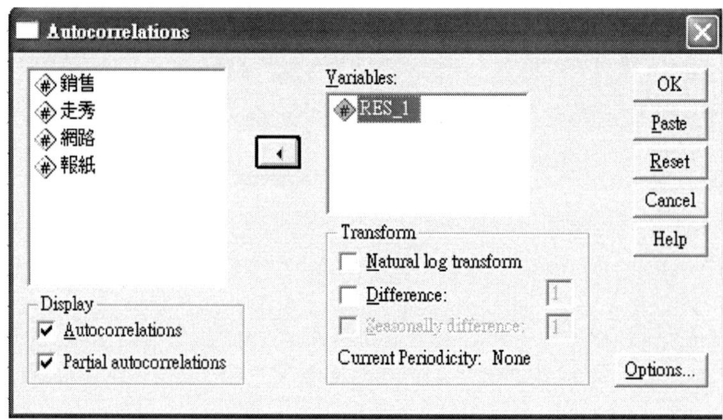

圖 7-58

選擇 RES_1 進入 variable：盒中然後按 OK。

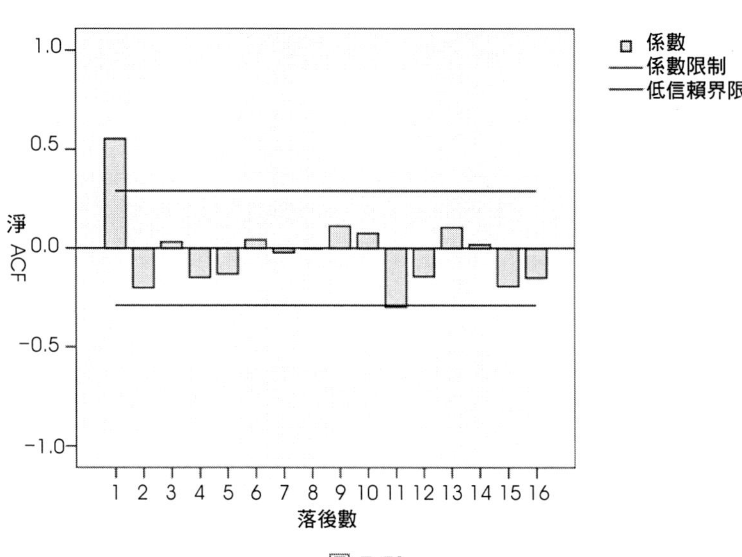

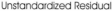

圖 7-59

淨自我相關函數顯示在滯延 1 有一個顯著的釘柱，證實從 the Durbin-Watson 統計量的推論。在滯延 11 的高峰可以被折扣為虛假的（spurious），因為沒有理由去預期自我相關有這種滯延數目。一階自我相關殘差的出現是違反不相關殘差的假設，它是基於普通最小平方方法（OLS）。由此可以推論，普通最小平方方法的失敗或無法勝任於一階自我相關殘差的檢測，是可從已選擇的預測變項均未達統計上的顯著性之事實得到證實，甚至於表現其數值的不顯著性！由此可以推論普通最小平方迴歸不是一個分析這種時間序列的適當方法或工具。

五、把自我迴歸應用於問題

一階自我相關殘差的出現指示可以從自我迴歸程序方法中選擇其中之一去建構時間序列的模型，它是特別地被設計去掌控這樣的序列。其可資利用的方法之一，the Prais-Winsten 方法是比較令人較喜歡使用的模型，甚於 the Cochrane-Orcutt 方法。而在計算上更複雜的最大概似方法（maximum-likelihood）方法只有在當有遺漏資料在時間序列中出現時才會被使用的方法，或其自變項之一是被滯延的依變項時才會被使用，因而它在此吾人將不使用方法於這樣的案例中。所以，the Prais-Winsten 方法應該是適合於目前時間序列的方法。

（一）進行分析

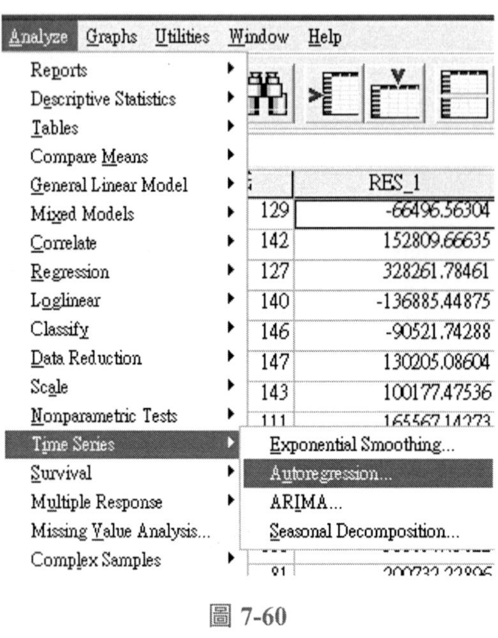

圖 7-60

去進行迴歸的程序：從名單（the menus）選擇：Analyze → Time Series → Autoregression...

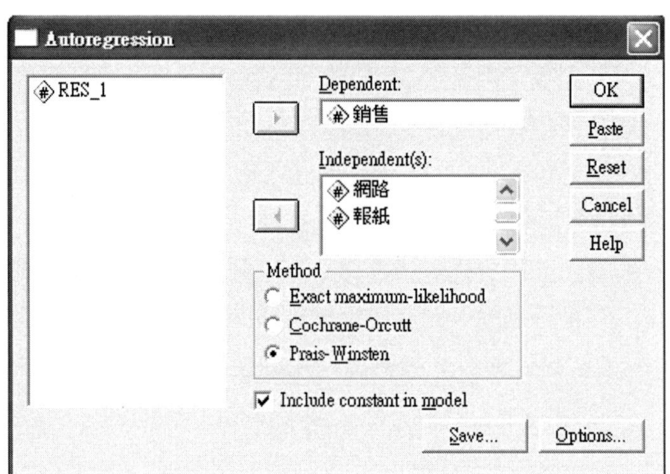

圖 7-61

選擇銷售為依變項（the Dependent variable），選擇網路，報紙 s 為自變項（the

Independent variables)。然後選擇 Prais-Winsten 為方法（in the Method group)。接著按 OK。

（二）係數

表 7-11

Regression Coefficients

	Unstandardized Coefficients		Standardized Coefficients	t	Sig
	B	Std. Error	Beta		
走秀	186452.445	56147.567	0.439	3.321	0.002
網路	1596.343	677.877	0.305	2.355	0.023
報紙	1345.026	1815.907	0.093	0.741	0.463
(Constant)	−603100.94	277066.238		−2.177	0.035

The Prais-Winsten estimation method is used.

迴歸係數表顯示來自自我迴歸程序所計算的係數，它顯示代表報紙的變項不是統計上的顯著性。

要注意的是代表走秀與網路（以 0.05 的 α 水準）的二個變項現在是統計上的顯著性，由此可知它們均不是依據普通最小平方迴歸所獲得結果的顯著性。這是一個戲劇性的改變與普通最小平方迴歸在一階自我相關殘差出現中一個直接失敗的結果。

（三）檢核殘差的自我相關

表 7-12

Model Fit Summary

R	R Square	Adjusted R Square	Std. Error of the Estimate	Durbin-Watson
0.697	0.486	0.438	259524.553	1.714

The Prais-Winsten estimation method is used.

從 Durbin-Watson 顯著性表中顯示 The Durbin-Watson 統計量是 1.714。你可以發現這個值是和在殘差中缺乏一階的自我相關是一致的。淨自我相關函數的檢測將決定殘差是否顯示任何其他的結構。

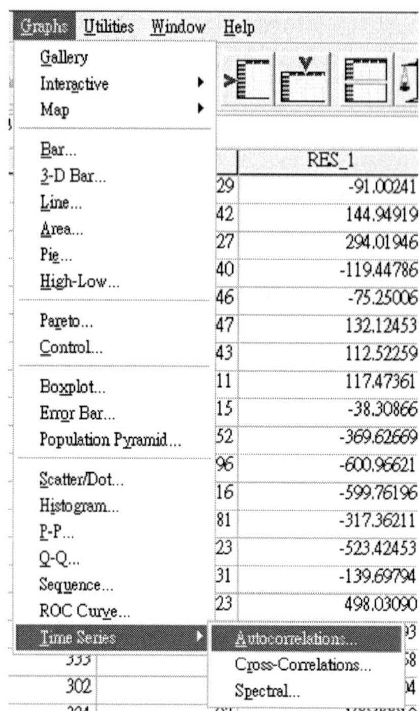

圖 7-62

要獲得淨自我相關（he partial autocorrelations）：從名單中（the menus）選擇 e: Graphs → Time

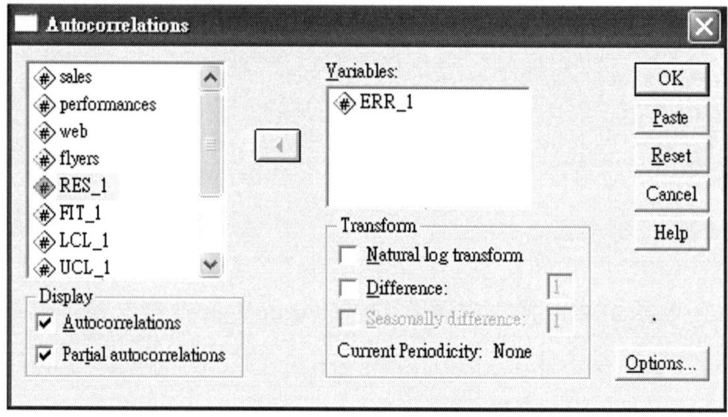

圖 7-63

選擇 RES_1 為變項，接著按 OK。

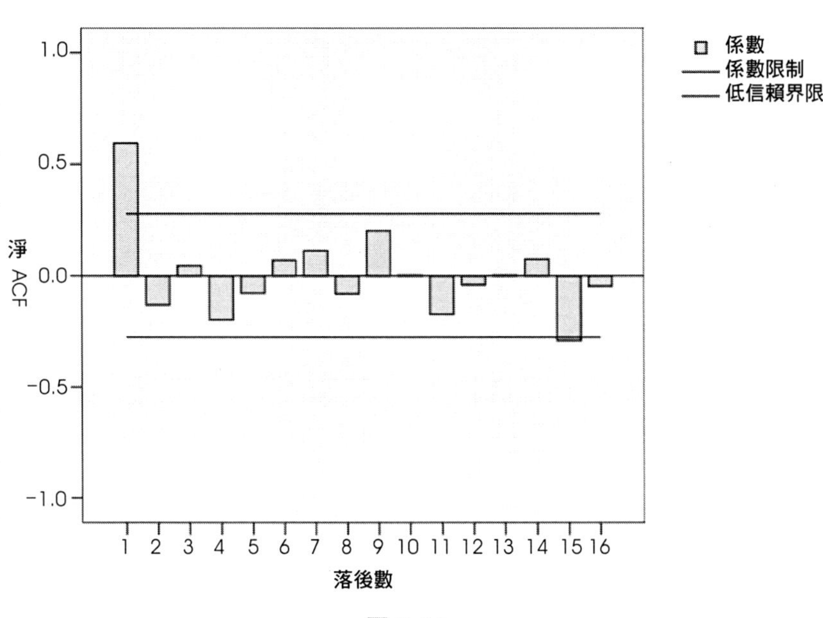

圖 7-64

淨自我相關函數顯示一個顯著的釘住在 1 的一個滯延，證實從 the Durbin-Watson 統計量所引出的推論。在一個滯延 15 的高峰可以被不置信為虛假的，因為沒有理由去預期自我相關有這個滯延的數目。一階自我相關殘差的出現是違反不相關殘差的假設，它是基於普通最小平方方法（OLS）。普通最小平方方法的失敗或無法勝任於一階自我相關殘差的檢測，呈現在已選擇的預測變項均未達統計上的顯著性之事實，甚至於表現其數值的不顯著性！由此可以推論普通最小平方迴歸不是一個分析這種時間序列的適當方法或工具。

六、再進行顯著性預測變項的分析

最初迴歸分析的結果意指顯著性的預測變項是走秀與網路，這可以由再進行一個適當的修正迴歸模型被驗證。

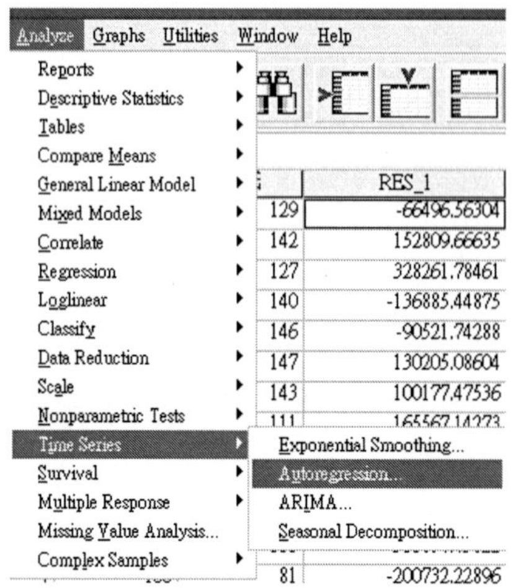

圖 7-65

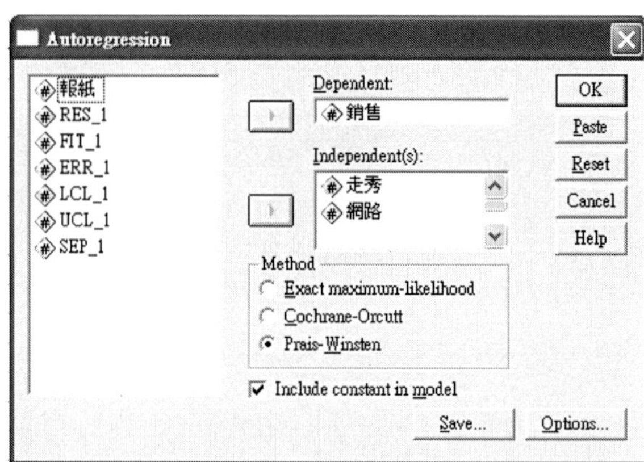

圖 7-66

回到自我迴歸的程序：打開自我迴歸的對話盒，從自變項的名單登錄中退選報紙的廣告變項。按 OK

表 7-13

Regression Coefficients

	Unstandardized Coefficients		Standardized Coefficients	t	Sig
	B	Std. Error	Beta		
走秀	199213.976	52941.160	0.471	3.763	0.000
網路	1707.562	653.529	0.327	2.613	0.012
(Constant)	−526026.04	256112.951		−2.054	0.046

The Prais-Winsten estimation method is used.

迴歸係數表顯示由於消除不顯著的預測變項，顯著的變項值呈現出網路已增加從 0.044 到 0.012。這種顯著的變項值意指流行女性服飾款式的銷售量與網路廣告之間有一種很強的相關。

表 7-14

Model Fit Summary

R	R Square	Adjusted R Square	Std. Error of the Estimate	Durbin-Watson
0.694	0.481	0.446	258117.082	1.694

The Prais-Winsten estimation method is used.

從表 7-14 中顯示在模型的適配度中 R 的大數值可以指示模型的觀察值與依變項預測值之間有一種很強的關係。而且依據 R^2 的大數值顯示在銷售的 50% 變異量可以由該模型提供其解釋。綜合考量，這些值指示該模型對該資料有一個理想的適配度。

七、結語

在使用自我迴歸的程序中，吾人已從提出分析時間序列的一個候選預測變項的組合去決定顯著性預測變項的組合中出現出一階自我相關的問題。吾人可從其中目睹到普通最小平方在自我相關的檢測中出現失靈的預測變項被描述為非顯著性，依據普通迴歸方法，一旦自我相關可以被掌控，即被視為是顯著性。

自我迴歸程序被使用於去執行迴歸於分析有關時間序列的問題中出現一階自我相關的問題時，是可以有效被使用的。由於季節性的影響所產生的自我相關，考量使用季節性的分解程序去消除季節性是為使用自我迴歸程序的一個先驅作法。然而對於比簡單一階的自我相關還要複雜結構的序列問題，可以使用 ARIMA 的程序。

第三節　ARIMA

The ARIMA 程序允許你去創造一個自我迴歸程序統合移動平均（ARIMA）的模型，它是適合於去建構時間序列可以敏銳調整的模型。ARIMA 模型可以提供建構趨勢與季節成分模型更多人為機制的方法甚於指數平滑模型所能提供的，所以 ARIMA 模型允許包括模型中預測變項的成效問題。對於 ARIMA 模型代數與技術分析問題，我們在前述的第五章中，ARIMA 模型（0, 0, 0）與 ARIMA 模型（0, d,

0）過程，自我相關函數，移動平均模型，自我迴歸的模型，混合自我迴歸 — 移動平均模型，模型的建構，季節的模型，與模型的（一）辨識（二）估計（三）診斷（四）影響評估，等等問題，我們都已進行深入的探討。以下我們以我們提出的範例，就有關 SPSS 軟體能夠提供進行建構 ARIMA 模型程序的操作方法作更詳細的分析與探討。吾人相信經過以下的範例與 ARIMA 模型程序的操作，可以提供讀者對 ARIMA 模型中所謂的自我相關函數，移動平均模型，自我迴歸的模型，與混合自我迴歸 — 移動平均模型的基本概念和進行其統合與差分的，混合模型的過程，將會有更清晰的，更有系統的認識 ARIMA 模型的建構，辨識，估計，診斷，與影響評估。尤其是干擾問題的策略與分析，將會有更深入的體驗。

ARIMA模型

對一個 ARIMA 模型而言有三個基本的成分：自我迴歸（AR）、差分或統合（I）與移動平均（MA）。所有這三種均基於隨機干預（干擾）或振盪的簡單概念之上。在序列中二個觀察值之間，一個干預發生藉由影響序列水準的方法。這些干擾可以在數學上由 ARIMA 模型所描述。這三種類型的每一個過程有它自己反映一個隨機干預（干擾）的特性方式。依它最簡單的形式，一個 ARIMA 模型是在典型上被呈現為：

ARIMA (p, d, q)

其中 p 是自我迴歸的階，d 是差分（或統合）的階，與 q 是移動平均所包含的階。這些成分被使用去解釋被發現在自我相關（ACF）與淨自我相關（PACF）描述在圖中的顯著性相關與掌握種種發展趨勢。

一、自我迴歸（ARIMA）

被包括在 ARIMA 模型中三種成分的第一個是自我迴歸。

在一個自我迴歸（AR）過程中，在一個序列中的每一個值是前述值（the preceding value）或各值的一種線性函數。在一個一階的自我迴歸過程中，只有單一的前述值（preceding value）被使用；在一個二階的自我迴歸過程中，二個前述值（preceding value）被使用，等等。這些過程是共同地由 AR(n) 或 ARIMA (n, 0, 0) 的概念所指示，其中在括弧中的數目指示其階數。一個 AR(1) or ARIMA (1, 0, 0) 過程有下列的函數形式 An AR(1) or ARIMA (1, 0, 0) process has the following functional form:Valuet = Coefficient * Valuet-1 + disturbancet 。其中 Valuet = 在時間 t 點序列的值。係數 = 指示相依在前述值上每一個值的強度關係。係數的符號（告示）與大小是直接和在滯延的淨自我相關的符號（告示）與大小有關。當其係數是大於 −1 與小於 +1 時，前述觀察值的影響力在指數上會逐漸消失或完全終止。disturbancet = 結合著或關聯著在時間 t 點序列的機會（偶然，chance）誤差。在概念上，一個自我迴歸過程是一個以「記憶」的一個過程，其中每一個值與所有前述值有關。在一個 AR(1) 過程中，現行值（the current value）是前述值的一個函數，接著它又是一個前述值的一個函數，如此依序等等。如此，每一個對系統的振盪或干擾對所有其次的時間時期會產生一個逐漸減少的影響（在這方面，自我迴歸的預測值是相同於指數平滑所產生的預測值）。

二、差分（ARIMA）

一個 ARIMA 模型的差分或統合成分嘗試，透過差分，去使一個序列穩定。時間序列時常會反映某過程的累積影響即是反應於序列變動的水準或程度而不是反應於它自身的水準或程度。測量某事件的累積影響之序列是被稱為統合的成分。你可以研究一個統合的序列只要注意到從一個觀察值到另一觀察值的變動，或差異。當一個序列不規則地變動（wanders），從一個觀察值到另一觀察值的差分時常是小的。如此，甚至一個序列不規則地變動的差分仍然時常是相當恆定的。這種穩定性，或定常性，或差分的穩定性是從一個統計觀點所希望的。對統合模型的標準速記方法，或需要被差分的模型，是 I(1) or ARIMA (0, 1, 0)。偶然地你將需要去注意到差異的差分；這樣的模型是被稱為 I(2) or ARIMA (0,2,0)。超越二階或三階的差分是很少的。通常，當一個序列顯示這樣極端的趨勢時，由於一個非恆定的變異數所以它會是不穩定性的。應用一個 log 或平方根轉變成序列於估計模型之前，一般而言將使變異數穩定化。

階一的一個統合是同等於一個階一的自我迴歸其中其係數等於 1.0。你可以嘗試去完全地忽視統合的成分與讓軟體進行估計 AR 係數接近 1.0，但是這種作為是不被推薦的。其他參數的估計值一般是比較好的，當一個適合統合成分是被界定時而不是其係數接近 1.0 時留置給自我迴歸。

三、移動平均（ARIMA）

一個 ARIMA 模型的移動平均（MA）成分嘗試去預測序列的未來值係基於從序列意指對前述值所觀察到的觀察值之上。在一個移動平均的過程中，每一個值是由現行的干擾加權的平均數與一個或一個以上前述的干擾所決定。移動平均過程的階可以界定許多前述的（以前的）干擾是如何被平均成新的值。依據標準的轉軸，一個MA(n) or ARIMA (0, 0, n)過程依據現行的干擾使用n個前述的（以前的）干擾。

一個 MA(1) or ARIMA（0,0,1）有其函數的形式：

Valuet = Coefficient * disturbancet − 1 + disturbancet

其中：

Valuet = the value of the series at time 。

係數 = 指示每一個值如何強烈地依賴前述的（以前的）干擾項的一個項目。係數的符號與大小是直接和在滯延 1 自我迴歸的符號與大小相關。干擾項 = 結合著序列值在時間 t 點上的機會誤差。一個自我迴歸過程與一個移動平均過程之間的差距是微妙的而且是重要的。在一個移動平均序列中的每一個值是大部分最近隨機干擾的一個加權的平均數。因為這些值依序是前述的（以前的）各值被加權的平均數，一個被假定的干擾在一個自我迴歸過程中會影響到使時間的經過過程縮減。所以，在一個移動平均的過程中，一個干擾影響系統持續一個有限的時期期間數（移動平均的階）與然後會突然地停止去影響它。在實際的條件狀況，MA 的過程是更適用於塑造短期波動的模型，而 AR 的過程是更適用於塑造長期波動的模型。

四、季節的階

一個 ARIMA 模型的完整符號標示法是 ARIMA (p, d, q)(P, D, Q)，其中 P, D, and Q 是季節 AR, I, 與 MA 的成分。季節的成分其運作就像它們非季節的成分操作方式一樣。但是它們會「跨躍」季節的間隔。例如，如果你有每一個月的資料，一個非季節的階 1 AR 過程塑造十二月的模型係基於過去（前述的）十一月的值，而一個十二月的值季節的階 1 AR 過程塑造十二月的模型係基於過去十二月的值。

五、使用ARIMA的步驟

因為在 ARIMA 模型中三個隨機過程的類型是緊密地相關，所以沒有計算方法（no algorithm）可以決定其正確的模型。反之，有一種模型建構的程序它允許你去建構一個序列最佳可能的模型。這種過程是由三個步驟所組成所謂的辨識，估計，與診斷的過程，你可以重複使用它們直到滿足於你的模型為止。

（一）辨識成分

第一與最主觀的步驟是強調基於序列過程的辨識。你必須決定 p, d, and q, 三個構成整體的必要部分，它們個別的代表 ARIMA 模型自我迴歸各階的數目，差分各階的數目，與移動平均各階的數目。對一個季節的模型而言，你亦必須對這些參數界定其季節的相似成分。

對自我迴歸與移動平均成分的辨識要求一個常定性的序列。一個常定性的序列從頭到尾要有相同的平均數與變異數。自我迴歸與移動平均過程在天賦條件上是常定性的，而統合的序列在典型上不是。

如果一個序列不是常定性的（穩定性的），你就必須轉變它直到你獲得它是一個常定性的（穩定性的）為止。大部分共同的轉變是進行差分，它替代序列中的每一個值採取過去值（前述值）與現行值之間（對季節的差分，「前述的或過去的」意指在現行值之前一季的滯延值）。差分是必要的當其平均數不是常定性的（穩定性的）。所以，計算方法與平方根的轉變是有用的當變異數不是常定性的（穩定性的）時，諸如當影響更多短期變數與大的序列值比小的序列值時。

一旦你已獲得一個常定性的（穩定性的）序列時，你獲知第二個 ARIMA 參數，d，它只是時間的數你必須去進行差分序列使它成為常定性的（穩定性的）。

其次你必須去辨識 p and q, 自我迴歸與移動平均的各階。純自我迴歸與移動平均過程在自我相關與淨自我相關函數中要有特性的說明（have characteristic signatures）。

AR（p）模型在指數上有逐漸衰退的 ACF 值（可能以對立的正數與負數的值）與有精確的 p 釘住在 PACF 的第一個 p 值。

MA（q）模型有精確的 p 釘住在 ACF 的第一個 p 值與在指數上逐漸衰退的 PACF 值。

如果 ACF 衰退非常緩慢，你需要於辨識 AR 與 MA 成分之前所從事的差分。

混合的 AR 與 MA 模型有更複雜的 ACF 與 PACF 模式。所以，要辨識它們時常需要從事若干次辨識——估計——診斷的循環過程。

對大部分最常見的 AR and MA 模型而言，在理論上的 ACF 與 PACF 函數圖形可以參考 ACF 與 PACF 圖形的釘狀物所呈現出的情況進行研判。

（二）估計

ARIMA 程序估計模型的係數你已暫時地被辨識。你可以供給參數 p, d, and q, 與 ARIMA 執行被需求的重複去決定最大概似的係數與增加新的序列到你的情況呈現出其適配度或預測的值，誤差（殘差），與適配度的信賴限制。你可以使用這些新的序列於下次的步驟，進行你的模型之診斷。

（三）診斷

診斷一個 ARIMA 模型是建構模型過程中一個關鍵的部分與它包括分析模型的殘差。一個殘差就是觀察值與模型預測值之間的差分，或誤差。一個大的殘差意指模型執行個別點其適配度的不足。如果模型可以提出序列一個良好的適配度，那其殘差應該是隨機的。

下列的檢核是必要的：

殘差序列的自我相關函數與淨自我相關函數應該不是顯著地不同於 0。一個或二個高階相關可以在偶然上超過 95% 的信賴水準；但是如果一或二階相關是大的，你就有不正確地界定該模型的可能。

殘差應該是沒有模式。對這個一個共同檢定考驗是 the Box-Ljung Q 統計量，亦稱為修正的 the modified Box-Pierce 統計量。你應該注意到 Q 在有關其情況有四分之一的一個滯延（不超過 50）。這個統計量不應該是顯著性的。如果在一個個別滯延的自我相關超越信賴水準但是 the Box-Ljung 統計量在該滯延上不是顯著性的時候，那麼你就可以忽略自我相關一個出現的機會（偶然）。

六、初步之行動

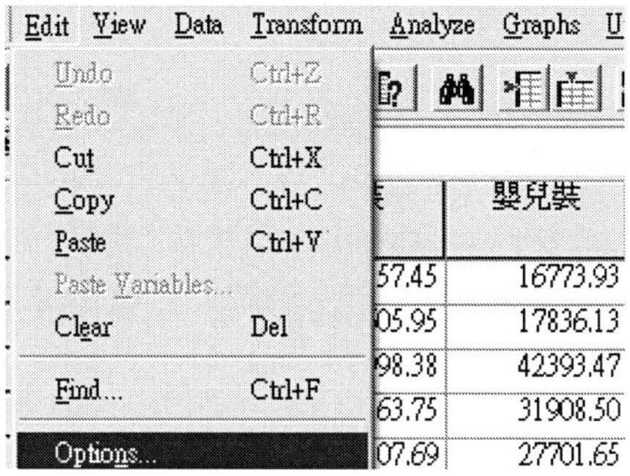

Edit View Data Transform Analyze Graphs U
Undo Ctrl+Z
Redo Ctrl+R
Cut Ctrl+X
Copy Ctrl+C
Paste Ctrl+V
Paste Variables...
Clear Del
Find... Ctrl+F
Options...
嬰兒裝
57.45 16773.93
05.95 17836.13
98.38 42393.47
63.75 31908.50
07.69 27701.65

圖 7-67

範例中即發生，它是更方便於去使用變項命名而不是變項標示。從名單中（the menus）選擇：Edit → Options...

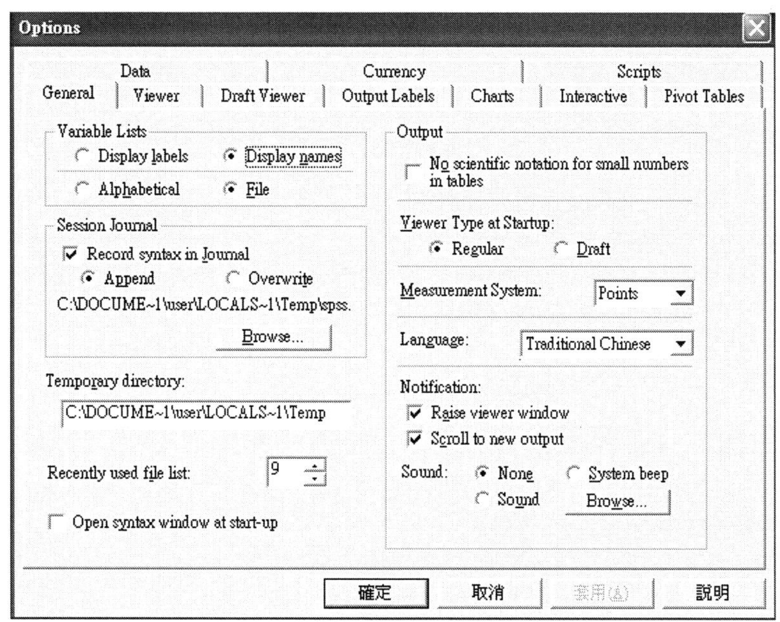

圖 7-68

選擇 in the Variable Lists group 中的 Display names。按 OK。

（一）使用季節性ARIMA以預測變項進入童裝服飾銷售模型

一個廣告宣傳目錄調查公司（A catalog company），有興趣於發展一個預測模型，以蒐集童裝服飾每月的銷售量依據可以被使用去解釋銷售方面某些變項的序列。可能的預測變項包括被郵寄的廣告宣傳目錄（the number of catalogs），與印製廣告宣傳目錄的頁數（the number of pages in the catalog），電話訂購（the number of phone lines open for ordering），傳送印刷廣告的數量（the amount spent on print advertising），與顧客服務呈現的次數（the number of customer service representatives）。這些資訊被蒐集在 CH7-1 的檔案中，在進行分析中我們要考量到對進行預測有任何可使用的預測變項？一個有預測變項的模型是否真正的比沒有預測變項的模型好？使用 the ARIMA 程序去創造有預測變項與沒有預測變項的預測模型，與看看在預測能力是否有一個顯著的差異。

（二）繪製童裝服飾銷售的曲線圖

在建構模型過程中的第一個步驟是去圖解序列與尋求任何支持其平均數或變異數不是常定性（穩定性）的證據。記得，the ARIMA 程序假定你的原始序列是常定性（穩定性）的。

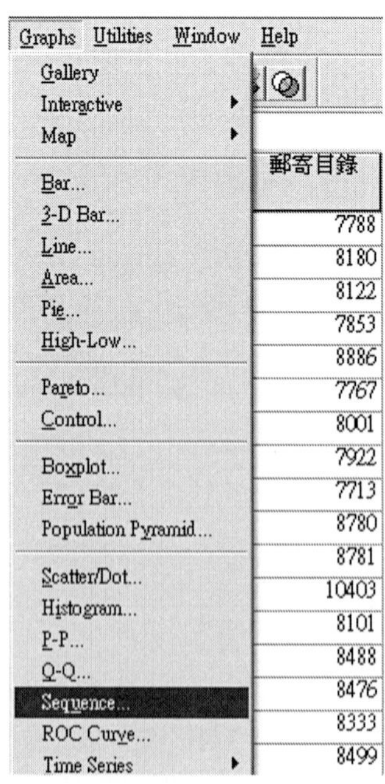

圖 7-69

要去獲得童裝服飾在跨越過去時間的銷售量的圖形：可從 the menus 中去選擇 Graphs → Sequence...

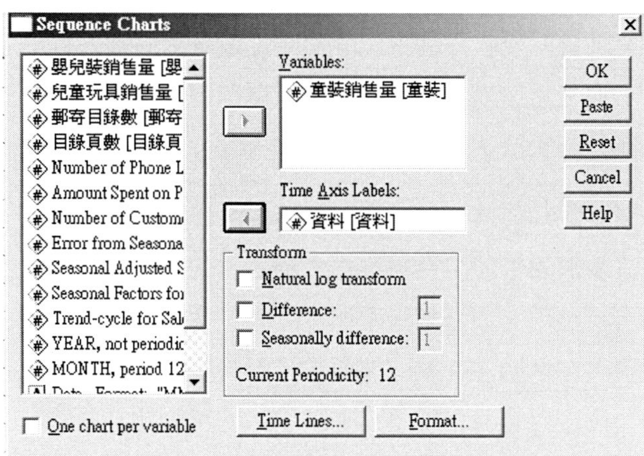

圖 7-70

選擇童裝服飾的銷售量與把它移入到變項登入盒中（Variables:）。選擇資料與把它移入到時間軸標示盒中（Time Axis Labels）。然後按 OK。

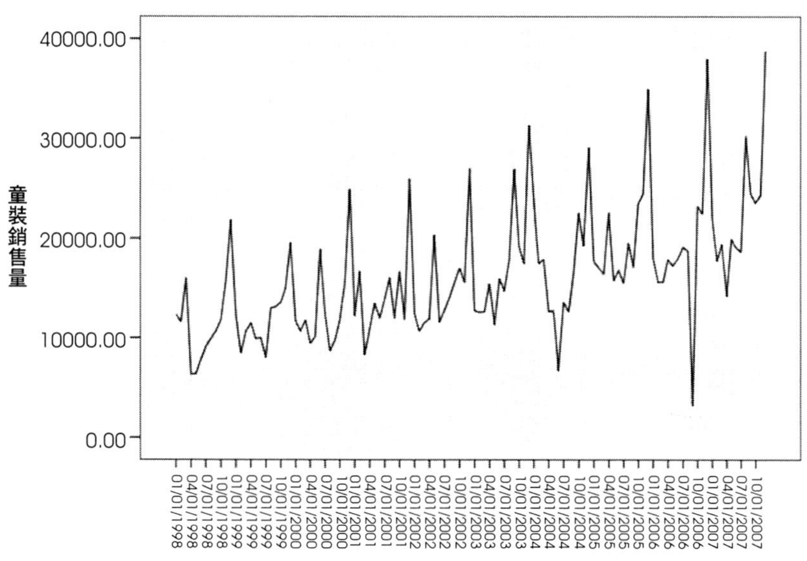

圖 7-71

該序列顯示一個整體向上發展的趨勢，使得該序列很清晰呈現出不是常定性（穩定性）的。某些進行差分的程度將會是必要的以便去使序列的水準或程度穩定化。該序列的變異數呈現出常定性（穩定性）的。該序列亦展現很多的高峰，其中許多呈現出是同等地被間隔。這個指出一個時期成分對時間序列的呈現，假定銷售量的季節性性質，典型上以幾個高點出現在假期季節期間，你不應該會驚訝的去發現一個每年季節成分的資料。

（三）辨識你已建立的一個序列有一個成長趨勢的模型

如此某些差分總額的呈現將會被要求去獲得一個常定性（穩定性）的序列。一個季節性成分的可能出現，即是意指季節性差分是被需要的。接著，自我相關函數的一個圖解將會告訴你季節性的差分被要求是否必要的。如果由季節的間隔所分離自我相關方面有一個緩慢的減少現象，那麼季節的差分是必要的，進行季節的差分可以使序列穩定化。

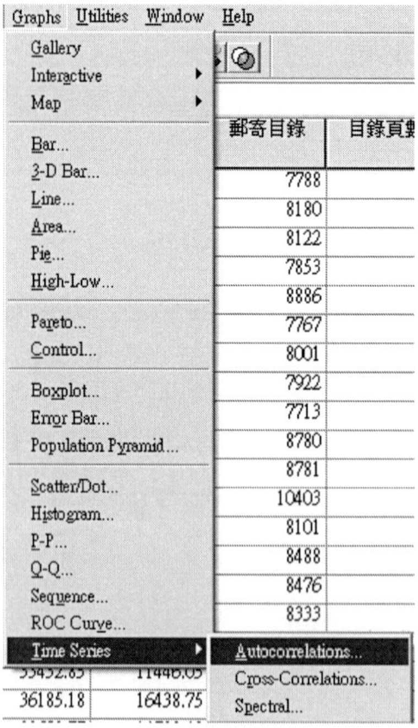

圖 7-72

要獲得自我相關函數的一個圖形：從名單中（the menus）選擇：Graphs → Time Series → Autocorrelations...

圖 7-73

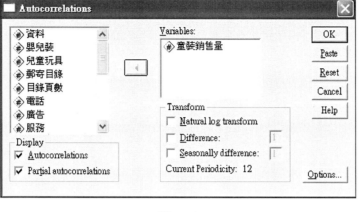

選擇童裝銷售量移入 Variables：的方盒中。

為了允許進行季節差分要求的一個調查研究，其 ACF 圖解的範圍必須被擴張超越 16 滯延的不履行（the default of）。按 Options。

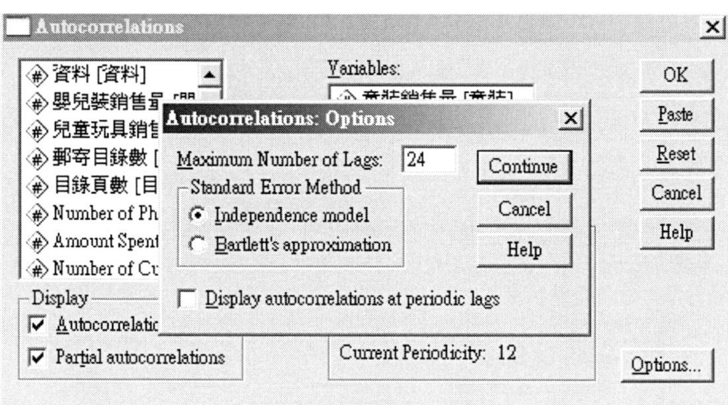

圖 7-74

在 Autocorrelation：Options 對話盒中，打 24 的數字進入 the Maximum Number of Lags text box. 接著按 Continue。

然後按在自我相關（the Autocorrelations）對話盒中的 OK。

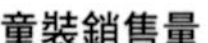

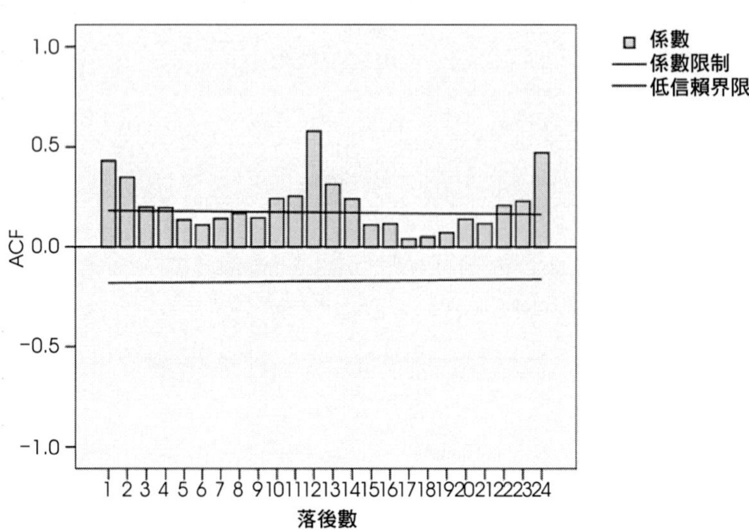

圖 7-75

自我相關函數顯示在滯延 1 與 2 有顯著的高峰與在滯延 12 與 24 有顯著的高峰。因為每一個資料點代表一個月，滯延 12 與 24 的高峰證實一個每年季節的成分。

在滯延 24 在 ACF 小的下降與滯延 12 相關反映序列水準是非季節性的事實與指示季節性差分是必要的。

非季節性差分亦是必要的，但是要去偵測將是容易的一旦該序列在季節上已被差分。

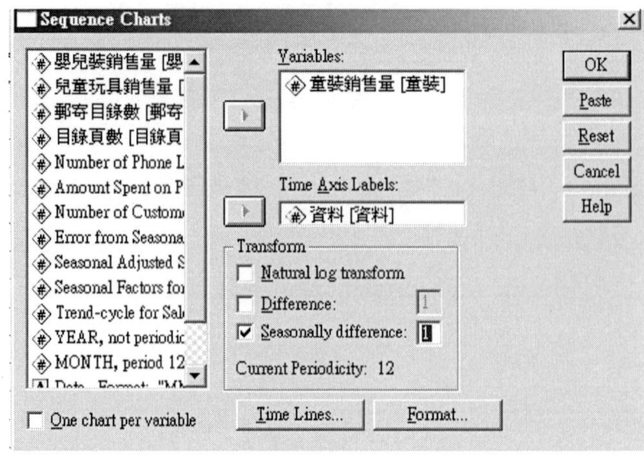

圖 7-76

打開序列關聯圖形的對話盒（the Sequence Charts dialog box）。

選擇在季節上的差分（Seasonally difference）在轉變的分組中（the Transform group），接著按其方格就會呈現出 1（leave the text box value at its default of 1）。然後按 OK。

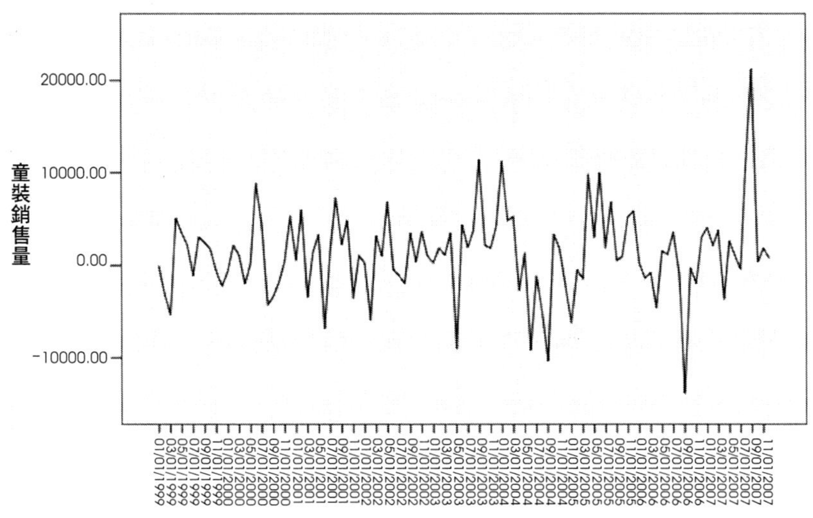

資料

轉換：週期性差異（1, 週期 12）

圖 7-77

季節上進行差分資料一旦使序列水準穩定化，要注意到被差分序列的平均數呈現是 0。整體向上成長的趨勢，呈現在原始的序列中的趨勢，已被消除。季節上進行差分序列的 ACF 的圖解將會呈現，如果增加的差分是被要求的話。

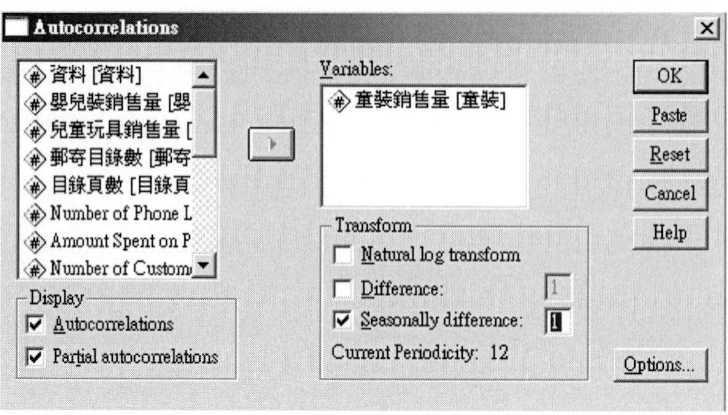

圖 7-78

打開自我相關的對話盒。選擇在 Transform group 中的季節差分（Seasonally difference）然後在它不履行（its default of 1）的主題盒或方格中留下 1 的值。按 OK。

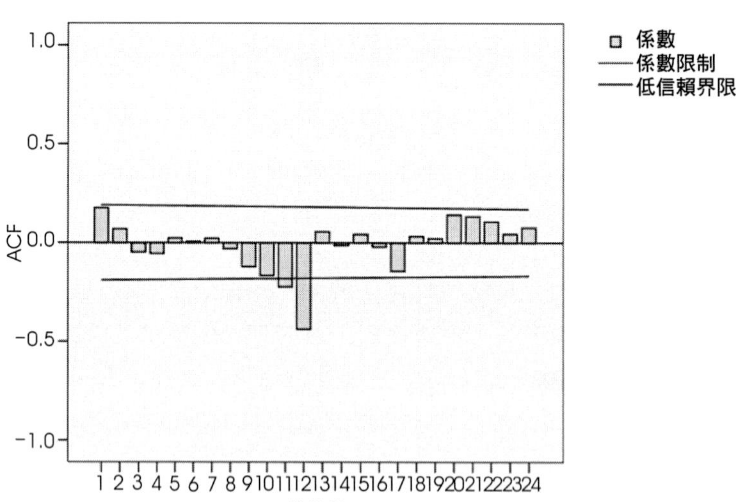

圖 7-79

季節性差分已被消除 ACF 在季節性滯延的緩慢衰退。沒有證據支持更進一步的差分，季節性或非季節性，是被要求的。由此的推論是一階的季節性差分，是足以使序列穩定化。

現在決定任何自我迴歸與／或移動平均被需要的各階去建構序列的模型。

資料強烈支持季節性建議季節的 ARIMA orders 是出現的，提供隔離季節的階（orders）的一個有效的研究途徑是去檢測在季節滯延的 ACF 與 PACF 圖解，在季節滯延的相關問題。

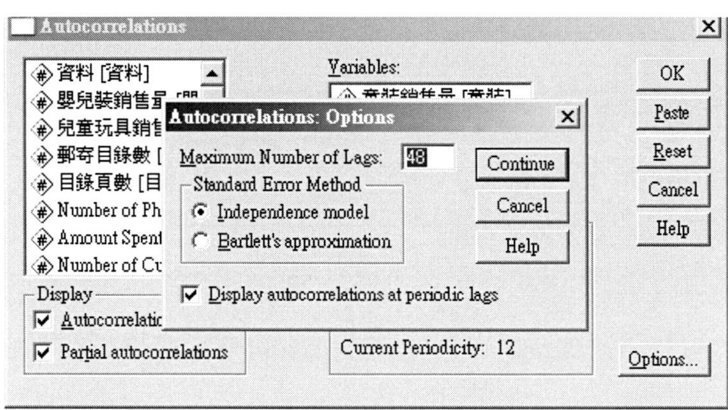

圖 7-80

打開自我相關對話盒。按 Options。打 48 的數目字進入（the Maximum Number of Lags text box）。選擇 Display autocorrelations at periodic lags。

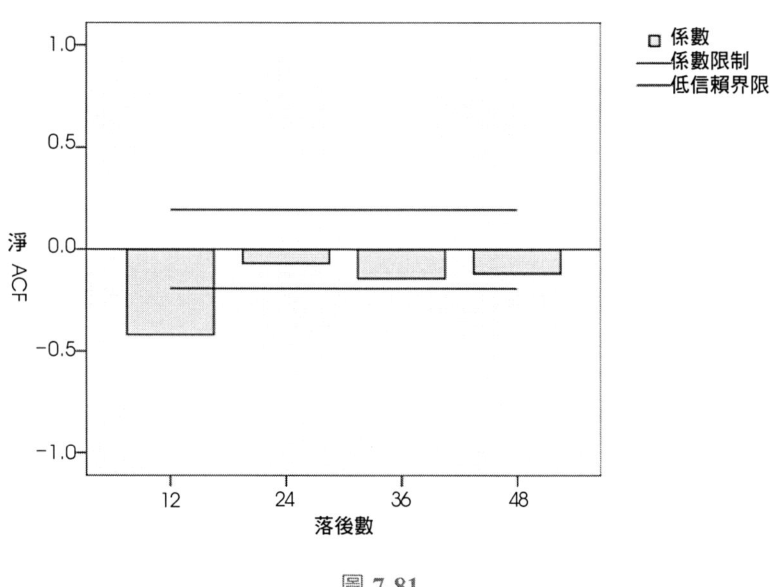

圖 7-81

PACF（淨 ACG）圖解顯示 12 的一個滯延有一個顯著的高峰，由一個尾巴擴展超越滯延 48 的證據所跟隨著。

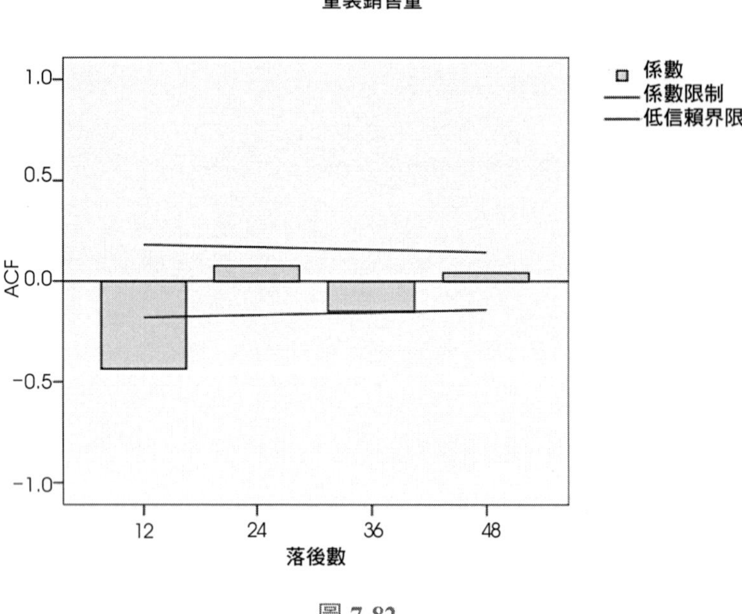

圖 7-82

The ACF 圖解顯示在 12 的一個滯延有一個顯著的高峰，但是並沒有強烈的證據支持一個實質的尾部。由季節過程所產生 ACF and PACF 模式的特性是和被顯示在指引 ACF/PACF 的圖形中 所顯示非季節性過程的特性是相同的。首先，除了出現在若干季節滯延，而不是很少的滯延之外。

在第一階季節的滯延上（滯延 12）ACF/PACF 圖形中的釘狀物，與在 PACF 圖形中的一個尾部連接，此指出一個季節移動平均 ARIMA 一階的成分。假定你已辨識一個季節一階的差分成分，這可以指出一個 ARIMA(0, 0, 0)(0, 1, 1) 模型對這個序列是最適當的。

（四）建立模型

一般 ARIMA 模型包括一個常數項，所以對它們的解釋端視你所使用的模型而定：

在 MA 模型中，該常數是該序列的平均水準（the mean level of the series）。

在 AR(1) 模型中，該常數是一個趨勢參數。

當一個序列已被差分時，以上的解釋可以應用去進行差分。

你已決定一個候選的模型是 ARIMA(0, 0, 0)(0, 1, 1)，它是一個已被差分的一個 MA 模型。由此，常數項將代表差分（差異）的平均水準（the mean level of the differences）。因為你知道差分（差異）的平均水準對差分（差異）的平均水準對童裝服飾的銷售量大約是 0，在 ARIMA 模型中的常數項應該是 0。由此 ARIMA 的趨勢執行會讓你壓制常數項的估計。這樣會加速其計算，使模型簡化，與使其他估計值產生稍微小一點的標準誤。

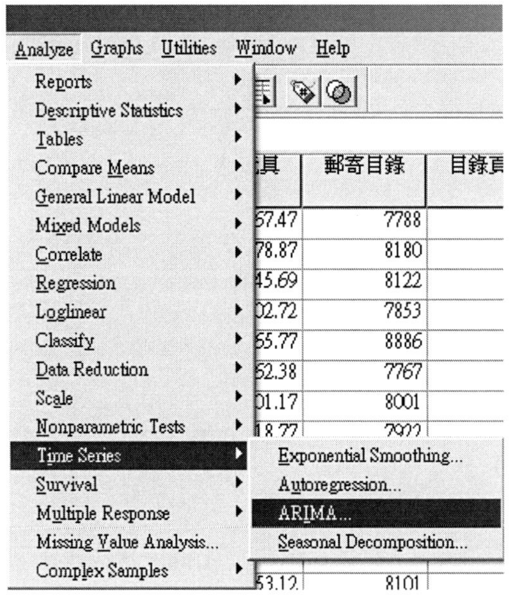

圖 7-83

要去建立一個 ARIMA 模型：從名單中選擇：Analyze → Time Series－ARIMA...

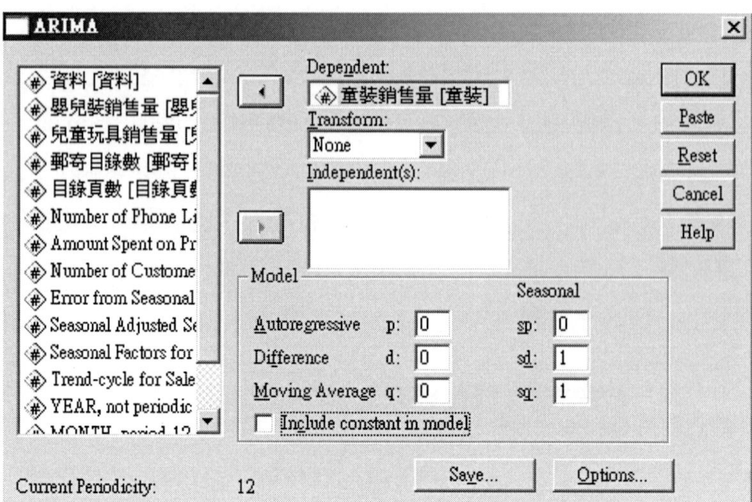

圖 7-84

選擇童裝銷售量為依變項。打 1 進入在差分的主題盒內（the Difference text box）的季節欄位（the Seasonal column）中。然後再打 1 在移動平均主題盒的季節欄位中。接著退選在模型中常數的包括（Include constant in model.）。按 OK。

（五）模型診斷

診斷一個 ARIMA 模型是模型建構過程中一個關鍵的部分與包括證實殘差是隨機的。隨機殘差的最直接證明是 Box-Ljung Q 統計量在樣本大小一個四分之一的滯延沒有顯著性的值。因為現行的樣本大小是 120。你應該分析在滯延 30 統計量區域中的個值。

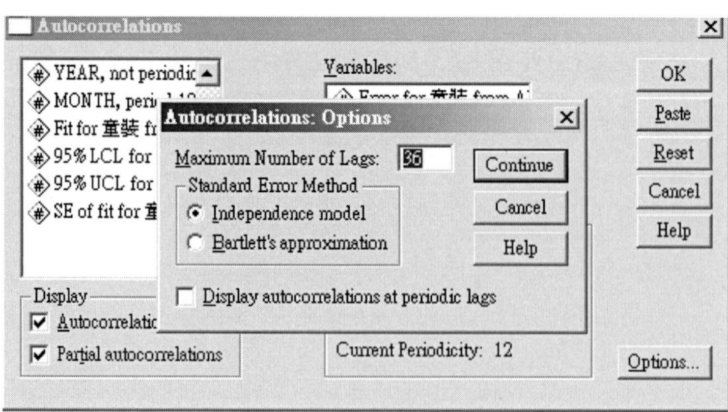

圖 7-85

打開自我相關的對話盒。退選變項目錄中的 men 與選擇 ERR_1 。退選在 the Transform group 中季節的差異或差分。按 Options。然後打 36 進入滯延主題盒最大數中。退選在定期滯延的顯示自我相關（Display autocorrelations at periodic lags）。在自我相關對話盒中（the Autocorrelations dialog box），按 OK。

表 7-15

Autocorrelations
Series: Error for 童裝 from ARIMA, MOD_9 NOCON

Lag	Autocorrelation	Std.Error (a)	Box-Ljung Statistic		
			Value	df	Sig.(b)
1	0.175	0.095	3.407	1	0.065
2	0.044	0.094	3.621	2	0.164
3	-0.072	0.094	4.207	3	0.240
4	-0.070	0.094	4.768	4	0.312
5	-0.002	0.093	4.768	5	0.445
6	0.007	0.093	4.774	6	0.573
7	0.051	0.092	5.081	7	0.650
8	-0.013	0.092	5.103	8	0.747
9	-0.123	0.091	6.909	9	0.647
10	-0.142	0.091	9.336	10	0.501
11	-0.219	0.090	15.195	11	0.174
12	-0.237	0.090	22.169	12	0.036
13	0.110	0.089	23.683	13	0.034
14	0.037	0.089	23.856	14	0.048
15	0.052	0.088	24.198	15	0.062
16	0.002	0.088	24.199	16	0.085
17	-0.129	0.088	26.378	17	0.068
18	0.005	0.087	26.381	18	0.091
19	0.022	0.087	26.445	19	0.118
20	0.105	0.086	27.942	20	0.111
21	0.107	0.086	29.519	21	0.102
22	0.075	0.085	30.293	22	0.112
23	0.004	0.085	30.295	23	0.141
24	-0.018	0.084	30.339	24	0.174
25	0.014	0.084	30.366	25	0.211
26	0.090	0.083	31.529	26	0.209
27	0.101	0.083	33.026	27	0.196

Lag	Autocorrelation	Std.Error (a)	Box-Ljung Statistic		
			Value	df	Sig.(b)
28	0.117	0.082	35.073	28	0.168
29	0.079	0.082	36.014	29	0.173
30	−0.096	0.081	37.421	30	0.165
31	−0.008	0.081	37.432	31	0.198
32	−0.120	0.080	39.675	32	0.165
33	−0.020	0.079	39.740	33	0.195
34	−0.010	0.079	39.758	34	0.229
35	−0.007	0.078	39.766	35	0.266
36	−0.168	0.078	44.415	36	0.158

a The underlying process assumed is independence (white noise).

b Based on the asymptotic chi-square approximation.

從上表中可以觀察到在大約滯延 30 中均沒有顯著性 Box-Ljung 的值。這可以驗證 ARIMA(0, 0, 0)(0, 1, 1) 模型的殘差是隨機的，它們亦意指沒有基本必要的成分從模型中被省略。

（六）增加預測變項到模型

你已決定一個 ARIMA(0, 0, 0)(0, 1, 1) 模型的確能夠善盡捕獲時間序列的結構；無論如何，該模型僅是基於序列本身與沒有合併被包括原始資料組合中有關可能預測變項序列的資訊。

你可以建構一個較佳的預測模型採取把童裝的銷售量處理為一個依變項與處理各變項，諸如郵寄童裝目錄與電話線上訂購為自變項？ARIMA 把這些處理為（視為）預測變項，或自變項，很像在迴歸分析中的預測變項，它可進行估計它們使它們為最適配於資料的係數。

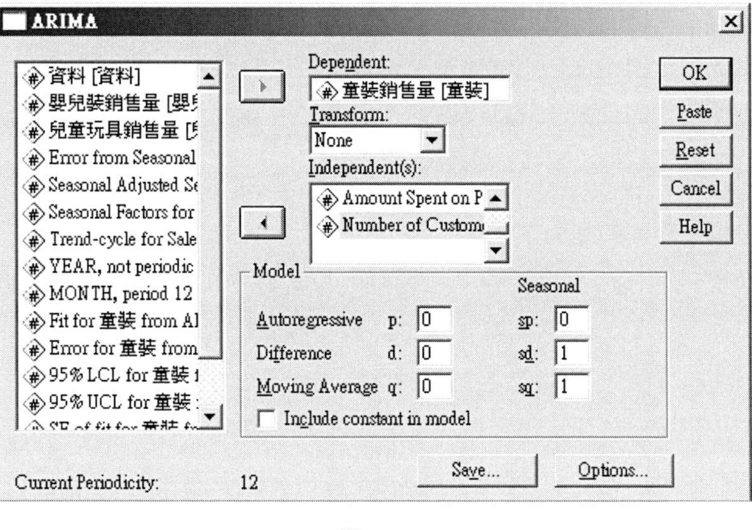

圖 7-86

要建立一個有預測變項的 ARIMA 模型。打開 the ARIMA 的對盒。選擇郵寄童裝目錄與電話線上訂購，與服務為自變項。按 OK。

表 7-16

Parameter Estimates

		Estimates	Std Error	t	Approx Sig
Seasonal Lags	Seasonal MA1	0.599	0.103	5.834	0.000
Regression	郵寄目錄數	1.752	0.203	8.614	0.000
Coefficients	目錄頁數	-4.875	19.598	-0.249	0.804
	Number of Phone Lines Open for Ordering	342.172	37.184	9.202	0.000
	Amount Spent on Print Advertising	0.100	0.071	1.402	0.164
	Number of Customer Service Representatives	-32.786	33.829	-0.969	0.335

Melard's algorithm was used for estimation.

參數估計表提供模型參數的估計值與結合著顯著性的各值，包括自我迴歸（the AR）與移動平均（MA）兩者的階及任何的預測變項。

要注意到代表季節性移動平均成分（被標示 SMA1）是顯著的。這是可以被預期的，因為你已決定它應該是模型的部分。

代表目錄的頁數的參數不是顯著性的。

事實上，唯一顯著性的預測變項是郵寄童裝目錄與電話線上訂購。

代表一個目錄的頁數（或頁碼）是不顯著的。事實上唯有顯著性的預測變項是郵寄童裝目錄與電話線上訂購的數目。

（七）檢定模型預測的能力

有預測變項的模型是比沒有預測變項的模型好？你可使用堅強的證據檢定考驗一個模型的預測能力。一個堅強的證據是一個歷經的序列點（a historical series point）它無法被使用於模型參數的計算中，如此消除它對預測值計算的影響。採取迫使模型去預測你想要真正獲知的各值，你要獲得如何使模型進行預測良好的理念。這樣的模型可以從 2007 年， 1 月到 12 月的資料中去獲得的堅強證據來加以說明。在 2007 年， 1 月之前的資料，是可以被使用去建立模型，然後再使用這個模型去進行預測在 2007 年的銷售量。

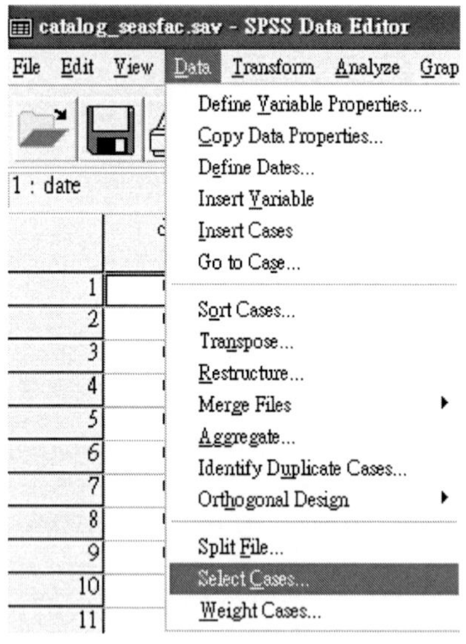

圖 7-87

要去執行一個堅強證據分析，首先選擇塑造時期的模型：From the menus choose: Data Select Cases...

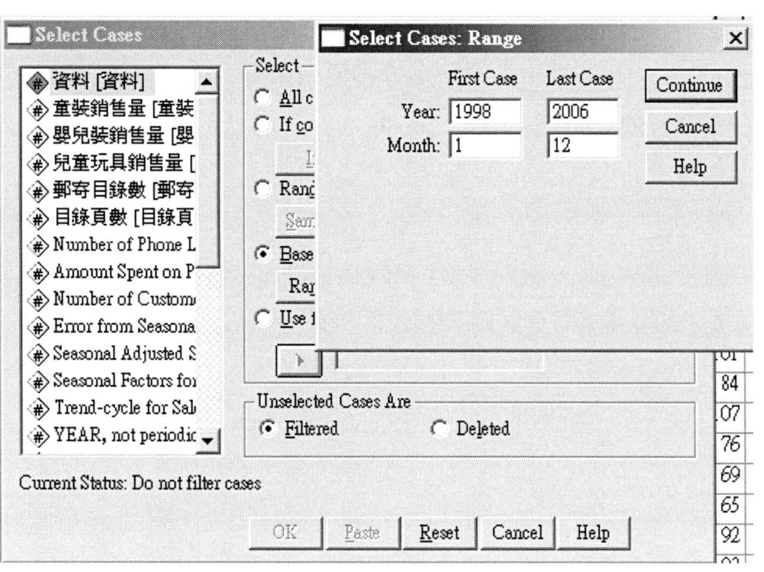

圖 7-88

選擇在 the Select group 中的基於時間或案例範圍。按 Range。

打 1998 為第一案例結合著年與打 1 為第一案例結合著月。打 2006 為最後案例結合著年與打 12 為最後案例結合著月。這些選擇將產生基於 01/1998 到 12/2006 之上的一個模型。按 Continue。按選擇案例對話盒中的 OK。

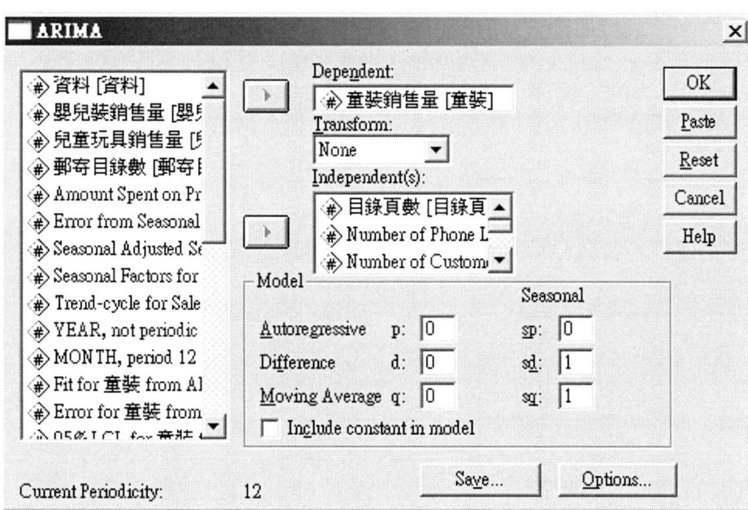

圖 7-89

打開 ARIMA 對話盒。退選非顯著性預測變項，page, print, and service，來自自變項的登入盒。注意到你可以總是視變項標示結合著或關聯著一個變項命名可按該變項，右按，與選擇變項的資訊。按 OK。

這會產生再進行 ARIMA 的程序，與顯著性的預測式，使用從 01/1998 到 12/2006 的資料去決定最佳適配度的參數。該分析亦包括童裝延續銷售期間的預測值（01/2007 到 12/2007），使用從最佳適配模型中的各個參數。你現在需要在進行沒有預測式（predictors）模型的 ARIMA 的程序。

打開 ARIMA 對話盒。退選來自自變項的登入盒的郵寄與電話變項，使該方盒中是空的。按 OK。這會產生進行沒有預測式（predictors）模型的 ARIMA 的程序。使用從 01/1998 到 12/2007 的資料去決定最佳適配度的參數。

這種種的結果是在標示由 ARIMA 的程序經過修正所創造最佳適配度的變項。

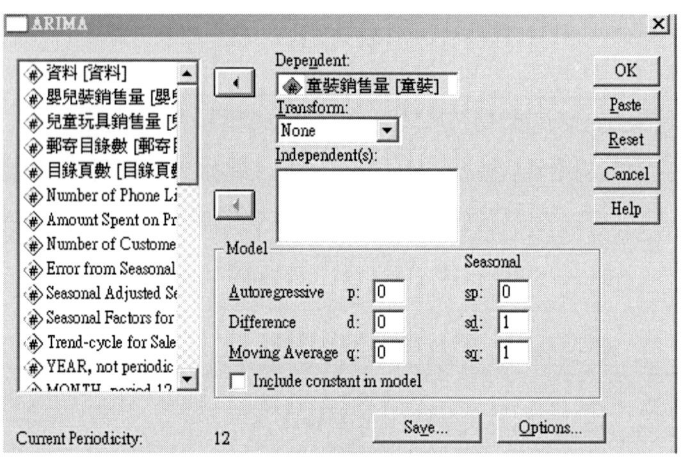

圖 7-90

在修飾標示由 ARIMA 程序所產生適配的變項之後其結果被視為是最佳的。

表 7-17

FIT_3	Numeric	11	5	Fit for 童裝 from
ERR_3	Numeric	11	5	Error for 童裝 fro
LCL_3	Numeric	11	5	95% LCL for 童裝
UCL_3	Numeric	11	5	95% UCL for 童裝
SEP_3	Numeric	11	5	SE of fit for 童裝 fr
FIT_4	Numeric	11	5	Fit for 童裝 from

ERR_4	Numeric	11	5	Error for 童裝 fro
LCL_4	Numeric	11	5	95% LCL for 童裝
UCL_4	Numeric	11	5	95% UCL for 童裝
SEP_4	Numeric	11	5	SE of fit for 童裝 fr
FIT_5	Numeric	11	5	Fit for 童裝 from
ERR_5	Numeric	11	5	Error for 童裝 fro
LCL_5	Numeric	11	5	95% LCL for 童裝

要修飾變項標示，按在資料編輯視窗中（the Data Editor window）的變項識別鍵（the Variable View tab）。按在提供 FIT_3 中的標示欄位（標示欄位），接著輸出從 ARIMA 各預測變項中的主題適配度。按在提供 FIT_4 中的標示欄位（標示欄位），接著輸出從 ARIMA 沒有預測變項中的主題適配度。

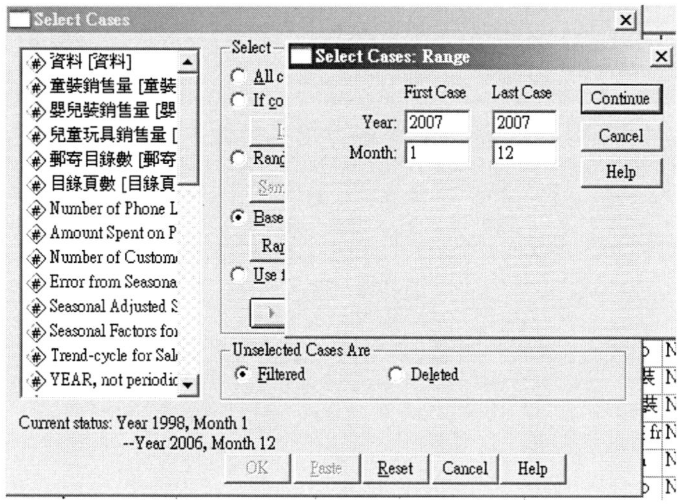

圖 7-91

對銷售延續期間真實資料模型預測變項的比較最好由把案例限制於延續期間本身來執行。

打開選擇案例對話盒（Cases dialog box）。按範圍（Range）。

打入 2007 為第一案例結合著年與打 1 為第一案例結合著月，打入 2007 為最後案例結合著年與打 12 為最後案例結合著月。按繼續（Continue）。

按選擇案例到對話盒（Cases dialog box）中，然後按 OK。

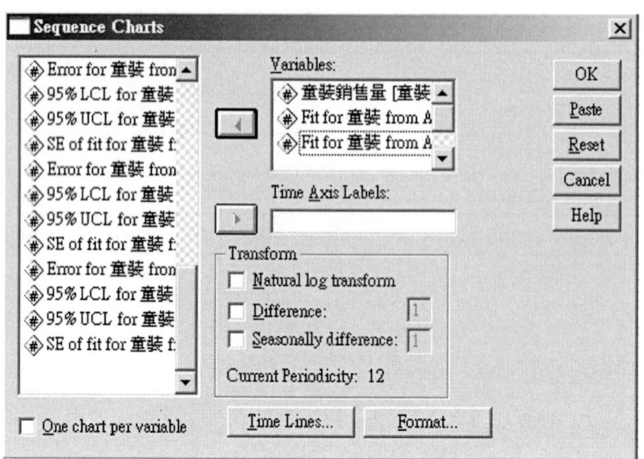

圖 7-92

要圖示真正資料可依據 ARIMA 模型中的預測變項。打開序列關聯圖對話盒（Sequence Charts）。加入 FIT_3（ARIMA with predictors）與 FIT_4（ARIMA without predictors）到變項登入盒。

退選在 the Transform group 中的季節差異或差分（Seasonally difference）。然後按 OK。

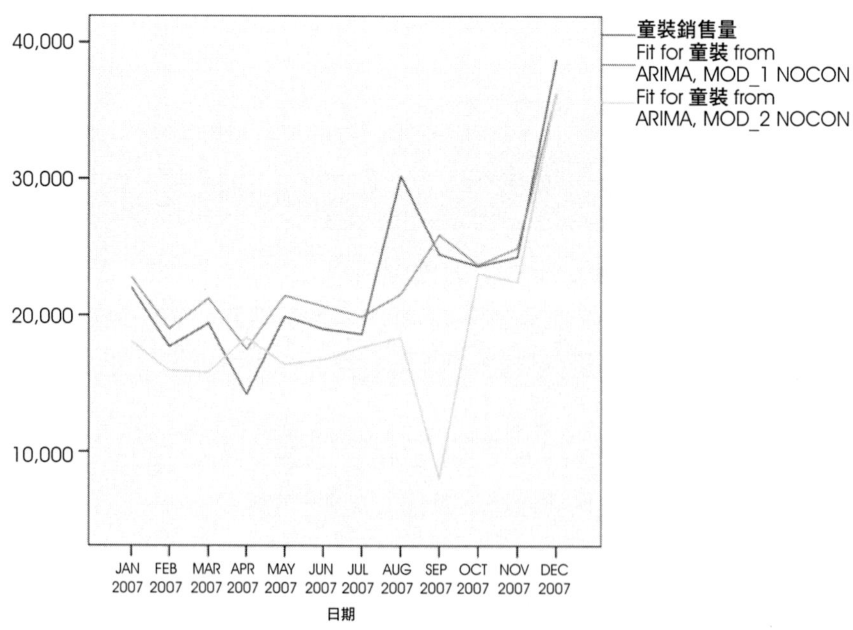

圖 7-93

從圖形中可以觀察出有預測變項（predictors）適配於真正資料的 ARIMA 模型可很清楚的理解到比沒有預測變項（predictors）的 ARIMA 模型好。

（八）結語

你已學習如何去建構一個季節性的 ARIMA 模型，使用自我相關與淨自我相關函數去辨識 ARIMA 的各階。很多的候選預測式的變項（predictor variables）被加入到模型中與其被評估係基於它們統計上的顯著性。最後決定的模型，只保留顯著性的預測變項，被進行和沒有預測變項的模型作比較。其結果很清楚地顯示有預測變項的模型解釋資料的變異數的任務比較佳。

七、使用干擾分析去決定市場分配

在一個大小適中的大都市的都會區的零售家庭用品市場是由二個超級市場供應鏈所主導：安和與樂利，安和超市最近由一個大的全國性的家庭用品供應鏈所併購，接著它引進它自己產品的品牌，實質上它的大部分商品不銷售對樂利超市所提供產品命名的品牌。多年以來，樂利超市在市場營利已維持超越安和超市大約小贏 5% 的營利。基本上是由於它有較好的顧客服務。擁有所有權的首先二個月，安和超市的新親屬公司發動一個攻擊性的活動，廣告它們自己生產線的產品。結果是快速的與戲劇性的增加市場的占有率（market share）。市場的占有率唯有犧牲樂利超市市場的占有率為代價，或其增加只是小的（mom-and-pop）零售家庭用品市場方面的占有率？

對安和超市與樂利超市每月銷售市場的占有率是被儲存在 CH7-8. 檔案中其資料是由安和超市被併購結果之前的六年與被併購之後的二年所組成。在其一個 ARIMA 模型要分析有關購買力的影響（the effect of the buyout）系絡中使用干擾或干預分析的問題。

在發展形成一個干擾或干預模型之前，你應該檢測銷售市場的占有率時間序列去獲得購買力影響的一個感受。

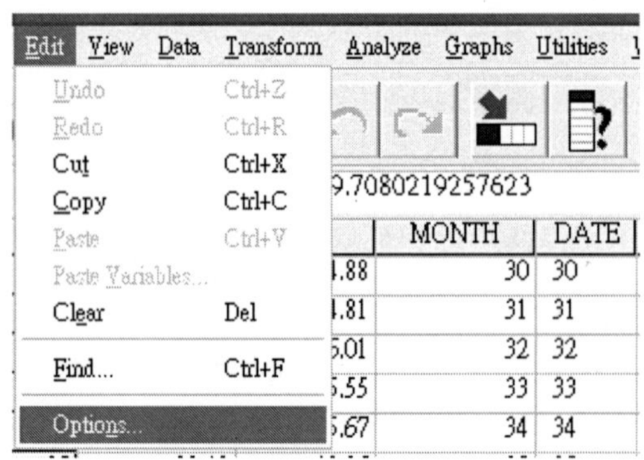

圖 7-94

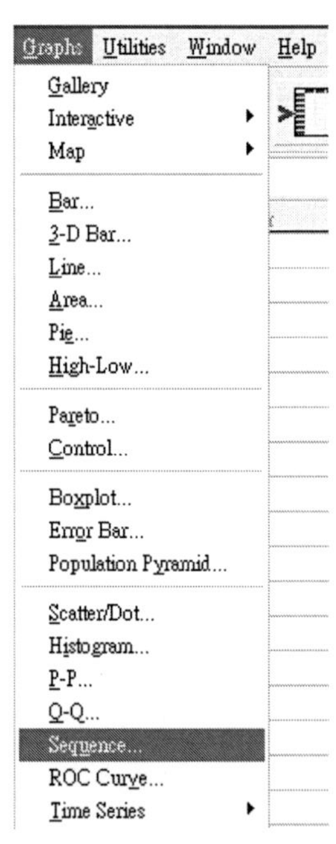

圖 7-95

去獲得銷售市場的占有率時間序列的一個圖示。從名單（the menus）選擇：Graphs → Sequence...

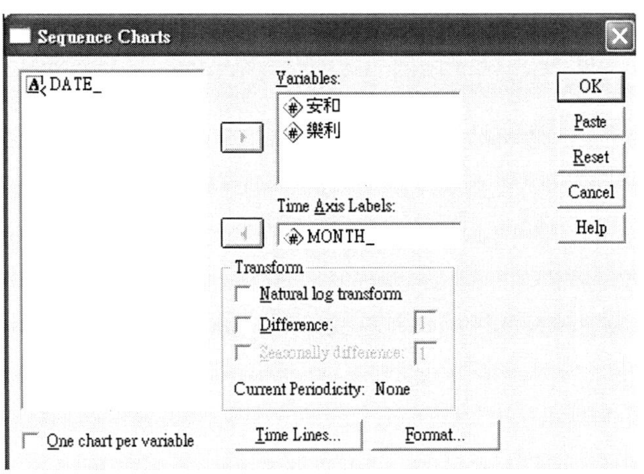

圖 7-96

選擇安和與樂利，然後把它們移入變項目錄。選擇 MONTH，然後把它移入到時間軸的變項登入盒。然後按 OK。

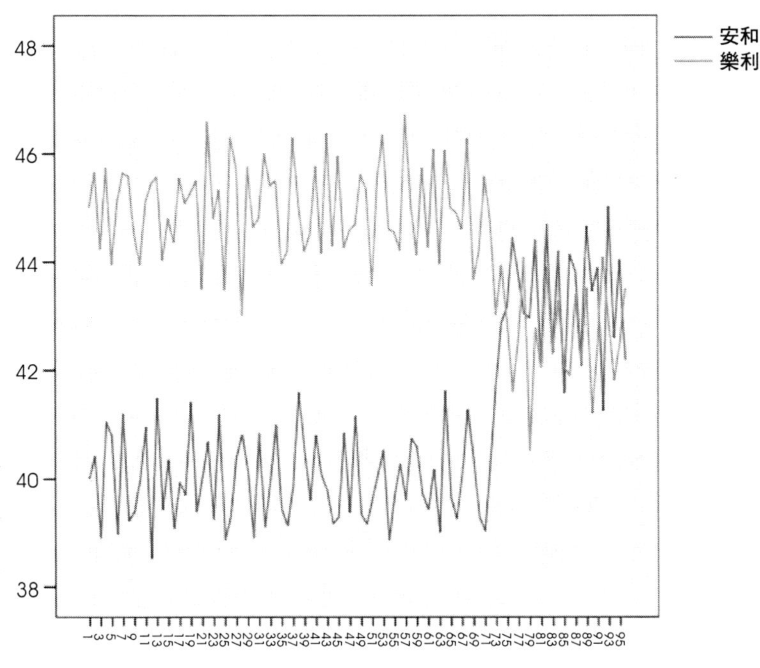

圖 7-97

市場的占有率圖示很清楚地顯示在大約前六年的資料由樂利超市享有 5% 的優勢。

從購買力（the buyout）的數據是顯示樂利超市市場的占有率下降，而安和超市市場的占有率有銳不可當的上升出現到幾近六年的界線（mark）。

由購買力（the buyout）所產生兩者序列不同水準的變動中，可以發現兩者序列顯然要有一個常數的水準（a constant level）及一個常數的變異數（a constant variance），可以指出其定常性或穩定性的序列（stationary series）。

（一）分析干擾策略

安和超市對市場的占有率序列購買力（the buyout）的影響是被稱為一個干擾或干預（an intervention）。干擾或干預的基本策略是：發展干擾或干預之前序列的一個模型。增加一個或更多虛擬變項（dummy variables）代表干擾或干預的時機（the timing of the intervention）。再評估模型，對整體序列而言，包括新的虛擬變項。解釋虛擬變項的係數作為干擾或干預影響的測量。這種策略將提供安和超市與樂利超市兩者資料來執行分析。如一個第一步驟，你需要在進行干擾或干預之前的發展提供每一個序列的模型。在本案例中，干擾或干預期間開始於資料的第 73 個月（the 73rd Month）中，當安和超市由全國供給鏈所併購與發動攻擊性活動開始時。

（二）辨識一個模型

選擇一個好的 ARIMA 模型包括要注意到該序列要決定是否要有一個轉變（transformation），指數（log）或平方根（square root），去使序列穩定化是有必要的與接著注意到自我相關函數（ACF）與淨自我相關函數（PACF）的圖示去決定 ARIMA 的各階。市場的占有率的圖示已顯示，一次一個時間（a one-time）變動的不同程度或水準，兩者的序列是定常性或穩定性的。然後呈現出資料是沒必要進行轉變的。要從自我相關函數去決定 ARIMA 的各階（去決定 ARIMA 是一階或二階），因此，首先你需要去限制干擾或干預之前的案例期間，即是，前面的第 72 個的案例。

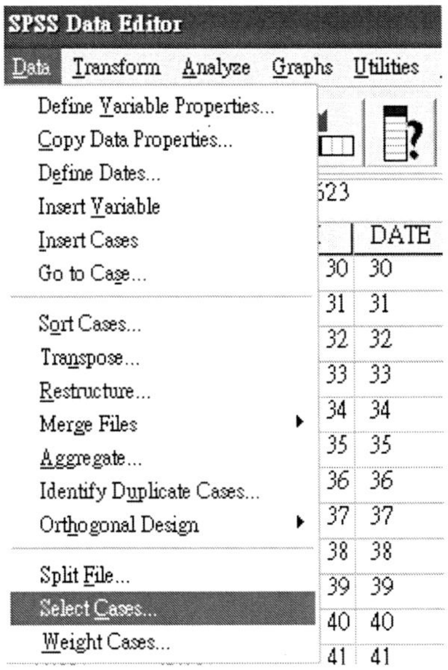

SPSS Data Editor
Data Transform Analyze Graphs Utilities
Define Variable Properties...
Copy Data Properties...
Define Dates...
Insert Variable
Insert Cases
Go to Case...
Sort Cases...
Transpose...
Restructure...
Merge Files
Aggregate...
Identify Duplicate Cases...
Orthogonal Design
Split File...
Select Cases...
Weight Cases...
DATE

圖 7-98

從名單中（the menus）選擇：Data → Select Cases...

Select Cases
安和
樂利
MONTH_
Select Cases: Range
First Case
Last Case
Month: 1
72
Continue
Cancel
Help
Filtered
Deleted
Current Status: Do not filter cases
OK
Paste
Reset
Cancel
Help

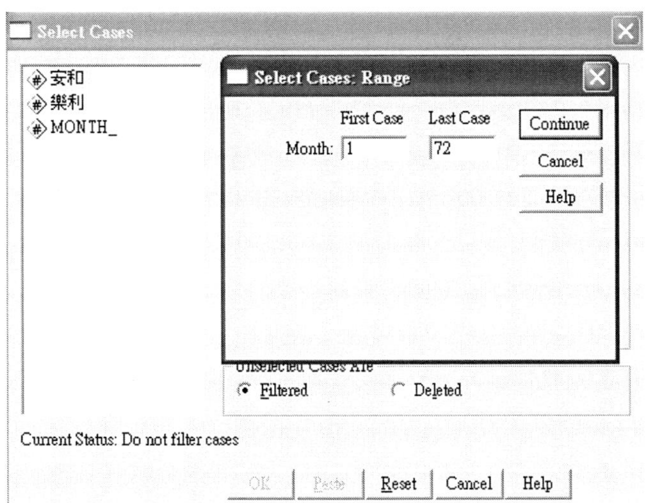

圖 7-99

選擇基於時間或在 the Select group 的 case range。按 Range。

打入 1 提供第一個案例（first case）。打入 72 提供最後案例（last case）。按 Continue。

按在 the Select Cases dialog box 中的 OK。

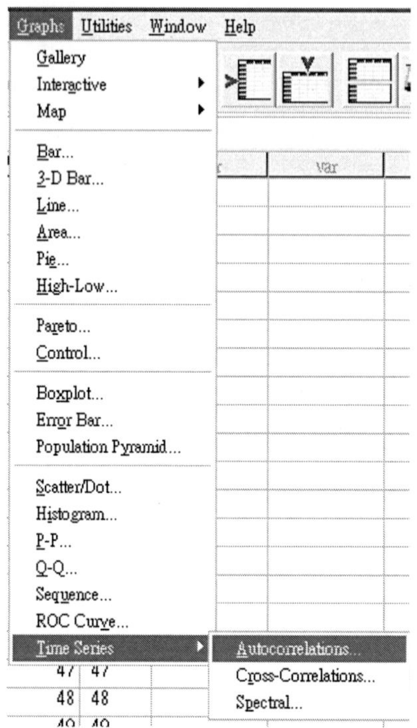

圖 7-100

因為沒有理由去為二個市場占有率序列假設不同基本的過去，你只需要去注意到一個，例如說，安和超市的自我相關與淨自我相關。

從名單中（the menus）選擇：

Graphs → Graphs → Time Series → Autocorrelations...

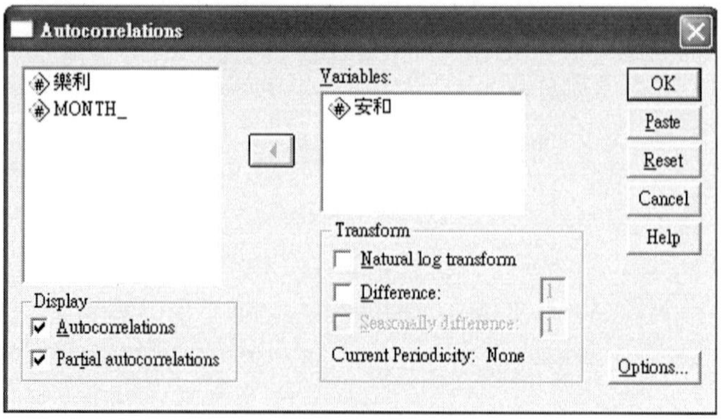

圖 7-101

選擇安和超市，然後把它移入 the Variables list。按 OK

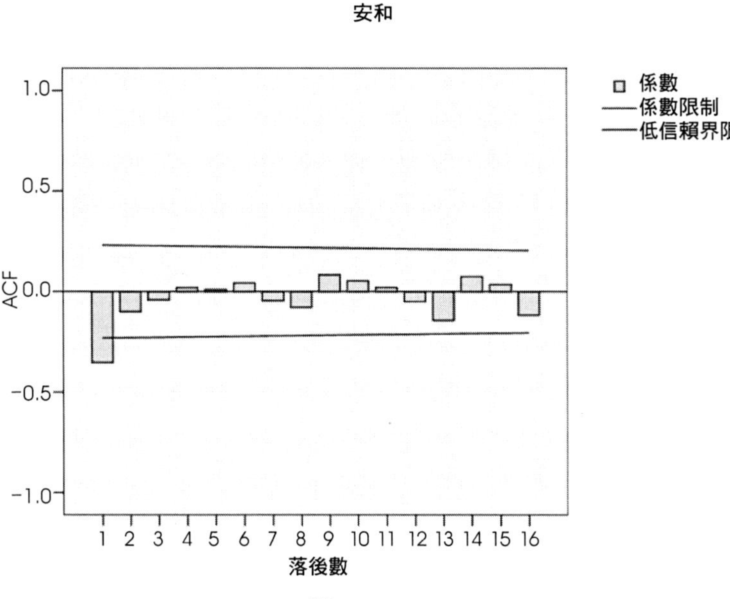

圖 7-102

自我相關函數顯示一個單一顯著性在一個滯延 1 的高峰。

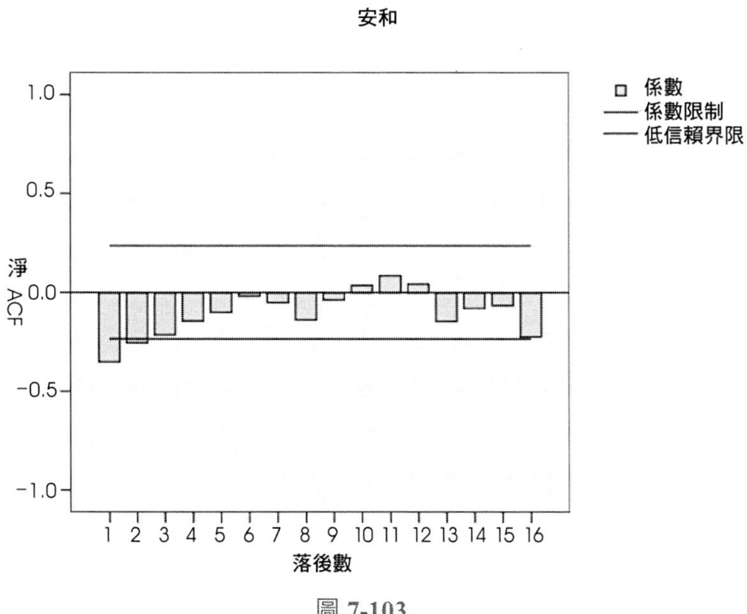

圖 7-103

淨自我相關函數顯示一個單一顯著性在一個滯延 1 的高峰由一個尾巴所伴隨。

從觀察 ACF/PACF 的圖形中的指引中，你可以發現在 ACF/PACF 圖形中釘住在滯延 1 與一個尾部在 PACF 圖示中指出一個移動平均階 1 的 ARIMA 成分，或一個 ARIMA(0, 0, 1) 模型。

（三）決定干擾的時期

你已決定在安和超市發生一個 ARIMA(0, 0, 1) 模型的購買結果（the buyout）之前的序列。現在你必須有一個提供解釋市場占有率的變動是由干擾的結果所造成的一個解釋方法。首要的任務就是去決定已顯示顯著性變動水準的市場占有率序列期間的時期。購買結果之前與之後一個市場序列圖示可以提供解答。無論如何，它的最佳作法，是去限制案例，然後依序去獲得干擾期間一個很清晰的描繪。

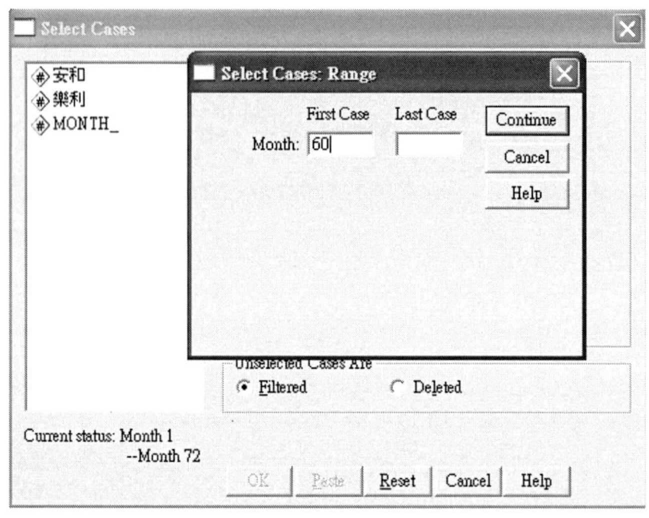

圖 7-104

打開 the Select Cases dialog box。選擇在 the Select group 中基於時間或案例範圍。然後按 Range。

打入 60 為第一案例。然後按 Continue。再按在 the Select Cases dialog box 中的 OK。

這將限制案例的範圍從 60（干預之前的一年）到序列的結束。

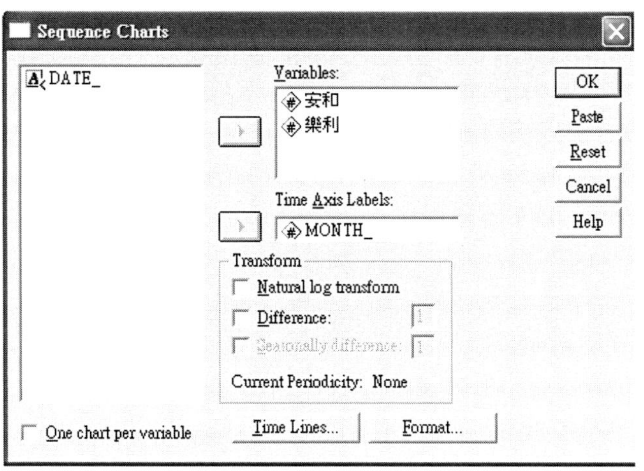

圖 7-105

圖示已選擇的點：打開 the Sequence Charts dialog box

回顧全國的供應鏈發動一個攻擊性活動廣告它們在購買結果之後前面兩個月其設計的產品。去在視覺上描繪出有關市場占有率圖示廣告活動結束的情況可以證明是有用的。

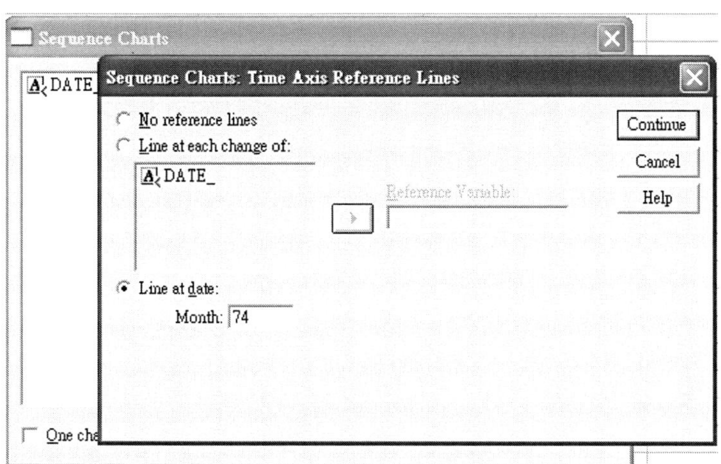

圖 7-106

按 Time Lines。選擇 Line at date。然後打入 74 為月。這將產生一個垂直線在月 74 的結果。按 Continue。接著按在 the Sequence Charts dialog box 中的 OK。

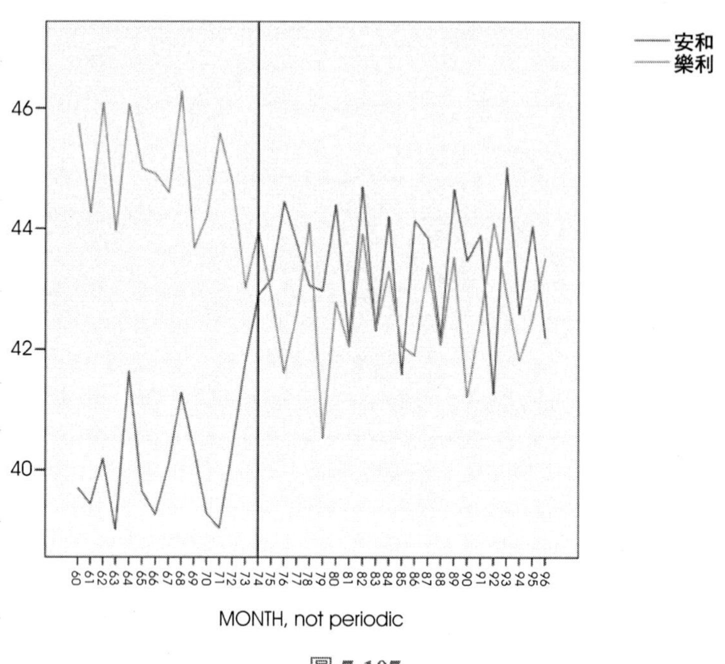

圖 7-107

這個圖示使兩者時間序列達到它們在月 74 的新水準。這樣的干預期間是由兩個月廣告活動，月 73 與月 74 所產生的結果

（四）創造干擾變項

兩者市場占有率序列在干預之前是由一個統計上的常數水準（a statistically constant level）描述其特性，隨後在干預期間結束之後是由一個統計上的常數水準來描述其特性。這種干預是完全由一個固定的值產生樂利超市序列與由一個可能不同的固定值使安和超市序列的增加。

一個序列水準一個常數的遞移（A constant shift）可以以一個變項被進行塑造，即是 0 直到在序列的某點為止與 1 其後。如果該變項的係數是正數的，該變項扮演去增加序列的水準，與如果其係數是負數的，那該變項就會扮演去減低序列的水準。這樣的變項是被歸之為虛擬變項與這種虛擬變項的個別類型是被歸之為一個步驟函數（a step function）因為它會突然地從一個 0 的值爬升到一個 1 的值，與會仍然逗留在 1。如此，在質化上，在樂利超市序列的下降可以由一個步驟函數以一個負的係數來塑造其模型，而在安和超市序列的上升可以由一個步驟函數以一個正的係數來塑造其模型。

在現行案例中的唯一意涵（only complication）是該序列改變其水準在一個兩個月的期間。這要求兩個步驟函數的使用，一個去塑造在月 73 水準變動的模型，而另一個則去塑造在月 74 水準變動的模型。

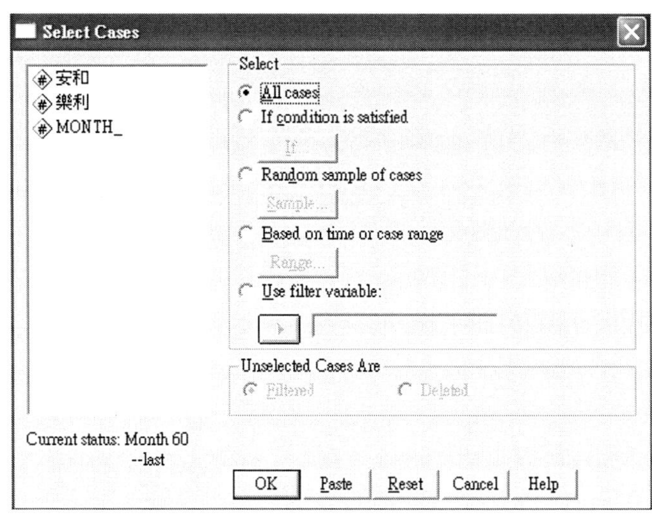

圖 7-108

在創造虛擬變項之前，恢復所有案例。

打開 Select Cases dialog box，選擇在 the Select group 的所有案例（All cases），然後按 OK。

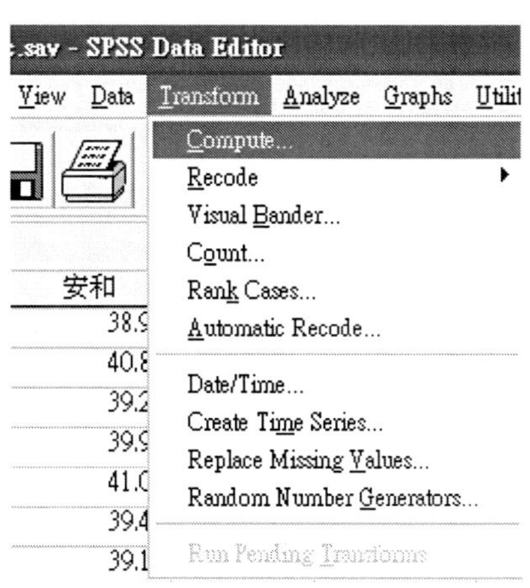

圖 7-109

去創造步驟變項：從名單中（the menus）選擇：Transform → Compute

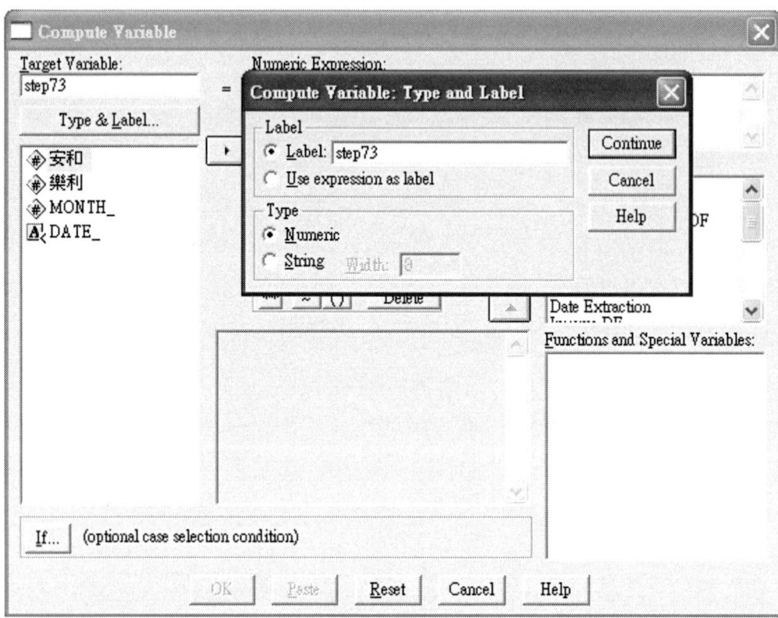

圖 7-110

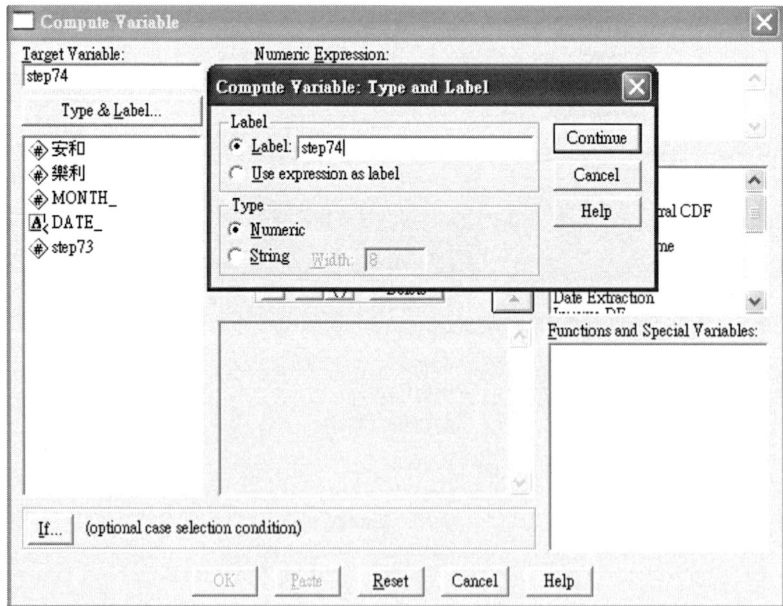

圖 7-111

在 Target Variable，打 step73。按入 the Numeric Expression 主題盒，接著打字 MONTH_>=73。然後按 OK。這可以創造一個變項該變項有一個 1 的值提供案例其中它是真的即 MONTH，是大於或等於 73，與一個 0 的值提供所有其他案例。現在，重複這個過程，創造另一個變項，step74，以呈現 MONTH_>=74。

（五）進行分析

你已決定在進行干預之前該序列遵循一個 ARIMA(0, 0, 1) 模型，與你已創造兩個虛擬變項去塑造干預的模型。現在你要準備去進行完整的 ARIMA 分析使用兩個虛擬變項作為預測變項。ARIMA 把這些預測變項視為很像是在迴歸分析中的預測式變項（predictor variables），它可估計每個係數使它們最適配於資料。

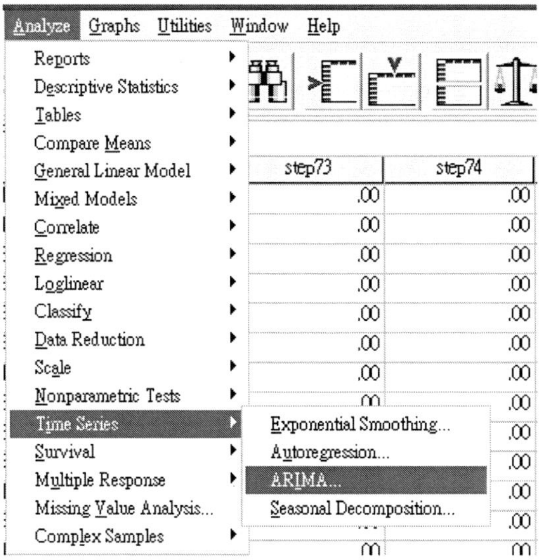

圖 7-112

首先建立安和超市的干預模型。從名單中（the menus）選擇：Analyze → Time Series → ARIMA...

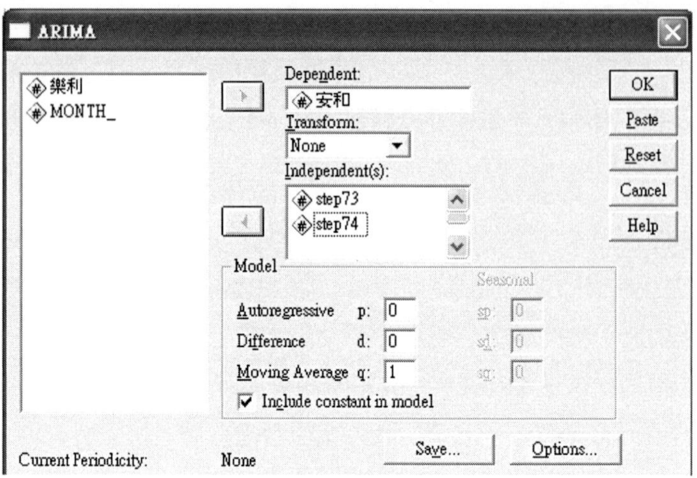

圖 7-113

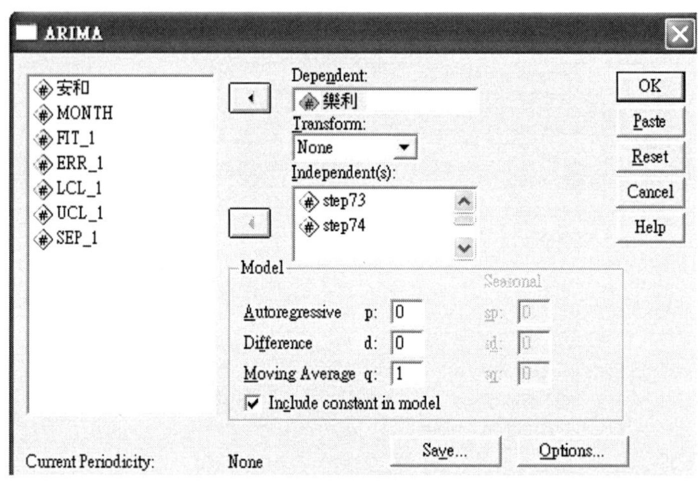

圖 7-114

選擇安和超市為依變項。然後選擇 step73 與 step74 為自變項。打入 1 在 Moving Average 主題盒如圖 7-113。然後按 OK。

重複提出樂利超市的分析：如圖 7-114 所示。

打開 ARIMA 對話盒。退選安和超市為依變項與選擇樂利超市。然後按 OK。

（六）模型診斷

診斷一個 ARIMA 模型是建構模型過程的一個關鍵部分與包括分析模型的殘差。如果該模型是一個很適配於該序列的模型，其殘差應該是隨機的。

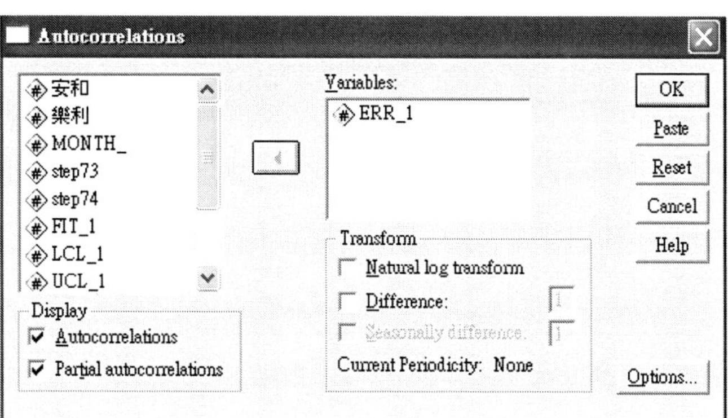

圖 7-115

去分析安和超市模型的殘差；

打開 Autocorrelations 的對話盒。退選從 the Variables list 中的安和超市，接著選擇 ERR_1 。然後按 OK。

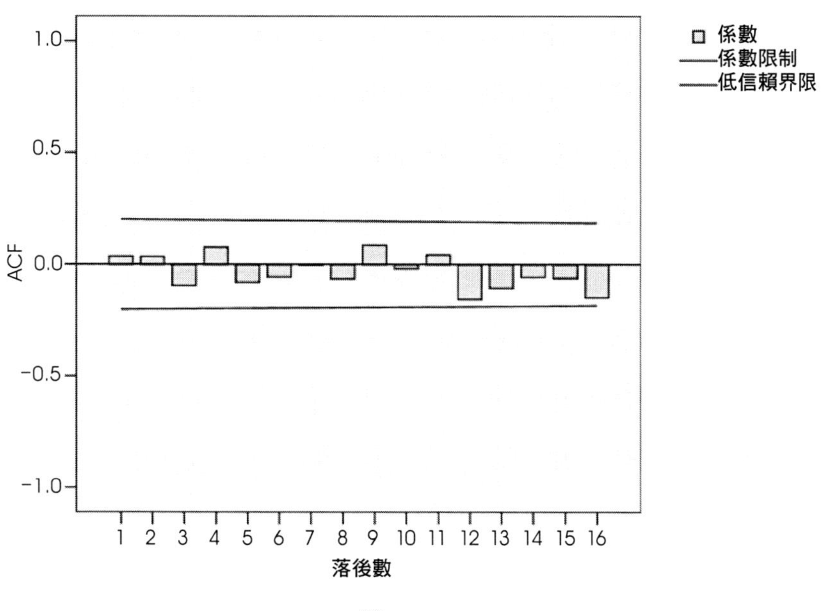

圖 7-116

其中自我相關函數顯示沒有顯著性的值。

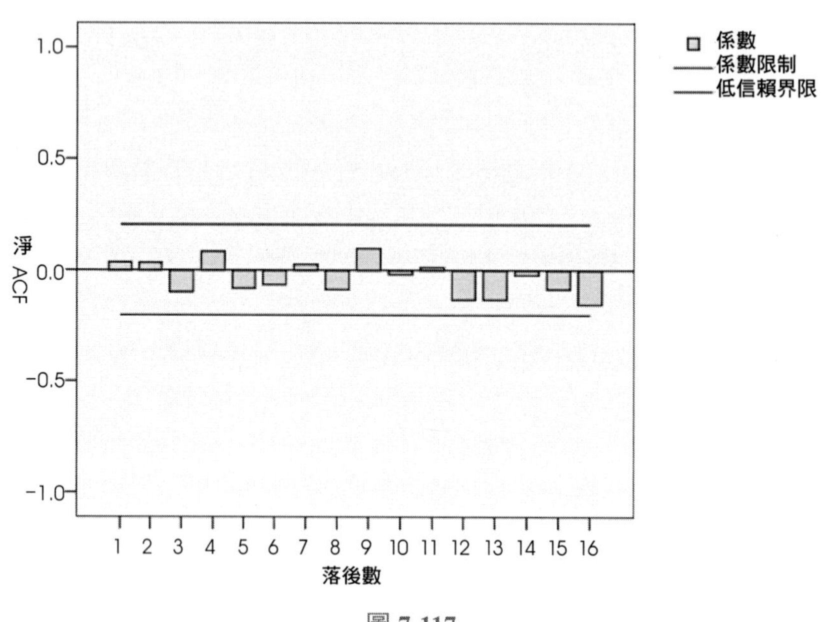

圖 7-117

其中淨自我相關函數顯示沒有顯著性的值。

表 7-18

Autocorrelations

Series:Error for 安和 from ARIMA, MOD_4 CON

Lag	Autocorrelation	Std. Error[a]	Box-Ljung Statistic		
			Value	df	Sig[b]
1	0.035	0.100	0.118	1	0.731
2	0.034	0.100	0.234	2	0.890
3	-0.096	0.099	1.165	3	0.761
4	0.076	0.099	1.750	4	0.782
5	-0.081	0.098	2.434	5	0.786
6	-0.057	0.098	2.768	6	0.837
7	-0.002	0.097	2.769	7	0.906
8	-0.066	0.097	3.232	8	0.919
9	0.085	0.096	4.014	9	0.910
10	-0.020	0.096	4.057	10	0.945
11	0.043	0.095	4.259	11	0.962

Lag	Autocorrelation	Std. Error[a]	Box-Ljung Statistic		
			Value	df	Sig[b]
12	−0.156	0.094	6.999	12	0.858
13	−0.107	0.094	8.303	13	0.823
14	−0.057	0.093	8.677	14	0.851
15	−0.062	0.093	9.119	15	0.871
16	−0.148	0.092	11.704	16	0.764

a. The underlying process assumed is independence (white noise).

b. Based on the asymptotic chi-square approximation.

The Box-Ljung 統計量並沒有顯著性的值，這是符合殘差是隨機的假設。從 ACF 與 PACF 圖示中其兩者的結果，你可以推論該模型可以提供該資料一個很好的適配度。

你可以以同樣的方式分析樂利超市的殘差，打開 Autocorrelations 對話盒，退選 ERR_1, 然後選擇 ERR_2 作為變項。其結果顯示樂利超市模型的殘差是隨機的，驗證以兩個步驟函數的 the ARIMA(0, 0, 1) 模型對資料是一個良好的適配度。

（七）評估干擾

你已建構一個模型它是一個充分適配於資料，現在是處於進行分析模型必須去說明有關干預的問題。你預期給予安和超市與樂利超市模型兩者預測式變項（both predictor variables），正數的係數給予安和超市，而給予樂利超市模型負數的係數。安和超市係數的總和將代表在安和超市市場占有率在大約兩個月期間整體的增加，而樂利超市係數的總和將代表樂利超市在市場占有率在大約兩個月期間整體的減低。

表 7-19　安和

Parameter Estimates

		Estimates	Std Error	t	Approx Sig
Non-Seasonal Lags	MA1	0.744	0.070	10.600	0.000
Regression Coefficients	step 73	1.610	0.503	3.199	0.002
	step 74	1.778	0.513	3.466	0.001
Constant		39.987	0.023	1774.739	0.000

Melard's algorithm was used for estimation.

表 7-20 樂利

Parameter Estimates

		Estimates	Std Error	t	Approx Sig
Non-Seasonal Lags	MA1	0.897	0.050	17.841	0.000
Regression Coefficients	step 73	-1.668	0.364	-4.587	0.000
	step 74	-0.732	0.374	-1.955	0.054
Constant		45.012	0.009	4749.848	0.000

Melard's algorithm was used for estimation.

首先，注意到安和超市模型的參數估計表。虛擬變項 step73 的係數是 1.610，這意指安和超市的市場占有率在月 73（第 73 個月）增加大約 1.6%。

另外，step74 的係數指出在月 74（第 74 個月）增加大約 1.8%，在現行水準的最高點。如此，安和超市的市場占有率在二個月的廣告期間大約增加 3.4%，接著仍然維持在新的較高水準。

現在檢測樂利超市模型的參數估計表。虛擬變項步驟 73 的係數是 −1.668，這意指樂利超市的市場占有率在月 73 大約減少 1.7%。

另外 step74 的係數指出在月 74 減少大約 0.7%。然後就整體而言，樂利超市市場占有率在二個月廣告活動期間大約下降 2.4%。

八、結語

使用干預分析於 ARIMA 模型的系絡中，你已分析在一個地區由二個競爭者所主導在市場占有率方面一個突然的遞移（an abrupt shift）。這種前干預序列是由隨後一個一階移動平均所決定，它是獨特地適合於去分析一個 ARIMA 模型。塑造干預期間以步驟函數的模型允許你對由二個競爭者在市場占有率方面所經歷有關其得與失的詳細陳述說明。

由以上的探究中，可以發現 ARIMA 程序對發展形成時間序列行為的複雜模型是有用的。

如果你對時間序列可以由一個趨勢與／或單一季節的成分進行良好的描述持有疑慮與如果你是沒有興趣於預測式的變項含入（interested in including predictor variables）的過程，你可以想要去考量在計算上更簡單的指數平滑程序。

如果是基本上有興趣於一個序列呈現一階自我相關的迴歸分析，可以考慮使用自我迴歸的程序。

對於以上本節所探討的分析方法，如果有興趣於更進一步深入的研究者，建議可以參考 Box, G. E. P., and G. C. Tiao (1975, pp.70-79)，Box, G. E. P., and G. M. Jenkins (1976)，Makridakis, S. G., S. C. Wheelwright, and R. J. Hyndman (1997)，McCleary, R., and R. A. Hay (1980)。

第四節　季節的分解

季節的分解程序可以消除來自時間序列其期間的上下波動，諸如每年或每季升高與下降。它基本上是被使用作為一種工具當嘗試以這樣的序列去分析其發展的趨勢。

一、模型

兩種塑造模型的途徑是可資利用的；倍增性的與可加性的。

（一）倍增的

季節的成分是由於季節上被調整序列是可被倍增去產生原始序列的一個事實。事實上，種種的趨勢可以估計季節的成分其成分是按序列整體水準所作的比例。沒有季節變數的觀察值有一個 1 的季節成分。

（二）可加性

季節的調整是被加到在季節上可以被調整的序列以獲得其觀察值。這種調整嘗試去消除來自一個序列的季節性影響以便可以注視到季節成分所偽裝的其他關切的特性所蒙蔽。種種趨勢可以估計季節的成分這些成分並不端視序列的整體水準而定。沒有季節性變數的觀察值有一個 0 的季節成分。

二、從銷售量中排除季節性

一間市場調查的公司是有興趣於建構童裝服飾公司它的童裝服飾銷售量整體向上成長的趨勢模型。在預測變項的一個組合中諸如有郵寄目錄與電話開放定購。最後，該市場調查的公司已蒐集十年期間童裝服飾公司銷售量的情況。這個資訊被蒐集在 CH7-4 檔案中，可以被使用去執行一個趨勢分析（例如，以自我迴歸的程序）去消除在資料中所出現的任何季節的變數。以季節分解的程序這是很容易被實現。

圖 7-118

範例中即發生，它是更方便於去使用變項命名而不是變項標示。從名單中（the menus）選擇：Edit → Options...

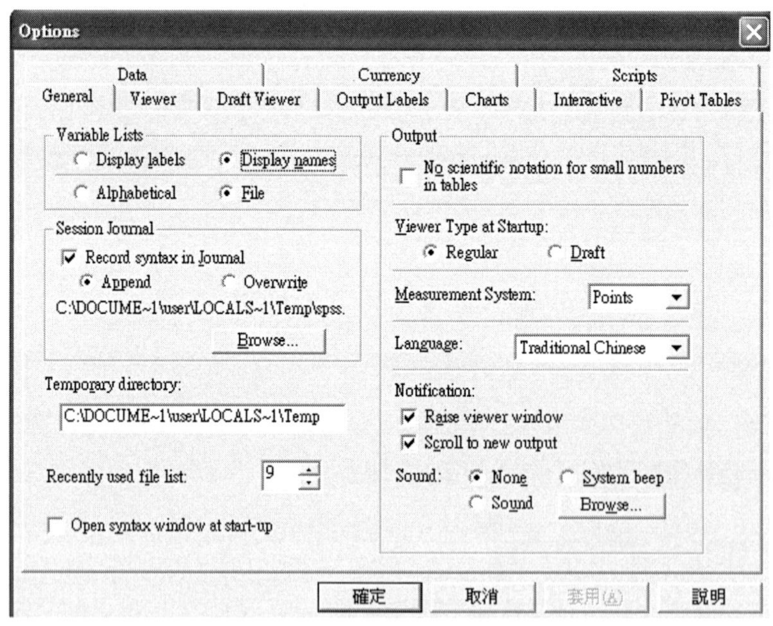

圖 7-119

選擇在 the Variable Lists group 的 Display names。按 OK。

三、決定與設定定期或周期性

季節的分解程序要求在資料檔案中一個時期資料成分的呈現，例如，一年 12（個月）的時期期限（periodicity），每一週 7（天）的時期期間（periodicity），依序等等。首先去圖示你時間序列的習慣通常會是一個好的理念，因為觀察一個時間序列圖形通常會導致對基本的時期性持有一個合乎邏輯的猜測。

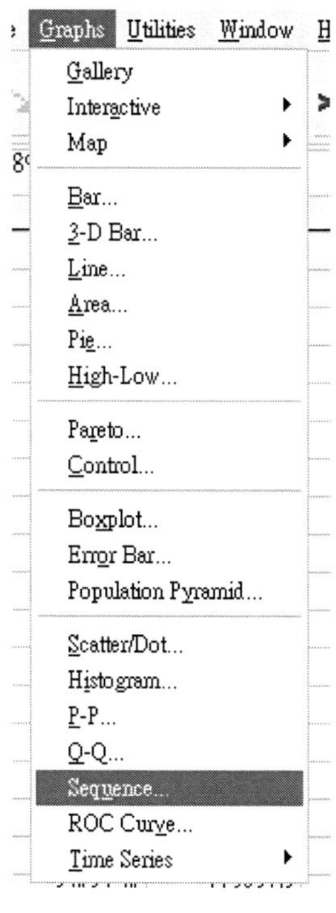

圖 7-120

去獲得過去時間童裝服飾銷售量的一個圖形：從名單中（the menus）選擇：Graphs → Sequence...

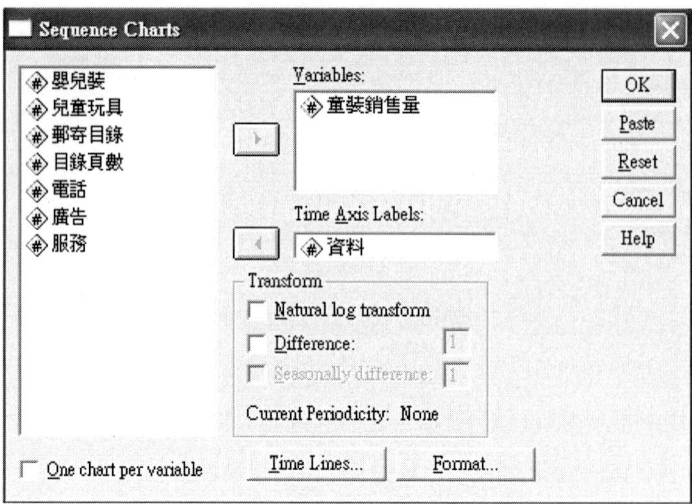

圖 7-121

選擇童裝服飾銷售量與把它移入變項（Variables：）。
選擇日期資料與把它移入時間軸的標示（the Time Axis Labels lis）。
按 OK。

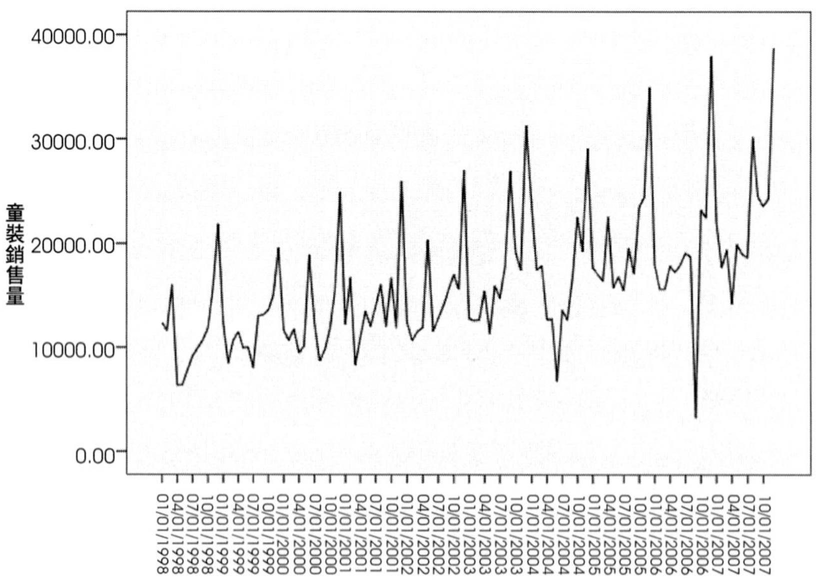

圖 7-122

該序列展示很多的高峰，但是它們並沒有顯示是同等地被間隔，這指出如果該序列有一個時期的成分，它亦有上下的波動這麼的波動並不是時期的一個典型真正時間序列的案例。除了小範圍的波動之外，顯著的高峰呈現出由若干個月所分隔。假設銷售量的季節性質，在十二月假期季節期間以典型的拉高，它可能一個好的猜測即時間序列有一個每年的時期。而且亦注意到季節的變數出現與向上成長的序列趨勢，指出季節的變數可以依該序列的水準作成比例。這意指一個倍增的而不是逐步增加的模型。

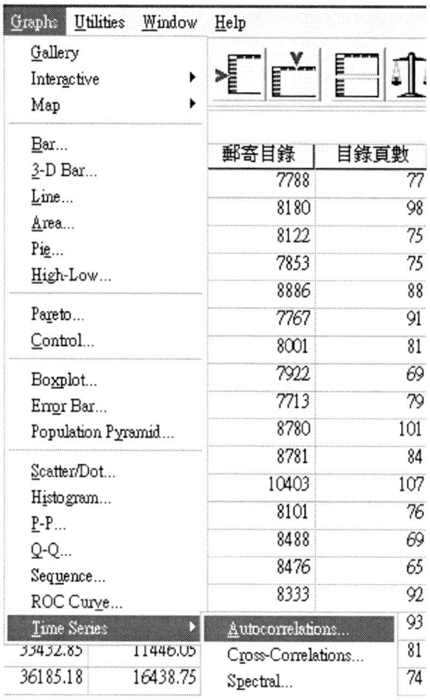

圖 7-123

檢測一個時間序列的自我相關與淨自我相關可提供有關基本時期性的一個更多量化的推論。

從名單中（the menus）選擇：Graphs → Time Series → Autocorrelations...

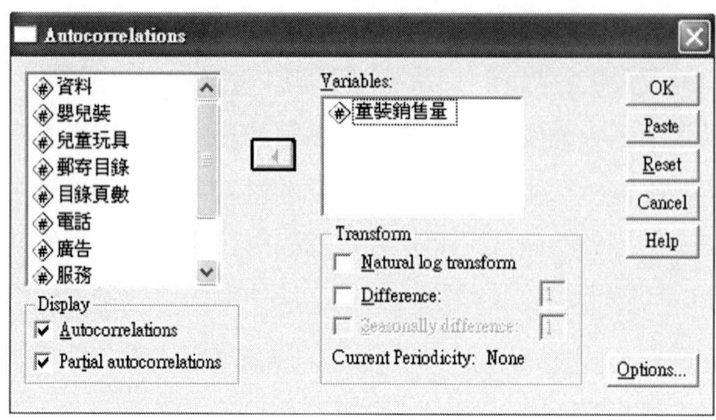

圖 7-124

選擇童裝服飾銷售量與把它移入變項（Variables：）。按 OK。

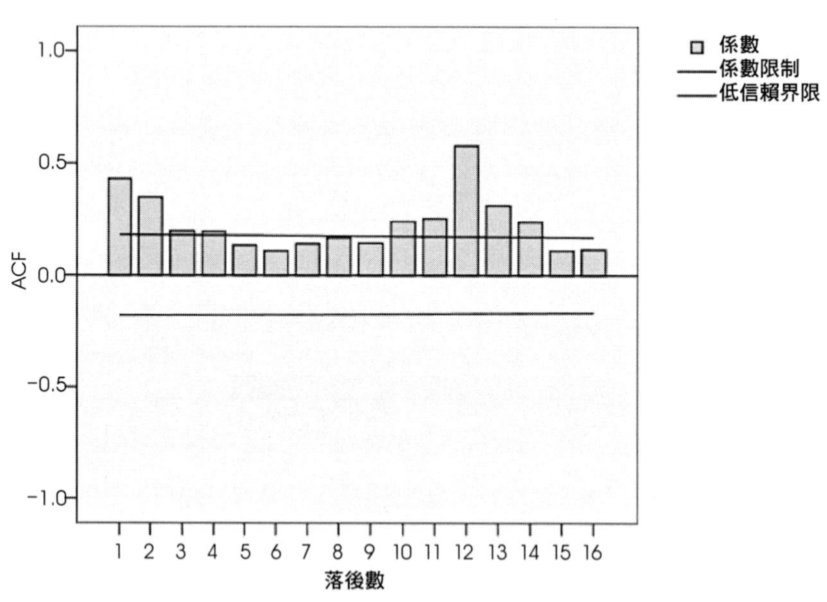

圖 7-125

自我相關函數顯示在一個滯延 1 沿著一條長指數的尾部是一個顯著的高峰，一個典型時間序列的模式。在一個滯延 12 的顯著性高峰指出在資料中一個每年季節成分的出現。淨自我相關函數的檢測將允許一個更明確的推論。在淨自我相關函數中一個滯延 12 的顯著性高峰證實在資料中一個每年季節成分的出現。

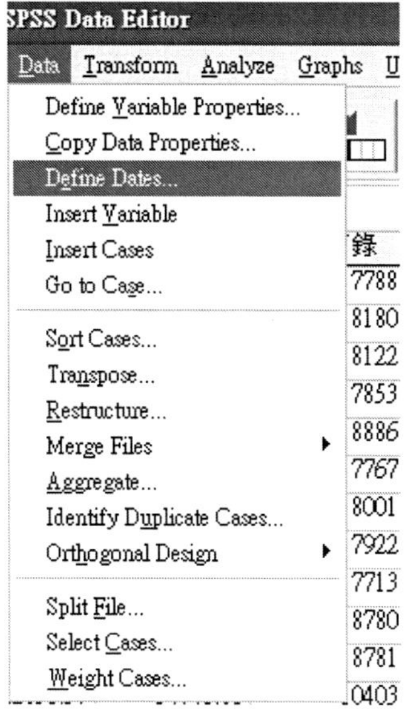

圖 7-126

去設定一個每年的週期（periodicity）：從名單中（the menus）選擇：Data → Define Dates...

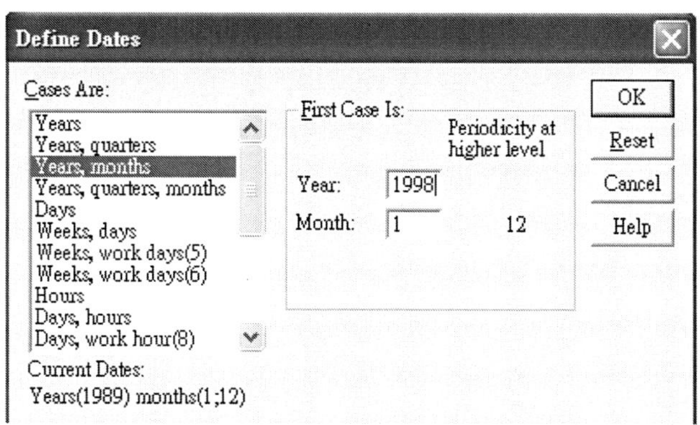

圖 7-127

選擇在案例中 Years, months 被記入，輸入 1998 為年與 1 為月。按 OK。

這個設定時期到 12 建立被設計資料變項的一個組合去進行趨勢程序的運作。

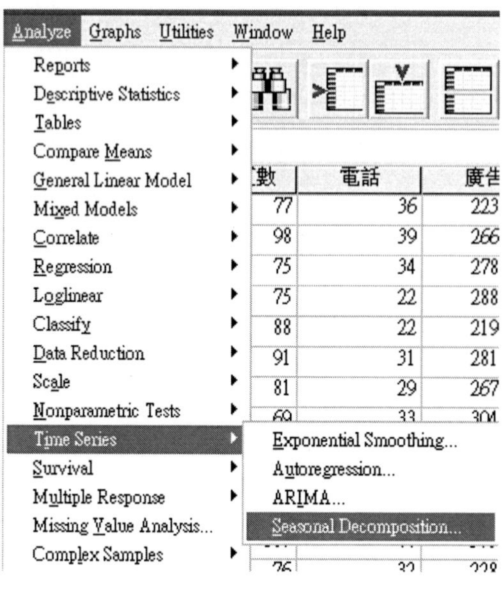

圖 7-128

進行季節分解的程序：From the menus choose: Analyze → Time Series → Seasonal Decomposition

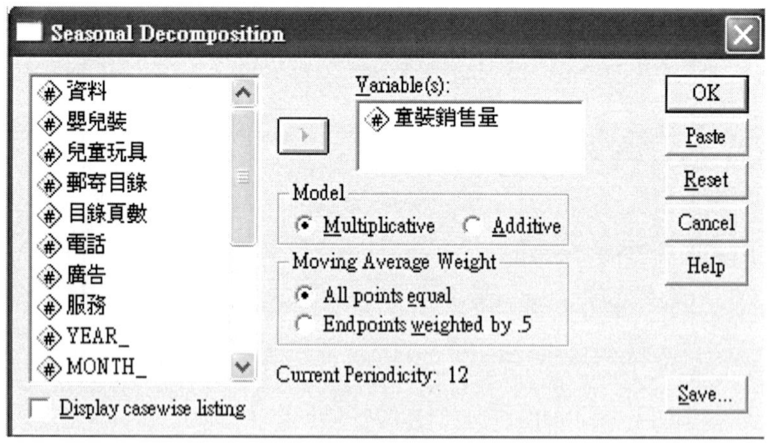

圖 7-129

選擇童裝服飾銷售量與把它移入變項（Variables：）。

選擇模型的組合中（the Model group）的 Multiplicative。然後按 OK。

四、理解輸出報表的結果

季節分解的程序可以建立四個新的變項提供由該程序所分析的每一個原始變項。採不履行，新的變項被加入可運作的資料檔案中。新的序列有命名以下列字首開始進行。

SAF，季節的調整因素（Seasonal adjustment factors），代表季節的變數。提供可相乘或倍增的模型，值 1 代表沒有季節的變數；可逐步增加的模型，值 0 代表沒有季節的變數。季節因素可以被使用於當輸入到一個指數平滑的模型。

SAS，季節調整的序列（Seasonally adjusted series），代表以季節變數可以被消除的原始序列，以一個季節上可以被調整的序列運作，允許一個趨勢成分可以被孤立與被分析和任何季節的成分無關。

STC，平滑趨勢——循環成分（Smoothed trend-cycle component）在季節上可以被調整序列的一個被平滑的作法（a smoothed version），可以顯示趨勢與循環成分兩者。

ERR，提供一個個別觀察值的序列殘差成分。

表 7-21

Seasonal Factors

Series Name：童裝銷售量

Period	Seasonal Factor (%)
1	96.6
2	85.0
3	86.0
4	84.9
5	85.0
6	86.7
7	85.5
8	94.0
9	93.2
10	112.6
11	112.6
12	178.0

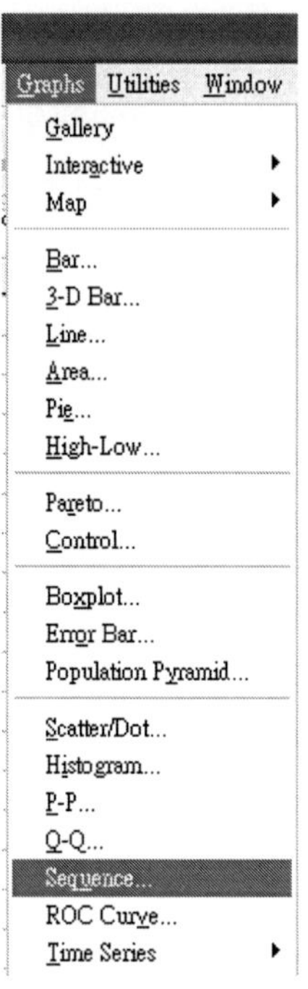

圖 7-130

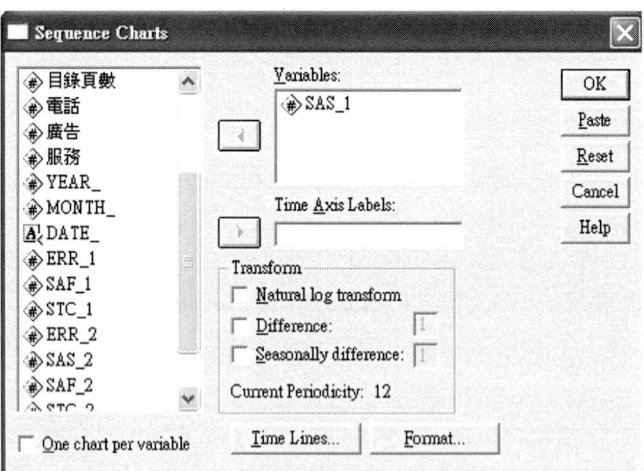

圖 7-131

對現行的案例，季節上可能被調整的序列是最適當的，因為它代表具季節變數可被消除的原始序列。

去以圖形顯示在季節上已被調整的序列。

打開序列關聯圖形的對話盒（the Sequence Charts dialog box）。

按重設（Reset）去清除任何過去的選擇，然後選擇 t SAS_1 與把它移入變項的方盒中（Variables：）按 OK。

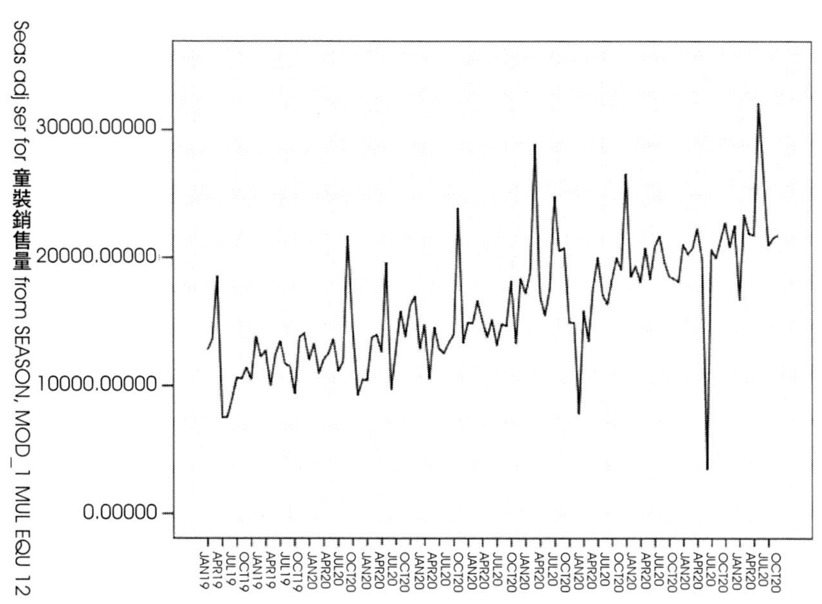

圖 7-132

季節上可以被調整的序列顯示一個很清晰向上成長的趨勢。有很多的高峰是明顯的，但是它們以隨機的間隔呈現顯示一個每年的模式是不明顯的。

五、結語

使用季節分解程序，你已消除一個時期時間序列的季節成分去產生一個序列更適合於做趨勢分析。時間序列自我相關與淨自我相關的檢測在決定基本周期性（the underlying periodicity）中是有用的。在本案例中，其周期性是每年。

季節調整的因素，係由變項 SAF_1 所給予，可以被使用作為季節因素的組合即被選擇輸入一個指數平滑的程序。更多的資訊，可參考 Building and Analyzing a Winters in Exponential Smoothing。

綜合本節以上的探究可知季節的分解程序對消除來自一個定期（周期）時間序列的單一季節的成分是有效的。你可以使用季節調整因素，由季節的分解程序，作為選擇季節因素提出指數平滑程序。

要執行一個時間序列定期性（周期性）的一個比由淨相關函數所提供更深入的，可使用光譜圖示程序。對一個時間序列趨勢成分的一個迴歸分析，你可以使用季節被調整的序列或平滑趨勢——循環成分作為一個迴歸程序的依變項。

第五節　光譜的曲線圖

光譜圖示程序是被使用於去辨識在時間序列其定期性（周期性）的行為。因為時間序列是由多重基本的定期性（周期性）所組成或當隨機噪音的一個相當的量被呈現在資料中，光譜圖示可以提供辨識定期性（周期性）成分呈現出更清晰的工具（the clearest means of identifying periodic components）。

一、使用光譜的曲線圖去證實關於周期性的指數

時間序列代表零售的銷售量在典型上由於在假期季節其間通常銷售量的高峰所造成有一個基本（暗含的）每年的定期性（周期性）。產生銷售量投射（Producing sales projections）意指建立一個時間序列的模型，它意指任何定期性（周期性）的成分。一個時間序列的圖示不是總是可以揭示每年的定期性（周期性），因為時間序列包含隨機的波動其波動時常會掩飾基本的（暗含的）結構。

一個目錄公司（a catalog company）的每月銷售量資料是被儲存在 CH7-5 檔案中，預期銷售量資料去展示一個每年的定期性（周期性）與會喜歡去驗證這個於進行處理銷售量投射之前。一個時間序列的圖示顯示許多高峰以不規則間隔方式呈現出，如此任何基本（暗含的）定期性（周期性）顯然是不清楚的。使用光譜圖示程序去辨識銷售量資料中任何的定期性（周期性）。

二、進行分析

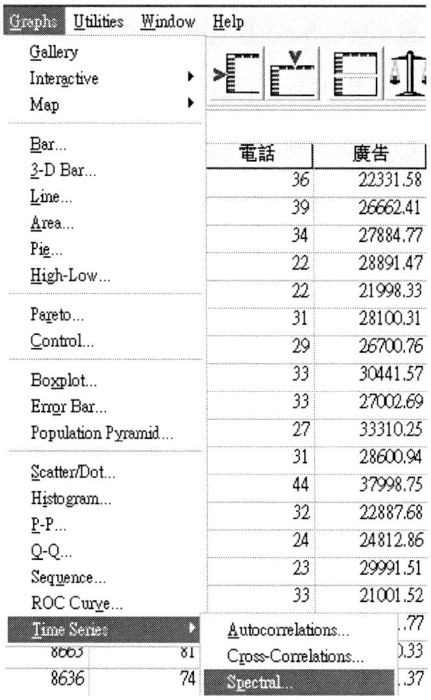

圖 7-133

進行光譜圖示程序：

從名單中（the menus）選擇：Graphs → Time Series → Spectral...

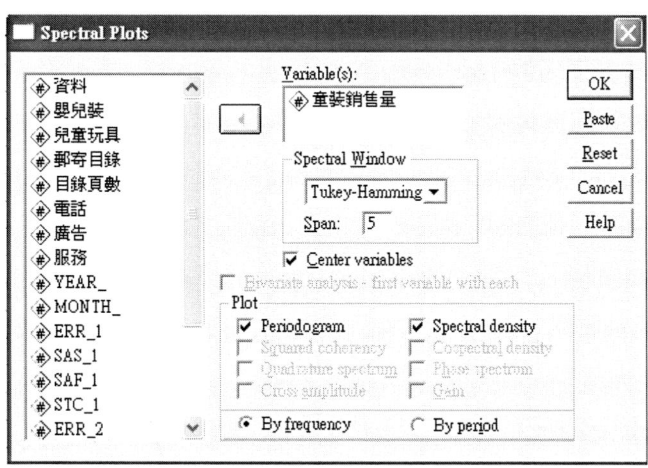

圖 7-134

選擇童裝服飾銷售量與把它移入變項（Variables：）。選擇在圖形組合中的光譜密度（Spectral density in the Plot group）。

按 OK。

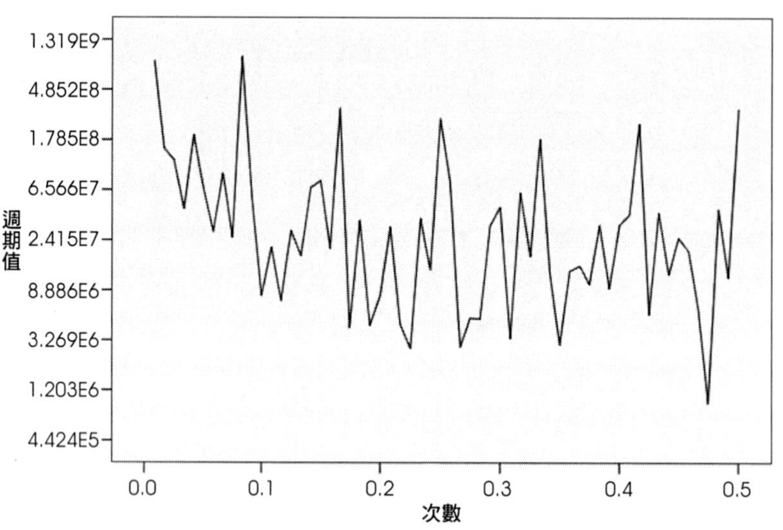

圖 7-135　童裝銷售量的次數週期值

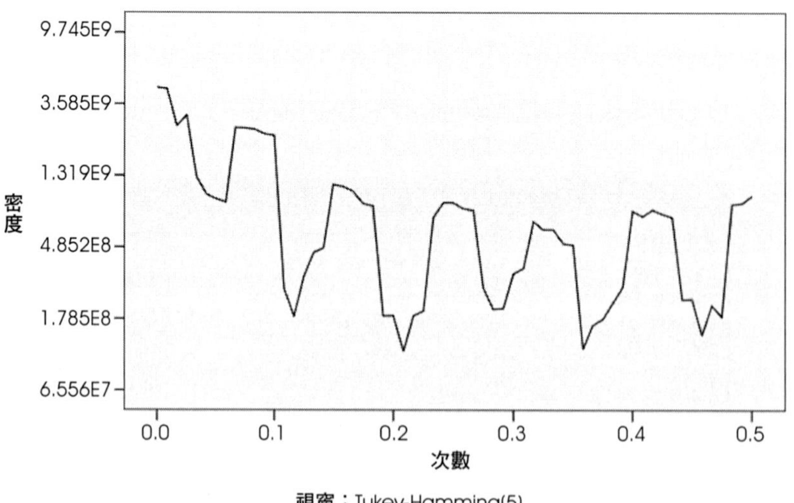

圖 7-136　童裝銷售量的次數光譜密度

周期的量尺或定期的尺碼（the periodogram）的圖示顯示高峰的一個序列關聯圖形（a sequence）去支持來自其背景的噪音，並以僅僅小於 0.1 的一個頻率次數上呈現出其最低頻率次數的高峰。

由此，你會猜疑資料會包含有一個每年定期的成分，如此會考量到一個每年成分的呈現將會產生定期的尺碼或周期的量尺（the periodogram）。

在時間序列的每一個資料點代表一個月，如此一個每年定期性或周期性會反應於在當前資料組合中一個 12 的一段時期。因為一段時期（period）與頻率次數（frequency）是彼此交互出現的，由於一個 12 的一段時期反應於 1/12 或 0.083 的一個次數或頻率（frequency）。

如此一個每年的成分意含以 0.083 的定期或周期尺碼（the periodogram）呈現出一個高峰，它似乎正巧是以在一個 0.1 次數或頻率（frequency）之下出現一個高峰。

持續出現的各高峰最好是能夠以光譜密度的函數去進行分析，它只是以定期或周期尺碼進行一個被平滑的作法（a smoothed version）。

平滑可以提供作為減少來自一個定期或周期尺碼背景所產生噪音或擾音（the background noise）的一種工具或方法，所以進行平滑法允許基本的或暗含的結構能夠更清晰地被孤立。

光譜密度是由五個個別的高峰所組成呈現出是以等式方式被間隔。

最低頻率次數的高峰只代表以 0.08333 的被平滑的作法。

要去理解四個較高頻率次數的高峰，要記得定期或周期量尺或尺碼是由塑造時間序列模型的餘弦與正弦函數的總和（as the sum of cosine and sine functions.）來進行計算。

由餘弦與正弦函數（sinusoidal）所形成的定期或周期成分以同等定期或周期尺碼方式呈現出為單一的各個高峰。不是正弦函數（are not sinusoidal）所形成的定期或周期成分則呈現出以不同的高度同等被間隔高峰的序列方式。在序列中以最低頻率次數高峰以定期成分的頻率次數出現。

如此在光譜密度中有四個較高頻率次數的高峰只告訴我們每年定期的成分不是正弦函數（is not sinusoidal）。

現在你對在光譜密度圖形中所目睹的結構可以提出解釋與推論該資料包含有以 12 個月為一段期間的一個單一定期的成分。

三、結語

使用光譜圖示程序，你已驗證一個時間序列一個每年定期成分的存在，與被證實沒有其他顯著性的各定期性被呈現。所以，光譜密度被視為是比揭示基本或暗含結構的定期尺碼是更加有效，因為它以平滑出資料非定期性成分所產生的上下波動。

從本節以上的探討，可知光譜圖示程序對辨識一個時間序列的定期成分是有效的。

要消除來自一個時間序列的定期成分，例如，去執行一個趨勢分析，可以使用季節分解程序。

第六節　結語

本章是綜合前述第二、第三、第四，與第五章的理論性與技術性的問題，以專題的方式使用 SPSS 軟體（13 版）進行分析，因為 SPSS 軟體（13 版）的設計能夠配合前述各章節理論性與技術性探究的方式，因為其中有某些使用方程式計算的過程去進行預測模型的建立。

從以上的陳述與探究方式，雖然會有些繁複的過程，然而這樣的探究方式是從學理基礎的探究開始。期望有助於讀者對於時間序列問題的探討，能夠從學理基礎的探究逐步的深入理解與熟悉。

Chapter

08

時間序列模型的塑造與預測：專題與SPSS（18版）的操作分析

第一節　緒論

在我們前述的各章中，我們已從基礎的時間序列的分析技術探究，迴歸技術的探究，自我相關與自我迴歸問題，ARIMA 模型代數與技術分析，時間序列的資料分析與 SPSS（18 版）的操作過程，時間序列預測模型專題的分析與 SPSS（13 版）的操作，循序漸進地探究時間序列的基本技術方法，時間序列的迴歸技術，與 ARIMA 模型的技術分析。

從 SPSS（15 版本）出版以來在時間序列的程式方面就有很大的改變或革新，其主要革新部分是如前述從第一節第四節中使專業的模組器與套用模式進行時間序列的分析，其中最主要的優勢有二：（一）在模型的建立過程或程序中得以省略模型辨認，估計，與診斷的過程，（二）把複雜的 ARIMA 模型（0, 0, 0）與 ARIMA 模型（0, d, 0）過程隱含在 Create Model 的程序中。因而，對於前述第七章使用干擾分析去決定市場分配的問題，如果吾人對於其中程式的運作不熟悉而不去使用 ARIMA 模型的建構，是非常遺憾的。

基於善用新軟體的優勢，又能善用新軟體含蘊舊內容的獨特性之思維。所以，吾人從本章開始，思考把含蘊在 SPSS18 版本之中舊內容的獨特性再度以 SPSS18 視窗版面去進行前述第七章後面部分三個專題的分析，其中雖然分析內容是一樣的，然而其主要目標是在於能夠以 SPSS18 視窗版面去進行分析，使沒有 SPSS13 版本的讀者亦能夠熟識新軟體含蘊舊內容的獨特性之預測加上模型的建構可以提供實現建立模型與產生預測值二個任務的程序。

時間序列模型塑造程序可以估計指數平滑，單變項（univariate）自我迴歸統合移動平均（Autoregressive Integrated Moving Average, ARIMA），與提供時間序列的單變項 ARIMA（或轉變函數模型），與產生預測值。該程序包括一個專業模型模組器它可以自動地辨識與估計最適配的 ARIMA 或指數平滑模型提供一個或一個以上的依變項序列。如此可以減少要去辨識一個適當模型要透過實驗與錯誤的需求。很幸運，由此你可以辨識一個習慣的 ARIMA 或指數平滑模型。基於前述實現建立模型與產生預測值二個任務的程序，可知本章的主要目標就是在於能夠承繼前述七章的基本技術條件，可以更進一步深入去體認 SPSS 軟體在 15 版本之後，為了可以節約問題辨識，估計，與診斷的過程。

因而在 SPSS（18 版）的操作過程中，有二個要學習的焦點：

一、學習如何去使用專業的模組器

時間序列模型從一個外在檔案中負荷現行的時間序列模型與把它們應用於真實的資料組合，你可以使用這種程序去獲得新的或被修正資料，是可資利用的序列預測值，而無需重建你的模型。

二、學習如何去應用套用模式

學習如何應用或套用已儲存的模型去擴張你所進行的預測值，在當你獲得有更多當前的資料時，你就會變得有更多的資料可資利用。

第二節　使用專業的模組器進行大量混合資料的預測

一個分析者對一個全國早餐聯營總管理公司被要求去預測各地區分店的銷售以便去預測分店營運的狀況。預測值是被要求 31 個地區分店或地區分店市場中的每一個市場，以決定全國早餐聯營總管理公司的經營策略（the national subscriber base）。每一個月經歷的資料（Monthly historical data）被蒐集於本書檔案 CH8-1 檔案中。

在這個範例中，你將使用專業模型機去產生下次三個月 31 個地區分店市場每一個市場的預測值。儲存已被產生的模型於一個內在 XML 的紀錄（life）中。一旦被你完成，你就可想透過下一個範例去運作。Bulk Reforcadting by Apply Saved Modle，它可以把被儲存的模型應用於一個最新資料的組合以便去擴大使用另三個月的預測值而無需去重建模型。

一、檢測你的資料

在建立一個模型之前對於你的資料性質總是要有一個很好理念的感覺。能使資訊展示季節性變數？雖然專業模組器將自動地發現最佳季節的或非季節的每一個序列，你時常可以獲得較快速的結果藉由限制對非季節模型的探求於當季節性並沒出現在你的資料中的時候。無需進行檢測 31 個地區市場的每一個分店，我們可以藉由圖形的顯示展示所有市場以獲得整體分店的數目其完整的一個概略描述。

圖 8-1

From the menus choose:

從名單（the menus）中選擇：Analyze → Time Series → Sequence Charts 參考圖 8-1。

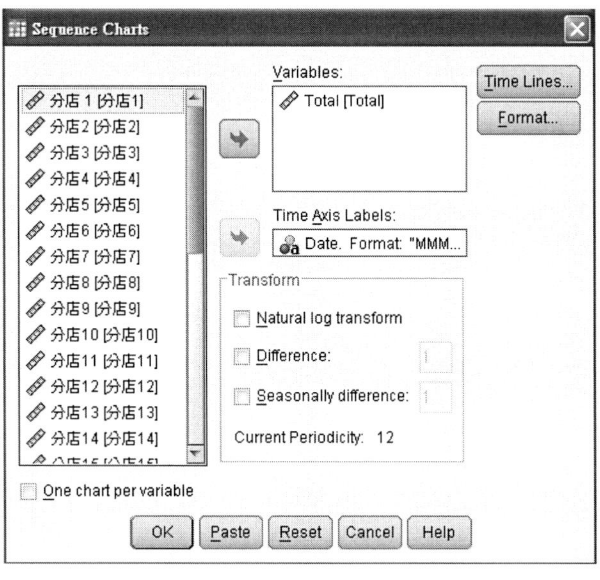

圖 8-2

選擇分店的整體數目，然後把它移入 the Variables 列入盒（依變項列入盒）。然後再選擇資料把它移入到 the Time Axis Labels 盒中參考圖 8-2。接著按 OK。

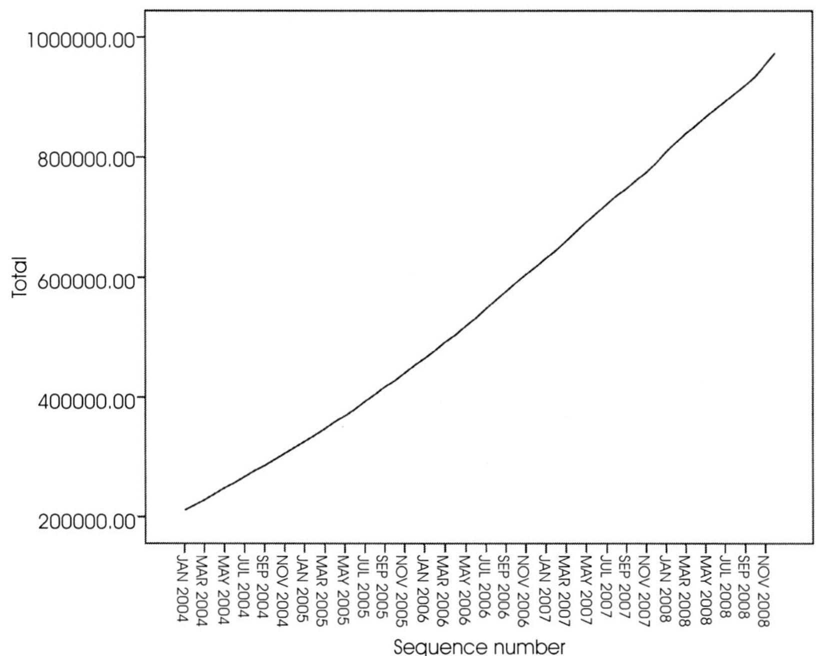

圖 8-3

圖 8-3 顯示該序列展示一個非常平滑的向上趨勢而沒有暗含季節性的變數。帶有季節性的個體序列，但是它所顯示的季節性並沒有像一般資料所呈現出的那一種突出的特徵。

當然在刪除季節模型之前你應該檢視每一個序列。然後你可以隔離序列呈現出季節性與個別地塑造它們的模型。在現行的案例中，31 個序列的檢視顯示沒有呈現出季節性。

二、進行分析

去使用專業模組器。

從名單（the menus）中選擇：Analyze → Time Series → Create Models... 再選擇分店 1 到分店 31 為依變項，參考圖 8-5。

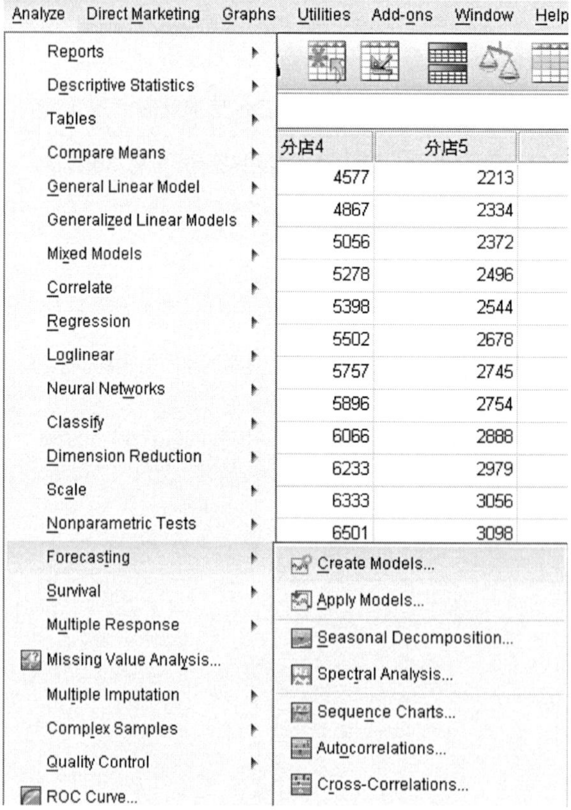

圖 8-4

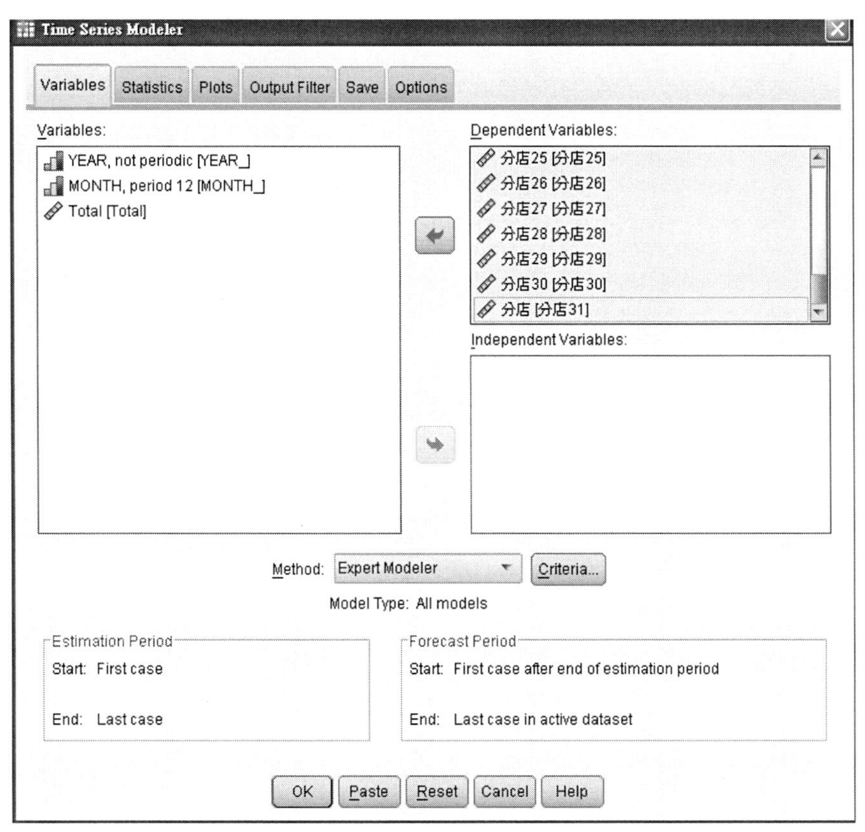

圖 8-5

證實專業模組器（塑造器）是被選擇於 the Method drop-down list。專業模組器（塑造器）將自動地發現最適配的模型給予每一個依變項的序列，參考圖 8-5 。

被使用於估計模型的案例組合是被歸之為估計期間或估計時期（the estimation period）。由於電腦內部的設定（By default），它包括在積極或實際組合的所有案例中（all of the cases in the active dataset）。

你可以設定估計的時期或期間（the estimation period），在選擇案例對話盒中的選擇是基於時間（time）或案例範圍（case range）。例如，我們將附著或堅持電腦內部的設定（stick with the default）。

要注意到電腦內部設定的（the default）預測期間開始於估計期間的結束之後（the default forecast period starts after the end of the estimation period）的第一個觀察值與進行到在實際資料組合（the active dataset）中的最後案例完成為止。如果你正進行預測超越最後案例，你將需要去擴大預測期間（forecast period）。這個可以從選擇鍵（the Options tab）去執行你將在這個案例的後面看到，參考圖 8-5。接著按 Criteria。

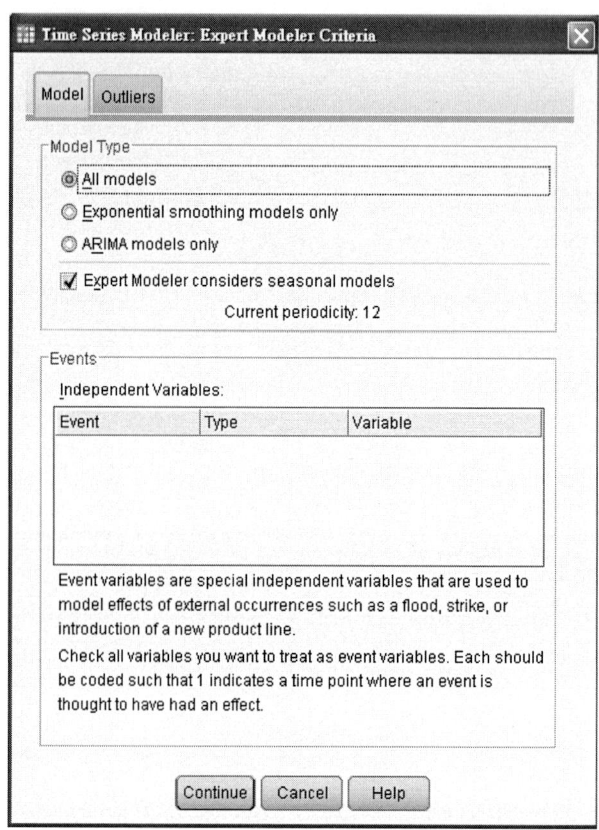

圖 8-6

退選在 the Model Type group 中的 Expert Model 專業模型考量季節的模型（Expert Modeler considers seasonal models）參考圖 8-6。

雖然該資料是每月的與現行的時期期間是 12，我們已看到該資料並沒有顯示任何的季節性。如此就無需去考慮季節性的模型。這樣可以簡化由專業模組器所占用的空間與能夠顯得簡化計算的時間。接著按 Continue。

按在 Time Serials Modeler 對話盒的 the Options 鍵參考圖 8-5 或圖 8-7。

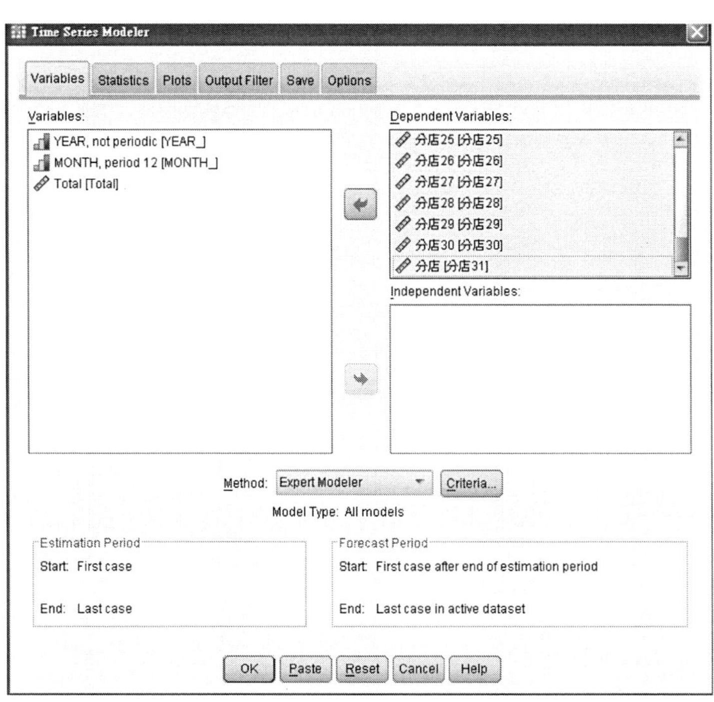
Time Series Modeler
Variables
Statistics
Plots
Output Filter
Save
Options
Variables:
YEAR, not periodic [YEAR_]
MONTH, period 12 [MONTH_]
Total [Total]
Dependent Variables:
分店25 [分店25]
分店26 [分店26]
分店27 [分店27]
分店28 [分店28]
分店29 [分店29]
分店30 [分店30]
分店 [分店31]
Independent Variables:
Method: Expert Modeler
Criteria...
Model Type: All models
Estimation Period
Start: First case
End: Last case
Forecast Period
Start: First case after end of estimation period
End: Last case in active dataset
OK
Paste
Reset
Cancel
Help

圖 8-7

Time Series Modeler
Variables
Statistics
Plots
Output Filter
Save
Options
Forecast Period
First case after end of estimation period through last case in active dataset
First case after end of estimation period through a specified date
Date:
Year
Month
2009
3
User-Missing Values
Treat as invalid
Treat as valid
Confidence Interval Width (%):
95
Prefix for Model Identifiers in Output:
Model
Maximum Number of Lags Shown in ACF and PACF Output:
24
OK
Paste
Reset
Cancel
Help

圖 8-8

在資料 Data 格子（grid）中，輸入 2009 提供為年與提供 3 為月。

選擇 First case after end estimation period through a special data 在預測時期的組群中。

資料包括從 January 2004 through December 2009。以現行的背景，預測期間將是 January 2009 through March 2004。按 Save tab。

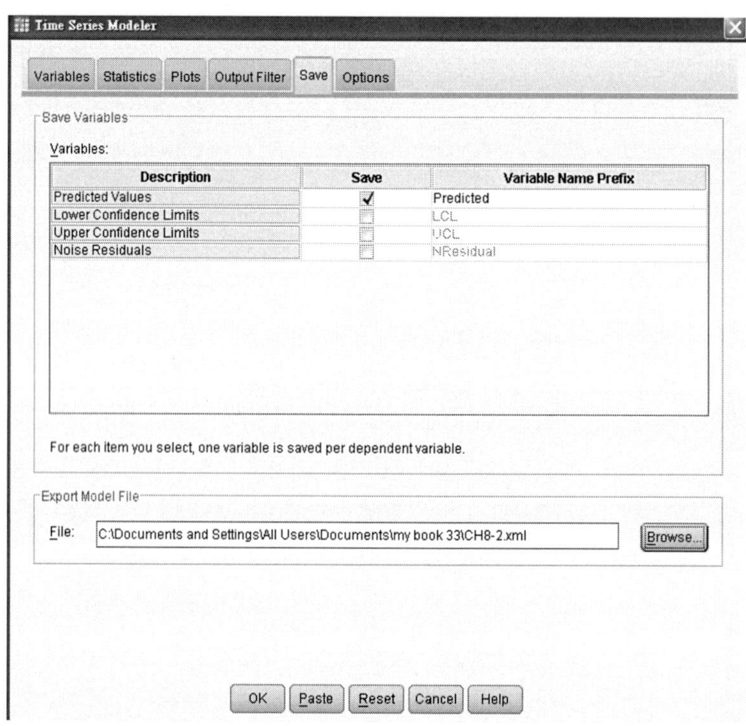

圖 8-9

選擇（檢查）在 the Save column 中預測值的輸入，以留置被預測的電腦內定值為字首命名的變項（the Variable Name Prefix）。

這個模型的預測值是被存為新的變項於實際的資料組合中，使用命名變項的字首作預測。你亦可以儲存的每一個模型的界定在一個外在的 XML 的檔案紀錄中（an external XML file）。這將允許你去重新使用模型去擴大你的預測值為新的資料而可以被使用。

按在 Save tab 鍵的 the Browse button，這將會帶你到一個標準的對話盒以提供儲存一個檔案。

領航到摺疊器（Navigate to the folder）其中你可以儲存 XML 模型檔案，輸入一個檔名，然後按儲存。

圖 8-10

選擇 Display forecasts。

這個選擇會給予每一個依變項序列產生各個預測值的表與提供另一個選擇不儲存預測值為新變項，而給予獲得這些值。

電腦內設適配度（Goodness of fit）的選擇在比較組群統計量中（in the Statistics for Comparing Models group）產生它統計量的一個表，諸如 R 平方（R-squared），平均絕對百分比誤差（mean absolute percentage error），與常態化的 BIC（ normalized BIC），交叉所有模型的計算。它提供該模型如何適配於資料的一個簡明摘要。

按 the Plots 鍵。

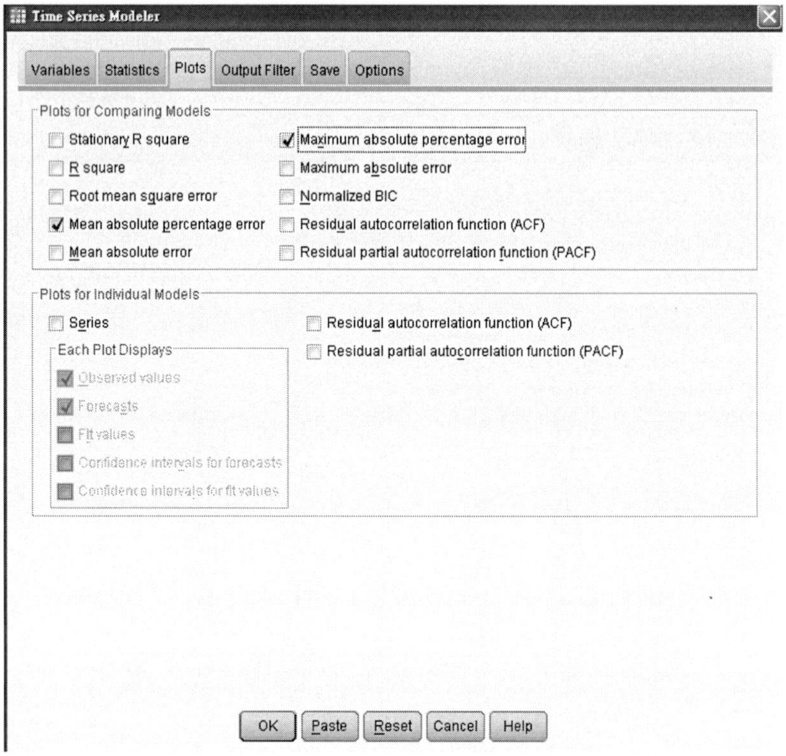

圖 8-11

退選在 the Plots 的序列提供個體模型組群的圖形。

這個可能壓制模型每一個序列圖形的產生。在本範例中，我們更有興趣於儲存預測值為新的變項，更甚於預測值產生圖形。比較模型組群的圖形（Comparing Models group）可以提供計算交叉所以模型適配統計量的若干圖形（在直方圖中的圖形）。

選擇平均絕對百分誤差（Mean absolute percentage error）與最大絕對百分誤差（Maximum absolute percentage error）。

絕對百分誤差是測量從它模型預測水準中有多少依變項序列發生變化。檢測交叉所有模型的平均與最大絕對百分誤差，你可以獲得在你的預測值中一個不確定的指示。

要注意到百分比誤差的摘要圖形，甚於絕對誤差，是被提醒的因為相依序列（the dependent series）代表或呈現分店市場大小變化的數據。

按在 in the Time Series Modeler dialog box 中的 OK。

三、模型摘要圖形

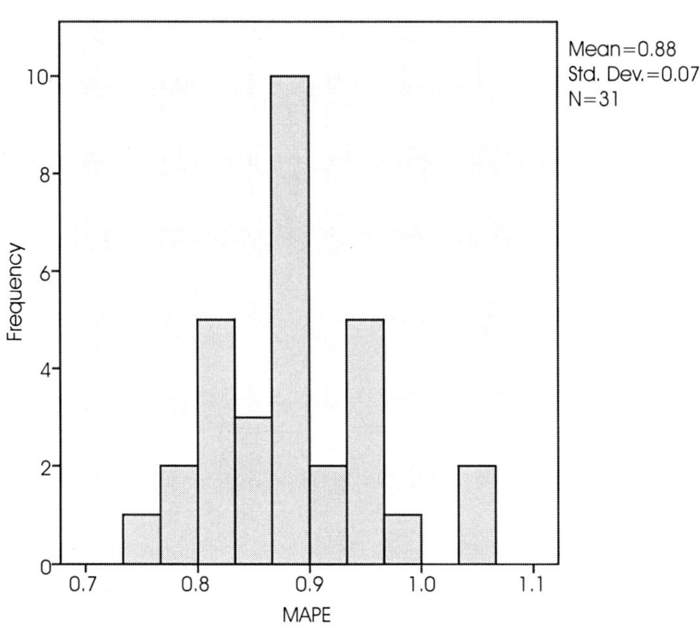

圖 8-12

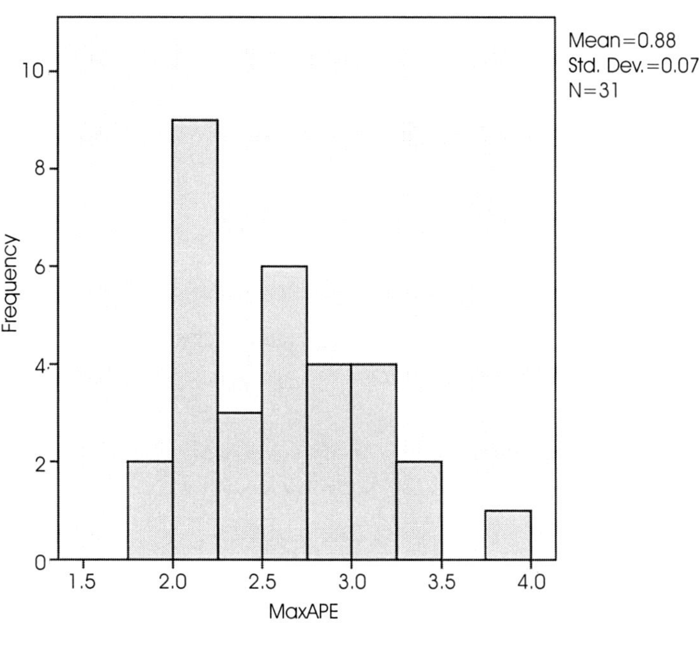

圖 8-13

在圖 8-12 中這個直方圖（histogram）展示平均絕對百分比誤差（MAPE）交叉於所有模型與它顯示所有模型一個大約 1% 的平均不確定性。

在圖 8-13 中這個直方圖（histogram）展示最大量絕對百分比誤差（MaxAPE）交叉於所有模型與對假設你的預測值一個最差案例情節撰寫是有用的。它顯示每一個模型落入 1 到 5% 範圍的最大百分比誤差。

這些值的確代表一個可接受不確定的總量（an acceptable amount of uncertainty）？這是一種情境其中你的企業產生有效的意義（comes into play）因為可接受的冒險（風險）從一個問題到另一問題中將會有變化。

四、模型的預測

Analyze Direct Marketing Graphs Utilities Add-ons Window Help

YEAR_	MONTH_	DATE_	Total	Predicted_分店1_Model_1	Predicted_分店2_Model_2	Predicted_分店3_Model_3
2008	8	AUG 2008	905525.83	11376	49737	59686
2008	9	SEP 2008	920136.28	11628	50215	61273
2008	10	OCT 2008	934972.24	11804	50876	60977
2008	11	NOV 2008	954146.10	11857	51142	60977
2008	12	DEC 2008	973696.36	11722	52966	60542
2009	1	JAN 2009	.	11563	55228	59685
2009	2	FEB 2009	.	11577	56900	59312
2009	3	MAR 2009	.	11591	58573	58940

圖 8-14

這個資料編輯顯示若干個新變項包括模型的預測值。在表 8-1 中雖然只顯示三個，有 31 個新變項，提供 31 個依變項序列的每一個。

變項的命名由不履行的字首被預測（the default prefix Predicted）所組成，隨後由結合著依變項的命名所形成（for example, 分店 _1），隨後一個模型的相同者（a model identifier）（for example, Model_1）。

三個新案例，包括 January 2009 through March 2009 的預測值，已被增加到資料組合，自動地依據已產生的資料標示（date labels）。

每一個新變項包括估計期間模型的預測值（the model predictions for the estimation period）（January 2004 through December 2008），允許你去看看模型如何適配已知的各值。

表 8-1

Model Fit

Fit Statistic	Mean	SE	Minimum	Maximum	Percentile						
					5	10	25	50	75	90	95
Stationary R-squared	0.321	0.179	−0.003	0.588	0.023	0.048	0.180	0.303	0.470	0.559	0.579
R-squared	0.999	0.000	0.998	1.000	0.998	0.998	0.999	0.999	0.999	0.999	1.000
RMSE	201.945	165.716	51.220	774.234	52.828	57.926	95.482	145.704	264.109	456.609	637.253
MAPE	0.882	0.071	0.762	1.058	0.769	0.787	0.819	0.876	0.935	0.970	1.044
MaxAPE	2.579	0.490	1.874	3.815	1.914	2.015	2.174	2.573	2.795	3.404	3.610
MAE	156.264	126.089	38.240	596.281	40.169	46.537	78.919	114.840	202.155	336.426	483.217
MaxAE	525.571	441.909	130.784	2147.852	132.908	136.669	232.091	403.966	667.781	1166.302	1700.121
Normalized BIC	10.262	1.398	8.077	13.440	8.138	8.268	9.254	10.146	11.289	12.380	13.021

表 8-2

Forecast

Model		Jan 2009	Feb 2009	Mar 2009
分店 1-Model 1	Forecast	11563	11577	11591
	UCL	11754	11890	12029
	LCL	11372	11264	11153
分店 2-Model 2	Forecast	55228	56900	58573
	UCL	56026	58405	61007
	LCL	54431	55396	56138
分店 3-Model 3	Forecast	59685	59312	58940
	UCL	60941	60705	61048
	LCL	58880	57920	56831
分店 4-Model 4	Forecast	18156	18333	18510
	UCL	18358	18687	19038
	LCL	17954	17979	17983
分店 5-Model 5	Forecast	6610	6683	6735
	UCL	6713	6810	6883
	LCL	6507	6556	6588

你亦可以選擇去建立具有各預測值的一個報表。這個表由在預測期間的預測值（the predicted values）所組成，不像新的變項包括模型預測值（the model predictions），但並不包括在估計期間的預測值（predicted values）。

由模型所組織形成與由模型命名所辨識的結果，它是由結合著依變項的命名（或標示）所形成，隨後由一個模型的相同者所組成，很像新變項包括模型預測值（the model predictions）。

這個報表亦包括上限的信賴限制（UCL）與下限的信賴限制（LCL）提供預測值（電腦內部設定大約 95%）。

現在你已看到獲得被預測各值的二個途徑：儲存各預測值作為在實際資料組合中的新變項與創造或建立一個預測值的表（creating a forecast table）。

五、結語

你已學習如何去使用專業模組器度（the Expert Modeler）去產生多重序列的預測值，與你已儲存結果的模型成為一個外在的 XML 檔案。在下一個範例中，你將學習如何去擴張你的預測值（forecasts）作為新的資料變成可資利用的資料，而不必去重建你的模型，只要應用時間序列模型的程序（Apply Time Series Models procedure）。

第三節　使用套用模式進行大量綜合性資料的預測

這個範例是前述範例的一個自然的擴張，即是，使用專業的模組器進行綜合性資料的預測，然而亦可以被使用於進行獨立或個別資料的預料。在這個情節撰寫中，你可以對一個全國 broadband provider 他是有需要去產生提供 31 個 local markets 每一個使用者用戶每月的預測值。你已使用專業模組器去建立模型與去預測未來三個月的預測值。你的資料儲存區（Your data warehouse）已以原始預測期間的真實資料被補充，如此你可以使用去擴張由另三個月預測範圍的資料。

最近每月的歷史資料是被蒐集在 CH8-2.sav，與被儲存的模型是在 broadband_models.xml 中。可參考在 Sample Files 中的更多資訊。當然，你已透過前述的範例與已儲存的模型檔案，你就可以使用 CH8-2_models.xm1 它替代。

一、進行分析

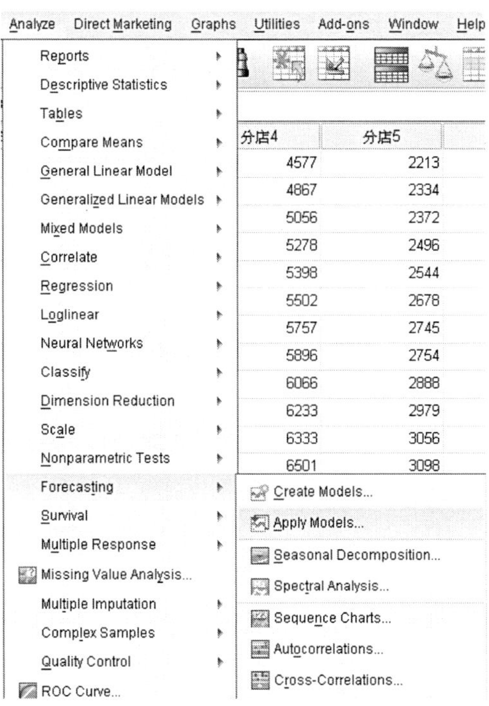

圖 8-15

套用模型的應用：從名單中選擇分析 Analyze → Forecasting →（套用模型）Apply Models...

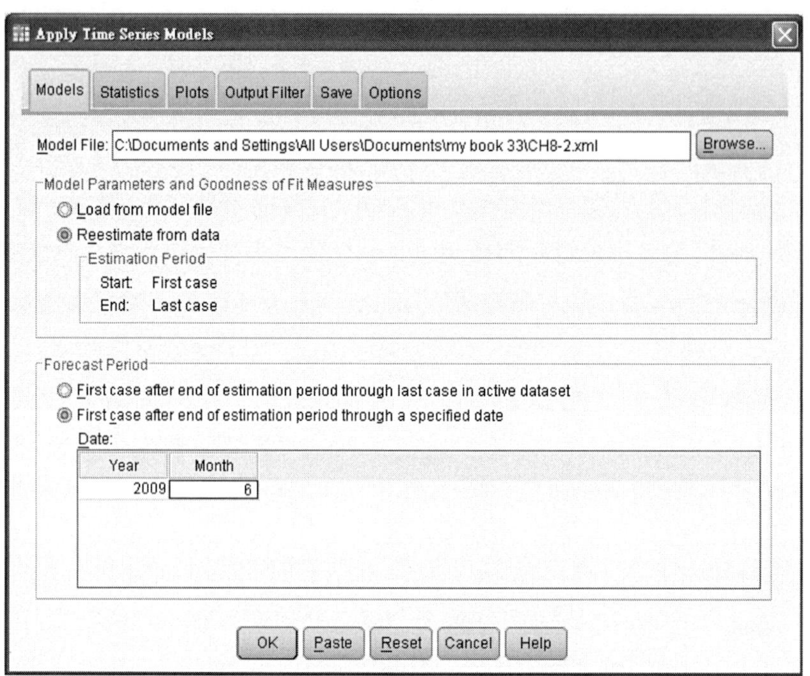

圖 8-16

按 Browse，然後航行到與選擇 broadband_models.xml（or choose your own model file saved from the previous example），參考 Sample Files 提供更多的資訊。

往 CH8-2_models.xml（or your own model file）的路徑現在應該呈現在 the Models tab。

選擇 Reestimate from data。

去併你時間序列的新值成為預測值，應用 the Apply Time Series Models 程序將必須去重新估計模型參數。模型結構仍然是相同的，如此計算時間去重新估計是比原始計算時間去建立模型快。重新估計被使用的案例組合需要去包括新的資料。這將被保證如果你可以使用第一案例到最後案例在電腦內部的設定估計期間。如果你需要去設定某事的估計期間而不是由電腦內部的設定，你如果可以基於時間或案例範圍在 the Select Cases dialog box 中作選擇。

選擇在 the Forecast Period group 中通過一個被指定日期的估計時間結果之後的

第一個值（First case after end of estimation period through a specified date）。在日期的方格中，輸入年為 2009 與月為 6。

該資料組合包含從 2004 年 1 月到 2008 年 3 月的資料。以當前的設定背景，預測期間將會是 2009 年 4 月到 2009 年 6 月。

按 the Save 鍵。

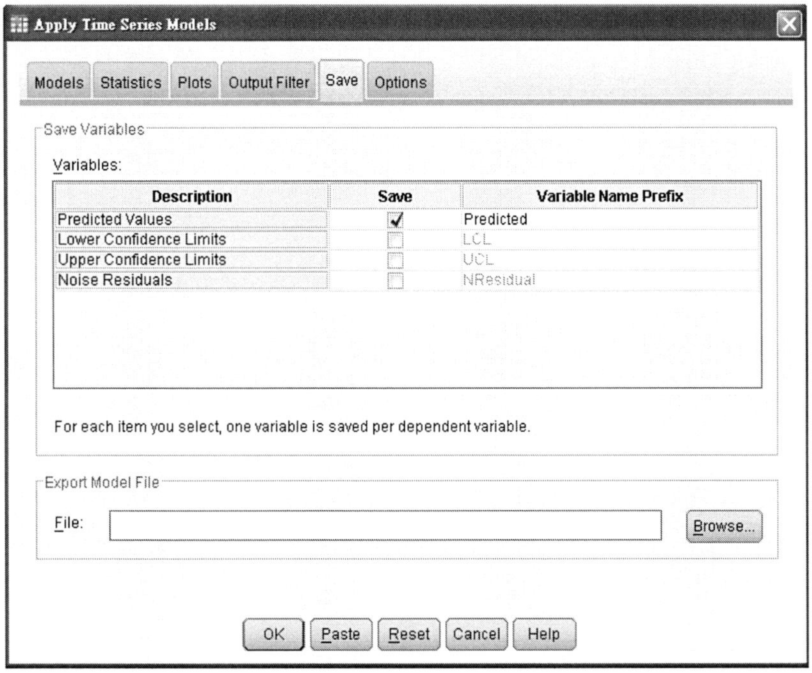

圖 8-17

選擇（檢查）在 Save 欄位中 Predicted Values 的輸入與留置電腦內設變項名稱字首的預測值。因而該模型的預測值將被儲存在實際或真正資料組合中為新變項。

按 the Plots tab。

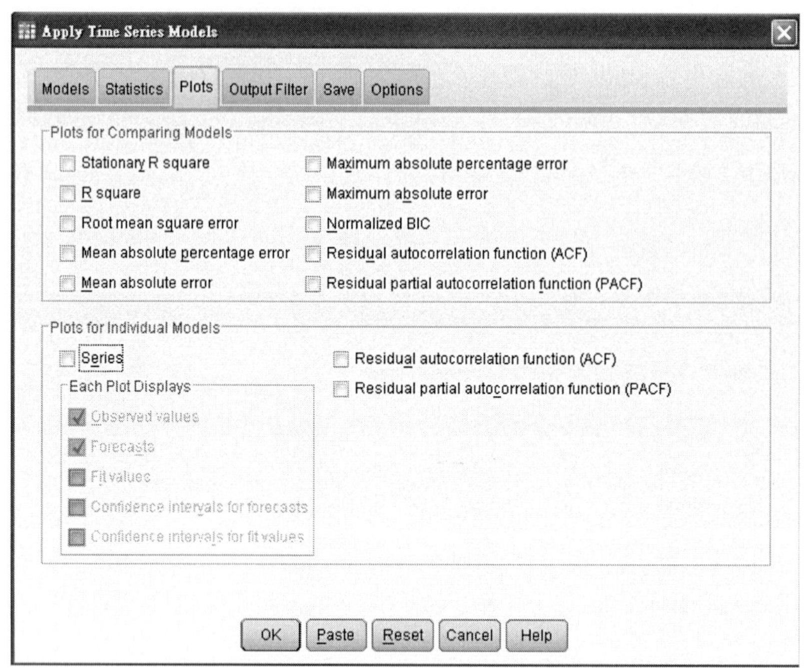

圖 8-18

退選在個別模型組群中的圖形（Plots）。按 OK。這可以壓制每一個模型序列圖形的產生。在本範例中，我們更有興趣於儲存預測值為新變項，而沒有興趣於預測值圖形的產生。按在時間序列模型的程序（the Apply Time Series Models dialog box）對話盒中的 OK。

二、模型適配統計量（Model Fit Statistics）

模型適配度表（表 8-3）提供計算交叉所有模型的適配統計量。它以再估計的參數，適配資料，提供模型如何適配的一個簡明摘要說明。提供每一個統計量，該表提供交叉所有模型的平均數值（mean），標準差（standard error, SE）最小，與最大的值（minimum, and maximum value）。

它亦包括百分比值（percentile values），這些值提供有關交叉所有模型的統計分配的資訊。對每一個 percentile 而言，各模型的百分比（percentage）有低於已陳述值（below the stated value）以下適配統計量的值。例如，模型的 95% 有一個 MaxAPE 值（maximum absolute percentage error），即是小於 3.610。

表 8-3

Model Fit

Fit Statistic	Mean	SE	Minimum	Maximum	Percentile						
					5	10	25	50	75	90	95
Stationary R-squared	0.321	0.179	-0.003	0.588	0.023	0.048	0.180	0.303	0.470	0.559	0.579
R-squared	0.999	0.000	0.998	1.000	0.998	0.998	0.999	0.999	0.999	0.999	1.000
RMSE	201.945	165.716	51.220	774.234	52.828	57.926	95.482	145.704	264.109	456.609	637.253
MAPE	0.882	0.071	0.762	1.058	0.769	0.787	0.819	0.876	0.935	0.970	1.044
MaxAPE	2.579	0.490	1.874	3.815	1.914	2.015	2.174	2.573	2.795	3.404	3.610
MAE	156.264	126.089	38.240	596.281	40.169	46.537	78.919	114.840	202.155	336.426	483.217
MaxAE	525.571	441.909	130.784	2147.852	132.908	136.669	232.091	403.966	667.781	1166.302	1700.121
Normalized BIC	10.262	1.398	8.077	13.440	8.138	8.268	9.254	10.146	11.289	12.380	13.021

當很多統計量被報告之際，我們將集中焦點於兩者：MAPE（mean absolute percentage error）與 MaxAPE（maximum absolute percentage error）。

絕對百分誤差是測量從它模型預測水準中有多少依變項序列發生變化。檢測交叉所有模型的平均與最大絕對百分誤差，在你的預測值中你可以獲得一個不確定的指示。

平均絕對百分誤差（MAPE）是測量從 0.762% 的一個最小量到 1.058% 的一個最大量交叉於所有模型。最大絕對百分誤差（MaxAPE）是測量從 1.874% to 3.815% 變動交叉於所有模型。如此意指在每一個模型的預測值中大約 1% 的不確定性與大約 2.5% 上下的不確定性（the mean value of MaxAPE），以一個最不佳的情節編撰大約 4%。這些值是否代表不確定性的一個可接受程度端視你有意去接受的冒險程序而定。

三、模型預測值（Model Predictions）

Predicted_分店1_Model_1_A	Predicted_分店2_Model_2_A	Predicted_分店3_Model_3_A	Predicted_分店4_Model_4_A	Predicted_分店5_Model_5_A
11563	55228	59685	18156	6610
11577	56900	59312	18333	6683
11591	58573	58940	18510	6735
11605	60245	58567	18688	6833
11619	61917	58194	18865	6899
11632	63589	57821	19042	6969

圖 8-19

資料編輯顯示新的變項包括模型的預測值。在本表中雖然只顯示兩個，有 31 個新變項，提供 31 個依變項序列的每一個。

變項的命名由不履行的字首被預測（the default prefix Predicted）所組成，隨後由結合著依變項的命名所形成（for example, 分店 _1），隨後一個模型的相同者（a model identifier）（for example, Model_1）。

三個新案例，包括 2009 年 4 月到 2009 年 6 月的預測值，已被加到資料組合中，依此會自動產生資料標示。

四、結語

你已學習如何應用或套用已儲存的模型去擴張你前述的預測值，當有更多當前的資料時就會變得有更多的資料可資利用。你已執行的這個過程無需重建你的模型。當然，如果你有理由去思考一個模型要有改變，那麼你應該使用時間序列模型的程序去重建它。

第四節 使用專業模組器去決定顯著性的預測變項或預測式

一間專業市場調查的公司，有興趣於發展一個預測模型，以蒐集兒童服飾每月銷售量的數據作為解釋銷售方面某些變項的序列。可能的預測變項包括被郵寄兒童服飾款式的目錄，與目錄的頁數，電話線上訂購數，傳送印刷廣告的數量，顧客服務呈現的次數，這個資訊被蒐集在本書 CH7-5 的檔案中。在本範例中，你將使用專業模組器以所有候選的預測變項或預測式（predictors）去發現最佳的模型。因為專業模組器只選擇這些預測變項或預測式（predictors）它們與依變項有統計的顯著性關係。一旦你已完成，你就可透過其次範例作靈活應用，使用由套用模式或應用已儲存模型（Applying Saved Models ）以預測變項或預測式（predictors）進行實驗，它可以使用在本範例中建立的模型研究不同預測變項或預測式的情節撰寫。當前的範例是以蒐集兒童服飾每月的銷售量。對進行預測有任何可使用的預測變項？一個有預測變項的模型是真正的比沒有預測變項的模型好？使用 the ARIMA 程序去創造有預測變項與沒有預測變項的預測模型，與看看在預測能力是否有一個顯著的差異。

一、以圖形顯示你的資料

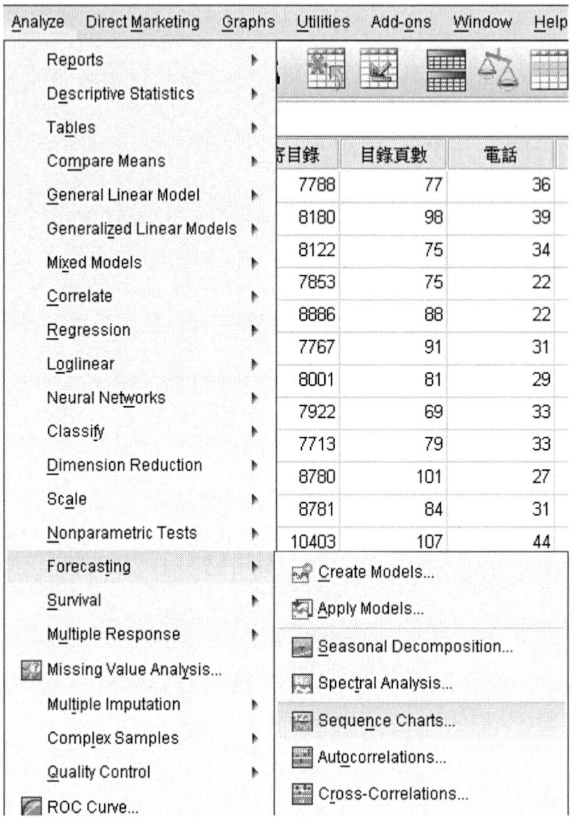

圖 8-20

以圖解的方式去理解你的資料總是一個很好的理念，尤其是如果你只是想運作一個序列的資料作為理解研究資料輪廓的開始：

從名單中選擇：Analyze → Time Series → Sequence Charts...

注意到本圖的運作是基於統計量選項的需求。

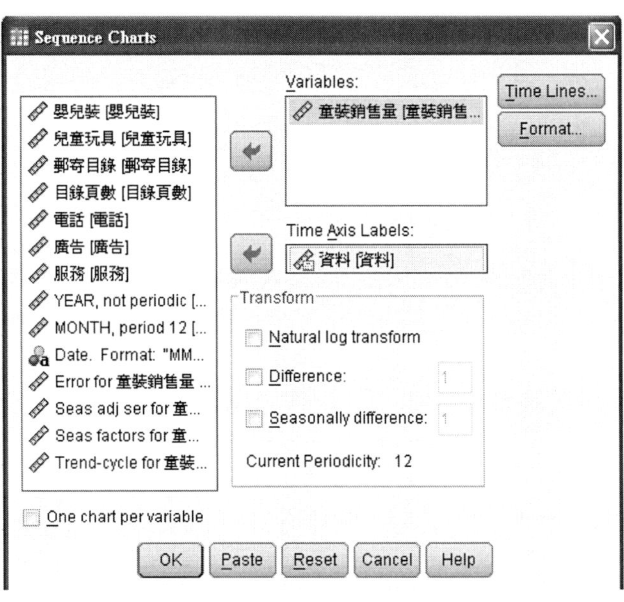

圖 8-21

選擇童裝服飾的銷售量與打它移入變項的（Variables：）方盒中。選擇日期資料與打它移入時間軸標示盒（the Time Axis Labels box）。按 OK。

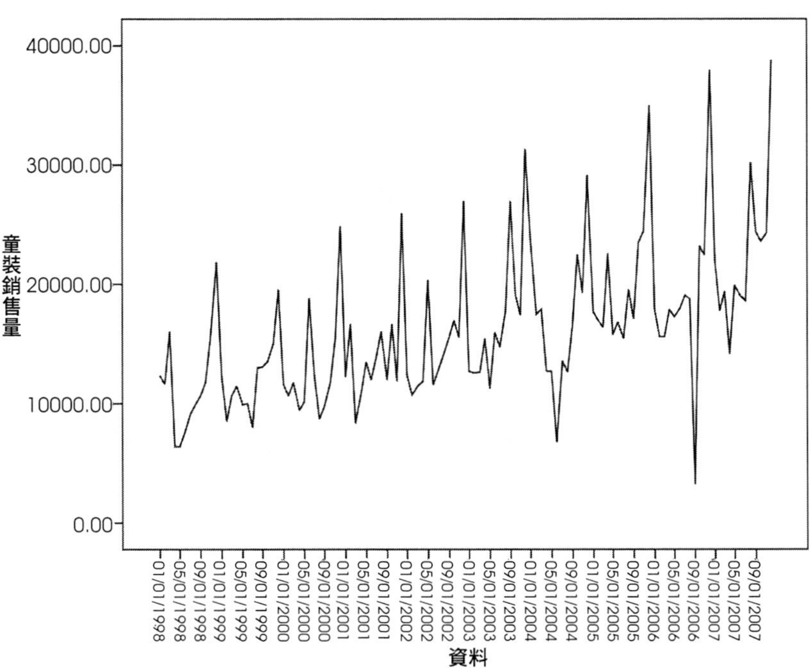

圖 8-22

該序列顯示有很多的高峰，它們之中許多呈現出是同等的被分隔，及一個很清晰的向上成長的趨勢。這種同等的被分隔的高峰指出該時間序列出現一個季節的成分。假定銷售量的季節性屬性，典型上其高度出現在假期的季節期間，發現該資料是一個每年季節的成分是不令人驚奇的。

序列顯示一個整體的向上成長的趨勢；即是，序列值傾向於跨越時間中去增加。向上成長的趨勢似乎是一直不變的，它指出一個線性的趨勢。

序列亦顯示一個個別季節年年最高點在 12 月的模式。這是很容易理解的因為垂直的參考線定位在每年的開始。季節的變數呈現出隨向上的序列趨勢而成長，它指示倍增的而不是可加性的成長趨勢。

也有高峰並沒有呈現出是季節模式的部分與它們從鄰接的資料點中呈現出顯著性的離差。這些點可能性是界外點，它們可以與應該由專業模組器來進行解釋說明。

二、進行分析（Running the Analysis）

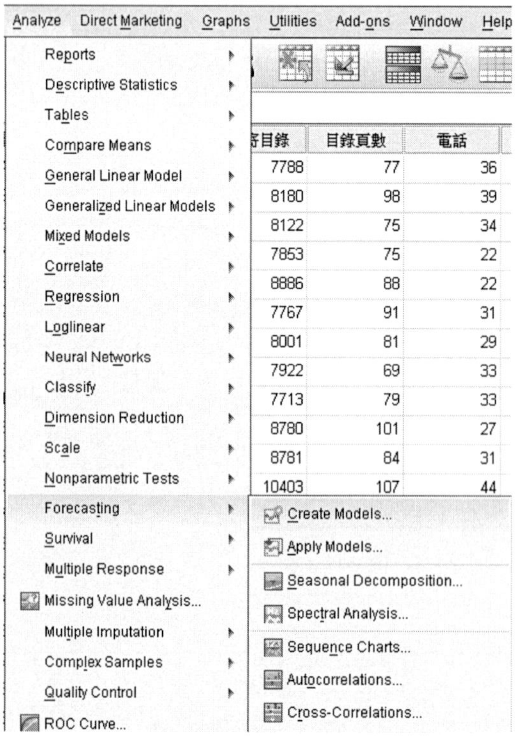

圖 8-23

去使用專業模組器：從名單中選擇：Analyze → Forecasting → Create Models...

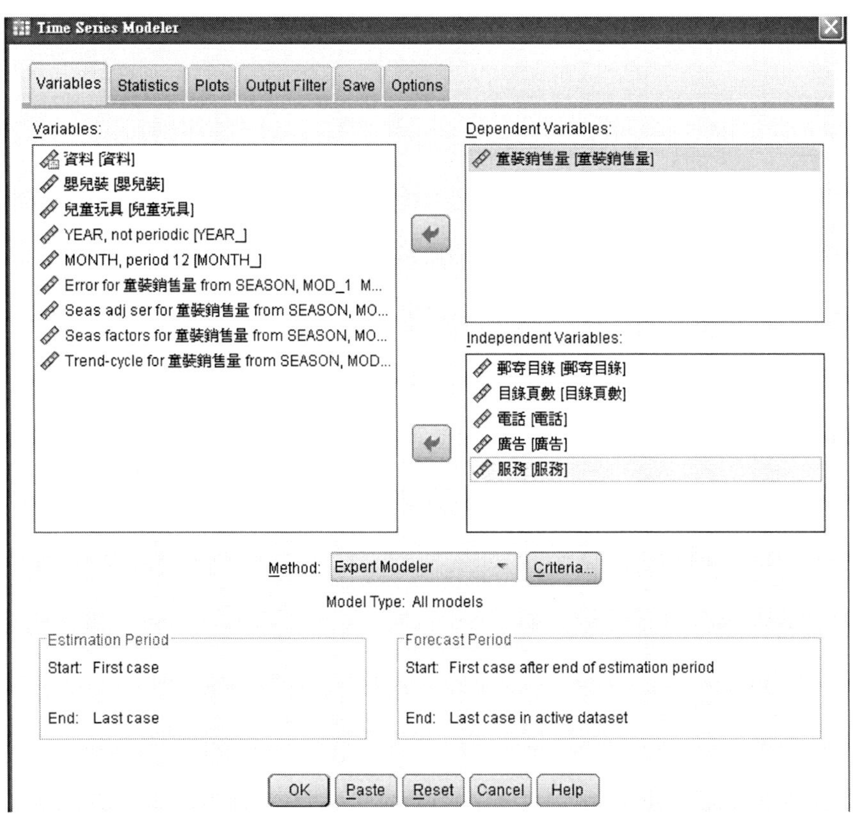

圖 8-24

選擇童裝服飾為依變項。

選擇童裝服飾郵寄目錄到顧客服務數據代表自變項。

證實專業模組器是被選擇於 the Method drop-down list。專業模組器將自動地發現提供依變項最適配季節的或非季節的模型。按 Criteria，然後按 Outliers tab。

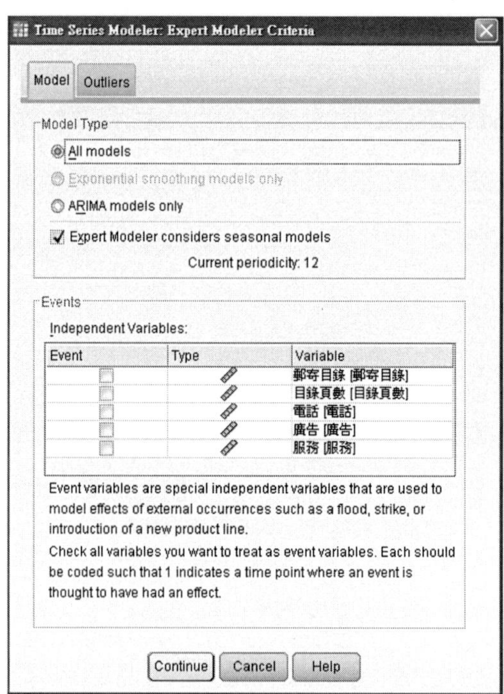
Time Series Modeler: Expert Modeler Criteria
Model
Outliers
Model Type
All models
Exponential smoothing models only
ARIMA models only
Expert Modeler considers seasonal models
Current periodicity: 12
Events
Independent Variables:
Event
Type
Variable
郵寄目錄 [郵寄目錄]
目錄頁數 [目錄頁數]
電話 [電話]
廣告 [廣告]
服務 [服務]
Event variables are special independent variables that are used to model effects of external occurrences such as a flood, strike, or introduction of a new product line.
Check all variables you want to treat as event variables. Each should be coded such that 1 indicates a time point where an event is thought to have had an effect.
Continue
Cancel
Help

圖 8-25

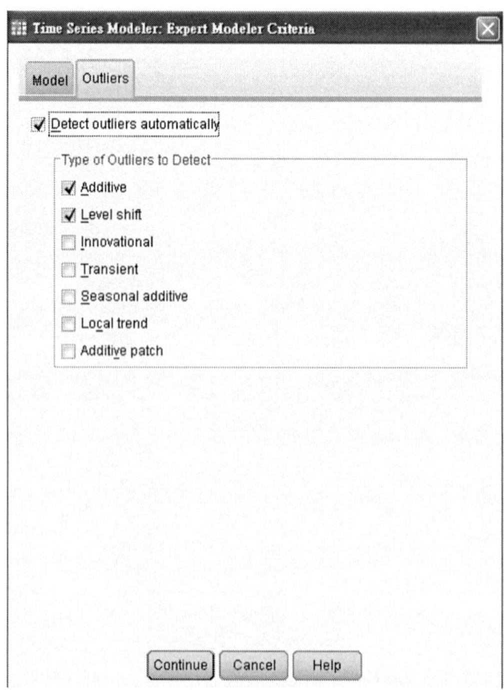
Time Series Modeler: Expert Modeler Criteria
Model
Outliers
Detect outliers automatically
Type of Outliers to Detect
Additive
Level shift
Innovational
Transient
Seasonal additive
Local trend
Additive patch
Continue
Cancel
Help

圖 8-26

選擇自動地探究界外值與留置不履行的選擇去探究界外值的類型。我們的視覺對資料的檢查可以指出有界外值的存在。專業模組器將會尋找最多共同的界外值類型與把任何界外值合併成最終的模型。所以，界外值或極端值的探究可以顯著地增加使用專業模組器計算所需要的時間，如此它是一個特徵圖形數據應該以某種隨意處理方式被使用，尤其是當一旦塑造許多序列。如果使用不履行的方式，界外值是無法被偵測的。按 Continue，然後按在 the Time Series Modeler dialog box 的 Save tab。

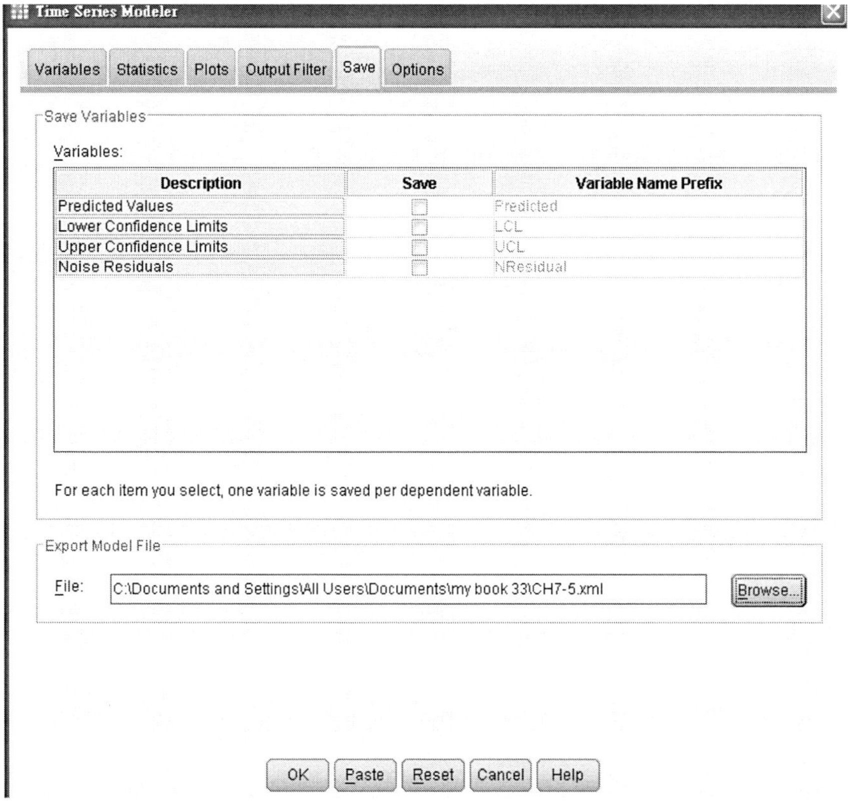

圖 8-27

你將想要去儲存已估計模型成為一個外在 XML 檔案如此你可以以各預測變項的不同值進行驗證。使用 the Apply Time Series Models 的程序，而不必去重建模型。按在 the Save tab 上的 the Browse button。

這將帶你提供儲存一個檔案的標準對話盒。航行到折合器（the folder）其中你會去儲存 XML 模型檔案，然後輸入檔名。按 Statistics tab。

吾人如果想把已估計的模型儲存到一個外在的 XML 檔案，如此吾人可以以預測式或預測變項（the predictors）的不同值進行實驗，可使用應用或套用時間序列模型的程序，而無需去經過重建模型的程序。

按在 Save tab 上的 the Browse button。

這將帶你到一個標準的對話盒它會給予儲存一個檔案。

航行到折合器（Navigate to the folder）在那裡會儲存 XML 模型檔案 。

按 the Statistics tab 鍵。

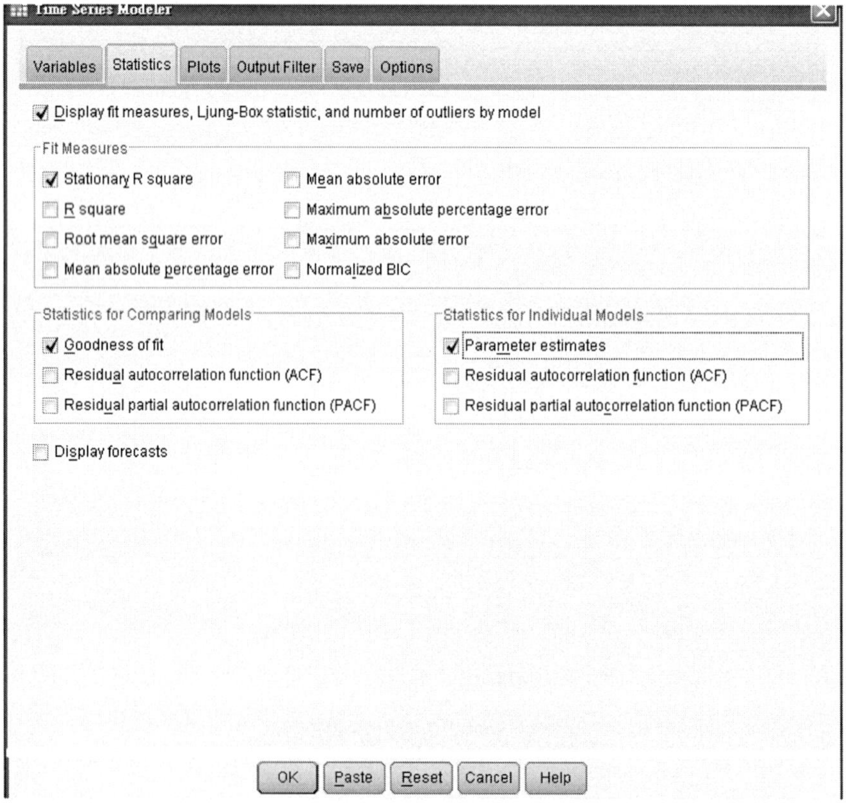

Time Series Modeler

Variables | Statistics | Plots | Output Filter | Save | Options

☑ Display fit measures, Ljung-Box statistic, and number of outliers by model

Fit Measures

☑ Stationary R square　☐ Mean absolute error
☐ R square　☐ Maximum absolute percentage error
☐ Root mean square error　☐ Maximum absolute error
☐ Mean absolute percentage error　☐ Normalized BIC

Statistics for Comparing Models

☑ Goodness of fit
☐ Residual autocorrelation function (ACF)
☐ Residual partial autocorrelation function (PACF)

Statistics for Individual Models

☑ Parameter estimates
☐ Residual autocorrelation function (ACF)
☐ Residual partial autocorrelation function (PACF)

☐ Display forecasts

OK | Paste | Reset | Cancel | Help

圖 8-28

選擇參數估計（Parameter estimates）。這個選擇產生一個表以顯示所有參數，包括顯著性的預測值，提供由專業模組器所選擇的模型。按 Plots tab。

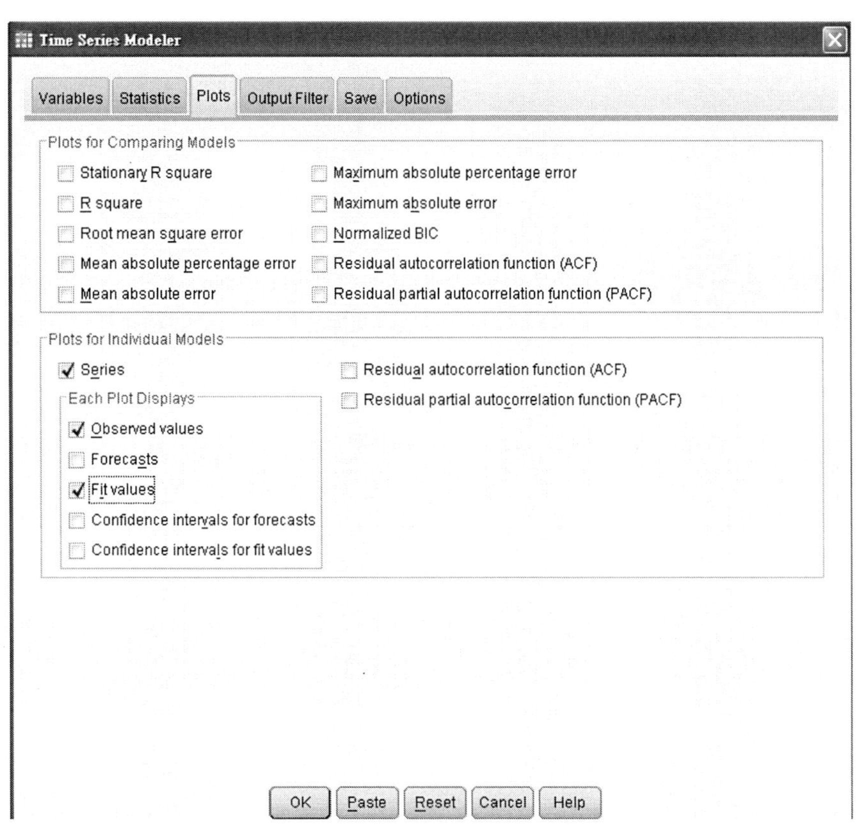

圖 8-29

退選預測值。在當前的範例中，我們只有興趣於決定顯著性的預測變項與重建一個模型。我們將不執行任何預測。選擇適配的各值，這個選擇顯示被使用去估計模型於期間中的預測值。這個期間是被參照為估計期間，它包括提供這個案例在實際或真正資料組合中所有案例。

這些值提供該模型如何適配於已觀察值的一個指示，如此它們就被指涉為適配的各值。這種結果的圖形將由已觀察的各值與適配的各值所組成。

按在 the Time Series Modeler dialog box 中的 OK。

三、序列圖形（Series Plot）

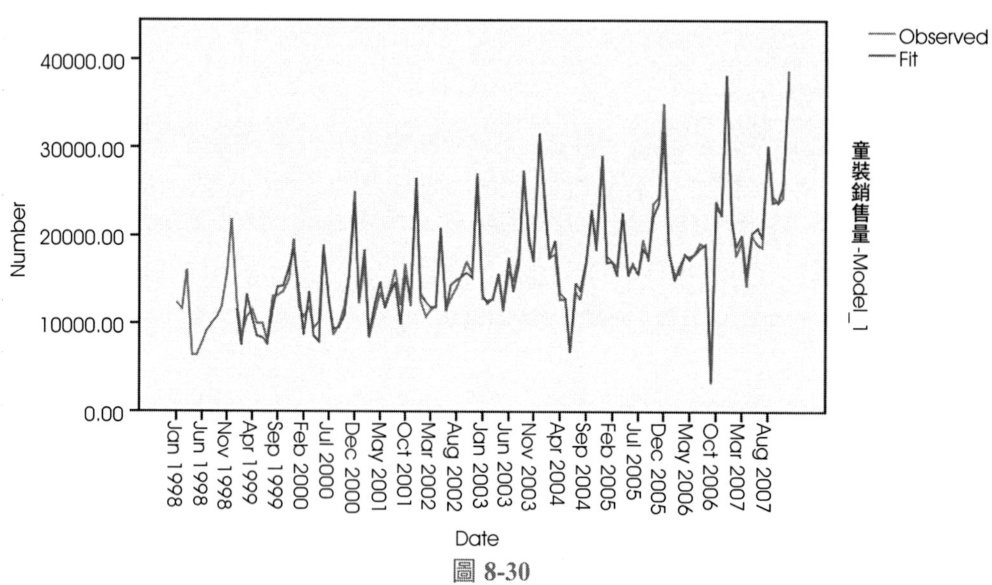

圖 8-30

已預測的各值顯示與已觀察的各值有良好的符合，包括該模型已具有令人滿意的預測能力。

注意到該模型如何能夠良好的預測季節的高峰。它能夠執行捕獲資料向上成長趨勢的任務。

四、模型描述表（Model Description Table）

Model Description

		Model Type
Model ID 童裝銷售量	Model_1	ARIMA(0, 0, 0) (0, 1, 0)

模型描述表包括每一個已估計模型的輸入與包括一個模型相同者（a model identifier）與模型類型兩者。模型相同者由結合依變項的名稱與一個系統所指派的名稱所組成。在當前的範例中，依變項是童裝服飾的銷售量與系統所指派的名稱是 Model_1。

時間序列模組器支持指數平滑與 ARIMA 模型兩者。指數平滑模型類型是由它們共同被使用的名稱諸如 Holt 與 Winter 的可加性所列入。ARIMA 模型類型使用 ARIMA（p, d, q）（P, D, Q）標準符號標示法被列入，其中 q 是移動平均的階，而（P, D, Q）是它們季節的相似類型（seasonal counterparts）。專業模組器已決定童裝服飾的銷售量是可由一個季節的 ARIMA 模型以差分的一階作最佳的描述。模型的季節屬性提供季節高峰的解釋即我們在序列圖形中所看到的，而差分的單一階反映向上成長趨勢，是顯示證據於資料中。

綜合言之，專業模組器已決定童裝服飾的銷售量可以使用以一階差分的一個季節的 ARIMA 模型進行提供最佳的描述。這種季節的 ARIMA 模型可以在我們看到的序列圖形中提出其季節性質的解釋說明，而一階的差分可以反映在資料中所顯示向上發展的趨勢證明。

五、模型統計量表（Model Statistics Table）

Model Statistics

Model	Number of Predictors	Model Fit statistics	Ljung-Box Q(18)			Number of Outliers
		Stationary R-squared	Statistics	DF	Sig.	
童裝銷售量-Model_1	2	0.956	13.137	18	0.783	8

模型統計量表可以提供摘要簡明的資訊與每一個被估計模型的適配度的統計量。每一個模型的結果是以其模型的相同者（he model identifie）被標示著並被提供於模型的描述表中。首先要注意的是該模型包括在原始被你所界定五個候選預測變項（candidate predictors）中的二個。如此它顯示專業模組器已辨識可以證明對進行預測會是有效的二個自變項。

雖然時間序列模組器可以提供很多不同適配度的統計量，通常我們只選擇定常性或穩定性的 R 平方值（the stationary R-squared value）。這個統計量提供在序列中整體變異（the total variation）部分的一個估計，該部分的一個估計是由模型提供解釋的與當有一種趨勢或季節性的模式出現時是比較喜歡於普通的 R 平方（ordinary R-squared）。定常性或穩定性的 R 平方值愈大（最大的值到 1 為止）指示它的適配度愈好。因而一個 0.956 的值意指該模型可以非常勝任於解釋該序列觀察值變異的任務。The Ljung-Box 統計量，修正的 Box-Pierce 統計量（the modified Box-Pierce statistic）亦是知名的，可以提供該模型是否正確地被界定的一個指示。一個顯著性的值小於 0.05 即意指在被觀察的序列中有結構它是無法由該模型提供解釋的。

在此顯示 0.783 的值是不顯著性的，如此我們就可信賴該模型是正確地被界定。

專業模組器已偵測到八個點它們被認為是界外值。這些點的每一個點已適當地被塑成模型，如此就無需勞動你從序列中去消除它們。

六、ARIMA 模型參數表

ARIMA Model Parameters

					Estimate	SE	t	Sig.
童裝銷售量-Model_1	童裝銷售量	No Transformation	Seasonal Difference		1			
	郵寄目錄	No Transformation	Numerator	Lag 0	1.579	0.063	25.083	.000
			Seasonal Difference		1			
	電話	No Transformation	Numerator	Lag 0	307.191	13.203	23.267	.000
			Seasonal Difference		1			

ARIMA 模型參數表顯示在模型中的所有參數值，由模型的相同者（the model identifier）所標示的每一個估計模型進行輸入。因為我們的目的，它將登入所有的變項於模型中，包括專業模組器以決定是顯著性的依變項與任何的自變項。我們已從模型的統計量中獲知有二個顯著性的預測變項（predictors）。模型參數表向我們顯示它們是郵寄目錄的數目與電話線上訂購的數目。

七、結語

你已學習如何使用專業模組器去建立一個模型與辨認最顯著性的預測變項（predictors），並且你所建立一個模型可以成為一個外存的檔案。現在接下去的是你如何應用或套用時間序列模型的程序去以對立的情節撰寫提出的模型預測變項（predictors）序列進行與觀察對立情節的撰寫如何影響銷售的預測值。

第五節　使用套用模式以預測變項進行實驗

你已使用時間序列模組器去建立適合於你的研究資料的模型與去辨識那一個預測變項（predictors）可以證實其預測值是有效的。預測變項（predictors）呈現出各個因素是在你的掌控之下，如此你可能會以它們在預測期間的各值進行實驗去看看依變項的預測值如何被影響。這種工作任務可以很容易地以應用或套用時間序列模型的程序來完成，使用模型適配度即是以時間序列模型的程序來建立。

這個範例是前述範例的一個自然的擴張，使用專業模組器去決定顯著性的預測變項（predictors）。然而這個範例亦可以獨自地被使用。其情節撰寫（scenario）包括一間兒童服飾目錄公司以蒐集有關每月兒童服飾從 1998 年 1 月到 2007 年 12 月的銷售資料，依據若干序列是被認為作為未來銷售的預測變項（predictors）是具有潛在的效用。專業模組器已決定五個候選預測變項只有二個是顯著性的：郵購的數據與電話線上訂購。

當計畫明年你的銷售策略時，你是被限制於去印發兒童服飾款式目錄的來源（resources to print catalogs）與維持電話線上訂購。你第一個 2008 年三個月的預算允許 2000 增加的 catalogs 或 5 增加的電話線上定購在你最初的設計。那一個選擇對這三月期間將產生更多的銷售收入？這個範例的資料是被蒐集在 CH7-5.sav 與 CH7-8_model.xml 中，包括以專業模組器所建立每月銷售的模型。當然，如果你透過前述範例的運作與儲存你自己的模型檔案，你可以使用該檔案替代 CH7-5.sav。

一、擴大預測變項的序列

當你以預測變項（predictors）的依變項序列建立預測值時，每一個預測變項序列需要透過預測期間被擴張。除非你精確地知道各預測變項的未來值將來是甚麼樣，否則你將需要去估計它們。然後你可以修正其估計值去檢定不同預測變項的情節（predictor scenarios）。最初的設計（initial projections）可以很容易地使用專業模組器來建立。

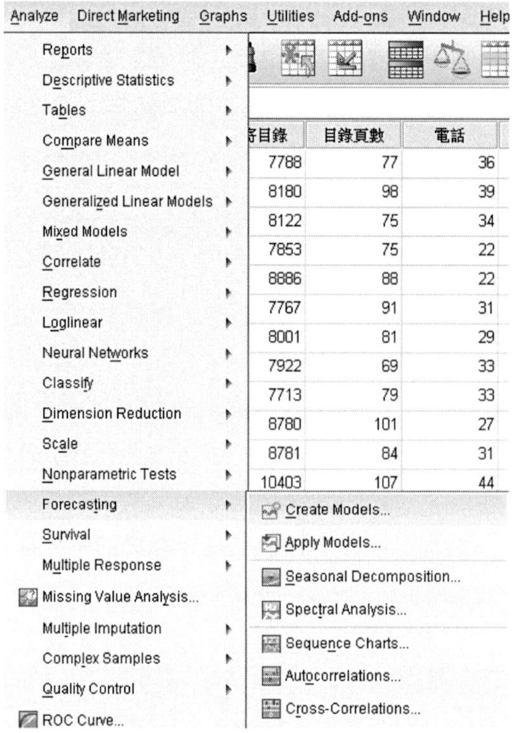

圖 8-31

從名單中選擇：Analyze → Time Series → Create Models...

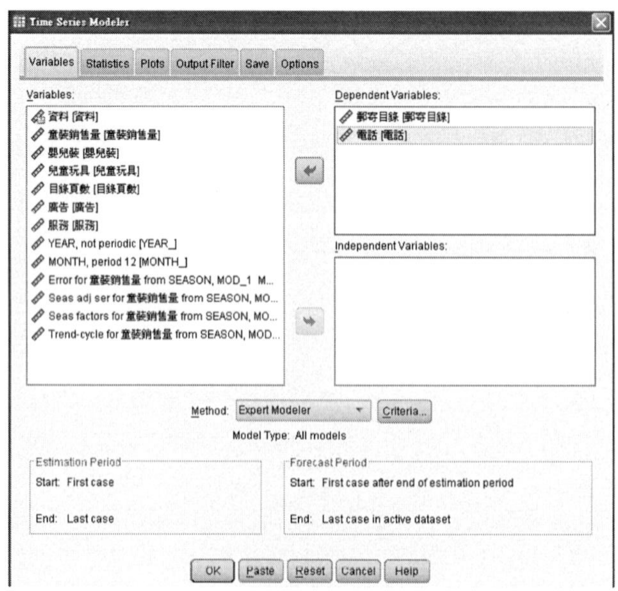

圖 8-32

選擇 Number of Catalogs Mailed and Number of Phone Lines Open for Ordering for the dependent variables。然後按 the Save tab。

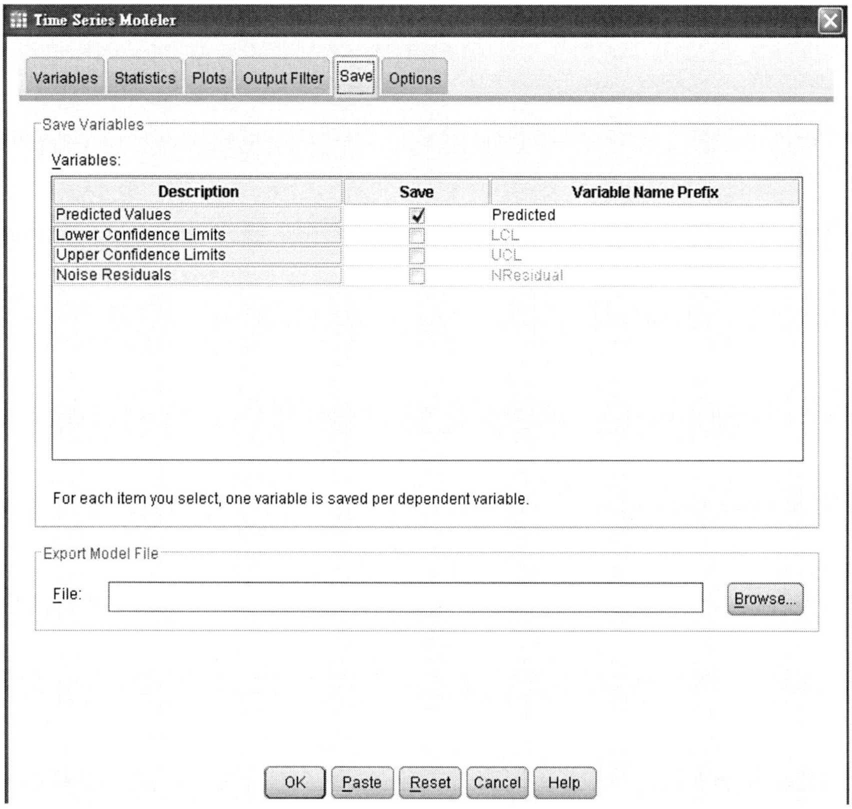

圖 8-33

在 the Save 欄位（column）或對話盒中，選擇各預測值的輸入（Predicted Values），與留置變項名稱前置字元素（字首）（Predicted for the Variable Name Prefix）電腦內設值的預測值。按 the Options tab。

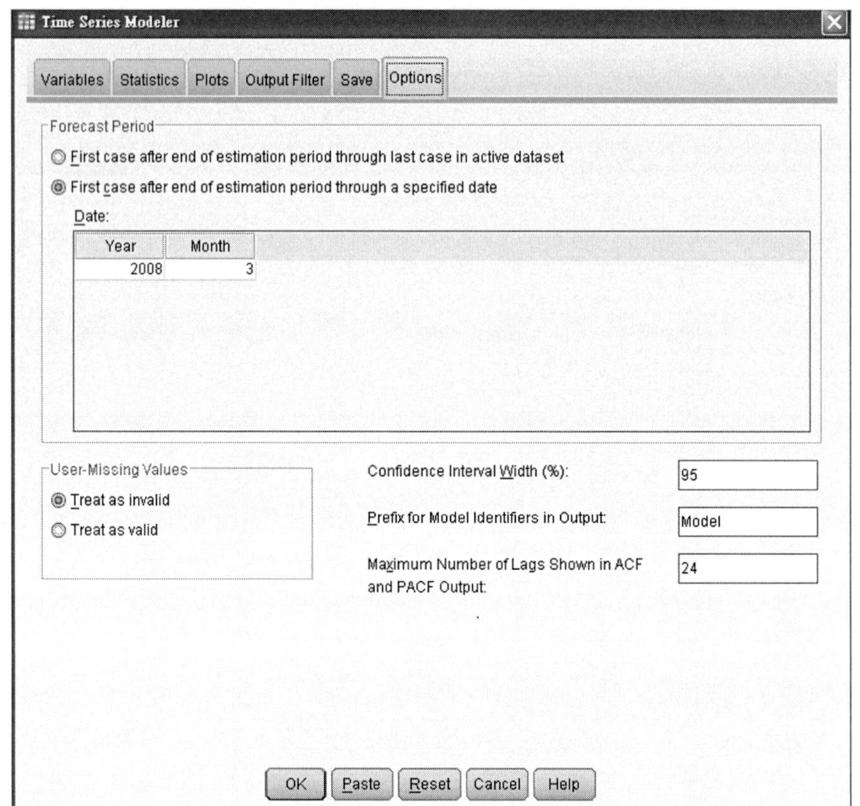

圖 8-34

在預測期間的組群中，選擇通過一個指定日期估計期間之後的第一個觀察值（First case after end of estimation period through a specified date）。在日期的方格中，輸入年為 1999 與月為 3。資料設定包括從 1989 年 1 月到 1998 年 12 月的資料，如此以當前設定的背景，預測期間將是 1999 年 1 月到 1999 年 3 月。接著按 OK。

121	JAN 2008	.	.	.	.	11720	49
122	FEB 2008	.	.	.	.	11848	44
123	MAR 2008	.	.	.	.	11959	44

圖 8-35

Predicted_...	Predicted_...
11237	48
11368	42
11492	42
11294	41
11584	41
11573	43
11589	45
11607	44
10629	45
11896	46
11702	46
14569	56
11742	51
11853	45
11965	45

圖 8-36

資料編輯顯示新的變項 Predicted_mail_Model_1 與 Predicted_phone_Model_2，包括 the number of catalogs mailed 與 the number of phone lines 模型的預測值。要擴張我們預測變項序列（our predictor series），我們只需要 1999 年 1 月到 1999 年 3 月的各值，它們估量 121 到 123 的案例。我們抄寫從 Predicted_mail_Model_1 中的這三個案例的各值與增補它們到變項郵寄。對 Predicted_phone_Model_2 重複這樣的過程，然後抄寫最後三個案例與增補它們到變項電話訂購。

	AR_	MONTH_	DATE_	ERR_1	SAS_1	SAF_1	STC_1	Predicted_郵寄目錄_Model_1	Predicted_電話_Model_2
109	2007	1	JAN 2007	1.05109	22815.77856	.96551	21706.82834	11218	46
110	2007	2	FEB 2007	.98094	20857.49319	.84957	21262.78399	11366	42
111	2007	3	MAR 2007	1.07407	22558.96828	.86037	21003.20828	11488	41
112	2007	4	APR 2007	.81293	16695.13085	.84873	20536.90171	11292	41
113	2007	5	MAY 2007	1.09920	23430.94304	.84999	21316.40619	11593	41
114	2007	6	JUN 2007	.96189	21909.40706	.86729	22777.39999	11573	43
115	2007	7	JUL 2007	.87870	21786.78251	.85516	24794.42611	11610	45
116	2007	8	AUG 2007	1.22879	32137.79678	.93996	26154.10923	11588	45
117	2007	9	SEP 2007	1.03513	26264.13674	.93161	25372.83648	10608	46
118	2007	10	OCT 2007	.88788	20962.34719	1.12592	23609.54307	11921	46
119	2007	11	NOV 2007	1.00636	21576.04762	1.12575	21439.69179	11705	46
120	2007	12	DEC 2007	1.05765	21780.68056	1.78015	20593.43845	14575	56
121	2008	1	JAN 2008	.	.	.	.	11720	49
122	2008	2	FEB 2008	.	.	.	.	11848	44
123	2008	3	MAR 2008	.	.	.	.	11959	44

圖 8-37

此時，各預測變項現在已被擴張通過或遍及預測期間。

二、在預測期間修正預測變項的各值

進行檢定郵購更多 catalogs 或提供更多 phone lines 的二個方案（two scenarios），要求對 the predictors mail or phone 的估計值個別地進行修正。因為我們正只進行三個案例（月）的預測變項的值（predictor values），所以要直接輸入新值到資料編輯的適合方格（the appropriate cells）是容易的。基於教育的目的，我們將使用計算變項對話盒（the Compute Variable dialog box）。當你有一個以上的值需要去修正時，你將會發現計算變項對話盒的使用會更方便。

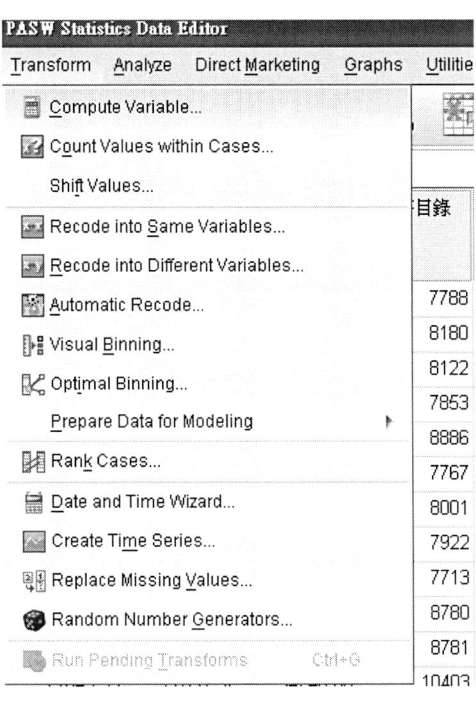

圖 8-38

從名單中（the menus）選擇：Transform → Compute Variable...。

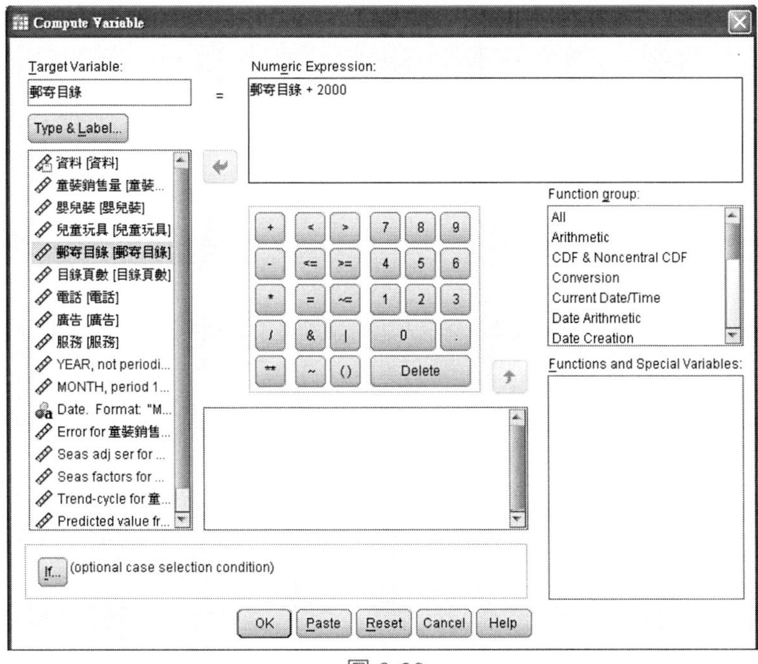

圖 8-39

輸入郵寄目錄為目標變項（the target variable），在數字呈現主題盒（Numeric Expression text box）。輸入郵寄目錄 + 2000 。按條件或如果（If）。

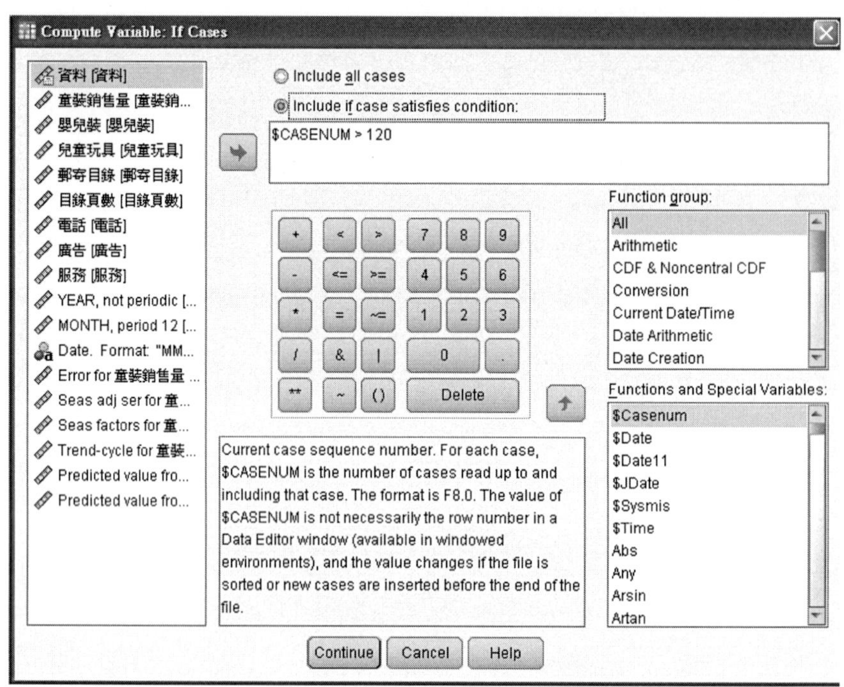

圖 8-40

IF（$CASENUM > 120）郵寄目錄 = 郵寄目錄 + 2000.

EXECUTE.

選擇包括滿足條件時的觀察值（Include if case satisfies condition）。在這個主題盒中，輸入 $CASENUM > 120 。這將限制變項郵寄目錄變更到預期期間的案例中。按 Continue。按在計算變項對話盒中的 OK 當要求你是否想改變現存的變項時。這會產生增加郵寄目錄的各值在預測期間每三個月大約 2000 。你現在已準備資料去檢定第一個方案，與你已準備去進行分析。

三、進行分析

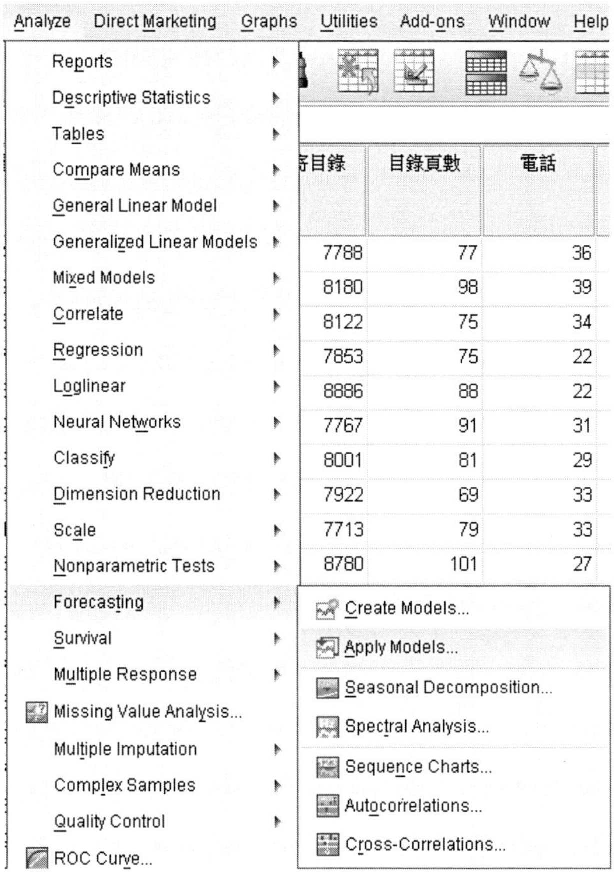

圖 8-41

從名單中選擇：

Analyze

Time Series

Apply Model...

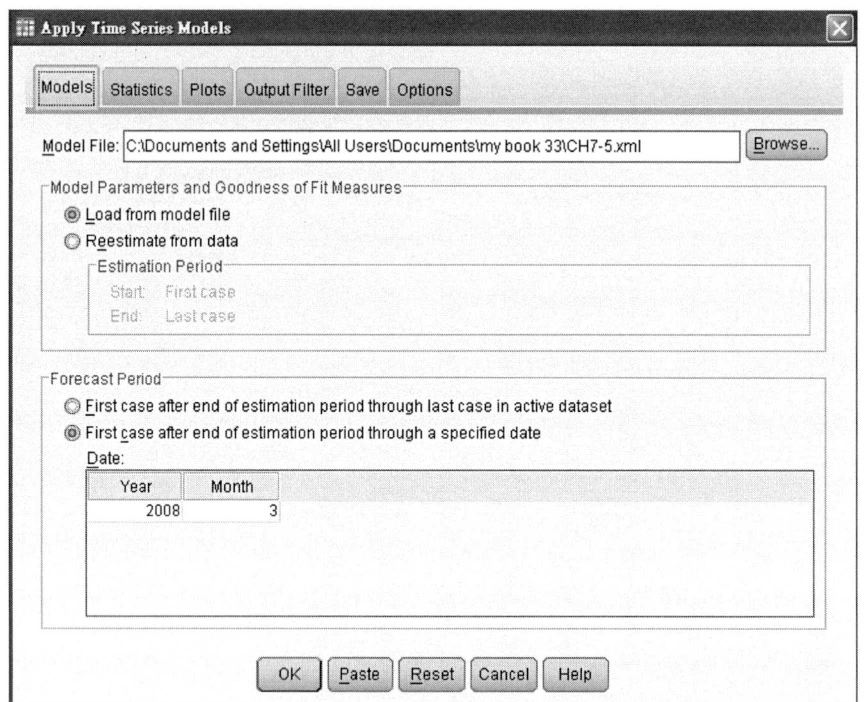

圖 8-42

按 Browse，然後航行到童裝服飾模型 .xml，或選擇你自己的檔案（從前述範例儲存的）。

在 the Forecast Period group 中，選擇 First case after end of estimation period through a specified date。

在日期資料方格中（the Date grid），輸入 2008 為年與輸入 3 為月。

按統計量的鍵（the Statistics tab）。

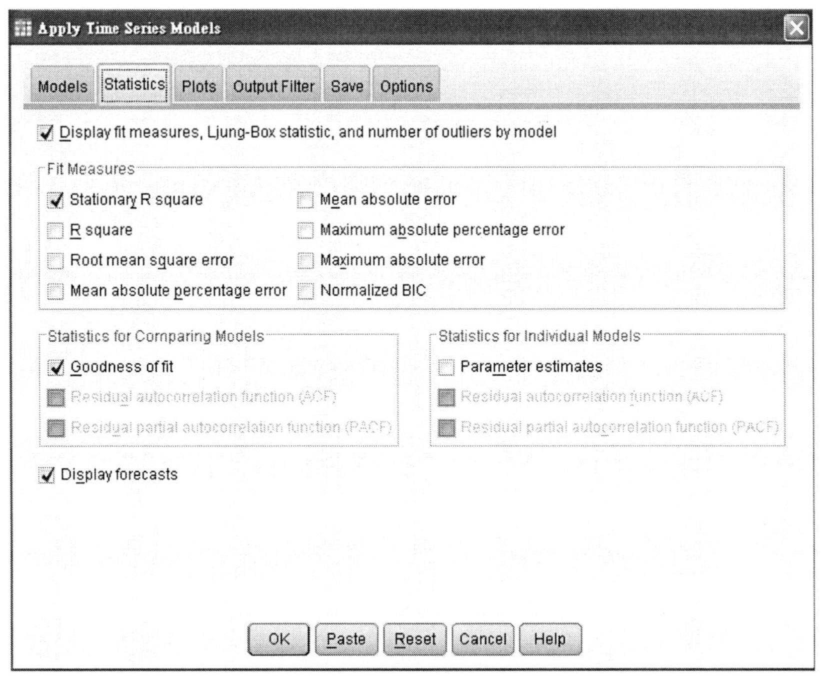

圖 8-43

選擇 Display forecasts。這將產生依變項的被預測值的一個表。

按在套用時間序列模型對話盒（the Apply Time Series Models dialog box）中的OK。

預測值的表包括依變項的預測值，此時可以考量在預測期間的二個預測變項郵寄與電話訂購。該表亦包括有預測值的信賴上限與信賴下限。

Model Statistics

Model	Number of Predictors	Model Fit statistics	Ljung-Box Q(18)			Number of Outliers
		Stationary R-squared	Statistics	DF	Sig.	
童裝銷售量-Model_1	2	0.956	13.137	18	0.783	8

Forecast

Model		Jan 2008	Feb 2008	Mar 2008
童裝銷售量一模式_1	Forecast	23540.78	23540.78	23540.78
	UCL	34358.61	34423.56	34488.13
	LCL	12722.94	12657.99	12593.42

For each model, forecasts start after the last non-missing in the range of the requested estimation period, and end at the last period for which non-missing values of all the predictors are available or at the end date of the requested forecast period, whichever is earlier.

吾人已產生每月增加 2000 郵寄目錄的情節之銷售量的預測。吾人現在想要去準備增加電話訂購數目情節之資料。它意指重新設定郵寄變項的原始值與增加電話訂購變項的 5 倍。

1 : 資料 01/01/1998

	DATE_	ERR_1	SAS_1	SAF_1	STC_1	Predicted_郵寄目錄_Model_1	Predicted_電話_Model_2
117	SEP 2007	1.03513	26264.13674	.93161	25372.83648	10608	46
118	OCT 2007	.88788	20962.34719	1.12592	23609.54307	11921	46
119	NOV 2007	1.00636	21576.04762	1.12575	21439.69179	11705	46
120	DEC 2007	1.05765	21780.68056	1.78015	20593.43845	14575	56
121	JAN 2008	.	.	.	.	11720	49
122	FEB 2008	.	.	.	.	11848	44
123	MAR 2008	.	.	.	.	11959	44

圖 8-44

吾人可以重設郵寄抄錄在預測期間中被預測 Predicted_mail_Model_1 的值與把它們貼上在預測期間郵寄當前值上。

吾人可以增加電話訂購數目在預測期間每月 5，可以直接在資料編輯或計算變項對話盒，就像提供目錄的數目一樣。

按對話盒回到 toolbar button

選擇 Apply Time Series Models

按在 Apply Time Series Models 對話盒中的 OK

顯示出兩者方案的預測表，在三個月中的每一個值

郵寄目錄的增加數目被預期會產生大約 $1500 以上的銷售

開放電話訂購的增加數目，基於分析，去把資源分配於 2000 附加的目錄似乎是明智的。

第六節　使用ARIMA模型進行干擾策略的分析

在本章的前述探討中，吾人就強調 SPSS 在 13 版本之後，從 15 版本出版以來在時間序列的程式方面就有很大的改變或革新，其主要革新部分是如前述從第一節第四節中使專業的模組器與套用模式進行時間序列的分析，其中最主要的優勢有二：（一）在模型的建立過程或程序中得以省略模型辨認，估計，與診斷的過程，（二）把複雜的 ARIMA 模型（0, 0, 0）與 ARIMA 模型（0, d, 0）過程隱含在 Create Model 的程序中。因而，對於前述第七章使用干擾分析去決定市場分配的問題，如果吾人對於其中程式的運作不熟悉而不去使用 ARIMA 模型的建構，是非常遺憾的。

基於善用新軟體的優勢，又能善用新軟體含蘊舊內容的獨特性之思維。所以，吾人從本章開始，思考把含蘊在 SPSS18 版本之中舊內容的獨特性再度以 SPSS18 視窗版面去進行前述第七章後面部分三個專題的分析，其中雖然分析內容是一樣的，然而其主要目標是在於能夠以 SPSS18 視窗版面去進行分析，使沒有 SPSS13 版本的讀者亦能夠熟識新軟體含蘊舊內容的獨特性。

基於以上的考量，吾人在以下的專題進行 SPSS18 視窗版面去進行分析時，基於內容與分析技術的一致性，因而在分析內容方面難免會和前述第七章後面三節內容重複時，請能夠諒解。

在一個大小適中的大都市的都會區的零售家庭用品市場是由二個超級市場供應鏈所主導：安和與樂利，安和超市最近由一個大的全國性的家庭用品供應鏈所併購，接著它引進它自己產品的品牌，實質上它的大部分商品不銷售對樂利超市所提供產品命名的品牌。多年以來，樂利超市在市場營利已維持超越安和超市大約小贏 5% 的營利。基本上是由於它有較好的顧客服務。擁有所有權的首先二個月，安和超市的新親屬公司發動一個攻擊性的活動，廣告它們自己生產線的產品。結果是快速的與戲劇性的增加市場的占有率（market share）。市場的占有率唯有犧牲樂利超市市場的占有率為代價，或其增加只是小的（mom-and-pop）零售家庭用品市場方面的占有率？

對安和超市與樂利超市每月銷售市場的占有率是被儲存在 CH8-5 檔案中其資料是由安和超市被併購結果之前的六年與被併購之後的二年所組成。在其一個 ARIMA 模型要分析有關購買力的影響（the effect of the buyout）系絡中使用干擾或干預分析的問題。

在發展形成一個干擾或干預模型之前，你應該檢測銷售市場的占有率時間序列去獲得購買力影響的一個感受。

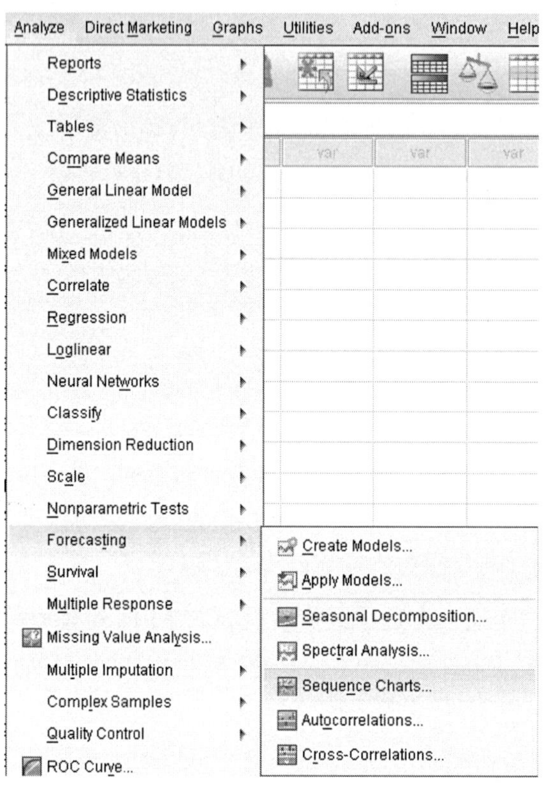

圖 8-45

去獲得銷售市場的占有率時間序列的一個圖示。從名單（the menus）選擇：Analyze → Sequence Chart...

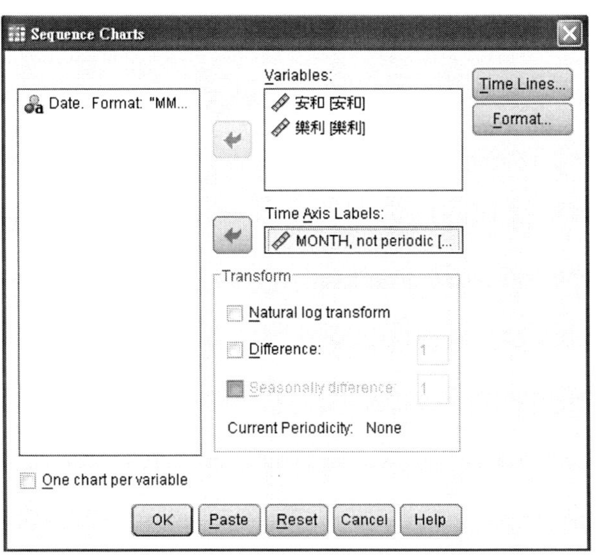

圖 8-46

選擇安和與樂利，然後把它們移入變項目錄。選擇 MONTH，然後把它移入到時間軸的變項登入盒。然後按 OK。

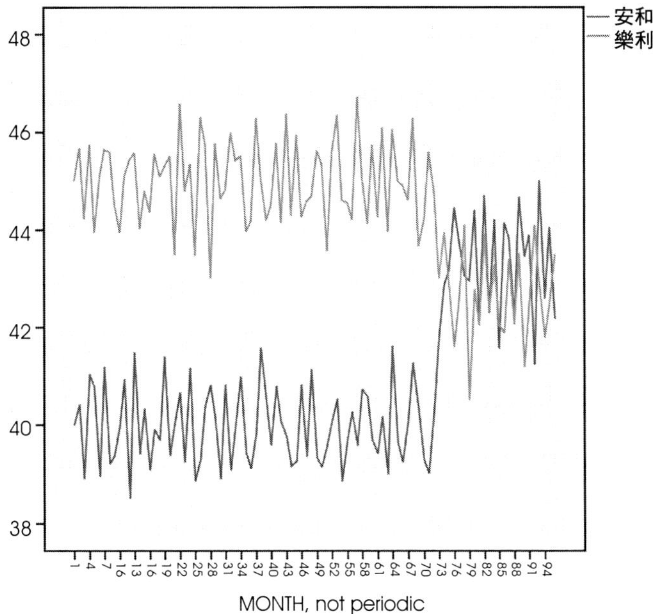

圖 8-47

市場的占有率圖示很清楚地顯示在大約前六年的資料由樂利超市享有 5% 的優勢。

從購買力（the buyout）的數據是顯示樂利超市市場的占有率下降，而安和超市市場的占有率有銳不可當的上升出現到幾近六年的界線（mark）。

由購買力（the buyout）所產生兩者序列不同水準的變動中，可以發現兩者序列顯然要有一個常數的水準（a constant level）及一個常數的變異數（a constant variance），可以指出其定常性或穩定性的序列（stationary series）。

一、分析干擾策略

安和超市對市場的占有率序列購買力（the buyout）的影響是被稱為一個干擾或干預（an intervention）。干擾或干預的基本策略是：發展干擾或干預之前序列的一個模型。增加一個或更多虛擬變項（dummy variables）代表干擾或干預的時機（the timing of the intervention）。再評估模型，對整體序列而言，包括新的虛擬變項。解釋虛擬變項的係數作為干擾或干預影響的測量。這種策略將提供安和超市與樂利超市兩者資料來執行分析。如一個第一步驟，你需要在進行干擾或干預之前的發展提供每一個序列的模型。在本案例中，干擾或干預期間開始於資料的第 73 個月（the 73rd Month）中，當安和超市由全國供給鏈所併購與發動攻擊性活動開始時。

二、辨識一個模型

選擇一個好的 ARIMA 模型包括要注意到該序列要決定是否要有一個轉變（transformation），指數（log）或平方根（square root），去使序列穩定化是有必要的與接著注意到自我相關函數（ACF）與淨自我相關函數（PACF）的圖示去決定 ARIMA 的各階。市場的占有率的圖示已顯示，一次一個時間（a one-time）變動的不同程度或水準，兩者的序列是定常性或穩定性的。然後呈現出資料是沒必要進行轉變的。要從自我相關函數去決定 ARIMA 的各階（去決定 ARIMA 是一階或二階），因此，首先你需要去限制干擾或干預之前的案例期間，即是，前面的第 72 個的案例。

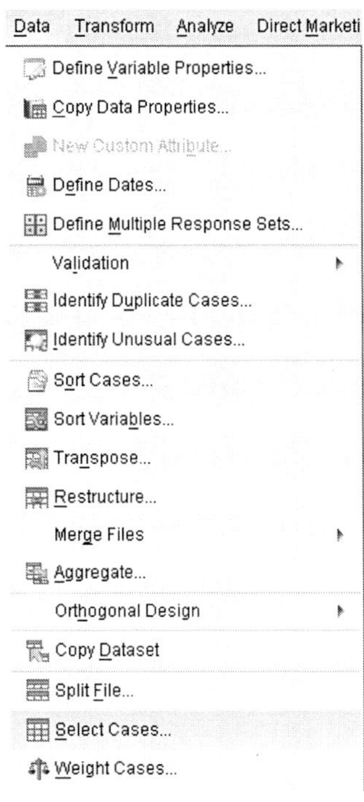

圖 8-48

從名單中（the menus）選擇：Data → Select Cases...

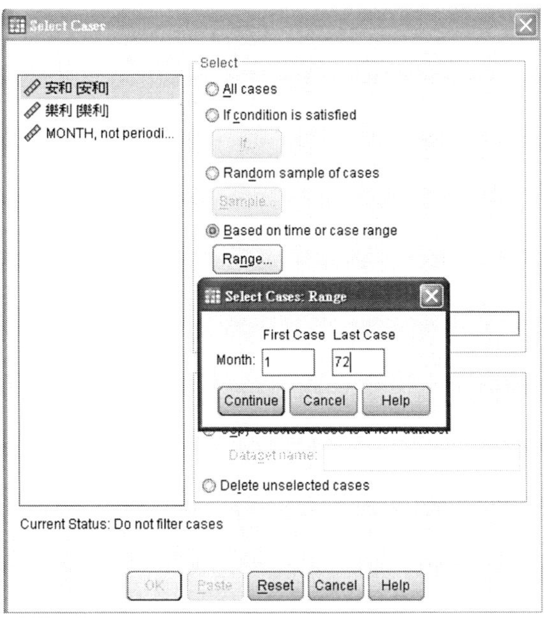

圖 8-49

選擇基於時間或在 the Select group 的 case range。按 Range。

打入 1 提供第一個案例（first case）。打入 72 提供最後案例（last case）。按 Continue。

按在 the Select Cases dialog box 中的 OK。

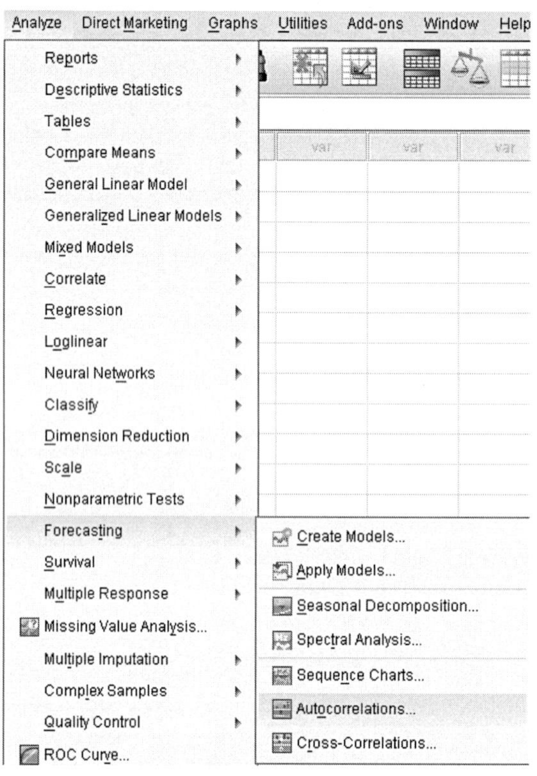

圖 8-50

因為沒有理由去為二個市場占有率序列假設不同基本的過去，你只需要去注意到一個，例如說，安和超市的自我相關與淨自我相關。

從名單中（the menus）選擇：

Analyze > Forecasting → Autocorrelations...

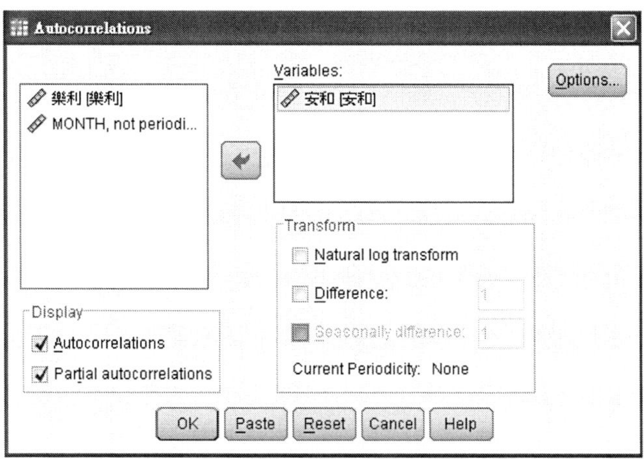

圖 8-51

選擇安和超市，然後把它移入 the Variables list。按 OK

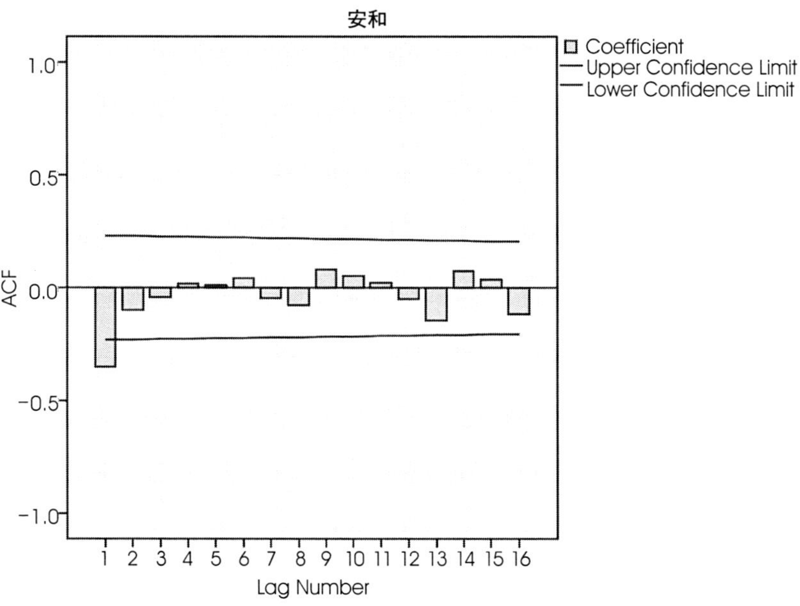

圖 8-52

自我相關函數顯示一個單一顯著性在一個滯延 1 的高峰。

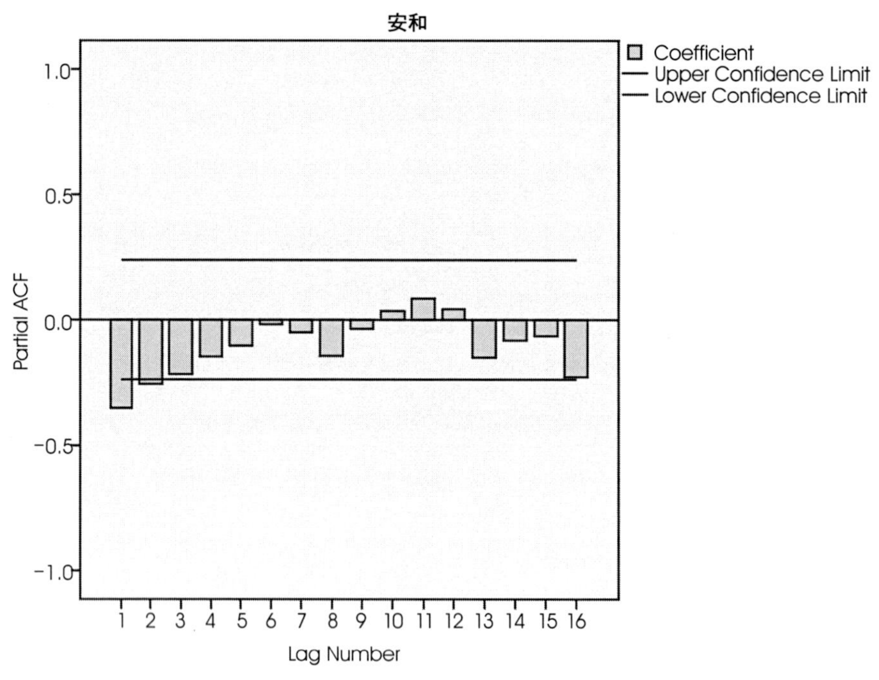

圖 8-53

淨自我相關函數顯示一個單一顯著性在一個滯延 1 的高峰由一個尾巴所伴隨。

從觀察 ACF/PACF 的圖形中的指引中，你可以發現在 ACF/PACF 圖形中釘住在滯延 1 與一個尾部在 PACF 圖示中指出一個移動平均階 1 的 ARIMA 成分，或一個 ARIMA（0, 0, 1）模型。

三、決定干擾的時期

你已決定在安和超市發生一個 ARIMA（0,0,1）模型的購買結果（the buyout）之前的序列。現在你必須有一個提供解釋市場占有率的變動是由干擾的結果所造成的一個解釋方法。首要的任務就是去決定已顯示顯著性變動水準的市場占有率序列期間的時期。購買結果之前與之後一個市場序列圖示可以提供解答。無論如何，它的最佳作法，是去限制案例，然後依序去獲得干擾期間一個很清晰的描繪。

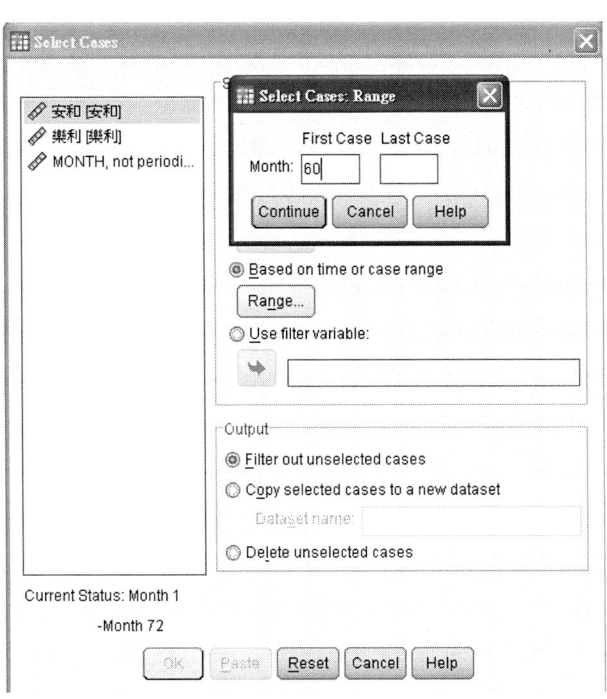

圖 8-54

打開 the Select Cases dialog box。選擇在 the Select group 中基於時間或案例範圍。然後按 Range。

打入 60 為第一案例。然後按 Continue。再按在 the Select Cases dialog box 中的 OK。

這將限制案例的範圍從 60（干預之前的一年）到序列的結束。

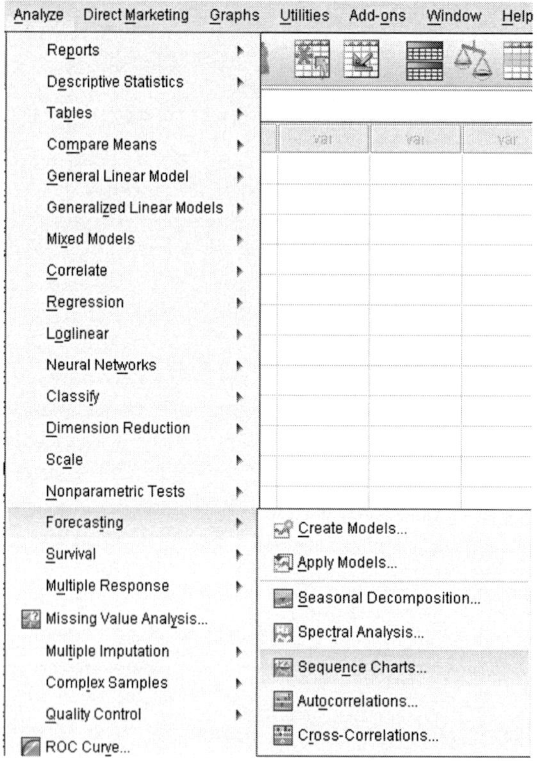
Analyze
Direct Marketing
Graphs
Utilities
Add-ons
Window
Help
Reports
Descriptive Statistics
Tables
Compare Means
General Linear Model
Generalized Linear Models
Mixed Models
Correlate
Regression
Loglinear
Neural Networks
Classify
Dimension Reduction
Scale
Nonparametric Tests
Forecasting
Survival
Multiple Response
Missing Value Analysis...
Multiple Imputation
Complex Samples
Quality Control
ROC Curve...
Create Models...
Apply Models...
Seasonal Decomposition...
Spectral Analysis...
Sequence Charts...
Autocorrelations...
Cross-Correlations...

圖 8-55

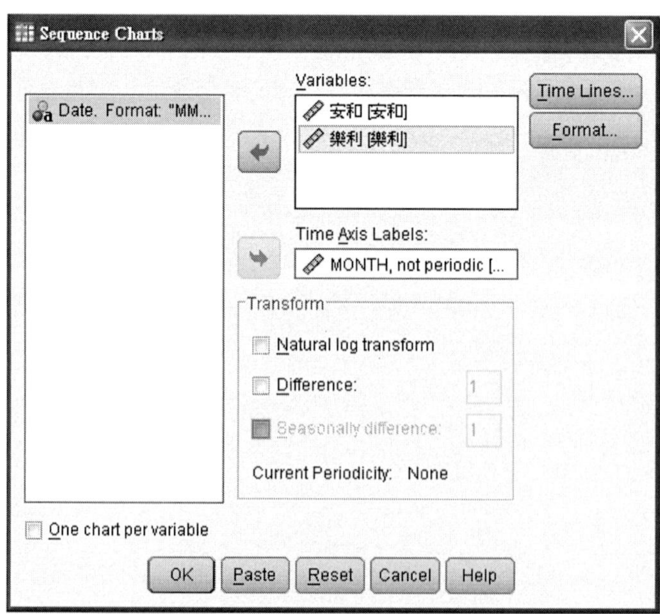
Sequence Charts
Date. Format: "MM...
Variables:
安和 [安和]
樂利 [樂利]
Time Lines...
Format...
Time Axis Labels:
MONTH, not periodic [...
Transform
Natural log transform
Difference:
1
Seasonally difference:
1
Current Periodicity: None
One chart per variable
OK
Paste
Reset
Cancel
Help

圖 8-56

圖示已選擇的點：打開 the Sequence Charts dialog box

回顧全國的供應鏈發動一個攻擊性活動廣告它們在購買結果之後前面兩個月其設計的產品。去在視覺上描繪出有關市場占有率圖示廣告活動結束的情況可以證明是有用的。

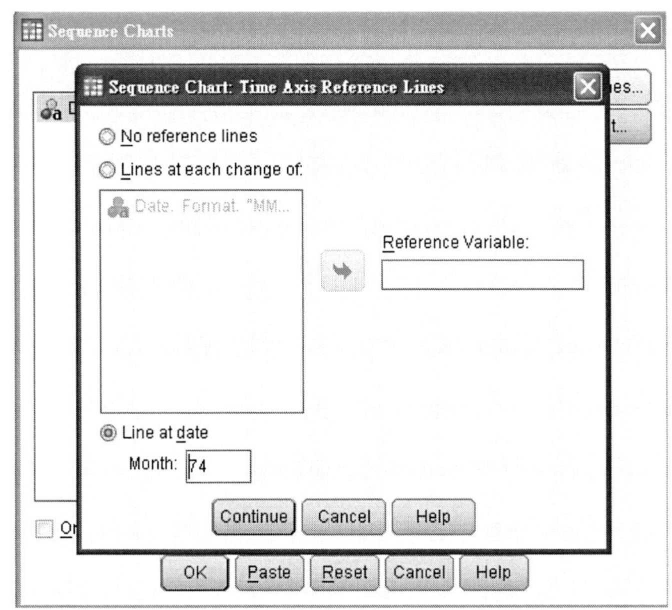

圖 8-57

按 Time Lines。選擇 Line at date。然後打入 74 為月。這將產生一個垂直線在月 74 的結果。按 Continue。接著按在 the Sequence Charts dialog box 中的 OK。

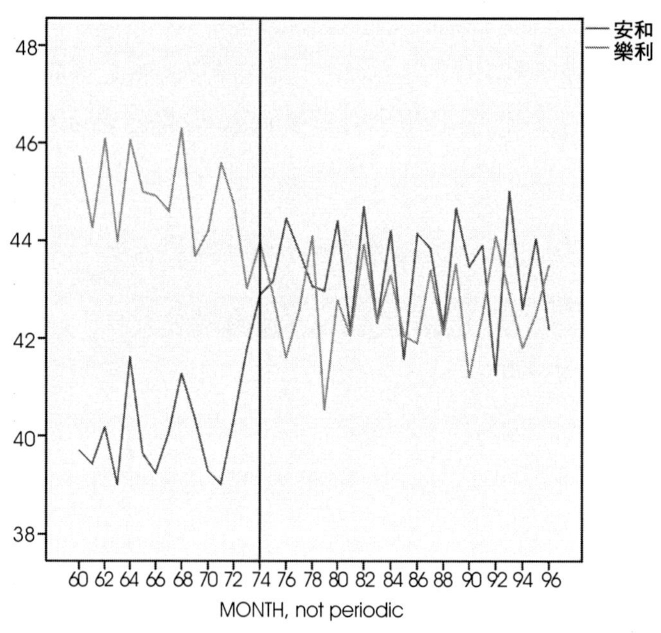

圖 8-58

這個圖示使兩者時間序列達到它們在月 74 的新水準。這樣的干預期間是由兩個月廣告活動，月 73 與月 74 所產生的結果

四、創造干擾的變項

兩者市場占有率序列在干預之前是由一個統計上的常數水準（a statistically constant level）描述其特性，隨後在干預期間結束之後是由一個統計上的常數水準來描述其特性。這種干預是完全由一個固定的值產生樂利超市序列與由一個可能不同的固定值使安和超市序列的增加。

一個序列水準一個常數的遞移（A constant shift）可以以一個變項被進行塑造，即是 0 直到在序列的某點為止與 1 其後。如果該變項的係數是正數的，該變項扮演去增加序列的水準，與如果其係數是負數的，那該變項就會扮演去減低序列的水準。這樣的變項是被歸之為虛擬變項與這種虛擬變項的個別類型是被歸之為一個步驟函數（a step function）因為它會突然地從一個 0 的值爬升到一個 1 的值，與會仍然逗留在 1。如此，在質化上，在樂利超市序列的下降可以由一個步驟函數以一個負的係數來塑造其模型，而在安和超市序列的上升可以由一個步驟函數以一個正的係數來塑造其模型。

在現行案例中的唯一意涵（only complication）是該序列改變其水準在一個兩個月的期間。這要求兩個步驟函數的使用，一個去塑造在月 73 水準變動的模型，而另一個則去塑造在月 74 水準變動的模型。

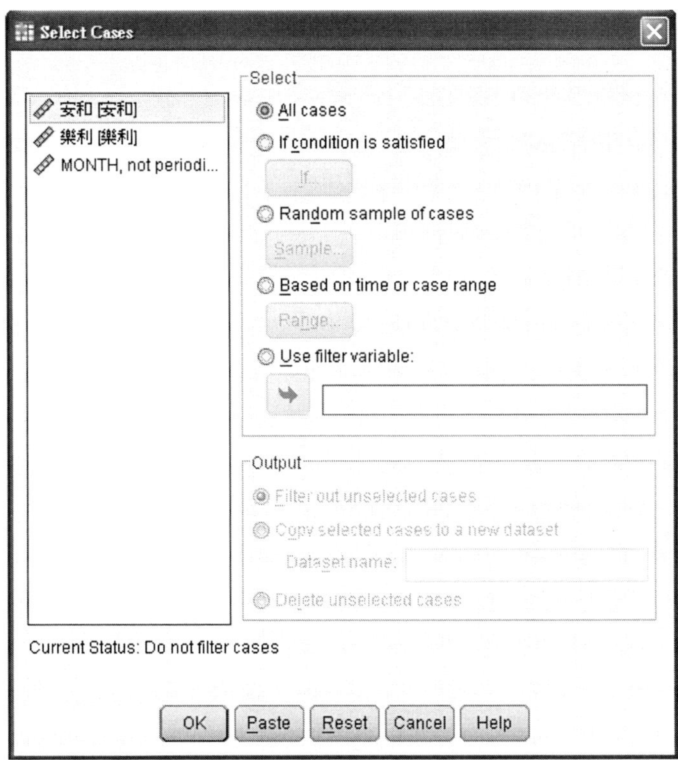

圖 8-59

在創造虛擬變項之前，恢復所有案例。

打開 Select Cases dialog box，選擇在 the Select group 的所有案例（All cases），然後按 OK。

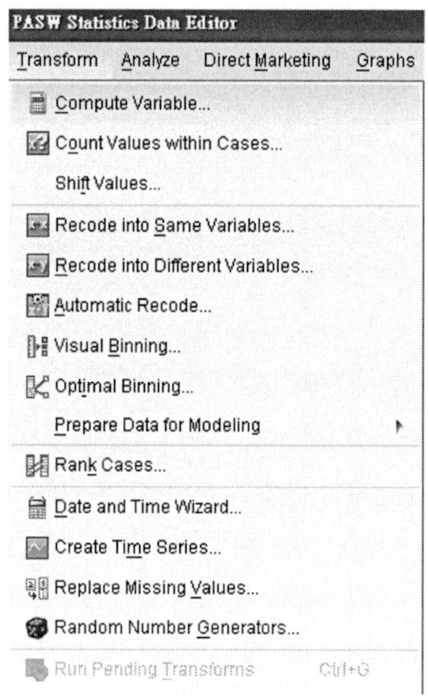

圖 8-60

去創造步驟變項：從名單中（the menus）選擇：Transform → Compute

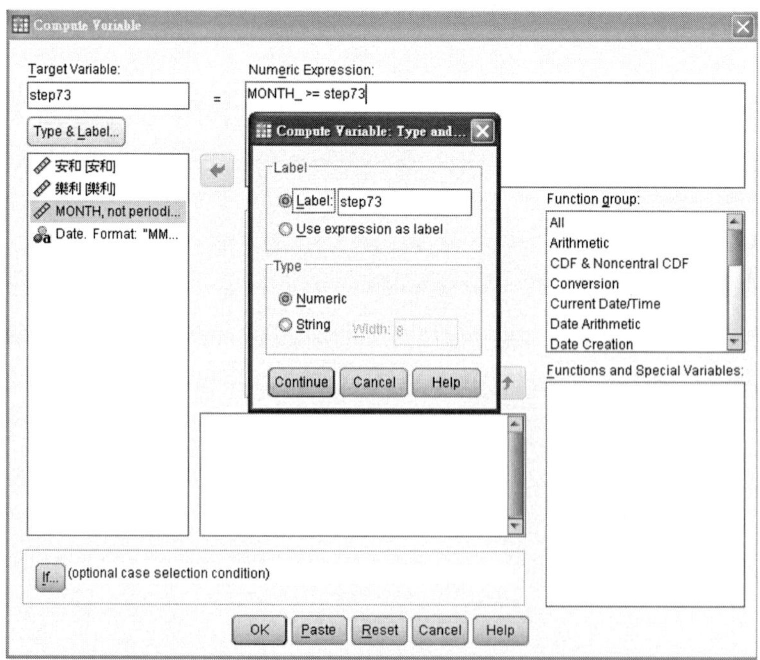

圖 8-61

在 Target Variable，打 step73。按入 the Numeric Expression 主題盒，接著打字 MONTH_>=73。然後按 OK。這可以創造一個變項該變項有一個 1 的值提供案例其中它是真的即 MONTH，是大於或等於 73，與一個 0 的值提供所有其他案例。

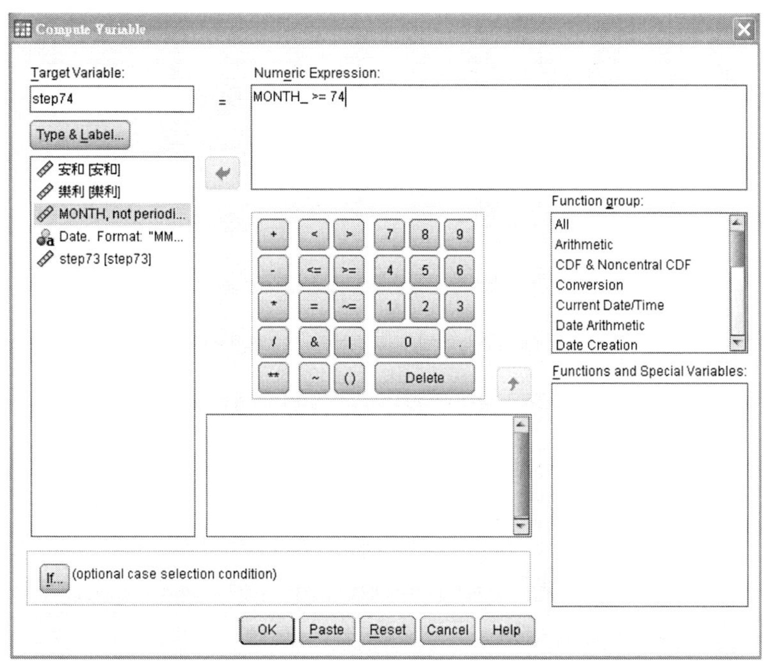

圖 8-62

現在，重複這個過程，創造另一個變項，step74，以呈現 MONTH_>=74。

五、進行分析

你已決定在進行干預之前該序列遵循一個 ARIMA(0, 0, 1) 模型，與你已創造兩個虛擬變項去塑造干預的模型。現在你要準備去進行完整的 ARIMA 分析使用兩個虛擬變項作為預測變項。ARIMA 把這些預測變項視為很像是在迴歸分析中的預測式變項（predictor variables），它可估計每個係數使它們最適配於資料。

首先建立安和超市的干預模型。從名單中（the menus）選擇：Analyze → Forecasting → Create Models...

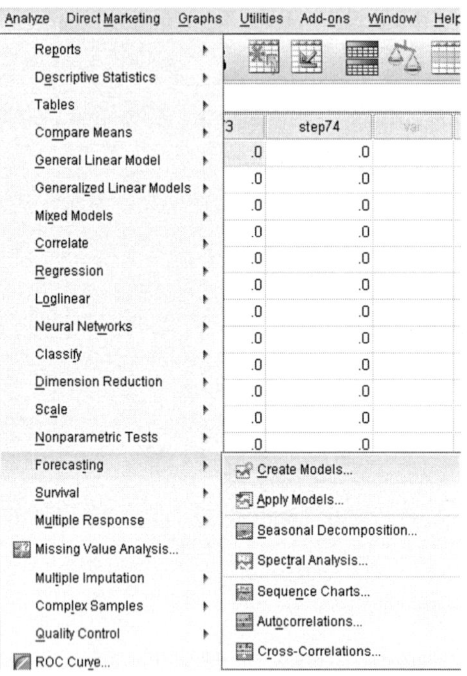
Analyze
Direct Marketing
Graphs
Utilities
Add-ons
Window
Reports
Descriptive Statistics
Tables
Compare Means
General Linear Model
Generalized Linear Models
Mixed Models
Correlate
Regression
Loglinear
Neural Networks
Classify
Dimension Reduction
Scale
Nonparametric Tests
Forecasting
Survival
Multiple Response
Missing Value Analysis...
Multiple Imputation
Complex Samples
Quality Control
ROC Curve...
step74
Create Models...
Apply Models...
Seasonal Decomposition...
Spectral Analysis...
Sequence Charts...
Autocorrelations...
Cross-Correlations...

圖 8-63

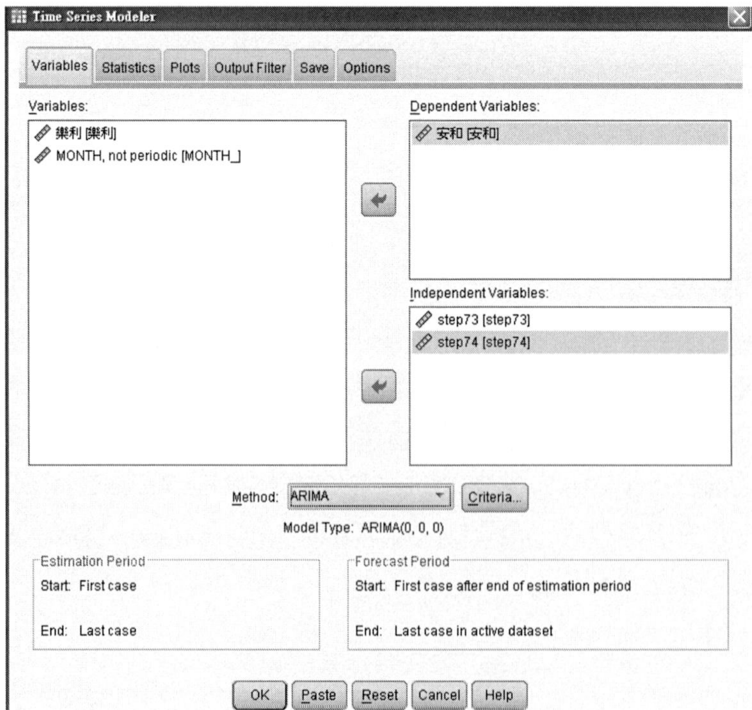
Time Series Modeler
Variables
Statistics
Plots
Output Filter
Save
Options
Variables:
巢利 [巢利]
MONTH, not periodic [MONTH_]
Dependent Variables:
安和 [安和]
Independent Variables:
step73 [step73]
step74 [step74]
Method:
ARIMA
Criteria...
Model Type: ARIMA(0, 0, 0)
Estimation Period
Start: First case
End: Last case
Forecast Period
Start: First case after end of estimation period
End: Last case in active dataset
OK
Paste
Reset
Cancel
Help

圖 8-64

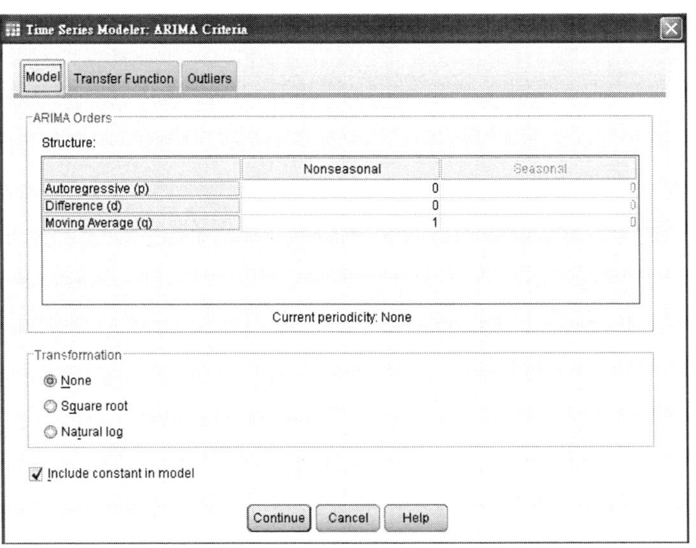

圖 8-65

選擇安和超市為依變項。然後選擇 step73 與 step74 為自變項，打入 1 在 Moving Average 主題盒如圖 8-64 與圖 8-65。然後按 OK。

重複提出樂利超市的分析：如圖 8-66 所示。

打開 ARIMA 對話盒。退選安和超市為依變項與選擇樂利超市。然後按 OK。

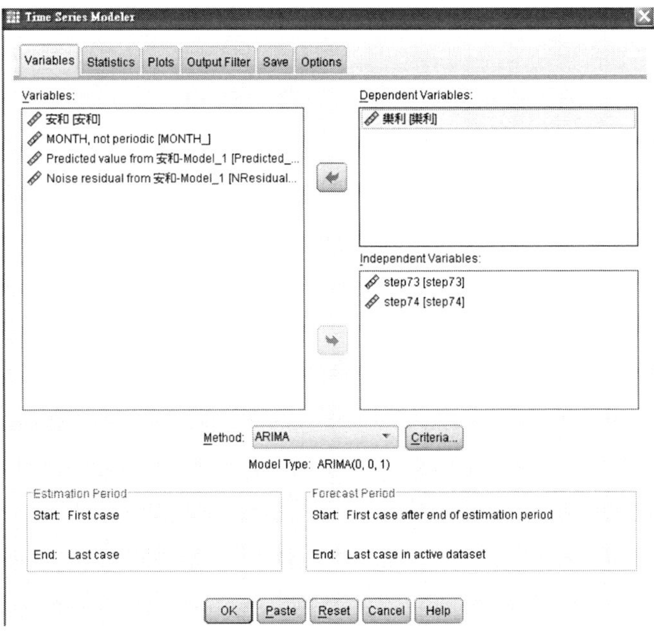

圖 8-66

六、模型診斷

診斷一個 ARIMA 模型是建構模型過程的一個關鍵部分與包括分析模型的殘差。如果該模型是一個很適配於該序列的模型，其殘差應該是隨機的。

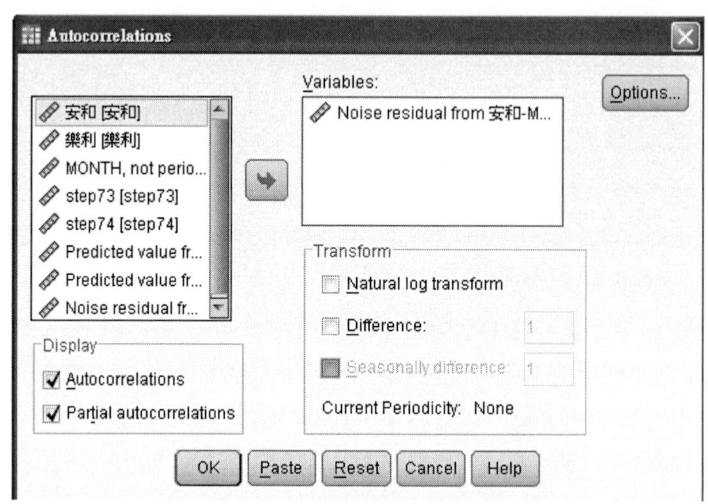

圖 8-67

去分析安和超市模型的殘差；

打開 Autocorrelations 的對話盒。退選從 the Variables list 中的安和超市，接著選擇 ERR_1。然後按 OK。

Autocorrelations

Series:Noise residual from 安和 -Model_1

Lag	Autocorrelation	Std. Error[a]	Box-Ljung Statistic		
			Value	df	Sig.[b]
1	0.034	0.100	0.117	1	0.732
2	0.034	0.100	0.232	2	0.891
3	-0.096	0.099	1.164	3	0.762
4	0.076	0.099	1.750	4	0.782
5	-0.081	0.098	2.433	5	0.787
6	-0.057	0.098	2.768	6	0.837
7	-0.002	0.097	2.768	7	0.906
8	-0.066	0.097	3.231	8	0.919
9	0.085	0.096	4.015	9	0.910
10	-0.020	0.096	4.057	10	0.945

Lag	Autocorrelation	Std. Error[a]	Box-Ljung Statistic		
			Value	df	Sig.[b]
11	0.043	0.095	4.259	11	0.962
12	−0.156	0.094	7.001	12	0.858
13	−0.107	0.094	8.304	13	0.823
14	−0.057	0.093	8.678	14	0.851
15	−0.062	0.093	9.119	15	0.871
16	−0.148	0.092	11.703	16	0.764

a. The underlying process assumed is independence (white noise).

b. Based on the asymptotic chi-square approximation.

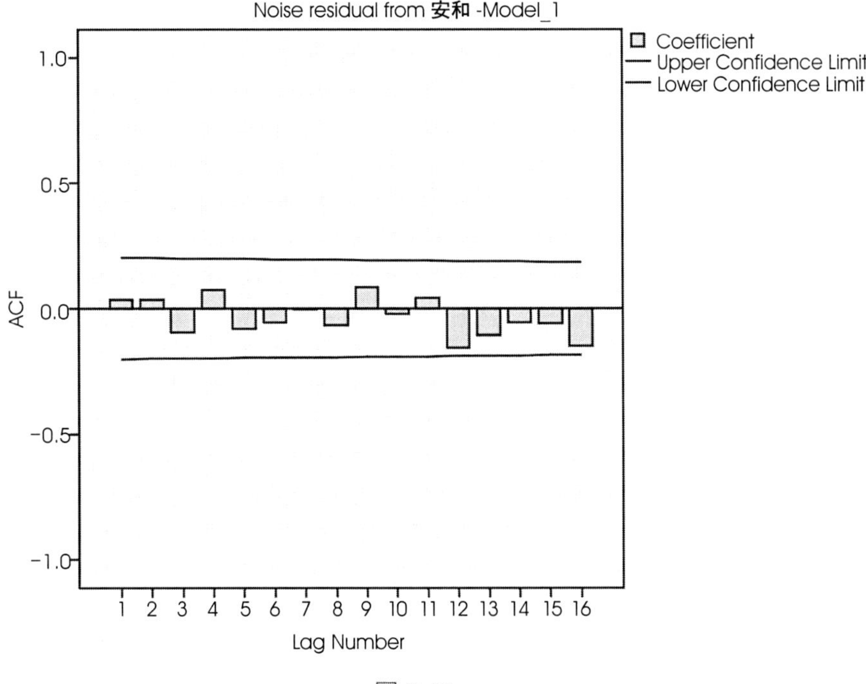

圖 8-68

其中自我相關函數顯示沒有顯著性的值。

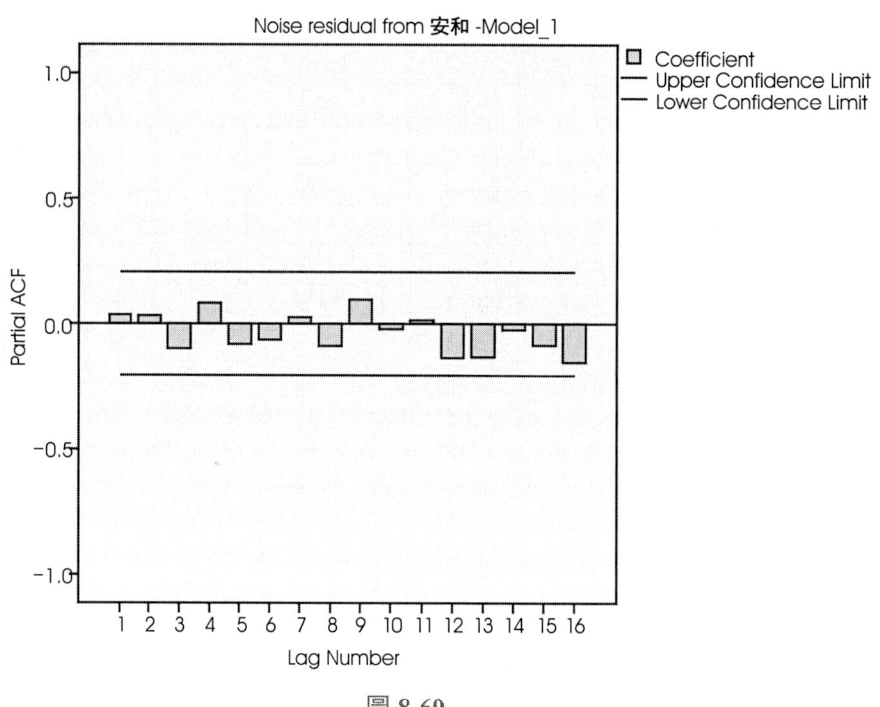

圖 8-69

The Box-Ljung 統計量並沒有顯著性的值。這是符合殘差是隨機的假設。從 ACF 與 PACF 圖示中其兩者的結果，你可以推論該模型可以提供該資料一個很好的適配度。

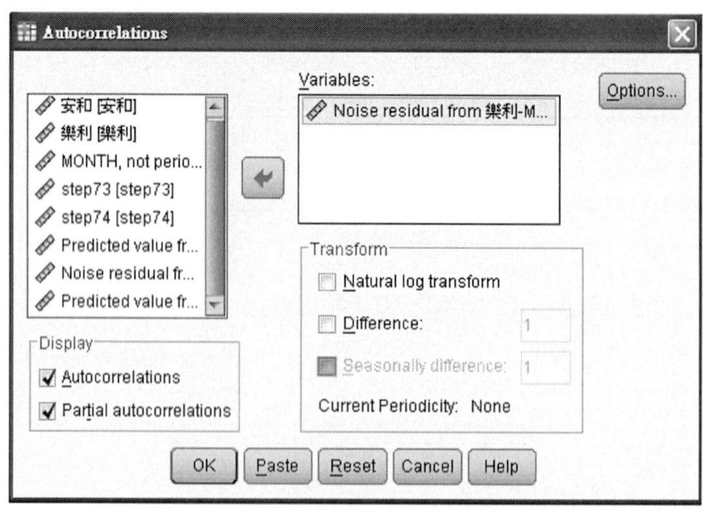

圖 8-70

Autocorrelations

Series:Noise residual from 樂利 -Model_1

Lag	Autocorrelation	Std. Error[a]	Box-Ljung Statistic		
			Value	df	Sig.[b]
1	0.050	0.100	0.244	1	0.621
2	-0.105	0.100	1.351	2	0.509
3	-0.041	0.099	1.524	3	0.677
4	0.149	0.099	3.780	4	0.437
5	0.007	0.098	3.786	5	0.581
6	-0.094	0.098	4.706	6	0.582
7	0.086	0.097	5.496	7	0.600
8	-0.077	0.097	6.132	8	0.632
9	0.060	0.096	6.520	9	0.687
10	0.135	0.096	8.510	10	0.579
11	0.141	0.095	10.714	11	0.468
12	-0.053	0.094	11.029	12	0.526
13	-0.219	0.094	16.475	13	0.224
14	0.016	0.093	16.504	14	0.284
15	-0.006	0.093	16.508	15	0.349
16	-0.068	0.092	17.052	16	0.382

a. The underlying process assumed is independence (white noise).

b. Based on the asymptotic chi-square approximation.

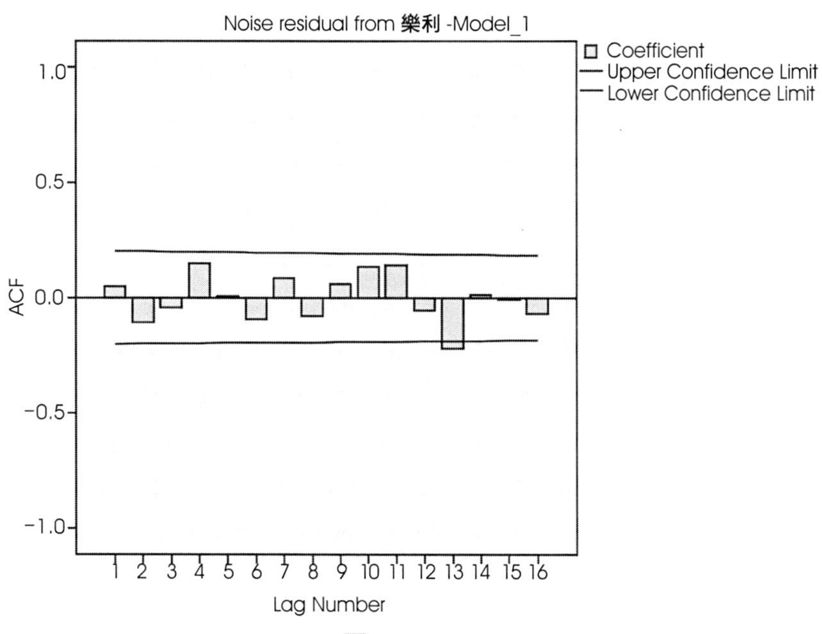

圖 8-71

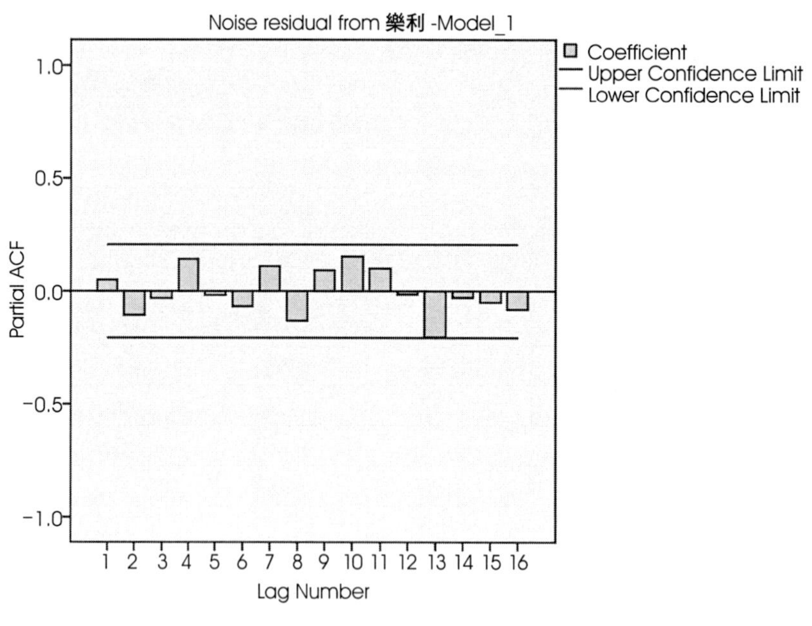

圖 8-72

你可以以同樣的方式分析樂利超市的殘差，打開 Autocorrelations 對話盒，退選 ERR_1, 然後選擇 ERR_2 作為變項。其結果顯示樂利超市模型的殘差是隨機的，驗證以兩個步驟函數的 the ARIMA（0,0,1）模型對資料是一個良好的適配度。

七、干擾的評估

你已建構一個模型它是一個充分適配於資料，現在是處於進行分析模型必須去說明有關干預的問題。你預期給予安和超市與樂利超市模型兩者預測式變項（ both predictor variables），正數的係數給予安和超市，而給予樂利超市模型負數的係數。安和超市係數的總和將代表在安和超市市場占有率在大約兩個月期間整體的增加，而樂利超市係數的總和將代表樂利超市在市場占有率在大約兩個月期間整體的減低。

表 8-4 **ARIMA Model Parameters**

					Estimate	SE	t	Sig.
安和-Model_1	安和	No Transformation	Constant		39.987	0.023	1773.633	0.000
			MA	Lag 1	0.744	0.072	10.387	0.000
	step73	No Transformation	Numerator	Lag 0	1.609	0.504	3.194	0.002
	step74	No Transformation	Numerator	Lag 0	1.780	0.513	3.466	0.001

首先，注意到安和超市模型的參數估計表。虛擬變項 step73 的係數是 1.610，這意指安和超市的市場占有率在月 73（第 73 個月）增加大約 1.6%。

另外，step74 的係數指出在月 74（第 74 個月）增加大約 1.8%，在現行水準的最高點。如此，安和超市的市場占有率在二個月的廣告期間大約增加 3.4%，接著仍然維持在新的較高水準。

現在檢測樂利超市模型的參數估計表。虛擬變項步驟 73 的係數是 -1.667，這意指樂利超市的市場占有率在月 73 大約減少 1.667%

另外 step74 的係數指出在月 74 減少 0.733，然後就整體而言，樂利超市市場占有率在二個月廣告活動期間大約下降 2.4%。

表 8-5 **ARIMA Model Parameters**

					Estimate	SE	t	Sig.
樂利-Model_1	樂利	No Transformation	Constant		45.012	0.010	4726.023	0.000
			MA	Lag 1	0.897	0.052	17.098	0.000
	step73	No Transformation	Numerator	Lag 0	−1.667	0.375	-4.440	0.000
	step74	No Transformation	Numerator	Lag 0	−0.733	0.387	-1.896	0.061

八、結語

使用干預分析於 ARIMA 模型的系絡中，你已分析在一個地區由二個競爭者所主導在市場占有率方面一個突然的遞移（an abrupt shift）。這種前干預序列是由隨後一個一階移動平均所決定，它是獨特地適合於去分析一個 ARIMA 模型。塑造干預期間以步驟函數的模型允許你對由二個競爭者在市場占有率方面所經歷有關其得與失的詳細陳述說明。

由以上的探究中，可以發現 ARIMA 程序對發展形成時間序列行為的複雜模型是有用的。

如果你對時間序列可以由一個趨勢與／或單一季節的成分進行良好的描述持有疑慮與如果你是沒有興趣於預測式的變項含入（interested in including predictor variables）的過程，你可以想要去考量在計算上更簡單的指數平滑程序。

如果是基本上有興趣於一個序列呈現一階自我相關的迴歸分析，可以考慮使用自我迴歸的程序。

到目前為止已有許多令人感興趣的干擾分析的研究著作值得我們參考。有些是可以提供我們作為很好的研究範例如：

（一）Box 與 Tiao（1975）研究調查在 downtown Los Angele 的有關臭氧（ozone，O_3）濃縮影響的一個新的法律，該法律是在於限制在地區出售汽油所產生的碳氫化合物（hydrocarbon）的排放量，該法律強制禁止機動車引擎設計的改變，與開放 the Golden State Freeway 交通的轉變。它們已顯示這些干擾或干預事實上導致產生臭氧水準程度的減低。

（二）Wichern 與 Jones（1977）分析由美國 Crest 牙膏的牙科聯合會所認可的一個影響為 Crest 與 Colgate 牙膏在市場股份的分享有助於蛀牙的減少。這項認可導致產生給予 Crest 牙膏市場股份利潤分享的顯著性增加。

（三）Athins（1979）使用干擾分析去研究強制汽車保險的影響，一個公司的結算，與保險公司對在 British Columbia freeways 對高速公路意外數目政策的改變。

（四）Montgomery 與 Weatherby（1980）研究 1973 年 11 月阿拉伯石油禁運對電力消費成長率的影響。他們推論禁運造成電力消費成長率一種持久性的變動。

（五）Izenman 與 Zabell（1981）研究在 New York City，1965 年 11 月 9 日由於一種廣泛電力不足所實施的燈火管制對九個月之後出生率的影響。在 1966 年 8 月 The New York Time 中的一篇報導提到其出生率的增加。研究的著作者指出從 1961 到 1966 年使用每週的出生率，顯示其出生率在統計上並沒有顯著性的增加。

（六）Ledolter 與 Chan（1996）使用干擾分析去研究在 Iowa 農村州際高速公路實施一種速度變化管制對交通事故出現的影響。

第七節　季節的分解

季節的分解程序可以消除來自時間序列其期間的上下波動，諸如每年或每季升高與下降。它基本上是被使用作為一種工具當嘗試以這樣的序列去分析其發展的趨勢。

關於季節的分解程序與計算方法在本書前述的第二章中，已做了很完整與詳細的探討，而且對於電腦軟體 SPSS 的操作方法已在上述的第七章中，也提出範例的問題做了實際演算。

在本節中我們是在於顯示出如何使用分解的模型去預測可以呈現出趨勢與季節性影響的時間序列。這樣的模型沒有理論的基礎，嚴格說起來，它們是一種直覺的研究途徑。無論如何，分解模型已被發現是有效用的當描述一個時間序列的參數在跨越過去的時間是不變的。隱藏在這些模型之後的理念是在於能夠把時間序列分解成若干因素或因子（factors）：趨勢的，季節的，循環的，與不規則的（irregular）。由此，這些因素或因子的估計值可以被使用於去描述時間序列。除此之外，如果時間序列的參數是不變的，那其估計值就可以被使用於去進行計算點的預測值。

在分解的模型中有二種類型：

一、模型

兩種塑造模型的途徑是可資利用的；倍增性的（multiplicative）與可加性的（additive）。

（一）倍增的

季節的成分是由於季節上被調整序列是可被倍增去產生原始序列的一個事實。事實上，種種的趨勢可以估計季節的成分其成分是按序列整體水準所作的比例。沒有季節變數的觀察值有一個 1 季節成分。倍增的分解模型已被發現當建構的時間序列模型是在於呈現出逐漸增加或逐漸減少季節性的變異性（variation）是有效的。

（二）可加性

季節的調整是被加到在季節上可以被調整的序列以獲得其觀察值。這種調整嘗試去消除來自一個序列的季節性影響以便可以注視到季節成分所偽裝的其他關切的特性所蒙蔽。種種趨勢可以估計季節的成分這些成分並不端視序列的整體水準而定。沒有季節性變數的觀察值有一個 0 的季節成分。可加性的分解模型已被發現當建構的時間序列模型是在於呈現出持久性或恆定性的季節性變數。

二、從銷售量中排除季節性

一間市場調查公司是有興趣於建構童裝服飾公司它的童裝服飾銷售量整體向上成長的趨勢模型，在預測變項的一個組合中諸如有郵寄目錄與電話開放訂購。最後，該市場調查公司已蒐集十年期間童裝服飾公司銷售量的情況。這個資訊被蒐集在 CH7-4 檔案中，可以被使用去執行一個趨勢分析（例如，以自我迴歸的程序）去消除在資料中所出現的任何季節的變數。以季節分解的程序這是很容易被實現。

三、決定與設定定期或周期性

季節的分解程序要求在資料檔案中一個時期資料成分的呈現，例如，一年 12（個月）的時期期限（periodicity），每一週 7（天）的時期期間（periodicity），依序等等。首先去圖示你時間序列的習慣通常會是一個好的理念，因為觀察一個時間序列圖形通常會導致對基本的時期性持有一個合乎邏輯的猜測。

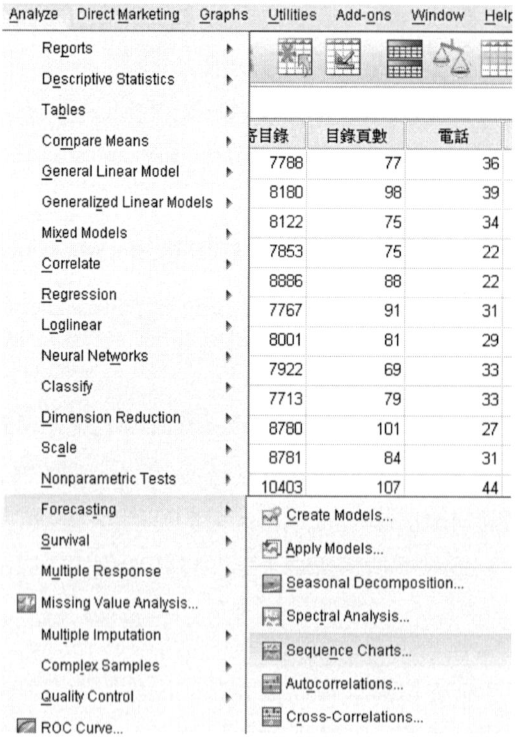

圖 8-73

獲得過去時間童裝服飾銷售量的一個圖形：

從名單中（the menus）選擇：Analyze → Forecasting → Sequence Chaarts...
注意到：這個圖要求基於統計量的選項。

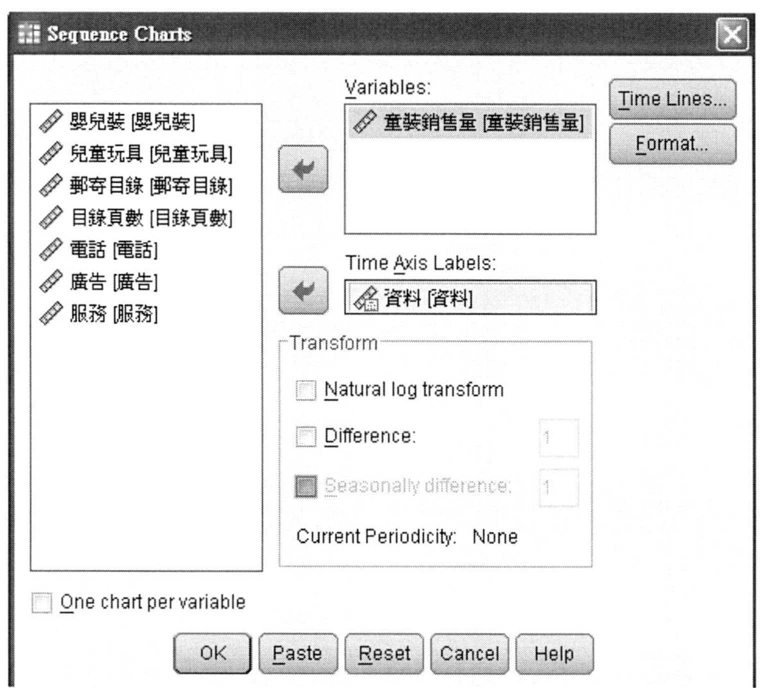

圖 8-74

選擇童裝服飾銷售量與把它移入變項（Variables：）。
選擇日期資料與把它移入時間軸的標示（the Time Axis Labels lis）。
按 OK。

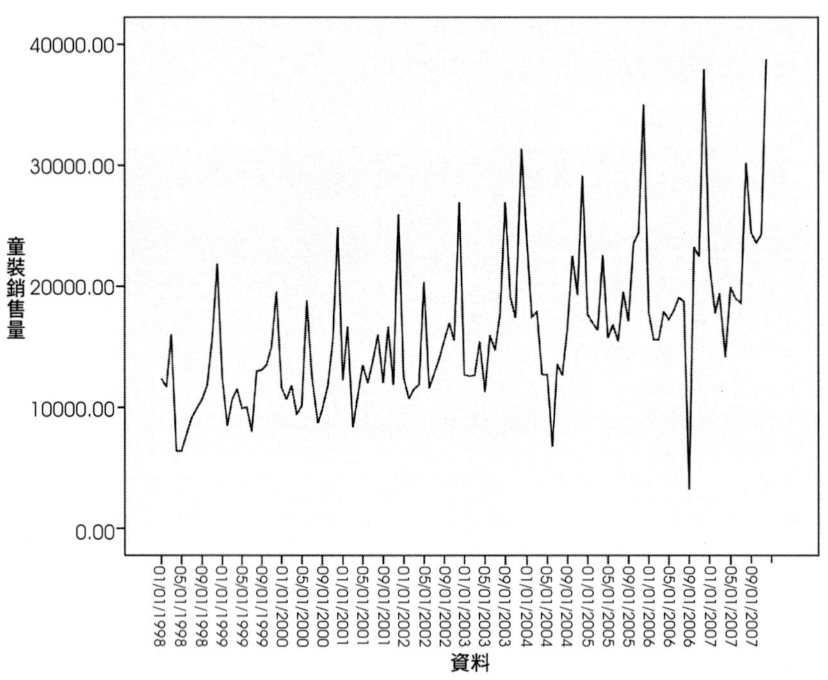

圖 8-75

該序列展示很多的高峰，但是它們並沒有顯示是同等地被間隔，這指出如果該序列有一個時期的成分，它亦有上下的波動這麼的波動並不是時期的——典型真正時間序列的案例。除了小範圍的波動之外，顯著的高峰呈現出由若干個月所分隔。假設銷售量的季節性質，在 12 月假期季節期間以典型的拉高，它可能一個好的猜測即時間序列有一個每年的時期。而且亦注意到季節的變數出現與向上成長的序列趨勢，指出季節的變數可以依該序列的水準作成比例。這意指一個倍增的而不是逐步增加的模型。

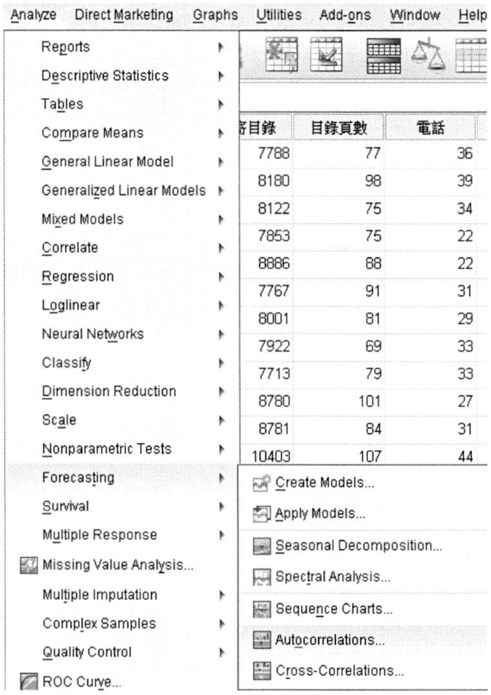

圖 8-76

檢測一個時間序列的自我相關與淨自我相關可提供有關基本時期性的一個更多量化的推論。

從名單中（the menus）選擇：Analyze → Forecasting → Autocorrelations...

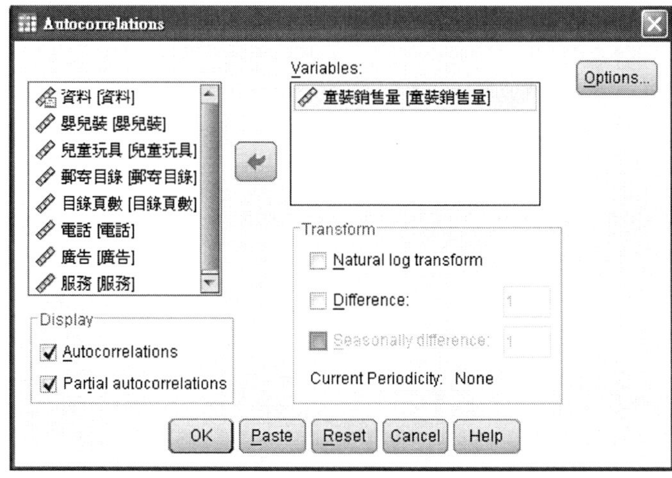

圖 8-77

選擇童裝服飾銷售量與把它移入變項（Variables：)。按 OK。

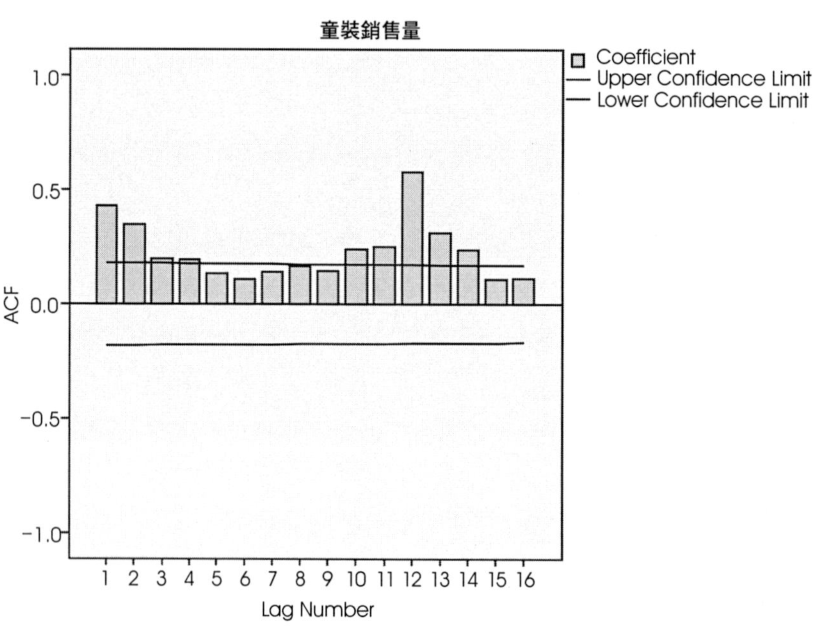

圖 8-78

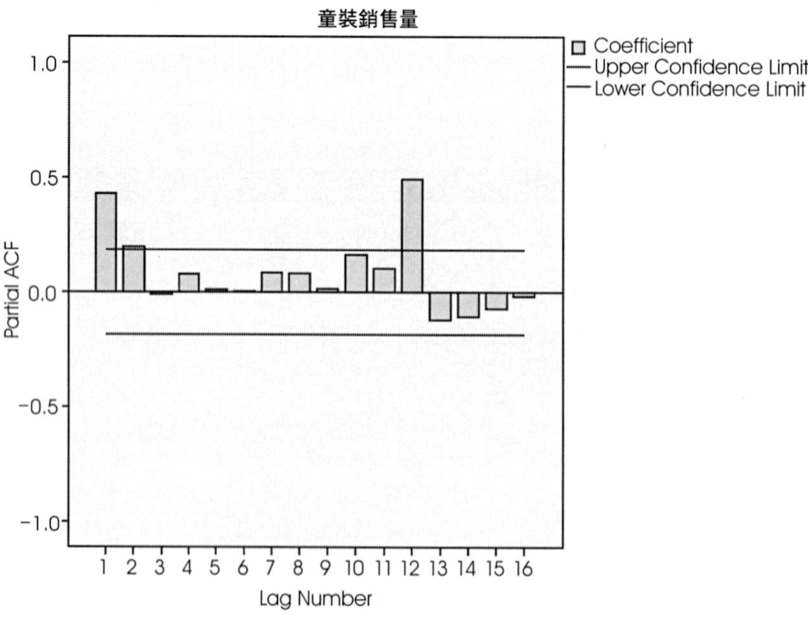

圖 8-79

自我相關函數顯示在一個滯延 1 沿著一條長指數的尾部是一個顯著的高峰，一個典型時間序列的模式。在一個滯延 12 的顯著性高峰指出在資料中一個每年季節成分的出現。淨自我相關函數的檢測將允許一個更明確的推論，在淨自我相關函數中一個滯延 12 的顯著性高峰證實在資料中一個每年季節成分的出現。

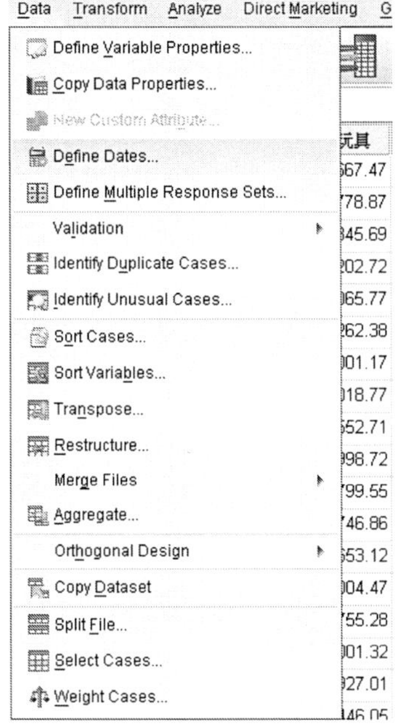

圖 8-80

去設定一個每年的週期（periodicity）：從名單中（the menus）選擇：Data → Define Dates...

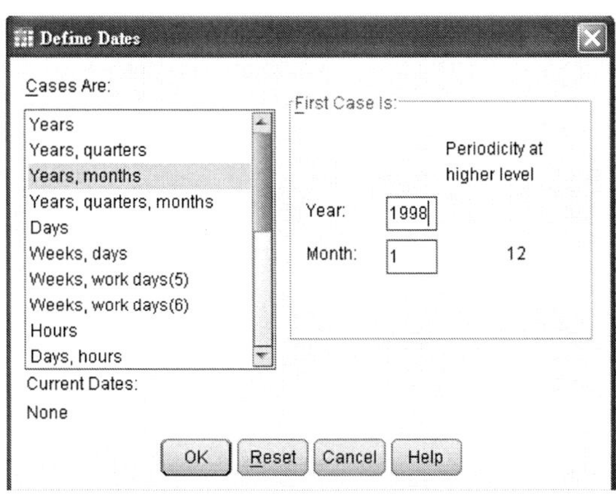

圖 8-81

選擇在案例中 Years, months 被記入

輸入 1998 為年與 1 為月。按 OK。

這個設定時期到 12 建立被設計資料變項的一個組合去進行趨勢程序的運作。

四、進行分析

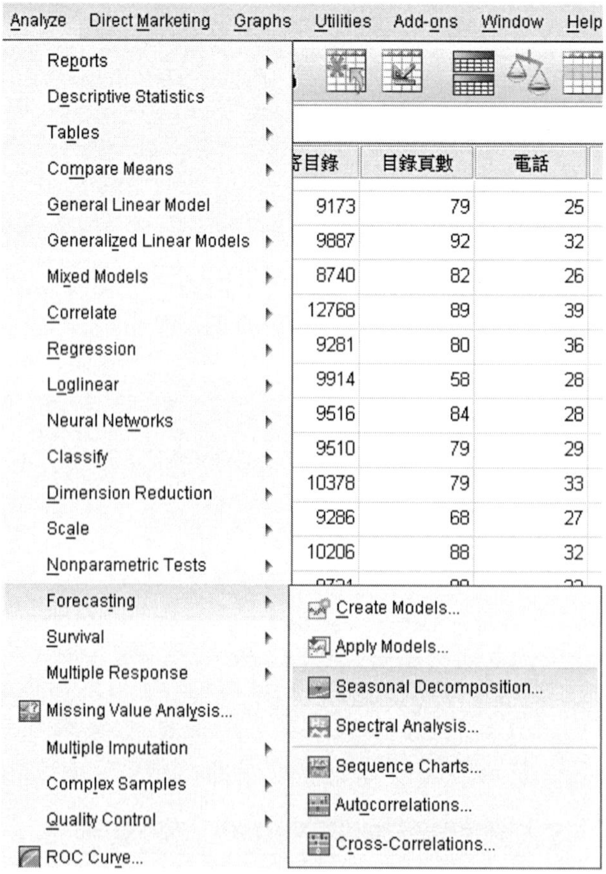

圖 8-82

進行季節分解的程序：From the menus choose: Analyze → Forecasting → Seasonal Decomposition...

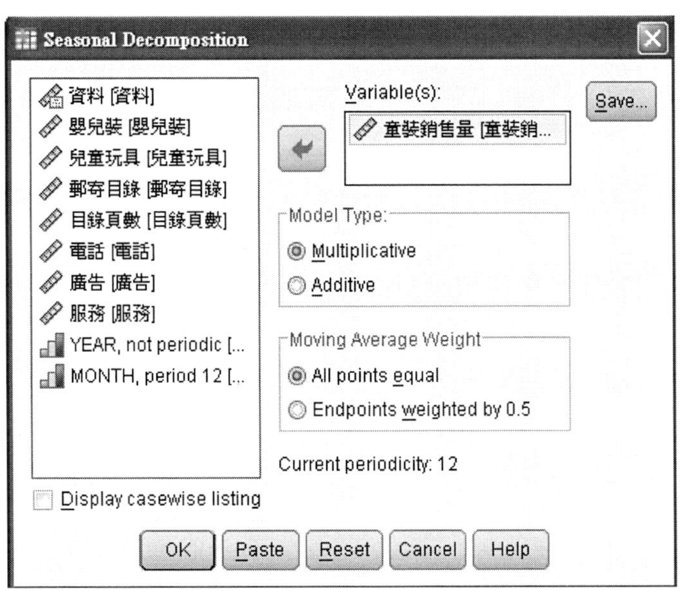

圖 8-83

選擇童裝服飾銷售量與把它移入變項（Variables：）。

選擇模型的組合中（the Model group）的 Multiplicative。然後按 OK。

五、理解輸出的結果

季節分解的程序可以建立四個新的變項提供由該程序所分析的每一個原始變項。採電腦內部的設定，新的變項被加入可運作的資料檔案中。新的序列有命名以下列字首開始進行：

SAF：季節的調整因素（Seasonal adjustment factors），代表季節的變數。提供可倍增的模型，值 1 代表沒有季節的變數；可逐步增加的模型，值 0 代表沒有季節的變數。季節因素可以被使用當輸入到一個指數平滑的模型。

SAS：季節調整的序列（Seasonally adjusted series），代表以季節變數可以被消除的原始序列，以一個季節上可以被調整的序列運作，允許一個趨勢成分可以被孤立與被分析和任何季節的成分無關。

STC：平滑趨勢——循環成分（Smoothed trend-cycle component），在季節上可以被調整序列的一個被平滑的作法（a smoothed version），可以顯示趨勢與循環成分兩者。

ERR：提供一個個別觀察值的序列殘差成分

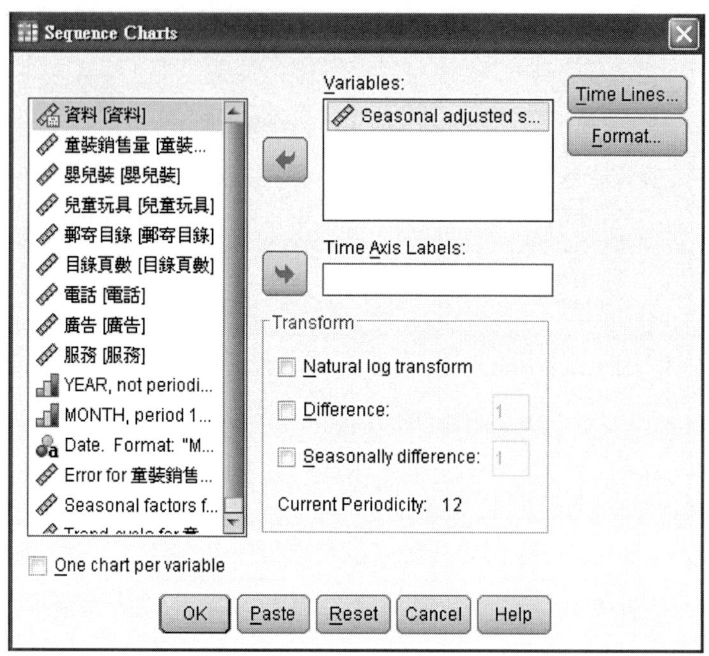

圖 8-84

對現行的案例，季節上可能被調整的序列是最適當的，因為它代表具季節變數可被消除的原始序列。

去以圖形顯示在季節上以已被調整的序列。

打開序列關聯圖形的對話盒（the Sequence Charts dialog box）。

按重設（Reset）去清除任何過去的選擇，然後選擇 t SAS_1 與把它移入變項的方盒中（Variables：）。

按 OK。

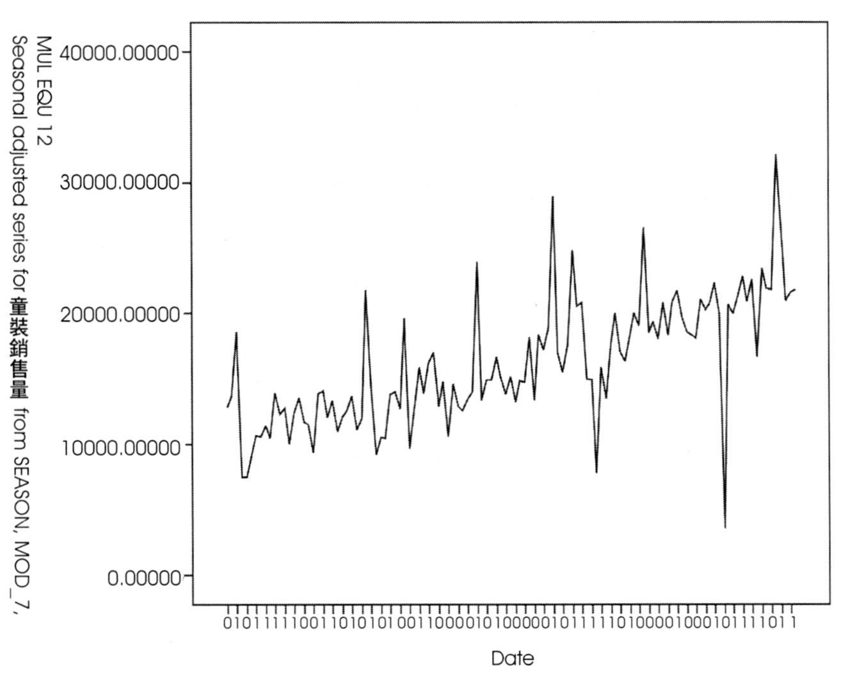

圖 8-85

季節上可以被調整的序列顯示一個很清晰向上成長的趨勢。有很多的高峰是明顯的，但是它們以隨機的間隔呈現顯示一個每年的模式是不明顯的。

六、結語

使用季節分解程序，你已消除一個時期時間序列的季節成分去產生一個序列更適合於進行趨勢的分析。時間序列自我相關與淨自我相關的檢測在決定基本周期性（the underlying periodicity）中是有用的。在本案例中，其周期性是每年。

季節調整的因素，係由變項 SAF_1 所給予，可以被使用作為季節因素的組合即被選擇輸入一個指數平滑的程序。更多的資訊，可參考 Building and Analyzing a Winters in Exponential Smoothing。

綜合本節以上的探究可知季節的分解程序對消除來自一個定期（周期）時間序列的單一季節的成分是有效的。你可以使用季節調整因素，由季節的分解程序，作為選擇季節因素提出指數平滑程序。

要執行一個時間序列定期性（周期性）的一個更深入比由淨相關函數所提供的，可使用光譜圖示程序。對一個時間序列趨勢成分的一個迴歸分析，你可以使用季節被調整的序列或平滑趨勢——循環成分作為一個迴歸程序的依變項。

第八節　光譜的曲線圖

光譜圖形的程序是被使用於去辨識在時間序列其定期性（或周期性）的行為。因為時間序列是由多重基本的定期性（周期性）所組成或當在資料中呈現出相當數量的隨機噪音量時，光譜的圖形可以給予辨識定期性（周期性）提供更清晰呈現出其定期性成分的工具（the clearest means of identifying periodic components）。

一、使用光譜的曲線圖去證實關於周期性的指數

時間序列能夠呈現出零售商品的銷售量，在典型上是由於在假期季節的期間通常零售商品的銷售量所呈現的高峰會含有一個基本（暗含的）每年定期性（周期性）的特性。產生銷售量投射（Producing sales projections）意指建立一個時間序列的模型，它可以指示任何定期性（周期性）的成分。然而，一個時間序列的圖形不是總是可以揭示每年的定期性（周期性），因為時間序列包含有隨機的波動其波動時常會掩飾其基本的（暗含的）結構。

一個目錄公司（a catalog company）的每月銷售量資料是被儲存在 CH7-5 檔案中，預期銷售量資料去展示一個每年的定期性（周期性）與會喜歡去驗證這個於進行處理銷售量投射之前。一個時間序列的圖形顯示許多高峰以不規則間隔方式呈現出，如此任何基本（暗含的）定期性（周期性）顯然是不清楚的。使用光譜圖形程序可以辨識銷售量的資料中有任何定期性（周期性）的成分。

二、進行分析

進行光譜圖形的程序：

從名單中（the menus）選擇：Analyze → Forecasting → Spectral Analysis...。

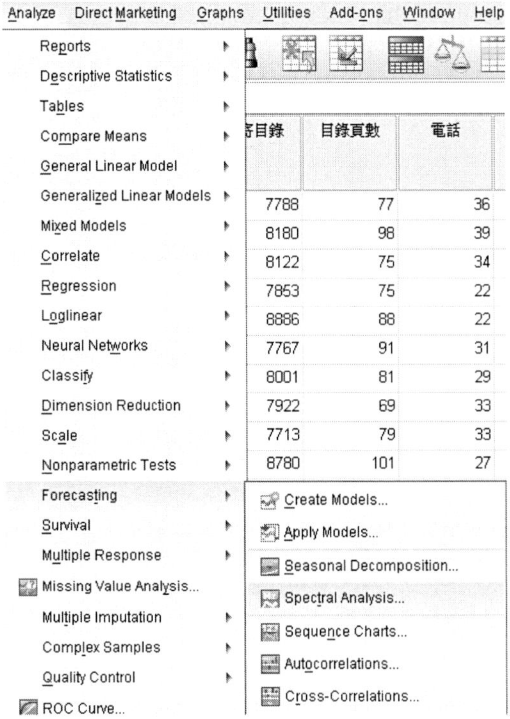

圖 8-86

選擇童裝服飾銷售量與把它移入變項（Variables：）的長形方格中。依圖 8-87 選擇在圖形組合中的光譜密度（Spectral density in the Plot group）。

按 OK。

接著會出現下列的指令語法：

These selections generate the following command syntax:

```
* Spectral Analysis.
TSET  PRINT=DEFAULT.
SPECTRA
 /VARIABLES=men
 /WINDOW=HAMMING(5)
 /CENTER
 /PLOT=P S BY FREQUENCY.
```

Note that in order to obtain the univariate statistics table in the output, the TSET command needs to be changed to read TSET PRINT=DETAILED.

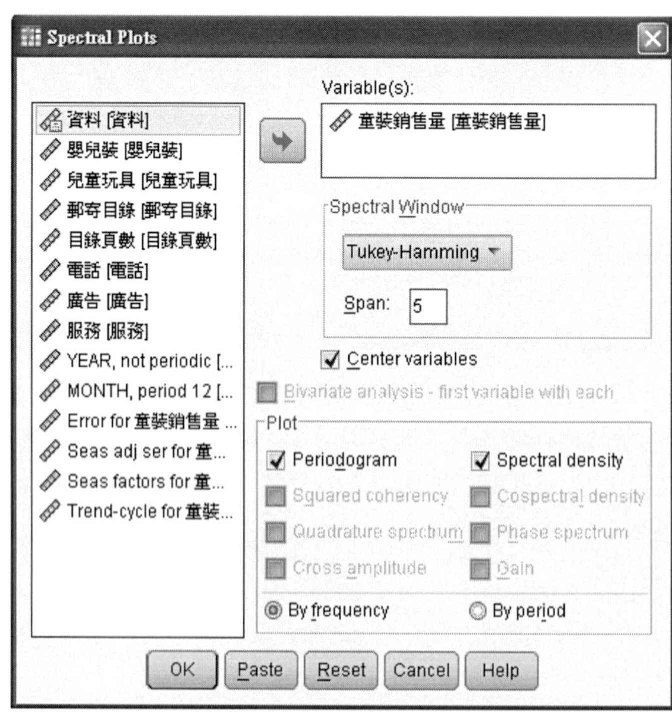

圖 8-87

在出現上述的這些指令語法之後，隨後就有圖 8-88 依頻率次數的童裝銷售量所呈現出的定期性（周期性）的成分。

三、理解周期的量尺與光譜的密度

周期的量尺或定期的尺碼（the periodogram）的圖示顯示高峰的一個序列關聯圖形（a sequence）去支持來自其背景的噪音，並以僅僅小於 0.1 的一個頻率次數上呈現出其最低頻率次數的高峰。

由此，你會猜疑資料會包含有一個每年定期的成分，如此會考量到一個每年成分的呈現將會產生定期的尺碼或周期的量尺（the periodogram）。

在時間序列的每一個資料點代表一個月，如此一個每年定期性或周期性會反應於在當前資料組合中一個 12 的一段時期。因為一段時期（period）與頻率次數（frequency）是彼此交互的出現的，由於一個 12 的一段時期反應於 1/12 或 0.083 的一個次數或頻率（frequency）。

如此一個每年的成分意含以 0.083 的定期或周期尺碼（the periodogram）呈現出一個高峰，它似乎是與正巧是以在一個 0.1 次數或頻率（frequency）之下出現一個高峰。

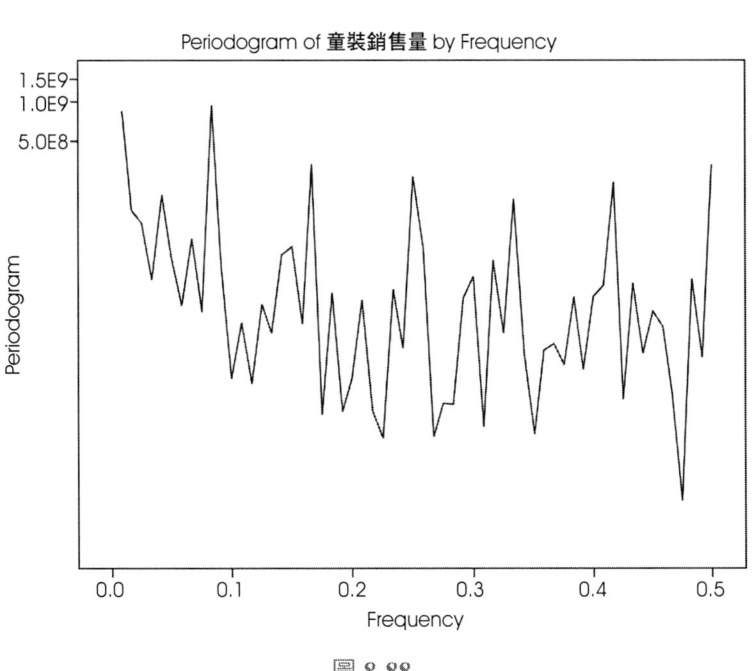

圖 8-88

持續出現的各高峰最好是能夠以光譜密度的函數去進行分析，它只是以定期或周期尺碼進行一個被平滑的作法（a smoothed version）。

平滑可以提供作為減少來自一個定期或周期尺碼背景所產生噪音或擾音（the background noise）的一種工具或方法，所以進行平滑法允許基本的或暗含的結構能夠更清晰地被孤立。

光譜密度是由五個個別的高峰所組成呈現出是以等式方式被間隔。

最低頻率次數的高峰只代表以 0.08333 的被平滑的作法。

要去理解四個較高頻率次數的高峰，要記得定期或周期量尺或尺碼是由塑造時間序列模型的餘弦與正弦函數的總和（as the sum of cosine and sine functions.）來進行計算。

由餘弦與正弦函數（sinusoidal）所形成的定期或周期成分以同等定期或周期尺碼方式呈現出為單一的各個高峰。不是正弦函數（are not sinusoidal）所形成的定期或周期成分則呈現出以不同的高度同等被間隔高峰的序列方式。在序列中以最低頻率次數高峰以定期成分的頻率次數出現。

如此在光譜密度中有四個較高頻率次數的高峰只告訴我們每年定期的成分不是正弦函數（is not sinusoidal）。

現在你對在光譜密度圖形中所目睹的結構可以提出解釋與推論該資料包含有以 12 個月為一段期間的一個單一定期的成分。

表 8-6

Model Description

Model Name			MOD_2
Analysis Type			Univariate
Series Name	1		童裝銷售量
Range of Values			Reduced by Centering at Zero
Periodogram Smoothing	Spectral Window		Tukey-Hamming
	Window Span		5
	Weight Value	W(-2)	2.231
		W(-1)	2.238
		W(0)	2.240
		W(1)	2.238
		W(2)	2.231

Applying the model specifications from MOD_2

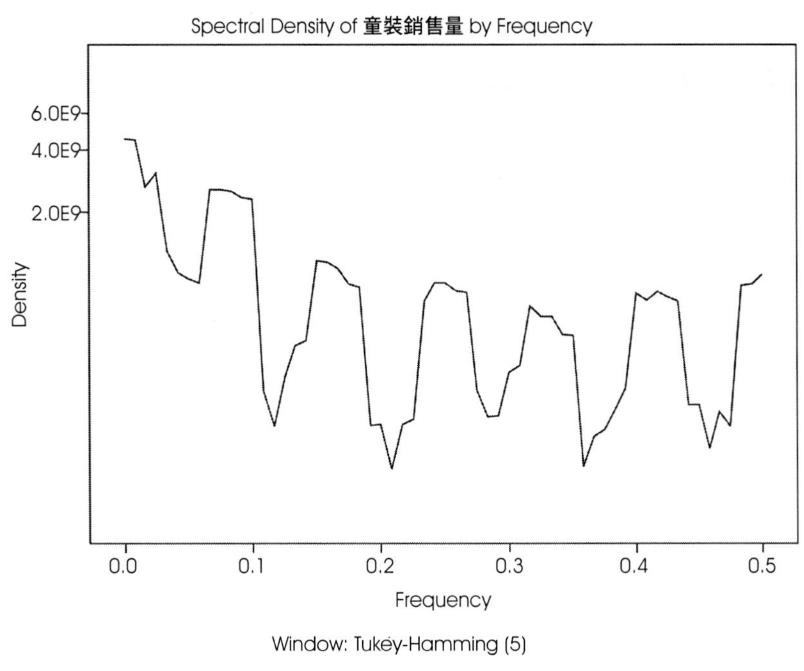

圖 8-89

四、結語

使用光譜圖形的程序，你已驗證一個時間序列一個每年定期成分的存在，與被證實沒有其他顯著性的各定期性被呈現。所以，光譜密度被視為是比揭示基本或暗含結構的周期量尺或定期尺碼是更加有效，因為它以平滑出資料非定期性成分所產生的上下波動。

從本節以上的探討，可知光譜圖形的程序對辨識一個時間序列的定期成分是有效的。

要消除來自一個時間序列的定期成分，例如，去執行一個趨勢分析，可以使用季節分解程序。

第九節　結語

本章是以時間序列預測模型專題的分析與 SPSS（18 版）的操作過程，去分析如何把各種研究專題輸入 SPSS（18 版）軟體程式中進行執行 SPSS（18 版）的輸出吾人想要獲得的結果，期望能夠熟練與善用 SPSS（18 版）的優良設計，以達到吾人所想要獲得的結果。

時間序列模型塑造程序可以估計指數平滑，單變項（univariate）自我迴歸統合移動平均（Autoregressive Integrated Moving Average, ARIMA），與提供時間序列的單變項 ARIMA（或轉變函數模型），與產生預測值。該程序包括一個專業模型模組器它可以自動地辨識與估計最適配的 ARIMA 或指數平滑模型提供一個或一個以上的依變項序列。如此可以減少要去辨識一個適當模型要透過實驗與錯誤的需求。很幸運，由此你可以辨識一個習慣的 ARIMA 或指數平滑模型。基於前述實現建立模型與產生預測值二個任務的程序，可知本章的主要目標就是在於能夠承繼前述七章的基本技術條件，可以更進一步深入去體認 SPSS 軟體在 15 版本之後，為了可以節約問題辨識，估計，與診斷的過程。

Appendix

附　錄

Durbin-Watson Test Bounds.

	Level of Significance $\alpha = .05$									
n	$p-1=1$		$p-1=2$		$p-1=3$		$p-1=4$		$p-1=5$	
	d_L	d_U	d_L	d_U	d_L	d_U	d_L	d_U	d_L	d_U
15	1.08	1.36	0.95	1.54	0.82	1.75	0.69	1.97	0.56	2.21
16	1.10	1.37	0.98	1.54	0.86	1.73	0.74	1.93	0.62	2.15
17	1.13	1.38	1.02	1.54	0.90	1.71	0.78	1.90	0.67	2.10
18	1.16	1.39	1.05	1.53	0.93	1.69	0.82	1.87	0.71	2.06
19	1.18	1.40	1.08	1.53	0.97	1.68	0.86	1.85	0.75	2.02
20	1.20	1.41	1.10	1.54	1.00	1.68	0.90	1.83	0.79	1.99
21	1.22	1.42	1.13	1.54	1.03	1.67	0.93	1.81	0.83	1.96
22	1.24	1.43	1.15	1.54	1.05	1.66	0.96	1.80	0.86	1.94
23	1.26	1.44	1.17	1.54	1.08	1.66	0.99	1.79	0.90	1.92
24	1.27	1.45	1.19	1.55	1.10	1.66	1.01	1.78	0.93	1.90
25	1.29	1.45	1.21	1.55	1.12	1.66	1.04	1.77	0.95	1.89
26	1.30	1.46	1.22	1.55	1.14	1.65	1.06	1.76	0.98	1.88
27	1.32	1.47	1.24	1.56	1.16	1.65	1.08	1.76	1.01	1.86
28	1.33	1.48	1.26	1.56	1.18	1.65	1.10	1.75	1.03	1.85
29	1.34	1.48	1.27	1.56	1.20	1.65	1.12	1.74	1.05	1.84
30	1.35	1.49	1.28	1.57	1.21	1.65	1.14	1.74	1.07	1.83
31	1.36	1.50	1.30	1.57	1.23	1.65	1.16	1.74	1.09	1.83
32	1.37	1.50	1.31	1.57	1.24	1.65	1.18	1.73	1.11	1.82
33	1.38	1.51	1.32	1.58	1.26	1.65	1.19	1.73	1.13	1.81
34	1.39	1.51	1.33	1.58	1.27	1.65	1.21	1.73	1.15	1.81
35	1.40	1.52	1.34	1.58	1.28	1.65	1.22	1.73	1.16	1.80
36	1.41	1.52	1.35	1.59	1.29	1.65	1.24	1.73	1.18	1.80
37	1.42	1.53	1.36	1.59	1.31	1.66	1.25	1.72	1.19	1.80
38	1.43	1.54	1.37	1.59	1.32	1.66	1.26	1.72	1.21	1.79
39	1.43	1.54	1.38	1.60	1.33	1.66	1.27	1.72	1.22	1.79
40	1.44	1.54	1.39	1.60	1.34	1.66	1.29	1.72	1.23	1.79
45	1.48	1.57	1.43	1.62	1.38	1.67	1.34	1.72	1.29	1.78
50	1.50	1.59	1.46	1.63	1.42	1.67	1.38	1.72	1.34	1.77
55	1.53	1.60	1.49	1.64	1.45	1.68	1.41	1.72	1.38	1.77
60	1.55	1.62	1.51	1.65	1.48	1.69	1.44	1.73	1.41	1.77
65	1.57	1.63	1.54	1.66	1.50	1.70	1.47	1.73	1.44	1.77
70	1.58	1.64	1.55	1.67	1.52	1.70	1.49	1.74	1.46	1.77
75	1.60	1.65	1.57	1.68	1.54	1.71	1.51	1.74	1.49	1.77
80	1.61	1.66	1.59	1.69	1.56	1.72	1.53	1.74	1.51	1.77
85	1.62	1.67	1.60	1.70	1.57	1.72	1.55	1.75	1.52	1.77
90	1.63	1.68	1.61	1.70	1.59	1.73	1.57	1.75	1.54	1.78
95	1.64	1.69	1.62	1.71	1.60	1.73	1.58	1.75	1.56	1.78
100	1.65	1.69	1.63	1.72	1.61	1.74	1.59	1.76	1.57	1.78

(concluded) Durbin-Watson Test Bounds.

Level of Significance α = .01										
n	p − 1 = 1		p − 1 = 2		p − 1 = 3		p − 1 = 4		p − 1 = 5	
	d_L	d_U	d_L	d_U	d_L	d_U	d_L	d_U	d_L	d_U
15	0.81	1.07	0.70	1.25	0.59	1.46	0.49	1.70	0.39	1.96
16	0.84	1.09	0.74	1.25	0.63	1.44	0.53	1.66	0.44	1.90
17	0.87	1.10	0.77	1.25	0.67	1.43	0.57	1.63	0.48	1.85
18	0.90	1.12	0.80	1.26	0.71	1.42	0.61	1.60	0.52	1.80
19	0.93	1.13	0.83	1.26	0.74	1.41	0.65	1.58	0.56	1.77
20	0.95	1.15	0.86	1.27	0.77	1.41	0.68	1.57	0.60	1.74
21	0.97	1.16	0.89	1.27	0.80	1.41	0.72	1.55	0.63	1.71
22	1.00	1.17	0.91	1.28	0.83	1.40	0.75	1.54	0.66	1.69
23	1.02	1.19	0.94	1.29	0.86	1.40	0.77	1.53	0.70	1.67
24	1.04	1.20	0.96	1.30	0.88	1.41	0.80	1.53	0.72	1.66
25	1.05	1.21	0.98	1.30	0.90	1.41	0.83	1.52	0.75	1.65
26	1.07	1.22	1.00	1.31	0.93	1.41	0.85	1.52	0.78	1.64
27	1.09	1.23	1.02	1.32	0.95	1.41	0.88	1.51	0.81	1.63
28	1.10	1.24	1.04	1.32	0.97	1.41	0.90	1.51	0.83	1.62
29	1.12	1.25	1.05	1.33	0.99	1.42	0.92	1.51	0.85	1.61
30	1.13	1.26	1.07	1.34	1.01	1.42	0.94	1.51	0.88	1.61
31	1.15	1.27	1.08	1.34	1.02	1.42	0.96	1.51	0.90	1.60
32	1.16	1.28	1.10	1.35	1.04	1.43	0.98	1.51	0.92	1.60
33	1.17	1.29	1.11	1.36	1.05	1.43	1.00	1.51	0.94	1.59
34	1.18	1.30	1.13	1.36	1.07	1.43	1.01	1.51	0.95	1.59
35	1.19	1.31	1.14	1.37	1.08	1.44	1.03	1.51	0.97	1.59
36	1.21	1.32	1.15	1.38	1.10	1.44	1.04	1.51	0.99	1.59
37	1.22	1.32	1.16	1.38	1.11	1.45	1.06	1.51	1.00	1.59
38	1.23	1.33	1.18	1.39	1.12	1.45	1.07	1.52	1.02	1.58
39	1.24	1.34	1.19	1.39	1.14	1.45	1.09	1.52	1.03	1.58
40	1.25	1.34	1.20	1.40	1.15	1.46	1.10	1.52	1.05	1.58
45	1.29	1.38	1.24	1.42	1.20	1.48	1.16	1.53	1.11	1.58
50	1.32	1.40	1.28	1.45	1.24	1.49	1.20	1.54	1.16	1.59
55	1.36	1.43	1.32	1.47	1.28	1.51	1.25	1.55	1.21	1.59
60	1.38	1.45	1.35	1.48	1.32	1.52	1.28	1.56	1.25	1.60
65	1.41	1.47	1.38	1.50	1.35	1.53	1.31	1.57	1.28	1.61
70	1.43	1.49	1.40	1.52	1.37	1.55	1.34	1.58	1.31	1.61
75	1.45	1.50	1.42	1.53	1.39	1.56	1.37	1.59	1.34	1.62
80	1.47	1.52	1.44	1.54	1.42	1.57	1.39	1.60	1.36	1.62
85	1.48	1.53	1.46	1.55	1.43	1.58	1.41	1.60	1.39	1.63
90	1.50	1.54	1.47	1.56	1.45	1.59	1.43	1.61	1.41	1.64
95	1.51	1.55	1.49	1.57	1.47	1.60	1.45	1.62	1.42	1.64
100	1.52	1.56	1.50	1.58	1.48	1.60	1.46	1.63	1.44	1.65

Socurce: Reprinted, with permission, from J. Durbin and G. S. Watson, "Testing for Serial Correlation in Least Squares Regression. II," *Biometrika* 38 (1951), pp. 159-78.

參考書目

Aaronson, D., Dienes,C. T and Musheno,M.C. (1978). Changing the public drunkenness laws: The impact of decriminalization. *Law and Society Review 12*, 405-436.

Abraham, B. and Ledolter, J. (1983). *Statistical Methods for Forecasting*. New York: Wiley, Hoboken, NJ.

Abraham, B. and Ledolter, J. (1984). A note on inverse autocorrelations. *Biometrika 71*, 609- 614.

Akaike, H. (1974). A new look at the statistical model identification. *IEEE Transaction on Automatic Control* AC-19, 716-723.

Andersen, T.W. (1971).*The Statistical Analysis of Time Series*. New York: Wiley, 1971.

Anscombe, F.J., and Tukey,J.W. (1963). The Examination and Analysis of Residuals. *Technometrics 5*,

141-160.

Armstrong, J.S., ed (2001).*The Principles of Forecasting*. Norwell, Mass.：Kluwer Academic Forecasting.

Atkins, S. M. (1979). Case study on the use of intervention analysis applied to traffic accidents. *J. Oper.*

Res. Soc. 30, 651-659.

Attanasio, 0. P. (1991). Risk, time varying second moments and market efficiency.*Review of Economic Strdies ,58*, 479-94.

Bails. D. G., and Peppers, L. C. (1982).Busineess Fluctuations: Forecasting Techniques and Applications .

Englewood Cliffs, NJ: Prentice Hall.

Bartlett, M. S. (1946). On the theoretical specification and sampling properties ofautocorrelated time series. *Journal of the Royal Statistical Society, Series B. 8*, 27-41.

Bates, J. M. and Granger, C. W. J. (1969). The combination of forecasts. *Operations Research Quarterly, 20,* 451-468.

Berenson,M.L., and Levine, D.M. (1990).*Basic Business Statistics: Concepts and Applications*. New Jersey: Prentice Hall.

Bisgaard, S. and Kulahci, M. (2005). Interpretation of time series models. *Qual. Eng. 17(4)*, 653-658.

Bisgaard, S. and Kulahci, M. (2006a). Studying input-output relationships . part I. *Qual. Eng.18(2)*, pp. 273-281.

Bisgaard, S. and Kulahci, M. (2006b). Studying input-output relationships, part II. *Qual. Eng.18(3)*, 405-410.

Bodurtha.J. N. and Mark, N. C. (1991). Testing the CAPM with time varying risks and returns. *Journal of Finance 46*, 1485-1505.

Boilerslev, T. (1986). Generalized autoregressive conditional heteroskedasticity, *J. Econometrics 31*,307-327.

Boilerslev, T, Chou, R. Y, and Kroner, K. F. (1992). ARCH modeling in finance: a review the theory and empirical evidence. *Journal of Econometrics 52*, 5-59.

Bowerman, B. L.. and O'Connell ,R.T. (1993).*Forecasting and Time Series*, 3d ed. (North Scituate. MA: Duxbury Press.

Bowerman, B.L., and O'Connell ,R.T. (1979).*Time Series and Forecasting: An Applied Approach*. Boston: Duxbury Press.

Bowerman, B.L., and O'Connell ,R.T. (1984).*Computer Modeling for Business and Industry*. New York: Marcel Dekker1.

Bowerman, B.L., and O'Connell ,R.T. (1987).*Time Series Forecasting: Unified Concepts and Computer Implementation*, 2d ed. Boston:Duxbury Press1.

Bowerman, B.L., and O'Connell ,R.T. (1990). *Linear Statistical Models: An Applied Approach* . 2d ed. Boston: PWS-KENT.

Bowerman, B.L., and O'Connell ,R.T. (1993). *Forecasting and Time Series: An Applied Approach*.3th ed. Boston:Duxbury Thomson Learning.

Bower, C.P., Padia, W.L., and Glass, G.V. (1974).*TMS: Two FORTRAN IV Programs for Analysis of Time Series Experiments*. Boulder: University of Colorado.

Box, G. E. P. and Luceno, A. (1997). *Statistical Control by Monitoring and Feedback Adjustment*. Wiley, Hoboken, NJ.

Box, G.E.P., and Jenkins, G.M. (1976). *Time Series Analysis: Forecasting and Control*, 2d ed- San Fran- cisco: Holden-Day, 1976.

Box, G. E. P., Jenkins, G. M., and Reinsel, G. (1994). *Time Series Analysis. Forecasting and Control*. Prentice-Hall, Englewood Cliffs, NJ.

Box, G. E. P. and Pierce, D. A. (1970). Distributions of residual autocorrelations in autoregressive-integrated moving average time series models. *Journal of the American Statistical Association. 65*, 1509-1526.

Box, G. E. P. and Tiao, G. C. (1975) . Intervention analysis with applications to economic and environmental problems. *Journal of the American Statistical Association 70*, 70-92.

Box, G. E. P. and Tiao, G. C . (1965) . A change in level of a nonstationary time series. *Biometrika 52* , 181-192.

Box, G.E.P., and Cox D.R. (1964).An Analysis of Transformations. *Journal of Royal Statistical Society B 26*, 211-243.

Brockwell. P. J. and Davis. R. A. (2002). *Introduction to Time Series and Forecasting*, 2nd ed. Springer-Verlag, New York.

Brockwell. P. J. and Davis, R. A. (1991). *Tme Series: Theory- and Methods*, 2nd ed. Springer-Verlag, New York.

Brown, Bernice B. (1968). *Delphi Process: A Methodology Used for the Elicitation of Opinion of Experts*.

P-3925. RAND Corporation, Santa Monica, Calif., September 1968.

Brown, R.G. (1959). *Statistical Forecasting for Inventory Control*. New York; McGraw-Hill.

Brown, R.G. (1962) . *Smoothing, Forecasting and Prediction of Discrete Time Series*. Englewood Cliffs, N.J.:Prentice-Hall.

Brown, R. G. (1963). *Smoothing, Forecasting, and Predictio of Discrete Time Series* . Prentice-Hall, Englewood Cliffs. NJ: Prentice Hall.

Brown, R.G. (1967). *Decision Rules for Inventory Management*. New York: Holt, Rinehart & Winston.

Brown, R. G. and Meyer, R. F. (1961). The fundamental theorem of exponential smoothing. *Oper. Res. 9*, 673-685.

Brown, Bernice B. (1968). *Delphi Process: A Methodology Used for the Elicitation of Opinion of Experts*. P-3925. RAND Corporation, Santa Monica, Calif., September .

Burns,A.F., and Mitchell, W.C. (1946). *Measuring Business Cycles*. New York: National

Bureau of Economic Research.

Buse, A. (1973) . Goodness of fit in generalized least squares estimation. *American Statistician 27*,106-109.

Cambell , D. T. (1963) . From description to experimentation: Interpreting trends as quasi-experiments.

In C. W. Harris (ed.). *Problems of Measuring Change.* Madison:University of Wisconsin Press.

Cambell , D. T. andRoss, H. L. (1968) .The Connecticut crackdown on speeding: Time series data in quasi-experimental analysis. *Law and Society Review 3*, 33-53.

Cambell, J. T. and Stanley J. C. (1966) . *Experimental and Quasi-Experimental Designs for Research.* Skokie, IL: Rand McNally.

Caporaso, J. A. and Pelowski,A. L. (1971). Economic and political integration in Europe: A time series quasi-experimental analysis. *American Political Science Review 65*, 418-433.

Chambers. J. C., Mullick,S. K.,and Smith, D. D. (1971). How to Choose the Right Forecasting Technique . *Harvard Business Review 49, no. 4* (July-August), 45-74.

Chatfield, C. (1996). *The Analysis of Time Series: An Introduction*, 5th ed. Chapman and Hall, London.

Chatfield, C., and Prothero, D.L. (1973). Box-Jenkins Seasonal Forecasting: Problems in a Case Study (with discussion). *Journal of the Royal Statistical Society*, A136 .

Chatfield, C. and Yar, M. (1988). Holt-Winters forecasting: some practical issues. *The Statistician 37*, 129-140.

Chatfield, C. and Yar. M. (1991). Prediction intervals for multiplicative Holt-Winters. *Int. J.Forecasting 7*, 31-37.

Chow, W.M. (1965). Adaptive Control of the Exponential Smoothing Constant. *Journal of Industrial Engineering 16*, 314-317.

Christ, C. (1966) . *Econometric Models and Methods*. New York: John Wiley.

Clemen, R. (1989). Combining forecasts: a review and annotated bibliography. *International Journal of Forecasting 5*, 559-584.

Clements, M.P., and Hendry, D.F. (1998). *Forecasting Economic Time Series* (*The Marshall Lectures in Economic Forecasting*). Cambridge：Cambridge University

Press.

Clements, M.P., and Hendry, D.F., eds. (2002). *A Companion to Economic Forecasting*. Oxford：Blackwell.

Cochran G.W., and Cox G.M. (1957). *Experimental Designs*, 2d ed. New York: Wiley.

Cochrane, D. and Orcutt, G. H. (1949) . Application of least squares regression to Relationshipscontaining autocorrelated error terms. *Journal of the Royal Statistical Association. 44*, 32-61.

Cogger, K. 0. (1974). The optimality of general-order exponential smoothing. *Oper. Res. 22*, 858-867.

Cook, R. D. (1977). Detection of influential observation in linear regression. *Technometrics, 19*,15-18.

Cook, R. D.(1979). Influential observations in linear regression. *Journal of the American Statistical Association, 74*, 169-174.

Cox, D. R. (1961). Prediction by exponentially weighted moving averages and related methods. *Journal of the Royal Statistical Society, Series B, 23*, 414-422.

Cravens, D.W., Woodruff, R.B. and Stomper. J.C. (1972).An Analytical Approach for Evaluating Sales Territory Performance. *Journal of Marketing 36* ,31-37.

Cryer, J. D., and Miller, R. B. (1991). *Statistics for Business: Data Analysis and Modelling*. Boston：PWS-KENT Publishing Company.

Dalkey, Norman C. (1967). *Delphi*. P-3704, RAND Corporation, Santa Monica, Calif., October.

Dalkey, Norman C. (1969).*The Delphi Method: An Experimental Study of Group Opinion*. RM-5888-PR, RAND Corporation, Santa Monica, Calif., June.

Daniels, H. E. (1956). The approximate distribution of serial correlation coefficients. *Blomelrika 43*,169-185.

Davis, O.L. (1956).*The Design and Analysis of Industrial Experiments*. New York: Hafner.

Degiannakis, S. and Xekalaki, E. (2004). Autoregressive conditional heteroscedasticity(ARCH) models: a review. *Qual. Technol. Quant. Management 1*, 271-324.

Deutsch, S. J. and Alt,F. B. (1977) . The effect of Massachusetts ‘ gun control law on gunrelated crimes in the city of Boston. *Evaluation Quarterly 1*, 543-568.

Dhyrmes, P. J., Howrey, E. P., Hymans, S. H., Kmenta J., Leamer, E. E., Quandt, R. E. Ramsey, J. B.,

Shapiro,H. T., and Zarnowitz V., (1972) .Criteria for the evaluation of econometric models. *Annals of Economic and Social Measurement 1* (July),259-324.

Dickey, D. A. and Fuller. W. A. (1979). Distribution of the estimates for autoregressive time series with a unit root. *Journal of the American Statistical Association, 74,* 427-431.

Diebold, F. X. (2004). *Elements of Forecasting*. Third edition. Thomson South-Western.

Diebold, F. X. (2004). *Measuring and Forecasting Financial Market Volatilities and Correlation*. New York：W.W. Norton.

Diebold, F. X., and Rudebusch, G.D. (1999). *Business Cycles: Durations, Dynamics, and Forecasting*. Princeton, N.J.：Princeton University Press.

Diebold, F. X., Stock, J.H., and West, K.D., eds. (1999). *Forecasting and Empirical Methods in Macroeconomics and Finance, II,* special issue of *Review of Economics and Statistics,81*,553-673.

Diebold, F. X., and West, K.D., eds. (1996). *New Developments in Economic Forecasting,* special issue of *Journal of Applied Econometrics*,11,453-594.

Draper, N., and H. Smith. (1981). *Applied Regression Analysis*, 2d ed. New York; Wiley.

Durbin, J. (1970) . Testing for serial correlation in least-squares regression when some of the regressors are lagged dependent variables. *Econometrica 38*, 410-421.

Durbin, J., and Watson .G.S. (1950).Testing for Serial Correlation in Least Squares Regression,I. *Biometrika 37*, 409-438.

Durbin, J., and Watson ,G.S. (1951). Testing for Serial Correlation in Least Squares Regression, II. *Biometrika 38*, 159-179.

Durbin, J. and Watson, G. S. (1971). Testing for serial correlation in least squares regression III. *Biometrika 58*, 1-19.

Engle, R. F. (1982). Autoregressive conditional heteroscedasticity with estimates of the variance of United Kingdom Inflation. *Econometrica 50,* 987-1007.

Engle, R. F. and Boilerslev, T. (1986). Modelling the persistence of conditional variances. *Econometric Review, 5*, 1-50.

Engle. R. F. and Kroner, K. F. (1993). Multivariate simultaneous generalized ARCH. *Econometric Theory 11*, 22-150.

Fogel,R. W., and Engerman, S. F. (1974). *Time on the Cross.* Boston：Little, Brown, and Co., in two volumes.

Frees, E. W. (1996). *Data Analysis Using Regression Models: The Business Perspective.* Upper Saddle River, NJ: Prentice Hall.

French, K. R. G., Schwert, G. W., and Stambaugh, R. F. (1987). Expected stock returns and volatility. *J. Financial Econ. 19*, 3-30.

Friedman, M. (1951) . Comments. pp. 107-114 in National Bureau of Economic Research (ed.) *Conference on Business Cycles*. New York: National Bureau of Economic Research, Inc.

Friesema, H. P.,Caporaso, J., Goldstein,G., and McCleary,R. (1979) .*After-math: Communities After Natural Disaster*. Beverly Hills, CA: Sage.

Fuller, W.A. (1976). *Introduction to Statistical Time Series*. New York: Wiley.

Fuller, W. A. (1995). *Introduction to Statistical Time Series*, 2nd ed. Wiley, Hoboken, NJ.

Gardner, E. S. Jr. (1985) . Exponential smoothing: the state of the art. *Journal of Forecasting 4*, 1-28.

Gardner. E. S. Jr. (1988) . A sample of computing prediction intervals for time-series forecasts. *Management Science, 34*, 541-546.

Gardner, E. S. Jr. and Dannenbring, D. G. (1980) . Forecasting with exponential smoothing: some guidelines for model selection. *Decision Science 11*, 370-383.

Gerstenfeld, Arthur. (1971). Technological Forecasting. *Journal of Business 44*, no. 1.

Glass, G. V (1968) . Analysis of data on the Connecticut speeding crackdown as a time series quasi-experiment. *Law and Society Review 3*, 55-76.

Glass, G. V., Willson,V.L, and Gottman,J. M. (1975). *Design and Analysis of Time Series Experiments*. Boulder: Colorado Associated Universities Press.

Glosten, L., Jagannathan, R., and Runkle, D. (1993). On the relation between the expected value and the volatility of the nominal excess return on stocks.*Journal of Finance, 48 (5),* 1779- 1801.

Goodman, M. L. (1974) . A new look at higher-order exponential smoothing for forecasting. *Oper. Res. 2*,

880-888.

Gordon, T.J., and H. Hayward. (1968). Initial Experiments with the Cross-Impact Method of Forecasting. *Futures 1*, no. 2.

Gottman, J. M. and Mcfall,R. M. (1972) . Self-monitoring effects in a program for potential high school dropouts: A time series analysis. *Journal of Consulting and Clinical Psychology 39*, 273-281.

Granger, C. W. J. and Newbold, P. (1986) . *Forecasting Economic Time Series*, 2nd ed. Academic Press, New York.

Graybill, F.A. (1976). *Theory and Application of the Linear Model*. Boston: Duxbury Press.

Griliches, Z. (1967) . Distributed lags: a survey. *Econometrica 35*, 16-49.

Griliches, Z. (1961) . A note on the serial correlation bias in estimates of distributed lags. *Econometrica 29* , 65-73.

Griliches, Z. and Rao, P. (1969) . Small-sample properties of several two-stage regression methods in the context of autocorrelated errors. *Journal of the American Statistical Association 64*, 253-272.

Habibagahi, H. and Pratschke,J. L. (1972) . A comparison of the power of the Von Neumann ratio, Durbin-Watson and Geary tests . *Review of Economics and Statistics (May)*, 179-185.

Hair, J . F. JR., Anderson, R. E., Tathan, R. L., & Black, W. C.(1995). *Multivariate Data Analysis.* (5th ed.). Englewood Cliffs, New Jersey.

Hamilton, J. D. (1994) . *Time Series Analysis*. Princeton University Press, Princeton, NJ.

Hall, R. V., Fox,R.,Willard D., Goldsmith,L.,Emerson, M., Owen,M.,Davis,F., and Porcia, E. (1971) . The teacher as observer and experimenter in the modification of disputing and talking-out behaviors. *Journal of Applied BehaviorAnalysis 4*, 141-149.

Hanke. J. E., and Reitsch, A. G. (1998). *Business Forecasting*, 6th ed. (Upper Saddle River, NJ: Prentice Hall.

Harvey, Andrew C. (1989). *Forecasting, Structural Time Series Models and the Kalman Filter*. New York: Cambridge University Press.

Harvey, Andrew C. (1990). *The Econometric Analysis of Time Series*. Second edition. Cambrige, Mass.: MIT Press.

Harvey, Andrew C. (1993). *Time Series Models*. Second edition. Cambrige, Mass. ：MIT Press.

Hay, R. A., Jr. (1979). *Interactive Analysis of Interrupted Time Series Models Using SCRUNCH*. Evanston,

IL Northwestern University, Department of Sociology and Vogelback Computing Center.

Hay, R. A., Jr. and McCleary,R. (1979) . Box-Tiao time series models for impact assessment: A comment on the recent work of Deutsch and Alt. *Evaluation Quarterly 3*, 277-314.

Hibbs, D. A. Jr. (1974) . Problems of statistical estimation and causal inference in time series regression models . pp. 252-308 in Herbert Costner (ed.) *Sociological Methodology1973-1974*. San Francisco: Jossey-Bass.

Hillmer, S.C., and Tiao, G.C. (1979). Likelihood Function of Stationary Multiple Autoregressive Moving

Average Models. *Journal of the American Statistical Association 74*, 652-660.

Hill, T, Marquez, L., O'Conner, M., and Remus, W. (1994) . Artificial neural network models for forecasting

and decision making.*International Journal of Forecasting 10*, 5-15.

Holt, C. C. (1957) . *Forecasting Seasonals and Trends by Exponentially Weighted Moving Averages*.

Office of Naval Research Memorandum No. 52, Carnegie Institute of Technology.

Jenkins, G. M. (1954) . Tests of hypotheses in the linear autoregressive model, I. *Biomelrika 41*, 405-119.

Jenkins, G. M. (1956) . Tests of hypotheses in the linear autoregressive model, II. *Biometrika 43*,186-199.

Jenkins, G. M. (1979) . *Practical Experiences with Modelling and Forecasting Time Series*. Gwilym Jenkins & Partners Ltd., Jersey, Channel Islands.

Johnston, J. (1972) . *Econometric Methods*. New York: McGraw-Hill.

Izenman, A. J. and Zabell, S. A. (1981) . Babies and the blackout: the genesis of a misconception. *Soc. Sci. Res. 10*, 282-299.

Johnson, L.A., and D.C. (1976). *Montogomery. Forecasting and Time Series Analysis*. New York: McGraw-Hill.

Kelejian, H. H. andOates, W. E. (1974) . *Introduction to Econometrics: Principles and Applications.* New York: Harper & Row.

Klein , L. R. (1974) . *A Textbook of Econometrics*. Englewood Cliffs：Prentice-Hall.

Klein, L. R. (1971) . *An Essay on the Theory of Economic Prediction*. Chicago: Markham.

Kendall, Sir Maurice and Ord, J. Keith. (1990). *Time Series*, 3d ed. London: Edward Arnold.

Kennedy, W.J., Jr., and Gentle, J.E. (1980). *Statistical Computing*. New York: Dekker.

Klein , L. R. (1974) . *A Textbook of Econometrics*. Englewood Cliffs: Prentice-Hall.

Klein , L. R., and Young, R.M. (1980) . *An Interduction to Econometric Forecasting and Forecasting Model*. Lexington, Mass.：D.C. Heath and Company.

Kleinbaum, D., and Kupper, L. (1987). *Applied Regression Analysis and Other Multivariable Methods*, 2d ed. Boston: Duxbury Press.

Kmenta, J. (1971) . *Elements of Econometrics*. New York: Macmillan.

Kutner, M.H., Nachtsheim, C.J., Neter, J., and Li, W. (2005). *Applied Linear Statistical Medels*. 5th ed. Boston: McGraw-Hill/ Irwin.

Ledolter, J. and Abraham, B. (1984) . Some comments on the initialization of exponential smoothing. *Journal of Forecasting 3*, 79-84.

Ledolter, J. and Chan, K. S. (1996) . Evaluating the impact of the 65 mph maximum speed limit on Iowa

rural interstates. *American Statistician 50*, 79-85.

Lee, L. (2000) . *Bad Predictions*. Elsewhere Press, Rochester, MI.

Lewis-Beck, M. S. (1979) . Some economic effects of revolution: Models, measurement, and the Cuban evidence. *American Journal of Sociology 84*, 1127-1149.

Ljung, G. M. and Box, G. E. P. (1978) . On a measure of lack of fit in time series models. *Biometrika 65*, 297-303.

Liitkepohl, H. (2005) . *New Introduction to Multiple Time Series Analysis*. Springer-Verlag, New York.

Mabert, V. A. (1976). *An Introduction to Short Term Forecasting Using the Box-Jenkins Methodology*.

Publication No, 2 in the American Institute of Industrial Engineers Monograph Series.

Mahmoud. E. (1984). Accuracy in Forecasting: A Survey . *Journal of Forecasting 3*,

139-159.

Makridakis, S., Wheelwright, S.C., and McGee, V.E. (1983). *Forecasting Methods and Applications*, 2d ed. New York: Wiley.

Makridakis, S., Wheelwright, S.C. (1997). *Forecasting: Methods and Applications*, 3th ed.New York: Wiley.

Makridakis, S., Chatfield, C., Hibon, M., Lawrence, M. J., Mills, T, Ord, K., and Simmons,L. F. (1993) . The M2 competition: a real time judgmentally based forecasting study (with comments). *International Journal of Forecasting 9*, 5-30.

Malinvaud, E. (1970) . *Statistical Methods of Econometrics*. Amsterdam: NorthHolland Publishing Co.

Marcus, M. (1992). *Matrices and MATLAB: A Tutorial*. New Jersey,Prentice-Hall, Inc.

McCleary, R., and Hay, R. A.(1980) . *Applied time series analysis for the social sciences*. Beverly Hills, Calif.: Sage Publications.

McCleary, R., and Hay .R. A., Meidinger, E. E., and McDowall, D. (1980) . *Applied Time Series Analysis for the Social Sciences.* Beverly Hills, CA: Sage.

McCleary, R. and Musheno, M. C. (1980) . Floor effects in the time series quasi-experiment. *Political Methodology 7,* 3.

McDowall, D., McCleary, R., Meidinger, E. E., and Hay, R.A. Jr. (1980). *Interrupted Time Series Analysis*. Sage University Papers Series on Quantitative Applications in the Social Sciences, Beverly Hill, Sage Publications.

McKenzie, E. (1984). General Exponential Smoothing and the Equivalent ARMA Process. *Journal of Forecasting 3* , 333-444.

McKenzie, E. (1984) . General exponential smoothing and the equivalent ARIMA process. *J.Forecasting 3*, 333-344.

McKenzie, E. (1986) . Error analysis for Winters' additive seasonal forecasting system. *Int. J.Forecasting 2*, 373-382.

McSweeny, A.J. (1978). The Effects of Response Cost on the Behavior of a Million Persons: Charging for Directory Assistance in Cincinnati. *Journal of Applied Behavioral Analysis 11*, 47-51.

Miller, R.B. and Wichern, D. W. (1977).*Intermediate Business Statistics*. New York：Holt,Rinehart and Winton.

Montgomery, D. C. (1970) . Adaptive control of exponential smoothing parameters by evolutionary operation. *A1IE Trans. 2*, 268-269.

Montgomery, D. C. (2005) . *Introduction to Statistical Quality Control*, 5th ed. Wiley, Hoboken,NJ.

Montgomery, D. C., Jennings, C.L., and Kulahci, M. (2008). *Intoduction to Time Series Analysis and Forecasting*. A John Wiley & Son, INC, Publication.

Montgomery, D. C., Johnson, L. A., and Gardiner, J. S. (1990) . *Forecasting and Time Series Analysis*, 2nd ed. McGraw-Hill, New York.

Montgomery, D. C., Peck, E. A., and Vining, G. G. (2006) . *Introduction to Linear Regression Analysis*, 4th ed. Wiley, Hoboken, NJ.

Montgomery, D. C. and Weatherby, G. (1980) . Modeling and forecasting time series using transfer function and intervention methods. *AIIE Trans. 12*, 289-307.

Mulh, J. F. (I960) . Optimal properties of exponentially weighted forecasts. *Journal of the American Statistical Association 55*, 299-306.

Myers, R. H. (1990) . *Classical and Modern Regression with Applications*, 2nd ed., PWS-Kent Publishers, Boston.

Nelson, B. (1991) . Conditional heteroskedasticity in asset returns: a new approach. *Econometrica 59*, 347-370.

Nelson, C. R. (1973). *Applied Time Series Analysis*. San Francico：Holden-Day.

Nerlov, M., and Wallis,K. F. (1966) . Use of the Durbin-Watson statistic in inappropriate situations. *Econometrica 34* , 235-238.

Neter, j., Kutner, M. H.,Nachtsheim, C. J., & Wasserman, W.(1996). Applied Linear Statistical Models. (4th Edition). Chicago:Times Mirror.

Newbold, P. and Granger, C. W. J. (1974) . Experience with forecasting univariate time series and the combination of forecasts. *Journal of the Royal Statistical Society,Series A 137*, 131-146.

Newbold, P. (1994). *Statistics for Business and Economics*. 4th ed. Englewood Cliffs. NJ: Prentice Hall.

Nie, N. H. et al. (1975) . *SPSS: Statistical Package for the Social Sciences*. New York: McGraw-Hill.

Ostrom, C. W. Jr. (1978) . *Time Series Analysis: Regression Techniques*. Sage University

Papers Series on Quantitative Applications in the Social Sciences, 07-009. Beverly Hills,CA: Sage.

Ostrom, C. W. Jr. (1977) . Evaluating alternative foreign policy decision-making models. *Journal of Conflict Resolution 21*, 235-266.

Ostrom, C. W. Jr. and Hoole, F. W. (forthcoming). Alliances and wars revisited：a research note. *International Studies Quarterly*。

Pack, D. J. (1977) . *A Computer Program, or the Analysis of Time Series Models Using The Box-Jenkins Philosophy*. Columbus: Ohio State University, Data Center.

Pandit, S. M. and Wu, S. M. (1974) . Exponential smoothing as a special case of a linear stochastic system. *Oper. Res. 22*, 868-869.

Pedhazur, E. J. (1982). *Multiple regression in behavioral research: Explanation and prediction* (2nd .ed).New York:The Dryden Press.

Pindyck, R. S., and Rubinfeld, D. L. (1976) . *Econometric Models and Economic Forecasts*. New York: McGraw-Hill.

Pindyck, R. S., and Rubinfeld, D. L. (1997) . *Econometric Models and Economic Forecasts*. Fourth edition .New York: McGraw-Hill.

Princeton University Department of Economics (1974) . Time Series Processor User's Manual.

Quenouille, M. H. (1949) . Approximate tests of correlation in time-series. *J. R. Stat. Soc. Ser. 511*, 68-84.

Rattinger, H. (1975) .Armaments, detente, and bureaucracy. *Journal of Conflict Resolution 19*, 571-595.

Reed, D. (1978) . Whistlestop: A Community Alternative for Crime Prevention. Ph.D. dissertation, Evanston, *IL: Department of Sociology*, Northwestern University.

Reinsel, G. C. (1997) . *Elements ofMultivariate Time Series Analysis*, 2nd ed. Springer-Verlag, New York.

Richardson, L. F. (1970). *Arms and Insecurity*. Pittsburgh：Boxwood.

Roberts, S. D. and Reed, R. (1969) . The development of a self-adaptive forecasting technique. *AIIE Trans. 1*,314-322.

Ross, H L.,Campbell, D T., and Glass, G. V. (1970) . Determining the effects of a legal reform: The British "breathalyzer" crackdown of 1967. *American Behavioral*

Scientist 13, 493-509.

Rycroft, R.S. (1993). Microcomputer Software of Interest to Forecasters in Comparative Review：An Update.*International Journal of Forecasting , 9*, 531-575.

Smoker, P. (1969) . A time series analysis of Sino-Indian relations. *Journal of Conflict Resolution 13,* 105-113.

Solo, V. (1984) . The order of differencing in ARIMA models. *J. Am. Stat. Assoc. 79*, 916-921.

Schwarz, G. (1978) . Estimating the dimension of a model. *Annual of Statistics 6*, 461-464.

Sweet, A. L. (1985) . Computing the variance of the forecast error for the Holt-Winters seasonal models. *Journal of Forecasting 4*, 235-243.

Taylor,S. (1996). *Modeling Financial Time Series*, second edition. New York：Wiley.

Thell, H. (1971) . *Principles of Econometrics.* New York: John Wiley.

Thell, H.(1966). *Applied Economic Forecasting*. Chicago: Rand-McNally.

Thell, H. and Nagar,A. L. (1961) . Testing the independence of regression disturbances. *Journal of the American Statistical Association 56* , 793-806.

Tiao, G. C. and Box, G. E. P. (1981) . Modeling multiple time series with applications. *Journal of the American Statistical Association 76,* 802-816.

Tiao, G. C. and Tsay, R. S. (1989) . Model specification in multivariate time series (with discussion). *Journal of the Royal Statistical Society,Series B 51*, 157-213.

Tintner,G. (1940),*The Variate Difference Method*. Principia Press, Bloomington, Indiana.

Tintner,G. (1952), *Economics.* Wiley, New York.

Tjostheim, D. and Paulsen, J. (1982) . Empirical identification of multiple time series. *Journal of Time Series Analysis 3*,265-282.

Trigg, D. W. and Leach, A. G. (1967) . Exponential smoothing with an adaptive response rate. *Operations Research Quarterly 18*, 53-59.

Tsay, R. S. (1989) . Identifying multivariate time series models. *Journal of Time Series Analysis 10*, 357-372.

Tsay, R. S., and Tiao, G. C. (1984) . Consistent estimates of autoregressive parameters and extended sample autocorrelation function for stationary and non-stationary ARIMA models. *Journal of the American Statistical Association 79*, 84-96.

Tukey, J. W. (1979) . *Exploratory Data Analysis*, Addison-Wesley, Reading MA.

Tyler, V. D. and Brown, G. D. (1968) . Token reinforcement of academic performance with institutionalized delinquent boys. *Journal of Educational Psychology 59*,164-168.

U.S. Bureau of the Census. Statistical Abstract of the United Stateds: 1984. (1984).104 th ed. Washington, D.C.: Govermrnt Printing Officer.

Wei, W. W. S. (2006) . *Time Series Analysis: Univariate and Multivariate Methods*. Addison Wesley, New York.

Wichem, D. W. and Jones, R. H. (1977) . Assessing the impact of market disturbances using intervention analysis. *Mamagement Science 24*, 329-337.

Wilson, J. H., and Keating, B. (1990). *Business Forecasting* . Homewood. IL: Irwin.

Winters, P. R. (I960) . Forecasting sales by exponentially weighted moving averages. *Mamagement Science 6*, 235-239.

Wold, H. 0. (1938) . *A Study in the Analysis a/Stationary Time Series*. Almqvist & Wiksell,Uppsala, Sweden. (Second edition 1954.)

Wonnacott, R. J. and Wonnacott, T. H. (1970) . *Econometrics*. New York: John Wiley.

Wonnacott, T. H. and Wonnacott, R. J. (1990).*Introductory Statistics*, fifth edition. New York：Wiley.

Yar, M. and Chatfield, C. (1990) . Prediction intervals for the Holt-Winters' forecasting procedure. *International Journal of Forecasting 6*, 127-137.

Yule,G.U. (1927) . On a method of investigating periodicities in disturbed series, with reference to Wolfer's sunspot numbers. *Philos. Trans. R. Soc. London Ser. A 226*, 267-298.

Zimring, F. E. (1975) . Firearms and federal law: The gun control act of 1968 . *Journal of Legal Studies 4*, 133-198.

國家圖書館出版品預行編目資料

時間序列分析／余桂霖著. --初版. --臺北市：五南, 2013.10

面； 公分

ISBN 978-957-11-7147-0（平裝）

1.數理統計

319.53 102010253

1H79

時間序列分析

作　　者 — 余桂霖
發 行 人 — 楊榮川
總 經 理 — 楊士清
總 編 輯 — 楊秀麗
主　　編 — 侯家嵐
責任編輯 — 侯家嵐
文字校對 — 鐘秀雲
封面設計 — 盧盈良
出 版 者 — 五南圖書出版股份有限公司
地　　址：106台北市大安區和平東路二段339號4樓
電　　話：(02)2705-5066　　傳　　真：(02)2706-6100
網　　址：http://www.wunan.com.tw
電子郵件：wunan@wunan.com.tw
劃撥帳號：01068953
戶　　名：五南圖書出版股份有限公司
法律顧問　林勝安律師事務所　林勝安律師
出版日期　2013年10月初版一刷
　　　　　2020年 7 月初版三刷
定　　價　新臺幣1000元